Abaqus 用户手册大系

Abaqus 分析用户手册

——指定条件、约束与相互作用卷

王鹰宇 编著

机 械 工 业 出 版 社

本书是“Abaqus用户手册大系”中的一册，包括指定条件、约束与相互作用三个部分。指定条件部分对各种物理过程中涉及的各种形式的载荷进行了描述，阐述了如何定义施加随空间和时间变化的载荷。约束部分对模型中节点与节点之间、单元与单元之间的各种约束关系进行了阐述。相互作用部分对广泛存在于物理过程中的相互接触问题进行了详尽的阐述。

本书中阐述的技术要点对于完整、细致、正确地建立仿真模型是非常必要的，是对《Abaqus分析用户手册——分析卷》的非常细致的补充。本书不仅适合于从事大型装备设计的工程技术人员使用，也非常适合各行业中从事各种尺度产品设计与分析的人员使用。对于需要使用Abaqus进行实际复杂问题处理的学生及工程技术人员来说，本书则是必备的。对于采用其他软件进行相关工作的技术人员，书中的技术要点也具有非常重要的参考价值。

图书在版编目（CIP）数据

Abaqus分析用户手册. 指定条件、约束与相互作用卷/王鹰宇编著.
—北京：机械工业出版社，2019.8（2021.1重印）
（Abaqus用户手册大系）
ISBN 978-7-111-63327-3

Ⅰ.①A… Ⅱ.①王… Ⅲ.①有限元分析-应用软件-手册
Ⅳ.①O241.82-39

中国版本图书馆CIP数据核字（2019）第150231号

机械工业出版社（北京市百万庄大街22号 邮政编码100037）
策划编辑：孔 劲 责任编辑：孔 劲 王海霞
责任校对：杜雨霏 张晓蓉 封面设计：张 静
责任印制：常天培
北京捷迅佳彩印刷有限公司印刷
2021年1月第1版第2次印刷
184mm×260mm · 40.75印张 · 2插页 · 1011千字
2501—3500册
标准书号：ISBN 978-7-111-63327-3
定价：169.00元

电话服务
客服电话：010-88361066
010-88379833
010-68326294

网络服务
机 工 官 网：www.cmpbook.com
机 工 官 博：weibo.com/cmp1952
金 书 网：www.golden-book.com
机工教育服务网：www.cmpedu.com

作者简介

王鹰宇，男，江苏南通人。毕业于四川大学机械制造学院机械设计及理论方向，硕士研究生学历。毕业后进入上海飞机设计研究所，从事飞机结构设计与优化计算工作，参加了 ARJ21 新支线喷气客机研制。后在 3M 中国有限公司从事固体力学、计算流体动力学、NVH 仿真、设计优化和自动化设备设计工作至今。期间有一年时间（2016.7～2017.7）在中国航发商用航空发动机有限责任公司从事航空发动机短舱结构研制工作。

前 言

Abaqus 作为世界先进的仿真平台，在国外享有盛誉，在工业界及研究机构中得到了广泛应用。自 1997 年由清华大学庄茁教授引入国内以来，Abaqus 由于其友好、清晰的前处理界面，强大、可靠的求解器，丰富的功能和充足的后处理手段，开放的构架，并且允许用户通过二次开发进行单元和功能扩充，而在国内工业及研究的各个领域都有了广泛的应用，已成为主流的 CAE 软件之一。国内从事设计仿真工作的技术人员对 Abaqus 非常认可，并不断自发地对其进行研究和推广，使得涉及软件应用及相关项目处理的众多书籍面世，这些书籍对于想要学习、使用 Abaqus 的学生及工程技术人员是十分有益的，作者本人也受益匪浅。虽然得益于这些技术书籍，但众所周知，Abaqus 完备的帮助文档体系是获得更多关于 Abaqus 知识和技能的源泉，阅读 Abaqus 帮助文档是提高 Abaqus 使用技能，以及提高解决实际问题能力的必要步骤。

由于工作上的原因，作者几乎每天都要使用 Abaqus，在遇到棘手问题的时候，经常阅读 Abaqus 的帮助文档，从中找到解决难题的方法和指导。为了尽量准确地把握英文帮助文档的内容，作者在业余时间对经常翻阅的 *Abaqus Analysis User's Guide* 的五部分册进行了翻译汉化，并且得到了 SIMULIA 公司领导的支持和鼓励，最终对其进行了出版。

本书是“Abaqus 用户手册大系”中的一册，共分三部分：指定条件、约束与相互作用。指定条件部分讲述了如何将各种物理领域的载荷施加到模型中，这些载荷可以是均匀的，也可以是随时间和空间变化的；约束部分对节点与节点之间、单元与单元之间的各种自由度关系进行了描述和设定；相互作用部分对描述实际情况非常有用的各种接触类型进行了非常详细的介绍。本书所阐述的技术细节配合“Abaqus 用户手册大系”的其他分卷《Abaqus 分析用户手册——介绍、空间建模、执行与输出卷》《Abaqus 分析用户手册——材料卷》《Abaqus 分析用户手册——单元卷》和《Abaqus 分析用户手册——分析卷》等使用，对完整、深入地理解计算仿真对象，进行正确的建模模拟有极大的帮助，尤其是对涉及接触的仿真问题，可提供非常有针对性的帮助。

这些手册的翻译工作都是作者在业余时间完成的，付出了非常艰辛的劳动，工作量如此巨大，如果不是出于对所从事工作领域的热爱，也许会望而却步，更无法谈及坚持下来。作

者在写作过程中得到了家人的支持，这里向家人陈菊女士和爱子表达感谢。尤其是在开始这项工作时，爱子还是一个学前幼儿，现在已经是一名小学生了。同时感谢家中老人对晚辈工作的支持和帮助。

本书的出版得到了达索 SIMULIA 中国区领导的帮助和支持，这里向中国区总监白锐、用户支持经理高祎临、中国南方区技术经理高邵武博士在成书及出版过程中给予我的帮助和支持表示由衷的感谢！

向在工作中给予我及家人帮助的 3M 中国技术部熊海锟总经理，高级专家团队的徐志勇、张鸣，资深经理金舟、唐博、周杰、孙鑫鑫表示由衷的感谢！

感谢 3M 海外领导及前辈乔刘总监、Fay Salmon 女士、刘尧奇总裁的帮助与指导！

感谢 3M 亚太区工程中心设计团队经理朱笛对我工作及个人技术能力提高方面给予的支持和帮助！感谢中国商飞（COMAC）结构部的范耀宇研究员、退休老专家刘林海在以往工作中的指导和帮助！

虽然作者尽最大努力力求行文准确流畅，但是囿于语言能力和技术能力，不当之处在所难免。期望广大读者对书中存在的问题不吝赐教，建议和意见请发送至 wayiyu110@sohu.com，作者将不胜感激！

作　者

目录

第3部分 相互作用

第 1 部分　指定条件

1 指定条件

1.1 概览

1.1.1 指定条件：概览

可以在 Abaqus 模型中指定以下类型的外部条件：

• 初始条件：可以为许多变量定义非零的初始条件。见“Abaqus/Standard 和 Abaqus / Explicit 中的初始条件”（1.2.1 节）和“Abaqus/CFD 中的初始条件”（1.2.2 节）。

• 边界条件：使用边界条件来指定基本解变量的值：应力/位移分析中的位移和转动约束，热传导或者耦合的热-应力分析中的温度，耦合的热-电分析中的电位，土壤分析中的孔隙压力，声学分析中的声压等。边界条件的定义可以见“Abaqus /Standard 和 Abaqus/ Explicit 中的边界条件,”（1.3.1 节）和“Abaqus/CFD 中的边界条件”（1.3.2 节）。

• 载荷：可以使用许多类型的载荷，取决于分析过程。在“施加载荷：概览”（1.4.1 节）中给出了 Abaqus 中载荷的概览。具体到一个分析过程的载荷类型，在《Abaqus 分析用户手册——分析卷》中的相应部分进行了描述。下面几个部分介绍了可以在多个分析类型中施加的通用载荷：

——“集中载荷”，1.4.2 节

——“分布载荷”，1.4.3 节

——“热载荷”，1.4.4 节

——“电磁载荷”，1.4.5 节

——“声学和冲击载荷”，1.4.6 节

——“孔隙流体流动”，1.4.7 节

• 指定装配载荷：可以通过在 Abaqus/Standard 中定义预拉伸截面，来指定螺栓中或者其他类型紧固件中的装配载荷。在“指定装配载荷”（1.5 节）中对预拉伸截面进行了描述。

• 连接器载荷和运动：可以使用连接器单元来定义零件之间的复杂机械连接，包括具有指定载荷或者运动的作用。在《Abaqus 分析用户手册——单元卷》的“连接器：概览”（5.1.1 节）中对连接器单元进行了描述。

• 预定义的场：预定义的场是在整个模型的空间场上存在的与温度相关的、非求解相关的场。温度是最常用的定义场。在“预定义场”（1.6 节）中对预定义的场进行了描述。

幅值变化

可以通过在指定条件的定义中参照一条幅值曲线，来指定复杂的时间或者频率相关的边界条件、载荷和预定义的场。在“幅值曲线”（1.1.2 节）中对幅值曲线进行了解释。

在 Abaqus/Standard 中，如果没有参照边界条件、载荷或者预定义的场定义中的幅值，则在步的开始时瞬时施加总幅值，并且在整个步上保持不变（一个“步”变量）；或者从前面步结束时的值（或者从分析开始时的零值）变化到给定的大小（一个“斜坡”变量），此时在整个步上幅值呈线性变化。用户定义步时选择变量的类型，默认的变量类型取决于所选择的分析过程，如《Abaqus 分析用户手册——分析卷》“定义一个分析”（1.1.2 节）中所描述的那样。

在 Abaqus/Standard 中，可以在用户子程序中定义许多指定条件的变化。在这种情况中，变量的大小可以随位置和时间以任何形式发生变化。必须在子程序（见《Abaqus 分析用户手册——分析卷》中的扩展 Abaqus 的分析功能”，13.1 节）中给出要指定的条件和要删除的条件的大小变化。

虽然 Abaqus/Explicit 不承认位移的阶跃，但是在 Abaqus/Explicit 中，如果没有参照边界条件或者载荷定义中的幅值，则将在步的开始时瞬时施加总幅值，并且在整个步上保持不变（一个“步”变化），见“Abaqus/Standard 和 Abaqus/Explicit 中的边界条件”（1.3.1 节）。如果没有参照一个预定义的场定义中的幅值，则幅值将在步上从前面步结束时的值（或者从分析开始时的零值）线性地变化到给定的值（一个“斜坡”变化）。

当删除边界条件时（见“Abaqus/Standard 和 Abaqus/Explicit 中的边界条件”，1.3.1 节），将边界条件（应力/位移分析中的位移和转动约束）转化成一个步开始时应用的共轭流量（应力/位移分析中的力或者力矩）。其使用取决于所选过程的“步”或者通过“斜线”的变化来设置共轭流量的大小为零，如《Abaqus 分析用户手册——分析卷》“定义一个分析”（1.1.2 节）中所讨论的那样。类似的，当删除了载荷和预定义的场时，需要将载荷设置为零，并将预定义的场设置为初始值。

在 Abaqus/CFD 中，如果没有参照边界条件或者载荷中的幅值，则在步的开始时瞬时施加总幅值，并且在整个步上保持不变。Abaqus/CFD 允许速度、温度等从前面步的结束值阶跃地变化到当前步中给定的大小。但是，在速度边界条件中为了定义一个良好设定的不可压缩的流动问题，其阶跃可以产生一个无发散的投影，从而可将初始速度调整为与指定的边界条件一致。

在一个局部坐标系中施加边界条件和载荷

用户可以如《Abaqus 分析用户手册——介绍、空间建模、执行与输出卷》的“变换坐标系”（2.1.5 节）中所描述的那样，在一个节点上定义一个局部坐标系，然后在局部坐标系中给出集中力和力矩载荷的所有输入数据，以及位移和转动边界条件的所有输入数据。

不同过程的可用载荷和预定义的场（表 1-1）

表 1-1　不同过程的可用载荷和预定义的场

载荷和预定义的场	过　　程
附加的质量（集中的和分布的）	Abaqus/Aqua 特征频率提取分析 《Abaqus 分析用户手册——分析卷》的“固有频率提取”（1.3.5 节）
基础运动	基于特征模态的过程 《Abaqus 分析用户手册——分析卷》的“瞬态模态动力学分析”（1.3.7 节） 《Abaqus 分析用户手册——分析卷》的“基于模态的稳态动力学分析”（1.3.8 节） 《Abaqus 分析用户手册——分析卷》的“响应谱分析”（1.3.10 节） 《Abaqus 分析用户手册——分析卷》的“随机响应分析”（1.3.11 节）

（续）

载荷和预定义的场	过　程
具有一个非零指定边界的边界条件	除了那些基于特征频率的所有过程
连接器运动 连接器载荷	除了模态提取、屈曲以外的所有相关过程，包括那些基于特征模态的过程和直接稳态动力学过程
交互关联的属性	《Abaqus 分析用户手册——分析卷》的“随机响应分析”（1.3.11 节）
当前密度（集中的和分布的）	《Abaqus 分析用户手册——分析卷》的“耦合的热-电分析”（1.7.3 节） 《Abaqus 分析用户手册——分析卷》的“完全耦合的热-电-结构分析”（1.7.4 节）
当前密度向量	《Abaqus 分析用户手册——分析卷》的“涡流分析”（1.7.5 节）
电荷（集中的和分布的）	《Abaqus 分析用户手册——分析卷》的“压电分析”（1.7.2 节）
等效压应力	《Abaqus 分析用户手册——分析卷》的“质量扩散分析”（1.9 节）
膜系数和相关的散热器温度	所有包含温度自由度的过程
流体流量	包含静水压流体单元的分析
流体质量流动率	包含对流热传导单元的分析
流量（集中的和分布的）	所有包含温度自由度的过程 《Abaqus 分析用户手册——分析卷》的“质量扩散分析”（1.9 节）
力和力矩（集中的和分布的）	所有具有位移自由度的过程（除了响应谱过程）
入射波载荷	包含承受冲击载荷的固体单元和/或流体单元的直接积分的动力学分析，见《Abaqus 分析用户手册——分析卷》的“使用直接积分的隐式动力学分析”（1.3.2 节）
预定义的场变量	除了那些基于特征模态的所有过程
渗透系数和相关的按水槽孔隙压力分布的渗透流	《Abaqus 分析用户手册——分析卷》的“耦合的孔隙流体流动和应力分析”（1.8.1 节）
子结构载荷	所有包含子结构的使用过程
预定义场的温度	除了绝热分析、基于模态的过程和涉及温度自由度的过程以外的所有过程

除了集中的附加质量和分布的附加质量外，特征频率提取分析中不能施加载荷。

1.1.2 幅值曲线

产品：Abaqus/Standard　　Abaqus/Explicit　　Abaqus/CFD　　Abaqus/CAE

参考

- “指定条件：概览”，1.1.1 节
- *AMPLITUDE
- “幅值工具集”，《Abaqus/CAE 用户手册》第 57 章

概览

一条幅值曲线：

• 允许载荷、位移和其他参数在整个步（使用步时间）或者整个分析（使用总时间）上以给定的变量在任意时间（或者频率）范围内变化。

• 可以定义成一个数学函数（如正弦函数），一段时间内（如来自地震的数字化的关于加速度-时间的记录）很多点上的一系列值，以及用户子程序中用户的一个自定义；或者在Abaqus/Standard中，定义成以一个求解相关的变量为基础来计算得到的值（如超塑性成形问题中的最大蠕变应变率）。

• 可以通过任何数量的边界条件、载荷和预定义的场的名称来进行参照。

幅值曲线

在默认情况下，载荷、边界条件和预定义的场要么在整个步上（斜线函数）随时间线性地变化，要么瞬时施加并在整个步上（阶跃函数）保持不变，见《Abaqus分析用户手册——分析卷》的“定义一个分析”（1.1.2节）。然而，许多问题要求进行更加详细的定义。例如，可以使用不同的幅值曲线来指定不同载荷随时间的变化。一个常见的例子是热和机械载荷瞬变的组合：通常在步过程中，温度和机械载荷具有不同的随时间变化的规律，可以使用不同的幅值曲线来指定这些随时间变化的规律。

其他的例子包括对地震载荷的动态分析，可以使用幅值曲线来指定加速度随时间的变化规律；在做水下冲击分析时，也可以使用幅值曲线来指定入射压力曲线。

幅值是作为模型数据来定义的（即它们之间是相关联的）。必须对每一条幅值曲线进行命名，然后参照这些名称来形成载荷、边界条件或者预定义的场定义［见“指定条件：概览”（1.1.1节）］。

输入文件用法：*AMPLITUDE，NAME=名称

Abaqus/CAE用法：Load or Interaction module：Create Amplitude：名称

定义时间区段

幅值曲线是时间或者频率的函数。定义成频率的函数的幅值用于“直接求解的稳态动力学分析”（《Abaqus分析用户手册——分析卷》的1.3.4节）、“基于模态的稳态动力学分析”（《Abaqus分析用户手册——分析卷》的1.3.8节）和“涡流分析”（《Abaqus分析用户手册——分析卷》的1.7.5节）。

可以采用步时间（默认的）或者总时间的方式来给出作为时间函数的幅值。这些时间度量是在“约定”（《Abaqus分析用户手册——介绍、空间建模、执行与输出卷》的1.2.2节）中定义的。

输入文件用法：使用下面选项中的一个：

*AMPLITUDE，NAME=名称，TIME=STEP TIME（默认的）

*AMPLITUDE, NAME=名称, TIME=TOTAL TIME

Abaqus/CAE 用法：Load or Interaction module：Create Amplitude：任何类型：Time span：Step time 或 Total time

后续步中幅值参照的连续性

如果边界条件、载荷或者预定义的场是由幅值曲线定义的，并且在后续步中没有重新定义指定条件，则遵循以下规则：

- 如果相关的幅值是以总时间的方式给出的，则指定条件继续遵从幅值定义。
- 如果没有给出相关的幅值，或者幅值是以步时间的方式给出的，则指定条件保持前面的步结束时的大小。

指定相对幅值或者绝对幅值

可以为幅值曲线指定相对幅值或绝对幅值的大小。

相对幅值

默认情况下，用户将幅值指定为规定条件定义中给出的参考值的倍数（分数）。当对不同的载荷类型施加相同的变化规律时，此方法是特别有用的。

输入文件用法：*AMPLITUDE, NAME=名称, VALUE=RELATIVE

Abaqus/CAE 用法：Abaqus/CAE 中的幅值总是相对幅值。

绝对幅值

另外，用户可以直接给出绝对幅值。当采用此方法时，将忽略在指定条件定义中给出的值。

通常不应当使用绝对幅值定义梁单元或者壳单元的节点温度或者预定义的场变量作为参考面上的值和梯度或者沿横截面的梯度。默认的横截面定义，见“使用一个在分析过程中集成的梁截面来定义截面行为”（《Abaqus 分析用户手册——单元卷》的 3.3.6 节）和“使用一个分析过程中集成的壳截面来定义截面行为”（《Abaqus 分析用户手册——单元卷》的 3.6.5 节）。因为忽略温度场和预定义场中给出的值，将使用绝对幅值来分别定义温度及其梯度、场及其梯度。

输入文件用法：*AMPLITUDE, NAME=名称, VALUE=ABSOLUTE

Abaqus/CAE 用法：Abaqus/CAE 不支持使用绝对幅值。

定义幅值数据

可以采用以下几种方法来指定随时间变化的幅值。随频率变化的幅值则只能以表格或者等间距的形式给出。

定义表格幅值

选择表格定义方法（默认的）是在合适的点上，以时间为增量，将幅值曲线定义成一

个包含多个值的表。Abaqus 在这些值之间，根据需要进行线性插值。Abaqus/Standard 中在默认情况下，如果必须计算函数的时间导数，则在时间微分不连续的时间点上施加一些平滑约束。相比较而言，在 Abaqus/Explicit 中，没有施加默认的平滑约束（除了与有限时间增量相关联的固有平滑约束）。用户可以更改默认的平滑值（在标题“使用一个具有边界条件的幅值定义”中进行了详细的讨论），也可以定义一条平滑步幅值曲线（见下文中的“定义平滑步幅值”）。

如果幅值快速地变化（如地震中的地面加速度），则用户必须确保分析中使用的时间增量对于精确地提取幅值变化是足够小的，因为 Abaqus 将仅在对应于所使用的增量时间上提取幅值定义。

如果一个步中的分析时间小于表中的最初时间，则 Abaqus 会将其赋值为最初时间。类似的，如果分析时间超出表中所定义的最后时间，则将所有后续时间赋值为表中的最后时间。

表格幅值定义实例如图 1-1 所示。

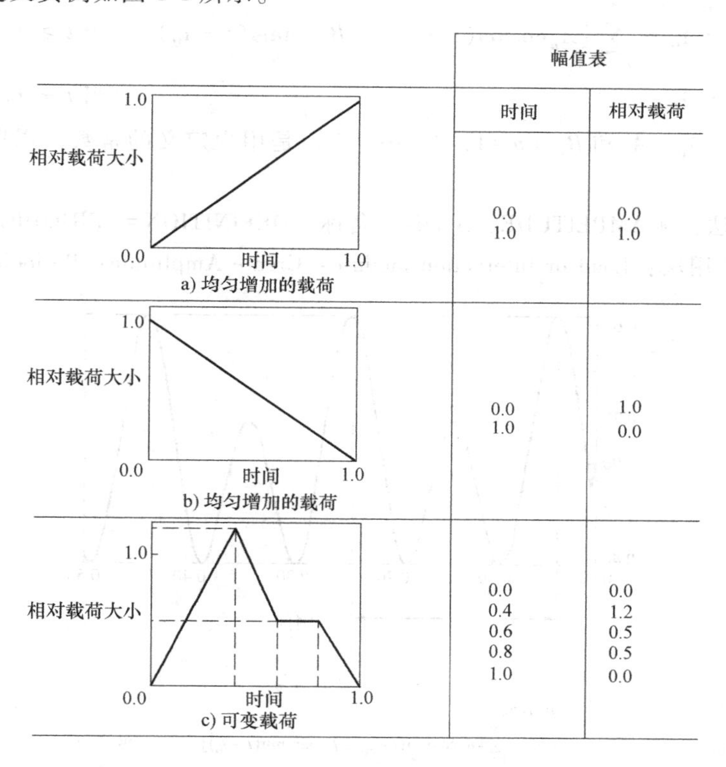

幅值表	
时间	相对载荷
0.0 1.0	0.0 1.0
0.0 1.0	1.0 0.0
0.0 0.4 0.6 0.8 1.0	0.0 1.2 0.5 0.5 0.0

图 1-1 表格幅值定义实例

输入文件用法：＊AMPLITUDE，NAME＝名称，DEFINITION＝TABULAR

Abaqus/CAE 用法：Load or Interaction module：Create Amplitude：Tabular

定义等间距幅值

选择等间距的定义方法来给出一个在指定时间开始，且具有固定时间间隔的幅值列表。Abaqus 在每一个时间间隔之间进行线性插值。用户必须给出固定时间（或者频率）间隔

Δt，也可以指定给定第一个幅值的时间（或者最低频率）t_0，默认 $t_0 = 0.0$。

如果步中的分析时间小于表中的最初时间，则 Abaqus 会将其赋值为最初时间。类似的，如果分析时间超出表中所定义的最后时间，则将所有后续时间赋值为表中的最后时间。

输入文件用法：＊AMPLITUDE，NAME=名称，DEFINITION=EQUALLY SPACED，FIXED INTERVAL=Δt，BEGIN=t_0

Abaqus/CAE 用法：Load or Interaction module：Create Amplitude：Equally spaced：Fixed interval：Δt

给出第一个幅值（或者最低频率）出现的时间 t_0，并在第一个表格中显示。

定义周期幅值

选择周期定义方法来将幅值 a 定义为一个傅里叶级数

$$a = A_0 + \sum_{n=1}^{N} [A_n \cos n\omega(t - t_0) + B_n \sin n\omega(t - t_0)] \quad 当\ t \geqslant t_0$$

$$a = A_0 \quad 当\ t < t_0$$

式中，t_0、N、ω、A_0、A_n和 B_n（$n=1, 2, \cdots, N$）是用户定义的常数。周期幅值定义实例如图 1-2 所示。

输入文件用法：＊AMPLITUDE，NAME=名称，DEFINITION=PERIODIC

Abaqus/CAE 用法：Load or Interaction module：Create Amplitude：Periodic

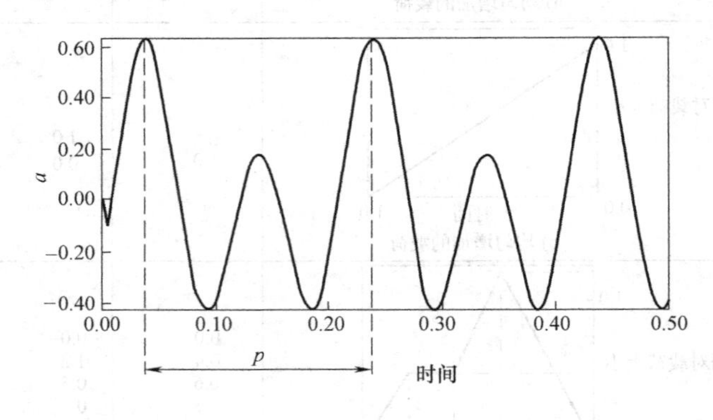

p=0.2s

$a=A_0+\sum_{n=1}^{N}[A_n\cos n\omega(t-t_0)+B_n\sin n\omega(t-t_0)]$ 当 $t \geqslant t_0$

$a=A_0$ 当 $t < t_0$

则有 $N=2, \omega=31.416$ rad/s, $t_0=-0.1614$s

$A_0=0, A_1=0.227, B_1=0.0, A_2=0.413, B_2=0.0$

图 1-2 周期幅值定义实例

定义调制幅值

选择调制定义方法来将幅值 a 定义为

$$a = A_0 + A\sin\omega_1(t-t_0)\sin\omega_2(t-t_0) \quad 当\ t>t_0$$

$$a = A_0 \quad 当\ t \leqslant t_0$$

式中，A_0、A、t_0、ω_1和ω_2是用户定义的常数。调制幅值定义实例如图 1-3 所示。

输入文件用法：* AMPLITUDE，NAME=名称，DEFINITION=MODULATED

Abaqus/CAE 用法：Load or Interaction module：Create Amplitude：Modulated

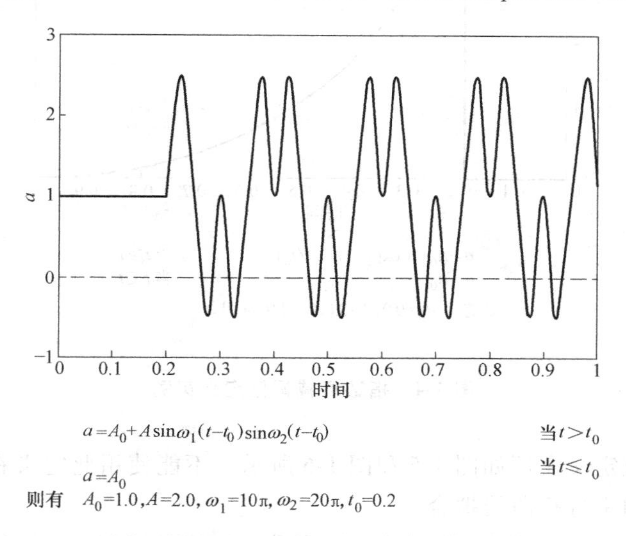

图 1-3 调制幅值定义实例

定义指数衰变幅值

选择指数衰变定义方法来将幅值 a 定义为

$$a = A_0 + A\exp[-(t-t_0)/t_d] \quad 当\ t \geqslant t_0$$

$$a = A_0 \quad 当\ t<t_0$$

式中，A_0、A、t_0、和 t_d是用户定义的常数。指数衰减幅值定义实例如图 1-4 所示。

输入文件用法：* AMPLITUDE，NAME=名称，DEFINITION=DECAY

Abaqus/CAE 用法：Load or Interaction module：Create Amplitude：Decay

定义平滑步幅值

Abaqus/Standard 和 Abaqus/Explicit 可以基于平滑步数据来计算幅值。选择平滑步定义方法是在两个连续的数据点集，即（t_i，A_i）与（t_{i+1}，A_{i+1}）之间将幅值 a 定义为

$$a = A_i + (A_{i+1} - A_i)\xi^3(10-15\xi+6\xi^2) \quad 当\ t_i \leqslant t \leqslant t_{i+1}$$

式中，$\xi=(t-t_i)/(t_{i+1}-t_i)$，$t_i$处 $a=A_i$，t_{i+1}处 $a=A_{i+1}$，并且 a 在 t_i和 t_{i+1}处的一阶导数和二阶导数均为零。此定义是为了从一个幅值以平滑的斜线上升或者下降到另外一个幅值。

幅值 a 的定义为

$$a = A_0 \quad 当\ t \leqslant t_0$$

$$a = A_f \quad 当\ t \leqslant t_f$$

式中，（t_0，A_0）与（t_f，A_f）分别是第一个和最后一个数据点。

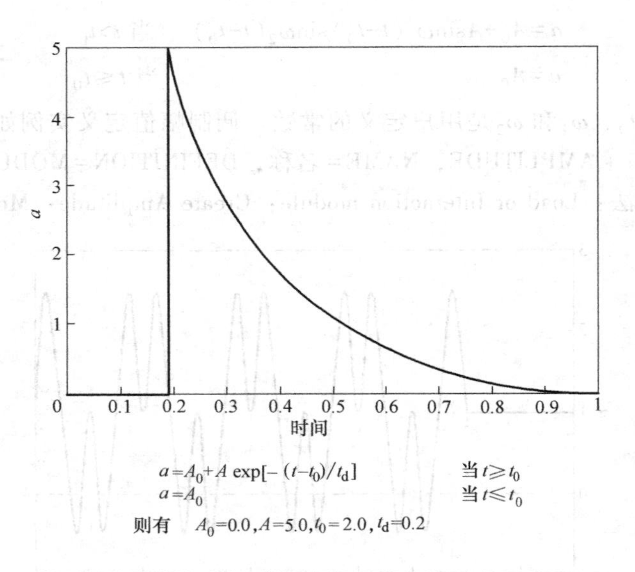

图 1-4 指数衰减幅值定义实例

平滑步数据幅值定义实例如图 1-5 和图 1-6 所示。不能使用此定义在一组数据点之间平滑地插值，即不能用来进行曲线拟合。

输入文件用法：* AMPLITUDE，NAME=名称，DEFINITION=SMOOTH STEP

Abaqus/CAE 用法：Load or Interaction module：Create Amplitude：Smooth step

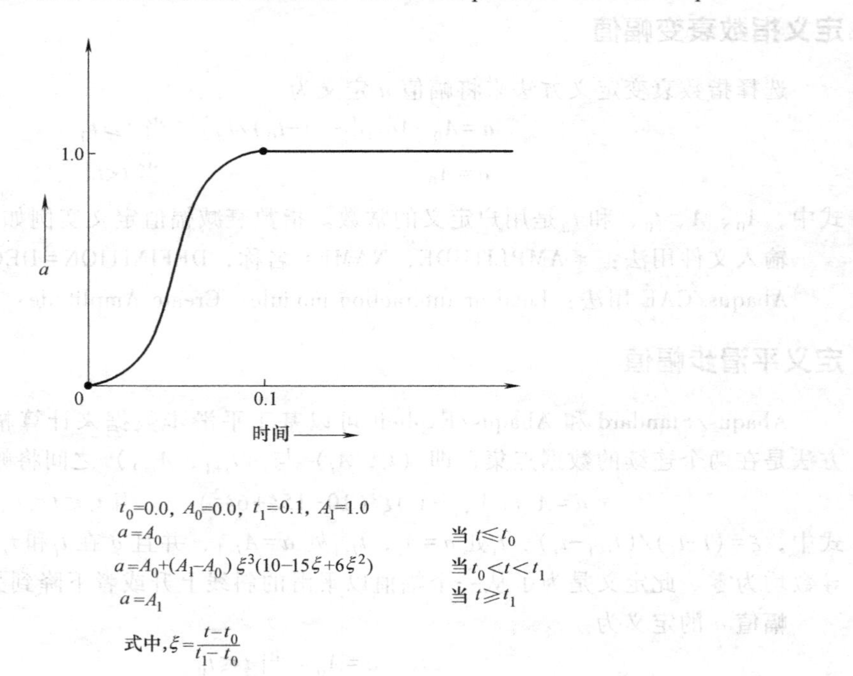

图 1-5 具有两个数据点的平滑步幅值定义实例

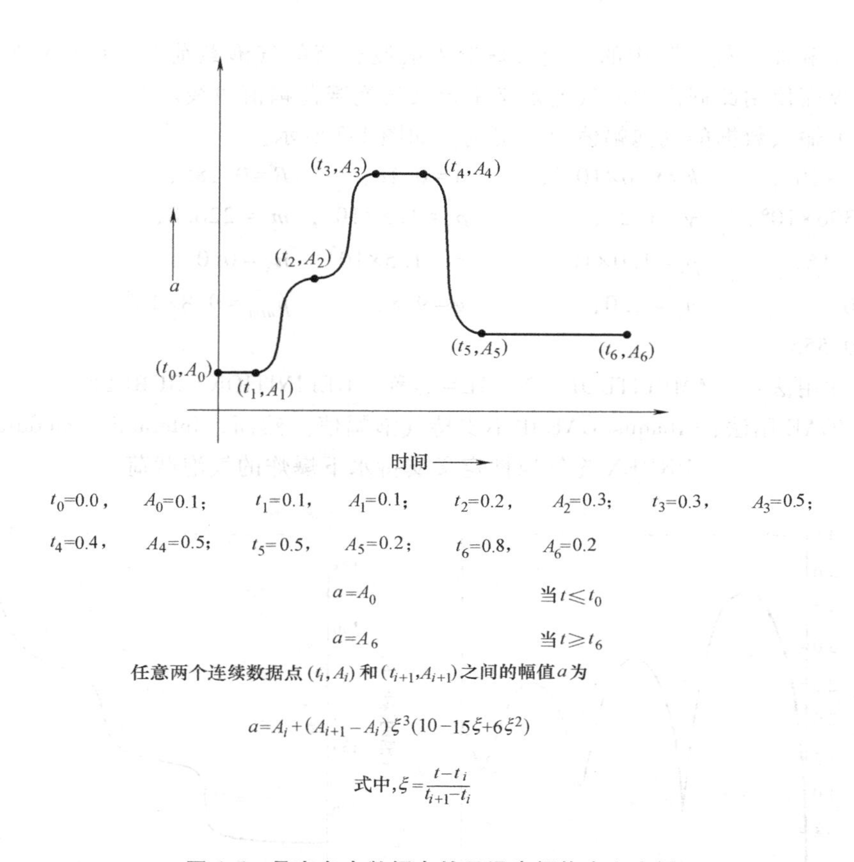

图 1-6 具有多个数据点的平滑步幅值定义实例

定义超塑性成形分析中求解相关的幅值

Abaqus/Standard 可以基于求解相关的变量来计算幅值。选择求解相关的定义方法来创建一条求解相关的幅值曲线。数据包含初始值、最小值和最大值。幅值以初始值开始，并基于求解的进程而发生变化，受最小值和最大值的限制，其中最大值通常是用来结束分析的控制值。此方法是和超塑性成形分析中的蠕变应变率一起使用的（见“率相关的塑性：蠕变和溶胀”，《Abaqus 分析用户手册——材料卷》的 3.2.4 节）。

输入文件用法：＊AMPLITUDE，NAME=名称，DEFINITION=SOLUTION DEPENDENT

Abaqus/CAE 用法：Load or Interaction module：Create Amplitude：Solution dependent

定义水下爆炸的气泡载荷幅值

在 Abaqus 中，可以使用两个界面来施加入射波载荷，见“声学和冲击载荷”中的“由外部源产生的入射波载荷”（1.4.6 节）。对于任何界面，都可以使用 Abaqus 的内置力学模型来描述气泡动力学。在“声学和冲击载荷”中的“定义球形入射波载荷的气泡载荷”（1.4.6 节）中，对此内置力学模型和气泡行为参数的定义进行了讨论。相关理论内容见“由一个入射疏密波场产生的载荷”《Abaqus 理论手册》的 6.3.1 节。

水下爆炸产生的入射波载荷的界面，优先使用 UNDEX 充气属性定义来指定气泡载

荷，见“声学和冲击载荷”中的“定义球形入射波载荷的气泡载荷”（1.4.6节）。入射波载荷的其他界面使用此截面中的气泡定义来定义气泡载荷幅值曲线。

使用以下输入数据的气泡幅值定义实例，如图1-7所示。

$K=5.21\times10^{7}$，　$k=9.0\times10^{-5}$，　$A=0.18$，　$B=0.185$，

$K_c=8.396\times10^{8}$，　$\gamma=1.27$，　$\rho_c=1.5\times10^{3}$，　$m_c=226.8$，

$d_I=137.16$，　$\rho_f=1.0\times10^{3}$，　$c_f=1.5\times10^{3}$，　$n_X=0.0$，

$n_Y=0.0$，　$n_Z=1.0$，　$g=9.8$，　$p_{atm}=9.8\times10^{4}$，

$T_{final}=0.555$

输入文件用法：＊AMPLITUDE，NAME=名称，DEFINITION=BUBBLE

Abaqus/CAE用法：Abaqus/CAE中不支持气泡幅值。然而，Interaction module中使用的UNDEX充气属性定义支持水下爆炸的气泡载荷

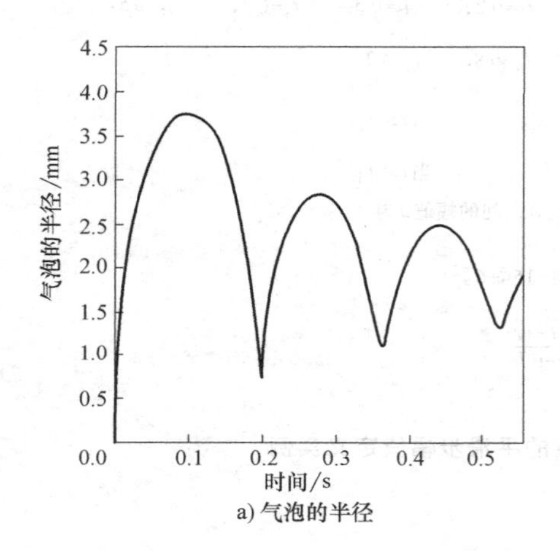

a) 气泡的半径

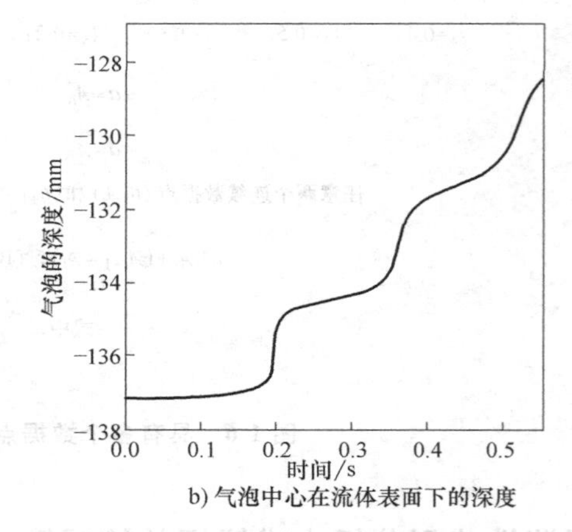

b) 气泡中心在流体表面下的深度

图1-7　气泡幅值定义实例

通过用户子程序定义幅值

选择用户定义方法，通过在用户子程序UAMP（Abaqus/Standard）或者VUAMP（Abaqus /Explicit）中编码来定义幅值曲线。用户可以定义时间区间内幅值函数的值，以及可选的“UAMP”（《Abaqus用户子程序参考手册》的1.1.19节）和“VUAMP”（《Abaqus用户子程序参考手册》的1.2.7节）中列出的函数导数和积分值。

用户可以使用任意数量的属性来计算幅值，并且可以使用为每一个幅值定义独立更新的任意数量的状态变量。

在Abaqus/Standard中，复数特征值提取、线性动态过程和以物理自由度的方式直接计算的响应稳态动力学分析，不支持用户定义的幅值。

另外，可以使用求解相关的传感器来定义用户自定义的幅值。可以通过其名称来确定传感器，并且允许使用两个工具来提取用户子程序内部的当前传感器值，见“得到传感器信息”（《Abaqus用户子程序参考手册》的2.1.16节）。采用此方法可以实现简单的控制/逻辑模型，如“曲柄机构”（《Abaqus例题手册》的4.1.2节）中所描述的那样。

输入文件用法：＊AMPLITUDE，NAME＝名称，DEFINITION＝USER，
PROPERTIES＝m，VARIABLES＝n

Abaqus/CAE 用法：Load or Interaction module：Create Amplitude：User：
Number of variables：n
Abaqus/CAE 中不支持用户定义的幅值属性。

使用具有边界条件的幅值定义

当使用幅值曲线将模型的变量指定为边界条件时（通过参照来自边界条件定义的幅值），也需要计算变量的一阶和二阶时间导数。例如，对于一个直接积分的动态分析步，可以通过幅值的变化来定义位移-时间关系，在此情况中，Abaqus 必须计算相应的速度和加速度。

当通过分段线性幅值的变化（表格或者等间距幅值定义）来定义位移-时间关系时，相应的速度是分段的常数，并且在幅值定义表格中给出的每一个时间间隔结束时，加速度可以是无限大的，如图 1-8a 所示。但此行为是不合理的（在 Abaqus/Explicit 中，幅值曲线的时间导数通常是基于有限差分的，如$[A(t_{i+1})-A(t_i)]/\Delta t$，这样就存在与时间离散相关联的内在平滑约束）。

用户可以通过平滑约束，将分段线性位移变量转换成一个分段线性变量和分段二次变量的组合。平滑约束可确保速度在幅值定义的时间区段中连续地变化，并且加速度不再具有奇点，如图 1-8b 所示。

当通过分段线性幅值变化来定义速度-时间关系时，相应的加速度是分段不变的。平滑约束可以将分段线性速度变量转变成分段线性变量和分段二次变量的组合。平滑约束可确保加速度在幅值定义的时间区段中连续地变化。

用户需要指定 t（每一个时间点之前和之后的时间间隔），在其间，由分段二次时间变量来取代分段线性时间变量。Abaqus/Standard 中默认 $t=0.25$；Abaqus /Explicit 中默认 $t=0.0$，允许的范围是 $0.0<t<0.5$。对于包含大时间间隔的幅值定义，推荐采用 $t=0.05$，以避免来自指定定义的严重偏差。

在 Abaqus/Explicit 中，如果使用幅值曲线来指定位移阶跃（即使用幅值函数定义的开始位移不对应相应时间点上的位移），则将忽略此位移阶跃。将 Abaqus/Explicit 中的位移边界条件的增加方式强制为使用幅值曲线的斜率。当没有使用平滑约束时，要避免可能在 Abaqus/Explicit 中产生的“噪声”解，最好指定一个节点的速度-时间关系，而不是位移-时间关系，见“Abaqus/Standard 和 Abaqus/Explicit 中的边界条件”（1.3.1 节）。

当一个幅值定义与不要求时间导数评估的指定条件一起使用时（如集中载荷、分布载荷、温度场等，或者一个静态分析），可以不使用平滑约束。

当使用一个平滑步的幅值曲线来定义位移-时间关系时，每一个指定的数据点上的速度和加速度都是零，虽然平均速度和平均加速度可能不为零。这样，仅应当使用此幅值定义来定义一个（平滑的）步函数。

输入文件用法：使用下面选项中的任意一个：
＊AMPLITUDE，NAME＝名称，DEFINITION＝TABULAR，SMOOTH＝t
＊AMPLITUDE，NAME＝名称，DEFINITION＝EQUALLY

SPACED, SMOOTH = t

Abaqus/CAE 用法：Load or Interaction module：Create Amplitude：choose Tabular or Equally spaced：Smoothing：Specify：t

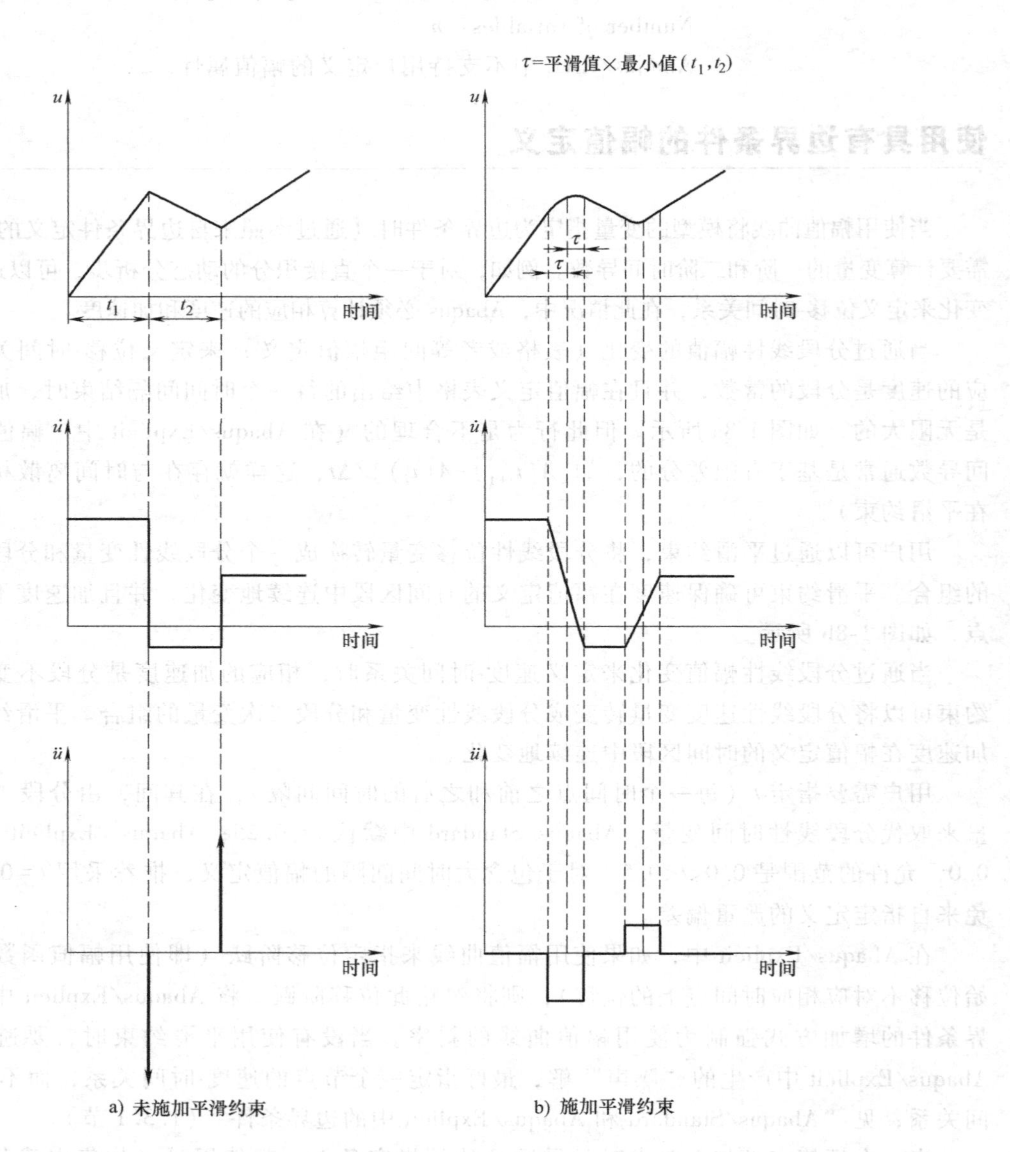

图 1-8　分段线性位移定义

在模态动力学中使用具有次级基础运动的幅值定义

在模态动力学过程中，当使用幅值曲线将模型的变化指定成次级基础运动时（通过在模态动力学过程中引用来自基础运动定义的幅值），也需要变量的一阶和二阶时间导数。例

如，在模态动力学过程中，可以为次级基础运动定义位移-时间关系。在此情况中，Abaqus必须计算相应的加速度。

模态动力学过程为分段线性力的响应使用一个精确的解。相应的，将次级基础运动定义施加成分段的线性加速度历史。当使用位移或者速度类型的基础运动来定义位移或者速度与时间的关系，并通过表格的、等间距的、周期的、调制的或者指数衰变的方式定义幅值变量时，需要基于表格数据计算算法加速度（在模态动力学过程中所使用的时间值上评估的幅值数据）。在相应的时间增量上幅值曲线是线性的任何时间增量的结束处，在之前增量上是线性的，并且两个增量上的幅值变量的斜率是相等的。此算法加速度再现了位移-时间关系中的精确位移和速度，或者速度-时间关系中的精确速度。

当使用平滑步幅值曲线定义位移-时间关系时，在每一个指定数据点上速度和加速度均为零，虽然平均速度和平均加速度可能不为零。这样，仅应当使用此幅值定义来定义一个（平滑的）步函数。

定义多幅值曲线

用户可以定义任何数量的幅值曲线，并且可以从任何载荷、边界条件或者预定义的场定义中引用它们。例如，可以使用幅值曲线来指定一组节点的速度，而使用其他幅值曲线来指定一个体的压力载荷大小。然而，如果速度和压力与时间有相同的函数关系，则可以参照同一条幅值曲线。在 Abaqus/Standard 中有一个例外：在每一个步过程中，只有一个求解相关的幅值（用于超塑性成形）是有效的。

缩放和移动幅值曲线

定义一个幅值时，用户可以缩放并移动时间和幅值大小。例如，当需要将幅值数据转换成不同的单位系统或重复使用现有的幅值数据来定义类似的幅值曲线时，这样是有帮助的。如果同时应用缩放和移动，则首先缩放幅值，然后移动幅值。可以将幅值移动和缩放用于所有幅值定义类型，除了求解相关的、气泡的和用户定义的类型。

输入文件用法：＊AMPLITUDE，NAME＝名称，SHIFTX＝移动 x 的值，SHIFTY＝移动 y 的值，SCALEX＝缩放 x 的值，SCALEY＝缩放 y 的值

Abaqus/CAE 用法：Abaqus/CAE 中不支持幅值曲线的缩放和移动。

从其他文件中读取数据

可以在单独的文件中包含幅值曲线的数据。

输入文件用法：＊AMPLITUDE，NAME＝名称，INPUT＝文件名

如果省略了 INPUT 参数，则假定数据行在关键字行之后。

Abaqus/CAE 用法：Load or Interaction module：Create Amplitude：任何类型：保持光标在数据表上并单击鼠标按钮 3，然后选择 Read from File

Abaqus/Standard 中的基线校正法

当在时域中使用幅值定义来定义加速度-时间关系时（如关于地震的记录），加速度记录随时间的积分可能在事件结束时导致相对大的位移。出现此问题通常是因为仪表、仪器的误差，或采样频率不足以捕获实际加速度历史。在 Abaqus/Standard 中，可以通过使用“基线校正”对其进行补偿。

基线校正法允许更改加速度历史来最小化从给定加速度的时间积分得到的位移整体平移。这只与表格或者等间距的幅值定义相关。

当仅在直接积分的动态分析过程中，将幅值引用为加速度边界条件时，或者作为模态动力学中的加速度基础运动时，才可以定义基线校正。

输入文件用法：同时使用以下两个选项来包括基线校正：

*AMPLITUDE，DEFINITION=TABULAR 或者 EQUALLY SPACED

*BASELINE CORRECTION

*BASELINE CORRECTION 选项必须在 *AMPLITUDE 选项的数据行后面立即出现。

Abaqus/CAE 用法：Load or Interaction module：Create Amplitude：选择 Tabular 或者 Equally spaced：Baseline Correction

基线校正的影响

通过为加速度定义添加时间上的加速度二次变量来更改加速度。选择二次变量来最小化每一个校正间隔中的均方速度。在幅值定义中，可以通过将校正间隔定义为不同的校正间隔来添加独立的二次变量。另外，整个幅值历史可以作为一个单独的校正间隔使用。

使用更多的校正间隔，可对任何位移中的“移动”进行更加紧密的控制，其代价是需要对给定加速度进行更多更改。在任何情况中，从幅值变量的起点开始更改，并假设在幅值变量起点对应的时间上，初始速度是零。

在“加速度的基线校正”（《Abaqus 理论手册》的 6.1.2 节）中对基线校正法进行了详细的描述。

1.2 初始条件

- “Abaqus/Standard 和 Abaqus/Explicit 中的初始条件”1.2.1 节
- “Abaqus/CFD 中的初始条件”1.2.2 节

1.2.1 Abaqus/Standard 和 Abaqus/Explicit 中的初始条件

产品：Abaqus/Standard　Abaqus/Explicit　Abaqus/CAE

参考

- “指定条件：概览”，1.1.1 节
- *INITIAL CONDITIONS
- “使用预定义的场编辑器”，《Abaqus/CAE 用户手册》的 16.11 节

概览

视情况而定，为具体的节点或者单元指定合适的初始条件。可以直接在外部输入文件中，或者在某些情况下通过用户子程序，或者通过来自之前的 Abaqus 分析结果或者输出数据库文件来得到数据。

如果没有指定初始条件，则所有的初始条件均为零，除了多孔金属塑性模型中的相对密度，其值为 1.0。

指定所定义初始条件的类型

可以指定不同类型的初始条件，这取决于所执行的分析。下面按字母（英文名称）的顺序，对每种类型的初始条件进行解释。

定义初始声学静压力

在 Abaqus/Explicit 中，可以在声学节点上定义初始声学静压力值。这些值应当对应于静平衡，并且在分析中不能改变。可以在模型中的两个参考位置上指定初始声学静压力，Abaqus/Explicit 会将这些数据线性地插值到指定节点集中的声学节点上。然后基于每一个节点在由两个参考节点定义的线的投影上进行线性插值。如果仅在一个参考位置给出值，则假定初始声学静压力是均匀的。当声学介质能够承受气穴时，初始声学静压力仅用于气穴条件的评估，见“声学介质”（《Abaqus 分析用户手册——材料卷》的 6.3.1 节）。

输入文件用法：*INITIAL CONDITIONS，TYPE=ACOUSTIC STATIC PRESSURE

Abaqus/CAE 用法：Abaqus/CAE 中不支持初始声学静压力的定义。

定义初始归一化浓度

在 Abaqus/Standard 中，用户可以在质量扩散分析中，为了与扩散单元一起使用而定义初始归一化浓度，见“质量扩散分析”（《Abaqus 分析用户手册——分析卷》的 1.9 节）。

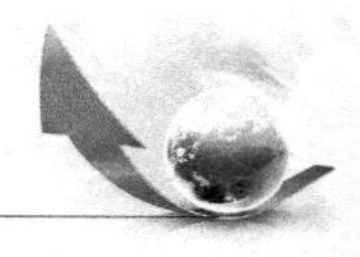

初始文件用法：＊INITIAL CONDITIONS，TYPE=CONCENTRATION

Abaqus/CAE 用法：Abaqus/CAE 中不支持定义初始归一化浓度。

定义初始粘接的接触面

在 Abaqus/Standard 中，可以定义初始粘接的接触面，或者部分粘接的接触面。这种初始条件适合与裂纹扩展功能一起使用（见“裂纹扩展分析”，《Abaqus 分析用户手册——分析卷》的 6.4.3 节）。注意：必须指定不同的面，且此类型的初始条件不能与自接触一起使用。

如果没有激活裂纹扩展功能，则面的粘接部分将不会分离。在此情况中，定义初始粘接的接触面，具有与定义绑定约束相同的效果，在整个分析过程中，它将在两个面之间生成永久性的粘接（“在 Abaqus/Standard 中定义绑定接触”，《Abaqus 分析用户手册——分析卷》的 3.3.7 节）。

输入文件用法：＊INITIAL CONDITIONS，TYPE=CONTACT

Abaqus/CAE 用法：Abaqus/CAE 中不支持定义初始粘接的接触面。

定义扩展特征的初始位置

可以在 Abaqus/Standard 中指定扩展特征的初始位置，如裂纹的初始位置（见“使用扩展的有限元方法将不连续性模拟成一个扩展特征”，《Abaqus 分析用户手册——分析卷》的 5.7 节）。在有裂纹的几何模型中，每个节点通常要求有两个带符号的距离函数来描述裂纹位置，包括裂纹尖端的位置。第一个带符号的距离函数用来描述裂纹面，而第二个带符号的距离函数用来构建一个正交的面，并在面的相交处定义裂纹前缘。第一个带有符号的距离函数仅赋给裂纹相交的单元的节点，而第二个距离函数仅赋给包含裂纹尖端的单元的节点。因为可以通过节点数据完整地描述裂纹，所以不需要明确表示裂纹。

输入文件用法：＊INITIAL CONDITIONS，TYPE=ENRICHMENT

Abaqus/CAE 用法：Interaction module：crack editor：Crack location：Specify：选择区域

定义预定义场变量的初始值

用户可以定义预定义场变量的初始值，并可以在分析中改变此初始值（见“预定义场”，1.6 节）。

必须指定所定义的场变量数量 n。可以使用任何数量的场变量，但必须对每一个场变量进行连续的编号（1、2、3…）。重复初始条件定义，使用不同的场变量编号来定义多场变量的初始条件。默认值是 $n=1$。

初始场变量的定义必须与截面的定义兼容，并与相邻的单元兼容，如“预定义场”（1.6 节）中所解释的那样。

输入文件用法：＊INITIAL CONDITIONS，TYPE=FIELD，VARIABLE=n

Abaqus/CAE 用法：Abaqus/CAE 中不支持预定义场变量的初始值定义。

使用来自用户指定的结果文件中的节点温度记录定义预定义场变量的初始值

用户可以使用来自特定步和之前的 Abaqus 分析增量的结果文件，或者来自所创建的结果文件的节点温度记录（见“预定义场”，1.6 节）。之前的分析通常是 Abaqus/Standard 热传导分析。也可以使用 .fil 文件扩展名。

要求来自前面分析的零件（.prt）文件从结果文件中读取预定义场变量的初始值（“定义一个装配”，《Abaqus 分析用户手册——介绍、空间建模、执行与输出卷》的 2.10.1 节）。之前的模型和当前的模型都必须以零件实例装配的形式来统一定义。

输入文件用法：＊INITIAL CONDITIONS，TYPE＝FIELD，VARIABLE＝n，

FILE＝文件，STEP＝步，INC＝增量

Abaqus/CAE 用法：Abaqus/CAE 中不支持预定义场变量的初始值。

使用来自用户指定的输出数据库文件的标量节点输出来定义预定义场变量的初始值

用户可以使用来自具体步和之前 Abaqus/Standard 分析输出数据库文件中增量的标量节点输出变量，来定义预定义场变量的初始值。可以用来初始化预定义场变量的标量节点输出变量的列表见“预定义场”（1.6 节）。

要求来自之前分析的零件（.prt）文件从输出数据库中读取初始值（见“定义一个装配”，《Abaqus 分析用户手册——介绍、空间建模、执行与输出卷》的 2.10.1 节）。之前的模型和当前的模型都必须以零件实例装配的形式来统一定义；节点编号必须相同，零件实例命名也必须相同。

文件扩展是可选的，但此选项只能使用输出数据库文件。

输入文件用法：＊INITIAL CONDITIONS，TYPE＝FIELD，VARIABLE＝n，FILE＝文件，

OUTPUT VARIABLE＝标量节点输出变量，STEP＝步，INC＝增量

Abaqus/CAE 用法：Abaqus/CAE 中不支持预定义场变量的初始值定义。

通过对来自用户指定的输出数据库文件的非相似网格的标量节点输出变量进行插值，来定义预定义场变量的初始值

当所分析的网格与后续分析的网格不同时，Abaqus 可以对标量节点输出变量进行插值（使用原来分析的未变形网格）来预定义用户所选择的场变量。可以用来初始化预定义场变量的标量节点输出变量的列表见“预定义场”（1.6 节）。此技术虽然也可以用于虽然网格匹配，但是分析之间的节点编号或者零件实例命名不同的情况。Abaqus 自动寻找 .odb 扩展名。如果分析模型是以零件实例装配的形式定义的，则需要使用来自之前分析的零件（.prt）文件（见“定义一个装配”，《Abaqus 分析用户手册——介绍、空间建模、执行与输出卷》的 2.10.1 节）。

输入文件用法：＊INITIAL CONDITIONS，TYPE＝FIELD，VARIABLE＝n，

OUTPUT VARIABLE＝标量输出变量，

INTERPOLATE，FILE＝文件，STEP＝步，INC＝增量

Abaqus/CAE 用法：Abaqus/CAE 中不支持预定义场变量的初始值的定义。

定义流体填充结构中的初始流体压力

用户可以指定流体填充结构中的初始压力（见“基于面的流体腔：概览”，《Abaqus 分析用户手册——分析卷》的 6.5.1 节）。

不允许在 Abaqus/Standard 中使用此类初始条件来定义多孔介质中的初始值，而使用初始孔隙流体压力来代替。

输入文件用法：＊INITIAL CONDITIONS，TYPE＝FLUID PRESSURE

Abaqus/CAE 用法：Load module：Create Predefined Field：Step：Initial，为 Category 选择

Other 以及为 Types for Selected Step 选择 Fluid cavity pressure；选择一个流体腔相互作用；Fluid cavity pressure：压力

为塑性硬化定义状态变量的初始值

用户可以指定初始等效塑性应变，如果相关的话，也可以使用金属塑性（“非弹性行为”，《Abaqus 分析用户手册——材料卷》的 18.1.1 节）或者 Drucker-Prager（“扩展的 Drucker-Prager 模型”，《Abaqus 分析用户手册——材料卷》的 18.3.1 节）材料模型的单元初始背应力张量。这些初始值用于加工硬化状态的材料，可以直接对它们进行定义，或者通过用户子程序 HARDINI 来进行定义。也可以为具有体积硬化的可压碎泡沫材料模型的单元，指定体积压实塑性应变$-\varepsilon_{vol}^{pl}$的初始值（“可压碎的泡沫塑性模型”，《Abaqus 分析用户手册——材料卷》的 18.3.5 节）。

另外，可以指定非线性运动硬化模型的多个背应力，也可以指定使用完全张量形式的运动位移张量（背应力），而无需关注施加了初始条件的单元类型。

输入文件用法：＊INITIAL CONDITIONS，TYPE=HARDENING，NUMBER BACKSTRESSES=n，FULL TENSOR

Abaqus/CAE 用法：Load module：Create Predefined Field：Step：Initial，为 Category 选择 Mechanical 以及为 Types for Selected Step 选择 Hardening；选择区域；Number of backstresses：n

定义加强筋的硬化参数

用户可以为单元中的加强筋定义硬化参数。在“定义加强筋为单元属性”（《Abaqus 分析用户手册——介绍、空间建模、执行与输出卷》的 2.2.4 节）中对加强筋进行了讨论。

输入文件用法：＊INITIAL CONDITIONS，TYPE=HARDENING，REBAR

Abaqus/CAE 用法：Load module：Create Predefined Field：Step：Initial，为 Category 选择 Mechanical 以及为 Types for Selected Step 选择 Hardening；选择区域；Definition：Rebar

在用户子程序 HARDINI 中定义硬化参数

对于 Abaqus/Standard 中的复杂情况，可以使用用户子程序 HARDINI 定义加工硬化的初始值。在此情况下，Abaqus/Standard 将在分析开始时，为模型中的每一个材料点调用子程序。然后可以在每一个点上定义作为坐标、单元编号等的函数的初始条件。

输入文件用法：＊INITIAL CONDITIONS，TYPE=HARDENING，USER

Abaqus/CAE 用法：Load module：Create Predefined Field：Step：Initial，为 Category 选择 Mechanical 以及为 Types for Selected Step 选择 Hardening；选择区域；Definition：User-defined

为切向流体流动定义初始打开单元

用户可以为切向流体流动定义初始打开的孔隙压力胶粘单元（见“定义胶粘单元空隙中流体本构响应”，《Abaqus 分析用户手册——单元卷》的 6.5.7 节）。

输入文件用法：＊INITIAL CONDITIONS，TYPE=INITIAL GAP

Abaqus/CAE 用法：Abaqus/CAE 中不支持初始打开单元的定义。

定义强制对流热传导单元的初始质量流率

在 Abaqus/Standard 中，可以定义强制对流热传导单元的初始质量流率。可以通过指定预定义的质量流率场，来改变分析步中的质量流率值（见“非耦合的热传导分析”，《Abaqus 分析用户手册——介绍、空间建模、执行与输出卷》的 6.5.2 节）。

输入文件用法：*INITIAL CONDITIONS, TYPE=MASS FLOW RATE

Abaqus/CAE 用法：Abaqus/CAE 中不支持初始质量流率的定义。

定义塑性应变的初始值

用户可以在使用金属塑性（“非弹性行为”，《Abaqus 分析用户手册——材料卷》的 3.1.1 节）或者 Drucker-Prager（“扩展的 Drucker-Prager 模型”，《Abaqus 分析用户手册——材料卷》的 3.3.1 节）的单元上定义初始塑性应变场。将在单元上均匀地施加指定的塑性应变，除非在壳单元厚度上的每一个截面点上对其进行定义。

如果定义了局部坐标系（见“方向”，《Abaqus 分析用户手册——介绍、空间建模、执行与输出卷》的 2.2.5 节），则必须在局部坐标系中指定塑性应变分量。

输入文件用法：*INITIAL CONDITIONS, TYPE=PLASTIC STRAIN

Abaqus/CAE 用法：Abaqus/CAE 中不支持塑性应变初始值的定义。

为加强筋定义塑性应变的初始值

用户可以为单元中的加强筋定义应力的初始值（见“将加强筋定义成一个单元的属性”，《Abaqus 分析用户手册——介绍、空间建模、执行与输出卷》的 2.2.4 节）。

输入文件用法：*INITIAL CONDITIONS, TYPE=PLASTIC STRAIN, REBAR

Abaqus/CAE 用法：Abaqus/CAE 中不支持塑性应变初始值的定义。

定义多孔介质中的初始孔隙流体压力

在 Abaqus/Standard 中，可以为耦合的孔隙流体扩散/应力分析中的节点定义初始孔隙压力 u_w（见“耦合的孔隙流体扩散和应力分析”，《Abaqus 分析用户手册——介绍、空间建模、执行与输出卷》的 6.8.1 节）。可以将初始孔隙压力直接定义成与海拔相关的函数，或者通过用户子程序 UPOREP 来对初始孔隙压力进行定义。

与海拔相关的初始孔隙压力

当为一个具体的节点集指定了与海拔相关的孔隙压力时，假定竖直方向上的孔隙压力（假定是三维和轴对称模型中的 z 方向以及二维模型中的 y 方向）随着此竖直坐标线性变化。必须给出两对孔隙压力和海拔值来定义整个节点集上的孔隙压力分布情况。定义不变的孔隙压力分布时，只需输入第一个孔隙压力值（忽略第二个孔隙压力值和海拔值）。

输入文件用法：*INITIAL CONDITIONS, TYPE=PORE PRESSURE

Abaqus/CAE 用法：Load module：Create Predefined Field：Step：Initial：为 Category 选择 Other 以及为 Types for Selected Step 选择 Pore pressure；选择区域；Point 1 distribution：Uniform 或者选择分析区域

在用户子程序 UPOREP 中定义初始孔隙压力

对于复杂的情况，可以通过用户子程序 UPOREP 来定义初始孔隙压力。在此情况下，

Abaqus/Standard 将在分析开始时，为模型中的所有节点调用子程序 UPOREP。可以在每一个节点上将初始孔隙压力定义成坐标、节点编号等的函数。

输入文件用法：*INITIAL CONDITIONS，TYPE=PORE PRESSURE，USER

Abaqus/CAE 用法：Load module：Create Predefined Field：Step：Initial：为 Category 选择 Other 以及为 Types for Selected Step 选择 Pore pressure；选择区域；Point 1 distribution：User-defined

使用来自用户指定的输出数据库文件的节点孔隙压力输出来定义初始孔隙压力

用户可以使用来自之前 Abaqus/Standard 分析的输出数据库（.odb）文件中的具体步和增量的孔隙压力输出变量，来定义初始孔隙压力。文件扩展名是可选的，但只可以使用输出数据库文件。

对于相同的网格孔隙压力映射值，之前的模型和当前的模型必须定义得一致，包括节点编号，在两个模型中也必须一样。如果模型是以零件实例的装配方式来定义的，则零件实例的命名必须是一样的。

输入文件用法：*INITIAL CONDITIONS，TYPE=PORE PRESSURE，FILE=文件，STEP=步，INC=增量

Abaqus/CAE 用法：Load module：Create Predefined Field：Step：Initial：为 Category 选择 Other 以及为 Types for Selected Step 选择 Pore pressure；选择区域；Point 1 distribution：From output database file

为用户指定的输出数据库文件中的非类似孔隙压力映射值插值初始孔隙压力

对于非类似的孔隙压力映射，需要对其进行插值。可以采用插值孔隙压力单元集的方式，通过指定源区域来限制插值区域；也可以采用在其上投射孔隙压力节点集的方式，通过指定目标区域来限制插值区域。

输入文件用法：*INITIAL CONDITIONS，TYPE=PORE PRESSURE，FILE=文件，INTERPOLATE，STEP=步，INC=增量

*INITIAL CONDITIONS，TYPE=PORE PRESSURE，FILE=文件，INTERPOLATE，STEP=步，INC=增量，DRIVING ELSETS

Abaqus/CAE 用法：在 Abaqus/CAE 中不能指定插值孔隙压力值的区域。

在质量扩散分析中定义初始压应力

在 Abaqus/Standard 中，可以在质量扩散分析中的多个节点上指定初始压应力，$p \stackrel{def}{=} -\mathrm{trace}(\sigma)/3$（见“质量扩散分析”，《Abaqus 分析用户手册——分析卷》的 1.9 节）。

输入文件用法：*INITIAL CONDITIONS，TYPE=PRESSURE STRESS

Abaqus/CAE 用法：Abaqus/CAE 中不支持初始压应力的定义。

在用户指定的结果文件中定义初始压应力

用户可以将压应力的初始值定义成之前的 Abaqus/Standard 应力/位移分析（见“预定义场”，1.6 节）结果文件中的一个具体步和增量上存在的应力值。.fil 文件的使用扩展了此功能。当之前的模型或者当前的模型是以零件实例的装配形式进行定义时，不能从结果文件中读取压应力的初始值（“定义一个装配”，《Abaqus 分析用户手册——介绍、空间建模、

执行与输出卷》的 2.10.1 节)。

输入文件用法: * INITIAL CONDITIONS, TYPE=PRESSURE STRESS, FILE=文件, STEP=步, INC=增量

Abaqus/CAE 用法: Abaqus/CAE 中不支持初始压应力的定义。

在多孔介质中定义初始孔隙率

在 Abaqus/Standard 中,可以在多孔介质的节点上指定孔隙率 e 的初始值(见“耦合的孔隙流体扩散和应力分析”,《Abaqus 分析用户手册——分析卷》的 1.8.1 节)。可以通过从之前的输出数据库文件插值,直接将初始孔隙率定义成海拔相关的函数,或者通过用户子程序 VOIDRI 进行定义。

海拔相关的初始孔隙率

当为一个具体的节点集指定海拔相关的孔隙率时,假定竖直方向上的孔隙率(在三维和轴对称模型中假定为 z 方向,在二维模型中假定为 y 方向)是随着此竖直坐标而线性变化的。当为使用完全积分的一阶单元划分的区域指定孔隙率时,将孔隙率的节点值插值到单元的中心,并假定其在整个单元上是不变的。用户必须提供两对孔隙率和海拔值来定义整个节点集上的孔隙率。定义不变的孔隙率分布时,仅需输入第一个孔隙率值(忽略第二个孔隙率值和海拔值)。

输入文件用法: * INITIAL CONDITIONS, TYPE=RATIO

Abaqus/CAE 用法: Load module: Create Predefined Field: Step: Initial: 为 Category 选择 Other 以及为 Types for Selected Step 选择 Void ratio; 选择区域; Point 1 distribution: Uniform 或者选择分析场

在用户指定的输出数据库中定义孔隙率

用户可以在之前要求孔隙率输出的 Abaqus/Standard 土壤分析的输出数据库(.odb)文件中定义初始孔隙率。

输入文件用法: * INITIAL CONDITIONS, TYPE = RATIO, FILE = 文件, STEP = 步, INC=增量

Abaqus/CAE 用法: Load module: Create Predefined Field: Step: Initial: 为 Category 选择 Other 以及为 Types for Selected Step 选择 Void ratio; 选择区域; Point 1 distribution: From output database file

用用户指定的输出数据库中的值来插值初始孔隙率

当用户从之前的 Abaqus/Standard 土壤分析的输出数据库(.odb)文件中定义初始孔隙率时,可以通过指定要插值孔隙率的单元集的方式来指定源区域,以及指定要映射孔隙率在其上的节点集的方式来指定目标区域。

输入文件用法: * INITIAL CONDITIONS, TYPE=RATIO, INTERPOLATE, FILE = 文件, STEP = 步, INC = 增量, DRIVING ELSETS

Abaqus/CAE 用法: Abaqus/CAE 中不能指定要插值孔隙率的区域

在用户子程序 VOIDRI 中定义孔隙率

对于复杂的情况,可以通过用户子程序 VOIDRI 来定义孔隙率的初始值。在此情况下,

Abaqus/Standard 将在分析开始时，为模型中的每一个材料点调用子程序 VOIDRI。然后，用户可以在每一个点上将初始孔隙率定义为坐标、单元编号等的函数。

输入文件用法：*INITIAL CONDITIONS，TYPE=RATIO，USER

Abaqus/CAE 用法：Load module：Create Predefined Field：Step：Initial：为 Category 选择 Other 以及为 Types for Selected Step 选择 Void ratio；选择区域；Point 1 distribution：User-defined

为膜单元定义参考网格

在 Abaqus/Explicit 中，可以为膜单元定义参考网格（初始计量）。在有限元气囊仿真中，模拟气囊折叠过程所产生的褶皱是特别有用的。平坦的网格适用于无应力的参考构型；通过定义折叠状态的初始值，则可以得到折叠网格。定义一个与初始构型不同的参考构型，可能会导致初始构型中基于材料定义的非零应力和应变。如果为一个单元指定了参考网格，则忽略任何为该单元指定的初始应力或者应变条件。

如果在膜单元中定义了加强筋层，则对在参考构型中定义的角度方向进行更新，以得到与初始构型相同的方向。

用户可以使用单元编号和单元中的节点坐标，或者节点编号和节点的坐标来定义参考网格。必须为两种方案指定单元中所有节点的坐标，以得到该单元的有效初始条件。两种备选方案是相互排斥的。

输入文件用法：使用单元编号和所有单元节点的坐标来定义参考网格：

*INITIAL CONDITIONS，TYPE=REF COORDINATE

使用节点编号和节点坐标来定义参考网格：

*INITIAL CONDITIONS，TYPE=NODE REF COORDINATE

Abaqus/CAE 用法：Abaqus/CAE 中不支持膜单元参考网格的定义。

定义初始相对密度

用户可以为多孔金属塑性材料模型（见“多孔金属塑性”，《Abaqus 分析用户手册——材料卷》的 3.2.9 节）或者状态方程（见“状态方程”，《Abaqus 分析用户手册——材料卷》的 5.2.1 节）指定相对密度的初始值。

输入文件用法：*INITIAL CONDITIONS，TYPE=RELATIVE DENSITY

Abaqus/CAE 用法：Abaqus/CAE 中不支持初始相对密度的定义。

定义初始角速度和平移速度

用户可以采用定义角速度和平移速度的方法来定义初始速度。通常使用此类型的初始条件定义旋转机械部件的初始速度，如喷气式发动机的初始速度。通过给出角速度 $\boldsymbol{\omega}$、转动轴（从 $\boldsymbol{X}^a$ 上的点 a 到 $\boldsymbol{X}^b$ 上的点 b 进行定义）和平动速度 $\boldsymbol{v}^g$ 来指定初始速度。节点 N 在 $\boldsymbol{X}^N$ 上的初始速度为

$$\boldsymbol{v}^N=\boldsymbol{v}^g+\boldsymbol{\omega}\frac{\boldsymbol{X}^b-\boldsymbol{X}^a}{|\boldsymbol{X}^b-\boldsymbol{X}^a|}(\boldsymbol{X}^N-\boldsymbol{X}^a)$$

输入文件用法：*INITIAL CONDITIONS，TYPE=ROTATING VELOCITY

Abaqus/CAE 用法：Load module：Create Predefined Field：Step：Initial：为 Category 选择 Mechanical 以及为 Types for Selected Step 选择 Velocity

为多孔介质定义初始饱和度

在 Abaqus/Standard 中，可以为耦合的孔隙流体扩散/应力分析中的单元定义初始饱和度 *s*（见“耦合的孔隙流体扩散和应力分析”，《Abaqus 分析用户手册——分析卷》的 1.8.1 节）。

输入文件用法：*INITIAL CONDITIONS，TYPE=SATURATION

Abaqus/CAE 用法：Load module：Create Predefined Field：Step：Initial：为 Category 选择 Other 以及为 Types for Selected Step 选择 Saturation

定义求解相关的状态变量的初始值

用户可以定义求解相关的状态变量的初始值（见“用户子程序：概览”，《Abaqus 分析用户手册——分析卷》的 13.1 节）。在 Abaqus/Standard 中，可以通过用户子程序 SDVINI 直接定义状态变量的初始值，该值将均匀地施加在单元上。

输入文件用法：*INITIAL CONDITIONS，TYPE=SOLUTION

Abaqus/CAE 用法：Abaqus/CAE 中不支持求解相关的状态变量初始值的定义。

为加强筋定义求解相关的状态变量的初始值

用户可以为单元中的加强筋定义求解相关的状态变量的初始值。在“将加强筋定义成一个单元属性”（《Abaqus 分析用户手册——介绍、空间建模、执行与输出卷》的 2.2.4 节）中对加强筋进行了讨论。

输入文件用法：*INITIAL CONDITIONS，TYPE=SOLUTION，REBAR

Abaqus/CAE 用法：Abaqus/CAE 中不支持求解相关的状态变量初始值的定义。

在用户子程序 SDVINI 中定义求解相关的状态变量的初始值

对于 Abaqus/Standard 中的复杂情况，可以使用用户子程序 SDVINI 来定义求解相关的状态变量的初始值。在此情况下，Abaqus/Standard 将在分析开始时，为模型中的每一个材料点调用子程序 SDVINI。然后，用户可以在每一个点上将所有求解相关的状态变量定义为坐标、单元编号等的函数。

输入文件用法：*INITIAL CONDITIONS，TYPE=SOLUTION，USER

Abaqus/CAE 用法：Abaqus/CAE 中不支持用户子程序 SDVINI。

为状态方程定义初始比能

在 Abaqus/Explicit 中，可以为状态方程定义比能的初始值（见“状态方程”，《Abaqus 分析用户手册——材料卷》的 5.2.1 节）。

输入文件用法：*INITIAL CONDITIONS，TYPE=SPECIFIC ENERGY

Abaqus/CAE 用法：Abaqus/CAE 中不支持初始比能的定义。

定义桩靴基础埋入或者桩靴基础预加载

在 Abaqus/Standard 中，可以定义桩靴基础埋入的初始值，也可以定义桩靴基础垂直预

加载的初始值（见“弹塑性连接”，《Abaqus 分析用户手册——单元卷》的 6.10.1）。

输入文件用法：使用下面选项中的一个：

*INITIAL CONDITIONS，TYPE=SPUD EMBEDMENT

*INITIAL CONDITIONS，TYPE=SPUD PRELOAD

Abaqus/CAE 用法：Abaqus/CAE 中不支持初始桩靴基础埋入和预加载的定义。

定义初始应力

用户可以定义初始应力场。可以直接定义初始应力，或者在 Abaqus/Standard 中通过用户子程序 SIGINI 进行定义。直接定义的应力值将在单元上均匀地施加，除非在壳单元厚度上的每一个截面点上对其进行定义。

如果定义了局部坐标系（见“方向”，《Abaqus 分析用户手册——介绍、空间建模、执行与输出卷》的 2.2.5 节），则必须在局部坐标系中定义应力。

在土壤（多孔介质）问题中，应当给出初始有效应力。在多孔介质中定义初始条件的内容，见“耦合的孔隙流体扩散和应力分析”（《Abaqus 分析用户手册——分析卷》的 1.8.1 节）。

如果梁单元或者壳单元的截面属性是通过通用截面来定义的，则初始应力值是作为初始截面力和力矩施加的。在梁中，只能为轴向力、弯曲力矩和扭转力矩定义初始条件；在壳中，只能为膜力、弯曲力矩和扭转力矩定义初始条件。在壳和梁中，都不能为横向剪切力定义初始条件。

不能为弹簧单元定义初始应力场。在弹簧单元中定义初始应力的内容见“弹簧”（《Abaqus 分析用户手册——单元卷》的 6.1.1 节）。

不能对使用织物材料的单元定义初始应力场。但是，可以通过定义参考网格来将初始应力和应变状态引入由膜单元组成的织物材料中（见上文中的“为膜单元定义参考网格”）。

输入文件用法：*INITIAL CONDITIONS，TYPE=STRESS

Abaqus/CAE 用法：Load module：Create Predefined Field：Step：Initial：为 Category 选择 Mechanical 以及为 Types for Selected Step 选择 Stress

定义加强筋的初始应力

用户可以为单元中的加强筋定义初始应力（见“将加强筋定义成一个单元属性”，《Abaqus 分析用户手册——介绍、空间建模、执行与输出卷》的 2.2.4 节）。

输入文件用法：*INITIAL CONDITIONS，TYPE=STRESS，REBAR

Abaqus/CAE 用法：Abaqus/CAE 中不支持加强筋初始应力的定义。

定义在壳单元厚度上变化的初始应力

用户可以在壳单元厚度上的每一个截面点上定义初始应力。

输入文件用法：*INITIAL CONDITIONS，TYPE=STRESS，SECTION POINTS

Abaqus/CAE 用法：Abaqus/CAE 中不支持在壳单元厚度上定义变化的初始应力。

在用户子程序 SIGINI 中定义初始应力

对于 Abaqus/Standard 中的复杂情况（如拐角单元），可以通过用户子程序 SIGINI 来定义初始应力场。在此情况下，Abaqus/Standard 将在分析开始时，为模型中的每一个材料点调用子程序 SIGINI。然后，用户可以在每一个点上将所有有效的应力定义为坐标、单元编号

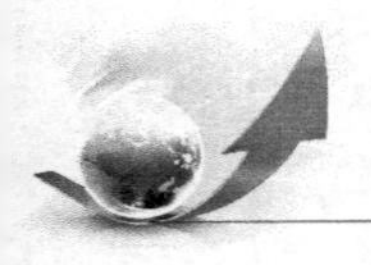

等的函数。

输入文件用法：*INITIAL CONDITIONS，TYPE=STRESS，USER

Abaqus/CAE 用法：Abaqus/CAE 中不支持用户子程序 SIGINI。

使用用户指定的输出数据库文件的应力输出来定义初始应力

用户可以使用之前的 Abaqus/Standard 分析输出数据库（.odb）文件中的特定步和增量的应力输出变量来定义初始应力。

在此情况下，之前的模型和当前模型的定义必须一致。两个模型中的单元编号和单元类型必须相同。如果模型是以零件实例的装配形式定义的，则零件实例的命名必须是一样的。

文件扩展名是可选的，但只能使用输出数据库文件。

输入文件用法：*INITIAL CONDITIONS，TYPE=STRESS，FILE=文件，STEP=步，INC=增量

Abaqus/CAE 用法：Load module：Create Predefined Field：Step：Initial：为 Category 选择 Mechanical 以及为 Types for Selected Step 选择 Stress；选择区域；Specification：From output database file

在 Abaqus/Standard 中建立平衡

当在 Abaqus/Standard 中给出初始应力时（包括加强混凝土中的预应力，或者将旧的解插值到新的网格中），初始应力状态可能不能与有限元模型的状态恰好平衡。这样，如果有必要的话，应当包括一个初始步来允许 Abaqus/Standard 检查平衡并迭代以达到平衡。

在土壤分析中（即对于模型包含的单元，将孔隙流体压力作为一个变量），自重应力场过程（“自重应力状态”，《Abaqus 分析用户手册——分析卷》的 1.8.2 节）应当在平衡步中使用。任何对初始平衡有贡献的初始载荷（如自重载荷）均应当包括在此步定义中。在此步中指定的初始时间增量和总时间应当是相同的。在零时间上完全施加初始应力，如果可以达到平衡，则此步将在一个增量下收敛。这样对此增量没有益处。

要使所有其他分析都达到平衡，应当使用静态过程的一个初始步（“静态应力分析”，《Abaqus 分析用户手册——分析卷》的 1.2.2 节）。推荐用户将初始时间增量定义成等于此步的总时间，这样 Abaqus/Standard 将尝试在一个增量下找到平衡。默认情况中，Abaqus/Standard 将在第一个步上逐渐减小不平衡应力；如果在一个增量下不能达到平衡，则线性地减小允许 Abaqus/Standard 使用的增量。采用以下方式实现线性变化：

1）在每一个材料点上定义人为应力的附加集合。这些应力的大小等于初始应力，方向则与初始应力相反。材料点应力与这些人为应力的和在步开始时创建零内力。

2）内部人为应力在第一个步的时间中是线性逐渐消失的。这样，在步结束时，已经完全去除了人为应力，并且材料中保留的应力将使总应力状态达到平衡。

用户可以通过使用初始条件中的步变量来强制 Abaqus/Standard 在一个增量下达到平衡，代替在整个步上线性地逐渐减小应力，来消除步的不平衡应力。如果 Abaqus/Standard 不能在一个增量下达到平衡，则分析将终止。

如果平衡步不能收敛，则表明施加载荷后的初始应力状态远达不到平衡，以至于将产生明显的大变形。这通常不是定义初始应力状态的本意，此时用户应当重新检查所指定的初始应力和载荷。

输入文件用法：使用下面的一个选项来指定应该如何消除不平衡应力：

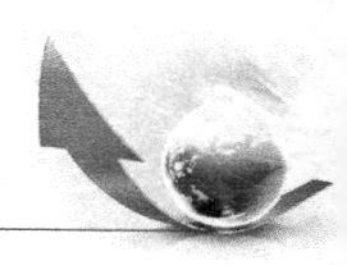

* INITIAL CONDITIONS, TYPE=STRESS,
UNBALANCED STRESS=RAMP（默认的）
* INITIAL CONDITIONS, TYPE=STRESS,
UNBALANCED STRESS=STEP

Abaqus/CAE 用法：Abaqus/CAE 中不支持初始平衡应力。

在 Abaqus/Explicit 中建立平衡

Abaqus/Explicit 考虑初始构型中的初始应力、载荷和边界条件，在节点上计算初始加速度。对于初始静态问题，所指定的边界条件、初始应力和初始载荷应当与静态平衡时一致。否则，很可能得到“噪声”解。可以通过引入具有临时黏性的载荷来尝试重新建立静态平衡，从而降低噪声。另外，用户可以引入一个初始短步，在其中使用边界条件固定所有自由度（在此初始步中，应当包括所有初始载荷）；在另外一个步中，释放实际边界条件以外的所有边界条件。

定义与海拔相关的（自重）初始应力

用户可以定义与海拔相关的初始应力。当为具体单元集定义了自重应力状态时，假定竖直方向上的应力（假定为三维和轴对称模型中的 z 方向，二维模型中的 y 方向）随着竖直坐标线性（分段）变化。

对于竖直应力分量，用户必须给出两对应力值和海拔值，用来在整个单元集上定义应力。对于位于两个给定海拔值之间的材料点，Abaqus 将使用线性插值来确定初始应力；对于位于两个给定海拔值之外的点，Abaqus 将使用线性外推。此外，水平（侧）应力分量是通过输入一个或者两个“侧应力系数”来给定的，此应力分量将侧方向应力分量定义成点上的竖直应力乘以系数。在轴对称的情况下，只使用侧向应力的一个系数值，因此只需要输入一个值。

自重初始应力仅用于连续单元。在 Abaqus/Standard 中，如前面所解释的那样，应当在用户子程序 SIGINI 中为梁和壳定义海拔相关的初始应力。在 Abaqus/Explicit 中，则不能为梁和壳定义海拔相关的初始应力。

最初指定的自重应力状态，应当与施加的载荷（如重力）和边界条件相平衡。应当包括一个初始步来允许 Abaqus 在此插值完成后检查平衡。

输入文件用法：* INITIAL CONDITIONS, TYPE=STRESS, GEOSTATIC

Abaqus/CAE 用户：Load module：Create Predefined Field：Step：Initial：为 Category 选择 Mechanical 以及为 Types for Selected Step 选择 Geostatic stress

定义初始温度

用户可以在热传导或者应力/位移单元的节点上定义初始温度。应力/位移单元的温度可以在分析过程中发生改变（见“预定义场”，1.6 节）。

初始温度的定义必须与单元和附近单元的截面定义兼容，如“预定义场”，（1.6 节）中所解释的那样。

输入文件用法：* INITIAL CONDITIONS, TYPE=TEMPERATURE

Abaqus/CAE 用法：Load module：Create Predefined Field：Step：Initial：为 Category 选择

Other 以及为 Types for Selected Step 选择 Temperature

定义用户指定的结果或者输出数据库文件的初始温度

用户可以在节点上将初始温度定义成之前的 Abaqus/Standard 热传导分析的结果或者输出数据库文件中的特定步和增量上的节点温度值（见“预定义场”，1.6 节）。

需要来自之前分析的零件（.prt）文件，从结果或者输出数据库文件（见“定义一个装配”，《Abaqus 分析用户手册——介绍、空间建模、执行与输出卷》的 2.10.1 节）中读取初始温度。之前的模型和当前的模型都必须以零件实例装配的方式进行相同的定义；节点编号必须是相同的，零件实例命名也必须是相同的。

文件的扩展名是可选的；然而，如果结果和输出数据库文件都存在，则使用结果文件。

输入文件用法：* INITIAL CONDITIONS，TYPE=TEMPERATURE，FILE=文件，
STEP=步，INC=增量

Abaqus/CAE 用法：Load module：Create Predefined Field：Step：Initial：为 Category 选择 Other 以及为 Types for Selected Step 选择 Temperature：选择区域：Distribution：From results or output database file，File name：文件，Step：步，以及 Increment：增量

从用户指定的结果或者输出数据库文件中为不同的网格插值初始温度

当热传导分析的网格与后续应力/位移分析的网格不同时，Abaqus 可以从未变形的热传导模型的节点插值温度值得到当前的节点温度。此技术也可以用于网格匹配，除了分析之间的节点编号或者零件实例命名不同的情况。只可以使用来自同一输出数据库文件的温度来插值；Abaqus 将自动搜寻 .odb 扩展名。如果分析模型是以零件实例的装配形式定义的，则需要使用来自之前分析的零件（.prt）文件（见“定义一个装配”，《Abaqus 分析用户手册——介绍、空间建模、执行与输出卷》的 2.10.1 节）。

输入文件用法：* INITIAL CONDITIONS，TYPE=TEMPERATURE，INTERPOLATE，
FILE=文件，STEP=步，INC=增量

Abaqus/CAE 用法：Load module：Create Predefined Field：Step：分析步：为 Category 选择 Other 以及为 Types for Selected Step 选择 Temperature：选择区域：Distribution：From results or output database file，File name：文件，Mesh compatibility：Incompatible

为具有用户指定区域的不同网格插值初始温度

当热传导分析中的单元区域是接近的或者相接触时，非类似网格的插值功能可以产生近似的温度相关性。例如，分析当前模型中位于或者接近热传导模型中两个相邻零件之间边界节点，并假设这些零件的温度是不同的情况。当插值时，Abaqus 将从热传导分析中确定一个相应的在此节点边界上的父单元。此父单元标识符是使用以容差为基础的搜索方法实现的。这样，在此例中，可能在相邻零件中的任意一个零件中找到父单元，从而产生节点上的近似温度定义。用户可以通过定义插值温度的源区域来去除此近似性。源区域涉及热传导分析，并且通过一个单元集来定义。目标区域涉及当前分析并且通过一个节点集来定义。

输入文件用法：* INITIAL CONDITIONS，TYPE=TEMPERATURE，INTERPOLATE，
FILE=文件，STEP=步，INC=增量，DRIVING ELSETS

Abaqus/CAE 用法：Abaqus/CAE 中不能指定插值温度的区域。

为仅在单元阶数上与用户指定的结果或者输出数据库文件的网格不同的网格插值初始温度

如果网格上的差异仅是单元阶数不同（热传导模型中的一阶单元和应力/位移模型中的二阶单元），则在 Abaqus/Standard 中，用户可以注明二阶单元中的中间节点温度，是从前面使用的一阶单元的热传导分析结果或者输出数据库文件中读取的角节点温度插值得到的。用户必须确保所定义的角节点温度不是混合使用直接数据输入和从结果或者输出数据库文件中读取的数据，因为这样可能产生不真实的温度场中间节点温度。在实际中，当在应力分析过程中为整个网格从结果和输出数据库读取热传导分析生成的温度时，计算中间节点温度的功能是非常有用的。一旦激活了中间节点功能，则剩下的分析将保持激活此功能，包括用来定义在分析中改变温度的任何预定义温度场。一般插值和中间节点功能是相互排斥的。

输入文件用法：* INITIAL CONDITIONS，TYPE = TEMPERATURE，MIDSIDE，
FILE = 文件，STEP = 步，INC = 增量

Abaqus/CAE 用法：Load module：Create Predefined Field：Step：Initial：为 Category 选择 Other 以及为 Types for Selected Step 选择 Temperature：选择区域：Distribution：From results or output database file，File name：文件，Step：步，Increment：增量，Mesh compatibility：Compatible，并且切换打开 Interpolate midside nodes

为指定的自由度定义初始速度

用户可以为指定的自由度定义初始速度。当为动力学分析指定初始速度时，它们应当由模型上的所有约束组成，特别是时间相关的边界条件。Abaqus 将确保它们是由边界条件、多点约束和方程约束组成的，但是将不检查内部约束的一致性，如材料的不可压缩性。在互相抵触的情况中，边界条件优先于初始条件。

必须在整体方向上定义初始速度，而不管是否使用局部坐标转换（“转换坐标系”，《Abaqus 分析用户手册——介绍、空间建模、执行与输出卷》的 2.1.5 节）。

输入文件用法：* INITIAL CONDITIONS，TYPE = VELOCITY

Abaqus/CAE 用法：Load module：Create Predefined Field：Step：Initial：为 Category 选择 Mechanical 以及为 Types for Selected Step 选择 Velocity

为欧拉单元定义初始体积分数

可以在 Abaqus/Explicit 中定义初始体积分数来创建欧拉单元中的材料。默认情况下，这些单元是空填充的。对于初始欧拉材料的策略描述，见“欧拉分析：概览”中的“初始条件”（《Abaqus 分析用户手册——分析卷》的 9.1.1 节）。

输入文件用法：* INITIAL CONDITIONS，TYPE = VOLUME FRACTION

Abaqus/CAE 用法：Load module：Create Predefined Field：Step：Initial：为 Category 选择 Other 以及为 Types for Selected Step 选择 Material Assignment

从外部文件中读取输入数据

初始条件定义的输入数据可以包含不同的文件。这些文件名的语法见“输入语法准则”

(《Abaqus 分析用户手册——介绍、空间建模、执行与输出卷》的 1.2.1 节)。

输入文件用法：*INITIAL CONDITIONS, INPUT=文件名称

Abaqus/CAE 用法：Abaqus/CAE 中不能从单独的文件中读取初始条件。

与运动约束兼容

Abaqus 不保证初始条件与不是速度的节点量的多点约束或者方程约束（见“通用多点约束”，2.2.2 节和“线性约束方程”，2.2.1 节）是兼容的。节点量上的初始条件，如热传导分析中的温度、土壤分析中的孔隙压力，或者声学分析中的声压力必须指定成与任何多点约束或者控制这些量的方程约束兼容。

空间插值方法

当用户采用在非类似的网格之间插值的方法来定义初始条件时，Abaqus 将从旧网格的节点把结果插值到新网格中的节点。对于每一个节点：

1）找到节点位置的单元（旧网格中），并得到该单元中的节点位置（此过程假定新网格中的所有节点都位于旧网格中的边界上，如果不是如此，则发出警告信息）。

2）从单元的节点（在旧单元中）插值到新的节点来初始条件值。

1.2.2 Abaqus/CFD 中的初始条件

产品：Abaqus/CFD　　Abaqus/CAE

参考

- “指定条件：概览”，1.1.1 节
- “使用预定义场编辑器”，《Abaqus/CAE 用户手册》的 16.11 节

概览

在 Abaqus/CFD 中，使用单元集来指定流体流动仿真的初始条件。

定义初始速度

用户可以定义单元中的初始流体流动；然而，如果忽略了此条件，则假定一个默认的零值。必须在整体方向上定义初始速度，而不管是否使用局部坐标转换（见“转换坐标系”，《Abaqus 分析用户手册——介绍、空间建模、执行与输出卷》的 2.1.5 节）。

对于不可压缩的流体，Abaqus/CFD 自动使用用户定义的边界条件，并测试所指定的速

度来确认初始速度场是无发散的，而且速度边界条件与初始速度场是兼容的。如果它们不兼容，则将初始速度投射到无发散的子空间中，产生一个定义适当的不可压缩的 Navier-Stokes 问题的初始条件。这样，在某些环境中，用户定义的初始速度可以使用无发散的且与速度边界条件匹配的速度来覆盖。

输入文件用法：*INITIAL CONDITIONS，TYPE=VELOCITY，ELEMENT AVERAGE

Abaqus/CAE 用法：Load module：Create Predefined Field：Step：Initial：Category：Fluid：Fluid velocity

定义初始密度

用户可以在单元中定义流体的初始密度。然而，如果忽略了初始条件，则假定将材料密度定义为默认值（见“密度”，《Abaqus 分析用户手册——材料卷》的 1.2.1 节）。类似的，如果在不包括所有流体单元的单元集上定义了初始密度，则那些不包含在单元集中的单元材料密度为默认值。

输入文件用法：*INITIAL CONDITIONS，TYPE=DENSITY，ELEMENT AVERAGE

Abaqus/CAE 用法：Load module：Create Predefined Field：Step：Initial：Category：Fluid：Fluid density

不可压缩流体流动的初始压力

对于不可压缩的流体，没有必要指定初始压力条件，因为初始压力场是根据初始速度场和边界条件自动计算得到的。为了确保不可压缩流动的正确开始而执行此计算。

定义初始温度

如果求解了能量方程，则必须定义单元中流体的初始温度。

输入文件用法：*INITIAL CONDITIONS，TYPE=TEMPERATURE，ELEMENT AVERAGE

Abaqus/CAE 用法：Load module：Create Predefined Field：Step：Initial：Category：Fluid：Fluid thermal energy

为流体流动定义 Spalart-Allmaras 湍流涡流黏性的初始值

如果 Spalart-Allmaras 湍流模型是有效的，则用户必须指定一个大于零，并且约为运动黏度 3~4 倍的 Spalart-Allmaras 湍流涡流黏性初始值。运动黏度是流体黏度与密度的比值（$\nu=\eta/\rho$）。更详细的信息见“黏性”（《Abaqus 分析用户手册——材料卷》的 6.1.4 节）。

输入文件用法：*INITIAL CONDITIONS，TYPE=TURBNU，ELEMENT AVERAGE

Abaqus/CAE 用法：Load module：Create Predefined Field：Step：Initial：Category：Fluid：Fluid turbulence；Eddy viscosity：$\tilde{\nu}$

定义流体流动的初始 k 和 ε 值

如果 RNGk-ε 湍流模型是有效的，则需要定义 k 和 ε 的初始值。k 和 ε 的值必须大于零。可以由湍流密度的值和下述初始湍流涡流黏性得到近似初始条件。

湍流动能的计算公式为

$$k=\frac{3u'^2}{2}$$

式中，u'是特征速度系数，它是湍流强度 I 与流体特征速度 U_∞ 的积，即

$$I=\frac{u'}{U_\infty}$$

这样，湍流动能 k 的初始值，可以根据特征速度和湍流强度按下式进行计算

$$k=\frac{3U_\infty^2 I^2}{2}$$

湍流动能耗散率 ε 的初始值可以由已知的/假设的湍流涡流黏度 ν_T 得到，即

$$\varepsilon=C_\mu\frac{k^2}{\nu_T}$$

式中，C_μ 是 k-ε 湍流模型系数；ν_T 是流体的运动黏度。

输入文件用法：使用以下选项指定初始湍流动能：

*INITIAL CONDITIONS，TYPE=TURBKE，ELEMENT AVERAGE

使用以下选项指定初始湍流动能耗散率：

*INITIAL CONDITIONS，TYPE=TURBEPS，ELEMENT AVERAGE

Abaqus/CAE 用法：Load module：Create Predefined Field：Step：Initial：Category：Fluid：Fluid turbulence；Turbulent kinetic energy：k，Dissipation rate：ε

1.3 边界条件

1.3.1 Abaqus/Standard 和 Abaqus/Explicit 中的边界条件

产品：Abaqus/Standard　Abaqus/Explicit　Abaqus/CAE

参考

- “在 Abaqus 中定义一个模型”，《Abaqus 分析用户手册——介绍、空间建模、执行与输出卷》的 1.3.1 节
- “指定条件：概率，” 1.1.1 节
- “VDISP”，《Abaqus 用户子程序参考手册》的 1.2.1 节
- “DISP”，《Abaqus 用户子程序参考手册》的 1.1.4 节
- *BOUNDARY
- “使用边界条件编辑器”，《Abaqus/CAE 用户手册》的 16.10 节

概览

边界条件：

- 可以用来指定节点上所有基本求解变量的值（位移、转动、翘曲幅度、流体压力、孔隙压力、温度、电位、归一化浓度、声压或者连接器材料流动）。
- 可以作为“模型”输入数据的形式给出（在 Abaqus/CAE 的初始步中），来定义零赋值的边界条件。
- 可以作为“历史”输入数据的形式给出（在一个分析步中），来添加、更改、删除零赋值的或者非零的边界条件。
- 可以由用户通过 Abaqus/Standard 的子程序 DISP 和 Abaqus/Explicit 的子程序 VDISP 来定义。

可以类似于指定边界条件的方法来指定连接器单元中的相对运动。更多详细的信息见“连接器作动”（《Abaqus 分析用户手册——单元卷》的 5.1.3 节）。

将边界条件指定成模型数据

只有零赋值的边界条件可以指定成模型数据（即，在 Abaqus/CAE 中的初始步中）。用户可以指定使用“直接”或者“类型”格式的数据。如下面所描述的那样，“类型”格式是应力/位移分析中方便地指定常用类型边界条件的方法。“直接”格式则用于其他分析类型中。

对于“直接”和“类型”两种格式，用户需指定边界条件施加和约束自由度的模型区域。对于 Abaqus 中使用的自由度，见“约定”（《Abaqus 分析用户手册——介绍、空间建模、执行与输出卷》的 1.2.2 节）。

用户可以在分析步过程中更改或删除指定成模型数据的边界条件。

输入文件用法：* BOUNDARY

可以使用任何数量的数据行来指定边界条件，并且在应力/位移分析中，“直接”和“类型”格式的数据都可以使用一个单独使用的 * BOUNDARY 选项来指定。

Abaqus/CAE 用法：Load module：Create Boundary Condition：Step：Initial

使用“直接”格式

用户可以选择直接输入要约束的自由度。

输入文件用法：可以指定一个单独的自由度，或者自由度范围内的第一个和最后一个自由度。

* BOUNDARY

节点或者节点集，自由度

* BOUNDARY

节点或者节点集，第一个自由度，最后一个自由度

例如，

* BOUNDARY

EDGE，1

表明节点集 EDGE 中的所有节点在自由度 1（u_x）上受到约束，

而数据行

EDGE，1，4

表明节点集 EDGE 中的所有节点在自由度 1~4（u_x，u_y，u_z，ϕ_x）上受到约束。

Abaqus/CAE 用法：Load module：Create Boundary Condition：Step：Initial

使用以下选项中的一个：

Category：Mechanical；Displacement/Rotation，Velocity/Angular velocity，或者 Acceleration/Angular acceleration；选择区域并切换打开单个自由度或者多个自由度

Category：Electrical/Magnetic；Electric potential；选择区域

Category：Other；Temperature，Pore pressure，Mass concentration，Acoustic pressure，或者 Connector material flow；选择区域

如果为壳区域指定温度边界条件，则可以输入多个（11~31 个）自由度

在应力/位移分析中使用“类型”格式

用户可以指定边界条件的“类型”来替代自由度。下面的边界条件“类型”在 Abaqus/Standard 和 Abaqus/Explicit 中都是可用的：

XSYMM　　关于一个 X=常数的平面对称（自由度 1、5、6=0）。

YSYMM　　关于一个 Y=常数的平面对称（自由度 2、4、6=0）。

ZSYMM　　关于一个 Z=常数的平面对称（自由度3、4、5=0）。

ENCASTRE　完全内置（自由度1、2、3、4、5、6=0）。

PINNED　销接（自由度1、2、3=0）。

以下边界条件类型仅在Abaqus/Standard中可用：

XASYMM　　关于一个 X=常数的平面反对称（自由度2、3、4=0）。

YASYMM　　关于一个 Y=常数的平面反对称（自由度1、3、5=0）。

ZASYMN　　关于一个 Z=常数的平面反对称（自由度1、2、6=0）。

注意：在涉及有限转动的分析中，在节点上指定边界条件时，至少应该约束两个转动自由度。否则，节点上所指定的转动可能不是用户期望的那样。因此，反对称边界条件通常不应当用在包含有限转动的问题中。

NOWARP　　防止节点上肘截面的翘曲。

NOOVAL　　防止节点上肘截面的椭圆化。

NODEFORM　防止节点上的所有横截面的变形（翘曲、椭圆化和均匀的径向膨胀）

NOWARP、NOOVAL和NODEFORM类型只应用于肘单元（"具有变形横截面的管和管弯：肘单元"，《Abaqus分析用户手册——单元卷》的3.5.1节）。

例如，对节点集EDGE施加XSYMM类型的边界条件，表明节点集与 X 轴垂直（如果在这些节点上施加节点平移，则作用于整体 X 轴或者局部 X 轴）的对称平面上。此边界条件与使用节点集EDGE中的自由度1、5和6的直接格式是一样的，因为关于 X=常数的平面对称说明 $u_x=0$，$\phi_y=0$ 且 $\phi_z=0$。

使用"类型"边界条件进行约束的自由度一旦成为模型数据，就不能再通过使用"直接"格式的边界条件来将约束更改成模型数据。以此方式更改约束将产生数据（.dat）文件中的错误，表示模型数据中存在相互抵触的边界条件。

输入文件用法：* BOUNDARY

　　节点或者节点集，边界条件类型

Abaqus/CAE用法：Load module：Create Boundary Condition：Step：Initial：Symmetry/Antisymmetry/Encastre：选择区域并切换打开边界条件类型

为扩展单元在虚拟节点上指定边界条件

对于一个扩展单元（见"使用扩展的有限元方法将不连续模拟成扩展特征"，《Abaqus分析用户手册——分析卷》的5.7节），用户可以在一个与所指定真实节点原始位置重合的虚拟节点上指定边界条件。

输入文件用法：使用以下选项在一个与所指定的真实节点原始位置重合的虚拟节点上指定边界条件：

　　* BOUNDARY，PHANTOM=NODE

　　节点编号，第一个自由度，最后一个自由度

Abaqus/CAE用法：Abaqus/CAE中不支持在虚拟节点上为扩展单元指定边界条件。

指定边界条件为历史数据

用户可以在一个分析步中使用"直接"或者"类型"格式来指定边界条件。作为模型

数据的边界条件，“类型”格式仅可以用于应力/位移分析中，而“直接”格式可以用于多种分析类型中。

当使用“直接”格式时，可以将边界条件定义成某些变量的总值，或者在应力/位移分析中，定义为一个变量的速度或加速度值。

在一个步中可以根据需要定义尽可能多的边界条件。

输入文件用法：* BOUNDARY

Abaqus/CAE 用法：Load module：Create Boundary Condition：Step：*analysis_ step*

使用“直接”格式

“直接”格式适用于定义了边界条件、指定了自由度（Abaqus 中所使用的自由度编号见“约定”，《Abaqus 分析用户手册——介绍、空间建模、执行与输出卷》的 1.2.2 节）和边界条件大小的模型区域。如果未指定大小，则相当于指定的大小为零。

在应力/位移分析中，可以定义速度-时间关系，或者加速度-时间关系。默认为定义位移-时间关系。

输入文件用法：使用以下任何一个选项来指定位移-时间关系：

* BOUNDARY or * BOUNDARY，TYPE = DISPLACEMENT

节点或者节点集，自由度，大小

节点或者节点集的第一个自由度，最后一个自由度，大小

使用以下选项指定速度-时间关系（数据行如上面的一样）

* BOUNDARY，TYPE = VELOCITY

使用以下选项指定加速度-时间关系（数据行如上面的一样）

* BOUNDARY，TYPE = ACCELERATION

例如：

* BOUNDARY，TYPE = VELOCITY

EDGE，1，1，0.5

说明节点集 EDGE 中的所有节点在自由度 1（u_x）上具有指定的速度大小（0.5）。

Abaqus/CAE 用法：Load module：Create Boundary Condition：Step：*analysis_ step*：

选择以下类型中的一个：

Category：Mechanical；Displacement/Rotation；选择区域；Distribution：Uniform 或者选择分析场或离散的场；切换打开单个自由度或者多个自由度；大小

Category：Mechanical；Velocity/Angular velocity 或 Acceleration/Angular acceleration；选择区域；Distribution：Uniform 或者选择分析场；切换打开单个自由度或者多个自由度；大小

Category：Electrical/Magnetic；Electric potential；选择区域；Distribution：Uniform 或者选择分析场；Method：Specify magnitude；大小

Category：Other；Temperature，Pore pressure，Mass concentration，Acoustic pressure，或 Connector material flow；选择区域；Distribution：

Uniform 或者选择分析场；Method：Specify magnitude；大小

为壳区域定义温度边界条件时，可以输入多个包含的自由度（11~31），具有包容性。

定义位移

在 Abaqus/Standard 中，用户可以定义位移中的阶跃。例如，可以使用一个位移类型的边界条件在节点集 EDGE 中的节点自由度1（u_x）上定义位移大小为0.5。在另外一个步中，可以通过在节点集 EDGE 的自由度 1 中定义位移大小为 1.0，使这些节点再移动 0.5 的长度单位（达到 1.0 的总位移）。在下一步中的自由度 1 中指定位移大小为 0（或者省略大小），将使节点集 EDGE 中的节点返回其原始位置。

相比较而言，Abaqus/Explicit 不允许定义位移和转动的阶跃。位移中和转动自由度中的位移边界条件是以增量的方式，使用线性赋值曲线来定义的。如果没有指定幅值，则 Abaqus/Explicit 将忽略用户提供的位移值，并强行施加零速度的边界条件。

位移必须在跨越步上保持连续。如果定义了赋值曲线，当为赋值定义使用步时间时，可以在步边界上定义位移中的阶跃，但该定义是无效的。如果定义了阶跃，则 Abaqus/Explicit 将忽略位移中这样的阶跃。

在应力/位移分析中使用“类型”格式

可以采用与上面针对模型数据所讨论的相同方式，指定边界条件的类型（成为以时间为基础的数据），来替代自由度。以时间为基础的数据可以使用的边界条件“类型”，与模型数据可以使用的边界类型是一样的。

一旦使用作为以时间为基础的数据的“类型”边界条件约束了自由度，就不能通过使用“直接”格式的边界条件来更改约束。删除了所有前面施加的使用“类型”格式定义的边界条件之后，仅可以通过使用“直接”格式的边界条件来重新定义约束。

输入文件用法：* BOUNDARY

节点或者节点集，边界条件类型

Abaqus/CAE 用法：Load module：Create Boundary Condition：Step：*analysis_ step*：Symmetry/Antisymmetry/Encastre：选择区域并切换打开边界条件类型

在虚拟节点上为扩展单元定义边界条件

用户可以在虚拟节点上，采用上面针对模型数据所讨论的方式，将边界条件定义成以时间为基础的数据（关于扩展特征的更多内容见“使用扩展的有限元方法将不连续性模拟成扩展特征”，《Abaqus 分析用户手册——分析卷》的 5.7 节）。定义非零的边界条件时，需要输入其实际大小。

输入文件用法：使用以下选项，在原始位置与指定的真实节点位置重合的虚拟节点上定义边界条件：

* BOUNDARY，PHANTOM = NODE

节点编号，第一个自由度，最后一个自由度，大小

Abaqus/CAE 用法：Abaqus/CAE 中不支持在虚拟节点上为扩展单元定义边界条件

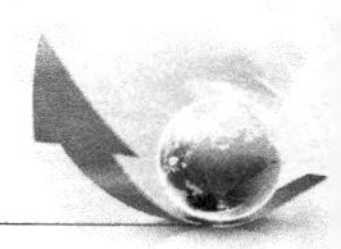

定义随时间变化的边界条件

一些基本求解变量、速度或者加速度的指定大小，可以在一个步中，依据幅值定义（“幅值曲线”，1.1.2 节）随时间变化。

在动态或者模态动力学分析中，当同时使用赋值定义和边界条件时，第一个和第二个被约束的变量的时间导数可能是不连续的。例如，Abaqus 将根据给定的位移边界条件计算对应的速度和加速度。

默认情况下，Abaqus/Standard 将平滑幅值曲线，这样，所定义边界条件的导数将是有限的。用户必须保证平滑后的赋值是正确的。

Abaqus/Explicit 对不连续的幅值曲线不应用默认的平滑约束。在 Abaqus/Explicit 中，要避免产生不连续的“噪声”解，因此最好定义节点的速度-时间关系（见“幅值曲线”，1.1.2 节）。

输入文件用法：同时使用以下两个选项：

* AMPLITUDE，NAME=名称

* BOUNDARY，AMPLITUDE=名称

Abaqus/CAE 用法：Load or Interaction module：Create Amplitude：Name：幅值名称 Load module：Create Boundary Condition：Step：*analysis_ step*：*boundary condition*；Amplitude：幅值名称

通过用户子程序定义边界条件

如果基于幅值不足以定义某一边界条件，则用户可以在用户子程序中对其进行定义。为了达到此目的，Abaqus/Standard 提供子程序 DISP，Abaqus/Explicit 提供子程序 VDISP。将施加边界条件的区域和受约束的自由度定义成边界条件的一部分。实际的边界条件是在用户子程序中，基于这些程序可用的许多变量来定义的（对于 DISP，见“DISP”，《Abaqus 用户子程序参考手册》的 1.1.4 节；对于 VDISP，见“VDISP”，《Abaqus 用户子程序参考手册》的 1.2.1 节）。

Abaqus/Standard 允许用户定义边界条件的幅值和参考大小，并且用户可以在 DISP 子程序中忽略基于幅值的界限值。Abaqus/Explicit 则忽略参考大小，而是将幅值作为一个参数传递到用户程序子 VDISP 中，并且用户可以将边界条件定义成一个非零的值。

输入文件用法：* BOUNDARY，USER

Abaqus/CAE 用法：Load module：Create Boundary Condition：Step：*analysis_ step*；*boundary condition*；Distribution：User-defined

边界条件的传递

默认情况下，在前面的通用分析步中定义的所有边界条件，将在后续的通用步中，或者后续的连续线性摄动步中保持不变。边界条件不在线性摄动步之间传递。用户可以相对于预

先存在的边界条件，为一个给定的步进行边界条件的有效定义。在每一个新步上，可以更改现有的边界条件，并且可以指定额外的边界条件。另外，用户可以在步中释放所有前面定义的边界条件，并且指定一个新的边界条件。在此情况下，必须重新定义那些需要保留的边界条件。

更改边界条件

当用户更改现有边界条件时，必须采用与前面完全相同的方法来指定节点或者节点集。例如，如果为步中的节点集，以及为其他步中此节点集的一个单独节点定义边界条件，则Abaqus将发出错误警告。必须删除边界条件，并重新定义边界条件来改变指定节点或节点集。

输入文件用法：使用以下选项中的任意一个来更改现有边界条件，或者定义额外的边界条件：

* BOUNDARY

* BOUNDARY，OP=MOD

Abaqus/CAE 用法：Load module：Create Boundary Condition or Boundary Condition Manager：Edit

删除边界条件

如果在一个步中删除了任意边界条件，则不会从前面的通用步中传递边界条件。这样，在此步中必须重新指定所有有效的边界条件。此规则的唯一例外情况是特征值屈曲预测过程，如“特征值屈曲预测”（《Abaqus 分析用户手册——分析卷》的 1.2.3 节）中所描述的那样。

设置边界条件为零，与将其删除是不一样的。

输入文件用法：使用以下选项释放之前施加的所有边界条件，并指定新的边界条件：

* BOUNDARY，OP=NEW

如果在一个步中的任意 * BOUNDARY 选项中使用了 OP=NEW 参数，则必须在步中的所有 * BOUNDARY 选项中使用它。

Abaqus/CAE 用法：使用以下选项，删除步中的边界条件：

Load module：Boundary Condition Manager：Deactivate

Abaqus/CAE 将自动重新定义在此步过程中应保持有效的任何边界条件。

在 Abaqus/Standard 分析中的一个点上固定自由度

在 Abaqus/Standard 中，用户可以在上一个通用分析步的最终值上，“冻结”所指定的自由度。定义了零速度或者零加速度边界条件后，将分别具有固定位移自由度或者速度自由度的效果。

输入文件用法：* BOUNDARY，FIXED

如果在具有 OP=NEW 参数的同一个步中有其他 * BOUNDARY 选项，则 OP=NEW 参数必须与 FIXED 参数一起使用。忽略对边界条件大小的

定义。如果分析的第一个步中使用了 FIXED 参数，则系统将忽略它。

Abaqus/CAE 用法：Load module；Create Boundary Condition；Step：*analysis _ step*；*boundary condition*；Method：Fixed at Current Position（只有当之前存在通用分析步时才能使用）

在线性摄动步中定义边界条件

在线性摄动步中（“通用和线性摄动过程”，《Abaqus 分析用户手册——分析卷》的 1.1.3 节），所指定的边界条件大小应当作为关于初始条件的摄动大小给出。在模型定义中给出的边界条件总是被视为初始条件的一部分，即使第一分析步是一个线性摄动步。在线性摄动步中给出的边界条件不会影响后续步。

如果一个摄动步不包含边界条件定义，在初始条件中保留的/指定的自由度将在摄动步中得到保留，并具有零摄动大小。要指定非零的摄动大小，必须更改现有边界条件。也可以固定并指定初始条件中未约束自由度的摄动大小。

如果释放了初始条件中限制的/指定的自由度，则必须重新指定所有要保留的限制，且所有的大小将以摄动的形式表示。在最后的通用分析步上将自由度固定为最终的值（见前文中的讨论），其效果与将现有边界条件更改为对于所有指定的自由度具有零摄动大小相同。

在特征值屈曲预测分析中，可以通过定义正确的边界条件来找到对称结构的反对称屈曲模态（见“特征屈曲预测”，《Abaqus 分析用户手册——分析卷》的 1.2.3 节）。

在边界条件中定义实数和虚数值

在稳态动力学和矩阵生成过程中，可以使用一个实数或者一个虚数值来定义边界条件（见“直接求解的稳态动力学分析”，《Abaqus 分析用户手册——分析卷》的 1.3.4 节和“生成结构矩阵”，《Abaqus 分析用户手册——分析卷》的 5.3.1 节）。如果为一个自由度定义了实数值（并且没有明确地定义虚数值），则认为其虚数值为零。类似的，如果定义了虚数值（并且没有明确地定义实数值），则认为其实数值是零。

在模态叠加过程中定义运动

在模态叠加过程中（“动态分析过程：概览”，《Abaqus 分析用户手册——分析卷》的 1.3.1 节）不能使用边界条件直接定义位移。在一个频率提取步中，边界条件是组合在初始条件之中的，而每一个初始条件是在模态叠加步中指定的。此方法的详细内容见“固有频率提取”，（《Abaqus 分析用户手册——分析卷》的 1.3.5 节）和“瞬态模态动力学分析”（《Abaqus 分析用户手册——分析卷》的 1.3.7 节）。

输入文件用法：* BOUNDARY，BASE NAME
* BASE MOTION

Abaqus/CAE 用法：Load module；Create Boundary Condition；Step：模态动力学步，稳态动力学步或者随机响应步；Category：Mechanical；Types for Selected Step：Displacement base motion 或 Velocity base motion 或 Acceleration base motion

子模型

当使用子模型技术时，可以对来自整体模型文件输出结果的指定自由度值进行插值来定义子模型中边界条件的大小。详细内容见“基于节点的子模型”（《Abaqus分析用户手册——分析卷》的5.2.2节）。

指定大转动

关于不同转动轴的连续有限旋转是无效的，这使得直接定义这样的旋转比较困难。通过定义转动速度与时间的关系来施加有限转动边界条件则更加简单。对于转动自由度的讨论，以及演示为什么速度类型的边界条件优先于指定有限转动的边界条件的多步有限转动实例见“约定”（《Abaqus分析用户手册——介绍、空间建模、执行与输出卷》的1.2.2节）。

当使用速度类型的边界条件定义转动时，以角速度的形式给出定义，而不是总角度的形式。如果角速度是与一个非默认的幅值相关联的，则Abaqus将转动的指定增量计算成每一个增量开始和结束时的指定角速度平均值乘以时间增量。

在Abaqus/Explicit中，参照一条幅值曲线的位移类型边界条件，是使用时间增量上的平均速度，使用来自幅值曲线值的有限差分计算，有效地定义为速度边界条件。就像定义位移那样（见前述的“定义位移”），Abaqus/Explicit不允许在转动中定义阶跃。

Abaqus/Standard中仅包含一个转动分量的位移类型边界条件，实质上对求解没有影响，因为可以组合两个未约束的转动自由度来覆盖约束。

实例：使用速度类型的边界条件来定义转动

例如，在一个静态步中要求关于z轴转动6π，关于x轴和y轴没有转动，步时间为1.0（在静态步定义中进行指定），并且定义一个速度类型的边界条件来指定自由度4和自由度5的零速度，以及自由度6的6π角速度约束。因为静态过程中速度类型边界条件的默认变化是一个步，所以速度将在步上保持不变。另外，将使用一个参考幅值来指定步上的期望变化。

```
*BOUNDARY, TYPE=VELOCITY
NODE, 4
NODE, 5
NODE, 6, 6, 18.84955592
```

如果在下一个步中，期望相同的节点关于x轴额外转动$\pi/2$，则可使用一个步时间为1.0的静态步，并再次定义一个速度类型的边界条件来指定自由度5和自由度6的零速度，以及自由度4的$\pi/2$角速度约束。

```
*BOUNDARY, TYPE=VELOCITY
NODE, 4, 4, 1.570796327
NODE, 5
NODE, 6
```

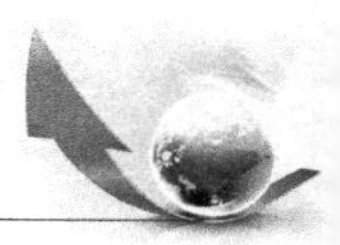

在轴对称模型上定义径向运动

轴对称模型中任意节点的径向坐标都必须是正的。这样，用户必须确保所有边界条件都不违反此条件。

1.3.2 Abaqus/CFD 中的边界条件

产品：Abaqus/CFD　　Abaqus/CAE

参考

- “分布定义”，《Abaqus 分析用户手册——介绍、空间建模、执行与输出卷》的 2.8.1 节
- “指定条件：概览”，1.1.1 节
- “约定”，《Abaqus 分析用户手册——介绍、空间建模、执行与输出卷》的 1.2.2 节
- *BOUNDARY
- *DISTRIBUTION
- *FLUID BOUNDARY
- “使用边界条件编辑器”，《Abauqs/CAE 用户手册》的 16.10 节

概览

边界条件：

- 用来定义流体动力学计算中所有主要变量的值（包括速度、温度、湍流变量、壁法向距离等）。
- 可以作为“历史”输入数据给出（在一个分析步中），来添加、更改或者删除零赋值的或者非零的边界条件。
- 可以通过一个多物理问题协同仿真区域的使用来定义。

解决流体动力学问题时通常需要定义多个变量，如边界条件的压力、温度和速度。实际上，几个边界条件往往一起出现来共同定义一个物理行为，即壁上的无滑动/无渗透条件。相反，将 Neumann 条件（即指定的热流量）定义成载荷（见“热载荷”中的“定义基于面的分布热流量”，1.4.4 节）。在没有定义边界条件或载荷的情况下，Abaqus/CFD 默认强加一个均质的（零）Neumann 条件。例如，如果在一个壁上没有定义温度，则默认自动定义一个完全绝热的边界，即零法向热流量。类似的，如果没有定义速度，则设置速度的法向导数为零。

在 Abaqus/CAE 中，为了便于使用，对代表流入、流出或者壁行为的边界条件组合进行了集中的分类（更多内容见“使用边界条件编辑器”，《Abaqus/CAE 用户手册》的 16.10

节）。

激活自由度

在 Abaqus/CFD 中，通过分析过程和指定的选项来激活场（自由度），如湍流模型和辅助传输方程。用户指定一个边界条件类型来确定流体边界条件的自由度。基于单元和基于节点的自由度及分析过程，以及为了激活所需要的额外选项（如果有的话），分别列入表 1-2 和表 1-3 中。

表 1-2　基于单元的自由度和流体边界条件的激活选项

边界条件类型	描述	不可压缩的流动
TEMP	流体温度	能量方程
TEMP*n*	面 *n* 上的流体温度	能量方程
TURBEPS	湍流动能耗散率(ε)	RNG κ-ε 模型
TURBEPS*n*	面 *n* 上的湍流动能耗散率(ε)	RNG κ-ε 模型
TURBKE	湍流动能(κ)	RNG κ-ε 模型和 SSTκ-ω 模型
TURBKE*n*	面 *n* 上的湍流动能(κ)	RNG κ-ε 模型和 SSTκ-ω 模型
TURBOMEGA	比能耗散率(ω)	SSTκ-ω 模型
TURBOMEGA*n*	面 *n* 上的比能耗散率(ω)	SSTκ-ω 模型
TURBNU	湍流运动涡流黏度	Spalart-Allmaras 模型
TURBNU*n*	面 *n* 上的湍流运动涡流黏度	Spalart-Allmaras 模型
VELX	x 轴方向上的速度	—
VELX*n*	面 *n* 上的 x 轴方向上的速度	—
VELY	y 轴方向上的速度	—
VELY*n*	面 *n* 上的 y 轴方向上的速度	—
VELZ	z 轴方向上的速度	—
VELZ*n*	面 *n* 上的 z 轴方向上的速度	—
VELXNU	通过用户子程序定义的 x 轴方向上的速度	—
VELYNU	通过用户子程序定义的 y 轴方向上的速度	—
VELZNU	通过用户子程序定义的 z 轴方向上的速度	—
PASSIVEOUTFLOW	被动流出	—
P	流体压力	—
PNU	通过用户子程序定义的流体压力	—

表 1-3 基于节点的自由度和流体边界条件的激活选项

边界条件类型	描述	不可压缩的流动
P	流体压力	—
PVDEP	随着穿过边界的流体总体积而变化的流体压力	—
DISP	壁-距离法向方程	—

定义流入和流出边界条件

用户可以定义边界条件来描述流体进入分析区域处的行为，以及流体离开分析区域处的行为。

输入文件用法：使用以下选项定义表面上的流入和流出边界条件：

*FLUID BOUNDARY，TYPE=SURFACE

表面名称，边界条件类型符号，大小

其中边界条件类型符号包括 VELX，VELY，VELZ，VELXNU，VELYNU，VELZNU，TEMP，TURBKE，TURBEPS，TURBNU，P，PNU，PASSIVEOUTFLOW。对于 PASSIVEOUTFLOW，忽略值的大小。

使用以下选项定义单元表面的分布流入和流出边界条件：

*FLUID BOUNDARY，TYPE=ELEMENT

单元集符号，边界条件类型符号，大小

其中边界条件类型符号包括 VELXn，VELYn，VELZn，TEMPn，TURBKEn，TURBEPSn，TURBNUn。

使用以下选项定义节点上的分布流入和流出边界条件：

*FLUID BOUNDARY，TYPE=NODE

节点集符号，P，大小

Abaqus/CAE 用法：使用以下选项定义表面上的流入和流出边界条件：

Load module：Create Boundary Condition：Step：*flow_ step*：Category：Fluid：Fluid inlet/outlet：选择输入区域或者输出区域，并指定流入和流出处的动量（压力或者速度）、热能（温度）和湍流条件。

在 Abaqus/CAE 中，仅对速度边界条件才支持定义单元表面上的分布流入和流出边界条件。

使用以下选项：

Load module：Create Boundary Condition：Step：*flow_ step*：Category：Fluid：Fluid inlet/outlet：选择输入或者输出区域；Momentum：切换打开 Specify，并选择 Velocity；Distribution：选择一个分析场。

Abaqus/CAE 中不支持定义节点上的分布流入和流出边界条件。

流入边界条件

使用流入边界条件来描述流体进入分析区域表面上的流动行为。对于不可压缩的流动，

可以为速度或者压力、温度和湍流变量定义流入条件。如果边界条件不是为一个变量明确指定的，则自动假定为均质的 Neumann 条件。这样相当于允许变量（如温度）在流入处变化，并且流入的流体是对应那个局部变量的。类似的，如果没有定义压力，则将流入表面的法向导数自动设置成零。可以分别定义速度分量。

流出边界条件

流出边界对应于流体流动离开分析区域的面。在 Abaqus/CFD 中，流出条件常常与一个指定的压力相关联。然而，在流出边界上也可以定义其他流出变量。类似于流入边界，当没有定义某个变量时，假定它的法向导数是零。因此，对流输出以一个固定的水平携带它们的量离开区域，导致边界上基本无反射。

定义壁边界条件

壁边界条件通常是与固体表面上的无滑动/无渗透行为相关联的。然而，固体壁上的行为也可以要求指定温度，也可以要求取决于流动条件的湍流变量。在需要用到壁热流量的情况中，必须在壁载荷条件以外再定义一个热流量载荷。

对于取决于壁的物理性质，可以通过更改壁边界条件来达到滑动、无滑动、渗透、对称等要求。

输入文件用法：使用以下选项在壁上定义壁边界条件：

*FLUID BOUNDARY，TYPE=SURFACE

表面名称，边界条件类型符号，大小

其中边界条件类型符号包括 VELX，VELY，VELZ，VELXNU，VELYNU，VELZNU，TEMP，TURBKE，TURBEPS，TURBNU，P，PNU 或者 DIST。

使用以下选项在单元面上定义分布壁边界条件：

*FLUID BOUNDARY，TYPE=ELEMENT

单元集符号，边界条件类型符号，大小

其中边界条件类型符号包括 VELX*n*，VELY*n*，VELZ*n*，TEMP*n*，TURBKE*n*，TURBEPS*n* 或者 TURBNU*n*。

使用以下选项在节点上定义分布壁边界条件：

*FLUID BOUNDARY，TYPE=NODE

节点集符号，P，大小

例如，对于不运动并且具有有效 Spalart-Allmaras 湍流模型的无滑动/无渗透的壁，使用以下设置（在壁上将壁法向的导数边界条件和湍流涡流黏塑性设置成零）：

*FLUID BOUNDARY，TYPE=SURFACE

面名称，DIST，0

面名称，VELX，0

面名称，VELY，0

面名称，VELZ，0

面名称，TURBNU，0

Abaqus/CAE 用法：使用以下选项在面上定义壁边界条件：

Load module：Create Boundary Condition：Step：*flow_ step*：Category：Fluid：Fluid wall condition：选择区域；选择 Condition：No slip，Shear 或 Infiltration；并且在壁上定义速度、热能（温度）和扰动条件

在 Abaqus/CAE 中，仅对于滑动壁或者壁上的速度边界条件，支持在单元上定义分布壁边界条件。

使用以下选项定义单元上的分布壁边界条件：

Load module：Create Boundary Condition：Step：*flow_ step*：Category：Fluid：Fluid wall condition：选择区域；Velocity：Distribution：选项分析区域

Abaqus/CAE 中不支持在节点上定义分布壁边界条件。

无滑动/无渗透的壁

无滑动/无渗透的壁是流体黏附于其上但不渗透的表面。无滑动/无渗透这一条件是通过设置所有速度分量等于壁速度来定义的（如果壁不移动则速度为零）。如果定义为湍流模型，则必须在壁上将壁法向距离边界条件设置成零。不同湍流变量的边界条件取决于所选取的模型。对于 Spalart-Allmaras 模型，需要将湍流涡流黏度 $\tilde{\nu}$ 设置为零。对于 RNGκ-ε 模型，壁边界条件是通过使用壁函数方法的求解器自动施加的，用户不需要设置 κ 或者 ε，因为它们是自动定义的。

滑动壁

滑动壁是流体不黏附于其上，也不渗透的表面。此壁条件是通过设置壁法向流体速度等于壁速度（如果壁不运动则速度为零）来定义的。此条件也是流体流动的对称条件，因为平面内的速度可以变化，但平面外的速度是零。在考虑动边界的情况中，必须同时定义网格位移边界条件与表面流体速度，这样才能得到正确的行为。如果定义的是湍流模型，则必须在壁上将壁法向距离边界条件设置为零。

渗透壁

在保持无滑动的条件下，渗透允许流体对表面进行渗透。此壁条件是通过设置壁法向流体速度等于渗透速度，而壁切向流体速度是等于壁速度（如果壁不移动则为零）来定义的。在特别情况下，当定义为湍流模型时，必须在壁上将壁法向距离边界条件设置为零。如果启用了 Spalart-Allmaras 湍流模型，则用户可以在壁上定义由渗透引起的，Spalart-Allmaras 湍流涡流黏度 $\tilde{\nu}$ 的允许值。如果使用 RNGκ-ε 模型，则用户可以定义壁上的 κ 值和 ε 值。

定义温度

用户可以在壁上定义温度。默认情况下，如果没有在壁上定义温度，则自动定义成完全隔热的边界条件。对于如共轭热传导那样的多物理量应用，使用协同仿真区域来自动施加变量温度条件（更多内容见“为协同仿真准备一个 Abaqus 分析”，《Abaqus 分析用户手册——分析卷》的 12.2 节）。

定义位移

Abaqus/CFD 具有执行变形网格的能力，以及流体-结构相互作用（FSI）的仿真能力，FSI 为流体流动使用任意的拉格朗日-欧拉（ALE）方法。对于 FSI 和变形网格问题，通常流体区域的一些部分随边界运动保持变形一致。要管理网格运动，用户必须定义网格上的变形边界条件。对于 FSI 问题，在协同仿真区域上是不允许定义位移边界条件的，因为这些条件是自动定义的。

输入文件用法：* BOUNDARY

节点或者节点集，第一个自由度，最后一个自由度，大小

其中第一个自由度在 x 轴上的位移是 1，在 y 轴上的位移是 2，在 z 轴上的位移是 3。

Abaqus/CAE 用法：Load module：Create Boundary Condition：Step：*flow_ step*：Category：Mechanical：Displacement/Rotation：选择区域并切换打开单个自由度或者多个自由度

定义随着穿过表面的流体总体积而变化的压力边界条件

Abaqus/CFD 具有定义随着穿过表面的流体总体积而变化的压力边界条件的功能。穿过表面的流体总体积是自动计算的，并且用来确定所施加压力的当前大小。

输入文件用法：使用以下选项：

* DISTRIBUTION TABLE，NAME=表名称

* DISTRIBUTION，LOCATION=NONE，TABLE=表名称，NAME=分布名称

* FLUID BOUNDARY，TYPE=SURFACE，DISTRIBUTION=分布名称

面名称，PVDEP，初始体积

Abaqus/CAE 用法：Abaqus/CAE 中不支持定义随着穿过表面的流体总体积而变化的压力边界条件。

定义随时间变化的边界条件

可以在一个步中，根据幅值来定义边界条件（“幅值曲线”，1.1.2 节）随时间的变化。

输入文件用法：使用以下两个选项定义运动边界上的位移：

＊AMPLITUDE，NAME＝名称

＊BOUNDARY，AMPLITUDE＝名称

使用以下两个选项定义流入和流出边界条件，并且壁边界条件是随时间变化的：

＊AMPLITUDE，NAME＝名称

＊FLUID BOUNDARY，AMPLITUDE＝名称

Abaqus/CAE 用法：Load or Interaction module：Create Amplitude：Name：幅值名称

Load module：Create Boundary Condition：Step：*flow_ step*：*boundary condition*；Amplitude：幅值名称

边界条件的传递

默认情况下，所有在前面通用分析步中定义的边界条件，在后续的通用步中保持不变。相对于预先存在的边界条件，用户可以为一个给定的步定义有效的边界条件。在每一个新步上，可以对现有的步条件进行更改，并且可以定义额外的边界条件。另外，用户可以在一个步中释放所有前面施加的边界条件，并且定义新的边界条件。在此情况下，必须重新定义需要保留的边界条件。

更改边界条件

当用户更改现有的边界条件时，必须采用与前面使用的相同方法来定义节点或者节点集。例如，如果为一个步中的节点集将边界条件定义成为其他步中的集合所包含的单节点定义边界条件，则 Abaqus 将发出错误提示。用户必须删除边界条件，并且通过重新定义边界条件来改变定义节点或者节点集的方式。

输入文件用法：使用以下选项之一更改现有边界条件或者定义额外边界条件：

＊BOUNDARY

＊BOUNDARY，OP＝MOD

＊FLUID BOUNDARY

＊FLUID BOUNDARY，OP＝MOD

Abaqus/CAE 用法：Load module：Create Boundary Condition 或者 Boundary Condition Manager：Edit

删除边界条件

如果用户选择在一个步中删除任何边界条件，则将不会从前面的通用步中传递边界条件。此时，必须重新定义所有在此步中起作用的边界条件。

将边界条件定义为零与将其删除是不一样的。

输入文件用法：使用以下选项之一释放所有之前应用的边界条件，并且定义新的边界条件：

＊BOUNDARY，OP＝NEW

如果在一个步中的任何 * BOUNDARY 选项中使用了 OP = NEW 参数，则必须在步中的所有 * BOUNDARY 中使用该参数。

* FLUID BOUNDARY, OP = NEW

如果在一个步中的任何 * FLUID BOUNDARY 选项中使用了 OP = NEW 参数，则用于步中的所有 * FLUID BOUNDARY 选项必须使用该参数。

Abaqus/CAE 用法：使用以下选项删除步中的边界条件：

Load module：Boundary Condition Manager：Deactivate

Abaqus/CAE 自动重新定义在此步中应当保持有效的边界条件。

1.4 载荷

1.4.1 施加载荷：概览

产品：Abaqus/Standard　Abaqus/Explicit　Abaqus/CFD　Abaqus/CAE

参考

- “通用和线性摄动过程”，《Abaqus 分析用户手册——分析卷》的 1.1.3 节
- “指定条件：概览” 1.1.1 节
- “集中载荷” 1.4.2 节
- “分布载荷” 1.4.3 节
- “热载荷” 1.4.4 节
- “电磁载荷” 1.4.5 节
- “声学和冲击载荷” 1.4.6 节
- “孔隙流体流动” 1.4.7 节
- “创建并且更改指定的条件”《Abaqus/CAE 用户手册》的 16.4 节
- “使用载荷编辑器”《Abaqus/CAE 用户手册》的 16.9 节

概览

可以采用以下形式施加外部载荷：

- 集中的或者分布的拉力。
- 集中的或者分布的流量。
- 入射波载荷。

Abaqus 中有许多类型的分布载荷，使用哪种分布载荷取决于单元的类型，并且在《Abaqus 分析用户手册——单元卷》中对此进行了讨论。此部分讨论的是可以应用于所有载荷类型的通用概念；对于应用于所有类型的指定条件的一般信息，见“指定条件：概览”（1.1.1 节）。

在“集中载荷”（1.4.2 节）和“分布载荷”（1.4.3 节）中，分别对集中的和分布的牵引力进行了讨论；在“热载荷”（1.4.4 节）中，对热载荷（热流量）进行了讨论；在“电磁载荷”（1.4.5 节）中，对电磁载荷进行了讨论；在“声学和冲击载荷”（1.4.6 节）中对由入射波场引起的载荷，如由声源或者水下爆炸引起的载荷进行了讨论；在“孔隙流体流动”（1.4.7 节）中，对孔隙流体流动进行了讨论。其他载荷类型仅对于某个单独的分析类型可用，在“分析过程，求解和控制”中的合适章节进行了讨论。

在一些情况中，集中载荷和某些常用的分布载荷（如施加在面上的压力），可以在几何非线性分析中转动，将这些载荷称为跟随载荷。跟随载荷的详细内容见“大位移分析中的跟随载荷”（1.4.1 节），“集中载荷”中的“定义集中跟随力”（1.4.2 节），“分布载荷”中的“跟随面载荷”（1.4.3 节）和“跟随边载荷和线载荷”（1.4.3 节）。跟随载荷也可以

产生对刚度矩阵的非对称贡献，通常称为载荷刚度。有关载荷刚度贡献的问题见“集中载荷”中的“提高大位移隐式分析中的收敛速率”（1.4.2节）和“分布载荷”中的“提高大位移隐式分析中的收敛速率”（1.4.3节）。

基于单元与基于面的分布载荷

在Abaqus中定义分布载荷的方法有两种：基于单元的分布载荷和基于面的分布载荷。用户可以在单元体、单元面或者单元边上定义基于单元的分布载荷，在几何表面或者几何边上定义基于面的分布载荷。在Abaqus/CAE中，当在几何体或者单元体上定义分布体载荷时，分布面和边载荷可以是基于单元的或者基于面的。

基于单元的载荷

用户可以使用基于单元的载荷在单元表面、单元边和单元体上定义分布载荷。使用基于单元的载荷时，用户必须提供单元编号（或者单元集名称）和分布载荷类型标签。载荷类型标签确定了载荷的类型和定义载荷的单元面或者边（对于特定单元可以使用的分布载荷类型的定义，见《Abaqus分析用户手册——单元卷》）。定义分布载荷的方法是通用的，并且可以用于所有分布载荷类型和单元。

基于面的载荷

用户可以使用基于面的载荷在几何面或者几何边上定义分布载荷。使用基于面的载荷时，用户必须定义面或者边的名称，以及分布载荷类型。如“基于单元的面定义”（《Abaqus分析用户手册——介绍、空间建模、执行和输出卷》的2.3.2节）中所描述的那样，对包含单元和面信息的面或者边进行定义。在Abaqus/CAE中，面可以定义成几何面和边的集合，或者单元面和边的集合。这种定义分布载荷的方法有助于用户输入幅值模型。定义有效表面的绝大部分单元类型可以使用此方法。用户可以在面定义中指定分布载荷是如何在Abaqus/Explicit中施加到一个自适应网格区域的边界上的（见“在Abaqus /Explicit中定义ALE自适应网格区域”，《Abaqus分析用户手册——分析卷》的7.2.2节）。

改变载荷大小

载荷大小通常是通过输入数据来定义的。用户可以通过改变步的默认幅值（见“指定条件：概览”，1.1.1节），通过用户定义的幅值曲线（见“幅值曲线”，1.1.2节），或者在某些情况下通过用户子程序DLOAD、UDECURRENT、UDSECURRENT、UTRACLOAD或VDLOAD来改变载荷大小。

在通用分析步中加载

如果分析仅由一个步组成，则载荷是在步中定义的。如果有几个分析步，则每一个分析

步中的载荷定义取决于该步和其前面的步是通用分析步还是线性摄动步。线性黏性摄动步中的载荷按以下方法定义。

在通用分析步中，载荷大小必须总是以总值形式给出，而不是以大小的变化给出。同一个步中同一载荷条件的多个定义是叠加施加的。基于单元和基于面的分布载荷是分别考虑的。例如，如果在某一步中施加到单元面上的基于单元的压力和基于面的压力是新增的，而在其后续步中对同一载荷条件单独进行了重新定义，则根据下文“删除载荷”中所描述的规则，新定义将取代之前步中的所有相同定义（同一个载荷选项，同一个载荷类型）。

用户可以在一个步中施加载荷的任意组合。对于线性步，可以基于同一刚度分析几个载荷。

更改载荷

在新步中，可以对载荷进行更改，或者重新对其进行定义。要重新定义一个载荷，必须采用与之前完全相同的方法定义节点、单元、节点集、单元集或者表面名称，并且载荷的类型必须是相同的。例如，如果一个节点属于一个受载节点集，并且是作为另外一个步中的单独节点加载的（通过列出它的节点编号），则此载荷将是在原载荷上新增加的。

之前步中定义的所有载荷保持不变，除非重新对其进行定义。当载荷不变时，遵循以下规则：

- 如果相关联的幅值是以总时间形式定义的，则载荷继续遵循幅值定义。
- 如果没有与载荷相关联的幅值，或者幅值是以步时间的形式给出的，则载荷大小与之前步结束时的大小保持相同。

输入文件用法：使用以下选项更改现有载荷，或者定义额外的载荷（＊LOADING OPTION 代表任意载荷类型）：

＊LOADING OPTION

＊LOADING OPTION，OP＝MOD

Abaqus/CAE 用法：Load module：Create Load or Load Manager：Edit

删除载荷

如果用户选择在一个步中删除某一具体类型的载荷（集中载荷、基于单元的分布载荷、基于面的分布载荷等），则将不会从之前的通用步传递这一类型的载荷，而且必须对在此步中起作用的这一类型的载荷进行重新定义。要重新定义一个载荷、节点、单元、节点集、单元集或者面名称，必须采用与之前完全相同的方法，并且载荷类型必须是一样的。删除载荷时幅值变化的讨论，参见“指定条件：概览”（1.1.1 节）。

输入文件用法：使用以下选项释放之前施加的某一类型的所有载荷，并定义新载荷（＊LOADING OPTION 代表任意载荷类型）：

＊LOADING OPTION，OP＝NEW

例如，＊CLOAD，OP＝NEW 没有数据行，将从模型中删除所有集中力和力矩。

如果在一个步中的任意载荷选项上使用了 OP＝NEW 参数，则在步中相同类型的所有载荷选项上都必须使用该参数。

Abaqus/CAE 用法：使用以下选项在步中删除一个载荷。

Load module：Load Manager：Deactivate

Abaqus/CAE 自动重新定义在此步中起作用的任意载荷。

实例

在下面的历史定义输入文件中，施加给单元集 A2 的分布载荷（BX 类型），在第一个步中的大小为 20.0，在第二个步中变成 50.0。在两个步中，为了重新定义相同的载荷，集合标识符（或者单元或节点编号）和载荷类型都必须是一样的。

在第一个步中，在节点集 NLEFT 中所有节点的自由度 3 上，施加了一个大小为 10.0 的集中载荷。在第二个步中，在节点 1 的自由度 3 上施加一个大小为 5.0 的集中载荷。如果节点 1 在节点集 NLEFT 中，则在第二个步中施加在此节点上的总载荷大小是 15.0，即载荷相加。

第一个步中作用在单元集 E1 上的两个 P1 类型的分布载荷将被相加得到一个大小为 43.0 的总分布载荷。

单元集 B3 和 E1 上的压力载荷在两个步中都有效。

```
*STEP
Step 1
*STATIC
*CLOAD
NLEFT, 3, 10.
*DLOAD
A2, BX, 20.
B3, P1, 5.
E1, P1, 21.
*DLOAD
E1, P1, 22.
*END STEP
**
*STEP
Step 2
*STATIC
*CLOAD
1, 3, 5.
*DLOAD, OP=MOD
A2, BX, 50.
*END STEP
```

大位移分析中的跟随载荷

在大位移分析中，有时会把分布载荷处理成跟随载荷。对于梁和壳单元，点（集中）载荷可以在某一方向上固定，也可以随着结构转动，这取决于用户是否将载荷定义成跟随载荷（见“集中载荷”，1.4.2 节）。Abaqus/Explicit 中，在刚性体上定义的跟随载荷与随刚体

转动的节点是绑定的。

线性摄动步中的载荷

在线性摄动步中（仅在 Abaqus/Standard 中可用），将之前通用分析步结束处的状态考虑成“基本状态”。如果线性摄动步是分析的第一个步，则模型的初始条件便是其基本状态。必须将线性摄动步中的载荷定义成基于基本状态的载荷变化（载荷的摄动），而不是基本状态载荷加上摄动载荷的总和。

在连续线性摄动步中，必须在以下步中完全定义施加到每一个步上的摄动载荷：该步中的每个分析总是从基本状态开始的（除了当用户定义一个模态动力学步应当使用相邻上一步的初始条件时，见“瞬态模态动力学分析”，《Abaqus 分析用户手册——分析卷》的 1.3.7 节）。

在跟随线性摄动步的非线性步中，分析是从基本状态连续进行的，就像不存在中间线性摄动步一样。

线性（基于模态的）动态过程中的载荷

使用用户子程序定义基于模态的线性动态分析中的载荷时，仅在步开始时调用子程序来得到载荷的大小，之后载荷太小在步中保持不变，直到一条幅值曲线对它进行了更改。

1.4.2 集中载荷

产品：Abaqus/Standard　　Abaqus/Explicit　　Abaqus/CFD　　Abaqus/CAE

参考

- “施加载荷：概览”，1.4.1 节
- ＊CLOAD
- “定义一个集中力”，《Abaqus/CAE 用户手册》的 16.9.1 节
- “定义一个力矩，”《Abaqus/CAE 用户手册》的 16.9.2 节
- “定义一个通用的平面应变载荷，”《Abaqus/CAE 用户手册》的 16.9.10 节
- “定义一个流体参考压力，”《Abaqus/CAE 用户手册》的 16.9.23 节

概览

集中载荷：

- 在节点自由度上施加集中力和力矩。
- 可以在某一方向上固定。
- 可以随着节点的转动而转动（定义为跟随载荷），对载荷刚度产生额外的并且可能是

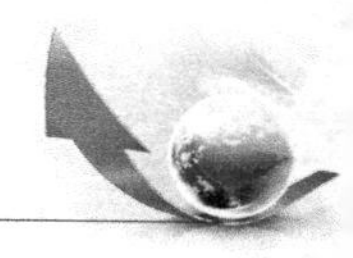

对称的贡献

在稳态动力学分析中，实部载荷和虚部载荷都是可以施加的（详细内容见“直接求解的稳态动力学分析”，《Abaqus 分析用户手册——分析卷》的 1.3.4 节和“基于模态的稳态动力学分析”，《Abaqus 分析用户手册——分析卷》的 1.3.8 节）。

可以在随机响应分析中定义多个集中载荷工况（详细内容见“随机响应分析”，《Abaqus 分析用户手册——分析卷》的 1.3.11 节）。

在声学分析中，集中载荷也用来在具有压力自由度的节点上施加共轭压力（见“声学和冲击载荷”，1.4.6 节）和定义不可压缩流体的流体参考压力（见“不可压缩流体的动力学分析”，《Abaqus 分析用户手册——分析卷》的 1.6.2 节）。

连接器单元的驱动载荷可以定义成连接器载荷，类似于集中载荷来施加（详细内容见“连接器作动”，《Abaqus 分析用户手册——单元卷》的 5.1.3 节）。

可以使用这些载荷的过程在“指定条件：概览”（1.1.1 节）中进行了总结。适用于所有类型载荷的通用信息见“施加载荷：概览”（1.4.1 节）。

集中载荷

在 Abaqus/Standard 和 Abaqus/Explicit 分析中，可以在任意自由度上施加集中力或者力矩。

不允许在柱坐标系的原点上施加力矩载荷，这样做将无法确定径向和切向载荷。

输入文件用法：*CLOAD

节点编号或者节点集，自由度，大小

Abaqus/CAE 用法：Load module：Create Load：为 Category 和 Concentrated force，Moment 选择 Mechanical 或者为 Types for Selected Step 选择 Generalized plane strain

定义集中跟随力

用户可以定义集中力的方向随着施加集中力的节点而旋转。但是，仅可以在大位移分析中采用此方式，并且仅可以用于具有有效转动自由度的节点（如梁和壳单元的节点，或者 Abaqus/Explicit 中刚体上的绑缚节点），不包括广义平面应变单元的参考点。如果用户需要定义跟随力，则必须相对于参考构型定义集中力的分量。

对于通常称为载荷刚度的刚度矩阵，跟随载荷会产生非对称贡献。与载荷刚度贡献相关的问题，见“提高大位移隐式分析中的收敛速度”。

输入文件用法：*CLOAD，FOLLOWER

Abaqus/CAE 用法：Load module：Create Load：为 Category 选择 Mechanical 以及为 Types for Selected Step 选择 Concentrated force 或者 Moment：Follow nodal rotation

根据用户指定的文件定义集中节点力的值

用户可以使用来自输出数据库（.odb）的具体步和增量的节点力输出来定义节点力。当从输出数据库文件中读取数据时，也需要来自原始分析的零件（.prt）文件。在此情况下，前面的模型和当前模型的定义必须一致，两个模型中的节点编号也必须是一样的。如果

模型是以零件实例装配的方式定义的，则零件实例命名必须是相同的。

输入文件用法：*CLOAD，FILE=文件，STEP=步，INC=增量

Abaqus/CAE 用法：Abaqus/CAE 中不支持根据用户指定的文件定义集中节点力的值。

定义流体参考压力

对于 Abaqus/CFD 中不可压缩流体的动力学分析，当没有定义其他压力条件时，用户必须通过在节点上定义流体参考压力来设置静水压力水平。可以指定多个参考压力，但是只施加最后定义的静水压力载荷。更多相关内容，见“不可压缩流体的动力学分析”（《Abaqus分析用户手册——分析卷》的 1.6.2 节）和“Abaqus/CFD 中的边界条件”（1.3.2 节）。

输入文件用法：*CLOAD

节点编号或者节点集，HP，大小

Abaqus/CAE 用法：Load module：Create Load：为 Category 选择 Fluid 以及为 Types for Selected Step 选择 Fluid reference pressure

定义时间相关的集中载荷

在一个步中，集中载荷的大小可以根据幅值定义随着时间变化，如“指定条件：概览”，（1.1.1 节）中所描述的那样。如果不同的载荷需要不同的变化，则每个载荷可以参照其自身的幅值。

更改集中载荷

可以如“施加载荷：概览”（1.4.1 节）中所描述的那样，对集中载荷进行添加、更改或者删除。

提高大位移隐式分析中的收敛速率

在几何非线性静态或动态分析中定义了集中跟随力时，通常应当使用非对称矩阵存储和求解方案。关于非对称矩阵存储和求解方案的更多内容，见“定义一个分析”（《Abaqus 分析用户手册——分析卷》的 1.1.2 节）。

1.4.3 分布载荷

产品：Abaqus/Standard　Abaqus/Explicit　Abaqus/CFD　Abaqus/CAE

参考

- “施加载荷：概览”，1.4.1 节
- *DLOAD

- ＊DSLOAD
- “定义一个压力载荷”，《Abaqus/CAE 用户手册》的 16.9.3 节
- “定义一个壳边缘载荷”，《Abaqus/CAE 用户手册》的 16.9.4 节
- “定义一个面拉伸载荷”，《Abaqus/CAE 用户手册》的 16.9.5 节
- “定义一个管压力载荷”，《Abaqus/CAE 用户手册》的 16.9.6 节
- “定义一个体载荷”，《Abaqus/CAE 用户手册》的 16.9.7 节
- “定义一个线载荷”，《Abaqus/CAE 用户手册》的 16.9.8 节
- “定义一个重力载荷”，《Abaqus/CAE 用户手册》的 16.9.9 节
- “定义一个旋转体载荷”，《Abaqus/CAE 用户手册》的 16.9.11 节
- “定义一个孔隙拖动体载荷”，《Abaqus/CAE 用户手册》的 16.9.24 节

概览

分布载荷：

- 可以在单元面、单元体或者单元边上定义。
- 可以在几何面或者几何边上定义。
- 要求定义一种合适的分布载荷类型，特定单元可以使用的分布载荷类型定义见《Abaqus 分析用户手册——单元卷》。
- 可以是跟随载荷，在几何非线性分析中转动，并且对刚度矩阵产生附加的（通常为非对称的）贡献。

可以使用这些载荷的过程见“指定条件：概览”（1.1.1 节）。适用于所有类型的载荷的通用信息见“施加载荷：概览”（1.4.1 节）。

在“跟随面载荷”和“跟随边和线载荷”中，对跟随载荷进行了讨论。跟随载荷对载荷刚度的贡献见“提高大位移隐式分析中的收敛速率”。

在稳态动力学分析中，实数和虚数分布载荷都是可以施加的（详细内容见“直接求解的稳态动力学分析”，《Abaqus 分析用户手册——分析卷》的 1.3.4 节和“基于模态的稳态动力学分析”，《Abaqus 分析用户手册——分析卷》的 1.3.8 节）。

入射波载荷为与在声学介质中传播的波相关联的载荷这一特别情况所施加的分布载荷。在 Abaqus/Standard 中，使用惯性释放功能来施加基于惯性的载荷。在“声学和冲击载荷”（1.4.6 节）和“惯性释放”（《Abaqus 分析用户手册——分析卷》的 6.1 节）中，分别对这些载荷类型进行了讨论。在“Abaqus/Aqua 分析”（《Abaqus 分析用户手册——分析卷》的 1.11 节）中，对 Abaqus/Aqua 载荷类型进行了讨论。

定义时间相关的分布载荷

在一个步中，分布载荷的大小可以根据幅值定义随时间变化，如“指定条件：概览”（1.1.1 节）中所描述的那样。如果不同的载荷需要不同的变量，则每个载荷可以参照其自身的幅值进行定义。

更改分布载荷

可以如“施加载荷：概览”（1.4.1节）中所描述的那样，对分布载荷进行添加、更改或者删除。

提高大位移隐式分析中的收敛速率

在Abaqus/Standard的大位移分析中，一些分布载荷类型需要引入非对称载荷刚度矩阵选项。如静水压力、通过自由边施加在面上的压力、科氏力、转动加速度力和分布边缘力以及模拟成跟随载荷的面拉伸力。在为分析步使用非对称矩阵存储和求解策略的情况中，可以提高平衡迭代的收敛性。更多关于非对称矩阵存储和求解策略的内容见“定义一个分析”（《Abaqus分析用户手册——分析卷》的1.1.2节）。

在用户子程序中定义分布载荷

用户可以在Abaqus/Standard中通过用户子程序DLOAD，或者在Abaqus/Explicit中通过用户子程序VDLOAD，对非均匀分布载荷，如X方向上的非均匀体力进行定义。幅值函数的当前值将在分析中的每一个时间增量上传递到用户子程序中。DLOAD和VDLOAD对面拉伸、边拉伸或者边力矩是不可用的。

在Abaqus/Standard中，可以通过用户子程序UTRACLOAD定义非均匀分布的面拉伸。边拉伸和边力矩。用户子程序UTRACLOAD允许用户定义面拉伸、边拉伸和边力矩的非均匀大小，以及用于面拉伸、剪切拉伸和通用边拉伸的非均匀加载方向。

Abaqus/Explicit中目前不支持定义非均匀分布的面拉伸、边拉伸和边力矩。

当使用了用户子程序时，因为没有定义分布载荷的增量值，外部功仅是基于当前分布载荷的大小来计算的。

定义施加分布载荷的区域

如“施加载荷：概览”（1.4.1节）中所讨论的那样，可以将分布载荷定义成基于单元的或者基于面的。可以在单元体、单元面或者单元边上定义；基于单元的分布载荷。可以在几何面或者几何边上定义基于面的分布载荷。

用户可以定义三种类型的分布载荷：体载荷、面载荷和边载荷。分布体载荷总是基于单元的，分布面载荷和边载荷可以是基于单元的或者基于面的。表1-4中列出了可以定义不同载荷类型的区域。在Abaqus/CAE中，分布载荷是通过从视口中，或者从一个面的列表中选择区域来定义的。如下文中介绍的那样，在Abaqus输入文件中，使用何种选项取决于施加载荷的区域类型。

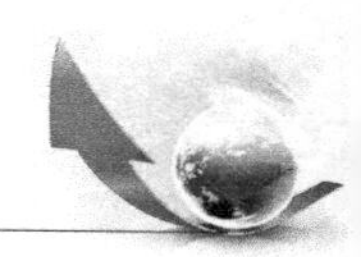

表 1-4 可以定义不同载荷类型的区域

载荷类型	载荷定义	输入文件区域	Abaqus/CAE 区域
体载荷	基于单元的	单元体	体积实体
面载荷	基于单元的	单元表面	定义成几何面或者单元面的集合的面（不包括分析刚性面）
	基于面的	基于单元的几何面	
边载荷（包括梁线载荷）	基于单元的	单元边	定义成几何边或者单元边的集合的面
	基于面的	基于边的几何面	

体载荷

体载荷，如重力加速度、离心加速度、科氏加速度和转动加速度载荷，是作为基于单元的载荷施加的。体力的单位是单位体积的力。

表 1-5 中列出了 Abaqus 中可用的分布体载荷的类型，以及相应的载荷类型符号。

表 1-5 分布体载荷的类型

载荷描述	基于单元的载荷的载荷类型符号	Abaqus/CAE 载荷类型
整体 x、y 和 z 方向上的体载荷	BX，BY，BZ	体载荷
整体 x、y 和 z 方向上的非均匀体载荷	BXNU，BYNU，BZNU	体载荷
径向和轴向上的体载荷（仅对于轴对称单元）	BR，BZ	
径向和轴向上的非均匀体载荷（仅对于轴向对称单元）	BRNU，BZNU	
整体 x、y 和 z 方向上的黏性体载荷（仅在 Abaqus/Explicit 中可以使用）	VBF	不支持
整体 x、y 和 z 方向上的停滞体载荷（仅在 Abaqus/Explicit 中可以使用）	SBF	
重力载荷	GRAV	重力
离心载荷（输入大小为 $\rho\omega^2$，其中 ρ 是单位体积的质量密度，ω 是角速度）	CENT	不支持
离心载荷（输入大小为 ω^2，其中 ω 是角速度）	CENTRIF	转动的体载荷
科氏力（科氏载荷）	CORIO	科氏力
转动加速度载荷	ROTA	转动的体载荷
转子动力学载荷	ROTDYNF	不支持
孔隙拖动载荷（输入是介质的多孔性）	PDBF	孔隙拖动体载荷

定义通用体载荷

用户可以在任意单元上定义整体 x、y 和 z 方向上的体载荷，也可以在对称单元上定义径向或者轴向上的体载荷。

输入文件用法：使用以下选项，在整体 x、y 和 z 方向上定义体载荷：

*DLOAD

单元编号或者单元集，载荷类型符号，大小

其中载荷类型符号包括 BX、BY、BZ、BXNU、BYNU 或者 BZNU。

使用以下选项在轴对称单元的径向或者轴向上定义体载荷：

*DLOAD

单元编号或者单元集，载荷类型符号，大小

其中载荷类型符号包括 BR、BZ、BRNU 或者 BZNU。

Abaqus/CAE 用法：Load module：Create Load：为 Category 选择 Mechanical 以及为 Types for Selected Step 选择 Body force

在 Abaqus/Explicit 中定义黏滞体载荷

黏滞体载荷是通过下式定义的

$$f_{v}=-c_{vb}(v-v_{ref})V_{e}$$

式中，f_v是施加在体上的黏滞力；c_{vb}是黏度，作为载荷的大小给出；v是体上施加载荷的点所具有的速度；v_{ref}是参考节点的速度；V_e是单元体积。

可以将黏滞体载荷看作是与质量成比例的阻尼，在于如果将系数c_{vb}选择成一个乘以材料密度ρ的小值，则它给出一个与单元质量成比例的阻尼贡献（见“材料阻尼”，《Abaqus分析用户手册——材料卷》的 6.1.1 节）。黏滞体载荷提供其他方法来将与质量成比例的阻尼定义成相对速度和步相关的阻尼系数的函数。

输入文件用法：使用以下选项定义黏滞体载荷：

*DLOAD，REF NODE=参考节点

单元编号或者单元集，VBF，大小

Abaqus/CAE 用法：Abaqus/CAE 中不支持定义黏滞体载荷。

在 Abaqus/Explicit 中定义停滞体载荷

停滞体载荷是通过下式定义的

$$f_{s}=-c_{sb}(v-v_{ref})^{2}V_{e}$$

式中，f_s是施加在体上的停滞体载荷；c_{sb}是因子，作为载荷的大小给出，其值应当非常小，以避免阻尼和稳态时间增量的急剧减小；v是体上施加体载荷的点所具有的速度；v_{ref}是参考节点的速度；V_e是单元体积。

输入文件用法：使用以下选项定义停滞体载荷：

*DLOAD，REF NODE=参考节点

单元编号或者单元集，SBF，大小

Abaqus/CAE 用法：　Abaqus/CAE 中不支持定义停滞体载荷。

定义重力载荷

用户可以使用重力分布载荷类型定义重力载荷（固定方向上的均匀加速度），并且可以定义作为载荷大小的重力常数。通过在分布载荷定义中给出重力向量的分量来指定重力场的方向。Abaqus 使用用户定义的材料密度（见“密度”，《Abaqus 分析用户手册——材料卷》的 1.2.1 节），以及大小和方向计算载荷。在一个步中，重力载荷的大小可以根据幅值定义

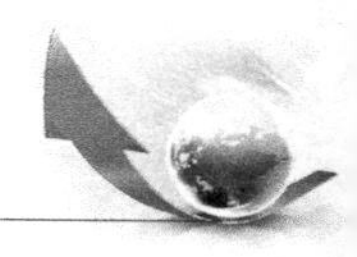

随时间变化，如“指定条件：概览”（1.1.1节）中所描述的那样。然而，重力场的方向总是在步开始时施加的，并且在步过程中保持不变。

用户不需要像定义其他分布载荷那样定义一个单元或者单元集。Abaqus/Standard 和 Abaqus/Explicit 自动在模型中收集名为_ Whole_ Model_ Gravity_ Elset 的单元集中的所有具有质量贡献的单元（包括点质量单元，但不包括刚体单元），并且对此单元集中的单元施加重力载荷。Abaqus/CFD 对所有用户定义的单元施加重力载荷。

Abaqus/CFD 中，在浮力驱动流动中，重力载荷定义与 Boussinesq 类型的体载荷一起使用的重力矢量。用户必须激活不可压缩流动的能量方程，并且通过定义热膨胀来指定体积热膨胀系数（见“不可压缩流体的动力学分析”，《Abaqus 分析用户手册——分析卷》的1.6.2节和“热膨胀”中的“Abaqus/CFD 中的浮力计算”，《Abaqus 分析用户手册——材料卷》的6.1.2节）。重力载荷仅可以与能量方程一起使用，如果没有使用能量方程，则重力载荷将被忽略。通常可以为没有能量方程的不可压缩流动定义体载荷。

当子结构使用重力载荷时，必须定义密度，并且创建子结构时，必须计算单位重力载荷矢量（见“定义子结构”，《Abaqus 分析用户手册——分析卷》5.1.2节）。

输入文件用法：使用以下选项定义重力载荷：

* DLOAD

单元编号或者单元集，GRAV，重力常数，*comp*1，*comp*2，*comp*3

Abaqus/CAE 用法：Load module：Create Load：为 Category 选择 Mechanical 以及为 Types for Selected Step 选择 Gravity

在 Abaqus/Standard 中定义由于模型转动而引起的载荷

在 Abaqus/Standard 中，用户可以通过在基于单元的分布载荷定义中指定合适的分布载荷类型，来施加离心载荷、科氏力载荷、转动加速度载荷和转子动力学载荷。当执行不是使用直接积分的隐式动力学分析时，主要使用这些载荷选项来复制动态载荷（“动态应力/位移分析”，《Abaqus 分析用户手册——分析卷》的1.3节）。在隐式动力学过程中，由运动方程学可知，自然存在由转动引起的惯性载荷。在隐式动力学分析中施加分布离心载荷、科氏载荷、转动加速度载荷和转子动力学载荷，可能会导致无物理意义的载荷，使用时应加以注意。

离心载荷

用户可以将离心载荷的大小定义成 ω^2，ω 是径向上单位时间内的角速度。Abaqus/Standard 使用用户定义的材料密度（见“密度”，《Abaqus 分析用户手册——材料卷》的1.2.1节），以及载荷大小和转动轴来计算载荷。另外，也可以将离心载荷的大小定义为 $\rho\omega^2$，其中 ρ 是固体或者壳单元的材料密度（单位体积的质量），或者单位长度梁单元的质量，ω 是径向上单位时间内的角速度。此类型的离心载荷方程不考虑大的体积变化。两个离心载荷类型在一阶单元局部结果上略有不同，$\rho\omega^2$ 使用一个不变的质量矩阵，并且 ω^2 在载荷力计算和载荷刚度中使用一个集总的质量矩阵。

在一个步中，离心载荷的大小可以根据幅值定义随时间变化，如“指定条件：概览”（1.1.1节）中所描述的那样。然而，总是在步开始时，通过给出轴上的点和轴的方向来定义结构绕其转动的轴的位置和方向，并且其位置和方向在步中保持固定。

输入文件用法：使用以下选项中的任意一个定义离心载荷：

*DLOAD

单元编号或者单元集，CENTRIF，ω^2，坐标1，坐标2，坐标3，分量1，分量2，分量3

*DLOAD

单元编号或者单元集，CENT，$\rho\omega^2$，坐标1，坐标2，坐标3，分量1，分量2，分量3

Abaqus/CAE用法：Load module：Create Load：为Category选择Mechanical以及为Types for Selected Step选择Rotational body force：Load effect：Centrifugal

科氏载荷

通过指定科氏分布载荷类型来定义科氏力，并且载荷大小为$\rho\omega$，其中ρ是固体和壳单元的材料密度（单位体积的质量），或者单位长度梁单元的质量，ω是径向上单位时间内的角速度。在一个步中，科氏载荷的大小可以根据幅值定义随时间变化，如“指定条件：概览”（1.1.1节）中所描述的那样。然而，总是在步开始时，通过给出轴上的点和轴的方向来定义结构围绕其转动的轴位置和方向，并且其位置和方向在步中保持不变。

在稳态分析中，Abaqus用增量位移除以当前的时间增量来计算科氏载荷中的平移速度项。

科氏载荷方程不考虑大的体积变化。

输入文件用法：使用以下选项定义科氏载荷：

*DLOAD

单元编号或者单元集，CORIO，$\rho\omega$，坐标1，坐标2，坐标3，分量1，分量2，分量3

Abaqus/CAE用法：Load module：Create Load：为Category选择Mechanical以及为Types for Selected Step选择Coriolis force

转动加速度载荷

通过指定转动加速度分布载荷类型来定义转动加速度载荷，并且给出转动加速度大小α，以弧度/时间^{2}为单位，包括任何进动效应。必须通过给出轴上一点和轴的方向来定义转动加速度的轴。Abaqus/Standard使用用户定义的材料密度（见“密度”，《Abaqus分析用户手册——材料卷》的1.2.1节），以及转动加速度大小和转动加速度轴来计算载荷。在一个步中，载荷的大小可以根据幅值定义随时间变化，如“指定条件：概览”（1.1.1节）中所描述的那样。然而，总是在步开始时定义结构围绕其转动的轴的位置和方向，并且其位置和方向在步中保持固定。

对于轴对称单元，转动加速度载荷是不可施加的。

输入文件用法：使用以下选项定义转动加速度载荷：

*DLOAD

单元编号或者单元集，ROTA，α，坐标1，坐标2，坐标3，分量1，分量2，分量3

Abaqus/CAE用法：Load module：Create Load：为Category选择Mechanical以及为Types for Selected Step选择Rotational body force：Load effect：Rotary acceleration

在 Abaqus/Standard 中定义通用刚体加速度载荷

用户可以在 Abaqus/Standard 中使用重力加速度、离心加速度（ω^2）和转动加速度载荷类型的组合来定义通用刚体加速度载荷。

固定参考框架中的转子动力学载荷

用户可以使用转子动力学载荷研究轴对称结构三维模型的振动响应。例如，混合能量储藏系统中的飞轮所做的运动，是在固定参考框架中关于其对称轴的转动（见 Genta，2005）。这与上面讨论的离心载荷、科氏载荷和转动加速度载荷相反，它们是在转动框架中构建的。因此，并不需要将转子动力学载荷与其他动力载荷类型相联系。

转子动力学载荷的预期工作流程是在一个非线性静态步中定义载荷，来建立离心载荷效应和与转动体相关联的载荷刚度项。然后非线性静态步后面可以有一个线性动态分析序列，如复数特征值提取和/或子空间或者直接求解的稳态动力学分析，来研究复杂的动力学行为（由陀螺力矩诱发的），如转动结构中的临界速度、非平衡响应和旋转现象。用户不需要在线性动力学分析中重新定义转子动力学载荷，使用从非线性静态步延续的载荷定义即可。非线性动态步中陀螺力矩的贡献是非对称的，这样，用户必须在这些步中使用非对称矩阵存储，就像“定义一个分析”（《Abaqus 分析用户手册——分析卷》的 1.1.2 节）中所描述的那样。

转子动力学载荷只适用于对称实体的三维模型，用户必须确保满足此假设。所有三维连续和圆柱形单元、壳单元、膜单元、圆柱膜单元、梁单元和转动惯性单元都支持转子动力学载荷。定义成载荷一部分的转动轴必须是所研究结构的对称轴。这样，梁单元必须与对称轴平齐。此外，每一个加载的转动惯量单元的主方向必须与对称轴平齐，并且转动惯量单元的惯性分量必须关于此轴对称。必须在同一个步中模拟关于不同轴转动的多转动结构。转动结构也可以与非轴对称的非转动结构（如轴承或者支承结构）相连。

用户可以通过在径向上定义单位时间内的角速度 ω 来定义转子动力学载荷。在一个步中，转子动力学载荷的大小可以根据幅值来定义其随时间的变化，如“指定条件：概览”（1.1.1 节）中所描述的那样。然而，总是在步开始时通过给出轴上的一个点和轴的方向来定义结构围绕其转动的轴的位置和方向，并且其位置和方向在步中保持固定。

输入文件用法：使用以下选项定义转子动力学载荷：

*DLOAD

单元编号或者单元集，ROTDYNF，ω，坐标 1，坐标 2，坐标 3，分量 1，分量 2，分量 3

Abaqus/CAE 用法：Abaqus/CAE 中不支持基于单元的转子动力学载荷。

在 Abaqus/CFD 中定义孔隙拖动体载荷

在 Abaqus/CFD 中，孔隙拖动载荷用于定义流过多孔介质的孔隙拖动体载荷（Darcy 和惯性拖动载荷）（见“不可压缩流体的动力学分析”，《Abaqus 分析用户手册——分析卷》的 1.6.2 节）。如果激活了孔隙拖动体载荷，则必须定义介质的渗透性（见“渗透性”，《Abaqus 分析用户手册——材料卷》的 6.6.2 节）。此外，如果不可压缩流体的能量方程是为包含热传导的孔隙流动问题激活的，则必须使用流体截面定义来定义多孔介质的固体相属性和流体相属性。通过定义无量纲的孔隙率 ε（流体与多孔介质总体积的比值）来定义孔隙拖动载荷。

输入文件用法：使用以下选项定义孔隙拖动体载荷：

＊DLOAD

单元编号或者单元集，PDBF，孔隙率

Abaqus/CAE 用法：Load module：Create Load：为 Category 选择 Fluid 以及为 Types for Selected Step 选择 Porous drag body force

表面张力和压力载荷

在 Abaqus 中，通用的或者剪切面张力和压力载荷可以作为基于单元的或者基于面的分布载荷来施加。这些载荷的单位是单元面积力。

表 1-6 中列出了 Abaqus 中可以使用的所有分布表面载荷类型，以及相应的载荷类型标签。《Abaqus 分析用户手册——单元卷》中列出了特定单元可用的分布面载荷类型，以及 Abaqus/CAE 支持的载荷类型。对于一些基于单元的载荷，用户必须在载荷类型标签中确定用于定义载荷的单元面（如连续单元的 P*n* 或者 P*n*NU）。

表 1-6　分布面载荷类型

载荷描述	基于单元载荷的载荷类型标签	基于面载荷的载荷类型标签	Abaqus/CAE 载荷类型
通用面张力	TRVEC*n*,TRVEC	TRVEC	面张力
剪切面张力	TRSHR*n*,TRSHR	TRSHR	
非均匀的通用面张力	TRVEC*n*NU, TRVECNU	TRVECNU	面张力（仅基于面的载荷）
非均匀的剪切面张力	TRSHR*n*NU, TRSHRNU	TRSHRNU	
压力	P*n*,P	P	压力
非均匀压力	P*n*NU,PNU	PNU	压力（仅基于面的载荷）
静水压力(仅在 Abaqus/Standard 中可用)	HP*n*,HP	HP	
黏性压力(仅在 Abaqus/Explicit 中可用)	VP*n*,VP	VP	
停滞压力(仅在 Abaqus/Explicit 中可用)	SP*n*,SP	SP	
静水内部和外部压力(仅用于 PIPE 和 ELBOW 单元)	HPI,HPE	N/A	管压力
均匀的内部和外部管压力(仅用于 PIPE 和 ELBOW 单元)	PI,PE	N/A	
非均匀的内部和外部管压力(仅用于 PIPE 和 ELBOW 单元)	PINU,PENU	N/A	

跟随面载荷

根据定义，跟随面载荷的作用线在几何非线性分析中随着面而转动。这与无跟随载荷相

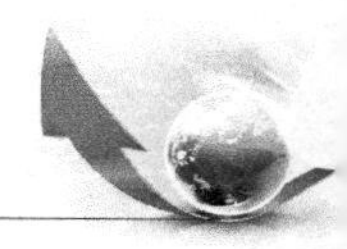

反，它总是作用在一个固定的整体方向上。

除了一般的面张力，将表 1-6 中列出的所有分布面载荷模拟成跟随载荷。表 1-6 中列出的静水压力和黏性压力总是垂直作用在当前构型中的面上，剪切力总是切向作用在当前构型中的面上，内部和外部管压力则跟随管单元运动。

可以将一般的面张力定义成跟随或者非跟随载荷。在几何线性分析中，跟随与非跟随载荷之间是没有区别的，因为体的构型保持固定。下文中，将通过实例说明跟随与非跟随通用面张力之间的差异。

输入文件用法：使用以下选项之一将通用面张力定义成跟随载荷（默认的）：

* DLOAD，FOLLOWER=YES

* DSLOAD，FOLLOWER=YES

使用以下选项之一将通用面张力定义成非跟随载荷：

* DLOAD，FOLLOWER=NO

* DSLOAD，FOLLOWER=NO

Abaqus/CAE 用法：Load module：Create Load：为 Category 选择 Mechanical 以及为 Types for Selected Step 选择 Surface traction：Traction：General，切换打开或者关闭 Follow rotation

定义通用面张力

通用面张力允许用户定义作用在面 S 上的面张力 $\boldsymbol{t}$。产生的载荷 $\boldsymbol{f}$ 是通过在面 S 上对 $\boldsymbol{t}$ 进行积分得到的

$$\boldsymbol{f}=\int_S \boldsymbol{t}\mathrm{d}S=\int_S \alpha\hat{\boldsymbol{t}}\mathrm{d}S\ ,$$

式中，α 是载荷的大小，$\hat{\boldsymbol{t}}$ 是载荷的方向。即要定义通用面张力，用户必须同时定义载荷大小 α 和关于参考构型 $\boldsymbol{t}_{user}$ 的载荷方向；或者在用户子程序 UTRACLOAD 中对它们进行定义。所定义的张力方向是通过 Abaqus 归一化的，对载荷的大小没有贡献，即

$$\hat{\boldsymbol{t}}^0=\frac{\boldsymbol{t}_{user}}{\|\boldsymbol{t}_{user}\|}$$

输入文件用法：使用以下选项定义通用面张力：

* DLOAD

单元编号或者单元集，载荷类型标签，大小，方向分量

其中载荷类型包括 TRVECn、TRVEC、TRVECnNU 或者 TRVECNU。

* DSLOAD

面名称，TRVEC 或者 TRVECNU，大小，方向分量

Abaqus/CAE 用法：使用以下输入定义基于单元的通用面张力：

Load module：Create Load：为 Category 选择 Mechanical 以及为 Types for Selected Step 选择 Surface traction：Traction：General，Distribution：选择一个分析场

使用以下输入定义基于面的通用面张力：

Load module：Create Load：为 Category 选择 Mechanical 以及为 Types

for Selected Step 选择 Surface traction: Traction: General, Distribution: Uniform 或者 User-defined

Abaqus/CAE 中不支持非均匀的基于单元的通用面张力。

定义关于局部坐标系的直接向量

默认情况下，张力向量的分量是关于整体方向定义的。用户也可以参考局部坐标系定义这些张力的分量（见“方向”，《Abaqus 分析用户手册——介绍、空间建模、执行与输出卷》的 2.2.5 节）。关于局部坐标系定义张力载荷的实例，见下文中的“实例：使用局部坐标系定义剪切方向”。

输入文件用法：使用以下选项之一定义局部坐标系：

* DLOAD, ORIENTATION=名称

* DSLOAD, ORIENTATION=名称

Abaqus/CAE 用法：Load module: Create Load: 为 Category 选择 Mechanical 以及为 Types for Selected Step 选择 Surface traction: 选择 CSYS: Picked 并点击 Edit 选取局部坐标系，或者选取 CSYS: User-defined 来输入定义局部坐标系的用户子程序名称

张力向量方向的转动

张力载荷作用在几何线性分析中的固定方向 $\hat{t}=\hat{t}^O$ 上，或者作用在定义了非跟随载荷的几何非线性分析中（包括关于几何非线性基本状态的摄动步）。

如果几何非线性分析中定义了跟随载荷，则张力载荷根据以下计算公式随此面刚性转动。Abaqus 将参考构型张力向量 $\boldsymbol{t}^O=\alpha\hat{\boldsymbol{t}}^O$ 分解成两个分量，即法向分量和切向分量。

法向分量 $$\alpha\,\hat{\boldsymbol{t}}^O\cdot\boldsymbol{NN}=\alpha_n\boldsymbol{N},$$

切向分量

$$\alpha(\hat{\boldsymbol{t}}^O-\hat{\boldsymbol{t}}^O\cdot\boldsymbol{NN})=\alpha_d\boldsymbol{D}$$

式中，$\boldsymbol{N}$ 是单位参考面法向；$\boldsymbol{D}$ 是 $\hat{\boldsymbol{t}}^O$ 在参考面上的单位投影。当前构型中施加的张力的计算公式为

$$\boldsymbol{t}=\alpha_n\boldsymbol{n}+\alpha_d\boldsymbol{d}$$

式中，$\boldsymbol{n}$ 垂直于当前构型中的面；$\boldsymbol{d}$ 是转动到当前面上的 $\boldsymbol{D}$ 的虚部，即 $\boldsymbol{d}=\boldsymbol{RD}$，其中 $\boldsymbol{R}$ 是从局部二维面变形梯度 $\boldsymbol{F}=\boldsymbol{RU}$ 的极分解得到的标准转动张量。

实例：跟随张力和非跟随张力

以下两个例子说明了在几何非线性分析中施加跟随张力和非跟随张力的区别。两个例子使用的都是单独的 4 节点平面应变单元（单元 1）。在第一个例子的第一个步中，单元 1 的面 1 上施加了一个跟随张力载荷，单元 1 的面 2 则施加了一个非跟随张力载荷。单元在第一个步中沿逆时针方向刚性转动了 90°，在第二个步中又转动了 90°。如图 1-9 所示，张力随着面 1 转动，而面 2 上的非跟随张力总是作用在整体 x 方向上。

```
* STEP, NLGEOM
Step 1-Rotate square 90 degrees
…
* DLOAD, FOLLOWER=YES
```

```
1, TRVEC1, 1. , 0. , -1. , 0.
*DLOAD, FOLLOWER=NO
1, TRVEC2, 1. , 1. , 0. , 0.
*END STEP
*STEP, NLGEOM
Step 2-Rotate square another 90 degrees
…
*END STEP
```

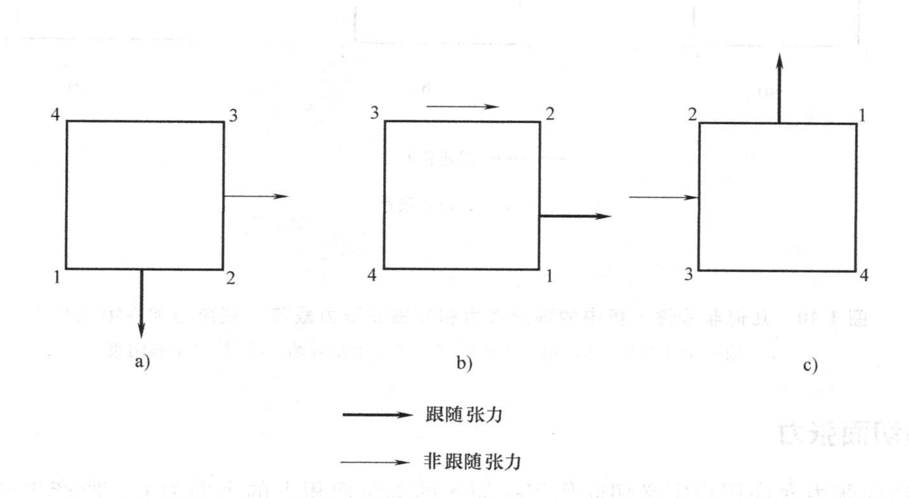

图 1-9 几何非线性分析中的跟随张力和非跟随张力载荷（载荷施加在第一步中）

a）第一步开始 b）第一步结束，第二步开始 c）第二步结束

在第二个例子的第一步中，没有施加载荷的单元沿逆时针方向转动了 90°。在第二步中，在面 1 上施加一个跟随张力载荷，在面 2 上施加了一个非跟随张力载荷。然后该单元又刚性地转动了 90°。跟随载荷的方向是关于原始构型定义的。如图 1-10 所示，跟随张力随着面 1 转动，而面 2 上的非跟随张力总是作用在整体 x 方向上。

```
*STEP, NLGEOM
Step 1-Rotate square 90 degrees
…
*END STEP
*STEP, NLGEOM
Step 2-Rotate square another 90 degrees
*DLOAD, FOLLOWER=YES
1, TRVEC1, 1. , 0. , -1. , 0.
*DLOAD, FOLLOWER=NO
1, TRVEC2, 1. , 1. , 0. , 0.
```

```
...
* END STEP
```

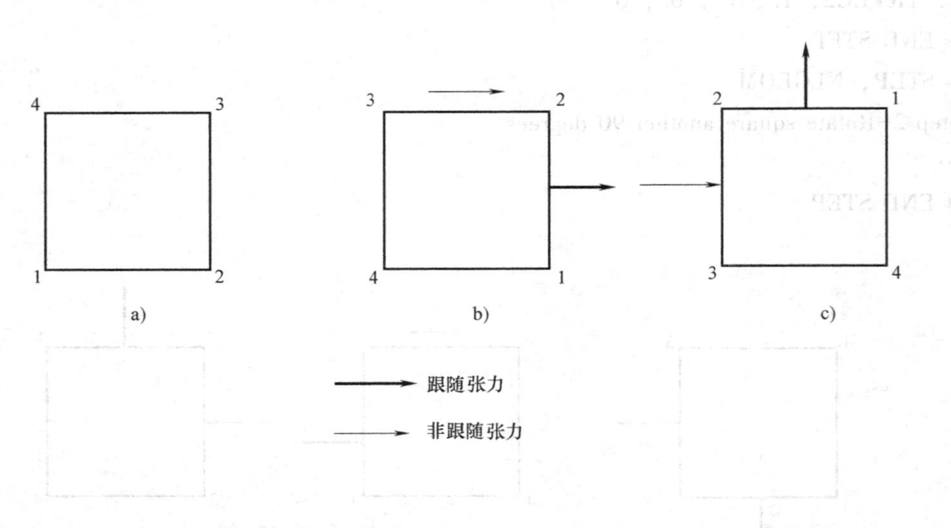

图 1-10　几何非线性分析中的跟随张力和非跟随张力载荷（载荷施加在第二步中）

a）第一个步开始　b）第一个步结束，第二个步开始　c）第二个步结束

定义剪切面张力

剪切面张力允许用户定义切向作用在面 S 的单位面积上的表面力 $\boldsymbol{t}_s$。所产生的载荷 $\boldsymbol{f}$ 是通过在面 S 对 $\boldsymbol{t}_s$ 进行积分得到的

$$\boldsymbol{f}=\int_s \boldsymbol{t}_s \mathrm{d}S=\int_s \alpha \boldsymbol{d} \mathrm{d}S$$

式中，α 是表面力的大小；$\boldsymbol{d}$ 是沿着载荷方向的单位向量。要定义剪切面张力，用户必须同时给出 α 和载荷的方向 $\boldsymbol{t}_{user}$。也可以在用户子程序 UTRACLOAD 中定义大小和方向向量。

Abaqus 通过将用户定义的向量 $\boldsymbol{t}_{user}$ 投射到参考构型中的表面来更改张力的方向，即

$$\boldsymbol{t}_{user}^{po}=\boldsymbol{t}_{user}-\boldsymbol{t}_{user}\boldsymbol{N}\boldsymbol{N}$$

式中，$\boldsymbol{N}$ 是参考面法向。用户定义的张力是沿着计算得到的张力方向 $\boldsymbol{D}$ 的切向施加的，即

$$\boldsymbol{D}=\frac{\boldsymbol{t}_{user}^{po}}{\left\|\boldsymbol{t}_{user}^{po}\right\|}$$

因此，当 $\boldsymbol{t}_{user}$ 为参考面的法向时，将不在任何点上施加剪切张力载荷。

在几何线性分析中，剪切张力载荷作用在固定方向 $\boldsymbol{d}=\boldsymbol{D}$ 上。在几何非线性分析中（包括关于几何非线性基本状态的摄动步），剪切张力向量将刚性地转动，即 $\boldsymbol{d}=\boldsymbol{R}\boldsymbol{D}$，其中 $\boldsymbol{R}$ 是标准转动张量，来自局部二维表面变形梯度 $\boldsymbol{F}=\boldsymbol{R}\boldsymbol{U}$ 的极分解。

输入文件用法：使用下面的一个选项来定义剪切面张力：

* DLOAD

单元编号或者单元集，载荷类型符号，大小，方向分量

其中载荷类型符号包括 TRSHR*n*、TRSHR、TRSHR*n*NU 或 TRSHRNU

*DSLOAD

面名称，TRSHR 或 TRSHRNU，大小，方向分量

Abaqus/CAE 用法：使用以下输入来定义基于单元的剪切面张力：

Load module：Create Load：为 Category 选择 Mechanical 以及为 Types for Selected Step 选择 Surface traction：Traction：Shear，Distribution：选择分析场

使用以下输入来定义基于面的通用面张力：

Load module：Create Load：为 Category 选择 Mechanical 以及为 Types for Selected Step 选择 Surface traction：Traction：Shear，Distribution：Uniform 或者 User-defined

Abaqus/CAE 中不支持定义非均匀的基于单元的剪切面张力。

定义与局部坐标系有关的方向向量

默认情况下，剪切张力向量的分量是相对于整体方向定义的。用户也可以为这些张力的分量定义局部坐标系（见“方向”，《Abaqus 分析用户手册——介绍、空间建模、执行与输出卷》的 2.2.5 节）。

输入文件用法：使用下面的一个选项来定义局部坐标系：

*DLOAD，ORIENTATION=名称

*DSLOAD，ORIENTATION=名称

Abaqus/CAE 用法：Load module：Create Load：为 Category 选择 Mechanical 并且为 Types for Selected Step 选择 Surface traction：选择 CSYS：Picked 并单击 Edit 拾取局部坐标系，或者选择 CSYS：User-defined 输入定义局部坐标系的用户子程序名称

实例：使用局部坐标系定义剪切方向

有时便于给出局部坐标系中的剪切和通用张力方向。下面的两个例子中，一个是在整体柱坐标系中定义剪切张力方向，另一个是在局部柱坐标系中定义剪切张力方向。柱坐标系的对称轴使用整体 z 轴，并且已经在柱的外面定义了名为 SURFA 的面。

在第一个例子中，剪切张力 $\boldsymbol{t}_{user}$ =（0，1，0）的方向是在整体柱坐标系中定义的，其得到的剪切张力如图 1-11a 所示。

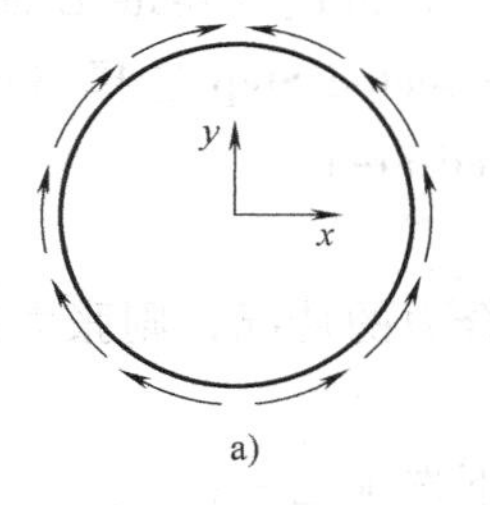

a)

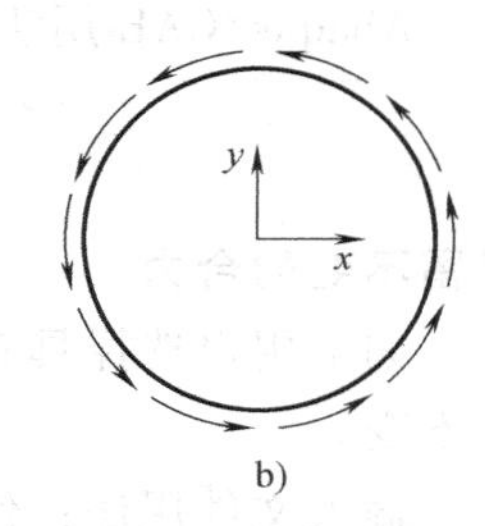

b)

图 1-11 在整体柱坐标系和局部柱坐标系中定义的剪切张力

a）整体柱坐标系 b）局部柱坐标系

*STEP

Step 1 - 在整体柱坐标系中定义剪切方向

…

*DSLOAD

SURFA，TRSHR，1，0，1，0

…

*END STEP

在第二个例子中，剪切张力 $t_{user}=(0,\ 1,\ 0)$ 是在局部柱坐标系中给出的，它的轴与柱的轴重合。在局部柱坐标系中定义的剪切张力如图 1-11b 所示。

```
* ORIENTATION, NAME=CYLIN, SYSTEM=CYLINDRICAL
0, 0, 0, 0, 0, 1
…
* STEP
Step 1 - 在局部柱坐标系中定义剪切方向
…
* DSLOAD, ORIENTATION=CYLIN
SURFA, TRSHR, 1, 0, 1, 0
…
* END STEP
```

由面张力产生的载荷

用户可以通过定义是否保持结果合力不变来选择在当前或者参考构型上集成面张力。

通常，合力不变的方法最适用于合力大小不随表面积的改变而变化的情况。然而，这取决于哪种方法最适用于用户的分析。使用合力不变方法的分析实例参见“分布牵引力和边载荷”（《Abaqus 验证手册》的 1.4.18 节）。

选择可不变的合力

如果用户选择可不变合力的情况，则张力向量是在当前构型中的表面上集成的，此面是几何非线性分析中通用变形面。默认情况下，所有面张力都是在当前构型中的面上集成的。

输入文件用法：使用以下选项之一：

* DLOAD, CONSTANT RESULTANT=NO

* DSLOAD, CONSTANT RESULTANT=NO

Abaqus/CAE 用法：Load module：Create Load：为 Category 选择 Mechanical 以及为 Types for Selected Step 选择 Surface traction：Traction is defined per unit deformed area

保留不变的合力

如果用户选择具有不变合力的情况，则张力向量是在参考构型中的面上集成的，进而保持不变。

输入文件用法：使用以下选项之一：

* DLOAD, CONSTANT RESULTANT=YES

* DSLOAD, CONSTANT RESULTANT=YES

Abaqus/CAE 用法：Load module：Create Load：为 Category 选择 Mechanical 以及为 Types for Selected Step 选择 Surface traction：Traction is defined per unit undeformed area

实例

当使用已知不变合力的张力来模拟分布载荷时，采用不变合力的方法具有一定的好处。假设大小恒定的载荷 p 均匀地作用在几何非线性分析中平板的法向 e_2 上

（图 1-12）。

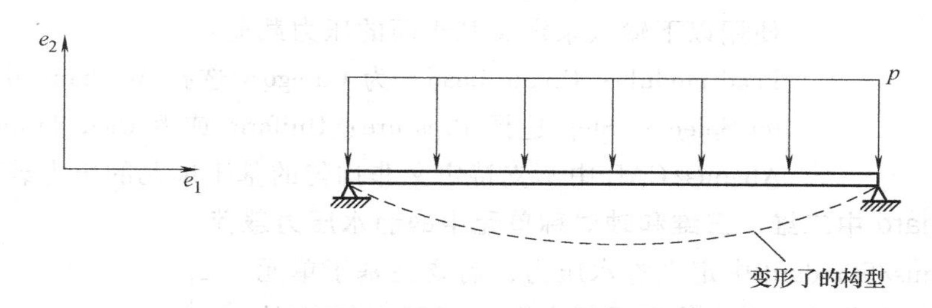

图 1-12　平板上的恒定载荷

可以使用以下模型来仿真平板屋顶上的雪载荷：将雪载荷模拟成恒定的分布张力载荷 $\boldsymbol{t}=-p\boldsymbol{e}_2$。分别用 S_o 和 S 表示参考和当前构型中的平板总表面积。使用不变合力的方法，则在平板总表面积上对 $\boldsymbol{t}$ 进行积分得到的载荷 $\boldsymbol{f}$ 是

$$\boldsymbol{f}=\int_S \boldsymbol{t}\mathrm{d}S=\int_S -p\boldsymbol{e}_2\mathrm{d}S=-p\boldsymbol{e}_2 S$$

在此情况下，均匀的张力将产生随着平板表面积的增加而增大的载荷，这与固定的雪载荷是不一致的。使用合力不变的方法，则在平板总表面积上对 $\boldsymbol{t}$ 进行积分得到的载荷是

$$\boldsymbol{f}=\int_{S_o} \boldsymbol{t}\mathrm{d}S_o=\int_{S_o} -p\boldsymbol{e}_2\mathrm{d}S_o=-p\boldsymbol{e}_2 S_o$$

在此情况下，均匀的张力将产生载荷，大小为压力除以参考构型中的表面积，这与上面的例子更加一致。

定义压力载荷

用户可以在任何二维、三维或者轴对称单元中定义分布压力载荷。在 Abaqus/Standard 中，可以在二维、三维和轴对称单元中定义静水压力载荷。在 Abaqus/Explicit 中，可以在任何单元中定义黏性和停滞压力载荷。

分布压力载荷

用户可以在任何单元中定义分布压力载荷。对于梁单元，正向施加的压力产生的力向量作用在截面某一局部方向或整体方向。对于传统的壳单元，力向量指向单元 SPOS 的法向。对于在确定的面上具有分布载荷的连续固体或者连续壳单元，力向量反向作用于该确定面的外法向。对于管和关节单元，则不支持分布压力载荷。

Abaqus 不允许在单元构成的面上定义分布压力载荷；正向施加的压力产生的力反向量作用在局部面法向上的力向量。

输入文件用法：使用以下选项之一定义压力载荷：

*DLOAD

单元编号或者单元集，载荷类型标签，大小

其中载荷类型标签包括 P*n*、P、P*n*NU 或者 PNU。

*DSLOAD

面名称，P 或者 PNU，大小

Abaqus/CAE 用法：使用以下输入来定义基于单元的压力载荷：

Load module：Create Load：为 Category 选择 Mechanical 或者为 Types

for Selected Step 选择 Pressure：Distribution：选择分析场或者离散场

使用以下输入来定义基于面的压力载荷：

Load module：Create Load：为 Category 选择 Mechanical 以及为 Types for Selected Step 选择 Pressure：Uniform 或者 User-defined

Abaqus/CAE 中不支持定义非均匀的基于单元的压力载荷。

Abaqus/Standard 中二维、三维和轴对称单元中的静水压力载荷

要在 Abaqus/Standard 中定义静水压力，需要在基于单元或者基于面的分布载荷定义中给出零压力海拔（图 1-13 中的点 a）的 z 坐标和定义静水压力处的海拔（图 1-13 中的点 b）。对于零压力海拔以上，静水压力是零。

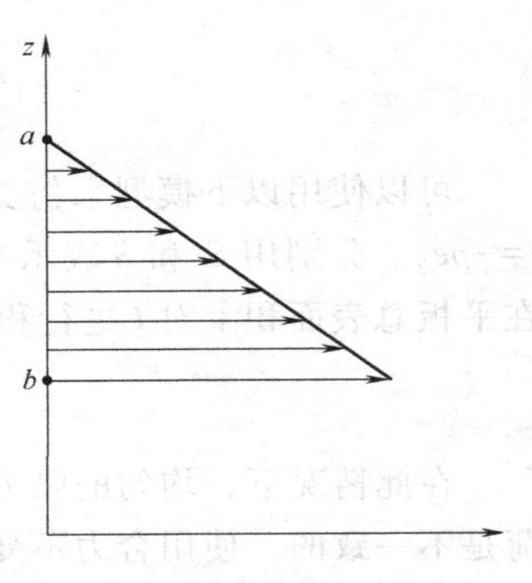

图 1-13　静水压分布

在平面单元中，静水压头是在 y 方向上；对于轴对称单元，z 方向是第二个坐标。

输入文件用法：使用以下选项来定义静水压力载荷：

*DLOAD

单元编号或者单元集，HPn 或者 HP，大小，点 a 的 z 坐标，点 b 的 z 坐标

*DSLOAD

面名称，HP，大小，点 a 的 z 坐标，点 b 的 z 坐标

Abaqus/CAE 用法：使用以下输入来定义基于面的静水压力载荷：

Load module：Create Load：为 Category 选择 Mechanical 以及为 Types for Selected Step 选择 Pressure：Distribution：Hydrostatic

Abaqus/CAE 中不支持定义基于单元的静水压力载荷。

Abaqus/Explicit 中的黏性压力载荷

黏性压力载荷是通过下式定义的

$$p=-c_v(\boldsymbol{v}-\boldsymbol{v}_{ref})\boldsymbol{n}$$

式中，p 是施加在体上的压力；c_v 是黏度，作为载荷的大小给出；$\boldsymbol{v}$ 是施加有压力的表面上的点速度；$\boldsymbol{v}_{ref}$ 是参考节点的速度；$\boldsymbol{n}$ 是单元中同一点上的单位外法向。

当用户想要在结构问题中抑制动态效应，从而在最小的增量数量上达到静态平衡时，施加的通常都是黏性压力载荷。常用的例子是确定金属板材产品成形后的回弹问题，在此情况下，需要在金属板材的壳单元表面上施加一个黏性压力载荷。选择合适的 c_v 值，对于有效使用此方法是重要的。

要计算 c_v，需要用到“无限单元”（《Abaqus 分析用户手册——单元卷》的 2.3.1 节）中描述的无限连续单元。在显式动力学中，通过对这些单元施加一个黏性法向压力来实现无限边界条件。其中系数 c_v 是通过 ρc_d 给出的，ρ 是表面上材料的密度，c_d 是材料中疏密波的速度（无限连续单元还需施加一个黏性剪切张力）。对于各向同性的线性弹性材料有

$$c_d=\sqrt{\frac{\lambda+2\mu}{\rho}}=\sqrt{\frac{E(1-\nu)}{\rho(1+\nu)(1-2\nu)}}$$

式中，λ 和 μ 是拉梅常数；E 是杨氏模量；ν 是泊松比。此黏度压力系数的选择决定阻尼水平。在阻尼中，已经被吸收的穿过自由表面的压力波，没有回到有限元网格内部的能量

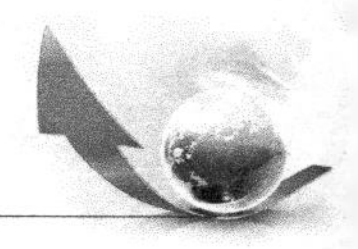

反射。

对于典型结构问题（如在无限单元中），不希望吸收所有的能量。通常设定 c_v 等于 ρc_d 乘以一个小的百分比（如1%或者2%），这是使正在进行的动态效应最小化的有效方法。系数 c_v 应当是正值。

输入文件用法：使用下面的一个选项来定义黏性压力载荷：

*DLOAD，REF NODE=参考节点

单元编号或者单元集，VP*n* 或者 VP，大小

*DSLOAD，REF NODE=参考节点

面名称，VP，大小

Abaqus/CAE 用法：使用以下输入定义基于面的黏性压力载荷：

Load module：Create Load：为 Category 选择 Mechanical 以及为 Types for Selected Step 选择 Pressure：Distribution：Viscous，切换打开或者关闭 Determine velocity from reference point

Abaqus/CAE 中不支持定义基于单元的黏性压力载荷。

Abaqus/Explicit 中的停滞压力载荷

停滞压力载荷定义成

$$p_s = -c_s(\boldsymbol{v}\,\boldsymbol{n} - \boldsymbol{v}_{ref}\boldsymbol{n})^2$$

式中，p_s 是施加在体上的停滞压力；c_s 是系数，作为载荷大小给出；$\boldsymbol{v}$ 是施加了压力的表面上的点所具有的速度；$\boldsymbol{n}$ 是单元中同一点上的单位外法向；$\boldsymbol{v}_{ref}$ 是参考节点的速度。系数 c_s 应当非常小，来避免产生过度抑制以及急剧下降的稳定时间增量。

输入文件用法：使用下面的一个选项来定义停滞压力载荷：

*DLOAD，REF NODE=参考节点

单元编号或者单元集，SP*n* 或者 SP，大小

*DSLOAD，REF NODE=参考节点

单元编号或者单元集，SP，大小

Abaqus/CAE 用法：使用以下输入来定义基于面的停滞压力载荷：

Load module：Create Load：为 Category 选择 Mechanical 以及为 Types for Selected Step 选择 Pressure：Distribution：Stagnation，切换打开或者关闭 Determine velocity from reference point

Abaqus/CAE 中不支持定义基于单元的停滞压力载荷。

管和关节单元上的压力

用户可以在管或者关节单元上定义外部压力、内部压力、外部静水压力或者内部静水压力。当施加了压力载荷时，必须在基于单元的分布载荷定义中指定有效的外部或者内部直径。

定义中包含了作用在单元末端的压力载荷：Abaqus 假定封闭末端条件成立。封闭末端条件可以正确模拟管接头、急弯头、拐头和横截面变化；在直段和平顺弯头中，相邻单元的末端载荷可以相互抵消。如果是开放末端条件，则应在开放末端添加一个补偿点载荷。如果所模拟压力管道混合使用管和梁单元，则会出现必须施加这种末端载荷的情况。此时，在管与梁单元之间的过渡处，封闭末端条件将产生一个物理上不存在的力。因此，不推荐管的这

种混合模拟。

对于承受压力载荷的管单元，可以通过输出变量 ESF1 来得到由压力载荷产生的有效轴向力（见“梁单元库”，《Abaqus 分析用户手册——单元卷》的 3.3.8 节）。

输入文件用法：使用以下选项在管或者关节单元上定义外部压力载荷：

*DLOAD

单元编号或者单元集，PE 或者 PENU，大小，有效外直径

使用以下选项在管或者关节单元上定义内部压力载荷：

*DLOAD

单元编号或者单元集，PI 或者 PINU，大小，有效内直径

使用以下选项在管或者关节单元上定义外部静水压载荷：

*DLOAD

单元编号或者单元集，HPE，大小，有效外直径

使用以下选项在管或者关节单元上定义内部静水压载荷：

*DLOAD

单元编号或者单元集，HPI，大小，有效内直径

Abaqus/CAE 用法：使用以下输入在管或者关节单元上定义外部或者内部压力载荷：

Load module：Create Load：为 Category 选择 Mechanical 以及为 Types for Selected Step 选择 Pipe pressure：Side：External or Internal，Distribution：Uniform，User-defined，或者选择分析场

使用以下输入在管或者关节单元上定义外部或者内部静水压力载荷：

Load module：Create Load：为 Category 选择 Mechanical 以及为 Types for Selected Step 选择 Pipe pressure：Side：External 或者 Internal，Distribution：Hydrostatic

在平面应力单元上定义分布表面载荷

平面应力理论假设平面应力单元的体积在大应变分析中保持不变。当在平面应力单元的一条边上施加了一个分布表面载荷时，在载荷分布中考虑边的当前长度和原始长度，但是没有考虑当前厚度，使用的是原始厚度。

只能通过在边上使用三维单元来避免此局限，从而识别出载荷对厚度变化的影响；需要合适的约束方程（“线性约束方程”，2.2.1 节）来使得这些单元的两个面上的平面内位移相等。沿着一条边的三维单元可以通过壳与实体之间的耦合约束来连接到内部壳单元上（详见“壳-实体耦合”，2.3.3 节）。

壳单元上的边张力及力矩和梁单元上的线载荷

在 Abaqus 中，可将分布边张力及力矩（通用的、剪切的、法向的或者横向的）作为基于单元或者基于面的分布载荷施加到壳单元上。边张力的单位是单位长度上的力。边力矩的单位是单位长度上的力矩。除了通用边张力，对于所有边张力和力矩，忽略参考局部坐标系。

在 Abaqus 中，可将分布线载荷作为基于单元的分布载荷施加到梁单元上。线载荷的单位是单位长度上的力。

表 1-7 中列出了 Abaqus 中可以使用的所有分布边载荷和线载荷类型，以及对应的载荷类型符号。《Abaqus 分析用户单元——单元卷》中列出了具体单元所含有的分布边载荷和线载荷类型，以及 Abaqus/CAE 支持的载荷类型。对于施加到壳单元上的基于单元的载荷，用户必须在载荷类型符号中明确指定载荷的单元边（如 EDLD*n* 或者 EDLD*n*NU）。

跟随边载荷和线载荷

根据定义，在几何非线性分析中，跟随边载荷或者线载荷的作用线随着边或线转动。这与无跟随载荷是相反的，它总是作用在一个固定的整体方向上。

除了壳单元上的通用边牵引力，以及梁单元整体方向单位长度上的力，表 1-7 中所列出的所有边载荷和线载荷都模拟成跟随载荷。在当前构型中，表 1-7 中列出的法向边、剪切边和横向边载荷分别作用在法向、剪切方向和横向上（图 1-14）。边力矩总是在当前构型中作用于壳边界上。在局部梁方向，单位长度上的力随着梁单元转动。

表 1-7　分布边载荷和线载荷类型

载荷描述	基于单元的载荷的载荷类型标签	基于面的载荷的载荷类型标签	Abaqus/CAE 载荷类型
通用边张力	EDLD*n*	EDLD	壳边载荷
法向边张力	EDNOR*n*	EDNOR	
剪切边张力	EDSHR*n*	EDSHR	
横向边张力	EDTRA*n*	EDTRA	
边力矩	EDMOM*n*	EDMOM	
非均匀的通用边张力	EDLD*n*NU	EDLDNU	壳边载荷（仅基于面的载荷）
非均匀的法向边张力	EDNOR*n*NU	EDNORNU	
非均匀的剪切边张力	EDSHR*n*NU	EDSHRNU	
非均匀的横向边张力	EDTRA*n*NU	EDTRANU	
非均匀的边力矩	EDMOM*n*NU	EDMOMNU	
在整体 *x* 方向、*y* 方向和 *z* 方向单位长度上的力（仅对于梁单元）	PX，PY，PZ	N/A	线载荷
在整体 *x* 方向、*y* 方向和 *z* 方向单位长度上的非均匀力（仅对于梁单元）	PXNU，PYNU，PZNU	N/A	
在梁的局部 1 方向和 2 方向单位长度上的力（仅对于梁单元）	P1，P2	N/A	
在梁的局部 1 方向和 2 方向单位长度上的非均匀力（仅对于梁单元）	P1NU，P2NU	N/A	

梁单元整体方向单位长度上的力总是非跟随力。

用户可以将通用边张力定义为跟随或者非跟随载荷。在几何线性分析中，跟随与非跟随载荷之间没有区别，因为体的构型保持不变。

输入文件用法：使用下面的一个选项来将通用边张力定义成跟随载荷（默认的）：

∗ DLOAD，FOLLOWER=YES

∗ DSLOAD，FOLLOWER=YES

使用下面的一个选项来将通用边张力定义成非跟随载荷：

∗ DLOAD，FOLLOWER=NO

∗ DSLOAD，FOLLOWER=NO

Abaqus/CAE 用法：Load module：Create Load：为 Category 选择 Mechanical 以及为 Types for Selected Step 选择 Shell edge load：Traction：General，切换打开或者关闭 Follow rotation

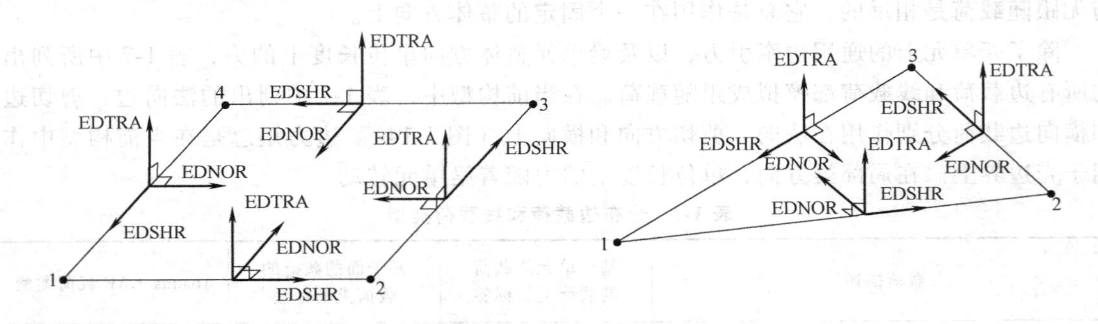

图 1-14　正的边载荷

定义通用边张力

通用边张力允许用户定义作用在壳单元 L 上的边载荷 $\boldsymbol{t}$。产生的载荷 $\boldsymbol{f}$ 是通过在 L 上对 $\boldsymbol{t}$ 进行积分来计算的

$$\boldsymbol{f} = \int_L \boldsymbol{t}\mathrm{d}L$$

要定义通用边张力，用户必须同时提供载荷大小 α 和方向 $\boldsymbol{t}_{user}$。所指定的载荷方向是通过 Abaqus 归一化的，它们对载荷的大小没有贡献。

如果要定义非均匀的通用边张力，则必须在用户子程序 UTRACLOAD 中指定载荷大小 α 和方向 $\boldsymbol{t}_{user}$。

输入文件用法：使用下面的一个选项来定义通用边张力：

∗ DLOAD

单元编号或者单元集，EDLD*n* 或者 EDLD*n*NU，大小，方向分量

∗ DSLOAD

面名称，EDLD 或者 EDLDNU，大小，方向分量

Abaqus/CAE 用法：使用以下输入来定义基于单元的通用边张力：

Load module：Create Load：为 Category 选择 Mechanical 以及为 Types for Selected Step 选择 Shell edge load：Traction：General，Distribution：选择分析场

使用以下选项来定义基于面的通用边张力：

Load module：Create Load：为 Category 选择 Mechanical 以及为 Types

for Selected Step 选择 Shell edge load：Traction：General，Distribution：Uniform 或者 User-defined

Abaqus/CAE 中不支持定义非均匀的基于单元的通用边张力。

载荷向量的转动

在几何线性分析中，作用在固定方向上的边载荷 $\boldsymbol{t}$ 通过下式来定义

$$\boldsymbol{t}=\alpha\frac{\boldsymbol{t}_{user}}{\|\boldsymbol{t}_{user}\|}$$

如果一个非跟随载荷是在几何非线性分析中定义的（包含一个关于几何非线性基本状态的摄动步），则作用在固定方向上的边载荷 $\boldsymbol{t}$，通过下式来定义

$$\boldsymbol{t}=\alpha\frac{\boldsymbol{t}_{user}}{\|\boldsymbol{t}_{user}\|}$$

如果一个跟随载荷是在几何非线性分析中定义的（包含一个关于几何非线性基本状态的摄动步），则必须关于参考构型来定义分量。参考边张力定义成

$$\boldsymbol{t}^{o}=\alpha\frac{\boldsymbol{t}_{user}}{\|\boldsymbol{t}_{user}\|}$$

施加的边张力 $\boldsymbol{t}$ 是通过将 $\boldsymbol{t}^{o}$ 刚性转动到当前边来计算得到的。

在局部坐标系中定义方向向量

默认情况下，关于整体方向来定义边张力向量的分量。另外，用户也可以参考局部坐标系定义方向向量（见“方向”，《Abaqus 分析用户手册——介绍、空间建模、执行与输出卷》的 2.2.5 节）。

输入文件用法：使用以下选项之一定义局部坐标系：

*DLOAD，ORIENTATION=名称

*DSLOAD，ORIENTATION=名称

Abaqus/CAE 用法：Load module：Create Load：为 Category 选择 Mechanical 以及为 Types for Selected Step 选择 Shell edge load：选择 CSYS：Picked 并单击 Edit 来选择局部坐标系，或者选取 CSYS：User-defined 来输入定义局部坐标系的用户子程序名称

定义剪切边、法向边和横向边张力

剪切边、法向边和横向边张力的加载方向是通过基底单元来确定的。正的剪切边张力作用在壳边的正向上，这是由单元连通性决定的。正的法向边张力在向内的方向上作用在壳平面上。正的横向边张力反向作用于面的法向上。正剪切边、正法向边和正横向边张力的方向如图 1-14所示。

要定义剪切边、法向边或者横向边张力，用户必须提供载荷大小 α。

如果要定义非均匀的剪切边、法向边或者横向边张力，则必须在用户子程序 UTRACLOAD 中指定载荷大小 α。

在几何线性步中，剪切边、法向边和横向边张力作用在壳的切向、法向和横向上，如图 1-14 所示。在几何非线性分析中，剪切边、法向边和横向边张力随着壳边转动，这样，它们总是作用在壳的切向、法向和横向上，如图 1-14 所示。

输入文件用法：使用以下选项之一定义方向边张力：

* DLOAD

单元编号或者单元集，方向边张力标签，大小

* DSLOAD

面名称，方向边张力标签，大小

对于基于单元的载荷，方向边张力标签可以是 EDSHR*n* 或剪切边张力为 EDSHR*n*NU，法向边张力为 EDNOR*n* 或 EDNOR*n*NU，或者横向边张力为 EDTRA*n* 或 EDTRA*n*NU。

对于基于面的载荷，方向边张力标签对于剪切边张力为 EDSHR 或 EDSHRNU，对于法向边张力为 EDNOR 或 EDNORNU，或者对于横向边张力为 EDTRA 或 EDTRANU。

Abaqus/CAE 用法：使用以下输入来定义基于单元的方向边张力：

Load module：Create Load；为 Category 选择 Mechanical 以及为 Types for Selected Step；Traction：Normal，Transverse 或 Shear 选择 Shell edge load；Distribution：选择分析场

使用以下输入来定义基于面的方向边张力：

Load module：Create Load；为 Category 选择 Mechanical 以及为 Types for Selected Step；Traction：Normal，Transverse 或者 Shear 选择 Shell edge load；Distribution：Uniform 或者 User-defined

Abaqus/CAE 中不支持定义非均匀的基于单元的方向边张力。

定义边力矩

作用于壳边上的边力矩，其正方向取决于单元连通性，边力矩的正方向如图 1-15 所示。

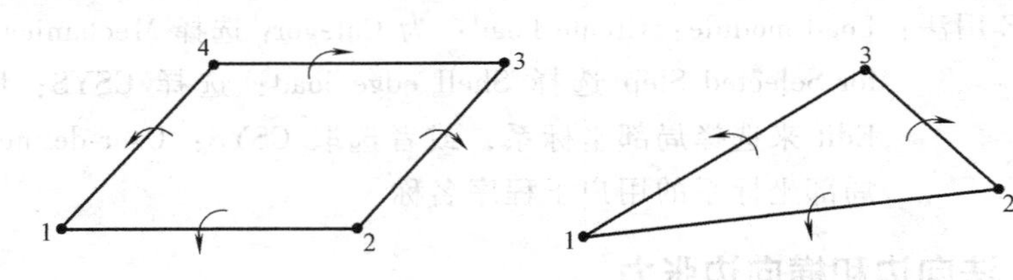

图 1-15　边力矩的正方向

要定义分布边力矩，用户必须提供载荷大小 α。

如果要定义非均匀的边力矩，则必须在用户子程序 UTRACLOAD 中指定大小 α。

在几何线性和非线性分析中，边力矩总是作用于当前壳边上，如图 1-15 所示。

输入文件用法：使用下面的一个选项来定义边力矩：

* DLOAD

单元编号或者单元集，EDMOM*n* 或者 EDMOM*n*NU，大小

* DSLOAD

面名称，EDMOM 或者 EDMOMNU，大小

Abaqus/CAE 用法：使用以下输入来定义基于单元的边力矩：

Load module：Create Load：为 Category 选择 Mechanical 以及为 Types for Selected Step 选择 Shell edge load；Traction：Moment，Distribution：选择分析场

使用以下输入来定义基于面的边力矩：

Load module：Create Load：为 Category 选择 Mechanical 以及为 Types for Selected Step 选择 Shell edge load；Traction：General，Distribution：Uniform 或者 User-defined

Abaqus/CAE 中不支持定义非均匀的基于单元的边力矩。

由边张力和力矩产生的载荷

用户可以通过指定是否保持常数结果来选择在当前或者参考构型中对边张力和力矩进行积分。通常，常数结果的方法最适用于结果载荷的大小不随边长度变化而变化的情况。然而，由用户来决定哪一种方法最适用于分析。

选择非常数结果

如果用户选择非常数结果，则边张力或者力矩是在当前构型的边上积分的，此边的长度在几何非线性分析中是变化的。

输入文件用法：使用下面的一个选项：

*DLOAD，CONSTANT RESULTANT=NO

*DSLOAD，CONSTANT RESULTANT=NO

Abaqus/CAE 用法：Load module：Create Load：为 Category 选择 Mechanical 以及为 Types for Selected Step 选择 Shell edge load：Traction is defined per unit deformed area

保持常数结果

如果用户选择保持常数结果，则边张力或者力矩是在参考构型的边上进行积分的，其长度不变。

输入文件用法：使用以下选项中的一个：

*DLOAD，CONSTANT RESULTANT=YES

*DSLOAD，CONSTANT RESULTANT=YES

Abaqus/CAE 用法：Load module：Create Load：为 Category 选择 Mechanical 以及为 Types for Selected Step 选择 Shell edge load：Traction is defined per unit undeformed area

在梁单元上定义线载荷

用户可以在梁单元上，在整体 x 方向、y 方向或者 z 方向上定义线载荷。此外，用户还可以在梁局部 1 方向或者局部 2 方向上，定义梁单元上的线载荷。

输入文件用法：使用以下选项在整体 x 方向、y 方向或者 z 方向上定义梁单元单位长度上的力：

*DLOAD

单元编号或者单元集，载荷类型标签，大小

其中载荷类型标签包括 PX、PY、PZ、PXNU、PYNU 或者 PZNU。

使用以下选项在梁的 1 方向或者 2 方向上定义单位长度上的力：

*DLOAD

单元编号或者单元集，载荷类型标签，大小

其中载荷类型标签是 P1、P2、P1NU 或者 P2NU。

Abaqus/CAE 用法：Load module：Create Load：为 Category 选择 Mechanical 以及为 Types for Selected Step 选择 Line load

参考文献

- Genta，G.，Dynamics of Rotating Systems，Springer，2005.

1.4.4 热载荷

产品：Abaqus/Standard　Abaqus/Explicit　Abaqus/CFD　Abaqus/CAE

参考

- “施加载荷：概览”，1.4.1 节
- *CFLUX
- *DFLUX
- *DSFLUX
- *CFILM
- *FILM
- *SFILM
- *FILM PROPERTY
- *CRADIATE
- *RADIATE
- *SRADIATE
- “定义一个集中热流量”，《Abaqus/CAE 用户手册》的 16.9.19 节
- “定义一个体热流量”，《Abaqus/CAE 用户手册》的 16.9.18 节
- “定义一个面热流量”，《Abaqus/CAE 用户手册》的 16.9.17 节
- “定义一个流体壁边界条件”，《Abaqus/CAE 用户手册》的 16.10.12 节
- “定义一个表面膜条件相互作用”，《Abaqus/CAE 用户手册》的 15.13.22 节
- “定义一个集中膜条件相互作用”，《Abaqus/CAE 用户手册》的 15.13.23 节
- “定义一个面辐射相互作用”，《Abaqus/CAE 用户手册》的 16.13.24 节
- “定义一个集中辐射相互作用”，《Abaqus/CAE 用户手册》的 15.13.25 节

概览

热载荷可以在热传导分析、完全耦合的温度-位移分析、完全耦合的热-电-结构分析和耦合的热-电分析中施加，如“指定条件：概览”（1.1.1节）中所总结的那样。可以使用以下类型的热载荷：

- 在多个节点上定义的集中热流量。
- 在单元面或者表面上定义的分布热流量。
- 单位体积的体热流量。
- 在多个节点、单元面或者表面上定义的边界对流。
- 在多个节点、单元面或者表面上定义的边界辐射。

适用于所有类型载荷的通用信息见“施加载荷：概览”（1.4.1节）。

模拟热辐射

可以使用 Abaqus 模拟以下类型的热辐射：

- 无对流表面与无反射环境之间的热交换。此类型的热辐射是使用定义在节点、单元面或者表面上的边界辐射载荷来模拟的，如下文中所描述的那样。
- 两个彼此接近的表面之间的热传递，且在其中沿着表面的温度梯度不大。此类型的热辐射是使用“热接触属性”（4.2节）中描述的间隙辐射功能来模拟的。
- 组成一个腔的表面之间的热交换。此类型的热辐射是使用 Abaqus/Standard 中可用的腔辐射功能来模拟的（见“腔辐射”），或者通过下面的“定义平均温度的辐射条件”中所描述的平均温度辐射条件来模拟。

直接定义热流量

用户可以在多个节点（或者节点集）上定义集中热流量，也可以在单元面或者表面上定义分布热流量。

定义集中热流量

默认情况下，集中热流量是施加给自由度 11 的。对于热传导壳单元，集中热流量可以通过指定自由度 11、12、13 等在整个壳的厚度上进行定义。在“选择一个壳单元”（《Abaqus 分析用户手册——单元卷》的 3.6.2 节）中，对整个壳单元厚度上的温度变化进行了描述。

输入文件用法：＊CFLUX

节点编号或者节点集名称，自由度，热流量大小

Abaqus/CAE 用法：Load module：Create Load：为 Category 选择 Thermal 以及为 Types for Selected Step 选择 Concentrated heat flux：选择区域：Magnitude：热

流量大小

根据用户指定的文件定义集中节点流量的值

用户可以使用来自以前 Abaqus 分析的输出数据库（.odb）文件中的特定步和增量的节点流量输出来定义节点流量。当从输出数据库文件中读取数据时，也需要使用来自原始分析的零件（.prt）文件。在此情况下，以前模型和当前模型的定义必须一致，两个模型中的节点编号也必须是相同的。如果模型是以零件实例的装配形式定义的，则零件实例命名也必须相同。

输入文件用法：＊CFLUX，FILE=文件，STEP=步，INC=增量

Abaqus/CAE 用法：Abaqus/CAE 中不支持根据用户指定的文件定义集中节点流量的值。

定义基于单元的分布热流量

用户可以定义基于单元的分布面流量（在单元面上）或者体流量（单位体积的流量）。对于面流量，必须在流量标签中确定定义有流量的单元面（如连续单元的 S*n* 或者 S*n*NU）。可用的分布流量类型取决于单元类型。《Abaqus 分析用户手册——单元卷》中列出了对具体单元可用的分布流量类型。

输入文件用法：＊DFLUX

单元编号或者单元集名称，载荷类型符号，流量大小

其中载荷类型符号包括 S、SPOS、SNEG、S1、S2 或者 BF

Abaqus/CAE 用法：使用以下输入来定义分布面流量：

Load module：Create Load：为 Category 选择 Thermal 以及为 Types for Selected Step 选择 Surface heat flux：选择区域：Distribution：选择分析场，Magnitude：流量大小

使用以下输入来定义分布体流量：

Load module：Create Load：为 Category 选择 Thermal 以及为 Types for Selected Step 选择 Body heat flux：选择区域：Distribution：Uniform，或者选择分析场，Magnitude：流量大小

定义基于面的分布热流量

当用户在面上定义分布面流量时，如“基于单元的面定义”（《Abaqus 分析用户手册——介绍、空间建模、执行与输出卷》的 2.3.2 节）中所描述的那样，需要定义包含单元和面信息的面。用户必须定义面名称、热流量符号和热流量大小。

输入文件用法：＊DSFLUX

面名称，S，流量大小

Abaqus/CAE 用法：使用以下输入来定义基于面的分布热流量：

Load module：Create Load：为 Category 选择 Thermal 以及为 Types for Selected Step 选择 Surface heat flux：选择区域：Distribution：Uniform，Magnitude：流量大小

在 Absqus/CFD 中，使用以下输入来定义基于面的分布壁热流量：
Load module：Create Boundary Condition：Step：*flow_ step*：
为 Category 选择 Fluid 以及为 Types for Selected Step 选择 Fluid wall condition：选择区域：Thermal Energy：Specify：Heat flux，Magnitude：流量大小

更改或者删除热流量

可以如“施加载荷：概览”（1.4.1 节）中所描述的那样，对热流量进行添加、更改或者删除。

定义与时间相关的热流量

用户可以通过参照幅值曲线来控制集中或者分布热流量的大小。如果不同类型的流量需要产生不同的大小变化，则可以重复做流量定义，每种类型参照其自身幅值曲线即可。详细内容见“指定条件：概览”（1.1.1 节）和“幅值曲线”（1.1.2 节）。

在用户子程序中定义非均匀的分布热流量

在 Abaqus/Standard 中，可以在用户子程序 DFLUX 中定义非均匀的分布热流量（基于单元的或者基于面的）。指定的参照大小将作为 FLUX（1）传输到用户子程序 DFLUX 中。如果省略了大小，则视 FLUX（1）为零传入。

输入文件用法：使用以下选项来定义非均匀的基于单元的热流量：

*DFLUX
单元编号或者单元集名称，载荷类型标签，流量大小
其中载荷类型包括 S*n*NU、SPOSNU、SNEGNU、S1NU、S2NU 或者 BFNU。

使用以下选项来定义非均匀的基于面的热流量：

*DSFLUX
表面名称，SNU，流量大小

例如，通用热传导壳单元（“三维常规壳单元库”，《Abaqus 分析用户手册——单元卷》的 3.6.7 节）100 顶面（SPOS）上 10 个单位面积的均匀面流量可以定义成

*DFLUX
100，SPOS，10.0

当通过用户子程序 DFLUX 来定义流量变化（非均匀的）时，所使用的分布流量类型标签为 SPOSNU。

*DFLUX
100，SPOSNU，大小

Abaqus/CAE 用法：使用以下输入来定义非均匀的基于单元的体流量：

Load module：Create Load：为 Category 选择 Thermal 以及为 Types for Selected Step 选择 Body heat flux：选择区域：Distribution：User-de-

fined，Magnitude：流量大小

使用以下输入来定义非均匀的基于面的热流量：

Load module：Create Load：为 Category 选择 Thermal 以及为 Types for Selected Step 选择 Surface heat flux：选择区域：Distribution：User-defined，Magnitude：流量大小

Abaqus/CAE 中不支持定义非均匀的基于单元的分布面流量。

定义边界对流

面上由对流产生的热流量是通过下式定义的

$$q=-h(\theta-\theta^0)$$

式中，q 是通过面的热流量；h 是参考膜系数；θ 是面上此点的温度；θ^0 是参考散热器的温度值。

对流产生的热流量可以在单元面、表面或者节点上进行定义。

定义基于单元的膜条件

用户可以定义单元面上的散热器温度 θ^0 和膜系数 h。在二维上，对流是施加到单元边上的；在三维上，对流则是施加到单元面上的。通过膜载荷类型标签来确定施加膜的单元边或者单元面，并且这取决于单元类型（见《Abaqus 分析用户手册——单元卷》）。用户必须定义单元编号或者单元组名称、膜载荷类型标签、散热器温度和膜系数。

输入文件用法：＊FILM

单元编号或者单元集名称，膜载荷类型标签，θ^0，h

Abaqus/CAE 用法：在 Abaqus/CAE 中，只有基于单元的膜条件支持膜系数定义。

Interaction module：Create Interaction：Surface film condition：选择区域：Definition：选择分析场：Film coefficient：h

定义基于面的膜条件

用户可以在面上定义散热器温度 θ^0 和膜系数 h，并如“基于单元的面定义”（《Abaqus 分析用户手册——介绍、空间建模、执行与输出卷》的 2.3.2 节）中所描述的那样定义包含单元和面信息的表面。必须指定面名称、膜载荷类型、散热器温度和膜系数。

输入文件用法：＊SFILM

面名称，F 或者 FNU，θ^0，h

Abaqus/CAE 用法：Interaction module：Create Interaction：Surface film condition：选择区域：Definition：Embedded Coefficient 或者 User-defined：Film coefficient：h 和 Sink temperature：θ^0

定义基于节点的膜条件

基于节点的膜条件要求用户为指定的节点编号或者节点集定义节点面积、散热器温度 θ^0 和膜系数 h。相关联的自由度是 11。对于壳单元，膜与除自由度 11 以外的自由度相关联，

可以通过使用约束方程来为一个约束到壳节点合适自由度的复制节点，定义集中膜系数（见“线性约束方程”，2.2.1 节）。

输入文件用法：＊CFILM

节点编号或者节点集名称，节点面积，θ^0，h

Abaqus/CAE 用法：Interaction module：Create Interaction：Concentrated film condition：选择区域：Definition：Embedded Coefficient，User-defined，或者选择分析场：Associated nodal area：节点面积，Film coefficient：h，Sink temperature：θ^0

定义温度变量和场变量相关的膜条件

如果膜系数是温度的函数，则可以单独定义膜属性数据，并定义属性表的名称来替代膜条件定义中的膜系数。

用户可以通过定义多个膜属性表来定义不同的膜系数 h 的变化，作为表面温度和/或者场变量的函数。必须对每一个膜属性表进行命名，这些名称是通过膜条件定义来引用的。

用户可以在重启动步中定义新的膜属性表。如果遇到了已有名称的膜属性表，则忽略第二个定义。

输入文件用法：使用以下选项来定义基于单元的膜条件：

＊FILM PROPERTY，NAME＝膜属性表名称

＊FILM

单元编号或单元集名称，膜载荷类型标签，θ^0，膜属性表名称

使用以下选项来定义基于面的膜条件：

＊FILM PROPERTY，NAME＝膜属性表名称

＊SFILM

面名称，F，θ^0，膜属性表名称

使用以下选项来定义基于节点的膜条件：

＊FILM PROPERTY，NAME＝膜属性表名称

＊CFILM

节点编号或者节点集名称，节点面积，θ^0，膜属性表名称

＊FILM PROPERTY 选项必须出现在输入文件的模型定义部分。

Abaqus/CAE 用法：Interaction module：

Create Interaction Property：Name：膜属性表名称和 Filmcondition

Create Interaction：Surface film condition 或 Concentrated filmcondition：选择区域：Definition：Property Reference and Filminteraction property：膜属性表名称

更改或者删除膜条件

可以如“施加载荷：概览”（1.4.1 节）中所描述的那样，对膜条件进行添加、更改或者删除。

定义时间相关的膜条件

对于均匀的膜，其散热器温度和膜系数都可以通过参照幅值定义来随时间变化。一条幅值曲线定义散热器温度 θ^0 随时间的变化；另一条幅值曲线定义膜系数 h 随时间的变化。更多内容见“指定条件：概览”（1.1.1节）和“幅值曲线”（1.1.2节）。

输入文件用法：使用以下选项定义温度相关的膜条件：

*AMPLITUDE，NAME=温度幅值

*AMPLITUDE，NAME=h 幅值

*FILM，AMPLITUDE=温度幅值，FILM AMPLITUDE=h 幅值

*SFILM，AMPLITUDE=温度幅值，FILM AMPLITUDE=h 幅值

*CFILM，AMPLITUDE=温度幅值，FILM AMPLITUDE=h 幅值

Abaqus/CAE 用法：使用以下输入来定义时间相关的膜条件。如果用户选择分析场来定义相互作用，则分析场只影响膜系数。

Interaction module：

Create Amplitude：Name：h 幅值

Create Amplitude：Name：温度幅值

Create Interaction：Surface film condition 或者 Concentrated film condition：选择区域：Definition：Embedded Coefficient 或者选择分析场：Film coefficient amplitude：h 幅值和 Sink amplitude：温度幅值

实例

为单元 3 的面 2 定义均匀的，时间相关的膜条件：

```
*AMPLITUDE，NAME=sink
0.0，0.5，1.0，0.9
*AMPLITUDE，NAME=famp
0.0，1.0，1.0，22.0
…
*STEP
**  对于一个 Abaqus/Standard 分析：
*HEAT TRANSFER
**  对于一个 Abaqus/Explicit 分析：
*DYNAMIC TEMPERATURE-DISPLACEMENT，EXPLICIT
…
*FILM，AMPLITUDE=sink，FILM AMPLITUDE=famp
3，F2，90.0，2.0
```

为单元 3 的面 2 定义均匀的、温度相关的膜系数和时间相关的散热器温度：

```
*AMPLITUDE，NAME=sink
0.0，0.5，1.0，0.9
*FILM PROPERTY，NAME=filmp
```

```
2.0，80.0
2.3，90.0
8.5，180.0
…
*STEP
**对于一个 Abaqus/Standard 分析：
*HEAT TRANSFER
**对于一个 Abaqus/Explicit 分析：
*DYNAMIC TEMPERATURE-DISPLACEMENT，EXPLICIT
…
*FILM，AMPLITUDE=sink
3，F2，90.0，filmp
```

为节点面积等于 50 的节点 2 定义均匀的、温度相关的膜系数和时间相关的散热器温度：

```
*AMPLITUDE，NAME=sink
0.0，0.5，1.0，0.9
*FILM PROPERTY，NAME=filmp
2.0，80.0
2.3，90.0
8.5，180.0
…
*STEP
**对于一个 Abaqus/Standard 分析：
*HEAT TRANSFER
**对于一个 Abaqus/Explicit 分析：
*DYNAMIC TEMPERATURE-DISPLACEMENT，EXPLICIT
…
*CFILM，AMPLITUDE=sink，
2，50，90.0，filmp
```

在用户子程序中定义非均匀的膜条件

在 Abaqus/Standard 中，可以利用用户子程序 FILM，为基于单元、面及节点的膜条件，将非均匀的膜系数定义成位置、时间、温度等的函数。如果定义了一个非均匀的膜，则忽略幅值参照。

输入文件用法：使用以下选项为基于单元的膜条件定义非均匀的膜系数：

*FILM

单元编号或者单元集名称，F*n*NU

使用以下选项为基于面的膜条件定义非均匀的膜系数：

*SFILM

面名称，FNU

使用以下选项为基于节点的膜条件定义非均匀的膜系数：

* CFILM, USER

节点编号或者节点集名称，节点面积

Abaqus/CAE 用法：Abaqus/CAE 中不支持为基于单元的膜条件定义非均匀的膜系数。然而，对于基于面的膜条件，可以使用类似的函数。使用以下选项为基于面的膜条件定义非均匀的膜系数：

Interaction module：Create Interaction：Surface film condition：选择区域：Definition：User-defined

使用以下选项为基于节点的膜条件定义非均匀的膜系数：

Interaction module：Create Interaction：Concentrated film condition：选择区域：Definition：User-defined

定义边界辐射

面辐射到环境中的热流量是通过下式来控制的

$$q=\sigma\varepsilon[(\theta-\theta^Z)^4-(\theta^0-\theta^Z)^4]$$

式中，q 是通过面的热流量；ε 是面的发射率；σ 是玻尔兹曼常数；θ 是面上此点处的温度；θ^0是环境温度；θ^Z是所用温度尺度的绝对零度值。

可以在单元面、表面或者节点上定义由辐射产生的热流量。

定义基于单元的辐射

要在一个热传导或者耦合的温度-位移步定义中指定基于单元的辐射，用户必须提供环境温度 θ^0和面的发射率 ε。在二维上，辐射是施加到单元边上的；在三维上则是施加到单元面上的。在单元上发生辐射的单元边或者面，是通过取决于单元类型的辐射类型符号来确定的（见《Abaqus 分析用户手册——单元卷》）。

输入文件用法：* RADIATE

单元编号或者单元集名称，Rn，θ^0，ε

Abaqus/CAE 用法：Interaction module：Create Interaction：Surface radiation：选择区域：Radiation type：To ambient，Emissivity distribution：选择分析场，Emissivity：ε 和 Ambient temperature：θ^0

定义辐射到环境中的基于面的辐射

用户可以对表面施加辐射，而不是对个别单元面施加辐射。如“基于单元的面定义”（《Abaqus 分析用户手册——介绍、空间建模、执行与输出卷》的 2.3.2 节）中描述的那样，对包含单元和面信息的面进行定义。必须指定面的名称、辐射载荷类型符号 R（或者壳单元中的 RPOS、RNEG）、环境温度 θ^0和面的发射率 ε。

输入文件用法：* SRADIATE

面名称，R，θ^0，ε

Abaqus/CAE 用法：Interaction module：Create Interaction：Surface radiation：选择区域：

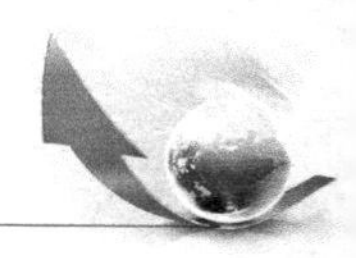

Radiation type：To ambient，Emissivity distribution：Uniform，Emissivity：ε 和 Ambient temperature：θ^0

定义辐射到环境中的基于节点的辐射

要在一个热传导或者耦合的温度-位移步定义中指定基于节点的辐射，用户必须为已经指定的节点编号或者节点集提供节点面积、环境温度 θ^0 和面的发射率 ε。相关联的自由度是11。对于壳单元，集中辐射不与自由度 11 相关联，可以通过使用约束方程，为约束在壳节点合适自由度上的复制节点指定要求的数据。

输入文件用法：＊CRADIATE

节点编号或者节点集名称，节点面积，θ^0，ε

Abaqus/CAE 用法：Interaction module：Create Interaction：Concentrated radiationto ambient：选择区域：Associated nodal area：Emissivity：ε 和 Ambient temperature：θ^0

定义时间相关的辐射

对于用户指定的环境温度 θ^0，可以在整个步中通过参照幅值定义来编号。详情见“施加载荷：概览”（1.4.1 节）和“幅值曲线”（1.1.2 节）。

定义平均温度的辐射条件

平均温度的辐射条件是对腔辐射问题的近似，其中进入单位面积面的辐射流量是

$$q_i^c = \sigma\varepsilon_i[\theta_{AVG}^4 - (\theta_i - \theta^Z)^4]$$

面的平均温度 θ_{AVG} 的计算公式为

$$\theta_{AVG}^4 = \frac{1}{A_{total}}\sum_{j=1}^{N} A_j(\theta_j - \theta^Z)^4$$

腔内的平均温度是自每一个增量开始时计算得到的，并且在增量上保持不变。这样，平均温度的辐射条件对增量大小具有一定的独立性，并且用户需要确保所使用的增量大小对于模型是合适的。如果想要在一个增量上观察到大的温度变化，可能需要减小增量。

输入文件用法：使用以下选项在表面上定义平均温度的辐射条件：

＊SRADIATE

表面名称，AVG，ε

Abaqus/CAE 用法：Interaction module：Create Interaction：Surface radiation：选择面区域：Radiation type：Cavity approximation（3D only），Emissivity：ε

定义绝对零度值

用户可以定义所用温度尺度的绝对零度值 θ^Z，且必须将此值定义成模型数据。默认情况下，绝对零度值是 0.0。

输入文件用法：＊PHYSICAL CONSTANTS，ABSOLUTE ZERO＝θ^Z

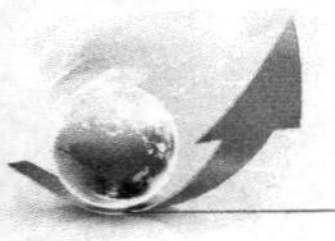

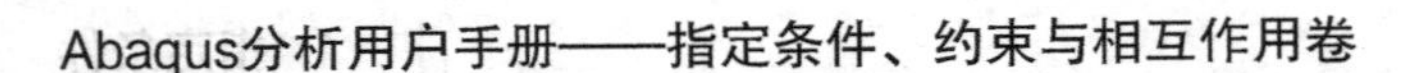

Abaqus/CAE 用法：Any module：Model→Edit Attributes→model_ name：
Absolute zero temperature：θ^Z

定义玻尔兹曼常数的值

如果指定了边界辐射，则用户必须定义玻尔兹曼常数 σ，且此值必须作为模型数据来定义。

输入文件用法：＊PHYSICAL CONSTANTS，STEFAN BOLTZMANN=σ

Abaqus/CAE 用法：Any module：Model→Edit Attributes→model_ name：
Stefan-Boltzmann constant：σ

更改或者删除边界辐射

可以如"施加载荷：概览"（1.4.1 节）中所描述的那样，对边界辐射条件进行添加、更改或者删除。

1.4.5 电磁载荷

产品：Abaqus/Standard　　Abaqus/CAE

参考

- "指定条件：概览"，1.1.1 节
- "施加载荷：概览"，1.4.1 节
- ＊CECHARGE
- ＊CECURRENT
- ＊DECHARGE
- ＊DECURRENT
- ＊DSECHARGE
- ＊DSECURRENT
- "定义集中电流，"《Abaqus/CAE 用户手册》的 16.9.25 节
- "定义面电流，"《Abaqus/CAE 用户手册》的 16.9.26 节
- "定义体电流，"《Abaqus/CAE 用户手册》的 16.9.27 节
- "定义面电流密度，"《Abaqus/CAE 用户手册》的 16.9.28 节
- "定义体电流密度，"《Abaqus/CAE 用户手册》的 16.9.29 节
- "定义集中电荷，"《Abaqus/CAE 用户手册》的 16.9.30 节
- "定义面电荷，"《Abaqus/CAE 用户手册》的 16.9.31 节
- "定义体电荷，"《Abaqus/CAE 用户手册》的 16.9.32 节

概览

如“指定条件：概览”（1.1.1 节）中所总结的那样，电磁载荷可以应用于“压电分析”（《Abaqus 分析用户手册——介绍、空间建模、执行与输出卷》的 6.7.2 节），“耦合的热-电分析”（《Abaqus 分析用户手册——介绍、空间建模、执行与输出卷》的 6.7.3 节），“完全耦合的热-电-结构分析”（《Abaqus 分析用户手册——介绍、空间建模、执行与输出卷》的 6.7.4 节），“涡流分析”（《Abaqus 分析用户手册——介绍、空间建模、执行与输出卷》的 6.7.5 节），以及“静磁分析”（《Abaqus 分析用户手册——介绍、空间建模、执行与输出卷》的 6.7.6 节）中。

可用的电磁载荷取决于所执行的分析类型，如下文中所描述的那样。适用于所有载荷类型的通用信息见“施加载荷：概览”（1.4.1 节）。

定义时间相关的电磁载荷

在一个步中，集中或者分布电磁载荷的大小可以根据幅值定义随时间变化，如“指定条件：概览”（1.1.1 节）中所描述的那样。如果不同的载荷类型需要不同的变量，则每一种载荷可以参照其自身的幅值定义。

在时谐涡流分析中，假定所有载荷都是时谐的。

更改电磁载荷

可以如“施加载荷：概览”（1.4.1 节）中所描述的那样对集中或者分布电磁载荷进行添加、更改或者删除。

为压电分析定义电磁载荷

在压电分析中，可以在多个节点上定义集中电荷，在单元面和表面上定义分布面电荷，以及在单元上定义分布体电荷。

定义集中电荷

要定义集中电荷，需要定义节点或者节点集和电荷的大小。

输入文件用法：＊CECHARGE

节点编号或者节点集名称，电荷大小

Abaqus/CAE 用法：Load module：Create Load：为 Category 选择 Electrical/Magnetic 以及为 Types for Selected Step 选择 Concentrated charge；Magnitude：电荷大小

定义基于单元的分布电荷

用户可以定义分布面电荷（在单元面上）或者分布体电荷（单位体积上的电荷）。对于基于单元的面电荷，用户必须在电荷符号中确定在单元上定义电荷的单元面。可用的分布电荷类型取决于单元类型，《Abaqus 分析用户手册——单元卷》中列出了对于具体单元可用的分布电荷类型。

输入文件用法：* DECHARGE

单元编号或者单元集名称，电荷标签，电荷大小

其中电荷标签包括 ESn 或者 EBF

Abaqus/CAE 用法：使用以下输入在单元面上定义分布面电荷：

Load module：Create Load：为 Category 选择 Electrical/Magnetic 以及为 Types for Selected Step 选择 Surface charge；Distribution：选择分析场，Magnitude：电荷大小

使用以下输入来定义体电荷：

Load module：Create Load：为 Category 选择 Electrical/Magnetic 以及为 Types for Selected Step 选择 Body charge

定义基于面的分布电荷

当用户在面上定义分布电荷时，基于单元的面（见“基于单元的面定义”，《Abaqus 分析用户手册——介绍、空间建模、执行与输出卷》的 2.3.2 节）包含单元和面信息。用户必须定义面名称、电荷标签和电荷大小。

输入文件用法：* DSECHARGE

面名称，ES，电荷大小

Abaqus/CAE 用法：Load module：Create Load：为 Category 选择 Electrical/Magnetic 以及为 Types for Selected Step 选择 Surface charge；Distribution：Uniform，Magnitude：电荷大小

在直接求解的稳态动力学分析中定义电荷

在直接求解的稳态动力学过程中，电荷是以实部加虚部分量的形式给出的。

输入文件用法：使用以下选项在直接求解的稳态动力学分析中定义电荷：

* CECHARGE，REAL 或者 IMAGINARY（实部或者虚部分量）

* DECHARGE，REAL 或者 IMAGINARY

* DSECHARGE，REAL 或者 IMAGINARY

Abaqus/CAE 用法：Load module：Create Load：为 Category 和 Concentrated charge，Surface charge 选择 Electrical/Magnetic 或者为 Typesfor Selected Step 选择 Body charge；Magnitude：实部 +虚部分量

在基于模态和基于子空间的过程中加载

由于“无质量”模态效应，在特征值提取步中，仅允许电荷载荷与残余模态结合使用。

因为电位自由度不具有任何相关联质量，在特征值提取过程中可以完全排除这些自由度的影响（类似于 Guyan 简化或者质量缩聚）。残余模态代表对应于电荷载荷的静响应，残余模态将充分地代表特征空间中的电位自由度。

为耦合的热-电分析和完全耦合的热-电-结构分析定义电磁载荷

在耦合的热-电分析和完全耦合的热-电-结构分析中，可以在节点上定义集中电流，在单元面和表面上定义分布电流密度，以及在单元上定义分布体电流。

定义集中电流密度

要定义集中电流密度，需要指定节点或者节点集以及电流的大小。

输入文件用法：* CECURRENT

节点数量或者节点集名称，电流大小

Abaqus/CAE 用法：Load module：Create Load：为 Category 选择 Electrical/Magnetic 以及为 Types for SelectedStep 选择 Concentrated current；Magnitude：电流大小

定义基于单元的分布电流密度

用户可以定义分布面（或者单元面）电流密度或者分布体电流密度（单位体积上的电流）。对于基于单元的面电流密度，用户必须在当前电流符号中指定电流的单元面。可用的分布电流类型取决于单元类型，《Abaqus 分析用户手册——单元卷》中列出了具体单元可用的分布电流密度类型。

输入文件用法：* DECURRENT

单元编号或者单元集名称，电流密度符号，电流密度大小

其中电流密度符号包括 CS*n*、CS1、CS2 或者 CBF

Abaqus/CAE 用法：使用以下输入在单元面上定义分布面电流密度：

Load module：Create Load：为 Category 选择 Electrical/Magnetic 以及为 Types for Selected Step 选择 Surface current；Distribution：选择分析域，Magnitude：电流密度大小

使用以下输入定义体电流密度：

Load module：Create Load：为 Category 选择 Electrical/Magnetic 以及为 Types for Selected Step 选择 Body current

定义基于面的分布电流密度

当用户在面上定义分布电流密度时，基于单元的面（见“基于单元的面定义”，《Abaqus 分析用户手册——介绍、空间建模、执行与输出卷》的 2.3.2 节）应包含单元和面信息。用户必须定义表面名称、电流密度符号和电流密度大小。

输入文件用法：* DSECURRENT

表面名称，CS，电流密度大小

Abaqus/CAE 用法：Load module：Create Load：为 Category 选择 Electrical/Magnetic 以及为 Types for Selected Step 选择 Surface current：Distribution：Uniform，Magnitude：电流密度大小

为涡流分析和/或者电磁分析定义电磁载荷

在涡流分析中，用户可以在面上定义分布面电流密度向量，并且可以在单元上定义分布体电流密度。

定义基于单元的分布电流密度向量

当用户定义分布体电流密度向量时，必须定义单元或者单元集、电流密度向量符号、电流密度向量大小、电流密度向量分量，并定义向量分量所在局部坐标系的可选方向名称。默认情况下，电流密度向量分量是在整体方向上定义的。

所定义的电流密度向量方向分量是通过 Abaqus 归一化的，因此其对载荷大小没有贡献。

输入文件用法：*DECURRENT

单元编号或者单元集名称，CJ，电流密度向量大小，电流密度向量方向分量，方向名称

Abaqus/CAE 用法：Load module：Create Load：为 Category 选择 Electrical/Magnetic 以及为 Types for Selected Step 选择 Body current density；Distribution：Uniform

定义基于面的分布电流密度向量

当用户在面上定义分布电流密度向量时，基于单元的面（见“基于单元的面定义”，《Abaqus 分析用户手册——介绍、空间建模、执行与输出卷》的 2.3.2 节）应包含单元和面信息。用户必须定义面名称、电流密度向量符号和电流密度向量大小、电流密度向量分量，并定义面电流密度所在局部坐标系的可选方向名称。默认情况下，电流密度向量分量是在整体方向上定义的。

所定义的电流密度向量方向分量是通过 Abaqus 归一化的，因此其对载荷大小没有贡献。

输入文件用法：*DSECURRENT

面名称，CK，电流密度向量大小，电流密度向量方向分量，方向名称

Abaqus/CAE 用法：Load module：Create Load：为 Category 选择 Electrical/Magnetic 以及为 Types for Selected Step 选择 Surface current density；Distribution：Uniform

在用户子程序中定义非均匀的电流密度向量

用户可以使用用户子程序 UDECURRENT 来定义非均匀的体电流密度向量，也可以使用用户子程序 UDSECURRENT 定义非均匀的面电流密度向量。如果给出了大小和方向分量，则其值将传递到用户子程序中。

输入文件用法：使用以下选项来定义非均匀的基于单元的电流密度向量：

*DECURRENT

单元编号或者单元集名称，CJNU，电流密度向量大小，电流密度向量方向分量，方向名称

使用以下选项来定义非均匀的基于面的电流密度向量：

*DSECURRENT

面名称，CKNU，电流密度向量大小，电流密度向量方向分量，方向名称

Abaqus/CAE 用法：使用以下选项来定义非均匀的体电流密度：

Load module：Create Load：为 Category 选择 Electrical/Magnetic 以及为 Types for Selected Step 选择 Body current density；Distribution：User-defined

使用以下选项来定义非均匀的面电流密度：

Load module：Create Load：为 Category 选择 Electrical/Magnetic 以及为 Types for Selected Step 选择 Surface current density；Distribution：User-defined

在时谐涡流分析中定义电流密度向量的实部和虚部分量

在时谐涡流分析中，电流密度向量是以实部（相内）加虚部（相外）分量的形式给出的。

输入文件用法：使用以下选项来定义电流密度向量：

*DECURRENT，REAL 或者 IMAGINARY

*DSECURRENT，REAL 或者 IMAGINARY

Abaqus/CAE 用法：Load module：Create Load：为 Category 和 Body current density 选择 Electrical/Magnetic 以及为 Types for Selected Step 选择 Surface current density；实部+虚部

1.4.6 声学和冲击载荷

产品：Abaqus/Standard　　Abaqus/Explicit　　Abaqus/CAE

参考

- “施加载荷：概览”，1.4.1 节
- “声学、冲击和耦合的声学-结构分析”，《Abaqus 分析用户手册——分析卷》的 1.10.1 节
- *AMPLITUDE
- *BOUNDARY

- * CLOAD
- * CONWEP CHARGE PROPERTY
- * IMPEDANCE
- * IMPEDANCE PROPERTY
- * INCIDENT WAVE
- * INCIDENT WAVE FLUID PROPERTY
- * INCIDENT WAVE INTERACTION
- * INCIDENT WAVE INTERACTION PROPERTY
- * INCIDENT WAVE PROPERTY
- * INCIDENT WAVE REFLECTION
- * SIMPEDANCE
- * UNDEX CHARGE PROPERTY
- “定义声学阻抗”，《Abaqus/CAE 用户手册》的 15.13.17 节
- “定义入射波”，《Abaqus/CAE 用户手册》的 15.13.18 节
- “定义一个声学阻抗相互作用属性”，《Abaqus/CAE 用户手册》的 15.14.6 节
- “定义一个入射波相互作用属性”，《Abaqus/CAE 用户手册》的 15.14.7 节

概览

仅允许在瞬态或者稳态动力学分析过程中施加声学载荷。可用声学载荷类型如下：

- 在多个单元面或者表面上定义的边界阻抗。
- 外部问题中的无反射辐射边界，如在一种无限延伸的声学介质中振动的结构。
- 在声学单元节点上定义的集中压力共轭载荷。
- 由于入射波穿过声学介质而产生的声学和固体表面上的临时和空间变化的压力载荷。

定义边界阻抗

使用边界阻抗定义声学介质的压力与边界上的垂直运动之间的关系。例如，通过定义边界阻抗来分析重力场中小幅值“晃动”的影响，或者声学介质与固定刚性壁或结构之间的可压缩的、可能具有耗散性的衬里（如地毯）的影响。

沿着声音介质表面上点处的边界阻抗条件是通过下式给出的

$$\dot{u}_{out}=\frac{1}{k_1}\dot{p}+\frac{1}{c_1}p$$

式中，$\dot{u}_{out}$是声学介质表面外法向方向上的声质点速度；p是声压；$\dot{p}$是声压变化的时间速率；$1/k_1$是压力与垂直表面的位移之间的比例系数；$1/c_1$是压力与垂直表面的速度之间的比例系数。

此模型可以抽象成在声学介质与刚性壁之间串联放置有弹簧和阻尼器。弹簧和阻尼器参

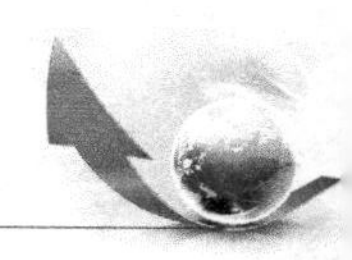

数分别是 k_1 和 c_1，并以面积为单位进行定义。这些反映声学边界对声学介质中的压力分布具有显著影响，尤其是通过系数 k_1 和 c_1 将边界定义为具有能量吸收时。如果没有在声学网格表面定义阻抗、载荷或者流-固耦合，则假定此表面的加速度为零。这等效于在该边界处存在刚性壁。

如果使用具有强烈吸收特性的反应声学边界，则不推荐使用基于子空间的稳态动力学过程。因为如果没有在特征频率提取步中考虑 c_1 的影响，则特征模态可能具有与精确解显著不同的形状。

自由表面的晃动

要模拟自由表面在重力场中的小幅度"晃动"，需设置 $1/k_1=1/(\rho_f g)$ 和 $1/c_1=0$，其中 ρ_f 是流体密度，g 是重力加速度（假定方向是表面的法向）。此关系式对于小体积掩动成立。

声学-结构界面

阻抗边界条件也适用于声学结构界面。在此情况下，可以将边界条件抽象为在声学介质与结构之间串联放置了弹簧和阻尼器。对于外向速度，上述表达式依然成立，只是 $\dot{u}_{out}$ 此时为声学介质和结构之间相对的外向速度，即

$$\dot{u}_{out}=\boldsymbol{n}(\dot{\boldsymbol{u}}^f-\dot{\boldsymbol{u}}^m)$$

式中，$\dot{\boldsymbol{u}}^m$ 是结构的速度；$\dot{\boldsymbol{u}}^f$ 是边界处声学介质的速度；$\boldsymbol{n}$ 是声学介质的外法向。

稳态动力学

在稳态动力学分析中，外向速度的表达式可以写成复数的形式，即

$$\dot{u}_{out}=\left(\frac{1}{c_1}+i\frac{\Omega}{k_1}\right)p=\frac{1}{Z(\Omega)}p$$

式中，Ω 是循环频率（rad/s），其计算公式为

$$\frac{1}{Z(\Omega)}\equiv\frac{1}{c_1}+i\frac{\Omega}{k_1}$$

项 $1/Z(\Omega)$ 是边界的复数导纳，$Z(\Omega)$ 是复数阻抗。这样，通过指定参数 $1/c_1$ 和 $1/k_1$，可以为给定的频率输入要求的复数阻抗或者导纳值。

定义阻抗条件

用户可以在阻抗属性表中定义阻抗系数数据。用户可以采用定义导纳参数 $1/c_1$ 和 $1/k_1$ 或者阻抗的实部加虚部的方式描述阻抗属性表。之后，Abaqus 为了便于分析会将用户定义的阻抗系数数据转换成导纳参数形式。

用户可以在一定的频率范围内定义表中的参数。要求的值仅在稳态谐响应分析中是从表里内插得到的；对于其他分析类型，只使用了第一个表输入。阻抗属性表的名称是源自基于面或者基于单元的阻抗定义的简称。在 Abaqus/CAE 中，阻抗条件总是基于面的，面可以定义成几何面和边的集合，或者单元面和边的集合。

在稳态动力学分析中，不允许在施加了入射波的表面上定义阻抗条件。

输入文件用法：使用以下选项来定义使用导纳参数表的阻抗（默认的）：

*IMPEDANCE PROPERTY，NAME=阻抗属性表名称，DATA=ADMITTANCE

使用以下选项来定义使用实部加虚部表的阻抗：

*IMPEDANCE PROPERTY，NAME=阻抗属性表名称，DATA=IMPEDANCE

Abaqus/CAE 用法：使用以下输入来定义使用导纳参数表的阻抗：

Interaction module：Create Interaction Property：Name：阻抗属性表名称和 Acoustic impedance：Data type：Admittance

使用以下输入来定义使用实部加虚部表的阻抗：

Interaction module：Create Interaction Property：Name：阻抗属性表名称和 Acoustic impedance：Data type：Impedance

定义基于面的阻抗条件

用户可以在面上定义阻抗条件。在二维上，阻抗是施加到单元边上的；在三维上则是施加到单元面上的。基于单元的面（见“基于单元的面定义”，《Abaqus 分析用户手册——介绍、空间建模、执行与输出卷》的 2.3.2 节）应包含单元和面信息。

输入文件用法：*SIMPEDANCE，PROPERTY=阻抗属性表名称

表面名称

Abaqus/CAE 用法：Interaction module：Create Interaction：Acoustic impedance：选择面：Definition：Tabular，Acoustic impedance property：阻抗属性表名称

定义基于单元的阻抗条件

另外，用户还可以在单元面上定义阻抗条件。在二维上，阻抗是施加到单元边上的；在三维上则是施加到单元面上的。设置阻抗的单元边或者面是通过阻抗载荷类型来确定的，并且取决于单元类型（见《Abaqus 分析用户手册——单元卷》）。

输入文件用法：*IMPEDANCE，PROPERTY=阻尼属性表名称

单元编号或者集名称，阻尼载荷类型符号

Abaqus/CAE 用法：Abaqus/CAE 中不支持定义基于单元的阻尼条件。然而，类似的功能可用于基于面的阻尼条件。

更改或者删除阻尼条件

可以如“施加载荷：概览”（1.4.1 节）中所描述的那样，对阻尼条件进行添加、更改或者删除。

外部问题的辐射边界

一个外部问题，如某结构在一种无限延伸的声学介质中的振动，通常是有趣的。可以通过使用声学单元模拟结构和简单几何表面（远离结构放置）之间的区域，并在表面上施加

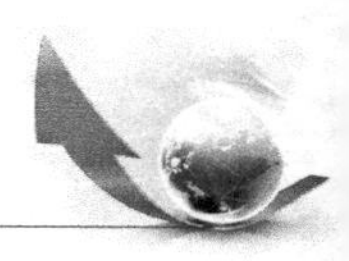

辐射（无反射的）边界条件来模拟这类问题。辐射边界条件是近似的，因此，不仅可以通过通常的有限元离散化误差来控制外部声学误差，还可以通过近似辐射条件中的误差对其进行控制。在 Abaqus 中，在辐射边界条件是距离辐射结构无限远的极限情况下，辐射边界条件收敛到精确条件。实际情况中，当表面远离结构感兴趣的最低频率以下至少 1.5 个波长时，这些辐射条件可以提供精确的分析结果。

除了具有零体积阻力吸收的平面波的情况，Abaqus/Standard 中的阻抗参数都是频率相关的。频率相关的参数可用于直接求解的和基于子空间的稳态动力学过程。在直接时间积分过程中，常数 $1/c_1$ 和 $1/k_1$ 取零阻力值。当阻值很小时，这样取值可得到良好的结果。此处的小体积阻值意味着 $\gamma \ll \rho_f \Omega$，其中 ρ_f 是声学介质的密度，Ω 是周期激励频率或者声波频率。

直接求解的稳态动力学过程中（“直接求解的稳态动力学分析”，《Abaqus 分析用户手册——分析卷》的 1.3.4 节）如果存在无反射（也称为静默）边界，则必须定义实数项和虚数项，因为无反射边界代表系统中的一类阻尼。

同时施加几个辐射边界条件是定义阻抗边界条件的特殊情况，相关公式见“耦合的声学结构介质分析”（《Abaqus 理论手册》的 2.9.1 节）。

Abaqus/CAE 中不支持定义基于单元的阻抗条件。然而，使用基于面的阻抗条件，可以实现类似的功能。

平面无反射边界条件

Abaqus 中最简单的无反射边界条件假定平面波是垂直入射到外部表面上的。此平面无反射边界条件忽略了边界的弯曲度，以及仿真中波可能以任意角度撞击到边界上的可能性。平面无反射边界条件提供了一种近似性：声波穿过的声学介质边界具有小能量的反射。如果边界远离主要的声学干扰，并且合理地与主波传播方向垂直，则反射能量较少。这样，如果要解决一个外部（无边界区域）问题，则应当在距离声源足够远的位置施加无反射边界条件，这样法向撞击波的假设就是足够精确的。例如，消声器的排气端应当使用此条件。

输入文件用法：使用以下选项中的任意一个（默认的）：

* SIMPEDANCE，NONREFLECTING = PLANAR

* IMPEDANCE，NONREFLECTING = PLANAR

Abaqus/CAE 用法：使用以下输入来定义基于面的平面无反射边界条件：

Interaction module：Create Interaction：Acoustic impedance：选择面：Definition：Nonreflecting，Nonreflecting type：Planar

改进平面波的无反射边界条件

为了使平面无反射边界条件变得精确，平面波必须是垂直入射到平面边界中的。然而，入射角度通常是未知的。在 Abaqus 中，可以得到具有任意入射角的平面波的确切辐射边界条件。辐射边界可具有任意形状。仅为瞬态动力学分析应用此边界阻抗。

输入文件用法：使用以下选项中的任意一个：

* SIMPEDANCE，NONREFLECTING = IMPROVED

* IMPEDANCE，NONREFLECTING = IMPROVED

Abaqus/CAE 用法：使用以下输入来定义改进的基于面的无反射边界条件：

Interaction module：Create Interaction：Acoustic impedance：选择表面：Definition：Nonreflecting，Nonreflecting type：Improved planar

基于几何的无反射边界条件

Abaqus 中有四种设置几何辐射边界的吸收边界条件：圆形、球形、椭圆形和长椭球形。如果无反射表面为简单的凸形状，并且接近声源，则这些边界条件具有改进平面无反射条件的功能。通过定义基于单元或者基于面的阻抗几何参数来选取不同类型的吸收边界。

几何参数影响无反射的面阻抗。要在二维上定义圆形无反射边界，或者在三维上定义直圆柱体的无反射边界，则必须指定圆的半径。要定义无反射的球形边界条件，则必须指定球的直径。要在二维上定义椭圆形无反射边界，或者在三维上定义直椭圆柱或椭球形边界条件，则用户必须指定形状、位置和辐射面的方向。定义表面形状的两个参数是长半轴和离心率。椭圆或者椭球的长半轴 a 类似于球的半径，它是连接表面上两点的最长线段长度的1/2。椭圆的短半轴 b 与主半轴线垂直，并且连接表面上两点的最长线段长度的 1/2。离心率 $\varepsilon=\sqrt{1-(b/a)^2}$。

使用这些条件的实例，见“呼吸模式中一个球的声学辐射阻抗”（《Abaqus 基准手册》的 1.11.3 节）和“无限声学介质中的声学-结构的相互作用”（《Abaqus 基准手册》的 1.11.4 节）。

输入文件用法：使用以下选项中的一个：

*SIMPEDANCE，NONREFLECTING=CIRCULAR
*SIMPEDANCE，NONREFLECTING=SPHERICAL
*SIMPEDANCE，NONREFLECTING=ELLIPTICAL
*SIMPEDANCE，NONREFLECTING=PROLATE SPHEROIDAL

在每一种情况中，都可以使用 *IMPEDANCE 中基于单元的选项来替代 *SIMPEDANCE。

Abaqus/CAE 用法：使用以下输入来定义基于面的几何无反射边界条件：

Interaction module：Create Interaction：Acoustic impedance：选择面：Definition：Nonreflecting，Nonreflecting type：Circular，Spherical，Elliptical 或者 Prolate spheroidal

在同一个问题中组合不同的辐射条件

因为不同形状的辐射边界条件在空间上是有局限性的，并且不包含无限延伸区域的离散化，所以外部边界可以由几个不同形状的辐射边界条件组合而成。用户可以在边界的每一个部分上施加合适的边界条件。例如，可以使用半球形边界条件来终止圆柱形边界条件（见“一个消声器的完全的和顺序的声学结构分析耦合”，《Abaqus 例题手册》的 9.1.1 节），或者使用半椭球边界条件来终止椭圆柱边界条件。如果表面之间的边界以及位移是斜率连续的，则此模拟技术最有效。

集中压力共轭载荷

声学单元上的分布载荷可以插值成单位密度的法向压力梯度（单位质量或者加速度力

维度）。当在 Abaqus 中使用时，必须在表面上集成所施加的分布载荷，产生一个具有力乘以单位质量面积（或者体积加速度）维度的量。对于频域中的分析和瞬态动力学分析，其体积阻力是零，此声学载荷等于边界上流体的体积加速度。例如，一个水平的刚性平板垂直振荡，对声学流体施加了一个加速度，其声学载荷等于此加速度乘以平板的表面积。然而，对于存在体积阻力的瞬态动力学方程，所定义的载荷则稍有不同。它也等于力乘以单位质量的面积，但是，此力对体积阻力只有一部分影响，因此流体在边界上所产生的体积加速度是降低的。虽然此体积阻力的特殊情况与瞬态动力学是有区别的，但是，将声学载荷与体积加速度联系起来通常仍然是方便的。

一个向内的体积加速度，可以在声学介质边界的声学单元节点自由度 8 上施加正向集中载荷。在 Abaqus/Standard 中，用户可以定义载荷的相内（实数）部分（默认的）和相外部分（虚部）。应当采用与将面上的压力集总到应力/位移单元上的节点力相同的方法，将声学单元面上的向内粒子加速度（瞬态分析中的单位质量的力），集总到面节点上代表向内体积加速度的集中载荷上。

输入文件用法：使用以下选项来定义载荷的实部：

*CLOAD，REAL

使用以下选项来定义载荷的虚部：

*CLOAD，IMAGINARY

Abaqus/CAE 用法：Load module：Create Load：为 Category 选择 Acoustic 以及为 Types for Selected Step 选择 Inward volume acceleration

由外部源产生的入射波载荷

Abaqus 为由外部源产生的载荷提供了一种分布载荷类型。用户可以定义单个球形单极或者单个/扩散平面源，从而为波的入射场建立感兴趣的流体和固体区域。由爆炸或者从源传递的声源所产生的波撞击并通过结构时，将在结构表面上产生一个在时间和空间上变化的载荷。流体中的压力场是通过结构上的反射和发射，以及源自身的入射场而受到影响的。声学和/或者固体网格的入射波载荷取决于源节点的位置、传播流体的属性以及图 1-16 所示的在参考节点上定义的参考时间历史或者频率相关性。

在 Abaqus 中，可以使用不同的方法施加入射波载荷。对于仅包含固体和结构单元（如由空气中的波产生的入射波场的场合）的问题，波载荷是像分布面载荷那样粗略施加的。这可以应用于车辆或者建筑物中空气爆炸载荷的分析（见“实例：结构上的空气爆炸载荷”中的图 1-21）。在 Abaqus/Explicit 中，CONWEP 模型可以用于固体和结构单元上的空气爆炸载荷，不需要模拟流体介质。爆炸载荷问题实例见“CONWEP 爆炸载荷下的夹层平板变形”（《Abaqus 例题手册》的 9.1.8 节）。

梁结构上也可以施加入射波载荷（除了 CONWEP 载荷），这是分析船掀起和承受爆炸载荷的钢架结构建筑物的常用模拟方法。二维或者三维梁单元定义的表面上可以施加入射波载荷。然而，对于定义了梁流体惯性的瞬态动力学分析，入射波载荷仅可以施加到三维梁上。入射波载荷不能定义在框单元、线弹簧单元、三维开式截面梁单元或者三维欧拉-伯努利梁上。

在水下爆炸分析中（如图 1-19 和图 1-20 所示的承受水下爆炸载荷的船或水下车辆），流体也是使用有限元模型进行离散化的，以此来捕捉流体刚度和惯性的影响。对于包含固体和声学单元的这类问题，需要使用两个声学压力场方程。第一，可以使用声学单元模拟介质中的总压力，包括入射场的影响和整个系统的响应；第二，仅可以使用声学单元来模拟介质对波载荷的响应，而不是波脉动自身。前者称为“总波”方程，后者称为“分散波”方程。

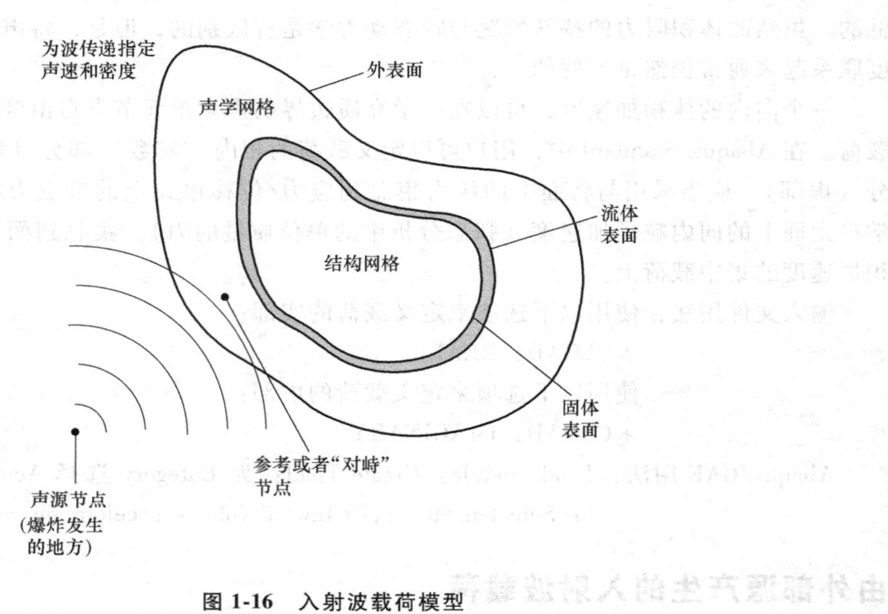

图 1-16　入射波载荷模型

入射波相互作用也用在模拟撞击结构的声场或者声学区域中。由结构分散的声学场，或者通过结构传递的声音是令人感兴趣的。通常，声源的分散和传递问题是使用具有稳态动力学过程的分散方程来模拟的。也可以使用瞬态过程，类似于水下爆炸分析问题的方式。

分散波方程和总波方程

分散波方程与总波方程之间的区别是仅当施加入射波载荷时是相关的。分散波方程和总波方程支持的过程见表 1-8。总波方程比分散波方程更加类似于结构载荷，它将声学介质的边界定义成一个加载表面，并在那里施加随时间变化的载荷，生成声学介质中的一个响应，此响应等于介质中的总声学压力。分散波方程利用的是当声学介质为线性时，介质中的响应可以分解成入射波与分散场之和的事实。当声学介质由于可能存在的流体气穴而呈非线性时，必须使用总波方程（见“由于入射疏密波场产生的载荷”，《Abaqus 理论手册》的 6.3.1 节）。

表 1-8　分散波方程和总波方程支持的过程

过程	分散波	总波
稳态动力学	是	否
瞬态	是	是

分散波方程

当可以将流体的力学属性描述成线性时，可以将所观察到的总声学压力分解成两部分：已知入射波，以及由入射波与结构和（或者）流体边界之间的相互作用产生的分散波。当此叠加可行时，通常的做法是直接求解分散波场。使用分散波方程时，将声学节点上的压力定义成总压力的唯一分散部分。这种情况下，应当对声学结构界面处的声学和固体表面都进行加载。

当在稳态动力学过程中使用入射波载荷时，必须使用分散波方程。

输入文件用法：使用以下选项来定义分散波方程（默认的）：

*ACOUSTIC WAVE FORMULATION, TYPE=SCATTERED WAVE

Abaqus/CAE 用法：Any module：Model→Edit Attributes→*model_name*. 切换打开 Specify acoustic wave formulation：选择 Scattered wave

总波方程

在声学介质中存在气穴，导致流体的力学属性产生非线性行为时，总波方程（见“耦合的声学结构介质分析”，《Abaqus 理论手册》的 2.9.1 节）是特别实用的。如果问题中包含弯曲边界或者由压力历史定义的有限延伸边界时，也应当使用总波方程。在此情况中，只有外部声学表面应当使用入射波载荷，并且入射波源必须位于流体模型外部。任何可以在此外部声学边界上存在的阻抗或者无反射条件，仅可施加在不包括指定入射波场的声学解部分（即只有分散波场使用无反射条件）。这样，所施加的入射波载荷，将进入不受外部声学表面上无反射条件影响的问题区域中。

在总波方程中，声学压力自由度代表总动态声学压力，包括来自入射波和发散波，以及流体气穴（在 Abaqus/Explicit 中）的动态效应贡献。压力自由度不包括声学静压力，可以将声学静压力定义成初始条件（见“Abaqus/Standard 和 Abaqus/Explicit 中的初始条件”中的“定义初始声学静压力”，1.2.1 节）。仅将此声学静压力用于确定声学单元节点的气穴状态，并且不在它们的共用湿界面上对声学网格或者结构网格施加任何静态载荷。使用 Abaqus/Standard 的分析中不施加声学静压力。

输入文件用法：使用以下选项来定义总波方程：

*ACOUSTIC WAVE FORMULATION, TYPE=TOTAL WAVE

Abaqus/CAE 用法：Any module：Model→Edit Attributes→*model_name*. 切换选中 Specify acoustic wave formulation：选择 Total wave

声场的初始化

对于瞬态动力学，当在位于声学有限元区域内部的入射波对峙点上使用总波方程时，将声学解初始化成传入入射波的值。当分析中的第一个直接积分的动态步开始时，仅对于基于压力的入射波幅值进行定义，此初始化是自动执行的；在重启动分析中，步是从初始分析的开始进行计数的。此初始化不仅存储计算时间，也施加无显著数值发散或者失真的入射波载荷。在初始阶段中，考虑了第一个动态分析步中的所有入射波载荷定义，并且将所有声学单元节点初始化成零时间时的入射波场。为了完成声学节点的初始化，将使用不同源位置来定义的入射波载荷考虑成分开的载荷，并在初始阶段考虑任何入射波载荷的反射。

描述入射波载荷

要使用入射波载荷，用户必须定义以下内容：

- 建立入射波的方向和其他属性信息。
- 某些参考（“对峙”）点上源脉冲的时间历史或者频率相关性。
- 被加载的流体和/或者固体表面。
- 任何问题区域之外的反射平面，如水下爆炸研究中的海床，将入射波反射到问题区域。

Abaqus 中，可以在两种界面上施加入射波载荷：Abaqus/CAE 支持的优先界面和在前面情况中可用，但 Abaqus/CAE 不支持的替代界面。优先界面在概念上与替代界面相同，并且两者使用完全相同的数据。优先界面选项包括“相互作用”项，用来将其与入射波和替代界面的入射波属性区别开来。除非另有说明，本部分中的讨论都应用于这两种界面。本部分讨论了优先界面的使用；在下文的“替代入射波载荷界面”中，讨论了使用替代界面。参考本部分结尾处讨论的实例来理解如何使用优先界面定义入射波载荷。

定义几何属性和入射波速度

用户必须参考每一个指定的入射波属性定义。Abaqus 中的入射波载荷可以是平面的、球形的或者扩散的。用户需要在入射波属性定义中选择平面入射波（默认的）、球形入射波或者扩散场。

当平面入射波通过空间时，它们的大小保持不变，因此，通过的速度和方向是定义中的关键参数。速度是在入射波相互作用属性定义中定义的，而方向是通过源位置和定义成入射波相互作用部分的对峙点来确定的。

对于球形入射波定义，波的大小作为空间的函数衰减。默认情况下，球形波的大小与到源的距离成反比，此行为称为“声音”传播。对于优先界面，用户可以通过更改默认的传播行为来定义入射波场的空间衰减。使用无量纲常数 A、B 和 C 将空间衰减定义成源点与位置点之间的距离 R_j，以及源点与对峙点之间的距离 R_0 的函数，即

$$p_x(R_0,R_j)\equiv\left(\frac{R_0}{R_j}\right)^{\frac{(A+1)R_j}{CR_0+(B+1)R_j}}$$

广义空间衰减方程的详细内容参考“由入射疏密波场引起的载荷”（《Abaqus 理论手册》的 6.3.1 节）。

在 Abaqus 中，用户可以使用入射波相互作用来模拟分散入射场。分散场具有混响空间或者其他来自许多方向的波撞击一个面的情况特征。例如，为了测量声音传输损失，有意将混响腔建造在声音测试设施中。如图 1-17 所示，Abaqus 中使用的分散场模型允许用户定义种子数量 N；N^2 用来确定入射平面波沿着在半球上分布的向量传播，这样每个固体角度的入射功近似于一个分散入射场。

在入射波载荷定义中，需要定义入射载荷作用的流体和固体表面。传入的波载荷是通过其源点位置和定义波幅值的参考（“对峙”）点位置来进一步描述的。关于如何知道这些面和对峙点的内容，见下文中的“确定入射波加载的流体和固体表面”和“对峙点”。对于平面波，用指定的源位置和对峙点位置来定义波传播方向。

入射波速度是通过给出承载入射波的声学介质属性来定义的。由使用声学单元离散化的流体所定义的属性组成这些指定属性。

对于优先界面，用户必须为入射波定义对应于源和对峙点的节点；必须为每一个入射波载荷定义节点编号或者集合名称。如果使用了节点集名称，则必须仅包含单独的节点。不能将源节点和对峙节点连接到模型中的任何单元上。

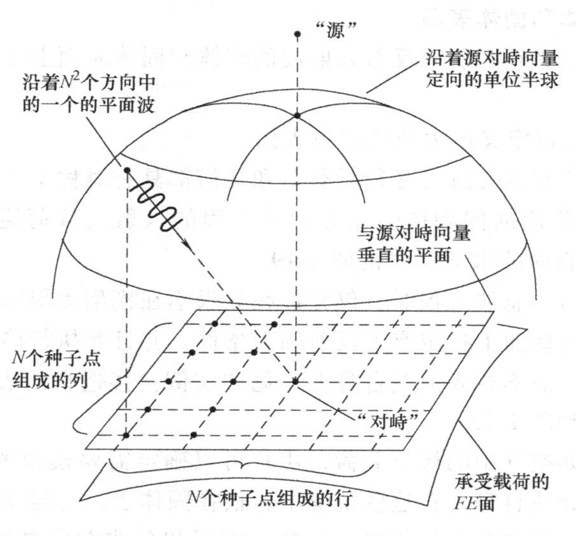

图 1-17 分散加载模型

输入文件用法：＊INCIDENT WAVE INTERACTION PROPERTY，
NAME＝波属性名称，TYPE＝PLANE 或者 SPHERE
波速，流体质量密度，A，B，C
＊INCIDENT WAVE INTERACTION，PROPERTY＝波属性名称
流体面名称，源节点，对峙节点，参考大小
常数 A、B 和 C 仅用于以广义空间衰减形式传播的球形入射波。
＊INCIDENT WAVE INTERACTION PROPERTY，
NAME＝波属性名称，TYPE＝DIFFUSE
波速，流体质量密度
＊INCIDENT WAVE INTERACTION，PROPERTY＝波属性名称
流体表面名称，源节点，对峙节点，参考大小，N
种子数量 N 生成的平面入射波方向分布在中心位于对峙点的半球上。

Abaqus/CAE 用法：Interaction module：Create Interaction Property：Name：波属性名称和 Incident wave，Speed of sound in fluid：声速，Fluid density：流体质量密度
选择以下定义中的一个：
Definition：Planar
Definition：Spherical，Propagation model：Acoustic
Definition：Spherical，Propagation model：Generalized decay，输入 A、

B 和 C 的值

Definition：Diffuse，Seed number：N

Create Interaction：Incident wave：选择源点，选择对峙点，选择区域：Wave property：波属性名称，name，Reference magnitude：参考大小

确定入射波加载的流体和固体表面

在分散波方程中，必须在所有反射入射波的流体和固体表面上定义入射波载荷，以下两种情况除外：

- 使用边界条件直接定义压力值的流体表面。
- 具有对称条件的流体表面（必须对载荷和几何都具有对称中心面）。

在涉及流-固相互作用的问题中，在分散波方程的入射波载荷定义中必须定义两个面。见“实例：接近自由表面的水下”中的图 1-19。

当定义了基于压力的总波方程时，仅允许在界限不在模型无限区域的流体表面上定义入射波载荷。通常，在这些面上指定有无反射辐射条件，并且此执行确保辐射条件仅施加在模型区域的分散响应上，而不在入射波自身上。见“实例：接近自由表面的水下”和“实例：水面船舶”（图 1-19 和图 1-20）。

在特定问题中，如空气中的爆炸载荷，用户可以确定需要模拟的结构上的爆炸波载荷，但是不确定周围流体介质自身。在这些情况中，仅在固体表面上定义入射波载荷，因为并不模拟流体介质。解决入射波载荷问题时，分散波方程和总波方程之间的差异是没有影响的，因为对流体介质中的波传输不感兴趣。

对峙点

在瞬态分析中，对峙点是用来定义脉冲载荷时间历史的参考点，假定在此点上用户定义的脉冲历史没有时间延迟、相位移动或者扩散损失。在使用离散平面或者球形源的稳态分析中，对峙点是入射场具有零相位的点。

在瞬态分析中，应当定义对峙点，使其比模型中任何反射入射波的表面上的点都靠近源。这样做可确保这些面上所有的点都将使用指定的源时间历史载荷，并确保分析在入射波穿过这些面之前开始。为了节省分析时间，对峙点通常位于或者接近固体表面，传来的入射波将首先被折射（见“实例：接近自由表面的水下”中的图 1-19）。然而，对峙点是分析中的一个固定点，如果加载表面在入射波加载开始之前是一定的，由于之前的分析步或者几何调整，则该表面可能包络所定义的对峙点。应当小心地定义对峙点，使其在加载开始时，使其保持比受载表面上的任何点都更加靠近入射波源。

当使用总波方程，入射波载荷是分析中的第一步，且以压力历史的方式进行定义时，Abaqus 自动将声学节点上的压力和压力速率初始化为基于入射波载荷的值。这样，允许声学分析使用在零时刻，部分地传递到问题区域的入射波来开始，并且假定此传播已经发生，而且可忽略流体阻力之类的体积耗散源效应。当以压力值的形式定义入射波载荷时，上面对于选择一个对峙点所给出的推荐是有效的，使用总波公式也是如此。然而，当以加速度值的形式定义入射波载荷时，不会自动完成初始化，并且对峙点应位于靠近模型外部流体边界处，以使其比外部边界上的任何点更靠近源。分别参见“实例：接近自由表面的水下”中的图 1-19 和“实例：水面船舶”中的图 1-20。

在稳态分析中，对峙点的作用有些不同。当入射波相互作用属性是平面类型或者球形类型时，用户需要在对峙点上定义大小的实部和虚部。所定义的实部和虚部入射波在对峙点处具有零相位（结合起来，这两个波将等效于在对峙点上具有非零相位的一个单独的波）。加载表面上的每一个位置在施加的压力或者声学牵引中具有移动的相位，对应加载点与对峙点之间传播时间上的不同。这意味着，如果在对峙点上定义了一个实数入射波，则加载表面的所有其他点上将生成实部和虚部牵引。

当入射波为分散型时，对峙点和源点的作用主要是相对于传入的混响场定向加载表面。用于分散入射波载荷的模型将施加一系列确切定义的平面波，其方向定义成连接对峙点和半球上一个点序列的向量。此半球的中心位于对峙点上，并且其顶点是源点。点序列是根据所定义的种子 N 和一个在半球上排列 N^2 个点的确定性算法来设置的。此算法聚集了点，这样，分散场模型中的入射波是聚集在法向上入射的，具有更少倾斜角的波。所定义的幅值和参考值是在 N^2 个入射波中等分的。包含分散模型中入射波的半球方向，对于加载表面上的所有点都是一样的——它不随表面上的局部法向向量而变化。

定义源脉冲的幅值

对于瞬态分析，用户定义的时间历史是在对峙点上进行观察的，加载面上某个点的历史是根据波的类型和该点相对于对峙点的位置计算得到的。用户可以采用定义流体压力或者流体加速度值的方式定义声源脉冲的时间历史。压力时间历史可以用于任何类似的单元，如声学、结构或者固体单元；加速度时间历史仅用于声学单元。任何情况中，为任何给定的入射波加载表面指定一个参照大小，并且指定了由幅值曲线定义的时间历史表的参照。参照大小根据幅值定义随时间变化。

对于稳态动力学分析，幅值定义作为入射波相互作用定义的一部分，是与对峙点处波的频率关联的。

当前，流体粒子加速度历史形式的源脉冲种类，受瞬态分析中作用在流体表面上的平面入射波的限制。进而，如果在同一个流体表面上与入射波载荷一起定义了一个阻抗条件，即使是对于平面入射波，源脉冲也会受到压力历史类型的限制。压力历史形式源脉冲的使用则可以不受这些限制，即基于压力历史的入射波载荷可以与流体或者固体表面一起使用，可以有或者没有阻抗，并且对于平面和球形入射波都适用。

当使用压力值定义源脉冲，并且施加在流体表面上时，计算得到压力梯度并在这些表面上作为压力共轭载荷来施加。这样，最好以一个零值开始定义源脉冲幅值，尤其是在需要注意，流体中的气穴时。如果主要是关注结构响应并且使用的是分散波方程，则任何压力幅值中的初始阶跃都可以通过在绑缚到声学网格的结构节点上施加额外的集中载荷来实现，对应于入射波压力幅值的初始阶跃。显然，任何给定结构节点上的额外载荷，应当从入射波最先到达的那个结构节点上激活。然而，考虑到初始阶跃，仍需要小心验证流体中分散波的解。

输入文件用法：使用以下选项，以流体压力值的方式定义时间历史：

*INCIDENT WAVE INTERACTION，PRESSURE AMPLITUDE = 幅值数据表名称

固体或者流体表面名称，源节点，对峙节点，参考大小

使用以下选项，以流体质点加速度的方式定义时间历史：

*INCIDENT WAVE INTERACTION，ACCELERATION

AMPLITUDE=幅值数据表名称
流体表面名称，源节点，对峙节点，参考大小
使用以下选项来定义载荷的实部（默认的）：
* INCIDENT WAVE INTERACTION，REAL
使用以下选项来定义载荷的虚部：
* INCIDENT WAVE INTERACTION，IMAGINARY

Abaqus/CAE 用法：Interaction module：Create Interaction：Incident wave：选择源点，选择对峙点，选择区域：Reference magnitude：参考大小
使用以下选项，以流体压力或者流体质点加速度的方式定义时间历史：
Definition：Pressure 或者 Acceleration，Pressure amplitude 或者 Acceleration amplitude：幅值数据表名称
使用以下选项来定义载荷的实部或者虚部：切换打开 Real amplitude 和/或者 Imaginary amplitude：幅值数据表名称

定义球形入射波载荷的气泡载荷

水下爆炸会形成一个与周围的水相互作用的高度受压的气泡，并产生成向外传播的冲击波。随着气泡的形成并上浮，这些波改变了声源和受载表面之间的相对位置。根据气泡的形成对载荷的影响，可以通过使用气泡定义与入射波载荷定义相结合的方式来定义球形入射波载荷。

用户可以使用 Abaqus 中的内置模型或者表数据来描述气泡动力学。Abaqus 中包含一个气泡与周围流体相互作用的内置力学模型，数值仿真此内置力学模型，可在运行有限元分析之前生成一系列数据。用户可以定义爆炸材料参数、结束时间和其他对所用气泡幅值曲线有影响的计算参数，见表 1-9。

表 1-9　定义气泡行为的参数

名称	单　位	描　述	默认值
K	$FL^{-2}(LM^{-1/3})^{1+A}$	前冲常数	无
k	$T/(M^{\frac{1-B}{3}}L^{B})$	前冲常数	无
A	无单位	相似空间指数	无
B	无单位	相似时间指数	无
K_c	F/L^2	前冲常数	无
γ	无单位	爆炸气体的比热容比	无
ρ_c	M/L^3	装载材料密度	无
m_c	M	装载质量	无
d_I	L	初始装载深度	无
$\boldsymbol{n}_X$	无单位	自由表面法向的 X 方向余弦	无
$\boldsymbol{n}_Y$	无单位	自由表面法向的 Y 方向余弦	无
$\boldsymbol{n}_Z$	无单位	自由表面法向的 Z 方向余弦	无
g	L/T^2	重力加速度	无

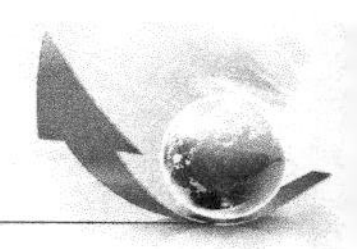

（续）

名称	单　位	描　述	默认值
p_{atm}	F/L^2	自由表面上的大气压力	无
η	无单位	波浪影响参数	1.0
C_D	无单位	气泡阻力系数	0.0
E_D	无单位	气泡阻力指数	2.0
T_{final}	T	气泡仿真中最大可允许时间	无
N_{steps}	无单位	气泡仿真中最大可允许步数	1500
Ω_{rel}	无单位	气泡仿真的相对错误容差参数	1×10^{-11}
X_{abs}	无单位	气泡仿真的绝对错误容差参数	1×10^{-11}
β	无单位	气泡仿真的容差控制指数	0.2
ρ_f	M/L^3	流体质量密度	无
c_f	L/T	流体声速	无

所有指定的参数仅影响气泡幅值，问题中的其他物理参数是独立的。用户可以抑制气泡动态中的波损失，并且如果需要的话，可以引入经验流动阻力。关于气泡力学模型的详细内容见“由入射疏密波场产生的载荷”（《Abaqus 理论手册》的 6.3.1 节）。

在水下爆炸事件中，气泡向上移动，并且可能到达自由水面。如果气泡在指定的分析时间内到达自由水面，则在此之后，Abaqus 将施加零大小的载荷。

气泡仿真模型数据是写入数据（.dat）文件中的。在 Abaqus/Standard 中，分析历史数据将每一个增量写入输出数据库（.odb）文件。历史数据包括气泡的大小和气泡在自由水面以下的深度。作为参考，对峙点上的压力和声学载荷也被写入数据文件，这些载荷项包括直接平面波项和球形传播（“残余塑性流动”）影响（见“由入射疏密波场产生的载荷”，《Abaqus 理论手册》的 6.3.1 节）。

对于优先界面，可以使用由 UNDEX 属性定义的球形入射波载荷来定义由气泡形成产生的载荷影响。因为气泡仿真使用球形对称，入射波相互作用属性必须定义一个球形波。

输入文件用法：使用以下选项来定义由使用 UNDEX 加载属性所定义的气泡形成而产生的载荷影响：

*INCIDENT WAVE INTERACTION PROPERTY,
NAME=波属性名称，TYPE=SPHERE

*UNDEX CHARGE PROPERTY
定义 UNDEX 加载数据

*INCIDENT WAVE INTERACTION，PROPERTY=波属性名称，UNDEX
流体表面名称，源节点，对峙节点，参考大小

Abaqus/CAE 用法：使用以下输入来定义由使用 UNDEX 加载属性定义的气泡形成产生的载荷：

Interaction module：Create Interaction Property：Name：波属性名称和 Incident wave：Definition：Spherical，Propagation model：UNDEX

charge，输入数据定义 UNDEX 加载

Create Interaction：Incident wave：Definition：UNDEX，Wave property：波属性名称，输入数据定义 UNDEX 加载

使用以下输入通过表格化数据定义对峙点上的压力：

Load or Interaction module：Create Amplitude：Name：压力并选择 Tabular

Interaction module：Create Interaction：Incident wave：选择对峙点：Definition：Pressure，Pressure amplitude：压力

使用以下输入来通过表格化数据定义源节点位置的时间历史：

Load or Interaction module：Create Amplitude：Name：名称并选择 Tabular

Load module：Create Boundary Condition：选择步：Displacement/Rotation or Velocity/Angular velocity：选择源节点作为区域，并且切换打开单个自由度或者多个自由度，Amplitude：名称

在移动结构上模拟入射波载荷

要模拟一个结构（例一艘轮船）与波源之间，在使用优先界面的分析中的相对运动，可以赋予源节点一个速度。假定整个流-固模型在加载过程中，是以相对于源节点的一个速度移动的，并且模型的运动速度与入射波的传递速度相比较慢。即在载荷的计算中忽略源速度的影响，但考虑源位置的改变。这等效于假定源与模型之间的相对速度是低马赫数。仅可以为瞬态分析定义相对运动。

除了需要在源节点上定义边界条件之外，还必须在源节点上定义一个小质量单元。

输入文件用法：使用以下选项为源节点赋予一个速度：

* BOUNDARY，TYPE = DISPLACEMENT 或 VELOCITY，
AMPLITUDE = 名称
源节点，自由度

Abaqus/CAE 用法：Load module：Create Boundary Condition：选择步：Velocity/Angularvelocity 或 Displacement/Rotation：选择区域并且切换打开度或者自由度，Amplitude：名称

定义反射效应

从源发出的波，在到达指定的对峙点之前，可能被平面反射掉，如海床或者海面。这样，入射波载荷是由从源直接到达的波和那些被平面反射到达的波组成的。在 Abaqus 中，可以人为地定义这些平面的数量，每个平面都具有自己的位置、方向和反射系数。

如果没有定义反射系数，则假定平面是无反射的，即施加一个零反射压力。如果定义了反射系数，则根据下式通过反射系数 Q 来改变反射波的大小

$$p_{reflected} = Qp_{incident}$$

Q 只能取实数。

反射平面只允许用在以流体压力值的形式定义的入射波中。每个平面只考虑一个反射。如果许多连续反射的影响很重要，则这些表面应是有限元模型的一部分。如果使用了总波方程，则反射平面应当用在有限元模型的边界上，因为在这种情况下，入射波将被该边界自动

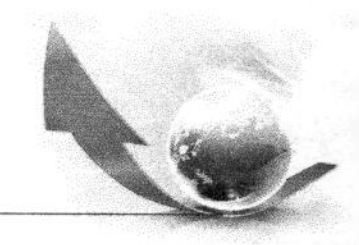

反射。

输入文件用法：使用以下选项与 * INCIDENT WAVE INTERACTION 选项结合定义入射波反射平面：

* INCIDENT WAVE REFLECTION

Abaqus/CAE 用法：Abaqus/CAE 中不支持定义入射波反射平面。

具有指定压力的边界

用户可以使用边界条件定义声学单元节点上的声压自由度。然而，由于在 Abaqus 分析中，可以使用节点声压来参照点上的总压力，或者分散总压力分量，因此在某些环境下必须小心。

当使用总波方程时，单独的边界条件就足以定义边界上的指定总动态压力。

在没有入射波载荷的分析中，节点自由度通常等于该点上的总声压。这样，在 Abaqus 中，可以使用一个与其他边界条件的定义方法一致的边界条件来定义总声压的值。例如，用户可以在进气道处的所有节点上将声压设置成一个指定的幅值，来分析沿着进气道的波传递；可以通过将表面上的声压设置为零来模拟水体的自由表面。

当使用入射波载荷时，分散波方程定义节点声学自由度等于分散压力。结果是，此自由度的边界条件定义仅影响反射压力。利用此方程无法直接得到节点上的声学总压力。在某些情况下，仍然需要定义分散波方程分析中的总压力（如当模拟水体的自由表面时）。在此情况中，应当使用以下的一个方法。

如果定义有总压力的流体表面是平的、不断开的，并且是无限延伸的，则可以使用入射波反射平面和边界条件相结合，来模拟自由表面上的总压力是零的事实。“柔软”的入射波反射平面与自由表面重合，将确保结构可以承受自由表面反射的入射波载荷。在表面上设置声压等于零的边界条件，将确保任何由结构发出的分散波得到正确的反射。要验证流体中分散波的解，必须考虑现有入射场也包含源反射的情况。如果具有指定总压力的流体表面是平的，但是被一个物体断开，如一艘漂浮的船，则仍可以应用此模拟技术。然而，需将入射波产生的反射载荷计算成反射平面通过该船舶的船体。此近似忽略了一些衍射效应，并且可能或者可以不适用于所有感兴趣的情况。

另外，用户可以通过使用结构单元模拟流体的顶层来删除流体的自由面条件，如膜单元替代声学单元。“结构流体”面和“声学流体”面是使用基于面的网格绑缚约束（“网格绑缚约束”，2.3.1 节），或者在 Abaqus/Standard 中使用声学结构界面单元来耦合的；并且入射波载荷必须同时施加在“结构流体”和“声学流体”表面上。“结构流体”单元的材料属性应类似于附近声学流体的相应属性。在 Abaqus/Explicit 中，“结构流体”单元的厚度必须使得耦合约束任何一侧的节点质量是近乎相等的。此模拟技术允许将定义了总压力的表面几何形体从一个不断开的无限平面上分离出来。此技术的另外一个优势是，用户可以得到自由表面上的速度曲线，因为“结构流体”节点上的位移自由度此时是被激活的。如果需要非零的压力边界条件，则可以作为“结构流体”单元另外一面的分布载荷来施加。

输入文件用法：为使用默认分散波方程的第一次模拟技术使用以下选项：

* BOUNDARY

* INCIDENT WAVE REFLECTION

为使用默认分散波方程的第二次模拟技术使用以下选项：

* TIE
* INCIDENT WAVE INTERACTION

使用以下含有总波方程的选项：

* BOUNDARY

Abaqus/CAE 用法：Load module：Create BC：为 Category 选择 Other 以及为 Types for Selected Step 选择 Acoustic pressure

在 Abaqus/Explicit 中使用 CONWEP 模型为入射冲击波定义空气爆炸载荷

空气爆炸会形成一个高度受压缩的、与周围空气相互作用的气体质量，并产生向外传播的冲击波。由 CONWEP 模型提供的经验数据与入射波载荷定义相结合，对于球形入射波（空气爆炸）或者半球形入射波（表面爆炸），可以定义由空气爆炸产生的载荷影响。

与声波不同，爆炸波是一种沿着波前沿的压力、密度等不连续的冲击波。图 1-18 所示为一个典型爆炸波的压力-时间曲线。

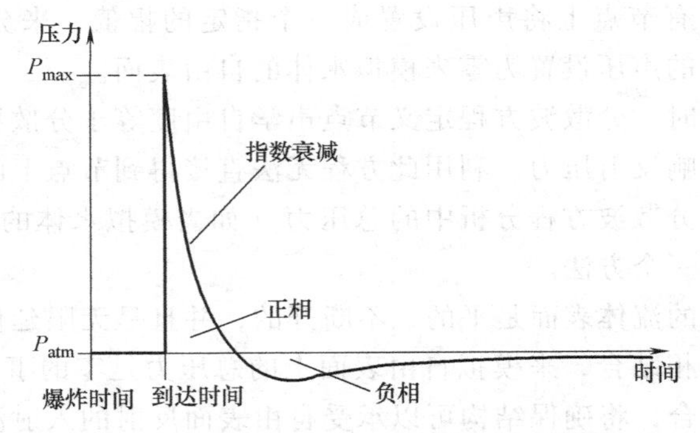

图 1-18　典型爆炸波的压力-时间曲线

定义 CONWEP 模型需要给出载荷表面与爆炸源之间的缩放距离和引爆炸药的量。对于给定的缩放距离，模型提供下面的经验数据：最大过压（超出大气压）、到达时间、正相持续时间、入射压力以及反射压力的指数衰减系数。使用这些参数，可以构建如图 1-18 所示的入射压力和反射压力的整个时间历史。不要求使用对峙点。

由爆炸产生的表面上的总压力 $P(t)$，是入射压力 $P_{incident}(t)$、反射压力 $P_{reflect}(t)$ 和入射角 θ 的函数，其中 θ 是加载表面的法向与从表面指向爆炸源的向量之间的角度。即

$$P(t)=P_{incident}(t)(1+\cos\theta-2\cos^2\theta)+P_{reflect}(t)\cos^2\theta \quad \text{对于 } \cos\theta\geq 0$$

$$P(t)=P_{incident}(t) \quad \text{对于 } \cos\theta<0$$

由总压力产生的空气爆炸载荷可以使用一个比例因子来缩放。

如果爆炸不是在分析开始时发生的，则可以定义一个引爆时间。引爆时间需要在总时间中进行定义，相关内容见“约定”（《Abaqus 分析用户手册——介绍、空间建模、执行与输出卷》的 1.2.2 节）。一个位置的到达时间定义为引爆后，波到达那个位置所花费的时间。

CONWEP 经验数据是以一组特殊的单位给出的，必须将其转化成分析中使用的单位。用户需要定义将这些单位转化成 SI 单位的乘法因子。对于以等效 TNT 定义的爆炸物质量，用户可以选择任何方便的质量单位，可能与分析中所使用的质量单位不同。对于压力载荷的计算，用户需要定义将分析中的长度、时间和压力单位转换成 SI 单位的乘法因子。表 1-10 中列出了一些典型的转换因子值。

对于任何给定的爆炸量，CONWEP 经验数据仅在到源的距离之内才有效。数据有效的最小距离对应加载半径。这样，如果加载表面的任何部分到源的距离小于加载半径，则分析终止。对于大于最大有效范围的距离，使用线性外推直到反射压力减小为零的外延最大范围。超出外延最大范围将不施加载荷。

表 1-10　CONWEP 模型中转换到 SI 单位的乘法因子

物理量	单　位	SI 单位	转换到 SI 的乘法因子
质量	吨(t)	千克(kg)	1000
	磅(lb)	千克(kg)	0.45359
长度	毫米(mm)	米(m)	0.001
	英尺(ft)	米(m)	0.3048
时间	毫秒(ms)	秒(s)	0.001
压力	兆帕(MPa)	帕(Pa)	10^{-6}
	磅每平方英寸(psi)	帕(Pa)	6894.8
	磅每平方英尺(psf)	帕(Pa)	47.88

CONWEP 经验数据不考虑由干涉对象产生的影响或者由约束产生的影响。在使用 CONWEP 模型的入射波相互作用定义中，用户不能使用入射波反射。

可以要求 CONWEP 压力载荷作为单元面变量输出到输出数据库文件中（见“Abaqus/Explicit 输出变量标识符”，《Abaqus 分析用户手册——介绍、空间建模、执行与输出卷》的 4.2.2 节）。

输入文件用法：使用以下选项来定义使用 CONWEP 进行属性定义的爆炸所产生的影响：

*INCIDENT WAVE INTERACTION PROPERTY,
NAME=波属性名称，TYPE=AIR BLAST 或者 SURFACE BLAST
*CONWEP CHARGE PROPERTY
定义 CONWEP 相关数据
*INCIDENT WAVE INTERACTION，PROPERTY=波属性名称，
CONWEP
加载表面名称，源节点，爆炸时间，缩放因子大小

Abaqus/CAE 用法：使用以下选项来定义使用 CONWEP 进行属性定义的爆炸所产生的影响：

Interaction module：Create Interaction Property：Name：波属性名称和 Incident wave：Definition：Air blast 或者 Surface blast：输入定义 CONWEP 相关数据

Interaction module：Create Interaction：Name：入射波名称和 Incident wave：选择源点：CONWEP（Air/Surface blast）：选择区域：CONWEP Data：输入定义引爆时间和缩放因子大小的数据

更改或者删除入射波载荷

入射波载荷只施加到已经定义了的特定步中，自动删除以前的定义。因此，在两个后续

步中有效的入射波载荷应当在每一个步中进行指定。这类似于在一个步中，通过释放某一类型的载荷来定义其他类型载荷的情况（见“施加载荷：概览”，1.4.1节）。

可选的入射波加载界面

通常，可选的入射波加载界面的概念与优先界面相同。然而，定义入射波载荷的句法是不同的。Abaqus/CAE 中支持定义优先入射波加载界面，但不支持可选的界面。相关概念见“由外源产生的入射波载荷。”

定义几何形体属性和入射波速度（可选的界面）

可选的界面在概念上与优先界面是一样的，但两者的用法是不同的。相关概念见“定义几何形体属性和入射波速度”。

输入文件用法：＊INCIDENT WAVE PROPERTY，NAME＝波属性名称，
TYPE＝PLANE 或者 SPHERE
定义声源和对峙点位置的数据行
＊INCIDENT WAVE FLUID PROPERTY
体积模量，质量密度
＊INCIDENT WAVE，PROPERTY＝波属性名称

Abaqus/CAE 用法：Abaqus/CAE 中不支持定义可选入射波加载界面。

定义源脉冲的时间历史（可选界面）

可选界面在概念上与优先界面是相同的，但两者的用法是不一样的。相关概念见“定义源脉冲的幅值”。

输入文件用法：使用以下选项以流体压力值的方式定义时间历史：
＊INCIDENT WAVE，PRESSURE AMPLITUDE＝幅值数据表名称
固体或者流体表面名称，参考大小
使用以下选项以流体加速度值的方式定义时间历史：
＊INCIDENT WAVE，ACCELERATION AMPLITUDE＝幅值数据表名称
流体表面名称，参考大小

Abaqus/CAE 用法：Abaqus/CAE 中不支持定义其他入射波加载界面。

定义球形入射波载荷的气泡载荷（其他界面）

其他界面在概念上和优先界面是一样的，但它们的用法不同。相关概念见“为球形入射波载荷定义气泡载荷”。

要定义使用 Abaqus 内部模型的气泡动力学，用户可以定义一个气泡幅值。气泡载荷幅值的用法通常类似于 Abaqus 中的其他幅值。

输入文件用法：使用以下选项：
＊AMPLITUDE，DEFINITION＝BUBBLE，NAME＝名称
＊INCIDENT WAVE PROPERTY，TYPE＝SPHERE，
NAME＝波属性名称
＊INCIDENT WAVE，PRESSURE AMPLITUDE＝名称
固体或者液体表面名称，参考大小

Abaqus/CAE用法：Abaqus/CAE 中不支持定义其他入射波加载界面。

定义反射影响（其他界面）

可选界面在概念上与优先界面是一样的，但两者的用法不同。相关概念，见“定义反射影响”。

输入文件用法：使用以下选项与 * INCIDENT WAVE 选项结合来定义入射波反射平面：

* INCIDENT WAVE REFLECTION

Abaqus/CAE 用法：Abaqus/CAE 中不支持定义可选的入射波加载界面。

在移动结构中模拟入射波载荷（其他界面）

要模拟入射波加载历史过程中，一个结构（如船舶）的刚性运动影响，对峙点可以具有给定的速度。假定整个流-固模型是以加载中与源点相关的速度运动的，并且模型的速度与入射波的传播速度相比较小。

输入文件用法：* INCIDENT WAVE PROPERTY，NAME=波属性名称

定义对峙点速度的数据行

Abaqus/CAE 用法：Abaqus/CAE 中不支持定义可选的入射波加载界面。

实例：接近自由表面的潜艇

图 1-19 所示问题具有以下特征：自由表面 A_0、作为反射平面的海底 A_{sb}、润湿固体表面 A_{sw}、与固体表面 A_{sw} 绑缚的流体表面 A_{fw}、分离无限声学介质的有限模型区域的声学表面（边界）A_{inf}，以及水下爆炸载荷的入射波源 S。

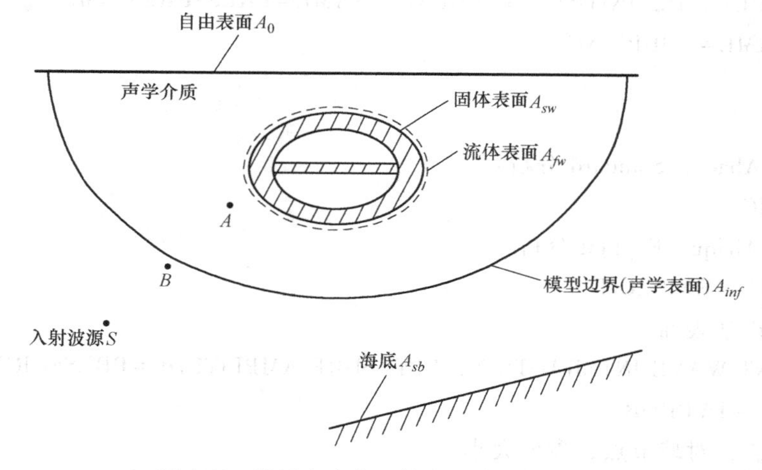

图 1-19　接近自由表面的水下的入射波载荷

分散波求解

声学介质中的分散波响应与入射波的结构分散波响应一起让人感兴趣。在分散波方程中不考虑流体中的气穴。类似的，不需要模拟流体中的初始静水压力。

定义自由表面上的零动态声压边界条件时，需要定义一个与自由表面 A_0 重合的“柔软的”反射平面，以及此自由表面上节点处的零发散压力边界条件。入射波载荷是施加在流体表面 A_{fw} 及湿固体表面 A_{sw} 上的。入射波载荷可以仅为压力幅值类型，因为加载包含固体表面。

对峙节点的合适位置在图 1-19 中标记为 A。此节点位于流体中，靠近结构并且比海底的

任何部分或者自由表面更加靠近入射波源 S。为了强调对峙节点从加载表面的偏移，在图中进行了夸张表示。

辐射条件是在有限模型域的边界声学表面 A_{inf} 上定义的，这样，在具有无限介质的此边界上的分散波冲击，不会反射回计算区域内。海底是使用一个在海底表面 A_{sb} 上的入射波反射平面来模拟的。此海底表面上的反射损失是使用阻抗属性来模拟的。

如果需要研究结构在非线性区域中的响应，应当使用 Abaqus/Standard 在静态分析中建立结构中的初始应力状态，然后将结构中的应力状态导入 Abaqus/Explicit 中，并在声学分析中重新在固体表面上定义造成初始应力状态的载荷。

下面的模板示意性地显示了一些使用分散波方程解决此问题的 Abaqus 输入文件选项：

*HEADING
…
*SURFACE，NAME=A_{fw}
定义润湿固体声学表面的数据行
*SURFACE，NAME=A_{sw}
定义被流体润湿的固体表面的数据行
*SURFACE，NAME=A_{inf}
此数据行用来定义从无限介质分隔出模型区域的声学表面
*INCIDENT WAVE INTERACTION PROPERTY，NAME=IWPROP
*AMPLITUDE，DEFINITION=TABULAR，NAME=PRESSUREVTIME
*TIE，NAME=COUPLING
A_{fw}，A_{sw}
*STEP
**对于 Abaqus/Standard 分析：
*DYNAMIC
**对于 Abaqus/Explicit 分析：
*DYNAMIC，EXPLICIT
**加载声学表面
*INCIDENT WAVE INTERACTION，PRESSURE AMPLITUDE=PRESSUREVTIME，
PROPERTY=IWPROR
A_{fw}，源节点，对峙节点，参考大小
*INCIDENT WAVE REFLECTION
海底 A_{sb}、海底 Q 上反射平面的数据行
*INCIDENT WAVE REFLECTION
自由表面 A_0 上的“柔软”反射平面的数据行
**加载固体表面
*INCIDENT WAVE INTERACTION，PRESSURE AMPLITUDE=PRESSUREVTIME，
PROPERTY=IWPROP
A_{sw}，源节点，对峙节点，参照大小
*INCIDENT WAVE REFLECTION

海底 A_{sb}、海底 Q 上的反射平面的数据行

*INCIDENT WAVE REFLECTION

自由表面 A_0 上的“柔软”反射平面的数据行

*BOUNDARY

** 自由表面上的零压力边界条件

在自由表面 A_0 上设置节点 8，8，0.0

*SIMPEDANCE

A_{inf}

*END STEP

总波求解

这里，声学介质中的总波响应应该与入射波加载结构的总波响应一起使用。总波求解可以包含流体中的气穴。类似的，可以定义流体中线性变化的初始静水压力。

定义自由表面上的零动态声压边界条件时，仅需要定义此自由表面上多个节点处的零压力边界条件。自由表面中不应包含反射平面。入射波载荷仅施加在流体表面 A_{fw} 上，此流体表面从周围的无限声学介质中分隔要模拟的区域。不应在结构表面上直接施加入射波。如果入射波是平面类型，则入射波加载的定义可以使用加速度类型的幅值。否则，入射波加载必须使用压力类型的幅值。

对峙节点的理想位置取决于入射波载荷使用的时间历史幅值类型。如果入射波载荷的时间历史是压力幅值类型，则可以使用图 1-19 中的位置 A。否则，可以使用刚好位于边界 A_{inf} 上的位置 B，它比海底或者自由表面的任何部分都更加靠近入射波源 S。

在声学表面 A_{inf} 上定义无反射阻抗条件，这样，使用无限介质的此边界上总波撞击的分散部分，不会反射回计算区域中。使用海底表面 A_{sb} 上的入射波反射平面来模拟海底。

如果需要研究结构在非线性区域中的响应，则应使用 Abaqus/Standard 在静态分析中建立结构中的初始应力状态，然后将结构中的应力状态导入 Abaqus/Explicit 中，并在声学分析中重新在固体表面上定义造成初始应力状态的载荷。

下面的模板示意性地显示了一些使用总波方程来解决此问题的 Abaqus 输入文件选项：

*HEADING

…

*ACOUSTIC WAVE FORMULATION，TYPE=TOTAL WAVE

*MATERIAL，NAME=CAVITATING_FLUID

*ACOUSTIC MEDIUM，BULK MODULUS

定义流体体积模量的数据行

*ACOUSTIC MEDIUM，CAVITATION LIMIT

定义流体气穴限制的数据行

…

*SURFACE，NAME=A_{fw}

定义润湿固体的流体表面的数据行

*SURFACE，NAME=A_{sw}

定义被流体润湿的固体表面的数据行

*SURFACE, NAME=A_{inf}

此数据行定义从无限介质中分隔出模拟区域的声学表面

*INCIDENT WAVE INTERACTION PROPERTY, NAME=IWPROP

*AMPLITUDE, DEFINITION=TABULAR, NAME=PRESSUREVTIME

在对峙点上定义压力-时间关系的数据行

*TIE, NAME=COUPLING

A_{fw}, A_{sw}

*INITIAL CONDITIONS, TYPE=ACOUSTIC STATIC PRESSURE

在流体中定义初始线性静水压力的数据行

*STEP

*DYNAMIC, EXPLICIT

** 加载声学表面

*INCIDENT WAVE INTERACTION, PRESSURE AMPLITUDE=PRESSUREVTIME, PROPERTY=IWPROP

A_{inf}，源节点，对峙节点，参照大小

*INCIDENT WAVE REFLECTION

海底 A_{sb}、海底 Q 上的反射平面的数据行。

*BOUNDARY

** 自由表面上的零压力边界条件

在自由表面 A_0 上设置节点 8, 8, 0.0

*SIMPEDANCE

A_{inf}

*END STEP

实例：深水中的潜水艇

除了下述不同以外，此问题类似于前文中接近自由表面的水下例子。在此问题中没有自由表面，并且流体表面 A_{inf} 和流体介质完全包围了所研究结构。如果结构位于水中足够深的位置，则可以将静水压力考虑成均匀的，而不是随深度线性变化的。在此假设下，如果需要的话，可以使用一个包围结构的均匀压力载荷来建立结构中的初始应力状态。此外，如果结构位于水中足够深的位置，则静水压力与入射波载荷相比是明显的，这样，可以不关心流体中的气穴。

实例：水面船舶

这里需要研究的是水面船舶上的水下爆炸载荷（入射波载荷）（图 1-20）。除了下述不同以外，此问题类似于前文中的接近自由表面的水下例子。流体的自由表面是不连续的，并且一部分结构暴露在大气中。与应用分散波方程的水下问题不同，此问题中不使用与自由表面重合的柔软反射平面。在此情况下，要使用分散波方程，应采用以“结构流体”单元替代自由表面的模拟技术。自由表面处的一层流体是使用非声学单元来模拟的，如膜单元。使用网格绑缚约束将这些单元耦合到下面的声学流体上。非声学单元具有类似于流体的性质，

因为这些单元是用来替代靠近自由表面的流体介质的，并且应当具有类似于相邻声学单元的高度。使用分散波方程的入射波载荷，也必须施加在这些新创建的面上。该模拟技术的另一个优点是可以得到自由表面在载荷下的形状变化。

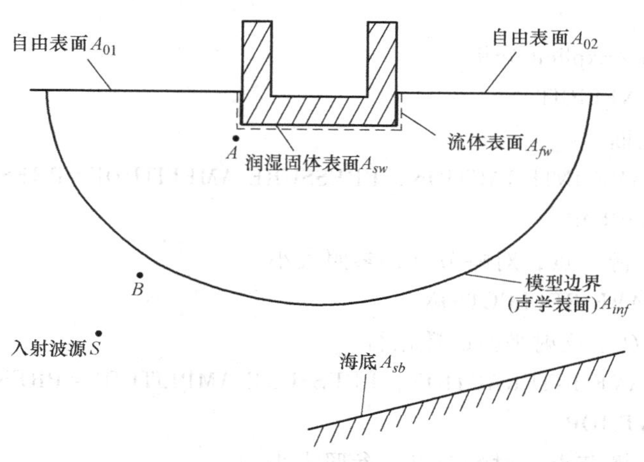

图 1-20 水面船舶上的入射波载荷模拟

下面的模板显示了用于此情况的部分 Abaqus 输入文件选项：

*HEADING

…

*SURFACE, NAME=*A01_structuralfluid*

定义“结构流体”表面的数据行

*SURFACE, NAME=*A01_acousticfluid*

定义相邻声学流体表面的数据行

*SURFACE, NAME=*A02_structuralfluid*

定义“结构流体”表面的数据行

*SURFACE, NAME=*A02_acousticfluid*

定义相邻声学流体表面的数据行

*SURFACE, NAME=*Asw_solid*

定义由流体润湿的实际固体表面的数据行

*SURFACE, NAME=*Asw_fluid*

定义与结构相邻的实际声学表面的数据行

*SURFACE, NAME=A_{inf}

此数据行定义从无限介质中分隔出模拟区域的声学表面

*INCIDENT WAVE INTERACTION PROPERTY, NAME=IWPROP

*AMPLITUDE, DEFINITION=TABULAR, NAME=PRESSUREVTIME

在对峙点上定义压力-时间关系的数据行

*TIE, NAME=COUPLING

Asw_fluid, *Asw_solid*

*A01*_声学流体, *A01*_结构流体

```
A02_声学流体，A02_结构流体
*STEP
**对于 Abaqus/Standard 分析：
*DYNAMIC
**对于 Abaqus/Explicit 分析：
*DYNAMIC, EXPLICIT
**加载声学表面
*INCIDENT WAVE INTERACTION, PRESSURE AMPLITUDE=PRESSUREVTIME,
PROPERTY=IWPROP
A01_声学流体，源节点，对峙节点，参照大小
*INCIDENT WAVE REFLECTION
海底 A_sb、海底 Q 上反射平面的数据行
*INCIDENT WAVE INTERACTION, PRESSURE AMPLITUDE=PRESSUREVTIME,
PROPERTY=IWPROP
A02_声学流体，源节点，对峙节点，参照大小
*INCIDENT WAVE REFLECTION
海底 A_sb、海底 Q 上反射平面的数据行
*INCIDENT WAVE INTERACTION, PRESSURE AMPLITUDE=PRESSUREVTIME,
PROPERTY=IWPROP
Asw_流体，源节点，对峙节点，参照大小
*INCIDENT WAVE REFLECTION
海底 A_sb、海底 Q 上反射平面的数据行
**加载固体表面
*INCIDENT WAVE INTERACTION, PRESSURE AMPLITUDE=PRESSUREVTIME,
PROPERTY=IWPROP
A01_结构流体，源节点，对峙节点，参照大小
*INCIDENT WAVE REFLECTION
海底 A_sb、海底 Q 上反射平面的数据行
*INCIDENT WAVE INTERACTION, PRESSURE AMPLITUDE=PRESSUREVTIME,
PROPERTY=IWPROP
A02_结构流体，源节点，对峙节点，参照大小
*INCIDENT WAVE REFLECTION
海底 A_sb、海底 Q 上反射平面的数据行
*INCIDENT WAVE INTERACTION, PRESSURE AMPLITUDE=PRESSUREVTIME,
PROPERTY=IWPROP
Asw_固体，源节点，对峙节点，参照大小
*INCIDENT WAVE REFLECTION
海底 A_sb、海底 Q 上反射平面的数据行
*SIMPEDANCE
```

A_{inf}

*END STEP

与接近自由表面的水下总波方程分析相比，应注意以下区别。如图 1-20 所示，具有零动态压力边界条件的自由表面被分割成两部分：A_{01}和A_{02}。润湿船舶的流体表面（A_{fw}）和润湿了的船舶表面（A_{sw}）绑缚在一起，没有包围整个结构。除了这些区别以外，水面船舶问题模拟的注意事项类似于接近自由表面的水下总波分析。

实例：结构上的空气爆炸载荷

这里，研究的是结构上空气爆炸载荷的影响（图 1-21）。

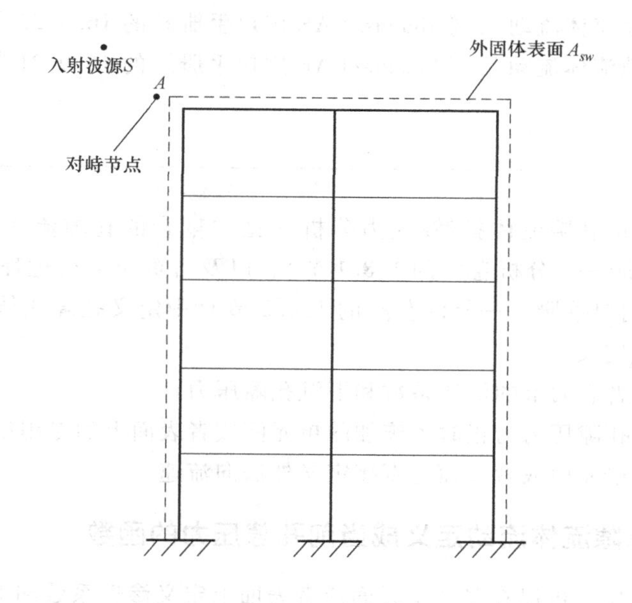

图 1-21　某结构上的空气爆炸载荷模型

因为忽略了空气介质的刚性和惯性，所以没有模拟声学介质，这相当于入射波载荷是直接施加到结构上的。施加入射波载荷的外固体表面A_{sw}如图 1-21 所示。因为没有模拟声学介质，使用总波和分散波方程是一样的。

实例：没有入射波载荷的流体气穴

用户可能需要在 Abaqus/Explicit 中模拟声学问题，通过所定义的压力边界或者压力共轭集中载荷来施加载荷。即使声学介质中能够产生气穴，分散波方程或者总波方程的选择对于这类问题的解也没有影响。

1.4.7　孔隙流体流动

产品：Abaqus/Standard　　Abaqus/CAE

参考

- “施加载荷：概览”，1.4.1 节
- * CFLOW
- * DFLOW
- * DSFLOW
- * FLOW
- * SFLOW
- “定义表面孔隙流体流动”，《Abaqus/CAE 用户手册》的 16.9.22 节
- “定义集中孔隙流体流动”，《Abaqus/CAE 用户手册》的 16.9.21 节

概览

用户可以在耦合的孔隙流体扩散/应力分析（见“耦合的孔隙流体扩散和应力分析”，《Abaqus 分析用户手册——分析卷》的 1.8.1 节），以及自重应力场过程（见“自重应力状态”，《Abaqus 分析用户手册——分析卷》的 1.8.2 节）中定义孔隙流体流动。孔隙流体流动可以通过以下方式定义：

- 定义单元面或者表面上的渗透系数和下沉孔隙压力。
- 定义仅当表面孔隙压力为正时才施加的单元面或者表面上的专用排水渗透系数。
- 在多个节点、单元面或者表面上直接定义外法向流速。

在固结分析中将孔隙流体流动定义成当前孔隙压力的函数

在固结分析中，用户可以在多个单元面或者表面上定义渗透系数和下沉孔隙压力，从模拟区域内部到外部控制法向孔隙流体流动。

表面条件假定孔隙流体流速与表面上的当前孔隙压力 u_w 和参考孔隙压力 u_w^∞ 之差成比例，即

$$v_n = k_s(u_w - u_w^\infty)$$

式中，v_n 是孔隙流体流速在表面外法向上的分量；k_s 是渗透系数；u_w 是表面上此点处的当前孔隙压力；u_w^∞ 是参考孔隙压力。

定义基于单元的孔隙流体流动

要定义基于单元的孔隙流体流动，需要定义单元或者单元集的名称、分布载荷类型、参考孔隙压力 u_w^∞ 和参考渗透系数 k_s。施加法向流动的多个单元面是通过防渗分布载荷类型来确定的。可用的防渗类型取决于单元类型（见《Abaqus 分析用户手册——单元卷》）。

输入文件用法：* FLOW

单元编号或者单元集名称，Qn，u_w^∞，k_s

Abaqus/CAE 用法：Abaqus/CAE 中不能将孔隙流体流动定义成当前孔隙压力的函数。

定义基于面的孔隙流体流动

要定义基于面的孔隙流体流动，需要定义面名称、防渗流动类型、参考孔隙压力和参考渗透系数。基于单元的面（见“基于单元的面定义”，《Abaqus分析用户手册——介绍、空间建模、执行与输出卷》的2.3.2节）应包含单元和面信息。

输入文件用法：* SFLOW

面名称，Q，u_w^∞，k_s

Abaqus/CAE用法：Abaqus/CAE中不能将孔隙流体流动定义成当前孔隙压力的函数。

定义专用排水流动

用户可以为基于单元的或者面的孔隙流体流动定义专用排水流动类型，来说明仅从模型区域的内部到外部发生正常的孔隙流体流动。当压力为正时，专用排水流动面条件假设孔隙流体流动与表面u_w上当前孔隙压力的大小成比例，即

$$v_n = k_s u_w \quad u_w > 0$$

$$v_n = 0 \quad u_w \leqslant 0$$

式中，v_n是孔隙流体流速在表面外法向上的分量；k_s是渗透系数；u_w是表面上此点处的当前孔隙压力。

图1-22所示为专用排水孔隙压力-速度关系。定义此表面条件与总孔隙压力方程一起使用（见“耦合的孔隙流体扩散和应力分析”，《Abaqus分析用户手册——分析卷》的1.8.1节），主要用于润湿表面与自由排水外表面相交的情况。此类型计算的实例，见“土坝中润湿表面的计算”（《Abaqus例题手册》的10.1.2节）。

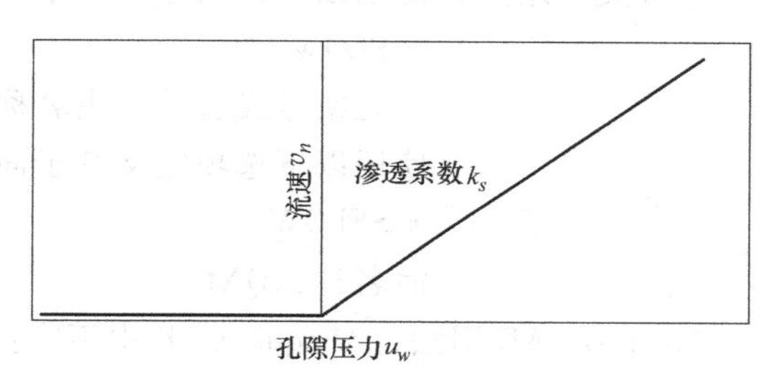

图1-22 专用排水孔隙压力-速度关系

当表面孔隙压力为负时，约束将正确地施加没有流体可以进入内部区域的条件。当表面孔隙压力为正时，约束将允许流体从模型的内部流动到外部区域。当渗透系数k_s值较大时，此流动将近似地施加在自由排水表面上孔隙压力为零的要求。要满足此条件，k_s的值应远大于基底单元中材料的特征渗透系数，即

$$k_s \gg k/\gamma_w c$$

式中，k是基底材料的渗透性；γ_w是流体密度；c是基底单元的特征长度。

由公式$k_s \approx 10^5 k/\gamma_w c$得到的值对于大部分分析来说是足够的。大的$k_s$值将产生较差的模型条件。在所有情况中，自由排水流动类型均是不连续非线性行为，并且它的使用可能要求合适的求解控制（见“常用的控制参数”，《Abaqus分析用户手册——分析卷》的2.2.2节）。

输入文件用法：使用以下选项定义基于单元的专用排水流动：

* FLOW

单元数量或者单元集名称，QnD，k_s

使用以下选项定义基于面的专用排水流动：

* SFLOW

面名称，QD，k_s

Abaqus/CAE 用法：Abaqus/CAE 中不允许将孔隙流体流动定义成当前孔隙压力的函数。

更改或者删除渗透系数和参考孔隙压力

可以如“施加载荷：概览”（1.4.1 节）中所描述的那样，对渗透系数和参考孔隙压力进行添加、更改或者删除。

定义时间相关的参考孔隙压力

用户可以通过参照幅值曲线来控制参考孔隙压力 u_w^∞ 的大小。如果流动的不同部分需要不同的变量，则参照各自的幅值曲线对流动进行定义。详细内容见“施加载荷，概览”（1.4.1 节）和“幅值曲线”（1.1.2 节）。

在用户子程序中定义非均匀流动

要定义非均匀流动，可以在用户子程序 FLOW 中将参考孔隙压力和渗透系数定义成位置、时间、孔隙压力等的函数。

输入文件用法：使用以下选项定义基于单元的非均匀流动：

* FLOW

单元编号或者单元集名称，Q*n*NU

使用以下选项定义基于面的非均匀流动：

* SFLOW

面名称，QNU

Abaqus/CAE 用法：Abaqus/CAE 中不支持用户子程序 FLOW。

在固结分析中直接定义渗漏流动速度和渗漏流动

在固结分析中，用户可以直接定义穿过表面的外法向流速 v_n，或者节点处的外法向流动。

定义基于单元的渗漏流动速度

要定义基于单元的渗漏流动速度，需要定义单元或者单元集名称、渗漏类型和外法向流速。定义渗漏流动的单元面是通过渗漏类型来确定的，可用的渗漏类型取决于单元类型（见《Abaqus 分析用户手册——单元卷》）。

输入文件用法：* DFLOW

单元编号或者单元集名称，S*n*，v_n

Abaqus/CAE 用法：Load module：Create Load：为 Category 选择 Fluid 以及为 Types for Selected Step 选择 Surface pore fluid：选择区域：Distribution：选择分析区域，Magnitude：v_n

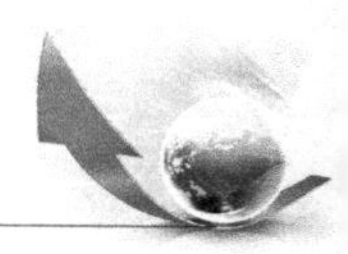

定义基于面的渗漏流动速度

要定义基于面的渗漏流动速度，需要定义面名称、渗漏流动类型和孔隙流体流速。基于单元的面（见“基于单元的面定义”，《Abaqus 分析用户手册——介绍、空间建模、执行与输出卷》的 2.3.2 节）应包含单元和面信息。

输入文件用法：* DSFLOW

面名称，S，v_n

Abaqus/CAE 用法：Load module：Create Load：为 Category 选择 Fluid 以及为 Types for Selected Step 选择 Surface pore fluid：选择区域：Distribution：Uniform，Magnitude：v_n

定义基于节点的渗漏流动

要定义基于节点的渗漏流动，需要定义节点或者节点集名称和单位时间的流量大小。

输入文件用法：* CFLOW

节点编号或者节点集名称，大小

Abaqus/CAE 用法：Load module：Create Load：为 Category 选择 Fluid 以及为 Types for Selected Step 选择 Concentrated pore fluid：选择区域：Magnitude：大小

更改或者删除渗漏流动速度和渗漏流动

可以如“施加载荷：概览”（1.4.1 节）中所描述的那样，对渗漏流动速度进行添加、更改或者删除。

定义时间相关的流动速度和流动

用户可以通过参照幅值曲线来控制渗漏流动速度 v_n 的大小。要定义不同流动的不同变量，可参照各变量自身的幅值曲线定义渗漏流动速度和渗漏流动。详细内容见“施加载荷：概览”（1.4.1 节）和“幅值曲线”（1.1.2 节）。

在用户子程序中定义非均匀流动速度

要定义基于单元或者基于面的非均匀流动，可以在用户子程序 DFLOW 中将渗漏大小的变化定义成位置、时间、孔隙压力等的函数。如果可选的渗漏流动速度 v_n 是直接定义的，则在定义渗漏大小的变量中将此值传递到用户子程序 DFLOW 中。

输入文件用法：使用以下选项定义基于单元的非均匀流动：

* DFLOW

单元编号或者单元集名称，S*n*NU，v_n

使用以下选项定义基于面的非均匀流动：

* DSFLOW

面名称，SNU，v_n

Abaqus/CAE 用法：使用以下选项定义基于面的非均匀流动：

Load module：Create Load：为 Category 选择 Fluid 以及为 Types for Selected Step 选择 Surface pore fluid：选择区域：Distribution：User-defined，Magnitude：v_n

Abaqus/CAE 中不支持基于单元的非均匀流动。

1.5 指定装配载荷

产品：Abaqus/Standard　　Abaqus/CAE

参考

- "指定条件：概览"，1.1.1 节
- * BOUNDARY
- * CLOAD
- * PRE-TENSION SECTION
- * SURFACE
- "螺栓载荷"，《Abaqus/CAE 用户手册》的第 22 章

概览

装配载荷：

- 可以用来仿真结构中紧固件上的载荷。
- 施加在用户定义的预拉伸截面上。
- 施加在与预拉伸截面相关联的预拉伸节点上。
- 要求指定预拉伸载荷或者张紧调整量。

装配载荷的概念

图 1-23 所示是一个说明装配载荷概念的简单实例。

容器 *A* 是通过按住盖子的预拉伸螺栓来密封的，这会使垫片承受压力。此预拉伸载荷是通过在 Abaqus/Standard 中添加螺栓中的"切割面"或者预拉伸截面来仿真的，如图 1-23 所示，并且使其承受拉伸载荷。通过更改位于面一侧的单元，Abaqus/Standard 可以自动调整预拉伸截面处的螺栓长度来达到指定的预拉伸大小。在后面的步中，可以防止长度发生进一步变化，这样螺栓作为可变形的标准构件响应其他装配上的载荷。

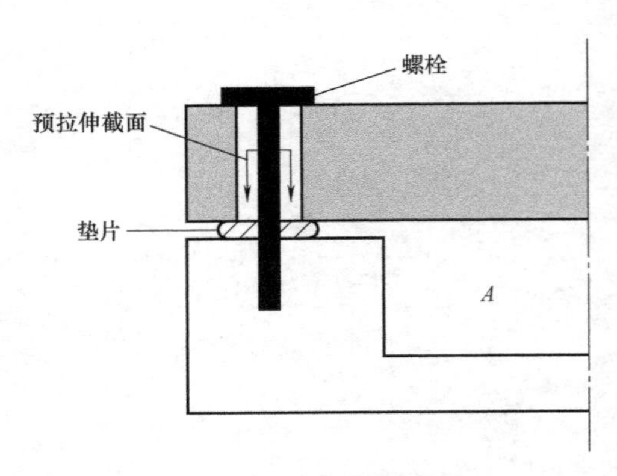

图 1-23　装配载荷实例

模拟装配载荷

Abaqus/Standard 允许用户定义由连续单元、杆单元或者梁单元模拟的紧固件装配载荷。模拟紧固件的单元类型不同，用来模拟装配载荷的步骤也略有不同。

使用连续单元模拟紧固件

在连续单元中，将预拉伸截面定义成紧固件内部"切开"成为两部分的一个面（图 1-24）。如果紧固件是由几段组成的，则预拉伸截面可以是一组面。

基于单元的面包含单元和面的信息（见“基于单元的面定义”，《Abaqus 分析用户手册——介绍、空间建模、执行与输出卷》的 2.3.2 节）。用户必须将面转化成预拉伸截面，通过它可以施加预拉伸载荷，并且将一个控制节点赋予到预拉伸截面上。

输入文件用法：使用以下选项定义由连续单元模拟的紧固件上的装配载荷：

*SURFACE，TYPE=ELEMENT，NAME=面名称

*PRE-TENSION SECTION，SURFACE=面名称，NODE=n

Abaqus/CAE 用法：Load module：Create Load：为 Category 选择 Mechanical 以及为 Types for Selected Step 选择 Bolt load

给预拉伸截面赋予一个控制节点

装配载荷是通过预拉伸节点的方式穿过预拉伸截面来传递的。预拉伸节点不应当与任何模型中的单元相连。它只有一个自由度（自由度 1），代表被切割的两个面在法向上的相对位移（图 1-25）。此节点的坐标是不重要的。

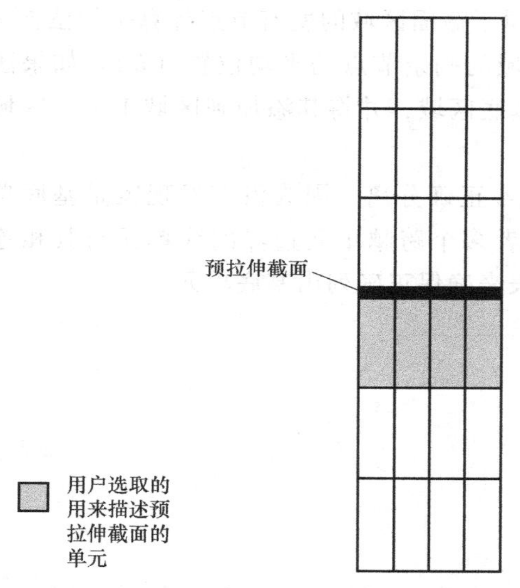

图 1-24　使用连续单元定义的预拉伸截面

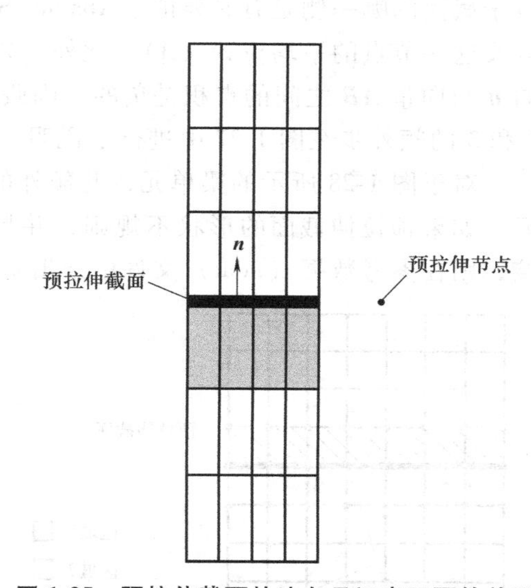

图 1-25　预拉伸截面的法向且远离下面的单元

定义预拉伸截面的法向

Abaqus/Standard 计算截面的平均法向（在正的面方向上，朝向远离用来生成面的连续单元）来确定施加预拉伸载荷的方向。用户也可以直接定义法向（当所期望的加载方向与预拉伸截面的平均法向不同时）。当执行大位移分析时，不更新法向。

确定单元位于预拉伸截面的哪一侧

对于至少通过一个节点与预拉伸截面相连的单元，Abaqus/Standard 必须确定其位于预拉伸截面的哪一面。此过程对于装配载荷的正确施加是关键的。

将用来定义截面的单元称为“基础单元”。在截面同一侧的作为基础单元的所有单元称为“基底单元”。将与基础单元共享面（在二维问题中为多条边）的单元添加到基底单元列表中。这是一个使 Abaqus/Standard 在几乎所有单元中——三角形、楔形、四面体和嵌入的梁、杆、壳和膜（面定义中未使用的）找到基础单元的重复过程（图 1-26）。

大部分情况下，此过程将连接到截面的所有单元分为两个区域，如图 1-26 所示。极少

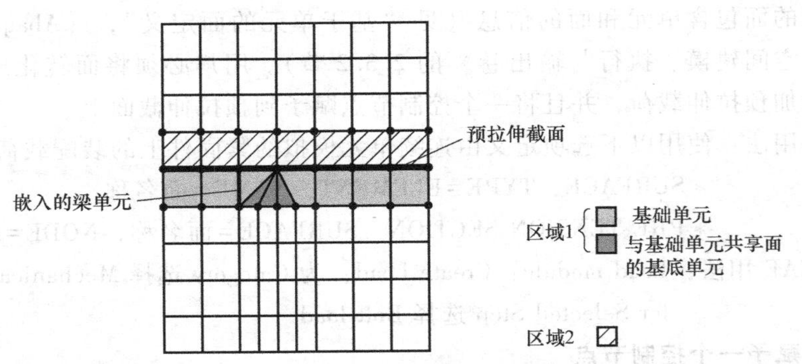

图 1-26　用来找到基底单元的基础单元

数情况下，此过程会将单元分为多于两个区域，尤其是在线单元跨越单元边界时。图 1-27 中有三个区域，其中区域 1 是基底区域。对于除区域 1 以外的区域，使用额外的步来确定其位于截面的哪一侧是有必要的。Abaqus/Standard 为属于截面区域的所有节点计算平均法向 $\boldsymbol{n}$ 以及这些节点的平均位置（A）。此外，它还计算区域的剩余节点的平均位置（B）。如果法向 $\boldsymbol{n}$ 与向量 $\boldsymbol{AB}$ 之间的点积是负的，则假定区域是基底区域，并将其添加到区域 1 中。区域 2 和 3 的额外步在图 1-27 中进行了说明。

对于图 1-28 所示的梁单元，此额外的步将产生不正确分离，因为没有发现梁是基底单元。如果预拉伸截面的形状不规则，并且有一个或者多个跨越单元边界的线单元与其相连接，则在参考数据（.dat）文件中给出基底单元列表来确保正确列出基底单元。

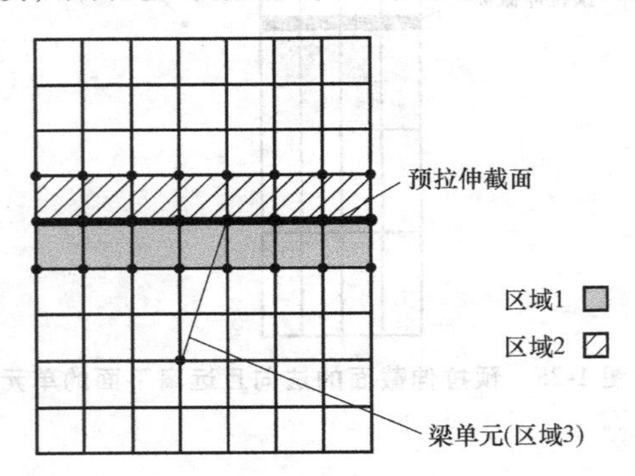

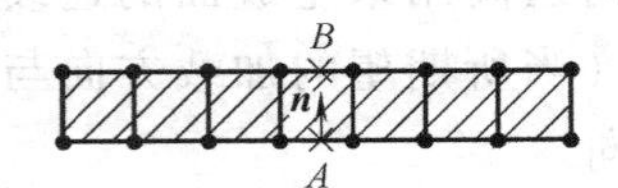

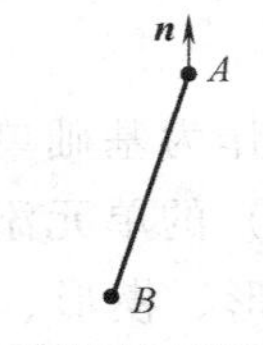

图 1-27　找到额外的基底单元

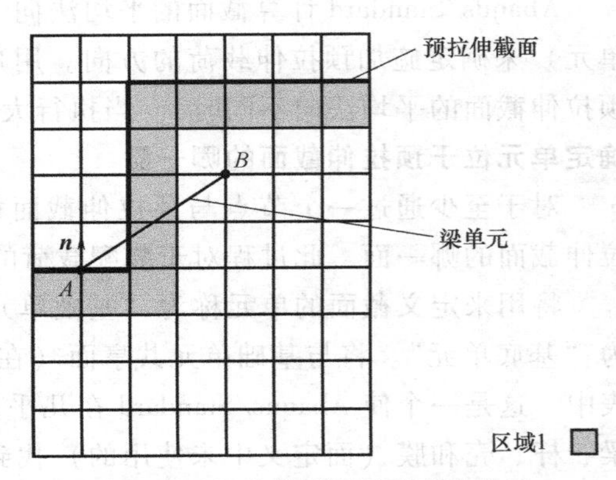

图 1-28　没有找到额外的基底单元

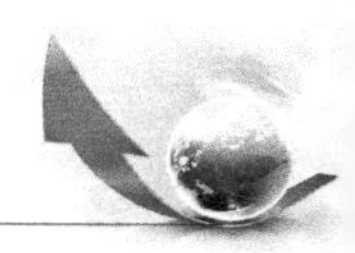

仅与预拉伸截面上的节点相连接的单元，包括单节点单元（如 SPRING1、DASHPOT1 和 MASS 单元），不属于基底单元，而是将它们考虑成连接到截面的另外一侧。

使用杆或者梁单元模拟紧固件

当使用杆或者梁单元模拟预拉伸构件时，可将预拉伸截面简化成一个点。像单元连续性所定义的那样（关于梁和杆单元的节点阶数定义，分别见“梁单元库”，《Abaqus 分析用户手册——单元卷》的 3.3.8 节和“杆单元库”，《Abaqus 分析用户手册——单元卷》的 3.2.2 节），假设此截面位于单元的最后节点上，且其法向是沿着单元从第一个节点指向最后一个节点。也就是说，此截面完全是通过仅指定单元来定义的，对于此单元，必须定义一个装配载荷，并且使其与预拉伸节点相关联。

输入文件用法：使用以下选项定义通过梁或者杆单元模拟的紧固件上的装配载荷：

* PRE-TENSION SECTION，ELEMENT=单元编号，NODE=n

Abaqus/CAE 用法：Load module：Create Load：为 Category 选择 Mechanical 以及为 Types for Selected Step 选择 Bolt load

类似于基于面的预拉伸截面，节点仅具有一个自由度（自由度 1），它代表被切开的两个面在法向上的相对位移（图 1-29）。节点的坐标并不重要。

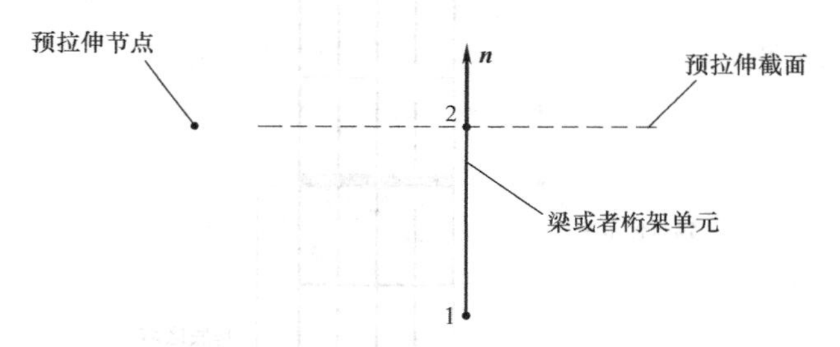

图 1-29 使用杆或者梁单元定义的预拉伸截面

定义预拉伸截面的法向

在基底单元的连接中，Abaqus/Standard 将法向计算成从第一个节点指向最后一个节点的向量。另外，用户可以直接定义截面的法向。此法向在大位移分析中不进行更新。

定义多个预拉伸截面

用户可以重复使用预拉伸截面定义输入来定义多个预拉伸截面。每一个预拉伸截面都应具有自身的预拉伸节点。

与节点转换功能一起使用

预拉伸节点上不能使用局部坐标系（见“转换坐标系”，《Abaqus 分析用户手册——介绍、空间建模、执行与输出卷》的 2.1.5 节）。可以在位于预拉伸截面上的节点上使用局部坐标系。

施加指定的装配载荷

预拉伸载荷是通过预拉伸节点的方式穿过预拉伸截面传递的。

定义预拉伸力

用户可以给预拉伸节点施加一个集中载荷。此载荷是施加在预拉伸截面上的自平衡力，作用在预拉伸截面下侧紧固件的法向上（包含用来定义预拉伸截面单元的零件，如图1-30所示）。

输入文件用法：＊CLOAD

Abaqus/CAE 用法：Load module：Create Load：为 Category 选择 Mechanical 以及为 Types for Selected Step 选择 Bolt load：选择面，必要时选择基准轴：Method：Apply force

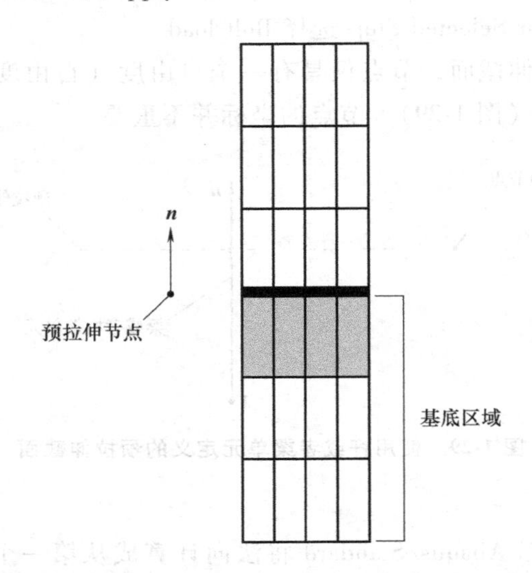

图 1-30 在预拉伸节点处给出装配载荷并施加在方向 n 上

定义紧固调节

用户可以通过使用非零的边界条件，在预拉伸节点上定义预拉伸截面的紧固调节（对应于被预拉伸截面分开的构件在法向上的指定长度变化）。

输入文件用法：＊BOUNDARY

Abaqus/CAE 用法：Load module：Create Load：为 Category 选择 Mechanical 以及为 Types for Selected Step 选择 Bolt load：选择面，必要时选择基准轴：Method：Adjust length

在分析中控制预拉伸节点

如果在紧固件中施加了初始预拉伸力，则在步开始时，用户可以通过在自由度的当前值

上使用固定自由度的边界条件，来保持预拉伸截面的初始调节。此方法可使预拉伸截面上的载荷根据外部施加的载荷来变化而保持平衡。如果没有施加截面的初始调节，则紧固件中的力将保持不变。

当预拉伸节点不是通过边界条件来控制的时候，应确保结构中构件的运动受到约束。否则，由于存在刚体模式，结构将散开。如果在分析的第一个步中没有找到任何边界条件或预拉伸节点上的载荷，则 Abaqus/Standard 将发出警告信息。

结果显示

Abaqus/Standard 自动调整预拉伸截面处的结构长度，来获得所定义的预拉伸力。此调整是通过控制位于预拉伸截面上的基底单元节点，其他与预拉伸截面相连接的单元中相对于基底单元节点的位移来完成的。结果是，基底单元将缩小，即使施加了预拉伸力，它们也承载拉伸应力。

使用装配载荷时的限制

装配载荷受以下限制：

- 不允许在子结构中定义装配载荷。
- 如果执行了一个子模型分析（“子模型：概览”，《Abaqus 分析用户手册——分析卷》的 5.2.1 节），则任何预拉伸截面不应穿过指定多个驱动节点的区域。换言之，预拉伸截面要么整体出现在非子模型部分的总体模型区域中，要么整体出现在是属于子模型一部分的总体模型区域中。对于后者，当执行了子模型分析时，子模型中必须出现预拉伸截面。
- 预拉伸截面的多个节点不应通过多点约束来与体的其他部分相连接（“通用多点的约束”，2.2.2 节）。这些节点可以通过方程与体的其他部分相连接（“线性约束方程”，2.2.1 节）。然而，连接预拉伸截面上的节点与位于截面基底侧的节点的方程，将产生一个横跨预拉伸截面的约束，从而与预拉伸载荷的施加产生直接的相互作用。另一方面，连接预拉伸截面上的节点与截面另一侧节点的方程，不影响预拉伸载荷的施加。

过程

初始预拉伸力可以用在任何使用位移自由度单元类型的 Abaqus/Standard 过程中。定义初始预拉伸力时，静态分析是最常用的过程类型（“静应力分析”，《Abaqus 分析用户手册——分析卷》的 1.2.2 节）。也可以用于其他分析类型，如耦合的热位移（“顺序耦合的热-应力分析”，《Abaqus 分析用户手册——分析卷》的 11.1.2 节），或者耦合的热-电-结构（“完全耦合的热-电-结构分析”，《Abaqus 分析用户手册——分析卷》的 1.7.4 节）。例如，一旦施加了初始预拉伸力，在保持紧固调节的同时，可以使用静态或者动态分析（“动态分析过程：概览”，《Abaqus 分析用户手册——分析卷》的 1.3.1 节）施加其他载荷。

输出

预拉伸截面上的总力，等于预拉伸力节点上的反作用力与在该节点上定义的任何集中载荷的和。用户可以通过使用输出变量标识符 TF 来得到预拉伸截面上的总力（见“Abaqus/Standard 输出变量标识符”，《Abaqus 分析用户手册——介绍、空间建模、执行与输出卷》的 4.2.1 节）。力是沿着法向施加的。不能输出通过预拉伸截面的剪切力。

预拉伸截面的紧固调节，可以通过控制预拉伸节点的位移来实现。使用输出标识符 U 来输出位移。只输出垂直于预拉伸截面的调节，因为其他方向上没有调节。

不能直接得到预拉伸截面的应力分布情况，但可以容易地显示基底单元中的应力。另外，可以在预拉伸截面上插入一个绑定约束对，然后通过输出标识符 CPRESS 和 CSHEAR 来输出应力分布情况。定义绑定约束的内容，见“在 Abaqus/Standard 中定义绑定约束”（3.3.7 节）。

输入文件模板

```
*HEADING
定义装配载荷；使用连续单元的实例
…
*NODE
也可以定义的预拉伸力节点
*SURFACE, NAME=名称
通过定义单元与其相关面来定义预拉伸截面的数据行
*PRE-TENSION SECTION, SURFACE=名称, NODE=预拉伸节点
**
*STEP
**截面上的预拉伸施加
*STATIC
控制时间增量的数据行
*CLOAD
预拉伸节点, 1, 预拉伸值
或者
*BOUNDARY, AMPLITUDE=幅值
预拉伸节点, 1, 1, 紧固调节
*END STEP
*STEP
**保持张紧调整并且施加新的载荷
*STATIC 或者 *DYNAMIC
控制时间增量的数据行
```

```
*BOUNDARY, FIXED
预拉伸节点, 1, 1
*BOUNDARY
定义其他边界条件的数据行
*CLOAD 或者 *DLOAD
定义其他载荷条件的数据行
…
*END STEP
```

1.6 预定义场

产品：Abaqus/Standard Abaqus/Explicit Abaqus/CAE

参考

- “指定条件：概览”，1.1.1 节
- *TEMPERATURE
- *FIELD
- *PRESSURE STRESS
- *MASS FLOW RATE
- “定义温度场”，《Abaqus/CAE 用户手册》的 16.11.9 节

概览

本节描述如何在分析过程中定义以下类型的预定义场的值：

- 温度。
- 场变量。
- 等效压应力。
- 质量流率。

在“指定条件：概览”（1.1.1节）中，总结了可以使用这些场的过程。

温度、场变量、等效压应力和质量流率是在模型空间域上存在的与时间相关的预定义（不是求解相关的）场。它们可以通过以下方式定义：

- 直接输入数据。
- 读取在之前的分析过程中生成的 Abaqus 结果文件（通常为 Abaqus/Standard 热传导分析）。
- 使用 Abaqus/Standard 用户子程序。

用户也可以通过读取在之前的分析中生成的 Abaqus 输出数据库文件来定义温度。在 Abaqus/Standard 中，也可以通过读取之前分析中生成的 Abaqus 输出数据库文件来定义场变量。

场变量也可以是求解相关的，它允许用户在 Abaqus 材料模型中引入额外的非线性。

预定义温度

在应力/位移分析中，如果给出了材料的热膨胀系数（“热膨胀”，《Abaqus 分析用户手册——材料卷》的 6.1.2 节），则预定义温度场与任何初始温度（“Abaqus/Standard 和 Abaqus/Explicit 中的初始条件”，1.2.1 节）之间的温差都将产生热应变。预定义温度场也影响温度相关的材料属性（如果有的话）。在 Abaqus/Explicit 中，温度相关的材料属性可能导致比常数属性更长的运行时间。

用户在多个节点上定义温度的大小及其随时间的变化，然后由 Abaqus 将温度内插到材料点上。

输入文件用法：使用以下选项定义预定义温度场：

*TEMPERATURE

Abaqus/CAE 用法：Load module：Create Predefined Field：Step：分析步：为 Category 选择 Other 以及为 Types for Selected Step 选择 Temperature

限制

不允许在单一的热传导分析、耦合的热-电分析及完全耦合的温度-位移分析或者完全耦合的热-电-结构分析中定义预定义温度场，代之以通过定义边界条件（“Abaqus/Standard 和 Abaqus/Explicit 中的边界条件”，1.3.1 节）来定义温度自由度（11，12，…）。

在绝热分析步或者任何基于模态的动力学分析步中，不允许定义预定义温度场。

要在一个重启动分析中定义预定义温度场，必须在原始分析中将相应的预定义场定义成初始温度（见“Abaqus/Standard 和 Abaqus/Explicit 中的初始条件”中的“定义初始温度”，1.2.1 节）或者预定义温度场。

预定义场变量

预定义场变量的使用和处理类似于预定义温度。用户可以在模型的所有节点上定义场变量的大小及其随时间的变化，然后由 Abaqus 将值插值到材料点上。

定义场变量的值时，用户必须指定所定义场变量的编号，默认的场变量编号是 1。场变量必须从 1 开始连续编号。重复场变量定义来定义多个场变量。

场变量可以是由之前的仿真（Abaqus 或者其他分析程序）生成的实数场（如电磁场），也可以是用户定义的在分析过程中更改特定材料属性的人工场。例如，假定用户希望在相应过程中使用在 30×10^6 与 35×10^6 之间线性变化的杨氏模量，可以使用表 1-11 中所列的线弹性材料定义。

表 1-11　材料定义

场变量编号：1		
杨氏模量	泊松比	场变量 1 的值
30×10^6	0.3	1.0
35×10^6	0.3	2.0

通过为节点集定义初始条件来将场变量 1 的初始值定义为 1.0。然后在分析步中定义预定义场变量，将节点集场变量 1 的值更改为 2.0。在分析步的过程中，杨性模量将随着场变量的值在节点集中的所有节点上，从 1.0 到 2.0 线性地平滑变化。

也可以使用场变量来定义与场变量相关的属性，以及对不同节点赋予不同的场变量值，对实数属性进行空间上的变化，如上文所述。

使属性与场变量相关将增加所需的计算时间，因为 Abaqus 必须执行必要的查表工作。

在 Abaqus/Standard 应力/位移分析中，如果为材料（“热膨胀”，《Abaqus 分析用户手册——材料卷》的 6.1.2 节）定义了场膨胀系数（对于相应场变量），则预定义场变量与其初始值（“Abaqus/Standard 和 Abaqus/Explicit 中的初始条件”，1.2.1 节）之差将产生类似

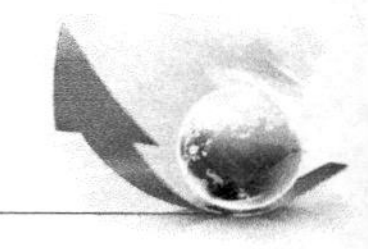

于热应变的体积应变。

输入文件用法：使用以下选项来定义预定义场变量：

*FIELD，VARIABLE=n

Abaqus/CAE 用法：Abaqus/CAE 中不支持定义预定义场变量。

限制

要在重启动分析中定义预定义场变量，必须在原始分析中将相应的预定义场定义成初始场变量值（见“Abaqus/Standard 和 Abaqus/Explicit 中的初始条件”中的“定义预定义场变量的初始值”，1.2.1 节）或者预定义场变量。

预定义压应力

用户可以在质量扩散分析中，将等效压应力定义成预定义场。预定义压应力的定义和处理类似于预定义温度和场变量。在 Abaqus 中，当等效压应力是压缩应力时为正。

输入文件用法：使用以下选项来定义预定义等效压力场：

*PRESSURE STRESS

Abaqus/CAE 用法：Abaqus/CAE 中不支持定义预定义等效压应力。

限制

仅可以在质量扩散过程中定义预定义等效压应力场（见“质量扩散分析”，《Abaqus 分析用户手册——分析卷》的 1.9.1 节）。

要在重启动分析中定义预定义等效压应力场，必须在原始分析中将预定义场定义成初始压应力（见“Abaqus/Standard 和 Abaqus/Explicit 中的初始条件”中的“在质量扩散分析中定义初始压应力”，1.2.1 节）或者预定义等效压应力场。

预定义质量流率

用户可以在热传导分析中，为强制对流/扩散单元定义单位面积上的质量流率（对于二维单元是通过整个截面的质量流率）。预定义质量流率的定义和处理类似于预定义温度和场变量。

输入文件用法：使用以下选项来定义预定义质量流率：

*MASS FLOW RATE

Abaqus/CAE 用法：Abaqus/CAE 中不支持定义预定义质量流率。

限制

仅可以在热传导过程中，为强制对流/扩散单元定义预定义质量流率（见“非耦合的热传导分析”，《Abaqus 分析用户手册——分析卷》的 1.5.2 节）。

要在重启动分析中定义预定义质量流率，必须在原始分析中，通过使用初始质量流率（见“Abaqus/Standard 和 Abaqus/Explicit 中的初始条件”中的“定义强制对流热传导单元的

初始质量流率”，1.2.1 节）或者预定义质量流率来定义相应的预定义场。

从用户定义的结果文件中读取场的初始值

用户可以使用 Abaqus/Standard 中的结果文件定义以下初始值：

- 温度（见“Abaqus/Standard 和 Abaqus/Explicit 中的初始条件”中的“定义初始温度”，1.2.1节）。
- 场变量（见“Abaqus/Standard 和 Abaqus/Explicit 中的初始条件”中的“定义预定义场变量的初始值”，1.2.1 节）。
- 压应力（见“Abaqus/Standard 和 Abaqus/Explicit 中的初始条件”中的“在质量扩散分析中定义初始压应力”，1.2.1 节）。

必须从温度记录中读取场变量值（见下文中的“从用户定义的结果文件中读取场值”）。当从结果文件读取数据时，也需要来自原始分析的零件（.prt）文件。

如果要求 Abaqus/Standard 结果文件的输出为零增量（见“输出”中的“在步的开始得到结果”，《Abaqus 分析用户手册——介绍、空间建模、执行与输出卷》的 4.1.1 节），用户可以定义指定场的初始值，就像热传导分析（场变量和温度）或者应力/位移分析（压应力）中分析步开始时（零增量）那样。.fil 文件扩展名是可选的。

从用户定义的输出数据库文件中读取温度场的初始值

用户可以使用 Abaqus/Standard 输出数据库文件定义温度场的初始值（见“Abaqus/Standard 和 Abaqus/Explicit 中的初始条件”中的“定义初始温度”，1.2.1 节）。当从输出数据库文件中读取数据时，也需要来自原始分析的零件（.prt）文件。可以在不同网格之间读取温度值，如“Abaqus/Standard 和 Abaqus/Explicit 中的初始条件”中的“从用户指定的结果或者输出数据库文件中为不同的网格插值初始温度”（1.2.1 节）中所描述的那样。

在 Abaqus/Standard 中，从用户定义的输出数据库中初始化预定义场变量

在 Abaqus/Standard 中，用户可以使用温度节点值（NT）、归一化浓度（NNC）和电位（EPOT）来初始化预定义场变量（见“Abaqus/Standard 和 Abaqus/Explicit 中的初始条件”中的“定义预定义场变量的初始值”，1.2.1 节）。当从输出数据库文件中读取数据时，也需要来自原始分析的零件（.prt）文件。标量节点值可以在不同网格之间直接进行映射，如“Abaqus/Standard 和 Abaqus/Explicit 中的初始条件”中的“通过对来自用户指定的输出数据库文件的非相似网格的标量节点输出变量进行插值，来定义预定义场变量的初始值”（1.2.1 节）中所描述的那样。

定义时间相关的场

在一个步中，场的大小可以根据幅值函数随时间变化。详细内容见“指定条件：概览”

(1.1.1节) 和“幅值曲线”(1.1.2节)。

输入文件用法：使用以下选项中的一个：

* TEMPERATURE, AMPLITUDE=幅值名称
* FIELD, AMPLITUDE=幅值名称
* PRESSURE STRESS, AMPLITUDE=幅值名称
* MASS FLOW RATE, AMPLITUDE=幅值名称

Abaqus/CAE 用法：在 Abaqus/CAE 中，只能使用预定义温度场。

Load module: Create Predefined Field: Step: 分析步: 为 Category 选择 Other 以及为 Types for Selected Step 选择 Temperature: 选择区域: Distribution: Direct specification 或者选择分析场或者离散场, Amplitude: 幅值名称

场传递

默认情况下，在之前的一般分析步中定义的所有场，在后续的一般步中，或者在后续的连续线性摄动步中保持不变。在线性摄动步之间不传递场。相对于预先存在的场，用户可以为给定的步定义有效的场。在每一个新步上，可以更改现有的场，并且可以定义附加的场。如果用户为一个场定义了附加值，则场的定义将扩展到那些之前没有定义的节点上。另外，用户可以在一个步中释放所有之前施加的给定类型场，然后定义一个新的场。在此情况中，必须重新定义要保留的任何类型的场。

更改场

默认情况下，当用户更改现有温度、场变量、压应力或者质量流率时，保留所有现有的场值。

输入文件用法：使用以下选项更改现有的场或者定义附加的场：

* TEMPERATURE, OP=MOD
* FIELD, OP=MOD
* PRESSURE STRESS, OP=MOD
* MASS FLOW RATE, OP=MOD

Abaqus/CAE 用法：在 Abaqus/CAE 中，只可以使用预定义温度场。

Load module: Create Predefined Field 或者 Predefined Field Manager: Edit

删除场

删除掉的场将被重置成给定的初始条件，如果没有定义初始条件，则将重置成零。当将场重置到它们的初始值时，不施加在场定义中参照的幅值。在 Abaqus/Standard 中，为步定义的幅值变化控制此行为。在大部分 Abaqus/Standard 过程中，默认操作是将场线性地返回到它们的初始条件（见“定义一个分析”，《Abaqus 分析用户手册——分析卷》的1.1.2节）。在 Abaqus/Explicit 中，值总是在步中线性地逐渐返回到它们的初始条件。

如果重新将温度、场变量、压应力或者质量流率设置成一个新值（不是它们的初始值），则施加场定义中参照的幅值。

如果用户选择删除一个步中某一类型的场，则将不从之前的通用步中传递该类型的场。必须重新定义所有在此步过程中有效的相同类型场。

输入文件用法：使用下面的一个选项来释放所有之前施加的特定类型场，并定义新的场：

*TEMPERATURE，OP=NEW

*FIELD，OP=NEW

*PRESSURE STRESS，OP=NEW

*MASS FLOW RATE，OP=NEW

如果在一个步中的任意场选项中使用了 OP=NEW 参数，则必须在该步中同一类型的所有场选项中使用此参数。

Abaqus/CAE 用法：使用以下选项重新将温度场设置成初始步中定义的值（如果没有定义初始值，则设置为零）：

Load module：temperature field editor：Reset to initial

从替换输入文件中直接读取场的值

预定义温度、场变量、压应力或者质量流率可以包含在一个单独的输入文件中（见“输入语法规则”，《Abaqus 分析用户手册——介绍、空间建模、执行与输出卷》的1.2.1节）。

输入文件用法：使用下面的一个选项：

*TEMPERATURE，INPUT=文件名

*FIELD，INPUT=文件名

*PRESSURE STRESS，INPUT=文件名

*MASS FLOW RATE，INPUT=文件名

如果省略了输入参数，则假定数据行在关键词行之后。

Abaqus/CAE 用法：在 Abaqus/CAE 中，用户不能从一个单独的输入文件中读取场数据。

从用户定义的文件中读取场的值

在 Abaqus/Standard 的热传导或者耦合的热-电分析过程中计算得到的节点温度，可以用来在后续分析中定义温度。温度必须已经写入结果文件或者输出数据库文件中。

在 Abaqus/Standard 的热传导或者耦合的热-电分析过程中，如果节点温度已经被写入结果文件中，则可以使用它们在后续分析中定义场变量。

在 Abaqus/Standard 中，如果节点温度（NT）、归一化浓度（NNT）或者电位（EPOT）是写入输出数据库文件中的，则在后续的 Abaqus/Standard 分析中，可以使用它们来定义场变量。

在 Abaqus/Standard 中，如果将单元输出变量 SINV 写入在节点上平均的结果文件中（见“输出到数据和结果文件”中的“单元输出”，《Abaqus 分析用户手册——介绍、空间建模、

执行与输出卷》的 4.1.2 节），则可以将在力学分析过程中计算得到的等效压应力用于后续的质量扩散分析中。

如果数据可以在结果文件或者输出数据库文件中使用，则可以将它们作为预定义的场读取到后续分析中。可以从之前的通用结果文件中读取场变量和压应力的数据。在 Abaqus/Standard 中，也可以从之前生成的输出数据库文件中读取数据，以及从之前的通用结果或者输出数据库文件中读取温度数据。在不同网格之间插值得到的温度数据（和 Abaqus/Standared 中的场变量）仅可以从输出数据库文件中读取。当从结果或者输出数据库文件中读取数据时，也需要来自原始分析的零件（.prt）文件。

当使用一个包含梁和/或者壳单元的 Abaqus 分析的输出文件定义温度时，用户必须确保为相应的梁所定义的穿过截面的温度节点编号，在两个分析中是一致的，否则将错误地传递定义的场数量。

从用户定义的结果文件中读取场值

要从用户定义的结果文件中读取场值，必须已经将数据作为节点输出来输出到结果文件中（见“输出到数据和结果文件”中的“节点输出”，《Abaqus 分析用户手册——介绍、空间建模、执行与输出卷》的 4.1.2 节）。只可以从结果文件中读取节点量。因为场变量仅可以作为单元量（记录关键字 9）写入结果文件中，而不能将它们直接读取到后续分析中。在此情况下，用户必须在温度记录中随同场数据生成一个结果文件，即使当前分析中的场变量是之前分析中的同一场变量。必须为多场变量生成多结果。

要生成结果文件，用户可以根据“文件输出格式”（《Abaqus 分析用户手册——介绍、空间建模、执行与输出卷》的第 5 章）所描述的格式，编写一个程序来创建结果文件（不需要运行 Abaqus 分析）。这样的程序实例见《Abaqus 分析用户手册——介绍、空间建模、执行与输出卷》的第 5 章。如果将值作为温度或者场变量读入，则数据必须作为节点数量，与记录关键字 201 一起写出。如果将值作为压应力场读入，则必须在节点上对数据进行平均（如“输出到数据和结果文件”，《Abaqus 分析用户手册——介绍、空间建模、执行与输出卷》的 4.1.2 节中解释的那样），并且作为记录关键字 12 来书写。

指定要读取的结果文件

用户必须指定从中读取温度、场变量或者压应力的结果文件的名称。.fil 扩展文件是可选的。如果温度场中存在 .fil 和 .odb 文件，并且没有指定扩展名，则将使用结果文件。

输入文件用法：*TEMPERATURE, FILE=文件

*FIELD, FILE=文件

*PRESSURE STRESS, FILE=文件

Abaqus/CAE 用法：在 Abaqus/CAE 中，只有预定义温度场是可用的。

Load module：Create Predefined Field：Step：分析步：为 Category 选择 Other 以及为 Types for Selected Step 选择 Temperature：选择区域：Distribution：From results or output database file, File name：文件

创建循环的温度历史

在 Abqus/Standard 的直接循环分析中，温度的值必须在步上循环，即起始值必须等于结束值。要从前面不是循环热传导的分析中创建循环的温度历史，用户可以设置起始时间 f

（相对于总步时间区间 t^{σ} 进行度量），在此时间之后，从结果文件中读取的温度将逐渐返回到它们的初始条件值。在任何 $t \geqslant ft^{\sigma}$ 的时间点，温度等于

$$pTemp^{\theta}+(1-p)Temp^{ini}$$

式中，$p=\dfrac{t^{\sigma}-t}{t^{\sigma}-ft^{\sigma}}$；$Temp^{ini}$ 是初始条件值；$Temp^{\theta}$ 是在时间 t 上从结果文件中得到的内插值，如图 1-31 所示。

输入文件用法：使用以下选项设置循环温度历史的起始时间：

*TEMPERATURE，FILE=文件，BTRAMP=f

Abaqus/CAE 用法：Abaqus/CAE 中不支持循环温度历史。

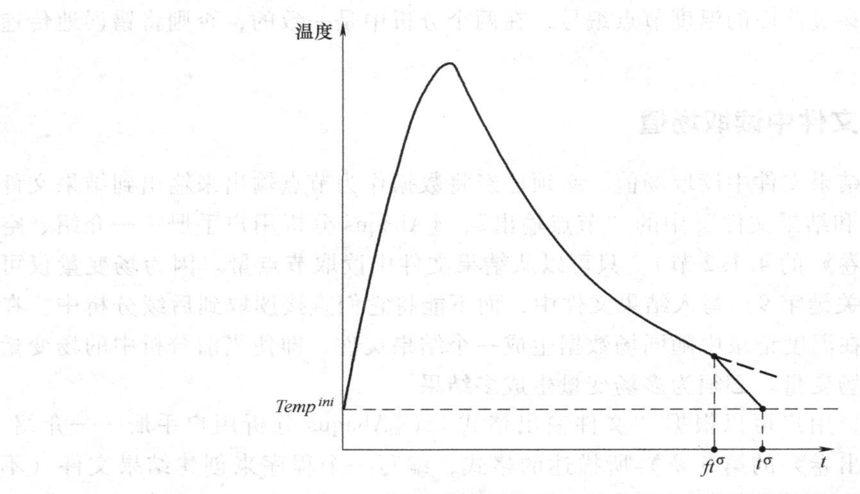

图 1-31 在 $t=ft^{\sigma}$ 之后，温度快速下降至其初始条件值来创建循环温度历史

从用户指定的输出数据文件中读取温度值

要从用户指定的输出数据库文件中读取温度值，温度必须已经作为节点输出写入输出数据库文件中（见“输出到输出数据库”中的“节点输出”，《Abaqus 分析用户手册——介绍、空间建模、执行与输出卷》的 4.1.3 节）。

指定为温度场读取数据的输出数据库文件

用户必须指定从中读取温度场数据的输出数据库名称。如果结果和输出数据库文件都存在，则必须包含 .odb 扩展名。只有对于两个分析都通用的零件实例数据才可得到传输。如果零件实例名不同，则用户必须激活通用内插功能。

输入文件用法：*TEMPERATURE，FILE=文件

Abaqus/CAE 用法：Load module：Create Predefined Field：Step：分析步：为 Category 选择 Other 以及为 Types for Selected Step 选择 Temperature：选择区域：Distribution：From results or output database file，File name：文件

根据用户指定的输出数据库文件的节点标量值定义场

在 Abaqus/Standard 中，如果温度节点值（NT）、归一化浓度（NNC）或者电位（EPOT）

是写入输出数据库文件中的，则在后续的 Abaqus/Standard 分析中可以使用它们定义场变量。要从用户指定的输出数据库文件中读取这些值，必须已经将它们作为节点输出写入输出数据库文件中（见“输出到输出数据库”中的“节点输出”，《Abaqus 分析用户手册——介绍、空间建模、执行与输出卷》的 4.1.3 节）。

指定成场变量读取数据的输出数据库文件

必须指定为场变量读取数据的输出数据库文件名称。如果结果和输出数据库文件都存在，则必须包括 .odb 扩展名。

输入文件用法： * FIELD，FILE=文件，OUTPUT VARIABLE=标量节点输出变量

Abaqus/CAE 用法：Abaqus/CAE 中不支持预定义场变量。

在网格间直接插值数据

用户可以在相同网格之间，或者仅单元阶数不同的网格之间（热传导分析中的一阶单元和热-应力分析中的二阶单元），或者网格维数匹配的不同网格之间（实体单元到实体单元，或者壳单元到壳单元）对数据进行映射。如果在相同网格之间直接对数据进行映射，则不要求进行额外的计算。要在仅单元阶数不同的网格之间传递数据，必须激活中节点功能。要在不同网格之间映射数据，必须激活通用差分功能。中节点功能仅对温度是有效的。中节点功能和通用差分功能力是相斥的。

使用与一阶热传导单元配合的二阶应力单元（中节点功能）

在某些情况下，执行使用一阶单元的 Abaqus/Standard 热传导分析，其后接着一个使用二阶单元的热-应力分析（和一个其他类似的网格）是有意义的。例如，包含潜热效应的热传导分析（一阶单元最适用于此分析）之后可跟随一个使用二阶单元的应力分析，该应力分析通常具有优异的变形特征。此外，在热传导分析中计算得到的一阶温度场，与二阶应力/位移单元中的一阶热应变场是一致的。

对于在热传导分析与应力分析之间，单元温度变量插值的阶数发生变化的实例，必须是以热传导单元的角节点温度为基础，将温度赋在应力/位移单元的中节点上。如果用户指定需要中节点温度，则 Abaqus 将使用一阶插值从角节点插值二阶应力/位移单元的中节点温度。如果中节点功能是在热传导分析和应力分析都使用二阶单元来执行的情况下激活的，则忽略此中节点插值功能。一个例外是如果在应力分析中使用变量-节点二阶应力/位移单元，则激活中节点功能将造成 Abaqus 在可变节点单元中，使用一阶插值从角节点或者中节点插值中节点的温度。

因为假定已经在之前的热传导分析中生成了角节点温度，所以仅可以当温度场变量是从用户指定的结果或者输出数据库文件中读取时，才能使用中节点功能。用户必须确保将热传导分析中计算得到的节点温度写入结果或者输出数据库文件中。一旦角节点温度是从后续应力/位移分析中读取的，Abaqus 就插值中节点温度，这样便对所有的节点都赋予了温度。

用户必须确保那些插值得到中节点温度的单元角节点温度，是从热传导分析结果或者输出数据库文件中读取的。如果角节点温度是采用直接数据输入，从结果文件或者输出数据库文件中读取，以及使用用户子程序 UTEMP 混合定义的，则会得到不真实的温度场中节点温度。实际中，当通过热传导分析生成的温度，是在应力分析过程中从整个网格的结果或者输出数据库文件中读取时，计算中节点温度的功能才是最有用的。一旦在一个步中激活了中节

点功能，则此功能将在剩余分析部分保持有效。

Abaqus 将忽略存在于原始分析中，但不存在于当前分析中的节点温度值。类似的，如果当前分析中存在附加的节点（但不是中节点），则不能通过读取输出文件来指定这些节点上的场值。

输出文件用法：使用以下选项在仅单元阶数不同的网格之间插值温度：

*TEMPERATURE，FILE=文件，MIDSIDE

Abaqus/CAE 用法：Load module：Create Predefined Field：Step：分析步：为 Category 选择 Other 以及为 Types for Selected Step 选择 Temperature：选择区域：Distribution：From results or output database file，File name：文件，Mesh compatibility：Compatible，切换打开 Interpolate midside nodes

在不同网格之间插值温度（通用插值功能）

在某些情况下，热传导分析模型和热-应力分析模型可以使用不同的网格。例如，用户可以模拟热传导分析中的平滑温度分布和热-应力分析中的应力集中区域。两者的网格必须是不同的，并且应彼此独立。Abaqus 允许热传导和热-应力分析使用不同的网格。

插值总是基于初始（未变形的）构型的。如果得到的温度场网格与热-应力分析的初始（未变形的）构型显著不同，则即使使用了下面所讨论的容差，也不能正确地工作。

只有当温度是从输出数据库文件中读取时，才可以在不同网格之间对温度进行插值。如果没有将热传导分析中需要插值的节点温度写入输出数据库文件，则假定这些节点上的温度是零，这将导致应力分析中所指定的温度不正确。类似的，如果应力分析网格中存在附加节点，则假定这些节点上的温度是零。温度插值也可以用来在子模型的热-应力分析中将温度定义成场变量。在子模型热-应力分析中，温度值是从整体热传导分析中直接读取的。

用户可以定义一个插值容差在热传导分析中定位节点。可以将容差定义成一个绝对值，或者一个具有平均单元大小的分数。在多个步从相同文件中读取温度值的多步热-应力分析中，Abaqus 仅插值温度值一次。如果为每一个步使用不同的插值容差值，则插值将以最大容差值为基础。如果从热-应力分析的一个具体步执行重启动分析，则重启动插值是以该步所定义的容差值为基础的。

输入文件用法：使用以下选项在不同网格之间插值：

*TEMPERATURE，FILE=文件.odb，INTERPOLATE

使用以下选项将插值容差定义成一个绝对值：

*TEMPERATURE，FILE=文件.odb，INTERPOLATE，ABSOLUTE EXTERIOR TOLERANCE=容差

使用以下选项将插值容差定义成一个平均单元大小的分数：

*TEMPERATURE，FILE=文件.odb，INTERPOLATE，EXTERIOR TOLERANCE=容差

Abaqus/CAE 用法：Load module：Create Predefined Field：Step：分析步：为 Category 选择 Other 以及为 Types for Selected Step 选择 Temperature：选择区域：Distribution：From results or output database file，File name：文件.odb，Mesh compatibility：Incompatible，外部容差：absolute 或者 relative 容差

使用用户指定的区域在不同网格之间插值温度

当热传导分析中许多单元的许多区域彼此接近或者接触时，不同网格插值功能可以产生近似的温度相关性。例如，在热传导模型中，考虑当前模型中位于或者接近两个温度不同的相邻零件边界的一个节点。插值时，Abaqus 将从热传导分析中为此节点在边界处确定一个相应的父单元。使用一种基于容差的搜索方法来实现父单元的确定。这样，在此例中，可以在相邻零件中的任意一个上找到父单元，从而在此节点上产生近似的温度定义。用户可以通过指定源区域来去除此近似性，并在此源区域中进行温度插值。此源区域指向热传导分析，并且通过单元集来定义；目标区域指向当前分析，并且通过节点集来定义。

输入文件用法：使用以下选项使用用户指定的区域在不同网格之间插值温度：

*TEMPERATURE, FILE=文件.odb, INTERPOLATE, DRIVING ELSETS

Abaqus/CAE 用法：在 Abaqus/CAE 中不允许指定插值温度的区域。

Abaqus/Standard 中在不同网格之间将标量输出变量（通用插值功能）插值到场变量

Abaqus/Standard 具有一种通用的插值功能，在两个分析的网格不相同的情况下，允许在后续分析中，将节点温度、归一化浓度和电位从一个分析映射到一个场变量。

插值总是基于初始（未变形的）构型的。如果得到的场变量网格与原始分析的初始（未变形的）构型显著不同，则即使使用了下面讨论的容差参数，也不能正确地插值。

用户可以在不同网格之间的场变量上插值温度、归一化浓度和电位，仅当它们是从输出数据库文件中读取时。如果没有将当前分析中需要插值的节点标量值写入输出数据库文件中，则假定那些节点上的值是零，这可能导致不正确的场变量值。类似的，如果当前分析的网格中存在附加节点，则将这些节点上的场变量值假定成零。

用户可以在原始分析中定义一个插值容差来定位节点。可以将容差值定义成一个绝对值，或者一个平均单元大小的分数。在多个步从相同文件中读取节点输出变量值的多步分析中，Abaqus 仅插值节点值一次。如果为每一个步使用不同的插值容差值，则插值将以最大容差值为基础。如果从原始分析中的一个具体步执行重启动分析，则重启动插值是以该步所定义的容差值为基础的。

输入文件用法：使用以下选项在不同网格之间插值标量节点输出变量：

*FIELD, FILE=文件.odb, OUTPUT VARIABLE=标量节点输出变量, INTERPOLATE

使用以下选项将插值容差定义成一个绝对值：

*FIELD, FILE=文件.odb, OUTPUT VARIABLE=标量节点输出变量, INTERPOLATE, ABSOLUTE EXTERIOR TOLERANCE=容差

使用以下选项将插值容差定义成一个平均单元大小的分数：

*FIELD, FILE=文件.odb, OUTPUT VARIABLE=标量节点输出变量, INTERPOLATE, EXTERIOR TOLERANCE=容差

Abaqus/CAE 用法：Abaqus/CAE 中不支持预定义场变量。

指定从文件中读取的步和增量

用户可以分别指定将要读取结果的第一个步和最后一个步。类似的，也可以分别指定将

从其中读取结果的第一个增量和最后一个增量。用户可以指定这些值的任何组合。Abaqus将忽略任何在 Abaqus/Standard 分析的结果文件中出现的零增量文件输出（仅当要求零增量结果时才写出，见“输出”中的“在步开始时得到结果”，《Abaqus 分析用户手册——介绍、空间建模、执行与输出卷》的 4.1.1 节）。用户必须确保已经在指定的步和增量上将结果写入结果或者输出数据库文件中。

如果用户不指定要读取的第一个分析步，则 Abaqus 将从结果或者输出数据库文件中可以得到的第一个分析步开始读取结果。

如果用户不指定要读取的第一个增量，则 Abaqus 将从将要读取结果的第一个分析步中的第一个增量开始读取结果（如果在结果文件中出现零增量的文件输出，则读取零增量之后的第一个增量）。

如果用户不指定要读取的最后一个分析步，则将要读取结果的第一个分析步即为最后一个分析步。

如果用户不指定要读取的最后一个增量，则 Abaqus 将读取结果或者输出数据库文件，直到达到将要读取结果的最后一个分析步中的最后可用增量。

输入文件用法：使用以下选项中的一个：

* TEMPERATURE，FILE = 文件，BSTEP = bstep，BINC = binc，ESTEP = estep，EINC = einc

* FIELD，FILE = 文件，BSTEP = bstep，BINC = binc，ESTEP = estep，EINC = einc

* PRESSURE STRESS，FILE = 文件，BSTEP = bstep，BINC = binc，ESTEP = estep，EINC = einc

例如，下面的输入将从输出数据库文件 heat. odb 中读取温度数据，从第 2 个分析步、增量 2 开始，到第 3 个分析步、增量 5 结束：

* TEMPERATURE，FILE = heat. odb，BSTEP = 2，BINC = 2，ESTEP = 3，EINC = 5

Abaqus/CAE 用法：在 Abaqus/CAE 中，只有预定义温度场可用。

Load module：Create Predefined Field：Step：分析步：为 Category 选择 Other 以及为 Types for Selected Step 选择 Temperature：选择区域：Distribution：From results or output database file，File name：文件，Begin step：*bstep*，Begin increment：*binc*，End step：*estep*，和 End increment：*einc*

时间区间上的插值

当 Abaqus 从结果文件中读取温度、场变量或者等效压应力数据时，或者从输出数据库文件中读取温度时，得到的是分析所使用时间点上的场值。因为对应于这些时间点的数据在结果或者输出数据库文件中通常不存在，Abaqus 将在文件中存储的时间点之间，在时间区间上线性地插值来得到分析所要求时间点上的值。因为插值是线性的，用户必须为结果或者输出数据库文件提供足够多的数据以保证此插值有意义。

为了达到此插值的目的，按如下步骤确定读入结果的时间区段：

- 时间区间从最近写入的相关场的增量时刻（用户定义的或者默认的）开始。例如，如

果用户的结果文件中包含增量 5、10 和 15 上的温度场数据，并且读取这些结果时，用户指定开始增量编号为 10，则结果区间使用与增量 5 相关联的时间作为开始，因为那是执行所指定开始增量 10 的最近增量。用户可以使用增量频率 1 来写入结果数据，以确保结果开始时间与用户指定的起始增量的开始时间相匹配。

- 时间区间在结束增量的完成时刻结束（或者用户指定的增量或默认的增量）。

如果分析要求在任意文件中，数据是可用的第一个增量之前的时间点上的数据，则 Abaqus 将在存储在文件中的给定初始条件数据与第一个增量数据之间插值。

为多场读取结果

如果在同一个步中，对应于起始步和增量的时间值，或者对应于结束步和增量的时间值读取的多场数据，对于不同的场是不同的，则 Abaqus 将在任意文件中选取的最早时间到最后时间的整个时间区间上进行插值。例如，假定温度文件中开始步的起始增量在 3s 时开始，结束步中的结束增量在 6s 时结束。在相同的步中，也读取场变量数据，对于场变量数据，开始步中的起始增量在 2s 时开始，结束步中的结束增量在 5s 时结束。在这种情况下，用于插值的时间区间为 2~6s。

时间区间的自动调节

设置步区间等于所读入文件的时间区间是方便的。否则，Abaqus 将自动缩放来自结果或者输出数据库文件的时间区间，来匹配应力分析的时间区间。缩放因子是 t^{σ}/t^{θ}，其中 t^{σ} 是应力分析的时间区间，t^{θ} 是从所有结果或者输出数据库文件得到的总时间区间。

得到特定时间点上的结果

在 Abaqus/Standard 中，有时需要计算特定时间点上的场值。例如，假设输出文件中可用的温度数据，在时间 $t=4$ 时增量为 10，在 $t=5$ 时增量为 15，而用户希望以 $t=4.5$ 时的温度值为基础执行一个静态分析。在此情况下，Abaqus 必须在 $t=4$ 与 $t=5$ 之间线性地插值来得到 $t=4.5$ 时的中间结果。要完成此任务，对于静态分析步，用户应当指定初始时间增量为 4.5 和时间区间为 5，并在第 1 个分析步、增量 1 上从输出文件中读取温度值，然后在第 1 个分析步、增量 15 上结束。指定起始增量为 1 替代 10，确保 t^{θ} 是输出文件中存储的整个时间区间，而不仅仅是增量 10~15 之间的区间。这样，输出文件数据与静态分析中的比例因子是统一的，并且初始时间 4.5 具有所需的含义。

初始瞬态

要精确地追踪初始瞬态，Abaqus/Standard 可以自动减小步的初始时间增量。如果用户指定的建议初始时间增量大于从 Abaqus/Standard 结果文件中读取的第一个时间增量的缩放值，则 Abaqus/Standard 将使用缩放值。

限制

存在下面的限制：

- 在改进的 Riks 静态分析步中，不能从用户指定的文件中读取温度和场变量（“不稳定的坍塌和后屈曲分析”，《Abaqus 分析用户手册——分析卷》的 1.2.4 节）。
- 不允许在耦合的热-电分析中插值温度。
- 如果模型是以零件实例的装配形式定义的，则不允许从结果文件中读取等效压应力。
- 在 Abaqus/Explicit 中，不允许从输出数据库文件中读取场变量。

- 不允许从输出数据库文件中读取压应力。
- 不支持温度映射插值的单元包括全部对流热传导单元库、具有非线性轴对称变形的轴对称单元、轴对称面单元、静水压力流体单元、固体无限应力单元和耦合的热/电单元。其他不支持温度映射插值的单元包括 GKPS6、GKPE6、GKAX6、GK3D18、GK3D12M、GK3D4L、GK3D6L、GKPS4N、GKAX6N、GK3D18N、GK3D12MN、GK3D4LN 和 GK3D6LN。

在用户子程序中定义预定义场的值

在 Abaqus/Standard 中，用户可以在用户子程序中定义预定义温度、场变量、等效压应力或者多个节点上的质量流率。可以在用户子程序 UTEMP 中定义温度值；在用户子程序 UFIELD 中定义场变量值；在用户子程序 UPRESS 中定义等效压应力值；在用户子程序 UMASFL 中定义质量流率。

Abaqus 将为每一个指定的节点调用用户子程序（UTEMP、UFIELD、UPRESS 或者 UMASFL），并忽略直接输入的场值。如果已经在用户子程序之外指定了结果或者输出数据库文件，则为了可能的更改，会将从结果或者输出数据库文件中读取的值传递到用户子程序中。

输入文件用法：使用以下选项中的一个：

*TEMPERATURE，USER

*FIELD，USER

*PRESSURE STRESS，USER

*MASS FLOW RATE，USER

Abaqus/CAE 用法：在 Abaqus/CAE 中，只允许使用预定义温度场。

Load module：Create Predefined Field：Step：分析步：为 Category 选择 Other 以及为 Types for Selected Step 选择 Temperature：选择区域：Distribution：User-defined 或 From resultsor output database file and user-defined

更新多个预定义场变量

如果预定义了多个场变量，则在用户子程序 UFIELD 中，在同一时间上只可以重新定义一个场变量。在 Abaqus 中，会有分析要求的多个场变量是关于解预定义的，但彼此相关的情况。在此情况下，用户可以定义多个场变量在点 n 上同时得到更新。Abaqus/Standard 会将每一个指定节点上关于 n 的场变量信息传递到 UFIELD 中。

用户可以更新用于分析的所有或者部分场变量，但是场变量必须是从 1 开始连续编号的。如果分析中有四个场变量，用户想要在子程序 UFIELD 中同时更新第二个和第三个场变量，则必须定义 $n=3$。在此情况下，Abaqus/Standard 把与最初有关的三个场变量的信息传递到用户子程序 UFIELD 中，并且仅更新第二个和第三个变量。

输入文件用法：*FIELD，USER，NUMBER=n

Abaqus/CAE 用法：Abaqus/CAE 中不支持预定义场变量。

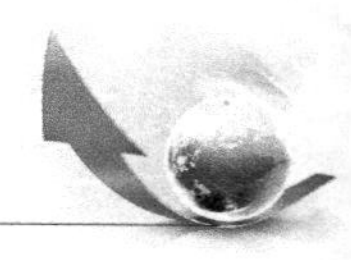

定义求解相关的场变量

在 Abaqus/Standard 中，可以在用户子程序 USDFLD 中定义求解相关的场变量。预定义的场变量值或者初始场的值可以传递到用户子程序 USDFLD 中，并且可以在该程序中进行更改（见“材料数据定义”，《Abaqus 分析用户手册——材料卷》的 1.1.2 节）。

USDFLD 中的场变量变化是关于材料点的，并不影响节点值。

数据优先级

如果在同一个步中使用了结果数据库或输出数据库文件输入，以及直接数据输入；或者在同一个节点上同时采用了以上两种方法定义场，则直接数据输入为优先选项。如果指定使用用户子程序输入，则忽略直接数据输入，并且用户子程序将更改从结果或者输出数据库文件中读取的值。

单元类型注意事项

用户可以在一个节点上定义预定义场的一个或者多个值，这取决于所使用的单元类型。当选择预定义场的指定形式时，用户应注意以下事项。

在质量扩散分析中使用时

对于实体单元，在一个节点上只能给出一个值。因为只有实体单元可以用于质量扩散分析中，这是定义一个节点上的等效压应力的唯一方法。

与梁和壳单元一起使用时

梁和壳单元中的温度和场变量定义存在以下的可能性：

- 对于具有通用横截面定义的壳和梁单元，通过参考面上的值来定义截面中多个点上的温度和场变量大小。忽略在截面上定义的这些变量的梯度。
- 对于具有要求数值积分横截面的壳和梁单元，可以通过参考面上的值和梯度或截面上的梯度，或者给出截面中多个点上的值来定义截面中多个点上的温度和场变量大小。在截面定义中，从以上两种方法之中进行选择（详情见“指定温度和场变量”中的“在分析中使用一个积分的截面来定义截面行为”，《Abaqus 分析用户手册——单元卷》的 3.6.5 节，以及“在分析中使用一个积分的截面来定义截面行为”中的“指定温度和场变量”，《Abaqus 分析用户手册——单元卷》的 3.3.6 节）。

与具体单元类型一起使用的详细情况见《Abaqus 分析用户手册——单元卷》。如果只给出一个值，则默认在截面上大小不变。

单元上温度和场变量的兼容性

Abaqus 假定任何单元的所有节点上的场定义（包括初始条件），与为单元所选取的场定

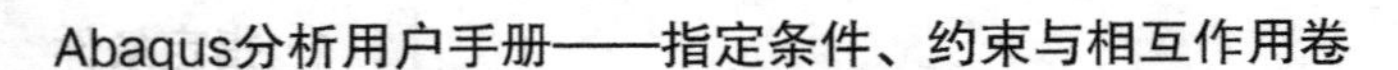

义方法兼容。可以出现场定义从一个单元到下一个单元出现变化的情况（例如：两个相邻的壳单元在截面上具有不同的截面点；或者一个梁单元的温度和场变量大小是通过给出截面中一些点上的值来定义的，而相邻梁的温度和场变量大小是根据参考面上的值和梯度或者截面上的梯度来定义的）。在这些情况中，应在这类单元之间的界面上使用分离的节点，并且应施加多点约束来使得位移和转动与相应节点相同（见“通用多点约束”，2.2.2节）。否则，每一个相邻的单元将使用选中的定义方法来使用界面中节点处的场。

第 2 部分　约束

2 约束

2.1 运动约束：概览

可以定义以下类型的运动约束：

- 方程：可以采用方程的形式定义线性多点约束（见“线性约束方程”，2.2.1节）。

- 多点约束：多点约束（MPCs）用来定义节点之间的线性或者非线性约束。节点之间的这些关系可以是Abaqus提供的默认类型，也可以在Abaqus/Standard中，采用用户子程序的形式进行编程。“通用多点约束”（2.2.2节）中解释了MPCs的使用，并且列出了可以使用的默认约束。

- 运动耦合：在Abaqus/Standard中，可以将一个节点或者节点组约束到一个参考节点上。类似于多点约束，运动耦合约束允许指定自由度在通用节点到节点之间进行约束（见“运动耦合约束”，2.2.3节）。

- 基于面的绑缚约束：可以将两个面绑缚在一起，之后第一个面（从面）上的每一个节点将具有与第二个面（主面）上和它最接近的点具有相同的自由度（见“网格绑缚约束”，2.3.1节）。在面单元与梁表面绑缚的情况中，面单元与梁之间的偏移距离将用在约束定义中，其中包括梁的转动自由度。

- 基于面的耦合约束：可以用一个参考点来约束表面上的节点组。此约束可以是运动的，它可将耦合的节点组约束到通过参考节点定义的刚体运动上；此约束也可以是分布的，它可将耦合的节点组通过平均概念约束到参考节点定义的刚体运动上（见“耦合约束”，2.3.2节）。

- 基于面的壳-实体耦合：可以将三维壳单元网格上基于边的表面耦合到三维固体网格上基于单元或者节点的表面上。通过创建内部分布耦合约束集来施加耦合（见“壳-实体耦合”，2.3.3节）。

- 网格无关的点焊：可以使用点焊之类的方法将两个或者多个表面连接到一起（见“网格无关的紧固件”，2.3.4节）。在所连接的每一个表面上创建分布耦合约束，并独立于网格来创建连接。

- 嵌入单元：可以在宿主单元组中嵌入一个单元或者一组单元（见“嵌入单元”，2.4节）。Abaqus将搜索嵌入单元中的节点与宿主单元之间的几何关系。如果嵌入单元中的节点位于宿主单元的内部，则将单元中的节点约束成宿主单元自由度的内插值以去除节点上的自由度。宿主单元不能嵌入到其自身中。

- 释放：在Abaqus/Standard中，可以在梁的一个或者两个端部上释放一个局部转动自由度或者一个局部转动自由度的组合（见“单元端部释放”，2.5节）。

在应力分析中，边界条件也是一类运动约束，因为它们定义结构的支撑，或者在节点上给出固定的位移。在“Abaqus/Standard和Abaqus/Explicit中的边界条件”（1.3.1节）中，对边界条件的定义进行了讨论。

可以使用连接器单元为机构类型的分析施加基于单元的运动约束（见“连接器：概览”，《Abaqus分析用户手册——单元卷》的5.1.1节）。

可以使用接触相互作用来施加相接触物体之间的约束。力学以及耦合的热-力学、耦合的热-电-结构和耦合的孔隙流体-力学分析中可以使用接触相互作用。

“过约束检查”（2.6节）中描述了过约束检查和Abaqus/Standard中执行的一些过约束的自动解决方法。

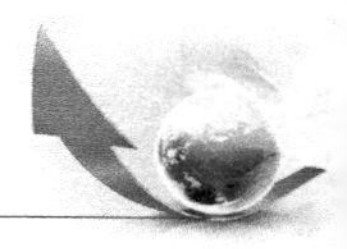

节点上的多个运动约束

用户可以在几个多点约束、运动耦合约束、绑缚约束和约束方程中使用单独的节点。然而，在 Abaqus/Standard 和 Abaqus/Explicit 中，对约束相关性的处理是不同的。

Abaqus/Standard 中的多约束

在 Abaqus/Standard 中，通常通过去除独立节点上的自由度来施加运动约束。如果去除了一个变量，则不能在任何边界条件中，或者后续的多点约束、运动耦合约束、绑缚约束及约束方程中参考该变量。如果用户想要将一个在约束方程中被去除的变量，用作另外一个约束方程中的保留变量，则必须使用输入命令，以使去除变量的约束方程遵守其他约束方程。MPC 类型的 BEAM、CYCLSYM、LINK、PIN、REVOLUE、TIE 和 UNIVERSAL，以及运动耦合和绑缚耦合是通过 Abaqus/Standard 在内部分类的，以便在需要时得到一个合适的去除顺序。

不推荐进行多点约束、运动耦合约束和约束方程的过度关联，这样可能导致分析执行过程性能下降。只要有可能，最好通过使用一个多点约束、运动耦合约束或者约束方程将几个节点（组成一个节点集）的行为关联到一个单独的节点上。

Abaqus/Explicit 中的多约束

Abaqus/Explicit 中的运动约束可以采用任意顺序来定义，不需要考虑约束相关性。来自运动接触对的约束除外，此时，Abaqus/Explicit 将同时求解所有运动约束。这样，只要包含在多点约束、约束方程、连接器单元运动约束、刚体约束和由边界条件产生的约束组合中的多个节点不发生冲突，就同时满足这些约束。Abaqus 可以接受冗余和闭环约束。

因为上面的约束是独立于接触约束来施加的，所以运动约束和接触对定义中包含的多个节点使用罚接触算法。罚接触算法通过使用罚弹簧来引入数值软化，并且不干扰运动约束。如果运动接触对使用一个参与运动约束的节点，则接触约束将更有可能覆盖运动约束。除了刚体，Abaqus/Explicit 也允许用户定义这些条件，但是不能保证结果的正确性。如果为一个刚体上的节点定义了运动约束，则所有涉及该刚体的接触必须使用罚接触算法。

要从 Abaqus/Explicit 中得到上述一个或者多个运动约束以外的，由边界条件约束的多个节点上的精确反作用力和反作用力矩，有时有必要以双精度来运行分析。在这种条件下，双精度运行可以更好地评估反作用力和力矩所做的功，从而得到由 Abaqus/Explicit 得出更精确的外部功产生的能量值。

Abaqus/Explicit 使用一种罚方法来求解特定情况中的约束。罚是基于参与约束的节点质量和固定时间增量来加权的。罚方程试图近似地满足约束（即强制实施约束后，存在一个非常小的柔性缺失）。使用罚方法求解约束的一种情况是绑缚约束的从节点参与其他约束，如多点约束、运动耦合约束、约束方程、连接器单元、刚体约束或者由边界条件产生的约束。在此情况下，绑缚约束中的柔性缺失不跨越步边界来执行。这样，对于特定的问题，在步边界上可以观察到噪声加速度和能量不平衡。另一种模拟方法（如在绑缚约束中简单地反转主面和从面）可以转换成一种不同的求解方法，从而解决上面提到的不精确问题。

在 Abaqus/Explicit 中，如果两个或者更多的分布耦合约束存在重合，或者分布耦合和绑缚约束重合，并且参与面上依附的单元具有非常低的密度，则柔性缺失可产生不精确的解。为所依附的单元定义合适的密度值可以降低柔性缺失，并且可以提高解的精度。

Abaqus/Explicit 为了施加运动约束，总是使用几何非线性方程。即使是在用户已经将一个具体的分析定义成几何线性的时候，也是如此。这将导致难以说明这些是几何线性的分析，特别是在模型中的载荷较高（位移较大），并且已经使用了几何非线性方程的时候。

受约束节点上的初始条件

不应将初始条件考虑成分析开始时的边界条件。当用户在一个运动约束节点集上定义初始条件时，Abaqus 处理指定的值来确定一个初始值，然后将此初始值以运动兼容的方式，通过一种“质量”加权平均的方法，重新分布到约束中包含的节点上。结果是，Abaqus 重新计算用户在节点上定义的初始条件，并且在许多情况下，分析开始时在这些节点上定义的输出量将与用户指定的值不同。正确的模拟实践以与约束自身兼容的方式，定义约束中包含的所有节点上的初始条件组成。

通过一个简单的例子可以很好地理解此功能。假设一个模型由两个节点组成，每个节点具有 1.0 的质量，通过整体方向 2 和方向 3 上的边界条件来约束，并且允许其沿着整体方向 1 自由移动，同时通过类似于 BEAM 连接器的刚性连接来约束它们的相对运动。假定用户已经在第一个节点上定义了沿着整体方向 1 的大小为 10 个单位的初始平移速度，并且没有在第二个节点上定义初始条件。则 Abaqus 将认为第二个节点上的初始速度是 0。此输出速度场与 BEAM 连接器所施加的运动约束不一致，因为即使初始条件施加在一个无穷小的时间区间上，仍然违反了约束。结果是 Abaqus 将以一种与约束兼容的方式计算在第一个节点上重新分布力矩的初始速度场。在此具体实例中，最终效果是两个节点具有沿着方向 1 的大小为 5 个单位的初始速度。这很可能不是用户想要的结果。正确的模拟实践是在约束包含的两个节点上定义大小为 10 个单位的初始速度。在此情况下，Abaqus 仍然会重新计算初始值，但是结果将是期望的两个节点上的初始速度大小为 10 个单位。

可以将相同的原理应用于更加复杂的模拟情况中。例如，如果用户定义了初始运动约束的多个节点上的初始平移速度，则通过计算单个节点上的质量加权平均速度，可得到受约束的多个节点的平均平移速度。取决于运动约束的本质，一个约束的多个节点上的初始平移速度可以导致关于约束质心的平均转动速度。约束中每个单独节点的速度是根据约束质心上的平均移动和转动速度重新计算得到的。用于加权变化的“质量”类型的量，取决于所定义量的本质：如果在转动速度上定义初始条件，则加权使用多个节点上的转动惯量；如果定义了温度初始值，则加权使用多个节点上的比热容等。

在所有情况下，用户应在与约束兼容的所有约束包含的节点上定义初始条件。通常是通过在约束中包含的所有节点上定义相同的初始条件来实现的。

2.2 多点约束

2.2.1 线性约束方程

产品：Abaqus/Standard　Abaqus/Explicit　Abaqus/CAE

参考

- "运动约束：概览"，2.1 节
- ＊EQUATION
- "定义方程约束"，《Abaqus/CAE 用户手册》的 15.15.9 节

概览

线性多点约束要求节点变量的线性组合等于零，即

$$A_1 u_i^P + A_2 u_j^Q + \cdots + A_n u_k^R = 0$$

式中，u_i^P 是节点 P 的自由度 i 上的一个节点变量；A_n 是定义多个节点相对运动的系数。

在 Abaqus/Explicit 中，线性约束方程只能用来约束机械自由度。

定义线性约束方程

在 Abaqus 中，通过指定以下参数来定义线性约束方程：

- 方程中的项数量 n。
- 节点 P 和相应自由度 i 上的节点变量 u_i^P。
- 系数 A_n。

例如，列出方程

$$u_3^5 = u_1^6 - u_3^{1000}$$

用户首先将方程写成标准形式，即

$$u_3^5 - u_1^6 + u_3^{1000} = 0$$

此方程有三项，即 $N=3$；$P=5$，$i=3$，$A_1=1.0$，$Q=6$，$j=1$，$A_2=-1.0$，$R=1000$，$k=3$ 和 $A_3=1.0$。

输入文件用法：＊EQUATION

N

P，i，A_1，Q，j，A_2 等

例如，用以下输入定义上面的约束方程：

＊EQUATION

3

5，3，1.0，6，1，-1.0，1000，3，1.0

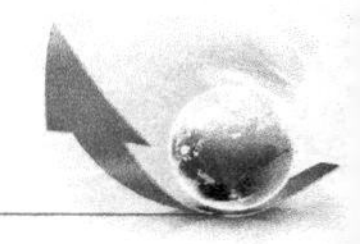

可以将节点集或者单独的节点定义成输入。如果使用了节点集，则相应的集输入将彼此匹配。如果将排序节点集作为输入，则用户必须确保在节点排序后对其进行正确编号，以使其正确地相互匹配。对于未排序节点集中的多个节点，将按集定义中给出的顺序来使用（见“节点定义”，《Abaqus 分析用户手册——介绍、空间建模、执行与输出卷》的 2.1.1 节）。

如果第一个输入是单个节点，则后续所有输入也必须是单个节点。如果第一个输入是节点集，则后续的输入可以是节点集或者单个节点。如果每一个节点集上的自由度取决于一个单独节点的自由度，这种情况可能发生在特定的对称条件或者刚体仿真中，则后一种选项是有用的。

Abaqus/CAE 用法：Interaction module：Create Constraint：Equation

必须将多个节点定义成集。一个集可以包含一个或者多个节点。后续的集必须仅包含单个节点。

在 Abaqus/Standard 中，将去除所定义的第一个节点变量（对应于 A_1 的 u_i^P）来施加约束（在上面的约束方程中，将去除节点 5 上的自由度 3）。这样，不应使用第一个节点变量来施加边界条件，也不应将其用于后续的多点约束、运动耦合约束、绑缚约束或者约束方程中（见“运动约束：概览”，2.1 节）。此外，不应将系数 A_1 设置成零。这些约束不用于 Abaqus/Explicit。

在 Abaqua/Standard 中，在不是参考节点的节点上，不能使用线性多点约束来连接两个刚体，因为多点约束使用自由度去除，并且刚体上的其他节点没有独立的自由度。在 Abaqus/Explicit 中，约束方程定义可以使用一个刚体的参考节点或者任何其他刚体上的节点。

与变换坐标系一起使用

如果包含在方程中的节点是在局部坐标系中定义的（“变换坐标系”，《Abaqus 分析用户手册——介绍、空间建模、执行与输出卷》的 2.1.5 节），则节点上的变量将以局部坐标系的形式出现在方程中。

与零件一起使用

如果在零件（或者零件实例）层级定义了方程约束，则根据为每一个零件实例给出的定位数据来初始变换节点变量（见“定义一个装配”，《Abaqus 分析用户手册——介绍、空间建模、执行与输出卷》的 2.10.1 节）。

注意：在 Abaqus/CAE 中，不允许在零件（或者零件实例）层级定义方程约束。

定义非均匀约束

有时需要施加下列形式的约束

$$A_1u_i^P+A_2u_j^Q+\cdots+A_Nu_k^R=\hat{u}$$

式中，$\hat{u}$是随时间 t 变化的指定值。此方程可以改写成以下形式

$$A_1u_i^P+A_2u_j^Q+\cdots+A_Nu_k^R-\hat{u}_m^Z=0$$

并引入的一个不与模型中的任何单元相连的节点 Z。将$\hat{u}_m^Z$ 选择成节点 Z 上的一些合适自由度 m，并允许通过边界条件定义来施加指定的值$\hat{u}(t)$。如果有必要，可以提供幅值参照来给出其随时间的变化（见“Abaqus/Standard 和 Abaqus/Explicit 中的边界条件”，1.3.1节）。例如，在 Abaqus/Explicit 中，要求一个定义位移的幅值参照。

例如，假设上例中的节点1000是一个“虚拟”节点，仅在此方程中出现，并且不与其他模型的零件相连。定义一个边界条件将节点1000上的自由度3约束成-12.5，应施加以下约束

$$u_3^5-u_1^6=12.5$$

约束力和整体平衡

线性约束方程在所有出现在方程中的自由度上引入约束力。这些力被认为是外部的，但是在反作用力输出中不包括它们。这样，反作用力输出表结束处所提供的总力可以反映整体平衡的未实现程度。

要说明此行为，可以考虑一根在集中载荷作用下由弹簧支承的梁，如图2-1所示。静态反作用力是 $R_y^C=-3$ 和 $R_y^D=-6$。在图2-2中，对相同结构施加一个附加的线性约束方程 $u_y^A-u_y^B=0$，它使梁保持水平。这样引入了约束力 $F_y^A=1.5$ 和 $F_y^B=-1.5$，并且新的反作用力是 $R_y^C=R_y^D=-4.5$。这些反作用力在$-y$ 方向上达到整体的力平衡，但是，因为在反作用力输出中不包括约束力，所以不能确定关于点 A 的整体力矩是平衡的。

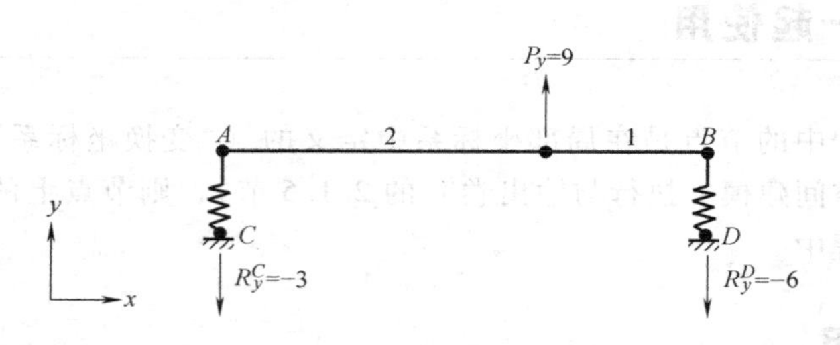

图 2-1 未施加线性约束的梁

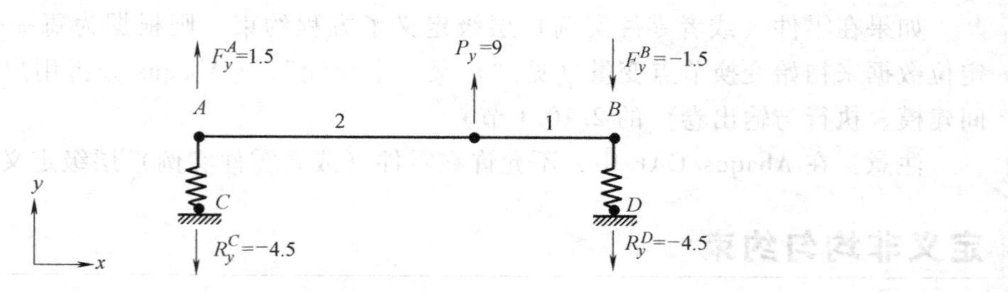

图 2-2 施加线性约束 $u_y^A-u_y^B=0$ 的梁（反作用力输出中不包括约束力 F_y^A和 F_y^B）

整体力平衡也可以是不完全的。如图 2-3 所示，用线性约束 $u_y^A - u_x^B = 0$ 表示节点 A 与节点 B 之间的滑轮连接。在反作用力输出中没有包括滑轮处的约束力 F_x 和 F_y，从而在$-X$ 和$-Y$ 方向上产生了不完全的整体力平衡。

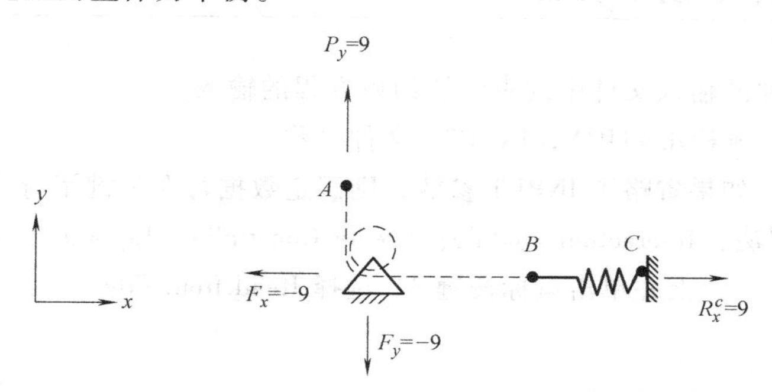

图 2-3 用线性约束 $u_y^A - u_x^B = 0$ 表示滑轮连接（在反作用力输出中没有包括约束力 F_x 和 F_y）

得到约束力

线性约束在所有方程中包含的自由度上生成约束力。对于给定的约束方程，这些力是与它们各自的系数成比例的。要得到约束力，需要引入一个不与模型中的任何单元相连接的节点 Z，重新将约束方程写为

$$A_1 u_i^P + A_2 u_j^Q + \cdots + A_n u_k^R - A_1 \hat{u}_m^Z = 0$$

并在节点 Z 的自由度 m 上定义一个零位移的边界条件。在节点 Z 上得到的反作用力将等于作用在节点 P 的自由度 i 上的约束力。在约束方程中，具有系数 A_k 的项中的约束力是用节点 P 的自由度 i 上的约束力乘以 A_k/A_1 得到的。例如，如果方程是

$$u_3^5 - u_3^6 = 0$$

并且需要约束力，则方程可以改写成

$$u_3^5 - u_3^6 - u_3^{1000} = 0$$

其中节点 1000 是固定的“虚拟”节点。由于 u_3^5 的系数与 u_3^{1000} 的系数符号相反，因此，节点 5 上的约束力与节点 1000 上的反作用力方向相同；由于 u_3^6 的系数与 u_3^{1000} 的系数符号相同，因此，节点 6 上的约束力与节点 1000 上的反作用力方向相反。

在变形的状态下定义约束

有时可能需要在分析中引入一个从特定时刻点开始的方程

$$A_1 \Delta u_i^P + A_2 \Delta u_j^Q + \cdots + A_n \Delta u_k^R = 0$$

式中，Δu 是时间 t_0 之后的位移变化。上述方程可以改写成

$$A_1 \Delta u_i^P + A_2 \Delta u_j^Q + \cdots + A_n \Delta u_k^R - \hat{u}_m^Z = 0$$

其中，节点 Z 依然不与任何模型中的单元相连接。在时间 t_0 之前（假定是在一个步的结束时），节点 Z 的自由度 m 是无约束的。Abaqus/Standard 中，在时间 t_0 之后，通过在步开始

时施加一个固定自由度当前值的边界条件来对$\hat{u}_m^Z$的进一步变化进行约束。

从其他输入文件中读取数据

可以在一个单独的输入文件中约束线性约束方程的输入。

输入文件用法：*EQUATION，INPUT=文件名称

如果省略了INPUT参数，则假定数据行在关键字行之后。

Abaqus/CAE用法：Interaction module：Create Constraint：Equation：保持光标在数据表上并单击鼠标按键3，选择Read from File

2.2.2 通用多点约束

产品：Abaqus/Standard　Abaqus/Explicit　Abaqus/CAE

参考

- “运动约束：概览”，2.1节
- *MPC
- “定义MPC约束”，《Abaqus/CAE用户手册》的15.15.6节
- “连接器”，《Abaqus/CAE用户手册》的第24章

概览

多点约束（MPC）：

- 允许在模型的不同自由度之间施加约束。
- 可以是非常通用的（非线性的和非均质的）。

通过选择MPC类型，并给出相关数据来实现最常见的约束要求。可用的MPC类型如下所述；使用上角标$^{(S)}$来标识仅在Abaqus/Standard中可用的MPC类型。

在Abaqus/Standard中，也可以通过用户子程序MPC来施加约束。

可以通过定义线性约束方程来直接施加线性约束（见“线性约束方程”，2.2.1节）。

在Abaqus/Explicit中，可以使用刚体更加有效地模拟某些多点约束（见“刚体定义”，《Abaqus分析用户手册——介绍、空间建模、执行与输出卷》的2.4.1节）。

连接器单元也可以使用一些MPC类型（见“连接器单元”，《Abaqus分析用户手册——单元卷》的5.1.2节）。虽然连接器单元施加相同的运动约束，但是连接器不删除自由度。

MPC约束力是不能作为输出量得到的。要输出所需的MPC约束力，用户应当使用一个等效的连接器单元。连接器单元力、力矩和运动输出是很容易获取的，在“连接器单元库”（《Abaqus分析用户手册——单元卷》的5.1.4节）中对其进行了定义。

识别 MPC 中包含的节点

对于任意 MPC 类型，节点集或者单个节点都可以作为输入。如果第一个输入是一个节点，则后续输入也必须是节点；如果第一个输入是一个节点集，则后续输入可以是节点集或者单个节点。如果每一个节点集处的自由度取决于一个单独节点的自由度，如在特定的对称条件中或者刚体仿真中，则后一种功能是有用的。

如果使用了节点集，则输入彼此约束的相应集。如果将排序节点集作为输入，则用户必须确保在节点排序后对其进行正确编号，以使其正确地相互匹配。对于未排序节点集中的多个节点，将按集定义中给出的顺序来使用（见“节点定义”，《Abaqus 分析用户手册——介绍、空间建模、执行与输出卷》的 2.1.1 节）。

在 Abaqus/Standard 中，对于不是参考节点的两个节点，不能使用多点约束来连接两个刚体，因为多点约束去除自由度，并且刚体上的其他节点没有独立的自由度。在 Abaqus/Explicit 中，多点约束定义可以使用一个刚体的参考节点或者任何其他刚体上的节点。

Abaqus/CAE 使用连接器来定义两个节点之间的多点约束，以及一个点与区域中的从节点之间的多点约束。Abaqus/CAE 中不支持集合-集合多点约束和未分类节点集。

输入文件用法：＊MPC

Abaqus/CAE 用法：使用以下选项定义两个节点之间的多点约束：

Interaction module：

Connector→Geometry→Create Wire Feature

Connector→Section→Create：Connection Category：MPC，

MPC type：选择类型

Connector→Assignment→Create：选择框线：Section：

选择 MPC 连接器截面

使用以下选项定义一个点与区域中从节点之间的多点约束：

Constraint→Create：MPC Constraint：选择控制点和区域；MPC type：

选择类型

与变换坐标系一起使用

可以为任何连接到 MPC 的多个节点定义局部坐标系（见“变换坐标系”，《Abaqus 分析用户手册——介绍、空间建模、执行与输出卷》的 2.1.5 节）。如“MPC”（《Abaqus 用户子程序参考手册》的 1.1.14 节）中所描述的那样，用户定义的 MPC 有一些特别的注意事项。

在一个点上定义多个多点约束

关于 Abaqus/Standard 和 Abaqus/Explicit 中处理一个点上的多个运动约束的详细内容见“运动约束：概览”（2.1 节）。

在 Abaqus/Standard 中，通常通过去除给出的第一个节点上的自由度来施加多个 MPC

（相关自由度）。MPC类型在Abaqus/Standard内部的排列顺序为BEAM、CYCLSYM、LINK、PIN、REVOLUTE、TIE和UNIVERSAL，这样，最终使用此节点的MPC是使用此节点作为相关节点的MPC。因此，可以以任意顺序给出这些MPC组。然而，即使对于这些MPC，一个节点也仅可以作为相关节点使用一次。在其他情况中，后续不应使用相关自由度来施加运动约束，除了在MPC定义中将第一个节点作为后续多点约束、方程约束、运动耦合约束或者绑缚约束定义中的独立节点使用的情况。

在隐式动态分析中使用MPC

在隐式动态分析中，Abaqus/Standard为位移严格地施加多个MPC。速度和加速度是通过由动态积分运算定义的关系根据位移推导出来的（见“隐式动态分析”，《Abaqus理论手册》的2.4.1节）。对于线性MPCs（如PIN、TIE和网格细化MPCs）和几何线性分析，采用此方法得到的速度可以精确地实现约束，但仅能近似地实现加速度。如果几何非线性分析中使用非线性MPCs（如BEAM、LINK和SLIDER），则速度和加速度都近似满足约束。在大部分情况中，近似性是非常精确的，但是在一些情况中，MPC中包含的节点加速度会发生高频振荡。

在几何线性Abaqus/Standard分析中使用多个非线性MPC

如果在几何线性Abaqus/Standard分析中使用非线性MPC（见“通用和线性摄动过程”，《Abaqus分析用户手册——分析卷》的1.1.3节），则MPC将被线性化。例如，如果几何非线性Abaqus/Standard分析中使用MPC LINK，则所连接的两个节点之间的距离保持不变。如果在几何线性Abaqus/Standard分析中使用MPC LINK，则两个节点之间的距离，在节点原始位置之间的连线方向上投影后保持不变。只有在转动和位移较大时，才需要注意两者的差别。

在用户子程序中定义多个MPC

在Abaqus/Standard中，用户可以在用户子程序MPC中定义多点约束。

在用户子程序MPC中定义的约束，仅可以用于同一个模型中某单元的自由度上。例如，如果模型没有包含具有转动自由度的单元，则用户子程序MPC不能使用自由度4、5或者6。可以通过在模型中添加一个合适的单元，引入所要求的自由度来避免此限制。需要注意的是，添加此单元后不能影响模型的响应。

在用户子程序中定义的约束是施加在平移自由度上的。当在用户子程序中激活/抑制MPC时，在Abaqus/Standard中将产生边界非线性。

输入文件用法：*MPC，USER

Abaqus/CAE用法：使用以下选项中的一个：

Interaction module：Create Connector Section：为Connection Category选择MPC以及为MPC Type选择User-defined

Interaction module：Create Constraint：MPC Constraint；将User-

defined 选择成 MPC Type

指定用户子程序 MPC 的版本

用户必须指定是否在自由度模式或者节点模式中编写用户子程序。

输入文件用法：使用以下选项：

*MPC, USER, MODE=DOF

*MPC, USER, MODE=NODE

Abaqus/CAE 用法：使用以下选项中的一个：

Interaction module: Create Connector Section: 为 Connection Category 选择 MPC 以及为 MPC Type 选择 User-defined，选择 DOF-by-DOF 或者 Node-by-Node

Interaction module: Create Constraint: MPC Constraint: 将 User-defined 选择成 MPC Type，选择 DOF-by-DOF 或 Node-by-Node

从替代输入文件中读取数据

一个单独的输入文件中可以包含 MPC 定义的输入。

输入文件用法：*MPC, INPUT=文件名

如果省略了 INPUT 参数，则假定数据行在关键字行之后。

Abaqus/CAE 用法：Abaqus/CAE 中不支持从替代输入文件中读取数据。

网格细化 MPCs

LINEAR　此 MPC 是一阶单元网格细化的标准方法。它在所涉及的节点上施加所有有效的自由度，包括温度、压力和电位。

在 Abaqus/Explicit 中，对于网格细化，优先使用基于面的绑缚约束（见“网格绑缚约束”，2.3.1 节），尤其是当约束中包含具有一定厚度壳单元的一个或者多个网格时。

QUADRATIC(S)　此 MPC 是二阶单元网格细化的标准方法。它在所涉及的节点上施加所有有效的自由度，除了耦合的温度-位移分析和耦合的温度-电-结构分析中的温度自由度，以及耦合的孔隙压力分析中的压力自由度。对于使用二阶孔隙压力或者耦合的温度-位移单元的网格细化，必须使用 P LINEAR 或者 T LINEAR MPC 与此 MPC 相结合。

BILINEAR(S)　此 MPC 是三维一阶实体单元网格细化的标准方法。它在所涉及的节点上施加所有有效的自由度，包括温度、压力和电位。

C BIQUAD(S)　此 MPC 是三维二阶实体单元网格细化的标准方法。它在所涉及的节点上施加所有有效的自由度，除了耦合的温度-位移分析和耦合的温度-电-结构分析中的温度自由度以及耦合的孔隙压力分析中的压力自由度。对于使用孔隙压力或者三维耦合的温度-位移单元的网格细化，

必须使用 P BILINEAR 或者 T BILINEAR MPC 与此 MPC 相结合。

P LINEAR(S) 对于二阶完全耦合的孔隙流体-位移单元的网格细化，可以使用此 MPC 与 QUADRATIC MPC 相结合。它仅应用于压力自由度。对于声学分析，它施加与 LINEAR MPC 相同的约束。

T LINEAR(S) 对于二阶完全耦合的温度-位移和完全耦合的温度-电-结构单元的网格细化，可以使用此 MPC 与 QUADRATIC MPC 相结合。它仅应用于温度自由度。对于热瞬态分析，它施加与 LINEAR MPC 相同的约束。

P BILINEAR(S) 对于三维孔隙流体流动-位移单元的网格细化，可以使用此 MPC 与 C BIQUAD MPC 相结合。它仅应用于压力自由度。对于声学分析，它施加与 BILINEAR MPC 相同的约束。

T BILINEAR(S) 对于三维完全耦合的温度-位移和完全耦合的热-电-结构单元的网格细化，可以使用此 MPC 与 C BIQUAD MPC 相结合。它仅应用于温度自由度。对于热传导分析，它施加与 BILINEAR MPC 相同的约束。

使用含有壳或者梁单元的网格细化 MPCs

Abaqus/Standard 的壳单元 S4R5、S8R5、S9R5 和 STRI65 使用一种罚方法在单元的边界上强制施加横向剪切约束。因而，使用网格细化 MPCs LINEAR 和 QUADRATIC 将导致过约束或者弯曲行为的“剪切锁死”。对于这些单元的网格细化，推荐使用渐变的网格（必要时使用三角形单元）来创建一个过渡区。

如果将 Abaqus/Standard 中的剪切柔性梁单元，如 B31 或者 B32 用作沿着使用了 MPCs 网格细化的网格线的加强筋，也将发生“锁死”。

对于 Abaqus/Explicit 中的壳单元，转动自由度不是通过 LINEAR MPC 来约束的。这样，沿着约束的节点所定义的线将形成一条铰链。

LINEAR MPC 的使用

LINEAR MPC 是一阶单元网格细化的标准方法。但在 Abaqus/Explicit 中，可能优先使用基于面的绑缚约束进行网格细化（见“网格绑缚约束”，2.3.1 节），特别是当被约束到一个或者多个网格涉及具有厚度的壳单元时。

LINEAR MPC 将节点 p 上的每个自由度约束成节点 a 和节点 b 之间相应自由度的线性内插（图 2-4）。

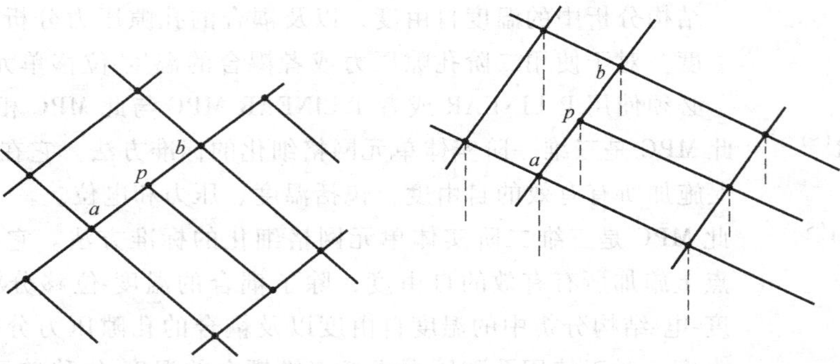

图 2-4 LINEAR MPC

输入数据

节点 p、a 和 b 如图 2-4 所示。

输入文件用法： * MPC

LINEAR，p，a，b

Abaqus/CAE 用法：Abaqus/CAE 中不支持多点约束的网格细化。

QUADRATIC MPC 的使用

QUADRATIC MPC 是二阶单元网格细化的标准方法。此 MPC 类型仅在 Abaqus/Standard 中可用。

QUADRATIC MPC 将节点 p 上的每个自由度（p 是 p_1 或者 p_2）约束成节点 a 与 b 或 c 之间对应自由度的二次插值（图 2-5）。对于耦合的温度-位移、耦合的温度-电-结构或者孔隙压力单元，只约束了位移自由度。

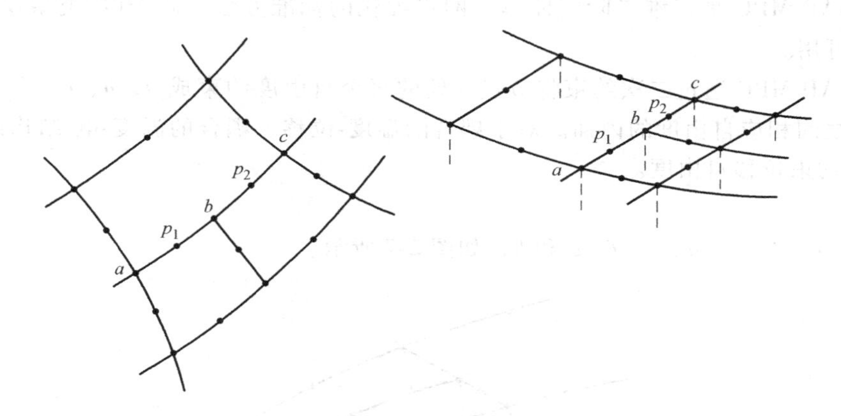

图 2-5　QUADRATIC MPC

输入数据

节点 p（p_1 或者 p_2）、a、b 和 c 如图 2-5 所示。

输入文件用法： * MPC

QUADRATIC，p，a，b，c

Abaqus/CAE 用法：Abaqus/CAE 中不支持多点约束的网格细化。

BILINEAR MPC 的使用

BILINEAR MPC 是三维一阶实体单元网格细化的标准方法。此 MPC 类型仅在 Abaqus/Standard 中可用。

BILINEAR MPC 将节点 p 处的每个自由度约束成节点 a、b、c 和 d 之间相应自由度的双线性内插（图 2-6）。

输入数据

节点 p、a、b、c 和 d，如图 2-6 所示。

输入文件用法： * MPC

BILINEAR，p，a，b，c，d

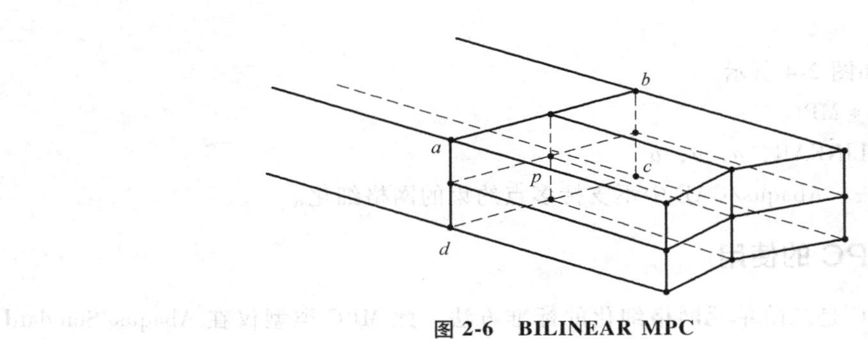

图 2-6　BILINEAR MPC

Abaqus/CAE 用法：Abaqus/CAE 中不支持多点约束的网格细化。

C BIQUAD MPC 的使用

C BIQUAD MPC 是三维二阶实体单元网格细化的标准方法。此 MPC 类型仅在 Abaqus/Standard 中可用。

C BIQUAD MPC 通过二次约束将节点 p 处的每个自由度约束成 a、b、c、d、e、f、g 和 h 八个节点之间相应自由度的内插。对于耦合的温度-位移、耦合的温度-电-结构或者孔隙压力单元，只约束位移自由度。

输入数据

节点 p、a、b、c、d、e、f、g 和 h，如图 2-7 所示。

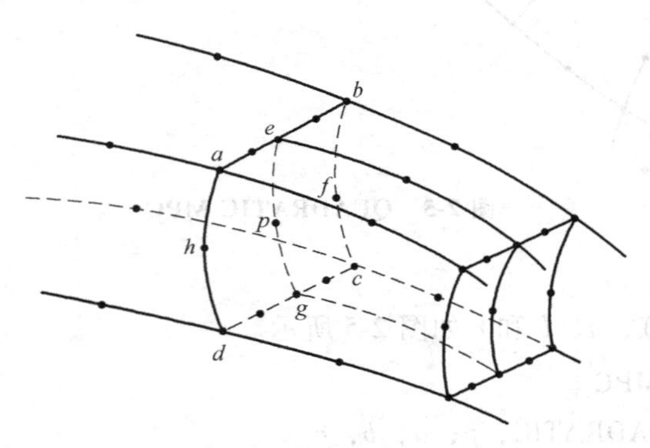

图 2-7　C BIQUAD MPC

输入文件用法：＊MPC

C BIQUAD，p，a，b，c，d，e，f，g，h

Abaqus/CAE 用法：Abaqus/CAE 中不支持多点约束的网格细化。

P LINEAR MPC 和 T LINEAR MPC 的使用

用户可以将 P LINEAR MPC 与 QUADRATIC MPC 结合使用，来实现二阶完全耦合的孔隙流体流动-位移单元的网格细化。

用户可以将 T LINEAR MPC 与 QUADRATIC MPC 结合使用，来实现二阶完全耦合的温度-位移和完全耦合的温度-电-结构单元的网格细化。

这些 MPC 类型仅在 Abaqus/Standard 中可用。

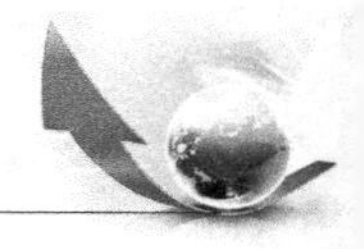

这些 MPC 类型将节点 p 处的孔隙压力（P LINEAR）或者温度（T LINEAR）自由度约束成节点 a 和节点 b 之间相应自由度的线性插值（图 2-8）。

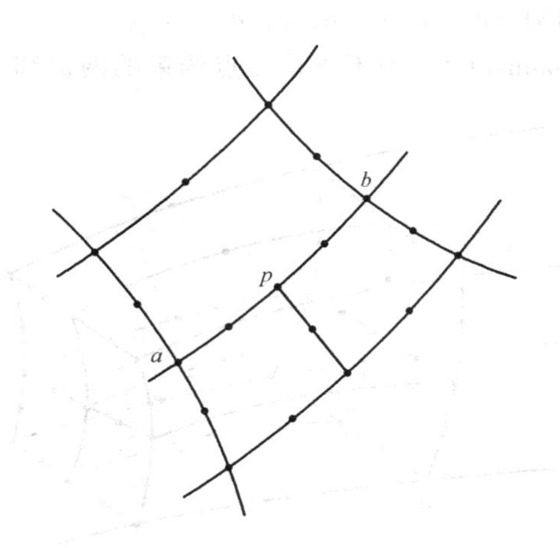

图 2-8　P LINEAR MPC 和 T LINEAR MPC

输入数据

节点 p、a 和 b，如图 2-8 所示。

输入文件用法：使用以下选项来定义 P LINEAR MPC：

```
*MPC
P LINEAR, p, a, b
```

使用以下选项来定义 T LINEAR MPC：

```
*MPC
T LINEAR, p, a, b
```

Abaqus/CAE 用法：Abaqus/CAE 中不支持多点约束的网格细化。

P BILINEAR MPC 和 T BILINEAR MPC 的使用

用户可以将 P BILINEAR MPC 与 C BIQUAD MPC 结合使用，来实现三维孔隙流体流动-位移单元的网格细化。

用户可以将 T BILINEAR MPC 与 C BIQUAD MPC 结合使用，来实现三维完全耦合的温度-位移和完全耦合的热-电-结构单元的网格细化。

这些 MPC 类型仅在 Abaqus/Standard 中可用。

这些 MPC 类型将节点 p 处的孔隙压力（P BILINEAR）或者温度（T BILINEAR）自由度约束成节点 a、b、c 和 d 之间的孔隙压力或者温度自由度的双线性内插（图 2-9）。

输入数据

节点 p、a、b、c 和 d，如图 2-9 所示。

输入文件用法：使用以下选项来定义 P BILINEAR MPC：

```
*MPC
P BILINEAR, p, a, b, c, d
```

使用以下选项来定义 T BILINEAR MPC：

* MPC

T BILINEAR, p, a, b, c, d

Abaqus/CAE 用法：Abaqus/CAE 中不支持多点约束的网格细化。

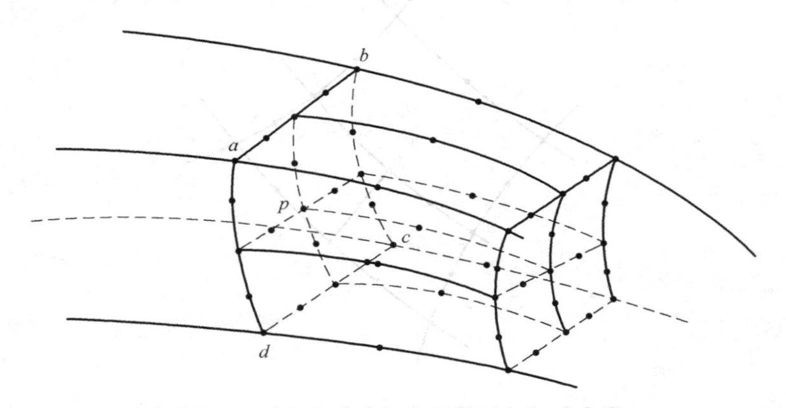

图 2-9 P BILINEAR MPC 和 T BILINEAR MPC

多个连接器和连接的 MPCs

BEAM 在两个节点之间建立一根刚性梁，将第一个节点上的位移和转动约束成第二个节点上的位移和转动，对应于两个节点之间的刚性梁。

CYCLSYM(S) 在模型中将节点约束成强制对称循环。

ELBOW(S) 将 ELBOW31 或者 ELBOW32 单元的两个节点约束在一起，改变横截面方向 $\boldsymbol{a}_2$（见“具有变化横截面的管和弯管：关节单元”，《Abaqus 分析用户手册——单元卷》的 3.5.1 节）。

LINK 在两个节点之间建立销钉刚性连接，从而保持两个节点之间的距离不变。改变第一个节点的位移来强行施加此约束。如果在节点上存在转动，则不包括在此约束中。

PIN 在两个节点之间建立销连接。此 MPC 类型可使两节点位移相等，但是如果它们存在转动，则彼此独立。

REVOLUTE(S) 建立转动连接。

SLIDER 使节点保持在通过其他节点定义的直线上，但是允许其沿着该直线移动，并且允许改变直线长度。

TIE 使两个节点上的所有有效自由度相等。

UNIVERSAL(S) 建立通用连接。

V LOCAL(S) 允许采用在第三节点处的局部体轴坐标系中定义的速度分量形式表达约束节点上的速度。可以约束这些局部速度分量，这样可在转动的体轴坐标系中建立指定的速度边界条件。

关于多个连接器和连接的基于单元的 MPC 类型见“连接器：概览”（《Abaqus 分析用户手册——单元卷》的 5.1.1 节）。

BEAM MPC 的使用

BEAM MPC 在两个节点之间建立一根刚性梁，将第一个节点上的位移和转动约束成第二个节点上的位移和转动，对应于两个节点之间的刚性梁（图 2-10）。

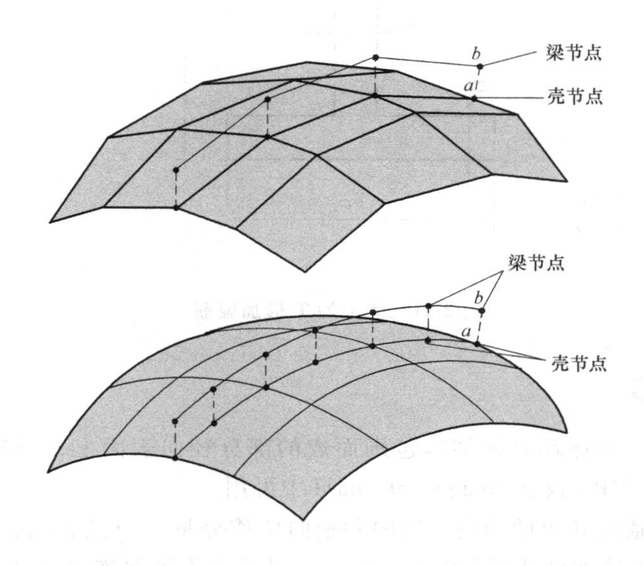

图 2-10 BEAM MPC

输入数据

节点 a 和 b，如图 2-10 所示。

输入文件用法：＊MPC

BEAM，a，b

Abaqus/CAE 用法：使用以下选项：

Interaction module：Create Connector Section：为 Connection Category 选择 MPC 并将 Beam 选择成 MPC Type

Interaction module：Create Constraint：MPC Constraint；将 Beam 选择成 MPC Type

将梁加强筋约束到壳上

使梁成为壳上加强筋的通用方法是使用分开的节点来定义梁和壳单元。可以使用多个 BEAM MPC 来相互约束这些节点。

如果可行的话，更经济的方法是梁节点和壳节点使用相同的节点，然后在梁截面数据中定义梁横截面的偏心量。图 2-11 所示为连接到壳上的 T 形加强筋。这是通过设置 l（见“梁横截面库”，《Abaqus 分析用户手册——单元卷》的 3.3.9 节）等于节点与下底面之间的距离，并且设置上部间隙等于零来实现的。使用 TRAPEZOID、I 或者 ARBITRARY 梁截面的所有梁单元可以采用此方法。

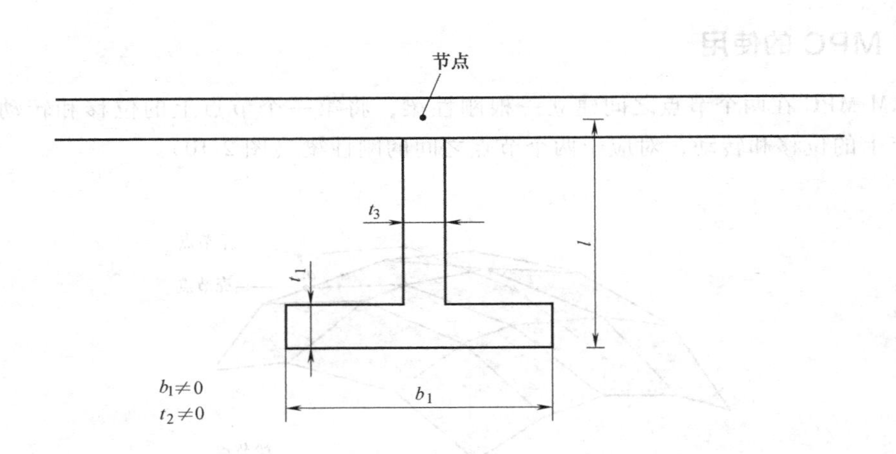

图 2-11　壳上的 T 形加强筋

CYCLSYM MPC

CYCLSYM MPC 在由循环对称结构包围而成的部分径向表面上，强制施加合适的约束（图 2-12）。此类型的 MPC 仅在 Abaqus/Standard 中可用。

CYCLSYM MPC 通过相等的径向、周向和轴向位移分量（以及转动，如果被激活），在两个节点（a 和 b）上施加循环对称约束。可以通过两个不需要连接在结构中的任意单元上的附加节点（c 和 d）的原始坐标来定义对称轴。标量自由度（如温度）均相等。

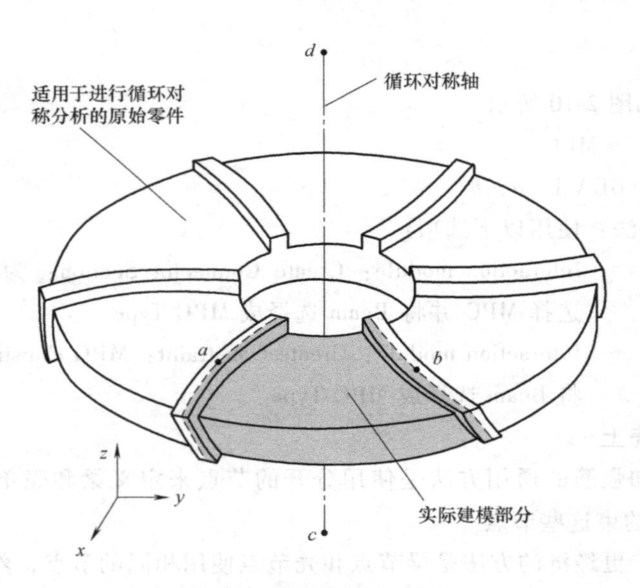

图 2-12　CYCLSYM MPC

输入数据

节点 a、b 和用于定义对称轴的（可选的）节点 c 和/或者 d，如图 2-12 所示。可以用节点集名称来替代节点 a 和 b。如果没有给出节点 c 或者 d，则取整体 z 轴为循环对称轴。如果

仅给出节点 c，则对称轴通过节点 c 且平行于整体 z 轴。这样，在二维分析中不需要节点 d。

输入文件用法：* MPC

CYCLSYM，a，b，c，d

Abaqus/CAE 用法：Abaqus/CAE 中不支持循环对称多点约束。

ELBOW MPC 的使用

ELBOW MPC 将 ELBOW31 或者 ELBOW32 单元的两个节点约束在一起，改变横截面方向 $\boldsymbol{a}_2$（图 2-13）（见“具有变化横截面的管和弯管：关节单元”，《Abaqus 分析用户手册——单元卷》的 3.5.1 节）。此 MPC 类型仅在 Abaqus/Standard 中可用。

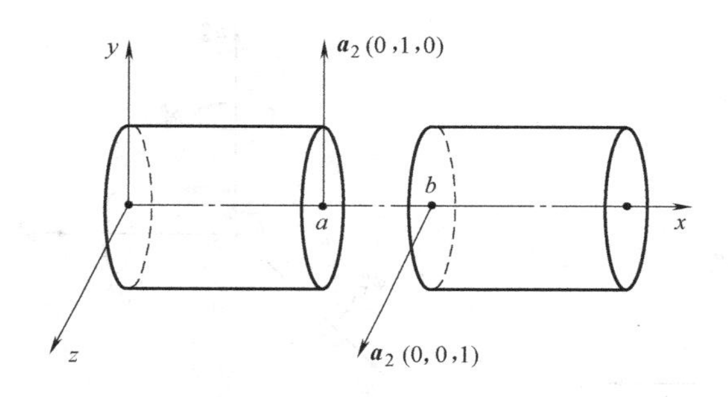

图 2-13 ELBOW MPC

输入数据

节点 a 和 b 如图 2-13 所示。

输入文件用法：* MPC

ELBOW，a，b

Abaqus/CAE 用法：使用下面的一个选项：

Interaction module：Create Connector Section：将 MPC 选择成 Connection Category 并且将 Elbow 选择成 MPC Type

Interaction module：Create Constraint：MPC Constraint；

将 Elbow 选择成 MPC Type

LINK MPC 的使用

LINK MPC 在两个节点之间建立销钉刚性连接，从而保持两个节点之间的距离不变，如图 2-14 所示。改变第一个节点的位移来强行施加此约束。如果在节点上存在转动，则不包括在此约束中。

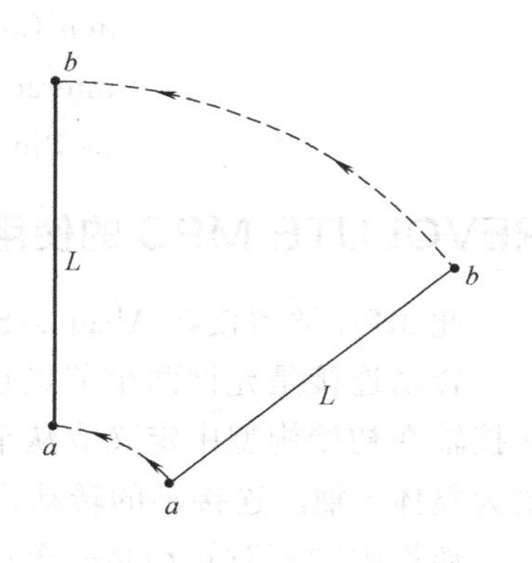

图 2-14 LINK MPC

输入数据

节点 a 和 b 如图 2-14 所示。

输入文件用法：* MPC

LINK，a，b

Abaqus/CAE 用法：使用以下选项：

Interaction module：Create Connector Section：将 MPC 选择成 Connection Category 并且将 Link 选择成 MPC Type
Interaction module：Create Constraint：MPC Constraint；
将 Link 选择成 MPC Type

PIN MPC 的使用

PIN MPC 在两个节点之间建立销连接。此 MPC 类型可使得两节点位移相等，但是如果它们存在转动，则彼此独立，如图 2-15 所示。

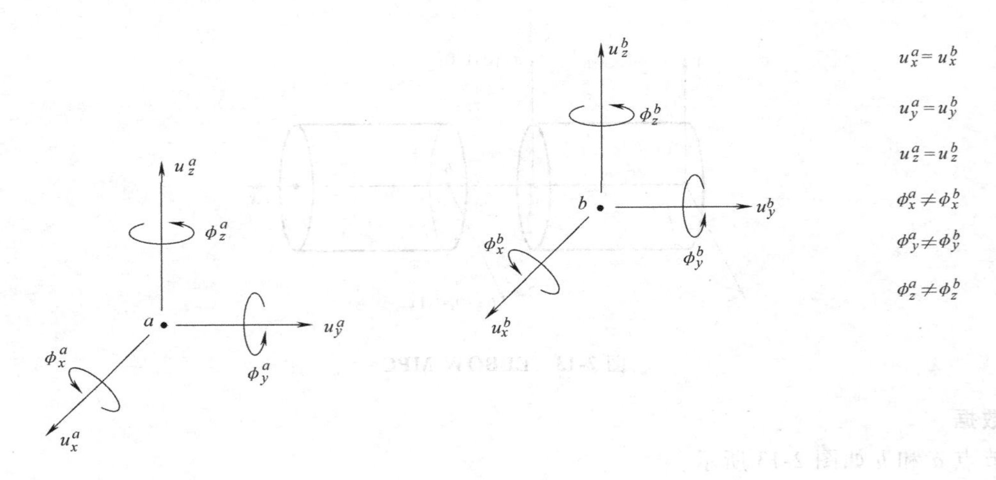

图 2-15　PIN MPC

输入数据

节点 a 和 b 如图 2-15 所示。

输入文件用法：＊MPC
PIN，a，b

Abaqus/CAE 用法：使用以下选项：
Interaction module：Create Connector Section：将 MPC 选择成 Connection Category 并且将 Pin 选择成 MPC Type
Interaction module：Create Constraint：MPC Constraint；
将 Pin 选择成 MPC Type

REVOLUTE MPC 的使用

此 MPC 类型仅在 Abaqus/Standard 中可用。

转动连接是允许两个节点在运动过程中关于一根转动轴做相对转动的连接（图 2-16）。连接轴在初始构型中定义成从节点 b 到节点 c 的直线。如果这些节点是重合的，则假定连接轴为整体 z 轴。连接轴的转动是节点 b 的转动。

连接中的相对转动是一个单独的变量，并且是作为节点 c 上的自由度 6 来存储的。可以与模型的其他部分一起使用此自由度，但是因为其非标准使用而应加以注意。例如，

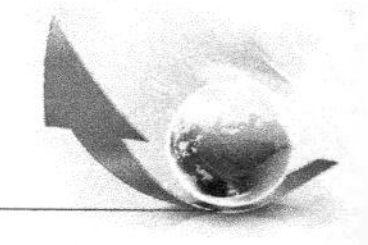

SPRING1 单元（对地弹簧）可能与此自由度相联系。因为此自由度度量一个相对转动，所以此弹簧将成为节点 a 与节点 b 之间的一个扭转弹簧。

不通过 REVOLUTE MPC 将节点 a 处的位移约束成与节点 b 处的位移相同。这样，必须通过在节点 a 与 b 之间使用一个 PIN 类型的 MPC，或者使用合适的刚度分量来完成连接定义。

转动连接和 REVOLUTE MPC 实例见“转动 MPC 验证：曲柄的转动”（《Abaqus 基准手册》的 1.3.8 节）。关于转动连接的更多内容见“转动连接”（《Abaqus 理论手册》的 6.6.3 节）。

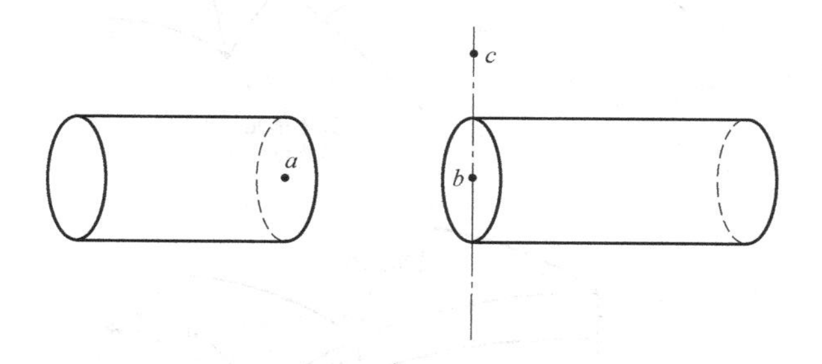

图 2-16　转动连接

输入数据

节点 a、b 和 c 如图 2-16 所示。由节点上的自由度 6 定义节点 a 与节点 b 之间的相对转动。这样，此自由度不遵循 Abaqus 中的自由度标准转换。

输入文件用法：＊MPC

REVOLUTE，a，b，c

Abaqus/CAE 用法：Abaqus/CAE 中不支持转动连接多点约束。

SLIDER MPC 的使用

SLIDER MPC 使节点保持在通过其他节点定义的直线上，但是允许其沿着该直线移动，并且允许改变直线长度。

当从多层实体单元转换成壳时，通常希望将实体单元的自由边节点约束成保持一条直线（此约束与壳单元一致）。SLIDER MPC 可以实现此目的，而不会限制实体层的“变薄”行为。然后使用 SS LINEAR MPC 将壳单元连接到此边上。

在 Abaqus/Standard 中，当 SLIDER MPC 与壳实体 MPCs（SS LINEAR、SS BILINEAR 或者 SSF BILINEAR）中的一个一起使用时，必须在壳实体 MPCs 后面给出。

输入数据

对于图 2-17 和图 2-18 中的每一个节点 p，为每一条应保持平直的节点线给出节点 p、a 和 b。对于图 2-17 中的节点 q，为每一条保持平直的节点线给出节点 q、c 和 d。

输入文件用法：＊MPC

SLIDER，p，a，b

SLIDER，q，c，d

Abaqus/CAE 用法：Abaqus/CAE 中不支持滑动多点约束。

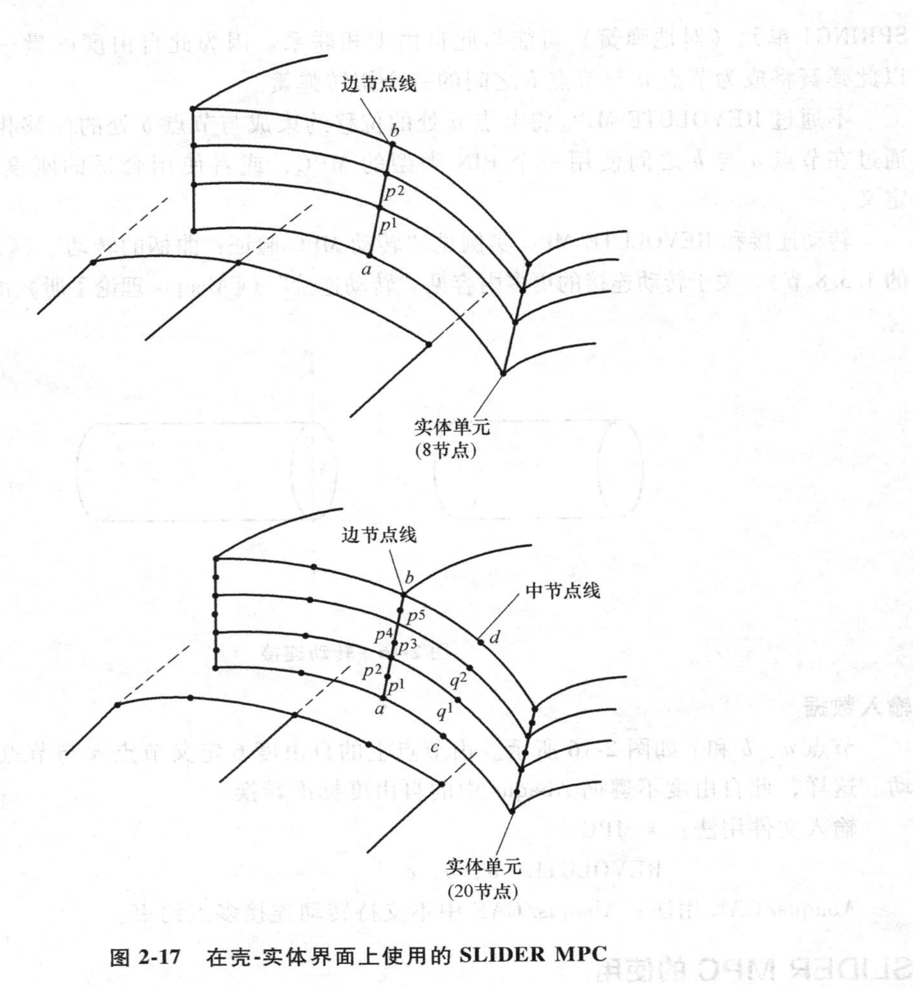

图 2-17 在壳-实体界面上使用的 SLIDER MPC

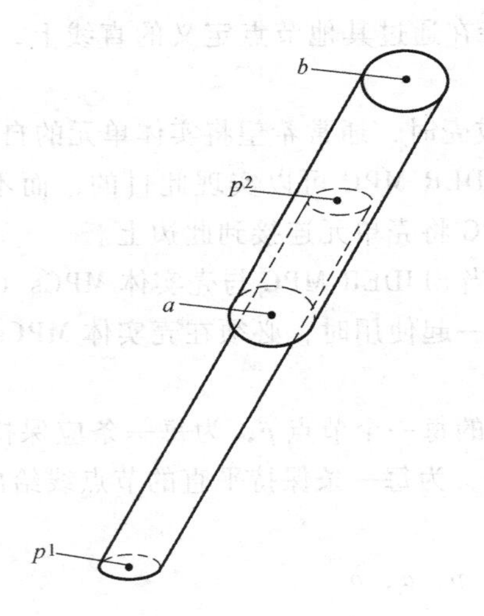

图 2-18 用来模拟伸缩梁的 SLIDER MPC

a、b—外管上的节点 p^1、p^2—内管上的节点

TIE MPC 的使用

TIE MPC 可使两个节点上的整体位移和转动以及其他有效自由度相等。如果两个节点上存在不同的有效自由度，则只约束那些相同的自由度。

当两部分网格上的对应节点完全连接在一起（“拉链连接上”一个网格）时，通常使用 TIE MPC 连接两部分网格。例如，当一个网格是在圆柱体上生成的时候，在 0°节点上的解和在 360°节点上的解必须是一样的。这可以通过在网格一端重新编号，或者为每一对相应的节点使用此类型的 MPC 来实现，如图 2-19 所示。

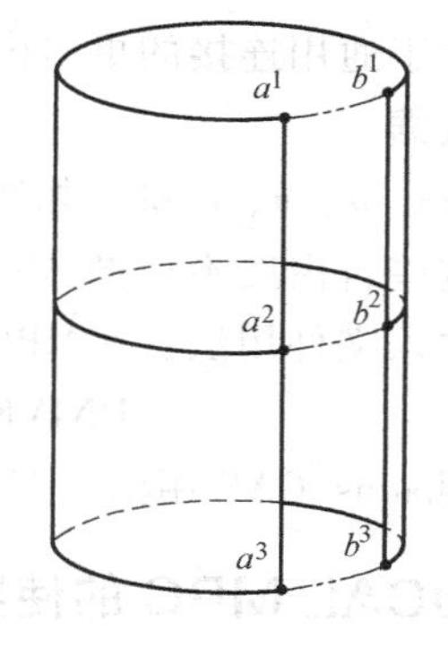

图 2-19　TIE MPC 使用实例

输入数据

节点 a 和 b 如图 2-19 所示。

输入文件用法：＊MPC

TIE，a，b

Abaqus/CAE 用法：使用下面的一个选项：

Interaction module：Create Connector Section：将 MPC 选择成 Connection Category 并且将 Tie 选择成 MPC Type

Interaction module：Create Constraint：MPC Constraint；将 Tie 选择成 MPC Type

UNIVERSAL MPC 的使用

此类型的 MPC 仅在 Abaqus/Standard 中可用。

通用连接是允许两个节点关于刚性连接的两根轴做相对转动的连接，并且每根轴随着连接的一个端部的转动而转动（图 2-20）。可以使用通用连接来耦合具有一定夹角的两个连杆。连接到节点 b 的第一根连接轴，在初始构型中定义成从节点 b 到节点 c 的线。如果这些节点是重合的，则假定连接轴是 z 轴。连接的第二根轴与第一根轴相交成直角，并且在通过第一根轴和节点 d 定义的平面内。

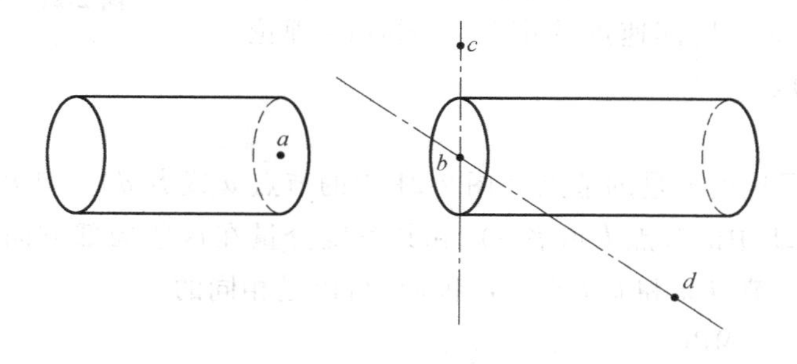

图 2-20　通用连接

连接中的相对转动是作为节点 c 和 d 上的自由度 6 存储的。模型中的其他部分可以使用这一自由度，但因为自由度 6 的非标准使用，所以应加以注意。例如，SPRING1 单元（对

地弹簧）可以连接到这些自由度中的一个上。因为此自由度度量一个相对转动，所以此弹簧将成为一个扭转弹簧，用来限制构件的相对转动。

不通过 UNIVERSAL MPC 将节点 a 处的位移约束成与节点 b 处的位移相同。这样，必须通过在节点 a 与 b 之间使用 PIN 类型的 MPC，或者使用合适的刚性分量来完成连接定义。

关于通用连接的更多内容见“通用连接”（《Abaqus 理论手册》的 6.6.4 节）。

输入数据

节点 a、b、c 和 d 如图 2-20 所示。节点 c 和 d 上的自由度定义连接中的相对转动，这样，这些自由度不遵循 Abaqus 中的自由度标准转换。

输入文件用法：＊MPC

UNIVERSAL, a, b, c, d

Abaqus/CAE 用法：Abaqus/CAE 中不支持通用连接多点约束。

V LOCAL MPC 的使用

此 MPC 类型仅在 Abaqus/Standard 中可用。

如图 2-21 所示，V LOCAL MPC 约束与第一个节点 a 上的自由度 1、2 和 3 相关联的速度分量，使其等于第三个节点 c 上沿着局部的转动方向的速度。这些局部方向转动依据第二个节点 b 上的转动。在初始构型中，第一个局部方向是从该 MPC 类型的第二个节点到第三个节点（从 b 到 c，如图 2-21 中箭头所示）；如果这些节点重合，则第一个局部方向为 z 轴方向。其他局部方向是根据标准 Abaqus 约定来定义的（见“约定”，《Abaqus 分析用户手册——介绍、空间建模、执行与输出卷》的 1.2.2 节）。在图 2-21 中，此 MPC 以与 a、b 和 c 相同的方式施加于节点 d、e 和 f。

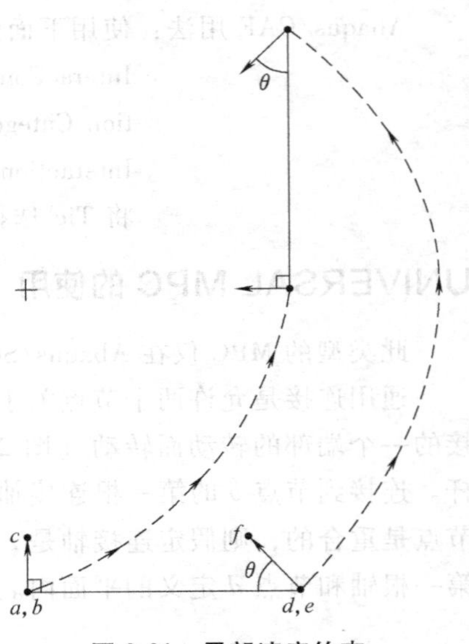

图 2-21　局部速度约束

V LOCAL MPC 对于定义模型内的复杂运动是有用的。例如，可以使用 V LOCAL MPC 来模拟动力学分析中汽车的转向，可研究其中产生的惯性的影响。局部速度约束的详细内容见“局部速度约束”（《Abaqus 理论手册》的 6.6.5 节）。

输入数据

需要给出约束了速度分量的节点（图 2-21 中的节点 a 或者 d），其转动定义了局部方向转动的节点（图 2-21 中的节点 b 或者 e）和其速度分量在这些局部方向上的节点（图 2-21 中的节点 c 或者 f）。节点 a 和 b（或者 d 和 e）可以是相同的。

输入文件用法：＊MPC

V LOCAL, a, b, c

V LOCAL, d, e, f

Abaqus/CAE 用法：Abaqus/CAE 中不支持局部速度分量多点约束。

用于过渡的 MPC

SS LINEAR　将壳节点约束到线性单元（S4、S4R、S4R5、C3D8、C3D8R、SAX1、CAX4 等）的实体节点上。

SS BILINEAR(S)　将壳节点约束到二次单元（S8R、S8R5、C3D20、C3D20R、SAX2、CAX8 等）边线的实体节点线上。

SSF BILINEAR(S)　将二次壳单元（S8R、S8R5）的中节点约束到具有 20 个节点的长方体（C3D20、C3D20R 等）的中面线上。

模拟壳-实体单元的过渡

SLIDER MPC、SS LINEAR MPC、SS BILINEAR MPC 和 SSF BILINEAR MPC 允许在壳表面上，模拟从壳单元到实体单元模型的过渡。可以使用此模拟技术得到壳-实体界面或者其他不连续部分的解，其中局部模型应当使用完全三维理论，但是结构的其他部分可以模拟成壳。也可以使用壳-实体子模型功能（“子模型：概览”，《Abaqus 分析用户手册——分析卷》的 5.2.1 节）和基于面的壳-实体耦合约束（“壳-实体耦合”，2.3.3 节）来得到更精确的解，而且其建模工作量较小。

在 Abaqus/Standard 中，MPC 假设壳与实体单元之间的界面是一个包含沿着网格的交线并垂直于壳的面，这样，界面实体网格一侧的节点线在界面的法向上是直线（图 2-17 中的线 a、p^1、p^2、…、b 以及图 2-22 和图 2-23 中的线 p^1、p^2、…、p^n 应为直线）。MPC 还假设实体单元上的节点在界面上间隔均匀，如图 2-17、图 2-22 和图 2-23 所示。对于边界上的壳单元，如果适用的话，可使用 SS LINEAR MPC、SS BILINEAR MPC 或者 SSF BILINEAR MPC，将壳节点约束到一定厚度以下的实体单元节点对应线或者对应面上。然后，使用 SLIDER MPC 约束一定厚度以下的线上内部节点，使其保持在通过该线由底部和顶部节点定义的直线上。相关实例见“ * MPC”（《Abaqus 基准手册》的 5.1.17 节）。

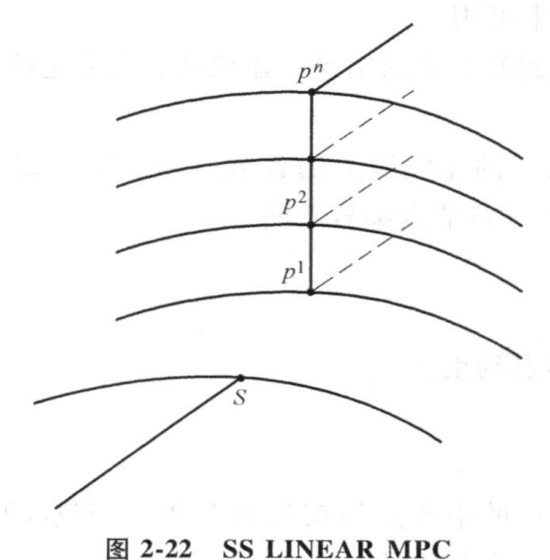

图 2-22　SS LINEAR MPC

（将 4 节点的壳约束到 8 节点的块上）

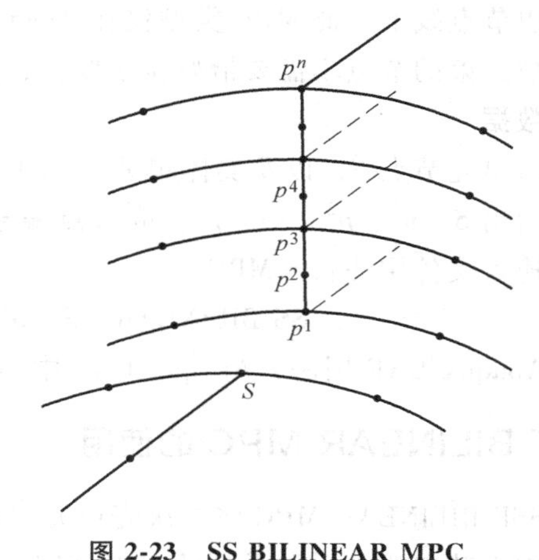

图 2-23　SS BILINEAR MPC

（将 8 节点的壳约束到 20 节点的长方体边上）

SS BILINEAR MPC 和 SSF BILINEAR MPC 不适合与可变节点实体单元（C3D27、C3D27H、C3D27R 和 C3D27RH）一起使用。

在 Abaqus/Standard 中，SS LINEAR MPC、SS BILINEAR MPC 和 SSF BILINEAR MPC 去除壳节点上的所有位移分量和两个转动分量，并且 SLIDER MPC 去除界面上每一个实体单元内部节点处的两个位移单元。这样，界面上需要的边界条件（如当壳/实体界面与对称平面相交时）只能施加到界面实体单元侧的顶部和底部节点上。

SS LINEAR MPC 的使用

SS LINEAR MPC 将壳拐角节点约束到线性实体单元（S4、S4R 或者 S4R5；C3D8、C3D8R、SAX1、CAX4 等）的边节点线上。

被约束的节点不需要恰好位于线上，但是为了得到有意义的结果，建议使它们靠近线。

输入数据

给出壳节点 S，以及实体单元网格上一定厚度以下的相应线上的各节点。在 Abaqus/Explicit 中，只能给出两个实体节点。如图 2-22 所示，在 Abaqus/Standard 中给出 S、p^1、p^2、…、p^n，在 Abaqus/Explicit 中给出 S、p^1、p^n（$n \geqslant 2$）。壳节点编号必须与实体网格节点编号不同。

输入文件用法：Abaqus/Standard 中使用以下选项：

*MPC

SS LINEAR，S，p^1，p^2，…，p^n

Abaqus/Explicit 中使用以下选项：

*MPC

SS LINEAR，S，p^1，p^n

Abaqus/CAE 用法：Abaqus/CAE 中不支持过渡多点约束。

SS BILINEAR MPC 的使用

SS BILINEAR MPC 将二次壳单元的拐角节点（S8R、S8R5）约束具有到 20 个节点的长方体边节点线上。此 MPC 类型仅在 Abaqus/Standard 中可用。

被约束的节点不需要恰好位于线上，但是为了得到有意义的结果，建议使它们靠近线。

输入数据

给出壳节点 S，以及实体单元网格上一定厚度以下的相应线上的各节点。如图 2-23 所示，给出 S、p^1、p^2、…、p^n。壳节点编号必须与实体网格节点编号不同。

输入文件用法：*MPC

SS BILINEAR，S，p^1，p^2，…，p^n

Abaqus/CAE 用法：Abaqus/CAE 中不支持过渡多点约束。

SSF BILINEAR MPC 的使用

SSF BILINEAR MPC 将二次壳单元（S8R、S8R5）的中节点约束到具有 20 个节点的长方体中面节点线上。此类型的 MPC 仅在 Abaqus/Standard 中可用。

被约束的节点不需要恰好位于线上，但是为了得到有意义的结果，建议使它们靠近线。

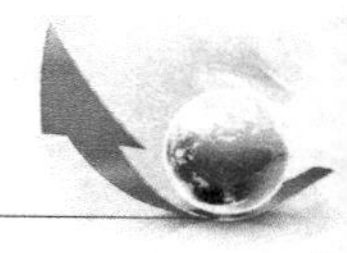

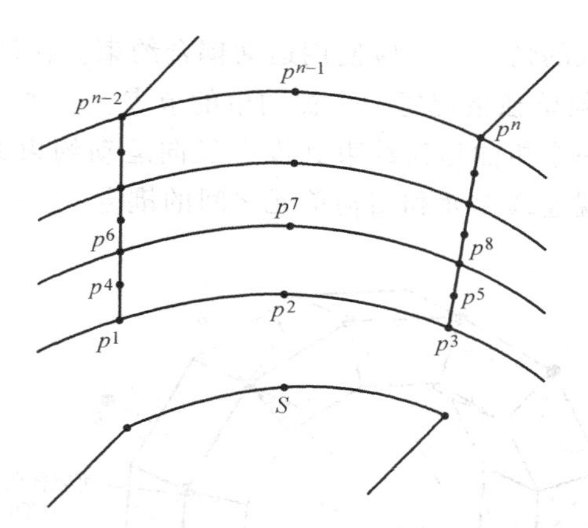

图 2-24 SSF BILINEAR MPC（将 8 节点壳的中节点约束到 20 节点长方体的面上）

输入数据

给出壳节点 S，然后按图 2-24 所示顺序给出 p^1、p^2、…、p^n。

输入文件用法：* MPC

SSF BILINEAR，S，p^1，p^2，…，p^n

Abaqus/CAE 用法：Abaqus/CAE 中不支持过渡多点约束。

2.2.3 运动耦合约束

产品：Abaqus/Standard

参考

- “运动约束：概览”，2.1 节
- * KINEMATIC COUPLING

概览

运动耦合约束：

- 将节点集的运动限制为由参考节点定义的刚体运动。
- 可以仅施加到多个约束节点中用户指定的自由度上。
- 可以相对于多个约束节点处的局部坐标系来定义。
- 可以用在几何线性或者非线性分析中。

施加此类型运动约束的优先方法在“耦合约束”（2.3.2 节）中进行了描述。

典型应用

在将大量节点（“耦合”节点）约束到单个节点的刚体运动中，并且参与约束的自由度

是在局部坐标系中单独选取的情况下，应使用运动耦合约束。在许多这样的情况中，要么不能使用多个 MPC，要么必须单独指定每一个被约束的节点。一个典型的例子如图 2-25 所示，图中使用运动耦合约束将一个扭曲运动约束到没有径向运动约束的模型中。在其他应用中，可以使用运动耦合约束实现连续单元和结构单元之间的耦合。

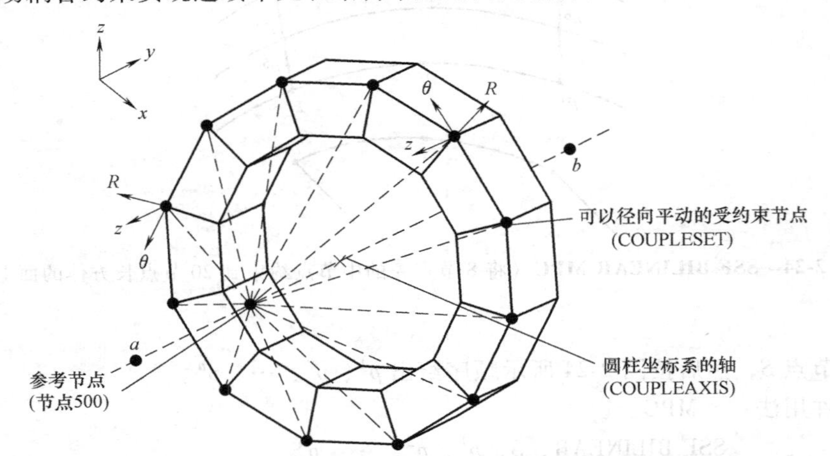

图 2-25　将转动传递到允许径向运动的结构中的运动耦合约束

定义约束

定义运动耦合约束需要指定一个参考节点、多个耦合节点和这些节点上受约束的自由度。参考节点既具有移动自由度，又具有转动自由度。

运动约束是通过去除耦合节点处的自由度来施加的。如果约束了耦合节点处的组合位移自由度，则不能在已经包含了运动耦合约束的耦合节点上施加附加位移约束，如多个 MPC、边界条件或者其他运动耦合定义。对转动自由度应用相同的约束。

输入文件用法：要约束所有可用的自由度：

*KINEMATIC COUPLING, REF NODE=节点

耦合节点编号或者节点集

要约束单个自由度：

*KINEMATIC COUPLING, REF NODE=节点

耦合节点编号或者节点集，自由度

要约束一个自由度的范围：

*KINEMATIC COUPLING, REF NODE=节点

耦合节点编号或节点集，第一个自由度，最后一个自由度

要指定约束自由度的非连续列表，在后续数据行上重复节点编号或者节点集。例如，使用下面的输入将节点 10 上的自由度 1、2、3 和 6 约束成参考节点 5 的运动：

```
*KINEMATIC COUPLING, REF NODE=5
10, 1, 3
10, 6
```

平动自由度

平动自由度是通过去除耦合节点上的指定自由度进行约束的。当定义了所有的平动自由度时，耦合节点将随参考节点做刚体运动。

转动自由度

所选转动自由度的所有组合产生与现有 MPC 类型一样的转动行为。特殊情况如下：

- 选取沿着三个位移自由度的三个转动自由度，等同于 BEAM MPC。
- 选取两个转动自由度，等同于 REVOLUTE MPC。
- 选取一个转动自由度，等同于 UNIVERSAL MPC。

内部节点是通过运动耦合来创建的，强制施加相当于 REVOLUTE MPC 和 UNIVERSAL MPC 的效果。这些节点具有与这些 MPC 类型中附加节点相同的自由度，并且包含在非线性分析的残余检查中。

定义局部坐标系

用户可以在局部坐标系中定义耦合节点上的约束自由度，来替代（默认的）整体坐标系中的定义（见“方向”，《Abaqus 分析用户手册——介绍、空间建模、执行与输出卷》的 2.2.5 节）。图 2-25 所示为局部坐标系定义与运动耦合约束一起使用，来约束除节点集到一个参考节点的径向位移以外的其他运动。在此例中，定义了一个局部圆柱坐标系，使其轴与所分析结构的轴重合。然后在此局部坐标系中定义耦合节点约束。该例要求将受约束的节点连接到连续单元中，这样，只需要定义平动自由度。

输入文件用法：＊KINEMATIC COUPLING，REF NODE＝节点，ORIENTATION＝名称

例如，使用以下输入定义图 2-25 中的运动耦合约束：

```
*ORIENTATION, SYSTEM=CYLINDRICAL, NAME=COUPLEAXIS
0.0, -1.0, 0.0, 0.0, 1.0, 0.0
*KINEMATIC COUPLING, REF NODE=500,
ORIENTATION=COUPLEAXIS
COUPLESET, 2, 3
```

约束方向和有限转动

在几何非线性分析步中，定义了自由度约束的坐标系将随着参考节点转动，无论是否已在整体坐标系或者局部坐标系中定义了受约束的自由度。这样，图 2-25 所示的约束不限制结构任意转动上的自由径向运动。在此情况下，将径向运动定义成垂直于结构的轴（在未变形的构型中，通过图形中的节点 a 和 b 来定义）的运动，并以该轴为基准随参考节点转动。这样，对于参考节点的一般转动，图 2-25 所示的自由径向转动将不以平行于 y 轴的轴为基准，而是以随着结构转动的轴为基准。约束自由度的选取不影响约束方向的转动。

2.3 基于面的约束

2.3.1 网格绑缚约束

产品：Abaqus/Standard　　Abaqus/Explicit　　Abaqus/CAE

参考

- “表面：概览”，《Abaqus 分析用户手册——介绍、空间建模、执行与输出卷》的 2.3.1 节
- *TIE
- “定义绑缚约束”，《Abaqus/CAE 用户手册》的 15.15.1 节
- “使用接触和约束探测”，《Abaqus/CAE 用户手册》的 15.16 节

概览

基于面的绑缚约束：

- 在仿真过程中将两个面绑缚在一起。
- 仅可以与基于面的约束定义一起使用。
- 仅可以用于力学、耦合的温度-位移、耦合的热-电-结构、声学压力、耦合的声学压力-位移、耦合的孔隙压力-位移、耦合的热-电或者热传导仿真。
- 可以用来创建面上的约束，使其随三维梁运动。
- 可用于网格细分，特别是对于三维问题。
- 允许模型中的网格密度快速过渡。
- 对从面上的节点进行约束，使其具有与主面上最靠近它的节点相同的运动和相同的温度、孔隙压力、声学压力或者电位。
- 默认情况下，将考虑面所依附壳单元的初始厚度和偏置。
- 如果可能，则去除受约束的从面节点所具有的自由度。

为一对面定义绑缚约束

用户可以使用基于面的绑缚约束使一对面的平动和转动运动，以及其他有效自由度相等。默认情况下，如下面所讨论的那样，仅在两面彼此靠近的部位对节点进行绑缚。将约束中的一个面定义成从面，另外一个面是主面。必须为此约束赋予一个名称，并在后续处理中与 Abaqus/CAE 一起使用。

输入文件用法：*TIE，NAME=名称
　　　　　　　从面名称，主面名称

Abaqus/CAE 用法：Interaction module：Create Constraint：Tie

定义要约束的面

基于单元或者节点的面可以用作从面。任何面类型（基于单元的、基于节点的或者分析的）均可以用作主面。用户可能需要考虑一些面约束是基于哪个绑缚方程，以及分析是在 Abaqus/Standard 中还是在 Abaqus/Explicit 中进行的。可以使用两个绑缚方程：Abaqus/Standard 中默认使用的面-面方程，以及 Abaqus/Explicit 中默认使用的更加传统的节点-面。下文中将对这些方程进行更加详细的讨论。表 2-1 和表 2-2 中列出了不同方程和面的特征对比。

表 2-1　基于面的绑缚方程的特征对比

绑缚方程	应力精度优化	允许用于基于节点的面	允许用于刚性和可变形子区域的组合	主面和从面之间共享节点/面的处理
面-面（Abaqus/Standard 或者 Abaqus/Explicit）	是	转化为节点-面方程	否	自从面中去除
Abaqus/Standard 中的节点-面	否	是	否	自从面中去除
Abaqus/Explicit 中的节点-面	否	是	是	自主面中去除

面-面方程通常可以避免绑缚截面处的应力噪声。如表 2-1 和表 2-2 中所说明的那样，只对面-面方程施加一些面限制：如果使用了基于节点或者边的面，则此方程将转化为节点-节点方程。面-面方程不允许用于刚性和可变形子区域的组合，并且主面上不允许包含 T 形交线。从面与主面之间的共享节点将不被面-面方程绑缚。对于面-面方程，在这些表中对 Abaqus/Standard 和 Abaqus/Explicit 都应用同样的注解。

更加传统的节点-面方程将在 Abaqus/Standard 中施加附加的面限制；但是相比于面-面方程，其在 Abaqus/Explicit 中施加的限制更少。在 Abaqus/Standard 中，对于节点-面绑缚方程，在表 2-2 中对主面连续性上相对严格的限制进行了说明：必须对主面进行简单的连接，并且不允许包含复杂的交线，如 T 形交线（具有不同连续性特征的面实例见“在 Abaqus/Standard 中定义接触对”，3.3.1 节）。

表 2-2　允许使用基于面的绑缚方程的基于单元的面特征对比

绑缚方程	面特征（是=允许，否=不允许）			
	双侧	不连续	T 形交线	基于边
面-面（Abaqus/Standard 或者 Abaqus/Explicit）	主面：是 从面：是	主面：是 从面：是	主面：否 从面：是	如果存在基于边的面，则转化为节点-面方程
Abaqus/Standard 中的节点-面	主面：是 从面：是	主面：是 从面：是	主面：否 从面：是	主面：是 从面：是
Abaqus/Explicit 中的节点-面	主面：是 从面：是	主面：是 从面：是	主面：是 从面：是	主面：是 从面：是

在 Abaqus/Explicit 中使用节点-面方程的差别见表 2-1：可以使用部分刚性面，并且对从面和主面共用部分的处理方法是唯一的。如果主面和从面都是基于单元或者基于节点的，则自动去除主面和从面之间的共用节点和面的，以使得可以使用在整个模型上定义的同一主面

来绑缚多个从面（在模型的不同区域中定义）。这是一种定义大模型中约束的简便方法，因为不需要为每一个面对定义专用主面。但应注意，从面不应包含与之绑定的相对表面上的部分（例如，如果主面和从面相同，则将不会生成绑缚约束）。在 Abaqus/Explicit 的节点-面方程中，应将连接到从面与主面共用节点的面，从需要绑缚的从节点中去除。当网格从一种单元类型转变成另一种单元类型，或者从一种单元大小转变成另一种单元大小时，两个区域的界面上可能存在共同的节点。通常，绑缚约束是在两个区域的界面上定义的，从而可将两个网格缝合到一起。在这种情况下，可能会将界面上的共同节点绑缚到相邻面上，从而造成由绑缚调整产生的不期望的网格扭曲。避免这种网格扭曲的方法是为绑缚对定义一个非常小的位置容差。当主面和从面在网格过渡区域界面处存在共同节点时，可能出现的另一种情况是没有绑缚共同节点附近的从节点。这种情况是由于去除了连接到共有节点的主面而引起的。因此，用户必须确保不同网格区域中的单元不共用界面上的节点。对于共用节点，应为其定义占据相同物理位置的复制节点。

输入文件用法：使用 * SURFACE 选项来定义约束使用的从面和主面：

* SURFACE, NAME=从面名称
* SURFACE, NAME=主面名称

Abaqus/CAE 用法：在 Abaqus/CAE 中，用户可以在视口中直接选择一个或者多个面。此外，用户可以将面定义成使用 Surface 工具的面集合和边集合。

定义要约束的从节点子集

默认情况下，Abaqus 使用基于从节点与主面之间距离的位置容差准则，来定义要约束的节点。另外，用户可以定义一个包含要约束的从节点的节点集，而不必关注它们与主面之间的距离。

使用位置容差准则

默认的位置容差准则可确保在初始构型中，仅在从面和主面彼此靠近的地方绑缚节点。如图 2-26 所示，定义面 Comp1_surf 和 Comp2_surf，使其分别覆盖构件 1 和构件 2 暴露表面。这两个面可以在一个绑缚约束中用作从面和主面，来绑缚期望区域中的两个构件，因为仅有两个面之间的初始界面上的节点得到绑缚。

位置容差的默认值 d_{tol} 通常很容易产生期望的绑缚约束。面之间距离和位置容差默认值的计算方法将在下文中加以说明。用户可以在需要时更改位置容差。

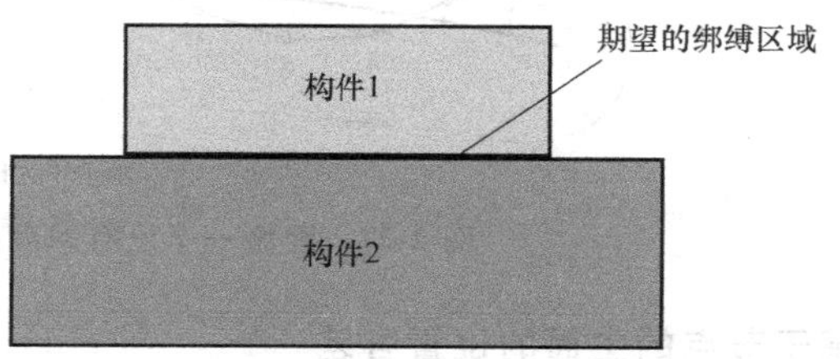

图 2-26 两个构件绑缚在一起的实例

输入文件用法：使用以下选项来使用默认的位置容差：

* TIE

使用以下选项来定义位置容差：

* TIE, POSITION TOLERANCE=距离

Abaqus/CAE 用法：Interaction module：Create Constraint：Tie：Position

Tolerance：Specify distance

计算面之间的距离

对于一个具体的从节点，以下因素将影响面之间距离的计算：

• 壳厚度。默认情况下，面之间距离的计算考虑壳厚度和基于单元或者主面的偏移影响。距离是从实际顶面或者底面开始测量的，取更加靠近另一个面的那个面。另外，用户可以定义忽略面厚度和偏移，这相当于通过调整节点位置来解决初始间隙问题（稍后讨论）。

输入文件用法：使用以下选项忽略距离计算中的面厚度和偏移：

*TIE，NO THICKNESS

Abaqus/CAE 用法：Interaction module：Create Constraint：Tie：Exclude shell element thickness

• 使用的是面-面约束方程还是节点-面约束方程（下文中进行了讨论）。如果定义了一个位置容差 d_{tol}，对于任何方程，若在从节点上计算得到的面之间的距离没有超过 d_{tol}，则在从节点上生成一个约束。如果沿着基于单元的从面使用了面-面约束方程，并且主面不是基于节点的，则可能绑缚额外的从节点，因为这种情况下将应用以下补充位置容差准则：如果面之间的距离位于从面上有意义部分（或者二维部分）的 d_{tol} 范围内，并且从面与主面之间的夹角小于 30°，则认为所有连接到此面（或部分）的从节点满足位置容差。

• 所涉及面的类型（基于单元的、基于节点的或者分析的）。

基于单元的主面的位置容差

对于节点-面和面-面绑缚方程，基于单元的主面的默认位置容差分别是典型的主面对角线长度的 5% 和 10%。当使用基于单元的主面时，从面中某一具体点上的面之间的距离，是基于主面上离其最近的点（可能位于主面的边上或者在一个面中）测得的。图 2-27 所示为一个没有厚度的例子：节点 2~14 满足节点-面和面-面约束方程的位置容差准则。末端从属部分的有意义部分（即连接节点 1 和节点 2 的部分区域以及连接节点 14 和节点 15 的部分区域）在所显示的位置容差范围内，这样节点 1 和节点 15 也将满足面-面约束方程的位置容差准则，除了在从面和主面之间的夹角略大于 30°的那些位置上的面。

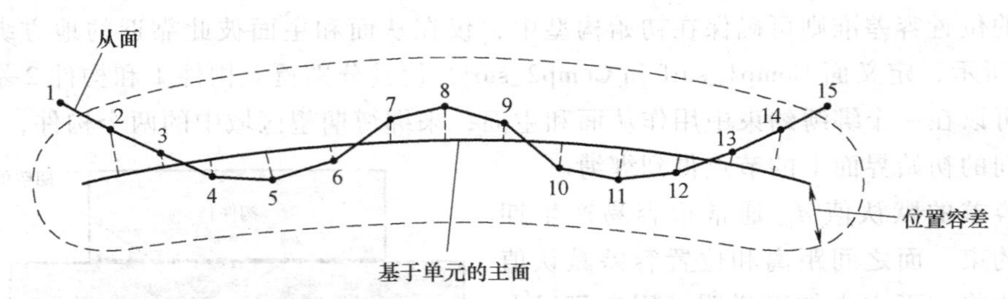

图 2-27　围绕一个没有厚度的基于单元的主面的位置容差区域

基于节点的主面的位置容差

基于节点的主面的默认位置容差是基于主面中节点之间的平均距离的（图 2-28）。对于某一具体从节点，面之间的距离是基于离该从节点最近的主节点测得的。如果此距离小于位置容差，则 Abaqus 将在从节点、最近的主节点与类似于附近从节点的其他主节点之间建立绑缚约束。对于跨过绑缚界面的不匹配网格，从节点与主节点之间的距离可能远大于面之间的“法向”距离，当与基于节点的主面使用相同的位置容差准则时，可以导致混淆。对于

基于节点的主面，面-面约束方程将转换成节点-面约束方程。

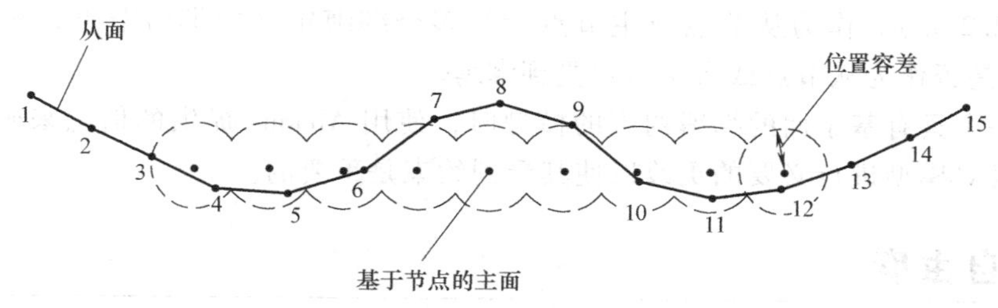

图 2-28 围绕一个没有厚度的基于节点的主面的位置容差区域

分析型刚性主面的位置容差

对于节点-面和面-面绑缚方程，基于单元的从面与分析型刚性主面之间的默认绑缚位置容差分别是典型从面对角线长度的5%和10%。基于节点的从面与分析型刚性主面之间的默认绑缚约束位置容差，是典型从面节点之间距离的5%。当使用分析型刚性主面时，对于从面上某一具体点的面之间距离，是基于主面上离该点最近的点测得的。

直接定义受约束的节点

此方法允许用户直接对需要绑缚的节点进行控制。

输入文件用法：* TIE，TIED NSET=节点集符号

Abaqus/CAE 用法：Abaqus/CAE 中不支持直接定义受约束的节点。

约束对当中未受到约束的节点

Abaqus 不将从节点约束到主面上，除非它们包含在绑缚节点集中，或者在分析开始时处于到主面的容差距离内，如上面所讨论的那样。在仿真过程中，不满足这些准则的节点将保持不受约束，它们将不作为绑缚约束的一部分而与主面产生相互作用。在力学仿真中，一个不受约束的从节点可以自由地穿过主面，除非在从节点与主面之间定义了接触。Abaqus/Explicit 中的通用接触算法，将自动为绑缚约束对相应约束节点的从节点-主面组合建立接触，但是不为约束的位置容差之外的节点生成这样的接触。在热、声学、电或者孔隙压力仿真中，不受约束的从节点将不与主面交换热量、流体压力、电流或者孔隙流体压力。

确定受绑缚和不受绑缚的从节点

对于每一个绑缚约束对，Abaqus 将创建一个包含受绑缚从节点的节点集和一个包含不受绑缚从节点的节点集。在 Abaqus/CAE 中的后处理过程中可以得到这些节点集；在 Abaqus/CAE 中，则将它们作为内部节点集列出。

此外，如果要求了模型定义数据，Abaqus 将在数据（.dat）文件中打印一个表格，列出每一个从节点及其被绑缚的主面节点（见“输出”中的“控制写入到数据文件的分析输入文件过程信息的大小”，《Abaqus 分析用户手册——介绍、空间建模、执行与输出卷》的4.1.1节）。如果不能对给出的从节点形成约束，则 Abaqus/Standard 将在数据文件中发出一个警告信息。

在 Abaqus/Explicit 中，用户也可以使用节点的两个场输出变量：TIEDSTATUS 用于确定受约束的和不受约束的从节点，TIEADJUST 用来可视化在多个节点上执行的调整（见

"Abaqus/Explicit 输出变量标识符"，《Abaqus 分析用户手册——介绍、空间建模、执行与输出卷》的 4.2.2 节）。作为从节点或主节点参与多个绑缚定义的绑缚节点，显示为"绑缚的"，无论它是否作为从节点或者主节点受到绑缚。

当创建一个具有基于面的绑缚约束的模型时，使用 Abaqus 提供的信息来确定不受约束的节点，并且对模型进行必要的更改以使其受到约束是重要的。

约束转动自由度

默认情况下，当在从面和主面上都存在转动自由度时，Abaqus 将对其进行约束（图 2-29）。用户可以定义不应受绑缚的转动自由度。

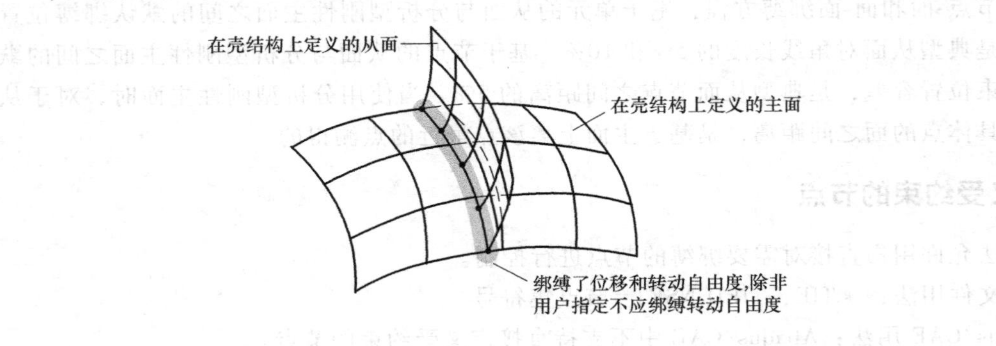

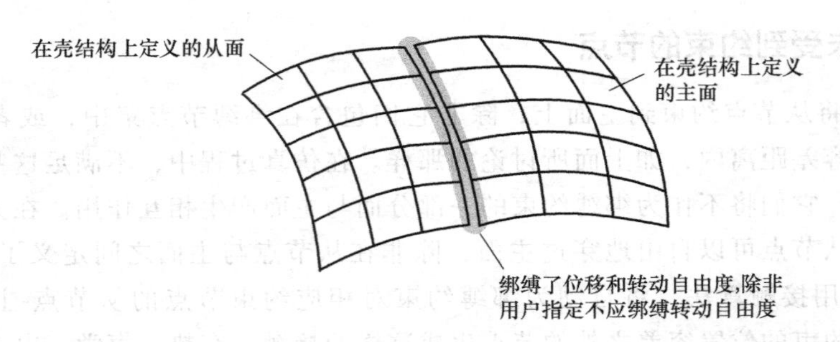

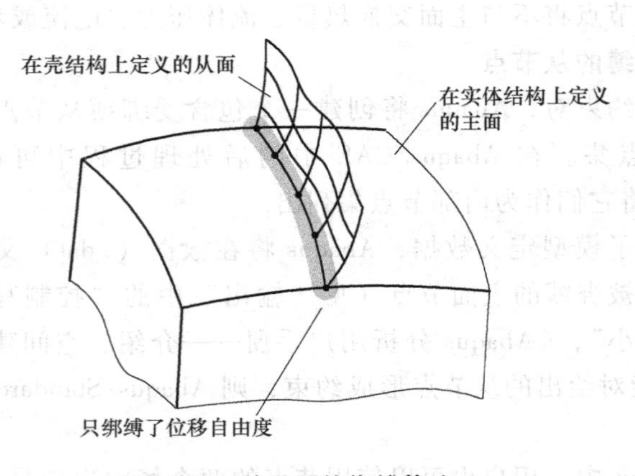

图 2-29 基于面的绑缚算法

输入文件用法：＊TIE，NO ROTATION

Abaqus/CAE 用法：Interaction module：Create Constraint：Tie：切换打开 Tierotational DOFs if applicable

在 Abaqus/Standard 中约束具有循环对称结构的面

可以在边界包围有循环对称结构的可重复扇形结构面上，强制施加合适的约束（见“表现出循环对称的模型的分析”，《Abaqus 分析用户手册——分析卷》的 5.4.3 节）。这样便可以通过定义循环对称模型中的一个扇形及其循环对称轴来定义 360°的模型。循环对称模型可以用于以下过程中：静态、准静态、基于 Lanczos 求解技术的特征频率提取、基于模态叠加的稳态动力学和热传导。如果特征频率提取是在循环对称模型上执行的，则其他约束（多点约束、方程、刚体、耦合或者运动耦合）不能使用包含在循环对称约束中的节点。

输入文件用法：＊TIE，CYCLIC SYMMETRY

此参数仅能够与＊CYCLIC SYMMETRY MODEL 选项一起使用。

Abaqus/CAE 用法：Interaction module：Interaction→Create：Cyclic symmetry

基于面的绑缚约束方程

Abaqus 使用上面讨论的准则来确定将哪些从节点绑缚到主面上，然后在这些从节点与主面上的节点之间形成约束。对每一个从节点形成约束的关键方法是确定绑缚系数。使用这些系数从主节点到绑缚节点内插量。Abaqus 可以使用以下两种方法中的一种来生成系数：“面-面”方法或者“节点-面”方法。

如果将一个使用 Abaqus/Standard 执行的分析导入 Abaqus/Explicit 中，或者反之，则没有导入绑缚约束，必须重新对绑缚进行定义。如果导入的分析完全是原始分析的继续，则绑缚约束应尽可能一致。这样，用户应确保使用相同的约束类型。如果在原始的 Abaqus/Standard 分析中使用了默认的方法，则应在 Abaqus/Explicit 中使用面-面方法。类似的，如果在原始的 Abaqus/Explicit 分析中使用了默认的方法，则应在 Abaqus/Standard 分析中使用节点-面方法。

面-面方法

面-面方法可使得包含不匹配网格的绑缚界面具有最小化的数值噪声。面-面方法以平均方法在有限区域上强制施加约束，而不是如常用的节点-面方法那样在离散的点上施加约束。基于面的面-面绑缚约束方程类似于面-面接触方程（见“Abaqus/Standard 中的接触方程”，5.1.1 节），两者之间的根本区别是每一个基于面的绑缚约束仅包含一个从节点（和多个主节点），而每一个面-面接触约束则包含多个从节点。

Abaqus/Standard 中默认使用面-面方法，但存在下文所述的例外；在 Abaqus/Explicit 中，两种方法是可选的。对于 Abaqus/Standard 中绑缚在壳单元上的无限声学单元，面-面方法将显著增加成本，因此，在这种情况下，默认使用节点-面方法。如果“默认打开”或者明确指定使用面-面方法，则 Abaqus 自动将以下情况中的单个绑缚约束转换成节点-面方法：

• 如果被绑缚的任何一个面是基于节点的。

• 如果沿着从面法向的投影不与主面相交。

• 如果单边的从面和主面的法向在大致相同的方向上。

如果指定使用面-面方法，则 Abaqus/Explicit 可以自动为模型添加一个小的人工质量来保持数值稳定性。

面-面方法通常比节点-面方法的每个约束包含更多的主节点，这往往会增加 Abaqus/Standard 中求解器的带宽，从而会增加求解成本。在绝大部分应用中，增加的成本是相当小的，但在某些情况下成本将显著增加。以下因素（尤其是组合在一起时）将导致面-面方法变得非常昂贵：

• 模型中的大部分节点（自由度）受到绑缚

• 主面比从面得到更多细化

• 绑缚了壳的多层，这样会导致一个绑缚约束的主面成为其他绑缚约束的从面

输入文件用法：*TIE，TYPE=SURFACE TO SURFACE

Abaqus/CAE 用法：Interaction module：Create Constraint：Tie：Discretizationmethod：Surface to surface

“节点-面”方法

常用的“节点-面”方法（在 Abaqus/Explicit 中为默认选项，在 Abaqus/Standard 中是可选的）设置系数等于从节点在主面上投影点处的内插函数。在某种程度上，此方法对于复杂的面更加有效和稳定。

对于使用基于单元的主面建立绑缚系数的节点-面方法，计算得到在面上最靠近每一个从节点的点，并用这些点来确定将要来形成约束的主节点（图 2-30）。例如，用来约束节点 *a* 的节点 202、203、302 和 303，用来约束节点 *b* 的节点 204 和 304，以及用来约束节点 *c* 的节点 402。

输入文件用法：*TIE，TYPE=NODE TO SURFACE

Abaqus/CAE 用法：Interaction module：Create Constraint：Tie：Discretizationmethod：Node to surface

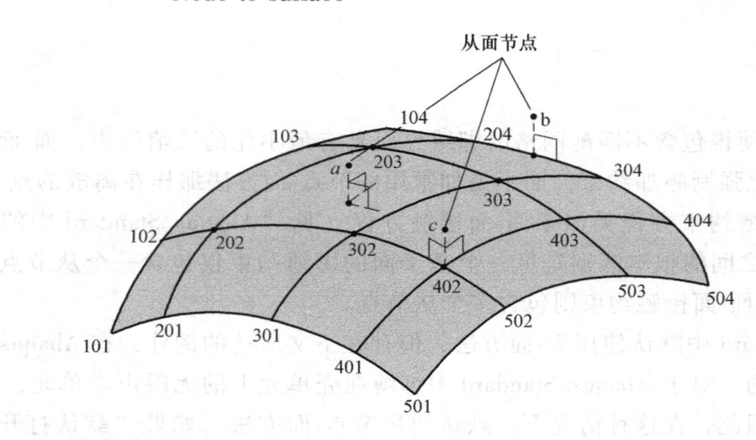

图 2-30　在基于单元的主面上搜寻最靠近 *a*、*b*、和 *c* 的点

选择基于面的绑缚约束的从面和主面

从面和主面的选择对求解精度具有显著影响，尤其是在使用节点-面方法时。对于面-面方法，其影响则是非常小的（并且精度通常更高）。在任何情况下，如果约束对中的两个面是可变形面，则为了得到最高的精度，应将主面选择成具有较粗糙网格的面。

在 Abaqus/Standard 中，不能使用刚性面作为绑定约束中的从面。为符合此规则，Abaqus/Standard 具有自动解决过约束的功能（见“过约束检查”，2.6 节）。在以下情况中，将更改绑定约束定义：

- 删除同一个刚体的两个面之间的绑定约束。
- 两个刚体的两个面之间的绑定约束是由各自刚体参考节点之间的一个 BEAM 类型连接器替代的。
- 对使用一个完全刚性的从面和一个完全可变形的主面定义的绑定约束进行更改，来反转其主、从属性，除非由于其他限制而无法实现反转（此时将发出一个错误信息）。

如果用户指定的从面是部分刚性的或部分可变形的，则不应该使用此方法。在此情况下，Abaqus/Standard 将发出一个错误信息。

在声学、结构-声学和弹性波传播问题中，当绑缚细化高度不同的网格时应当小心。如果两种介质具有不同的波速，则每种介质的细化网格将具有不同的单元长度：波速更快的介质将具有更大的单元长度。如果在绑缚约束中使用的面具有这些网格，则应将具有较细网格的面（波速较慢的介质）指定成从面。然而，在靠近绑缚面的区域中，两种介质中的物理波通常具有波速较慢介质的长度特征，即物理问题中的最小长度尺度。因此，如果这种现象是重要的，则应在接触区域附近将波速较快介质的网格长度重新定义成与波速较慢介质的网格长度相同。

调整表面并且考虑偏移

默认情况下，除以下情况外，Abaqus 将自动在初始构型中无应变地重新定位被绑缚的从节点来消除孔隙，从而使面恰好接触，在此过程中考虑壳厚度（除非用户已经指定不考虑厚度，如在位置容差准则中所讨论的那样），但是不考虑梁或者膜厚度。一个例外是当绑缚面之间的距离小于组合的半壳厚度时不进行调整。执行所有调整，其目的是使从面和主面不再分开，即调整的结果是参考面仅可以变得更加靠近。

建议用户指定允许自动调整，特别是在没有面转动的情况下。此时，Abaqus 将使用一个不变的偏移向量，当从节点没有恰好位于主面上时，可能发生刚体转动约束下的不正确行为。如果从面属于一个子结构，或者当从面或主面是基于梁单元的面时，不进行调整；在后面的情况中，应当将梁单元节点定位成相对另一面具有所需要的偏移。

输入文件用法：　　*TIE，ADJUST=YES 或者 NO

Abaqus/CAE 用法：　Interaction module：Create Constraint：Tie：切换 Adjust slave node initial position

调整准则

如果满足以下条件，则考虑对从节点进行调整：

• 从节点满足建立约束的所有有效的准则（因为它满足位置容差准则，或者属于受约束从节点的指定节点集，如前面所讨论的那样）。

• 考虑任何单元参考面与各自单元中面的偏移，从节点与其自身在主参考面上的投影之间的距离超过从面和主面的组合厚度。

对于基于单元的主面，从节点将向主面上离它最近的点移动；对于基于节点的主面，从节点将朝着离它最近的主节点移动。被调整节点的校正后位置，是由壳单元厚度，以及指定参考面相对于从面或者主面的壳中面偏移来联合决定的。图2-31所示为在两个基于壳单元的面绑缚在一起的情况中调整从节点位置的例子（在此例中，单元参考表面与单元中面偏离）。假设在调整之前，面之间的距离大于图2-31所示的距离，否则将不调整从节点位置。

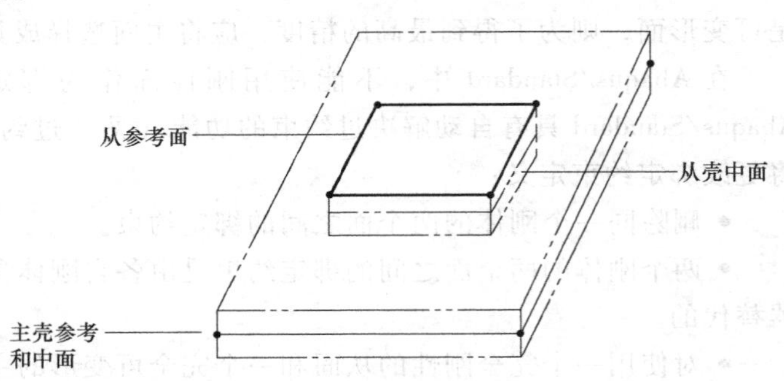

图2-31　为绑缚在一起的两个基于壳单元的面调整从节点位置（从属壳单元的偏移量为0.5）

仅对包括在用户定义的绑缚节点集中的从节点，或者满足上述容差准则的从节点进行调整。

重叠约束的调整

以分析开始时定义约束的顺序依次执行绑缚约束节点的调整。如果不同的约束或者接触定义包含相同的节点，则一些调整可能会造成前面执行的接触或者约束定义缺少灵活性。这些冲突在Abaqus/Explicit中较少发生，因为在Abaqus/Explicit中将自动调整“重叠约束”中讨论的顺序改变。在Abaqus/Standard中，可以通过改变约束和接触定义的执行顺序来避免这些冲突：应当首先将不同接触或者约束定义中的共同节点作为从节点来执行，然后再将其作为主节点。

输入文件用法：　要改变约束和接触定义的执行顺序，可在输入文件中改变定义的顺序。约束和接触定义是以它们出现的顺序来执行的。

Abaqus/CAE用法：　要改变约束和接触定义的执行顺序，可在模型中改变约束和相互作用的名称。约束和相互作用是根据其名称字母的顺序来处理的。

考虑绑缚面之间的偏移

Abaqus允许在绑缚面之间存在间隙。如果用户限制对绑缚面进行节点调整，则可能存在这样的间隙。即使执行了节点调整，也允许由于存在壳厚度而保留参考面之间的间隙。图2-32所示为考虑壳或者梁厚度的绑缚面之间可能存在参考面之间的偏移。

若至少有一个面是基于壳或者梁单元定义的；或者主面是分析型刚性面；或者对于基于节点的面，节点至少在一个具有有效转动自由度的面上，则当通过有限的距离将节点分开

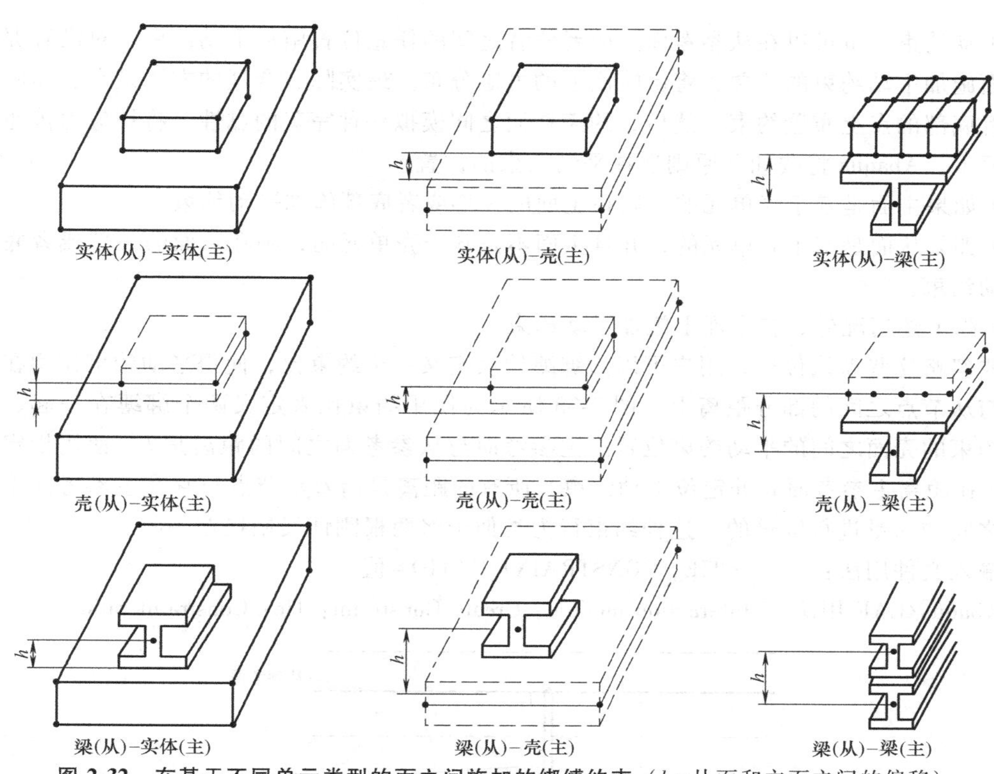

图 2-32 在基于不同单元类型的面之间施加的绑缚约束（h=从面和主面之间的偏移）

时，才能正确考虑刚体运动。

Abaqus 中面之间平移运动上的约束，本质取决于面之间是否存在偏移，以及哪个面具有转动自由度，如下面所讨论的那样。

没有面具有转动自由度

如果没有面具有转动自由度，则将从节点和主面上离它最近的点的整体平动自由度约束成相同的。当存在偏移时，Abaqus 将像节点不重合的 PIN MPC 那样通过固定的偏移来实施约束。因为固定偏移不转动，基于面的约束将无法正确限制刚体转动。当偏移为零时，约束将正确限制刚体运动。可以通过将所有绑缚的从节点移动到主面上来确保此行为。

只有一个面具有转动自由度

如果从面具有转动自由度，而主面没有转动自由度，则平动自由度在主参考面上的最近点处得到约束。当参考面偏移时，将基于约束力乘以偏移距离值对每一个从节点施加一个力矩。类似的，如果主面具有转动自由度，而从面没有转动自由度，则限制每一个从节点的平动运动，如果存在偏移，则对主面上的相关节点施加一个力矩。在任何一种情况下，基于面的约束将对刚体转动产生正确的作用，而不考虑偏移的大小。

两个面都具有转动自由度

如果两个面都具有转动自由度，没有偏移，并且转动是绑缚的，则像 TIE MPC 那样将每一个从节点约束到主面上。如果面之间存在偏移，则约束将像 BEAM MPC 那样在从节点与主参考面上离它最近的点之间产生作用。

如果没有绑缚转动，则 Abaqus 允许选择平动约束的位置。用户可以在主参考面上强制

施加平动约束，也可以在从参考面上或者两者之间的任意位置施加平动约束。对没有绑缚转动的面施加平动约束的位置，将影响面上的力矩分布。最实际、合理的方法是在实际面对顶部或者底部的点上布置约束。然后，约束在面之间模拟一种完美的黏性，将切应力传递到每一个面上。Abaqus 将按如下原则选择平动约束的位置：

• 如果主面是基于壳单元的，则在主面的顶部或者底部施加平动约束。

• 如果从面是基于壳单元的，并且主面不是基于壳单元的，则在从面的顶部或者底部施加平动约束。

• 除上述情况外，在主面上施加平动约束。

要忽略这些默认位置，用户可以为绑缚约束定义一个约束比，使得平动约束作用在主参考面与从节点之间的部分距离上。图 2-33 所示为使用约束比来定义两个绑缚在一起、没有转动约束的壳面之间的平动约束位置。主参考面与从参考面之间的距离是 b。使用指定的约束比 r 在距离主参考面 a 处定位平动约束。所有的距离是沿着从节点与它在主参考面上的投影点之间的向量进行度量的。这种约束行为类似于将两根刚性梁销接在一起。

输入文件用法：　　*TIE, CONSTRAINT RATIO=值

Abaqus/CAE 用法：Interaction module: Create Constraint: Tie: Constraint ratio

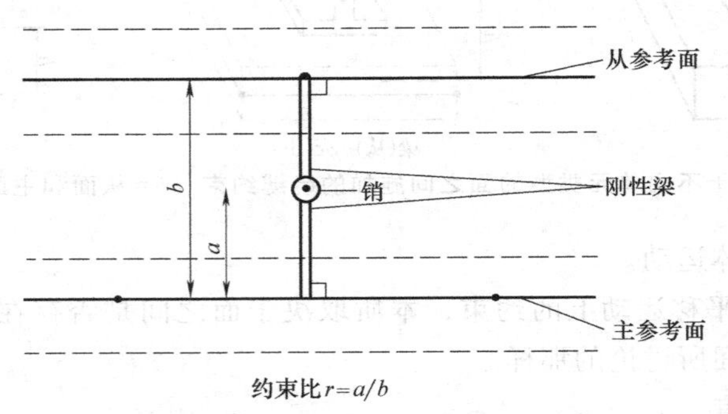

图 2-33　使用约束比定义平动约束位置

将面约束到三维梁上

一个绑缚约束的主面可以是基于三维梁单元的。在此情况下，对每一个从节点向着未变形梁单元的节点形成的线进行投射来找到投影点。在后续分析中，将每一个从节点的运动刚性地约束成其投影点的运动（平动或者转动），即每一个从节点与其投影点是通过一根刚性梁连接的。通过将其他单元约束到一个基于梁单元的主面上，可以模拟（复杂的）梁截面与其周围结构之间的相互作用，而无需使用连续单元和（或者）壳单元来模拟梁。此特征对于模拟声学-结构相互作用是特别有用的。

注意：Abaqus/CAE 当前不支持基于梁单元的主面。

在非力学仿真中使用绑缚约束

基于面的绑缚约束功能可以用来约束从面和主面上的自由度，包括电位、孔隙压力、声

压力和/或者温度自由度的模型中。除了被约束的自由度类型，Abaqus 对于非力学仿真中的绑缚约束使用完全一样的方程，就像处理力学仿真那样。通常，绑缚两个面共有的自由度，并且不约束其他自由度。

此规则的例外是结构-声学约束。这里，流体面上的声压与实体面上的位移之间的合适关系是在内部建立的（见“声学、冲击和耦合的声学-结构分析”，《Abaqus 分析用户手册——分析卷》的 1.10.1 节）。唯一受影响的是面上的位移和/或者压力自由度；在此情况下，绑定约束忽略转动。

内部计算的结构-声学耦合条件使用面区域以及与从面单元相关联的法向。结构-声学绑缚面中的从面不能是基于节点的面。在二维分析中，需要定义从属单元的法向厚度。通常，在从面单元的截面定义上指定此厚度。然而，当梁单元作为约束对中的从面与声学单元绑缚时，为梁指定法向上的单位厚度。

在 Abaqus/Standard 中，用户可以定义实体介质与扩展到无限面的声学介质无限单元之间的耦合。这些面是使用声学单元的边和实体介质中编号为 2 或大于 2 的无限单元边来定义的。可以仅通过一个基于面的绑缚约束来耦合实体介质的无限面和声学无限单元。如图 2-34 所示，声学无限单元必须是从属单元，并且声学无限单元的边应位于所指定实体介质无限单元基础面的位置容差之内。

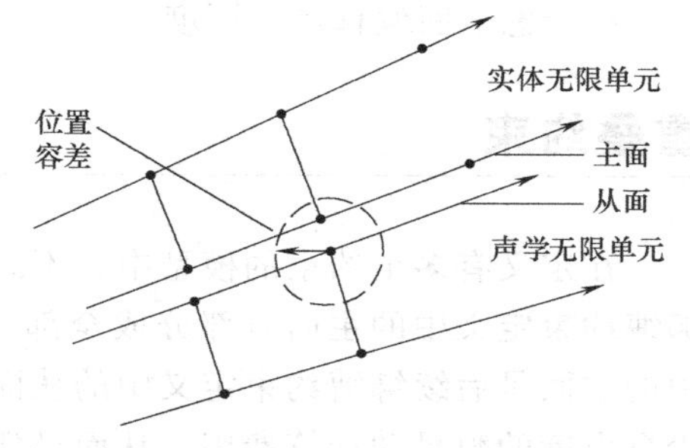

图 2-34　使用基于面的绑缚约束定义实体介质与声学介质无限单元之间的耦合

如果需要将声学无限单元的基础面耦合到实体介质有限单元、实体介质无限单元或结构单元，则可以使用基于面的绑缚约束或者声学-结构相互作用单元。在 Abaqus/Explicit 中，基于面的绑缚约束不能与在实体介质无限单元上定义的面一起使用。

表 2-3 中列出了可能的从面-主面对。对于未在此表中列出的从面-主面对，Abaqus 将发出一个错误信息。

表 2-3　可能的从面-主面对

从面	主面	绑缚的自由度
声学	声学	声压
声学	应力	平动
应力	声学	声压
应力	应力	平动和/或者转动
热-应力	应力	平动和/或者转动
应力	热-应力	平动和/或者转动
热-应力	热-应力	温度、平动和/或者转动
以下面对仅在 Abaqus/Standard 中可用		
热传导	热传导	温度
电-热	热传导	温度
热传导	电-热	温度
电-热	电-热	温度和电位
孔隙-应力	孔隙-应力	孔隙压力和平动
孔隙-应力	应力	平动
应力	孔隙-应力	平动

Abaqus/Standard 中绑缚约束与绑缚接触的对比

在 Abaqus/Standard 中使用基于面的绑缚约束代替“在 Abaqus/Standard 中定义绑定接触”（3.3.7 节）中讨论的绑缚接触，具有以下优势：

- 将去除从面节点的自由度。
- 绑缚约束在控制算子矩阵的波前大小方面更加有效，因为与每一个从节点关联的主面节点更少。
- 可以绑缚转动自由度以及平动自由度。
- 绑缚约束更为通用，因为它们允许所有面使用。
- 考虑了面偏移和壳厚度。

重叠约束

在定义有多个约束的模型中，不同的绑缚约束定义中的从面和主面可能相交。如果两个绑缚约束定义中的主面有部分或全部相同，或者面的绑缚是分层的（即一个绑缚约束定义中的主面是后续绑缚约束定义中的从面），则 Abaqus 将试图将约束定义联系到一起。这将减少自由度的数量和计算费用，从而导致更少的运行时间。然而，在一个具有多绑缚约束定义的模型中，如果一个绑缚约束定义中从面上的节点是其他绑缚约束定义的部分从面，则会发生过约束。在绝大部分情况下，过约束是由于存在冗余约束引起的，并且去除此冗余约束是安全的。但是，约束冲突也会引起过约束，在此情况下，问题是由用户应当纠正的模拟错误引起的。如果没有确定重叠约束，则删除不同约束来避免过约束将引起仿真结果的变化。在可能的情况下，建议用户对约束定义的从面和主面进行排序来避免从面之间的相交。见“重叠约束的调整”中讨论的重叠约束的初始无应变调整。

Abaqus/Standard 中的过约束从节点

如下面所讨论的那样，如果出现过约束，则 Abaqus/Standard 将发出一个错误信息，除非该约束是冗余的或者近似冗余的。如前面所讨论的那样，每一个绑定约束都包含一个单独的从节点和一个具有非零绑缚系数的主节点集。如果在各自的具有非零绑缚系数的主节点集中至少有一个节点是共有的，则 Abaqus/Standard 将包含同一节点的绑缚约束考虑成近似冗余的。在这种情况下，Abaqus/Standard 将不发出错误信息，而是发出警告信息，并且仅施加一个约束。

基于面的绑缚约束是在 Abaqus/Standard 中通过去除从面上的自由度来施加的。因此，不允许使用从面上的节点来施加边界条件，也不允许在任何后续的绑缚、多点、方程或者运动耦合约束中使用它们（关于 Abaqus/Standared 中过约束的更多讨论见“过约束检查”，2.6 节）。

Abaqus/Explicit 中的过约束从节点

相比较而言，Abaqus/Explicit 使用一种罚方法来处理过约束，它在平均意义上强制执行该约束。这样可以降低分析的计算成本。

此外，如果 Abaqus/Explicit 中的绑缚约束定义的从面是部分刚体，而主面包含一个可变

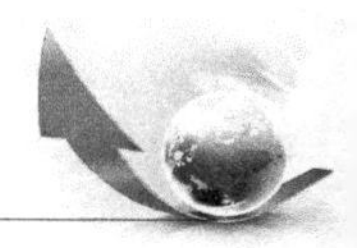

形的基于单元或者基于节点的面，并且主面作为一个后续绑缚约束定义中的从面，则可以证明产生约束解是计算密集的。在可能的情况下，建议用户对约束定义中的从面和主面进行排序来避免这样的情况。

Abaqus/Explicit 中由于单元的删除而废止从节点上的绑缚约束

在 Abaqus/Explicit 中，绑缚约束是随着材料点的失效，删除绑缚面的基底单元来废止的。当删除了所有连接到从节点上的单元，或者删除了从节点绑缚的主单元时，将删除从节点及其对应主节点之间的绑缚约束。

限制

绑缚约束的使用存在下面的限制：

- 不能使用基于面的绑缚约束来连接只模拟厚度方向行为的垫片单元。
- 在 Abaqus/Standard 中，不能将刚性面作为约束对中的从面。
- 在 Abaqus/Explicit 中，不能用绑缚约束将无限单元绑缚到有限单元上。此时要耦合无限单元和有限单元，单元之间必须共用节点。
- 具有非线性、非对称变形的轴对称实体傅里叶单元，不能形成基于单元的面，因此，绑缚约束中不能使用这样的面。

2.3.2 耦合约束

产品：Abaqus/Standard　　Abaqus/Explicit　　Abaqus/CAE

参考

- “表面：概览”，《Abaqus 分析用户手册——介绍、空间建模、执行与输出卷》的 2.3.1 节
- * COUPLING
- * KINEMATIC
- * DISTRIBUTING
- “定义耦合约束”，《Abaqus/CAE 用户手册》的 15.15.4 节

概览

基于面的耦合约束：

- 将一个面上的节点集运动耦合到一个参考节点的运动。
- 当将节点集耦合到由参考节点定义的刚体运动时，是运动类型的。
- 当将节点集约束到刚体运动时，是分布类型的，通过在耦合的节点上定义权重因子，允许对力的传递进行控制，以平均的方法，通过参考点来定义此刚体运动。

- 自动选择一个位于影响区域中的面上的耦合节点。
- 可以与二维或者三维应力/位移单元一起使用。
- 可以用于通用线性和非线性分析。

基于面的耦合定义

Abaqus 中基于面的耦合约束在参考节点与名为“耦合节点”的节点集之间建立耦合。此选项的功能类似于 Abaqus/Standard 中使用基于面的用户界面中的运动耦合约束和分布耦合单元（DCOUP2D、DCOUP3D）。通过指定一个面以及一个可选的影响区域来自动选取耦合节点。下文中讨论了定义耦合节点的过程。

对于分布耦合约束，如果使用的是基于单元的面，则自动计算分布权重因子。在这样的情况下，权重因子基于各耦合节点处的分支区域的，只有在使用沿壳边缘的面时，权重因子才基于边的长度分支的。进一步地，可以使用几种权重方法中的一种来更改分布权重因子，允许传递到耦合节点的力随着到参考节点的径向距离反向变化。

典型应用

当将一个耦合的节点集约束到刚体运动的一个单独节点上时，耦合约束是有用的。以下应用可以有效地采用耦合约束：

- 对模型施加载荷或者边界条件。图 2-35 所示为使用运动耦合约束定义一个对模型没有径向运动约束的扭转运动方法。图 2-36 所示为在要求其上的节点之间有相对运动的边界上，用来定义位移和转动条件的分布耦合约束。在此例中，在端面上可能出现翘曲和（或者）变形的结构末端上定义了一个扭转。

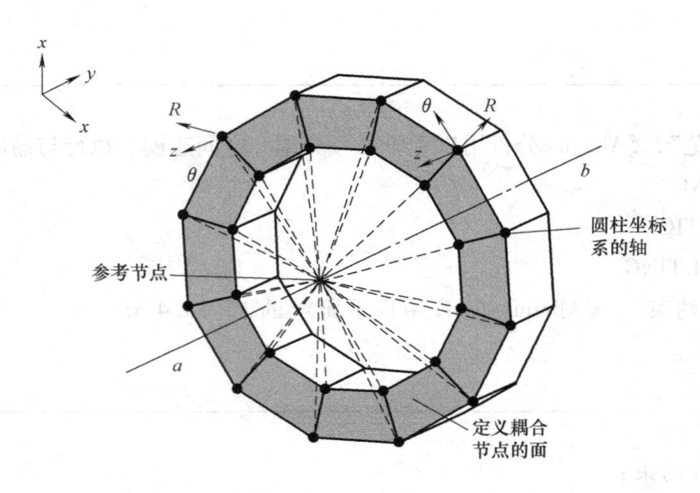

图 2-35 运动耦合约束

- 要在一个模型上分布载荷，可以使用力矩-惯性方程定义载荷分布。这种情况的实例包括经典的螺栓型和点焊型分布方程。

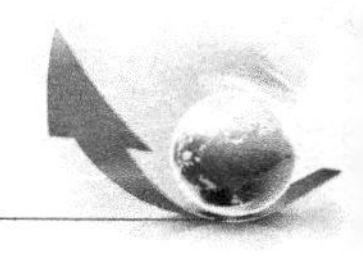

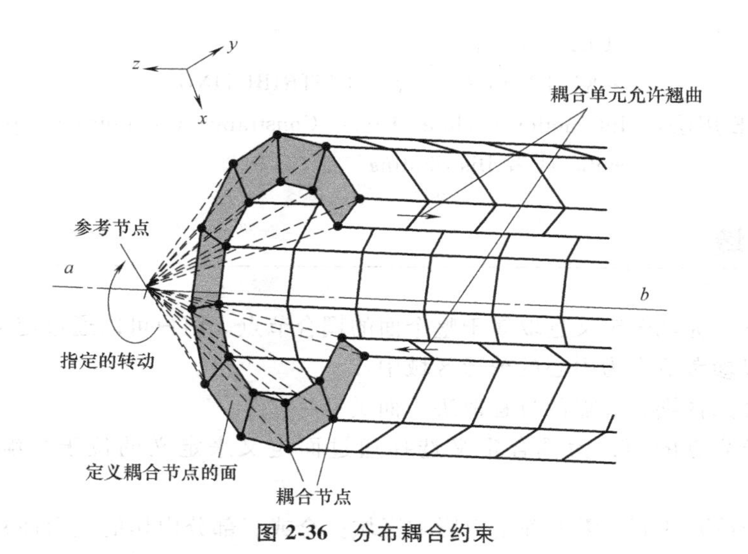

图 2-36 分布耦合约束

• 在连续单元与结构单元之间施加维度转换。例如，分布耦合允许结构与实体单元之间的柔性耦合。

• 模拟端部条件。例如，使用运动耦合定义，可以很容易地模拟刚性端部平面或者实体平面截面保持平整。

• 简化复杂约束的建模。在运动耦合定义中，可以在局部坐标系中单独选取参与约束的自由度。

• 模拟与其他约束，如连接器单元之间的相互作用。例如，可以通过两个分布耦合定义来更加真实地模拟一个铰链零件，通过铰链连接器来连接分布耦合的参考节点。然后在两个节点“云”之间传递载荷，而不是在两个单独的节点之间传递载荷。“一个单活塞引擎模型的子结构分析”（《Abaqus 例题手册》的 4.1.10 节）中说明了此连接器单元与耦合约束一起使用来模拟单活塞引擎的方法。

定义耦合约束

定义耦合约束时需要指定参考节点（也称为约束控制点）、耦合的多个节点和约束类型。耦合约束将参考节点与耦合节点进行关联。必须给约束赋予名称，以便在 Abaqus/CAE 的后处理中使用该约束。可以为参考节点定义节点编号或者节点集名称。如果定义了一个节点集，则节点集必须恰好包含一个节点。运动耦合约束的参考节点同时具有平动和转动自由度。耦合节点所在的表面可以是基于节点的、基于单元的或者在 Abaqus/Explicit 中，是两种面类型的组合。用户可以通过定义可选的影响半径来将耦合节点限制到面上的一个特定区域内。通过定义影响区域来定义耦合节点的详细内容将在下文中进行讨论。

约束类型可以是运动的或者分布的，如下面所讨论的那样。

输入文件用法： 使用以下选项：

*COUPLING, CONSTRAINT NAME=名称, REF NODE=n,

SURFACE=面

* KINEMATIC 或者 * DISTRIBUTING

Abaqus/CAE 用法：Interaction module：Create Constraint：Coupling：Coupling type：Kinematic 或者 Distributing

定义影响区域

默认情况下，为耦合定义选取属于整个面的耦合节点。用户可以通过定义影响半径将耦合节点限制在以参考节点为中心的球形区域中。

为约束定义选择耦合节点的过程取决于面类型：

• 对于基于节点的面，为耦合定义选择通过面定义来定义的位于影响区域内的所有节点。

• 对于基于单元的面，需要确定由影响区域完全或者部分内切的表面面片。为耦合节点选择属于这些面片的所有节点，无论这些节点是否位于影响区域内。当影响区域的半径小于到最近的耦合节点的距离时，Abaqus 选择属于最近面片的所有节点。如果参考节点在面上的投影位于一条边或者多个面片的顶点上，则耦合定义包含属于邻近边或者顶点的这些面片的所有节点。在影响半径小于到最近耦合节点的距离的情况中，邻近面面片的法向必须一致否则，Abaqus 将发出一个错误信息。

• 可见，分布耦合必须包含至少两个耦合节点。如果找到的耦合节点少于两个，则 Abaqus 将在输入文件预处理过程中发出一个错误信息。

输入文件用法：　* COUPLING, CONSTRAINT NAME=名称, REF NODE=n,

SURFACE=面, INFLUENCE RADIUS=r

Abaqus/CAE 用法：Interaction module：Create Constraint：Coupling：Influence radius：Specify

运动耦合约束

运动耦合约束了耦合节点到参考节点的刚体运动。可以关于整体坐标系或者局部坐标系对耦合节点处用户指定的自由度施加约束。

通过去除耦合节点处的自由度来施加运动自由度。在 Abaqus/Standard 中，如果约束了耦合节点处位移自由度的任何组合，则不能在运动耦合约束中包含的耦合节点上施加额外的位移约束，如 MPCs、边界条件或者其他运动耦合定义。对转动自由度施加相同的限制。此限制不应该用在 Abaqus/Explicit 中。更多相关内容见“运动约束：概览”（2.1 节）。

输入文件用法：同时使用以下选项来定义运动耦合约束：

* COUPLING

* KINEMATIC

第一个自由度，最后一个自由度

例如，使用以下耦合约束将面 surfA 上的自由度 1、2 和 6 约束到参考节点 1000：

```
*COUPLING, CONSTRAINT NAME=C1, REF NODE=1000,
SURFACE=surfA
*KINEMATIC
1, 2
6,
```

Abaqus/CAE 用法：Interaction module：Create Constraint：Coupling：Coupling type：Kinematic：切换打开自由度

平动自由度

通过去除耦合节点上的指定自由度来约束平动自由度。当指定了所有平动自由度后，耦合节点遵循参考节点的刚体运动。

转动自由度

通过去除耦合节点上的指定自由度来约束转动自由度。

所选转动自由度的所有组合将产生与现有 MPC 类型一样的转动行为：

- 选取三个转动自由度与三个位移自由度等效于 BEAM MPC。
- 选取两个转动自由度等效于 Abaqus/Standard 中的 REVOLUTE MPC。
- 选取一个转动自由度等效于 Abaqus/Standard 中的 UNIVERSAL MPC。

在 Abaqus/Standard 中，通过运动耦合来创建内部节点，从而施加等效于 REVOLUTE MPC 和 UNIVERSAL MPC 的约束。这些节点具有与这些 MPC 类型中使用的附加节点相同的自由度，并且包括在非线性分析的冗余检查中。

定义局部坐标系

用户可以在一个替代整体坐标系的局部坐标系中定义运动耦合约束（见“方向”，《Abaqus 分析用户手册——介绍、空间建模、执行与输出卷》的 2.2.5 节）。图 2-35 所示为在局部坐标系中，将除了径向平动自由度的所有耦合节点自由度约束到参考节点的情况。在此例中，定义了一个轴与结构轴重合的局部圆柱坐标系，然后在此局部坐标系中定义耦合节点约束。

输入文件用法：*COUPLING, ORIENTATION=局部

例如，使用以下输入定义图 2-35 中的运动耦合约束：

```
*ORIENTATION, SYSTEM=CYLINDRICAL, NAME=COUPLEAXIS
0.0, -1.0, 0.0, 0.0, 1.0, 0.0
*COUPLING, REF NODE=500, SURFACE=Endcap,
ORIENTATION=COUPLEAXIS
*KINEMATIC
2, 3
```

Abaqus/CAE 用法：Interaction module：Create Constraint：Coupling：Edit：选择局部坐标系

约束方向和有限转动

在几何非线性分析步中，定义了受约束自由度的坐标系将随着参考节点转动，无论受约束的自由度是在整体坐标系中还是在局部坐标系中定义的。

分布耦合约束

分布耦合约束将节点的运动耦合到参考节点的平动和转动自由度上。在耦合节点上，采用通过权重因子控制载荷传递的方法，以平均方法施加此约束。参考节点上的力和力矩可以仅以耦合节点-力分布（默认的）的形式分布，或者以耦合节点-力和力矩分布的形式分布。约束分布载荷使得耦合节点处的力（和力矩）结果等于参考节点上的力和力矩。对于多个耦合节点的情况，此力/力矩的分布不仅要满足平衡条件，还需要使用分布权重因子来定义力分布。

用户可以在二维分析中的一个方向上，以及三维分析中的一个、两个或者三个方向上，释放参考节点上的转动自由度和云节点的平均转动之间的力矩约束。在三维分析中，用户可以在整体坐标系或者局部坐标系中定义力矩约束方向。总是将参考节点上的所有可用平动自由度耦合到耦合节点的平均平动中。

在三维 Abaqus/Standard 分析中，如果仅通过定义自由度 1~3 来释放三个力矩约束，则在参考节点上将只有平动自由度是有效的。如果只释放一个或者两个转动自由度，则参考节点上的三个转动自由度都是有效的。在此情况下，用户必须确保在未受约束的转动自由度上布置适当的约束来避免数值奇异。最常用的方法是使用边界条件或者通过将参考节点连接到一个单元中来实现，例如，通过定义梁或者壳单元为未受约束的转动自由提供转动刚度。

在 Abaqus/Explicit 中，释放一个或者多个力矩约束，可能导致显著的计算性能下降。当其他约束与耦合节点云交叉时也会出现这种情况。在这些情况下，当模型中出现大量此类分布耦合，或者当约束“云”的尺寸较大时，性能下降得特别明显。对于此问题，当遇到上面提及的模拟条件时，应将耦合节点云的大小限制在 1000 以内。要减少释放力矩约束的情况，可以使用下面的模拟技术（在 Abaqus/Standard 中也可用）：在分布耦合中约束所有力矩，并在参考节点上使用一个合适的连接器单元（如 REVOLUTE、HINGE、CARDAN 或者 BUSHING）来模拟耦合参考节点上释放的力矩。此技术的另一个优点是能够定义有限的柔性，如“被释放的”转动构件中的弹性、塑性或者损坏。

输入文件用法： * DISTRIBUTING

第一个自由度，最后一个自由度

如果没有定义自由度，则耦合所有可用的自由度。如果用户定义了一个或者多个转动自由度，但是没有定义所有可用的平动自由度，则 Abaqus 将发出一个警告信息，并且给约束添加所有可用的平动自由度。

例如，使用以下耦合约束将参考节点 1000 的自由度 1~5 约束到面 surfA 的平均平动和转动：

```
* COUPLING, CONSTRAINT NAME = C1, REF NODE = 1000,
```

```
SURFACE=surfA
*DISTRIBUTING
1, 5
```

在此例中，参考节点与耦合节点之间的力矩约束将在方向 6 上释放，而后施加在方向 4 和方向 5 上。这在参考节点与耦合节点之间建立了一个“转动型”的转动连接（见“通用多点约束”，2.2.2 节）。

Abaqus/CAE 用法：Interaction module：Create Constraint：Coupling：Coupling type：Distributing：切换打开转动自由度（Abaqus/CAE 自动约束平动自由度）

基于节点的面

为基于节点的面使用用户定义的权重因子。将面定义中指定的横截面面积作为权重因子（见“基于节点的面定义”，《Abaqus 分析用户手册——介绍、空间建模、执行与输出卷》的 2.3.3 节）。

基于单元的面

对于基于单元的面，由 Abaqus 计算权重因子。默认的权重分布是基于每一个耦合节点处的分支面积；只有沿着壳边缘的面，其权重分布是基于分支边长度的。计算默认权重因子的程序应设计成如果定义了影响半径，则可保证默认的权重分布随着影响半径光顺地变化。

计算默认的分布权重因子

计算分布权重因子的过程取决于是否定义了影响半径。

- 如果没有定义影响半径，则耦合定义使用整个面。在此情况下，耦合定义包含所有位于面上的节点，并且每一个耦合节点处的分布权重因子等于分支面积。
- 如果定义了影响半径，则按如下方法计算耦合节点处的默认分布权重因子：

1. 为每一个面片计算一个“参与因子”（见下文）。
2. 计算每一个面片节点处的分支节点面积（或者沿着壳边缘的分支边长度）并与面片参与因子相乘。
3. 对于所有连接面片，将耦合节点的分布权重因子计算成相应面片节点面积（上面计算的）之和。

计算面片参与因子

当定义了影响半径时，参与因子定义贡献分布权重因子的因子面积比例。参与因子在 0~1 之间变化。

要定义参与因子，需要计算面片节点到参考节点的最小距离 r_{min} 以及面片节点到参考节点的最大距离 r_{max}。

- 如果 $r_{max} \leq r_{infl}$（r_{infl} 是影响半径），则所有面片节点位于影响区域中，此时参与因子为 1。
- 如果 $r_{min} \geq r_{infl}$，则没有面片节点位于影响区域中，此时参与因子为 0。
- 如果 $r_{max} > r_{infl}$，则面片的一部分与影响区域相交，此时，面片的参与因子等于（r_{infl} -

r_{min})/(r_{max}-r_{min})。

如果所有耦合节点都位于影响半径之外（即对于所有面片，$r_{min}>r_{infl}$），则 Abaqus 选择所有属于最近面片的节点（如“定义影响区域”中总结的那样），此时参与因子为 1。

加权方法

用户可以更改上文中定义的默认权重分布。采用随着与参考节点之间径向距离的增加而单调递减的不同加权方法。对于每一种情况，默认的基于分支面面积（或者沿着壳边缘的分支边长度）的权重分布，是通过加权因子 w_i 来缩放的。如果没有指定加权方法，则使用一种均匀的加权方法，其中所有的权重因子都等于 1.0。

线性递减的权重分布

线性递减的加权方案为

$$w_i = 1 - \frac{r_i}{r_0}$$

式中，w_i是耦合节点 i 处的加权因子；r_i是耦合节点与参考节点之间的径向距离；r_0是到最远耦合节点的距离。

输入文件用法：＊DISTRIBUTING，WEIGHTING METHOD=LINEAR

Abaqus/CAE 用法：Interaction module：Create Constraint：Coupling：Coupling type：Distributing：Weighting method：Linear

二次多项式权重分布

二次多项式权重分布定义如下

$$w_i = 1 - \left(\frac{r_i}{r_0}\right)^2$$

输入文件用法：＊DISTRIBUTING，WEIGHTING METHOD=QUADRATIC

Abaqus/CAE 用法：Interaction module：Create Constraint：Coupling：Coupling type：Distributing：Weighting method：Quadratic

单调递减加权分布

由以下三次多项式得到单调递减的权重分布

$$w_i = 1 - 3\left(\frac{r_i}{r_0}\right)^2 + 2\left(\frac{r_i}{r_0}\right)^3$$

输入文件用法：＊DISTRIBUTING，WEIGHTING METHOD=CUBIC

Abaqus/CAE 用法：Interaction module：Create Constraint：Coupling：Coupling type：Distributing：Weighting method：Cubic

定义局部坐标系

用户可以在替代整体坐标系的局部坐标系中定义分布耦合约束（见“方向”，《Abaqus 分析用户手册——介绍、空间建模、执行与输出卷》的 2.2.5 节）。图 2-36 所示为使用局部坐标系，在局部方向 4 和方向 6 上释放参考节点与耦合节点之间的力矩，建立一个“通用型”转动连接的实例。在此例中，定义了局部 y 轴与整体 z 轴重合的局部矩形坐标系。在此局部坐标系中定义力矩约束。

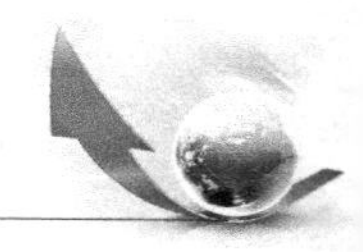

输入文件用法： * COUPLING，ORIENTATION = 局部

例如，使用以下输入来定义图 2-36 中的分布耦合约束：

```
*ORIENTATION, SYSTEM=RECTANGULAR, NAME=COUPLEAXIS
0.0, 1.0, 0.0, 0.0, 0.0, 1.0
*COUPLING, REF NODE=500, SURFACE=Endcap,
ORIENTATION=COUPLEAXIS
*DISTRIBUTING
1, 3
5, 5
```

Abaqus/CAE 用法： Interaction module：Create Constraint：Coupling：Edit：选择局部坐标系

定义面耦合的方法

用户可以使用两种方法将参考节点的运动与耦合节点的平均运动进行耦合：连续耦合方法和结构耦合方法。默认使用连续耦合方法。

连续耦合方法

默认的连续耦合方法将参考节点的平动和转动耦合到耦合节点的平均平动。约束仅将参考节点上的力和力矩分布成耦合节点上的力分布，在耦合节点上没有分布力矩。当将权重因子定义为螺栓横截面面积时，力分布等于经典的螺栓型力分布。约束在连接点与位于耦合节点位置的加权中心处的一个点之间建立刚性梁连接。更多相关内容见“分布耦合单元”（《Abaqus 理论手册》的 3.9.8 节）。

输入文件用法： * DISTRIBUTING ，COUPLING = CONTINUUM

Abaqus/CAE 用法：Abaqus/CAE 不支持将参考节点的运动耦合到耦合节点的平均运动。

结构耦合方法

结构耦合方法将参考节点的平动和转动耦合到耦合节点的平动和转动运动。当耦合约束跨过小片的节点，并且所选参考节点位于或者非常接近约束面时，此方法尤其适用于壳弯曲型应用。约束将参考节点处的力和力矩分布成耦合节点的力和力矩分布。为了激活此耦合方法，必须激活所有耦合节点处的所有转动自由度（类似于对壳面施加约束的情况），并且必须在所有自由度中定义约束（默认的）。此外，为了使约束有意义，用在约束中的局部（或者整体）z 轴应当与被约束面的平均法向平行。

对于平动，在参考节点和所有时间上保持靠近约束面的运动点之间建刚性梁连接。此运动点的位置是根据面的近似当前曲率、耦合节点位置加权中心的当前位置（见“分布耦合单元”，《Abaqus 理论手册》的 3.9.8 节），以及约束中使用的 z 轴来确定的。如果使用多对分布耦合约束来紧固壳面（详细内容见“可断裂的粘接”，4.1.9 节），则可避免不真实的接触相互作用。

对于旋转，沿着不同的局部方向约束是不同的。沿着 z 轴（扭曲方向）时，约束与采用连续耦合方法施加的约束是一样的（见“分布耦合单元”，《Abaqus 理论手册》的 3.9.8 节）。相反的，在与 z 轴垂直的平面内的转动约束，将平面内参考节点的转动关联到紧邻参

考节点的耦合节点的平面内转动。当受约束的面较小，并且主要为弯曲变形时，此选择可得到更加真实的（柔性的）响应。

输入文件用法：* DISTRIBUTING, COUPLING = STRUCTURAL

Abaqus/CAE 用法：Abaqus/CAE 中不支持将参考节点的运动耦合到耦合节点的平均运动。

力矩释放和有限转动

在通用非线性分析步中，定义力矩释放的自由度坐标系随着参考节点转动，不管是使用整体坐标系还是局部坐标系。

共线耦合节点安排

分布耦合约束将参考节点处的力矩传递成耦合节点之中的力分布，即使这些节点具有转动自由度。这样，当耦合节点共线分布时，约束是不能传递参考节点上的所有力矩分量的。特别是，将不会传递与共线耦合节点分布平行的力矩分量。当出现此情况时，Abaqus 将发出一个警告信息来标识单元传递力矩不使用的轴。

限制

- 具有反对称变形的轴对称单元不能使用分布耦合约束。此单元类型不兼容分布耦合约束。
- 如果分布耦合约束与具有翘曲的轴对称单元一起使用，则约束中将不包含这些单元中的翘曲自由度 5。它将仅包含位移自由度 1 和自由度 2。
- 具有大量耦合节点的分布耦合定义，会在 Abaqus/Standard 中产生一个大的波前。这将导致求解有限单元平衡方程所需的内存增加和较长的求解时间。
- 在 Abaqus/Standard 中，一个分布耦合约束包含的自由度不能超过 46000，在二维和轴对称情况中，每个约束的节点上限是 23000；在三维情况中，每个约束的节点上限是 15333。

2.3.3 壳-实体耦合

产品：Abaqus/Standard　　Abaqus/Explicit　　Abaqus/CAE

参考

- “耦合约束”，2.3.2 节
- “表面：概览”，《Abaqus 分析用户手册——介绍、空间建模、执行与输出卷》的 2.3.1 节
- * SHELL TO SOLID COUPLING

• “定义壳-实体耦合约束”，《Abaqus/CAE 用户手册》的 15.15.7 节

概览

基于面的壳-实体耦合：

• 允许模拟壳单元到实体单元的过渡。

• 当局部模拟应使用完全的三维分析，而结构的其他部分可以模拟成壳时，是最有用的。

• 使用一系列内部定义的分布耦合约束将沿着壳模型边的一条“线”的节点运动耦合到实体表面上的一系列节点运动。

• 自动选择在实体表面上的，位于影响区域中的耦合节点。

• 可以用于三维应力/位移壳和实体（连续）单元。

• 不要求实体和壳单元网格之间的任何对齐。

• 可以用于几何线性和非线性分析。

壳-实体耦合

Abaqus 中的壳-实体耦合是一种将壳单元耦合到实体单元的基于面的技术。图 2-37 所示为从“管连接的壳-实体子模拟和壳-实体耦合”（《Abaqus 例题手册》的 1.1.10 节）和“受夹的活塞问题”（《Abaqus 基准手册》的 2.3.2 节）中选取的两个实例。壳-实体耦合适用于将在整个厚度上进行局部模拟的相对细致的实体网格耦合到壳网格边的情况，用于网格细化研究，如图 2-38 所示。在这种情况下，Abaqus 将每一个壳节点的位移和转动装配耦合到壳节点附近的实体面的平均位移和转动约束。

如图 2-38 所示，耦合沿着由两个用户指定的面定义的壳-实体的界面发生：一个基于边的壳面和一个基于单元或者节点的实体面（见“面：概览”，《Abaqus 分析用户手册——介绍、空间建模、执行与输出卷》的 2.3.1 节）。壳面（图 2-39）称为“壳边”。将定义基于边的壳面的壳单元边称为“边面”。边面是线性的或者二次的线段，取决于底层的壳单元是线性的还是二次的。

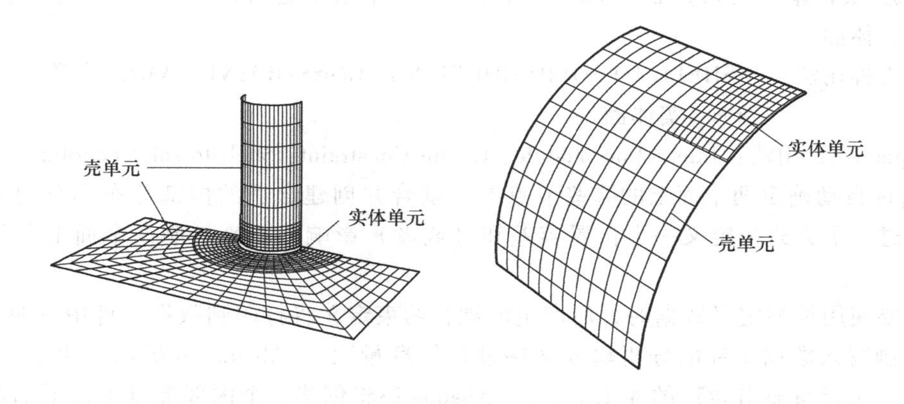

图 2-37 壳-实体耦合典型实例

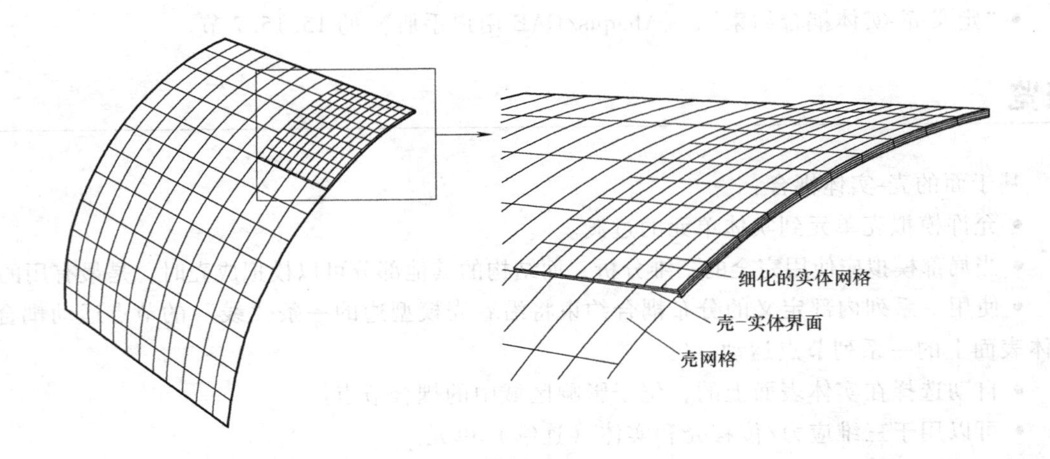

图 2-38 壳-实体的界面

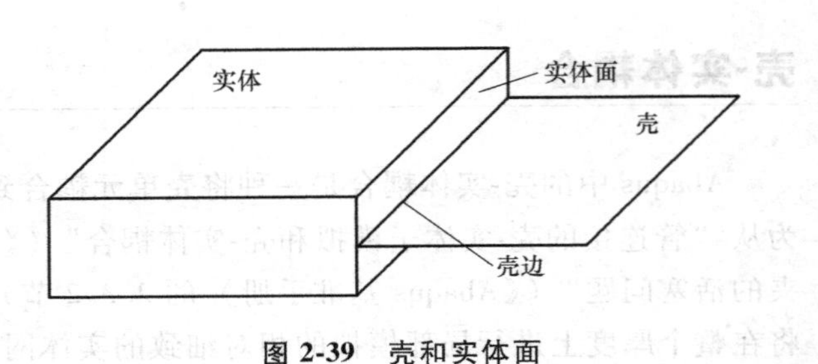

图 2-39 壳和实体面

壳-实体耦合是通过壳边上的节点与实体面上的节点之间的分布耦合约束内部设置（见“耦合约束”，2.3.2 节）的自动创建来施加的。Abaqus 使用默认的或者用户定义的距离和容差参数（将在下文中进行讨论）确定壳边上的哪个节点将与实体面上的哪个节点耦合。对于包含在耦合中的每一个壳节点，创建了一个确切的使用壳节点作为参考节点，并以相关联实体节点为耦合节点的内部分布耦合约束。每一个内部约束以自平衡的方式，将作用在其壳节点上的力和力矩，分布成作用在相关联系列耦合面节点上的力分布。产生的约束线实施壳-实体耦合。

定义壳-实体耦合

定义壳-实体耦合约束，需要指定约束名称、一个基于边的壳面和一个基于单元或者基于节点的实体面。

输入文件用法：＊SHELL TO SOLID COUPLING，CONSTRAINT NAME＝名称

壳面，实体面

Abaqus/CAE 用法：Interaction module：Create Constraint：Shell-to-solid coupling

Abaqus 自动确定两个面上的哪些节点参与耦合并创建合适的内部分布耦合约束。用户也可以通过以下方式来定义一个位置容差和（或者）影响距离来控制两个面上参与耦合的节点。

当需要使用模型定义数据时，所产生的耦合约束定义将打印到数据文件中（见“输出”中的“控制写入数据文件的分析输入文件过程信息量”，《Abaqus 分析用户手册——介绍、空间建模、执行与输出卷》的 4.1.1 节）。Abaqus 还将创建一个内部节点集包括耦合中用到的所有实体节点，此节点集可以使用 Abaqus/CAE 中的显示模块来显示。用户需要为耦合约

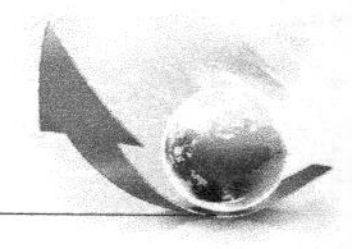

束赋予内部节点集名称。

控制包含在耦合中的壳节点

位置容差确定了节点与实体面之间的绝对距离，耦合中包含的所有壳节点必须位于此距离之内。位于此容差之外的壳节点并不耦合到实体面。

当使用基于壳的实体面时，壳节点与实体面之间定义的距离是沿着一条线度量的投影距离，此线是从壳节点延伸到实体面上的最近点（它可以在实体面的边上）。当使用基于单元的实体面时，默认的位置容差是壳边上典型面长度的5%。

对于基于节点的实体面，将壳节点到面的距离定义成其到实体面上最近节点的距离。当使用基于节点的实体面时，默认的位置容差是以实体面上节点之间的平均距离为基础的。

用户可以为基于单元或者基于节点的实体面定义一个非默认的位置容差。

输入文件用法：*SHELL TO SOLID COUPLING，POSITION TOLERANCE=距离

Abaqus/CAE 用法：Interaction module：Create Constraint：Shell-to-solid coupling：选择面：为 Position Tolerance 选择 Specify distance

控制耦合中包含的实体节点

为每一个边面定义影响距离的几何容差。对于耦合约束中所包含的在实体面上给定的节点或者单元，其到至少一个边面的垂直距离必须小于或者等于为那个边面定义的影响距离。对于一个边面，默认的影响距离是基底壳单元厚度的一半。默认情况下，自动考虑任何包含在壳单元横截面定义中的偏移或者节点厚度。用户也可以定义一个非默认的影响距离。

输入文件用法：*SHELL TO SOLID COUPLING，INFLUENCE DISTANCE=距离

Abaqus/CAE 用法：Interaction module：Create Constraint：Shell-to-solid coupling：选择面：为 Influence Distance 选择 Specify value

用户定义的影响距离在所有情况中是可选的，除了包含在耦合中的边面与定义了刚度的通用任意弹性壳截面定义相关联的情况。在此情况下，因为壳厚度不是直接定义的，所以用户必须指定一个影响距离。

内部耦合约束的计算

此节总结了 Abaqus 计算内部壳-实体耦合约束的基本过程。

Abaqus 为位于实体面位置容差之内的每一个壳节点单独创建特有的内部分布耦合约束；对于位于此容差之外的壳节点，则不创建内部耦合约束。壳节点作为参考节点，并且实体面上的一系列节点作为耦合节点。Abaqus 在实体面上搜寻耦合节点，并且通过分别将每一个壳边面考虑成内部约束来计算权重因子。Abaqus 为每一个边面执行下面的过程：

1. 搜寻实体单元面上位于当前边面的影响区域之内的所有节点，并在耦合约束中包含这些节点。

2. 为实体节点计算一系列权重因子。权重因子度量影响区域内包含的实体节点分支面

积和实体节点关于每一个壳节点的相对位置。基于节点面的分支面积是用户定义面时所指定的横截面面积。对于基于单元的面，由 Abaqus 计算分支面积。每个耦合约束中所有权重因子的和度量包含在影响区域之中的实体面的总分支面积。

3. 为所有包含在壳面中的壳边面执行上面的过程。如果一个壳节点属于多个边面，则所有耦合节点和权重因子组合成一个单独的分布约束定义。约束产生的线沿着壳边实施壳-实体耦合。

在以下两种情况下，壳节点可能满足位置容差，但是没有定义耦合约束。第一种情况是壳节点位于位置容差之内，但是没有边面将它与至少一个其他也满足容差的壳节点相连接，即没有为此壳节点创建耦合约束。在此情况下，需要增加位置容差。第二种情况是没有为至少两个与壳节点相关联的实体节点计算非零权重因子，则没有为此壳节点创建耦合约束。产生零权重因子的最可能的原因是影响容差太小。对于基于节点的面，如果使用了默认的横截面面积，则也可能产生零权重因子。对于壳-实体耦合，默认面积是零。

边面的影响区域

边面的影响区域是通过一个圆柱体来定义的，该圆柱体的中心线是边面，并且其半径是边面的影响距离。圆柱体的端部是通过两个边界平面来定义的，此边界平面的法向是边面的两个端点处的壳切向（图 2-40）。在此例中，为壳边 2-3 构建了影响区域。对于基于节点的实体面，只将位于影响区域内部或者边界上的节点赋予当前的边面，并且在耦合定义中包含它们。对于基于单元的实体面，每一个实体面节点均与面片面相关联。如果赋予一个给定实体节点的部分面位于影响区域内，则在耦合定义中包含那个节点。

使用基于单元的实体面法向来约束耦合中使用的实体节点

对于基于单元的实体面，Abaqus 对影响区域中的每一个实体面的法向与最接近圆柱体中心线的实体面的法向进行比较（图 2-40）。通常，如果实体面面片的法向与中心线处法向之间的夹角大于 20°，则耦合定义不包含实体面面片上的节点。对于图 2-40 所示的情况，此检查可防止实体网格顶面和底面上的节点耦合到壳节点，即使是在影响距离为无限大的情况下，并且实体面定义包含几何实体的所有面。如果中心线是处在或者靠近实体网格中的一条没有良好定义法向的特征边，则不做此检查（见下文中关于壳偏移的讨论）。

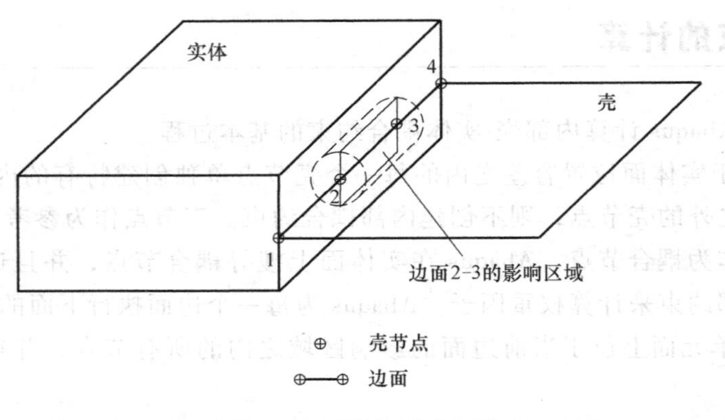

图 2-40 边面的影响区域

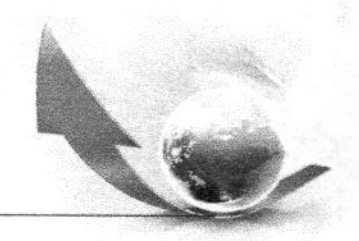

壳-实体耦合的论述、限制和模拟建议

• 壳-实体耦合方程假设壳与实体单元之间的界面是垂直于壳的。这样，当可以将实体面弯曲到与壳边相切的方向时，其在沿着壳法向的方向上是直线。这是对几何面，而不是对网格的假设。对于实体面上的节点，没有必要彼此对齐或者与壳节点对齐。

• 壳-实体耦合功能是为使用壳厚度对实体网格进行细化的情况而设计的。建议壳-实体界面的厚度至少可以包含两个实体单元。沿着壳-实体界面，壳边面的长度通常应与实体单元面的特征面尺寸相同。

• 壳-实体耦合算法设计中的一个假设是，权重因子以精确的节点分支面积为基础，如当使用基于单元的面时由 Abaqus 自动计算的那些面积。因此，通常建议使用基于单元的实体面来替代基于节点的实体面。然而，在壳和实体网格必须对齐的情况中，如果想要得到均匀的解，则使用基于节点的实体面有时是有好处的。

• 图 2-41 所示为壳-实体耦合的一些建议模拟行为。如果壳参考面没有偏移，则壳边应关于实体厚度方向上的中心定位（图 2-41a）。实体表面应当仅包含耦合所需的部分（图 2-41a中的阴影区域）。

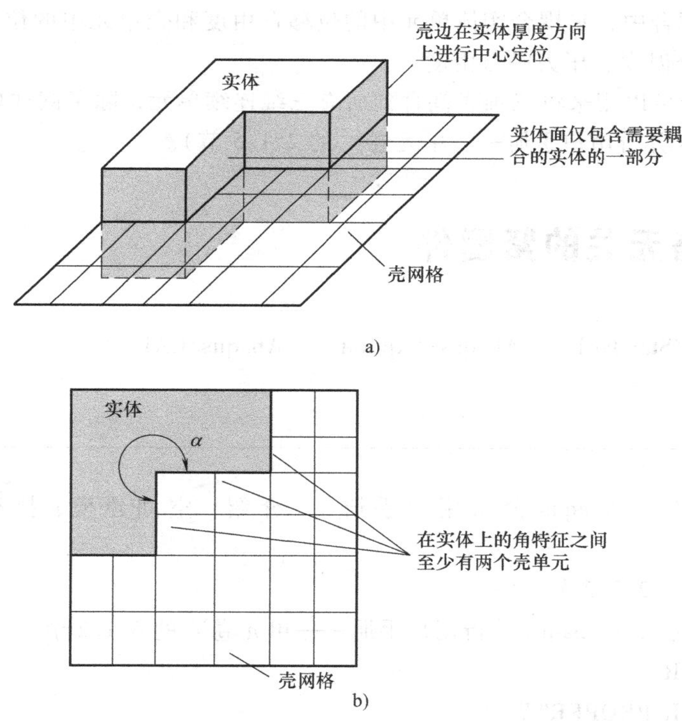

图 2-41　壳-实体界面的模拟推荐

• 壳-实体界面可以围绕几何特征角（拐角）α（图 2-41b）来定义，特征角应满足 $60° < \alpha < 300°$。此外，如图 2-41b 所示，每一个特征角范围内应至少包含两个壳单元边。

• 如果为壳截面定义了偏移，并且将参考壳边置于实体面的特征边上或者其附近（图 2-42），则实体面应当仅包含用户想要包含在耦合定义中的实体边。例如，如果将图 2-42 中

的实体顶部包含在面定义中，则Abaqus将在耦合约束中包含面顶部上的节点，这是用户不想要包含的节点。用户仅打算将壳耦合到图2-42中的阴影区域。为此，实体面定义应当仅包含此区域。

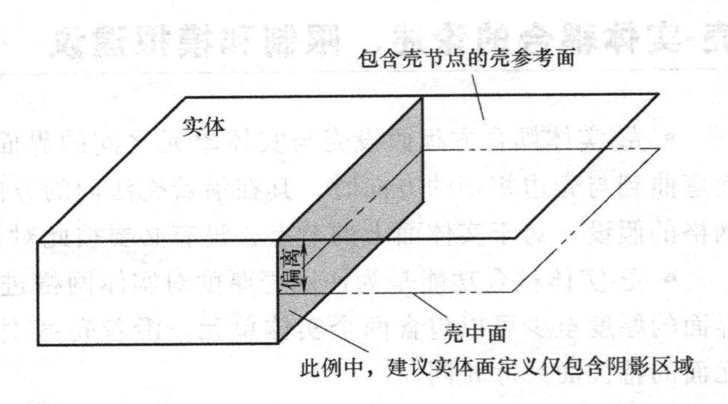

图 2-42　具有壳偏移的壳-实体界面的模拟推荐

- 要小心地定义紧邻壳-实体界面的局部应力和应变场，尤其是在壳-实体界面包含转角或者边的时候。界面与实体模型中需要研究的应力和应变场区域之间的距离应至少为一个壳厚度。
- 壳-实体界面应位于壳理论近似模拟有效的区域中。
- 在由壳单元组成的模型中可以存在拐角或者扭结。在拐角和扭结处，壳单元仅近似远离壳中面的材料分布。当正确传递壳和实体模型之间的整体力矩和力时，壳-实体界面区域中的局部应力和位移可能是不精确的。
- 在壳-实体耦合中，只耦合实体单元中的位移自由度和壳单元中的位移及转动自由度。壳-实体耦合不耦合温度、压力等自由度。
- 壳-实体耦合可以用来将三维壳耦合到所有三维连续单元，除了圆柱单元（“圆柱实体单元库”，《Abaqus 分析用户手册——单元卷》的2.1.5节）。

2.3.4　网格无关的紧固件

产品：Abaqus/Standard　　Abaqus/Explicit　　Abaqus/CAE

参考

- “面：概览”，《Abaqus 分析用户手册——介绍、空间建模、执行与输出卷》的2.3.1节
- “耦合约束”，2.3.2节
- “连接器单元”，《Abaqus 分析用户手册——单元卷》的6.1.2节
- *FASTENER
- *FASTENER PROPERTY
- “关于紧固件”，《Abaqus/CAE 用户手册》的29.1节

概览

网格无关的紧固件功能：

• 是在两个或者更多的面之间定义类似于点焊或者铆接的点-点连接的传统方法。

• 使用紧固件位置的空间坐标来定义与基底网格无关的点-点连接。

• 使用分布耦合约束结合连接器单元或者多个 BEAM MPC，在两个或者更多面之间的任何部位建立定位连接，而忽略网格细化或者每个面上的节点位置。

• 可以用来连接变形的和刚性的基于单元的面。

• 可以通过使用连接器行为定义的通用性来模拟刚性的、弹性的或者失效的非弹性连接。

• 仅在三维上可用。

介绍

许多应用需要模拟零件之间的点-点连接。这些连接可以采用点焊、铆钉、螺钉、螺栓或者其他类型的机械式紧固方法。在大型系统模型，如汽车或者机身中，这样的紧固件可能有成百上千个。

紧固件可以位于要连接零件之间的任何地方，而忽略网格的影响。换言之，紧固件的位置可以独立于要连接的面上的节点位置。相反，被连接的每一个零件的连接是分布到要连接面中紧固点附近的几个节点上的。图 2-43 所示为典型的一层和两层紧固件构型。每层连接两个使用连接器单元或者 BEAM MPC 的紧固点。使用将每一个紧固点的位移和转动耦合到附近节点的平均位移和平均转动的分布耦合约束，将紧固点连接到面上。

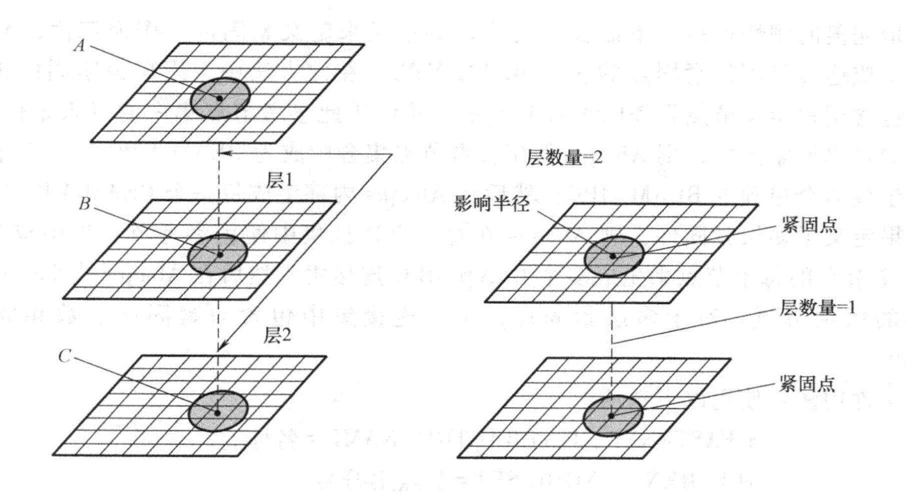

图 2-43 典型的一层和两层紧固件构型

在 Abaqus 中，将网格无关的紧固件功能设计成以一种方便的方式模拟这些连接。紧固件功能自动地：

• 在两个或者更多的面之间确定节点位置，以及连接器单元或者多个 BEAM MPC 的方向。

• 生成分布耦合约束，以网格无关的方式将连接器单元或者多个 BEAM MPC 连接到每一个面。

• 计算完成网格无关连接的分布耦合约束的权重。

网格无关的紧固件使用实例见“具有点焊的一个柱的屈曲”（《Abaqus 例题手册》的 1.2.3 节）。网格无关的紧固件在 Abaqus/CAE 中简称为基于点的紧固件，更多相关内容见“紧固件”（《Abaqus/CAE 用户手册》的 29.1 节）。在 Abaqus/CAE 中，也可以使用连接器单元耦合约束等装配紧固件，更多相关内容见“关于装配的紧固件”（《Abaqus/CAE 用户手册》的 29.1.3 节）。

紧固件相互作用

以组来定义的紧固件称为相互作用，需要为其赋予名称。每个相互作用定义一个或者多个紧固件。单个紧固件的数量等于定位紧固件的定位点数量。每一个面上的紧固点是通过考虑定位点的位置来建立的，如后续部分所讨论的那样。

可以使用连接器单元或者多个 BEAM MPC 来定义紧固件。多个 BEAM MPC 允许模拟构件之间的完美刚性连接器；而连接器单元允许用户模拟更加复杂的行为，如包含弹性、损伤、塑性和摩擦效应的可变形连接器。

输入文件用法：* FASTENER, INTERACTION NAME=名称

Abaqus/CAE 用法：Interaction module：Special→Fasteners→Create：Name：名称，Type：Point-based

使用 BEAM MPCs 定义紧固件

要模拟完美的刚性连接，不需要使用连接器单元来定义紧固件。作为替代，Abaqus 可以在内部生成连接紧固件紧固点的多个 BEAM MPC。在此方法中，用户为紧固件相互作用赋予一个包含用户定义节点列表的参考节点集，并使用此参考节点集中的点来定位紧固件。如果模拟的是单层紧固件，则 Abaqus 使用参考节点集合中成为 BEAM MPC 第一个节点的每个节点来生成多个单独的 BEAM MPC。然后在 Abaqus 内部生成每一个 BEAM MPC 的第二个节点。如果定义了多层紧固件，则 Abaqus 在每一个连接集中使用参考节点集中成为 BEAM MPC 第一个节点的每个节点来生成多个 BEAM MPC 连接集。然后在 Abaqus 内部生成每一个连接集中的后续节点。对于多层紧固件，每个连接集中包含与紧固件层数相同的多个 BEAM MPC。

输入文件用法：使用以下选项：

* FASTENER, INTERACTION NAME=名称
REFERENCE NODE SET=节点集符号
* NSET, NSET=节点集符号

Abaqus/CAE 用法：Interaction module：Special→Fasteners→Create：Point-based：选择定位点：Property：Section：Rigid MPC

使用连接器单元定义紧固件

使用连接器单元作为点-点连接的基础，允许使用紧固件来模拟非常复杂的行为。与连接器单元的其他应用相同，连接可以是完全刚性的，也允许局部连接器部件中具有无约束的

相对运动。此外，可以使用弹性、阻尼、塑性、损伤和摩擦效应中的一个连接器行为定义来指定可变形的行为。定义使用连接器单元模拟紧固点之间行为的紧固件的方法有两种。对于这两种方法，紧固件相互作用参考包含连接器单元的一个单元集。用户必须对参考此单元集的连接器截面进行定义。当像“定义紧固件方向”中所讨论的那样定义连接器方向时（如果需要的话），应当加以注意。

直接定义连接器单元

使用连接器单元定义紧固件的最受控的方法是明确地定义连接器单元，并使它们与一个单元集相关联。连接器相互作用参考此单元集。紧固件相互作用中的每一个连接器对应于一个或者多个连接器单元，这取决于紧固件的层数（图 2-44）。一个单独的连接器单元与每一个层相关联，并且连接器单元中的两个节点对应于两个邻近面上的紧固点。定义多层紧固件时，每一层的紧固件单元应与邻近层的连接器单元共用节点。

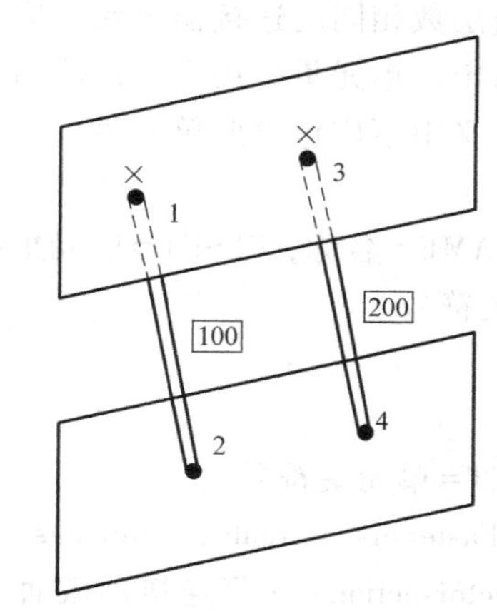

使用连接器单元模拟的单层紧固件

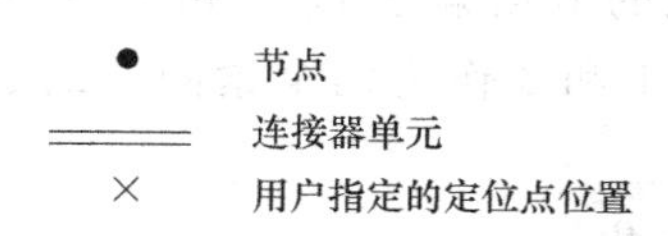

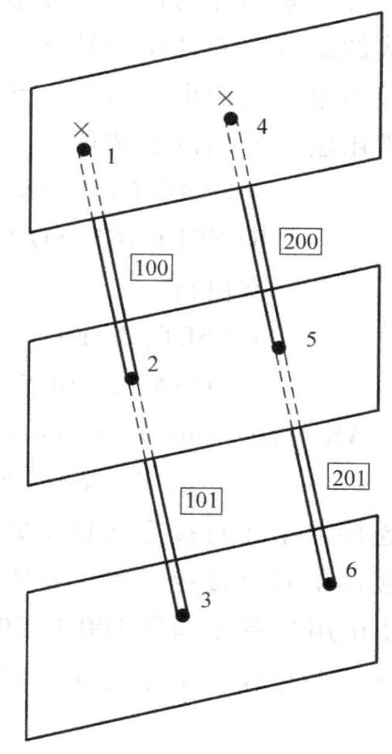

使用连接器单元模拟的多层紧固件

图 2-44　使用连接器单元模拟的单层和多层紧固件

对于单层紧固件，连接器单元的第一个节点的节点坐标是定位紧固件的定位点和它的紧固点。对于多层紧固件，连接集中第一个连接器的第一个节点是定位点。本部分结尾处列举了定义单层和多层紧固件的实例。

输入文件用法：使用以下选项：

*FASTENER, INTERACTION NAME=名称, ELSET=单元集符号
空行
*ELEMENT, TYPE=CONN3D2, ELSET=单元集符号
*CONNECTOR SECTION, ELSET=单元集符号

Abaqus/CAE 用法：对于 Abaqus/CAE 中基于点的紧固件，用户不能直接定义连接器单元，连接器单元是由 Abaqus 生成的。

由 Abaqus 生成的连接器单元

在此方法中，用户不需要明确定义连接紧固件紧固点的连接器单元。紧固件相互作用参考一个空的单元集。用户必须对参考此单元集的连接器横截面进行定义。此外，用户应为紧固件相互作用定义一个包含用户定义的节点列表的参考节点集。使用此参考节点集中的节点作为定位节点来定位紧固件。

如果模拟的是单层紧固件，则 Abaqus 使用参考节点集中成为连接器单元第一个节点的每个节点来生成单独的连接器单元。然后在 Abaqus 内部生成每个连接器单元的第二个节点。如果定义了多层紧固件，则 Abaqus 使用参考节点集中每个连接集中的第一个连接器单元的第一个节点来生成连接器单元的连接集。然后在 Abaqus 内部生成每个连接集中的后续节点。对于多层紧固件，紧固件的每个连接集中包含数量与层数相同的连接器单元。为连接器单元指定内部生成的编号，并且赋予其已经命名的用户指定的单元集。用户可以使用此单元集来要求这些连接器单元的输出。然而，其他单元集的定义中不应包含此单元集。

输入文件用法：使用以下选项：

*FASTENER, INTERACTION NAME=名称, ELSET=单元集符号, REFERENCE NODE SET=节点集符号
空白行
*NSET, NSET=节点集符号
*CONNECTOR SECTION, ELSET=单元集符号

Abaqus/CAE 用法：Interaction module：Special→Fasteners→Create：Point-based：选择定位点：Property：Section：Connectorsection：选择连接器截面

实例：使用连接器单元直接定义单层紧固件

使用连接器单元直接定义单层紧固件：

• 分别使用用户单元编号 100 和 200，以及用户定义的节点编号 1、2 和 3、4 来定义两个连接器单元，并且在一个单元集中包含它们。将节点 1 和 3 作为两个紧固件的定位节点（图 2-44）。

• 在紧固件相互作用中和连接器界面定义中参照单元集。

• 将截面属性赋予紧固件。在此例中，假设允许紧固点之间存在相对位移。这样，必须为紧固件赋予一个具有可用运动分量的截面，如可以使用 CARTESIAN 截面。

• 紧固点之间的相对位移产生了弹性变形。这样，需要使用具有 10000 连接器弹性的弹性刚度将紧固件之间的材料模拟成线性弹性的。

可以使用以下输入：

*FASTENER, INTERACTION NAME=紧固件相互作用, ELSET=紧固件连接器, ROPERTY=紧固件属性
空白行
surface1, surface2
*ELEMENT, TYPE=CONN3D2, ELSET=紧固件连接器
100, 1, 2

```
200, 3, 4
*CONNECTOR SECTION, ELSET=紧固件连接器, BEHAVIOR=行为
CARTESIAN,
*CONNECTOR BEHAVIOR, NAME=行为
*CONNECTOR ELASTICITY, COMPONENT=1
10000,
*CONNECTOR ELASTICITY, COMPONENT=2
10000,
*CONNECTOR ELASTICITY, COMPONENT=3
10000,
```

实例：使用连接器单元直接定义多层紧固件

使用连接器单元直接定义多层紧固件：

• 使用明确包含两个连接器的连接集来定义连接器单元的两个连接集。第一个连接集包含编号为100和101的单元，分别具有节点编号1、2和2、3。第二个连接集包含编号为200和201的单元，分别具有节点编号4、5和5、6。在一个单元集中包括连接器单元。将节点1和4作为两个连接器的定位点（图2-44）。

• 在紧固件相互作用中和连接器截面定义中参照单元集。

• 为紧固件赋予截面属性。在此例子中，假设在紧固点之间建立了刚体梁；在此情况下，必须为紧固件赋予一个BEAM类型的截面。

可以使用以下输入：

```
*FASTENER, INTERACTION NAME = 紧固件相互作用, ELSET = 紧固件连接器,
ROPERTY=紧固件属性
空白行
surface1, surface2, surface3
*ELEMENT, TYPE=CONN3D2, ELSET=紧固件连接器
100, 1, 2
101, 2, 3
200, 4, 5
201, 5, 6
*CONNECTOR SECTION, ELSET=紧固件连接器
BEAM,
```

指定定位点、投影方法和紧固点

每一个相互作用定义了一个或者多个紧固件。紧固件的数量等于用来定位紧固件的定位点的数量。定位点是在紧固件位置上定义的节点，并且将其作为一个参考节点集赋予相互作用。

通常，定位点应当尽可能靠近要连接的面。用于指定定位点的参考节点可以是要连接面上的一个节点，或者分别对其进行定义。Abaqus通过将定位点投射到离它最近的面上来确

定将紧固件层连接到被连接面的实际点。Abaqus 通过以下投射方法来搜寻指定面上的紧固点从而形成紧固件：

- 面-面
- 面-边
- 边-面
- 边-边

选择哪种方法取决于面是如何相对于彼此来取向的。

紧固彼此近似平行的面

最常见的被紧固到一起的面是彼此近似平行的。在此情况下，紧固点位于远离面外围的单元面片上。面-面投射方法最适用于此情况。它也是默认的投射方法。

在面-面投射方法中，Abaqus 沿着一条垂直于面的线段将每一个定位点投射到离它最近的面上。另外，用户可以指定投射方向。当使用二维图样来确定定位点位置，并且这些位置在两个维度上是精确已知的，但在第三个维度上是未知时，指定方向可能是有用的。对于此情况，所指定的方向通常垂直于绘图平面。

如果确定了最近面上的紧固点，则 Abaqus 将沿着紧固件的法向（通常垂直于最近的面），将第一个紧固点投射到其他的多个面上，来确定在另外一个面上或者多个面上需要连接的点。图 2-45 所示为定位投射点的两种方法。当被固定住的面不是恰好平衡时，Abaqus 有时会将连接点设置到最近的面边上，或者设置到边的拐角处，而不是沿着紧固件的法向。

定位点（参考节点集中的一个节点）的位置可能与由 Abaqus 找到的紧固点位置不重合。这样，当节点转移到紧固点时，节点在定位点处的坐标（用户指定的）可能发生改变。如果定位点上的节点是用户定义的单元连接的一部分，则可以造成包含那个节点的连接单元产生不可接受的初始扭曲。在这样的情况下，建议用户在定位点上分别定义节点。通常来说，用户不应将此节点指定成被连接面上的一个节点。

输入文件用法：使用以下选项允许 Abaqus 定义投射方向：

*FASTENER, REFERENCE NODE SET=节点集符号, ATTACHMENT METHOD=FACETOFACE（默认的）

空白行

使用以下选项直接定义投射方向：

*FASTENER, REFERENCE NODE SET=节点集符号, ATTACHMENT METHOD=FACETOFACE（默认的）

x 分量，*y* 分量，*z* 分量

Abaqus/CAE 用法：使用以下选项允许 Abaqus 定义投射方向：

Interaction module：Special→Fasteners→Create：Point-based：选择定位点：Domain 标签页：Direction vector：Default，Criteria 标签页：Attachment method：Face-to-Face

使用以下选项直接定义投射方向：

Interaction module：Special→Fasteners→Create：Point-based：选择定位

点：Domain 标签页：Direction vector：Specify，Criteria 标签页：Attachment method：Face-to-Face

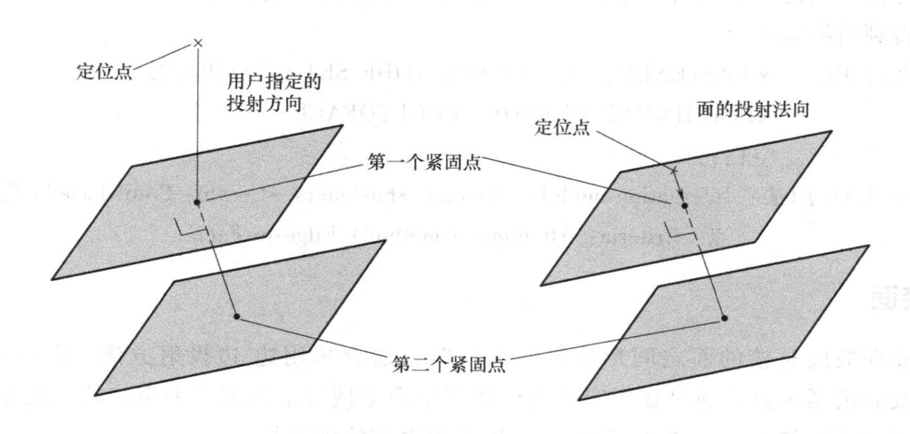

图 2-45 直接定位和通过法向投影来定位面-面投射方法的紧固点

紧固近似垂直的面

当用户需要紧固彼此垂直的或者近似垂直的面，即形成 T 形交线时，适合采用面-边或者边-面投射方法。图 2-46 显示面-边和边-面投影方法的连接。

在面上创建第一个紧固点

在面-边投射方法中，Abaqus 沿着垂直于面的一条有向线段将定位点投射到离它最近的面上。后续紧固点是通过在剩下的指定面上搜寻最近的点来找到的。最近的紧固点可位于一个面的边或者角上。

输入文件用法：＊FASTENER，REFERENCE NODE SET=节点集标签，
ATTACHMENT METHOD=FACETOEDGE
空白行

Abaqus/CAE 用法：Interaction module：Special→Fasteners→Create：Point-based：选择定位点：Criteria：Attachment method：Face-to-Edge

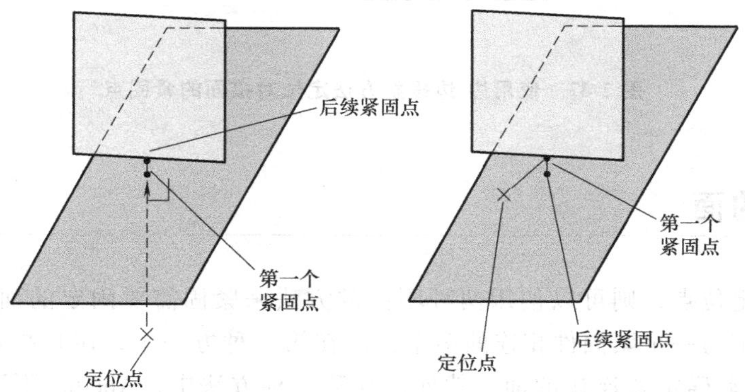

图 2-46 面-边和边-面投射方法为含有 T 形交线的面定位紧固点

在边上创建第一个紧固点

在边-面投射方法中，通过在指定的面或者多个面上搜寻最近的点来找到第一个紧固点。最近的点可能在面的边上或者角上。Abaqus 沿着一条垂直于面的有向线段对之前的紧固点进行投射得到后续紧固点。

输入文件用法：＊FASTENER，REFERENCE NODE SET=节点集标签，
ATTACHMENT METHOD=EDGETOFACE
空白行

Abaqus/CAE 用法：Interaction module：Special→Fasteners→Create：Point-based：选择定位点：Criteria：Attachment method：Edge-to-Face

紧固对接面

当想要在彼此对接的面之间形成紧固连接时，适合采用边-边投射方法。在此方法中，第一个以及后续紧固点是通过在指定的面或者多个面上搜寻最近的点来定位的。此方法中的紧固点可以位于面的边上。图 2-47 所示为边-边投射方法的连接。

输入文件用法：＊FASTENER，REFERENCE NODE SET=节点集标签，
ATTACHMENT METHOD=EDGETOEDGE
空白行

Abaqus/CAE 用法：Interaction module：Special→Fasteners→Create：Point-based：选择定位点：Criteria：Attachment method：Edge-to-Edge

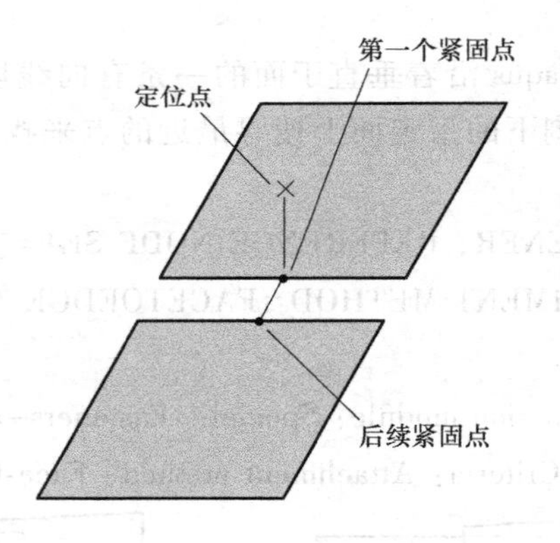

图 2-47　使用边-边投射方法定位对接面的紧固点

指定要紧固的面

如果指定了定位点，则可以使用两种不同的方法来紧固需要固定的面。在第一种方法中，用户直接指定与一个紧固件相连的多个面。在第二种方法中，用户指定一个搜寻区域，然后由 Abaqus 自动确定要连接的面。然而，在第二种方法中，Abaqus 不区分重叠的面片。因此，如果需要紧固重叠的面片，则用户应使用第一种方法指定包含每一个重叠面片的不同

面。只有在面片上定义的基于单元的面可以紧固到一起（见“基于单元的面定义”，《Abaqus 分析用户手册——介绍、空间建模、执行与输出卷》的 2.3.2 节，以及“面上的操作”，《Abaqus 分析用户手册——介绍、空间建模、执行与输出卷》的 2.3.6 节）。

在用户指定的面上形成紧固连接

如果用户指定了多个面作为相互作用定义的一部分，则会将要紧固的面限制在这些面上。通常，指定多个面是定义紧固件的优先方法，此方法将产生一个更加精确的紧固件构建定义。每个紧固件的层数应比所指定的面的个数小 1。在每一个面上可以找到一个紧固点。

输入文件用法：＊FASTENER

第一个数据行

表面 1，表面 2，表面 3 等

Abaqus/CAE 用法：Interaction module：Special→Fasteners→Create：Point-based：Domain：Approach：Fasten specified surfaces by proximity，选择面

当用户为一个单独的面区域选择多个面时，Abaqus/CAE 将使用单个面搜寻方法来组合多个面，如“在用户指定的搜寻区域中的面上形成紧固连接”中所描述的那样。

在用户指定的面上控制紧固件的连接

默认情况下，紧固点的连接是由其在紧固件投射方向上的相对位置决定的。例如，图 2-43所示的两层默认连接的实例连接紧固点 A 到点 B（层 1）以及点 B 到点 C（层 2）。

当紧固连接是在用户指定的面上形成时，用户可以控制紧固点的连接。用户可以指定紧固点的连接是通过用户指定的与其相关联的面顺序来定义的。

输入文件用法：＊FASTENER，UNSORTED

第一个数据行

表面 1，表面 2，表面 3 等

如果用户指定面没有包含在数据行中，则忽略 UNSORTED 参数。

Abaqus/CAE 用法：Interaction module：Special→Fasteners→Create：Point-based：Domain：Approach：Fasten in specified order，选择面

在用户指定的搜寻区域中的面上形成紧固连接

如果用户没有指定任何面作为相互作用定义的一部分，则 Abauqs 在所有位于半径为用户指定了半径 R、中心为定位点的球内的单元面片上搜寻紧固点。如果用户没有指定搜寻半径，则 Abaqus 将基于 5 倍的面片厚度（对于壳单元面片）或者每一个定位点附近的特征单元长度（对于其他单元类型），计算一个默认搜寻半径。

要细化搜寻，用户可以指定一个单独的面定义来限制搜寻的面片属于该面的单元面片。在此情况下，用户必须定义一个至少包含每一个连接面的面集。也可以使用一个组合面（对组合面的讨论见“面的操作”，《Abaqus 分析用户手册——介绍、空间建模、执行与输出卷》的 2.3.6 节）。

要进一步细化定义，用户可以为每一个紧固件的层数指定一个正整数 N。Abaqus 搜寻

最靠近定位点的 $N+1$ 个紧固点。而使用多个 BEAM MPC 来模拟紧固件，而没有找到所需数量的紧固点，则发出一个报警信息。如果使用连接器单元来模拟紧固件，并且没有找到要求的紧固点数量，则 Abaqus 发出一个错误信息。因此，当指定层的数量时，用户应确保在已经指定的搜索半径范围内可以找到 $N+1$ 个紧固点。

如果列出了多个面作为紧固件定义的一部分，则忽略每一个紧固件的层数。如果将用户指定的搜寻半径用于多面情况中，则 Abaqus 在所有位于用户指定半径 R、中心为定位点的球形内的每一个列出面上搜寻紧固点。对于位于此球外的列出的多面面片，则不进行搜寻。对于具体的紧固件定义，最多可以指定 15 层。

输入文件用法：＊FASTENER, SEARCH RADIUS=R, NUMBER OF LAYERS=N
第一个数据行

Abaqus/CAE 用法：Interaction module：Special→Fasteners→Create：Point-based：Criteria：Search radius：Specify：R, Maximum layers for projection：Specify：N

定义影响半径

每一个紧固点是与面上被称为影响区域中的一组邻近该紧固点的节点相关联的。然后以加权的方法，将紧固点的运动通过一个分布耦合约束耦合到此区域中节点的运动。可以使用几个权重选项，下文中将对此进行讨论。

要定义影响区域，Abaqus 基于所使用紧固件的几何属性、所连接面片的特征长度，以及加权函数的类型来计算内部影响半径。总是将默认的影响半径选择成内部计算的最大影响半径、最大的物理紧固半径或者点的投影与离它最近的节点之间的最大距离。用户也可以定义所需影响半径。然而，如果用户定义的影响半径小于计算得到的默认影响半径，则 Abaqus 忽略用户定义的影响半径。

输入文件用法：＊FASTENER, RADIUS OF INFLUENCE=距离
空白行

Abaqus/CAE 用法：Interaction module：Special→Fasteners→Create：Point-based：Adjust：Influence radius：Specify：距离

定义加权方法

为紧固件相互作用而建立的可以使用的分布耦合约束加权方法，与 Abaqus 中基于面的耦合约束（见“耦合约束”，2.3.2 节）可用的加权方法是一样的。除了基于面的均匀加权方法，还可以采用以不同方式随着到紧固点的径向距离单调递减的加权方法，包括线性、二次多项式和三次多项式加权分布。默认情况下，Abaqus 使用均匀加权方法。用户可以更改默认的加权分布。

由 Abaqus 计算得到的默认影响半径大于更高阶的加权方法所产生的影响半径，因为远离紧固点的结果权重对紧固点的运动具有相对小的贡献。这样，要确保具有足够强的“拖尾”影响，有必要通过增大默认影响半径来增加影响区域中的节点数量。相比较而言，采用均匀加权方案时，远离紧固点的面节点对紧固点的运动具有显著贡献。对于此情况，所选

默认影响半径可以是相对小的，因为即使在影响区域中使用了数量较少的节点，“拖尾”影响也是足够强的。如果找到的云节点数小于3，则增大影响半径有助于通过在耦合节点的云中包含更多的节点来形成紧固连接。

输入文件用法：使用以下选项定义均匀加权分布：

*FASTENER，WEIGHTING METHOD=UNIFORM

空白行

使用以下选项定义线性加权分布：

*FASTENER，WEIGHTING METHOD=LINEAR

空白行

使用以下选项定义二次多项式加权分布：

*FASTENER，WEIGHTING METHOD=QUADRATIC

空白行

使用以下选项定义三次多项式加权分布：

*FASTENER，WEIGHTING METHOD=CUBIC

空白行

Abaqus/CAE 用法：Interaction module：Special→Fasteners→Create：Point-based：Formulation：Weighting method：Uniform，Linear，Quadratic 或者 Cubic

定义紧固件方向

每一个紧固件是在随着紧固件的运动而转动的局部坐标系中定义的。默认情况下，Abaqus 根据空间中的面常用约定（见“约定”，《Abaqus 分析用户手册——介绍、空间建模、执行与输出卷》的1.2.2节），通过将整体坐标系投射到要紧固的面上来定义局部坐标系。以这种方式定义的局部方向使得每个紧固件的局部 z 轴垂直于最接近紧固件参考节点的面。

用户可以通过定义紧固件相互作用的局部坐标系来覆盖默认的局部坐标系。通常，用户定义的方向应是局部 z 轴与被连接面近似相切，并且局部 x 轴和 y 轴近似垂直于被连接的面。默认情况下，Abaqus 调整用户定义的方向，使得每个紧固件的局部 z 轴垂直于最接近紧固件参考节点的面。在希望精确定义局部方向的情况中，用户可以指定 Abaqus 不调整局部方向。

紧固件仅支持直角、圆柱和球方向定义。忽略方向定义中的附加转动部分。

在几何非线性分析步中，局部方向随着紧固件参考节点的运动而转动。

使用连接器单元时的局部坐标系

如果使用了连接器单元来模拟紧固件，则将在连接器截面上定义的局部坐标系 $\boldsymbol{T}_{connector}$ 作用在紧固件的局部坐标系 $\boldsymbol{T}_{fastener}$ 上，来决定连接器单元的最后局部坐标系 $\boldsymbol{T}_{connectorfinal}$。即

$$\boldsymbol{T}_{connectorfinal}=\boldsymbol{T}_{connector}\cdot\boldsymbol{T}_{fastener}$$

在上面的方程中，假设 $\boldsymbol{T}_{connector}$ 和 $\boldsymbol{T}_{fastener}$ 为分别以局部方向1、方向2和方向3为第一行、第二行和第三行的正交转动矩阵。应关于紧固件的局部坐标系来定义模拟紧固件的连接器单元的局部坐标系。Abaqus/CAE 的 Visualization 模块（Abaqus/Viewer）中显示的方向是所有紧固件位置处的 $\boldsymbol{T}_{connectorfinal}$，除非用户指定不将方向写入数据库中，在此情况下，只显

示 $\boldsymbol{T}_{connector}$。如果要求了连接器场输出，则自动生成连接器节点处的附加节点转动的场输出，以确保合适的连接器取向方向随着分析的进行得到显示。否则，将在所有时间上显示分析开始时计算的方向 $\boldsymbol{T}_{connectorfinal}$和用于计算目的更新取向。

例如，假设用户使用了 HINGE 连接器，并且希望所释放的转动自由度（位于连接器的局部方向 1 上）垂直于要紧固的面。如果为紧固件使用了默认局部坐标系（局部方向 3 垂直于面），则应将连接器的局部方向 1 设置成（0.0，0.0，1.0），即紧固件的局部方向 3。当使用紧固件的局部坐标系进行计算时，连接器的局部方向 1 将垂直于面。复合方向实例见“网格无关的点焊”（《Abaqus 基准手册》的 5.1.16 节）。

输入文件用法：* FASTENER，ORIENTATION=取向名称，
ADJUST ORIENTATION=NO
空白行

Abaqus/CAE 用法：Interaction module：Special→Fasteners→Create：Point-based：Adjust：Fastener CSYS：Edit：选择局部坐标系，切换打开 Adjust CSYS to make local Z-axis normal to closest surface

关于 $\boldsymbol{T}_{fastener}$ 计算的说明

为了准确地理解使用连接器模拟紧固件时的行为，有必要说明 $\boldsymbol{T}_{fastener}$的默认定义。总是将定位点投射到离它最近的面来成为紧固点。这样，参考节点相对于被紧固面叠层的坐标选择决定了使用哪一个面来计算局部方向。在实际应用中此选择通常没有影响，因为要紧固的面在紧固件区域内大体上是彼此平行的。

参考节点在离它最近的面上的投影生成连接器单元中的一个紧固点。每个紧固点（$\boldsymbol{T}_{fastener}$）的 z 轴在此紧固点处是垂直于面的。默认在最近的面上生成的紧固点是第一个紧固点，因此也是第一个连接器节点。将局部 z 轴所指向的精确方向的单位向量正向选择成从连接器第一个节点指向第二个节点的点积。如上面所解释的那样，用户可以通过定义未排序的面来控制连接器中紧固点的连接。因此，用户可以通过为参考节点选择合适的坐标系，和/或者使用未排序的面来控制局部 z 轴沿着面法向所指的精确方向。

$\boldsymbol{T}_{fastener}$中的两个切向方向默认是根据空间中面的常用约定计算得到的（见“约定”，《Abaqus 分析用户手册——介绍、空间建模、执行与输出卷》的 1.2.2 节）。通过将整体 x 轴投射到紧固点位置处的最近表面上来确定 $\boldsymbol{T}_{fastener}$中的局部 x 轴。如果整体 x 轴以 0.1°以内的误差垂直于面，则 $\boldsymbol{T}_{fastener}$中的局部 x 轴是整体 z 轴在最近面上的投影。$\boldsymbol{T}_{fastener}$中的局部 y 轴则与 x 轴和 z 轴均成直角。这样，三个局部轴便形成了一个右手坐标系。

在极少情况下，当默认的 $\boldsymbol{T}_{fastener}$定义不适合用户的应用时，用户可以直接定义方向。如果用户直接定义了方向，则 Abaqus 将首先检查用户定义的局部 x 轴和 y 轴，确定这两根轴中的哪一根更接近当前面片所在的平面。如果局部 x 轴更接近，则 Abaqus 将局部 y 轴重新计算成面法向与指定 x 轴的归一化叉积，然后将新的局部 x 轴计算成重新计算得到的 y 轴与面法向的归一化叉积。如果局部 y 轴更接近，则 Abaqus 将 x 轴重新计算成所指定的 y 轴与面片法向的归一化叉积，然后将新的 y 轴计算成面片法向与重新计算得到的 x 轴的归一化叉积。

常见模拟做法

在大部分应用中，$T_{fastener}$的默认值与在两个连接器节点上的整体坐标系中的$T_{fastener}$的组合将产生一个最适合的$T_{connectorfinal}$。用户选择的连接类型取决于一些模拟注意事项，但是很多时候，BUSHING 连接类型是最好的选择。为了简化讨论，考虑仅有两个面需要紧固，如“耦合行为的连接器函数”（《Abaqus 分析用户手册——单元卷》的 5.2.4 节）中的点焊实例所描述的一类常见情况。此时，$T_{connectorfinal}$具有垂直于最接近面的局部 z 轴，并且从第一个紧固点（第一个连接器节点）指向第二个紧固点（第二个连接器节点）。此选择可确保对于承受拉伸载荷的紧固件（紧固的平板被拉开），总是在连接器内沿着局部 z 轴建立正向的力（CTF3），而不管坐标系对于位置点的选择和/或者是否使用了未排序的面。相反，如果施加了压缩载荷（紧固的平板互相挤压），则在连接器内建立负向的力。

在绝大部分情况下，通过局部 x 轴和局部 y 轴定义的切向平面中的行为是各向同性的。因此，用户可以无需关注这两根轴的精确走向。“耦合行为的连接器函数，”（《Abaqus 分析用户手册——单元卷》的 5.2.4 节）中的点焊实例说明了存在这种特殊情况，其中连接器单元的运动行为使用（各向同性的）两个平面内的力大小（f_1，f_2）和两个力矩（m_1，m_2）。

如果用户需要定义切向平面中的各向异性行为，则需要明确$T_{fastener}$的方向是如何定义的。如上文所述，定位点相对于被紧固面的叠层坐标系的选择和/或者是否使用了未排序的面，决定了默认局部轴的精确方向。在大部分情况下，用户有两种常用的模拟选择。在第一种情况下，用户可以指定定位点的坐标恰好在面上或者非常接近面，在此面上包含第一个紧固点（连接器节点），并且使用默认排序的面。在此情况下，用户不需要单独指定要紧固的面。然而，在许多实际情况中，由于被紧固面的几何形状和/或者紧固件参考节点的坐标不精确，导致特定面中参考节点的位置很难达到一致。第二个模拟选择由经过排序的面组成。参考节点相对于面叠层的确切位置并不重要，因为第一个紧固点总是在第一个指定的面上。在此情况下，用户必须指定两个或者更多个被紧固的面。在极少数情况下，当这些模拟选择都不适合用户的应用时，用户可以直接定义紧固件方向来明确地符合其需要。

定义面耦合方法

将每个紧固点的运动耦合到被紧固面中相关联耦合节点的运动有两种方法：连续耦合方法和结构耦合方法。默认使用连续耦合方法。

在许多情况下，当紧固面对彼此靠近时，如果使用了连续耦合方法，则在两个面之间会产生不真实的接触相互作用。壳弯曲应用除外。此外，在许多情况下，如果两个面是被撬开的，则连续耦合方法将产生一个过硬的响应，特别是当紧固件的半径较小时。可以使用结构耦合方法来解决这些问题。

连续耦合方法

默认的连续耦合方法将每个紧固点的平动和转动耦合到每个紧固面上的耦合节点集的平

均平动。该约束仅将紧固点上的力和力矩分布成耦合节点的力分布。当权重因子为螺栓横截面时，力分布等效于经典的螺栓样式力分布。对于每一对紧固点和耦合节点集，约束会在紧固点与位于耦合节点位置的权重中心点之间建立刚性梁连接。在“分布耦合单元”（《Abaqus 理论手册》的 3.9.8 节）中，对连续耦合方程进行了详细讨论。

输入文件用法：*FASTENER，COUPLING=CONTINUUM

Abaqus/CAE 用法：Interaction module：Special→Fasteners→Create：Point-based：Formulation：Coupling type：Continuum distributing

结构耦合方法

结构耦合方法将每个紧固点的平动和转动，耦合到每个紧固面上的耦合节点集的平动和转动运动。约束在紧固点上将力和力矩分布成耦合节点的力和力矩。为了激活这种耦合方法，所有耦合节点上的所有转动自由度必须都是有效的（当壳是紧固在一起的时候会出现这种情况），并且必须约束所有自由度（默认的，见下文中的“定义紧固件属性”）。

关于平动，对于每一对紧固点和耦合节点集，约束力在紧固点与位于紧固面附近的，在任何时刻均保持移动的点之间建立刚性梁连接。此移动点的位置是通过面的当前曲率、耦合节点加权中心位置的当前位置，以及紧固件投射方向来确定的。当面彼此接近时（典型情况），此选择避免了紧固面之间的不真实的接触相互作用。

关于转动，对于每一对紧固点与耦合节点集，沿着不同的局部方向，约束是不同的。沿着投射方向（扭转方向），约束与通过连续耦合方法（见“分布耦合单元”，《Abaqus 理论手册》的 3.9.8 节）所施加的约束是一样的。相比之下，垂直于投射方向的平面内转动约束，在紧固点的邻近区域中，将平面内的紧固点转动关联到平面内的耦合节点转动。当紧固的面被撬开时，此选择可提供一个真实的响应。

输入文件用法：*FASTENER，COUPLING=STRUCTURAL

Abaqus/CAE 用法：Interaction module：Special→Fasteners→Create：Point-based：Formulation：Coupling type：Structural distributing

定义紧固件属性

每个紧固件相互作用定义必须参考一个属性，它定义了紧固件的几何截面属性。

输入文件用法：同时使用以下选项：

*FASTENER，PROPERTY=紧固件属性名称

*FASTENER PROPERTY，NAME=紧固件属性名称

Abaqus/CAE 用法：Interaction module：Special→Fasteners→Create：Point-based：Property

几何截面数量

假设紧固件在所连接的面上具有圆形投影。此时，用户应定义紧固件的半径。

输入文件用法：*FASTENER PROPERTY

r

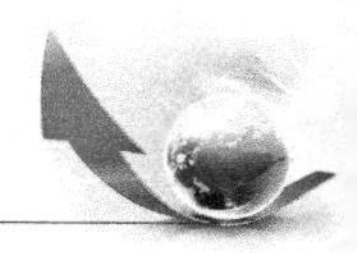

Abaqus/CAE 用法：Interaction module：Special → Fasteners → Create：Point-based：Property：Physical radius：r

质量

在许多情况中，紧固件会增加装配质量。要模拟额外的质量，需要定义依附于每个紧固件，并集总到紧固点的额外质量。

输入文件用法：* FASTENER PROPERTY，MASS=质量值

Abaqus/CAE 用法：Interaction module：Special→Fasteners→Create：Point-based：Property：Additional mass：质量值

释放使用连接器单元的紧固件上的自由度

对于使用连接器定义的紧固件，可以通过定义具有未约束的（可用的）自由度的连接器截面类型来释放平动及转动自由度。例如，可以使用 HINGE 连接器来释放连接器局部方向 1 中的转动自由度。

释放使用多个 BEAM MPC 的紧固件上的自由度

对于使用多个 BEAM MPC 模拟的紧固件，紧固点处的转动自由度与耦合节点的平均转动之间的力矩可以在一个、两个或者三个方向上得到释放。用户可以在默认局部坐标系中，或者用户定义的局部坐标系中指定力矩约束方向。紧固点处的三个平动自由度总是与耦合节点的平均平动相互耦合。用户指定耦合到耦合节点平均运动的紧固点自由度，作为紧固件属性定义的一部分。

如果没有将自由度指定成紧固件属性定义的一部分，则所有的六个自由度是耦合的。如果用户指定了一个或者多个自由度，但是没有指定所有可用的平动自由度，则 Abaqus 发出一个警告信息，并且对约束添加所有可用平动自由度。如果用户定义的局部方向是为紧固件相互作用指定的，则局部自由度是与用户定义的坐标系有关的。

输入文件用法：* FASTENER PROPERTY

截面属性

第一个自由度，最后一个自由度

例如，如果使用了默认的局部坐标系，则以下属性定义将释放零件关于面法向的相对转动约束：

* FASTENER PROPERTY

截面属性

1，5

以上属性定义可以用来近似建立铆钉连接。

Abaqus/CAE 用法：Abaqus/CAE 总是约束一个紧固件中的所有平动自由度。使用以下输入删除转动自由度上的约束：

Interaction module：Special→Fasteners→Create：Point-based：Formulation：切换关闭 UR1、UR2 或者 UR3

使用多个 BEAM MPC 模拟的紧固件中的过约束

一些使用由多个 BEAM MPC 模拟的紧固件的模型实例中可能存在过约束。下面描述的是两个潜在的，Abaqus 试图自动探测的过约束，并且在求解器输入文件过程中进行了解决。

紧固件和刚体

可以使用紧固件来连接可变形的和刚性的基于单元的面。然而，如果紧固件是使用多个 BEAM MPC 来模拟的，而且在某紧固件定义中包含了多个刚性面，则可能产生潜在过约束。Abaqus 自动尝试通过指定在任何单独的紧固件定义中允许存在至多一个刚性面来去除这些类型的过约束。如果探测到了此类型的过约束，则生成一个警告信息。

例如，假设图 2-43 中的面 *A* 和面 *C* 属于同一个刚体，并且面 *B* 是可变形的。Abaqus 自动从紧固件定义中删除面 *A* 或者面 *C*，并且仅形成可变形面与剩下的刚性面之间的紧固连接。如果面 *A* 和面 *C* 属于两个分开的刚体，则通过一个内部生成的 BEAM MPC 连接它们各自的刚体参考节点。

在另一个例子中，假设图 2-43 中的三个面都是刚性的。在此情况下，将不会形成紧固件，并且将使用多个 BEAM MPC 连接面 *A*、*B* 和 *C* 上的唯一刚体参考节点。如果在由多个 BEAM MPC 连接到一起的刚体参考节点上施加不一致的运动约束（如位移边界条件），则会产生无法解决的过约束。在此情况中，用户必须更改此模型来排除过约束。可以采用的方法包括从紧固件定义中删除一些刚性面，或者删除刚性参考节点上不一致的运动条件。

上述排除紧固件和刚体中过约束的过程，将保留原始模型的运动。在 Abaqus/Standard 中，用户可以绕过过约束检查，以防止模型前处理中的自动模型更改（见“过约束检查”，2.6）。

重叠紧固件

如果一个或者多个其他紧固件定义中完全包含其相关联分布耦合单元的所有耦合节点，则刚性紧固件中存在潜在的过约束。如果定位点之间的空间与网格中典型的单元大小相比是较小的（在汽车模型中是常见的情况），则可能产生此过约束。要避免此情况中的过约束，Abaqus 为所有满足以上规则的紧固件分布耦合单元使用一个潜在方程。罚分布耦合方程可将分布耦合单元参考节点运动与其耦合节点运动之间的约束松弛到一个很小的程度。

输出

如果使用连接器单元模拟紧固件，则可以使用连接器单元输出变量来要求紧固件的输出（见“连接器单元”，《Abaqus 分析用户手册——单元卷》的 5.1.2 节）。如果连接器是使用多个 BEAM MPC 模拟的，则没有可用的紧固件输出。

2.4 嵌入单元

产品：Abaqus/Standard　　Abaqus/Explicit　　Abaqus/CAE

参考

- “运动约束：概览”，2.1 节
- *EMBEDDED ELEMENT
- “定义嵌入区域约束”，《Abaqus/CAE 用户手册》的 15.15.8 节

概览

嵌入单元技术：

- 用来定义嵌入一组宿主单元中的一个单元或者一组单元，使用它们的响应来约束嵌入节点（即被嵌入单元的节点）的平动自由度。
- 可以用于几何线性或者非线性分析中。
- 不可以用于具有转动自由度的宿主单元。
- 可以用来模拟嵌入三维实体（连续）单元中的一组螺纹钢加强的膜、壳或者面单元；嵌入实体单元中的一组杆或者梁单元；或者嵌入其他实体单元集中的一组实体单元。
- 在实体单元中嵌入壳或者梁单元时，将不约束嵌入节点的转动自由度。
- 可以从 Abaqus/Standard 导入 Abaqus/Explicit 中，反之亦然。

介绍

用户可以使用嵌入单元技术将一个单元或者单元组嵌入宿主单元中。例如，可以使用嵌入单元技术模拟加强筋加强。Abaqus 搜寻嵌入单元的节点与宿主单元之间的几何形体联系。如果一个嵌入单元的节点位于宿主单元中，则消除节点上的平动自由度，并且该节点将成为“嵌入节点。”将嵌入节点的平动自由度约束成宿主单元的相应自由度内插值。允许嵌入单元具有转动自由度，但是嵌入操作并不约束这些转动。允许定义多个嵌入单元。

可用的嵌入单元类型

包含嵌入单元的单元集和包含宿主单元的单元集可以使用不同的单元类型。然而，所有宿主单元仅能具有平动自由度，并且嵌入单元中节点的平动自由度数量必须等于宿主单元中节点的平动自由度数量。Abaqus 中“宿主单元中的嵌入单元”的一般类型如下：

- 二维模型：
  - 实体中的梁
  - 实体中的实体
  - 实体中的杆
- 轴对称模型：

-实体中的膜（仅用于 Abaqus/Standard）

-实体中的壳

-实体中的实体

-实体中的面（仅用于 Abaqus/Standard）

- 三维模型：

  -实体中的梁

  -实体中的膜

  -实体中的壳

  -实体中的实体

  -实体中的面

  -实体中的杆

定义宿主单元

默认情况下，为包含嵌入节点的单元搜寻嵌入单元附近的单元，然后通过这些宿主单元的响应来约束嵌入节点。要从约束的嵌入节点中排除特定的单元，用户可以定义一个宿主单元集，将搜寻限制在此模型的宿主单元子集中。如果嵌入节点接近模型中的不连续处（裂纹、接触对等），则强烈推荐采用此功能。

输入文件用法：*EMBEDDED ELEMENT，HOST ELSET=名称

必须在输入文件的模型定义部分包含 *EMBEDDED ELEMENT。允许使用多个 *EMBEDDED ELEMENT 选项。

Abaqus/CAE 用法：Interaction module：Create Constraint：Embedded region：选择宿主区域时，从弹出窗口选择 SelectRegion

定义嵌入单元

用户必须定义嵌入单元。可以定义单独的单元或者单元集。默认情况下，如果没有成功地将所有指定的嵌入单元完全嵌入宿主单元中，则 Abaqus 发出一个错误信息。另外，用户可以允许部分嵌入，在其中将只约束嵌入宿主单元中的单元节点。

嵌入单元可以与宿主单元共用一些节点。然而，不认为这些节点是嵌入节点。

输入文件用法：使用以下选项完全嵌入单元（默认的）：

*EMBEDDED ELEMENT，PARTIAL EMBED=NO

嵌入单元

使用以下选项部分嵌入单元：

*EMBEDDED ELEMENT，PARTIAL EMBED=YES

嵌入单元

Abaqus/CAE 用法：在 Abaqus/CAE 中，用户仅可以完全嵌入单元。

Interaction module：Create Constraint：Embedded region：

选择嵌入区域

定义几何容差

使用几何容差来定义模型中的嵌入节点可以位于宿主单元区域以外多远。默认情况下，嵌入节点与宿主单元区域之间的距离必须小于模型中所有非嵌入单元的平均大小乘以0.05的积。然而，用户可以改变此容差。

用户可以将几何容差定义成模型中所有非嵌入单元平均大小的一个分数。另外，用户也可以将几何容差定义成一个模型所选长度单位的绝对距离。如果用户同时定义了外部容差，则 Abaqus 使用两个容差中较小的一个。所有非嵌入单元的平均大小是通过计算得到的，用其乘以外部分数，然后将结果与绝对外部容差相比来确定两个容差中较小的一个。宿主单元中嵌入单元的外部容差是用图2-48中的阴影区域来表示的。

如果一个嵌入节点位于已定义的容差区域之内，则将节点约束到宿主单元中。调整此节点的位置将其精确地移动到宿主单元中。如果一个嵌入节点位于所定义的容差区域之外，则发出一个错误信息。

输入文件用法：使用以下选项将容差定义成分数：

*EMBEDDED ELEMENT, EXTERIOR TOLERANCE=容差

使用以下选项将容差定义成绝对距离：

*EMBEDDED ELEMENT,
ABSOLUTE EXTERIOR TOLERANCE=容差

Abaqus/CAE 用法：Interaction module：Create Constraint：Embedded region：Fractional exterior tolerance 或者 Absolute exterior tolerance

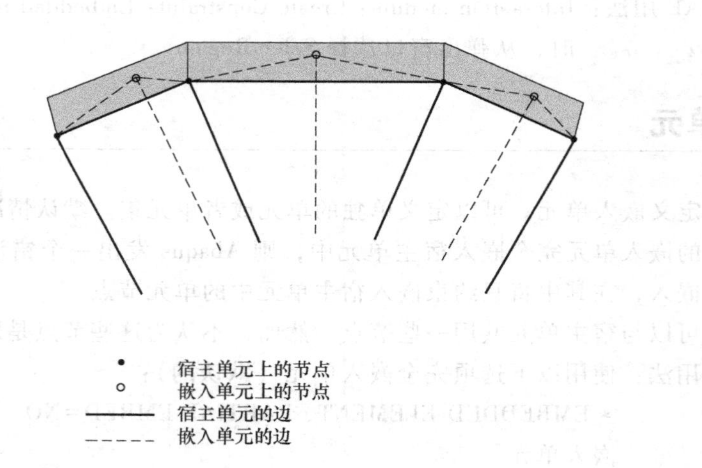

图 2-48　嵌入单元的外部容差

调整嵌入节点的位置

如果嵌入节点靠近宿主单元的一个单元边或者单元面，则需对嵌入节点的位置进行微量

调整，使其精确地位于宿主单元的边上或者面上，从而提高计算效率。Abaqus 定义了一个小的容差，若小于该容差，则与嵌入节点相关联的宿主单元中的节点权重因子将被置为零。Abaqus 将按其初始权重比例，将小的权重因子重新分布到宿主单元中的其他节点上，并且基于新的权重因子对嵌入节点位置进行调整。通过这种微量调整，使得嵌入节点位于宿主单元的边上或者面上，是非常有用的。如果使用一个大的非默认圆整容差对嵌入节点位置进行显著的调整，则用户应仔细检查调整后得到的网格。

输入文件用法：　　*EMBEDDED ELEMENT，ROUNDOFF TOLERANCE=容差

Abaqus/CAE 用法：Interaction module：Create Constraint：Embedded region：Weight factor roundoff tolerance

与其他多运动约束一起使用

如果使用多点、方程、运动耦合、基于面的绑缚或者刚体约束对嵌入节点进行绑缚，则引入了过约束，并将发出一个错误信息。如果对嵌入节点施加了边界条件，则嵌入单元定义总是优先的，Abaqus 将忽略边界条件，并发出一个警告信息。

在嵌入单元上定义面

由于是嵌入的，所以嵌入单元没有外部的（自由的）面。因此，通用接触模拟的相互作用自动定义的全包容面不包括嵌入单元的面。此外，基于这些单元的面定义，必须具有明确定义的面标识符（见“基于嵌入的面定义”，《Abaqus 分析用户手册——介绍、空间建模、执行与输出卷》的 2.3.2 节）。

限制

使用嵌入单元技术存在以下限制：

- 具有转动自由度的单元（除了具有翘曲的轴对称单元）不能用作宿主单元。
- 不对嵌入单元上的转动、温度、孔隙压力、声压和电位自由度进行约束。
- 宿主单元不能嵌入它们自身中。
- 在相同积分点位置，嵌入单元的材料定义不能取代宿主单元的材料定义。
- 模型中添加由嵌入单元所产生的附加质量和刚度。
- 如果使用改进的四面体单元作为宿主单元，则只使用角节点来约束合适的嵌入节点。

实例

如图 2-49 所示，单元 3（杆）和单元 4（膜）嵌入单元 1 和单元 2 中。单元 1 是通过节点 a、b、c、d、e、f、g 和 h 形成的；单元 2 是通过节点 e、f、g、h、i、j、k 和 l 形成的；单元 3 是通过节点 A 和 B 形成的；单元 4 是通过节点 C、D、E 和 F 形成的。如果宿主单元集包含单元 1 和单元 2，嵌入单元集包含单元 3 和单元 4，则 Abaqus 将试图搜寻是否有嵌入

节点（A、B、C、D、E 和 F）位于宿主单元 1 或者 2 中。如果发现节点 A 位于靠近单元 1 的 $abfe$ 面上，则使用基于 A 在单元 1 中的几何位置确定的合适权重因子，将节点 A 上的所有自由度约束到节点 a、b、f 和 e。类似的，如果发现节点 B 位于单元 1 中，且节点 E 位于靠近单元 2 的 gk 边上，则分别使用基于节点 B 在单元 1 中的几何位置，以及基于节点 E 在单元 2 的 gk 边上的几何位置确定的合适权重因子，将节点 B 处的自由度约束到节点 a、b、c、d、e、f、g 和 h，并将节点 E 上的所有自由度约束到节点 g 和 k。

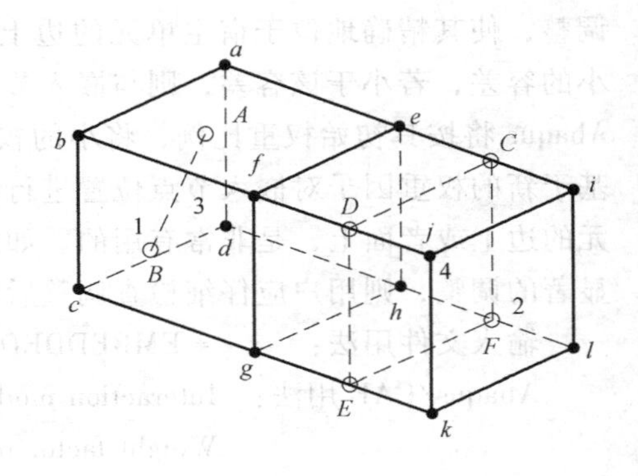

● 宿主单元上的节点

○ 嵌入单元上的节点

——— 宿主单元的边

- - - - 嵌入单元的边

图 2-49 单元嵌入宿主单元中

用户应确保将所有期望嵌入的单元上的节点正确地约束到宿主单元的节点上。这可以通过执行一个数据检查分析来确认（见 “Abaqus/Standard、Abaqus/Explicit 和 Abaqus/CFD 的执行”，《Abaqus 分析用户手册——介绍、空间建模、执行与输出卷》的 3.2.2 节）。对于每一个嵌入节点，用来约束此节点的节点列表及相关权重因子，将在数据检查分析过程中输出到数据文件中。如果没有约束嵌入节点并且使用了完全嵌入，则发出一个错误信息。

模板

```
*HEADING
…
*NODE
定义节点坐标系的数据行
*ELEMENT, TYPE=C3D8, ELSET=SOLID3D
定义实体单元的数据行
*ELEMENT, TYPE=T3D2, ELSET=TRUSS
定义杆单元的数据行
*ELEMENT, TYPE=M3D4, ELSET=MEMB
定义膜单元的数据行
*EMBEDDED ELEMENT, EXTERIOR TOLERANCE=容差, HOST ELSET=SOLID3D
TRUSS, MEMB
*STEP
*STATIC（或者其他允许过程）
定义时间步和控制增量的数据行
…
*END STEP
```

2.5 单元端部释放

产品：Abaqus/Standard

参考

- “运动约束：概览”，2.1 节
- *RELEASE

概览

单元端部释放：

- 允许释放一个单元或者单元集一端或两端的转动自由度或者转动自由度的组合。
- 可以用于几何线性或者非线性分析。
- 仅用于 Abaqua/Standard 中的梁和管单元。

介绍

单元端部释放用来模拟单元的一个端或者两个端部处的铰链连接（在一个、两个或者三个正交方向上的铰链）。通过释放转动自由度，允许单元的一端相对于节点，关于所选的自由度自由转动。与节点共用没有释放的转动自由度。用户必须注意，不要为共用一个节点的所有单元释放该节点处的一个指定自由度，否则，该节点将失去此自由度的刚度，并且 Abaqus/Standard 将发出零支点警告信息。

单元端部释放在单元局部自由度上操作。对于梁类型单元的局部坐标（n_1，n_2，t）的定义，见“梁单元横截面方向”（《Abaqus 分析用户手册——单元卷》的 3.3.4 节）。受释放影响的转动自由度是空间中梁关于局部 n_1 轴的转动、关于局部 n_2 轴的转动和关于 t 轴的转动。对于平面中的梁，只有关于局部 n_1 轴的转动是有效的（它与关于整体 $-z$ 轴的旋转相重合）。

等效 MPCs

如果只释放一个转动自由度，则运动约束等效于两个节点之间的 REVOLUTE MPC 加 PIN MPC。如果释放了两个转动自由度，则运动约束等效于 UNIVERSAL MPC 加 PIN MPC。如果释放了所有转动自由度，则运动约束等效于 PIN MPC。详细内容见“通用多点约束”（2.2.2 节）。

确定被释放的单元端部

可以为释放定义指定单元集或者单个单元。可以在单元的第一个、第二个或者第一个和第二个端部处释放自由度。单元的第一个端部 S1 是单元连接性定义中单元上的节点 1；第二个端部 S2 是单元上的最后一个节点（节点 2 或者 3，如果适用）。对于梁单元的节点排序定义，见“梁单元库”（《Abaqus 分析用户手册——单元卷》的 3.3.8 节）。

确定释放中参与的局部转动自由度

通过指定转动组合码，而不是自由度，来确定释放中参与的转动自由度。

M1：关于 n_1 轴的转动。

M2：关于 n_2 轴的转动。

M1-M2：关于 n_1 轴和 n_2 轴的转动自由度组合。

T：关于 t 轴的转动。

M1-T：关于 n_1 轴和 t 轴的转动自由度组合。

M2-T：关于 n_2 轴和 t 轴的转动自由度组合。

ALLM：所有转动自由度的组合（即 M1、M2 和 T）。

输入文件用法：* RELEASE

单元编号或者单元集，单元末端 *ID*，释放组合码

例如，使用以下输入释放单元第一个端部处关于 n_1 轴的转动自由度，以及第二个端部处的所有转动自由度：

```
* RELEASE
10, S1, M1
10, S2, ALLM
```

与转换坐标系一起使用

对已经释放的节点施加坐标转换（“转换坐标系”，《Abaqus 分析用户手册——介绍、空间建模、执行与输出卷》的 2.1.5 节）对释放没有影响。在单元的局部自由度上进行释放操作。

从替代输入文件中读取数据

用户可以使用单独的输入文件来包含释放定义数据。

输入文件用法：* RELEASE, INPUT=文件名

如果省略了 INPUT 参数，则假设数据行在关键字行之后。

2.6 过约束检查

产品：Abaqus/Standard

参考

- “刚体定义”，《Abaqus 分析用户手册——介绍、空间建模、执行与输出卷》的 2.4.1 节
- “连接器：概览”，《Abaqus 分析用户手册——单元卷》的 5.1.1 节
- “Abaqus/Standard 和 Abaqus/Explicit 中的边界条件”，1.3.1 节
- “通用多点约束”，2.2.2 节
- “网格绑缚约束”，2.3.1 节
- “耦合约束”，2.3.2 节
- “网格无关的紧固件”，2.3.4 节
- “在 Abaqus/Standard 中定义接触对”，3.3.1 节
- *BASE MOTION
- *CONSTRAINT CONTROLS

概览

过约束意味着施加了多个一致的或者不一致的运动约束。许多模型中存在过约束的节点自由度。这样的过约束可能导致不精确的解或者不收敛。可能导致过约束的常见情况包括（但不限于以下情况）：

- 包含在边界条件中的或者多点约束中的接触从节点。
- 包含在基于面的绑缚约束中的面边界，并且此面包含在接触从面中或者具有对称的边界条件。
- 施加于多个节点上的边界条件，这些节点已经包含在耦合或者刚体约束中。

Abaqus/Standard 中执行的过约束检查：

- 检查由以下组合引起的过约束：基础运动、边界条件、基础对、耦合约束、线性约束方程、网格无关的点焊、多点约束、刚体约束和基于面的绑缚约束。
- 检查通过连接器单元、耦合单元、专用接触单元和具有不可压缩材料行为的单元所引入的运动约束产生的过约束。
- 通过详细的信息确定造成的过约束。
- 自动排除在模型前处理过程中和 Abaqus/Standard 分析过程中探测到的有限连续过约束集。
- 使用方程求解器检测不能被自动排除的过约束。
- 可以改变默认行为。

过约束：总论

通常，过约束是指作用在相同自由度上的多个约束。过约束可以分为一致的（如果所有约束是彼此兼容的）或者不一致的（如果约束是彼此不兼容的）。一致过约束也称为过约束，不一致过约束也称为矛盾约束。

在 Abaqus/Standard 中，以下约束类型及其组合可能导致过约束：

• 边界条件或者基础运动。
• 接触对。
• 耦合约束。
• 网格无关的点焊。
• 多点约束或者线性约束方程。
• 基于面的绑缚约束。
• 刚体约束。

除了这些约束外，为以下单元施加运动约束，当彼此组合使用或者与上面的约束组合使用时，可能导致过约束：

• 连接器单元。
• 专用接触单元。
• 不可压缩材料响应的混合单元。

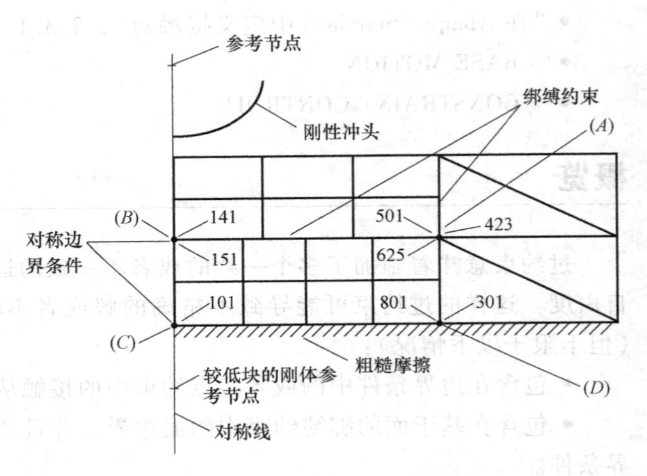

图 2-50　存在过约束的模型

图 2-50 所示为几种一致过约束的说明。上面的块是通过对三个分离的网格划分区域建立的，使用基于面的绑缚约束将其连接到一起。此块与下面的块相接触，它是通过定义一个刚体约束来变成刚性的。刚体的参考节点是固定的。在上面块的左边界上使用了对称边界条件，并且为上面和下面的块之间的面相互作用定义了粗糙摩擦。此例中存在以下过约束：

• 交叉绑缚约束：在（*A*）处，三个节点共用相同的位置，并且它们的相对运动是通过两个基于面的绑缚约束（一个竖直的和一个水平的）来约束的。只需要两个约束（两个相关节点和一个独立节点）来完全约束三个节点的运动，但是内部生成了三个约束（一个用于水平绑缚约束，两个用于竖直约束）。这样，存在一个过约束。

• 绑缚约束和对称边界条件：在（*B*）处，通过对称边界条件，使节点 141 和 151 的水平运动受到约束，但是它们的相对运动也是通过基于面的绑缚约束进行约束的。这样，存在一个过约束。

• 粗糙摩擦和对称边界条件：在（*C*）处，通过对称边界条件对节点 101 进行水平约束。粗糙摩擦接触像边界条件那样作用在相同的方向上。这样，存在一个过约束。

• 绑缚约束和接触相互作用：在（*D*）处，节点 801 和 301 包含在基于面的绑缚约束中，但是两个接触约束（每个节点处有一个）作用在竖直方向上。这样，存在一个过约束。

即使在这个简单的模型中，过约束的数量也是巨大的。如果不适当加以考虑，过约束可能导致收敛困难，甚至不收敛。此外，在得到一个解时（尽管收敛困难），作用力和接触压力可能是不精确的。

Abaqus/Standard 检测本节中列出的大部分约束的约束组合和单元类型的不合理使用。取决于所包含约束的复杂性，Abaqus/Standard 可识别三类兼容和不兼容过约束。

模型前处理中检测到的过约束

可以通过检测在节点上定义的约束来识别许多相对简单的过约束。如果检测到一个一致过约束，则自动去除不必要的约束，并生成一个警告信息。如果过约束是不一致的，则停止分析并生成一个错误信息。

在 Abaqus/Standard 分析中检测并排除过约束

一些包含接触相互作用的过约束可能仅在分析过程中，由于接触状态的改变而变成过约束。一些此类过约束是可检测的，并由 Abaqus/Standard 自动去除，同时发出合适的信息。

通过方程求解器检测到的过约束

许多过约束包含不同约束定义和单元类型之间的复杂相互作用。Abaqus 可能无法自动排除这类过约束。在这种情况下，方程求解器将检测过约束，并将发出详细列出潜在问题原因的信息。

模型前处理中检测到的过约束

在此部分中，考虑包含下面两个或者更多的过约束：

- 基于面的绑缚约束。
- 刚体约束。
- 边界条件。
- 连接器单元。

虽然模型前处理中由 Abaqus 自动处理的情况是有限的，但是可以纠正许多常见的问题。在前处理中得到自动解决的过约束列表是基于所解决的约束类型来组织的。下面通过具体实例对每一种情况加以说明。

交叉绑缚约束

图 2-51 所示为交叉绑缚约束定义实例。在图 2-51 所示的两种情况中，如果未正确地进行处理，则至少有一个节点将被冗余约束。在图 2-51a 中，三条边属于三个重叠的面（此处为了表达清楚以爆炸视图来显示）。三个端部的端节点占据了相同的位置。这样，存在一个冗余的绑缚约束。在图 2-51b 所示的情况中，四个相邻的网格使用四个绑缚约束“粘接”到一起。只需要三个约束将中心节点“粘接”在一起，但是产成了四个约束（来自每个绑缚约束的约束）。这样，有一个约束是不需要的，并且在两种情况中都删除了一个约束。

刚体约束中的绑缚约束

刚体约束中的绑缚约束实例如图 2-52a 所示。两个面是通过一个绑缚约束连接的，并且

在同一个刚体中包含两个单元集。因为所有节点的运动是约束到刚体参考节点运动的，所以绑缚约束是冗余的。应从模型中删除绑缚约束定义。

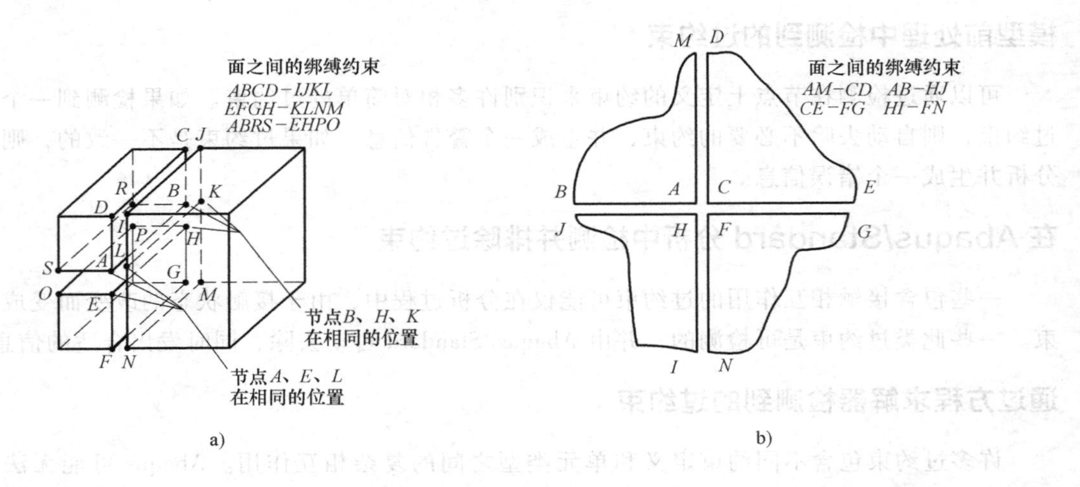

图 2-51　由交叉绑缚约束引起的一致过约束

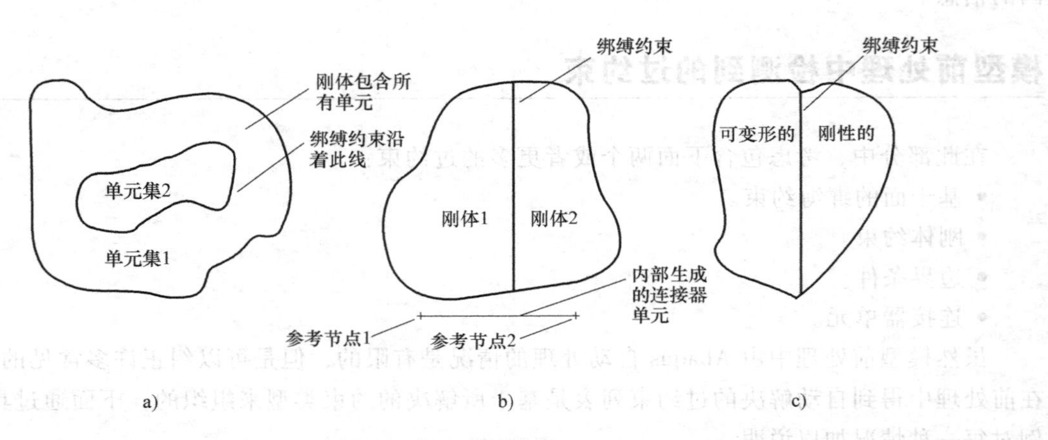

图 2-52　由绑缚约束和刚体约束的组合引起的一致过约束

两个刚体之间的绑缚约束

两个刚体之间的绑缚约束实例如图 2-52b 所示。如果两个面是通过一个绑缚约束在多于两个或者三个点上连接的（分别在二维或者三维分析中），则绑缚约束定义是冗余的。应将一个 BEAM 类型的连接器置于两个参考节点之间，并删除绑缚约束。

可变形物体与刚体之间的绑缚约束

使用基于面的绑缚约束将可变形的物体连接到刚体上的实例如图 2-52c 所示。如果绑缚约束定义中的从面属于刚体，则对于从节点，绑缚约束和刚体约束是冗余的。如果可能，Abaqus/Standard 将在绑缚约束定义中互换主面和从面。如果由于其他模拟约束，无法互换主面和从面，则发出一个出错信息并停止分析。

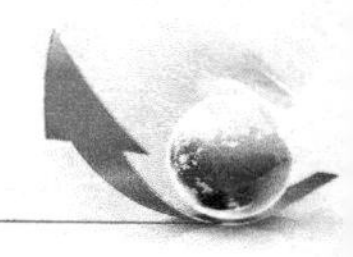

相交刚体

图 2-53a 所示为两个刚体部分重叠，并因此使两个体行为联合成一个刚体的实例。然而，此区域中节点的运动是通过两个刚体参考节点的运动来控制的，因此模型是过约束的。在图 2-53b 中，几个刚体是包含在一个更大的刚体定义中的，被包含刚体中的节点是过约束。

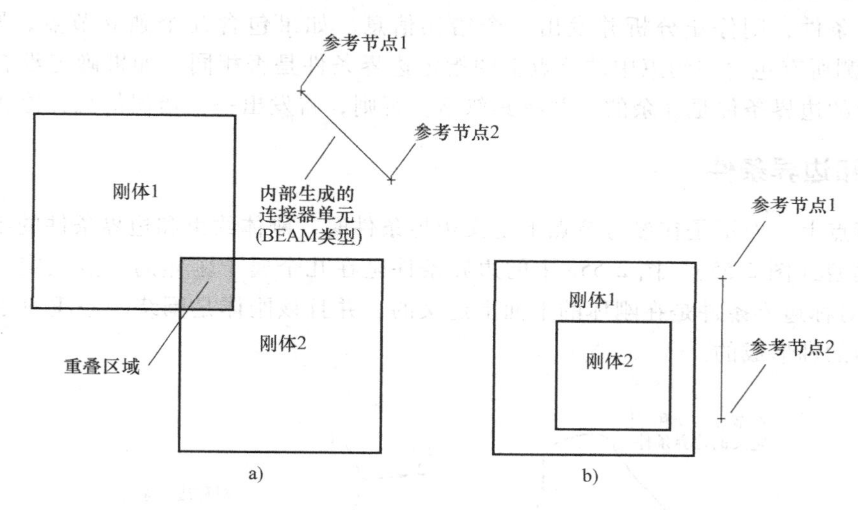

图 2-53　包含其他刚体的刚体

在以上两种情况中，将仅对属于几个刚体的节点施加一次刚体约束。要施加集成的刚体行为，在刚体参考节点之间生成 BEAM 类型的连接器单元，来确保相交刚体定义之间的一个刚体连接。

绑缚约束和边界条件

当基于面的绑缚约束和边界条件一起使用时，将产生无数个过约束，如图 2-54 所示。

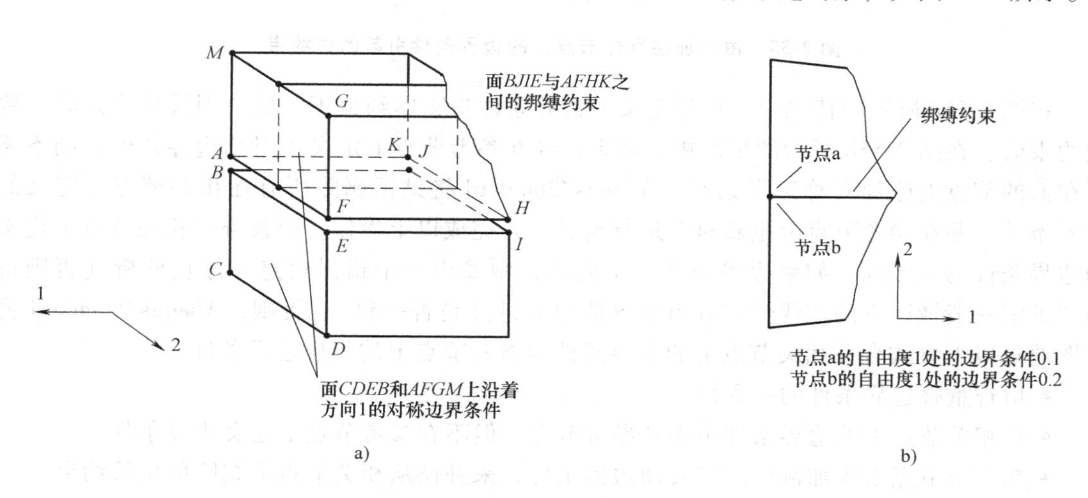

图 2-54　由绑缚约束和边界条件引起的过约束

在图 2-54a 所示的情况中，通过绑缚约束将节点 A 和 B 移动约束到一起。竖直对称边界条件将在水平方向上约束两个节点的运动，产生一个过约束。在图 2-54b 所示的情况中，两个指定的边界条件相互冲突，从而产生了一个冲突约束。

对于每一个满足边界条件的绑缚相关节点，Abaqus/Standard 首先确定绑缚约束中包含哪些独立节点（见“网格绑缚约束”，2.3.1 节）。如果仅包含一个独立节点，则 Abaqus/Standard 将把边界条件从相关节点传递到独立节点。如果在传递过程中，在独立节点处检测到冲突边界条件，则停止分析并发出一个错误信息。如果包含几个独立节点，则 Abaqus/Standard 检测所有包含在约束中的节点上的指定边界条件是否相同。如果确定没有冲突，则独立节点上的边界条件是冗余的，并将其忽略。否则，将发出一个错误信息并停止分析。

刚体约束和边界条件

当在节点上，而不是在参考节点上定义边界条件时，刚体约束和边界条件的组合可以导致过约束模型（图 2-55）。图 2-55a 中的边界条件是在几个属于刚体的节点上定义的。在图 2-55b 中，对称边界条件是在刚体的平面上定义的，并且该刚体是围绕一条垂直于参考节点处对称平面的轴形成的。

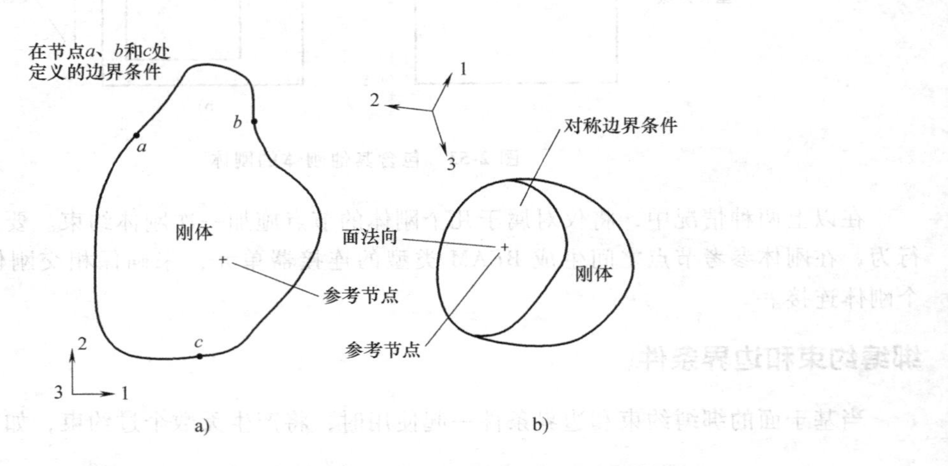

图 2-55 由施加在刚体节点上的边界条件引起的过约束

在图 2-55a 所示的情况中，如果定义的边界条件与刚体约束不一致，则模型将是非一致过约束的。在图 2-55b 所示的情况中，如果已经在参考节点上定义了对称边界条件，则不需要在面的节点上施加对称边界条件。Abaqus/Standard 将试图删除所有在相关节点上定义的边界条件，并在参考节点上重新对其进行定义。要完成以上操作，应检查在相关节点上定义的边界条件的一致性。如果边界条件是不同的，则发出一个错误信息并停止分析（否则将需要求解一般情况下的非线性方程组来评估边界条件是否一致）。否则，Abaqus/Standard 将试图通过以下方式合并相关节点上的边界条件与参考节点上的相应边界条件：

- 检查重叠边界条件的一致性。
- 将相关节点上的边界条件传递到参考节点，但不在参考节点上定义边界条件。
- 在参考节点上施加额外的零转动边界条件，来补偿从相关节点上删除的位移约束。

如图 2-55b 所示，由于在对称节点上定义的边界条件是一致的，因此从相关节点上将其

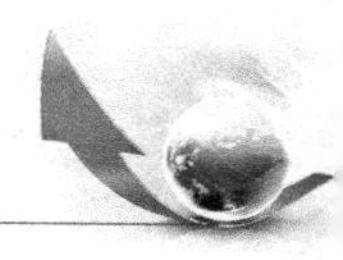

删除，并施加到参考节点上（在方向 2 上的边界条件）。此外，对称约束不包括关于方向 1 和方向 3 的转动，因此，对参考节点施加了关于这些轴的零转动边界条件。

连接器单元和刚体单元

在绝大部分情况中，涉及连接器单元过约束的检测和自动解决，不能通过涉及约束的简单检测来完成。然而，图 2-56 所示的例子是足够简单的，可以自动解决。假定连接器单元是连接到刚体上的节点，刚体的转动自由度取决于参考节点的转动。在图 2-56a 中，假设对连接器单元施加了一些运动约束。它们是冗余的，因为刚体定义将所有节点的运动约束为刚体参考节点的运动。Abaqus/Standard 将自动从模型中删除连接器单元。

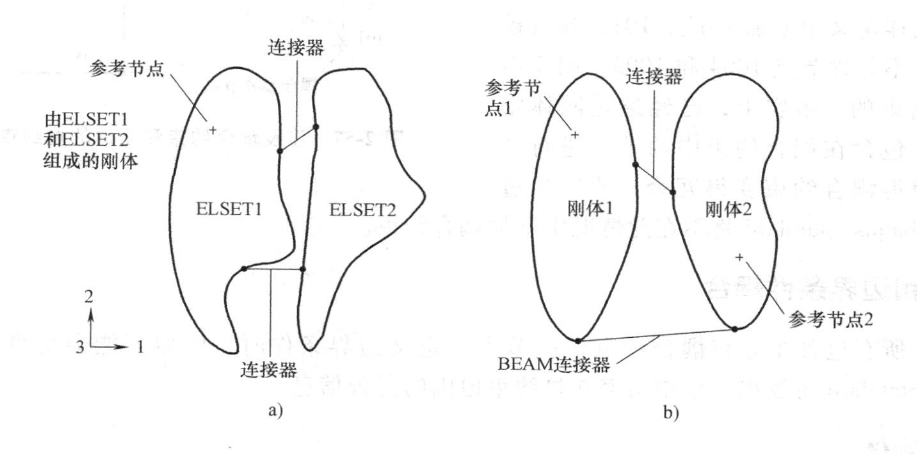

图 2-56 涉及刚体和连接器单元的过约束

将连接器单元置于两个刚体之间时（图 2-56b），模型可能是过约束的。如图 2-56b 所示，如果 BEAM（或者 WELD）类型的连接器单元位于两个刚体之间，则连接是刚性的，并且这两个刚体之间的任何额外连接器单元都是冗余的。Abaqus/Standard 将自动删除这些冗余的连接器单元。

当在两个刚体之间放置的连接器单元的组合，对这两个刚体施加了多于必要的平动和转动约束，但是没有 BEAM（或者 WELD）类型的连接器时，仅发出警告信息来示意出现了过约束情况。在这些情况中，不可以自动去除任何一个连接器单元，否则两个刚体之间的连接器可能会变得欠约束。要说明此情况，假设图 2-56b 中的两个连接器是 SLOT 类型和 TRANSLATOR 类型的。这样，在两个刚体之间施加了四个平动约束（三维中），出现了系统过约束，因为在两个刚体之间仅需要三个平动约束就可完全约束相对平动。然而，如果从模型中去除了 SLOT 类型的连接器，则模型将变得欠约束，并且不同于原始模型。在此情况下，只发出一个警告信息。

耦合约束和刚体

当包含在运动耦合约束中的所有节点或者部分节点属于同一个刚体时，耦合约束将变得冗余。如图 2-57 所示，节点 101 是包含节点 1001～1005 的耦合约束的参考节点。同时，刚体定义中包含节点 1001～1003 和参考节点 102。

如果将耦合约束定义成运动的，则不将其施加在节点1001~1003上，以避免出现过约束模型。删除的过约束可能是不一致的，例如在两个参考节点上定义不兼容的边界条件时。然而，将在节点1004和1005上施加该约束，因为这些节点不属于刚体。

如果使用一个分布耦合约束来替代运动耦合约束，则模型将不会过约束。然而，如果在刚体定义中添加了节点101，并且耦合约束中不包含节点1004和1005，则模型将是过约束的。事实上，已经通过刚体定义对所有包含在耦合约束中的节点进行了约束，使得耦合约束变得冗余。要避免过约束，Abaqus/Standard将不在此情况中施加耦合约束。

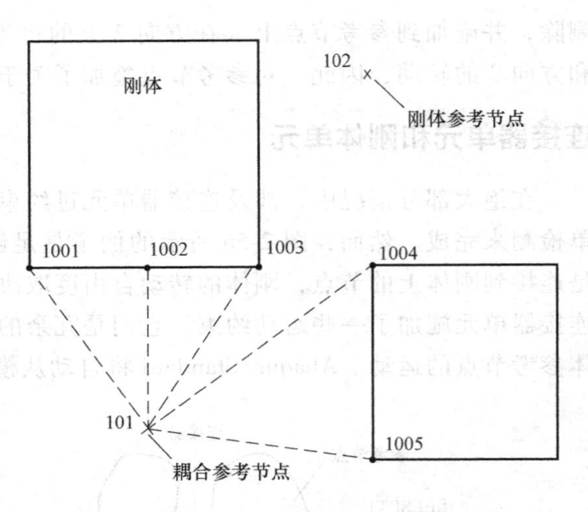

图2-57 涉及耦合约束和刚体的过约束

将约束和边界条件耦合

当在所有包含在分布耦合约束中的节点上定义边界条件时，模型可能会变得过约束。Abaqus/Standard将发出一个指出潜在过约束原因的警告信息。

点焊和刚体

当在网格无关的点焊定义中包含了一个刚体时，可能会出现潜在的过约束，在“网格无关的紧固件”（2.3.4节）中对其进行了讨论。

在分析中发现并去除过约束

当接触相互作用与其他约束类型相组合时，有无数种情况可以导致过约束。因为在分析过程中接触状态通常会发生改变，不可能在模拟前处理中检测到与接触相关联的过约束。代之以，这些检测是在分析过程中执行的。由于涉及接触相互作用时的复杂性，只自动去除了有限数量的过约束情况。

接触相互作用和绑缚约束

在基于面的绑缚约束（“网格绑缚约束”，2.3.1节）中所使用的从节点也是接触中的从节点，在此情况下，过约束是常见的，如图2-58所示。在图2-58a中，节点5和9是与一个绑缚约束相连的，并且这两个节点都与一个主面相接触。因为节点5和9是绑缚在一起的，所以接触约束是冗余的。类似的情况如图2-58b所示：两个不匹配的固体网格与一个绑缚约束相连，并且使用平的刚体面定义接触。节点S是一个绑缚约束中的相关节点，其运动是通过节点B和C的运动来确定的。这样，任何施加在节点S上的接触约束都是冗余的。此外，节点G和H处的接触约束也是冗余的，因为这些节点的运动是分别通过节点B和C

来确定的。当所有包含在绑缚约束中的节点在接触中时，应去除这些冗余约束，Abaqus/Standard 将自动在与接触约束相关联的拉格朗日乘子之间施加一个绑缚约束，去除冗余接触约束。从节点上的接触压力和摩擦力是从相关联的绑缚无关的节点上的压力和摩擦力恢复的。

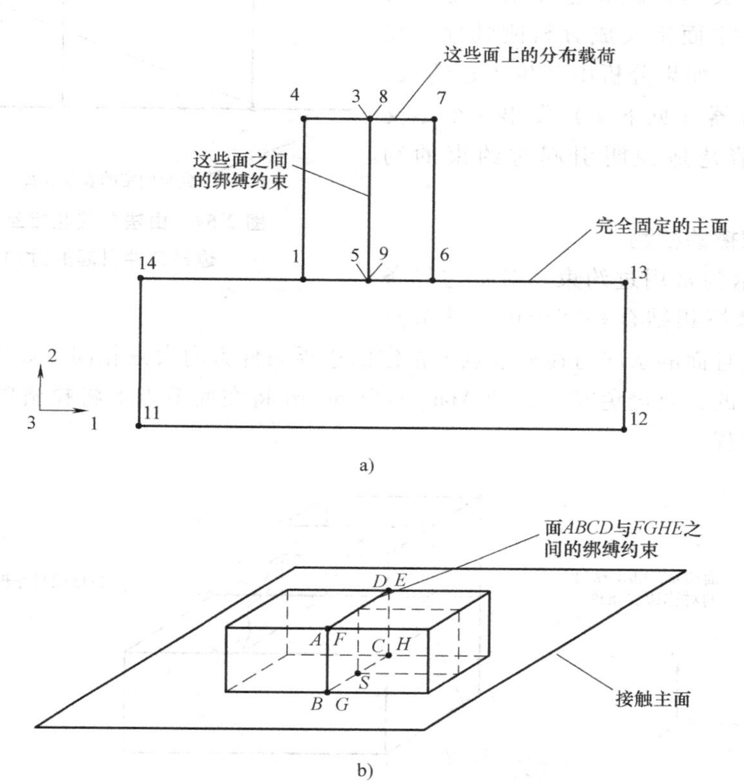

图 2-58 由接触相互作用和绑缚约束引起的过约束

通过删除接触单元来删除过约束

除了由 Abaqus 通过绑缚拉格朗日乘子来删除过约束以外，用户也可以施加约束控制，由此删除与所绑缚的从节点相关联的接触。如果用户使用此技术，则对于绑缚的从节点，不可以使用接触相关的输出。

输入文件用法：　　　＊CONSTRAINT CONTROLS，DELETE SLAVE

接触相互作用和指定的边界条件

如果调用了采用默认“硬接触”方程（“接触压力与过盈的关系”，4.1.2 节）的法向接触，或者采用拉格朗日乘子方程的摩擦接触（见“摩擦行为”，4.1.5 节），则接触相互作用和指定的边界条件可能导致过约束。Abaqus/Standard 将试图为包含刚性面的接触对去除这些类型的过约束。

与法向接触相互作用相关的检查

在图 2-59 中，固定的分析刚性主面与在接触面的法向上符合指定固定边界条件的从节点相接触。如果在分析中的特定增量上，节点是接触的，则接触约束是冗余的，并且不是强

行施加的。如果从节点上的边界条件与刚性面参考点上的边界条件相冲突，则发出一个错误信息并停止分析。

与过约束有关的接触和边界条件是自动删除的，除非将主面定义成分析刚性面。在所有其他情况中，如果分析中产生了过约束，则通过方程求解器（见下文）发出一个零支点信息，并且清楚地说明引起过约束的约束链。

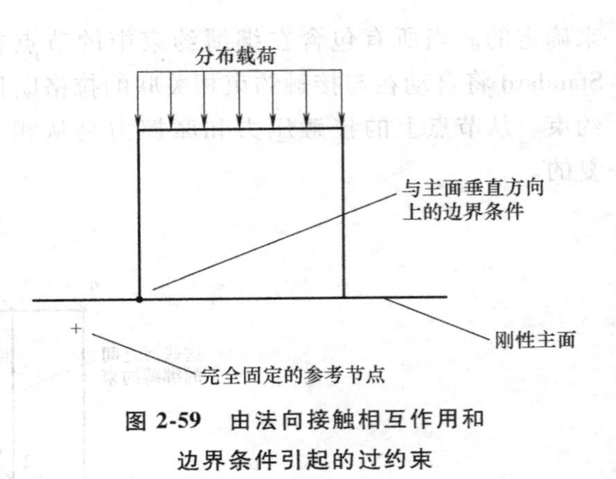

图 2-59　由法向接触相互作用和边界条件引起的过约束

有关拉格朗日摩擦的检测

图 2-60 所示为常用过约束。对称边界条件与拉格朗日摩擦相结合是冗余的。从节点是在接触的，并且面的法向与在从节点上指定的边界条件方向大致相同。如果主节点的运动是在切向上指定的，要避免冗余，则 Abaqus/Standard 将在此节点上将拉格朗日摩擦方程转换为默认的罚方程。

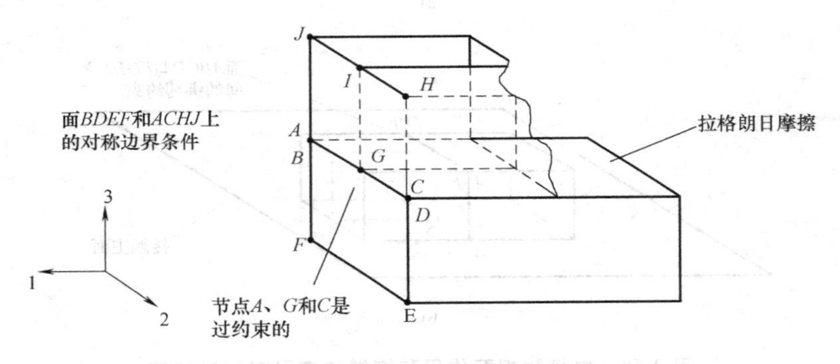

图 2-60　拉格朗日摩擦和边界条件

在方程求解器中检测到的过约束

在前处理或者在分析中还不能确定并去除的所有过约束，需要通过方程求解器来检测。相关实例有具有接触相互作用的模型，其中从节点是通过指定的边界条件来驱动进入特定的固定刚性面的；与多个主面相接触的模型；封闭环和多环机构，在其中刚体是通过连接器单元来连接的；以及许多其他模型。默认情况下，在分析过程中，将连续执行方程求解器过约束检测。

Abaqus/Standard 不去除由方程求解器检测到的过约束，而是发出关于过约束中包含的运动约束的详细信息。此信息首先通过使用来自求解器（“直接线性方程求解器”，《Abaqus分析用户手册——分析卷》的 1.1.5 节）的高斯消元的零支点信息，确定一致或者不一致过约束中包含的节点，然后发出包含约束信息的详细信息。

图 2-61 所示的四连杆机构说明了此策略。四个三维刚体定义如下：参考节点为 10001 的刚体包含节点 2 和节点 101；参考节点为 10002 的刚体包含节点 3 和节点 102；参考节点为 10003 的刚体包含节点 4 和 103；参考节点为 10004 的刚体包含节点 1 和节点 104。四个刚

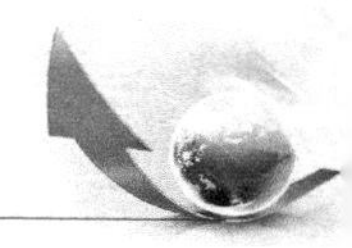

体使用四个如下定义的 JOIN 和 REVOLUTE 组合连接器单元来连接：节点 1 和节点 101 之间的单元 20001；节点 2 和节点 102 之间的单元 20002；节点 3 和节点 103 之间的单元 20003；节点 4 与节点 104 之间的单元 20004。对每个连接器单元施加三个平动约束和两个转动约束（“连接器：概览”，《Abaqus 分析用户手册——单元卷》的 5.1.1 节），并且四个转动轴的方向是平行的。底部的刚体（参考节点为 10004）是固定的。指定以底部左边的 REVOLUTE 连接器（单元 20001）的运动为基准来转动此机构。

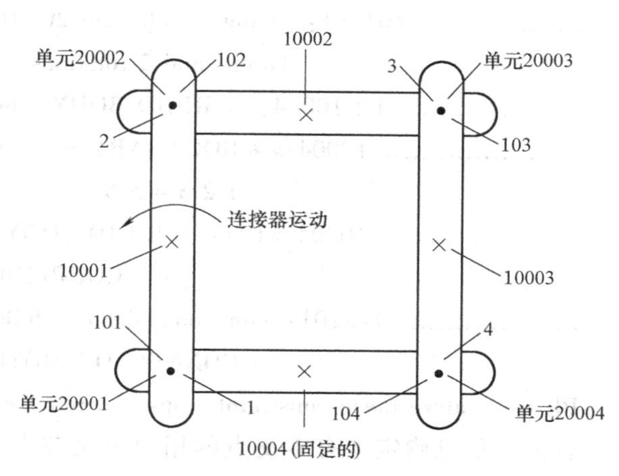

图 2-61　难以检测的过约束

当 Abaqus/Standard 试图找到此模型的一个解时，在分析的第一个增量中确定了三个零支点，说明此模型中有三个过约束。最终，将删除这三个过约束以得到具有正确约束的模型。在这个简单的例子中，根据自由度和约束的数目按如下过程确认过约束的数量。模型中有 4 个刚体，共有 24 个自由度。参考节点 10004 具有完全固定的边界条件，约束 6 个自由度，并且对指定的连接器运动施加一个转动约束，约束一个自由度。这样，还剩下 17 个自由度。4 个连接器单元中的每一个施加 5 个约束，共有 20 个约束。这样，在模型中有 3 个过约束，这与通过方程求解器确定的零支点数量相吻合。为帮助用户确定应当删除的约束，信息（.msg）文件中提供了以下信息，总结了生成过约束的约束链：

```
* * * WARNING: SOLVER PROBLEM. ZERO PIVOT WHEN PROCESSING ELEMENT
                    20004 INTERNAL NODE 1 D. O. F. 4
```

OVERCONSTRAINT CHECKS: An overconstraint was detected at one of the Lagrange multipliers associated with element 20004. There are multiple constraints applied directly or chained constraints that are applied indirectly to this element. The following is a list of nodes and chained constraints between these nodes that most likely lead to the detected overconstraint.

```
LAGRANGE MULTIPLIER: 4<->104: connector element 20004 type JOIN REVOLUTE constraining 3 translations and 2 rotations
.. 4->10003: * RIGID BODY (or * COUPLING-KINEMATIC)
.... 10003->103: * RIGID BODY (or * COUPLING-KINEMATIC)
...... 103->3: connector element 20003 type JOIN REVOLUTE
               constraining 3 translations and 2 rotations
........ 3->10002: * RIGID BODY (or * COUPLING-KINEMATIC)
.......... 10002->102: * RIGID BODY (or * COUPLING-KINEMATIC)
............ 102->2: connector element 20002 type JOIN REVOLUTE constraining 3 translations
                     and 2 rotations
.............. 2->10001: * RIGID BODY (or * COUPLING-KINEMATIC)
................ 10001->101: * RIGID BODY (or * COUPLING-KINEMATIC)
```

.... 101->1：connector element 20001 type JOIN REVOLUTE constraining 3 translations and 2 rotations

.... 1->10004：* RIGID BODY（or * COUPLING-KINEMATIC）

.... 10004->* BOUNDARY in degrees of freedom

1 2 3 4 5 6

.... 10004->104：* RIGID BODY

（or * COUPLING-KINEMATIC）

.... 1->101：connector element 20001 with

* CONNECTOR MOTION in components 4

Please analyze these constraint loops and remove unnecessary constraints.

首先，信息确定了有零支点的用户定义节点，或者在此案例中，有内部定义的（拉格朗日乘子）节点。输出中的一个典型行将发出有关约束的信息，如此输出中的第一行

LAGRANGE MULTIPLIER：4<->104：connector element 20004 type JOIN REVOLUTE constraining 3 translations and 2 rotations

说明在与用户定义的节点 4 和节点 104 之间的连接器单元 20004 相关联的五个约束中（JOIN 和 REVOLUTE）的一个上施加产生零支点的拉格朗日乘子。每个后续行传达有关约束链中一个约束的信息，此约束链从零支点节点处开始，或者起源于与它们相邻的链中。例如，数据行

.... 10003->103：* RIGID BODY（或者 * COUPLING-KINEMATIC）

说明在节点 10003 与节点 103 中存在刚体约束，而数据行

.... 10004->* BOUNDARY in degrees of freedom

1 2 3 4 5 6

说明有一个边界条件固定了节点 10004 处的自由度 1~6。

缩进层次（节点编号前面的点）确定了约束链中的连接。每当发现某条链中的一个约束连接另外一个节点，缩进便增加两个点并打印出约束信息。例如，从信息的顶部开始，拉格朗日乘子连接到节点 4，节点 4 连接到节点 10003，节点 10003 连接到节点 103 等。当某一数据行上的标识小于或者等于之前行上的标识时，说明该约束的链已经在之前的行上结束。例如，一条链已经在下面的行上结束

.... 10004->* BOUNDARY in degrees of freedom

1 2 3 4 5 6

因为下一行具有相同的缩进。

在上面的模型中，可以确定最有可能产生过约束的三个链约束（对应于所发现的三个零支点）。从顶部开始，可以首先确定在边界条件上终止的约束链：

Lagrange multiplier：4->10003->103->3->10002->2->10001->101->1->10004->* BOUNDARY

因为两个以节点 10004 开始的数据行的缩进是一样的，另一条约束链应包含这两个数据行中第二个行的约束输出。实际上，可以确定一个闭环约束：

Lagrange multiplier：4->10003->103->3->10002->2->10001->101->1->10004->104<->4

最后，因为以节点 1 开始的两个数据行具有相同的缩进，应用一条分开的约束链来包含

输出中的最后一行。这样，第三个（封闭的）环

101->1->101

就确定了。

如果约束链在一个自由端终止（不是在一个约束上结束），则该链在生成过约束中没有任何贡献。此例中没有这样的链。

纠正过约束模型

自动生成包含与某特定零支点相关联约束链中所有节点的节点集，并且显示在 Abaqus/CAE 的 Visualizatiion 模块中。

没有特有的用来删除此模型中过约束的方法。例如，如果使用一个 SLOT 连接器单元替代 JOIN 和 REVOLUTE（施加五个约束）的组合，则在机构的平面中仅施加两个平动约束，没有冗余。另外，用户可以从一个连接器单元中删除 REVOLUTE，并使用一个 SLOT 连接替代其他连接器单元中的 JOIN。

另一种方法是松弛一些约束。在这里概述的例子中，可以用一个弹性体替代一个或者多个刚体。用户也可以使用具有合适弹性刚度的 CARTESIAN 和 CARDAN 连接类型来松弛基于拉格朗日乘子的约束（如 JOIN 或者 REVOLUTE）。

在分析约束链后，用户必须决定必须删除哪一个约束来得到正确约束的，并且最适用于模拟目的的模型。在此例中，不能随意删除三个约束。例如，删除六个边界条件的任意三个组合将使问题变得更严重：模型仍然是过约束的，并且多添加了三个刚体模型。另外，用户应删除不影响模型运动性的约束。例如，用户不能从连接器单元中完全删除一个 JOIN 连接，否则模型将会与原始模型不同。

过约束检测控制

默认情况下，Abaqus/Standard 将试图删除尽可能多的过约束，如前面所讨论的那样。当某个过约束无法删除时，或者发现了不一致过约束时，Abaqus 将发出确定约束对过约束贡献的详细信息。用户可以通过定义模型或者步的约束控制来更改默认行为。

过约束可能产生破坏性的和不可预测的行为。因此，强烈建议在前处理和分析过程中使用过约束检测，至少是在模型首次运行过程中。进而，建议改变原始模型来纠正由 Abaqus/Standard 确定的过约束。只有在确定所建立的模型中没有过约束后，才能关闭过约束检测。关闭过约束检测的唯一好处是能够提高分析速度。

绕过过约束检测

可以绕过输入文件前处理和分析过程中执行的过约束检测。不推荐绕过这些检测，因为这样可能会使具有过约束的模型进入分析程序中。绕过过约束检测不是步相关的，即该设置是定义成模型数据的，并且影响整个分析。

输入文件用法：*CONSTRAINT CONTROLS, NO CHECKS

防止自动去除过约束

可以防止在模型前处理中自动更改模型。在此情况下，Abaqus/Standard 仍执行过约束

检测，但是不执行自动去除过约束，而是只发出错误信息。防止自动去除过约束不是步相关的，即该设置是定义成模型数据的，并且影响整个分析。

输入文件用法：*CONSTRAINT CONTROLS, NO CHANGES

改变过约束检测频率

默认情况下，在分析过程中的每一个增量上执行过约束检测。用户可以为分析中的每一步更改检测频率（以增量形式）。如果将频率设置为零，则在分析步中不执行过约束检测。频率定义是保留在后续步中的，直到重新设置它的值。

输入文件用法：*CONSTRAINT CONTROLS, CHECK FREQUENCY=*r*

在检测到过约束时停止分析

默认情况下，即使检测到一个过约束，分析也将继续进行。此行为可以在步相关的基础上进行改变：当在一个步中首次检测到过约束时，分析停止；或者即使存在过约束，只有在得到一个收敛解后才停止分析。此设置是保留在后续步中的，直到重新对其进行了设置。

输入文件用法：使用以下选项中的一个：

*CONSTRAINT CONTROLS, TERMINATE ANALYSIS=FIRST OCCURRENCE

*CONSTRAINT CONTROLS, TERMINATE ANALYSIS=CONVERGED

第3部分　相互作用

3 定义接触相互作用

3.1 接触相互作用分析：概览

本部分概要介绍 Abaqus 中的接触分析功能。

Abaqus 中可用的接触算法

Abaqus 提供以下多种定义接触的方法：

- 通用接触。
- 接触对。
- 接触单元。

Abaqus/Explicit 中有以下定义接触的方法：

- 通用接触。
- 接触对。

每种方法都有其独特的优势和限制。

本部分将按以下顺序进行介绍：

- 首先，讨论基于面的接触定义方法（即接触对和通用接触）的共性。
- 然后，概要介绍 Abaqus/Standard 和 Abaqus/Explicit 中定义接触的方法。
- 最后，讨论 Abaqus/Standard 与 Abaqus/Explicit 中接触算法之间的兼容性。

定义基于面的接触仿真

通过指定以下内容来使用接触对或者通用接触的仿真：

- 可能与体存在潜在接触的面定义。
- 彼此相互作用的多个面（接触相互作用）。
- 在接触相互作用中需要考虑的非默认面属性。
- 机械和热接触属性模型，如压力与过盈关系、摩擦系数或者接触传导系数。
- 接触方程的非默认方面。
- 分析的接触算法控制。

在许多情况下，不需要明确指定上述很多方面，因为默认设置通常是合适的。

面

可以在仿真开始时定义面，或者在重启动时作为模型定义的一部分对其进行定义（见“面：概览”，《Abaqus 分析用户手册——介绍、空间建模、执行与输出卷》的 2.3.1 节）。Abaqus 中有四类接触面：

- 基于单元的可变形面和刚性面（“基于单元的面定义”，《Abaqus 分析用户手册——介绍、空间建模、执行与输出卷》的 2.3.2 节）。
- 基于节点的可变形面和刚性面（“基于节点的面定义”，《Abaqus 分析用户手册——介绍、空间建模、执行与输出卷》的 2.3.3 节）。
- 分析型刚性面（“分析型刚性面定义”，《Abaqus 分析用户手册——介绍、空间建模、执行与输出卷》的 2.3.4 节）。
- Abaqus/Explicit 的欧拉材料面（“欧拉面定义”，《Abaqus 分析用户手册——介绍、空

间建模、执行与输出卷》的 2.3.5 节)。

可以组合相同类型的面来创建新的面(见“对面的操作”,《Abaqus 分析用户手册——介绍、空间建模、执行与输出卷》的 2.3.6 节)。但是,组合面仅能够用在 Abaqus/Explicit 中的通用接触中。

当在模型中使用了通用接触算法时,Abaqus 也提供一个默认可兼容的,自动定义包括所有基于单元面面片的面(在 Abaqus/Standard 和 Abaqus/Explicit 中),所有分析型刚性面(仅用于 Abaqus/Explicit)和所有欧拉材料(仅用于 Abaqus/Explicit)。

接触相互作用

接触对的接触相互作用和通用接触是通过指定面对和自接触面来定义的。通用接触相互作用通常是通过指定默认面的自接触来定义的,这样可以容易的地定义强有力的接触(跨越多个体的面的自接触,意味着每个体自接触以及体之间的接触)。

相互作用中必须至少有一个面不是基于节点的面,并且至少有一个面是非分析型刚性面。接触面的附加限制和指导为每个接触定义方法进行了讨论。在“在 Abaqus/Standard 中定义接触对”(3.3.1 节)和“在 Abaqus/Explicit 中定义接触对”(3.5.1 节)中,对接触对定义进行了详细的讨论。在“在 Abaqus/Standard 中定义通用接触相互作用”(3.2.1 节)和“在 Abaqus/Explicit 中定义通用接触相互作用”(3.4.1 节)中,对通用接触相互作用的定义进行了详细的讨论。

面属性

可以为基础模型中的特定面定义非默认面属性(如厚度和某些情况下的偏移)。此外,用户可以控制在 Abaqus/Explicit 的通用接触域中将包含面的哪个边缘。在“在 Abaqus/Standard 中为接触对赋予面属性”(3.3.2 节)和“在 Abaqus/Explicit 中为接触对赋予面属性”(3.5.2 节)中,对接触对的面属性进行了讨论。在“Abaqus/Standard 中通用接触的面属性,”(3.2.2 节)和“在 Abaqus/Explicit 中为通用接触赋予面属性”(3.4.2 节)中,对通用接触的面属性进行了讨论。

接触属性

模型中的接触相互作用可以参考一个接触属性定义,这大致与单元参考一个单元属性定义相同。默认情况下,表面相互作用(具有约束)仅在法向上阻止穿透。其他可用的力学接触相互作用模型取决于接触算法和所使用的是 Abaqus/Standard 还是 Abaqus/Explicit(见“力学接触属性:概览”,4.1.1 节)。用户可以使用以下模型:

- 软接触(“接触压力与过盈的关系”,4.1.2 节和“摩擦行为”,4.1.5 节)。
- 接触阻尼(“接触阻尼”,4.1.3 节和“摩擦行为”,4.1.5 节)。
- 摩擦(“摩擦行为”,4.1.5 节)。
- 面相互作用的用户定义本构模型(“用户定义的界面本构行为”,4.1.6 节)。
- 将两个面绑缚在一起的点焊,直到焊接失效(“可断裂连接”,4.1.9 节)。

分别在“热接触属性”(4.2 节)、“电接触属性”(4.3 节)和“孔隙流体接触属性”(4.4 节)中,对 Abaqus 中可用的热、热-电和孔隙-流体面相互接触模型进行了讨论。

除了将 Abaqus/Explicit 中的接触对定义为历史数据，在其他情况下，将接触相互作用模型均定义为模型数据。为接触属性赋予接触对信息的相关内容见“在 Abaqus/Standard 中为接触对赋予接触属性”（3.3.3 节）和“在 Abaqus/Explicit 中为接触对赋予接触属性”（3.5.3 节）。为通用接触相互作用赋予接触属性的相关内容见“Abaqus/Standard 中通用接触的接触属性”（3.2.3 节）和“在 Abaqus/Explicit 中为通用接触赋予接触属性”（3.4.3 节）。

数值控制

接触分析的默认算法控制通常是足够的，但是，用户也可以为一些特殊情况调整数值控制。例如，用户可以调整控制方程的数值控制、接触面中的主面和从面，以及所提供的滑动方程，这取决于所使用的控制算法。接触算法所使用的接触方程和数值方法见“Abaqus/Standard 中的接触方程”（5.1.1 节）和“Abaqus/Explicit 中接触对的接触方程”（5.2.2 节）。在“Abaqus/Standard 中通用接触的数值控制”（3.2.6 节）、“在 Abaqus/Standard 中调整接触控制”（3.3.6 节）、“Abaqus/Explicit 中通用接触的接触控制”（3.4.5 节）和“Abaqus/Explicit 中接触对的接触控制”（3.5.5 节）中，对可用的不同接触算法的数值控制进行了讨论。

Abaqus/Standard 中的接触仿真功能

Abaqus/Standard 有以下定义接触相互作用的方法：通用接触、接触对和接触单元。接触对和通用接触都使用面来定义接触，下文中将说明这些方法的对比。对于那些不能使用通用接触或者接触对来模拟的相互作用，可以使用接触单元进行模拟，但如果可能的话，通常建议优先使用通用接触或者接触对。

Abaqus/Standard 中的接触对和通用接触功能

在 Abaqus/Standard 中，接触对和通用接触的组合具有以下功能：

• 两个可变形体之间的接触。结构可以是二维的或者三维的，并且可以承载小的或者有限的滑动。相关实例有气缸盖垫片的装配和螺纹接头处的两个组件之间的滑动。

• 刚性面与可变形体之间的接触。结构可以是二维的或者三维的，并且可以承载小的或者有限的滑动。相关实例有金属成形仿真和两个组件之间被压缩的橡胶密封件的分析。

• 单独的可变形体的有限滑动自接触。相关实例有自折叠的复杂橡胶密封件。

• 一系列点和刚性面之间的小滑动或者有限滑动相互作用。这些模型可以是二维的或者三维的。相关实例有放置在海床（模拟为刚性面）上的水下电缆的拉动问题。

• 一系列点和可变形面之间的接触。这些模型可以是二维的或者三维的。此类接触问题的一个实例是轴承的设计，其中一个轴承面是使用子结构来模拟的。

• 将两个分开的面绑缚在一起，使它们之间没有相对运动的问题。此模拟技术允许连接不一样的网格。

• 具有相对运动的变形体之间的耦合热-力学相互作用。此类问题的一个实例是碟刹分析。

• 具有有限相对运动的变形体之间的耦合热-电-结构相互作用。此类问题的一个实例是

电阻点焊分析。

• 体之间的耦合孔隙流体-机械相互作用。此类问题的一个实例是废物处理场所处的分层土壤材料之间的相互作用分析。

只要两个面是可变形的，则上述实例就可以包含耦合的热-力学和热-电-结构相互作用。

Abaqus/Standard 中通用接触和接触对的选择

对于更多接触问题，用户可以选择使用通用接触或者接触对来定义接触相互作用。在 Abaqus/Standard 中，通用接触和接触对之间的区别主要在于用户界面、默认数值设定和可用选项的不同。通用接触和接触对共用许多底层算法。

用户可以为通用接触单独指定接触相互作用区域、接触属性和面属性，这样可以更加灵活的方式为模型逐步添加细节。指定通用接触的简单界面允许高度自动的接触定义；然而，也可以通过使用通用接触界面模仿传统的接触对来定义接触。相反的，通过使用接触对用户界面（如果使用了面-面方程）指定一个跨越多体的面自相交来模拟高度自动化的方法经常被用于通用接触。

在 Abaqus/Standard 中，与采用包含全部自接触来定义接触的方法相比，传统的成对指定接触相互作用的方法通常会产生更有效率或者更可靠的分析。这样，经常需要权衡定义接触的容易性与分析效率之间的关系。Abaqus/CAE 中包含一种接触检测工具，利用该工具可极大地简化创建常规 Abaqus/Standard 接触对的过程（见“理解接触和约束探测”，《Abaqus/CAE 用户手册》的 15.6 节）。

通用接触和接触对的默认设置

Abaqus/Standard 中的通用接触与接触对默认设置的差异包括：

• 接触方程：通用接触使用由有限滑动边-面方程作为补充的有限滑动面-面方程。接触对默认使用有限滑动节点-面方程，除了在使用 Abaqus/CAE 中的接触检测工具创建接触对时，在此情况下，默认使用有限-滑动面-面方程。对于接触方程的讨论见“Abaqus/Standard 中的接触方程”（5.1.1 节）。

• 壳单元和偏移的处理：通用接触自动考虑与壳型面相关联的厚度和偏移。使用有限滑动接触对，节点-面方程中不考虑壳厚度和偏置。关于 Abaqus/Standard 接触面属性的讨论，见“Abaqus/Standard 中通用接触的面属性”（3.2.2 节）和“在 Abaqus/Standard 中对接触对赋予面属性”（3.3.2 节）。

• 接触约束的实施：通用接触默认使用罚方法来实施接触约束。默认在绝大部分情况中，适用于有限滑动；节点-面方程的接触对使用拉格朗日多乘子方法施加接触约束。关于接触约束实施方法的讨论，见“Abaqus/Standard 中接触约束的施加方法”（5.1.2 节）。

• 初始过盈的处理：通用接触默认使用无应变调整来去除初始过盈。接触对则默认在分析的首个增量中将初始过盈处理成已经解决的过盈配合。Abaqus/Standard 中接触初始化的更多内容，见“在 Abaqus/Standard 中控制初始接触状态”（3.2.4 节）、“在 Abaqus/Standard 中模拟接触过盈配合”（3.3.4 节）和“调整 Abaqus/Standard 接触对的初始面位置并指定初始间隙”（3.3.5 节）。

• 主、从角色赋予：通用接触自动为绝大部分接触相互作用赋予纯粹的主、从角色，并自动为其他接触相互作用赋予平衡的主、从角色。用户必须为绝大部分接触对赋予主、从角

色。关于接触面的主节点和从节点的讨论，见“Abaqus/Standard 中通用接触的数值控制”（3.2.6 节）和“Abaqus/Standard 中的接触方程”中的“在一个双面接触对中选择主、从角色”（5.1.1 节）。

如果用户指定了接触对使用有限滑动面-面方程，则忽略上述前三个区别。

附加接触对功能

只有 Abaqus/Standard 中的接触对可以使用以下功能（Abaqus/Standard 中的通用接触不能使用这些功能）：

- 涉及分析型刚性面或者使用用户子程序 RSURFU 定义的刚性面接触（然而，通用接触或者接触对中可以包括基于单元的刚性面）。
- 涉及基于节点的面或者三维梁单元上的面的接触。
- 小滑动接触和绑缚约束。
- 有限滑动节点-面接触方程。
- 脱胶和胶粘剂接触行为。
- 没有位移自由度的分析中的面相互作用，如纯粹的热传导。
- 压力穿透载荷。
- 一些数值接触控制的局部定义。
- 对称模型生成。

单个分析中可以包含通用接触和接触对定义。例如，用户可以使用接触对来模拟具有分析型刚性面的接触相互作用，以及使用通用接触来模拟其他接触相互作用。通用接触自动避免处理由接触对处理的工艺接触相互作用。

使用接触单元的接触仿真

在一些类型的问题不能使用与通用接触和接触对相关联的基于面的接触方法。Abaqus/Standard 为这些问题提供了一个接触单元库。这类问题的实例有：

- 两根使用管、梁或者杆单元模拟的管线或者管道之间的接触相互作用，其中一根管位于另一根的内部（如在海底管线安装中拉动的 J-管道），或者两根管彼此相邻（在二维和三维中都可用；见“管-管接触单元：概览”，7.3.1 节）。
- 空间中沿着一个固定方向的两个节点之间的接触。此类问题的一个实例是管系统与其支撑之间的相互作用（见“间隙接触单元：概览”，7.2.1 节）。
- 使用具有不对称变形的轴对称单元的仿真，以及 CAXA*n* 和 SAXA*n* 单元。详细内容见“存在非对称轴对称单元的接触模拟”（3.3.10 节）。
- 一维热流的热传导分析。这类问题的一个实例是不连续管系统中的热流。此问题中的热相互作用是一维的，因此没有可定义的面（见“间隙接触单元：概览”，7.2.1 节）。

定义使用接触单元的接触仿真

使用接触单元定义接触仿真的步骤，类似于定义基于面的接触仿真的步骤：

- 创建接触单元或者滑动线。
- 将单元截面属性赋予接触单元。
- 如果适用，则将一系列接触单元与滑动线相关联。
- 为接触单元定义接触属性模型。

前三步将在第 7 章的每类接触单元的“Abaqus/Standard 中的接触单元，”部分进行讨论。接触单元的接触属性模型与那些基于面的接触所使用的接触属性模型是一样的。

Abaqus/Explicit 中的接触仿真功能

Abaqus/Explicit 中有两种模拟接触相互作用的算法。通用（“自动的”）接触算法允许以非常少的面类型限制对简单接触进行定义（见“在 Abaqus/Explicit 中定义通用接触”，3.4 节）。接触对算法对所涉及的面类型有更多限制，并且通常要求更加严格地定义接触。然而，对于一些无法使用通用接触算法的相互作用，允许使用接触对算法（见“在 Abaqus/Explicit 中定义接触对”，3.5 节）。Abaqus/Explicit 中通用接触算法和接触对算法的不同点不仅仅在于用户界面；通常，它们在数值算法中使用具有许多关键性差异的完全不同的实现方法。

在 Abaqus/Explicit 中，可以组合两个接触算法来实现以下功能：

• 刚性和/或者可变形体之间的接触。

• 体与其自身的接触。

• 有限滑动或者小滑动接触。

• 与侵蚀体的接触（由于单元失效）。如果使用了接触对，则必须使用一个基于节点的面来模拟侵蚀体。通用接触允许使用基于单元的面来定义侵蚀体，这样可以模拟任何数量的侵蚀体之间的接触。

• 接触行为的通用本构模型，包括通过用户子程序定义的模型，对约束压力和剪切拉伸与穿透距离和相对剪切运动进行关联。

• 体的面上的热相互作用，如热传导。

• 欧拉区域和拉格朗日体之间的接触。

• DEM 或者 SPH 颗粒与其他拉格朗日面之间的接触。

• DEM 颗粒之间的接触。

• 以平均表面温度和/或者场变量的形式定义的摩擦系数。

Abaqus/Explicit 中通用接触或者接触对之间的选择

使用通用接触算法的接触定义不是完全自动的，但是却是极大简化的。此算法的通用性主要体现在对接触所适用的面类型的限制较少。Abaqus/Explicit 中的通用接触允许用于以下面类型（都不允许与 Abaqus/Explicit 中的接触对算法一起使用）：

• 可能跨越多个不相接触体的面。

• 共享一条公共边的两个以上的面（如允许壳中存在 T 形交线）。

• 包含可变形区域和刚性区域（刚性区域可以不来自于同一个刚体）的面。

• 具有混合父单元的面，如相邻面片可以在壳单元和实体单元上。

• 由相同类型的面组合而成的面。

• 为了模拟由于单元失效而产生的侵蚀，可以在实体内部定义一个基于单元的面。

• 可以在欧拉材料实例的外部定义一个面（见“欧拉表面定义”，《Abaqus 分析用户手册——介绍、空间建模、执行与输出卷》的 2.3.5 节）。

Abaqus/Explicit 中通用接触算法的其他优势如下：

• 与接触对算法不同，通用接触算法可以为几何特征边缘、结构单元的周边边缘以及通过梁和杆单元定义的边缘强制施加边-边接触。

• 对于在欧拉材料与拉格朗日体之间强制施加接触的情况，通用接触算法是唯一的选项（见“欧拉分析”中的“相互作用”，《Abaqus 分析用户手册——分析卷》的 9.1.1 节）。

• 对于强制施加涉及 DEM 或者 SPH 颗粒的接触，通用接触算法是唯一的选项（见“离散单元方法”，《Abaqus 分析用户手册——分析卷》的 10.1.1 节和“平滑的粒子流体动力学”，《Abaqus 分析用户手册——分析卷》的 10.2.1 节）。

• 通用接触算法可避免接触对算法中壳单元周边上产生的没有物理意义的“外圆角”扩展问题。

• 使用通用接触算法，每个从节点可与单位增量上的多个面片接触；使用接触对算法，每个从节点仅与单位增量上的一个面片接触，除非定义了多个面对。同样的，当使用通用接触算法时，每条接触边可与单位增量上的多条边接触。

• 通用接触算法对基于单元的面有一定的内置平顺作用，这有助于模拟拐角附近的接触。

• 与接触对算法不同，如果定义了内部的面，则通用接触算法将从接触区域中删除接触面和接触边，随着单元的失效而激活新暴露的面。这样，可以使用基于单元的面来描述侵蚀实体。这允许模拟多个侵蚀实体之间的接触，因为不需要在侵蚀实体上定义基于节点的面。

• 在通用接触算法中，接触状态信息（如双侧面的合适接触法向）是在整个步边界上传递的，即使已经更改了接触区域；在接触对算法中，在整个步边界上，仅为没有变化的接触对传递接触状态信息。

• 通用接触对算法允许独立指定接触相互作用区域、接触属性和面属性，以便更加灵活地为模型逐步添加细节。

• 通用接触算法对于域层级并行化的域分解没有任何限制（见“Abaqus/Explicit 中的并行执行”，《Abaqus 分析用户手册——介绍、空间建模、执行与输出卷》的 3.5.3 节）。

• Abaqus/Explicit 中通用接触算法对算法控制的需要已经实现了最小化。

使用通用接触算法的案例，见“具有通用接触的膝垫冲击”（《Abaqus 例题手册》的 2.1.9 节），“使用通用接触的卷曲成形”（《Abaqus 例题手册》的 2.1.10 节）和“使用通用接触的一堆积木的倒塌”（《Abaqus 例题手册》的 2.1.11 节）。

虽然通用接触算法更加有效并且允许做更简单的接触定义，但在某些专业接触特征定义中，必须使用接触对算法。在 Abaqus/Explicit 中，以下特征只允许使用接触对算法：

• 二维面。

• 运动地施加接触（见“Abaqus/Explicit 中接触约束的施加方法”，5.2.3 节；通用接触算法仅使用罚执行）。

• 小滑动接触（见“Abaqus/Explicit 中接触对的接触方程”，5.2.2 节）。

• 指数的和无分离接触的压力-过闭合模型。

• 可拆卸连接，如点焊（网格无关的点焊可使用两种算法，见“网格无关的紧固件”，2.3.4 节）。

此外，在 Abaqus/Explicit 中，与接触对算法相比，通用接触算法对自适应网格的划分施

加更多的限制（见“在 Abaqus/Explicit 中定义 ALE 自适应网格区域”，《Abaqus 分析用户手册——分析卷》的 7.2.2 节）。如果使用循环层级并行，则采用接触算法可能会影响加速因子：接触对算法包含一些循环层级并行，而通用接触算法中没有循环层级并行。对于接触对分析，接触输出是更加完整的。

用户可以在同一个 Abaqus/Explicit 分析中使用两种接触算法。通用接触算法自动避免执行应由接触对算法处理的相互作用。

Abaqus/Standard 和 Abaqus/Explicit 之间的兼容性

Abaqus/Standard 与 Abaqus/Explicit 中的机械接触算法有本质上的不同，虽然它们的输入语法是类似的。主要区别如下：

- Abaqus/Standard 中的接触对和通用接触定义是模型定义数据（虽然接触对可以在分析的一部分中删除，然后在后续分析步中添加回模型中，如“在 Abaqus/Standard 中定义接触对”中的“删除和重激活接触对”，3.3.1 节中所讨论的那样）。在 Abaqus/Explicit 的接触对算法中，接触约束是历史定义数据（见“在 Abaqus 中定义一个模型”，《Abaqus 分析用户手册——介绍、空间建模、执行与输出卷》的 1.3.1 节）；在 Abaqus/Explicit 的通用接触算法中，接触定义可以是模型数据或者历史数据。
- 默认情况下，Abaqus/Standard 中的接触算法通常使用纯粹的主-从关系；而 Abaqus/Explicit 中的接触算法通常使用平衡的主-从接触。此差别主要是由 Abaqus/Standard 中特有的过约束问题导致的。
- Abaqus/Standard 和 Abaqus/Explicit 中的接触方程，由于不同的收敛性、性能和数值要求，而存在以下方面的不同：

-Abaqus/Standard 提供面-面方程和边-面方程，而 Abaqus/Explicit 不提供。

-Abaqus/Explicit 提供边-边方程，而 Abaqus/Standard 不提供此方程。

-Abaqus/Standard 和 Abaqus/Explicit 都提供点-面方程，但在实施时，两者对于面平滑化相关细节的处理有所不同。

- Abaqus/Standard 与 Abaqus/Explicit 在约束施加方法上存在某些不同。例如，两个分析程序都提供罚约束方法，但是默认的罚刚度不同（这主要是由于罚刚度对 Abaqus/Explicit 中稳定时间增量的影响）。
- Abaqus/Standard 中的小滑动接触功能，可依据当前从节点的位置将载荷传递到主节点。但是由于与执行相关的数值局限，Abaqus/Explicit 中的小滑动接触功能总是通过锚点传递载荷。
- Abaqus/Explicit 在接触穿透计算中考虑壳和膜的厚度以及中面偏移（虽然在某些情况下，对于接触计算不考虑由变形引起的厚度变化）。当使用有限滑动节点-面接触算法时，Abaqus/Standard 不考虑壳和膜的厚度以及偏移（在其他接触方程中，则考虑原始厚度和偏移）。

由于存在上述差异，不能将在 Abaqus/Standard 分析中指定的接触定义导入 Abaqus/Explicit 分析中，反之亦然（见“在 Abaqus/Explicit 和 Abaqus/Standard 之间传递结果”，《Abaqus 分析用户手册——分析卷》的 4.2.2 节）。然而，在许多情况中，用户可以在一个导入的分析中成功地重新指定接触定义。

3.2 在 Abaqus/Standard 中定义通用接触

- “在 Abaqus/Standard 中定义通用接触相互作用” 3.2.1 节
- “Abaqus/Standard 中通用接触的面属性” 3.2.2 节
- “Abaqus/Standard 中通用接触的接触属性” 3.2.3 节
- “在 Abaqus/Standard 中控制初始接触状态” 3.2.4 节
- “Abaqus/Standard 中通用接触的稳定性” 3.2.5 节
- “Abaqus/Standard 中通用接触的数值控制” 3.2.6 节

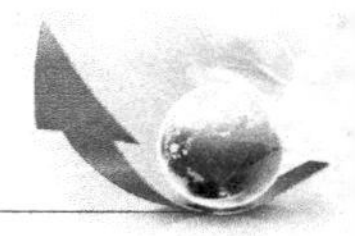

3.2.1 在 Abaqus/Standard 中定义通用接触相互作用

产品：Abaqus/Standard　Abaqus/CAE

参考

- “接触相互作用分析：概览”，3.1 节
- *CONTACT
- *CONTACT INCLUSIONS
- *CONTACT EXCLUSIONS
- “定义通用接触”，《Abaqus/CAE 用户手册》HTML 版本的 15.13.1 节

概览

Abaqus/Standard 为模拟接触和相互作用问题提供两种算法：通用接触算法和接触对算法。对于两种算法的比较，见“接触相互作用分析：概览”（3.1 节）。本部分将介绍如何在 Abaqus/Standard 分析中使用通用接触，如何指定可以在通用接触相互作用中使用的模型区域，以及如何从通用接触分析中得到输出。

Abaqus/Standard 中的通用接触算法：

- 可以指定成模型定义的一部分。
- 可用于对包含的面类型限制非常少的简单接触定义。
- 可以使用复杂的追踪算法来确保有效地施加合适的接触条件。
- 可以与接触对算法同时的使用（即某些相互作用可以使用通用接触算法来模拟，而其他相互作用可以使用接触对算法来模拟）。
- 可以与二维或者三维面一起使用。
- 使用有限滑动面-面接触方程。

定义通用接触相互作用

通用接触相互作用定义由以下内容组成：

- 通用接触算法和接触区域定义（即与另一个面相互接触），如本部分中所描述的那样。
- 接触面属性（“Abaqus/Standard 中通用接触的面属性”，3.2.2 节）。
- 力学接触属性模型（“Abaqus/Standard 中通用接触的接触属性”，3.2.3 节）。
- 与初始接触状态相关联的控制（“在 Abaqus/Standard 中控制初始接触状态”，3.2.4 节）。
- 接触控制算法（“Abaqus/Standard 中通用接触的数值控制”，3.2.6 节）。

使用通用接触定义装配体不同组件之间接触的分析实例，见“棘爪-棘轮装置的冲击分析，”（《Abaqus 例题手册》的 2.1.17 节）。

用于通用接触的面

Abaqus/Standard 中的通用接触算法允许所使用面具有非常通用的特征，如“接触相互作用分析：概览”（3.1 节）中所讨论的那样。关于在 Abaqus/Standard 中定义通用接触算法所使用的面的详细内容，见“基于单元的面定义”（《Abaqus 分析用户手册——介绍、空间建模、执行与输出卷》的 2.3.2 节）。

定义接触区域的一种简便方法是使用裁剪面。用户可以通过使用在原始构型中的一个指定正方形盒子中的封闭接触区域来实现“盒子中的接触”。更多内容见“面上的操作”（《Abaqus 分析用户手册——介绍、空间建模、执行与输出卷》的 2.3.6 节）。

此外，Abaqus/Standard 自动定义适合指定接触区域的兼容面，如下文中所讨论的那样。自动定义的兼容面包含所有基于单元的面片。

Abaqus/Standard 中的通用接触算法具有模拟面-面接触、边-面接触和边-边接触的功能。面-面接触方程用作主要方程，并且可以使用边-面方程作为补充方程。边-面接触方程也可用来模拟梁单元或者杆单元段与面片化的表面之间的接触。仅使用边-边接触方程来模拟梁或者杆单元之间的接触。通用接触算法不考虑分析中所包含的面或者基于节点的面之间的接触，使用通用接触的分析中的接触对可以包含这些面类型。

边-面接触的注意事项

通用接触算法可以用于三维边-面接触。除了模拟梁或者杆单元与面片化的面之间的接触之外，在解决一些相互作用问题时，边-面接触方程比面-面接触方程更加有效。当用作面-面接触方程的补充时，如果各自面的面片的法向在有效接触区域中成斜角时，边-面接触方程将试图避免一个面的特征边局部贯穿另一个面的相对平滑部分。施加辅助边-面接触有利于图 3-1 所示的模型分析，因为在插入载荷作用期间，有效接触区域对应一个边特征。对于图 3-2 所示模型，则没有必要施加补充边-面接触，因为面-面接触方程足以解决贯穿问题。

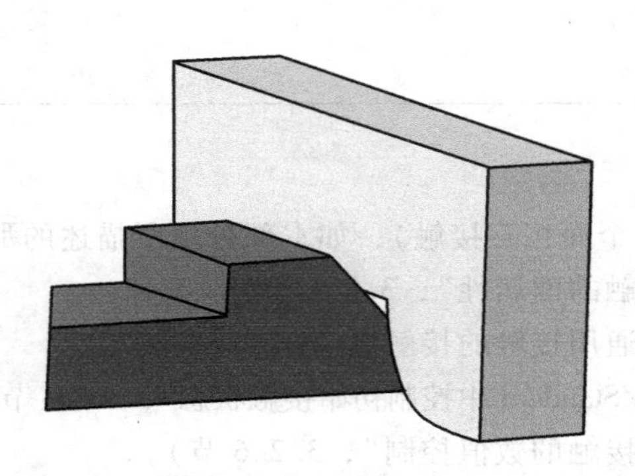

图 3-1 在接触区域中面法向之间成斜角的，涉及边-面接触特征的卡口实例

图 3-2 在具有相反面法向的有效接触区域的周长上包含特征边界的实例

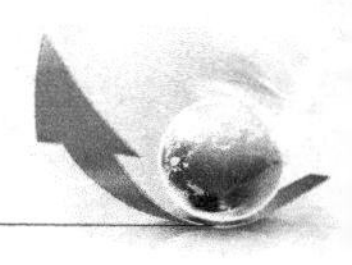

代表梁和杆单元的接触边具有圆形横截面，而不管梁或者杆单元的实际横截面是何种形状。代表杆单元的接触边的半径是由杆横截面定义中指定的横截面面积导出的（它等于具有相等横截面面积的实体圆横截面半径）。对于具有圆形横截面的梁，接触边的半径等于横截面半径。对于具有非圆形横截面的梁，接触边的半径等于横截面外接圆的半径。通过在通用接触区域中包含相关的面来激活梁或者杆单元的边-面接触。默认情况下，兼容面包含基于梁或者杆单元的面。

默认情况下，当一个面用于通用接触相互作用时，接触定义中将包含所有适用面片、实体的边及特征角大于 45°的壳单元。对于将哪一条特征边用于边-面接触的讨论，见“Abaqus/Standard 中通用接触的面属性”中的“特征角”（3.2.2 节）。边-面接触约束不用于热、电或者孔隙压力接触属性。例如，在耦合温度-位移分析中，面-面约束会影响机械和热相互作用；但是，如果包含了边-面约束，则它们仅有助于避免贯穿。

与特征边相关联的接触面积取决于网格大小。这样，与边-面接触相关联的接触压力（以单位面积上的力为单位）是与网格相关的。

面-面和边-面接触约束都可以在相同的节点上激活。总是使用一种罚方法来施加边-面接触约束以避免出现数值过约束的问题。

梁-梁接触的注意事项

通用接触算法也可以用于梁-梁接触。模拟梁-梁接触时可以使用两种接触方程，可以同时使用或者单独使用。一个方程以接触中两根梁各自边叉积的接触法向为基础，此方程主要针对非平行梁之间的接触。另一个方程以梁的径向为接触方向（类似于管-管接触单元，见“管-管接触单元：概览”，7.3.1 节），此方程主要处理近似平行的梁之间的接触。

输入文件用法：使用以下选项激活梁-梁接触的两个方程：

*CONTACT FORMULATION, TYPE=EDGE TO EDGE, FORMULATION=BOTH

使用以下选项激活以梁轴向的叉积为基础的梁-梁接触的方程：

*CONTACT FORMULATION, TYPE=EDGE TO EDGE, FORMULATION=CROSS

使用以下选项激活以梁的径向为基础的梁-梁接触方程：

*CONTACT FORMULATION, TYPE=EDGE TO EDGE, FORMULATION=RADIAL

使用以下选项避免梁-梁接触：

*CONTACT FORMULATION, TYPE=EDGE TO EDGE, FORMULATION=NO（默认的）

Abaqus/CAE 用法：Abaqus/CAE 中不支持模拟梁-梁接触。

在分析中使用通用接触

Abaqus/Standard 中的通用接触是在分析开始时定义的。只能指定一个通用接触定义，并且此定义对于分析的每一个步均有效。

输入文件用法：使用以下选项来说明开始通用接触定义：

*CONTACT

此选项仅可以在模型定义中出现一次。

Abaqus/CAE 用法：Interaction module：Create Interaction：Step：Initial，General contact（Standard）

定义通用接触区域

用户通过定义通用接触包含物和排除物来指定可以彼此接触的区域。在模型定义中仅允许存在一个接触包含物定义和一个接触排除物定义。

分析中首先处理所有的接触包含物，然后处理所有的接触排除物，而不管为它们指定的顺序。接触排除物优先于接触包含物。通用接触算法将仅考虑那些由接触包含物定义的，并且没有由接触排除物定义的相互作用。

通用接触相互作用通常是通过指定由 Abaqus/Standard 提供的自动生成的默认面的自接触来定义的。用于通用接触算法的所有面可以跨越多个未接触的体，这样，此算法中的自接触将不局限于单个体与其自身的接触。例如，一个跨越两个体的面的自接触可以表示体之间的接触以及每一个体与其自身的接触。

定义接触包含物

通过定义接触包含物来指定接触模型区域。

为整个模型指定“自动的”接触

用户可以为一个未命名的，通过 Abaqus/Standard 自动定义的默认全包含面指定自接触。此默认的面包含所有外部单元面（除了下面提到的面），这是定义接触区域的最简单方法。

默认面不包括仅属于黏性单元的面。实际上，生成的默认面就好像不存在胶粘单元一样。对于与胶粘单元相关的接触模拟问题的进一步讨论，见“使用胶粘单元模拟”（《Abaqus 分析用户手册——单元卷》的 6.5.3 节）。

输入文件用法：同时使用以下两个选项为整个模型指定“自动的”接触：

*CONTACT

*CONTACT INCLUSIONS，ALL EXTERIOR

使用 ALL EXTERIOR 参数时，*CONTACT INCLUSIONS 选项不应当具有数据行。

Abaqus/CAE 用法：Interaction module：Create Interaction：General contact（Standard）：Included surface pairs：All * with self

指定单个接触相互作用

另外，用户可以通过指定单个接触面对来直接定义通用接触。只有在一个重叠的对（或者是相同的对）中指定了两个面时，才模拟自接触，并且将仅在重叠区域中模拟自接触。在某些情况下，可以通过在分析过程中仅包含通用接触区域中将参与接触的面部分来提高计算性能和稳定性。

在接触区域中可以包含多个面对。所有指定的面必须是基于单元的面。

输入文件用法：同时使用以下选项指定单独接触相互作用：

*CONTACT

*CONTACT INCLUSIONS

面_1，面_2

当省略了 ALL EXTERIOR 时，必须指定至少一个数据行。其中一个或两个数据行的输入可以是空的，但是每一个数据行必须包含至少一个逗号；对于空的数据行将发出一个错误信息。如果省略了第一个面名称，则假定为未命名的、全包含的自动生成的默认面。如果省略了第二个面名称，或者第二个面名称与第一个面名称相同，则该接触为第一个面与其自身之间的接触。两个数据行都空等效于使用 ALL EXTERIOR 参数。

Abaqus/CAE 用法：Interaction module：Create Interaction：General contact（Standard）：Included surface pairs：Selected surface pairs：Edit，选择列中左边的面，并且单击中间的箭头将它们传递到所包含对的列表中。

实例

以下输入定义了在全包含的、自动生成的默认面与 surface_2 之间（包括重叠区域中的自接触）的接触：

*CONTACT

*CONTACT INCLUSIONS

, surface_2

以下任何一种方法都可以用来定义 surface_1 的自接触：

*CONTACT

*CONTACT INCLUSIONS

表面 1,

或者

*CONTACT

*CONTACT INCLUSIONS

表面 1，表面 1

定义接触排除物

用户可以通过定义应从接触中排除的模型区域来细化接触区域。定义接触排除物的可能积极作用包括：

- 避免物理上不合理的接触相互作用。
- 通过排除不大可能发生相互接触的模型零件来提高计算性能。

Abaqus 将忽略所有指定面对的所有接触，即使这些相互作用是在接触包含物定义中直接或者非直接指定的。

可以从接触区域中排除多个面对。所有指定的面必须是基于单元的面。可以将面定义成跨越多个未相连的体，所以自接触排除物不局限于单个体接触的排除物。

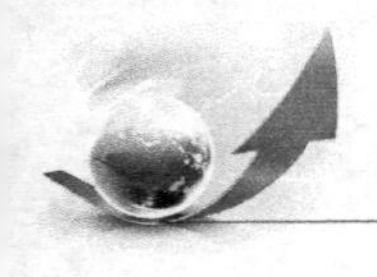

输入文件用法：同时使用以下选项定义接触排除物：

* CONTACT

* CONTACT EXCLUSIONS

面 1，面 2

其中一个或者两个数据行可以是空的。如果省略了第一个面名称，则假定为未命名的、全包含的自动生成的默认面。如果省略了第二个面名称或者第二个面名称与第一个面名称相同，则从接触对中排除第一个面与其自身之间的接触。

Abaqus/CAE 用法：Interaction module：Create Interaction：General contact（Standard）：Excluded surface pairs：Edit，选择列中左边的面，并且单击中间的箭头将它们传递到所排除的对列表中。

自动生成接触排除物

在某些情况下，Abaqus/Standard 将自动为通用接触生成接触排除物。

• 为接触对算法或者基于面的绑定约束自动生成接触排除，来避免这些相互作用约束的冗余（以及可能出现的不兼容）。例如，如果为 surface_1 和 surface_2 定义了一个接触对，并且为整个模型生成自动通用接触，则 Abaqus/Standard 将为 surface_1 与 surface_2 之间的通用接触生成一个接触排除物，这样仅使用接触对算法来模拟这些面之间的相互作用。这些自动生成的接触排除物在整个分析中都是有效的。

• Abaqus/Standard 为模型中的每一个刚体的自接触自动生成接触排除物，因为刚体不能接触其自身。

• 当用户为某一通用接触面对指定纯粹的主、从接触面权重时，为与所指定的方向相反的主、从方向自动生成接触排除物（关于此类型接触排除物的更多内容，见“Abaqus/Standard 中通用接触的数值控制”，3.2.6 节）。

• Abaqus/Standard 为涉及通用接触对中不连续体的接触，赋予纯粹的默认主、从角色，并且默认接触排除物是在主、从方向的相反方向上生成的。在“Abaqus/Standard 中通用接触的数值控制”（3.2.6 节）中，对使用可变的纯粹的主、从赋予或者平衡的主、从赋予来覆盖默认的纯粹的主、从赋予的选项进行了讨论。

• 为模型初始构型中严格过闭合的面部分自动生成接触排除物。更多内容见“在 Abaqus/Standard 中控制初始接触状态”（3.2.4 节）。

实例

以下输入用于定义接触区域是基于全包含的自动生成面的自接触，但是应忽略全包含的自动生成的面与面 2 之间的接触（包括重叠区域中的自接触）：

* CONTACT

* CONTACT INCLUSIONS，ALL EXTERIOR

* CONTACT EXCLUSIONS

，面 2

用户可以使用以下任何一种方法从接触区域中排除面 1 的自接触：

* CONTACT EXCLUSIONS

面 1，

或者

```
*CONTACT EXCLUSIONS
面 1, 面 1
```

输出

与接触相关联的输出变量分为两类：节点变量（有时称为约束变量）和整个面变量。此外，Abaqus 将输出一个与接触相互作用相关联的诊断信息矩阵（如“Abaqus/Standard 分析中的接触诊断”，6.1.1 节所讨论的那样）和为通用接触生成的内部面。

对与热、电和孔隙流体分析相关联的更多详细讨论，见第 4 章“接触属性模型”中关于接触属性的部分。

通用接触区域与组件表面

Abaqus/Standard 生成以下与通用接触相关联的内部面：

- General_ Contact_ Faces
- General_ Contact_ Edges
- General_ Contact_ Faces_ Comp*k*
- General_ Contact_ Edges_ Comp*k*

其中，*k* 对应于一个自动赋予的“组件编号”。包含在通用接触区域中的没有组件编号的通用接触的两个内部面，分别包含所有面片和所有特征边。

每一个特征边组件面，General_ Contact_ Edges_ Comp*k*，具有相应的面组件表面General_ Contact_ Faces_ Comp*k* 的一个面边缘子集（满足特征边准则）。面组件表面之间没有公共节点。默认条件下，具有更低编号的基于面的组件面，将作为面-面方程中具有更高编号的基于面的组件面中的主面。组件编号不影响使用边-面方程的情况。两个方程类型的诊断信息中都参考组件面。

在 Abaqus/CAE 的 Visualization 模块中，可以使用显示组来显示内部面。在模型定义中，不能使用由 Abaqus/Standard 生成的内部面名称。

节点接触变量

在 Abaqus/CAE 的显示模块中，节点接触变量可以在接触表面上云图显示。节点接触变量包括接触压力和力、摩擦切应力和力、接触过程中面之间的相对切向运动（滑动）、面之间的间隙，以及单位面积上的热或者流体流量。许多写入输出数据库（.odb）文件的节点接触变量通常对于所有的接触节点是可用的，不管它们是从节点还是主节点。其他节点接触变量仅可以在作为从节点的节点上得到。大部分输出到数据（.dat）文件、结果（.fil）文件和实用子程序 GETVRMAVGATNODE 中的接触是与单个约束相关联的。对于输出到输出数据库（.odb）文件的接触，为了降低接触输出噪声而施加了一些过滤。

接触压力

接触压力的分布是许多 Abaqus 分析中需要研究的关键问题。用户可以在所有接触

面上显示接触压力，除了基于刚性类型单元的分析型刚性面和离散型刚性面（后者的限制不适用于通用接触）。用户可以在显示接触压力的云图旁边显示接触压力误差指标的云图，以得到接触压力解研究范围内的局部精确图像（对误差指标输出的进一步讨论，见“影响自适应重划分的误差指标的选择”，《Abaqus分析用户手册——分析卷》的7.3.2节）。

在某些情况下，可以观察到由于以下因素，接触压力延伸至超过实际接触区域：

• 通过对节点值进行插值来构建的云图显示，可能造成接触区域以外的面片中出现非零值。例如，此现象通常出现在拐角处，如当两个相同大小的对齐的块接触时，如果接触面在拐角周围翘曲，则接触压力云图将围绕拐角落稍微扩展。

• 为了在有效的接触区域中使接触应力噪声最小化，Abaqus/Standard将节点接触应力计算成与节点参与的有效接触约束相关联的值的加权平均。需要施加一些过滤来降低有效接触区域周围的节点所产生的接触应力（它们仅弱参与接触约束），但是此过滤不是“完美的”，它可能会导致接触区域的面积有所增加。类似的，有效接触区域周围节点上的接触状态输出也将受到影响。在这样的情况下，面积增加区域中节点处的接触状态可能显示为闭合的，即使它是打开的。

由于这些因素，试图根据接触应力分布来推断出接触力分布可能会产生一些误差。相反，用户可以使用节点接触应力输出，它可以精确地反映分析中的接触力分布。

边-面相互作用产生的接触应力

输出到输出数据库（.odb）文件中的由Abaqus/Standard得到的接触应力（CSTRESS），同时包含了来自面-面和边-面约束的贡献（如果被激活）。仅由边-面约束（CSTRESSETOS）产生的接触应力（以单位面积上的力为单位）可以为显示区域而输出，在此区域中，边-面接触约束是有效的。边-面方程以单位面积上的力为单位，通过用每边长的接触力除以一个代表性表面面片的长度来计算接触压力。因为接触区域取决于网格大小，所以边-面接触应力是网格相关的。此外，因为边代表表面平顺中的不连续，所以一个边附近的真接触应力解通常是通过一个强梯度来表征的。对于边-面约束显著的区域，接触应力的误差指标输出（CSTRESSERI）通常是非常大的。

整个面变量

Abaqus/Standard中的通用接触仅在一定程度上支持整个面变量，因为这类变量默认是与整个通用接触区域相关联的，而不是与和通用接触对相关的单个面进行关联。限制通用接触区域的一部分影响整个面变量的唯一方法是在输出要求中定义一个节点集。当作为从节点时，将整个面变量计算成通用接触的所有节点（或者局限为一个具体的节点集）上的和。例如，CFN是作用在从节点上的由接触压力产生的总力。CFN和通用接触的其他整个面变量通常没有实际功用，因为通用接触中具有不同相互作用的变量的贡献通常会相互抵消，并且最后的结果通常取决于主节点和从节点的内部指定。

要求输出

一些接触变量必须成组使用。例如，要输出面之间的间隙（COPEN），必须使用CDISP（接触位移）变量，CDISP同时输出COPEN和CSLIP（接触主面的切向运动）。可用接触变

量及其标识符的完整列表见“Abaqus/Standard 输出变量标识符”(《Abaqus 分析用户手册——介绍、空间建模、执行与输出卷》的 4.2.1 节)。

用户可以通过指定包含有通用接触相互作用的从节点子集的节点集来限制输出要求。形成输出要求的方法见以下章节:

- 要求输出到数据(.dat)文件,见“输出到数据和结果文件”中的“来自 Abaqus/Standard 的面输出”(《Abaqus 分析用户手册——介绍、空间建模、执行与输出卷》的 4.1.2 节)。
- 要求输出到输出数据库(.odb)文件,见“输出到输出数据库”中的“Abaqus/Standard 和 Abaqus/Explicit 中的面输出”(《Abaqus 分析用户手册——介绍、空间建模、执行与输出卷》的 4.1.3 节)。

切向结果的输出

Abaqus 得出关于在面上定义的局部切向方向的切向变量值(摩擦切应力、黏性切应力和相对切向运动)。在“Abaqus/Standard 中的接触方程”中的“面上的局部切向方向”(5.1.1 节)中,对局部切向方向的定义进行了介绍。这些方向并非总是对应于整体坐标系的,并且在几何非线性分析中,它们随着接触对旋转。

Abaqus/Standard 通过采用变量的向量与一个局部切向方向,与约束点相关联的 t_1 或者 t_2 的标量积来计算切向结果。变量名末尾的数字表示变量是对应于第一个还是第二个局部切向方向。例如,CSHEAR1 是第一个局部切向方向上的摩擦切应力分量,而 CSHEAR2 是第二个局部切向方向上的摩擦切应力分量。

累计相对运动增量(滑动)的定义

Abaqus/Standard 将相对运动增量(也称为滑动)定义成相对于节点的位移增量矢量与局部切向方向的标量积。相对于节点的位移增量矢量用来度量从节点相对于主面的运动。仅当从节点与主面接触时才累积增量滑动。分析过程中所有这种增量滑动的和用 CSLIP1 和 CSLIP2 来表示。在“体之间的小滑动相互作用”(《Abaqus 理论手册》的 5.1.1 节),“变形体之间的有限滑动相互作用”(《Abaqus 理论手册》的 5.1.2 节)和“可变形体与刚体之间的有限滑动相互作用”(《Abaqus 理论手册》的 5.1.3 节)中,介绍了计算此增量的详细方法。

扩展为间隙提供的接触打开输出的范围

为了降低计算成本,默认情况下是避免通过详细计算来监控可能的相互作用点,在这些点处,面之间的分隔距离大于可以传递接触力(或者热流等)的最小间隙距离。这样,通常在面之间的距离比面片尺寸略大的位置不提供接触打开(COPEN)输出。用户可以扩展 Abaqus/Standard 提供接触打开输出的范围;间隙距离达到指定的“跟踪厚度”的地方将提供 COPEN。由于额外的接触追踪计算,使用此控制可能增加计算成本,尤其是在用户指定了一个较大的追踪厚度值时。

输入文件用法: *SURFACE INTERACTION, TRACKING THICKNESS=值

Abaqus/CAE 用法: 在 Abaqus/CAE 中,用户不能调整默认的追踪厚度。

3.2.2 Abaqus/Standard 中通用接触的面属性

产品：Abaqus/Standard　Abaqus/CAE

参考

- “在 Abaqus/Standard 中定义通用接触相互作用”，3.2.1 节
- * CONTACT
- * SURFACE PROPERTY ASSIGNMENT
- “指定通用接触的面属性赋予”，《Abaqus/CAE 用户手册》的 15.13.5 节

概览

面属性赋予：

- 可以用来为一个面域指定几何修正。
- 可以用来改变基于结构单元的面区域使用的接触厚度，或者为基于实体单元的面区域添加接触厚度。
- 可以用来为基于壳、膜、刚性和面单元的面区域指定面偏置。
- 可以在一个通用接触区域中，有选择性地应用于某具体区域；
- 不能施加于分析型刚性面。

赋予面属性

用户可以给通用接触相互作用中包含的面赋予非默认的面属性。仅当在通用接触相互作用中包含面时，才考虑这些属性；在其他相互作用，如接触对中包含面时，则不考虑这些属性。通用接触算法不考虑指定成面定义一部分的面属性。

Abaqus/Standard 中通用接触的面属性是在一个分析的开始时赋予的，并且不能在步过程中对其进行更改。

用来指定具有非默认面属性区域的面名称，不需要与用来指定通用接触区域的面名称对应。在许多情况中，将为一个较大的区域定义接触相互作用，同时为此区域的一个子集赋予非默认面属性。为通用接触区域以外的区域指定的面属性将被忽略。如果所指定的区域相互重叠，则以最后赋予的属性为准。

输入文件用法：　* SURFACE PROPERTY ASSIGNMENT, PROPERTY

此选项必须与 * CONTACT 选项一起使用，并且对于以下讨论的每个 PROPERTY 参数的值应至多出现一次；用户可以根据需要重复使用数据行，来为不同区域赋予面属性。

Abaqus/CAE 用法：　Interaction module：Create Interaction：General contact（Standard）：Surface Properties

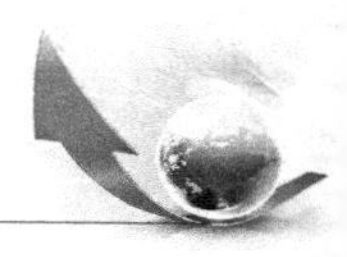

面的几何修正

默认情况下，接触计算是以通用接触区域中有限单元面上的非平顺的面片化表征为基础的。可以选择一种接触平顺技术在接触计算中仿真更加真实的弯曲面表征，以提高接触应力和压力的精度。“在 Abaqus/Standard 中平顺接触面”（5.1.3 节中），对此接触平顺技术进行了讨论。

面厚度

默认的面厚度等于原始父单元的厚度。另外，用户可以为面厚度指定一个值，或者指定一个厚度比例因子。可以为实体单元面赋予一个非零的厚度，例如，在模拟有限厚度表面涂装的影响时。

使用原始父单元的厚度

默认的面厚度等于原始父单元的厚度。

输入文件用法：＊SURFACE PROPERTY ASSIGNMENT，PROPERTY＝THICKNESS

面，ORIGINAL（默认的）

如果省略了面名称，则假定是包含整个通用接触区域的默认面。

Abaqus/CAE 用法：Interaction module：Create Interaction：General contact（Standard）：Surface Properties：Surface thickness assignments：Edit：选择面，单击箭头将面传递到厚度赋值列表中，并且在 Thickness 列中输入ORIGINAL。

为面厚度指定值

用户可以直接指定面厚度的值。

输入文件用法：＊SURFACE PROPERTY ASSIGNMENT，PROPERTY＝THICKNESS

面，值

如果省略了面名称，则假定默认面包含整个通用接触区域。

Abaqus/CAE 用法：Interaction module：Create Interaction：General contact（Standard）：Surface Properties：Surface thickness assignments：Edit：选择面，单击箭头将面传递到厚度赋值列表中，并且在 Thickness 列中输入面厚度的值。

应用面厚度比例因子

用户可以应用面厚度比例因子。例如，如果用户指定将原始父单元的厚度应用到 surf1，并且厚度比例因子为 0.5，则当通用接触相互作用中包含 sur1 时，其厚度等于原始父单元厚度的一半（其他包含在通用接触区域中的面的厚度仍为默认的原始父单元厚度）。以此方法

得到的面厚度可以用来避免一些情况中的初始过闭合。Abaqus/Standard 将自动调整面的位置，以避免产生与通用接触相关联的初始过闭合（见“在 Abaqus/Standard 中控制初始接触状态”，3.2.4 节）。然而，如果不想调整节点位置（例如，调整节点位置将导致在其他平面部分产生缺陷，从而导致不真实的屈曲状态），则可以通过减小面厚度来彻底避免过闭合。

输入文件用法：* SURFACE PROPERTY ASSIGNMENT, PROPERTY = THICKNESS

面，值或者符号，缩放因子

如果省略了面名称，则假定默认面包含整个接触区域。

Abaqus/CAE 用法：Interaction module：Create Interaction：General contact（Standard）：Surface Properties：Surface thickness assignments：Edit：选择面，单击箭头将面传递到厚度赋值列表中，并且输入 Scale Factor。

面偏置

面偏置是薄物体的中面与其参考平面（通过节点坐标和单元连接性来定义）之间的距离。它是通过用偏置分数（定义为面厚度的百分比）乘以面厚度和单元面片法向来计算得到的。这就定义了中面的位置，从而定义了体关于参考面的位置，同时没有改变参考面上节点的坐标。仅可以为在壳单元和类似单元（即膜单元、刚性单元和面单元）上定义的面指定面偏置，为其他单元（如实体单元或者梁单元）指定的面偏置将被忽略。默认情况下，在单元截面定义中指定的面偏置将用于通用接触算法中。

用户可以将面偏置指定成面厚度的百分比。面偏置分数可以设置成等于面的父单元偏置分数，或者设置成一个指定的值。为通用接触指定的面偏置不改变单元积分。

输入文件用法：使用以下选项采用面的父单元面偏置分数（默认的）：

* SURFACE PROPERTY ASSIGNMENT, PROPERTY = OFFSET FRACTION

面，ORIGINAL

使用以下选项指定面偏置分数的值：

* SURFACE PROPERTY ASSIGNMENT, PROPERTY = OFFSET FRACTION

面，偏置

可以将偏置指定成一个值或者一个符号（SPOS 或者 SNEG），SPOS 表示偏置分数为 0.5，SNEG 表示偏置分数为 -0.5。

Abaqus/CAE 用法：Interaction module：Create Interaction：General contact（Standard）：Surface Properties：Shell/Membrane offset assignments：Edit：选择面，单击箭头将面传递到偏置赋值列表中。

在 Offset Fraction 列中输入 ORIGINAL，使用面的父单元面偏置分数；输入 SPOS，使用面偏置分数 0.5；输入 SNEG，使用面偏置分数 -0.5；或者输入面偏置分数的值。

特征边

模型的特征边是在梁和杆单元上，以及在实体和结构单元面（周长等）的边上定义的。Abaqus/Standard 中的通用接触包括一个边-面接触方程和一个边-边接触方程（作为面-面方程的补充），如“在 Abaqus/Standard 中定义通用接触相互作用”（3. 2. 1 节）中讨论的那样。默认情况下，边-面接触方程使用梁和杆单元的“边”、周长边和对应于45°及更大角度的初始几何特征角的边。用户可以整体或者局部地控制特征边准则。特征边准则对梁和杆单元的“边”没有影响，此时是通过接触区域中其包含物来激活它们的。边-边接触方程仅用于梁和杆单元。

一些接触属性赋值选项仅用于面-面方程（关于通用接触的接触属性的进一步讨论，见“Abaqus/Standard 中通用接触的接触属性”，3. 2. 3 节）。边-面方程和边-边方程总是使用罚执行方法，并且仅包括位移自由度。例如，边-面方程对穿过接触界面的热间隙传导没有贡献。

定义截止特征角

特征角是连接到一条边上的两个面片法向之间的夹角，该角度是基于初始构型的。在面片之间的凹陷处将产生一个负的特征角，导致这些边不会被包含在接触区域中。图 3-3 所示为不同边的特征角计算实例。边 A 的特征角（n_1与 n_2之间的角）是 90°；边 B 的特征角（n_2与 n_3之间的角）是-25°；边 C 为三个面的 T 形交线（二维图如图 3-4 所示），其特征角是 0°、-90°和-90°。周长边（如图 3-3 中的边 D）可以认为是特征角等于 180°的一个特殊类型的特征边。

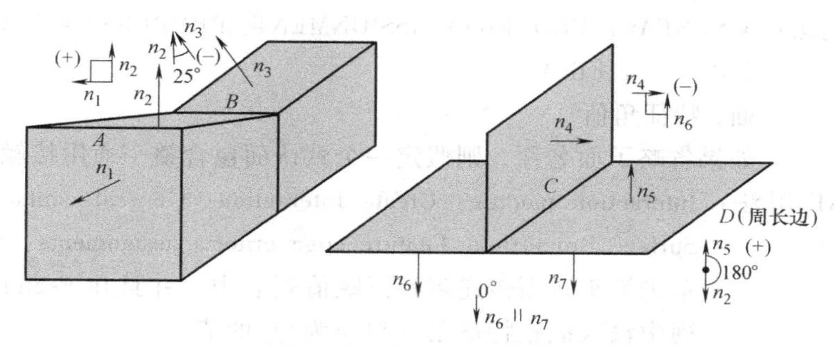

图 3-3 特征角计算实例

如果特征角准则是有效的（默认的或者用户指定了它），则其特征角大于或者等于指定角的实体和壳体的几何边会包含在通用接触区域中的。接触包含物和排除物选项（在“在 Abaqus/Standard 中定义通用接触相互作用”，3. 2. 1 节中进行了讨论）同时施加于面-面接触方程和边-面接触方程（为达到进一步的控制，面的多个部分可能与两者中

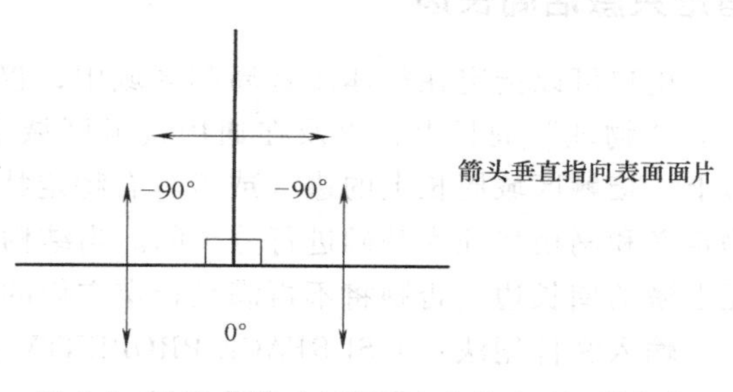

图 3-4 T 形交线（如图 3-3 中的边 C）特征角

的任何一个方程相互作用)。当判断一条几何特征边是否应当包含在通用接触区域中时，可以考虑特征角的符号。例如，如果指定截止特征角为 20°，则激活边 A 作为接触模型中的一条特征边（因为 90°的特征角大于 20°的截止角)，但是不会激活边 B 和 C（因为边 B 处的特征角是-25°，而边 C 处的最大特征角是 0°，都小于 20°的截止角)。截止特征角不能设置成小于 0°或者大于 180°的值。指定一个小的截止特征角（例如，小于 20°）可以大幅增加运行时间，且与更大的截止角（大于 20°）相比，其对结果没有大的影响。默认的截止特征角是 45°。

图 3-5 进一步说明了如何使用特征角来确定在通用接触区域中哪一条几何特征边是有效的。

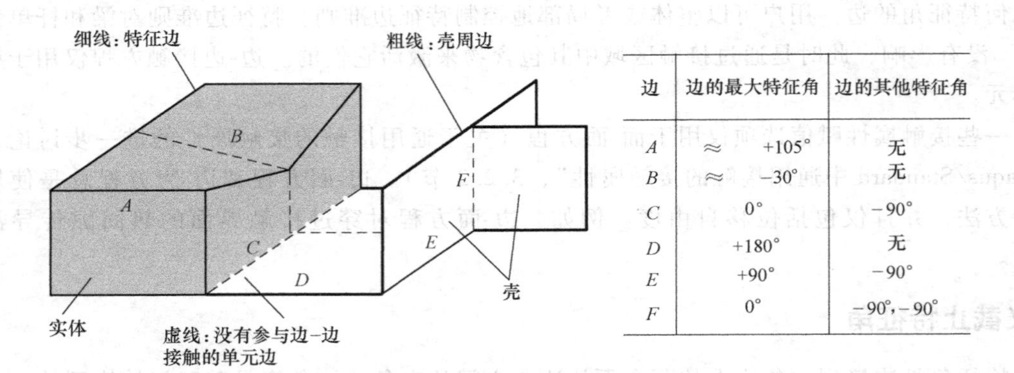

边	边的最大特征角	边的其他特征角
A	≈ +105°	无
B	≈ −30°	无
C	0°	−90°
D	+180°	无
E	+90°	−90°
F	0°	−90°，−90°

图 3-5　对于默认的 45°的截止特征角，在通用接触区域中激活的特征边

图 3-5 右侧的表中列出了模型中不同边的特征角。与壳面片相连，但是不在壳的周长上的边，具有多个对应特征角。一条边的最大的特征角需要与默认的或者指定的截止特征角相比较。例如，如果默认的 45°截止特征角是有效的，则将边 A、D 和 E 考虑成边-面接触，而忽略边 B、C 和 F。

输入文件用法：＊SURFACE PROPERTY ASSIGNMENT，PROPERTY＝FEATURE EDGE CRITERIA

面，特征角值

如果省略了面名称，则假定一个默认面包含整个通用接触区域。

Abaqus/CAE 用法：Interaction module：Create Interaction：General contact（Standard)：Surface Properties：Feature edge criteria assignments：Edit：选择面，单击箭头将面传递到特征赋值列表中，并且在 Feature Edge Criteria 列中输入截止特征角（单位为°）的值。

指定只激活周长边

用户可以指定在整体或者局部区域中，仅将周长边应用于边-面方程。周长边位于壳单元的“物理”周长上，以及在通用接触区域中包含一个体上暴露面的子集时位于“人造”边上。接触区域周长上的边（或者具有特定特征角的几何边)，是以接触包含物和接触排除物定义和网格特征为基础进行分类的。当结构单元与连续单元共享节点时，将不会在结构单元上激活周长边，否则将不再满足指定它们的准则。

输入文件用法：＊SURFACE PROPERTY ASSIGNMENT，PROPERTY＝FEATURE EDGE CRITERIA

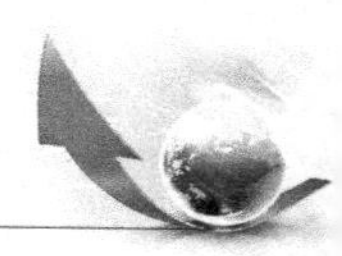

面，PERIMETER EDGES

如果省略了面名称，则假定默认面包含整个通用接触区域。

Abaqus/CAE 用法：Interaction module：Create Interaction：General contact （Standard）：Surface Properties：Feature edge criteria assignments：Edit：选择面，单击箭头将面传递到特征赋值列表中，并且在 Feature Edge Criteria 列中输入 PERIMETER。

指定不包含特征边

用户可以指定在整体或局部区域中，不将边应用于边-面方程。然而，这样做不会使与梁和桁架单元相关联的“接触边”无效。

输入文件用法：*SURFACE PROPERTY ASSIGNMENT，PROPERTY=FEATURE EDGE CRITERIA

面，NO FEATURE EDGES

如果省略了面名称，则假定默认面包含整个通用接触区域。

Abaqus/CAE 用法：Interaction module：Create Interaction：General contact （Standard）：Surface Properties：Feature edge criteria assignments：Edit：选择面，单击箭头将面传递到特征赋值列表中，并且在 Feature Edge Criteria 列中输入 NONE。

梁段的平滑

对于径向梁-梁接触，Abaqus/Standard 将平滑任意两根梁（或者桁架）之间的不连续过渡。线性梁之间的平滑过渡如图 3-6 所示，二次梁之间的平滑过渡如图 3-7 所示。

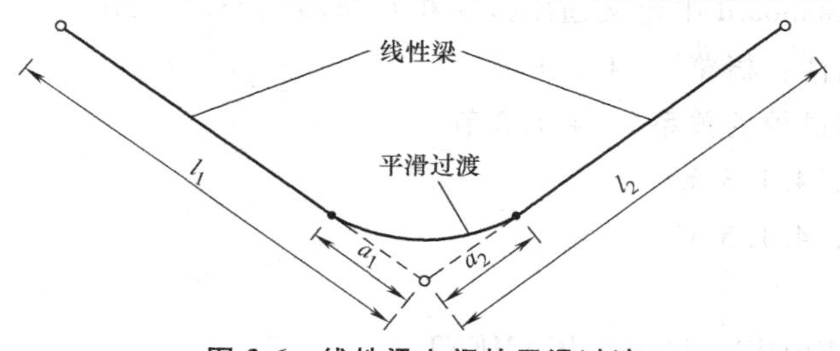

图 3-6　线性梁之间的平滑过渡

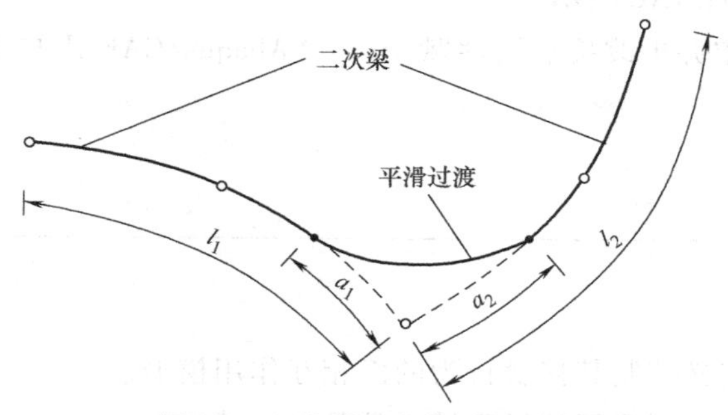

图 3-7　二次梁之间的平滑过渡

控制平滑程度

用户可以通过指定一个分数 f 来控制平滑程度，默认的 f 值是0.2。

$$f=a_1/l_1=a_2/l_2$$

式中，l_1 和 l_2 是在面节点上相连的梁单元的长度；$f<0.5$（见图3-6和图3-7）。Abaqus/Standard在距离节点分别为 a_1 和 a_2 的两个点之间的不连续部位构建一条抛物线或三次段，此平滑段将被用于接触计算中。这样，接触几何形状将不同于梁单元几何形状。在三根或者更多的梁共享同一个节点时不会产生此平滑。

输入文件用法：*SURFACE PROPERTY ASSIGNMENT，PROPERTY=BEAM SMOOTHING

面，值

如果省略了面名称，则假定在整个通用接触区域中包含所有梁段的面。

Abaqus/CAE用法：Abaqus/CAE中不支持控制梁段的平滑程度。

3.2.3 Abaqus/Standard中通用接触的接触属性

产品：Abaqus/Standard　　Abaqus/CAE

参考

- “在Abaqus/Standard中定义通用接触相互作用”，3.2.1节
- “力学接触属性：概览”，4.1.1节
- “接触压力与过盈的关系”，4.1.2节
- “接触阻尼”，4.1.3节
- “摩擦行为”，4.1.5节
- *CONTACT
- *CONTACT PROPERTY ASSIGNMENT
- *SURFACE INTERACTION
- “为通用接触指定并更改接触属性赋予”，《Abaqus/CAE用户手册》HTML版本中的15.13.2节

概览

接触属性：

- 当面接触时，定义控制其接触行为的面相互作用模型。
- 可以选择性地施加到通用接触区域中的某个区域。

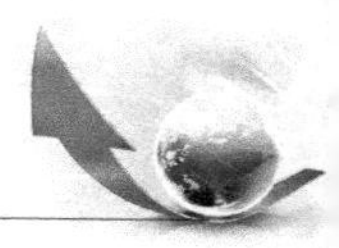

赋予接触属性

Abaqus/Standard 中默认的接触属性模型假定法向上的“硬”接触，没有摩擦，没有热相互作用等。用户可以为指定的通用接触区域的某个区域赋予一个非默认接触属性定义（面相互作用）。

Abaqus/Standard 中通用接触的接触属性是在分析开始时赋予的，并且不能在步过程中对其进行修改，但是可以改变摩擦模型，如下面所讨论的那样。

用来指定将要赋予非默认接触属性区域的面名称，不必与用来指定通用接触区域的面名称相对应。在许多情况中，将为一个较大的区域定义相互接触作用，同时为此区域的一个子集赋予非默认接触属性。对通用接触区域以外所赋予的接触属性将被忽略。如果所指定的区域相互重叠，则以最后赋予的属性为准。

输入文件用法：* CONTACT PROPERTY ASSIGNMENT

面 1，面 2，相互作用属性名称

此选项必须与 * CONTACT 选项一起使用，并且至多只能出现一次；用户可以根据需要重复使用数据行，来为不同区域赋予接触属性。

如果省略了第一个面名称，则假定默认面包含整个通用接触区域。如果省略了第二个面名称，或者第二个面名称与第一个面名称一样，则假定为第一个面与其自身之间的接触。可以将面定义成跨越多个不接触的体，因此自接触并非局限于单独体与其自身的接触。如果省略了相互接触属性名称，则假定成 Abaqus/Standard 中默认接触属性的未命名设置；如果指定了相互接触属性名称，则其必须作为 NAME 参数的值，在输入文件模型部分的 * SURFACE INTERACTION 选项中出现。

Abaqus/CAE 用法：使用以下选项将整体接触属性赋予到整个通用接触区域中：

Interaction module：Create Interaction：General contact （Standard）：Contact Properties：Global property assignment：相互接触属性名称

使用以下选项将接触属性赋予到单个面对中：

Interaction module：Create Interaction：General contact （Standard）：Contact Properties：Individual property assignments：Edit：在左侧的列中选择面和接触属性，单击中间的箭头，将它们传递到接触属性赋值列表中

在 Abaqus/CAE 中，用户必须赋予一个整体接触属性；Abaqus/CAE 不假定默认的接触相互作用属性。赋予单个面对的接触属性将覆盖整体赋予。

改变分析中的摩擦属性

在 Abaqus/Standard 的任意分析步中，均可以对已经与某个已命名的面相互作用定义相关联的摩擦属性进行更改，如在“摩擦行为”中的“在 Abaqus/Standard 分析过程中改变摩擦属性”（4.1.5 节）所讨论的那样。

实例

指定以下接触属性作为通用接触分析中的模型数据：

- 针对整个通用接触区域的 contProp1 整体赋予。
- 针对 surf1 自接触的 contProp2 局部赋予。
- 针对 surf2 与 surf3 之间接触的默认 Abaqus 接触属性的局部赋予。
- 对整个接触区域与 surf4 之间接触的 contProp3 局部赋予。在第二个步中，将 contProp3 的摩擦系数由从初始值 0.20 重新设置成 0.05。

```
*SURFACE INTERACTION, NAME=contProp1
*FRICTION
0.1
*SURFACE INTERACTION, NAME=contProp2
*FRICTION
0.15
*SURFACE INTERACTION, NAME=contProp3
*FRICTION
0.20
*CONTACT
*CONTACT INCLUSIONS, ALL EXTERIOR
*CONTACT PROPERTY ASSIGNMENT
, , contProp1
surf1, surf1, contProp2
surf2, surf3,
, surf4, contProp3
…
*STEP
Step1
*STATIC
…
*END STEP
*STEP
Step2
*STATIC
…
*CHANGE FRICTION, INTERACTION NAME=contProp3
*FRICTION
0.05
*END STEP
```

3.2.4 在 Abaqus/Standard 中控制初始接触状态

产品：Abaqus/Standard　　Abaqus/CAE

参考

- “在 Abaqus/Standard 中定义通用接触相互作用，” 3.2.1 节
- * CONTACT INITIALIZATION ASSIGNMENT
- * CONTACT INITIALIZATION DATA
- “创建初始接触状态”，《Abaqus/CAE 用户手册》的 15.12.4 节
- “指定并且更改通用接触的初始接触状态”，《Abaqus/CAE 用户手册》的 15.13.3 节

概览

Abaqus/Standard 中通用接触的接触初始控制：

• 可以用来指定将初始过闭合处理成不产生应力和应变，或者处理成在多个增量上逐步分解的过盈配合。

• 可以用来指定非默认搜索区域，此搜索区域用来确定在无应变调整或者过盈配合中哪些节点受到影响。

Abaqus/Standard 基于初始几何形状中的间隙或者穿透状态来初始化接触状态。默认通过使用无应变方法将小的初始接触过闭合调整到面节点位置来处理。用户可以定义其接触初始化方法并将其赋予接触相互作用。例如，用户可以选择将某些相互接触的初始过闭合处理成过盈配合。

默认的接触初始化方法

默认情况下，通用接触算法在前处理过程中通过调整面节点的初始位置来消除小的初始面过闭合，即不在模型中产生应变或者应力，如图 3-8 所示。此调整的目的仅在于纠正与网格生成相关联的小的不匹配。

通用接触自动为接触相互作用赋予主、从角色，如 “Abaqus/Standard 中通用接触的数值控制”（3.2.6 节）中讨论的那样。Abaqus/Standard 基于从面上底层单元面片的大小来计算过闭合的容差。如果两个面是通过一个小于该容差的距离发生初始过闭合的，则将某一相互作用中的从面重新安置到相关联的主面上（采用无应变调整）。默认的调整方法保持面之间的初始间隙。如果从面的一部分是通过大于计算所得间隙发生初始过闭合的，则 Abaqus/Standard 自动为此从面部分和相关联主面生成接触排除物。这样，接触在模型的初始构型中严重过闭合的面（或者面的部分）之间不创建相互作用，并且这些面可以在整个分析中自由地彼此穿透。

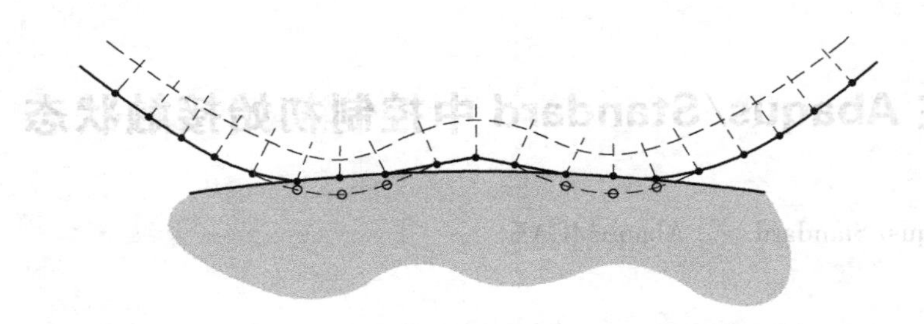

图 3-8　通过无应变调整后的接触面构型来消除过闭合

通用接触使用有限滑动和面-面接触方程，这样，穿透/间隙是作为有限区域上的平均值来计算的。因此调整后，有可能在单个面节点上呈现穿透和间隙。默认的调整方式不解决两个与壳或者膜相关联的参考面的初始交叉问题，在“给壳面赋予接触初始状态”中讨论了解决此问题的技术。

定义其他接触初始化方法

如果不想使用默认的调整方法，则可以定义其他接触初始化方法。例如，用户可能想为深穿透增加容差，或者指定某些打开应当被调整到“刚好接触”状态。另外，一些分析要求将初始过闭合处理成过盈配合，而不是使用无应变调整方法来解决。要更改接触初始状态，用户必须定义一种或者多种其他接触初始化方法，并在其后确定哪个面对使用哪种方法。

用户应为每一种接触初始化方法赋予一个名字，并在为具体面对赋予接触初始化方法时使用此名字（见下面的“赋予接触初始化方法”）。

输入文件用法：* CONTACT INITIALIZATION DATA,
NAME=接触初始化方法名称

Abaqus/CAE 用法：Interaction module：Interaction→Contact Initialization→Create：Name：接触初始化方法名称

扩大无应变调整的搜索区域

如上文中“默认的接触初始化方法”中所讨论的那样，面之间的初始间隙和大的初始过闭合不是通过默认的接触初始化方法来调整的。用户可以选择同时指定相互作用中的面正上方和正下方的非默认搜索距离，位于这一搜索距离之内的从面将被直接重新定位到与其相关联的使用无应变调整方法的主面上。计算搜索距离时，Abaqus/Standard 将考虑壳的厚度。

用户可以使用在面正上方指定的搜索距离来闭合面之间的小初始间隙。使用在面正下方指定的搜索距离来增加执行无应变调整时，Abaqus/Standard 使用默认过闭合容差。如果用户指定了一个小于默认过闭合容差的搜索距离，则 Abaqus/Standard 将使用默认容差来替代指定的容差。作为默认初始化行为，接触排除物是为大于所指定搜索区域的初始过闭合容差的情况而创建的。

扩大无应变调整的搜索区域，可能会增加分析的计算成本。通常不推荐指定大的搜索区

域，因为在大距离上重新定位节点时，可能会造成网格变形。

输入文件用法：* CONTACT INITIALIZATION DATA, SEARCH ABOVE=a,
SEARCH BELOW=b

Abaqus/CAE 用法：Interaction module：Interaction→Contact Initialization→Create：Resolve with strain-free adjustments：Ignore overclosures greaterthan：b，Ignore initial openings greater than：a

指定初始间隙

默认情况下，上面所讨论的无应变调整将调整初始节点位置，这样，面之间是“恰好接触的”（零穿透/分离）。另外，Abaqus/Standard 可以进行调整来达到用户指定的初始间隙。但如上面所讨论的那样，仅对满足搜索区域容差要求的区域进行调整。如果需要通过较大的无应变调整来达到指定的初始间隙，则可能造成网格扭曲。

输入文件用法：* CONTACT INITIALIZATION DATA, INITIAL CLEARANCE=h

Abaqus/CAE 用法：Interaction module：Interaction→Contact Initialization→Create：Specify clearance distance：h

模拟过盈配合

另外，Abaqus/Standard 中的通用接触算法可以将初始过闭合处理成过盈配合。通用接触算法采用一种收缩配合的方法，在分析的第一个步上逐渐处理过盈距离（如果在第一个步中使用了多载荷增量），如图 3-9 所示。这样处理了过盈部分，并且包含的具体增量大体对应此步的完成比例。随着过盈的处理产生了应力和应变。对于产生非线

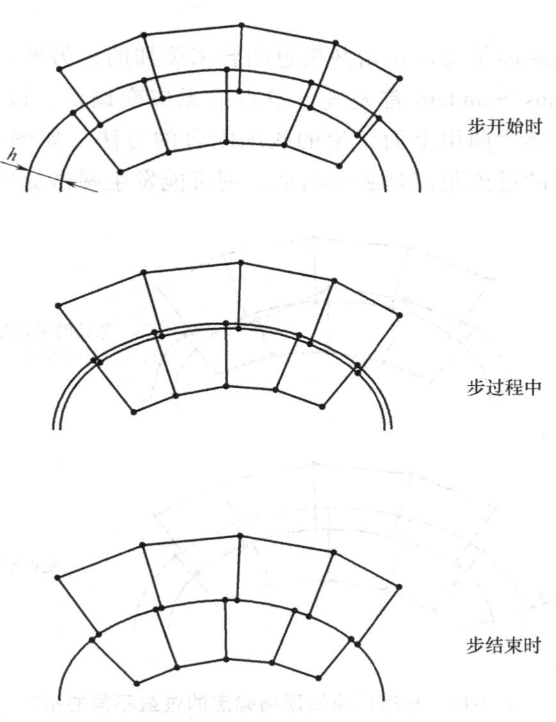

图 3-9　接触过盈配合的逐步解决

性响应的“过盈配合载荷”，在几个增量上逐步处理过盈有助于改善稳定性（与接触对默认的总是在第一个增量上完全消除过盈进行对比）。通常建议在解决过盈配合的时候不要施加其他载荷。

在 Abaqus/Standard 中，因为接触条件是以每一个通用接触所用面-面接触方程约束位置区域中的平均值施加的，所以对于零穿透的面-面约束，可以在从节点上观察到穿透或者间隙。

输入文件用法：* CONTACT INITIALIZATION DATA, INTERFERENCE FIT

Abaqus/CAE 用法：Interaction module: Interaction→Contact Initialization→Create: Treat as interference fits

增加过盈配合的容差

Abaqus/Standard 基于从面上的底层单元面片大小来计算过闭合容差（见上面的“默认的接触初始化方法”）。两个面之间的过盈配合仅影响过闭合距离小于计算所得容差的那些从面；对于过闭合距离大于计算所得容差的从面，接触可忽略不计。

用户可以选择重新定义过闭合容差来包含过盈配合中更大的过闭合。如果用户指定了一个小于默认计算所得容差的值，则 Abaqus/Standard 将使用默认计算容差来替代用户指定的值。

输入文件用法：* CONTACT INITIALIZATION DATA, INTERFERENCE FIT,
SEARCH BELOW = b

Abaqus/CAE 用法：Interaction module: Interaction→Contact Initialization→Create: Treat as interference fits: Ignore overclosures greater than: b

指定过盈距离

默认情况下，过盈距离是通过初始网格过闭合来施加的；另外，用户也可以指定过盈距离。在此情况下，Abaqus/Standard 首先进行节点的无应变调整，以使得初始过闭合在相应的指定过盈距离之内，然后调用上面讨论的收缩配合的方法，如图 3-10 所示。如果大的无应变调整对于实现指定的过盈距离是必要的话，则可能发生网格变形。

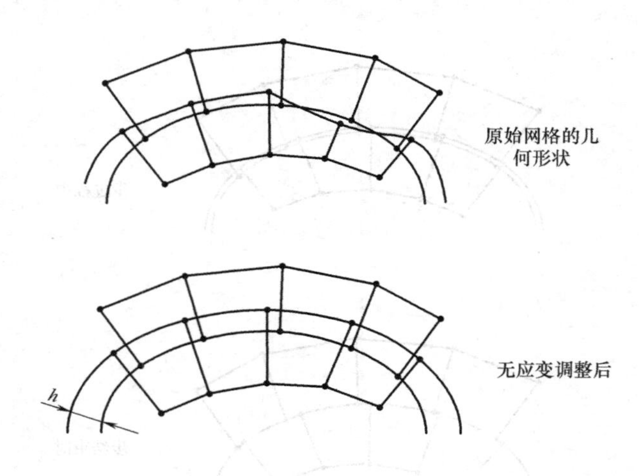

图 3-10　与通过原始网格确定的过盈不同的指定过盈距离的处理

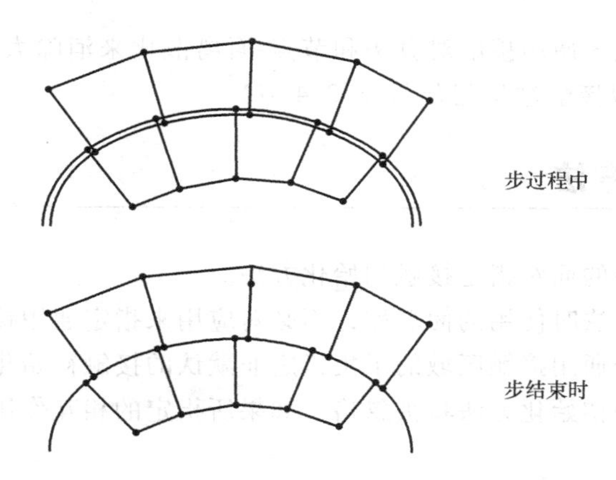

图 3-10　与通过原始网格确定的过盈不同的指定过盈距离的处理（续）

无应变调整和后续收缩配合处理的搜索区域应大于前面讨论的没有指定过盈距离的搜索区域。搜索区域中将包含大于指定过盈配合的过闭合，以及另外指定的面正上方搜索距离的间隙。

输入文件用法：＊CONTACT INITIALIZATION DATA，INTERFERENCE FIT＝h，
SEARCH ABOVE＝a，SEARCH BELOW＝b

Abaqus/CAE 用法：Interaction module：Interaction→Contact Initialization→Create：Treat as interference fits：Specify interference distance：h：Ignore overclosures greater than：b，Ignore initial openings greater than：a

消除过盈配合时抑制摩擦

摩擦模型的存在将降低消除过盈配合时的稳定性。通常建议在 Abaqus/Standard 消除过盈配合时，暂时抑制摩擦模型。用户可以在使用“摩擦行为”中的“在 Abaqus/Standard 分析过程中改变摩擦属性”（4.1.5 节）中讨论的“改变摩擦”的方法，在消除过盈配合时的第一个步中抑制摩擦模型。

优先使用接触对消除过盈配合的情况

使用有限滑动的面-面方程消除较大的过盈是比较困难的。因为使用此方程时，倾向于沿着从面法向来消除过闭合。而节点-面方程仅适用于接触对算法，倾向于沿着主面法向来消除过闭合。图 3-11 所示为在过盈配合中，不同法向方向所导致的不需要的切向运动。在

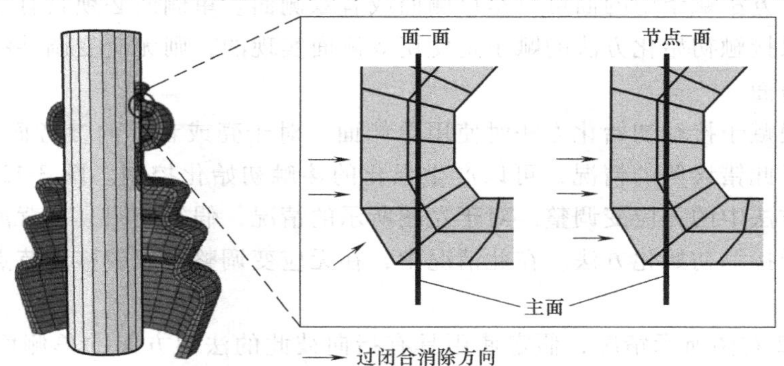

图 3-11　具有大过盈配合例子中接触方程的比较

一些情况下，可能会优先使用接触对算法和节点-面离散化来消除大的初始过闭合（见“在Abaqus/Standard 中模拟接触过盈配合”，3.3.4 节）。

指定接触初始化方法

用户可以为所选择的面对指定接触初始化方法。

指定接触初始化方法时使用的面名称，不必对应用来指定通用接触区域的面名称。在许多情况中，需要为整个通用接触区域的子集指定非默认的接触初始化方法。为通用接触区域以外的区域指定的接触初始化方法将被忽略。如果所指定的相互作用是重叠的，则以最后指定的方法为准。

输入文件用法：使用以下选项指定接触初始化方法：

* CONTACT INITIALIZATION ASSIGNMENT

面 1，面 2，接触初始化方法名称

此选项必须与 * CONTACT 选项一起使用。用户可以根据需要重复使用数据行，来为不同区域指定接触初始化方法。

如果省略了第一个面的名称，则假定默认面包含整个通用接触区域。如果省略了第二个面的名称，或者第二个面的名称与第一个面相同，则假定第一个面与其自身接触。用户可以将面定义成跨越多个不接触的体，因为自接触并非局限于单独体与其自身的接触。

如果省略了接触初始化方法的名称，则使用 Abaqus/Standard 中的默认接触初始化方法；如果指定了接触初始化方法的名称，则其必须作为 NAME 参数的值，在输入文件模型部分的 * CONTACT INITIALIZATION DATA 选项中出现。

Abaqus/CAE 用法：Interaction module：Create Interaction：General contact（Standard）：Contact Properties：Initialization assignments：Edit：在左侧的列中选择面和初始化方法，单击中间的箭头，将它们传递到接触初始化方法赋值列表中。

为壳表面赋予接触初始

接触初始化方法赋予中的面可以是单侧面或者双侧面。单侧面必须具有与相邻面一致的法向方向。如果接触初始化方法的赋予是使用双侧面实现的，则无应变调整将不移动面节点越过对面的参考面。

为壳或者膜赋予接触初始化方法时使用单侧面，对于壳或者膜的参考面是初始相交的，或者最初位于彼此错误侧的情况，可以产生强化的接触初始化控制。图 3-12 所示为单侧壳面接触初始化方法中的无应变调整。对于左图所示的情况，假定使用具有背离彼此的法向方向的单侧面赋予接触初始化方法。在此情况中，在无应变调整过程中移动节点穿越对面的参考面。

对于图 3-12 右图所示情况，假定使用具有指向彼此的法向方向的单侧面赋予接触初始化方法。在此情况中，将在单侧面之间观察到一个初始间隙（如果在接触初始化方法赋予

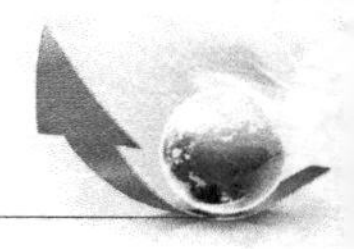

中使用了双侧面，则也会出现这种情况）。对于这种间隙，默认不进行无应变调整。然而，如果使用了一个超出初始间隙值的初始间隙搜索容差来指定一种非默认的接触初始化方法，则无应变调整将如图 3-12 所示那样消除间隙（不移动节点穿越对面的参考面）。

实例

指定下列接触初始赋予作为通用接触分析中的模型数据：

- 整个通用接触区域上的 shrink_ fit 整体赋予。
- 面 surface_ A 与 surface_ B 之间接触的 shrink_ fit_ local 局部赋予（明确地指定搜索区域来增加默认的过闭合容差）。
- surface_ C 与 surface_ D 之间接触的默认 Abaqus 接触初始化方法的局部赋予。
- 双侧面 surface_ 1 与 surface_ 2 之间，通过在数据行中指定每个面的一侧、surface_ 1_ TOP 和 surface_ 2_ BOTTOM 而得到的 sfa_ pickside 局部赋予（见图 3-12 的左下方）。

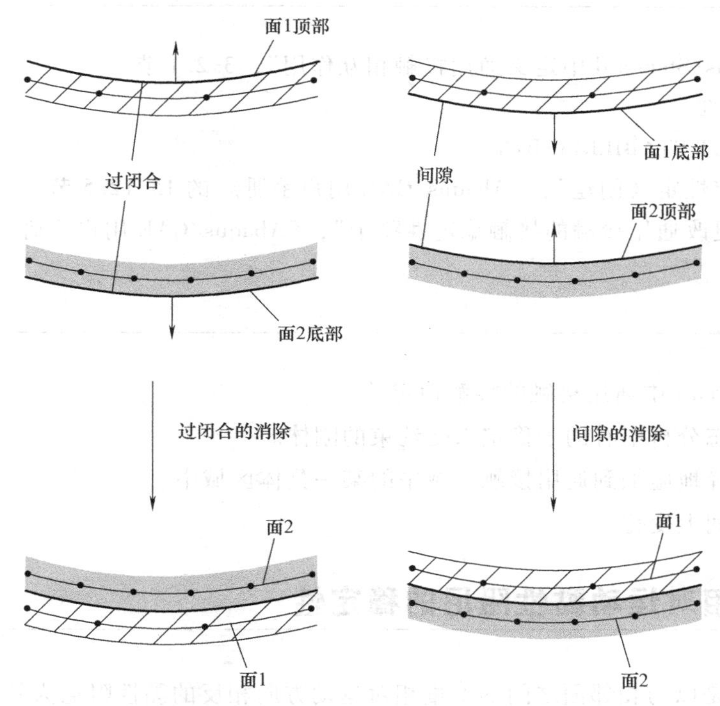

图 3-12　单侧壳面接触初始化方法中的无应变调整

```
* CONTACT INITIALIZATION DATA, NAME=shrink_ fit, INTERFERENCE FIT
* CONTACT INITIALIZATION DATA, NAME=shrink_ fit_ local,
INTERFERENCE FIT, SEARCH BELOW = 15.0
* CONTACT INITIALIZATION DATA, NAME=sfa_ pickside,
SEARCH BELOW = 10.0
…
* CONTACT
* CONTACT INCLUSIONS, ALL EXTERIOR
```

```
* CONTACT INITIALIZATION ASSIGNMENT
, , shrink_ fit
surface_ A, surface_ B, shrink_ fit_ local
surface_ C, surface_ D,
surface_ 1_ TOP, surface_ 2_ BOTTOM, sfa_ pickside
```

3.2.5 Abaqus/Standard 中通用接触的稳定性

产品：Abaqus/Standard　Abaqus/CAE

参考

- “在 Abaqus/Standard 中定义通用接触相互作用”，3.2.1 节
- * CONTACT
- * CONTACT STABILIZATION
- “接触稳定性定义创建”，《Abaqus/CAE 用户手册》的 15.12.5 节
- “指定和更改通用接触的接触稳定性赋予”，《Abaqus/CAE 用户手册》的 15.13.4 节

概览

Abaqus/Standard 中通用接触的接触稳定性：

- 通常在静态分析中有助于稳定未受约束的刚体。
- 可以有选择地施加到通用接触区域中的某一具体区域中。
- 可以在时间上变化。

基于面之间相对运动黏性阻尼的稳定性

接触稳定性是以与相邻面之间的增量相对运动方向相反的黏性阻尼为基础的，与接触阻尼类似（见“接触阻尼”，4.1.3 节）。接触稳定性最常用的作用是在接触闭合之前稳定其他未受约束的“刚体运动”，并对这类运动进行摩擦约束。人工稳定性（如接触稳定性）的目的，是提供足够的稳定性来激活一个稳定、有效的仿真，同时不降低结果的精度。在大部分情况下，默认不激活接触稳定性（在“Abaqus/Standard 中与接触模拟相关的常见困难”中的“单个点上的接触”，6.1.2 节中将讨论例外情况），如果分析中可能存在与未受约束刚体模式相关联的收敛问题，则用户通常需要激活接触稳定性。一旦被激活，接触稳定性便是高度自动化的。

在以下与接触稳定性相关联的法向压力 σ_{stab} 和切应力 τ_{stab} 有关的表达式中，包含许多半自动化因子，有利于实现所期望的稳定性特征：

$$\sigma_{stab} = s_{const} s_{iter} s_{ampl} s_{incr} s_{gap} c_d u_{relN}$$

$$\tau_{stab} = s_{const} s_{iter} s_{ampl} s_{incr} s_{gap} s_{tang} c_d u_{relT}$$

式中，c_d是阻尼系数；v_{relN}和v_{relT}分别是相对接触面上邻近点之间的相对法向和切向速度；s_{const}是常数比例因子；s_{iter}是迭代相关的比例因子；s_{ampl}是时间相关的比例因子；s_{incr}是基于增量数字的比例因子；s_{gap}是基于间隙的比例因子；s_{tang}是切向稳定性的不变比例因子。

阻尼系数和相对速度是由 Abaqus/Standard 计算得到的。阻尼系数等于固定的较小分数f乘以接触面以下单元的代表刚度k_{rep}再乘以步长t_{step}。静态分析中的相对速度是通过用相对增量位移Δu_{relN}和Δu_{relT}除以时间增量Δt计算得到的。

这样，对于静态分析应用下面的接触稳定性表达式

$$\sigma_{stab} = s_{const} s_{iter} s_{ampl} s_{incr} s_{gap} \frac{t_{step}}{\Delta t} f k_{rep} \Delta u_{relN}$$

$$\tau_{stab} = s_{const} s_{iter} s_{ampl} s_{incr} s_{gap} s_{tang} \frac{t_{step}}{\Delta t} f k_{rep} \Delta u_{relT}$$

可以将括号内的部分认作稳定性刚度（相邻面之间相对运动的代表性阻抗）。稳定性刚度与时间增量成反比，它是一个期望具有的特征。如果在某一时间增量下产生了收敛困难，则应减小时间增量，以提高稳定性刚度，这在 Abaqus/Standard 中是自动发生的。

为相互作用赋予稳定性

用户可以整体或者局部地为通用接触中的具体相互作用赋予接触稳定性，并且将其指定成步定义的一部分。在绝大部分情况中，用户仅需要指定哪一个相互作用适合使用接触稳定性，而不需要调整前面讨论的比例因子。

输入文件用法：使用以下选项指定哪一个相互作用应当使用接触稳定性：

*CONTACT STABILIZATION

面 1，面 2

如果省略了第一个面名称，则假定默认面包含整个通用接触区域。如果省略了第二个面名称，则假定第一个面与其自身接触。

Abaqus/CAE 用法：使用以下选项为单个面对赋予接触稳定性定义：

Interaction module：Create Interaction：General contact（Standard）：Contact Properties：Stabilization assignments：Edit：在左侧的列中选择面和稳定性名称，单击中间的箭头，将它们传递到接触稳定性赋值列表中

指定稳定性比例因子

在某些情况中，可能需要调整一个或者更多与接触稳定性相关联的稳定性因子。用户可以使用此选项的多种情况来得到不同通用接触相互作用的不同比例因子。

不变的比例因子

如上面关于稳定性压力和切应力的表达式所示，将比例因子s_{const}应用于法向和切向稳定

性，而比例因子 s_{tang} 仅应用于切向稳定性。常数比例因子 s_{const} 的默认设置对于指定的相互作用是一致的。

s_{tang} 的默认设置是零，因此对于指定的相互作用，默认情况下不存在切向稳定性刚度。在许多情况中，仅施加法向接触稳定性就已足够。其他分析从切向稳定刚度中得到好处。然而，如果用户指定了一个非零的 s_{tang}，而相邻面之间产生了较大的相对切向运动，则切向接触稳定性通常会吸收很大的能量。由稳定性吸收了较大的能量，说明分析结果很可能受稳定性的显著影响。法向接触稳定性通常不会吸收很大的能量，因此其对分析结果的影响较小。

输入文件用法：＊CONTACT STABILIZATION，SCALE FACTOR = s_{const}
TANGENT FRACTION = s_{tang}

Abaqus/CAE 用法：Interaction module：Interaction → Contact Stabilization → Create：Scale factor：s_{const}，Tangential factor：s_{tang}

迭代相关的比例因子

要降低或者消除可能对结果有极大影响的接触稳定性，可以引入跨多个增量迭代才发生变化的比例因子。在增量的较早迭代过程中，如果具有更多的有效稳定性，则有助于避免建立有效接触区域之前出现的数值问题。在后面的迭代过程中，如果具有较少的有效稳性或者没有有效稳定性，则有助于改善增量最终收敛迭代的精度。

用户可以指定这类比例因子。例如，指定“1,0”，使初始迭代过程中具有统一的比例因子（直到满足或者近似满足不同的收敛度量），并在最后的迭代中将比例因子重新设置成零（有效地关闭稳定性），直到再次满足收敛检查。

输入文件用法：＊CONTACT STABILIZATION，SCALE FACTOR = USER ADAPTIVE

时间相关的比例因子

比例因子 s_{ampl} 和 s_{incr} 控制接触稳定性的时间相关性。默认情况下，s_{ampl} 等于步剩余的分数。另一个因子根据 $s_{incr}=f_{incr}^{n_{incr}-1}$ 而变化，其中 f_{incr} 是单位增量降低因子（默认等于 0.1），n_{incr} 是步中的增量数值。这些默认表明在后续相同大小的增量中，稳定性的递减超过一个数量级，并且在步的最后增量中是不施加稳定性的。默认值适用于绝大部分情况，在这些情况中，当建立接触时，接触稳定性趋向于在初始增量中提供稳定性。

用户可以采用两种方式调整时间相关的比例因子：参照控制 s_{ampl} 的幅值曲线，或者指定 f_{incr} 的值（调用之前给出的表达式 $s_{incr}=f_{incr}^{n_{incr}-1}$）。例如，如果在接触建立后仍然保留了不稳定模式，则用户可能希望 s_{ampl} 和 s_{incr} 在某些相互作用的整个步上保持一致，此时，可以通过引用一个等于常值 1 的幅值，或者设置单位增量降低因子 f_{incr} 等于 1 来实现。

输入文件用法：＊AMPLITUDE，NAME = 名称
＊CONTACT STABILIZATION，AMPLITUDE = 名称，
REDUCTION PER INCREMENT = f_{incr}

Abaqus/CAE 用法：Load or Interaction module：Create Amplitude：Name：名称
Interaction module：Interaction → Contact Stabilization → Create：Reduction factor：f_{incr}，Amplitude：名称

在后续步中重新设置时间相关的比例因子

接触稳定性定义不影响后续步，除非指定了幅值引用。如果指定了一个基于总时间的幅值，则在后续步中，同一条幅值曲线将继续控制 s_{ampl} 的变化，直到对相互作用赋予一个新的接触稳定性定义。如果指定了一个基于步时间的幅值，则幅值曲线控制一个单独步的 s_{ampl}，并且在后续步中 s_{ampl} 保持不变（最终值），直到对相互作用赋予一个新的接触稳定性定义。在以上两种情况中，用户也可以通过重新设置接触稳定性定义来从一个步中删除稳定性。重新设置定义的方法可以确保之前步的接触稳定性选项不会影响当前步。

输入文件用法：*CONTACT STABILIZATION，RESET

Abaqus/CAE 用法：Load or Interaction module：Create Amplitude：Name：名称
Interaction module：Interaction → Contact Stabilization → Create：Reset values from previous steps

间隙相关的比例因子

比例因子 s_{gap} 将接触稳定性限定为面之间局部分开距离（间隙）的函数。默认情况下，此因子对于零间隙是统一值，并且当间隙大于或者等于特征面尺寸时，此因子为零。用户可以控制，在其上 s_{gap} 变成零的间隙大小。不建议为此阀值距离指定一个较大的值，因为随着阀值距离的增加，每个迭代求解成本都将有增加的趋势（由于连接性增加了）。

输入文件用法：*CONTACT STABILIZATION，RANGE=距离

Abaqus/CAE 用法：Interaction module：Interaction → Contact Stabilization → Create：Zero stabilization distance：Specify：距离

接触稳定性定义的层次

推荐采用上面讨论的方式指定通用接触的接触稳定性。另外，用户也可以采用另外两种方式为通用接触相互作用引入接触稳定性。三种方式的优先选择次序如下：

- 第一选择是本部分讨论的接触稳定性赋予选项。
- 第二选择是“在 Abaqus/Standard 中调整接触控制”中的“接触问题中刚体运动的自动稳定性”（3.3.6 节）中讨论的接触稳定性赋予选项。
- 第三选择是“Abaqus/Standard 中与接触模拟相关的常见困难”中的“单个点上的接触”（6.1.2 节）中讨论的默认接触稳定性。

3.2.6 Abaqus/Standard 中通用接触的数值控制

产品：Abaqus/Standard　　Abaqus/CAE

参考

- “在 Abaqus/Standard 中定义通用接触相互作用”，3.2.1 节

- *CONTACT
- *CONTACT FORMULATION
- *CONTACT CONTROLS
- “指定通用接触的主、从赋予”，《Abaqus/CAE 用户手册》的 15.13.6 节

概览

Abaqus/Standard 中与通用接触算法相关联的数值控制：

- 对于大部分的问题，不应当更改它们的默认设置。
- 可以用于默认设置无法实现低成本求解的问题。
- 可以用来控制主、从角色和滑动方程。
- 在一些情况中，可以选择性地施加到通用接触区域的某一区域中。

接触方程

在“Abaqus/Standard 中的接触方程”（5.1.1 节）中，对通用接触算法使用的有限滑动的面-面接触方程进行了讨论。其他接触方程不适用于 Abaqus/Standard 中的通用接触。

约束施加方法

默认情况下，通用接触算法使用一种罚方法来施加有限接触约束。用户可以将其他约束施加方法指定成面相互作用（即接触属性）定义的一部分，如“Abaqus/Standard 中接触约束的施加方法”（5.1.2 节）中所讨论的那样。在“Abaqus/Standard 中通用接触的接触属性”（3.2.3 节）中，对通用接触相互作用接触属性的赋予方法进行了讨论。

摩擦的数值控制

与摩擦相关的数值控制在“摩擦行为”（4.1.5 节）中进行了讨论。

梁-梁接触

梁-梁接触的激活在“在 Abaqus/Standard 中定义通用接触相互作用”（3.2.1 节）中进行了讨论。

主、从角色

通用接触使用的面-面接触方程通过一种主-从方法生成单个接触约束，如“Abaqus/Standard 中的接触方程”（5.1.1 节）中所讨论的那样。Abaqus/Standard 为涉及通用接触区域中的不连接体的接触赋予默认的纯粹主、从角色。内部面是使用命名约定 General_

Contact_ Faces_ k 自动生成的，其中 k 对应一个自动赋予的组件编号。默认情况下，低编号的组件面将作为更高编号的组件面的主面。用户可以通过在 Abaqus/CAE 的显示模块中自动显示生成的内部面，来确定默认的纯粹主、从角色（见《Abaqus/CAE 用户手册》的“使用显示组来显示用户模型的子集”，第 78 章）。默认情况下，一个体内的自接触是使用平衡的主、从接触来处理的，每一个面节点作为一些约束中的主节点，同时也是其他约束中的从节点。

例如，如果通用接触区域跨越三个不连接的体，则下面的三个内部通用接触的“组件面”是自动创建的：

- General_ Contact_ Faces_ 1
- General_ Contact_ Faces_ 2
- General_ Contact_ Faces_ 3

默认情况下，列出的第一个面作为其他两个面的主面，并且 General_ Contact_ Faces_ 2 作为 General_ Contact_ Faces_ 3 的主面。默认情况下，这三个面中的每一个面的自接触都是使用平衡的主、从接触来模拟的。

指定非默认的主、从角色

用户可以通过指定纯粹的主、从角色，或者通过指定应当使用平衡的主、从接触来覆盖默认的主、从角色。在绝大部分情况中，默认的主、从角色是符合分析要求的。当更改主、从角色赋予时，除了本部分讨论的其他因素外，还应注意以下几点：

- 当赋予其他主、从角色时，不应使用内部生成的组件面（而应使用用户定义的面名称）。
- 主、从角色赋予是模型定义的一部分，并且不能在步之间进行更改。
- 在“在 Abaqus/Standard 中定义接触对”中的“在两个分离面之间定义接触”（3.3.1 节）中讨论的为接触对赋予纯粹的主、从角色的准则，也适用于为通用接触指定纯粹的主、从角色的场合。
- 在“在 Abaqus/Standard 中定义接触对”中的“使用对称的主、从接触对来改善接触模拟”（3.3.1 节）中讨论的平衡的（对称的）主、从接触对限制，也适用于为通用接触重新赋予平衡的主、从接触情况。由于增加的约束数量和可能出现的过约束，平衡的主、从接触可能会导致可靠性降低。

输入文件用法：使用以下选项来表明应将第一个面考虑成从面：

*CONTACT FORMULATION, TYPE=MASTER SLAVE ROLES
面 1，面 2，SLAVE

使用以下选项来表明应将第一个面考虑成主面：

*CONTACT FORMULATION, TYPE=MASTER SLAVE ROLES
面 1，面 2，MASTER

如果省略了第一个面名称，则假定默认面包含整个通用接触区域。必须指定第二个面名称。

使用以下选项指定应在两个面之间使用平衡的主、从接触：

*CONTACT FORMULATION, TYPE=MASTER SLAVE ROLES

面 1，面 2，BALANCED

如果省略了第一个面名称，则假定默认面包含整个通用接触区域。如果省略了第二个面名称，则假定第一个面与其自身接触。

Abaqus/CAE 用法：Interaction module：Create Interaction：General contact（Standard）：Contact Formulation：Master-slave assignments：Edit：

在左侧的列中选择面，单击中间的箭头，将它们传递到主、从赋值列表中。

在 First Surface Type 列中输入 SLAVE，来表明应将第一个面考虑成从面；输入 MASTER，来表明应将第一个面考虑成主面；或者输入 BALACED，来指定应在两个面之间使用平衡的主、从接触。

自动生成的接触排除物

Abaqus/Standard 自动为主、从角色生成与所指定纯粹主、从角色相反的接触排除物，这样，将排除两个面的任何重叠区域的自接触。例如，对于指定应将 *surf_ A* 考虑成从面的纯粹主、从接触的 *surf_ A* 和 *surf_ B* 之间的通用接触相互作用，将为与从面 *surf_ B* 接触的主面 *surf_ A* 产生内部生成的排除物；为 *surf_ A* 和 *surf_ B* 的重叠区域排除自接触。如果省略了第二个面名称，或者第二个面名称与第一个面名称一样，系统将发出一个错误信息，因为此输入将产生面的自接触排除物。

接触力重新分布对于滑动的平滑

对于滑动，用户可以控制节点接触力重新分布的平滑。默认设置通常是合适的，其导致的节点力重新分布的平滑与从面下面的单元是同阶的，即对于线性单元是线性重新分布平滑，对于二阶单元是二次重新分布平滑。二次重新分布平滑通常有助于在接触应力快速变化的区域中改善收敛行为，并且可以改善接触应力的解。然而，二次重新分布平滑可能会增加每个约束中所包含的节点数量，从而增加了方程求解器的计算成本。线性重新分布平滑趋向于提供更好的靠近有效接触区域边的接触应力解，因此，它偶尔也会导致更好的收敛行为。

输入文件用法：使用以下选项来说明对滑动的接触力重新分布的平滑应当与从面下面的单元阶数相同：

*CONTACT FORMULATION，TYPE=SLIDING TRANSITION

面 1，面 2，ELEMENT ORDER SMOOTHING

如果省略了第一个面名称，则假定默认面包含整个通用接触区域。如果省略了第二个面名称，则假定第一个面与其自身接触。

使用以下选项来说明对于滑动，接触力重新分布的线性平滑：

*CONTACT FORMULATION，TYPE=SLIDING TRANSITION

面 1，面 2，LINEAR SMOOTHING

如果省略了第一个面名称，则假定默认面包含整个通用接触区域。如果省略了第二个面名称，则假定第一个面与其自身接触。

使用以下选项来说明对于滑动，接触力重新分布的二次平滑：

*CONTACT FORMULATION，TYPE=SLIDING TRANSITION

面 1，面 2，QUADRATIC SMOOTHING

如果省略了第一个面名称，则假定默认面包含整个通用接触区域。如果省略了第二个面名称，则假定第一个面与其自身接触。

通用接触的其他整体数值控制

对于通用接触，一些其他的数值接触控制可以在步之间进行整体更改。用户不能为通用接触区域中的单个面对指定接触控制。用户可以通过施加接触稳定性来消除在模型中建立接触之前产生的刚体模式，并且可以调整 Abaqus/Standard 使用的容差来确定接触穿透和分离。在“在 Abaqus/Standard 中调整接触控制”（3. 3. 6 节）中，对这两种技术分别进行了讨论。

3.3 在Abaqus/Standard中定义接触对

3.3.1 在 Abaqus/Standard 中定义接触对

产品：Abaqus/Standard　　Abaqus/CAE

参考

• “基于单元的面定义”，《Abaqus 分析用户手册——介绍、空间建模、执行与输出卷》的 2.3.2 节

• “基于节点的面定义”，《Abaqus 分析用户手册——介绍、空间建模、执行与输出卷》的 2.3.3 节

• “分析型刚性面定义”，《Abaqus 分析用户手册——介绍、空间建模、执行与输出卷》的 2.3.4 节

• “接触相互作用分析：概览”，3.1 节

• * CONTACT PAIR

• * SURFACE

• * MODEL CHANGE

• “定义面-面接触”，《Abaqus/CAE 用户手册》的 15.13.7 节

• “定义自接触”，《Abaqus/CAE 用户手册》的 15.13.8 节

• “使用接触和约束探测”，《Abaqus/CAE 用户手册》的 15.16 节

概览

Abaqus/Standard 中的接触对：

• 可以用来定义力学、耦合的温度-位移、耦合的热-电-结构、耦合的孔隙压力-位移、耦合的热-电和热传导仿真中体之间的相互作用。

• 是模型定义的一部分。

• 可以使用一对刚体或者可变形的面，或者单个可变形的面来形成。

• 使用的面不必具有相匹配网格。

• 不能使用二维面和三维面来形成。

在 Abaqus/Standard 中，用户可以作为“接触对”的两个彼此相互作用面的形式，或者以可能与其自身“自接触”的单个面的形式来定义接触。Abaqus/Standard 通过从各自的面，或者在自接触中从同一个面的分离区域形成包含附近节点组的方程，来施加接触条件。本部分描述定义接触对的不同方面，更多详细内容请参考其他部分。

定义接触对

要定义一个接触对，用户必须说明哪一对面可能彼此相互作用，或者哪一个面可能与其

自身相互作用。接触面应当扩展得足够远，以包含分析中可能产生接触的所有区域。然而，包含额外的面节点和从不接触的面可能产生显著的额外计算成本（例如，扩展一个从面，使其包含许多在整个分析中保持与主面分离的节点，这将导致内存的显著增加，除非使用了罚接触实施）。

用户应为每一个接触对赋予一个接触公式（明确指定的或者默认的），并且必须引用一个相互作用属性。在“Abaqus/Standard 中的接触方程，”（5.1.1 节）中，对不同的可用接触方程进行了讨论（基于假定追踪方法是有限滑动的还是小滑动的，以及接触离散化是基于节点-面方法还是面-面方法）。“在 Abaqus/Standard 中为接触对赋予接触属性”（3.3.3 节）中，对相互作用属性定义进行了讨论。

在两个分离的面之间定义接触

当一个接触对包含两个面时，这两个面不可以包含同样的节点，并且用户必须选择将哪一个面作为从面以及哪一个面作为主面。在“Abaqus/Standard 中的接触方程”中的“在双面接触对中选择主角色和从角色”（5.1.1 节）中，对主面和从面的选择进行了详细的讨论。对于由两个可变形的面组成的简单接触对，可以使用下面的基本准则：

- 两个面中的较大面应作为主面。
- 如果两个面具有类似的大小，则将较硬体上的面作为主面。
- 如果两个面具有类似的大小和刚性，则将具有较粗糙网格的面作为主面。

默认使用有限滑动的节点-面方程（Abaqus/CAE 中默认使用有限滑动的面-面方程）。

使用有限滑动的节点-面方程来定义接触对

用户可以使用有限滑动的节点-面方程。

输入文件用法：＊CONTACT PAIR，INTERACTION＝相互作用属性名称

从面名称，主面名称

用户也可以直接指定接触离散化：

＊CONTACT PAIR，INTERACTION＝相互作用属性名称，

TYPE＝NODE TO SURFACE

从面名称，主面名称

Abaqus/CAE 用法：Interaction module：Create Interaction：Surface-to-surfacecontact（Standard）：选择主面，单击 Surface or Node Region，选择从面，Interaction editor，Sliding formulation：Finite sliding，Discretizationmethod：Node to surface，Contact interaction property：相互作用属性名称

使用有限滑动的面-面方程来定义接触对

基于节点的从面应避免使用面-面离散化。一些接触性能不适合使用有限滑动的面-面方程，包括裂纹扩展（见“裂纹扩展分析”，《Abaqus 分析用户手册——分析卷》的 6.4.3 节）。

输入文件用法：使用以下选项来定义使用有限滑动的面-面方程的接触约束：

＊CONTACT PAIR，INTERACTION＝相互作用属性名称，

TYPE＝SURFACE TO SURFACE

从面名称，主面名称

Abaqus/CAE 用法：Interaction module：Create Interaction：Surface-to-surface contact (Standard)：选择主面，单击 Surface，选择从面，
Interaction editor，Sliding formulation：Finite sliding，Discretizationmethod：Surface to surface，Contact interaction property：相互作用属性名称

使用小滑动的节点-面方程来定义接触对

小滑动追踪方法默认使用节点-面离散化。关于分析中何时应该使用小滑动追踪算法的讨论，见“Abaqus/Standard 中的接触方程”中的“使用小滑动追踪方法”(5.1.1 节)。

输入文件用法：*CONTACT PAIR，INTERACTION=相互作用属性名称，
SMALL SLIDING
从面名称，主面名称
用户也可以直接指定接触离散化：
*CONTACT PAIR，INTERACTION=相互作用属性名称，
SMALL SLIDING，TYPE=NODE TO SURFACE
从面名称，主面名称

Abaqus/CAE 用法：Interaction module：Create Interaction：Surface-to-surface contact (Standard)：选择主面，单击 Surface 或 Node Region，选择从面，
相互作用编辑器，Sliding formulation：Small sliding，Discretization method：Node to surface，Contact interaction property：相互作用属性名称

使用小滑动的面-面方程来定义接触对

基于节点的从面应避免使用面-面离散化。

输入文件用法：*CONTACT PAIR，INTERACTION=相互作用属性名称，
SMALL SLIDING，TYPE=SURFACE TO SURFACE
从面名称，主面名称

Abaqus/CAE 用法：Interaction module：Create Interaction：Surface-to-surface contact (Standard)：选择主面，单击 Surface，选择从面，
相互作用编辑器，Sliding formulation：Small sliding，Discretization method：Surface to surface，Contact interaction property：相互作用属性名称

使用对称的主-从接触对改善接触模拟

对于节点-面接触，由于没有 Abaqus/Standard 使用的严格的主-从算法的阻力，主面节点可能会穿透从面。如果主面比从面更加细化，或者在柔软体之间建立了一个较大的接触压力，则往往会发生此穿透。细化从面网格通常可以使主面节点的穿透最小化。如果细化技术没有效果，或者不具有可行性，则当两个面都是基于单元的面，且具有可变形单元或者由可变形单元形成的刚性父单元时，可以使用一种对称主-从方法。使用此方法时，需要定义两个使用两个相同面的接触对，并且转换两个接触对的主、从面角色。应用此方法，Abaqus/Standard 可能将每一个面都处理成主面，而且因为必须对同一个接触对进行两次接触搜索，所以产生了额外的技术花费。用户必须在由此方法导致的精度提高与额外的计算成本增加之

间做出衡量。

对称主-从接触对可以使用所有接触方程，并且可以使用下面讨论的选项来施加。

输入文件用法：* CONTACT PAIR, INTERACTION=相互作用属性名称

面1，面2

面2，面1

Abaqus/CAE 用法：Interaction module：Create Interaction：Surface-to-surface contact (Standard)：选择主面，单击 Surface，选择从面

用户可以将此相互接触复制成一个新的相互接触，并且可以编辑此新相互作用。在相互作用编辑器中，单击 Switch 来转换主、从面。

对称的主-从接触对的局限性

当实施非常刚硬的或者“硬的”接触条件时，使用对称的主-从接触对可能会导致过约束问题。关于过约束和其他约束施加方法的讨论，见“Abaqus/Standard 中接触约束的施加方法，”（5.1.2 节）。

对于软化的接触条件，使用对称的主-从接触对将导致对指定的压力-过闭合行为的偏离，因为两个接触对都对整个界面应力有贡献，而没有考虑彼此的影响。例如，如果指定了一个线性的压力-过约束关系，则对称的主-从接触对实际上加倍了整体接触刚度。

同样的，如果指定了可选的切应力限制，则使用对称的主-从接触对将造成对摩擦模型的偏离（见“摩擦行为”中的“使用可选的切应力极限”，4.1.5 节），因为每个接触对所产生的接触应力约为总界面应力的一半。

类似的，很难得出对称主-从接触对界面处的约束值。在此情况中，界面处的两个面都作为从面，这样每一个从面都具有与其相关联的接触约束值，而代表接触压力的约束值不是彼此独立的。这样，在数据（.dat）和结果（.fil）文件中得出的约束值仅代表总界面压力的一部分，并且必须对其求和来得到总数。

在输出数据库中，在每个接触对的主面和从面的节点处得出力学接触变量，而不是仅在形成约束的从面上。结果是，一个对称的主-从接触对的每个面有两个可用的结果集；一个是面作为从面时得到的，另一个是面作为主面时得到的。对于节点接触压力，当包含节点的面既作为主面又作为从面时，Abaqus/CAE 的显示模块仅得出与该节点相关的两个压力值中的最大值。即使在此情况中，接触压力也不代表真实的界面压力。

除了接触压力，对称的主-从接触对还可能混淆一些接触输出。例如，Abaqus/Standard 可能在某个接触对的一侧得到正的间隙，却在另一侧得到零间隙（即接触）。通常这是由于两个面的形状或者相对网格细化造成的。

定义自接触

用户可以通过仅指定一个单独的面，或者两次指定同一个面来定义单个面与其自身的接触。小滑动追踪方法不能与自接触一起使用。

使用节点-面离散化来定义自接触

默认情况下，Abaqus/Standard 使用节点-面接触离散化来定义自接触。

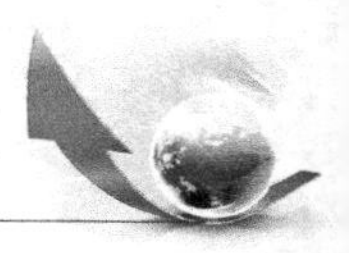

输入文件用法：使用以下选项中的任何一个：

*CONTACT PAIR，INTERACTION=相互作用属性名称
面1，

*CONTACT PAIR，INTERACTION=相互作用属性名称
面1，面1

Abaqus/CAE用法：Interaction module：Create Interaction：
Self-contact（Standard）：选择面
Interaction editor，Discretization method：Node to surface，Contact interaction property：相互作用属性名称
或者
Interaction module：Create Interaction：Surface-to-surface contact（Standard）：选择面，单击Surface，再次选择面
Interaction editor，Sliding formulation：Finite sliding，Discretization method：Node to surface，Contact interaction property：相互作用属性名称

使用面-面离散化来定义自接触

面-面离散化通常能够更加精确地模拟自接触仿真。然而，因为自接触中的面既是主面又是从面，面-面离散化有时将导致求解成本的显著增加。

输入文件用法：使用以下选项中的任何一个：

*CONTACT PAIR，INTERACTION=相互作用属性名称，
TYPE=SURFACE TO SURFACE
面1，

*CONTACT PAIR，INTERACTION=相互作用属性名称，
TYPE=SURFACE TO SURFACE
*surface_* 1，*surface_* 1

Abaqus/CAE用法：Interaction module：Create Interaction：
Self-contact（Standard）：选择面
Interaction editor，Discretization method：Surface to surface，Contact interaction property：相互作用属性名称
或者
Interaction module：Create Interaction：Surface-to-surface contact（Standard）：选择面，单击Surface，再次选择面
Interaction editor，Sliding formulation：Finite sliding，Discretization method：Surface to surface，Contact interaction property：相互作用属性名称

自接触的局限性

自接触只能用于力学面相互作用，并且仅限于使用基于单元的面的有限滑动。

自接触面的节点可以是一个从节点，也可以是使用面-面方程的二维自接触主面中的节点和三维自接触主面中的节点。在这些情况中，接触行为类似于对称的主-从接触对，其出

现的问题在“使用对称的主-从接触对改善接触模拟”中进行了讨论。Abaqus/Standard 将自动为这些情况中的接触条件施加一定的数值“软化”，如“Abaqus/Standard 中接触约束的施加方法”（5.1.2 节）中所讨论的那样。

对于使用节点-面方程的二维自接触，默认的约束施加方法是直接施加硬接触条件。在此情况中，邻近二维面自身折叠处顶点的每一个节点，在分析过程中自动赋予一个从节点或者主节点角色。因为接触约束直接在作为从节点的节点处抵抗穿透，所以对于使用节点-面方程的二维自接触，在仅作为主节点的节点处存在一些未解决的穿透可能性。

选择接触对中使用的面

在“基于单元的面定义”（《Abaqus 分析用户手册——介绍、空间建模、执行与输出卷》的 2.3.2 节），“基于节点的面定义”（《Abaqus 分析用户手册——介绍、空间建模、执行与输出卷》的 2.3.3 节）和“分析型刚性面定义”（《Abaqus 分析用户手册——介绍、空间建模、执行与输出卷》的 2.3.4 节）中，对创建面的方法进行了讨论，介绍了不同面类型的一般限制。在“Abaqus/Standard 中的接触方程”（5.1.1 节）中，对与不同接触方程的面特征相关的问题进行了讨论。下面将讨论选择接触定义中的面时需要考虑的其他问题。

壳类面的方向

对于节点-面接触方程和某些面-面接触方程，Abaqus/Standard 要求主接触面是单侧面（详细内容见“Abaqus/Standard 中的接触方程”中的“影响接触方程的基本选择”，5.1.1 节）。这时，用户需要考虑在具有正、负方向的单元，如壳和膜之类的单元上定义的主面的合适方向。对于节点-面接触，无需考虑从面法向方向；但是，对于面-面接触，则应考虑单侧从面的方向。

对于默认的面-面接触方程，允许双侧均为基于单元的面，虽然它们不总是适用于具有较深初始穿透的情况。如果主面和从面都是双侧面，则以使每一个接触约束的穿透最小化或者避免穿透为目的，来选择接触法向的正方向或负方向。如果其中一个面是单侧面，或者两个面都是单侧面，则根据单侧面的方向确定接触法向的正方向或者负方向，而不考虑面的相对位置。

当接触面的方向与接触方程相关时，用户必须为结构（梁和壳）、膜、杆或者刚性单元考虑以下问题：

• 相邻面片的法向方法必须一致。如果其中一个方向和与接触方程相关的单侧面的相邻面的法向方向不一致，则 Abaqus/Standard 将发出一个错误信息。

• 除了初始过盈配合问题（见“在 Abaqus/Standard 中模拟接触过盈配合”，3.3.4 节），从面应当位于主面外法向一侧。如果在初始构型中，从面位于主面外法向的相反侧，则 Abaqus/Standard 将检测面的过闭合，并且在过闭合严重时，将难以找到初始解。指定了不适当的外法向通常将造成一个分析立即收敛失败。图 3-13 所示为合适的与不合适的主面方向指定实例。

• 如果单侧从面和主面具有大致相同的法向方向，则使用面-面离散化将忽略接触（例如，如果从面和主面法向的点积是正的，则不会施加接触）。

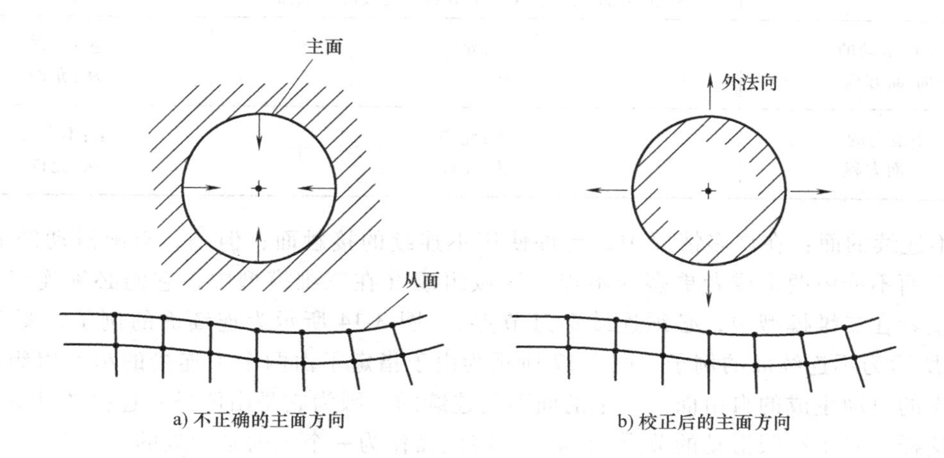

图 3-13 合适的与不合适的主面方向实例

数据检查分析中的以下输出（见“Abaqus/Standard、Abaqus/Explicit 和 Abaqus/CFD 执行”，《Abaqus 分析用户手册——介绍、空间建模、执行与输出卷》的 3.2.2 节）有助于确定主面的取向是否正确：

• 在 Abaqus/CAE 中，可以在第一个步的增量为 0 时使用变量 COPEN 的云图来显示初始间隙；初始过闭合对应负间隙。

• Abaqus/Standard 允许详细打印输出模型的初始接触状态。

面连接性限制

根据接触方程的类型不同，需要对接触面施加特定的连接性限制。表 3-1 总结了不同接触方程的面连接性限制。由表 3-1 可知，连接性限制有时对于主面和从面是不同的。自接触面既作为主面，也作为从面，这样，如果给主面或者从面施加了限制，则它也被施加给自接触。

表 3-1 中提及的潜在连接性限制描述如下：

表 3-1 不同接触方程的面（基于单元的）的连接性限制

接触方程	连接性特征	
	不连续的（或者仅在一个节点上连接的三维面）	T 形交线
有限滑动的节点-面方程	主：不允许 从：允许	主：不允许 从：允许
小滑动的节点-面方程	主：允许 从：允许	主：不允许 从：允许

（续）

接触方程	连接性特征	
	不连续的（或者仅在一个节点上连接的三维面）	T形交线
有限滑动的 面-面方程	主：允许 从：允许	主：允许 从：允许
小滑动的 面-面方程	主：允许 从：允许	主：不允许 从：允许

• 不连续的面：在许多情况中，允许使用不连续的接触面；但是，有限滑动的节点-面接触的主面不能由两个或者更多的不连续区域组成（在三维模型中，它们必须连续穿过单元边；或者在二维模型中，必须连续穿过节点）。图3-14所示为连续面的例子，图3-15和图3-16所示为不连续面的例子。图3-17所示为由于指定了由两个不连接的单元组组成单元集而产生的自动生成的自由面。产生的面不是连续的，因为它是由两条不连接的开放曲线组成的，这样，对于有限滑动的节点-面接触，将此面作为一个主面是无效的。

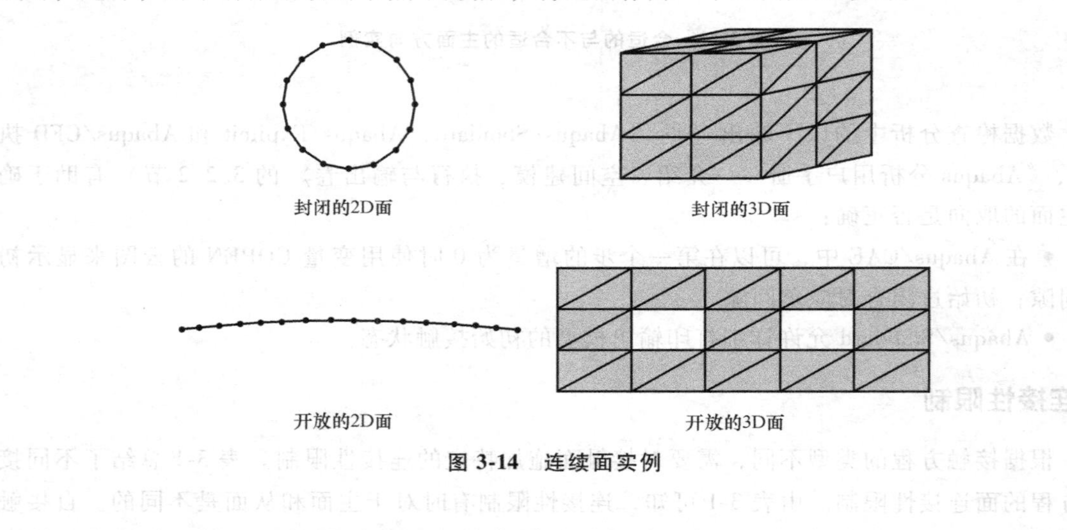

图 3-14 连续面实例

图 3-15 不连续 2D 面实例

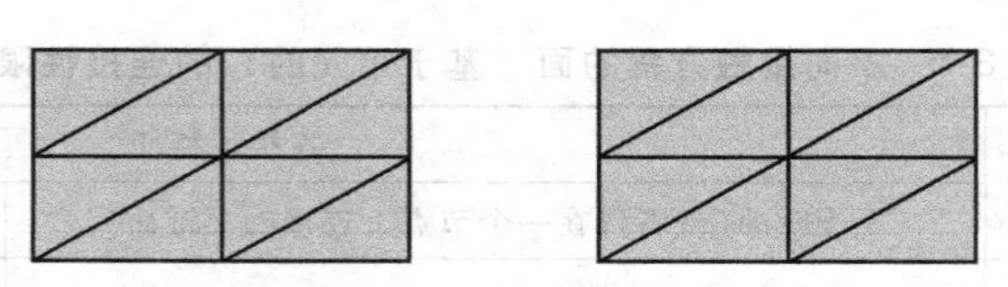

图 3-16 不连续 3D 面实例

• 仅在一个节点上连接的三维面：有限滑动的节点-面接触方程也不允许三维主面的多个面仅在一个单独的节点上连接（它们必须连接在一条公共的单元边上）。图3-18所示为由一个公共节点连接两个面的例子。

• 具有T形交线的面：在某些情况中，对于接触面，在二维上共享一个共同主节点的面

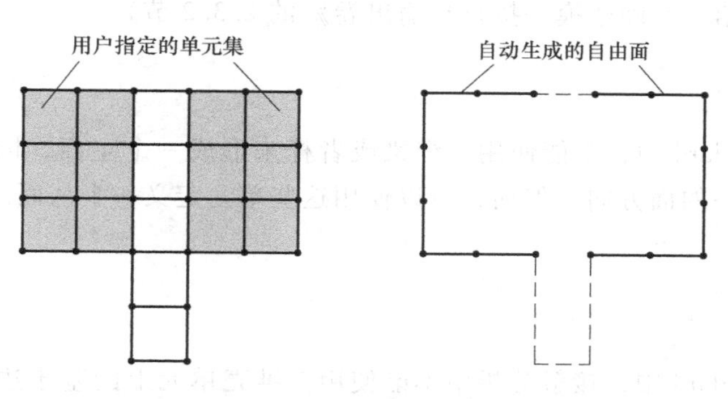

图 3-17 由于使用了不连接的单元集所自动生成的自由面具有不连续面实例

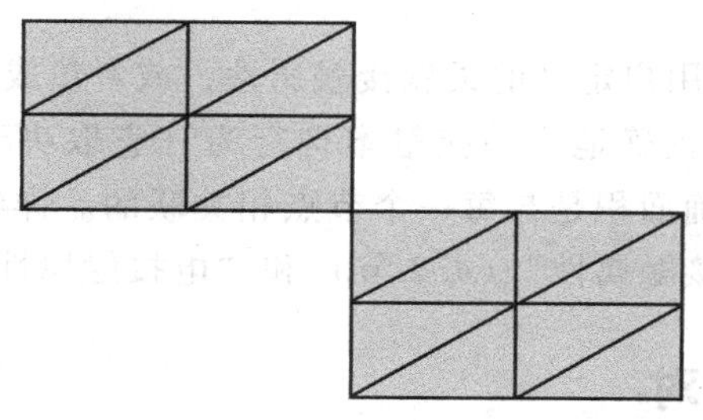

图 3-18 只有一个公共节点的两个面的三维面实例

不能多于两个，或者在三维上共享一条共同主边的面不能多于两个。例如图 3-19 所示的具有 T 形交线的面，其中的三个面在二维上有一个公共节点，在三维上则有一条公共边。对于节点-面方程，当在二维上有一个公共从节点，或者在三维上有一条公共边的面多于两个时，从面必须是单侧面，这就排除了节点-面方程中绝大多数具有 T 形交线的情况。

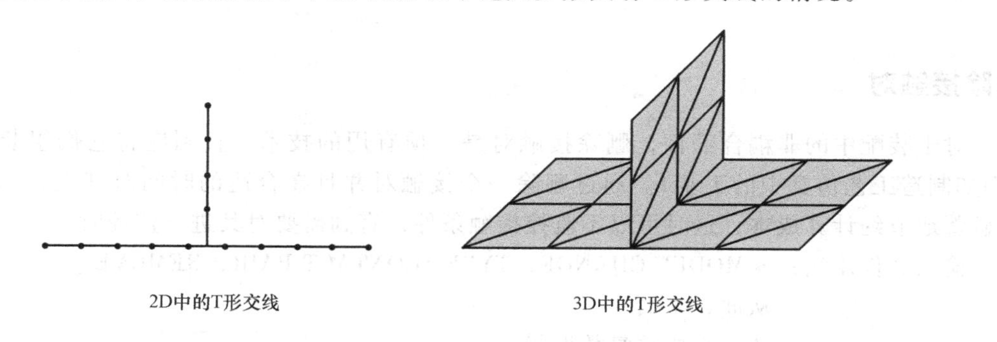

图 3-19 具有 T 形交线的面实例

分析型刚性面

分析型刚性面通常能够有效地模拟完全的刚性几何形体，如“分析型刚性面的定义”（《Abaqus 分析用户手册——介绍、空间建模、执行与输出卷》的 2.3.4 节）中所讨论的那样。在极少数情况下，可能需要使用数量巨大（成千的）的片段来定义分析型刚性面，此时使用一个基于单元的刚性面可以得到更好的性能（见“基于单元的面定义”，《Abaqus 分

析用户手册——介绍、空间建模、执行与输出卷》的2.3.2节)。

三维梁面和杆面

在Abaqus/Standard中，不能使用三维梁或者杆来形成一个主面，因为这些单元没有足够的信息来指定唯一的面方向。然而，可以使用这些单元定义一个从面。二维梁和杆可以用来形成主面和从面。

基于边的面

在Abaqus/Standard中，接触分析中不能使用三维壳单元上的基于边的面（见“基于单元的面定义”,《Abaqus分析用户手册——介绍、空间建模、执行与输出卷》的2.3.2节)。

基于节点的面的局限性

当接触属性定义中包含用户定义的柔软接触属性，或者热或电相互作用时，应谨慎使用基于节点的面，否则将无法正确地实施接触本构行为（它取决于接触压力、热流或者电流的计算精度)，除非面的精确面积是与每一个节点相关联的。详细内容见“接触压力与过盈的关系”(4.1.2节)、“热接触属性”(4.2节）和“电接触属性”(4.3节)。

删除和重新激活接触对

用户可以暂时地从一个仿真中删除接触对，这样可以去除仿真过程中不必要的接触搜索和面方向更新，从而可以显著节约计算成本。复杂的成形工艺通常需要删除和重新激活接触对，在分析的不同阶段，多个模具需要与工件产生相互作用。

不允许从仿真中删除绑定的接触对（见“在Abaqus/Standard中定义绑定接触”，3.3.7节)。

删除接触对

对于装配中的非耦合部件，删除接触对是一项有用的技术，直到应将它们组装到一起(例如制造工艺仿真中的工装)。通过删除一个接触对并且在合适的时间对其进行引用，可以显著地节约计算成本，这时可以不监控接触条件，直到需要对其进行监控时。

输入文件用法：*MODEL CHANGE, TYPE=CONTACT PAIR, REMOVE
从面，主面
按照需要重复数据行。

Abaqus/CAE用法：使用以下选项中的一个：
Interaction module：**Create Interaction**：面-面接触或者自接触相互作用编辑器：切换关闭 **Active in this step**
Interaction module：interaction manager：选择相互接触，**Deactivate**

删除与关闭的接触对相关的接触力

如果删除接触对时面是接触的，则Abaqus/Standard会为每个面上的每个节点存储相应的接触力（如果存在热相互作用，则存储热流；如果是耦合的热-电分析，则存储电流)。在

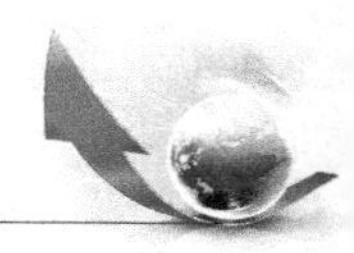

删除步的过程中，Abaqus/Standard 会自动将这些力（热流或者电流）逐步线性地减小为零。Abaqus/Standard 总是瞬态删除力学面相互作用中的接触约束。

在瞬态过程中删除接触对时必须小心。在瞬态热传导、完全耦合的温度-位移或者完全耦合的热-电-结构分析中，如果流量较大，并且步较长，则这种骤然减少可能会使体的剩余部分产生冷却降温或者加热升温的效果。在动态分析中，如果力较大且步较长，则可以将动能传递给模型的剩余部分。可以通过在剩余分析之前的一个非常短的瞬态步中删除接触对来避免此问题。可以在一个单独的增量上完成此步。

使用允许的接触相互作用会抑制接触对

在分析过程中，用户可以通过为具有力学接触相互作用的接触对赋予一个非常大的许用接触过盈值对其进行抑制（见“在 Abaqus/Standard 中模拟接触过盈配合”，3.3.4 节）。此方法的缺点是无法降低分析的计算成本，因为此接触算法在每一个增量上，仍然为接触对计算接触条件。

重新激活接触对

用户必须在分析开始时创建仿真中使用的所有接触对，一旦仿真开始，便不能再创建接触对。然而，用户可以在分析开始时的第一个步上创建和删除接触对，然后在仿真过程中的某个点上重新激活该接触对。

在 Abaqus/CAE 中，用户可以在任意步上创建接触对。如果接触对不是在初始步上创建的，则 Abaqus/CAE 将自动在初始步上抑制此接触对，并在用户创建该接触对的步上重新将其激活。

输入文件用法：＊MODEL CHANGE，TYPE=CONTACT PAIR，ADD
从面，主面
按照需要重复数据行。

Abaqus/CAE 用法：Interaction module：Create Interaction：面-面接触或者自接触相互作用编辑器：切换打开 Active in this step

重新激活过闭合的接触对

重新激活接触对时，接触约束将立即生效。在力学仿真中，当接触对没有被激活时，其中的面有可能发生移动而变成过闭合。如果重新激活接触对时此过闭合太严重，则 Abaqus/Standard 在试图执行突然激活的接触约束时，可能会遇到收敛问题。要避免这样的问题，用户可以为大于过闭合的接触对指定一个许用的过盈值 v。Abaqus/Standard 将在步过程中使 v 缓降为零。关于指定许用过盈的详细内容，见“在 Abaqus/Standard 中模拟接触过盈配合”（3.3.4 节）。

输出

与接触对的相互作用相关联的输出变量有两种类型：节点变量（有时也称约束变量）和整个面变量。此外，Abaqus 将输出一个与接触相互作用相关联的诊断信息矩阵，如“Abaqus/Standard 分析中的接触诊断”（6.1.1 节）中所讨论的那样。

对于与热、电和孔隙流体分析相关变量的详细讨论，见“接触属性模型”（第 4 章）中

有关接触属性的部分。

节点接触变量

在 Abaqus/CAE 的显示模块中，可以在接触面上云图显示节点接触变量。节点接触变量包括接触压力和力、摩擦切应力和力、接触过程中面的相对切向运动（滑动）、面之间的间隙、单位面积上的热或者流体通量，流体压力和单位面积上的电流。对于所有接触节点，通常可以使用许多写入输出数据库（.odb）文件的节点接触变量，不管它们是从节点还是主节点。其他节点接触变量仅可用于从节点。数据（.dat）文件、结果（.fil）文件和实用子程序 GETVRMAVGATNODE 的绝大部分接触输出是与单个约束相关联的。对于输出数据库（.odb）文件的接触输出，施加了一些过滤来降低接触输出噪声。

在许多 Abaqus 分析中，特别关注接触压力分布。用户可以在所有接触面上显示接触压力，除了分析型刚性面和基于刚性单元的离散型刚性面（后者的限制不用于通用接触）。用户可以在接触压力的云图旁边显示接触压力误差指标的云图，以得到所需要的接触压力解区域中，接触压力解的局部精度（关于误差指标输出的进一步讨论，见“影响自适应网格重划分的误差指标选择”，《Abaqus 分析用户手册——分析卷》的 7.3.2 节）。

在一些情况中，由于以下因素，可能会观察到扩展到实际接触区域以外的接触压力：

- 云图显示是通过对节点值进行插值来构建的，这将导致在接触区域以外的面片部分产生非零值的显示。此效应通常在拐角处较为显著，例如，当两个大小相同的对齐的块接触时，如果接触面包围拐角，则接触压力云图就会在拐角周围扩展一些。
- 为了使有效接触区域中的接触应力噪声最小化，Abaqus/Standard 将节点接触应力计算成与包含该节点的有效接触约束相关联的加权平均值。对于接触区域边缘上的节点（仅弱参与接触约束）abaqus 会施加一些过滤来减小接触应力值，但是此过滤不是“完美的”，它可能会导致接触区域的面积将增加。类似的，有效接触区域周围节点上的接触状态输出也将受到影响。在这样的情况下，面积增加区域中节点处的接触状态可能显示成闭合的，即使它是打开的。

由于这些因素，试图根据接触应力分布来推断出接触力分布可能会产生一些误差。相反，用户可以使用节点接触力输出，它可以精确地反映分析中的接触力分布。

整个面变量

整个面变量是整体从面的属性。由于可以作为历史输出，这些变量能够记录由接触压力和摩擦应力产生的总力和总力矩、压力和摩擦应力的中心（定义成最靠近面质心的点，此点位于与最小合力矩对应的合力作用线上）以及总接触面积（定义成存在接触力的所有面片的合）。变量名中的最后一个字母（除了变量 CAREA）表示使用哪个方向的接触力分布来计算结果：N 表示使用法向接触力来导出结果量；S 表示使用切向接触力来导出结果量；T 表示使用法向与切向接触力的合来导出结果量。

例如，CFN 是由接触应力产生的总力，CFS 是由摩擦应力产生的总力，CFT 是由接触应力和摩擦应力一起产生的总力。

总力矩输出变量不一定等于各自的力矢量中心与合力矢量的向量积。作用在面的两个不同节点上的力可能具有方向相反的分量，这样，这些节点力分量可以产生一个合力矩，但是

没有一个净力。因此，总力矩可以不是完全由总力产生的。当面节点力的作用方向大致相同时，力输出变量的中心往往更加有意义。

要求输出

一些接触变量必须成组使用。例如，要输出面之间的间隙（COPEN），必须使用 CDISP（接触位移）变量，CDISP 同时输出 COPEN 和 CSLIP（接触过程中面的切向运动）。可用接触对变量及其标识符的完整列表见“Abaqus/Standard 输出变量标识符”（《Abaqus 分析用户手册——介绍、空间建模、执行与输出卷》的 4.2.1 节）。

可以将输出要求限制成单个接触对或者从面的一部分。用户可以：

- 要求与给定的接触对相关联的输出。
- 要求与给定的从面相关联的输出，其中包括从面所属所有接触对的贡献。
- 通过建立包含从面上节点子集的一个节点集来限制输出。

形成这些输出要求的方法如下：

- 要求输出到数据（.dat）文件，见“输出到数据和结果文件”中的“从 Abaqus/Standard 输出面”，《Abaqus 分析用户手册——介绍、空间建模、执行与输出卷》的 4.1.2 节。
- 要求输出到输出数据库（.odb）文件，见“输出到输出数据库”中的“Abaqus/Standard 和 Abaqus/Explicit 中的面输出”，《Abaqus 分析用户手册——介绍、空间建模、执行与输出卷》的 4.1.3 节。

小滑动与有限滑动接触的区别

对于小滑动接触问题，在输入文件前处理中，接触区域是根据未变形的模型形状计算得到的。这样，在整个分析中，接触区域是不变的，并且小滑动接触的接触压力是依据此不变的接触面积来计算的。此行为与有限滑动接触问题不同，后者的接触面积和接触压力是依据模型变形后的形状来计算的。

切向结果的输出

Abaqus 得出与面上定义的局部切向方向有关的切向变量值（摩擦切应力、黏性切应力和相对切向运动）。在“Abaqus/Standard 中的接触方程”中的“局部切向平面的方向”（5.1.1 节）中，对局部切向方向的定义进行了解释。这些方向并非总是对应整体坐标系的，并且在几何非线性分析中，它们随着接触对转动。

Abaqus/Standard 通过在每一个约束点上采用变量的矢量与局部切向方向 t_1 或者 t_2 的标量积来计算切向结果，这些局部方向与约束点相关联。变量名末尾的数字表示变量是对应第一个还是第二个局部切向方向。例如，CSHEAR1 是第一个局部切向方向上的摩擦切应力分量，而 CSHEAR2 是第二个局部切向方向上的摩擦切应力分量。

累积相对运动增量（滑动）的定义

Abaqus/Standard 将相对运动增量（也称为滑动）定义成相对于节点的位移增量矢量与局部切向方法的标量积。相对于节点的位移增量矢量用来度量从节点相对于主面的运动。仅当从节点与主面接触时，才累积增量滑动。分析过程中的所有这种增量滑动的合用 CSLIP1

和 CSLIP2 表示。在“体之间的小滑动相互作用”（《Abaqus 理论手册》的 5.1.1 节），“变形体之间的有限滑动相互作用”（《Abaqus 理论手册》的 5.1.2 节）和“变形体与刚体之间的有限滑动相互作用”（《Abaqus 理论手册》的 5.1.3 节）中，介绍了计算此增量的详细方法。

扩展为间隙提供的接触打开输出的范围扩展

为了降低计算成本，默认情况下是避免通过详细计算来监控可能相互作用点，在这些点处，面之间的分隔距离大于可以传递接触力（或者热流等）的最小间隙距离。这样，通常在面之间的距离比面片尺寸略大的位置不提供接触打开（COPEN）输出。用户可以扩展 Abaqus/Standard 提供接触打开输出的范围；间隙距离达到指定“跟踪厚度”的地方提供 COPEN。由于额外的接触跟踪计算，使用此控制可能增加计算成本，尤其是在用户指定了一个较大的跟踪厚度值时。

输入文件用法：＊SURFACE INTERACTION，TRACKING THICKNESS=值

Abaqus/CAE 用法：在 Abaqus/CAE 中不能调整默认的跟踪厚度。

轴对称模型的输出

在轴对称分析中，作为接触应力和摩擦应力作用结果的，在接触体之间传递的总力和总力矩，其计算方法与二维分析中的相同。这样，总力在 r 轴上的分量不等于零，并且总力矩的分量中包含了总力在 r 轴的贡献。

计算轴对称分析中关于 z 轴传递的最大转矩

当使用轴对称单元（单元类型为 CAX 和 CGAX）模拟基于面的接触时，Abaqus/Standard 可以计算出关于 z 轴传递的最大转矩（输出变量 CTRQ）。模拟螺纹连接时，通常需要使用此功能（见“螺纹连接的轴对称分析”，《Abaqus 例题手册》的 1.1.20 节）。将最大转矩 T 定义成

$$T=\iint r^2 p\,\mathrm{d}s\,\mathrm{d}\theta$$

式中，p 是穿过界面传递的压力；r 是界面上某一点的半径；s 是 r-z 平面上沿着界面方向的当前距离。该“转矩”定义有效的前提是假定摩擦系数是统一的。

3.3.2　在 Abaqus/Standard 中为接触对赋予面属性

产品：Abaqus/Standard　Abaqus/CAE

参考

- “在 Abaqus/Standard 中定义接触对”，3.3.1 节
- ＊CONTACT PAIR

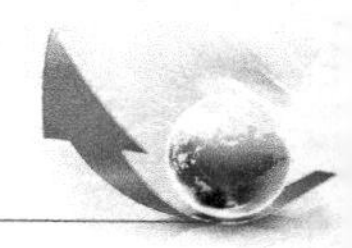

- “定义面-面接触”，《Abaqus/CAE 用户手册》的 15.13.7 节
- “定义自接触”，《Abaqus/CAE 用户手册》的 15.13.8 节

概览

本部分描述如何在接触对定义中更改与面相关的属性。

考虑壳和膜厚度

所有接触方程，除了有限滑动的节点-面方程，默认情况下需要考虑初始壳和膜厚度对基于单元的面的影响。有限滑动的节点-面方程则不考虑面厚度。基于节点的面没有厚度，不管与面节点相连的单元属于哪种类型。通常期望在接触计算中考虑单元厚度，但是如果不想这样，则用户也可以避免考虑单元厚度。

输入文件用法：*CONTACT PAIR, NO THICKNESS

Abaqus/CAE 用法：Interaction module：interaction editor：Sliding formulation：Small sliding 或者 Finite sliding，Discretization method：Surface to surface 或者 Node to surface，切换打开 Exclude shell/membrane element thickness

实例

考虑在两个刚性面之间夹入壳的情况，如图 3-20 所示。

此例中，在壳的顶面与顶部刚性面之间，以及壳的底面与底部刚性面之间定义使用小滑动的节点-面方程的接触对。虽然是在壳参考位置处定义壳面，但是接触相互作用需要考虑壳的厚度，并且应相对于参考面偏置。使用罚约束施加方法（见“接触压力与过盈的关系”，4.1.2 节）来避免过约束从节点。使用下面的输入：

```
*SURFACE, NAME=TOP_RIG_SURF
TOP_RIG_ELS,
*SURFACE, NAME=SHELL_TOP_SURF
SHELL_ELS, SPOS
*SURFACE, NAME=SHELL_BOT_SURF
SHELL_ELS, SNEG
*SURFACE, NAME=BOT_RIG_SURF
BOT_RIG_ELS,
*CONTACT PAIR, INTERACTION=INTER_AL, SMALL SLIDING
SHELL_TOP_SURF, TOP_RIG_SURF
SHELL_BOT_SURF, BOT_RIG_SURF
*SURFACE INTERACTION, NAME=INTER_AL
*SURFACE BEHAVIOR, PENALTY
```

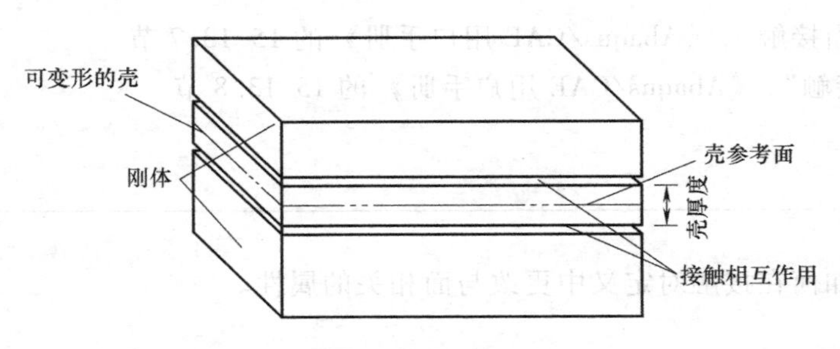

图 3-20　在两个刚性面之间夹入壳

指定面几何形状的校正

使用有限元方法，可将弯曲的几何面自然地近似成相互连接的单元面片组。使用面片化的几何形状，而不是真实的几何形状，将显著降低接触对中接触应力的精度，尤其是在面片化的面与真实的面之间的差异相对于接触中组件的变形较大时。在"Abaqus/Standard 中的接触方程"（5.1.1 节）和"在 Abaqus/Standard 中平顺接触面"（5.1.3 节）中，对避免出现与接触相互作用中面片化的面相关的收敛困难和精度降低问题的方法进行了讨论。

3.3.3　在 Abaqus/Standard 中为接触对赋予接触属性

产品：Abaqus/Standard　　Abaqus/CAE

参考

- "接触相互作用分析：概览"，3.1 节
- "在 Abaqus/Standard 中定义接触对"，3.3.1 节
- *CONTACT PAIR
- *SURFACE INTERACTION
- "定义面-面接触"，《Abaqus/CAE 用户手册》的 15.13.7 节
- "定义自接触"，《Abaqus/CAE 用户手册》的 15.13.8 节
- "使用接触和约束探测"，《Abaqus/CAE 用户手册》的 15.16 节

概览

接触属性：

- 当力学面和热学面接触时，定义控制面行为的面相互作用模型。
- 为单个接触对赋予相互作用模型。

为接触对赋予面相互作用定义

面相互作用定义指定本构接触属性和接触对使用的约束施加方法。模型中的每个接触对都必须引用一个相互作用定义，即使接触对使用的是默认的接触属性模型。对于定义接触属性的内容，见“力学接触属性：概览”（4.1.1 节）。用户可以将一种非默认的约束施加方法指定成面相互作用定义的一部分，如“Abaqus/Standard 中接触约束的施加方法”（5.1.2 节）中所描述的那样。

多个接触对可以引用同一个面相互作用定义。

输入文件用法：同时使用以下选项：

* CONTACT PAIR，INTERACTION=相互作用属性名称

* SURFACE INTERACTION，NAME=相互作用属性名称

Abaqus/CAE 用法：Interaction module：Create Interaction Property：Name：相互作用属性名称，Contact Interaction editor：Contact interaction property：相互作用属性名称

实例

图 3-21 所示为本实例使用的网格。出于此例的目的，面 ASURF 是接触对的从面。接触对（GRATING）的属性定义使用 $\mu=0.4$ 的摩擦模型的有限滑动的节点-面方程，并且为垂直于面的行为使用默认的“硬”接触模型。

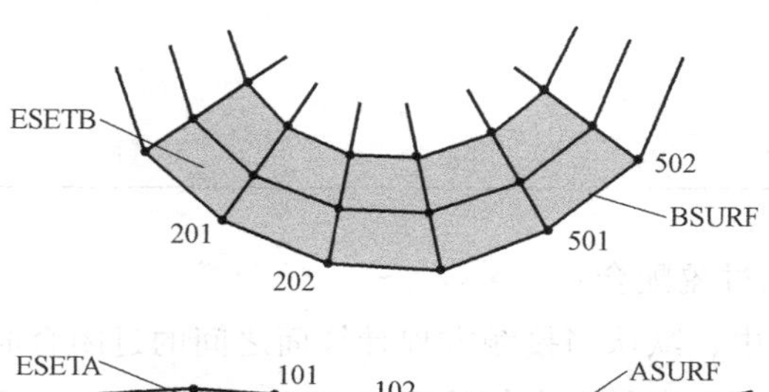

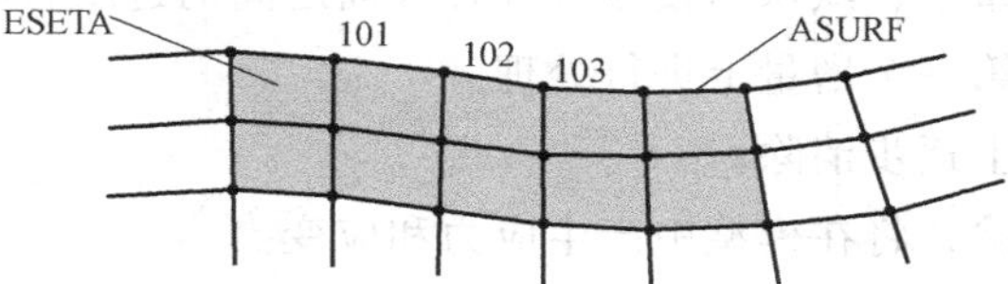

图 3-21　存在摩擦和有限滑动的力学面相互作用

```
*HEADING
…
*SURFACE, NAME=ASURF
ESETA,
*SURFACE, NAME=BSURF
ESETB,
*CONTACT PAIR, INTERACTION=GRATING
```

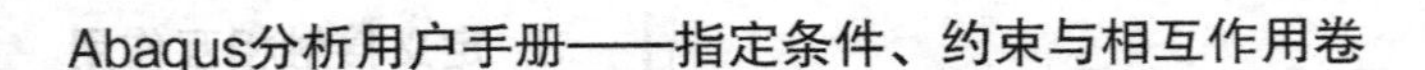


```
ASURF, BSURF
* SURFACE INTERACTION, NAME=GRATING
* FRICTION
0.4
* NSET, NSET=SNODES
101, 102, 103
* STEP, NLGEOM
…
* END STEP
```

3.3.4 在 Abaqus/Standard 中模拟接触过盈配合

产品：Abaqus/Standard   Abaqus/CAE

参考

- “在 Abaqus/Standard 中定义接触对”，3.3.1 节
- * CONTACT INTERFERENCE
- “定义面-面接触”中的“指定过盈配合选项”，《Abaqus/CAE 用户手册》HTML 版本中的 15.13.7

概览

Abaqus/Standard 中的过盈配合：

- 在模型的初始构型中，默认当接触方程计算面之间的过闭合时才出现。
- 默认在一个步的第一个增量上进行处理。
- 可以在多个增量上逐步消除。
- 随着过闭合的消除，将在模型中产生应力和应变。
- 可以为基于面的接触对和接触单元指定。
- 不能为自接触指定。

Abaqus/Standard 提供其他方法通过使用无应变调整来消除初始过闭合，并且可以模拟与由初始构型计算得到的指定不同的过闭合或者间隙。在“调整 Abaqus/Standard 接触对的初始面位置并指定初始间隙”（3.3.5 节）中，对这些方法进行了讨论。

消除极大的初始过闭合

如果模型的初始构型中存在极大的过闭合，则 Abaqus/Standard 可能无法在一个增量上

解决过盈配合。Abaqus/Standard 提供其他方法，允许在多个增量上逐渐消除过闭合。

在每个约束位置施加的默认接触约束是当前穿透 $h(t)\leqslant 0$。当 $h(t)>0$ 时，发生穿透。要改变此约束，用户可以指定一个许用过盈 v，它将在一个步的过程中线性地减小。指定的许用过盈以如下方式更改了接触约束：

$$h(t)-v(t)\leqslant 0$$

由上式可知，如果指定一个正的 $v(t)$ 值，则 Abaqus/Standard 将忽略过盈量大于 $v(t)$ 的穿透。图 3-22 所示为典型的过盈配合问题。如果模型中的穿透是 h，则用户可以指定 $v=h$ 或者使用自动收缩配合。在任何一种情况中，Abaqus/Standard 将考虑两个体在仿真开始时刚好接触。由于许用过盈 v 是在整个步过程中逐渐减小的，Abaqus/Standard 将推动面分离，直到许用穿透为零。

用户可以采用三种不同的方法指定许用过盈 v。默认情况下，在所有情况中，所指定的许用过盈值是在步开始时瞬时施加的，并且在步上线性地减小为零，除非用户指定了具体的许用过盈-时间变化幅值作为参考。建议用户在剩余分析之外的步中指定许用过盈；额外的载荷不利于消除过盈配合，并且对仅能部分消除过盈的载荷进行响应可能是没有物理意义的。一旦解决了过闭合问题，用户就可以在一个新步中继续进行分析。

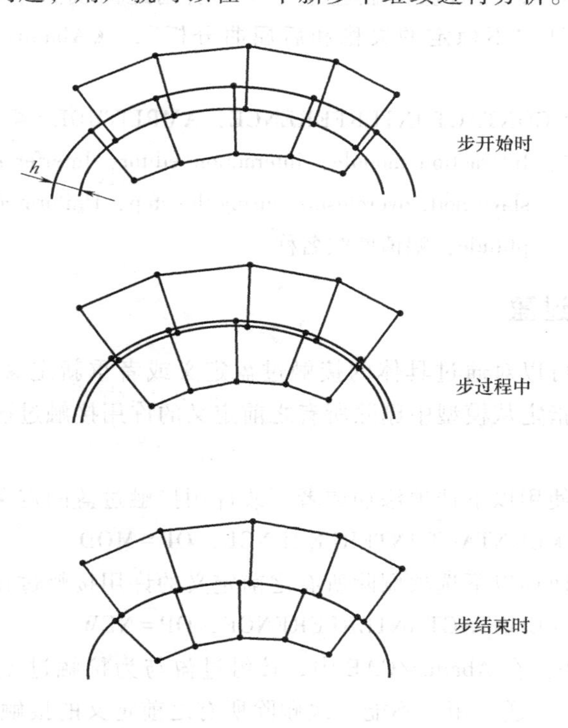

图 3-22　存在接触面的过盈配合

当指定了接触过盈时，输出变量 COPEN 不反映步过程中的实际过闭合值，它仅在步结束时反映实际过闭合值。

用户必须指定应当施加许用过盈的接触对或者接触单元。

输入文件用法：使用以下选项为接触对定义许用过盈：

* CONTACT INTERFERENCE, TYPE = CONTACT PAIR
从面，主面，v
…
使用以下选项，为接触单元定义许用过盈：
* CONTACT INTERFERENCE, TYPE = ELEMENT
接触单元集，v
…

Abaqus/CAE 用法：Interaction module：interaction editor：Interference Fit：Gradually remove slave node overclosure during the step，Uniform allowable interference，Magnitude at start of step：v
Abaqus/CAE 中不支持基于单元的面。

为许用过盈创建一条非默认的幅值曲线

用户可以通过创建一条幅值曲线来定义一个随时间变化的许用接触过盈（详细内容见“幅值曲线”，1.1.2 节），然后从接触过盈定义中引用此曲线。然而，如果使用了 Riks 方法，则将忽略幅值（见“不稳定的失稳和后屈曲分析”，《Abaqus 分析用户手册——分析卷》的 1.2.4 节）。

输入文件用法：* CONTACT INTERFERENCE, AMPLITUDE = 幅值曲线名称

Abaqus/CAE 用法：Interaction module：interaction editor：Interference Fit：Gradually remove slave node overclosure during the step，Uniform allowable interference，Amplitude：幅值曲线名称

删除或者更改许用过盈

默认情况下，只可以对通过具体的接触过盈定义或者重新定义的许用接触过盈进行更改。另外，用户可以指定从模型中删除所有之前定义的许用接触过盈，而只保留那些使用此定义的过盈。

输入文件用法：使用以下选项添加或者更改许用接触过盈的定义：
* CONTACT INTERFERENCE, OP = MOD
使用以下选项删除所有之前定义的许用接触过盈：
* CONTACT INTERFERENCE, OP = NEW

Abaqus/CAE 用法：在 Abaqus/CAE 中，接触过盈与为接触过盈定义的相互作用一起传递，用户不能一次删除所有之前定义的接触过盈。

为整个面指定相同的许用接触过盈

用户可以为从面上的每一个节点或者为接触单元的指定集中的每一个从节点指定一个单独的许用过盈 v。接触单元中不同类型从节点的概念在其各自部分进行了讨论。当用户要求详细打印输出接触时，信息文件中从节点的当前穿透中包含指定的许用接触过盈。这样，将任何穿透主面且距离小于许用过盈的从节点报告成开放的。

使用自动“收缩” 配合方法

此方法仅可用于不要求干涉值的分析的第一个步过程中。使用此方法时，Abaqus/Standard 将为每一个从节点赋予不同的初始过盈 v（如果从节点最初是开放的，则为零），除了对于有限滑动的面-面方程，在此情况中，将为所有最初闭合的接触赋予对应接触对最大穿透的相同 v 值。当需要详细的接触打印输出时，在信息文件中报告的当前穿透中不包含这些自动计算得到的许用接触过盈。

当使用自动“收缩”配合时，只可以使用默认线性变化到零的幅值曲线。

输入文件用法：＊CONTACT INTERFERENCE，SHRINK

Abaqsu/CAE 用法：Interaction module：interaction editor：Interference Fit：Gradually remove slave node overclosure during the step，Automatic shrink fit

使用移动向量施加许用接触过盈

使用此方法时，用户需要指定一个统一的许用过盈 v 及其方向 $\boldsymbol{n}$。许用过盈 v 定义移动向量的大小。在 Abaqus/Standard 确定接触条件之前，对从节点施加一个相对移动 $v\boldsymbol{n}$。在某些应用中，如螺纹连接的接触仿真，在某个方向上平移面比单纯地允许过盈更加有效。

图 3-23 所示为使用具有移动向量的许用接触过盈，而不是使用统一的许用接触过盈时可能产生的差异。在图 3-23a 中，定义了平移方向 $\boldsymbol{n}$ 和许用过盈 v；而在图 3-23b 中，使用标准的方法定义了许用过盈 v。v 的大小在两种情况中是相同的，但是它小于图 3-23a 中的过盈，而大于图 3-23b 中的过盈。在图 3-23a 中，对于从节点 A，一旦检测到接触，便沿着分

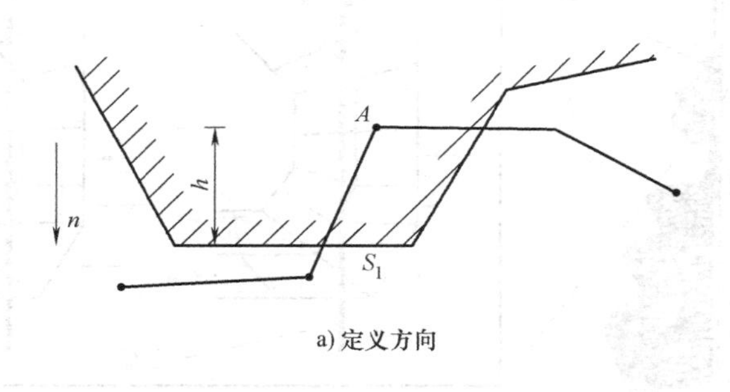

a) 定义方向

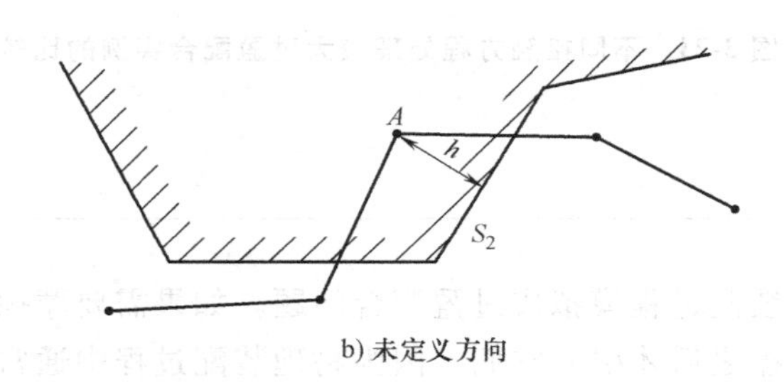

b) 未定义方向

图 3-23　方向定义对过盈调节的影响

段 S_1 来消除过盈，因为在 Abaqus/Standard 检测到接触前，节点 A 是沿着方向 $\boldsymbol{n}$ 移动的。在移动之后，Abaqus/Standard 确定节点 A 是最靠近分段 S_1 的，并且将节点移动到那个分段。在图 3-23b 中，节点 A 使用分段 S_2 来检测接触，因为当节点 A 处于初始位置时，分段 S_2 是最靠近的分段。这样，如果没有指定移动方向，则节点 A 将沿着分段 S_2 滑动。

输入文件用法：* CONTACT INTERFERENCE

从面，主面，v，$\boldsymbol{n}$ 的 X 方向余弦，$\boldsymbol{n}$ 的 Y 方向余弦，$\boldsymbol{n}$ 的 Z 方向余弦，

…

Abaqus/CAE 用法：Interaction module：interaction editor：Interference Fit：Gradually remove slave node overclosure during the step，Uniform allowable interference，Magnitude at start of step：v，Along direction：X，Y，Z

面-面离散化的过盈配合

因为接触条件是在面-面接触的每一个约束位置的周围区域上，以平均意义施加的，当面-面约束处于零穿透状态时，可以在从节点处观察到穿透或者间隙。

使用有限滑动的面-面方程难以消除解决大的过盈。使用此方程时，往往沿着从面法向消除过闭合；使用节点-面接触方程，则往往沿着主面法向消除过闭合。图 3-24 所示为在过盈配合中，由不同的法向方向导致不需要的切向运动情况。在一些情况中，使用节点-面离散化来消除大的初始过闭合可能更为可取。

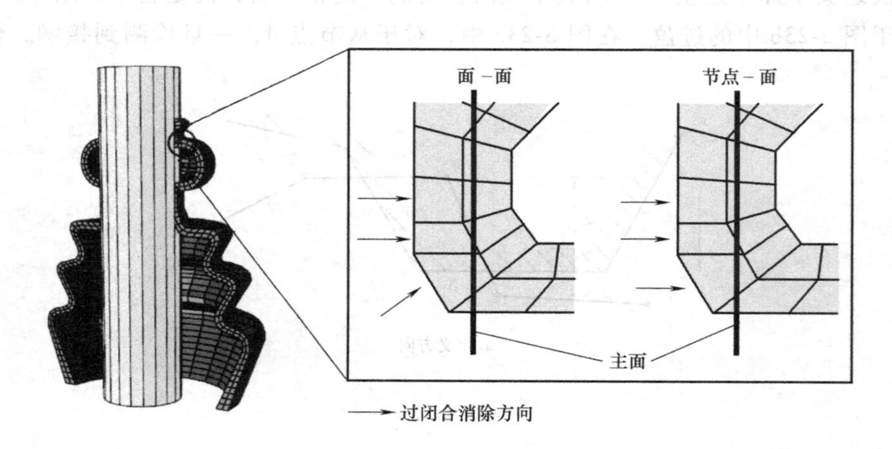

图 3-24　不同接触方程处理较大过盈配合实例的比较

摩擦和接触过盈

经常需要将实际的装配过程模拟成过盈配合问题。如果需要摩擦的界面属性，则通常应当在已经消除了初始过盈之后才引入它们。因为物理装配过程中通常不进行明确的模拟，所以初始过盈问题应当在无摩擦的条件下模拟。可以在后续的步中引入摩擦（“摩擦行为”中的“在 Abaqus/Standard 的分析过程中改变摩擦属性”，4.1.5 节）。

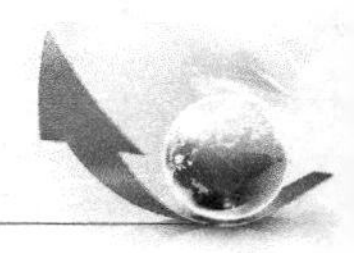

3.3.5 调整 Abaqus/Standard 接触对的初始面位置并指定初始间隙

产品：Abaqus/Standard Abaqus/CAE

参考

- “在 Abaqus/Standard 中定义接触对”，3.3.1 节
- “在 Abaqus/Standard 中模拟接触过盈配合”，3.3.4 节
- “在 Abaqus/Standard 中定义绑定接触”，3.3.7 节
- “Abaqus/Standard 中的接触方程”，5.1.1 节
- *CLEARANCE
- *CONTACT PAIR
- “定义面-面接触”，《Abaqus/CAE 用户手册》的 15.13.7 节
- “使用接触和约束检测”，《Abaqus/CAE 用户手册》的 15.16 节

概览

在 Abaqus/Standard 接触对中调整面的位置：

- 仅能够在仿真的开始时执行。
- 使 Abaqus/Standard 对从面的节点进行移动，从而使其可以精确地与主面接触（面-面离散化和重叠相互作用定义除外）。
- 在模型中不创建任何应变。
- 可以避免产生使用像 Abaqus/CAE 那样的图形前处理器时，由于数值圆整产生的小间隙或者穿透，并避免可能因此而产生的收敛问题。
- 用于两个面在分析过程中绑定到一起的情况。
- 不应当用来纠正网格设计中的严重错误。
- 不能与对称的主-从接触一起使用。
- 将为非默认的有限滑动的节点-面接触方程（见“Abaqus/Standard 中的接触方程”，5.1.1 节）的摩擦方程考虑壳和膜厚度，以及壳偏置（这些因素在调整区域和调整中加以考虑）。

除了调整两个面使其精确接触以外，Abaqus/Standard 还提供不同的方法，在大小和方向上精确定义两个面之间的初始间隙。“在 Abaqus/Standard 中模拟接触过盈配合”中，对负间隙或者过盈配合的响应进行了讨论。

在接触对中调整面

用户可以通过指定主面周围“调整区域”的深度浮点值 a，或者节点集标签，来让Abaqus/Standard 调整接触对的从面位置。

默认情况下，Abaqus/Standard 不调整接触对从面上的节点，而是将初始过闭合处理成接触对的过盈配合。

面-面接触的特殊说明

使用面-面离散化的接触对时应注意以下几点（有关面-面离散化的进一步讨论，见“Abaqus/Standard 中的接触方程”，5.1.1 节）：

- 对从节点位置进行无应变调整，不一定产生在从节点处关于主面测量得到的零间隙。在靠近调整区域的每一个从节点区域中执行调整来达到面之间的平均意义上的零间隙。
- 将无应变调整的大小限制为典型面片长度的一半。对于初始过闭合超出此限值的例子，为相关联的接触约束存储一个等于初始过闭合的许用穿透。这样，大于初始过闭合的穿透在分析过程中将受到限制，但小于初始过闭合的穿透则不受限制。
- 如果一个从节点所在的从面的绝大部分（或者二维中的分段）位于调整区域以内，则将对调整区域以外的从节点进行无应变调整。

调整面时使用“调整区域”

当用户指定“调整区域”的深度 a 时，Abaqus/Standard 将形成一个自主面扩展距离 a 的调整区域。Abaqus/Standard 沿着通过从面节点的主面法向测量此距离。位于模型初始几何形体的“初始区域”中的所有从面上的节点，将被精确地移动到主面上。这些从节点的运动不在模型中产生任何应变，将它处理成模型定义的变化。调整接触面对的实例如图 3-25 和图 3-26 所示。如果用户指定了一个负的 a 值，则 Abaqus/Standard 将发出出错信息。

输入文件用法：* CONTACT PAIR，ADJUST=a

从面，主面

…

Abaqus/CAE 用法：Interaction module：contact interaction editor：Specify tolerance for adjustment zone：a

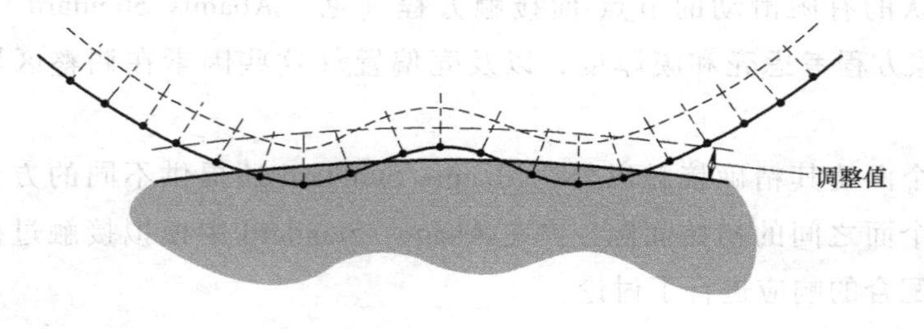

图 3-25　显示“调整区域”的接触面的初始构型（粗实线为从面）

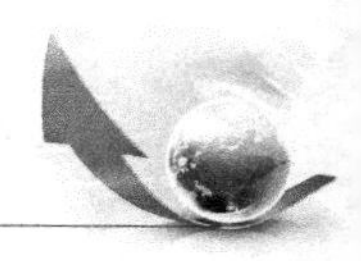

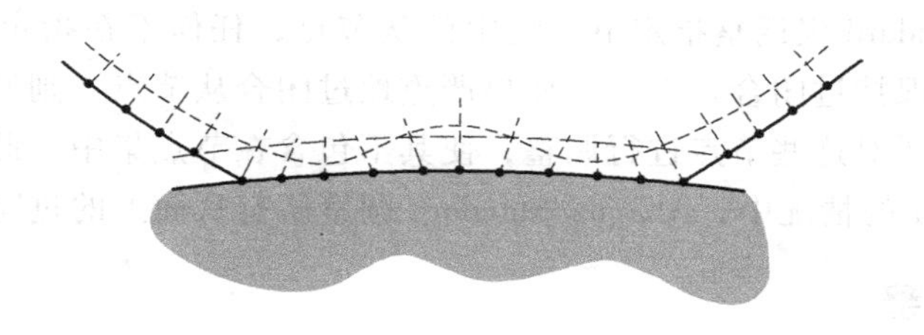

图 3-26 调整后接触面的构型（调整区域中的节点和过闭合节点被移动）

使用调整区域调整过闭合的从节点

当用户指定了调整区域的深度时，Abaqus/Standard 将移动初始构型中穿透主面的所有从节点，使它们刚好接触主面。如果为 a 指定一个 0.0 的值，则 Abaqus/Standard 仅调整穿透主面的那些从节点。图 3-27 所示为将图 3-25 中的例子指定为 $a=0.0$ 的效果。如果用户没有让 Abaqus/Standard 调整从面的位置，则在初始构型中，过闭合的从节点将在仿真开始时保持过闭合，这将造成收敛问题。

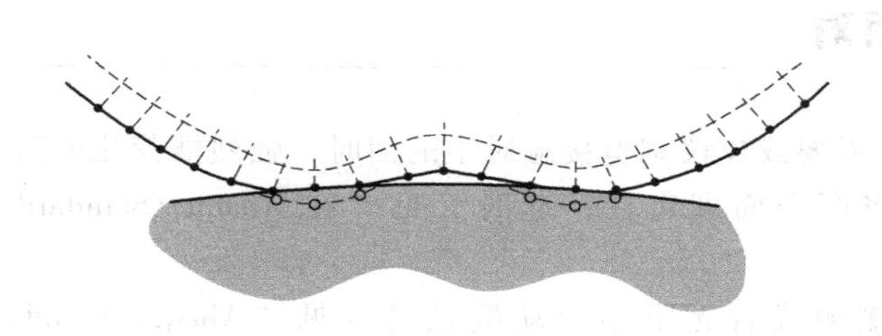

图 3-27 当 $a=0.0$ 时，调整接触面后的构型

使用节点集符号调整面

当仅需要调整只有一个从节点的子集，并且指定 a 可能对其他从节点造成不恰当的调整时，用户可以通过指定节点集符号来替代调整区域深度。Abaqus/Standard 仅调整属于此节点集的从面上的那些节点。节点集中可以包含那些根本不在从面上的节点，Abaqus/Standard 将忽略它们，并且仅调整从面部分的节点集中的那些节点。

Abaqus/Standard 将移动指定节点集中的所有从节点，不管它们离主面多远。对节点的初始构型进行的节点调整，不会在组成从面的单元中产生应变。如果 Abaqus/Standard 调整远离主面的从节点，则单元的形状可能变得不好，这可能造成收敛困难。

输入文件用法：* CONTACT PAIR，ADJUST=节点集符号
从面，主面
…

Abaqus/CAE 用法：Interaction module：contact interaction editor：Adjust slave nodes in set：节点集符号

使用节点集符号调整过闭合的从节点

因为 Abaqus/Standard 仅调整指定节点集中的从节点，任何不在指定节点集中的过闭合节点在仿真开始时将保持过闭合。然而，如果严重地过闭合从节点，则使用节点集符号时可能造成收敛问题，需要对这些节点进行调整，使其不包含在节点集中。此行为不同于指定了 a 的情况，在指定了 a 的情况中，Abaqus/Standard 调整所有从面上的过闭合节点。

过闭合接触对的调整

节点调整定义是在分析开始时按顺序处理的。如果不同的约束或者节点定义中包含相同的节点，则一些调整可能造成之前执行的接触或者约束定义柔性的缺失。在一些情况中，可以通过改变约束和接触定义的执行顺序来避免这种冲突：首先将不同接触或者约束定义之间的共同节点处理成从节点，然后处理成主节点。

输入文件用法：要改变约束和接触定义的执行顺序，可在输入文件中改变定义的顺序。约束和接触定义是按它们出现的次数来执行的。

Abaqus/CAE 用法：要改变约束和接触定义的执行顺序，可在模型中改变约束和相互作用的名称。约束和接触是根据其名称的字母排序来处理的。

何时调整接触面对

在以下情况中，需要或建议调整接触对中的面时，强烈推荐几个例子：

- 在分析期间将两个面绑定在一起时（见“在 Abaqus/Standard 中定义绑定接触”，3.3.7 节）。
- 使用小滑动接触或者无限小滑动接触时（见“Abaqus/Standard 中的接触方程”，5.1.1 节）。
- 当通过定义许用接触界面来为接触面指定精确的初始间隙或者初始过闭合时（见下面的“指定精确的初始间隙或者过闭合的其他方法”）。

为小滑动接触定义精确的初始间隙或者过闭合

当无法根据节点坐标系足够精确地计算初始间隙或者过闭合值及接触方向时（例如，与坐标值相比，初始间隙非常小），用户可以为从面上的节点定义精确的初始间隙或者过闭合值以及接触方向。

在每一个从节点上计算得到的初始间隙或者过闭合值（基于从节点和主面的坐标），是通过用户指定值重写的。此过程是在内部执行的，并且不影响从节点的坐标值。如果用户定义了一个间隙，则 Abaqus/Standard 会将两个面处理成不接触，而不管它们的节点坐标是什么。如果用户定义了一个过闭合，则 Abaqus/Standard 会将两个面处理成一个过盈配合，并且试图在第一个增量上消除过闭合。如果所定义的过闭合较大，则用户可能需要指定一个在几个增量上逐渐变化的许用过盈。对于过盈配合的进一步讨论，见“在 Abaqus/Standard 中模拟接触过盈配合”（3.3.4 节）。

用户可以仅为小滑动接触定义初始间隙或者过闭合值（“Abaqus/Standard 中的接触方

程”，5.1.1节）。对于可以用来模拟有限滑动接触对之间的间隙或者过闭合的技术，见下面的“指定精确的初始间隙或者过闭合的其他方法”。

为面指定统一的间隙或者过闭合

用户可以通过确定接触对的主面或者从面，以及需要的初始间隙 h_0（正值为间隙，负值为过闭合），为接触对指定统一的间隙或者过闭合值，而不需要其他数据。

输入文件用法：＊CLEARANCE，SLAVE＝面名称，MASTER＝面名称，
VALUE＝h_0

Abaqus/CAE 用法：Interaction module：contact interaction editor：Clearance：Initial clearance：Uniform value across slave surface：h_0

为面指定空间变化的间隙或者过闭合

另外，用户可以通过确定接触对的主面和从面，并且提供在一个属于从面的单独节点上或者一个节点集上的指定间隙数据表，来指定空间变化的间隙或者过闭合。任何没有确定的从面节点将使用 Abaqus/Standard 根据面的初始几何形体计算得到的间隙。

输入文件用法：＊CLEARANCE，SLAVE＝面名称，MASTER＝面名称，
TABULAR
节点编号或者节点集符号，间隙值
按照需要重复数据行。

Abaqus/CAE 用法：在 Abaqus/CAE 中不能使用数据表来指定初始间隙或者过闭合值。

从外部文件中读取空间变化的间隙或者过闭合

Abaqus/Standard 可以从外部文件中为接触对读取空间变化的间隙或者过闭合。

输入文件用法：＊CLEARANCE，SLAVE＝面名称，MASTER＝面名称，
TABULAR，INPUT＝文件名

Abaqus/CAE 用法：Abaqus/CAE 中不能使用外部输入文件来指定初始间隙或者过闭合值。

为接触计算指定面法向

通常，Abaqus/Standard 根据离散面的几何形状，使用“Abaqus/Standard 中的接触方程”（5.1.1节）中介绍的算法计算用于接触计算的面法向。当指定空间变化的间隙或者过闭合时，用户可以通过指定此接触方向向量的分量，来重新定义 Abaqus/Standard 中每一个从节点的接触方向。此向量必须在整体笛卡儿坐标系中定义，并且它应当定义主面所需的外法向方向。

输入文件用法：＊CLEARANCE，SLAVE＝面名称，MASTER＝面名称，
TABULAR
节点或者节点集符号，间隙值，第一法向分量，第二法向分量，第三法向分量
按照需要重复数据行。

Abaqus/CAE 用法：Abaqus/CAE 中不能重新定义接触方向，除了螺纹连接（见下面的“为螺栓连接自动生成接触法向方向”）。

为螺栓连接自动生成接触法向方向

对于单个螺栓连接，可以通过指定螺纹的几何参数和用来定义螺栓/螺栓孔中心线上向量的两个点，来自动生成每一个从节点的接触法向方向。螺栓或者螺栓孔面都可以作为主面或者从面。然而，必须选择合适的定义螺栓或者螺栓孔中心线的向量。

例如，当选择螺栓面作为主面时，如果螺栓受拉伸作用，则向量应当取为从螺栓的尖部到螺栓的头部；如果螺栓承压，则取为从螺栓的头部到螺栓的尖部。如果选择螺栓面作为从面，并且螺栓承拉，则螺栓轴应当反转（即从头部到尖部）并且应当指定一个负的半螺纹角。不正确的螺栓轴方向将无法形成接触相互作用，并且面将是无约束的。用户应当检查螺栓中的应力以确认是否产生了接触。

输入文件用法：＊CLEARANCE，SLAVE＝面名称，MASTER＝面名称，TABULAR，BOLT
螺纹半角，螺距，主螺栓直径，平均螺栓直径节点编号或者节点集标签，间隙值，螺栓/螺栓孔中心线上点 a 和点 b 的坐标
按照需要重复第二个数据行。

Abaqus/CAE 用法：Interaction module：contact interaction editor：Clearance：Initial clearance：Computed for single-threaded bolt 或者 Specify for single-threaded bolt：间隙值，Clearance region on slave surface：Edit Region：选择区域，Bolt direction vector：Edit：选择轴，Half-thread angle：螺纹半角，Pitch：螺距，Bolt diameter：Major：主螺栓直径 或者 Mean：平均螺栓直径

显示精确的初始间隙或者过闭合

当指定了精确的初始间隙或者过闭合值时，Abaqus/Standard 将不调整从面的坐标值。这样，将不能在 Abaqus/CAE 的模型中看到所指定的间隙或者过闭合。当面实际上刚好接触时，其在 Abaqus/CAE 中可以表现成打开的或者闭合的，取决于面的初始几何形状和间隙或者过闭合的大小。然而，可以通过显示 COPEN 变量的云图，在 Abaqus/CAE 中显示实际间隙。

指定精确的初始间隙或者过闭合的其他方法

Abaqus/Standard 提供适用于小滑动和有限滑动接触对的定义精确的初始间隙或者过闭合的其他方法。在此方法中，用户为接触对指定一个调整区域深度（如上文“在接触对中调整面”中所描述的那样），在分析开始时移动形成接触对的面使其刚好接触。然后在仿真的第一个步中，用户为接触对指定一个许用接触过盈 v（见“在 Abaqus/Standard 中模拟接触过盈配合”，3.3.4 节）。接触过盈定义必须参考一条幅值曲线，幅值曲线的形式取决于是定义了一个间隙还是定义了一个过闭合，下文中对此进行了描述。间隙或者过闭合将在整个面上保持一致。

输入文件用法：使用以下所有选项：
＊CONTACT PAIR，ADJUST＝a

从面，主面
* AMPLITUDE，NAME=幅值名称
* CONTACT INTERFERENCE，AMPLITUDE=幅值名称
从面，主面，v

Abaqus/CAE 用法：Interaction module：contact interaction editor：Specify tolerance for adjustment zone：a，Interference Fit：切换打开 Uniform allowable interference，Amplitude：幅值名称，Magnitude at start of step：v

通过定义许用接触过盈来指定精确的间隙值

要通过定义许用接触过盈来指定精确的间隙值，幅值曲线在步进程上应具有不变的大小。许用过盈 v 应为正值。在 Abaqus/CAE 中可以观察到，这些面在接触时将表现为彼此穿透。这些面使用使其刚好接触的坐标值来启动仿真，但是所指定的许用过盈 v 使其表现为在它们之间好像存在一个间隙。

通过定义许用接触过盈来指定精确的过闭合

要通过定义许用接触过盈来指定精确的过闭合值，幅值曲线应在步进程上从零线性地变化到统一值，以允许 Abaqus/Standard 逐渐消除过闭合。许用过盈 v 应为负值。在 Abaqus/CAE 中可以观察到，这些面使用使其刚好接触的坐标来启动仿真，但是所指定的许用过盈 v 使其表现为好像过盈一样。随着 Absqus/Standard 逐渐消除过闭合，这些面将表现成彼此分离。当两个面之间的间隙等于 $|v|$ 时，它们将表现为精确接触。

3.3.6 在 Abaqus/Standard 中调整接触控制

产品：Abaqus/Standard　　Abaqus/CAE

参考

- “在 Abaqus/Standard 中定义接触对”，3.3.1 节
- * CONTACT CONTROLS
- * CONTACT PAIR
- “定义面-面接触”，《Abaqus/CAE 用户手册》的 15.13.7 节
- “定义自接触”，《Abaqus/CAE 用户手册》的 15.13.8 节
- “在 Abaqus/Standard 中指定接触控制”，《Abaqus/CAE 用户手册》的 15.13.9 节

概览

Abaqus/Standard 中的接触控制：

- 对于绝大部分问题不应当更改默认设置。

- 可以用于标准接触控制无法提供低成本解的问题。
- 可以用于标准控制无法有效地建立想要的接触条件的问题。
- 可以用于一些情况来控制是否建立额外接触约束。

得益于 Abaqus/Standard 中接触控制调整的问题，通常是具有复杂的几何形状和许多接触界面的较大模型。

施加接触控制

用户可以在逐个步的基础上对所有在步中激活的接触对和接触单元，或者对单独的接触对施加接触控制。这使得有可能对一个特定的接触对施加接触控制使仿真通过困难的阶段成为可能。接触控制保持有效，直到改变它们或者重新将它们设置成默认值。如果在许多给定的步中，接触控制是为整个模型和某个接触对施加的，则对这一接触对的控制将覆盖整个模型对该接触对的接触控制。

此外，用户可以在单个接触对上指定追加的接触约束，如下面的“追加接触约束”中所描述的那样。

输入文件用法：对所有接触对和接触单元施加接触控制：

*CONTACT CONTROLS

接触控制选项

对某个接触对施加接触控制：

*CONTACT CONTROLS，SLAVE=从面，MASTER=主面

接触控制选项

重复此选项来给几个接触对施加接触控制。

Abaqus/CAE 用法：在 Abaqus/CAE 中，仅允许对指定的接触对施加接触控制。

Interaction module：Interaction → Contact Controls → Create：Abaqus/Standard contact controls

Contact interaction editor：Contact controls：接触控制名称

重新设置接触控制

用户可以将所有接触控制重新设置成其默认值，或者为某个接触对重新设置接触控制。

输入文件用法：重新设置所有接触控制：

*CONTACT CONTROLS，RESET

对某个接触对重新设置接触控制：

*CONTACT CONTROLS，SLAVE=从面，MASTER=主面，RESET

Abaqus/CAE 用法：Interaction module：contact interaction editor：Contact controls：（默认的）

用户不能在 Abaqus/CAE 中一次性地重新设置所有接触控制。

接触问题中刚体运动的自动稳定性

Abaqus/Standard 提供接触稳定性功能，以便在接触闭合和摩擦约束刚体运动之前，自动控制静态问题中的刚体运动。

建议用户首先通过模拟技术（更改几何形状、施加边界条件等）稳定刚体运动。在接触明显将要建立的情况下，必须使用自动稳定性功能，但是在模拟过程中难以确切地定位多个体。这不意味着仿真通用刚体动力学，也不意味着接触颤动情况，或者解决匹配面之间的最初紧间隙。

使用自动接触稳定性时，Abaqus/Standard 在所有从节点处，以类似于接触阻尼的方式（见“接触阻尼”，4.1.3 节），为接触对的相关运动激活黏性阻尼。绝大部分接触控制在后续步中保持不变，直到对其进行更改或者重新设置；自动稳定性阻尼则并非如此，它们仅施加于指定了稳定性的步中，在后续的多个步中，将删除稳定性，即使没有建立接触，或者因为接触对的完全分离而使刚体运动出现得稍晚。如果需要，用户应当为后续的多个步也指定稳定性。

默认情况下，阻尼系数：

- 是基于构成基础单元的刚度和步时间，为每一个接触约束自动计算的。
- 是在法向和切向方向上，对所有接触对同等施加的。
- 是在步上线性减小的。
- 仅当接触面之间的距离小于特征面尺寸时有效。
- 对于使用接触单元模拟的接触是零（如间隙接触单元、管-管接触单元等）。

虽然自动计算得到的阻尼系数通常能够提供足够的阻尼来去除刚体模式，且对解没有大的影响，但是不能保证值是优化的甚至是合适的。这对于薄壳模型尤为明显，在薄壳模型中，阻尼可能太大。因此，如果收敛行为是有问题的，则用户可能不得不增加阻尼；如果阻尼扭曲了解，则用户不得不降低阻尼。第一种情况是显而易见的，后一种情况则需要进行后分析检查。有几种方法来执行这样的检查。最简单的方法是考虑由黏性阻尼耗散的能量与模型中更加一般的能量度量，如弹性应变能之间的比值。这些量可以分别作为输出变量 ALLSD 和 ALLSE 来得到。用户可以通过将接触阻尼应力 CDSTRESS（具有单独的 CDPRESS、CDSHEAR1 和 CDSHEAR2 分量）与真实的接触应力 CSTRESS（具有单独的 CPRESS、CSHEAR1 和 CSHEAR2 分量）进行对比来得到更加详细的信息。如果接触阻尼应力太高，则用户应当降低阻尼。应当在接触稳定建立之后再实行对比，当没有建立或者仅部分建立接触时，接触阻尼应力相对而言总是高的。

增加或者降低阻尼的最简单的方法是指定一个因子，用此因子乘以自动计算得到的阻尼系数。通常，用户最初应当考虑默认阻尼的一个数量级（至少）的变化，如果那样足以解决问题，则用户可以做一些后续的微调。在某些情况中，需要一个更大的或者更小的因子，只要得到了收敛的解，并且耗散的能量和接触阻尼应力足够小，就是允许的。

用户也可以直接指定阻尼系数，但这种方法并不容易，并且可能需要试错。考虑效率的原因，最好在一个按比例缩小的相似模型上实现。如果直接指定阻尼系数，则 abaqus 将忽略为默认阻尼系数指定的任何比例因子。

输入文件用法：使用默认的阻尼系数：

*CONTACT CONTROLS，STABILIZE

为默认阻尼系数指定一个比例因子：

*CONTACT CONTROLS，STABILIZE=因子

直接指定阻尼系数：

*CONTACT CONTROLS，STABILIZE

阻尼系数

Abaqus/CAE 用法：Interaction module：Abaqus/Standard contact controls editor：Stabilization：Automatic stabilization，Factor：因子或者 Stabilization coefficient：阻尼系数

在增量上改变稳定性

降低或者去除接触稳定性的可能性将显著影响所得的解，可以在增量的迭代期间引入一个变化的比例因子。在增量的早期迭代过程中如果具有更多有效的稳定性，则有助于在建立一些接触前避免数值问题；在后面的迭代过程中具有较少的或者没有有效的稳定性，则有助于改善增量最后迭代的收敛精度。

用户可以指定这些比例因子，例如，为初始迭代过程指定统一的比例因子“1，0”（直到满足或者近乎满足不同的收敛度量），并将最后迭代的比例因子重新设置成零（有效地关闭稳定性），直到再次满足收敛检查条件。

输入文件用法：在增量上改变阻尼系数：

*CONTACT CONTROLS，STABILIZE=USER ADAPTIVE

指定稳定性线性下降的因子

用户可以在步结束时指定线性下降的因子。默认情况下，该因子为零，这样在步结束时阻尼将完全消失。为此给因子输入一个非零的值，对于在步结束时刚体模式没有完全得到约束的情况是有用的。例如，如果问题是无摩擦的，并且可以发生滑动，但是在滑动方向上没有净力，在此情况中，通常会使用线性下降的值作为阻尼系数的比例因子，以便在下一个步中保持较小的阻尼。如果需要，用户可以通过设置线性下降的因子等于 1 来保持此阻尼水平。

输入文件用法：*CONTACT CONTROLS，STABILIZE，线性下降因子

Abaqus/CAE 用法：Interaction module：Abaqus/Standard contact controls editor：Stabilization：Automatic stabilization 或者 Stabilization coefficient，Fraction of damping at end of step：线性下降因子

指定阻尼范围

默认情况下，施加了阻尼（阻尼范围）的分隔距离等于特征从面片的尺寸；如果无法得到该尺寸（例如，对于以节点为基础的面的情况），则使用在整个模型上得到的特征单元长度。对于打开小于阻尼范围一半的情况，阻尼是100%的参考值，并且对于等于阻尼范围的打开，阻尼从此处线性变化到零。另外，用户可以直接指定阻尼范围，而覆盖计算得到的

值。如果阻尼仅对于一个小的间隙有效，或者无论间隙多大阻尼都有效，则指定阻尼范围是有用的。在后者的情况中，应当输入一个较大的值。

输入文件用法：* CONTACT CONTROLS，STABILIZE，，阻尼范围

Abaqus/CAE 用法：Interaction module：Abaqus/Standard contact controls editor：Stabilization：Automatic stabilization or Stabilization coefficient，Clearance at which damping becomes zero：Specify：阻尼范围

指定切向阻尼

默认情况下，切向方向上的阻尼与法向方向上的阻尼是相同的。如果需要一个更低或者更高的值，则用户可以减少或增加切向阻尼，或者将其设置成零。

输入文件用法：* CONTACT CONTROLS，STABILIZE，TANGENT FRACTION = 值

Abaqus/CAE 用法：Interaction module：Abaqus/Standard contact controls editor：Stabilization：Automatic stabilization or Stabilization coefficient，Tangent fraction：值

与法向接触约束相关的接触控制

这些控制允许用户指定接触界面上的节点可以违反"硬"接触条件。此外，这些控制可以用来更改"软化的"压力-过闭合关系和增广的拉格朗日或者罚接触约束实施的行为。接触控制无法改变无间隔的压力-过闭合关系。

一个节点可以采用两种方法中的一种来违反接触条件。首先，Abaqus/Standard 可以认为在节点上没有发生接触，即使节点已经穿透了主面一小段距离；另外，Abaqus/Standard 可以认为在一个节点上存在接触，即使节点处的接触面之间传递的法向压力是负的（即传递了一个拉伸应力）。

更改增广的拉格朗日或者罚接触约束实施的行为

对于增广的拉格朗日接触，用户可以指定允许违反不可穿过条件的许用穿透（直接指定或者作为特征接触面尺寸的一部分）。此外，对于增广的拉格朗日接触或者罚接触，用户可以缩放由 Abaqus/Standard 计算得到的默认罚刚度。在"Abaqus/Standard 中接触约束的施加方法"（5.1.2 节）中，对增广的拉格朗日或者罚接触约束实施方法的控制进行了讨论。

在线性摄动步中更改切向罚刚度

线性摄动步中用来施加切向约束的罚刚度，通常不同于通用步中用来施加黏性约束的罚刚度。在摄动步中，当相应的法向约束在初始状态中是有效的，并且接触属性（面相互作用）定义包含一个摩擦模型时，Abaqus/Standard 激活切向接触约束。默认情况下，切向罚刚度等于默认的法向罚刚度。

用户可以缩放切向罚刚度，在逐个步的基础上仿真黏性/滑动条件。此缩放仅影响指定了缩放的摄动步，而不会延续到后续步中。如果用户想要在一系列摄动步中施加相同的比例

因子，则必须在每一个步中明确指定比例因子。

一些依靠频率分析的过程，如复杂的频率分析和基于子空间的稳态动力学分析，受到对之前频率分析的有效切向刚度缩放，以及对这些步的有效切向刚度缩放的影响。在这样的情况中，建议对这些步采用一致的缩放因子。对于其他基于频率分析的模态过程，可忽略切向刚度的缩放，并且只考虑之前频率分析的影响。

输入文件用法：在线性摄动步中更改所有接触对的切向罚刚度：

* CONTACT CONTROLS, PERTURBATION TANGENT SCALE FACTOR=因子

在线性摄动步中更改某个接触对的切向罚刚度：

* CONTACT CONTROLS, PERTURBATION TANGENT SCALE FACTOR=因子，SLAVE=从面，MASTER=主面

Abaqus/CAE 用法：Abaqus/CAE 中不支持在线性摄动步中更改切向罚刚度。

线性摄动步中接触压力相关约束的施加

在线性摄动步过程中，通常为所有闭合的接触界面完全执行接触约束，独立于基态中的局部法向压力。用户可以使用两个压力控制系数 p_0 和 p_1 来松弛在基态状态中具有低压力的约束，甚至完全删除它们。法向和切向约束都受到影响。对于基态状态中小于 p_0 的压力，通过将约束刚度设置为零来有效删除法向和切向约束；对于大于 p_1 的压力，约束是完全施加的。对于大小介于 p_0 与 p_1 之间的压力，约束刚度是减弱的，并且在 p_0 与 p_1 之间线性增加。在此压力范围内，即使对于不使用严格的拉格朗日乘子实施的接触约束，有限接触刚度也是有效的。

可以施加法向和切向接触罚的所有其他控制。基态中的约束打开是不受影响的。压力相关约束的施加不能用于通用步过程中。

用户可以在逐个步的基础上指定接触压力相关约束的施加。这些指定影响在其中指定了接触压力相关约束的摄动步，而不会延伸到后续步中。如果用户想要在一系列摄动步中施加相同的指定，则必须在每一个步中对其进行明确的指定。

一些依靠频率分析的过程，如复杂的频率分析和基于子空间的稳态动力学分析，受到对之前频率分析的有效指定，以及对这些步的有效指定的影响。在这样的情况中，建议对这些步采用一致的指定。对于其他基于频率分析的模态过程，可忽略指定，并且只考虑之前频率分析的影响。

输入文件用法：在线性摄动步中，为所有接触对指定与基态压力相关约束的施加方法：

* CONTACT CONTROLS, PRESSURE DEPENDENT PERTURBATION $=p_1$

p_0

在线性摄动步中，为某个接触对指定与基态压力相关约束的施加方法：

* CONTACT CONTROLS, PRESSURE DEPENDENT PERTURBATION $=p_1$，SLAVE=从面，MASTER=主面

p_0

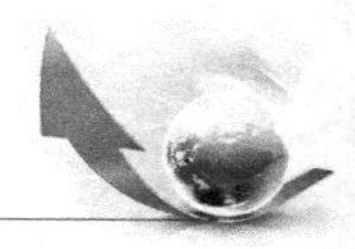

Abaqus/CAE 用法：Abaqus/CAE 中不支持线性摄动步中与基态压力相关约束的施加。

与二阶面相关的接触控制

二阶单元不仅具有更高的精度，还能更加有效地捕捉应力集中，并且能够比一阶单元更好地模拟几何特征。基于二阶单元类型的面与面-面接触方程一起使用效果良好，但是在一些情况中，与节点-面方程一起使用则无法得到良好的效果（对这些接触方法的讨论，见“Abaqus/Standard 中的接触方程”，5.1.1 节）。

由于压力作用在单元面上时的等效节点力分布，一些二阶单元类型并不适合使用节点-面接触方程和严格实施的“硬”接触条件的组合来构成从面。如图 3-28 所示，施加到没有中面节点的二阶单元面上的不变压力，在角节点处产生了与该压力方向相反的力。此二阶单元中节点力的不确定性可能导致 Abaqus/Standard 不适当地改变其内部接触逻辑。基于二阶四边形单元的从面在应用节点-面接触方程时也可以出现问题，因为作用在这些单元面上的压力的等效节点力分布使得拐角节点上的力为零。

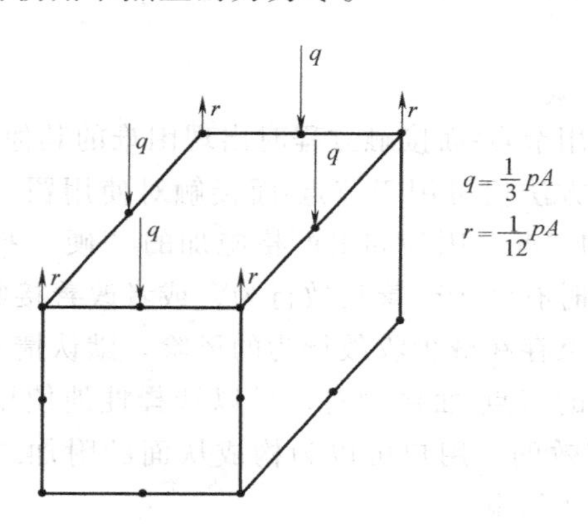

图 3-28　在“硬”接触仿真中，作用在二阶单元面上的一个不变的压力产生的等效节点载荷

下面将介绍 Abaqus/Standard 中使得包含二阶从面的节点-面接触对容易使用的可用选项，在下面进行了讨论。用户也可以通过应用面-面接触方程来避免出现潜在的问题，通常优先采用该方程。

人工或者自动调整单元类型

改进的 10 节点四面体单元（C3D10M 等）应用节点-面接触方程时不产生基本的困难，并且可为包含节点-面接触对模型中的 10 节点二阶四面体单元（C3D10、C3D10I 等）提供可行的选择。在“实体（连续）单元”中的“改进的三角和四面体单元”（《Abaqus 分析用户手册——单元卷》的 2.1.1 节）中，对改进的 10 节点四面体单元对二阶四面体单元的特性权衡进行了讨论。如果需要，则用户必须对单元类型进行这样的调整，因为该调整不会自动发生。

Abaqus/Standard 自动将中面节点添加到包含大部分与节点-面接触对相关的 8 节点从面

的基底（刚好吻合）单元中。对于三维 18 节点的垫片单元，如果中面节点不是在单元连接性中给出的，则也是自动生成的。中面节点的存在导致了对于接触算法的不确定性节点力分布。单元族 C3D20（RH）、C3D15（H）、S8R5 和 M3D8 将分别转换成 C3D27（RH）、C3D15V（H）、S9R5 和 M3D9。由于 Abaqus/Standard 不转换二阶耦合的温度-位移、耦合的热-电-结构和耦合的孔隙压力-位移单元，用户应采用其他方法来避免在以上情况中的节点-面接触方程中使用刚好吻合单元的问题。当在任何用户定义的节点上规定了值时，Abaqus/Standard 将在自动生成的中面节点上插值节点量，如温度和场变量。

默认情况下，Abaqus/Standard 并不为形成面-面接触对中对从面的二阶刚好吻合单元添加中面节点；然而，可以使用一个选项让节点-面接触对使用相同的自动添加中面节点的算法。

输入文件用法：* CONTACT PAIR，TYPE=SURFACE TO SURFACE，
MIDFACE NODES=YES

Abaqus/CAE 用法：Abaqus/CAE 中，用户不能使得构成面-面接触对中从面的刚好吻合单元的自动转换。

增补接触约束

避免特定单元类型在应用节点-面接触方程时出现困难的其他方法是添加增补接触约束，而不改变基础单元方程。此方法仅可用于节点-面接触对使用罚或者增广拉格朗日约束，或者软化的压力-过闭合关系的情况，因为如果严格施加的“硬”接触条件有效的话，则将导致过约束。增补接触约束有时有利于改善收敛行为，或者改善接触压力和基础单元应力的平滑和精度；然而，额外的约束存在减少收敛行为的风险。默认情况下，对于具有无改进单元的 6 节点从面和 8 节点从面的节点-面接触对，可以选择性地使用增补接触约束，除非严格施加的“硬”接触条件是有效的。用户可以为构成从面的附加二阶单元类型抑制增补接触约束或者添加有效的增补接触约束。

输入文件用法：* CONTACT PAIR，INTERACTION=相互作用属性名称，
SUPPLEMENTARY CONSTRAINTS=SELECTIVE
从面名称，主面名称
使用以下选项为额外的二阶单元类型添加增补接触约束：
* CONTACT PAIR，INTERACTION=相互作用属性名称，
SUPPLEMENTARY CONSTRAINTS=YES
从面名称，主面名称
使用以下选项抑制增补接触约束：
* CONTACT PAIR，INTERACTION=相互作用属性名称，
SUPPLEMENTARY CONSTRAINTS=NO
从面名称，主面名称

Abaqus/CAE 用法：对于节点-面接触方程：
Interaction module：Create Interaction：Surface-to-surface contact（Standard）：选择主面；单击 Surface；选择从面；
Interaction editor；Use supplementary contact points：

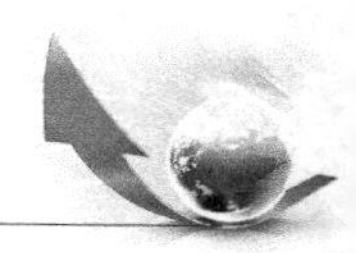

Selectively，Always，或者 Never；Contact interaction property：相互作用属性名称

面-面接触对于滑动上节点接触力重新分布的平滑

用户可以控制面-面接触对于滑动上节点接触力重新分布的平滑。默认设置通常是合适的，其产生的节点力重新分布平滑阶数与构成从面的基础单元同阶，即对于线性单元是线性重新分布平滑，对于二阶单元是二阶重新分布平滑。二次重新分布平滑通常趋向于改善收敛行为，以及接触应力快速变化区域中接触应力的解决。然而，二次重新分布平滑趋向于增加每一个约束中涉及的节点数量，这可能会提高方程求解的计算成本。线性重新分布平滑趋向于提供更好的靠近有效接触区域边缘的接触应力解决，因此，偶尔会产生更好的收敛行为。

输入文件用法：使用以下选项来说明滑动上接触力重新分布的平滑，应当与面-面接触对的从面基础单元同阶：

*CONTACT PAIR，TYPE=SURFACE TO SURFACE，SLIDING TRANSITION=ELEMENT ORDER SMOOTHING

从面名称，主面名称

使用以下选项来说明面-面接触对滑动上接触力重新分布的线性平滑：

*CONTACT PAIR，TYPE=SURFACE TO SURFACE，SLIDING TRANSITION=LINEAR

从面名称，主面名称

使用以下选项来说明面-面接触对滑动上接触力重次分布的二次平滑：

*CONTACT PAIR，TYPE=SURFACE TO SURFACE，SLIDING TRANSITION=QUADRATIC

从面名称，主面名称

Abaqus/CAE 用法：在 Abaqus/CAE 中，用户不能改变默认的接触力重新分布。

3.3.7 在 Abaqus/Standard 中定义绑定接触

产品： Abaqus/Standard Abaqus/CAE

参考

- “在 Abaqus/Standard 中定义接触对”，3.3.1 节
- “调整 Abaqus/Standard 接触对的初始面位置并指定初始间隙”，3.3.5 节
- *CONTACT PAIR
- “定义面-面接触”，《Abaqus/CAE 用户手册》的 15.13.7 节
- “使用接触和约束检测”，《Abaqus/CAE 用户手册》的 15.16 节

概览

Abaqus/Standard 中的绑定接触：

- 在仿真期间将形成接触对的两个面绑定到一起。
- 可以用于力学、耦合的热-位移、耦合的热-电-结构、耦合的孔隙压力-位移、耦合的热-电或者热传导仿真。
- 将从面上的每一个节点约束成具有与从面接触的主面上的点一样的位移、温度、孔隙压力或者电位值。
- 允许模型中网格密度的快速转变。
- 需要对接触对的面进行调整。
- 不能与自接触或者对称的主-从接触一起使用。

最好使用基于面的绑定约束功能来替代绑定接触（详细内容见“网格绑缚约束”，2.3.1 节）。

为接触对定义绑定约束

如下面所描述的那样，要将分析中接触对的面“绑定”到一起，用户必须调整面，因为在仿真开始时，所绑定的面精确地接触是非常重要的。关于调整面的详细内容，见“调整 Abaqus/Standard 接触对的初始面位置并指定初始间隙”（3.3.5 节）。与之前一样，用户必须使用接触相互作用属性定义来关联接触对。

输入文件用法：* CONTACT PAIR，TIED，ADJUST=*a* 或者节点集符号，
INTERACTION=名称

Abaqus/CAE 用法：Interaction module：Interaction→Create：选择 Slave Node/Surface Adjustment 选项：切换打开 Tie adjusted surfaces

绑定接触方程

当接触对使用绑定接触方程时，Abaqus/Standard 使用模型的未变形构型来确定哪一个从节点位于调整区域中（见“调整 Abaqus/Standard 接触对的初始面位置并指定初始间隙”中的“在接触对中调整面”，3.3.5 节），默认情况下考虑壳或者膜厚度。然后，Abaqus/Standard 将这些从节点的位置调整到零穿透状态，并且形成这些从节点与主面周围节点之间的约束。该约束是应用面-面或者节点-面方法来形成的，类似于小滑动接触。对于绑定接触，默认情况下使用传统的节点-面方法。

在面-面与节点-面方法之间进行选择和避免考虑绑定接触中壳和膜厚度的用户界面，与小滑动接触相同（见“在 Abaqus/Standard 中定义接触对”，3.3.1 节和“在 Abaqus/Standard 中为接触对赋予面属性”，3.3.2 节）。

力学仿真中绑定接触的使用

绑定接触方程仅约束力学仿真中的平动自由度。Abaqus/Standard 不约束绑定接触对中

所包含结构单元的转动自由度。

绑定接触不用于自接触。自接触是为有限滑动情形设计的，在有限滑动中，原始几何形状中面的哪部分将在变形中产生接触是不明确的。

默认情况下，绑定接触的力学约束是使用直接拉格朗日乘数法严格施加的。另外，用户可以指定使用罚或者增广拉格朗日约束法来施加这些约束（见“Abaqus/Standard 中接触约束的施加方法”，5.1.2 节）。所指定的约束施加方法除了应用于法向约束之外，还应用于切向约束。对于绑定接触，忽略软化的接触压力与过闭合的关系（指数的、表格的或者线性的，见“接触压力与过盈的关系”，4.1.2 节）。

非力学仿真中绑定接触的使用

绑定接触功能可以用于节点自由度包含电位和/或者温度的模型中。除了要约束的节点自由度，Abaqus/Standard 为非力学仿真中的绑定接触使用与力学仿真完相相同的方程。

绑定接触对中未约束的节点

Abaqus/Standard 不将从节点约束到主面上，除非在分析开始时它们精确地与主面接触。在分析开始时没有与主面精确接触的任何从节点，即脱离的或者过闭合的从节点，将在仿真过程中保持未受约束状态，它们始终不与主面产生相互作用。在力学仿真中，未受约束的从节点可以自由地穿透主面。在热、电或者孔隙压力仿真中，未受约束的从节点将不与主面传递热、电流或者孔隙流体。

要在绑定接触对中避免出现这样的未受约束对，可以使用“调整 Abaqus/Standard 接触对的初始面位置并指定初始间隙”（3.3.5 节）中介绍的调整接触面对功能。此功能在 Abaqus/Standard 检查初始接触状态之前将从节点移动到主面上。该方法只适用于靠近主面的节点，而不适合纠正网格几何中的较大错误。

检查已约束的从节点

Abaqus/Standard 通过在数据（.dat）文件中打印一个表格来确定主要的从节点和包含在每一个约束中的其他节点。如果由于没有与主面接触，或者不能“看到”主面，而导致 Abaqus/Standard 不能为作为主要从节点的给定从节点形成一个约束，则它将在数据文件中发出一个警告信息。关于何时一个从节点不能“看到”主面，以及如何解决此问题的内容，见“Abaqus/Standard 中的接触方程”（5.1.1 节）。当使用绑定接触创建模型时，使用由 Abaqus/Standard 提供的此信息来确定是否存在未受约束的节点是重要的，并且可以对模型做出任何必要的更改来约束它们。

3.3.8 扩展主面和滑移线

产品：Abaqus/Standard

参考

- “在 Abaqus/Standard 中定义接触对”，3.3.1 节
- “Abaqus/Standard 中与接触模拟相关的常见困难”，6.1.2 节
- *CONTACT PAIR
- *SLIDE LINE

概览

扩展主面或者滑移线：

- 可以防止有限滑动问题中的节点“脱离”或被困在主面（或滑移线）后面。
- 当小滑动和无限小滑动问题分析开始时，若从节点与主面没有相互作用，则允许从节点找到一个主面。
- 可以避免与接触模拟相关的数值圆整困难。
- 不可以代替合适的接触模拟技术。
- 不能用来减少接触面基底单元的数量。
- 仅施加于三维主面的周边和二维主面的端部。
- 仅应用于使用节点-面离散化的接触对。

为小滑动的节点-面接触扩展主面

如果在分析开始时，一个从节点不能找到与主面的交点，则它将自由地穿透主面，因为不会形成局部切向平面。对于节点-面接触，此类问题通常发生在从节点位于主面的端部或者周边上时（不包围矩形体的拐角），如图 3-29 所示。当使用前处理器来生成节点坐标时，数值圆整误差也可能引发此类问题。在面的内部不进行主面的扩展。如果将图 3-29 中的主面定义成包围体的拐角，则不需要对主面进行扩展，因为将使用在“Abaqus/Standard 中的接触方程”中的“使用小滑动追踪方法”（5.1.1 节）中讨论的投影方法把从节点投射到主

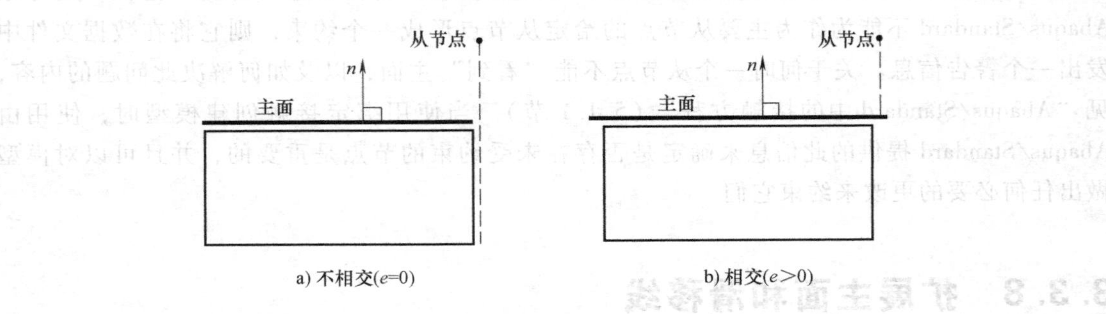

a) 不相交(e=0)　　b) 相交(e>0)

图 3-29　对于小滑动的节点-面接触，如果 $e=0$，则从节点不能找到与主面的交点

面上。图 3-29 所示的情况对于小滑动的面-面方程是没有问题的，因为约束方程考虑了靠近从节点的从面区域。

对于节点-面接触，用户可以指定扩展区域的大小 e，将其定义为端部片段或者面片边长度的分数（图 3-30）。如果将 e 设置为零，则 Abaqus 将不扩展端部。给出的值必须在 0.0~0.2 之间。对于节点-面接触，默认值是 0.1；对于面-面接触，面扩展是不可用的。

输入文件用法：＊CONTACT PAIR，SMALL SLIDING，EXTENSION ZONE＝e

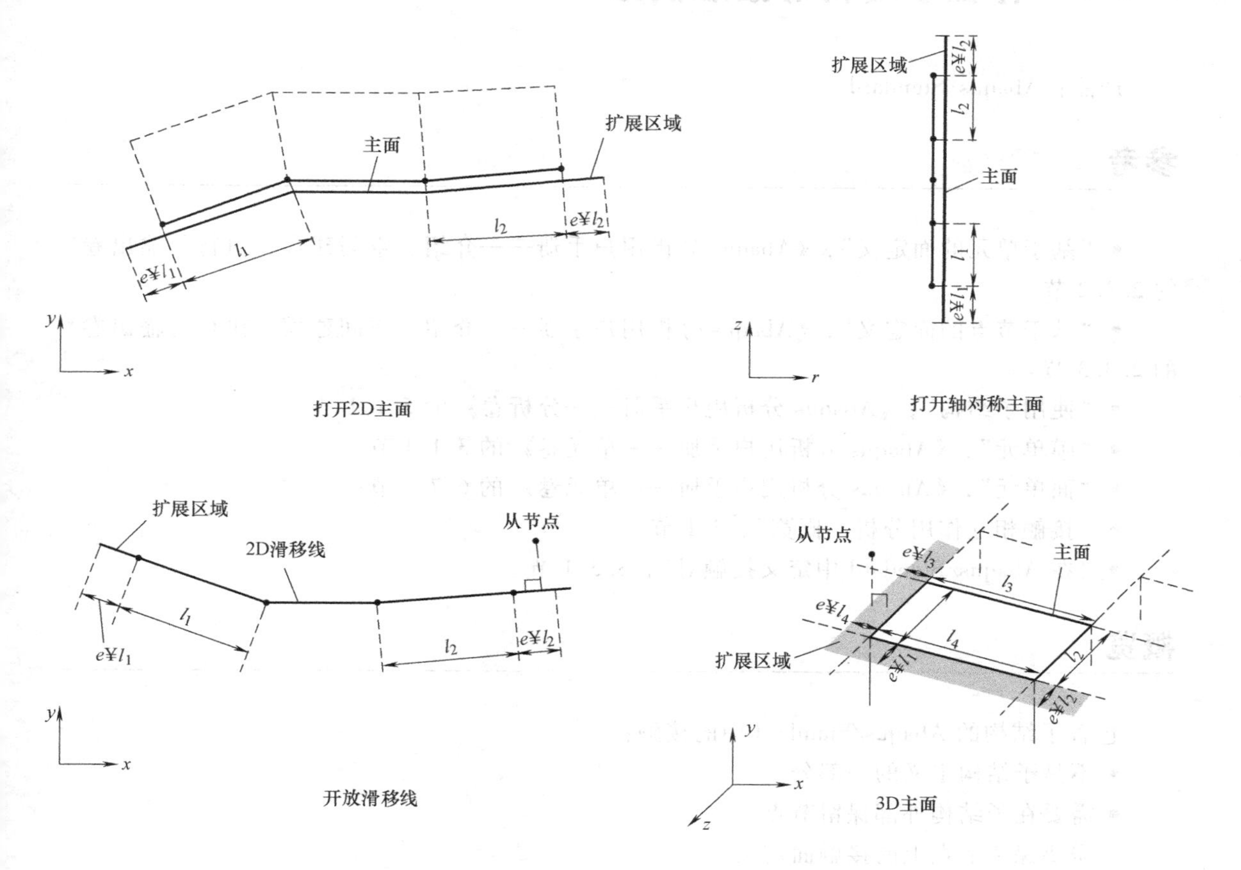

图 3-30 扩展区域大小的定义

在有限滑动的节点-面接触中扩展主面或者滑移线

要防止从节点“脱离”或者被困在主面之后，对于有限滑动的节点-面接触，可将开放面或者滑移线扩展至超过其周边边缘（在三维中）或者端部节点（在二维中）。

用户可以将扩展区域的大小 e 指定成端部片段或者面片边长度的分数（图 3-30）。扩展区域中的几何形体从端部片段或者面片边外推。如果将 e 设置为零，则 Abaqus/Standard 将不扩展端部。给出的值必须在 0.0~0.2 之间。对于节点-面接触，默认值是 0.1；对于面-面接触，面扩展是不可用的。对于有限滑动的面-面接触，约束是位于从面中的，并且将不会发生“脱离”，直到附近的整个从面片滑出主面。仅当采用其他模拟技术无法防止“脱离”，以及预期从节点在求解阶段的一小段时间里经过扩展区域，或者在非收敛迭代过程中，才考

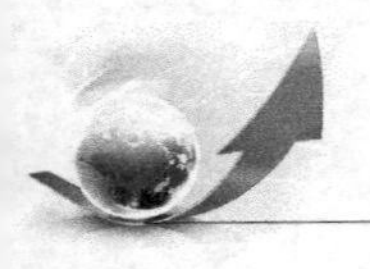

虑有限滑动的节点-面接触的延伸。

输入文件用法：使用以下选项中的任意一个：

*CONTACT PAIR，EXTENSION ZONE = e

*SLIDE LINE，ELSET = 单元集名称，EXTENSION ZONE = e

3.3.9 存在子结构的接触模拟

产品：Abaqus/Standard

参考

- “基于单元的面定义”，《Abaqus 分析用户手册——介绍、空间建模、执行与输出卷》的 2.3.2 节
- “基于节点的面定义”，《Abaqus 分析用户手册——介绍、空间建模、执行与输出卷》的 2.3.3 节
- “使用子结构”，《Abaqus 分析用户手册——分析卷》的 5.1.1 节
- “膜单元”，《Abaqus 分析用户手册——单元卷》的 3.1.1 节
- “面单元”，《Abaqus 分析用户手册——单元卷》的 6.7.1 节
- “接触相互作用分析：概览”，3.1 节
- “在 Abaqus/Standard 中定义接触对”，3.3.1 节

概览

包含子结构的 Abaqus/Standard 中的接触：

- 不是子结构定义的一部分。
- 需要在子结构外部保留节点。
- 需要保留节点上的接触面定义。
- 可以是子结构外部与其他面之间，一个子结构的外部与另一个子结构的外部之间，以及子结构外部与其自身之间的接触。

定义子结构的接触面

因为子结构仅由一组保留的节点自由度组成，它没有几何面让 Abaqus/Standard 可以在其上定义接触面。必须使用下面的一种方法来定义子结构面的几何形状：

- 使用面单元以网格形式划分子结构的外部。
- 使用结构单元以网格形式划分子结构的外部。
- 使用基于节点的面。
- 使用接触单元。

使用面或者结构单元以网格形式划分子结构的面，在定义接触条件时具有最大的灵活性；面可以用作仿真中的主面或者从面。使用基于节点的面是最容易的方法，但是由于基于节点的面所固有的局限性（例如不能作为主面，需要为确切的接触应力恢复定义节点接触区域，以及无法实现接触应力的可视化），限制了此方法的适用范围。如果模型使用相匹配的网格，则可以采用接触单元的方法。

使用面单元以网格形式划分子结构的面

用户可以通过在子结构保留的面节点上定义单元，来指定使用子结构所模拟体的面的几何形状。该单元可以用来创建一个基于单元的面（见“基于单元的面定义”，《Abaqus 分析用户手册——介绍、空间建模、执行与输出卷》的 2.3.2 节），然后将此基于单元的面用作接触对的一部分。

如果有可能，建议用户使用面单元以网格形式划分子结构的外部。面单元将精确地定义子结构面的几何形状，而不需要为模型引入任何额外的刚度；构成体的刚度是建立在子结构中的。关于面单元的更多内容，见“面单元”（《Abaqus 分析用户手册——单元卷》的 6.7.1 节）。

图 3-31 所示的仿真中使用子结构模拟了两个接触体。在图中对保留在模型中的节点进行了标识。如果该模型原来是一个三维模型，则将使用通用面单元来重新构建原始网格的合适面几何形状。

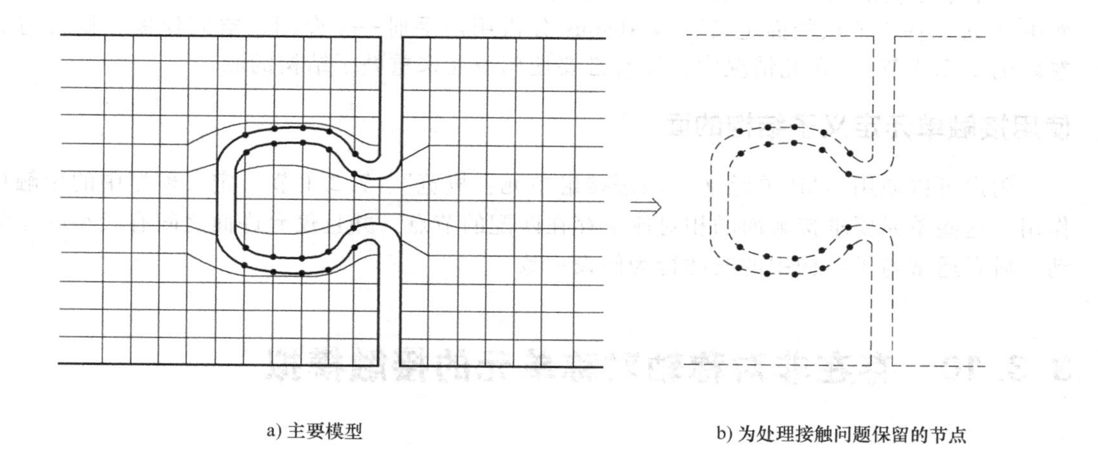

a) 主要模型　　b) 为处理接触问题保留的节点

图 3-31　接触仿真中的子结构

面单元的局限性

不能使用面单元在平面模型中覆盖子结构。也不能使用面单元覆盖由二阶的、具有中面节点的三维单元［C3D27(R)(H) 或者 C3D15V(H)］组成的子结构。具有中面节点的面单元当前在 Abaqus/Standard 中不可用，并且 8 节点的面单元（SFM3D8）不适用于接触模拟。

使用结构单元以网格形式划分子结构的面

虽然在子结构接触中通常优先使用面单元，但用户也可以使用结构单元来定义子结构面的几何形状。用户可以在三维模型和轴对称模型中使用膜单元，以及在平面模型中使用杆单元。用于定义单元具有非常小的厚度或者面积，并且定义它们的材料属性具有非常小的弹性

模量，这样便可以忽略它们对模型刚度的影响。

如果图 3-31 中的模型是一个平面模型，将使用杆单元来纠正节点并定义面的几何形状。杆单元将具有一个非常小的横截面面积，并且具有刚度非常低的材料属性，以便不增加基础体的刚度。

结构单元的限制

如果子结构将被用作从面，则不能使用膜单元来重叠一个由 C3D20(R)(H) 类型的二阶三维块单元组成的子结构。通常，Abaqus/Standard 自动将 C3D20(R)(H) 块单元转换为具有中面节点的 C3D27(R)(H) 单元，因为此类型的单元在接触仿真中表现得更好。当在从面中使用不具有中面节点的二阶三维结构单元时，Abaqus/Standard 也将对其进行转换(详细内容见“Abaqus/Standard 中与接触模拟相关的常见困难”中的“使用二阶面和节点-面方程的三维面”，6.1.2 节)。然而，如果使用二阶膜单元（M3D8 类型）来重新构建一个由 C3D20 单元组成的子结构的面拓扑，则将面用作从节点时，Abaqus/Standard 会将它们转化为 M3D9 单元。自动生成的中面节点将不对应任何保留的节点，从而将具有零刚度。这些节点上的刚度缺失将在分析过程中引起数值问题。如果 C3D27(R)(H) 类型的单元已经被用在子结构的面上，则可以使用膜单元。

使用基于节点的面定义子结构的面

如果子结构的保留节点是与接触对中的从面相关的，则保留节点可以包含在基于节点的面中（见“基于节点的面定义”，《Abaqus 分析用户手册——介绍、空间建模、执行与输出卷》的 2.3.3 节）。在此情况中，没有必要使用单元来重叠子结构的面。

使用接触单元定义子结构的面

用户可以使用 GAP 单元（“间隔接触单元：概览”，7.2.1 节）定义模型中的接触相互作用。这些单元要求接触面的相对侧上存在匹配的节点，并且仅允许面之间有较小的相对滑动。后者通常与子结构中的线性行为假设一致。

3.3.10 存在非对称轴对称单元的接触模拟

产品：Abaqus/Standard

参考

- “滑移线接触单元：概览”，7.4.1 节
- “刚性面接触单元：概览”，7.5.1 节
- *ASYMMETRIC-AXISYMMETRIC

概览

在非对称轴对称问题中模拟接触：

- 需要使用接触单元（ISL 或者 IRS）。
- 需要每一个圆周平面上的独立接触单元。
- 仅可以在特定的圆周平面上完成。

在非对称轴对称问题中模拟接触

CAXA 或者 SAXA 单元（见“具有非线性的、非对称变形的轴对称实体单元”，《Abaqus 分析用户手册——单元卷》的 2.1.7 节和“具有非线性的、非轴对称变形的轴对称壳单元”，《Abaqus 分析用户手册——单元卷》的 3.6.10 节）用来模拟初始轴对称结构可能承受非对称变形的问题。这些非对称变形可能包含非对称接触条件。基于面的接触功能不能模拟这类问题，必须使用接触单元（ISL 或者 IRS）。

必须在 CAXA 或者 SAXA 单元中为每一个圆周平面创建二维接触单元的独立集合。用户必须指定圆周平面的角度 θ，每一个节点单元的集都将与此角度相关联，并且傅里叶模态编号 n 应与基础的 CAXA 或者 SAXA 单元一起使用。

输入文件用法：同时使用以下选项：

*INTERFACE，ELSET=单元集名称

*ASYMMETRIC-AXISYMMETRIC，MODE=n，ANGLE=θ

其中 ELSET 参数参考一个 ISL 或者 IRS 类型的接触单元。

非对称轴对称问题中接触的局限性

如果非对称轴对称问题中的圆周平面旋转很多角度，而 Abaqus/Standard 仅可以在 $\theta=0°$ 和 180°的圆周平面上正确地模拟接触条件。此非对称轴对称单元具有转动和沿圆周平面的法向运动内部自由度，但是在接触单元中不考虑这些自由度。忽略这些自由度意味着 Abaqus/Standard 保持接触方向在初始圆周平面中固定，并且为了进行接触计算，节点位置是投射回这些初始平面上的。如果节点相对于这些初始平面的转动和运动是较小的，则使用此方法产生的误差是最小的；如果节点相对于这些初始平面的转动和运动是较大的，则误差将变得非常大，从而使得结果不真实。

3.4 在 Abaqus/Explicit 中定义通用接触

3.4.1 在 Abaqus/Explicit 中定义通用接触相互作用

产品：Abaqus/Explicit　　Abaqus/CAE

参考：

- “接触相互作用分析：概览”，3.1 节
- * CONTACT
- * CONTACT INCLUSIONS
- * CONTACT EXCLUSIONS
- “定义通用接触”，《Abaqus/CAE 用户手册》中的 15.13.1 节

概览

Abaqus/Explicit 为模拟接触和相互作用问题提供两种算法：通用接触算法和接触对算法。关于两种算法的比较，见“接触相互作用分析：概览”（3.1 节）。本部分将介绍如何在 Abaqus/Explicit 分析中包含通用接触，如何指定可能包含在通用接触相互作用中的模型区域，以及如何从通用接触分析中得到输出。

Abaqus/Explicit 中的通用接触算法：

- 被指定成模型的一部分或者模型的历史定义。
- 允许非常简单的接触定义，对包含面的类型具有非常少的限制。
- 使用先进的跟踪算法来确保有效地施加合适的接触条件。
- 可以与接触对算法同时使用（即可以使用通用接触算法模拟一些相互作用，同时使用接触对算法模拟其他相互作用）。
- 仅可以与三维面一起使用。
- 仅可以用于力学有限滑动接触分析。
- 不支持运动约束的施加（接触约束是使用罚方法来施加的）。

定义通用接触相互作用

通用接触相互作用的定义由下面的指定组成：

- 通用接触算法和定义接触区域（即彼此之间产生相互作用的面），如本部分所描述的那样。
- 接触面属性（“在 Abaqus/Explicit 中为通用接触赋予面属性”，3.4.2 节）。
- 力学接触属性模型（“在 Abaqus/Explicit 中为通用接触赋予接触属性”，3.4.3 节）。
- 接触方程（“Abaqus/Explicit 中通用接触的接触方程”，5.2.1 节）。
- 接触面之间的初始间隙（“在 Abaqus/Explicit 中为通用接触控制初始接触状态”，

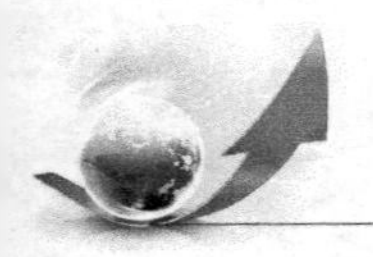

3.4.4 节）。

- 算法性的接触控制（“Abaqus/Explicit 中通用接触的接触控制”，3.4.5 节）。

用于通用接触的面

通用接触算法允许面中使用非常通用的特征，如“接触相互作用分析：概览”（3.1 节）中描述的那样。在 Abaqus/Explicit 中，使用通用接触算法定义面的详细内容，见“基于单元的面定义”（《Abaqus 分析用户手册——介绍、空间建模、执行与输出卷》的 2.3.2 节），“基于节点的面定义”（《Abaqus 分析用户手册——介绍、空间建模、执行与输出卷》的 2.3.3 节），“分析型刚性面定义”（《Abaqus 分析用户手册——介绍、空间建模、执行与输出卷》的 2.3.4 节），“欧拉面定义”（《Abaqus 分析用户手册——介绍、空间建模、执行与输出卷》的 2.3.5 节）和“对于面的操作”（《Abaqus 分析用户手册——介绍、空间建模、执行与输出卷》的 2.3.6 节）。二维面不能与通用接触算法一起使用。

指定接触区域的一种简便方法是使用修剪过的面。这样的面可以通过使用在原始构型中指定的矩形盒中闭合的接触域来执行“盒子中的接触”。更多相关内容见“对于面的操作”（《Abaqus 分析用户手册——介绍、空间建模、执行与输出卷》的 2.3.6 节）。

此外，如本部分后面介绍的那样，Abaqus/Explicit 将自动定义便于规定接触区域的全包含面。自动定义的全包含面包含所有基于单元的表面面片、所有刚性面和所有欧拉材料上的面。

通用接触算法通过产生接触力来阻止节点进入面，节点进入分析型刚性面，以及边进入边的接触穿透。施加接触的主要机制是节点-面接触（接触对算法中唯一使用的机制）。如果接触区域中存在分析型刚性面，则通用接触算法也施加节点-分析型刚性面接触。

边-边接触

通用接触算法也可用于边-边接触，这在施加在节点穿透面时不能被检测到的接触时是非常有效的。例如，梁段与壳周边之间的接触（图 3-32）通常仅作为边-边接触来检测。

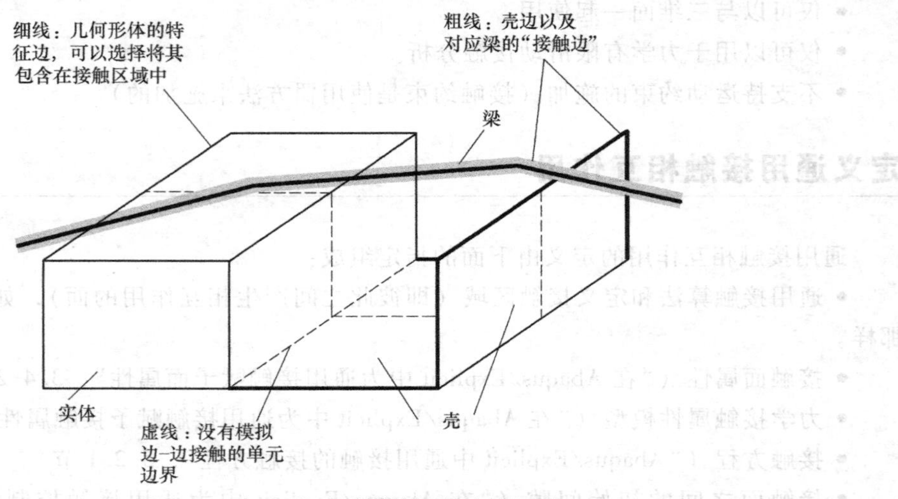

图 3-32　包含边-边接触的通用接触区域

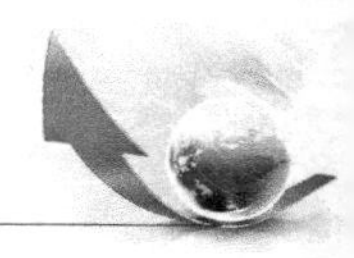

“接触边界”是指面片的特征边（在壳和实体上）以及代表梁和杆单元的部分。代表梁和杆单元的接触边具有圆形横截面，而不管梁或者杆单元的实际横截面是何种形状。接触边半径代表由杆截面定义中指定的横截面面积导出的杆单元（它等于具有相等横截面面积的实体圆形截面的半径）。对于具有圆形横截面的梁，接触边半径等于横截面半径；对于具有非圆形横截面的梁，接触边半径等于横截面外接圆的半径。如果所连接的边具有不同的半径，则首先将节点半径计算成附近接触边的最小半径，然后在接触边的长度上从节点值开始，对边横截面半径进行线性插值。壳单元边反映了法向上的壳厚度，并且不扩展通过周边（壳节点和面片类似）。对于节点-面片和边-边接触，都将产生一些特征上的数值圆整。

要模拟形状不是圆柱形的边之间的接触，可以使用基于面的绑定约束将面单元与边节点相连接，并且可以在面单元之间定义节点-面接触（见“面单元”，《Abaqus 分析用户手册——单元卷》的 6.7.1 节）。对于不是使用基底单元几何来模拟的接触定义来说是重要的模拟几何细节，此技术是有用的。面单元也能够围绕壳单元来定义，Abaqus 减小了壳单元中的接触厚度（当接触厚度大于面片边长或者对角线长度时），因此可以模拟真实的面厚度。然而，与通用接触一起使用面单元时，需要用到与面单元节点相关的有合理物理意义的质量，并且当从基础单元将质量传递到面单元时，应注意不能改变块质量属性。

默认情况下，当在通用接触相互作用中使用了一个面时，所有可用的面片、分析型刚性面、节点、周界边、梁及杆部分都包含在接触定义中。用户可以控制为边-边接触使用哪一种特征边，如“在 Abaqus/Explicit 中为通用接触赋予面属性”（3.4.2 节）中所讨论的那样。面定义中不必明确地包含几何特征边和周界边（使用边标识符），因为边-边接触定义中已包含了它们。

欧拉-拉格朗日接触

通用接触算法也可以在欧拉材料与拉格朗日面之间施加接触。该算法自动补偿网格大小上的差异，以防止欧拉材料穿透拉格朗日面。用户可以使用通过 Abaqus/Explicit 定义的全包含面来施加模型中所有欧拉材料与拉格朗日体之间的接触，也可以指定接触区域中的单个欧拉面（见“欧拉面定义”，《Abaqus 分析用户手册——介绍、空间建模、执行与输出卷》的 2.3.5 节）。仅可以为实体和壳单元上的拉格朗日面施加欧拉-拉格朗日接触，而忽略其他面类型，如梁边和分析型刚性面。欧拉材料之间的接触相互作用和由欧拉材料自接触产生的相互作用是通过欧拉方程在内部进行处理的，不需要对这些相互作用进行通用接触定义。更多相关内容见“欧拉分析”中的“相互作用”（《Abaqus 分析用户手册——分析卷》的 9.1.1 节）。

涉及 DEM 或者 SPH 粒子的接触

通用接触算法施加以下类型的包含 DEM 或者 SPH 粒子的接触：

- DEM 或者 SPH 粒子与其他拉格朗日面之间的接触。
- DEM 粒子之间的接触。

关于涉及 DEM 和 SPH 粒子接触的更多内容，分别见“离散单元方法”（《Abaqus 分析用户手册——分析卷》的 10.1.1 节）和“平顺的粒子流体动力学”（《Abaqus 分析用户手册——分析卷》的 10.2.1 节）。

在分析中包含通用接触

如果一个步中没有出现通用接触定义，则将之前步中有效的通用接触定义传递到当前步中。

为了方便起见，可以将通用接触定义成模型数据。在初始步中，或者分析的“Step0”中定义一个指定成模型数据的通用接触定义，并可以在Step1或者之后的步中对其进行更改或者删除。

输入文件用法：使用以下选项表示通用接触定义的开始：

*CONTACT

此选项在每个步中仅能出现一次。

Abaqus/CAE用法：Interaction module：Create Interaction：General contact (Explicit)

删除通用接触定义

用户可以删除之前指定的通用接触定义，并定义一个新的通用接触。

输入文件用法：*CONTACT，OP=NEW

Abaqus/CAE用法：Interaction module：interaction manager：选择相互作用，Deactivate

更改通用接触定义

另外，用户可以对现有的通用接触定义进行修改。在此情况中，现有的通用接触定义保持有效，并且将指定的额外信息附加于该通用接触定义中。

接触状态信息（如双侧面的合适的接触法向方向）是跨越步边界传递的，即使更改了接触区域。

输入文件用法：*CONTACT，OP=MOD

Abaqus/CAE用法：Interaction module：interaction manager：
选择相互作用，Edit

实例

更改通用接触定义时，假定其各部分是相互独立的。例如，下面的接触定义是在Step1中指定的（下文中对各选项分别进行了讨论）：

```
*CONTACT
*CONTACT INCLUSIONS surf_ 1,
*CONTACT EXCLUSIONS surf_ a, surf_ b
```

使用以下输入在Step2中对该接触定义进行修改：

```
*CONTACT, OP=MOD
*CONTACT INCLUSIONS surf_ 2, surf_ 3
*CONTACT EXCLUSIONS surf_ a, surf_ c
```

Step2的一个等效接触定义可以指定如下：

```
*CONTACT, OP=NEW
```

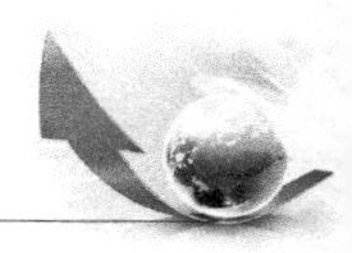

```
*CONTACT INCLUSIONS surf_ 1,
surf_ 2, surf_ 3
*CONTACT EXCLUSIONS surf_ a, surf_ b
surf_ a, surf_ c
```

定义通用接触区域

用户可以通过定义通用接触包含物和排除物，来指定彼此之间存在潜在接触的模型区域。每个步中仅允许有一个接触包含定义和一个接触排除定义。

分析中首先应用所有接触包含，然后应用所有接触排除，而不管指定它们的顺序如何。接触排除优先于接触包含。通用接触算法将仅考虑通过接触包含定义所指定的相互作用和通过接触排除定义没有指定的相互作用。

通常通过为 Abaqus/Explicit 中默认自动生成的面指定自接触来定义通用接触相互作用。用于通用接触算法中的所有面可以跨越多个未连接的体，这样，此算法中的自接触将不局限于单个体与其自身的接触。例如，一个跨越两个体的面自接触，可以是体之间的接触以及每个体与其自身的接触。

指定接触包含

用户可以通过定义接触包含来指定接触应包含的模型区域。

为整个模型指定“自动”接触

用户可以为由 Abaqus/Explicit 自动定义的未命名的默认全包含面指定自接触，以下情况除外：模型中的所有外部单元面、所有分析型刚性面、基于梁和杆单元的所有边，以及与这些面和边相连的节点。此外，Abaqus 将根据用户指定的准则包含特征边（见“在 Abaqus/Explicit 中为通用接触赋予面属性”，3.4.2 节）。这是定义接触区域的最简单的方法。使用此方法，可以为节点、面片、分析型刚性面和默认面的接触边模拟所有节点-面、节点-分析型刚性面和边-边相互作用。默认面不包括以下情况：

- 不能作为基于单元的面的一部分节点，如仅连接到点质量或者连接器的节点。
- 仅属于胶粘单元的面、边和节点。实际上，生成这些默认面类似于不存在胶粘单元。更多与胶粘单元有关的接触模拟问题，见“使用胶粘单元来模拟”（《Abaqus 分析用户手册——单元卷》的 6.5.3 节）。

输入文件用法：同时使用以下选项为整个模型指定“自动”接触：

```
*CONTACT
*CONTACT INCLUSIONS, ALL EXTERIOR
```

使用 ALL EXTERIOR 参数时，*CONTACT INCLUSIONS 选项应没有数据行。

Abaqus/CAE 用法：Interaction module：Create Interaction：General contact (Explicit)：Included surface pairs：All* with self

指定单独的接触相互作用

另外，用户可以通过指定单独的接触面对直接定义通用接触区域。仅当所指定的两个面重合（或者相同）时才模拟自接触，并且仅在重叠区域中模拟自接触。

接触区域中可以包含多个面对。每个面对中至少要有一个面是基于单元的面或者分析型刚性面。

输入文件用法：同时使用以下选项指定单独的接触相互作用：

* CONTACT

* CONTACT INCLUSIONS

面1，面2

省略ALL EXTERIOR参数时，必须至少指定一个数据行。其中一个或者两个数据行的输入可以是空白的，但是每个数据行至少应包含一个逗号，Abaqus将为空的数据行发出一个错误信息。如果省略了第一个面名称，则假定为自动生成的未命名的默认全包含面。如果省略了第二个面名称或者第二个面名称与第一个面名称相同，则假定为第一面与其自身之间的接触。两个数据行输入空白等效于使用ALL EXTERIOR参数。

Abaqus/CAE用法：Interaction module：Create Interaction：General contact (Explicit)：Included surface pairs：Selected surface pairs：Edit，在左边的列中选择面，单击中间的箭头，将它们传递到包含对的列表中

实例

以下输入用于指定应当在自动生成的默认全包含面与面2之间施加接触，包括重叠区域中的自接触：

* CONTACT

* CONTACT INCLUSIONS

，面2

用户可以使用下面的任何一种方法来定义面1的自接触：

* CONTACT

* CONTACT INCLUSIONS

面1，

或者

* CONTACT

* CONTACT INCLUSIONS

面1，面1

用户可以使用以下输入将一个包含点质量的基于节点的面引入接触区域中，以及为自动生成的默认全包含面指定自接触：

* CONTACT

* CONTACT INCLUSIONS

，

，node_ based_ surf

指定接触排除

用户可以通过指定从接触中排除的模型区域来细化接触区域定义。

指定接触排除的主要目的是避免物理上不合理的接触相互作用。例如，一个有限元模型可以包含多个成形模具，但是并非所有模具都同时参与成形过程，用户可以在特定的步中指定接触排除来防止某些模具参与接触模型。

用户不需要为不太可能产生相互作用的模型零件指定接触排除，因为这类排除对计算性能的影响通常是最小的。

对于所有指定的接触排除面对，将忽略其接触，即使在接触包含定义中直接或者间接地指定这些相互作用。

用户可以从接触区域中排除多个面对。每个面对中至少要有一个面是基于单元的面或者分析型刚性面。可以定义面跨越多个不相连的体，这样，自接触排除将不局限于单独体的接触排除。

用户不能仅排除壳类面的一侧。如果在定义基于单元的壳类面时使用了侧标签（SPOS或者 SNEG），并且从接触中排除此面，则 Abaqus/Explicit 将排除与这些单元相关的所有面。

输入文件用法：同时使用以下选项指定接触排除：

*CONTACT

*CONTACT EXCLUSIONS

面 1，面 2

其中一个或者两个数据行的输入可以是空白的。如果省略了第一个面名称，则假定为自动生成的未命名的默认全包含面。如果省略了第二个面名称，或者第二个面名称与第一个面名称相同，则从接触区域中排除第一个面与其自身的接触。

Abaqus/CAE 用法：Interaction module：Create Interaction：General contact (Explicit)：Excluded surface pairs：Edit，在左边的列中选择面，单击中间的箭头，将它们传递到排除对列表中

自动生成接触排除

在以下情况中，Abaqus/Explicit 将自动为通用接触生成接触排除：

• 接触排除是为使用接触对算法定义的相互作用，或者基于面的绑定约束自动生成的，以避免冗余（并且可能不一致）施加这些相互作用约束。例如，如果将 surface_ 1 和 surface_ 2定义为接触对，并且为整个模型定义了“自动”通用接触，则 Abaqus/Explicit 将为 surface_ 1 和 surface_ 2 之间的通用接触生成一个接触排除，以保证仅使用接触对算法来模拟这两个面之间的相互作用。这些自动生成的接触排除仅在接触对算法或者基于面的绑定约束相互作用起作用的步过程中才有效。

• Abaqus/Explicit 自动为模型中每个刚体的自接触生成接触排除，因为刚体不可能与其自身接触。

• 当用户指定纯粹的主-从接触面加权一个特别的通用接触面对时，为方向与指定方向相反的主-从面生成接触排除（关于此类型接触排除的更多内容，见“Abaqus/Explicit 中通用接触的接触方程”，5.2.1 节）。

• 与接触对算法不同，在以基底单元的失效状态为基础的接触区域中，通用接触算法激活和抑制接触面和接触边。详细内容见下面的“模拟面侵蚀”。

实例

以下输入用于指定接触区域是基于自动生成的全包含面的自接触，但是应当忽略自动生成的全包含面与面 2 之间的接触（包括重叠区域中的自接触）：

```
* CONTACT
* CONTACT INCLUSIONS, ALL EXTERIOR
* CONTACT EXCLUSIONS
,面 2
```

用户可以使用以下方法中的一种来从接触区域中排除面 1 的自接触

```
* CONTACT EXCLUSIONS
面 1,
```

或者

```
* CONTACT EXCLUSIONS
面 1, 面 1
```

模拟面侵蚀

通用接触允许使用基于单元的面来分析模拟面侵蚀。如果定义了一个合适的“内部”面，则面拓扑将发生演化来满足没有失效的单元外观。另外，如果只有一个体可以侵蚀，则可以使用一个基于节点的面来模拟面侵蚀。此方法可以与通用接触或者接触对算法一起使用。然而，即使只有一个体可以侵蚀，也建议为侵蚀体定义一个基于单元的面来避免基于节点的面的常见限制（见“基于节点的面定义”，《Abaqus 分析用户手册——介绍、空间建模、执行与输出卷》的 2.3.3 节）。

通用接触算法基于基底单元的失效状态，来更改在接触区域中有效的接触面和接触边列表（在“动态失效模型”，《Abaqus 分析用户手册——材料卷》的 3.2.8 节中对单元失效进行了讨论）。仅当构成面的基底单元没有失效，并且此面不与附近还没有失效单元的面一致时，通用接触才考虑此面。这样，外部面最初是有效的，而内部面最初是无效的。一个单元一旦失效，就从接触区域中删除它的面，并激活新暴露的内部面。当所有包含边的单元都失效时，则删除这条接触边。由于单元的侵蚀，没有创建新的接触边。基于此算法，有效接触区域在分析过程中将随着单元失效而演化。侵蚀体实例如图 3-33 所示。

用户可以控制在所有周围单元都失效后，是否在接触区域中保留接触节点？默认情况下，在接触区域中保留这些节点，并且将其作为自由浮动的质量点与仍然是接触区域一部分的面发生接触。用户可以指定一旦与节点相连的所有接触面和接触边被侵蚀后，应当侵蚀（即从接触区域中删除）基于单元的面中的节点。关于此技术的进一步讨论，包括实施和抑制节点侵蚀的原因，见“Abaqus/Explicit 中通用接触的接触控制”（3.4.5 节）。

在固体单元上指定的面侵蚀

对于一个由可以失效的单元组成的实体单元网格，接触区域应当包含可能包含在接

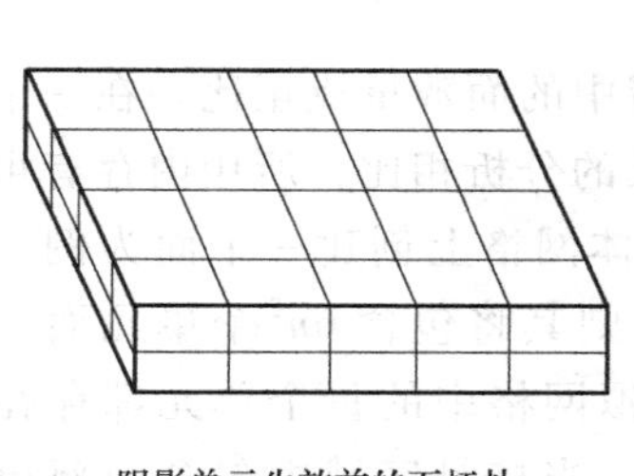

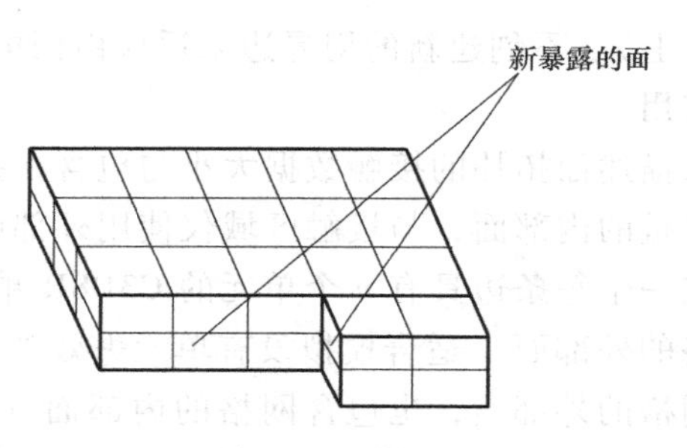

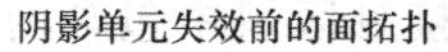
阴影单元失效前的面拓扑

失效后的面拓扑

图 3-33 侵蚀接触面的拓扑

触中的每一个面（外部面和内部面）。当单元失效时，通用接触算法将根据需要激活和抑制面。

例如，用户要定义一个包含模型中所有固体单元的，参考材料失效模型的单元集 ELERODE。首先，必须创建一个包含这些单元的所有内部面和外部面的 SURFERODE 面。可以使用 Abaqus/Explicit 中自动生成自由面和内部面的方法来定义此面。假定 ELERODE 中的所有单元均为 C3D8R 类型，则用户应通过另外直接指定 S1 ~ S6 面来定义面。对于这三种方法的讨论，见“基于单元的面定义”中的“在实体、连续壳和胶粘单元中创建面”（《Abaqus 分析用户手册——介绍、空间建模、执行与输出卷》的 2.3.2 节）。

然后，用户必须构建接触区域。为整个模型定义“自动”通用接触是不够的，因为使用此方法时，所创建的接触区域不包含任何内部面。因此，用户必须在接触包含定义中明确地定义具有可侵蚀面的成对相互作用，如表 3-2 中所总结的那样。

表 3-2 接触包含定义

接 触 包 含	输入文件句法	Abaqus/CAE 句法
用默认全包含面的自接触来指定模型中每个外部面之间的接触	，	第一个面：(ALL*) 第二个面：(Self)
用默认全包含面与 SURFERODE 之间的接触来指定每个外部面与 SURFERODE 之间的接触	,SURFERODE	第一个面：(ALL*) 第二个面：SURFERODE
用 SURFERODE 的自接触来指定侵蚀体之间的自接触	SURFERODE,	第一个面：SURFERODE 第二个面：(Self)

另外，用户可以创建一个更简明的定义相同接触区域的定义，首先定义一个名为 SURFALL 的面，该面包含整个模型中的所有外部面和单元集 ELERODE 中的所有内部面。在此情况中，因为接触区域中的所有面（外部面和内部面）是在同一个面中定义的，所以不需要明确地定义外部面和内部面之间的接触。仅为 SURFALL 指定自接触即可。

Abaqus/Explicit 将基于单元尺寸，自动计算一个与内部面相关的非零的接触厚度，并且不能通过面属性赋予来改变此默认值。

在结构单元上指定的面侵蚀

对于结构单元，通用接触算法为失效检查构成面的基底单元（或者梁和杆单元上的“接触边”）。一旦基底单元失效就删除面。对于实体而言，一旦其周围的所有面失效，就删除结构单元上的特征边。一旦与周界边相连接的面失效，就删除周界边（位于壳单元网

格的周界上)。不创建新的周界边来适应由面的删除创建的新周界。

内存的使用

用来描述面拓扑的接触数据大小与包含在接触区域中的面数量成正比。在一个接触区域中包含大量的内部面，与接触区域仅使用外部面来定义的分析相比，所用内存有可能显著增加。以在一个每条边具有 n 个单元的 C3D8R 单元立方体网格上创建一个面为例。如果该面包含网格的外部面（适合模拟没有单元失效的接触），则其将包含 $6n^2$ 个单元面。如果该面既包含网格的外部面，也包含网格的内部面（适合模拟网格中的每个单元都存在单元失效的接触），则其将包括 $6n^3$ 个单元面。对于较大的网格，当接触区域中包含内部单元面来模拟侵蚀时，所使用内存可能会增加一个数量级。然而，建议在接触区域中仅包含可能参与接触的内部单元面。

输出

组成通用接触区域的面可以作为接触分析输出变量的附加输出。

通用接触区域和组件面

定义通用接触面后，Abaqus/Explicit 将生成以下内部面：

- General_ Contact_ Faces_ Step*k*,
- General_ Contact_ Edges_ Step*k*,
- General_ Contact_ Nodes_ Step*k*

其中，k 是步编号。General_ Contact_ Nodes_ Step*k* 在通用接触区域中仅包含其它两个面所不包含的节点。例如，General_ Contact_ Faces_ Step2 将包含 Step2 的通用接触区域中最初包含的所有面（内部面和外部面）。这些面包含步开始时接触区域中包含的接触面、边和节点，并且不对其进行更改来反映面侵蚀。

Abaqus/Explicit 也生成以下与“组件面”相关的内部面：

- General_ Contact_ Faces_ Step*k*_ Comp*m*
- General_ Contact_ Edges_ Step*k*_ Comp*m*

其中，m 是自动赋予的“组件编号”。每一个特征边组件表面 General_ Contact_ Edges_ Stepk_ Comp*m*，具有对应面组件表面的面边子集（满足特征边准则）General_ Contact_ Faces_ *k*_ Comp*k*。面组件表面彼此之间没有共同的节点。

内部面可以在 Abaqus/CAE 的显示模块中使用显示组来显示（见《Abaqus/CAE 用户手册》）。Abaqus/Explicit 使用的内部面名称不应当出现在输入文件中。

通用接触输出变量

用户可以将与通用接触相互作用相关的接触面变量写入 Abaqus 输出数据库（.odb）文件中（更多相关内容见“输出到输出数据库”中的“Abaqus/Standard 和 Abaqus/Explicit 中的面输出”，《Abaqus 分析用户手册——介绍、空间建模、执行与输出卷》的 4.1.3 节）。可以得到的变量有接触压力、法向接触应力、摩擦力和整个面的合量（即力、力矩、压力中心和接触总面积）。

场输出

在 Abaqus/Explicit 中，一般性变量 CSTRESS 和 CFORCE 对于通用接触是有效的场输出要求。如果为通用接触区域使用了 CSTRESS，则可以在 Abaqus/CAE 中云图显示变量 CSTRESS（接触压力）。如果为通用接触区域使用了 CFORCE，则变量 CNORMF（法向接触应力）和 CSHEARF（切向接触力）可以作为向量在 Abaqus/CAE 中以符号图的形式显示。

对于通用接触，将 CPRESS 计算成单位面积上净法向接触压力（CNORMF 向量）的大小（它是一个无符号的值）。这种表达接触压力的规则与表达接触对的规则不同。可以通过检查 CNORMF 图来确定通用接触的净接触压力的作用方向。

CNORMF 和 CSHEARF 是表示合力的量。如果一个双侧面在两侧都发生接触，则结果力是来自每一侧面的力矢量和（例如，使用大小相等且方向相反的力来夹持双侧面的每侧面时，接触法向力等于零）。

历史输出

一些整体面接触力推导的变量可以作为历史输出。用户可以指定需要计算接触力合力的面。

使用由通用接触产生的面上力分布来计算面合力，不包括由接触对相互作用产生的力，两者必须单独输出。一个面的接触状态是以相对于原点的合力组（CFN、CFS 和 CFT）和合力矩组（CMN、CMS 和 CMT）的形式输出的。由额外的变量（XN、XS 和 XT）给出面上的力作用中心（定义为最靠近面的中心，位于合力作用线上的点，该点的合力矩最小）。每个变量名称的最后一个字母表示使用面上的哪一个接触力分布来计算合力：N 表示使用法向接触力来计算合力；S 表示使用切向接触力来计算合力；T 表示使用法向和切向接触力的和来计算合力。

总力矩输出变量可以不等于力矢量各自的中心与结果力矢量的叉积。作用在一个面中两个不同节点上的力可能具有作用在相反方向上的分量，这样这些节点力分量生成一个净力矩，但并不是一个净力；这样，总力矩可能不会从合力整个地增加。当面节点力作用在近似相同的方向上时，力输出变量的中心变得最有意义。

用户可以使用输出变量 CAREA 得到给定时间上的总接触面积，将其定义成作用有接触力的所有面片面积的和。对于被合理网格划分的接触面，由 CAREA 得到的接触面积通常比真实接触面的面积稍微大一些。因此，应谨慎使用 CAREA。CAREA 输出与真实接触面积之间的差异，随着网格密度的增加而减小。使用接触包含或者排除将 CAREA 限制成输出到较小的接触面，也可以减小某些情况中的差异。因为 CAREA 输出只是真实面积的近似值，使用此输出得到的力或者应力的值可能是不精确的。直接调用接触力和应力是得到精确结果的最合适的方法。

模拟面侵蚀时的单元输出

模拟面侵蚀时，需要使用单元状态（输出变量 STATUS）的额外单元场输出。然后，可以从 Abaqus/CAE 的显示模块的显示组中排除失效单元（单元状态为零），这样可以确定有效接触面，并且可以显示有效接触面上的接触结果。

3.4.2 在 Abaqus/Explicit 中为通用接触赋予面属性

产品：Abaqus/Explicit　　Abaqus/CAE

参考

- “在 Abaqus/Explicit 中定义通用接触相互作用”，3.4.1 节
- *CONTACT
- *SURFACE PROPERTY ASSIGNMENT
- “为通用接触指定面属性赋予”，《Abaqus/CAE 用户手册》的 15.13.5 节

概览

面属性赋予：

- 可以改变基于结构单元的面区域的接触厚度，或者为基于实体单元的面区域添加接触厚度。
- 可以指定基于壳、膜、刚体和面单元的面区域的面偏置。
- 可以指定通用接触区域中应包含模型的哪条边。
- 可以指定面区域的几何校正。
- 可以选择性地施加到通用接触区域中的某个区域。
- 不能施加到分析型刚性面上。

赋予面属性

用户可以将非默认的面属性赋予通用接触相互作用中包含的面。仅当这些面包含在通用接触相互作用中时才考虑这些属性；当这些面包含在其他相互作用，如接触对中时，是不考虑这些属性的。通用接触算法不考虑被指定为面定义的一部分的面属性。

面属性在整个通用接触相互作用有效的分析步上传递。

用来指定具有默认面属性区域的面名称可以不和用来指定通用接触区域的面名称相对应。在许多情况中，将为一个大的区域定义接触相互作用，而给此区域的子集赋予非默认的面属性。为通用接触区域以外的面赋予的面属性将被忽略。如果所指定的区域重叠，则优先使用最后的赋予。

输入文件用法：*SURFACE PROPERTY ASSIGNMENT，PROPERTY

此选项必须与 *CONTACT 选项一起使用。对于下面讨论的 PROPERTY 参数的每个值，此选项在每个步中至多只能出现一次。可以根据需要重复此数据行来将面属性赋予不同的区域。

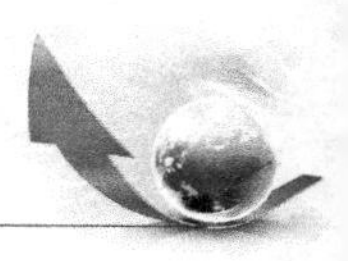

Abaqus/CAE 用法：Interaction module：Create Interaction：General contact (Explicit)：Surface Properties

面厚度

节点面厚度的默认计算结果（下文中进行了详细的介绍）适用于绝大部分的分析，例外情况是板材成形分析，其中板材变薄将显著影响接触。用户可以通过指定使用减小的父单元厚度来模拟这种情况。第三种方法是指定面厚度的值。例如，用户可以赋予实体单元面一个非零的厚度，来模拟有限厚度面涂布的影响。“基于单元的面定义”（《Abaqus 分析用户手册——介绍、空间建模、执行与输出卷》的 2.3.2 节）中介绍了面厚度空间变化的相关内容。

指定原始的或者减小的厚度将导致基于节点的面具有零厚度，用户可以为与通用接触算法一起使用的基于节点的面指定一个非零的厚度（对于这样的面，接触对算法将不考虑非零的厚度）。

通用接触算法要求接触厚度不大于表面面片边长或者对角线长度的一个百分比。根据单元的几何形状，该百分比通常为 20%～60%。通用接触算法将在必要时自动缩放回接触厚度，不影响为基底单元的单元计算所使用的厚度。如果执行了这样的缩放，将在状态(.sta) 文件中显示诊断信息。

要避免这种厚度上的限制，可以使用面单元模拟接触面（见“面单元”，《Abaqus 分析用户手册——单元卷》的 6.7.1 节）。面单元必须通过基于面的绑定约束与基底单元相连接（见“网格绑缚约束”，2.3.1 节），并且必须有一个物理上合理的质量与该面单元相关联。需要以较大的百分比将基底单元的质量传递给面单元，而不显著改变块质量属性。另外，可以使用接触控制设置来限制厚度减薄检测（见“Abaqus/Explicit 中通用接触的接触控制”，3.4.5 节）。

默认情况下，可以使用通用接触算法来避免。使用接触对算法时壳周边出现的“牛鼻”效应（见“在 Abaqus/Explicit 中为接触对赋予面属性”，3.5.2 节），壳单元边、节点和面片仅反映法向壳厚度，并且不扩展至通过周界。可以使用接触控制设置来关闭牛鼻防止检测（见“Abaqus/Explicit 中通用接触的接触控制”，3.4.5 节）。

使用原始父单元的厚度

默认情况下，基于壳、膜或者刚体单元的面节点厚度，等于邻近单元的最小原始厚度（见图 3-34 和表 3-3）。

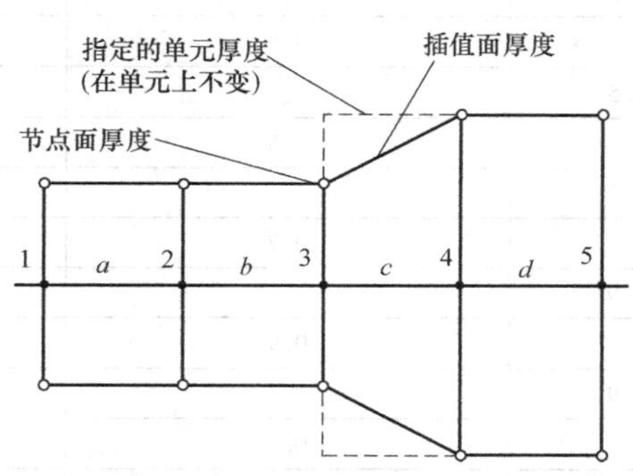

图 3-34　穿过面片边界的连续变化的面厚度

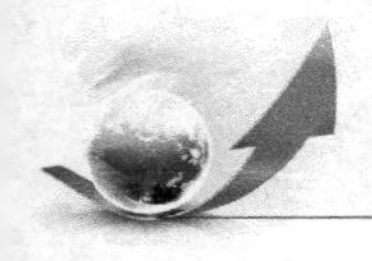

表 3-3　图 3-34 中的厚度

节点	单元	指定的单元厚度	节点面厚度(邻近单元厚度的最小值)
1			0.5
	a	0.5	
2			0.5
	b	0.5	
3			0.5
	c	0.9	
4			0.9
	d	0.9	
5			0.9

面片中的面厚度是从节点值插值得来的，插值得到的面厚度不会延伸至穿过指定的单元或者节点的厚度，单元或者节点的厚度可能关于初始过闭合是显著的。基于实体单元的面区域的默认节点面厚度是零。如果为基底单元定义了一个空间变化的节点厚度（见“节点厚度”，《Abaqus 分析用户手册——介绍、空间建模、执行与输出卷》的 2.1.3 节），则节点面厚度不一定完全对应于指定的节点厚度（见图 3-35 中的节点 4 和表 3-4）。

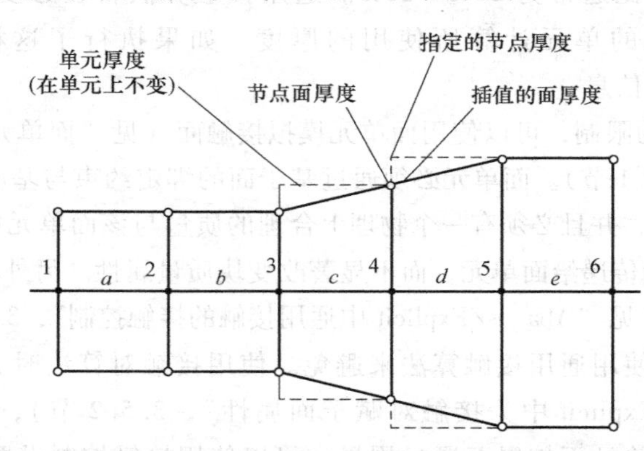

图 3-35　节点面厚度与指定的节点厚度之间存在较小的差异

表 3-4　图 3-35 中的厚度

节点	单元	指定的节点厚度	单元面厚度(指定节点厚度的平均值)	节点面厚度(邻近单元厚度的最小值)
1		0.5		0.5
	a		0.5	
2		0.5		0.5
	b		0.5	
3		0.5		0.5
	c		0.7	
4		0.9		0.7
	d		0.9	
5		0.9		0.9
	e		0.9	
6		0.9		0.9

节点面厚度分布与指定的节点厚度分布相比，趋向于更加发散（因为由指定节点厚度的平均值来计算单元厚度，并且邻近单元厚度的最小值是节点面厚度）。

输入文件用法：* SURFACE PROPERTY ASSIGNMENT，PROPERTY = THICKNESS
面，ORIGINAL（默认的）
如果省略了面名称，则假定默认面包含整个通用接触区域。

Abaqus/CAE 用法：Interaction module：Create Interaction：General contact（Explicit）：Surface Properties：Shell/Membrane thickness assignments：Edit：选择面，单击箭头将面传递到厚度赋值列表，并在 Thickness 列中输入 ORIGINAL。

使用减小的父单元厚度

如果用户指定使用减小的父单元厚度，则在接触面厚度中只反映父单元厚度上的减小；如果在分析过程中父单元厚度实际上是增加的，则接触厚度将保持不变。

输入文件用法：* SURFACE PROPERTY ASSIGNMENT，PROPERTY = THICKNESS
面，THINNING
如果省略了面名称，则假定默认面包含整个通用接触区域。

Abaqus/CAE 用法：Interaction module：Create Interaction：General contact（Explicit）：Surface Properties：Shell/Membrane thickness assignments：Edit：选择面，单击箭头将面传递到厚度赋值列表中，并在 Thickness 列中输入 THINNING。

指定面厚度的值

用户可以直接指定面厚度的值。

输入文件用法：* SURFACE PROPERTY ASSIGNMENT，PROPERTY = THICKNESS
面，值
如果省略了面名称，则假定默认面包含整个通用接触区域。

Abaqus/CAE 用法：Interaction module：Create Interaction：General contact（Explicit）：Surface Properties：Shell/Membrane thickness assignments：Edit：选择面，单击箭头将面传递到厚度赋值列表中，并在 Thickness 列中输入面厚度的值。

给面厚度施加一个比例因子

用户可以给面厚度施加一个比例因子。例如，如果用户指定 surf1 使用减小的父单元厚度并施加一个 0.5 的比例因子，则当通用接触相互作用中包含 surf1 时，其厚度为父单元厚度的一半（其他包含在通用接触区域中的面将使用默认的原始父单元厚度）。应用此方法来缩放面厚度，可以避免一些情况中的初始过闭合。Abaqus/Explicit 将自动调整面位置来消除初始过闭合（见“在 Abaqus/Explicit 中为通用接触控制初始接触状态”，3.4.4 节）。然而，如果不想对节点位置进行调整（例如，如果它们将在一个平坦的零件上引入一个缺陷，则产生一个不真实的屈曲模态），则用户可以优先减小面厚度并避免整体过闭合。

输入文件用法：*SURFACE PROPERTY ASSIGNMENT, PROPERTY=THICKNESS

面，值或者符号，比例因子

如果省略了面名称，则假定默认面包含整个通用接触区域。

Abqus/CAE 用法：Interaction module：Create Interaction：General contact (Explicit)：Surface Properties：Shell/Membrane thickness assignments：Edit：选择面，单击箭头将面传递到厚度赋值列表中，并输入 Scale Factor。

面偏置

面偏置是薄物体的中面与其他参考平面（通过节点坐标和单元连接性来定义）之间的距离。它等于偏置分数（指定为面厚度的百分比）乘以面厚度和单元面片法向。这定义了中面的位置，并因此得到了物体关于参考面的位置，而且没有更改参考面上的节点坐标。仅可以为在壳和类似单元（即膜、刚体和面单元）上定义的面指定面偏置，Abaqus 将忽略为其他单元（即实体或者梁单元）指定的面偏置。默认情况下，在通用接触算法中将使用单元截面中指定的面偏置。

每个节点上的面偏置是与节点相连接的面中最大偏置与最小偏置的平均值。面片中的一个点上的偏置是从节点值插值得到的。对于复杂的相交情况（边与多个面相连接），将面偏置设置成零。图 3-36 所示为对于面偏置的不同组合，接触面关于参考面的位置的一些例子。通用接触算法中的面偏置为-0.5~0.5。

用户可以将面偏置指定成面厚度的一个百分比，可以将面偏置分数设置成等于用于面的父单元的偏置分数，或者等于指定值。为通用接触指定的面偏置不改变单元积分。

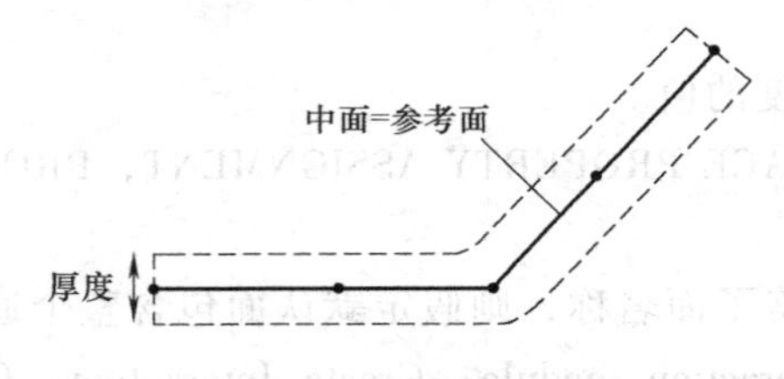

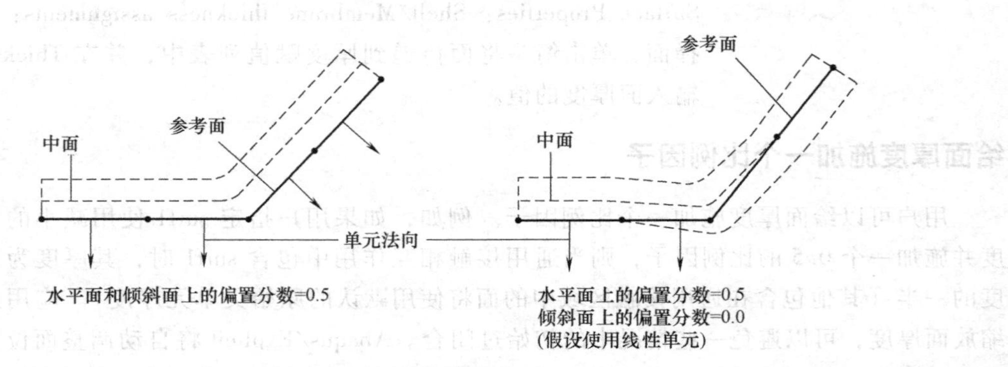

图 3-36 为通用接触指定面偏置

输入文件用法：使用以下选项来使用来自面的父单元面偏置分数（默认的）：

*SURFACE PROPERTY ASSIGNMENT, PROPERTY=OFFSET FRACTION

面, ORIGINAL

使用以下选项指定面偏置分数的值：

*SURFACE PROPERTY ASSIGNMENT, PROPERTY=OFFSET FRACTION

面, 偏置

可以将偏置指定为一个值或者符号（SPOS 或者 SNEG）。指定 SPOS 等效于面偏置为 0.5；指定 SNEG 等效于面偏置为-0.5。

Abaqus/CAE 用法：Interaction module：Create Interaction：General contact（Explicit）：Surface Properties：Shell/Membrane offset assignments：Edit：选择面，单击箭头将面传递到偏置赋值列表中。

在 Offset Fraction 列中输入 ORIGINAL，使用来自面的父单元的面偏置分数；输入 SPOS，使用值为 0.5 的面偏置分数；输入 SNEG，使用值为 -0.5的面偏置分数；或者输入面偏置分数的值。

特征边

模型的特征边是在梁和杆单元上，以及实体及结构单元面的边缘（周界和）上定义的。默认情况下，Abaqus/Explicit 通用接触算法中的边-边接触考虑周界边以及梁和杆单元的“接触边”。

用户可以通过指定特征边准则，来控制在通用接触区域中激活哪一条特征边。默认情况下，只激活周界边。特征边准则对梁和杆单元的“边”没有影响，通过在接触区域中包含这些边来将其激活。

特征角

特征角是与同一条边相连接的两个面片法向之间的夹角。面片之间的夹角是以初始构型为基础的。负的特征角将在面片的凹形相交处产生，因此，接触区域中从来不包含这些边。图 3-37 所示为不同边的特征角的计算实例。

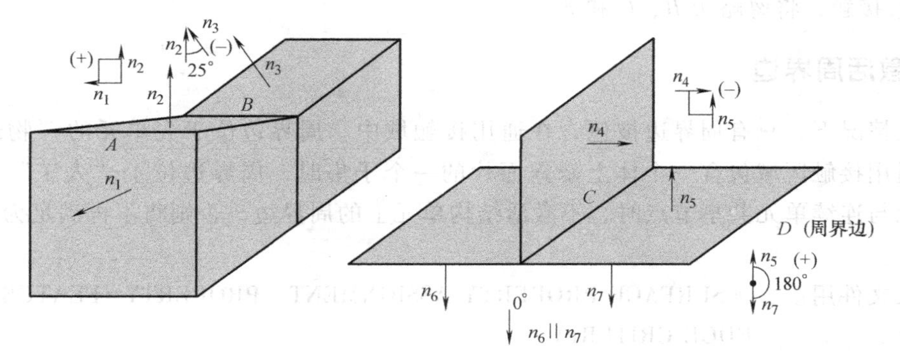

图 3-37 计算特征角

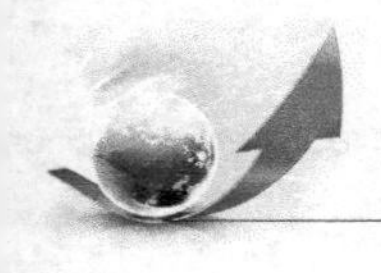

边 A 的特征角是 90°（n_1 和 n_2 之间的夹角）；边 B 的特征角是−25°（n_2 和 n_3 之间的夹角）；边 C 是三个面片形成的 T 形相交交线（图 3-38 为其二维显示），其特征角是 0°、−90°和−90°。

周界边（如图 3-37 中的边 D）相当于特征角等于 180°的特征边特例。

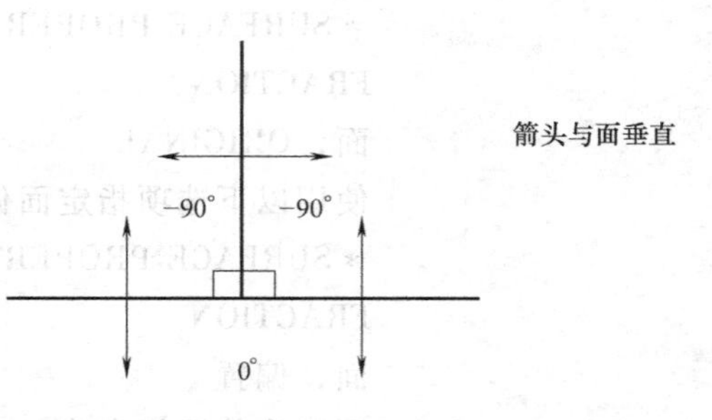

图 3-38 T 形相交交线的特征角

（如图 3-37 中的边 C）

当需要确定是否在通用接触区域中激活一条几何特征边时，才考虑特征角的符号。例如，如果指定了一个 20°的截止特征角，将应激活边 A（图 3-37）作为接触模型中的特征边（因为 90°>20°）；边 B 和边 C 则不会被激活，因为−25°<20°和 0°（边 C 的最大特征角）<20°。

图 3-39 进一步说明了如何使用特征角来确定应在通用接触区域中激活哪一条几何特征边。

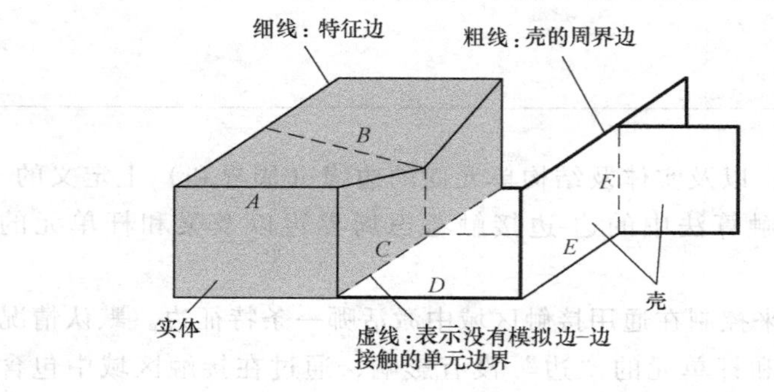

边	边的最大特征角	边的其他特征角
A	约为+105°	无
B	约为−30°	无
C	0°	−90°
D	+180°	无
E	+90°	−90°
F	0°	−90°，−90°

图 3-39 对于 20°的截止特征角，在通用接触区域中激活的特征边

图 3-39 右侧的表中列出了模型中不同边的特征角。连接多于两个面片的边，以及连接两个壳面片的边，其特征角的数量大于 1。图中对边的最大特征角与所指定的截止特征角进行了比较。例如，如果指定了一个 20°的截止特征角，则边 A、D 和 E 将考虑成特征边；而对于边-边接触，将忽略边 B、C 和 F。

指定只激活周界边

默认情况下，只有周界边被包含在通用接触域中。周界边位于壳单元的“物理”周界上；当通用接触区域包含一个体上暴露面片的一个子集时，周界边位于“人工”边上。当结构单元与连续单元共享节点时，不激活结构单元上的周界边，否则将不再满足为它们指派的准则。

输入文件用法：＊SURFACE PROPERTY ASSIGNMENT，PROPERTY=FEATURE EDGE CRITERIA

面，PERIMETER EDGES（默认的）

如果省略了面名称，则假定默认面包含整个通用接触区域。

Abaqus/CAE 用法：Interaction module：Create Interaction：General contact (Explicit)：Surface Properties：Feature edge criteria assignments：Edit：选择面，单击箭头将面传递到特征赋值列表中，并且在 Feature Edge Criteria 列中输入 PERIMETER。

指定激活某些特征边

用户可以在面、结构和刚体单元上选择要在区域中激活的具体特征边。使用包含单元标签和边标识符的面（见“基于单元的面定义”中的“定义基于边的面”，《Abaqus 分析用户手册——介绍、空间建模、执行与输出卷》的 2.3.2 节）来指定要激活的边。

输入文件用法：*SURFACE PROPERTY ASSIGNMENT，PROPERTY=FEATURE EDGE CRITERIA

面，PICKED EDGES

Abaqus/CAE 用法：Interaction module：Create Interaction：General contact (Explicit)：Surface Properties：Feature edge criteria assignments：Edit：选择面，单击箭头将面传递到特征赋值列表中，并在 Feature Edge Criteria 列中输入 PICKED。

指定激活所有特征边

用户可以选择激活通用接触区域中的某个给定面上的所有边。这将激活给定面中指定的每个面的所有边。

输入文件用法：*SURFACE PROPERTY ASSIGNMENT，PROPERTY=FEATURE EDGE CRITERIA

面，ALL EDGES

Abaqus/CAE 用法：Interaction module：Create Interaction：General contact (Explicit)：Surface Properties：Feature edge criteria assignments：Edit：选择面，单击箭头将面传递到特征赋值列表中，并在 Feature Edge Criteria 列中输入 ALL。

指定抑制所有特征边

用户可以选择抑制通用接触区域中的所有特征边（包括周界边）。此选项不抑制与梁和杆单元相关的“接触边”。

输入文件用法：*SURFACE PROPERTY ASSIGNMENT，PROPERTY=FEATURE EDGE CRITERIA

面，NO FEATURE EDGES

如果省略了面名称，则假定默认面包含整个通用接触区域。

Abaqus/CAE 用法：Interaction module：Create Interaction：General contact (Explicit)：Surface Properties：Feature edge criteria assignments：Edit：选择面，单击箭头将面传递到特征赋值列表中，并在 Feature Edge Criteria 列

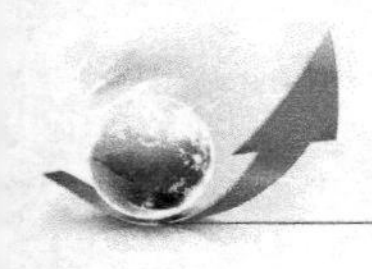

中输入 NONE。

指定截止特征角

如果用户指定一个截止特征角作为特征边准则，则在通用接触区域中激活特征角大于或者等于所指定角的周界边和几何边。如前文所述，用户可以按需要激活额外的特征角。

输入文件用法：*SURFACE PROPERTY ASSIGNMENT，PROPERTY=FEATURE EDGE CRITERIA

面，特征角值

如果省略了面名称，则假定默认面包含整个通用接触区域。

Abaqus/CAE 用法：Interaction module：Create Interaction：General contact（Explicit）：Surface Properties：Feature edge criteria assignments：Edit：选择面，单击箭头将面传递到特征赋值列表中，并在 Feature Edge Criteria 列中输入截止特征角的值（以°为单位）。

实例：对不同区域施加不同的特征边准则

用户可以给通用接触区域的不同区域赋予不同的特征边。例如，可以使用表 3-5 中所列输入来指定没有 surf1 的特征边、只有 surf2 的周界边，以及用于边-边接触的具有大于 30°特征角的 surf3 周界边和特征边。

表 3-5　实例中使用的输入

输入文件句法	Abaqus/CAE 句法
surf1,NO FEATURE EDGES	面:surf1,特征边准则:NONE
surf2,PERIMETER EDGES	面:surf2,特征边准则:PERIMETER
surf3,30	面:surf1,特征边准则:30

主要和次要特征边

为了在某些情况中削减计算成本，可以在一个面上（如在面的法向上具有越大梯度的位置）指定有限数量的特征边作为“主要”特征边。可以使用一个更加宽松的准则将面上的一些其他边指定为“次要”特征边。如果次要特征边是附加于主要特征边指定的，则 Abaqus/Explicit 仅在主要特征边之间以及主要特征边与次要特征边之间施加边-边接触，在次要特征边之间则不施加边-边接触。这样可以确保在模型中有“真”边的地方避免产生相互作用，而不需要在面的法向梯度仅是适中的地方激活主要特征边。正确选择主要和次要特征边准则可以显著节约计算成本。

除了用来为面选择主要特征边的准则之外，用户还可以通过指定次要特征边准则，来为面选择次要特征边。如果省略了次要特征边准则，则只有面的主要特征边是有效的。次要特征边的许用准则：

- 没有被选为主要特征边的所有边。
- 没有被选为主要特征边的所有拾取边。
- 没有被选为主要特征边的所有周界边。

- 特征角大于指定截止角值，且没有被选为主要特征边的所有边。

主要特征边和次要特征边准则的有效组合见表 3-6。

表 3-6 主要特征边和次要特征边准则的有效组合

主要特征边准则	次要特征边准则
无特征边	所有保留边、拾取的边、周界边、截止角
所有边	为次要特征边指定的准则将被忽略
拾取的边	所有保留边、周界边、截止角
周界边	所有保留边、拾取的边、截止角
截止角	所有保留边、拾取的边、周界边、截止角

将所有保留边指定成次要特征边

用户可以指定属于面的，还没有被选为主特征边的所有边作为次要特征边。

输入文件用法：* SURFACE PROPERTY ASSIGNMENT, PROPERTY = FEATURE EDGE CRITERIA

面，主要特征边准则，ALL REMAINING EDGES

如果省略了面名称，则假定默认面包含整个通用接触区域。

Abaqus/CAE 用法：Abaqus/CAE 中不支持次要特征边。

将选取的边指定成次要特征边

用户可以将还没有被选为主要特征边的面的所有选取边指定成次要特征边。

输入文件用法：* SURFACE PROPERTY ASSIGNMENT, PROPERTY = FEATURE EDGE CRITERIA

面，主要特征边准则，PICKED EDGES

如果省略了面名称，则假定默认面包含整个通用接触区域。

Abaqus/CAE 用法：Abaqus/CAE 中不支持次要特征边。

将周界边指定成次要特征边

用户可以将还没有被选为主要特征边的面的所有周界边指定成次要特征边。

输入文件用法：* SURFACE PROPERTY ASSIGNMENT, PROPERTY = FEATURE EDGE CRITERIA

面，主要特征边准则，PERIMETER EDGES

如果省略了面名称，则假定默认面包含整个通用接触区域。

Abaqus/CAE 用法：Abaqus/CAE 中不支持次要特征边。

为次要特征边指定截止特征角

用户可以指定在面上的，特征角大于指定值的，还没有被选为主要特征边的边作为次要特征边。如果也为主要特征边指定了一个角度值，则为次要特征角指定的角度值必须小于该角度值。

输入文件用法：* SURFACE PROPERTY ASSIGNMENT, PROPERTY = FEATURE EDGE CRITERIA

面，主要特征边准则，特征角值

如果省略了面名称，则假定默认面包含整个通用接触区域。

Abaqus/CAE 用法：Abaqus/CAE 中不支持次要特征角。

仅将激活的边指定成次要特征边

对于一些面，用户可能不想激活任何主要特征边，而是想要激活面上的所有边或者一些边作为次要特征边（在这些模型的次要特征边与另外一个面上的主要特征边之间施加接触）。在这种情况中，用户可以指定对于该面，当使用次要特征边准则时，没有特征边按主要特征边准则被激活。

输入文件用法：* SURFACE PROPERTY ASSIGNMENT，PROPERTY = FEATURE EDGE CRITERIA

面，NO FEATURE EDGES，次要特征边准则

如果省略了面名称，则假定默认面包含整个通用接触区域。

Abaqus/CAE 用法：Abaqus/CAE 中不支持次要特征边。

面几何形状修正

默认情况下，接触计算是基于通用接触区域中未平滑的面片来表示的有限单元面。面的真实几何形状与面片化的几何形状之间的差异可能导致在求解过程中产生明显的噪声。用户可以选择接触平滑技术，在接触计算中仿真一个更加真实的曲面。这些技术可使分析过程中离散的具有不连续法向的面更加接近光滑面。面几何形状修正的结果是可以得到更加精确的接触应力和减少由接触面之间相对滑动引起的解噪声。

用户可以通过为通用接触区域中的面赋予面属性来指定接触平滑。单独的面属性赋予可以指定对所有面进行平滑，也可以为每个面指定合适的几何形状修正方法。用户可以使用以下三种几何形状修正方法：

- 对于近似于旋转面一部分的面，采用圆周平滑法。
- 对于近似于球面一部分的面，采用圆球平滑法。
- 对于近似于环形面一部分的面，采用圆环平滑法。

用户必须为每个面指定合适的几何形状修正方法和近似旋转轴（对于圆周或者圆环平滑）或者近似球心（对于圆球平滑）。对于圆环平滑，用户还必须指定圆弧圆心到旋转轴的距离和线连接点（X_a，Y_a，Z_a），并且圆弧的中心线应当垂直于旋转轴。

输入文件用法：使用以下选项施加几何形状修正：

* SURFACE PROPERTY ASSIGNMENT，PROPERTY = GEOMETRIC CORRECTION

定义平滑区域的数据行（内容如下）

使用以下数据行为对对称轴通过点（X_a，Y_a，Z_a）和（X_b，Y_b，Z_b）的面施加圆周平滑：

面，CIRCUMFERENTIAL，X_a，Y_a，Z_a，X_b，Y_b，Z_b

使用以下数据行为对球心在点（X_a，Y_a，Z_a）处的面施加球形平滑：

面，SPHERICAL，X_a，Y_a，Z_a

使用以下数据行为对对称轴通过点（X_a，Y_a，Z_a）和（X_b，Y_b，Z_b），并且旋转圆弧的中心与对称轴之间的距离为 R 的面施加圆环平滑：

面，TOROIDAL，X_a，Y_a，Z_a，X_b，Y_b，Z_b，R

根据所需次数重复数据行，为接触区域中的所有面定义合适的几何形状修正。

Abaqus/CAE 用法：接触面平滑可以仅施加给 Abaqus/CAE 中的原始几何模型。Abaqus/CAE 可以自动检测通用接触区域中可以进行平滑的所有圆周面和球形面，并对其施加合适的平滑。

使用以下选项对模型施加的自动面平滑：

Interaction module：Create Interaction：General contact（Explicit）：Surface Properties：Surface smoothing assignments：Edit：切换打开 Automatically assign smoothing for geometric faces

使用以下选项手动为一个面施加平滑：

Interaction module：Create Interaction：General contact（Explicit）：Surface Properties：Surface smoothing assignments：Edit：

选择面，单击箭头将面传递到平滑赋值列表中。

在 Smoothing Option 列中，选择 REVOLUTION 施加圆周平滑，选择 SPHERICAL 施加球形平滑，或者选择 NONE 抑制面的平滑。

Abaqus/CAE 中不能定义圆环平滑。

使用几何形状修正时的注意事项

接触平滑技术假设面节点的初始位置位于真正的初始面几何形状上，除了 C3D10M 单元的中边节点。即使 C3D10M 单元的中边节点不位于真正的初始几何形状上，此平滑技术仍对其保持有效（使用 Abaqus/CAE 网格划分的模型总是将中边节点设置在真正的初始几何形状上，但是使用其他网格划分前处理器则未必如此）。

接触平滑对于小变形分析的影响是最显著的，对于所涉及面之间存在较大相对运动的情况则工作良好。对于具有较大变形的分析，此平滑技术对解的影响通常并不显著。然而，在某些情况中，特别是基底单元可能失效时，平滑可能降低大变形后的求解精度。

几何形状修正的影响

可以通过一个简单的彼此之间存在小间隙的两个同心圆柱之间的接触模型来说明接触平滑的影响。例如，图 3-40 所示的匹配网格没有初始过闭合，因此没有初始无应变的初始位移调整。然而，如果内部圆柱是转动的，则当由于主面的线性面片化而检测到接触时，两个圆柱之间将产生应力（图 3-41）。对两个圆柱的接触面应用平滑技术之后，此行为得到了改善。

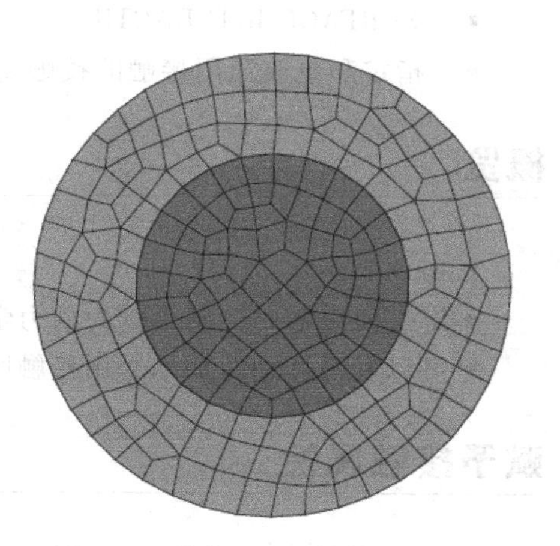

图 3-40 具有匹配网格的同心圆柱

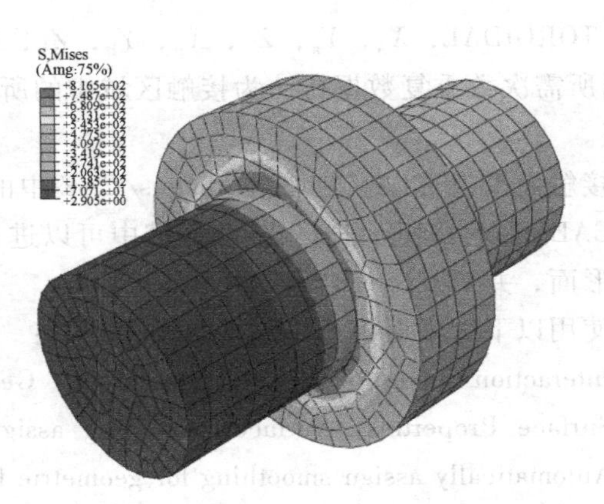

图 3-41 内部圆柱转动时产生的应力

3.4.3 在 Abaqus/Explicit 中为通用接触赋予接触属性

产品：Abaqus/Explicit　　Abaqus/CAE

参考

- “在 Abaqus/Explicit 中定义通用接触相互作用”，3.4.1 节
- “力学接触属性：概览”，4.1.1 节
- “接触压力与过盈的关系”，4.1.2 节
- “接触阻尼”，4.1.3 节
- “摩擦行为”，4.1.5 节
- * CONTACT
- * CONTACT PROPERTY ASSIGNMENT
- * SURFACE INTERACTION
- “指定和更改通用接触的接触属性赋予”，《Abaqus/CAE 用户手册》的 15.13.2 节

概览

接触属性：

- 定义面接触时控制其行为的力学面相互作用模型。
- 可以有选择地施加到通用接触区域中的某个具体区域。

赋予接触属性

Abaqus/Explicit 中默认的接触属性模型假定在法向上为“硬”接触、无摩擦、无热相互

作用等。用户可以给通用接触区域中的指定区域赋予非默认的接触属性定义（面相互作用）。

接触属性赋予可以在所有激活了通用接触相互作用的分析步中传递。

用来指定赋予非默认接触属性的区域的面名称，不需要与用来指定通用接触区域的面名称相对应。在许多情况中，将为一个较大的区域定义接触相互作用，同时此区域的一个子集赋予非默认的接触区域。为通用接触区域之外的区域赋予的接触属性将被忽略。如果指定的区域相互重叠，则以最后赋予的属性为准。

输入文件用法：* CONTACT PROPERTY ASSIGNMENT

面 1，面 2，相互接触属性名称

此选项必须与 * CONTACT 选项一起使用，并且其在每个步中至多只能出现一次。可以根据需要重复此数据行来为不同区域赋予接触属性。

如果省略了第一个面名称，则假定默认面包含整个通用接触区域。如果省略了第二个面名称或者第二个面名称与第一个面名称相同，则假定第一个面与其自身接触。用户可以将面定义成跨越多个不接触的体，这样自接触将不限于单独体与其自身的接触。如果省略了相互作用属性名称，则假定成 Abaqus/Explicit 中默认接触属性的未命名集。如果指定了相互作用属性名称，则其在输入文件的模型部分中，必须作为 * SURFACE INTERACTION 选项中的 NAME 参数值来出现。

Abaqus/CAE 用法：Interaction module：Create Interaction：General contact（Explicit）：Contact Properties：

Individual property assignments：Edit：在左边的列中选择面和接触属性，单击中间的箭头，将它们传递到接触属性赋值列表中

或者

Global property assignment：相互作用属性名称

在 Abaqus/CAE 中，用户必须为每个通用接触相互作用都赋予接触属性；Abaqus/CAE 不假定默认的接触相互作用属性。

实例

为通用接触分析中的第一个步指定以下接触属性赋予：

- 对整个通用接触区域的 contProp1 整体赋予。
- 对 surf1 自接触的 contProp2 局部赋予。
- 对 surf2 与 surf3 之间接触的默认 Abaqus 接触属性的局部赋予。
- 对整个接触区域与 surf4 之间接触的 contProp3 局部赋予。

```
* SURFACE INTERACTION, NAME=contProp1
* FRICTION
  0.1
* SURFACE INTERACTION, NAME=contProp2
* FRICTION
  0.15
```

```
*SURFACE INTERACTION, NAME=contProp3
*FRICTION
0.20
*STEP
Step1
*DYNAMIC, EXPLICIT
…
*CONTACT
*CONTACT INCLUSIONS, ALL EXTERIOR
*CONTACT PROPERTY ASSIGNMENT
, , contProp1
surf1, surf1, contProp2
surf2, surf3,
, surf4, contProp3
```

改变接触属性

通用接触相互作用的接触属性独立于使用它们的步，并且不能从步到步地更改。要改变给定步中的接触属性，用户必须指定新的步参照不同的接触属性模型的接触属性。

实例

例如，用户可以使用以下输入在前例分析的第二个步中，改变用于整个通用接触区域与surf4之间的接触摩擦系数：

```
*STEP
Step2
*DYNAMIC, EXPLICIT
…
*CONTACT
*CONTACT PROPERTY ASSIGNMENT
, surf4, contProp2
```

3.4.4 在 Abaqus/Explicit 中为通用接触控制初始接触状态

产品：Abaqus/Explicit

参考：

- “在 Abaqus/Explicit 中定义通用接触相互作用”，3.4.1 节

- ＊CONTACT
- ＊CONTACT CLEARANCE
- ＊CONTACT CLEARANCE ASSIGNMENT
- “产生一个变形的形状图”，《Abaqus/CAE 用户手册》HTML 版本中的 43.5 节

概览

通用接触区域中所包含面相互作用的初始间隙：

- 对于较小的初始过闭合将自动设置成零（例如，当使用诸如 Abaqus/CAE 那样的图形前处理器时，由数值圆整产生的较小穿透）。
- 可以用来消除不能自动消除的较大初始过闭合。
- 可以用来分离缠绕的双侧面。
- 可以用来模拟面之间的初始间隙。
- 施加在模型中而不产生任何应变或者动量。
- 不可以用来纠正网格设计中的重大错误。
- 可以用来确定裂纹扩展分析中的初始粘接节点集。

对仿真第一个步中初始过闭合的默认调整

Abaqus/Explicit 在仿真的第一个步中自动调整面的位置，来消除通用接触区域中存在的较小初始过闭合。该调整是使用无应变初始位移来完成的。此自动面位置调整的目的仅在于纠正与网格生成相关的轻微不匹配，即使是在通过用户子程序 VUINTERACTION 定义相互作用时，也完成此自动面位置调整。

源自单独接触、边界条件、绑定约束、耦合约束和刚体约束的冲突调整有可能完全消除初始过闭合。例如，当一个从节点位于两个主面片之间时将发生此情况。将没有通过重新定位节点来消除的初始过闭合存储成临时的接触偏置，来避免分析开始时出现大的接触力。穿透接触力的计算公式为

$$f=k(d_{cur}-d_0)$$

式中，k 是穿透刚度；d_0是初始未消除的穿透距离；d_{cur}是当前的穿透距离。如果 d_{cur}减小到 d_0以下，则将 d_0重新设置成 d_{cur}。

由于双侧面片的唯一向外方向是未知的，因此，消除双侧面的较大初始穿透是比较困难的。仅当从节点位于基底单元的厚度之内时，才能检测到初始穿透，并且 Abaqus 通过将从节点移动到最近的自由面上来消除初始穿透，如图 3-42 所示。

被困在一个双侧主面的相对侧上的从节点通常将导致严重的错误，而这直到分析后期才会显现出来。初始相交的面通常能说明单侧面的一个建模问题，因为实体内部从节点的初始搜寻被限制在大约 15%的面片尺寸距离内，通过调整初始过闭合的算法来忽略穿透深度大于此距离的从节点。

初始过闭合信息，包括节点调整数据、接触偏置、相交的面、不能校正的节点和警告是写入到状态（.sta）文件、信息（.msg）文件和输出数据库（.odb）文件中的。能够说明

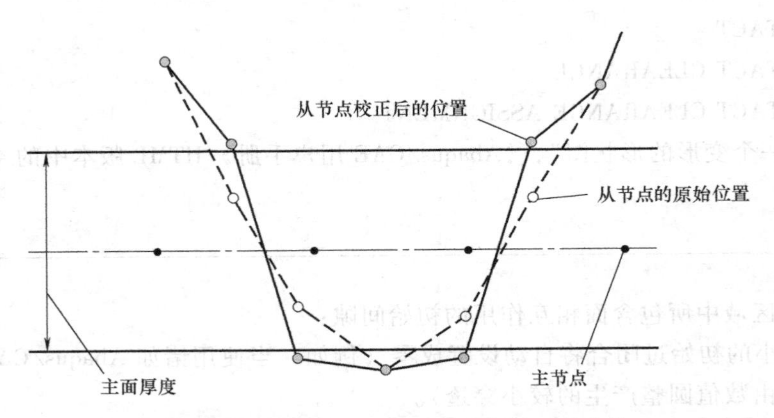

图 3-42 包含两个双侧面的接触的初始过闭合校正

用户模型定义错误，用来得到总初始穿透的默认容差，取决于接触类型：节点-面接触使用接触面片的特征长度，边-边接触使用被追踪边的长度，节点-分析型刚性面接触则使用典型的单元尺寸。关于过闭合警告的更多内容，见“Abaqus/Explicit 分析中的接触诊断”（6.2.1 节）和“显示诊断输出”（《Abaqus/CAE 用户手册》的第 41 章）。

仿真后续步过程中过闭合面的默认调整

在下列不产生接触力的情况中，将初始穿透存储成临时接触偏置：

- 如果通用接触区域不是在第一个步中创建的（即接触定义之前是一个没有定义接触的步）。
- 如果将 Abaqus/Standard 分析导入到 Abaqus/Explicit 中，并且不使用用户子程序 VUINTERACTION 定义接触相互作用。

然而，可能没有正确地处理深穿透，Abaqus 可能会忽略它们，或者在穿透超过壳的中面时，可能使用了错误的接触方向。用户可以使用初始过闭合和相交面诊断功能来诊断这些问题（见“Abaqus/Explicit 分析中的接触诊断”，6.2.1 节）。

如果在第一个步之后通用接触区域被扩展，则 Abaqus/Explicit 不采取任何特别的行动来逐渐消除新引入相互作用的初始穿透：罚接触力将与穿透成比例地施加，或者可以忽略穿透。此外，对于这些新的相互作用，不可以使用初始过闭合和相交面诊断功能。

指定初始间隙和控制初始过闭合调整方法

在某些情况中，默认算法可能无法正确消除初始过闭合，或者需要模拟面之间的精确初始间隙（即正的间隙）。特别的，过深的穿透可能被忽略，缠绕的双侧面可能无法正确分离（图 3-42），离散模型中弯曲面之间的间隙可能与非离散模型不一致。要解决这些问题，用户可以定义接触间隙并将它们赋予接触相互作用。相关实例如下。

定义接触间隙

用户必须给用来将间隙定义与接触相互作用进行关联的接触间隙定义赋予一个名称。

输入文件用法：＊CONTACT CLEARANCE，NAME＝间隙名称

通过调整节点坐标或者创建接触偏置来施加接触间隙

用户可以通过调整节点坐标或者创建接触偏置来施加间隙。默认情况下，通过调整节点坐标来调整接触间隙时，不会在模型中产生应变或者动量（仅能在分析的第一个步中使用此方法）。另外，用户可以指定通过创建接触偏置来施加间隙。这些偏置是永久生效的（与在消除的初始过闭合消除过程中创建的临时偏置相反），并且不会随着面的分离而逐渐减小为零。如果由于源自分离接触、边界条件、绑定约束、耦合约束或者刚体约束的冲突调整不能消除间隙违反行为，则也将为通过节点调整指定的间隙创建接触偏置。用户可以在新定义整个接触区域的（即在之前的步中没有定义接触）步中，以及在输入分析的第一个步中通过接触偏置来施加间隙。

输入文件用法：使用以下选项，通过调整节点坐标来施加接触间隙（默认的）：

＊CONTACT CLEARANCE，NAME＝间隙名称，ADJUST＝YES

使用以下选项，通过创建接触偏置来施加接触间隙：

＊CONTACT CLEARANCE，NAME＝间隙名称，ADJUST＝NO

设置初始间隙的值

用户可以将整个相互作用的间隙定义成单独的值，或者以节点分布的形式定义每个从节点的间隙（见“分布性定义”，《Abaqus 分析用户手册——介绍、空间建模、执行与输出卷》的 2.8.1 节）。如果定义了一个分布并省略了从节点间隙，则间隙值将从主节点处的值进行插值。如果没有为从节点和最靠近主面的节点指定间隙值，则忽略从节点。

对于实体单元面上的从节点，间隙值应当是非负数。如果没有给定一个值或者分布，则默认值是 0.0。

输入文件用法：＊CONTACT CLEARANCE，NAME＝间隙名称，

CLEARANCE＝值或者分布名称

定义搜索区域

用户可以通过指定搜索距离来定义面上方和下方的“区域”。对于位于这一区域中的从节点，将通过拉近或者推远它们，来指定其与和它们最靠近主面之间的间隙值，而不管它们的初始位置如何（过闭合或者初始间隙大于所定义的间隙）。最靠近的点是周界边的节点将从间隙值中排除。

实体单元的每个搜索距离的默认值约是与从节点相连的单元尺寸的 1/10。结构单元（如壳单元）的每个搜索距离的默认值是与从节点相关的厚度。

输入文件用法：＊CONTACT CLEARANCE，NAME＝间隙名称，

SEARCH ABOVE＝值，SEARCH BELOW＝值

定义搜索节点集

指定搜索区域的另一种方法，是指定一个包含已定义间隙的从节点的搜索节点集。对于属于此节点集的从节点，将通过拉近或者推远它们来指定其与最靠近的主面之间的间隙值，而不管它们的初始位置如何（过闭合或者初始间隙大于所定义的间隙）。如果已经指定了一个搜索节点集，则不对不属于指定搜索节点集的从节点施加间隙。

指定搜索节点集后，将有一个与实体单元的最大单元尺寸，或者与节点相关的结构单元（如壳单元）的厚度相对应的默认搜索距离值，超出搜索距离的节点位置将不做调整。

输入文件用法：＊CONTACT CLEARANCE，NAME=间隙名称，
SEARCH NSET=节点集名称

为接触相互作用赋予接触间隙

用户可以在通用接触区域中，给节点-面相互作用赋予初始间隙定义（除了自接触相互作用）。不允许对节点-分析型刚性面相互作用赋予初始间隙定义。对于节点-面相互作用，在两个面之间定义的间隙，将施加到每个面中的从节点与整个其他面之间的相互作用中。当使用节点调整来解决间隙违规时，在初始构型中进行调整来满足每一个从节点到最近主面的间隙指定。将接触偏置设置成初始构型中从节点与它的最近主面之间的间隙违规值，然后在分析过程中，从节点关于整个的其他面偏置那个值。

所指定的面必须是单侧面，并且不能包含复杂的面相互作用（即一条边不能与多个面相连接）或者不连续的法向。实体单元上的面定义将自动满足这些要求。这些限制源自双侧单元上面的间隙定义：如面法向所定义的那样，如果节点位于面的上方（下方），则该节点关于这个面具有正的（负的）间隙（图3-43）。一个节点关于双侧单元上的一个面具有负间隙，不能说明该节点为穿透状态，只能说明该节点与面的基底单元的另一侧之间存在间隙。

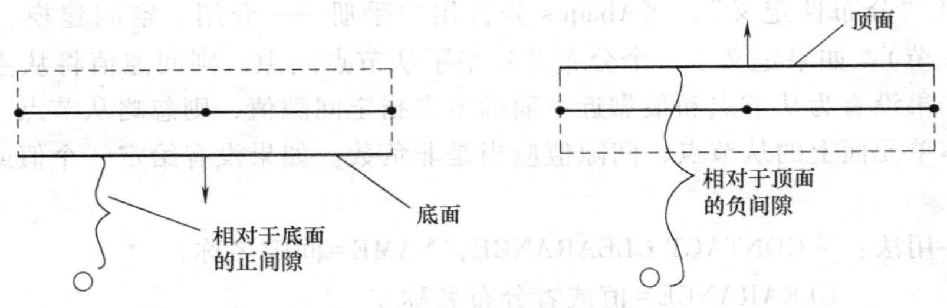

图3-43　双侧单元接触间隙符号约定

默认情况下，Abaqus将间隙施加在接触区域内部面对的所有主-从视图上，此外，如果指定通过节点调整来消除两个基于单元的面之间的间隙，则可以针对面对的一个主-从视图执行节点调整（在分析过程中，此调整仅应用于节点调整过程，而不应于面之间使用的接触方程）。

输入文件用法：使用以下选项来指定给定面对的所有主-从视图的间隙（默认的）：
＊CONTACT CLEARANCE ASSIGNMENT
面1，面2，间隙名称
使用以下选项来指定第二个面的节点与第一个面之间的间隙（第一个面作为主面）：
＊CONTACT CLEARANCE ASSIGNMENT
面1，面2，间隙名称，MASTER
使用以下选项来指定第一个面的节点与第二个面之间的间隙（将第一个面作为从面）：
＊CONTACT CLEARANCE ASSIGNMENT
面1，面2，间隙名称，SLAVE

实例

消除初始过闭合的默认算法不检测与从节点相连接面片尺寸的穿透。图 3-44 所示为具有较大初始穿透的两个固体单元，在默认的初始过闭合过程中将不会进行探测。

可以为此模型的过闭合明确地定义一个零间隙来消除初始过闭合。间隙定义如下：

```
*CONTACT CLEARANCE, NAME=c1, ADJUST=YES, SEARCH BELOW=0.2
SEARCH ABOVE=0.0
```

并赋予其 surf1 与 surf2 之间的相互作用：

```
*CONTACT
*CONTACT CLEARANCE ASSIGNMENT
surf1, surf2, c1
```

产生的调整如图 3-45 所示。调整节点坐标可以通过创建最初不存在的缺陷来退化网格几何，从而可以减小单元大小并相应减小稳定时间增量大小，或者可能使单元反转而防止分析继续。在这样的情况中，优先绕过节点坐标调整，并且指定接触偏置的存储。

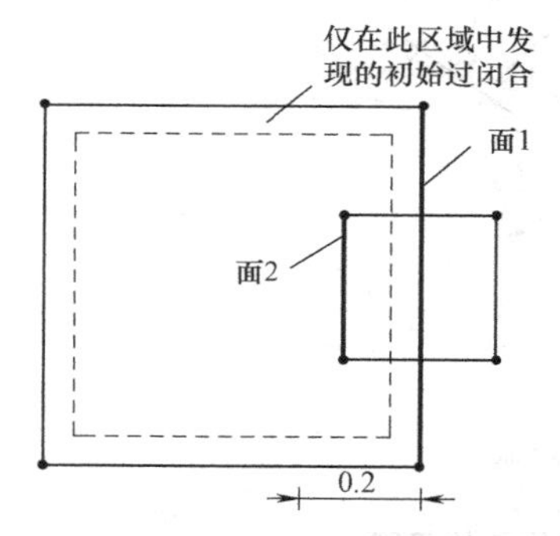

图 3-44　实体单元上未探测到的大穿透

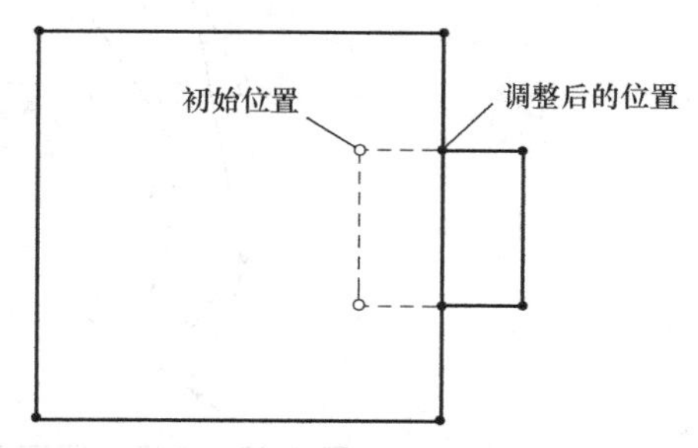

图 3-45　实体单元上大穿透的消除

必须使用初始过闭合调整算法来分离缠绕的双侧面。图 3-42 所示为对缠绕的壳面进行的默认调整，假定面的节点具有固定的边界条件。图 3-46 所示为以下间隙定义和赋予做出的调整：

```
*CONTACT CLEARANCE, NAME=c2, ADJUST=YES, SEARCH BELOW=1.5,
SEARCH ABOVE=0.0
…
*CONTACT
*CONTACT CLEARANCE ASSIGNMENT
surf3, surf4, c2
```

如果 surf3 的节点不是固定的，则可以通过将间隙相互作用设置成纯粹的主-从关系（将 surf3 定义成主面）来防止更改面的几何形状。

在网格的几何形状比较重要的场合，或者节点调整冲突的场合，应当创建接触偏置。当通过节点调整为使用主-从相互作用的曲面指定间隙时，冲突节点调整是常见的问题。节点的调整往往会改变曲面的曲度，因为如果面网格是重合的（并且指定了一个零间隙）或者面是平的（图 3-47），则仅可以满足间隙“约束”。

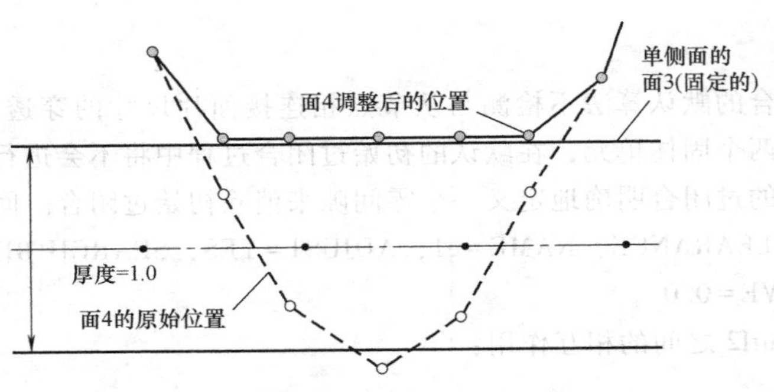

图 3-46 缠绕的双侧面的分离

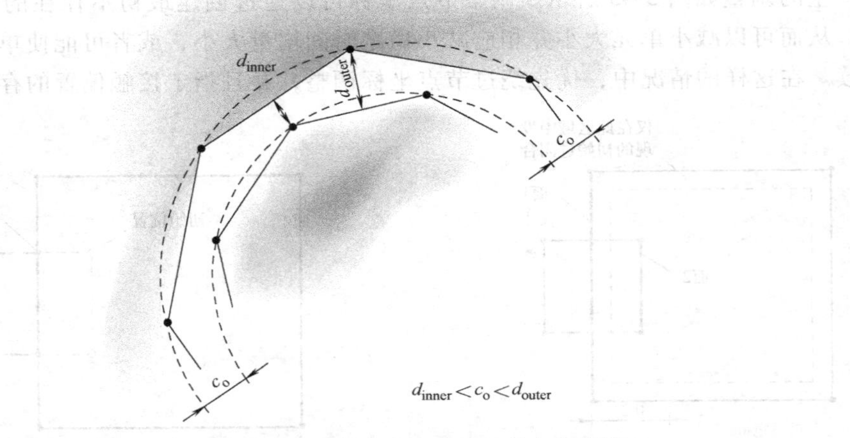

图 3-47 在同心圆面之间指定一个均匀的初始间隙

确定潜在的部分粘接面

用户可以指定一个搜索节点集来确定将哪些节点标记成 VCCT 裂纹扩展分析中的初始粘接。更多详细内容见“裂纹扩展分析”（《Abaqus 分析用户手册——分析卷》的 6.4.3 节）。

输入文件用法：使用以下选项：

```
* CONTACT CLEARANCE, NAME=间隙名,
SEARCH NSET=节点集名称
* CONTACT CLEARANCE ASSIGNMENT
面 1, 面 2, 间隙名
```

3.4.5 Abaqus/Explicit 中通用接触的接触控制

产品：Abaqus/Explicit

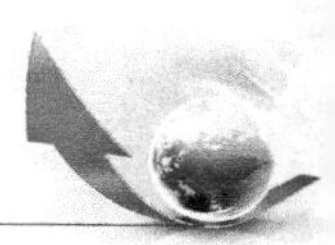

参考

- “在 Abaqus/Explicit 中定义通用接触相互作用”，3.4.1 节
- “在 Abaqus/Explicit 中为接触对赋予面属性”，3.5.2 节
- * CONTACT
- * CONTACT CONTROLS ASSIGNMENT

概览

通用接触算法的接触控制：

- 可以用来选择性地为通用接触区域中的具体区域缩放默认的罚刚度。
- 一旦节点所依附的所有面和边发生了侵蚀，可以用来控制是否从通用接触区域中删除节点。
- 可以用来在通用接触区域中的具体区域中激活节点-面接触的非默认跟踪算法。
- 可以用来控制是否需要执行检查来防止通用接触面中的折叠在其自身上反转。
- 可以用来更改通用接触区域中一个或者多个面对的默认初始过闭合消除方法。
- 可以用来更改默认的接触厚度减小检查。

缩放默认的罚刚度

通用接触算法使用一种罚方法来实施接触约束（更多内容见“Abaqus/Explicit 中接触约束的施加方法”，5.2.3 节）。将接触力与穿透距离进行关联的“弹性”刚度是由 Abaqus/Explicit 自动选取的，这样对时间增量的影响是最小的，而所允许的穿透在绝大部分分析中并不明显。如果存在任何下面的因素，则在分析中可能建立明显的穿透：

- 位移控制的载荷。
- 接触界面上的材料是纯粹弹性的，或者具有变形硬化。
- 具有相对自身质量较小的可变形单元（尤其是膜和面单元），并且通过接触中包含的边界条件以外的方法（如连接器）进行约束。
- 相对自身具有较小质量或者转动惯性的刚体，并且通过接触中包含的边界条件之外的方法（如连接器）进行约束。

由于前两个因素的组合，导致使用默认罚刚度的接触穿透明显的例子，见“Hertz 接触问题”（《Abaqus 基准手册》的 1.1.11 节）。

用户可以指定一个比例因子，通过它为指定的通用接触区域中的相互作用更改罚刚度。此缩放可能影响自动设置的时间增量。使用大的比例因子很有可能增加分析所需的计算时间，因为减小时间增量对于保持数值的稳定性是必要的（进一步的讨论，见“Abaqus/Explicit 中接触约束的施加方法”，5.2.3 节）。

当计算必要的质量增加时，用户指定的（变化的）质量缩放不考虑接触的影响。由于默认的罚刚度对稳定时间增量减小的影响甚微，因此此效应是不明显的。然而，如果指定了

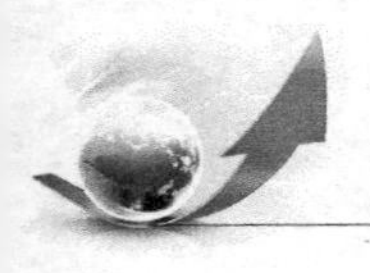

较大的罚比例因子，则会显著地减小稳定时间增量，尽管指定了质量缩放。

用来指定应当赋予非默认罚刚度区域的面名称，不必与用来指定通用接触区域的面名称相互对应。在许多情况中，将为一个大的区域定义接触相互作用，而对此区域的一个子集赋予非默认的罚刚度。如果非默认的罚刚度所赋予的面位于通用接触区域的外部，则忽略赋予的控制。如果指定的区域相互重叠，则以最后的赋予为优先。

输入文件用法：* CONTACT CONTROLS ASSIGNMENT，TYPE = SCALE PENALTY

面 1，面 2，比例因子

此选项必须与 * CONTACT 选项结合使用。在每个步中，它至多只能出现一次；可以根据需要重复此数据行，给不同的区域赋予罚刚度比例因子。如果省略了第一个面名称，则假定默认面包含整个通用接触区域。如果省略了第二个面名称，或者第二个面名称与第一个面名称相同，则给第一个面与其自身之间的接触相互作用赋予指定的接触控制。可以跨越多个不接触的体定义面，这样自接触将不局限于单独的体与其自身的接触。

节点侵蚀的控制

用户可以控制在所有周边的面和边由于单元的失效而被侵蚀后，是否在接触区域中保留接触节点。默认情况下，在接触区域中保留这些节点，并且作为自由浮动的点质量，可以与仍然属于接触区域部分的面发生接触。用户可以指定一旦与节点相连的所有接触面和接触边发生侵蚀，则基于单元的面的节点应当被侵蚀（即从接触区域中删除）。不删除基于节点的面的接触区域中包含的节点。

如果没有指定节点侵蚀，作为自由浮动节点，将使计算成本增加，尤其是在执行并行的分析时。增加的计算成本与自由浮动的节点移动远离保持激活的单元的趋势有关，这增加了接触区域的体积，并且因此趋向于增加接触搜索成本以及并行分析中处理器之间的通信成本。然而，包含自由浮动节点的接触可以在某些情况中导致显著的动量传递，如果指定了节点侵蚀，则不考虑此动量传递。

输入文件用法：* CONTACT CONTROLS ASSIGNMENT，NODAL EROSION = NO

此选项必须与 * CONTACT 选项结合使用。此参数的设定应用于整个通用接触区域中。

激活节点-面接触的非默认追踪算法

在追踪节点与面之间的接触时，可以采用包含更多局部拓扑和几何信息的一种非默认的接触追踪算法。此算法可以使某些模拟情况中的接触追踪更加稳健，如在折叠气囊的充气问题中。

追踪算法在面-面基础上是有效的。用户必须指定需要激活追踪算法的面名称。指定面的节点与其自身的面（自接触）或者其他面（对于此面，未排除点-面接触）的所有接触相互作用，将使用非默认的节点-面追踪方法进行追踪。

用来指定使用非默认追踪算法的区域面名称，不必与用来指定通用接触区域的面名称相互对应。在许多情况中，将为一个较大的区域定义接触相互作用，而为此区域的一个子集赋予非默认的追踪算法。如果需要激活非默认追踪算法的面位于通用接触区域的外部，则忽略接触赋予。

输入文件用法： * CONTACT CONTROLS ASSIGNMENT，TYPE=FOLD TRACKING

面 1

此选项必须与 * CONTACT 选项结合使用。在每个步中，它至多只能出现一次；可以根据需要重复数据行来激活接触区域中不同区域的非默认追踪算法。如果省略了面名称，则假定默认面包含整个通用接触区域。

激活折叠反转检查

如果一个通用接触面中包含尖锐的折叠，巨大的载荷（如在折叠气囊的充气过程中出现的）可能会造成一个或者多个折叠反转。在形成折叠的边上还没有产生边-边接触的折叠处容易发生反转。边-边约束的存在通常可以防止折叠反转。没有边-边接触的约束中的折叠反转，可能引起点-面接触追踪算法中的错误，并且可能导致在形成反转的折叠部分的面上进行追踪的节点，在被追踪面的错误一侧被“捕捉”。要避免此情形，需要为包含快速折叠的模型激活折叠反转检查。折叠反转检查检测折叠将要反转时的情形，并且在形成折叠的面上施加一个力场来防止折叠反转。

折叠反转检查是在面-面基础上激活的。用户必须指定需要激活折叠反转检查的面的名称。如果为一个具体的面激活该功能，则在那个面中的所有折叠上施加折叠反转检查。

用来指定应当激活折叠反转检查区域的面名称，不必与指定通用接触区域的面名称相互对应。在许多情况中，将为一个较大的区域定义接触相互作用，而为此区域的子集激活折叠反转检查。如果需要激活折叠反转检查的面位于通用接触区域的外部，则忽略控制赋予。

输入文件用法： * CONTACT CONTROLS ASSIGNMENT，

TYPE=FOLD INVERSION CHECK

面 1

此选项应当与 * CONTACT 选项结合使用。在每个步中，它至多只能出现一次；可以根据需要重复此数据行来激活不同接触区域中的折叠反转检查。如果省略了面名称，则假定默认面包含整个通用接触区域。

为边-边接触激活默认的追踪算法

与其他追踪算法相比，默认的接触追踪算法在追踪边之间的接触中利用更多的局部信息，并且可以缩小所需的整体追踪范围。此算法的使用可以使定义有广泛边-边接触的分析具有更少的计算次数（例如，在折叠气囊的充气仿真中，需要激活气囊表面上的所有特征边，来精确地施加充气过程中的接触）。

用户可以明确地指定默认的追踪算法，如果没有为接触算法指定接触控制，将使用默认的追踪算法来施加接触区域中的所有边-边接触。

输入文件用法： * CONTACT CONTROLS ASSIGNMENT, TYPE=ENHANCED EDGE TRACKING（默认的）
此选项必须与 * CONTACT 选项结合使用。此参数设置应用于整个通用接触区域中。

边-边接触的另一种追踪算法

在追踪边之间的接触中，可以使用另一种与默认的追踪算法相比所利用的局部信息较少的追踪算法。此算法通常会增加所需的整体追踪范围，从而增加了绝大部分分析中的计算时间。当指定了其他追踪算法时，使用此算法来施加所有接触区域中的边-边接触。

输入文件用法： * CONTACT CONTROLS ASSIGNMENT, TYPE=EDGE TRACKING
如果被指定，此选项必须与 * CONTACT 选项结合使用。此参数设置应用于整个通用接触区域中。

初始过闭合消除的控制

默认情况下，Abaqus/Explicit 在仿真的第一个步中自动调整面的位置来消除通用接触区域中存在小的初始过闭合。由于单独的接触定义、边界条件、绑定约束和刚体约束的矛盾调整，可能会造成初始过闭合没有完全消除。将并非通过重新定位节点来消除的初始过闭合存储成初始接触偏置，以避免在分析开始时产生大的接触力。

另外，在某些情形中，可能需要在一对面之间避免同时调整节点，并且将面之间的所有初始过闭合处理成临时的接触偏置。然后用户可以指定不应当通过节点调整来消除初始过闭合的面，并且应当将此面存储成偏置。

输入文件用法： * CONTACT CONTROLS ASSIGNMENT, AUTOMATIC OVERCLOSURE RESOLUTION
面 1，面 2，存储偏置
此选项应当与 * CONTACT 选项结合使用。在每个步中，它至多只能出现一次；可以根据需要重复此数据行来给不同的区域赋予非默认的过闭合消除方法。如果省略了第一个面名称，则假定默认面包含整个通用接触区域。如果省略了第二个面名称，或者第二个面名称与第一个面名称相同，则给第一个面与其自身之间的接触相互作用赋予指定的接触控制。

控制接触厚度减小检查

默认情况下，通用接触算法要求接触厚度不大于表面面片的边长或者对角线长度的一个百分比。此百分比通常取决于单元的几何形状和单元是否靠近壳周界，其值为 20%~60%。

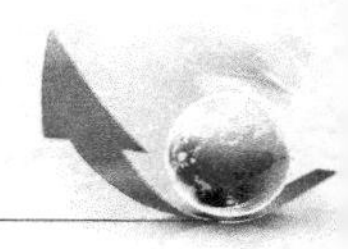

通用接触算法将在必要时自动缩小至接触厚度，不影响基底单元的单元计算中使用的厚度。

当检查是否需要在模型中的某个区域减小厚度时，接触算法首先为每个接触节点赋予完全的厚度，用一个球心在节点处，直径等于厚度的球来表示。下一步是减小厚度，以使该球不与没有直接与节点连接的任何邻近面片重叠，防止建立虚假的自接触。然后，使壳周界上的节点在面片的平面上最多移动面片大小的50%的距离，远离周界来去除伴随接触对算法出现的“牛鼻”效应（见“在 Abaqus/Explicit 中为接触对赋予面属性”，3.5.2 节）。如果壳周界节点的厚度大于最大周界偏置的 2 倍，则执行一个最终的厚度减小来去除剩余的“牛鼻”效应。

如果默认的厚度减小在模型的某个区域中是不可接受的，用户可以通过接触排除定义来排除这些区域的自接触（见“在 Abaqus/Explicit 中定义通用接触相互作用”，3.4.1 节），并激活接触厚度减小检查控制。

输入文件用法：使用以下选项从排除了自接触的模型区域中去除厚度减小，而仍然减小壳周界处的厚度（因为周界偏置不足以避免“牛鼻”效应）：

```
*CONTACT CONTROLS ASSIGNMENT,
CONTACT THICKNESS REDUCTION=SELF
```

使用以下选项在排除了自接触的模型区域和壳周界处排除厚度减小（如果厚度大于最大周界偏置的 2 倍，则会在壳周界节点上形成“牛鼻”）：

```
*CONTACT CONTROLS ASSIGNMENT,
CONTACT THICKNESS REDUCTION=NOPERIMSELF
```

摩擦接触中壳增量转动和梁厚度偏置的问题

默认情况下，摩擦的滑动增量计算不考虑壳的增量转动和梁的厚度偏置，并且摩擦约束不对因为壳或者梁厚度而产生从接触界面偏置的节点施加动量。在绝大部分情况中，忽略这些影响对结果产生的影响是很小的，但在某些应用中此影响则是显著的。

图 3-48 所示为壳厚度显著影响滑动增量计算（从而影响黏着条件的正确执行）的例子。

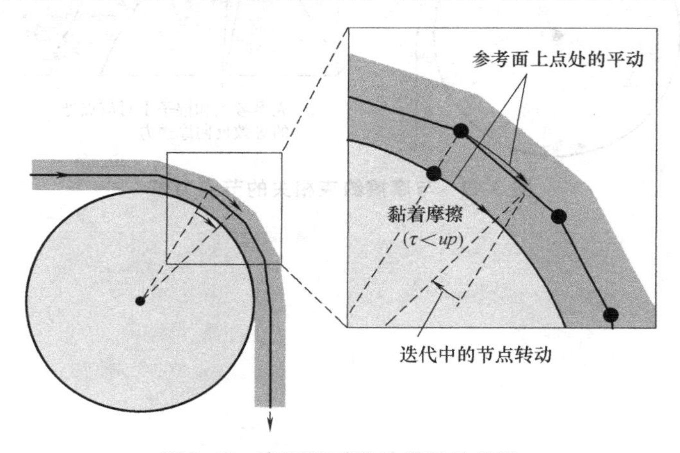

图 3-48 壳厚度对滑动增量的影响

此例使用一个辊子在摩擦接触中包含一个壳面，在接触区域中没有相对滑动。接触区域中的壳参考面（包含壳节点），是从辊子的参考面偏置了一半的壳厚度。由图可见，由厚度偏置引起的转动使两个参考面之间在切向运动上存在一些差异。黏着接触区域中的一个壳节点应当具有比辊子上的接触点稍大一些的增量位移，因为壳节点离转动轴更远。然而，在默认情况下，与辊子相黏着的壳节点增量位移应与辊子上的接触点增量位移相同。要提高此情况中的精度，用户可以指定应当考虑结构转动项。

对于因为壳或者梁厚度而从接触界面偏移的节点，摩擦约束应当施加一个力矩，来抵消与摩擦力偶相关的静力矩。图 3-49 所示的节点力矩施加忽略了与摩擦力偶相关的力矩，这样净力和与摩擦约束相关的力矩是零。然而，在默认情况下，当由于壳和梁厚度而使节点从接触界面偏移时，Abaqus/Explicit 将忽略此力矩并生成一个静力矩。要改善这种情况中的精度，用户可以指定应当考虑结构转动项。

输入文件用法：使用以下选项，在滑动增量计算中为摩擦接触考虑壳和梁厚度偏置的增量转动，并且给因为壳和梁厚度而从接触界面偏移的节点施加一个力矩：

* CONTACT CONTROLS ASSIGNMENT,
ROTATIONAL TERMS = STRUCTURAL

使用以下选项（默认的）忽略摩擦接触中壳和梁厚度偏置的影响：

* CONTACT CONTROLS ASSIGNMENT,
ROTATIONAL TERMS = NONE

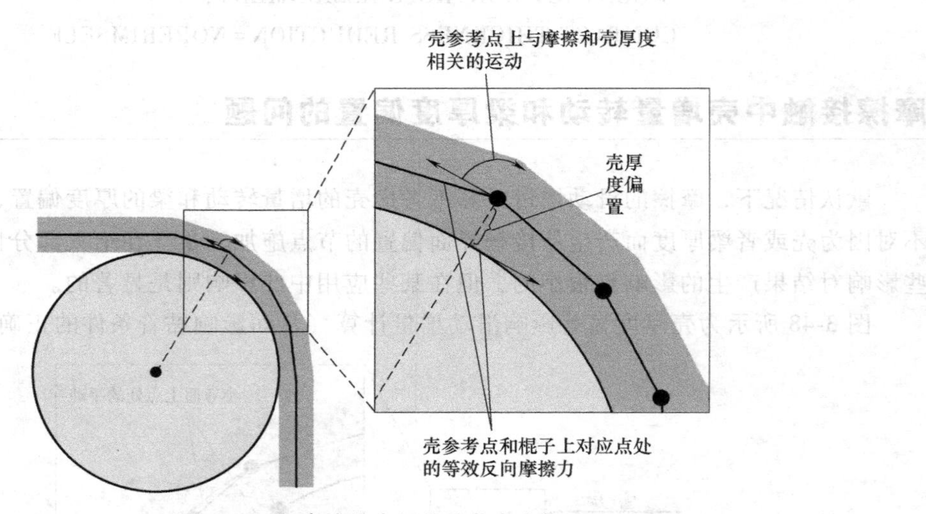

图 3-49　与摩擦约束相关的节点力矩

3.5 在 Abaqus/Explicit 中定义接触对

3.5.1 在 Abaqus/Explicit 中定义接触对

产品：Abaqus/Explicit　　Abaqus/CAE

参考

- “基于单元的面定义”，《Abaqus 分析用户手册——介绍、空间建模、执行与输出卷》的 2.3.2 节
- “基于节点的面定义”，《Abaqus 分析用户手册——介绍、空间建模、执行与输出卷》的 2.3.3 节
- “分析刚体面定义”，《Abaqus 分析用户手册——介绍、空间建模、执行与输出卷》的 2.3.4 节
- “接触相互作用分析：概览”，3.1 节
- *CONTACT CONTROLS
- *CONTACT PAIR
- *SURFACE
- “定义面-面接触”，《Abaqus/CAE 用户手册》的 15.13.7 节
- “定义自接触”，《Abaqus/CAE 用户手册》的 15.13.8 节

概览

Abaqus/Explicit 提供两种算法来模拟接触和相互接触问题：通用接触算法和接触对算法。关于这两种算法的比较，见“接触相互作用分析：概览”（3.1 节）。本节将介绍在 Abaqus/Explicit 中，如何使用面来为接触仿真定义接触对。

Abaqus/Explicit 中的接触对：

- 是模型历史定义的一部分，并且可以在步之间进行创建、更改和删除（与 Abaqus/Standard 不同，其中接触对是模型数据）。
- 使用成熟的追踪算法来确保有效地施加正确的接触定义。
- 可以与通用接触算法同时使用（即可以使用接触对来模拟一些相互作用，而使用通用接触算法来模拟其他相互作用）。
- 可以使用一对刚体或者可变形的面，或者一个单独的可变形面来形成。
- 不必使用具有匹配网格的面。
- 不能使用二维面和三维面来形成。
- 不能用于由一阶单元和二阶单元组成的面的自接触。

定义接触对相互作用

在 Abaqus/Explicit 中，接触对定义由以下指定组成：

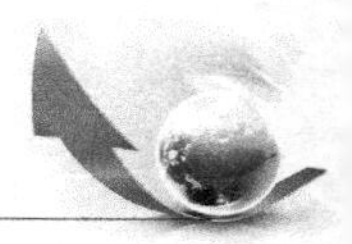

- 接触对算法和彼此相互作用的多个面，如本部分中所描述的那样。
- 接触面属性（见“在 Abaqus/Explicit 中为接触对赋予面属性”，3.5.2 节）。
- 力学接触属性模型（见“在 Abaqus/Explicit 中为接触对赋予接触属性”，3.5.3 节）。
- 接触方程（见“Abaqus/Explicit 中接触对的接触方程”，5.2.2 节）。
- 接触约束施加方法（见“Abaqus/Explicit 中接触约束的施加方法”，5.2.3 节）。
- 算法性接触控制（“Abaqus/Explicit 中与使用接触对的接触模型相关的常见困难”，6.2.2 节）。

定义包含两个面的接触对

要定义一个接触对，用户必须说明哪一对面将彼此产生相互作用。仅当指定了非默认的加权因子时，所指定面中的阶数才是重要的（详细内容见“Abaqus/Explicit 中接触对的接触方程”中的“接触面权重”，5.2.2 节）。关于定义在接触对中使用的面信息，见“基于单元的面定义”“基于节点的面定义”和“分析型刚性面的定义”（《Abaqus 分析用户手册——介绍、空间建模、执行与输出卷》的 2.3.2 节、2.3.3 节和 2.3.4 节）。

输入文件用法：* CONTACT PAIR

面 1 名称，面 2 名称

Abaqus/CAE 用法：Interaction module：Create Interaction：Surface-to-surface contact（Explicit）：选择第一个面，单击 Surface，选择第二个面

定义自接触

通过仅指定一个单独的面，或者指定相同的面两次，在单独的面与其自身之间定义接触。

输入文件用法：使用以下选项中的任何一个：

* CONTACT PAIR

面 1，

* CONTACT PAIR

面 1，面 1

Abaqus/CAE 用法：Interaction module：Create Interaction：

Self-contact（Explicit）：选择面

或者

Surface-to-surface contact（Explicit）：选择面，单击 Surface，再次选择此面

自接触的限制

对于包含自接触的接触对施加下面的限制：

- 平衡的主-从接触算法总是用于接触对（只能为接触对指定默认的加权因子）。
- 必须为壳或者膜单元的自接触面考虑接触厚度（见“基于单元的面定义”，《Abaqus

分析用户手册——介绍、空间建模、执行与输出卷》的2.3.2节)，即面厚度为零（见“在Abaqus/Explicit中为接触对赋予面属性”中的“强制面厚度和偏置为零”，3.5.2节）将导致Abaqus/Explicit发出一个出错信息。默认情况下，接触厚度等于当前厚度。

• 自接触的接触厚度不应大于面片的边长或者对角线长度。必要时，用户可以减小接触厚度，见“在Abaqus/Explicit中为接触对赋予面属性”中的“在接触计算中控制面厚度和偏置的影响”（3.5.2节)。

• 必须使用指定的有限滑动追踪算法。不支持使用小滑动接触方程，它将导致Abaqus/Explicit发出一个错误信息。

• 可识别出自接触面上的任何节点与同一面上的其他点之间的接触，包括壳或者膜的任何一侧（即壳与膜上的自接触是独立于面定义中的面标识符的)。

删除和添加接触对

接触对的删除和添加：

• 可以用来仿真复杂的成形过程，在此过程中的不同阶段，多个模具将与工件发生相互作用。

• 可以通过扩展面来防止一个面从另一个面上滑落。

• 可以通过去除不必要的接触搜索来节约计算成本。

• 可以用来改变接触对的定义。

添加接触对

默认情况下，将所指定的接触对添加到模型中有效接触对的列表中。

对于在第一个步之后引入的接触对，应当避免初始穿透，否则会产生较大的节点加速度和严重的单元扭曲（见“调整Abaqus/Explicit中接触对的初始面位置并指定初始间隙”，3.5.4节)。通过删除接触对并在相同的步中添加接触对来重新定义一个接触对也会导致出现问题，因为将重新初始化与接触中的从节点相关联的“状态”信息。例如，如果重新初始化接触状态，则将允许穿透通过双侧主面中面的罚接触从节点通过主面。

输入文件用法：＊CONTACT PAIR，OP=ADD

Abaqus/CAE用法：Interaction module：Create Interaction

删除接触对

删除接触是仿真复杂的成形过程中的一个有用的功能，在其中多个模具将接触同一个工件。删除一个不需要的接触对，可去除监控该接触条件的需要而降低仿真成本。

输入文件用法：＊CONTACT PAIR，OP=DELETE

Abaqus/CAE用法：Interaction module：interaction manager：Deactivate

接触对中所使用的面的一般限制

对接触对中所使用的面有以下一般限制（“基于单元的面定义”，《Abaqus分析用户手

册——介绍、空间建模、执行与输出卷》的2.3.2节中所讨论的除外)：

• 一个面的面法向必须指向其他可能接触的面，除了下文中讨论的双侧面的情况。

• 如果基底单元可能失效(更多内容见“动态失效模型”,《Abaqus分析用户手册——材料卷》的3.2.8节)，则在接触对中不应当使用基于单元的面。在这样的情况中，应使用通用接触(“在Abaqus /Explicit中定义通用接触相互作用”，3.4.1节)或者基于节点的面(“基于节点的面定义”，《Abaqus分析用户手册——介绍、空间建模、执行与输出卷》的2.3.3节)。

• 面必须是连续的，如下面所讨论的那样。

• 不能在同一个面定义中，不能同时使用连续和结构单元。

• 不能使用可变形单元与属于刚体一部分的单元的组合来定义个别的面。

这些限制不施加到与通用接触算法一起使用的面(“在Abaqus/Explicit中定义通用接触相互作用”，3.4.1节)。

对于形成动态接触对的面有以下限制：

• 刚性面必须总是作为主面。
• 从面必须是可变形体的一部分。
• 基于节点的面仅可以用作从面。

对于形成罚接触对的面有以下限制：

• 分析型刚性面必须总是主面。
• 基于节点的面仅可以用作从面。

确定面的法向

面法向的确定对于正确检测两个接触面之间的接触来说至关重要。最靠近形成接触对单侧主面法向的点处的方向总是指向从面。在模型的初始构型中，如果一个单侧主面的法向远离它的从面，则Abaqus/Explicit将认为从面穿透主面。此时，Abaqus/Explicit将试图使用无应变位移，在仿真开始之前消除此接触对中的初始过闭合(见“调整Abaqus/Explicit中接触对的初始面位置并指定初始间隙”，3.5.4节)。如果过闭合太严重，则可能造成Abaqus/Explicit仿真困难。在绝大部分这类情况中，分析将立即中止，并且将发出一个关于单元严重扭曲的出错信息。

用户必须对在壳、膜或者刚性单元上创建的刚性面或者单侧面检查是否具有正确的方向给予特别的注意。通常可以通过在Abaqus/CAE中运行数据检查分析(见“Abaqus/Standard、Abaqus/Explicit和Abaqus/CFD运行”，《Abaqus分析用户手册——介绍、空间建模、执行与输出卷》的3.2.2节)和检查变形后的构型来快速、容易地检查到面定向错误。

图3-50所示为刚性面和可变形面的正确方向和不正确方向。

对于双侧面，构成基底壳或者膜单元的法向不需要具有一致的正向。如果可能，即使构成基底的单元没有一致的法向，Abaqus/Explicit也会定义面具有一致的法向。如果单元法向都是一致的，则面法向将与单元法向相同；否则，Abaqus将为面选择一个任意的正方向。对于双侧面，正方向仅与接触压力输出变量CPRESS的符号有关，如“基于单元的面定义”(《Abaqus分析用户手册——介绍、空间建模、执行与输出卷》的2.3.2节)中所讨论的那样。

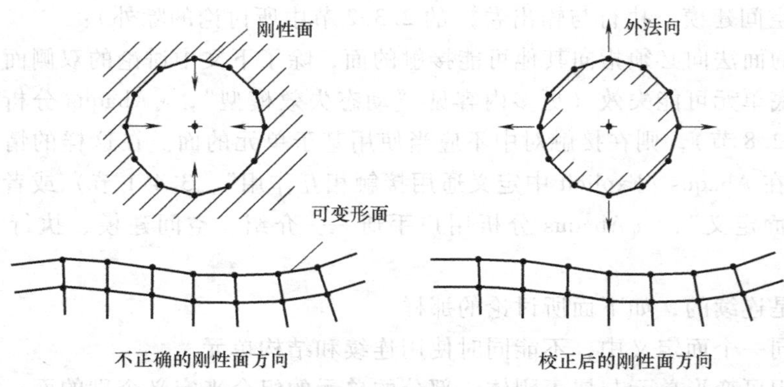

图 3-50　刚性面和可变形面的正确方向和不正确方向的例子

定义连续的面

一个接触对中的面不能由两个或者更多的不连续区域组成。分析型刚性面的定义可自动确保这些面是连续的。然而，定义基于单元的面时必须小心，应使它们在三维模型中通过单元边连续，或者在二维模型中通过节点连续。此连续性要求对于构成一个有效的或者无效的面定义有几个说明。在二维中，面必须是一个简单的，具有两个终点的非相交曲线，或者一个闭合的环。图 3-51 所示为用于接触对的有效的和无效的二维面。

在三维中，属于有效面的单元面的边可以位于面的周界上，或者由其他面共享。形成一个接触对的面的两个单元面不能仅在一个公共节点处相连接，它们必须通过一条公共的单元边来连接。并且一条单元边不能由多个表面面片共享。图 3-52 所示为接触对中使用的有效的和无效的三维面。

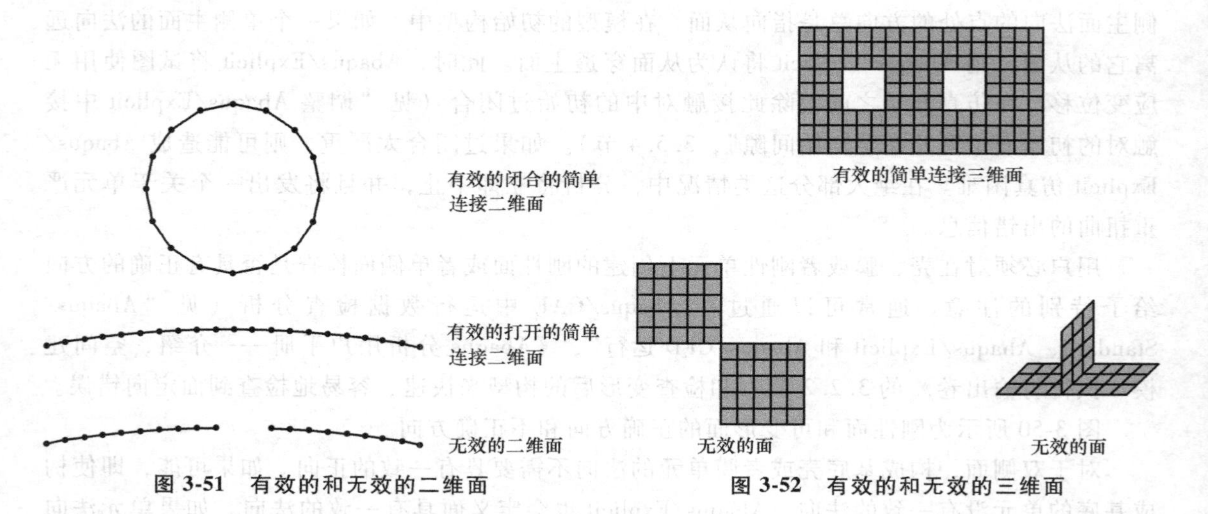

图 3-51　有效的和无效的二维面　　　图 3-52　有效的和无效的三维面

连续性要求应用于自动生成的自由面或者使用单元面标识符定义的面（见“基于单元的面定义”，《Abaqus 分析用户手册——介绍、空间建模、执行与输出卷》的 2.3.2 节）。图 3-53 所示为从由两个不连接的单元组组成的单元集指定产生的自动生成的自由面。产生的面是不连续的，因为它由两条不连接的开放曲线产生。

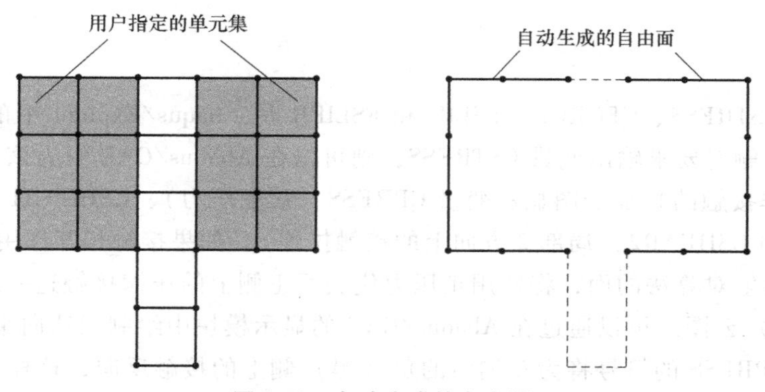

图 3-53 自动生成的自由面

二维接触仿真的限制

为二维（平面的）或者轴对称问题定义接触仿真时，具有下面的限制：

- 接触对中不能包含平面和轴对称面。此限制仅施加于变形的和基于单元的刚性面。
- 不建议在面的外法向（“深度”）上定义包含两个由不同大小的平面单元形成的面接触对，此定义将产生一个警告信息。在这样的情况中，摩擦应力是基于一个加权平均深度来计算的，第一个面的权重等于用户指定的接触面权重因子。基于单元面的二维梁面外厚度总是假定成 1。因此，可以将作用在这种面上的接触压力考虑成线力。
- 当多个接触对中包含由平面单元形成的相同的刚性面与不同平面变形面之间的接触时，变形面必须都具有相同的深度；否则，将发出一个警告信息。Abaqus 将选择这些变形面中的一个用于计算接触应力的深度值，但是此选择是不可预测的。

使用三维梁和杆单元的接触仿真中的限制

不能在三维梁或者杆单元上形成基于单元的面，而是必须使用基于节点的面来定义这些单元上的面。因为必须使用基于节点的面，在纯粹的主-从接触对中，三维梁或者杆单元上的面必须总是作为从面。因此，不可能让两个三维梁或者杆结构彼此接触。

输出

用户可以将与接触对的相互作用相关的接触面变量写入 Abaqus 输出数据库（.odb）文件中。力学接触分析的面变量包括接触中的接触压力和力，摩擦剪应力和力，面的相对切向运动（滑动），整个面结果量（即力、力矩、压力中心和接触总面积），黏着节点的状态和对称单元中 z 轴传递的最大转矩。

关于接触面输出的其他内容见“输出到输出数据库”中的“Abaqus/Standard 和 Abaqus/Explicit 中的面输出”（《Abaqus 分析用户手册——介绍、空间建模、执行与输出卷》的 4.1.3 节）。关于热相互作用的输出见“热接触属性”（4.2 节）。

场输出

通用变量 CSTRESS、CFORCE、FSLIP 和 FSLIPR 是 Abaqus/Explicit 中的有效场输出要求。如果一个接触对要求输出变量 CSTRESS，则可以在 Abaqus/CAE 中为该接触对中的每一个离散的（即非接触的）面云图显示变量 CPRESS（接触压力）、CSHEAR1（局部 1 方向上的接触拉伸）和 CSHEAR2（局部 2 方向上的接触拉伸）（如果接触相互作用是三维的）。

对于使用接触对算法的面，将使用正压力代表面正侧上的压缩接触这一约定来显示接触压力（CPRESS）云图。可以通过在 Abaqus/CAE 的显示模块中绘制面法向来确定面的正侧。遵循此约定，CPRESS 的符号将为双侧面的负（黑）侧上的接触反向，这样，如果接触发生在双侧面的背侧，则 CPRESS 为负值。如果来自单独接触对的接触发生在同一个点处双侧面的两侧，则为每一个接触对分离给出 CPRESS 的值。

如果一个接触对要求输出 CFORCE，则可以在 Abaqus/CAE 中的符号图中，为该接触对中每一个离散的（即非分析的）面，将变量 CNORMF（法向接触力）和 CSHEARF（剪切接触力）显示成向量的形式。

如果要求输出 FSLIPR，则可以在 Abaqus/CAE 中，为该接触对中的每一个从面云图显示 FSLIPR（接触中从节点的滑动率大小）。此外，对于包含分析型刚性面的三维接触相互作用和所有二维接触相互作用，如果要求输出 FSLIPR，也可以在 Abaqus/CAE 中为该接触对中的每一个从面云图显示基于局部切向的静滑动率分量（二维中的 FSLIPR1 和三维中的 FSLIPR2）。无论何时，若从节点不接触，则与 FSLIPR 相关联所有滑动率变量均为零。

如果要求输出 FSLIP，则可以在 Abaqus/CAE 中为该接触对中的每一个接触面云图显示 FSLIPEQ（当从节点接触时，整个从节点滑动路径的长度）。此外，对于包含分析型刚性面的三维接触相互作用和所有二维接触相互作用，如果要求输出 FSLIP，也可以在 Abaqus/CAE 中为该接触对中的每一个从面云图显示静滑动速度分量（二维中的 FSLIP1 和三维中的 FSLIP2）。这些滑动变量也等效于滑动速度变量对时间的积分：FSLIPEQ、FSLIP1 和 FSLIP2 分别等效于 FSLIPR、FSLIPR1 和 FSLIPR2 对时间的积分。这样，这些滑动变量仅考虑从节点接触时产生的相对运动。

历史输出

一些全面接触变量可以作为历史输出来得到。这些变量将面的接触状态记录成一个力集（CFN、CFS 和 CFT）和关于原点的力矩集（CMN、CMS 和 CMT）结果。其他变量给出了面上的压力中心（XN、XS 和 XT）（定义为最靠近面中心的点，位于合力的作用线上，此作用线产生的力矩是最小的）。每个变量名称的最后一个字母（除了变量 CAREA）表示使用面上的哪一个接触力分布来计算结果：字母 N 表示使用法向接触力来导出结果量；字母 S 表示使用剪切接触力来导出结果量；字母 T 表示使用法向和切向接触合力来导出结果量。对于包含在接触对中的每一个面，这些历史输出变量将写入输出数据库中两次。

每一个总力矩输出变量不需要等于各自的力矢量中心与结果力矢量的叉积。作用在一个面的两个不同节点上的力将具有作用在相反方向上的分量，这样，这些节点力分量将产成一个静力矩，而不是一个静力。因此，总力矩可能不是由合力整体产生的。当面节点力近似地作用在相同的方向上时，力输出变量的中心变得最有意义。

可以使用输出变量 CAREA 来得到给定时间上的接触总面积，将其定义成所有包含接触力的面片面积之和。对于具有合理网格划分的接触面，由 CAREA 报道的接触面积通常比真实的接触面积稍大一些。因此，应当小心地对解释 CAREA。CAREA 输出与真实接触面积之间的差异随着网格密度的提高而减小。使用接触包含或者排除将 CAREA 输出限制到更小的接触面，也可以在一些情况中减小差异。因为 CAREA 输出是真实接触面积的近似，使用此输出的导出力或者应力值可能无法产生精确的值。直接输出接触力和应力是得到精确结果的最合适方法。

可以从 Abaqus/Explicit 仿真中得到关于粘接面状态的详细历史输出，详细内容见“可断裂连接”（4.1.9 节）。

在轴对称分析中得到 z 轴传递的“最大转矩”

当使用轴对称（CAX）单元模拟基于面的接触时，Abaqus/Explicit 可以计算 z 轴传递的最大转矩（输出变量 CTRQ）。将最大转矩 T 定义成

$$T = \iint r^2 p \mathrm{d}s \mathrm{d}\theta$$

式中，p 是界面上的压力；r 是界面上一个点处的半径；s 是界面上在 r-z 平面中的当前距离。此“转矩”定义假定摩擦系数为固定值。

3.5.2 在 Abaqus/Explicit 中为接触对赋予面属性

产品：Abaqus/Explicit　　Abaqus/CAE

参考

- “在 Abaqus/Explicit 中定义接触对”，3.5.1 节
- *CONTACT PAIR
- *SURFACE
- “定义接触相互作用属性”中的“为力学接触属性选项指定几何属性”，《Abaqus/CAE 用户手册》的 15.14.1 节

概览

本部分介绍如何为 Abaqus/Explicit 中使用接触对算法所定义的接触相互作用更改面属性，包括面厚度和偏置。

壳、膜或者刚性单元厚度和壳或者刚性单元偏置

要定义壳、膜或者刚性单元上的面，使它们在分析开始时是接触的，当定义节点坐标

时，必须考虑单元的厚度；否则，接触对中的面厚度将是过闭合的。面厚度和面偏置默认是从构成基底的壳和膜单元中继承的。对于基于刚性单元的面，默认的面厚度和偏置对应单元所属的刚体厚度和偏置（见“刚体单元”，《Abaqus分析用户手册——单元卷》的4.3.1节）。面厚度和偏置对于基于实体单元的面是零。

默认情况下，基于壳、膜或者刚体单元的面节点厚度等于毗邻单元的最小厚度（见图3-54和表3-7）。面片中的面厚度是从节点值插值得到的；插值的面厚度不会超过指定的单元或者节点厚度，此单元或者节点厚度相对于初始过闭合是明显的。

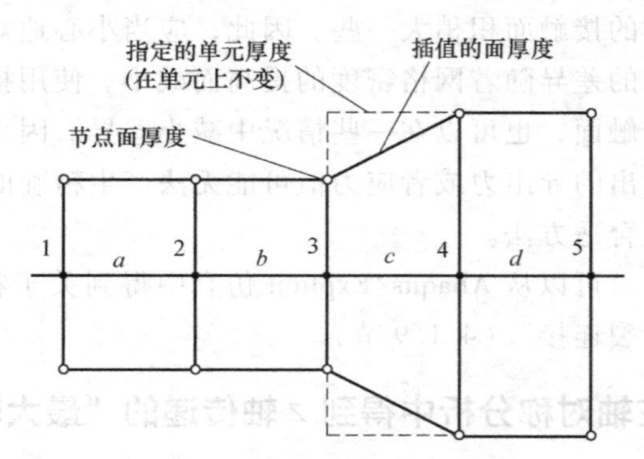

图 3-54 面片边界上面厚度的连续变化

表 3-7 图 3-54 中的厚度

节点	单元	指定的单元厚度	节点面厚度(毗邻单元厚度中的最小值)
1			0.5
	a	0.5	
2			0.5
	b	0.5	
3			0.5
	c	0.9	
4			0.9
	d	0.9	
5			0.9

如果一个空间变化的节点厚度是为构成基底的单元定义的（见“节点厚度”，《Abaqus分析用户手册——介绍、空间建模、执行与输出卷》的2.1.3节），则节点面厚度可能不恰好对应指定的节点厚度（见图3-55和表3-8中的节点4）。节点面厚度将趋向于比指定的节点厚度分布更加发散（因为对指定的节点厚度进行了平均来计算单元厚度，并且毗邻单元厚度的最小值是节点面厚度）。

面厚度和偏置的影响，以及更改面厚度和避免面偏置的方法，在下文中进行了讨论。

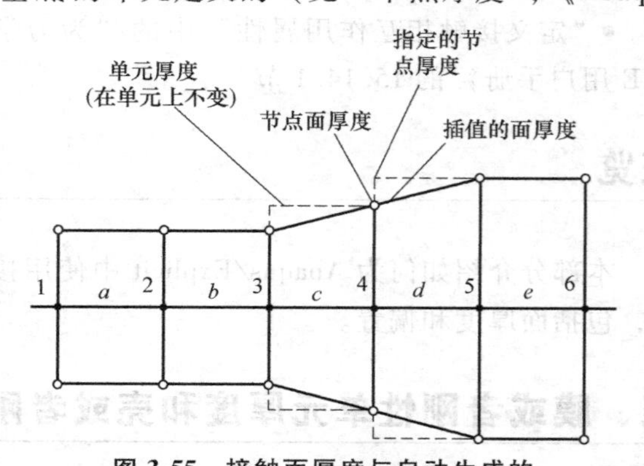

图 3-55 接触面厚度与自动生成的节点厚度之间的较小差异

表 3-8 图 3-55 中的厚度

节点	单元	指定的节点厚度	单元厚度(指定节点厚度的平均值)	节点面厚度(毗邻单元厚度中的最小值)
1		0.5		0.5
	a		0.5	
2		0.5		0.5
	b		0.5	
3		0.5		0.5
	c		0.7	
4		0.9		0.7
	d		0.9	
5		0.9		0.9
	e		0.9	
6		0.9		0.9

面厚度和偏置的影响

考虑到接触对算法中的厚度，将导致面扩展通过单元平面父单元边界一半厚度的距离。例如，半圆形面的扩展将造成在壳边界上的节点接触对面的面之前，在壳的边与对面的面之间建立接触。此扩展对于单侧面和双侧面都存在，如图 3-56 所示。当使用通用接触算法（见“在 Abaqus/Explicit 中定义通用接触相互作用”，3.4.1 节）时，可避免这种“圆角边”扩展。面上的壳或者刚性偏置的影响如图 3-57 所示。如果存在较大的偏置，则会在拐角附近产生定义不良的面，如图 3-58 所示。定义一个模型时，用户应当考虑此圆角边扩展。如果偏置大小大于任何父壳单元边长的一半时，将发出一个错误信息。然而，在锐角拐角处，小于父单元大小的一半的偏置可能会导致定义不良的接触面（并且在此情况中，不会发出警告信息）。

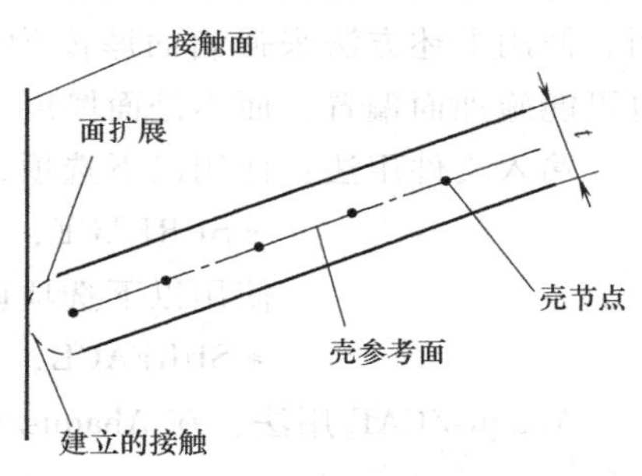

图 3-56 非零面厚度的边接触的接触面扩展

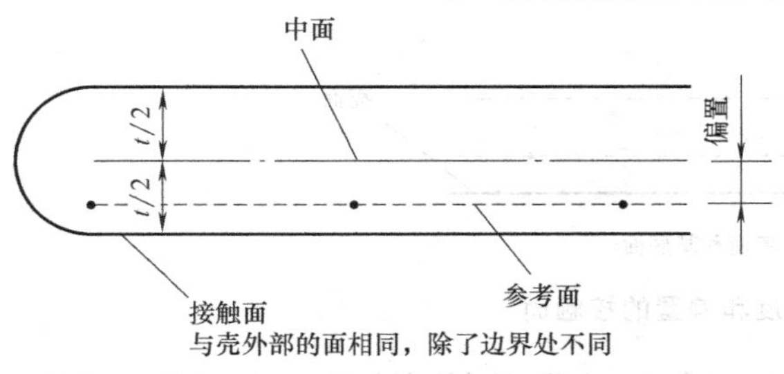

图 3-57 存在壳偏置时接触面的扩展

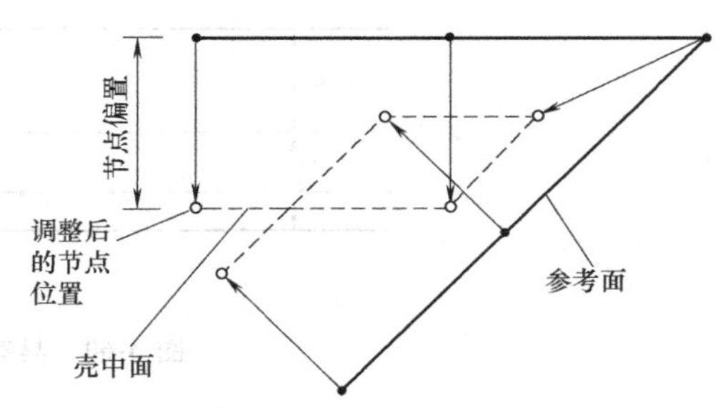

图 3-58 当存在较大的壳偏置时，拐角附近的定义不良的面的例子

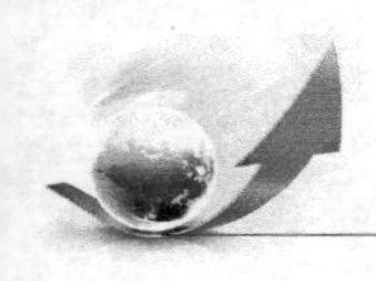

在接触计算中控制面厚度和偏置的影响

用户可以控制仅用于接触计算中的厚度和偏置，它们将不影响基于面的约束。这些设置主要用于自接触面，因为用户不能为这些面强制施加零厚度，如下文所描述的那样。

自接触的面不应当包含比它们的边或者对角线长度还要厚的面片。由于围绕每一个面片的边使用以接触厚度的一半为半径的半圆管算法，极大的厚度值将造成在节点上，甚至在一个平的自接触面中穿透附近面片的现象（图 3-59）。

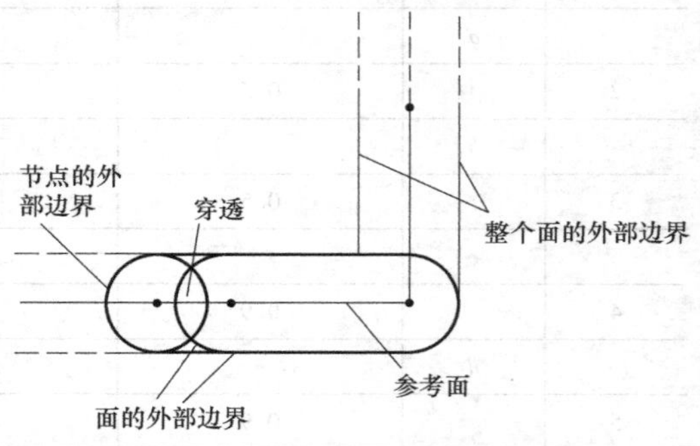

图 3-59　自接触面中的大厚度产生的不期望出现的穿透

用户可以通过一个单独的因子 f 来缩放所有面上使用的面片有效厚度。另外，用户可以仅调整表面面片的厚度，在这些表面面片中，厚度与最小边长或者对角线长度的比大于指定 r 值。由于面片尺寸的变化，面片厚度调整量可以在分析过程中发生变化。如果在初始构型中，对于一个自接触面，厚度与单元大小之比超过 1.0，则将发出建议用户调整厚度的出错信息。

对于双侧面或者包含在自接触中的面，用户不应当指定极小的 f 或者 r 值，因为这些面具有与面片尺寸相比较大的接触厚度。对于仅包含在两面接触中的面，可以设置 $f=0$；然而，使用下述方法来强制面厚度为零的计算更为有效。在设定比例因子 $f=0$ 的面模型中，也可能施加面偏置，而不是面厚度。

输入文件用法：使用以下选项，通过单独的因子来缩放面厚度：

*SURFACE，NAME=名称，SCALE THICK=f

使用以下选项调整厚度与单元大小之比：

*SURFACE，NAME=名称，MAX RATIO=r

Abaqus/CAE 用法：在 Abaqus/CAE 中，用户不能缩放接触面厚度。

强制面厚度和偏置为零

用户可以强制面厚度和偏置为零，而不是继承基底壳、膜或者刚性单元的厚度和偏置。在此情况中，将接触面作为参考面（图 3-60）。

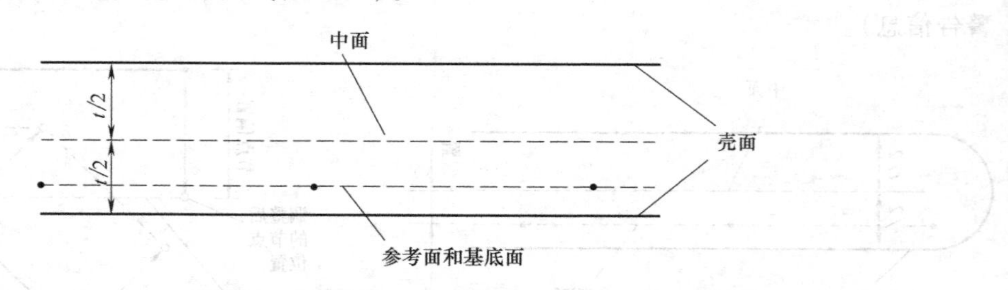

图 3-60　具有零厚度和偏置的接触面

用户不能忽略用于单面（自）接触的接触面厚度。如果接触对中的一个面是双侧面，则仅强制两个面中的一个面厚度为零：包含双侧面的接触对中至少有一个面必须具有非零的

厚度。强制面厚度为零的功能有助于进行模型厚度或者偏置上的参数研究，因为用户可以改变厚度和偏置，而不需要通过移动网格来控制面之间的初始分离。

输入文件用法：＊SURFACE，NAME=名称，NO THICK

Abaqus/CAE 用法：在 Abaqus/CAE 中，用户不能强制面厚度为零。

例子

使用厚度和偏置的默认处理的接触计算通常是非常精确的。然而，当已经指定了壳偏置等于原始壳厚度的一半时，强制面厚度为零将给出面一侧的精确表示。在靠近拐角处（特别在拐角的外侧），此方法比为面施加偏置和厚度更加精确，如图 3-61 所示。

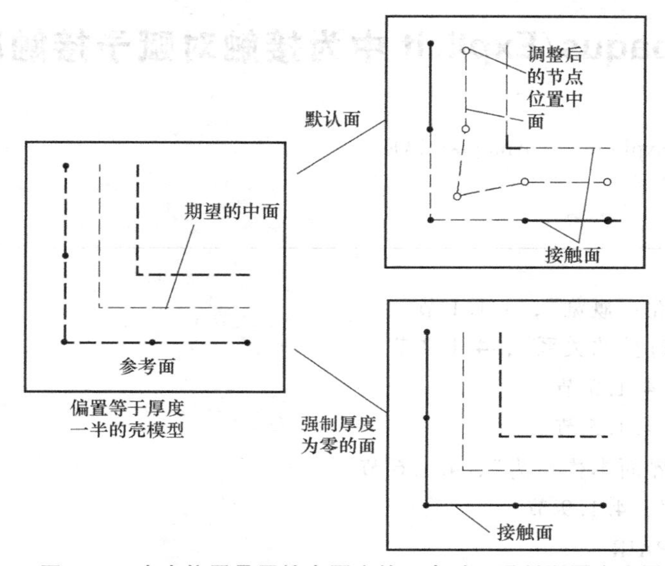

图 3-61　当壳偏置是原始壳厚度的一半时，强制面厚度为零

强制面偏置为零

对于期望忽略偏置的影响，但是仍然有必要在接触计算中模拟厚度的情况，用户可以仅强制面偏置为零而不影响面厚度。在此情况中，接触面是中面在参考平面处的一个虚拟壳、膜或者刚性单元的外表面（图 3-62）。如果施加了偏置，则此方法可以用于定义不良的自接触面（对于自接触面，必须施加厚度）。

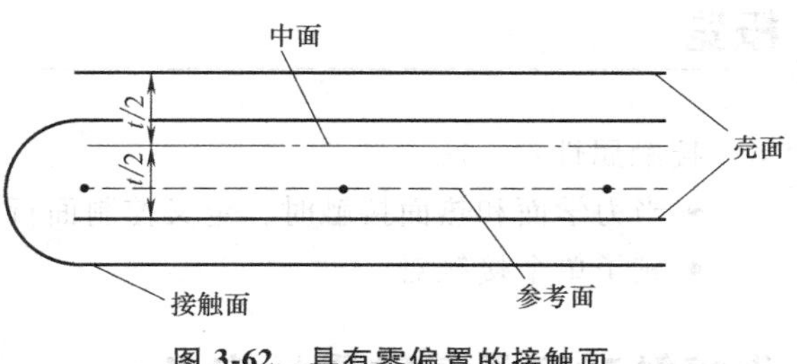

图 3-62　具有零偏置的接触面

输入文件用法：＊SURFACE，NAME=名称，NO OFFSET

Abaqus/CAE 用法：在 Abaqus/CAE 中，用户不能强制面偏置为零。

为接触对相互作用定义附加接触厚度

在已经为构成接触对的面基底单元定义了单元厚度或者中面偏置的情况下，用户可以为接触对相互作用再指定一个接触偏置。对于小滑动，这包括通过初始间隙定义的接触偏置

(见“调整 Abaqus/Explicit 中接触对的初始面位置并指定初始间隙”中的“精确地指定初始间隙值”，3.5.4 节)。将指定的偏置值应用成分隔两个面的一个层的附加厚度，而不是作为接触对中每个面的附加厚度。此值可以是正的或者负的。此功能通常与软化的行为结合使用(见“接触压力与过盈的关系”，4.1.2 节)来模拟两个接触面之间的一个薄层厚度。

输入文件用法：*SURFACE INTERACTION，PAD THICKNESS=值

Abaqus/CAE 用法：Interaction module：contact property editor：Mechanical → GeometricProperties：切换打开 Thickness of interfacial layer (Explicit)：值

3.5.3 在 Abaqus/Explicit 中为接触对赋予接触属性

产品：Abaqus/Explicit　　Abaqus/CAE

参考

- “力学接触属性：概览”，4.1.1 节
- “接触压力与过盈的关系”，4.1.2 节
- “接触阻尼”，4.1.3 节
- “摩擦行为，”4.1.5 节
- “用户定义的界面本构行为”，4.1.6 节
- “可断裂连接”，4.1.9 节
- *CONTACT PAIR
- *SURFACE INTERACTION
- “相互作用属性编辑器”，《Abaqus/CAE 用户手册》的 15.9.3 节

概览

接触属性：

- 当力学面和热面接触时，定义控制面行为的力学面和热面相互作用模型。
- 赋予单个接触对。

为接触对赋予接触属性定义

如果需要使用非默认的接触属性，用户可以参考控制两个面相互作用的接触属性定义。多个接触对可以参考同一个接触属性定义。

输入文件用法：同时使用下面的选项：

*CONTACT PAIR，INTERACTION=相互作用属性名称

面 1，面 2

*SURFACE INTERACTION，NAME=相互作用属性名称

Abaqus/CAE 用法：相互作用模型：

Create Interaction Property：Name：相互作用属性名称，Contact
Interaction editor：Contact interaction property：相互作用属性名称

实例

图 3-63 所示为此例中使用的网格。为了实现此例的目的，使用了平衡的主-从接触对。接触对（GRATING）的属性定义使用了摩擦模型，其中$\mu=0.4$。

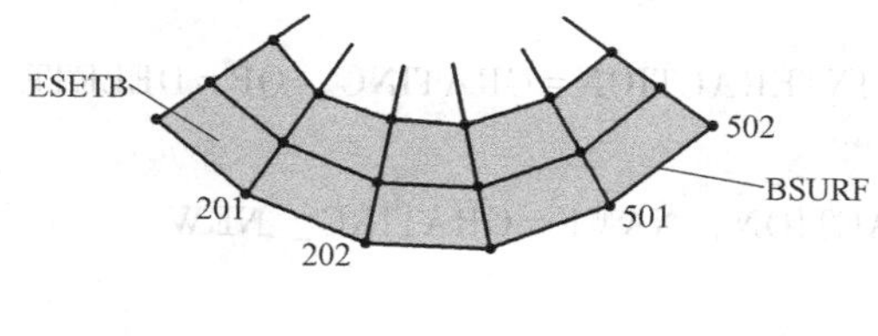

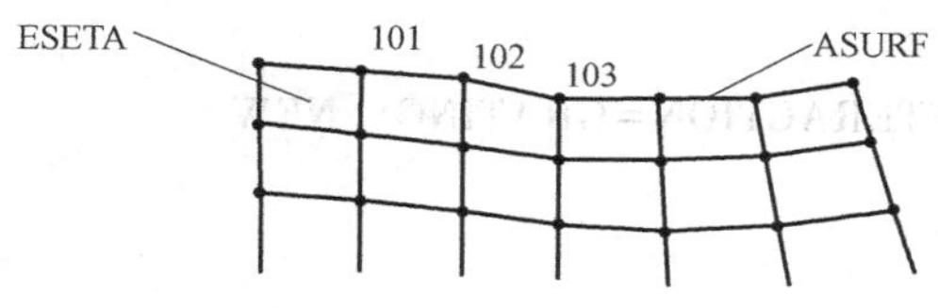

图 3-63　存在摩擦的面相互作用

```
* HEADING
…
* SURFACE, NAME=ASURF
ESETA,
* SURFACE, NAME=BSURF
ESETB,
…
* STEP
Step1
* DYNAMIC, EXPLICIT
…
* CONTACT PAIR, INTERACTION=GRATING
ASURF, BSURF
* SURFACE INTERACTION, NAME=GRATING
* FRICTION
0.4
```

改变接触属性

接触属性模型是为接触对分析定义的模型或者历史数据。用户可以在步之间更改接触属性；然而，应当删除旧的接触对并使用新的相互作用来重新定义。

实例

例如，可以使用下面的输入来改变前面例子中分析的第二个步中，用于 ASURF 与 BSURF 之间接触的摩擦系数。

```
*STEP
Step2
*DYNAMIC, EXPLICIT
…
*CONTACT PAIR, INTERACTION=GRATING, OP=DELETE
ASURF, BSURF
*SURFACE INTERACTION, NAME=GRATING_NEW
*FRICTION
0.5
*CONTACT PAIR, INTERACTION=GRATING_NEW
ASURF, BSURF
```

3.5.4 调整 Abaqus/Explicit 中接触对的初始面位置并指定初始间隙

产品：Abaqus/Explicit　　Abaqus/CAE

参考

- “在 Abaqus/Explicit 中定义接触对”，3.5.1 节
- *CLEARANCE
- *CONTACT PAIR
- “定义面-面接触”，《Abaqus/CAE 用户手册》的 15.13.7 节

概览

Abaqus/Explicit 接触对中从节点位置的调整：

- 可用于所有具有过闭合的和还没指定初始间隙的从节点的接触对，除了将刚体的节点作为从节点的情况。
- 当使用类似于 Abaqus/CAE 那样的图形前处理器时，可以去除由于数值圆整产生的小间隙或者穿透。
- 在仿真的第一个步过程中，不在模型中创建任何应变或者动量。
- 在仿真的后续步中，则创建应变和动量。
- 不用于纠正网格设计中的重大错误。

• 不用于消除包含夹在两个主面之间的从节点的初始过闭合。

如果使用了小滑动接触方程（见“Abaqus/Explicit 中接触对的接触方程”，5.2.2 节），调整面位置的另一种方法是精确地定义面之间初始间隙的大小和方向。

仿真的第一个步中的过闭合面调整

在仿真的第一个步中定义接触对时，Abaqus/Explicit 将自动地调整面位置来消除所存在的任何初始过闭合，除非将刚体的节点作为从节点或者使用了用户子程序 VUINTER。调整是通过使用面上从节点的无应变初始位移来实现的。这样，当定义了平衡的主-从接触对时，可以调整两个面上的节点。自动调整面位置仅仅是为了纠正与网格生成相关的较小的不匹配。用户可以在状态（.sta）文件、信息（.msg）文件和输出数据库（.odb）文件中检查面调整，更多内容见“Abaqus/Explicit 分析中的接触诊断”（6.2.1 节）。

一些软化的接触模型在过闭合为零时具有非零的接触压力（见“接触压力与过盈的关系”，4.1.2 节）。对于这类模型，在分析开始时可能存在一些非平衡的初始接触压力，这是由于执行调整是为了满足过闭合为零，而不是满足接触压力为零。较大的初始接触压力可能会造成接触面附近单元的极度扭曲。

分离接触对的冲突调整可能会导致初始过闭合的不完全消除，并且将导致噪声解或者结果单元的扭曲。当从节点夹在两个主面之间时，可能出现这种情况。

由于双侧面片的外方向不是唯一的，因此，双侧面的大初始穿透问题是很难解决的。仅当从节点位于基底单元的厚度中时才能消除初始穿透，并且需要通过将从节点移动到最近的自由面上来消除初始穿透，如图 3-64 所示。

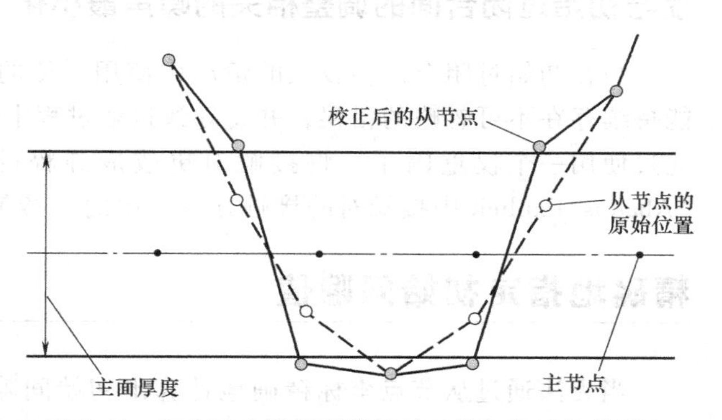

图 3-64　包含两个双侧面的接触对的初始过盈的校正

如果在使用接触对算法的，包含在接触定义中的双侧主面的相对侧上，发现了两个邻近的从节点（通过一条面片边连接），将发出一个警告信息到状态（.sta）文件。在双侧主面的相对侧上，对于基于节点的面不会发出这样的警告，因为无法确定基于节点的面上节点是否相邻。如果主面是单侧面，则使用主面的面法向来消除初始过闭合，如图3-65所示。

从节点困在双侧主面的对面上通常会导致严重的问题，这可能在分析后期才能显现出来。因此，在运行大型接触对分析之前，建议进行数据检测分析（见“Abaqus/

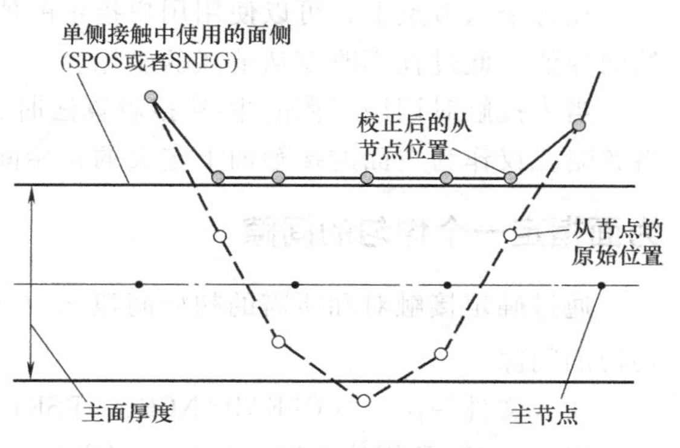

图 3-65　包括一个单侧面和一个双侧面的接触对的初始过盈的校正

Standard、Abaqus/Explicit 和 Abaqus/CFD 执行”，《Abaqus 分析用户手册——介绍、空间建模、执行与输出卷》的 3.2.2 节)，这样用户可以在状态文件（.sta）中检查警告信息，并且检查主面相对侧上定位错误的邻近从节点。

调整仅影响面上的节点。如果使用此特征来纠正初始几何形状中的明显错误，可能会导致邻近单元的过度扭曲，造成分析结束并发出一个错误信息。

刚体上的节点只能用作罚接触对中的从节点。不采用无应变调整来消除刚体上从节点的初始穿透，即不调整从节点。这些穿透有可能造成分析初始增量中的较大接触力，因此应当在网格定义中加以避免。

仿真后续步过程中过闭合面的调整

如果接触对是在后续步中使用初始过闭合的面定义的，则 Abaqus/Explicit 不执行任何特殊的行动来逐渐消除这些初始穿透：将根据所使用的接触约束施加方法来施加接触力。这些接触力可能会非常大，将造成大的加速度和速度以及单元扭曲。如果使用了 VUINTER 用户子程序，则初始穿透可能导致步中引入的接触对出现问题，用户控制接触应力施加的情况除外。

使与初始过闭合面的调整相关的噪声最小化

当在初始过闭合调整较大的情况中使用平衡的主-从接触对时，调整后的几何形状中可能持续存在不可忽略的错误，并将导致接触过程中的噪声振荡（或者“回响”）。有时可以通过使用一个权重因子，将接触对更改成纯粹的主-从关系来缓和此问题，详情内容见“Abaqus/Explicit 中接触对的接触方程”中的“接触面加权”（5.2.2 节）。

精确地指定初始间隙值

当无法通过从节点坐标精确地计算出初始间隙和接触方向时（例如，如果与坐标值相比初始间隙非常小），用户可以为从面上的节点精确地定义初始间隙和接触方向。仅可以在小滑动接触分析中定义初始间隙和接触方向（见“Abaqus/Explicit 中接触对的接触方程”，5.2.2 节）。

在每个从节点上，可以使用用户指定的值来覆盖基于从节点的坐标和主面计算得到的初始间隙值。此过程不改变从节点的坐标。

当为接触对调用平衡的主-从接触算法时，可以在一个或者两个面上定义初始间隙的值。将忽略在仅作为主面的接触面上定义的初始间隙。

为面指定一个均匀的间隙

通过确定接触对和所需的初始间隙 h_0（不需要其他数据），用户可以为接触对指定一个均匀的间隙。

输入文件用法：* CLEARANCE，CPSET = cpset 名称，VALUE = h_0

Abaqus/CAE 用法：Interaction module：contact interaction editor：Clearance：Initial clearance：Uniform value across slave surface：h_0

为面指定空间变化的间隙

另外，用户可以通过确定接触对和指定属于从面的一个单独节点或者节点集处的间隙数据表，为接触对指定空间变化的间隙。对于没有指定的从面节点，将使用由 Abaqus/Explicit 从面的初始几何形状计算得到的间隙。

输入文件用法：*CLEARANCE，CPSET=cpset 名称，TABULAR

Abaqus/CAE 用法：在 Abaqus/CAE 中，不能指定使用初始间隙或者过闭合值的数据表。

从外部文件中读取空间变化的间隙

Abaqus/Explicit 可以从外部文件中为接触对读取空间变化的间隙。

输入文件用法：*CLEARANCE，CPSET=cpset 名称，TABULAR，INPUT=文件名称

Abaqus/CAE 用法：在 Abaqus/CAE 中，不能指定使用定义初始间隙或者过闭合值的外部输入文件。

为接触计算指定面法向

通常，Abaqus/Explicit 使用“Abaqus/Explicit 中接触对的接触方程”（5.2.2 节）中描述的算法，根据离散化的面几何形体计算用于接触计算的面法向。当指定空间变化的间隙时，用户可以通过指定此向量的分量，来重新定义 Abaqus/Explicit 用于每个节点的接触方向。此向量必须定义主面外法向的整体笛卡儿分量。

输入文件用法：*CLEARANCE，SLAVE=面名称，MASTER=面名称，
TABULAR
节点编号或者节点集标签，间隙值，第一法向分量，第二法向分量，第三法向分量
按需求重复此数据行。

Abaqus/CAE 用法：在 Abaqus/CAE 中，用户不能重新定义接触方向，除了螺纹连接（见下文中的“为螺纹连接自动生成接触法向”）。

为螺纹连接自动生成接触法向

另外，对于单个螺纹连接，可以通过指定螺纹几何参数和用来定义螺栓/螺栓孔轴上的一个向量的两个点来自动指定每个从节点的接触法向。承受拉伸载荷时，轴向量应当定义成从螺栓尾部到头部；承受压缩载荷时，为从头部到尾部。

输入文件用法：*CLEARANCE，CPSET=cpset 名称，TABULAR，BOLT
螺纹半角，螺距，螺栓大径，螺栓中径节点编号或者节点集标签，间隙值，螺栓/螺栓孔轴上点 a 和点 b 的坐标
按照需求重复第二个数据行。

Abaqus/CAE 用法：Interaction module：contact interaction editor：Clearance：Initial clearance：Computed for single-threaded bolt 或者 Specify for single-threaded bolt：间隙值，
Clearance region on slave surface：Edit Region：选择区域，Bolt direction vector：Edit：选择轴，
Half-thread angle：螺纹半角，Pitch：螺距，
Bolt diameter：Major：螺栓大径或者 Mean：螺栓中径

3.5.5 Abaqus/Explicit 中接触对的接触控制

产品：Abaqus/Explicit　　Abaqus/CAE

参考

- “在 Abaqus/Explicit 中定义接触对”，3.5.1 节
- * CONTACT CONTROLS
- “在 Abaqus/Explicit 分析中指定接触控制”，《Abaqus/CAE 用户手册》的 15.13.10 节

概览

Abaqus/Explicit 接触对的接触控制可以用来：

- 缩放罚接触约束使用的刚度。
- 调整追踪两个面之间运动的搜索算法。

缩放默认罚刚度

如果用户使用罚方法在接触对中施加接触约束（见“Abaqus/Explicit 中接触约束的施加方法”，5.2.3 节），Abaqus/Explicit 将通过对穿透节点施加一个“弹簧”刚度来抵抗面之间的穿透。将接触力与穿透距离相关联的“弹簧”刚度是由 Abaqus/Explicit 自动选择的，这样对时间增量的影响是最小的，所允许的穿透在绝大部分分析中也是不明显的。如果存在以下因素，则可以在分析中产生显著的穿透：

- 位移控制的载荷。
- 接触界面处的材料是纯弹性的或者随着变形而硬化。
- 具有相对于其自身质量非常小的变形单元（尤其是膜和面单元），并且通过除接触中所包含的边界条件（如连接器）之外的方法进行约束。
- 具有相对于其自身质量或者转动惯量非常小的刚体，并且通过除接触中所包含的边界条件（如连接器）之外的方法进行约束。

对于前两个因素的组合，使用默认穿透刚度而导致接触穿透明显的例子见“Hertz 接触问题”（《Abaqus基准手册》的 1.1.11 节）。

用户可以指定一个比例因子，通过它来更改指定接触对的罚刚度。此缩放也会影响自动时间增量。使用较大的比例因子往往会增加分析所需的计算成本，因为保持数值稳定所需的时间增量减小了（进一步讨论见“Abaqus/Explicit 中接触约束的施加方法”，5.2.3 节）。

输入文件用法：同时使用以下两个选项来缩放默认的罚刚度：

　　* CONTACT PAIR，MECHANICAL CONSTRAINT=PENALTY，
　　CPSET=接触对设置名称

面 1，面 2

＊CONTACT CONTROLS，CPSET＝接触对设置名称，

SCALE PENALTY＝因子

Abaqus/CAE 用法：Interaction module：

Create Contact Controls：Name：接触控制名称，

Abaqus/Explicit contact controls：Penalty stiffness scalingfactor：因子

Interaction editor：Mechanical constraint formulation：Penalty contact-method，Contact controls：接触控制名称

调整有限滑动的接触追踪算法

在有限滑动接触对中，通过在整个分析上连续进行搜索来追踪两个接触面之间的相对运动。接触追踪算法包括成本较高的周期的整体搜索和成本较低的规则的局部搜索。在“Abaqus/Explicit 中接触对的接触方程”中的“接触追踪算法”（5.2.2 节）中，对搜索算法进行了详细的讨论。用户可以使用接触控制来调整这些搜索的频率和成本。

指定更加频繁的整体接触搜索

默认情况下，对于包含两个面的接触对，Abaqus/Explicit 在每一百个增量上执行一次靠近每一个从节点的主面的更加彻底的搜索，这对于绝大部分分析是足够的。然而，存在一些有效的接触情形，需要在步过程中对其进行更多或者更少的整体搜索。图 3-66 所示为需要进行更加频繁的整体追踪情形。主面是一个有效的面，但是它包含一个洞。在一个增量过程中，所显示的从节点确定阴影单元面为最近的主面面片。局部接触搜索此主面面片及其相邻面片。

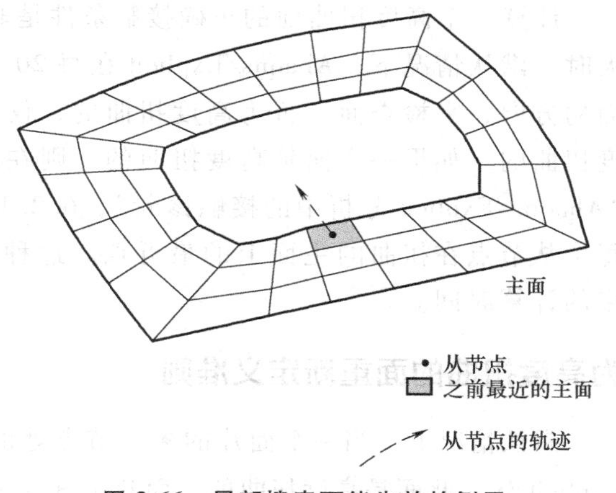

图 3-66　局部搜索可能失效的例子

如果从节点在相对少的增量下移动穿过此洞，则无法检测到从节点与主面面片之间穿过此洞的潜在接触，因为局部接触搜索只检查阴影面片。当从节点快速地移动穿过主面中的深谷时，也会出现相同的情形。解决方法是进行更频繁的整体接触搜索。对于给定的接触对，如果需要的不是默认值 100，用户可以指定整体搜索中的增量数量 n。

输入文件用法：同时使用以下两个选项：

＊CONTACT PAIR，CPSET＝接触对设置名称

＊CONTACT CONTROLS，CPSET＝接触对设置名称，

GLOBTRKINC＝n

Abaqus/CAE 用法：Interaction module：

Create Contact Controls：Name：接触控制名称，

Abaqus/Explicit contact controls：Specify max number of increments：*n*

Interaction editor：Contact controls：接触控制名称

使用更加保守的局部接触搜索

Abaqus/Explicit 默认使用的局部接触搜索所采用的技术允许其使用最短的计算时间。如果局部接触搜索难以施加合适的接触条件，则可以采用一种更加保守的局部接触搜索来解决此问题。所指定的接触搜索对使用自接触的接触对没有影响。

输入文件用法：同时使用以下两个选项：

* CONTACT PAIR，CPSET=接触对设置名

* CONTACT CONTROLS，CPSET=接触对设置名，FASTLOCALTRK=NO

Abaqus/CAE 用法：Interaction module：

Create Contact Controls：Name：接触控制名称，

Abaqus/Explicit contact controls：切换关闭 Fast local tracking

Interaction editor：Contact controls：接触控制名称

跟踪高度扭曲的面接触

计算一个高度扭曲面的正确接触条件是非常困难的，特别是在接触面的相对速度非常大时。默认情况下，Abaqus/Explicit 在每 20 个增量上追踪每一个由单元面形成的变形主面的方向，来检查面是否为高度扭曲的；仅在一个步开始时检查刚性面片表面是否为高度扭曲的。如果一个面是高度扭曲的，则在状态（.sta）文件中发出一个警告信息（见“Abaqus/Explicit 分析中的接触诊断”，6.2.1 节），并且使用一种更加精确的算法来计算每个从节点在扭曲的主面上的最近点。这种算法可以得到更加精确的解，但是会使用更多的计算时间。

为高度扭曲的面重新定义准则

默认情况下，当一个面片的多个节点处的面法向之间的角度变化超过 20°时，Abaqus/Explicit 认为此面是高度扭曲的。面片上面法向的最大变化角度称为平面外的扭曲角。用户可以在步之间为模型中的任何接触改变平面外扭曲角的默认值。

输入文件用法：* CONTACT CONTROLS，CPSET=接触对设置名，WARP CUT OFF=角度

Abaqus/CAE 用法：Interaction module：

Create Contact Controls：Name：接触控制名称，

Abaqus/Explicit contact controls：Angle criteria for highly warped facet (degrees)：角度

Interaction editor：Contact controls：接触控制名称

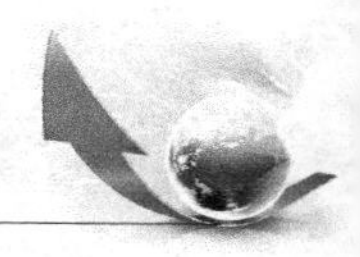

更改 Abaqus/Explicit 检查扭曲面的频率

用户可以以增量的形式指定 Abaqus/Explicit 检查模型中接触对的扭曲面的频率。频率可以在步之间变化。更频繁地检查扭曲面（默认是每 20 个增量）将造成分析计算时间的小幅度增加。

输入文件用法：*CONTACT CONTROLS，CPSET=接触对设置名称，
WARP CHECK PERIOD=n

Abaqus/CAE 用法：Interaction module：
Create Contact Controls：Name：接触控制名称，
Abaqus/Explicit contact controls：Warp check increment：n
Interaction editor：Contact controls：接触控制名称

4 接触属性模型

4.1 力学接触属性

4.1.1 力学接触属性：概览

参考

- “接触相互作用分析：概览”，3.1 节
- “在 Abaqus/Standard 中定义接触对”，3.3.1 节
- “在 Abaqus/Explicit 中为通用接触赋予接触属性”，3.4.3 节
- “在 Abaqus/Explicit 中为接触对赋予接触属性”，3.5.3 节
- “接触压力与过盈的关系，” 4.1.2 节
- “接触阻尼”，4.1.3 节
- “接触阻滞”，4.1.4 节
- “摩擦行为”，4.1.5 节
- “用户定义的界面本构行为”，4.1.6 节
- “压力穿透载荷”，4.1.7 节
- “脱胶面的相互作用”，4.1.8 节
- “可断裂连接”，4.1.9 节
- “基于面的胶粘行为”，4.1.10 节
- * SURFACE INTERACTION
- “理解相互作用属性”，《Abaqus/CAE 用户手册》的 15.4 节

概览

在力学接触仿真中，接触体之间的相互作用是通过为接触相互作用赋予一个接触属性模型来定义的（详细内容见“在 Abaqus/Standard 中定义接触对”，3.3.1 节；“在 Abaqus/Explicit 中为通用接触赋予接触属性”，3.4.3 节和“在 Abaqus/Explicit 中为接触对赋予接触属性”，3.5.3 节）。力学接触属性模型：

- 包括用来控制表面运动的接触压力与过闭合关系的本构模型。
- 包括用来定义阻止接触面之间相对运动的力阻尼模型。
- 包括用来定义阻止面之间相对切向运动的力摩擦模型。
- 在 Abaqus/Standard 中，包括在其中使用用户子程序 UINTER 来定义法向和切向行为的本构模型。
- 在 Abaqus/Explicit 中，当使用接触对算法时，包括在其中使用用户子程序 VUINTER 来定义法向和切向行为的本构模型。
- 在 Abaqus/Explicit 中，当使用通用接触算法时，包括在其中使用用户子程序 VUINTERACTION 来定义法向和切向行为的本构模型。
- 在 Abaqus/Standard 中，包括两个接触面之间的流体穿透本构模型。

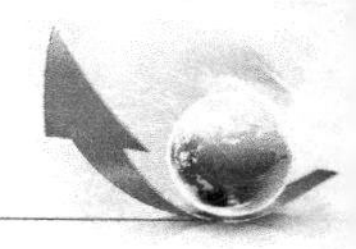

• 在 Abaqus/Standard 中，包括脱胶表面相互作用的本构模型。

• 在 Abaqus/Explicit 中，包括用来仿真粘接相互作用体的粘接失效本构模型。

• 包括允许使用渐进损伤扩展模型模拟粘接分层或者“黏性”接触的基于面的粘接行为。

本部分介绍了定义力学接触属性模型构成要素的通用准则。本章的其他部分则介绍了关于接触属性模型不同构成要素的具体内容和用于接触计算的算法。

定义接触属性模型

定义力学接触属性模型构成要素的方法有很多种。

定义接触压力与过闭合的关系

Abaqus 中默认的接触压力与过闭合的关系称为“硬”接触模型。硬接触是指：

• 面不传递接触压力，除非从面的节点接触主面。

• 每个约束位置上都不允许出现穿透（完全满足或近似满足此条件取决于所使用的约束施加方法）。

• 当面接触时，对可以传递的接触压力大小没有限制。

用户也可以定义面相互作用的非默认接触压力与过闭合的关系。Abaqus 中可用的不同接触压力与过闭合的关系见“接触压力与过盈的关系”（4.1.2 节），施加这些关系的可用约束方法见“Abaqus/Standard 中接触约束的施加方法”（5.1.2 节）。

定义面之间存在阻尼的面相互作用模型

用户可以定义与相互接触面之间的相对运动方向相反的阻尼力。

在 Abaqus/Standard 中，指定的接触阻尼仅影响法向运动；而在 Abaqus/Explicit 中，接触阻尼可以同时影响面的相对切向运动和法向运动。

关于接触阻尼模型的详细内容见“接触阻尼”（4.1.3 节）。

在 Abaqus/Explicit 中定义接触阻滞模型

在 Abaqus/Explicit 中，用户可以对造成阻滞流出的基于面的流体腔面组合进行控制。关于接触阻滞的详细内容见“接触阻滞”（4.1.4 节）。

定义摩擦模型

默认情况下，Abaqus 假定面之间的接触是无摩擦的。用户可以将摩擦模型包含在面相互作用定义中。

Abaqus 中可使用的不同摩擦模型的详细内容见“摩擦行为”（4.1.5 节）。

用户定义的界面本构行为

除了可以使用 Abaqua 中的一个或者一些不同界面行为模型的组合，用户还可以通过用户子程序来定义特殊的或者专用的界面本构行为。在 Abaqus/Standard 中，可以使用子程序

UINTER；在 Abaqus/Explicit 中，如果使用接触对算法，可以使用 VUINTER，如果使用通用接触算法，则可以使用 VUINTERACTION。

在 Abaqus/Explicit 中，对于由 VUINTER 或者 VUINTERACTION 控制其界面行为的相互作用面，必须使用接触约束的罚施加。

关于用户定义的界面本构行为定义的详细内容，见“用户定义的界面本构行为”（4.1.6 节）。

在 Abaqus/Standard 中定义压力穿透载荷

在 Abaqus/Standard 中，用户可以定义压力穿透载荷来仿真两个接触面之间的流体穿透。关于压力穿透模型的详细内容见“压力穿透载荷”（4.1.7 节）。

在 Abaqus/Standard 中定义粘接面之间的相互作用

在 Abaqus/Standard 中，用户可以允许两个初始粘接面脱粘，如“裂纹扩展分析”（《Abaqus 分析用户手册——分析卷》的 6.4.3 节）中讨论的那样。脱粘后接触相互作用模型的详细内容见“脱胶面的相互作用”（4.1.8 节）。

在 Abaqus/Explicit 中定义可断裂粘接

在 Abaqus/Explicit 中，用户可以定义连接相互作用面的可断裂粘接。定义可断裂粘接时，必须使用运动接触对算法。

可断裂粘接同时影响面之间的相对切向运动和法向运动。分析型刚性面不能使用可断裂粘接。被称为点焊模型的可断裂粘接模型的详细内容，见“可断裂连接”（4.1.9 节）。

定义基于面的胶粘行为

用户可以通过定义基于面的胶粘行为来模拟初始粘接的面分层，或者模拟最初是分离的，但是一旦接触就粘接到一起的零件之间的“粘接”接触，该粘接可能会承受渐进性损伤和失效。

基于面的胶粘行为是在 Abaqus/Explicit 中的通用接触框架和 Abaqus/Standard 中的接触对框架中模拟的。基于面的胶粘行为模型的详细内容，见“基于面的胶粘行为”（4.1.10 节）。

4.1.2 接触压力与过盈的关系

产品：Abaqus/Standard　Abaqus/Explicit　Abaqus/CAE

参考

- “力学接触属性：概览”，4.1.1 节

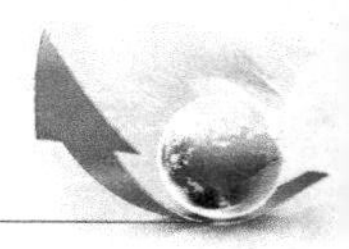

- * CONTACT CONTROLS
- * SURFACE BEHAVIOR
- “创建相互作用属性”，《Abaqus/CAE 用户手册》的 15.12.2 节
- “定制接触控制”，《Abaqus/CAE 用户手册》的 15.12.3 节

概览

在 Abaqus 中，用户可以使用下面的接触压力与过闭合的关系来定义接触模型：

• 使最小化约束位置处从面进入主面的穿透最小化，并且不允许传递穿过界面的拉伸应力的“硬”接触关系。

• 在其中接触压力是面之间间隙的线性函数的“软化”接触关系。

• 在其中接触压力是面之间间隙的指数函数的“软化”接触关系（在 Abaqus/Explicit 中，此关系仅可用于接触对算法）。

• 在其中通过渐进性地缩放默认罚刚度来构建表格化的压力-过闭合曲线的“软化”接触关系（仅可用于 Abaqus/Explicit 中的通用接触）。

• 在其中接触压力是面之间间隙的分段线性（表格化的）函数的“软化”接触关系。

• 在其中面一旦接触就不再分离的关系。

此外，用户还可以定义影响压力与过闭合关系的黏性阻尼关系，更多相关内容见“接触阻尼”（4.1.3 节）。在 Abaqus/Standard 中，可以通过施加压力穿透载荷来模拟流体穿透进入两个接触体之间的面，见“压力穿透载荷”（4.1.7 节）。

在接触属性定义中包含接触压力与过闭合的关系

默认情况下，基于面和单元的接触使用“硬”接触压力与过闭合的关系。用户可以在具体的接触属性定义中包含一个非默认的接触压力与过闭合的关系。

输入文件用法：为基于面的接触同时使用以下两个选项：

* SURFACE INTERACTION，NAME=相互作用属性名称
* SURFACE BEHAVIOR

在 Abaqus/Standard 中，为基于单元的接触同时使用以下两个选项：

* INTERFACE 或者 * GAP，ELSET=名称
* SURFACE BEHAVIOR

Abaqus/CAE 用法：Interaction module：contact property editor：Mechanical→NormalBehavior：Constraint enforcement method：Default

Abaqus/CAE 中不支持基于单元的接触。

使用“硬”接触关系

图 4-1 所示为最常见的接触压力与过闭合的关系。用户可以严格地或者不严格地施加零穿透条件，取决于所使用的约束施加方法（约束施加方法见“Abaqus/Standard 中接触约束

的施加方法”，5.1.2 节和“Abaqus/Explicit 中接触约束的施加方法”，5.2.3 节）。当面接触时，它们之间可以传递任何接触压力。如果接触压力减小为零，则面分离。当分离的面之间的间隙减小为零时，分离的面接触。

输入文件用法：*SURFACE BEHAVIOR（省略 PRESSURE-OVERCLOSURE 参数来得到默认的“硬”压力与过闭合的关系）

Abaqus/CAE 用法：Interaction module：contact property editor：Mechanical→Normal Behavior：Constraint enforcement method：Default：Pressure-Overclosure：Hard Contact

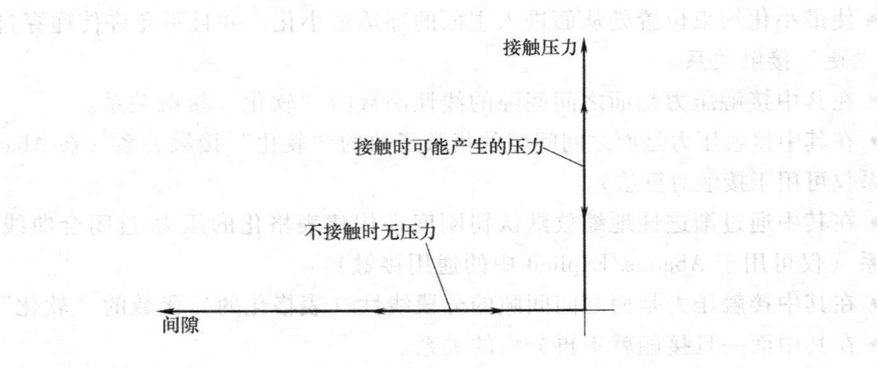

图 4-1 默认的压力与过闭合的关系

使用“软化”接触关系

在 Abaqus 中，可以使用三种类型的“软化”接触关系，包括符合线性规律、表格化的分段线性规律和指数规律（仅适用于 Abaqus/Explicit 中的接触对算法）的接触关系。

对于包含基于单元的面的接触和基于单元的接触（仅在 Abaqus/Standard 中可用），“软化”接触关系是采用过闭合（或者间隙）对比接触压力的形式来指定的。对于包含基于节点的面或者节点接触单元（如 GAP 和 ITT 单元）的接触，如果没有定义它们的面积或者长度尺寸，则软化的接触是以过闭合（或者间隙）对比接触力的形式来指定的。对于 Abaqus/Standard 中梁类型单元上的从面和 Abaqus/Explicit 中的接触对算法，将压力指定成单位长度上的力。如果 Abaqus/Explicit 中的通用接触算法用于梁类型单元上的从面，则将压力指定成单位面积上的力。

当在 Abaqus/Explicit 中使用零过闭合时具有非零压力（通用接触算法不允许）的“软化”接触关系时，用户应当意识到在分析中可能存在初始的非平衡接触压力（见“调整 Abaqus/Explicit 中接触对的初始面位置并指定初始间隙”，3.5.4 节）。

“软化”接触与“硬”接触的对比

用户可以使用“软化”接触压力与过闭合关系模拟一个或者两个面上的柔软的薄层。在 Abaqus/Standard 中，因为数值原因，这种方法有时候也是有用的，因为它们可以使得求解接触条件更加容易。

在隐式动态仿真中使用“软化”接触

在隐式动态碰撞仿真中使用软化的接触关系时要小心。如果在这样的仿真中使用了此关系，Abaqus/Standard 将不会使用破坏面上节点动能的碰撞算法，当碰撞发生时，将假设其为完美的弹性碰撞。此改变的后果是从节点在与主面碰撞后立即被弹回，这样可产生过度的“抖振”，从而导致收敛问题和小的时间增量。

然而，在碰撞的影响不重要的场合，软化的接触关系在隐式动态计算中工作良好。例如，如果接触变化主要是由沿着弯曲面的滑动运动造成的，在低速金属成形应用中可能出现这样的情况。

在显式动态仿真中使用“软化”接触

在 Abaqus/Explicit 中，用户可以使用运动的或者罚约束施加方法来施加软化的接触关系（详细内容见“Abaqus/Explicit 中接触约束的施加方法”，5.2.3 节）。使用罚施加时，接触碰撞是弹性的，除了接触阻尼的影响；而使用软化的运动接触时，因为算法的特征，一些能量将被碰撞吸收，所吸收的能量往往随着接触刚度的增加而增加。另外，还考虑对时间增量的影响：使用运动施加时，稳定时间增量与接触刚度无关；但是使用罚接触时，时间增量则随着接触刚度的增加而减小。

定义为线性函数的“软化”接触

在线性的压力与过闭合关系中，当面之间过闭合时，在接触（法向）方向上度量的面传递接触压力是大于零的。线性的压力与过闭合关系是与具有两个数据点的表格化关系一样的，其中第一点位于原点上。

用户需要指定压力与过闭合关系的斜率 k。

输入文件用法：*SURFACE BEHAVIOR，PRESSURE-OVERCLOSURE=LINEAR

k

Abaqus/CAE 用法：Interaction module：contact property editor：Mechanical→Normal Behavior：Constraint enforcement method：Default：Pressure-Overclosure：Linear，Contact stiffness：k

以表格形式定义的“软化”接触

要以图 4-2 所示的表格形式定义分段的线性压力与过闭合关系，用户需要指定压力与过闭合数据对（p_i，h_i）（其中过闭合对应负的间隙）。用户必须将数据指定成压力和过闭合的一个增量函数。在此关系中，在接触（法向）方向上，当面之间的过闭合大于 h_1（h_1 是零压力时的过闭合）时，面传递接触压力。对于 Abaqus/Explicit 中的通用接触算法，h_1 必须等于零。对于大于 h_n 的过闭合，压力与过闭合的关系以由用户指定的数据计算得到的最后斜率为基础来外推（图 4-2）。

输入文件用法：*SURFACE BEHAVIOR，PRESSURE-OVERCLOSURE=TABULAR

Abaqus/CAE 用法：Interaction module：contact property editor：Mechanical→NormalBehavior：Constraint enforcement method：Default：Pressure-Overclosure：Tabular

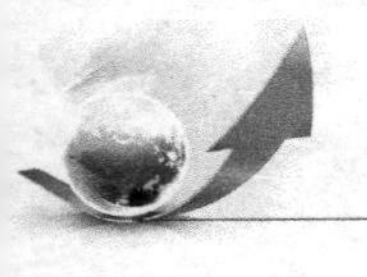

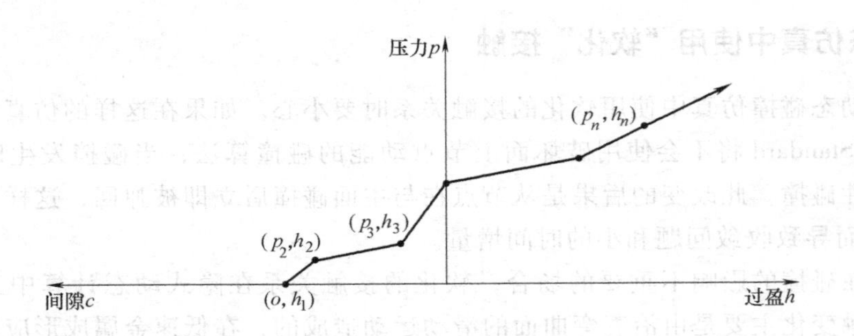

图 4-2 以表格形式定义的线性压力与过闭合的关系

将“软化”接触定义成默认接触刚度的几何级数缩放

用户可以通过以几何级数缩放默认的接触刚度，来构建另一种表格形式的分段线性压力与过闭合关系。当超过临界穿透时，此模型将提供一个简单的界面来增加默认的接触刚度。一用户可以直接定义穿透量 d，或者将其定义成接触区域中最小单元长度 L_{elem} 的百分比 r。当前穿透每超出此穿透量的一个倍数，接触刚度缩放一个因子 s（图 4-3）。将初始刚度设置成等于默认接触刚度 k_{dflt}乘以因子 s_0。

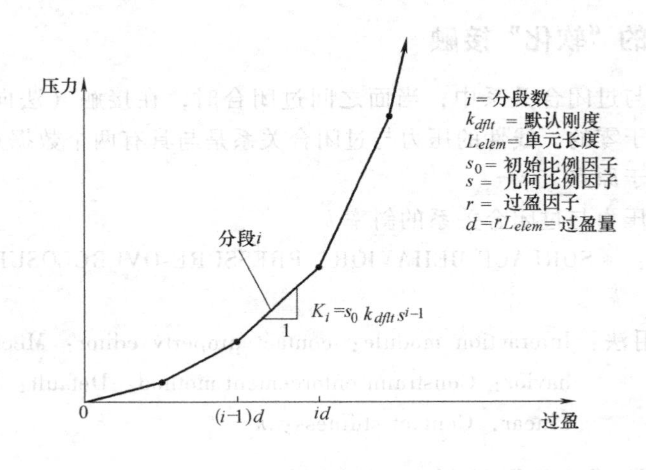

图 4-3 “软化”比例因子型压力与过盈关系

此选项仅可用于 Abaqus/Explicit 中的通用接触算法。

输入文件用法：* SURFACE BEHAVIOR，PRESSURE-OVERCLOSURE=SCALE FACTOR

Abaqus/CAE 用法：Interactionmodule：contact property editor：Mechanical→Normal Behavior：Constraint enforcement method：Default：Pressure-Overclosure：Scale Factor（General Contact）

以指数规律定义的“软化”接触

在以指数规律定义的（软化）接触压力与过闭合关系中，一旦在接触（法向）方向上度量的面之间的间隙减小为 c_0，则面开始传递接触压力。随着间隙连续减小，面之间传递的

接触压力按照指数规律增加。图 4-4 所示为 Abaqus/Standard 中的此行为。在 Abaqus/Explicit 中，此行为仅可用于接触对算法。

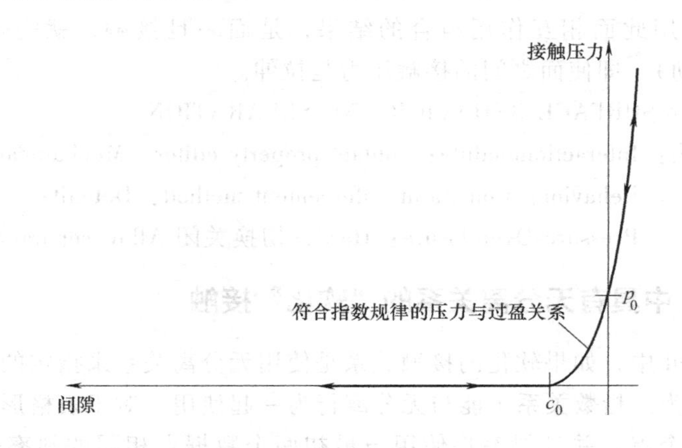

图 4-4 Abaqus/Standard 中符合指数规律的“软化”压力与过盈关系

在 Abaqus/Explicit 中，用户可以指定模型可以达到的接触刚度极值 k_{max}（图 4-5）。此极值可缓解罚接触中由于大刚度而使稳定时间增量减小的问题。默认情况下，对于运动接触，将 k_{max} 设置成无限大；对于罚接触，则将 k_{max} 设置成默认的罚刚度。

用户需要指定 c_0、零间隙时的接触压力 p_0，以及在 Abaqus/Explicit 中可以选择指定 k_{max}。

输入文件用法：＊SURFACE BEHAVIOR，PRESSURE-OVERCLOSURE=EXPONENTIAL

c_0，p_0，k_{max}

Abaqus/CAE 用法：Interactionmodule：contact property editor：Mechanical→Normal Behavior：Constraint enforcement method：Default：Pressure-Overclosure：Exponential，Pressure p_0，Clearance c_0，Specify：k_{max}

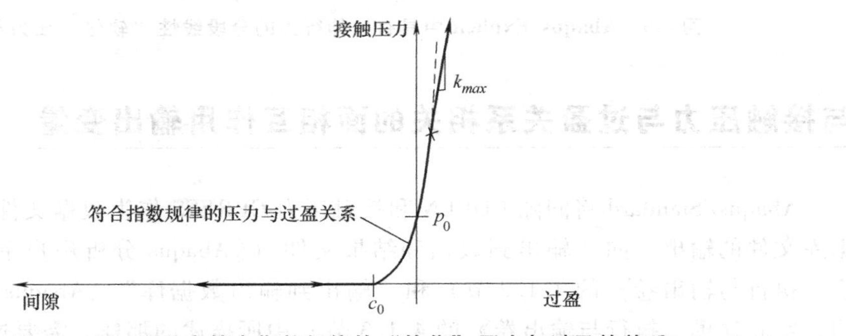

图 4-5 Abaqus/Explicit 中符合指数规律的“软化”压力与过盈的关系

使用无分离关系

用户可以指定一旦面接触，Abaqus 应当使用防止面分离的接触压力与过盈的关系。在 Abaqus/Explicit 中，用户可以为通用接触指定此关系；但是，仅可以为纯粹的主-从接触对

指定此关系，并且不能与自适应网格划分一起使用。

无分离关系通常与粗糙的摩擦模型一起使用（见“摩擦行为”，4.1.5节）来模拟连续的粗糙摩擦接触。使用此面相互作用组合的结果，是面一旦接触，就完全地粘接在一起（无分离和无切向滑动），即使面之间的接触压力是拉伸。

输入文件用法：* SURFACE BEHAVIOR，NO SEPARATION

Abaqus/CAE 用法：Interactionmodule：contact property editor：Mechanical→Normal Behavior：Constraint enforcement method：Default：Pressure-Overclosure：Hard，切换关闭 Allow separation after contact

Abaqus/Explicit 中具有无分离关系的“软化”接触

在 Abaqus/Explicit 中，如果软化的接触关系是使用无分离关系来指定的，则压力与过盈的关系将包含拉伸行为。指数关系不能与无分离行为一起使用。对于表格形式的关系，必须在零压力轴上指定一个点，并且斜率将使用与最初两个数据点相同的斜率来进入拉伸区域（图4-6）。线性关系所具有的线性拉伸压力与过盈关系与压缩行为使用的斜率相同。

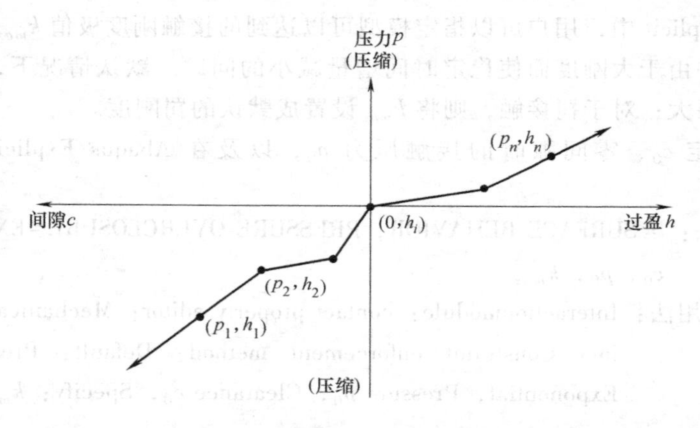

图 4-6 Abaqus/Explicit 中具有拉伸行为的分段线性“软化”压力与过盈关系

与接触压力与过盈关系相关的面相互作用输出变量

Abaqus/Standard 将间隙 COPEN 和接触压力 CPRESS 作为数据文件、结果文件和输出数据库文件的输出。如“输出到数据和结果文件”（《Abaqus 分析用户手册——介绍、空间建模、执行与输出卷》的4.1.2节）和“输出到输出数据库”（《Abaqus 分析用户手册——介绍、空间建模、执行与输出卷》的4.1.3节）中所描述的那样，需要这些文件的输出。

Abaqus/Explicit 将接触压力 CPRESS 作为输出数据库文件的输出（详细内容见“输出到输出数据库”，《Abaqus 分析用户手册——介绍、空间建模、执行与输出卷》的4.1.3节）。

在数据、结果和输出数据库文件中，输出变量 CPRESS 可以给出开放从节点处的黏性阻尼压力。此变量也可给出闭合从节点处的接触压力。在打印输出中，“VD”表示黏性阻尼力。

在 Abaqus/CAE 中，从面上的接触压力可以云图显示。

4.1.3 接触阻尼

产品：Abaqus/Standard　　Abaqus/Explicit　　Abaqus/CAE

参考

- “力学接触属性：概览”，4.1.1 节
- ＊CONTACT DAMPING
- “创建相互作用属性”，《Abaqus/CAE 用户手册》的 15.12.2 节

概览

接触阻尼：

- 可以阻止相互作用面之间的相对运动（除“接触压力与过盈的关系”，4.1.2 节中介绍的接触压力与过盈的关系和“摩擦行为”，4.1.5 节中介绍的摩擦模型以外）。
- 可以同时影响面的法向和切向运动。
- 在法向上与面之间的相对速度成比例。
- 在切向上，在 Abaqus/Standard 中与相对切向速度成比例，在 Abaqus/Explicit 中则与摩擦相关的“弹性滑动速率”成比例（弹性滑动的相关内容见“摩擦行为”，4.1.5 节）。这样，在 Abaqus/Explicit 中，它对切向滑动体无阻碍作用。
- 不能用于线性摄动过程。
- 在 Abaqus/Standard 中，它可用于力和刚度定义，但通常仅在不可能得到解时使用——允许在 Abaqus/Standard 中的接触面之间传递黏性压力和切应力，减少由于接触约束的突然阻碍所产生的收敛困难（在一些包含接触的突弹跳变和屈曲问题中较常见）的最好方法，是在使用接触控制的步到步的基础上指定阻尼，如“在 Abaqus/Standard 中调整接触控制”中的“接触问题中刚体运动的自动稳定性”（3.3.6 节）中所讨论的那样。
- 在 Abaqus/Explicit 中，可用于降低求解噪声。默认为 Abaqus/Explicit 中的软化接触和罚接触使用少量的黏性接触阻尼，如下面所讨论的那样。

定义面相对运动的黏性接触阻尼

在 Abaqus/Standard 中，黏性阻尼系数 μ 是面间隙的函数，如图 4-7 所示。将阻尼系数定义成单位为压力除以速度的比例常数。

在 Abaqus/Explicit 中，当面相互接触时，阻尼系数将等于指定的常数，否则为零。用户可以将阻尼系数定义成单位为压力除以速度的比例常数，或者无单位的临界阻尼分数。

要定义黏性阻尼，用户必须在接触属性定义中包含它。

输入文件用法：对于基于面的接触，同时使用以下选项：

* SURFACE INTERACTION，NAME=相互作用属性名称

* CONTACT DAMPING

在 Abaqus/Standard 中，为基于单元的接触同时使用以下选项：

* INTERFACE 或者 * GAP，ELSET=名称

* CONTACT DAMPING

Abaqus/CAE 用法：Interaction module：contact property editor：Mechanical→Damping

Abaqus/CAE 中不支持基于单元的接触。

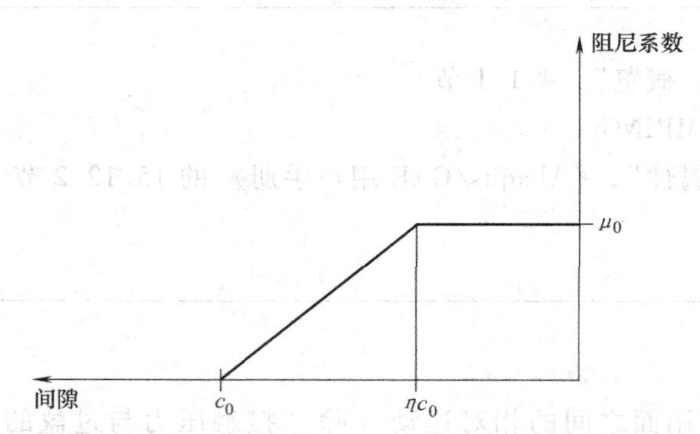

图 4-7 Abaqus/Standard 中黏性阻尼的阻尼系数与间隙的关系

阻尼和压力与过盈的关系

在 Abaqus/Standard 中，黏性阻尼关系可以与任何接触关系一起使用（见“接触压力与过盈的关系”，4.1.2 节）。

在 Abaqus/Explicit 中，硬运动接触不能使用接触阻尼。软化后的运动接触和所有穿透接触将具有以 $\mu_0=0.03$ 为临界阻尼分数的默认阻尼。

指定阻尼系数以使阻尼力直接与面之间的相对运动速率成比例

用户可以直接以压力与速度的比为单位，以阻尼系数的形式指定阻尼。此时，阻尼力 $f_{vd}=\mu_0 A v_{rel}^{el}$，其中 A 是节点面积，v_{rel}^{el} 是两个面之间的相对运动速率。

对于包含基于单元的面的接触和基于单元的接触（仅在 Abaqus/Standard 中可用），阻尼系数是以接触压力的形式来指定的。对于包含基于节点的面或者节点接触单元（如 GAP 或者 ITT 单元）的接触，如果没有它们的面积或者长度尺寸，则必须将 μ_0 指定成以力除以速度为单位。对于梁类型单元上的从面，将 μ_0 指定为单位长度的力除以速度。

输入文件用法：在 Abaqus/Standard 中使用以下语法：

* CONTACT DAMPING，DEFINITION=DAMPING COEFFICIENT

μ_0，c_0，η

在 Abaqus/Explicit 中使用以下语法：

* CONTACT DAMPING，DEFINITION=DAMPING COEFFICIENT

μ_0

Abaqus/CAE 用法：在 Abaqus/Standard 中使用以下语法：

Interaction module：contact property editor：Mechanical→Damping：Definition：Damping coefficient，Linear 或者 Bilinear，Damping Coeff. μ_0，Clearance c 和 c_0（对于 Linear，$\eta=0$；对于 Bilinear，$\eta=\frac{c}{c_0}$）

在 Abaqus/Explicit 中使用以下语法：

Interaction module：contact property editor：Mechanical → Damping：Definition：Damping coefficient，Step，Damping Coeff. μ_0

在 Abaqus/Explicit 中将阻尼系数指定成临界阻尼的百分比

在 Abaqus/Explicit 中，用户可以采用临界阻尼百分比的形式指定与接触刚度相关的无单位阻尼系数；此方法在 Abaqus/Standard 中是不可用的。此时，阻尼力 $f_{vd}=\mu_0\sqrt{4mk_c}\,v_{rel}^{el}$，其中 m 是节点质量，k_c是节点接触刚度（以 FL^{-1} 为量纲），v_{rel}^{el}是两个面之间的相对运动速率。

输入文件用法：* CONTACT DAMPING，DEFINITION = CRITICAL DAMPING FRACTION
临界阻尼百分比

Abaqus/CAE 用法：Interaction module：contact property editor：Mechanical → Damping：Definition：Critical damping fraction，Crit. DampingFraction 临界阻尼百分比

指定切向阻尼系数

用户可以指定切向阻尼系数与法向阻尼系数的比，也称为正切百分比。

此时，切向阻尼应使用与法向阻尼一样的阻尼形式，且切向阻尼仅可以与法向阻尼相结合指定。如果在 Abaqus/Standard 中激活了切向阻尼，则阻尼应力与相关切向速度成比例。在 Abaqus/Explicit 中，如果硬运动接触是用于切向的，或者如果没有定义摩擦，则将忽略切向阻尼。如前文所述，Abaqus/Explicit 中的切向阻尼与弹性滑动速率成比例（见“摩擦行为”，4.1.5 节），而不是与相对滑动的总速率成比例。

对于 Abaqus/Standard，正切百分比的默认值是 0.0，即在默认情况下，切向阻尼系数是零。对于 Abaqus/Explicit，正切百分比的默认值是 1.0，即在默认情况下，切向阻尼系数等于法向阻尼系数。此外，Abaqus/Explicit 中软化的接触和硬罚接触的默认临界阻尼百分比为 0.03。

输入文件用法：* CONTACT DAMPING，TANGENT FRACTION = 值

Abaqus/CAE 用法：Interaction module：contact property editor：Mechanical → Damping：Tangent fraction：Specify value：值

在 Abaqus/Standard 中为黏性阻尼选择合适的系数

在 Abaqus/Standard 中，局部接触阻尼因子 μ_0 的合适大小与所研究的问题有关。在某些情况中，可以通过简单的计算来确定其大小；在其他情况中，则必须通过试错来确定 μ_0 的合理值。

合理的μ_0值对模型中出现不稳定行为之前的解具有最小的影响。如下文所述，用户可以通过观察阻尼添加之前模型中的接触压力和速度来暂定一个初始值。

如果没有进行频繁的输出，则在不稳定行为出现之前难以确定节点速度。在这种情况下，可以使用信息（.msg）文件中的信息来估计峰值节点速度。默认情况下，Abaqus/Standard在此文件中提供每一个收敛增量上的峰值节点位移增量。此位移增量可以与时间增量一起使用来为模型计算峰值节点速度。虽然此速度可能不是非常接近面的实际相关速度，但它们应当为同一数量级，并且可以用来计算初始黏性阻尼系数的合理值。

用户应评估面之间的最大接触压力。然后，应将黏性阻尼系数设置成比按计算得到的节点速度估计的最大接触压力小几个数量级的值。

如果不能如上面所讨论的那样得到压力和速度，则应当在最初使用一个较大的阻尼值，然后使用不断减小的值重复执行分析。合适的μ_0值应足够大，以使得分析可以通过任何不稳定的响应，但不会显著影响较早或者较晚时间上的结果。在“圆弧的突弹跳变屈曲分析”（《Abaqus例题手册》的1.2.1节）中，介绍了使用上述方法确定阻尼系数大小的过程。

下面的例子说明了如何为一个典型案例选择μ_0的值。研究对象为二维欧拉体屈曲问题的简单变形：在梁的任意一侧添加平行的刚性面，这样当梁屈曲时，其将与面接触。当轴向载荷增大到超过屈曲载荷时，梁将拉平面。然后，接触中点将脱离面，而梁将屈曲成一个更高的模态。如图4-8所示。

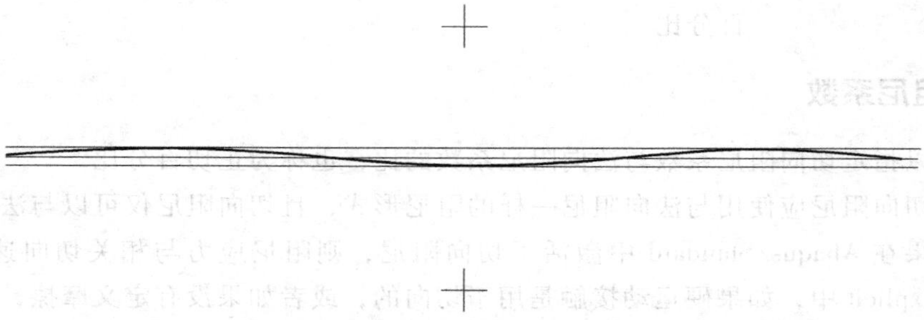

图4-8 黏性阻尼的受约束欧拉体屈曲实例

当欧拉体刚开始屈曲时，其施加在一个刚性面上的接触力F近似为

$$F \approx \frac{\pi^2 h}{4l}(P - P_{crit})$$

式中，h是刚性面之间的距离；l是梁的长度；P是施加的载荷；P_{crit}是屈曲载荷。

计算接触力的近似值时，需要假定成单点接触，并且柱的屈曲形状不发生变化。μ_0的单位是接触力除以速度，假定在此模型中使用了一个基于节点的面。接触点上欧拉体的速度v近似为

$$v \approx \frac{h}{2\Delta t}$$

式中，Δt是时间增量。根据接触力和欧拉体速度的估算值可得到阻尼系数为

$$\mu_0 = \frac{F}{v} \approx \Delta t \frac{\pi^2}{2l}(P - P_{crit})$$

可以使用此值作为初始值，但是应当尝试不同的值。

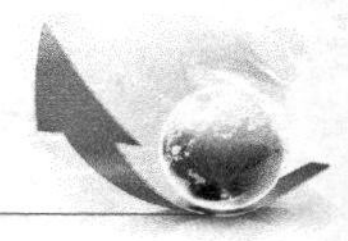

4.1.4 接触阻滞

产品：Abaqus/Explicit

参考

- "力学接触属性：概览"，4.1.1节
- "基于面的流体腔：概览"，《Abaqus分析用户手册——分析卷》的6.5.1节
- "流体交换定义"，《Abaqus分析用户手册——分析卷》6.5.3节
- *BLOCKAGE
- *FLUID EXCHANGE ACTIVATION
- *SURFACE INTERACTION

概览

由接触面产生的阻碍引起的腔体流出堵塞：

- 可以有选择地为完全或者部分造成堵塞的特殊面进行定义。
- 仅当面与通用接触算法一起使用时才需考虑。

产生接触阻滞的面

要分析像"流体交换定义"中的"因接触边界表面导致阻滞"（《Abaqus分析用户手册——分析卷》的6.5.3节）中讨论的由接触面产生的堵塞，用户必须定义一个面来代表流体腔边界上的泄漏区域。此外，用户还必须指定接触面有可能造成截止。通用接触区域必须包含所有的面（流体腔边界上的面和接触面）。要分析接触阻滞，面上的节点必须包含在节点-面接触中。当流体腔边界面上的节点与接触面接触时，将从节点标识成接触阻滞的有效节点。在边-边接触中也考虑了接触阻滞（见"Abaqus/Explicit中通用接触的接触方程"，5.2.1节）。

输入文件用法：使用以下选项指定两个接触面将造成阻滞：

*CONTACT PROPERTY ASSIGNMENT
面1，面2，属性名称
*SURFACE INTERACTION，NAME=属性名称
*BLOCKAGE

确定阻滞面积

Abaqus/Explicit通过计算没有被接触表面阻滞的流体腔边界面的面积百分比来确定阻滞

面积。对于代表泄漏面积的该面的每个单元面，阻滞面积是以接触阻滞的有效节点为基础来计算的。单元阻滞面积由下式确定

$$A_{eb}=A_e\frac{N_c}{N_e}$$

式中，A_{eb}是单元阻滞面积；A_e是单元面积；N_e是单元节点总数量；N_c是单元中接触阻滞有效节点的总数量。当所有单元节点对于接触阻滞均有效时，单元是由接触面完全阻滞的。总阻碍面积是所有单元阻滞面积的总和。如果没有为流体交换指定有效面积，则用于流体交换计算的泄漏面积是通过从面的总面积中减去总阻碍面积来得到的。如果指定了有效面积和面（见“流体交换定义”，《Abaqus 分析用户手册——分析卷》的 6.5.3 节），则流体交换计算中使用的泄漏面积等于总阻碍面积与面的总面积之比乘以有效面积。在此情况中，可以使用一个基于节点的面，并且泄漏面积是通过接触阻滞有效节点与面中节点数量之比计算得到的。

4.1.5 摩擦行为

产品：Abaqus/Standard　　Abaqus/Explicit　　Abaqus/CAE

参考

- “力学接触属性：概览”，4.1.1 节
- “FRIC”，《Abaqus 用户子程序参考手册》的 1.1.8 节
- “FRIC_COEF”，《Abaqus 用户子程序参考手册》的 1.1.9 节
- “VFRIC”，《Abaqus 用户子程序参考手册》的 1.2.4 节
- “VFRIC_COEF”，《Abaqus 用户子程序参考手册》的 1.2.5 节
- “VFRICTION”，《Abaqus 用户子程序参考手册》的 1.2.6 节
- *FRICTION
- *CHANGE FRICTION
- “创建相互作用属性”，《Abaqus/CAE 用户手册》的 15.12.2 节

概览

当面接触时，通常通过界面传递切向力和法向力。这两个力的分量之间通常存在一定的联系。这种联系被称为接触体之间的摩擦，通常是以接触体界面处的应力的形式来表达的。Abaqus 中可以使用的摩擦模型：

- 包括经典的各向同性库仑摩擦模型（见“库仑摩擦”，《Abaqus 理论手册》的 5.2.3 节），在 Abaqus 中：

 - 允许以其普遍形式定义，即以接触点处的滑动速度、接触压力、平均表面温度和场变量的形式定义摩擦系数。

- 用户可以使用由指数曲线定义的平滑过渡区域来定义静态和动态摩擦系数。

• 允许引入切应力极限 $\bar{\tau}_{max}$，它是在面开始滑动之前，可以通过界面传递的最大切应力值。

• 包括 Abaqus/Standard 中基本库仑摩擦模型的各向异性扩展。

• 包括当面接触时，去除摩擦滑动的模型。

• 包括 Abaqus/Explicit 中粘接摩擦的“软化”界面模型，在其中切应力是弹性滑动的函数。

• 可以使用刚度（罚）方法、动态方法（在 Abaqus/Explicit 中），或者拉格朗日乘子法（在 Abaqus/Standard 中）来执行，取决于所使用的接触算法。

• 可以在用户子程序 FRIC 或者 FRIC_COEF 中定义（在 Abaqus/Standard 中），或者在 VFRIC、VFRICTION、VFRIC_COEF 中定义（在 Abaqus/Explicit 中）。

在 Abaqus/Standard 中，可以根据相对切向速度成比例地引入切向阻尼力；而在 Abaqus/Explicit 中，可以根据接触面之间的相对弹性滑动度成比例地引入切向阻尼力（更多相关内容见“接触阻尼”，4.1.3 节）。

在接触属性定义中包含摩擦属性

默认情况下，Abaqus 假定接触体之间的相互作用是无摩擦的。用户可以在接触属性定义中为基于面和单元的接触包含摩擦模型。

输入文件用法：为基于面的接触同时使用以下选项：

*SURFACE INTERACTION，NAME=相互作用属性名称

*FRICTION

在 Abaqus/Standard 中为基于单元的接触同时使用以下选项：

*INTERFACE 或者 *GAP，ELSET=名称

*FRICTION

Abaqus/CAE 用法：Interaction module：contact property editor：Mechanical→TangentialBehavior

Abaqus/CAE 中不支持基于单元的接触。

在分析过程中改变摩擦属性

在 Abaqus/Standard 与 Abaqus/Explicit 的分析过程中改变摩擦属性的方法是不同的。

在 Abaqus/Standard 的分析过程中改变摩擦属性

用户可以在 Abaqus/Standard 仿真中的任何具体步中对接触属性定义进行删除、更改或者添加一个不涉及用户子程序的摩擦模型。在一些模型中，如过盈界面问题，在第一个步完成前不应当添加摩擦。在其他模型中，可以通过删除或者减少摩擦来表示在接触体之间引入了润滑。

用户必须确定改变了哪一个接触属性定义或者接触单元集。

输入文件用法：为基于面的接触同时使用以下选项：

*CHANGE FRICTION，INTERACTION=名称

*FRICTION

为基于单元的接触同时使用以下选项：

*CHANGE FRICTION，ELSET=名称

*FRICTION

Abaqus/CAE 用法：定义包含新摩擦定义的接触属性，然后在某个具体步中改变赋予相互作用的接触属性。

Interaction module：

Contact property editor：Mechanical→Tangential Behavior

Interaction editor：Contact interaction property：

新的相互作用属性名称

Abaqus/CAE 中不支持基于单元的接触。

指定摩擦属性随时间的变化

用户可以指定一条幅值曲线（见“幅值曲线”，1.1.2 节）来定义摩擦系数随时间的变化，如果可行的话，允许在整个步上弹性滑动（见下面的“在 Abaqus/Standard 中施加摩擦约束的刚度方法”）。如果用户不指定一条幅值曲线，则这些摩擦属性中的变化是在步开始时立即施加的，或者线性渐变增加，取决于对步赋予的默认幅值变化（见“定义一个分析”，《Abaqus 分析用户手册——分析卷》的 1.1.2 节），但以下情况除外。对于许多步类型，默认的过渡类型是从旧值线性渐变成新值的，这有助于避免由于摩擦属性的突然变化而可能引发的收敛问题。

用于控制摩擦属性中变量的幅值曲线受以下限制：

- 必须使用表格的或者平滑步幅值定义。
- 只允许使用在 0.0~1.0 之间单调增加的幅值。
- 必须以步时间的形式并使用相对大小来定义幅值。

给定时间上的摩擦系数值或者许用有效弹性滑动，通常等于步开始时的属性值加上当前幅值与步上预期属性值变化的积。摩擦属性的变化必须考虑以下情况：

- 摩擦约束施加方法的变化（罚方法或者拉格朗日乘子法），“粗糙”摩擦模型与有限摩擦系数之间的变化，以及摩擦属性的变化，而不是摩擦系数或者许用弹性滑动的变化，总是发生在步开始时。
- 如果摩擦系数取决于接触点上的滑动速度、接触压力、平均表面温度或者场变量，则假定对于步的摩擦系数的最终值（用它来计算步上摩擦系数的预期变化），当前的滑动速度、接触压力等将在步结束时保持有效。
- 如果摩擦系数在分析的第一个步过程中发生变化，则对于此计算，摩擦系数在步开始时的值等于零，而不管模型中的初始摩擦定义如何。
- 当使用指数衰减型摩擦模型，或者在第一个通用步或非稳态传输步类型之前的稳态传输步过程中改变了摩擦属性时，许用弹性滑动的变化总是发生在步开始时。

输入文件用法：*CHANGE FRICTION，AMPLITUDE=名称

Abaqus/CAE 用法：Abaqus/CAE 中不支持摩擦属性随时间的变化。

重新将摩擦属性设置为默认值

用户可以将指定的接触属性定义或者单元集的摩擦属性重新设置成其初始值。

输入文件用法：使用以下选项中的任意一个：

*CHANGE FRICTION，RESET，INTERACTION=名称

*CHANGE FRICTION，RESET，ELSET=名称

在此情况中不需要使用*FRICTION 选项。

Abaqus/CAE 用法：Interaction module：

Contact property editor：Mechanical→Tangential Behavior：Friction formulation：Frictionless

Interaction editor：Contact interaction property：

默认的相互作用属性名称

在 Abaqus/Explicit 的分析过程中改变摩擦属性

在 Abaqus/Explicit 中，用户可以将摩擦定义指定成通用接触分析模型定义的一部分，以及接触对分析历史定义的一部分。关于在 Abaqus/Explicit 分析过程中改变接触属性定义的内容，见“在 Abaqus/Explicit 中为通用接触赋予接触属性”（3.4.3 节）和“在 Abaqus/Explicit 中为接触对赋予接触属性”（3.5.3 节）。

使用基本库仑摩擦模型

库仑摩擦模型的基本原理是将界面上的最大许用摩擦（切）应力与接触体之间的接触压力相关联。在库仑摩擦模型的基本形式中，两个接触面在产生相对滑动之前，能够承受一定大小的切应力，此状态称为黏着。库仑摩擦模型将此临界应力 τ_{crit} 定义为面之间接触压力 p 的一个函数（$\tau_{crit}=\mu p$），达到此值时面之间开始产生滑动。黏着/滑动计算是确定在一个点上何时从黏着过渡到滑动，或者从滑动过渡到黏着。μ 称为摩擦系数。

对于从面由基于节点的面组成的情况，接触压力等于法向接触力除以接触节点处的横截面积。在 Abaqus/Standard 中，默认的横截面积是 1.0。当定义面时或者通过接触属性给每一个节点赋予相同的面积时，用户可以指定横截面积与基于节点的面中的每一个节点相关联。在 Abaqus/Explicit 中，横截面积总恒等于 1.0，用户不能对其进行修改。

基本摩擦模型假定 μ 在所有方向上是一样的（各向同性摩擦）。对于三维仿真，沿着两个体之间的界面，有两个正交的切应力分量 τ_1 和 τ_2。这些分量作用在接触面或者接触单元的局部切向上。在“Abaqus/Standard 中的接触方程”（5.1.1 节）中，对接触面的局部切向方向进行了定义，并且在描述接触模型的截面中定义接触单元的局部切向方向。

为了进行黏着/滑动计算，Abaqus 将两个切应力分量合成为一个“等效切应力” $\bar{\tau}$，即 $\bar{\tau}=\sqrt{\tau_1^2+\tau_2^2}$。此外，Abaqus 将两个滑动速度分量合成为一个等效滑动速度，$\dot{\gamma}_{eq}=\sqrt{\dot{\gamma}_1^2+\dot{\gamma}_2}$。黏着/滑动计算在接触压力-切应力空间定义一个面（二维图形如图 4-9 所示），沿着此面，

在一个点上从黏着过渡到滑动。

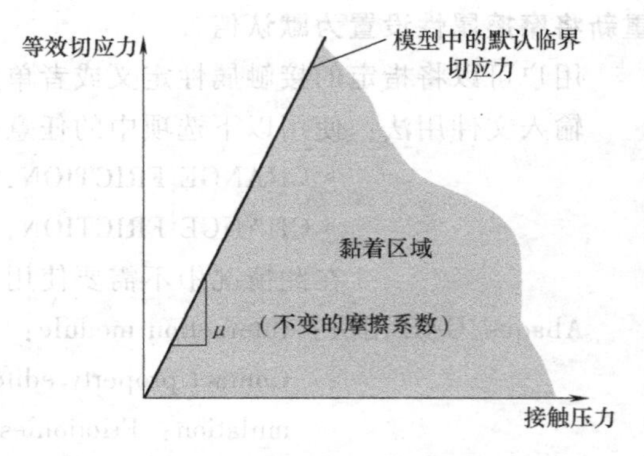

图 4-9　基本库仑摩擦模型的滑动区域

Abaqus 中有几种定义基本库仑摩擦模型的方法。在默认的模型中，将摩擦系数定义成等效滑动速度和接触压力的函数。另外，用户也可以直接指定静和动摩擦系数。

使用默认的模型

在默认的模型中，用户直接将摩擦系数定义为

$$\mu=\mu(\dot{\gamma}_{eq},p,\bar{\theta},\bar{f}^{\alpha})$$

式中，$\dot{\gamma}_{eq}$是等效滑动速度；p 是接触压力；$\bar{\theta}$ 是接触点上的平均温度，$\bar{\theta}=\frac{1}{2}(\theta_A+\theta_B)$；$\bar{f}^{\alpha}$ 是接触点上的平均预定义场变量 α，$\bar{f}^{\alpha}=\frac{1}{2}(f_A^{\alpha}+f_B^{\alpha})$；$\theta_A$、$\theta_B$、$f_A^{\alpha}$ 和 f_B^{α} 是面上点 A 和 B 处的温度和预定义场变量。点 A 是从面上的一个节点，点 B 相当于对面主面上的最近点。温度和场变量是沿着面在位置 B 处的插值。如果主面由一个刚体组成，则使用参考节点处的温度和场变量。

摩擦系数可以取决于滑动速度、接触压力、温度和场变量。默认情况下，假定摩擦系数与场变量无关。

可以将摩擦系数设置成任何非负的值。零摩擦系数意味着将不建立剪切力，并且接触面之间是自由滑动的。对于这种情况，用户不需要定义摩擦模型。

输入文件用法：＊FRICTION，DEPENDENCIES=n

μ，$\dot{\gamma}_{eq}$，p，$\bar{\theta}$，$\bar{f}^{\alpha}$

Abaqus/CAE 用法：Interaction module：contact property editor：Mechanical→Tangential Behavior：Friction formulation：Penalty：Friction

如果有必要，则切换打开 Use slip-rate-dependent data，Use contact-pressure-dependent data，和/或者 Use temperature-dependent data；和/或者指定 Number of field variable 相关性，除了滑动速度、接触压力和温度之外。

指定静态和动态摩擦系数

实验数据显示，阻碍从黏着条件到滑动开始的摩擦系数与阻碍已经建立的滑动的摩擦系数不同。前者通常称为静摩擦系数，而后者称为动摩擦系数。通常，静摩擦系数大于动摩擦系数。

在默认模型中，静摩擦系数对应滑动速度为零时的值，而动摩擦系数对应最大滑动速度时的值。静摩擦与动摩擦之间的过渡是通过在中间滑动速度上给出值来定义的。在此模型中，静摩擦系数和动摩擦系数可以是接触压力、温度和场变量的函数。

Abaqus 中也有用来直接指定静摩擦系数和动摩擦系数的模型。在此模型中，假定摩擦系数按以下方程以指数形式从静摩擦系数衰减到动摩擦系数

$$\mu = \mu_k + (\mu_s - \mu_k)\,e^{-d_c \dot{\gamma}_{eq}}$$

式中，μ_k是动摩擦系数；μ_s是静摩擦系数；d_c是用户定义的衰减系数，$\dot{\gamma}_{eq}$是滑动速度（见 Oden，J T 和 J A C Martins，1985）。此模型仅能与各向同性摩擦一起使用，并且不允许与接触压力、温度或者场变量相关。有两种定义此模型的方法。

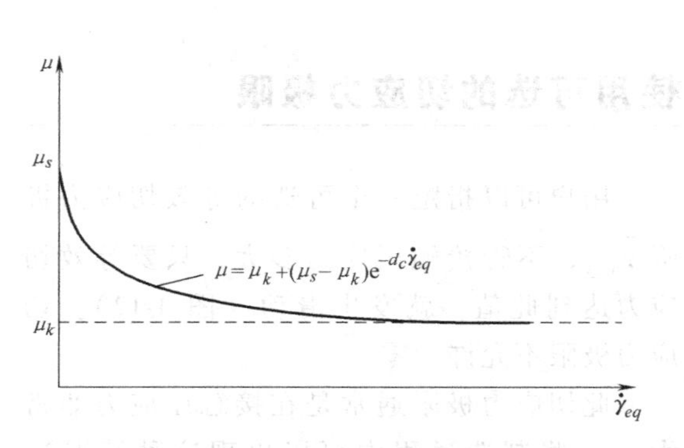

图 4-10　指数衰减摩擦模型

直接指定静、动摩擦系数和衰减系数

用户可以直接指定静摩擦系数、动摩擦系数和衰减系数（图 4-10）。

输入文件用法：＊FRICTION，EXPONENTIAL DECAY

μ_s，μ_k，d_c

Abaqus/CAE 用法：Interaction module：contact property editor：Mechanical→Tangential Behavior：Friction formulation：Static-Kinetic Exponential Decay：Friction，Definition：Coefficients

使用试验数据拟合指数模型

另外，用户可以提供试验数据点来拟合指数模型。必须提供至少两个数据点，第一个点表示$\dot{\gamma}_{eq}=0.0$时的静摩擦系数，第二个点（$\dot{\gamma}_2$，μ_2）（图 4-11）对应于参考滑动速度$\dot{\gamma}_2$时的实验值。用户可以指定一个额外的数据点来表征指数衰减。如果省略了这个额外的数据点，则 Abaqus 将自动给出第三个数据点（$\dot{\gamma}_\infty$，μ_∞）来模拟速度无限大时摩擦系数的假定渐近值。此时，有$(\mu_2-\mu_\infty)/(\mu_1-\mu_\infty)=0.05$。

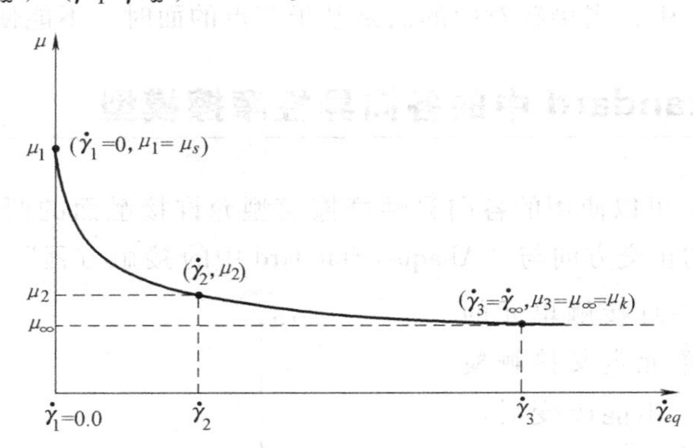

图 4-11　使用试验数据点指定的指数衰减摩擦模型

输入文件用法：＊FRICTION，EXPONENTIAL DECAY，TEST DATA

μ_1

μ_2，$\dot{\gamma}_2$

μ_∞

Abaqus/CAE 用法：Interaction module：contact property editor：Mechanical→Tangential Behavior：Friction formulation：Static-Kinetic Exponential Decay：Friction，Definition：Test data

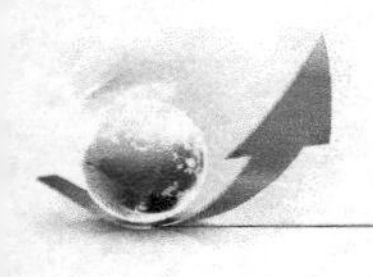

使用可选的切应力极限

用户可以指定一个可选的等效切应力极限 $\bar{\tau}_{max}$，不管接触压应力多大，只要等效切应力达到此值，就发生滑动（图 4-12）。切应力极限不允许为零。

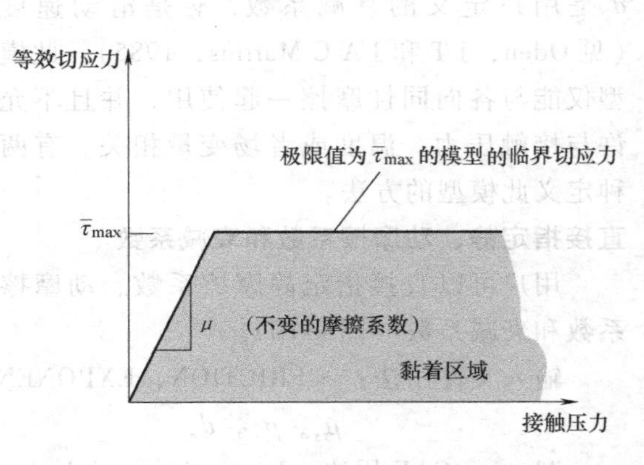

图 4-12 由临界切应力限制的摩擦模型的滑动区域

此切应力极限通常是在接触压应力非常大（一些制造过程中可以出现这种情况），导致根据库伦理论在界面处产生了超过接触面下部材料的屈服强度时的一个危险切应力。$\bar{\tau}_{max}$ 的合理上限值约为 $\sigma_y/\sqrt{3}$，其中 σ_y 是靠近接触面的材料米塞斯应力；然而，最好使用 $\bar{\tau}_{max}$ 的经验数据。

输入文件用法：＊FRICTION，TAUMAX＝$\bar{\tau}_{max}$

Abaqus/CAE 用法：Interaction module：contact property editor：Mechanical→TangentialBehavior：Friction formulation：Penalty 或者 Lagrange Multiplier：Shear Stress，Shear stress limit：Specify：$\bar{\tau}_{max}$

切应力极限的限制

在 Abaqus/Explicit 中，当接触对中的面是基于节点的面时，不能使用切应力极限。

使用 Abaqus/Standard 中的各向异性摩擦模型

Abaqus/Standard 中可以使用的各向异性摩擦模型允许接触面的两个正交方向上具有不同的摩擦系数。这里的正交方向与“Abaqus/Standard 中的接触方程”（5.1.1 节）中定义的局部切向是一致的；并且接触单元的那些方向在使用那些单元定义接触模型的部分进行了描述。不能改变局部切向方向。

如果用户已指定使用各向异性摩擦模型，则必须指定两个摩擦系数，其中 μ_1 是第一个局部切向上的摩擦系数，μ_2 是第二个局部切向上的摩擦系数。

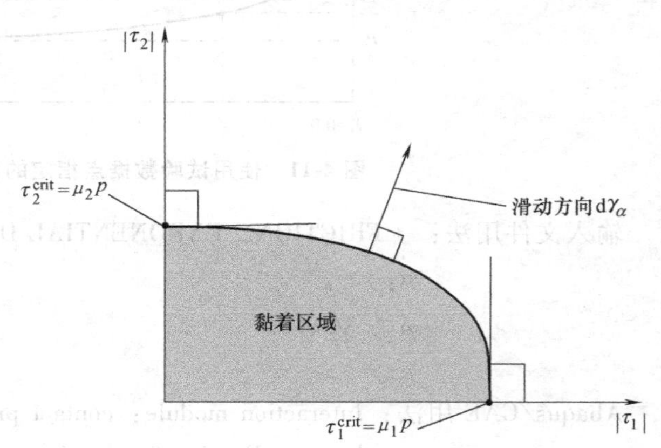

图 4-13 各向异性摩擦模型的临界切应力面

临界切应力面（图 4-13）是 $\tau_1-\tau_2$ 空间中的一个椭圆弧，具有 $\tau_1^{crit}=\mu_1 p$

和 $\tau_2^{crit}=\mu_2 p$ 两个极值点。此椭圆弧的大小随着接触面之间接触压力的改变而改变。滑动方向 $d\gamma_\alpha$ 与临界切应力面正交。

摩擦系数可以取决于滑动速度、接触压力、温度和场变量。默认情况下，假定摩擦系数与场变量无关。

输入文件用法：＊FRICTION，ANISOTROPIC，DEPENDENCIES＝n

μ_1，μ_2，$\dot{\gamma}_{eq}$，p，$\bar{\theta}$，$\bar{f}^{\alpha}$

Abaqus/CAE 用法：Interaction module：contact property editor：Mechanical→Tangential Behavior：Friction formulation：Penalty：Friction，Directionality：Anisotropic

如果需要，则切换打开 Use slip-rate-dependent data，Use contactpressure-dependent data，和/或者 Use temperature-dependent data；和/或者指定 Number of field variable（除滑动速度、接触压力和温度之外）的相关性。

不管接触压力多大，总是防止滑动

Abaqus 具有指定一个无穷大的摩擦系数（$\mu=\infty$）的功能。此类型的面相互作用称为“粗糙”摩擦，只要相应的法向接触约束是有效的，就可以防止两个接触面之间产生相对滑动（除了与罚施加相关的“弹性滑动”）。在绝大部分情况中，Abaqus/Standard 使用罚方法来施加这些切向约束；然而，如果相应的法向约束直接施加了“硬接触”或者指数型压力-过盈行为，则在通用（无摄动）分析步过程中使用拉格朗日乘子法。Abaqus/Explicit 中使用动态的或者罚方法，这取决于所选择的接触方程。

粗糙模型用于模拟不间断接触，即一旦面闭合且承受粗糙摩擦，则其应当保持闭合。如果具有粗糙摩擦的闭合接触界面分离，尤其是如果已经产生了较大的切应力，则在 Abaqus/Standard 中将发生收敛困难。粗糙摩擦模型通常与垂直于接触面运动的无分离接触压力与过盈的关系（见“接触压力与过盈的关系”中的“使用无分离关系”，4.1.2 节）结合使用，一旦面闭合，此无分离接触压力与过闭合的关系将阻止面分离。

当粗糙摩擦与在 Abaqus/Explicit 中使用运动接触方法指定的硬接触无分离关系一起使用时，接触面之间将不产生相对运动。对于在 Abaqus/Explicit 中使用罚接触方法指定的硬接触，将接触面之间的相对运动将限制成弹性滑动和穿透，其中穿透对应不精确满足由施加的穿透力产生的接触约束。当在 Abaqus/Explicit 中指定了软化的切向行为时（见下面的“在 Abaqus/Explicit 中定义切向软化”），将通过指定的软化行为来控制接触面的相对运动。

输入文件用法：＊FRICTION，ROUGH

Abaqus/CAE 用法：Interaction module：contact property editor：Mechanical→Tangential Behavior：Friction formulation：Rough

黏着时切应力与弹性滑动的关系

在一些情况中，即使摩擦模型当前的摩擦状态是“黏着”，也会产生一些增量滑动。换言

之，在“黏着”状态下，切（摩擦）应力-总滑动关系的斜率可以是有限的，如图4-14所示。

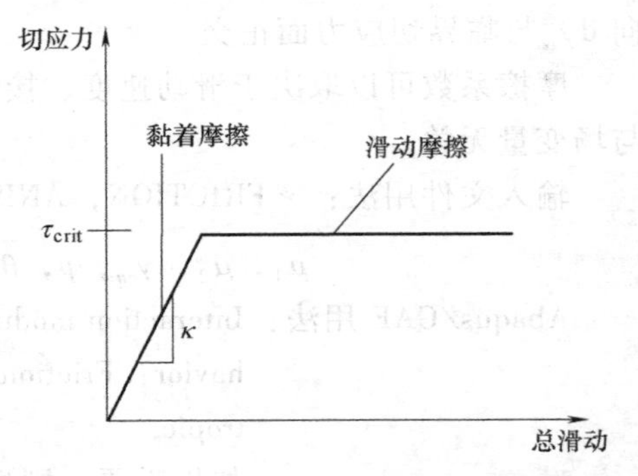

图 4-14　黏着和滑动摩擦的弹性滑动与切应力的关系

图4-14所示关系类似于无硬化弹塑性材料行为：κ相当于弹性模量，τ_{crit}相当于屈服应力；黏着摩擦对应于弹性区域，滑动摩擦对应于塑性区域。黏着刚度的有限值可以反映用户指定的物理行为或者可以成为约束施加方法的特征。

在Abaqus/Standard中，默认使用刚度（罚）方法施加摩擦约束；在Abaqus/Explicit中，则使用通用接触算法施加摩擦约束，此时，黏着刚度为有限值。当黏着刚度无限大，即弹性滑动总是为零时，在Abaqus/Standard中，使用可选的拉格朗日乘子法施加摩擦约束；在Abaqus/Explicit中，则使用动态方法（仅用于接触对）施加摩擦约束。在Abaqus/Explicit中，一些切向接触阻尼默认作用在弹性滑动速度上，如“接触阻尼”（4.1.3节）中所讨论的那样。通过切向软化来反映物理行为的方法仅在Abaqus/Explicit中可以使用。

定义Abaqus/Explicit中的切向软化

要激活Abaqus/Explicit中的切向软化行为，需要指定切应力与弹性滑动关系的斜率（图4-14中的κ）。用户子程序VFRIC不能与切向软化行为结合使用。

输入文件用法：* FRICTION，SHEAR TRACTION SLOPE = κ

Abaqus/CAE用法：Interaction module：contact property editor：Mechanical→Tangential Behavior：Friction formulation：Penalty 或者 Static-KineticExponential Decay：Elastic Slip，Specify：κ

在Abaqus/Standard中施加摩擦约束的刚度方法

在Abaqus/Standard中，施加摩擦的刚度方法是一种罚方法，它允许那些本应黏着的面之间存在一定的相对运动（一种“弹性滑动”，类似于在Abaqus/Explicit中使用切向软化行为定义的许用弹性滑动）。当接触面处于黏着状态（即$\bar{\tau}<\bar{\tau}_{crit}$）时，将相对滑动大小限制在该弹性滑动之内。Abaqus将持续调整罚约束的大小来施加此条件。

使用Abaqus/Standard中的刚度方法时，需要指定许用弹性滑动γ_i。在仿真中使用较大的γ_i将牺牲求解精度（接触面在应黏着时具有更大的相对运动），但可得到更快的求解收敛速度。黏着状态下不允许存在滑动行为，可通过使用小的γ_i值来得到更加精确的近似。如果γ_i选取得非常小，则可能发生收敛问题，在此情况下，使用拉格朗日乘子法施加黏着约束的效果可能更好（见此部分后面的“Abaqus/Standard中施加摩擦约束的拉格朗日乘子法”）。

Abaqus/Standard中默认的许用弹性滑动值通常工作良好，可以实现求解效率与精度之间的保守平衡。Abaqus/Standard将γ_i计算成“特征接触面长度”$\bar{l}_i$的一个小分数，并且在计算$\bar{l}_i$时扫描所有从面的面片。如果用户需要接触约束信息的详细打印输出，Abaqus/Standard

将在数据（.dat）文件中显示用于每一个接触对的$\bar{l}_i$值（见“输出”中的“控制写入到数据文件的分析输入文件处理信息的量”，《Abaqus 分析用户手册——介绍、空间建模、执行与输出卷》的 4.1.1 节）。将许用弹性滑动定义为 $\gamma_i = F_f \bar{l}_i$，式中 F_f是滑动容差；F_f的默认值是 0.005。

Abaqus/Standard 中的所有分析程序都采用计算许用弹性滑动的方法，除了稳态传输分析（“稳态传输分析”，《Abaqus 分析用户手册——分析卷》的 1.4.1 节）。在稳态传输分析中，罚约束是以最大许用滑动速度 $\dot{\gamma}_i$为基础的，其公式为

$$\dot{\gamma}_i = F_f 2\omega R$$

式中，ω 是角速度；R 是回转结构的半径。

许用弹性滑动的默认值不合适的情况

在某些情况中，许用弹性滑动的默认值可能是不合适的。例如，通过基于节点的面定义的从面或者一些接触单元类型（如 GAPUNI 单元）没有物理尺寸，因此 Abaqus/Standard 不能估计 $\bar{l}_i$的值。对于仅包含基于节点的面或者这些类型接触单元的模型，Abaqus/Standard 首先试图使用模型中其他接触对的“特征接触面长度”。如果没有的话，Abaqus/Standard 将使用模型中的所有单元来计算 $\bar{l}_i$，并发出警告信息。如果模型中不包含可以为其确定特征长度的单元（如仅包含子结构），则 Abaqus/Standard 将无法计算 $\bar{l}_i$的值，此时将使 $\bar{l}_i = 1.0$，并发出警告信息。如果接触面的面尺寸非常大，则对于一些接触面，$\bar{l}_i$的平均值可能是不合理的。此时，应当使用一个非常小的“特征面尺寸”直接为面指定弹性滑动。

更改许用弹性滑动的方法有两种：一种方法是直接指定 γ_i；另一种方法是指定滑动容差 F_f。一些分析仅在特定的步中调用非默认的 γ_i或者 F_f（见上面的“在 Abaqus/Standard 分析过程中改变摩擦属性”）。

直接指定许用弹性滑动

用户可以直接指定 γ_i的绝对值。即指定一个接触面实际开始滑动之前可能产生的相对位移的合适值。通常，将许用弹性滑动设置成“特征接触面的面尺寸”的一个小的分数（$10^{-4} \sim 10^{-2}$）。在稳态传输分析中，用户可以定义最大许用黏着滑动速度 $\dot{\gamma}_i$。

指定的许用弹性滑动将仅用于包含摩擦定义的接触属性定义的接触对参照。例如，ASURF、BSURF 和 CSURF 可组成参照其自身接触属性定义的两个接触对，见表 4-1。

表 4-1　接触对及其属性

接触对	接触属性	γ_i
ASURF，BSURF	DEFAULT	$F_f \bar{l}_i$
CSURF，BSURF	NONDEF	0.1

在默认的接触属性定义中，没有指定 γ_i的值，这样，用于 ASURF 与 BSURF 之间的摩擦相互作用的许用弹性滑动将等于默认值 $F_f \bar{l}_i$。在 NONDEF 接触属性定义中，用于 CSURF 与 BSURF 之间的摩擦相互作用的许用弹性滑动 $\gamma_i = 0.1$。

输入文件用法：* FRICTION，ELASTIC SLIP = γ_i

Abaqus/CAE 用法：Interaction module：contact property editor：Mechanical→Tangential Be-

havior：Friction formulation：Penalty 或者 Static-Kinetic Exponential Decay：Elastic Slip，Absolute distance：γ_i

改变滑动容差的默认值

用户可以改变滑动容差 F_f 的默认值。如果目标是提高计算效率，则这种更改默认弹性滑动的方法是方便的，在此情况中，应给出一个大于默认值（0.005）的值；如果目标是提高精确性，则应给出一个小于默认值的值。

输入文件用法：* FRICTION，SLIP TOLERANCE = F_f

Abaqus/CAE 用法：Interaction module：contact property editor：Mechanical→Tangential Behavior：Friction formulation：Penalty 或者 Static-Kinetic Exponential Decay：Elastic Slip，Fraction of characteristic surface dimension：F_f

Abaqus/Explicit 中施加摩擦约束的刚度方法

在 Abaqus/Explicit 中，用来施加使用通用接触算法和接触对方法（可选的）的摩擦刚度方法是一种罚方法，它允许本应处于黏着状态的接触面之间存在一定的相对运动（类似于 Abaqus/Explicit 中使用切向软化行为定义的弹性滑动）。当接触面处于黏着状态（即 $\bar{\tau} < \bar{\tau}_{crit}$）时，相对滑动大小限制在此弹性滑动之内。Abaqus 将连续调整穿透约束的大小来施加此条件。

在 Abaqus/Explicit 中，用户可以选择使用罚方法来为接触对算法施加接触约束；通用接触算法总是使用罚方法（见“Abaqus/Explicit 中接触约束的施加方法”，5.2.3 节）。

摩擦约束的默认罚刚度是由 Abaqus/Explicit 自动选择的，并且与法向硬接触约束使用相同的罚刚度。法向上的软化不影响用来施加黏着条件的罚刚度。如果指定了切向软化（见上面的“在 Abaqus/Explicit 中定义切向软化”），则罚刚度将等于为切应力与弹性滑动关系的斜率所指定的值。用户可以指定一个标量来调整罚刚度，如“Abaqus/Explicit 中通用接触的接触控制”（3.4.5 节）中和“Abaqus/Explicit 中接触对的接触控制”（3.5.5 节）中所讨论的那样。

Abaqus/Standard 中施加摩擦约束的拉格朗日乘子法

在 Abaqus/Explicit 中，用户可以使用拉格朗日乘子法明确施加两个面之间界面处的黏着约束。使用此方法时，两个闭合的面之间没有相对运动，直到 $\bar{\tau} = \bar{\tau}_{crit}$。然而，由于拉格朗日乘子法给模型添加了更多的自由度，以及为了得到收敛的解而增加了所需的迭代次数，因此增加计算成本。拉格朗日乘子方程甚至会妨碍解收敛，尤其是在黏着与滑动条件之间迭代许多点的时候。当局部存在滑动/黏着条件与接触应力之间的强烈相互作用时，可以发生此效应。

因为使用拉格朗日摩擦方程增加了成本，所以仅在黏着/滑动行为的解最为重要的问题中，比如模拟两个体之间的磨损时，才采用此方法。在典型的金属成形应用或者橡胶构件的接触问题中，黏着/滑动行为的精确解并不重要，不足以弥补由拉格朗日乘子方程导致的成本增加。

输入文件用法：* FRICTION，LAGRANGE

Abaqsu/CAE 用法：Interaction module：contact property editor：Mechanical→Tangential Behavior：Friction formulation：Lagrange Multiplier

Abaqus/Explicit 中施加摩擦约束的运动学方法

默认情况下，Abaqus/Explicit 中的接触对算法使用运动学方法施加摩擦约束（见“Abaqus/Explicit 中接触约束的施加方法”，5.2.3 节）。运动学方法以类似于 Abaqus/Standard 中可选的拉格朗日乘子法的形式施加黏着约束，但两者的算法有很大区别。要求在一个节点处施加黏着力的计算首先使用与节点相关联的质量；节点已经滑动的距离；时间增量以及对于软化的接触，额外弹性滑动的当前值和弹性滑动对比剪切应力的斜率。对于硬接触，此黏着力是在预测构型中保持相对面上的节点位置不变所需的力。对于软化的接触，此力和用户指定的切应力与弹性滑动关系的斜率相同。使用与节点相关联的质量、节点滑动的距离、切应力与弹性滑动关系的斜率（如果在切向上指定了软化的接触）和时间增量计算每个节点上的黏着力。如果使用此力计算得到的该节点处的切应力小于 τ_{crit}，则认为该节点处于黏着状态，并且此力是以相反的方向施加到每个表面上的。如果切应力超过 τ_{crit}，则面是滑动的，并且施加相当于 τ_{crit} 的力。在任何一种情况中，在加速度校正中产生的力在接触的从节点处，在主面面片上的节点或者分析型刚性表面上的节点处与表面相切。

用户定义的摩擦模型

当 Abaqus 提供的摩擦行为不够大时，用户可以使用用户子程序定义接触面之间的切应力。可以将切应力定义成一些变量，如滑动、滑动速度、温度和场变量的函数；也可以引入一些求解相关的状态变量，用户可以在摩擦用户子程序中更新和使用这些变量。用户可以指定一些与摩擦模型相关联的属性或者常数，并且在用户子程序中使用这些值。

除摩擦用户子程序以外，子程序还可以定义面之间的完全力学相互作用，包括法向上的相互作用以及切向上的摩擦行为，更多相关内容见“用户定义的界面本构行为”（4.1.6 节）。

定义通用摩擦行为

在 Abaqus/Standard 中，用户可以使用用户子程序 FRIC 在接触面之间定义通用摩擦行为。在 Abaqus/Explicit 中，接触对的通用摩擦行为是在用户子程序 VFRIC 中定义的，而通用接触的通用摩擦行为是在用户子程序 VFRICTION 中定义的。

输入文件用法：使用以下选项，通过用户子程序 FRIC 或者 VFRIC 来定义摩擦行为：

*FRICTION，USER，DEPVAR=n，PROPERTIES=p

使用以下选项，通过用户子程序 VFRICTION 来定义摩擦行为：

*FRICTION，USER=FRICTION，DEPVAR=n，PROPERTIES=p

Abaqus/CAE 用法：使用以下选项，通过用户子程序 FRIC 或者 VFRIC 来定义摩擦行为：

Interaction module：contact property editor：Mechanical→Tangential Behavior：Friction formulation：User-defined，Number of state-dependent variables：n，Friction Properties

Abaqus/CAE 中不支持用户子程序 VFRICTION。

定义复杂的各向同性摩擦

当可以明确地定义摩擦系数的表达式时，Abaqus 提供一种简单的方法来指定复杂的各向同性摩擦行为。用户仅需要指定摩擦系数，Abaqus 将计算相应的摩擦力。在 Abaqus/Standard 中使用用户子程序 FRIC_COEF，以及在 Abaqus/Explicit 中使用用户子程序 VFRIC_COEF 来实现此目的。VFRIC_COEF 仅可以与通用接触一起使用。

输入文件用法：*FRICTION，USER=COEFFICIENT，PROPERTIES=p

Abaqus/CAE 用法：Abaqus/CAE 中不支持用户子程序 FRIC_COEF 和 VFRIC_COEF。

在 Abaqus/Explicit 中考虑壳和梁厚度偏置的增量转动

默认情况下，Abaqus/Explicit 中摩擦的滑动增量计算不会引起壳和梁厚度偏置的增量转动，并且摩擦约束不对由壳或者梁厚度产生的相对于接触界面发生偏置的节点施加力矩。此行为在通用接触中可以更改，详细内容见“Abaqus/Explicit 中通用接触的接触控制”中的“摩擦接触中壳增量转动和梁厚度偏置的问题”（3.4.5 节）。

改善在面相互作用中包含摩擦的 Abaqus/Standard 仿真

面摩擦相互作用的一些特征对 Abaqus/Standard 仿真的收敛速度具有强烈的影响。

方程组中的非对称项

当面之间存在相对滑动时，摩擦约束将产生非对称项。如果摩擦应力对整个位移场具有重大影响，并且摩擦应力的大小是高度求解相关的，则这些项对收敛速度具有强烈影响。如果 $\mu>0.2$ 或者 μ 与压力相关，则 Abaqus/Standard 将自动使用非对称求解策略。如果需要，用户可以关闭非对称求解策略；见“定义分析”中的“Abaqus/Standard 中的矩阵存储和求解策略”（《Abaqus 分析用户手册——分析卷》的 1.1.2 节）。

使用粗糙摩擦不会产生相对滑动，对刚度的贡献将是完全对称的，因此在默认情况下，Abaqus/Standard 将使用对称求解策略。

面摩擦相互作用产生的热

在完全耦合的温度-位移分析和完全耦合的热-电-结构分析中，默认所有耗散的机械（摩擦）能将转变成热，并且在两个面之间均等分布。用户可以更改此行为，详细内容见“热接触属性”（4.2 节）。

结构单元摩擦属性与温度和场变量的相关性

梁和壳单元中的温度和场变量分布，通常包括单元横截面上的梯度。这些单元之间的接触发生在参考面上，这样，当确定与这些变量相关的摩擦属性时，不考虑单元中的温度和场

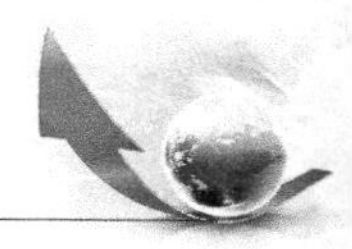

变量梯度。

与摩擦有关的面相互作用变量

使用包含摩擦属性的面相互作用模型的从面，Abaqus 可以输出上点处的切应力。切应力、CSHEAR1 和 CSHEAR2 是在两个正交局部切向上给出的，它们是在主面上构建的（见“Abaqus/Standard 中的接触方程”，5.1.1 节）。在二维问题中，只有一个局部切向方向。关于如何输出接触面变量的详细内容，见“在 Abaqus/Standard 中定义接触对”（3.3.1 节）和“在 Abaqus/Explicit 中定义接触对”（3.5.1 节）。

也可以在 Abaqus/CAE 中云图显示这些变量。

参考文献

• Oden, J. T., and J. A. C. Martins, “Models and Computational Methods for Dynamic Friction Phenomena,” Computer Methods in Applied Mechanics and Engineering, vol. 52, pp. 527-634, 1985.

4.1.6 用户定义的界面本构行为

产品：Abaqus/Standard Abaqus/Explicit

参考

- “UINTER”，《Abaqus 用户子程序参考手册》的 1.1.39 节
- “VUINTER”，《Abaqus 用户子程序参考手册》的 1.2.16 节
- “VUINTERACTION”，《Abaqus 用户子程序参考手册》的 1.2.17 节
- *SURFACE INTERACTION

概览

用户定义的界面本构行为：

• 可将穿过界面的本构行为添加到现有模型（如软接触和库仑摩擦模型）库中。

• 要求在 Abaqus/Standard 中的 UINTER 用户子程序中对界面本构模型（或者模型库）进行编程。

• 当使用接触对算法时，要求在 Abaqus/Explicit 中的 VUINTER 用户子程序中对界面本构模型（或者模型库）进行编程。

• 当使用通用接触算法时，要求在 Abaqus/Explicit 中的用户子程序 VUINTERACTION 中对界面本构模型（或者模型库）进行编程。

• 仅对于应力/位移、耦合的温度-位移、耦合的热-电-结构或者热瞬态分析中的基于面

的接触定义是有效的。

• 要求使用者付出相当的努力并具有足够的经验：其功能是非常通用且强大的，但是适用于高级用户。

用户子程序UINTER、VUINTER和VUINTERACTION的目的

用户子程序 UINTER、VUINTER 和 VUINTERACTION 为用户提供非常通用的界面来定义穿过两个面的界面本构行为。这些子程序替换了所有内置的界面本构行为模型，因此，不可以指定其他接触属性定义（如摩擦、热传导等）与它们结合。

在应力/位移分析中，用户必须定义当前时刻从节点（或者从面上的点）上的应力，包括法向应力和切向应力。在耦合的温度-位移分析和耦合的温度-电-结构分析中，用户还需要定义穿过界面的热流。这样，本构计算涉及以从节点相对于主面的位置（文中为应变）、面温度和预定义的场变量增量为基础的应力和热流的计算。计算中通常包含解相关的状态变量，可以在程序内部对其进行更新。如果界面本构模型中包含接触阻尼，则用户必须在应力定义中包含阻尼的贡献。

当使用用户子程序定义界面本构行为时，必须在子程序内部，基于所提供的信息指定从节点的接触状态。用户可以基于从面上的点相对于主面的位置，以及通过定义合适的解相关状态变量来指定接触状态。这样，此特征的使用既包含建立界面本构行为，也包含建立接触在从面上的给定点处有效这一条件。总是假定界面是无质量的。

用户可以在 Abaqus/Standard 分析的每一个迭代中为受影响接触对的每个接触约束位置调用用户子程序 UINTER。此用户子程序的输入包括从面上某个约束点与主面上对应最近点的当前相对位置，以及这两个点之间的增量相对运动。另外，还需要输入从面上约束点处的温度值和场变量值，以及主面上的对应最近点和其他几个变量。除了需要定义接触应力或者热流，用户还必须定义合适的雅可比项来确保 Abaqus/Standard 中具有合适的收敛特征。

在 Abaqus/Explicit 分析中的每个时间增量上，将为受影响的接触对多次调用用户子程序 VUINTER。在每一次调用 VUINTER 的过程中对所有从节点进行处理，但是在 UINTER 的每一次调用中只处理一个单独的约束。VUINTER 的输入与 UINTER 类似。

在 Abaqus/Explicit 分析中的每个时间增量上，将为受影响的接触对多次调用用户子程序 VUINTERACTION。在调用 VUINTERACTION 的过程中，在块中对给定相互作用的多个潜在接触点进行处理。VUINTERACTION 的输入与 VUINTER 类似。

界面约束

用户必须指定用户子程序 UINTER、VUINTER 和 VUINTERACTION 需要的界面约束数量，以及这些约束的值。必须在用户子程序中对所有界面本构行为计算和从节点（或者从面上的点）上的接触状态进行编程。在分析中包含其他接触属性定义时，将发出错误提示。

输入文件用法：对于使用用户子程序 UINTER 或者 VUINTER 定义的接触相互作用：
* SURFACE INTERACTION, USER,
PROPERTIES=材料常数编号
对于使用用户子程序 VUINTERACTION 定义的接触界面：
* SURFACE INTERACTION, USER=INTERACTION,
PROPERTIES=材料常数编号

使用 VUINTER 或者 VUINTERACTION 时跟踪厚度

如果可以通过一个大于跟踪厚度的阀值距离来简单地确定由所有厚度因素和内置接触属性模型导致的，从节点与主面的分离，则可以避免其与主面之间精确距离的计算。Abaqus/Explicit 使用跟踪厚度的内部默认值。如果内置接触属性模型是有效的，则跟踪厚度在减少计算时间方面作用甚微。然而，如果用户子程序 VUINTER 或者 VUINTERACTION 有效，则默认的跟踪厚度是无限大的，这样用户子程序提供的所有从节点都可能相互接触。另外，用户可以指定跟踪厚度与用户定义的面相互作用模型相结合。在这种情况下，在此厚度中接近其主面的从节点，可用于用户定义的相互作用。只有节点-节点接触支持使用用户指定的跟踪厚度，边-边接触不支持使用用户指定的跟踪厚度。

输入文件用法：* SURFACE INTERACTION, USER=INTERACTION,
TRACKING THICKNESS=跟踪厚度

界面状态

用来定义本构模型的界面行为时，可以要求存储解相关的状态变量。用户必须指定变量的数量，以便分配这些变量的存储空间。Abaqus 对用户定义的与界面本构行为相关的状态变量的数量没有限制。

用户可以在每个增量的每一个迭代上为从面上的点调用用户子程序 UINTER。如前面讨论的那样，可以在每个时间增量上为受其影响的接触对中的主、从角色调用用户子程序 VUINTER，以及在每个时间增量上为存在有效相互作用的面对调用用户子程序 VUINTERACTION。用户需要为每个子程序提供从节点，或者增量开始时潜在接触点的状态（包括应力、流量、解相关的状态变量、温度和预定义场变量），以及温度增量、预定义状态变量、相对位置和时间。

输入文件用法：使用以下选项为解相关的状态变量分配存储空间：
* SURFACE INTERACTION, DEPVAR=状态变量的数量

与 Abaqus/Standard 中的非对称方程求解功能一起使用

如果本构雅可比矩阵 $\partial\ \Delta\boldsymbol{\sigma}/\partial\ \Delta\boldsymbol{u}$ 是非对称的，则应当调用 Abaqus/Standard 中的非对称方程求解功能（见“定义分析”，《Abaqus 分析用户手册——分析卷》的 1.1.2 节）。

输入文件用法：* SURFACE INTERACTION, USER, UNSYMM

在 Abaqus/Standard 中定义接触状态

除了定义本构行为之外，用户也可以在 Abaqus/Standard 中更新 LOPENCLOSE、LSTATE 和 LSDI 的标识。当使用 UINTER 模拟两个面之间的标准接触时（类似于 Abaqus 中的默认硬接触），标识 LOPENCLOSE 是有用的。将其设置成 0 表示脱离状态，设置成 1 则表示闭合状态。在分析开始时，应在调用 UINTER 之前将其设置成-1。此标识在两个相邻迭代之间发生改变将出现两种结果。如果要求信息文件包含详细的接触输出（见“输出”中的“Abaqus/Standard 信息文件”，《Abaqus 分析用户手册——介绍、空间建模、执行与输出卷》的 4.1.1 节），则将产生与接触状态变化有关的输出，这将触发一个严重的不连续迭代。可以使用 LSTATE 标识来存储非标准状态中从面上点的当前接触状态，此点并不处于脱离/闭合状态。此情况的一个实例是脱胶，可以定义三种不同的状态：完全黏着、部分黏着或者脱胶以及完全脱胶。用户可以为每个状态赋予一个整数，并且相应地设置 LSTATE。在分析开始时，应在调用 UINTER 之前将 LSTATE 设置成-1。使用此标识时，它将在迭代之间发生变化，用户可以直接从用户子程序 UINTER 中将信息输出到与此状态改变有关的信息文件中。只有当用户要求将详细的接触状态输出到信息文件中时，才使用 LPRINT 标识来输出与接触状态变化相关的信息。在此情形中，可以将 LSDI 标识设置成 1 来触发一个严重的不连续迭代（下文中将详细介绍此问题）。

在模拟两个面之间脱胶时，可能出现同时使用 LOPENCLOSE 和 LSTATE 标识的情况。当面处于从黏着过渡到脱胶的状态时，可以使用 LSTATE 标识，而 LOPENCLOSE 标识保持其初始值-1。然而，一旦完全脱胶，就可以使用标准硬接触来模拟两个面之间的接触。在这种情况下，可以将 LSTSTE 标识设置成-1，并使用 LOPENCLOSE 标识。任何时候将这两个标识之一设置成-1，Abaqus/Standard 将不使用设置成-1 的那个标识。当这些标识从其他值变化到-1 时，不产生与接触状态有关的输出或者严重的不连续迭代。类似的，当这些标识从-1 变化到其他值时，也不产生与接触状态有关的输出或者严重的不连续迭代。

如果不使用这些标识，将没有与接触状态改变相关的输出，除非用户决定直接从 UINTER 中输出不基于这些标识的信息。

Abaqus/Standard 中的严重不连续迭代

如果迭代结束时的接触状态与其假定状态不同，则 Abaqus/Standard 会将此迭代归为严重不连续迭代。Abaqus/Standard 对严重不连续迭代的处理方法见“定义一个分析”中的“Abaqus/Standard 中的严重不连续”(《Abaqus 分析用户手册——分析卷》的 1.1.2 节)。当用户使用用户子程序 UINTER 定义界面本构行为，并且不使用 LOPENCLOSE 标识时，需要为 Abaqus/Standard 提供如何处理迭代的输入。为实现此目的，可使用用户子程序 UINTER 中的 LSDI 标识。在每次调用 UINTER 之前，应将该标识设置成 0；将当前迭代处理成严重不连续迭代时，将其设置为 1。如果使用了 LOPENCLOSE 标识，则由该标识的值单独确定是否有必要处理成严重不连续迭代，而忽略 LSDI 标识。

在 Abaqus/Explicit 中使用接触

罚接触算法必须与用户子程序 VUINTER 和 VUINTERACTION 一起使用，见“Abaqus/Explicit 中接触约束的施加方法”中的“罚接触算法”（5.2.3 节）。

当使用了 VUINTER 并指定了平衡的主-从接触时（即接触对权重因子不等于 0.0 或者 1.0），将为接触对中的可以作为从面的每个面调用 VUINTER。应用 VUINTER 中定义的力和流量之前，应根据主-从角色乘以权重值。

Abaqus/Explicit 中求解时间的影响

Abaqus/Explicit 在稳定时间增量计算中考虑接触刚度和导通率。在用户子程序中指定对应大接触刚度（如接触压力与穿透的关系曲线有较大的斜率）和大接触导通率的应力和通量，将造成稳定时间增量的显著减少，从而增加了求解时间。在 Abaqus/Explicit 中，使用有限差分方法来确定切向刚度和导通率。为参考用户子程序 VUINTER 的每个二维接触对中每个主、从角色的每个增量调用三次用户子程序 VUINTER；为参考用户子程序 VUINTER 的每个三维接触对的每个增量调用四次用户子程序 VUINTER；为每个参考用户子程序 VUINTERACTION 的有效面接触调用四次用户子程序 VUINTERACTION。首先调用一次使用实际构型的用户子程序，然后分别调用使用以法向、切向 t_1 和三维情况中的切向 t_2 上的位移摄动为基础的摄动构型的用户子程序（定义 t_1 和 t_2 的方法见“VUINTER”，《Abaqus 用户子程序参考手册》的 1.2.16 节和“VUINTERACTION”，《Abaqus 用户子程序参考手册》的 1.2.17 节中关于局部坐标系的讨论）。例如，接触刚度的每一个组成因素等于接触应力的微分除以相对位置的微分。用户不需要得到接触刚度和导通率的计算值，就可以控制模型的本构行为。为了实现比较的目的，需要为用户子程序提供评估得到的默认罚刚度（和导通率）值。超出默认罚值的接触刚度或者导通率将显著地减小时间增量。默认的罚刚度和导通率是基于所有从节点都是接触的这一假设。使用 VUINTER 时，如果仅有部分从节点是接触的，则在使用默认罚算法的情况中赋予比 VUINTER 报告中更大的罚值。

对于摄动调用，忽略任何状态变量的变化。

在 VUINTER 中，接触跟踪显著地增加了 CPU 的使用。因为在 VUINTER 的入口处接触状态是未知的，必须在每一个增量上追踪从面中的所有节点。如果接触没有包含大部分从节点，与 Abaqus/Explicit 中的接触模型相比，将显著增加分析成本。

在 VUINTERACTION 中，仅当追踪厚度大于接触面上的单元面片尺寸时，才存在与接触追踪相关的 CPU 使用的显著增加。

与其他子程序一起使用

其他不处理穿过界面的本构行为的用户子程序，可以与 UINTER、VUINTER 或者 VUINTERACTION 结合使用。

例如，用户子程序 UMAT 和 UMATHT 可以与 UINTER 结合使用，来定义构成接触面基

底材料的本构力学和热行为。用户子程序 VUMAT 可以与 VUINTER 结合使用，来定义构成接触面基底材料的力学本构行为。然而，在 Abaqus/Standard 中，仅当引用被分离面相互作用时，用户子程序 FRIC、GAPCON 和 GAPELECTR（用于定义面之间的力学、热和电相互作用）才可以与 UINTER 结合使用。用户子程序 VPRIC 与 VUINTER 结合使用时，以及用户子程序 VFRICTION 或者 VFRIC_COEF 与 VUINTERACTION 结合使用时，对其施加相同的约束。

与接触控制一起使用

在 Abaqus/Standard 中，当在通过用户子程序 UINTER 定义的本构行为界面上使用接触控制时，将不产生任何影响。

在 Abaqus/Explicit 中，可以为引用用户定义的面相互作用的接触对指定接触控制。使用用户子程序 VUINTERACTION 时，默认的罚刚度参数包含指定的比例因子；而使用用户子程序 VINTER 时，则忽略比例因子。

输出

在包含接触的分析中，可以正常得到的绝大部分标准输出变量，对于此功能也是可以使用的。

UINTER 的输出

变量 COPEN 和 CSLIP 分别代表与界面垂直和相切的相对位置。基于面的热相互作用变量 SFDR 包含由摩擦产生的总能量耗散所引起的热流，而不是总能量的一部分。这与使用 Abaqus/Standard 中的内置功能不同，其中 SFDR 可以包含由摩擦产生的总能量耗散部分所引起的热流，取决于所指定的转换成热的耗散能量分数。此外，基于面的热相互作用变量 WEIGHT，代表面之间热流（由摩擦滑动产生）分布的权重因子，在此功能中是不可用的。

通过使用解相关的状态变量（SDV），可以为 UINTER 定义其他用户定义的输出变量。

VUINTER 和 VUINTERACTION 的输出

可以得到 Abaqus/Explicit 中的所有接触输出变量，除了点焊的输出（BONDSTAT 和 BONDLOAD）。

下面的用户子程序变量对相关的总能量变量有贡献：变量 sed 对能量输出变量 ALLSE 有贡献；sfd 对 ALLFD 有贡献；scd 对 ALLCD 有贡献；spd 对 ALLPD 有贡献；svd 对 ALLVD 有贡献。

如果使用了 SFDR，也将使用 sfd、scd、spd 和 svd 来计算界面上生成的热（仅以输出为目的，生成的热不会施加到模型中）。使用机械能转换成热能的百分比默认值，以及两个面之间热能分布权重因子的默认值（分别为 1.0 和 0.5）。

与用户子程序相关联的用户定义的解相关状态变量不能输出到输出数据库（.odb）文件或者结果（.fil）文件中。

4.1.7 压力穿透载荷

产品：Abaqus/Standard　Abaqus/CAE

参考

- * PRESSURE PENETRATION
- * SURFACE
- * CONTACT PAIR
- “定义压力穿透”，《Abaqus/CAE 用户手册》的 15.13.16 节

概览

压力穿透载荷与接触对结合使用，用来仿真：

- 模拟两个接触结构之间的流体穿透。
- 允许流体从面上的多个位置处穿透。

定义接触体之间的压力穿透载荷

用户可以使用分布的压力穿透载荷仿真流体穿透进入两个体之间的面并对面法向施加流体压力。使用基于单元的接触面模拟体之间的相互作用（见“接触相互作用分析：概览”，3.1 节）。可以将面模拟成从接触面和主接触表面（见“Abaqus/Standard 中的接触方程”，5.1.1 节）。

可以使用任何接触方程。

形成连接的体可以都是可变形的，就像螺纹连接的一样；或者其中一个是刚体，另一个可以变形，例如，在更加刚硬的结构之间使用软的垫片作为密封。用户需要指定承受流体压力的节点、流体压力的大小和低于其值则开始发生流体穿透的临界接触压力。更多内容见“使用基于面的接触压力穿透载荷”（《Abaqus 理论手册》的 6.4.1 节）。

输入文件用法：* PRESSURE PENETRATION，SLAVE=从面 1，MASTER=主面 1

从面节点或者节点集，主面节点或者节点集，大小，临界接触压力

如果指定了一个节点集，则在二维分析中，仅可以包含一个节点；在三维分析中，则可以包含任何数量的节点。

Abaqus/CAE 用法：Interaction module：

Create Interaction：Surface-to-surface contact（Standard），Name：接触相互作用名称；选择主面和从面

Create Interaction：Pressure penetration；Contact interaction：接触相互作用名称，Region on Master：选择面、边或者点，Region on Slave：

选择面、边或者点，Critical Contact Pressure：临界接触压力，Fluid Pressure：大小

指定压力穿透准则

使用单独的基于从节点的穿透准则。流体将从一个或者多个与其接触的位置穿透进入接触体之间的面，直到接触压力大于所指定的临界值时，进一步的流体穿透将停止。

为流体压力指定穿透时间

当满足流体压力穿透准则时，垂直于面施加流体压力。如果立即施加完全的流动流体压力，则接触面附近产生的较大应变可能会造成收敛困难。对于大应变问题，也可能造成严重的网格扭曲。要确保平滑地求解，流体压力应在一个时间区间内从压力穿透载荷为零逐渐线性增加到完全流动的大小。

用户可以指定在新穿透的面片上，流体压力穿透载荷达到完全流动时的大小所需要的时间区间。如果在穿透后立即进行测量的累积增量大于穿透时间，则将施加完全流动的流体压力穿透载荷；否则，在新穿透的面片上，流体压力在穿透时间区间内逐渐线性增加到完全流动时的大小，这可能发生在一些增量上。当穿透时间等于0时，一旦满足流体压力穿透准则，则立即施加流动流体压力。将默认的穿透时间选择成总步时间的千分之一。在线性摄动分析中忽略穿透时间。

输入文件用法：* PRESSURE PENETRATION，PENETRATION TIME = *n*

Abaqus/CAE 用法：Interaction module：Create Interaction：Pressure penetration；Penetration time：*n*

指定承受流体压力的节点

流体可以从面的一个或者多个位置处穿透。用户必须在接触体的从面上确定一个节点或者节点集来定义面的何处承受流体压力。在二维分析中，如果主面不是分析型刚性面（见“分析型刚性面定义”，《Abaqus 分析用户手册——介绍、空间建模、执行与输出卷》的2.3.4节），则用户也必须在主面上确定一个节点或者节点集来定义面的何处承受流体压力。如果面的多个位置与流体接触，则用户可以指定多个节点或者节点集。如果这些节点或者节点集在从面上，则总是承受压力穿透载荷，而不管它们的接触状态如何。然后流体开始从这些节点或者节点集穿透进入两个接触体之间的面。

指定施加的流体压力

用户必须定义流体压力的参考大小。可以通过参照一条幅值曲线来定义步过程中的流体压力的变化。默认情况下，参考大小是在步开始时立即施加的，或者在步上线性逐渐增加的，取决于赋予步的幅值变化（见“定义一个分析”，《Abaqus 分析用户手册——分析卷》的1.1.2节）。

流体压力穿透载荷将基于压力穿透准则，在一个增量开始时施加到单元面上，并在该增量上保持不变，即使在增量过程中流体发生进一步穿透。在二维分析中，使用节点积分方案来积分单元上分布的流体压力穿透载荷；在三维中，使用高斯积分方案；单元上分布流体压力的变化则通过单元节点处的载荷大小来确定。

输入文件用法：使用以下选项来定义流体压力在步过程中的变化：

*PRESSURE PENETRATION，AMPLITUDE=名称

Abaqus/CAE 用法：Interaction module：Create Interaction：Pressure penetration；Amplitude：名称

删除或者更改压力穿透载荷

将压力穿透载荷施加到单元面上之后，即使重新建立面之间的接触，也不会自动删除载荷。用户可以采用一种类似于定义分布载荷的方法，更改或者完全重新定义在每一个新步上的流体压力穿透载荷（见“施加载荷：概览”，1.4.1 节）。

输入文件用法：使用以下选项更改在之前步中施加的流体压力穿透载荷：

*PRESSURE PENETRATION，OP=MOD（默认的）

在此情况下，必须在数据行中指定承受流体压力的从节点。如果主面不是分析型刚性面，则也必须在数据行中为平面模型或者轴对称模型指定承受流体压力的主节点。

使用以下选项删除所有流体压力穿透载荷，并且可以选择指定新的流体压力穿透载荷：

*PRESSURE PENETRATION，OP=NEW

使用 OP=NEW 删除所有流体压力穿透载荷时，不需要数据行。然而，使用 OP=NEW 指定新的流体压力穿透载荷时，必须在数据行中指定承受流体压力的节点。定义新暴露的节点时，必须使用 OP=NEW。此外，使用 OP=NEW 重新指定之前定义过的压力穿透载荷时，流体压力载荷将首先恢复上一个已知构型，即使后来改变了接触状态。

Abaqus/CAE 用法：使用以下选项更改在之前的步中施加的流体压力穿透：

Interaction module：Interaction Manager：选择相互接触，Edit

使用以下选项删除在之前的步中施加的流体压力穿透：

Interaction module：Interaction Manager：选择相互作用，Deactivate

指定临界机械接触压力

考虑到接触面的粗糙度，引入临界接触压力，小于该压力时开始发生流体穿透。临界接触压力越大，流体越容易穿透。临界接触压力的默认值是零，在此情况中，只有脱离接触才发生流体穿透。

在线性摄动分析中的应用

用户可以通过在通用分析步之间包含线性摄动步，在一个完全的非线性分析中执行线性摄动分析。因为在线性摄动分析过程中不能改变接触条件，流体将不会进一步穿透进入面，而是保持基本状态中的定义。然而，在线性摄动分析步中，可以改变在之前的通用分析步中施加的流体压力大小。在矩阵生成（见“生成结构矩阵”，《Abaqus 分析用户手册——分析卷》的 5.3.1 节）和稳态动力学分析中（直接或者模态——见“直接求解的稳态动力学分析”，《Abaqus 分析用户手册——分析卷》的 1.3.4 节和“基于模态的稳态动力学分析”，《Abaqus 分析用户手册——分析卷》的 1.3.8 节），用户可以同时指定载荷的实部（同相）和虚部（异相）。

输入文件用法：使用以下选项定义载荷的实部（同相）：

*PRESSURE PENETRATION，REAL（默认的）

使用以下选项定义载荷的虚部（异相）：

*PRESSURE PENETRATION，IMAGINARY

在非稳态动力学的所有过程中忽略 REAL 或者 IMAGINARY 参数。

Abaqus/CAE 用法：使用以下选项定义载荷的实部（同相）：

Interaction module：Create Interaction：Pressure penetration；Fluid Pressure（Real）

使用以下选项定义载荷的虚部（异相）：

Interaction module：Create Interaction：Pressure penetration；Fluid Pressure（Imaginary）

使用压力穿透载荷的限制

承受压力穿透载荷的每个从面必须是连续的，并且不能是封闭的环。压力穿透载荷不能与基于节点的从面一起使用。在任何增量上施加的压力穿透载荷是以该增量开始时的接触状态为基础的。因此，用户在解释接触状态发生改变的增量结束时刻的结果时应当小心。建议使用小的时间增量以得到精确的结果。

当压力穿透进入分析型刚性面与变形面之间的接触体时，不对分析型刚性面施加压力穿透载荷。因此，分析型刚性面上的参考节点应当在所有方向上得到约束。要考虑流体压力穿透载荷在刚性面上的影响，应使用基于单元的刚性面代替分析型刚性面。

当具有不同压力载荷的流体，从一个面上的多个位置同时穿透进入一个单元时，对单元施加流体压力载荷的最大值。

在大位移分析中，压力穿透载荷引入了非对称载荷刚度矩阵项。为分析步使用非对称矩阵存储和求解策略可以改善平衡迭代的收敛速度。更多关于非对称矩阵存储和求解策略的内容见“定义一个分析”(《Abaqus 分析用户手册——分析卷》的 1.1.2 节)。

只有实体、壳、圆柱和刚性单元支持三维压力穿透。

输出

用户可以使用从面上节点处的流体压力载荷 PPRESS 作为面输出，将其输出到数据、结果和输出数据库文件中（见“输出到数据和结果文件”中的“来自 Abaqus/Standard 的面输出”，《Abaqus 分析用户手册——介绍、空间建模、执行与输出卷》的 4.1.2 节和“输出到输出数据库”中的“Abaqus/Standard 和 Abaqus/Explicit 中的面输出”，《Abaqus 分析用户手册——介绍、空间建模、执行与输出卷》的 4.1.3 节）。

4.1.8 脱胶面的相互作用

产品：Abaqus/Standard

参考

- “接触压力与过盈的关系”，4.1.2 节
- “摩擦行为”，4.1.5 节
- “热接触属性”，4.2 节
- “孔隙流体接触属性”，4.4 节
- * DEBOND
- * FRACTURE CRITERION

概览

此部分简要介绍了初始黏着的面开始脱胶时，它们之间的相互作用方式。定义裂纹扩展分析的详细内容见“裂纹扩展分析”(《Abaqus 分析用户手册——分析卷》的 6.4.3 节)。

当两个初始黏着的面开始脱胶时：

- 脱胶的从面节点被释放并且可以自由移动。
- 在脱胶的瞬间，作用在从面节点上的拉伸力依据用户提供的幅值曲线逐渐下降为零。
- 被赋予由两个面组成的接触对的接触属性模型开始控制面的相互作用。

脱胶面的摩擦相互作用

一旦面开始脱胶，赋予面的摩擦模型将控制脱胶的从节点的切向运动。当面闭合时，由摩擦产生的力与界面相切。摩擦力与 Abaqus/Standard 施加的脱胶拉伸力无关，并且一旦从节点脱胶，此摩擦力将逐渐消失；脱胶拉伸力对面的摩擦行为没有影响。

垂直脱胶面的行为的相互作用模型

Abaqus/Standard 中的裂纹扩展功能可用于经典断裂力学问题。此功能可与默认的“硬”接触压力-间隙模型一起使用。当面可以脱胶时，Abaqus/Standard 将不使用任何非默认的压力-间隙模型。

粘接和脱胶面的热相互作用

裂纹扩展仿真可用于 Abaqus/Standard 中耦合的温度-位移分析。当粘接时，将面处理成具有通过界面的完全连续的温度场。一旦面开始脱胶，赋予面的热接触属性模型将对通过界面脱胶部分的热相互作用进行控制。

粘接和脱胶面的孔隙流体相互作用

裂纹扩展方向可以在耦合的孔隙压力-位移分析中执行。无论面是粘接的还是正在脱胶，

都把它们处理成具有通过界面的连续的孔隙压力场。

4.1.9 可断裂连接

产品：Abaqus/Explicit

参考

- “Abaqus/Explicit 中接触对的接触方程”，5.2.2 节
- * BOND
- * SURFACE INTERACTION
- * CONTACT PAIR

概览

面之间的可断裂连接（如点焊）：

- 可以仅在纯粹的主-从接触对的从面节点上定义。
- 可以仅在仿真的第一个步中定义。
- 将从节点约束到主面上，直到满足连接失效准则。
- 定义来在一个车辆结构碰撞过程中发生的那样，提供相对单调应变下点焊失效的简单仿真。
- 不约束节点上的转动自由度。
- 使用失效时间或者损伤失效模型来仿真连接的后失效响应。
- 连接断裂后，使用默认的接触属性模型（“力学接触属性：概览”，4.1.1 节）。
- 仅可以在两个可变形面之间与运动接触对算法一起使用。

为接触对指定点焊

包含点焊的接触对必须是纯粹的主-从接触对，因此，点焊不能与单个面接触一起使用。如果接触对由两个变形面组成，则 Abaqus/Explicit 将正常地使用平衡的主-从接触对。在这种情况下，用户必须指定一个权重因子（见“Abaqus/Explicit 中接触对的接触方程”，5.2.2 节）来定义纯粹的主-从接触对。必须在仿真的第一个步中定义包含点焊的接触对。点焊位于接触对中从面的节点上。

使用紧固件代替可断裂连接可以更加精确地模拟点焊。紧固件的优势是网格划分与其定义相互独立，并且更便于在两个或者更多的面之间，使用模拟塑性、损伤和失效行为的功能来定义点-点连接。然而，紧固件适合在三维分析中使用，而不能使用紧固件方法在二维分析中指定接触对的点焊。如果要模拟不可断裂连接（刚性点焊），建议使用网格独立的点焊特征（“网格无关的紧固件”，2.3.4 节）。

可以将与一个主面连接的所有从节点组成一个节点集。

输入文件用法：使用以下所有选项：

*CONTACT PAIR，MECHANICAL CONSTRAINT=KINEMATIC，INTERACTION=相互作用属性名称

*SURFACE INTERACTION，NAME=相互作用属性名称

*BOND

节点集名称...

连接节点初始位置的调整

用户应定义通过点焊与主面连接的节点，以使它们在模型的初始构型中与面接触。如果连接的节点不是初始接触的，则 Abaqus/Explicit 将通过规定这些节点无应变位移来强制施加连接约束。在节点恰好与主面接触时开始仿真。如果点焊的定义是错误的，因为连接到连接节点的单元产生过度的初始扭曲，此节点的自动调整可能造成分析立即结束。

点焊承受的力

Abaqus 假定点焊结构承受垂直于焊有节点的面的力 F^n 和两个与面相切的彼此正交的剪切力 F^s_α，其中 $\alpha=1$ 或者 2。所产生的剪切力大小 F^s 为 $\sqrt{(F_1^s)^2+(F_2^s)^2}$。垂直拉伸力是正的。

假设点焊结构非常小，以至于不承受力矩和转矩，则点焊不施加任何转动自由度的约束。

为点焊定义失效准则

点焊的失效准则为

$$\left[\frac{\max(F^n,0)}{F_f^n}\right]^2+\left[\frac{F^s}{F_f^s}\right]^2\leqslant 1.0$$

式中，F_f^n 是造成拉伸（模式Ⅰ载荷）失效所需的力；F_f^s 是造成纯剪切（模式Ⅱ载荷）失效所需的力；F^n 和 F^s 的含义同上。

点焊的典型屈服面如图 4-15 所示。通过为 F_f^n 或者 F_f^s 指定一个非常大的值，点焊的屈服准则可以独立于剪切力或者法向力，如图 4-16 所示。

图 4-15　点焊的典型屈服面

输入文件用法：*BOND

节点集名称，F^n，F^s

点焊力有时会表现出显著的噪声，当点焊力的过滤解仍然处于点焊强度极限范围内时，此噪声可以造成点焊达到其失效准则。通过 BONDSTAT 变量的噪声时间历史来表征此噪声，并且对应一个不真实的早期发生的点焊失效。下面讨论了两种发生失效后点焊恶化模型：失效时间模型和后失效损伤模型。使用失效时间模型时，约束力历史中超过点焊强度的单一虚拟峰值将导致点焊完全失效；后失效损伤模型可以缓和点焊力中的噪声影响。

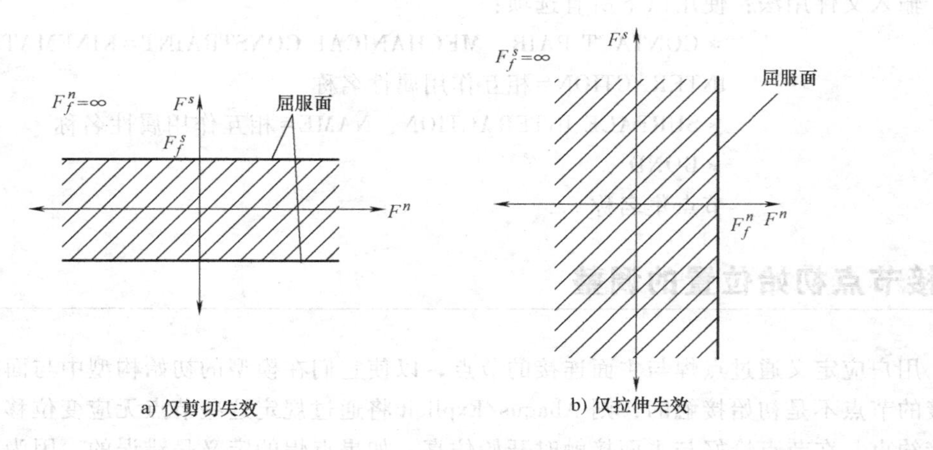

图 4-16　点焊的退化屈服面

定义点焊的后失效行为

当点焊约束力超出其失效准则时，点焊将失效并恶化，直到焊接完全断裂。可以使用一个损伤失效模型，或者通过在指定的时间区间内线性地将约束力降低到零来仿真此恶化过程中的点焊行为。无论使用何种模型，点焊施加的约束力都受由失效准则定义的屈服面大小的限制。通过收缩屈服面到零，而保持其原始形状来模拟点焊恶化。

如果所预测的约束力超出了屈服面，则使用径向流动法则将所施加的力计算成回复屈服面。

在完全失效后，节点将像接触对中的剩余从节点那样行动。节点可以重新接触主面，而焊接不再起作用。

定义失效时间模型

用户指定的失效时间 T_f是从超出初始失效准则之后，到点焊完全失效所需的时间。一旦检测到失效，则焊接约束在时间 T_f上线性松弛。Abaqus/Explicit 在时间区间 T_f内将屈服面收缩到零

$$\left[\frac{\max(F^n,0)}{F_f^n}\right]^2+\left(\frac{F^s}{F_f^s}\right)^2\leqslant\left(1.0-\frac{t}{T_f}\right)^2$$

式中，t 是自 Abaqus/Explicit 检测到焊接初始失效到收缩为零的时间。

输入文件用法：＊BOND

节点集名称，F^n，F^s，d_b，T_f

定义后失效损伤模型

如上文所述，如果所预测的约束力超出了失效准则，则使用径向流动法则将点焊施加的力计算成回复到屈服面。因为，在这种情况下，焊接力小于将焊接节点约束在主面上所需的约束力，焊接节点将相对于主面移动。使用此相对运动过程中消耗的功来确定屈服面是如何退化的。

在失效过程中，假定焊接行为在法向上的拉伸，或者剪切都要消耗能量。Abaqus/Explicit 假定失效后存在线性的力-位移关系，这样当焊接结构承受纯粹的 Mode Ⅰ或者 Mode Ⅱ载荷时将产生图 4-17 所示的行为。更加通用的载荷将导致这些响应的组合。

通过指定在纯粹的 Mode Ⅰ或者 Mode Ⅱ载荷下，法向和切向上的可断裂位移 u_f^n 和 u_f^s，来定义焊接在 Mode Ⅰ和 Mode Ⅱ中消耗的能量。

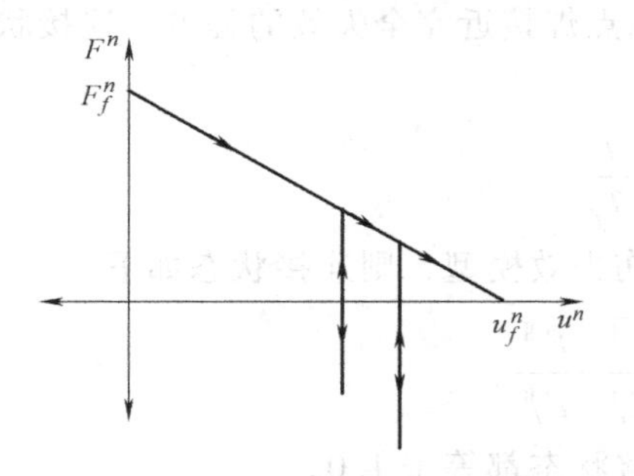

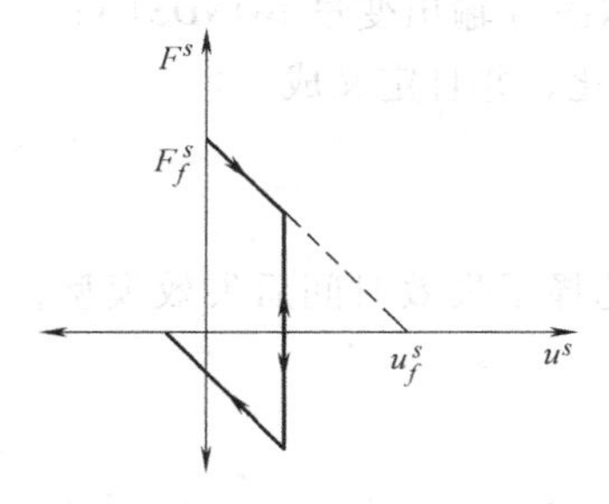

图 4-17　承受纯粹的拉伸/压缩（Mode Ⅰ）和剪切（Mode Ⅱ）载荷时典型的后失效行为

使用这些线性力-位移关系时，损伤失效模型的失效准则是

$$\left[\frac{\max(F^n,0)}{F_f^n}\right]^2+\left(\frac{F^s}{F_f^s}\right)^2\leqslant 1.0-\frac{E^{\mathrm{I}}}{E_f^{\mathrm{I}}}-\frac{E^{\mathrm{II}}}{E_f^{\mathrm{II}}}$$

式中，E^{I} 是 Mode Ⅰ中消耗的能量；E^{II} 是 Mode Ⅱ中消耗的能量；E_f^{I} 是 Mode Ⅰ中的断裂能，$E_f^{\mathrm{I}}=F_f^n u_f^n/2$；$E_f^{\mathrm{II}}$ 是 Mode Ⅱ中的断裂能，$E_f^{\mathrm{II}}=F_f^s u_f^s/2$。

输入文件用法：＊BOND

节点集名称，F^n，F^s，d_b，u_f^n，u_f^s

点焊中的后屈服面相互作用

在点焊处定义的任何摩擦、接触阻尼或者软化，将不影响分析，直到焊接结构完全断裂，即失效面收缩为零。

点焊的焊缝尺寸

点焊的初始焊缝尺寸 d_b，是通过在穿透计算过程中，与点焊相关的从面节点相对于主面偏置一个等于焊缝尺寸的距离来考虑的。对于在壳或者膜单元上定义的主面或者从面，是指其自身相对于单元的中面偏置壳或者膜一半厚度的距离。

如果选择用损伤失效模型来表征后失效行为，点焊的焊缝尺寸可能会由于点焊的拉伸屈服而增加。此时，点焊尺寸等于 d_b 和点焊失效后累积的 U^n。焊接结构断裂后，为后续焊缝节点与主面之间的接触考虑断裂处的焊缝尺寸。

可以得到的点焊输出

在 Abaqus/CAE 中，可以通过生成面上反作用力（输出变量 CFORCE）的一个矢量显

示，来检测点焊力。在 Abaqus/CAE 中，可以使用与点焊有关的两个特有的输出变量，即连接状态和连接载荷。这些变量可以作为历史输出写入到输出数据库（.odb）文件中。可以在 Abaqus/CAE 中的 X-Y 图中使用它们。

连接状态定义

边界状态（输出变量 BONDSTAT）用于表示点焊接近完全失效的程度。连接状态在 0.0~1.0 之间变化，并且定义成

$$1.0-\frac{t}{T_f}$$

如果选择了失效时间后失效模型，或者损伤失效模型，则连接状态如下

$$\sqrt{1.0-\frac{E^{\mathrm{I}}}{E_f^{\mathrm{I}}}-\frac{E^{\mathrm{II}}}{E_f^{\mathrm{II}}}}$$

无论使用何种模型，在点焊失效以前，连接状态都等于 1.0。

连接载荷的定义

连接载荷（输出变量 BONDLOAD）用于表示点焊处的当前约束力接近其失效面的程度。连接载荷的值也在 0.0~1.0 之间变化，如果选择了损伤失效模型，则

$$\sqrt{\frac{\left[\frac{\max(F^n,0)}{F_f^n}\right]^2+\left(\frac{F^s}{F_f^s}\right)^2}{1.0-\frac{E^{\mathrm{I}}}{E_f^{\mathrm{I}}}-\frac{E^{\mathrm{II}}}{E_f^{\mathrm{II}}}}}$$

对于失效时间模型，在失效前，将连接载荷定义成

$$\sqrt{\left[\frac{\max(F^n,0)}{F_f^n}\right]^2+\left(\frac{F^s}{F_f^s}\right)^2}$$

从最初屈服的时刻到全部失效的过程中，连接载荷是 1.0；在全部失效的点处，连接载荷变成 0.0。

实例：点焊和输出要求

节点集 WELDS 中的点焊节点是面 A 上节点的子集，此面是纯粹的主-从接触对中的从面。

*NSET，NSET=WELDS

节点集定义

*CONTACT PAIR，MECHANICAL CONSTRAINT=KINEMATIC，

INTERACTION=A TO B，WEIGHT=0.

从面 A，主面 B

*SURFACE INTERACTION，NAME=A TO B

*BOND

WELDS，F_f^n，F_f^s，d_b，T_f，u_f^n，u_f^s

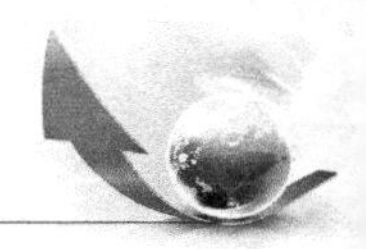

```
*OUTPUT, HISTORY, TIME INTERVAL=0.001
*CONTACT OUTPUT, NSET=WELDS
BONDSTAT, BONDLOAD
```

如果使用了失效时间模型，则必须指定 T_f；如果选择了损伤失效模型，则必须指定 u_f^n 和 u_f^s。

4.1.10 基于面的胶粘行为

产品：Abaqus/Standard　Abaqus/Explicit　Abaqus/CAE

参考

- “渐进损伤和失效”，《Abaqus 分析用户手册——材料卷》的 4.1.1 节
- “使用牵引-分离描述来定义胶粘单元的本构响应”，《Abaqus 分析用户手册——单元卷》的 6.5.6 节
- “在 Abaqus/Standard 中定义接触对”，3.3.1 节
- “力学接触属性：概览”，4.1.1 节
- “裂纹扩展分析”，《Abaqus 分析用户手册——分析卷》的 6.4.3 节
- *COHESIVE BEHAVIOR
- *SURFACE INTERACTION
- *DAMAGE INITIATION
- *DAMAGE EVOLUTION
- *DAMAGE STABILIZATION
- *FRACTURE CRITERION
- “定义接触相互作用属性”中的“指定力学接触属性选项的胶粘行为属性”，《Abaqus/CAE 用户手册》的15.14.1 节
- “定义接触相互作用属性”中的“指定力学接触属性选项的胶粘损伤属性”，《Abaqus/CAE 用户手册》的 15.14.1 节

概览

本节介绍的特征允许为面指定广义的牵引-分离行为。此行为具有的功能与使用牵引-分离法则定义的胶粘单元非常类似（见“使用牵引-分离描述来定义胶粘单元的本构响应”，《Abaqus 分析用户手册——单元卷》的 6.5.6 节）。然而，基于面的胶粘行为通常更容易定义和允许广泛的胶粘相互作用仿真，例如，两个“黏性”面在分析中发生接触。

基于面的胶粘行为，主要用于界面厚度小到可以忽略的情况。如果界面胶层具有一个有限的厚度，并且可以提供胶粘材料的宏观属性（如刚度和强度），则更适合使用常规胶粘单元来模拟响应（见“使用连续方法定义胶粘单元的本构响应”，《Abaqus 分析用户手册——单元卷》的 6.5.5 节）。

在 Abaqus/Explicit 中，也可以通过使用虚拟裂纹闭合技术（VCCT）的线性弹性断裂力学原理（LEFM），使用基于面的胶粘行为框架来模拟初始部分连接面中的裂纹扩展。

基于面的胶粘行为：

• 定义成面相互作用属性。

• 可以直接以牵引-分离关系的方式，模拟界面处的分层。

• 可以模拟“黏性”接触（即最初不接触的面或者部分面可以在将要接触时连接，随后连接可以损伤和失效）。

• 可以限制在最初接触的面区域中；在 Abaqus/Standard 中，可以限制在最初接触的部分面区域中。

• 允许指定胶粘数据，例如，将断裂能指定为界面处法向位移与切向位移（混合模式）比例的函数。

• 假定损伤之前符合线弹性牵引-分离规律。

• 假定胶粘连接的失效是通过胶粘刚度的渐进退化来表征的，它是由一个损伤过程驱动的（在 Abaqus/Explicit 中，也可以使用 VCCT 断裂准则来模拟脆性断裂）。

• 如果失效节点重新进入接触，则允许指定后失效胶粘行为。

• 可以在 Abaqus/Explicit 的通用接触算法，以及 Abaqus/Standard 的接触对框架中实施。

• 在 Abaqus/Explicit 中的通用接触框架中，可以用来强制施加“粗糙摩擦”面相互作用、“无分离”接触关系，或者“无分离和粗糙摩擦”的组合行为。

• 仅适合强制施加 Abaqus/Explicit 中的节点-面接触相互作用，并且不能用于边-边和节点-分析型刚性面接触相互作用。

• 不能用于 Abaqus/Explicit 中的耦合的欧拉-拉格朗日分析。

• 可以用于所有 Abaqus/Standard 接触方程，除了有限滑动的面-面方程。

定义 Abaqus/Explicit 中的胶粘行为

将 Abaqus/Explicit 中的胶粘行为定义成被赋予可施加面的面相互作用属性的一部分。必须为模型定义通用接触。

输入文件用法：使用以下选项定义通用接触定义中两个面之间的胶粘行为：

```
*SURFACE INTERACTION, NAME=名称
*COHESIVE BEHAVIOR
*CONTACT
*CONTACT PROPERTY ASSIGNMENT
面1, 面2, 名称
```

Abaqus/CAE 用法：使用以下选项定义两个面之间的胶粘行为：

Interaction module: contact property editor: Mechanical→Cohesive Behavior

使用以下选项定义两个面之间的接触：

Interaction module: interaction editor: General contact (Explicit): 指定 Contact interaction property

Abaqus/Explicit 中胶粘行为的接触公式

在 Abaqus/Explicit 中，如果除了胶粘约束外还强制施加了平衡的主-从方程，则在某些情况中可能产生过约束。为了防止这种情况的发生，在 Abaqus/Explicit 中，对具有胶粘行为的面强制执行纯粹的主-从方程。如果在两个面之间定义了胶粘行为，则将接触属性赋予中定义的第一个面处理成从面，将第二个面处理成对应的主面。对于胶粘面与通用接触区域其他部分之间的接触相互作用，可以应用默认的接触方程（平衡的主-从方程），除非已经定义了一个非默认的通用接触方程（见“Abaqus/Explicit 中通用接触的接触方程”，5.2.1 节）。基于面的胶粘行为仅可以用于节点-面的接触相互作用，而不能用于边-边相互作用。这样，在梁的边和杆单元之间不能定义基于面的胶粘行为。此外，当定义了基于面的胶粘行为时，忽略了与热相互作用有关的接触定义。

当使用胶粘行为与层叠的传统壳单元连接时，应当谨慎。这取决于载荷情况，专门的接触方程可产生近似的法向接触力，但也会在层叠的壳中引起影响层叠弯曲行为的近似横向剪切行为。在这样的模拟场景中，应当用连续壳代替传统的壳。

消除 Abaqus/Explicit 中的初始过盈和间隙

在许多使用胶粘面的脱粘应用中，可能期望在面彼此刚接触时开始分析。这要求在分析开始时，消除面之间的初始过盈和间隙，以确保从节点精确地与主面相接触。在 Abaqus/Explicit 中，默认将小的初始过盈设置成零。要消除面之间大的初始过盈，或者闭合初始间隙，需要定义一个合适的接触容差，见“在 Abaqus/Explicit 中为通用接触控制初始接触状态”（3.4.4 节）。因为对胶粘面强制施加了一个纯粹的主-从方程，所以只对从面的节点进行无应变的校正来消除其与主面片之间的初始过盈或者间隙，而不会移主面节点。

定义 Abaqus/Standard 中的胶粘行为

将 Abaqus/Standard 中的胶粘行为定义成赋予接触对的面相互作用属性的一部分。胶粘行为不能赋予使用有限滑动的面-面方程的接触对（见“Abaqus/Standard 中的接触方程”，5.1.1 节）。

输入文件用法：使用以下选项定义接触对中面之间的胶粘行为：

```
*SURFACE INTERACTION, NAME=名称
*COHESIVE BEHAVIOR
*CONTACT PAIR, INTERACTION=名称
面 1, 面 2
```

Abaqus/CAE 用法：使用以下选项定义两个面之间的胶粘行为：

Interaction module：contact property editor：Mechanical→Cohesive Behavior

使用以下行为定义两个面之间的面-面接触：

Interaction module：interaction editor：Surface-to-surface contact（Standard）：Bonding 标签页：指定 Contact interaction property

消除 Abaqus/Standard 中的初始过盈和间隙

如上面所讨论的那样，在脱粘应用中，通常期望在胶粘面刚接触时开始分析。Abaqus /Standard 提供了一些工具来调整接触对中的从节点，以使它们能精确地接触主面，从而消除初始过盈和间隙。如果节点没有得到调整，即使一个极小的初始间隙，也将造成初始接触约束无效，并因此而没有实现粘接。这些工具见“调整 Abaqus/Standard 接触对的初始面位置并指定初始间隙”（3.3.5 节）。

控制胶粘节点集

默认情况下，胶粘约束力潜在地作用在定义有胶粘行为的面上的所有节点上。初始接触主面的从节点，在分析开始时便承受胶粘力；初始未接触主面的从节点，如果在分析中接触了主面，则将承受胶粘力。但是，有可能存在这样的情况，期望仅对分析开始时部分接触的面强制施加胶粘行为。

将胶粘行为限制到初始接触的节点

作为胶粘行为定义的一部分，用户可以指定只有那些在步开始时与主面接触的节点承受胶粘力。任何在步中发生的新接触将不承受胶粘约束力，仅将它们模拟成压缩接触。

输入文件用法：* COHESIVE BEHAVIOR，ELIGIBILITY = ORIGINAL CONTACTS

Abaqus/CAE 用法：Interaction module：contact property editor：Mechanical→Cohesive Behavior：Only slave nodes initially in contact

将胶粘行为限制到指定的节点

在 Abaqus/Standard 中，用户可以指定一个承受胶粘力的最初从节点的子集。对于最初不接触，但是包含在节点集中的那些节点则进行无应变调整。所有此节点集之外的从节点（包括那些初始接触主面的节点）在分析过程中将仅承受压缩接触力。此方法特别适合模拟沿着一条既有断裂线的裂纹扩展。

输入文件用法：同时使用以下选项：

* INITIAL CONDITIONS，TYPE = CONTACT
* COHESIVE BEHAVIOR，ELIGIBILITY = SPECIFIED CONTACTS

Abaqus/CAE 用法：Interaction module：contact property editor：Mechanical→Cohesive Behavior：Specify the bonding node set in the surfaceto-surface (Standard) interaction

Interaction module：interaction editor：Bonding 标签页：Limit bonding to slave nodes in sub-set

具有压缩和摩擦行为的牵引-分离行为相互作用

在接触法向上，压力与过盈的关系，控制面之间的压缩行为与胶粘行为不产生相互作

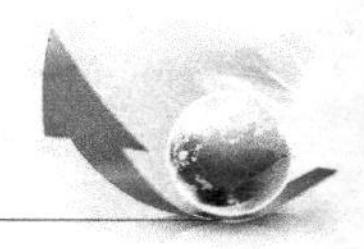

用，因为它们描述的是面之间的在不同接触领域中的相互作用。压力与过盈的关系仅控制从节点“闭合”时的行为（即从节点与主面相接触）；仅当从节点与主面“脱离”时，胶粘行为才对接触法向应力产生贡献（即没有接触）。对于“黏性”胶粘行为，即两个面最初没有接触的情况，胶粘作用将在从节点状态由脱离变为闭合后的增量上得到激活。

在切向上，如果没有破坏胶粘刚度，则假定胶粘模式是激活的，并且摩擦模型是休眠的。假定任何切向滑动在本质上是纯弹性的，并且受连接的胶粘强度的抵抗而产生切应力。如果定义了损伤，对切应力的胶粘贡献将随着损伤的演变而退化。一旦胶粘刚度开始退化，则激活摩擦模型并开始对切应力产生贡献。摩擦模型的弹性连接刚度将随着弹性胶粘刚度的退化成比例地以斜线形式上升。在胶粘连接最终失效前和退化初期之后，切应力是胶粘和摩擦模型共同作用的结果。达到了退化的最大值后，胶粘对切应力的贡献是零，因而对切应力的贡献仅来自摩擦模型。

对基于面的胶粘行为应用胶粘材料概念

控制胶粘面行为的方程和法则与那些使用牵引-分离本构行为的胶粘单元非常类似（“定义使用牵引-分离描述的胶粘单元的本构响应”，《Abaqus 分析用户手册——单元卷》的 6.5.6 节）。线性弹性牵引-分离模型、损伤初始准则和损伤演化规律具有同样的类似性。

然而，认清基于面的胶粘行为中的损伤是一种相互作用属性，而不是一种材料属性是重要的。重新将应变和位移的概念（用于胶粘单元的行为模拟方程中）解释成接触分离，接触分离是从面上的节点与它们在主面上的投影点之间沿着接触法向和切向的相对位移。为基于面的胶粘行为定义的应力是沿着接触法向和切向的胶粘力除以每个接触点处的当前面积。

下文中对基于面的胶粘行为模型的特性进行了讨论。

线弹性牵引-分离行为

Abaqus 中可用的牵引-分离模型最初假定损伤的启动和演化遵循线弹性行为（见《Abaqus 分析用户手册——材料卷》“线弹性行为”中的“以胶粘单元的牵引和分离方式定义弹性”，2.2.1 节）。使用将界面的法向应力和切应力与法向分离和切向分离相关联的弹性本构矩阵方式来描述弹性行为。

法向牵引应力向量 $\boldsymbol{t}$ 由三个分量组成（在二维问题中是两个分量）：t_n、t_s 和 t_t（在三维问题中），它们分别代表法向力（沿着三维中的局部第 3 方向以及二维中的局部第 2 方向）和两个切向牵引力（沿着三维中的第 1 和第 2 方向以及二维中的局部第 1 方向）。相应的分离是记作 δ_n、δ_s 和 δ_t。弹性行为可以写成

$$\boldsymbol{t}=\begin{Bmatrix} t_n \\ t_s \\ t_t \end{Bmatrix}=\begin{bmatrix} K_{nn} & K_{ns} & K_{nt} \\ K_{ns} & K_{ss} & K_{st} \\ K_{nt} & K_{st} & K_{tt} \end{bmatrix}\begin{Bmatrix} \delta_n \\ \delta_s \\ \delta_t \end{Bmatrix}=\boldsymbol{K\delta}$$

非耦合的牵引-分离行为

指定最简单的胶粘行为，可生成在法向和切向施加胶粘约束的接触罚。默认情况下，法

向和切向刚度分量不耦合：其自身的纯法向分离不会导致切向胶粘力，并且法向分离为零的切向滑动不会产生法向胶粘力。

对于非耦合的牵引-分离行为，必须定义 K_{nn}、K_{ss}和 K_{tt}项，以及与温度或者场变量的相关性。如果没有定义这些项，则 Abaqus 将使用默认的接触罚来模拟牵引-分离行为。

输入文件用法：* COHESIVE BEHAVIOR, TYPE=UNCOUPLED（默认的）

Abaqus/CAE 用法：Interaction module：contact property editor：Mechanical→Cohesive Behavior：Specify stiffness coefficients：Uncoupled

耦合的牵引-分离行为

在充分发挥其一般性，弹性矩阵具有所有牵引向量分量和分离向量分量之间的完全耦合行为，并且可以以温度和/或者场变量为基础。必须为耦合的牵引-分离行为定义矩阵中的所有项。

输入文件用法：* COHESIVE BEHAVIOR, TYPE=COUPLED

Abaqus/CAE 用法：Interaction module：contact property editor：Mechanical→Cohesive Behavior：Specify stiffness coefficients：Coupled

仅在法向或者切向上的胶粘行为

要将胶粘约束限制成仅沿着接触法向产生作用，需要定义非耦合的胶粘行为，并将切向刚度分量 K_{ss}和 K_{tt}指定成零。如果只施加切向胶粘约束，则可以将法向刚度分量 K_{nn}设置成零，在此情况中，法向“分离”将不受约束。按照通常的接触行为产生法向压力。

损伤模拟

损伤模拟允许用户仿真两个连接面之间的连接退化和最后失效。失效机理有两个：损伤初始准则和损伤演化规律。假定初始响应如上面讨论的那样是线性的。然而，一旦满足了损伤初始准则，损伤将根据用户定义的损伤演化规律发生。图 4-18 所示为一个典型的使用失效机理的拉伸-分离响应。如果指定损伤初始准则，但没有相应的损伤演化模型，则 Abaqus 仅以输出为目的评估损伤初始准则，而对胶粘面的响应没有影响（即不会产生损伤）。胶粘面在纯粹的压缩下不产生损伤。

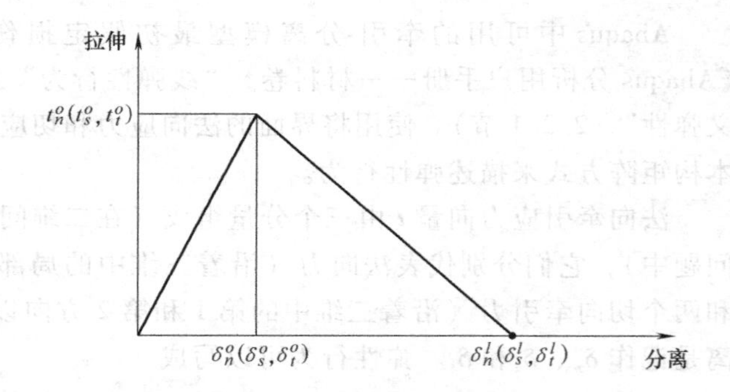

图 4-18 典型的拉伸-分离响应

胶粘面的拉伸-分离响应损伤是在用于常规材料的相同通用框架中定义的（见“渐进损伤和失效”，《Abaqus 分析用户手册——材料卷》的 4.1.1 节），除了将损伤行为指定成面内部相互作用属性一部分的情况。多损伤响应机理不可用于胶粘面：胶粘面只能有一个损伤初始准则，并且只能有一种损伤演化规律。

输入文件用法：使用以下选项定义胶粘面的损伤初始和损伤演化：

* SURFACE INTERACTION，NAME=名称
* COHESIVE BEHAVIOR
* DAMAGE INITIATION
* DAMAGE EVOLUTION

Abaqus/CAE 用法：Interaction module：contact property editor：Mechanical → Damage：Damage Initiation 和 Damage Evolution 标签页

损伤初始

损伤初始是指在接触点处胶粘响应退化的开始。退化过程开始于接触应力和/或者接触分离满足用户指定的特定损伤初始准则。下面讨论了一些可以使用的损伤初始准则。

每个损伤初始准则也使用一个与其相关的输出变量来表示准则是否得到满足。1 或者大于 1 的值表示满足初始准则。不使用相关演化规律的损伤初始准则将仅影响输出。这样，用户可以使用这些准则来评估材料承受损伤的能力，而不需要实际模拟损伤过程（即不需要实际指定损伤准则）。

在下面的讨论中，t_n^o、t_s^o 和 t_t^o 分别代表当分离仅发生在垂直于界面的方向，或者仅发生在第一或者第二切向上时的接触应力峰值。同样，δ_n^o、δ_s^o 和 δ_t^o 分别代表当分离仅发生在垂直于界面的方向，或者仅发生在第一或者第二切向上时的接触分离峰值。下文中使用的符号 $\langle\rangle$ 代表具有普遍意义的 Macaulay 括号。用 Macaulay 括号表示纯粹的压缩位移（即接触穿透）或者不会引发损伤的纯压应力状态。

最大应力准则

假设当最大接触应力比（如下列公式所定义的）达到某个值时，损伤开始。此准则可以表示为

$$\max\left\{\frac{\langle t_n\rangle}{t_n^o},\ \frac{t_s}{t_s^o},\ \frac{t_t}{t_t^o}\right\}=1$$

输入文件用法：* DAMAGE INITIATION，CRITERION=MAXS

Abaqus/CAE 用法：Interaction module：contact property editor：Mechanical→Damage：Initiation 标签页：Criterion：Maximum nominal stress

最大分离准则

假设当最大分离比达到某个值时，损伤开始。此准则可以表达为

$$\max\left\{\frac{\langle \delta_n\rangle}{\delta_n^o},\ \frac{\delta_s}{\delta_s^o},\ \frac{\delta_t}{\delta_t^o}\right\}=1$$

输入文件用法：* DAMAGE INITIATION，CRITERION=MAXU

Abaqus/CAE 用法：Interaction module：contact property editor：Mechanical→Damage：Initiation 标签页：Criterion：Maximum separation

二次应力准则

假设当涉及接触应力比的二次相互作用方程（如下式所定义的）达到某个值时，损伤开始

$$\left\{\frac{\langle t_n \rangle}{t_n^o}\right\}^2+\left\{\frac{t_s}{t_s^o}\right\}^2+\left\{\frac{t_t}{t_t^o}\right\}^2=1$$

输入文件用法：＊DAMAGE INITIATION，CRITERION=QUADS

Abaqus/CAE 用法：Interaction module：contact property editor：Mechanical→Damage：Initiation 标签页：Criterion：Quadratic traction

二次分离准则

假定当涉及分离比的二次相互作用方程（如下式所定义的）达到某个值时，损伤开始

$$\left\{\frac{\langle \delta_n \rangle}{\delta_n^o}\right\}^2+\left\{\frac{\delta_s}{\delta_s^o}\right\}^2+\left\{\frac{\delta_t}{\delta_t^o}\right\}^2=1$$

输入文件用法：＊DAMAGE INITIATION，CRITERION=QUADU

Abaqus/CAE 用法：Interaction module：contact property editor：Mechanical→Damage：Initiation 标签页：Criterion：Quadratic separation

损伤演化

损伤演化规律描述了一旦达到相应的初始准则，胶粘刚度开始退化的比率。描述实体材料中损伤演化的通用框架（相对于使用胶粘面模拟的界面）见“韧性材料的损伤演化和单元删除”（《Abaqus 分析用户手册——材料卷》的 4.2.3 节）。从概念上讲，类似的方法适合描述胶粘面中的损伤演化。

用标量损伤变量 D 表示接触点上的整体损伤，其初始值为 0.1。如果模拟了损伤演化，则在损伤开始后进一步加载时，D 单调地从 0 变化到 1。接触应力分量根据下式受到损伤的影响

$$t_n=\begin{cases}(1-D)\bar{t}_n & \bar{t}_n\geqslant 0\\ \bar{t}_n & \bar{t}_n<0(\text{对压缩刚度没有损伤})\end{cases}$$

$$t_s=(1-D)\bar{t}_s$$

$$t_t=(1-D)\bar{t}_t$$

式中，$\bar{t}_n$、$\bar{t}_s$和 $\bar{t}_t$是根据没有损伤的当前分离的弹性拉伸-分离行为预测得到的接触应力分量。

要描述界面上由法向分离和切向分离共同作用产生的损伤演化，需要引入如下有效分离（Camanho 和 Davila，2002）

$$\delta_m=\sqrt{\langle \delta_n \rangle^2+\delta_s^2+\delta_t^2}$$

上式最初应用于胶粘单元中的损伤演化，可以采用胶粘面行为的接触分离方式对其进行

重新解释，如上面所讨论的那样（见“对基于面的胶粘行为应用胶粘材料概念”）。

混合模式的定义

接触点上的法向和切向分离的相对比例，定义了该点上的混合模式。Abaqus 使用两个混合模式参数，一个是基于能量的，另一个是基于牵引力的。用户在指定损伤演化过程模式的相关性时，可以选择这些参数中的一个。分别用 G_n、G_s 和 G_t 表示由拉伸力及其在法向、第一和第二切向上共轭分离所做的功，并且定义 $G_T = G_n + G_s + G_t$，则基于能量的混合模式可以定义为

$$m_1 = \frac{G_n}{G_T}$$

$$m_2 = \frac{G_s}{G_T}$$

$$m_3 = \frac{G_t}{G_T}$$

显然，上面定义的三个量中只有两个是独立的。定义 $G_S = G_s + G_t$ 来表示由剪切拉伸和对应的分离所做的功也是有用的。如下文所述，Abaqus 要求用户将与损伤演化相关的材料属性定义成 m_2+m_3（等于 G_S/G_T 或者 $1-m_1$）和 $m_3/(m_2+m_3)$（等于 G_t/G_S）的函数。

基于拉伸分量的相应混合模式的定义如下

$$\phi_1 = \left(\frac{2}{\pi}\right) \arctan\left(\frac{\tau}{\langle t_n \rangle}\right)$$

$$\phi_2 = \left(\frac{2}{\pi}\right) \arctan\left(\frac{t_t}{t_s}\right)$$

式中，$\tau = \sqrt{t_s^2 + t_t^2}$ 是有效剪切拉伸的度量。以上定义中使用的角度参数的意义（使用因子 2/π 规范化之前）如图 4-19 所示。

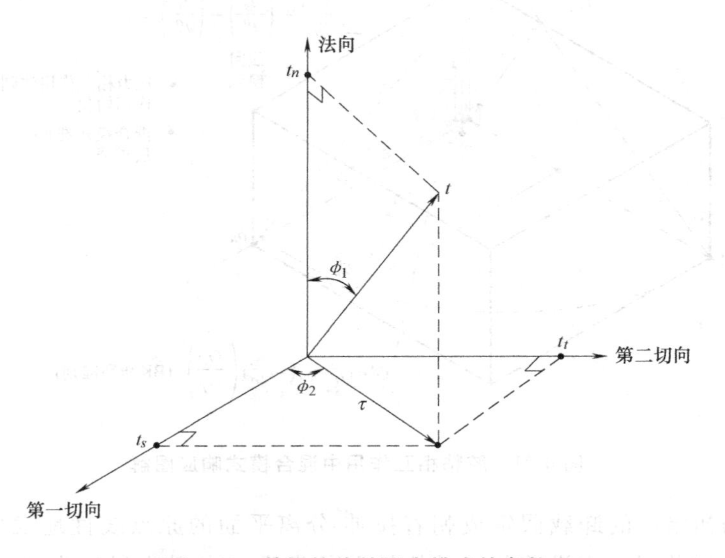

图 4-19 基于拉伸的混合模式的参数

以能量和拉伸方式定义的混合模式通常有很大区别。下面的例子说明了这一点。以能量的方式定义时，对于纯法向上的分离，$G_n \neq 0$ 且 $G_s = G_t = 0$，不考虑法向和切向拉伸力。特别的，对于耦合的拉伸-分离行为中的纯法向分离，法向和切向拉伸力可以不为零。对于这种情况，基于能量的混合模式定义表示纯的法向分离，而基于拉伸的定义则表示法向和切向分离的混合。

损伤演化定义由两部分组成。第一个部分包括指定完全失效时的有效分离 δ_m^f 与损伤初始处有效分离 δ_m^o 的差；以及由失效引起的能量消耗 G^C（图 4-20）。损伤演化定义的第二个组成部分是指定损伤初始和最终失效之间的损伤变量 D，它代表了演化的本质。可以通过定义线性或者指数软化规律，或者直接将 D 指定成有效分离相对于损伤初始时有效分离的一个表格函数来实现。上面描述的数据通常是混合模式、温度和/或者场变量的函数。

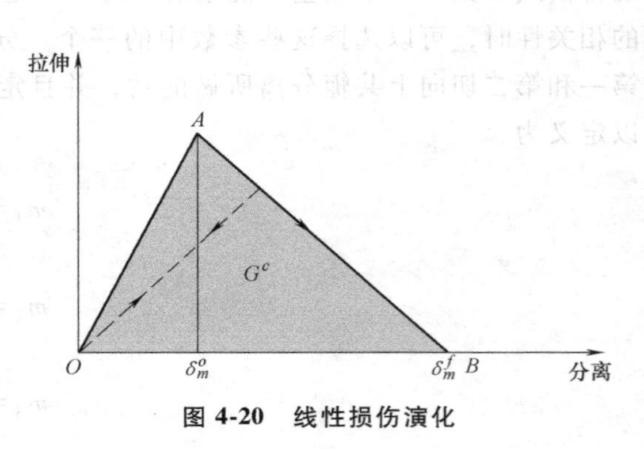

图 4-20　线性损伤演化

图 4-21 所示为在具有各向同性切向行为的拉伸-分离响应混合模式中，损伤初始与演化关系示意图。此图显示了纵轴上的拉伸以及沿着两个横轴的法向和切向分离的大小。两个纵坐标平面中的无阴影三角形，分别代表纯法向和纯切向分离情况下的响应。所有中间垂直平面（包含纵轴）代表混合模式中使用不同混合模式的损伤响应。损伤演化数据与混合模式的关系可以定义成表格形式，或者在基于能量的定义中，以解析形式进行定义。下文将介绍损伤演化数据指定成混合模式函数的方式。

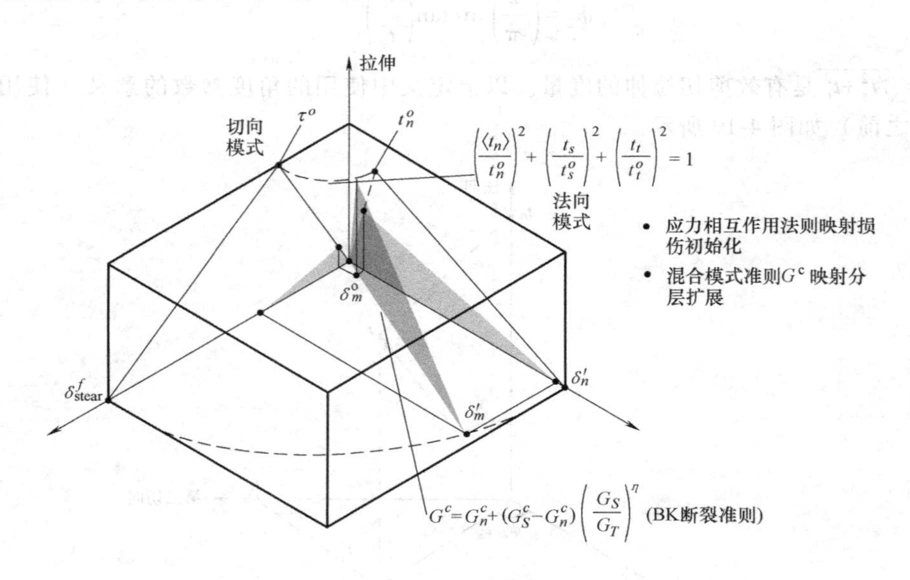

图 4-21　胶粘相互作用中混合模式响应图解

总是将损伤初始后的卸载假定成朝着拉伸-分离平面的原点线性地发生，如图 4-20 所示。卸载后重新加载时，也沿着相同的线性路径发生，直到达到软化包络线（线段 AB）。

一旦达到软化包络线，进一步重新加载将遵循图 4-20 中由箭头表示的包络线。

输入文件用法：使用以下选项来使用基于能量的混合模式定义：

*DAMAGE EVOLUTION, MODE MIX RATIO=ENERGY

使用以下选项来使用基于拉伸力的混合模式定义：

*DAMAGE EVOLUTION, MODE MIX RATIO=TRACTION

Abaqus/CAE 用法：Interaction module：contact property editor：Mechanical→Damage：Evolution 标签页：切换打开 Specify mixed-mode behavior：Mode mix ratio：Energy 或者 Traction

基于有效分离的演化

用户可以将 $\delta_m^f-\delta_m^o$（即完全失效时的有效分离 δ_m^f 与损伤初始时有效分离 δ_m^o 的差，如图 4-10 所示）指定成混合模式、温度和/或者场变量的表格函数；也可以将超出损伤初始时有效分离的损伤变量 D 的软化准则定义成一个具体的线性或者指数演化函数（损伤初始和完全失效之间）。另外，除了使用线性或者指数软化，用户还可以直接将损伤变量 D 指定成损伤初始化后的有效分离 $\delta_m-\delta_m^o$、混合模式、温度和/或者场变量的表格函数。

线性损伤演化

对于线性软化（图 4-20），Abaqus 使用简化成如下表达式的损伤变量 D 的演化（固定混合模式、温度和场变量下的损伤演化）：

$$D=\frac{\delta_m^f(\delta_m^{\max}-\delta_m^o)}{\delta_m^{\max}(\delta_m^f-\delta_m^o)}$$

在上面的表达式和后文中，$\delta_m^{\max}$ 是指加载历史过程中有效分离可以达到的最大值。在接触点上，假设初始损伤和最终失效之间的固定混合模式，对于包含单调损伤（或者单调裂纹）的问题是一种常态。

输入文件用法：使用以下选项来指定线性损伤演化：

*DAMAGE EVOLUTION, TYPE=DISPLACEMENT,
SOFTENING=LINEAR

Abaqus/CAE 用法：Interaction module：contact property editor：Mechanical→Damage：Evolution 标签页：Type：Displacement：Softening：Linear

指数损伤演化

对于指数损伤演化（图 4-22），Abaqus 使用了简化成以下表达式的损伤变量 D（固定混合模式、温度和场变量下的损伤演化）

$$D=1-\left\{\frac{\delta_m^o}{\delta_m^{\max}}\right\}\left\{1-\frac{1-\exp\left[-\alpha\left(\dfrac{\delta_m^{\max}-\delta_m^o}{\delta_m^f-\delta_m^o}\right)\right]}{1-\exp(-\alpha)}\right\}$$

式中，α 是一个无量纲参数，用来定义损伤演化率；$\exp(x)$ 是指数函数。

输入文件用法：使用以下的选项指定指数软化：

*DAMAGE EVOLUTION, TYPE=DISPLACEMENT,
SOFTENING=EXPONENTIAL

Abaqus/CAE 用法：Interaction module：contact property editor：Mechanical→Damage：Evolution 标签页：Type：Displacement：Softening：Exponential

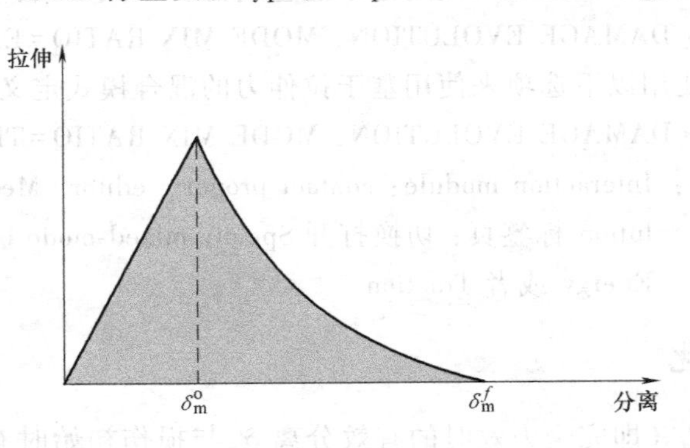

图 4-22 指数损伤演化

表格化损伤演化

对于表格化损伤软化，用户直接以表格的形式定义 D 的演化。必须将 D 指定成有效分离相对于初始时的有效分离、混合模式、温度和/或者场变量的函数。

输入文件用法：使用以下选项直接以表格形式定义损伤变量：

*DAMAGE EVOLUTION, TYPE=DISPLACEMENT,
SOFTENING=TABULAR

Abaqus/CAE 用法：Interaction module：contact property editor：Mechanical→Damage：Evolution 标签页：Type：Displacement：Softening：Tabular

基于能量的演化

可以基于损伤过程中产生的能量消耗来定义损伤演化，也称其为断裂能。断裂能等于拉伸-分离曲线（图 4-20）包围的面积。用户将断裂能指定成胶粘相互作用的一个属性，并选择线性或者指数软化行为。Abaqus 确保线性或者指数损伤响应下的面积等于断裂能。

可以直接以表格形式指定断裂能与混合模式的关系，或者采用下面介绍的解析形式进行指定。当使用解析形式时，假定混合模式比是以能量形式定义的。

表格形式

定义断裂能关系的最简单途径是直接以表格形式将其指定成混合模式的函数。

输入文件用法：使用以下选项以表格形式将断裂能指定为混合模式的函数：

*DAMAGE EVOLUTION, TYPE=ENERGY,
MIXED MODE BEHAVIOR=TABULAR

Abaqus/CAE 用法：Interaction module：contact property editor：Contact：Mechanical→Damage：Evolution 标签页：Type：Energy：切换打开 Specify mixed mode behavior：Tabular

指数规律形式

可以基于指数规律的断裂准则来定义断裂能与混合模式的关系。指数规律准则表明混合模式条件下的失效，是通过单一（法向和两个切向）模式下发生失效所需能量的指数规律

来控制的。它通过下式给出

$$\left\{\frac{G_n}{G_n^C}\right\}^\alpha+\left\{\frac{G_s}{G_s^C}\right\}^\alpha+\left\{\frac{G_t}{G_t^C}\right\}^\alpha=1$$

当满足上述条件时，混合模式断裂能 $G^C=G_T$，即

$$G^C=1/\left(\left\{\frac{m_1}{G_n^C}\right\}^\alpha+\left\{\frac{m_2}{G_s^C}\right\}^\alpha+\left\{\frac{m_3}{G_t^C}\right\}^\alpha\right)^{1/\alpha}$$

式中，G_n^C、G_s^C和 G_t^C分别是法向、第一切向和第二切向上发生失效所需的临界断裂能，由用户指定。

输入文件用法：使用以下选项将断裂能定义成使用分析指数规律断裂准则的混合模式的函数

* DAMAGE EVOLUTION, TYPE=ENERGY,

MIXED MODE BEHAVIOR=POWER LAW, POWER=α

Abaqus/CAE 用法：Interaction module：contact property editor：Mechanical→Damage：Evolution 标签页：Type：Energy：切换打开 Specify mixedmode behavior：Power law：α

Benzeggagh-Kenane（BK）形式

当分离过程中，单纯沿着第一切向和第二切向的临界断裂能相等，即 $G_s^C=G_t^C$ 时，Benzeggagh-Kenane 断裂准则（Benzeggagh 和 Kenane，1996）是特别有用的。它由下式给出

$$G_n^C+(G_s^C-G_n^C)\left\{\frac{G_S}{G_T}\right\}^\eta=G^C$$

式中，$G_S=G_s+G_t$；$G_T=G_n+G_S$；η 是黏性系数。由用户指定 G_n^C、G_s^C和 η。

输入文件用法：使用以下选项将断裂能定义成使用解析 BK 断裂准则的混合模式的函数：

* DAMAGE EVOLUTION, TYPE=ENERGY,

MIXED MODE BEHAVIOR=BK, POWER=η

Abaqus/CAE 用法：Interaction module：contact property editor：Mechanical→Damage：Evolution 标签页：Type：Energy：切换打开 Specify mixed mode behavior：Benzeggagh-Kenane：η

线性损伤演化

对于线性演化（图 4-20），Abaqus 使用以下简化的损伤演化变量 D

$$D=\frac{\delta_m^f(\delta_m^{max}-\delta_m^o)}{\delta_m^{max}(\delta_m^f-\delta_m^o)}$$

式中，$\delta_m^f=2G^C/T_{eff}^o$，其中 T_{eff}^o是损伤初始时的有效拉伸力；δ_m^{max}是载荷历史过程中可以达到的最大有效分离值。

输入文件用法：使用以下选项指定线性损伤演化：

* DAMAGE EVOLUTION, TYPE=ENERGY, SOFTENING=LINEAR

Abaqus/CAE 用法：Interaction module：contact property editor：Mechanical→Damage：Evolution 标签页：Type：Energy：Softening：Linear

指数损伤演化

对于指数软化，Abaqus 使用以下简化的损伤演化变量 D

$$D=\int_{\delta_m^o}^{\delta_m^f}\frac{T_{eff}\mathrm{d}\delta}{G^C-G_o}$$

式中，T_{eff}和 δ 分别是有效拉伸力和分离值；G_o 是损伤初始时的弹性能。在此情况中，在损伤初始后，拉伸力可以不立即减小，这与图 4-22 所示有所不同。

输入文件用法：使用以下选项指定指数软化：

*DAMAGE EVOLUTION, TYPE=ENERGY,
SOFTENING=EXPONENTIAL

Abaqus/CAE 用法：Interaction module：contact property editor：Mechanical→Damage：Evolution 标签页：Type：Energy：Softening：Exponential

将损伤演化数据定义成混合模式的表格函数

如前面讨论的那样，定义胶粘界面处的损伤演化数据时可以采用混合模式的表格函数。必须在 Abaqus 中定义的此相关性的方式在下面，为基于能量和牵引的混合模式定义分别进行了概述。在下文中，假设演化是以能量形式定义的。也可以对基于有效分离的演化定义做出类似的观察。

基于能量的混合模式

对于混合模式的基于能量的定义，在具有各向异性切向行为的最普通的三维分离状态下，必须将断裂能 G^C 定义成（m_2+m_3）和［$m_3/(m_2+m_3)$］的函数。(m_2+m_3)＝G_S/G_T是切向分离与总分离的比，而［$m_3/(m_2+m_3)$］＝G_t/G_S 是第二切向上的切向分离与总切向分离的比。图 4-23 所示为断裂能与混合模式行为关系示意图。图中的 G_n^C、G_s^C 和 G_t^C 分别表示纯法向、第一切向和第二切向上的纯切向分离的极限情况。标有“模式 n-s”“模式 n-t”和“模式 s-t”的线表示纯法向与第一方向上的纯切向，纯法向与第二方向上的纯切向，以及第一方向与第二方向上的纯切向之间的行为转化。通常，必须将 G^C 指定成在［$m_3/(m_2+m_3)$］的不同固定值下（m_2+m_3）的函数。在随后的讨论中，将 G^C 与对应于固定［$m_3/(m_2+m_3)$］的（m_2+m_3）的数组称为“数据块”。以下说明在将断裂能定义成混合模式的函数中是有用的：

- 对于二维问题，应将 G^C 定义成仅是 m_2（在此情况中，$m_3=0$）的函数。对应于［$m_3/(m_2+m_3)$］的数据列必须是空白的。这样，基本上只需要一个“数据块”。

- 对于具有各向同性切向响应的三维问题，切向行为是通过（m_2+m_3）来定义的，而不是通过单个的 m_2值和 m_3值来定义的。在此情况中，一个单独的“数据块”（“数据块”［$m_3/(m_2+m_3)$］＝0）也足以将断裂能定义成混合模式的函数。

- 在具有各向异性切向行为的最普遍的三维问题中，需要一些“数据块”。如前面所定义的那样，每个“数据块”中包含 G^C 与相对于固定［$m_3/(m_2+m_3)$］值处（m_2+m_3）的值。在每一个“数据块”中，（m_2+m_3）可以在 0~0.1 之间变化。(m_2+m_3)＝0（“数据块”中的第一个数据点）对应于当［$m_3/(m_2+m_3)$］≠0 时（即图 4-23 中点 O 是 OB 上唯一有效的点，对应纯法向分离），无法达到对应于纯法向模式的（m_2+m_3)＝0（“数据块”中的第

一个数据点）的情况。然而，在表格化定义断裂能成为混合模式的函数中，只是用此点来设置一个极限来确保断裂能从不同的法向和剪切分离的组合，逼近到一个纯粹法向状态的连续变化。这样，每个“数据块”中第一个数据点的断裂能必须总是设置成等于纯法向分离（G_n^C）断裂能。

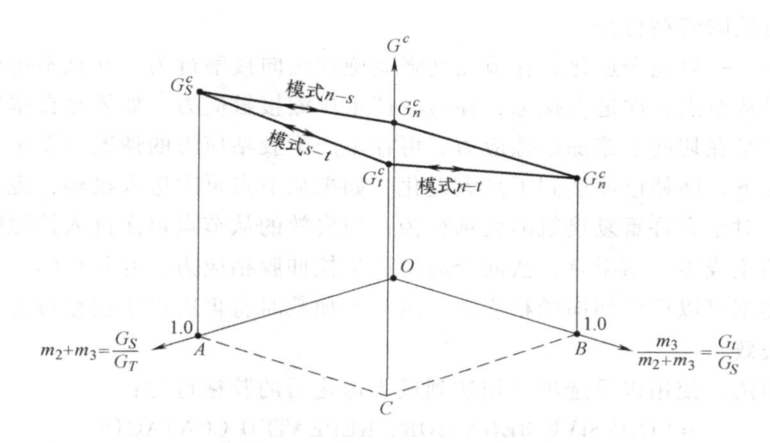

图 4-23 作为混合模式函数的断裂能

作为各向异性切向分离的例子，假设用户需要输入分别对应于固定值 $[m_3/(m_2+m_3)]=0$、0.2 和 1.0 的三个“数据块”。对于每个“数据块”，由于上述原因，第一个数据点必须是（G_n^C，0）。每个“数据块”中的其他数据用来定义切向分量成比例增加的断裂能变化。

基于拉伸力的混合模式

需要将断裂能指定成 G^C 与 ϕ_1和 ϕ_2的表格形式。这样，需要将 G^C 指定成对应于不同固定 ϕ_2值的 ϕ_1的函数。此时的“数据块”对应于在某个固定的 ϕ_2值处，G^C 与 ϕ_1 的一组数据。在每个“数据块”中，ϕ_1可以从 0（纯法向分离）变化到 1（纯切向分离）。一个重要的限制是对于每个数据块，必须为 $\phi_1=0$ 指定相同的断裂能值。此限制可保证当拉伸力向量逼近法向时，断裂所需能量与拉伸力向量在切向平面上的投影方向无关（图 4-19）。

Abaqus/Standard 中的黏性正则化

Abaqus 中具有不同软化行为和刚度退化的模型通常会导致严重的收敛困难。定义基于面的黏性行为的本构方程的黏性正则化，可以避免一些收敛困难。此技术也适用于 Abaqus/Standard 中的黏性单元、紧固件损伤和混凝土材料模型。黏性正则化阻尼产生切向刚度矩阵，对于足够小的时间增量，定义成正的接触应力。

使用输出变量 ALLVD 来获得与黏性正则化在整个模型中相关的近似能量，使用输出变量 ALLVD 来进行访问。

输入文件用法：＊DAMAGE STABILIZATION

Abaqus/CAE 用法：Interaction module：contact property editor：Mechanical→Damage：Stabilization 标签页：Viscosity coefficient

后失效行为

当从面上的某个节点处达到最大退化值 $D_{max}=1.0$ 之后，可以指定两种类型的后失效行为来定义该节点处的胶粘行为。

默认情况下，一旦完全退化，在节点处强制施加法向接触行为，并且不再施加进一步的胶粘约束。如果从节点再次进入接触，穿透将产生压缩接触应力，如果存在摩擦应力，则根据规定的摩擦模型在切向上施加摩擦应力。可在不产生胶粘应力的情况下发生分离。

在某些情况下，即使已经达到了最大退化，如果从节点再次进入接触，也可能希望再次施加胶粘行为。对于允许重复接触的胶粘行为，当失效的从节点再次进入接触时，整个损伤变量将重新初始化成零。结果是，法向分离可产生拉伸胶粘应力，并且切向分离根据已经定义的胶粘行为类型可以产生切向胶粘应力。进一步加载时将再次产生胶粘应力，并发生渐进损伤、退化和失效。

输入文件用法：使用以下选项应用达到最大退化后的胶粘行为：

*COHESIVE BEHAVIOR, REPEATED CONTACTS

Abaqus/CAE 用法：Interaction module：contact property editor：Mechanical→Cohesive Behavior：Allow cohesive behavior during repeated post-failure contacts

Abaqus/Explicit 中的虚拟裂纹闭合技术（Virtual Crack Closure Technique，VCCT）

在 Abaqus/Explicit 中，可以使用基于面的胶粘行为来模拟基于线弹性断裂力学原理的脆性裂纹扩展问题。可以使用虚拟裂纹闭合技术（VCCT）断裂准则来模拟初始部分粘接面中的裂纹扩展。详细内容见“裂纹扩展分析”（《Abaqus 分析用户手册——分析卷》的 6.4.3 节）。

VCCT 断裂准则不能与拉伸-分离响应的基于损伤的面行为一起使用。然而，用户可以同时使用基于面的 VCCT 断裂准则与胶粘单元。VCCT 可以模拟脆性失效/裂纹扩展，而胶粘单元可以模拟其他方面的粘接界面，如缝隙。

输入文件用法：使用以下选项施加最大退化的后续胶粘行为：

*COHESIVE BEHAVIOR

*FRACTURE CRITERION, TYPE=VCCT

胶粘面与胶粘单元

如上文所述，用于基于面的胶粘行为的方程，与用于具有拉伸-分离响应的胶粘单元的方程非常相似。但两者也存在某些不同。

对于胶粘面，不需要考虑界面厚度的影响；在具有拉伸-分离响应的胶粘单元中，可以通过为界面指定一个不为零的厚度，或者通过由胶粘单元的节点坐标确定的初始本构厚度来考虑厚度的影响。因为不为胶粘面考虑厚度的影响，用来描述受厚度影响的具有拉伸-分离

响应的胶粘单元材料属性，可能不能直接用于胶粘面。

对于胶粘面，胶粘约束是强加在每个从节点上的；在胶粘单元中，则是在材料点上计算胶粘约束（胶粘单元中材料点的位置见“二维胶粘单元库”，《Abaqus 分析用户手册——单元卷》的 6.5.8 节和“三维胶粘单元库”，《Abaqus 分析用户手册——单元卷》的 6.5.9 节）。这样，对于胶粘面，与细化主面相比，细化从面将得到改进的约束满足和更加精确的结果。

输出

除了 Abaqus 中可以使用的标准输出标识符之外（“Abaqus/Standard 输出变量标识符”，《Abaqus 分析用户手册——介绍、空间建模、执行与输出卷》的 4.2.1 节，以及“Abaqus/Explicit 输出变量标识符”，《Abaqus 分析用户手册——介绍、空间建模、执行与输出卷》的 4.2.2 节），下面的变量对于具有拉伸-分离行为的胶粘面具有特殊的意义。

CSDMG：标量损伤变量的总体值，D。

CSMAXSCRT：用来表示在一个接触点上，是否满足最大接触应力损伤初始准则，它的值为 $\max\left\{\frac{\langle t_n\rangle}{t_n^o}, \frac{t_s}{t_s^o}, \frac{t_t}{t_t^o}\right\}$。

CSMAXUCRT：用来表示在一个接触点上，是否满足最大接触分离损伤初始准则，它的值为 $\max\left\{\frac{\langle \delta_n\rangle}{\delta_n^o}, \frac{\delta_s}{\delta_s^o}, \frac{\delta_t}{\delta_t^o}\right\}$。

CSQUADSCRT：用来表示在一个接触点上，是否满足二次接触应力损伤初始准则，它的值为 $\left(\frac{\langle t_n\rangle}{t_n^o}\right)^2+\left(\frac{t_s}{t_s^o}\right)^2+\left(\frac{t_t}{t_t^o}\right)^2$。

CSQUADUCRT：用来表示在一个接触点上，是否满足二次分离损伤初始准则，它的值为 $\left(\frac{\langle \delta_n\rangle}{\delta_n^o}\right)^2+\left(\frac{\delta_s}{\delta_s^o}\right)^2+\left(\frac{\delta_t}{\delta_t^o}\right)^2$。

以上变量用来表示是否满足某一损伤初始准则，小于 1.0 的值表示不满足该准则；1.0 表示满足该准则；如果已经为此准则指定了损伤演化，则变量的最大值不超过 1.0。

参考文献

- Benzeggagh, M. L., and M. Kenane, “Measurement of Mixed-Mode Delamination Fracture Toughness of Unidirectional Glass/Epoxy Composites with Mixed-Mode Bending Apparatus,” Composites Science and Technology, vol. 56, pp. 439-449, 1996.
- Camanho, P. P., and C. G. Davila, “Mixed-Mode Decohesion Finite Elements for the Simulation of Delamination in Composite Materials,” NASA/TM-2002-211737, pp. 1-37, 2002.

4.2 热接触属性

产品：Abaqus/Standard　Abaqus/Explicit　Abaqus/CAE

参考

- “接触相互作用分析：概览”，3.1 节
- “用户定义的界面本构行为”，4.1.6 节
- “GAPCON”，《Abaqus 用户子程序参考手册》的 1.1.10 节
- *GAP
- *GAP CONDUCTANCE
- *GAP HEAT GENERATION
- *GAP RADIATION
- *INTERFACE
- *SURFACE INTERACTION
- “创建相互作用属性”，《Abaqus/CAE 用户手册》的 15.12.2 节

概览

体的面上的热相互作用：

- 可以包含在热传导问题中（“非耦合的热传导分析”，《Abaqus 分析用户手册——分析卷》的 1.5.2 节；“完全耦合的热-应力分析”，《Abaqus 分析用户手册——分析卷》的 1.5.3 节；“完全耦合的热-电-结构分析”，《Abaqus 分析用户手册——分析卷》的 1.7.4 节和“耦合的热-电分析”，《Abaqus 分析用户手册——分析卷》的 1.7.3 节）。
- 可以包含面之间的热传导。
- 当两个面以一个小的间隙分开时，可以包含面之间的辐射传热。
- 在 Abaqus/Standard 中，可以包含穿过固体表面与流动流体之间的边界层的热流传导。
- 可以包含完全耦合的热-力学仿真或者完全耦合的热-电-结构仿真中由摩擦做功产生的热。
- 在 Abaqus/Standard 中，可以包含完全耦合的热-电分析和完全耦合的热-电-结构分析中由电流产生的热（焦耳热）。

本部分没有讨论面之间的通用辐射传热。在 Abaqus/Standard 中模拟这类问题的内容见“在 Abaqus/Standard 中定义腔辐射”（第 8 章）。这里所描述的热接触属性模型用于靠近的体或者接触的体。对于这些问题，间隙辐射比腔辐射更加有效、可靠。

在接触属性定义中包含热属性

本部分讨论的热属性——间隙传导、间隙辐射和间隙热生成——可以包含在基于面和基于单元的接触的接触属性定义中。可以在同一个接触属性定义中包含三种类型的热属性。

也可以通过用户子程序 UINTER、VUINTER 或者 VUINTERACTION 来定义两个面之间的热接触属性（见“用户定义的界面本构行为”，4.1.6 节）。

输入文件用法：为基于面的接触使用以下选项：

*SURFACE INTERACTION，NAME=名称

*GAP CONDUCTANCE

*GAP RADIATION

*GAP HEAT GENERATION

在 Abaqus/Standard 中为基于单元的接触使用以下选项：

*INTERFACE 或*GAP，ELSET=名称

*GAP CONDUCTANCE

*GAP RADIATION

*GAP HEAT GENERATION

为用户定义的基于面的接触使用以下选项：

*SURFACE INTERACTION，USER

Abaqus/CAE 用法：Interaction module：contact property editor：Thermal→Thermal Conductance，Heat Generation 和/或者 Radiation

Abaqus/CAE 中不支持基于单元的接触和用户定义的基于面的接触。

Abaqus/Explicit 中的热接触需要考虑的问题

在 Abaqus/Explicit 中，使用一种类似于力学接触相互作用的罚方法的显式算法来施加间隙传导和间隙辐射。这样，间隙传导和间隙辐射将影响稳定条件，虽然在完全耦合的热-位移分析中，系统的力学部分通常控制着整体稳定条件（见“完全耦合的热-应力分析”，《Abaqus 分析用户手册——分析卷》的 1.5.3 节）。非常大的间隙传导值或者间隙辐射值会减小稳定时间增量，在 Abaqus/Explicit 中，自动时间增量算法将考虑稳定时间增量的减小。

在用来施加力学接触约束的算法（运动的或者罚的）中应用间隙热生成。间隙热生成对稳定时间增量没有影响。

如果运动施加力学接触约束，由于在 Abaqus/Explicit 中运动接触的力学接触状态的确定与热接触流计算之间发生的网格调整，热接触流在发生网格自适应的增量过程中可能是不精确的。例如，自适应网格调整可能造成接触压力的不连续：对于压力相关的间隙传导，将以网格调整之前由运动接触算法确定的压力为基础来设置间隙调整系数，即使热接触流是在网格调整之后施加的。这种求解的不精确程度取决于网格调整的大小和频率，以及传导系数的变化情况。可以通过施加使用罚方法的力学接触约束来避免这种不精确。

通用接触的热接触就像接触对的热接触那样产生作用。在通用接触定义中，通过赋予接触属性可以指定间隙传导、间隙辐射和间隙热生成。如上文所述，较大的间隙传导或者间隙辐射的值可能导致性能下降，特别是对于通用接触，因为其中一般包含比接触对中更多的面。不能为包含边-边接触的通用接触或者欧拉单元指定热接触属性。当接触对定义中使用壳单元来定义面时，将忽略热接触属性。在这些情况中，应当使用通用接触。

模拟面之间的传导系数

接触面之间传递的热量计算公式为

$$q=k(\theta_A-\theta_B)$$

式中，q 是从一个面上的 A 点到另一个面上的 B 点穿过界面的单位面积上的热量；θ_A 和 θ_B 分别是 A 点和 B 点的温度；k 是间隙传导系数。A 点是从面上的节点；B 点是主面与从节点接触的位置，如果两面不接触，则主面上位置的面法向与从节点相交。

用户可以直接定义 k，在 Abaqus/Standard 中，也可以在用户子程序 GAPCON 中定义 k。

直接定义间隙传导系数

直接定义 k 时，其公式为

$$k=k(\bar{\theta},d,p,|\bar{\dot{m}}|,\bar{f}_\gamma)$$

式中，d 是 A 点与 B 点之间的间隙；p 是穿过 A 点与 B 点之间的界面传递的接触压力；$\bar{\theta}$ 是 A 点与 B 点表面温度的平均值，$\bar{\theta}=\frac{1}{2}(\theta_A+\theta_B)$；$|\bar{\dot{m}}|$是 A 点与 B 点处接触面上单位面积质量流率的平均值（在 Abaqus/Explicit 分析中不考虑此变量），$|\bar{\dot{m}}|=\frac{1}{2}(|\dot{m}|_A+|\dot{m}|_B)$；$\bar{f}_\gamma$ 是 A 点与 B 点处预定义场变量的平均值，$\bar{f}_\gamma=\frac{1}{2}(f_\gamma^A+f_\gamma^B)$。

将间隙传导定义成间隙的函数

用户可以创建一个数据表来定义 k 与以上变量的关系。Abaqus 中默认将 k 定义成间隙 d 的函数。当 k 是间隙 d 的函数时，表中数据必须从间隙为零（闭合的）开始，并且随着 d 的增加来定义 k。至少应给出两对 k-d 的对应值来将 k 定义成间隙的函数。k 的值在最后的数据点之后须立即减小到零，这样当间隙大于对应于最后的数据点的值时，将没有热传导。如果没有将间隙传导定义成接触压力的函数，则对于所有的压力，k 值将保持零间隙时的值，如图4-24a所示。

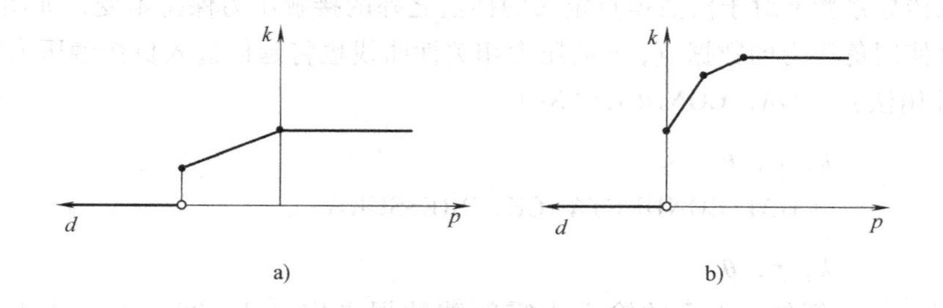

图 4-24 使用输入数据将间隙传导定义成间隙或者接触压力的函数的例子

输入文件用法：＊GAP CONDUCTANCE

k，d，$\bar{\theta}$

Abaqus/CAE 用法：Interaction module：contact property editor：Thermal→Thermal Conductance：Definition：Tabular，Use only clearancedependency data

将间隙传导定义成接触压力的函数

用户可以将 k 定义成接触压力 p 的函数。当 k 是界面处接触压力的函数时，表中数据必须从接触压力为零开始（在可以承受拉伸力的接触中，数据点可以从最大负压力处开始），并且随着 p 的增加来定义 k。对于由数据点定义的插值以外的接触压力，k 的值保持不变。如果没有将间隙传导系数定义成间隙的函数，则对于所有正间隙，k 值为零，并且在零间隙处不连续，如图 4-24b 所示。

输入文件用法：* GAP CONDUCTANCE，PRESSURE

k，p，$\bar{\theta}$

Abaqus/CAE 用法：Interaction module：contact property editor：Thermal→Thermal Conductance：Definition：Tabular，Use only pressure-dependency data

将间隙传导定义为间隙和接触压力的函数

k 可以取决于间隙和压力。允许在 $d=0$ 和 $p=0$ 处 k 不连续。在零间隙和零压力的状态下，使用对应零压力数据点的 k 值，如图 4-25a 所示。

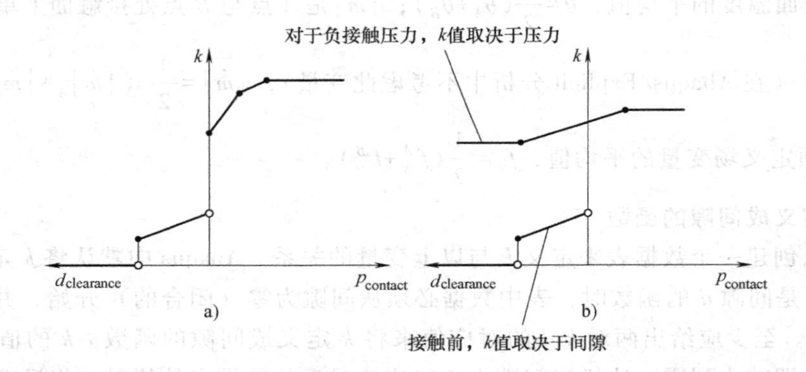

图 4-25　输入数据将间隙传导定义成间隙和接触压力的函数的例子

在无分离接触中，一旦发生接触，总是以定义压力相关性的曲线部分为基础对传导系数进行评估。间隙传导系数 k 对于由数据点定义的插值之外的接触压力保持不变，如图 4-25b 所示。即使没有包含使用负压力的数据点，k 的压力相关性曲线也将延伸进入负接触压力区域中。

输入文件用法：* GAP CONDUCTANCE

k，d，$\bar{\theta}$

* GAP CONDUCTANCE，PRESSURE

k，p，$\bar{\theta}$

例如，下面的输入为零间隙数据点定义 $k=20$，为零压力数据点定义 $k=50$：

```
* SURFACE INTERACTION，NAME=名称
* GAP CONDUCTANCE
20.0，0.0
```

```
10.0, 0.1
…
*GAP CONDUCTANCE, PRESSURE
50.0, 0.0
65.0, 100.0
70.0, 250.0
…
```

Abaqus/CAE 用法：Interaction module：contact property editor：Thermal→Thermal Conductance：Definition：Tabular，Use both clearance-and pressure-dependency data

在 Abaqus/Standard 中使用间隙传导模拟面的对流传热

在 Abaqus/Standard 中，通常仅为与强制对流单元相关的节点定义质量流率（见“非耦合的热传导分析”中的“通过网格的强制对流”，《Abaqus 分析用户手册——分析卷》的 1.5.2 节）。但实际上，可以为模型中的任何节点定义质量流率。利用界面上的平均质量流率与 k 的相关性（除了其他相关性），可以通过接触属性定义来仿真体与运动流体之间的边界层中的对流传热。对流传热仿真的常见情况是仅给出界面一侧节点的质量流率，此时用来定义 k 的平均质量流率 $|\overline{\dot{m}}|$ 是所指定大小的一半。

输入文件用法：*GAP CONDUCTANCE

$k, d, \bar{\theta}, |\overline{\dot{m}}|$

Abaqus/CAE 用法：Interaction module：contact property editor：Thermal→Thermal Conductance：Definition：Tabular，Clearance Dependency 和/或者 Pressure Dependency，切换打开 Use mass flow rate-dependent data（Standard only）

将间隙传导系数定义成预定义场变量的函数

除了上述相关性，间隙传导还可以以任意数量的预定义场变量 $\bar{f}_\gamma$ 为基础。要使间隙传导取决于场变量，对于每一个场变量值，至少应给出两个数据点。

输入文件用法：*GAP CONDUCTANCE, DEPENDENCIES=n

$k, d, \bar{\theta}, |\overline{\dot{m}}|, \bar{f}_\gamma$

Abaqus/CAE 用法：Interaction module：contact property editor：Thermal→Thermal Conductance：Definition：Tabular，Clearance Dependency 和/或者 Pressure Dependency，Number of field variables：n

使用用户子程序 GAPCON 定义间隙传导

在 Abaqus/Standard 中，可以在用户子程序 GAPCON 中定义 k。在此情况中，在指定 k 的独立性方面具有更大的灵活性。不需要将 k 定义成两个表面温度的平均值、质量流率或者场变量的函数。

$k=k\left(d, p, \theta_A, \theta_B, |\dot{m}|_A, |\dot{m}|_B, f_\gamma^A, f_\gamma^B\right)$

输入文件用法：*GAP CONDUCTANCE, USER

Abaqus/CAE 用法：Interaction module：contact property editor：Thermal→Thermal Conductance：Definition：User-defined

将间隙传导系数定义成与温度强烈相关

如果 k 强烈地取决于温度，则计算中的非对称项在 Abaqus/Standard 中将逐渐变得重要。为步使用非对称矩阵存储和求解方案可以改善分析中的收敛速率（见“定义一个分析”，《Abaqus 分析用户手册——分析卷》的 1.1.2 节）。

结构单元间隙传导系数的温度和场变量相关性

梁和壳单元中的温度和场变量分布通常可以包含通过单元横截面的梯度。这些单元之间的接触发生在参考面上，这样，即使是在属性也与间隙相关的情况中，确定间隙传导时也不考虑单元中的温度和场变量梯度，

模拟间隙较小的面之间的辐射

Abaqus 假设空间上接近的接触面之间的辐射传热发生在面之间的法向上。在使用基于面的接触模型中，此法向对应于主面法向（见“Abaqus/Standard 中的接触方程”，5.1.1 节；“在 Abaqus/Explicit 中定义接触对”，3.5.1 节；“表：概览”，《Abaqus 分析用户手册——介绍、空间建模、执行与输出卷》的 2.3.1 节）。在使用 Abaqus/Standard 中可用的接触单元模型中，单元的连接性定义法向方向。

Abaqus 中的间隙辐射功能适合模拟间隙较小的面之间的辐射。在 Abaqus/Standard 中，可以使用一种更通用的模拟间隙的功能（见“在 Abaqus/Standard 中定义腔辐射”，第 8 章）。

将辐射传热定义成通过有效角系数的面之间间隙的函数。即使在面接触时，Abaqus 也保持辐射热流量。这会造成小的误差，因为传导热流量通常远大于辐射热流量。

Abaqus 将对应点之间单位表面积上的热流量定义为

$$q=C[(\theta_A-\theta^Z)^4-(\theta_B-\theta^Z)^4]$$

式中，q 是在此点处从面 A 到面 B 穿过间隙的单位表面积上的热流量；θ_A 和 θ_B 是两个面的温度；θ^Z 是所使用温度尺度上的绝对零度；C 为系数，其公式为

$$C=\frac{F\sigma}{1/\varepsilon_A+1/\varepsilon_B-1}$$

式中，σ 是 Stefan-Boltzmann 常数；ε_A 和 ε_B 是面发射率；F 是有效角系数，其方向为自从面看主面。

必须将角系数 F 定义成间隙 d 的函数，并且其值应为 0.0~1.0。要求至少给出两对 F-d 点来定义角系数，并且表格数据必须从零间隙（闭合的）开始，随着间隙的增加定义角系数。F 的值在最后一个数据点后应立即变成零，这样当间隙大于对应最后一个数据点的值时，将没有辐射传热（图 4-26）。

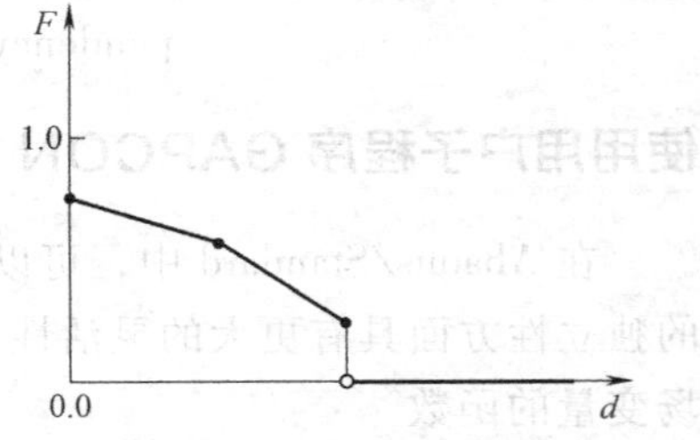

图 4-26　将角系数定义成间隙的函数输入数据的例子

输入文件用法：* GAP RADIATION

ε_A，ε_B

F_0, 0.
F_1, d_1
…

Abaqus/CAE 用法：Interaction module：contact property editor：Thermal→Radiation：Emissivity of master surface：ε_A，Emissivity of slave surface：ε_B，Viewfactor 和 Clearance

指定绝对零度的值

用户必须指定 θ^Z 的值。

输入文件用法：*PHYSICAL CONSTANTS, ABSOLUTE ZERO=θ^Z

Abaqus/CAE 用法：Any module：Model→Edit Attributes→model_ name：Absolute zero temperature：θ^Z

指定 Stefan-Boltzmann 常数

用户必须指定 Stefan-Boltzmann 常数 σ。

输入文件用法：*PHYSICAL CONSTANTS, STEFAN BOLTZMANN=σ

Abaqus/CAE 用法：Any module：Model→Edit Attributes→model_ name：Stefan-Boltzmann constant：σ

改善 Abaqus/Standard 中的收敛性

因为由辐射产生的热流量是温度的强烈非线性方程，所以辐射方程是强烈非线性的，并且为步使用非对称矩阵存储和求解策略来改善 Abaqus/Standard 中的收敛速度（见“定义一个分析”，《Abaqus 分析用户手册——分析卷》的 1.1.2 节）。

模拟由无热表面相互作用产生的热

在完全耦合的温度-位移、完全耦合的热-电-结构或者耦合的热-电仿真中，Abaqus 允许由于接触面的机械或者电相互作用导致的能量消耗产生的热生成。完全耦合的温度-位移分析和完全耦合的热-电-结构分析中的热源是摩擦滑动；耦合的热-电分析和完全耦合的热-电-结构分析中的热源是穿过结构界面的电流。默认情况下，Abaqus 将面之间所有消耗的能量转变为热量，并且在两个相互作用面之间平均地分布这些热量。

用户可以指定消耗的能量转化成热量的比例 η（默认是 1.0），以及相互作用面之间热量分布的权重因子 f（默认是 0.5）。η 通常包括将机械能转化成热能的因子。

f=1.0 说明所有生成的热量流入接触对的第一个面（从面）；f=0.0 说明所有生成的热热流入对面的面（主面）。除非得到有效实验数据的支持，否则最好使用默认值 f=0.5，因为此值在面之间均衡地分布生成的热量。

如果使用用户子程序 UINTER、VUINTER 或者 VUINTERACTION 定义界面本构行为，则将关闭间隙热生成影响；用户必须在用户子程序中提供一个附加热流量来模拟这些影响。

输入文件用法：*GAP HEAT GENERATION

η，f

Abaqus/CAE 用法：Interaction module：contact property editor：Thermal→Heat Generation：Specify：η 和 f

由摩擦滑动生成的热量

在耦合的热-力学和耦合的热-电-结构面相互作用中，摩擦能量消耗速度为

$$P_{fr}=\tau \cdot \dot{\gamma}$$

式中，τ 是摩擦应力；$\dot{\gamma}$ 是滑动速度。此能量在每个面上转化成的热量为

$$q_A=f\eta P_{fr} \quad 和 \quad q_B=(1-f)\eta P_{fr}$$

式中，η 和 f 的定义如上；q_A 是流入从面的热量；q_B 是进入主面的热量。

Abaqus/Standard 中由电流生成的热量

在耦合的热-电分析（见“耦合的热-电分析”，《Abaqus 分析用户手册——分析卷》的 1.7.3 节）和完全耦合的热-电-结构分析（见“完全耦合的热-电-结构分析”，《Abaqus 分析用户手册——分析卷》的 1.7.4 节）中，流过界面的电流产生的电能消耗速度是

$$P_{ec}=J(\varphi_A-\varphi_B)$$

式中，J 是电流密度；φ_A 和 φ_B 是两个面上的电位。此能量在每个面上转化成的热量为

$$q_A=f\eta P_{ec} \quad 和 \quad q_B=(1-f)\eta P_{ec}$$

式中，η 和 f 的定义与摩擦消耗中的定义相同；q_A 是流入从面的热量；q_B 是进入主面的热量。

热接触属性模型中基于面的相互作用变量

Abaqus 提供许多与面的热相互作用有关的输出变量。在 Abaqus/Standard 中，这些变量的值总是在从面的节点上给出。在 Abaqus/Explicit 中，这些变量可以为主面和从面输出，只是分析型面不能使用这些变量。仅使用基于面的接触定义的仿真可以使用这些变量。它们可以作为数据文件、结果文件或者输出数据库文件的面输出（详细内容见“输出到数据和结果文件”中的“来自 Abaqus/Standard 的面输出”，《Abaqus 分析用户手册——介绍、空间建模、执行与输出卷》的 4.1.2 节和“输出数据库的输出”中的“Abaqus/Standard 和 Abaqus/Explicit 中的面输出”，《Abaqus 分析用户手册——介绍、空间建模、执行与输出卷》的 4.1.3 节）。

热流量的基于面的相互作用变量

能够发生热传导的仿真可以使用下面的变量（完全耦合的温度-位移、完全耦合的热-电-结构、耦合的热-电或者纯粹的热传导分析）。

HFL：离开面的单位面积热流量。

HFLA：HFL 乘以节点面积。

HTL：HFL 对时间的积分。

HTLA：HFLA 对时间的积分。

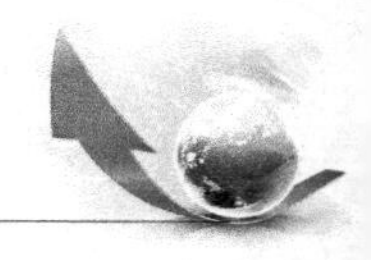

需要将面输出到数据文件或者结果文件中，并且存在热的面相互作用时，默认情况下，Abaqus/Standard 将提供所有以上变量。

这些变量也可以在 Abaqus/CAE（Abaqus/Viewer）的显示模块中以云图的形式显示。

摩擦滑动所产生热量的基于面的相互作用变量

在接触面之间存在摩擦，或者使用用户子程序 UINTER、VUINTER 或 VUINTERACTION 定义的完全耦合的温度-位移仿真中可以使用下面的变量。

SFDR：由摩擦消耗引起的进入面单位面积上的热流量（包括流入两个面上的热流量 q_A 和 q_B）。当使用用户子程序 UINTER、VUINTER 或者 VUINTERACTION 定义界面热本构行为时，此量代表由摩擦和其他消耗效应引起的总能量消耗所产生的热流量。忽略间隙热生成的影响。

SFDRA：SFDR 乘以节点面积。

SFDRT：SFDR 对时间的积分。

SFDRTA：SFDRA 对时间的积分。

WEIGHT：面之间热流分布的权重因子 f（仅可用于 Abaqus/Standard，并且不能用于使用用户子程序 UINTER 定义界面本构行为的情况）。

当要求将面输出到数据和结果文件中时，默认情况下，Abaqus/Standard 不提供这些变量，用户必须指定变量标识符。

可以在 Abaqus/CAE（Abaqus/Viewer）的显示模块中创建这些变量的云图显示。

电流所产生热量的基于面的相互作用变量

耦合的热-电和完全耦合的热-电-结构仿真可以使用下面的变量。

SJD：由电流生成的单位面积上的热流量，包括流入两个面上的热流量（q_A 和 q_B）。

SJDA：SJD 乘以面积。

SJDT：SJD 对时间的积分。

SJDTA：SJDA 对时间的积分。

WEIGHT：面之间热流分布的权重因子 f。

当需要将面输出到数据或者结果文件中时，默认情况下，Abaqus/Standard 不提供这些变量；用户必须指定变量标识符。

可以在 Abaqus/CAE（Abaqus/Viewer）的显示模块中创建这些变量的云图显示。

热间隙单元的热相互作用变量

Abaqus/Standard 提供穿过热间隙单元单位面积上的热流量作为输出。对数据、结果或者输出数据库文件要求变量标识符为 HFL 的单元输出（详细内容见“输出到数据和结果文件”中的“单元输出”，《Abaqus 分析用户手册——介绍、空间建模、执行与输出卷》的 4.1.2 节；“输出到输出数据库”中的“单元输出”，《Abaqus 分析用户手册——介绍、空间建模、执行与输出卷》的 4.1.3 节）。唯一的非零分量是 HFL1，它表示没有与由间隙单元定义的界面相切的热流。HFL1 大于零说明热流入单元主面侧的法向方向（关于 DGAP 单元法向的定义，见“间隔接触单元：概览”，7.2.1节）。

在 Abaqus/CAE 中，可以显示穿过热接触单元的热流云图。

涉及刚体的热相互作用

模拟涉及刚体的热相互作用时需要考虑的不同因素，见“刚体定义”（《Abaqus 分析用户手册——介绍、空间建模、执行与输出卷》的 2.4.1 节）。例如，Abaqus/Standard 不允许模拟分析型刚性面的热相互作用。

使用基于节点的面模拟热相互作用

在 Abaqus/Standard 中，对于完全耦合的热-电-结构和完全耦合的热-应力分析有以下限制（见“完全耦合的热-应力分析”，《Abaqus 分析用户手册——分析卷》的 1.5.3 节）。

- 包含基于节点的面的接触对不产生热流。
- 包含基于节点的面的接触对不产生热生成。

Abaqus/Explicit 中没有这些限制，Abaqus/Standard 中包含热相互作用的其他分析类型也没有这些限制（见“热传输分析过程：概览”，《Abaqus 分析用户手册——分析卷》的 1.5.1 节）。

当允许使用基于节点的面模拟热相互作用时，应谨慎使用基于节点的面：Abaqus 以节点热流的方式计算体之间的热相互作用，必须考虑与每个节点相关联的实际接触表面积。在 Abaqus/Standard 中，必须为基于节点的面上的每个节点精确地指定此面积来计算正确的热流量；在 Abaqus/Explicit 中，则应对每个基于节点的面赋予一个单位面积（见“基于节点的面定义”，《Abaqus 分析用户手册——介绍、空间建模、执行与输出卷》的 2.3.3 节）。

包含多个温度自由度的节点的面之间的热相互作用

当热相互作用中包含的面是在每个节点具有多个温度自由度的壳单元上定义的时候，定义面的方式决定具有热相互作用的节点上给定的温度自由度的选择。对于基于单元的面，选取最靠近面的温度自由度，即底面节点处的第一个温度自由度和顶面节点处的最后一个温度自由度；对于基于节点的表面，则总是为热相互作用选择节点处的第一个温度自由度。

4.3 电接触属性

产品：Abaqus/Standard　　Abaqus/CAE

参考

- “接触相互作用分析：概览”，3.1 节
- “热接触属性”，4.2 节
- “GAPELECTR”，《Abaqus 用户子程序参考手册》的 1.1.11 节
- *GAP ELECTRICAL CONDUCTANCE
- *SURFACE INTERACTION
- “定义接触相互作用属性”中的“为电接触属性选项指定间隙传导系数”，《Abaqus/CAE 用户手册》的 15.14.1 节

概览

两个体之间的电导：

- 与穿过界面的电位差成比例。
- 是面之间间隙的函数。
- 可以是接触压力的函数。
- 可以是表面温度和/或者表面上预定义场变量的函数。
- 可以在界面上生成热。

关于耦合的热-电和耦合的热-电-结构分析的详细内容，见“耦合的热-电分析”（《Abaqus 分析用户手册——分析卷》的 1.7.3 节）和“完全耦合的热-电-结构分析”（《Abaqus 分析用户手册——分析卷》的 1.7.4 节）。

在接触属性定义中包含间隙电导属性

用户可以在基于面的接触的接触属性定义中包含电导属性。

输入文件用法：同时使用以下两个选项：

*SURFACE INTERACTION, NAME=名称

*GAP ELECTRICAL CONDUCTANCE

Abaqus/CAE 用法：Interaction module：contact property editor：Electrical→ElectricalConductance

模拟面之间的电导

Abaqus/Standard 按下式模拟两个面之间的电流

$$J=\sigma_g(\varphi_A-\varphi_B)$$

式中，J 是从一个面上的点 A 经过界面流到另一个面上的点 B 的电流密度；φ_A 和 φ_B 是面上相应点处的电位；σ_g 是间隙电导。点 A 是接触对中从面上的一个节点，点 B 是与点 A 接触

的主面上的点。

用户可以直接定义电导或者在用户子程序 GAPELECTR 中定义电导。

直接定义 σ_g

当直接定义间隙电导时，Abaqus/Standard 假定

$$\sigma_g=\sigma_g(\bar{\theta},d,p,\bar{f}^{\alpha})$$

式中，$\bar{\theta}$ 是点 A 和点 B 处面温度的平均值，$\bar{\theta}=\frac{1}{2}(\theta_A+\theta_B)$；$d$ 是点 A 与点 B 之间的间隙；p 是穿过点 A 与点 B 之间的界面传递的接触压力；$\bar{f}^{\alpha}$ 是点 A 与点 B 处预定义场变量的平均值，$\bar{f}^{\alpha}=\frac{1}{2}(f_A^{\alpha}+f_B^{\alpha})$。

将间隙电导定义为间隙的函数

用户可以创建一个数据表来定义 σ_g 与上述变量的相关性。Abaqus 中默认将 σ_g 定义为间隙 d 的函数。当 σ_g 是间隙 d 的函数时，表格数据必须从间隙为零开始（闭合的）。对于由数据点定义的插值以外的间隙，σ_g 的值保持不变。如果没有将间隙电导定义成接触压力的函数，则 σ_g 对于所有压力的零间隙将保持不变，如图 4-27a 所示。

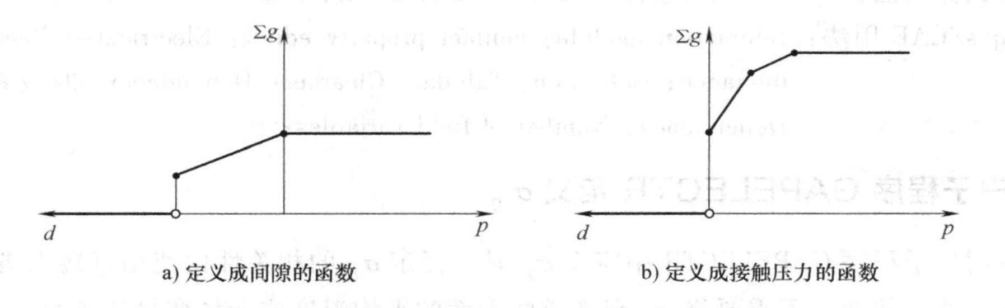

a) 定义成间隙的函数　　b) 定义成接触压力的函数

图 4-27　将间隙电导定义成间隙或者接触压力的函数

输入文件用法：＊GAP ELECTRICAL CONDUCTANCE

σ_g，d，θ

Abaqus/CAE 用法：Interaction module：contact property editor：Electrical→Electrical Conductance；Definition：Tabular；Use only clearance-dependency data

将间隙电导定义成接触压力的函数

用户可以将 σ_g 定义成接触压力 p 的函数。当 σ_g 是界面处接触压力的函数时，表格数据必须从接触压力为零开始（在承受拉伸力的接触中，数据点从负压力的最大值处开始）并且随着 p 的增加定义 σ_g。对于由数据点定义的插值以外的接触压力，σ_g 的值保持不变。如果没有将间隙电导定义成间隙的函数，则 σ_g 对于间隙的所有正值均为零，并且在零间隙处不连续，如图 4-27b 所示。

输入文件用法：＊GAP ELECTRICAL CONDUCTANCE，PRESSURE

σ_g，p，θ

Abaqus/CAE 用法：Interaction module：contact property editor：Electrical→Electrical Conductance；Definition：Tabular；Use only pressure-dependency data

将间隙电导定义成间隙和接触压力的函数

用户可以定义 σ_g 同时取决于间隙和接触压力。允许 σ_g 在 $d=0$ 和 $p=0$ 处不连续。一旦发生接触，总是以定义压力相关性的曲线部分为基础对电导进行评估。对于由数据点定义的插值以外的接触压力，间隙电导 σ_g 保持不变。即使没有包含使用负压力的数据点，σ_g 的压力相关性曲线也会延伸进入负压力区域。

输入文件用法：同时使用以下选项：

*GAP ELECTRICAL CONDUCTANCE

σ_g，d，θ

*GAP ELECTRICAL CONDUCTANCE, PRESSURE

σ_g，p，θ

Abaqus/CAE 用法：Interaction module：contact property editor：Electrical→Electrical Conductance；Definition：Tabular；Use both clearanc ean dpressure-dependency data

将间隙电导定义成预定义场变量的函数

间隙电导可以与任意数量的预定义场变量 $\bar{f}^{\alpha}$ 相关。默认情况下，假定电导仅取决于面分离，并且有可能取决于界面温度平均值。

输入文件用法：*GAP ELECTRICAL CONDUCTANCE, DEPENDENCIES=n

Abaqus/CAE 用法：Interaction module：contact property editor：Electrical→Electrical Conductance；Definition：Tabular，Clearance Dependency 和/或者 Pressure Dependency，Number of field variables：n

使用用户子程序 GAPELECTR 定义 σ_g

当在用户子程序 GAPELECTR 中定义 σ_g 时，指定 σ_g 的相关性比使用直接表格输入具有更大的灵活性。例如，不需要将 σ_g 定义成两个面的平均温度或者场变量的函数：

$$\sigma_g=\sigma_g(\theta_A,\theta_B,d,p,f_A^{\alpha},f_B^{\alpha})$$

输入文件用法：*GAP ELECTRICAL CONDUCTANCE, USER

Abaqus/CAE 用法：Interaction module：contact property editor：Electrical→Electrical Conductance；Definition：User-defined

模拟由面之间的电导生成的热

Abaqus/Standard 可以在耦合的热-电和完全耦合的热-电-结构分析中，包含由面之间的电导生成的热量。默认情况下，所有消耗的电能将转化成热量，并且将在两个面之间均等地分布热量。用户可以更改转化成热量的电能比例，以及释放的热量在两个面之间的分布，详细内容见“热接触属性”中的“模拟由无热表面相互作用产生的热”（4.2 节）。

电接触属性模型的基于面的输出变量

Abaqus/Standard 提供与面的电相互作用有关的下列输出变量。

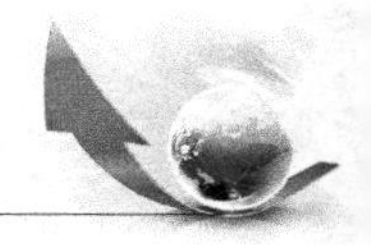

ECD：离开从面的单位面积上的电流。

ECDA：ECD 乘以与从节点相关联的面积。

ECDT：ECD 对时间的积分。

ECDTA：ECDA 对时间的积分。

这些变量的值总是在从面的节点处给出。可以将它们作为对数据文件、结果文件或者输出数据文件的面输出（详细内容见“输出到数据和结果文件”中的“来自 Abaqus/Standard 的面输出”，《Abaqus 分析用户手册——介绍、空间建模、执行与输出卷》的 4.1.2 节；“输出到输出数据库”中的“Abaqus/Standard 和 Abaqus/Explicit 中的面输出”，《Abaqus 分析用户手册——介绍、空间建模、执行与输出卷》的 4.1.3 节）。

可以在 Abaqus/CAE（Abaqus/Viewer）的显示模块中云图显示这些变量。

4.4 孔隙流体接触属性

产品：Abaqus/Standard

参考

- “接触相互作用分析：概览”，3.1 节
- ＊CONTACT PERMEABILITY
- ＊SURFACE
- ＊SURFACE INTERACTION
- ＊CONTACT PAIR

概览

孔隙流体接触属性模型：

- 通常用于岩土工程中，必须保持界面对面一侧上材料之间孔隙压力的连续性。
- 控制孔隙流体流过接触界面，并且流入接触面附近的间隙区域。
- 当孔隙压力自由度存在于接触界面的两侧时，是可以应用的（如果仅在接触界面的一侧存在压力自由度，则将面处理成不可渗透的）。
- 影响垂直接触面的孔隙流体流动。
- 可以应用在小滑动和有限滑动接触方程中。
- 假定没有与面相切的流体流动。

耦合的孔隙流体扩散/应力分析中的接触包含位移约束来抵抗穿透，包含孔隙流体接触属性来影响流体流动。耦合的孔隙流体扩散/应力分析的详细内容，见“耦合的孔隙流体扩散和应力分析”（《Abaqus 分析用户手册——分析卷》的 1.8.1 节）。对于孔隙压力胶粘剂单元作为一个可选的接触模型来使用以及孔隙流体接触属性的详细情况，见“在胶粘剂单元间隙中定义流体的本构响应”（《Abaqus 分析用户手册——单元卷》的 6.5.7 节）。

孔隙流体相互作用中的接触压力

当存在孔隙压力自由度时，在接触界面的两个侧面上应用本部分讨论的孔隙流体接触属性。在这种情况下，计算得到的接触压力是有效的，其中不包含孔隙流体压力的贡献。

如果只有接触界面的一侧包含孔隙压力自由度，则不会发生流体流入或者流过接触界面的情况。在此情况中，得到的接触压力为总压力，其中包含有效的结构和孔隙流体压力的贡献。但是，摩擦的计算只使用有效的接触压力。

在接触属性定义中包含孔隙流体属性

Abaqus/Standard 假定孔隙流体沿着接触界面的法向流动，而不会沿着界面切向流动。流入接触界面处每个面的流量由两部分组成，如图 4-28 所示。从界面上的对应点流入主面和从面的流量分别是 q_S 和 q_M。

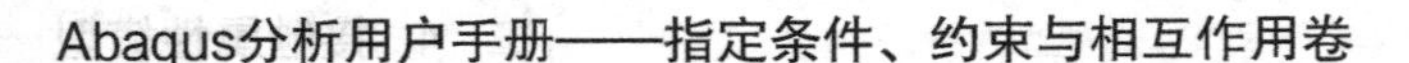

• 一个组成部分（q_{across}）通过界面的流量。正的 q_{across} 值表示从主面流出，并流入从面。

• 另一个组成部分（从面的 q_{gapS} 和主面的 q_{gapM}）是当间隙发生变化时，面之间区域内流出的流体或者增加的流体。约定当这些流体流入各自的面时（间隙减小时），q_{gapS} 和 q_{gapM} 的符号是正的。q_{gapS} 与 q_{gapM} 的和（q_S 与 q_M 的和）等于 -1 乘以间隙改变速度，直到达到"控制使孔隙流体接触属性有效的距离"中所讨论的临界距离。

在稳态分析中，面的分离速度是零，因此流体流动贡献 q_{gapS} 和 q_{gapM} 是零；所有流体流出一个面，流入另一个面。

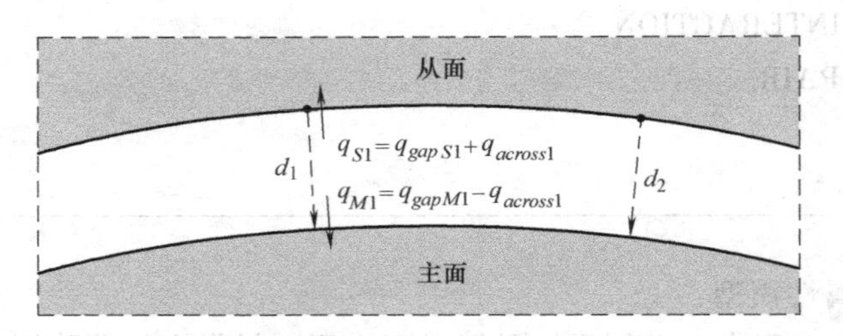

图 4-28　界面接触单元中的流动形式

接触界面处通常会发生孔隙流体流动，即使在接触属性定义中没有明确地指定接触渗透性特征。另外，用户可以直接指定接触渗透性特征，以加强对穿过接触界面流体的控制。

输入文件用法：* SURFACE INTERACTION, NAME=相互接触名称
* CONTACT PERMEABILITY

控制使孔隙流体接触属性有效的距离

控制流体流过接触界面的模型非常适用于两个互相接触的面或者间隙较小的两个分离面。默认情况下，当面之间的距离大于基底面的特征单元长度时，Abaqus 将假定没有流体流动发生。另外，用户可以直接地指定一个临界间隙，超过该间隙则不发生流体流动。应单独控制流体流过界面的流量（q_{across}）和流体流入界面的流量（q_{gap}）。

输入文件用法：使用以下选项为流体流过接触界面的流量（q_{across}）指定一个临界距离（d_{across}）：
* CONTACT PERMEABILITY, CUTOFF FLOW ACROSS=d_{across}
使用以下选项为流入接触界面的流量（q_{gap}）指定一个临界距离（d_{gap}）：
* CONTACT PERMEABILITY, CUTOFF GAP FILL=d_{gap}

对与流体流过接触界面相关的接触渗透性进行控制

如果用户不指定接触渗透性特征，则当接触分离小于"控制使流体接触属性有效的距离"中讨论的临界距离时，默认的模型将确保在接触界面的对面一侧上孔隙压力是连续的，即

$$p_A - p_B = 0$$

式中，p_A 和 p_B 是界面对面一侧上的点处的孔隙压力。此关系式说明通过界面的接触渗透性是无限大的。

另外，用户可以指定接触渗透性系数 k，以使流体流过接触界面的流量 q_{across} 与穿过界面的孔隙压力变化成比例

$$q_{across}=k(p_A-p_B)$$

当直接定义 k 时，将其定义为

$$k=k(p_{contact},\ \bar{p}_{pore},\ \bar{\theta},\ \bar{f}_\gamma)$$

式中，$p_{contact}$ 穿过点 A 与点 B 之间的界面所传递的接触压力；$\bar{p}_{pore}$ 是点 A 与点 B 处孔隙压力的平均值，$\bar{p}_{pore}=\frac{1}{2}$（$p_{poreA}+p_{poreB}$）；$\bar{\theta}$ 是 A 与 B 处表面温度的平均值，$\bar{\theta}=\frac{1}{2}(\theta_A+\theta_B)$；$\bar{f}_\gamma$ 是 A 与 B 处预定义场变量的平均值，$\bar{f}_\gamma=\frac{1}{2}(f_\gamma^A+f_\gamma^B)$。

图 4-29 所示为 k 取决于接触压力的例子。随着 p 的增加，使用表格数据来指定一个或者多个接触压力的 k 值。对于由数据点定义的插值之外的接触压力，k 的值保持不变。面分离时，k 的值保持不变，直到面之间的距离大于指定的流动临界距离（见“控制使流体接触属性有效的距离”），在该点上 k 减小为零。

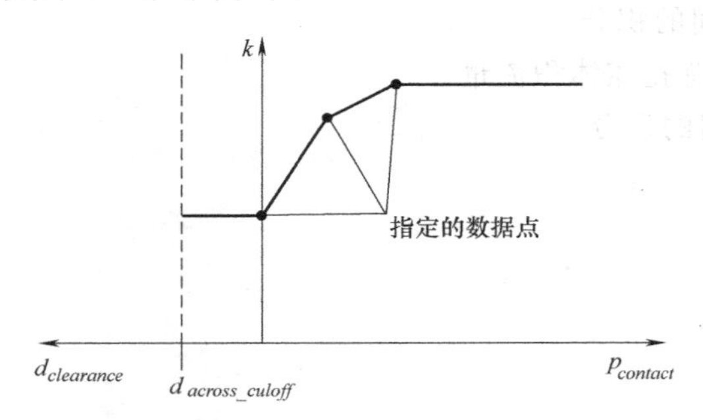

图 4-29 与接触压力有关的接触渗透性

输入文件用法：＊CONTACT PERMEABILITY

k，$p_{contact}$，$\bar{p}_{pore}$，$\bar{\theta}$

将间隙渗透性定义成预定义场变量的函数

除了前面提到的相关性以外，间隙渗透性可以与任意数量的预定义场变量 $\bar{f}_\gamma$ 相关。要使间隙渗透性与场变量相关，对于每个场变量值至少要给出两个数据点。

输入文件用法：＊CONTACT PERMEABILITY, DEPENDENCIES=n

k，$p_{contact}$，$\bar{p}_{pore}$，$\bar{\theta}$，$\bar{f}_\gamma$

耦合的热传导-孔隙流体接触属性

可以同时考虑热传导与孔隙流体流动，在此情况中，热流穿过接触界面可以与流体流动结合。这些不同的接触属性方面可以使用用户赋予接触相互作用的单个接触属性定义的不同

选项部分来定义。定义热传导属性的详细内容见“热接触属性”（4.2节）。

输出

用户可以将与接触对的界面相关的接触面变量写入 Abaqus/Standard 的数据（.dat）文件、结果（.fil）文件和输出数据库（.odb）文件中。除了与理想接触分析（切应力、接触应力等）相关的面变量以外，还可以报告接触界面上与孔隙流体相关的一些变量（如单位面积上的孔隙流体体积流量）。关于这些输出要求的详细内容见“输出到数据和结果文件”中的“从 Abaqus/Standard 的面输出”（《Abaqus 分析用户手册——介绍、空间建模、执行与输出卷》的 4.1.2 节），以及“输出到输出数据库”中的“Abaqus/Standard 和 Abaqus/Explicit 中的面输出”（《Abaqus 分析用户手册——介绍、空间建模、执行与输出卷》的 4.1.3 节）。

Abaqus/Standard 提供以下与面的孔隙流体相互作用有关的输出变量。

PFL：流出从面的单位面积上的孔隙体积流量。

PFLA：PFL 乘以与从节点相关联的面积。

PTL：PFL 对时间的积分。

PTLA：PFLA 对时间的积分。

TPFL：流出从面的总孔隙体积流量。

TPTL：TPFL 对时间的积分。

5　接触方程和数值方法

5.1 Abaqus/Standard 中的接触方程和数值方法

- “Abaqus/Standard 中的接触方程” 5.1.1 节
- “Abaqus/Standard 中接触约束的施加方法” 5.1.2 节
- “在 Abaqus/Standard 中平顺接触面” 5.1.3 节

5.1.1 Abaqus/Standard 中的接触方程

产品：Abaqus/Standard　　Abaqus/CAE

参考

- “面：概览”，《Abaqus 分析用户手册——介绍、空间建模、执行与输出卷》的 2.3.1 节
- “在 Abaqus/Standard 中定义通用接触相互作用”，3.2.1 节
- “在 Abaqus/Standard 中定义接触对”，3.3.1 节
- *CONTACT
- *CONTACT PAIR
- “定义通用接触”，《Abaqus/CAE 用户手册》的 15.13.1 节
- “定义面-面接触”，《Abaqus/CAE 用户手册》的 15.13.7 节
- “定义自接触”，《Abaqus/CAE 用户手册》的 15.13.8 节
- “使用接触和约束检测”，《Abaqus/CAE 用户手册》的 15.16 节

概览

Abaqus/Standard 提供几种接触方程。每个方程都是以接触离散化，追踪方法以及为接触面选择主、从角色赋予为基础的。Abaqus/Standard 自动选择通用接触相互作用，离散化、追踪方法和面的角色赋予；对于接触对，用户可以使用“在 Abaqus/Standard 中定义接触对”（3.3.1 节）中描述的界面来指定接触方程的这些方面。默认的接触方程在绝大部分情况中是适用的，但在一些情况中可以选择其他方程。本部分详细讨论了 Abaqus/Standard 在接触仿真中使用的方程。

用户选择的追踪方法对接触面如何相互作用具有显著的影响。在 Abaqus /Standard 中，计算力学接触仿真中两个相互作用面之间的相对运动有两种追踪方法：

- 有限滑动方程是最通用的，且允许用于任意面运动（见“可变形体之间的有限滑动相互作用”，《Abaqus 理论手册》的 5.1.2 节；“可变形的体与刚体之间的有限滑动相互作用”，《Abaqus 理论手册》的 5.1.3 节）。
- 小滑动方程假设虽然两个体可以承受大的运动，但一个面将沿着另一个面做相对小的滑动（见“体之间的小滑动相互作用”，《Abaqus 理论手册》的 5.1.1 节）。

用户可以为上面的每一种追踪方法在节点-面接触离散化与真实的面-面接触离散化之间做出选择。

通用接触方程

Abaqus/Standard 中的通用接触总是使用有限滑动的面-面接触方程。此方程也可以

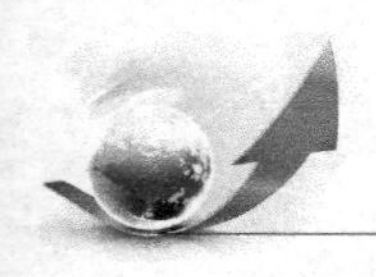

用于接触对，但不是默认的选项。有限滑动的面-面接触部分中的讨论，适用通用接触和接触对。

在通用接触区域中，主、从角色是自动赋予面的，但是可以改变这些默认的赋予。主面和从面的行为在通用接触和接触对相互作用中是一致的。在“Abaqus/Standard 中通用接触的数值控制”（3.2.6 节）中详细介绍了通用接触区域中主面和从面的指定方法。

接触对中面的离散化

Abaqus/Standard 在相互作用面上的不同位置处施加条件约束来仿真接触条件。这些约束的位置和条件取决于在整个接触方程中使用的接触离散化方式。Abaqus/Standard 中有两个接触离散化选项：传统的“节点-面”离散化和真正的“面-面”离散化。

节点-面接触离散化

使用传统的节点-面离散化建立接触条件，是使接触界面一侧的每个“从”节点与接触界面对面一侧“主”面上的投影点有效地发生相互作用（图 5-1）。这样，每个接触条件包含一个单独的从节点和一组附近的主节点，从这些主节点上将值插值到投影点。

传统的节点-面离散化具有以下特征：

- 约束从节点不穿透进入主面；但在原理上，主面上的节点可以穿透进入从面（如图 5-2b 所示的情况）。
- 接触方向是以主面的法向为基础的。
- 从面所需的信息包括位置以及与每个节点相关的表面面积；从面的法向和弯曲方向是不相关的。这样，可以将从面定义成一组节点，即一个基于节点的面。
- 节点-面离散化是可以使用的，即使在接触对定义中没有使用基于节点的面。

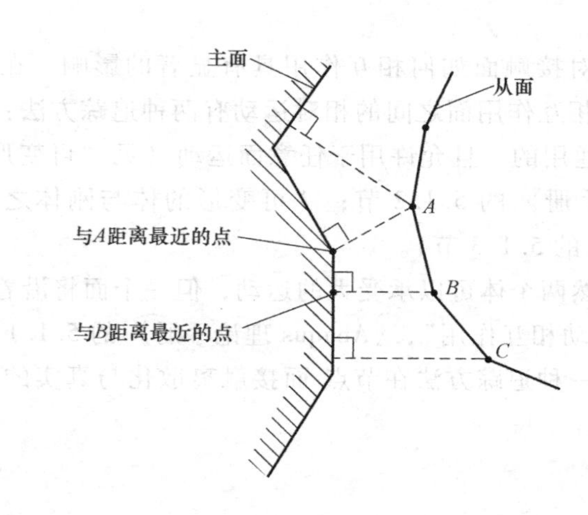

图 5-1　节点-面接触离散化

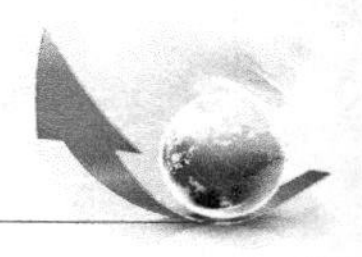

面-面接触离散化

面-面离散化同时考虑接触约束区域中从面和主面的形状。面-面离散化具有以下主要特征：

- 面-面方程在靠近从节点的区域内平均地施加接触条件，而不是仅在单个从节点上施加。平均区域是近似的居中在从节点上，这样每个接触约束将主要考虑一个从节点，同时也考虑附近的从节点。在个别节点上可以观察到一些穿透；然而，使用此离散化，不会发生主节点进入从面的大的无法检测的穿透。图 5-2 所示为在接触体上具有不同网格细化的例子，对节点-面和面-面的接触施加进行了比较。
- 接触方向是以围绕从节点的区域的从面平均法向为基础的。
- 如果在接触对定义中使用基于节点的面，则不能使用面-面离散化。

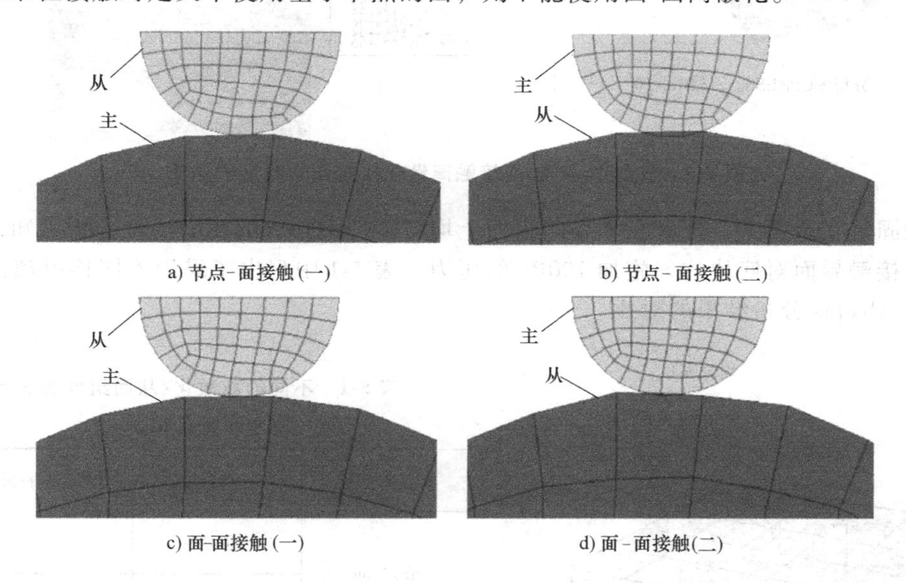

图 5-2 使用节点-面和面-面接触离散化的，不同主-从赋予的接触实施对比

选择接触离散化

通常，如果通过接触面合理地表示了面几何形体，则使用面-面离散化能得到比节点-面离散化更加精确的应力和压力结果。图 5-3 所示为与节点-面接触相比，使用面-面接触提高了接触压力精度。

因为节点-面离散化简单地抵抗从节点进入主面的穿透，容易引起这些从节点上的应力集中。而应力集中会导致面上压力分布的波峰和波谷。面-面离散化在从面的有限区域上均衡地抵抗穿透，这具有平滑的效果。随着网格的细化，减少了离散化之间的差异，但是对于给定的网格细化，面-面方法有利于得到更加精确的应力。

面-面离散化接触在主面和从面的选择上比节点-面接触的敏感度低（见下文中的“在双面接触对中选择主角色和从角色”）。图 5-4 所示为包含不同网格密度的两个块的简单模型。

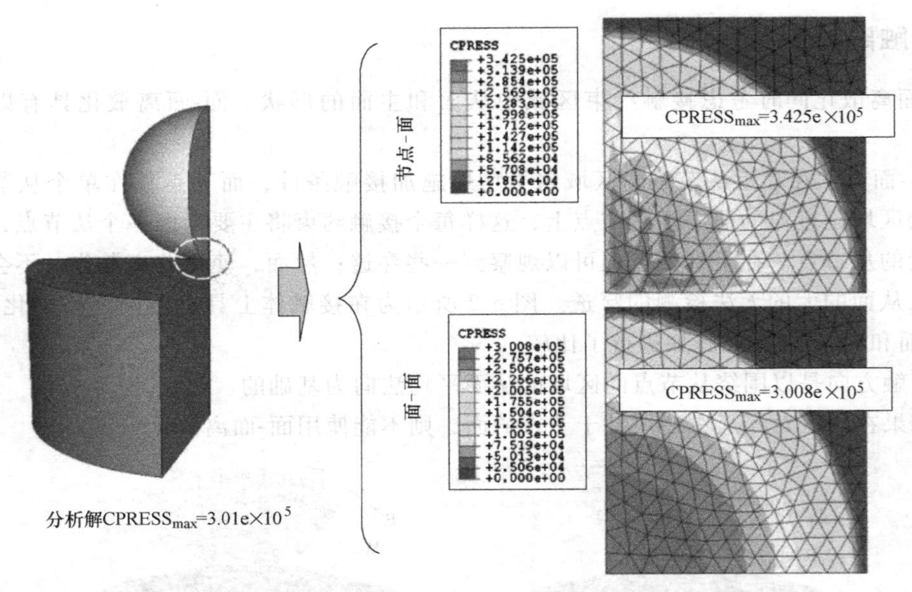

图 5-3 节点-面和面-面接触离散化接触压力精度的对比

底块固定在地面上，并且在顶块的顶面上均匀施加100Pa的压力。经分析可知，顶块将通过整个接触界面对底块均匀施加100Pa的压力。表5-1中列出了采用不同接触离散化和从面指定的Abaqus分析结果的对比。

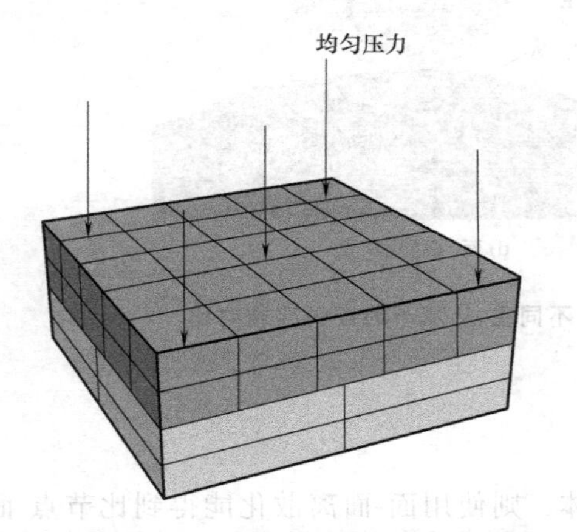

图 5-4 不同主面和从面指定的对比测试模型

表 5-1 不同的离散化/从面组合的误差

（来自分析结果）

接触离散化	从面	CPRESS 的最大误差
节点-面	顶块	13%
	底块	31%
面-面	顶块	~1%
	底块	~1%

无论使用的是面-面接触或者节点-面接触，如果由于使用了粗糙网格而不能良好地表征面的几何形状，则可能导致显著的误差，在某些情况中，对于面-面接触可以使用面平滑技术来显著改善使用粗糙网格得到的解。关于面-面接触的面平滑技术的讨论，见“在Abaqus/Standard中平顺接触面”（5.1.3节）。

面-面离散化的每个约束通常包含更多节点，这增加了求解的成本。在大部分应用中，额外的成本是相当少的，但是在某些情况中成本可能会显著增加。以下情况（尤其组合中）可能会导致面-面接触成本显著增加：

- 模型的大部分包含在接触中。
- 主面比从面更加细化。
- 在接触中包含多层壳，使得一个接触对的主面作为另一个接触对的从面。

面-面方程主要适用于普遍的情况，在其中接触面的法向方向是近似相对的。如果在有效接触区域中，各自的从面和主面法向方向不是近似相对时，则通常优先使用节点-面接触方程来处理包含特征边或者转角的接触。

接触追踪方法

在 Abaqus/Standard 中，有两种追踪方法来分析力学接触仿真中两个相互作用面的相对运动。

有限滑动追踪方法

有限滑动接触是最通用的追踪方法，它允许接触面任意地进行相对分离、滑动和转动。对于有限滑动接触，当前有效的接触约束的连接性随着接触面的相对切向运动而改变。关于 Abaqus/Standard 如何计算有限滑动接触的详细内容，见本部分后面的“使用有限滑动追踪方法”。

小滑动追踪方法

小滑动接触假设一个面沿着另一个面做相对较小的滑动，并且是以每个约束的主面线性近似为基础的。参与各接触约束的节点组，在整个分析中对于小滑动接触是固定的，虽然通常可以在分析过程中改变这些约束的激活/非激活状态。当近似值合理时，出于节约计算成本和增加稳定性的原因，用户应当考虑使用小滑动接触。关于 Abaqus/Standard 如何计算小滑动接触的详细内容，见本部分后面的“使用小滑动追踪方法”。

在双面接触对中选择主角色和从角色

Abaqus/Standard 为接触面赋予主角色和从角色时，应该遵循以下法则：

- 分析型刚性面和基于刚性单元的面必须总是主面。
- 基于节点的面仅可以作为从面，并且总是使用节点-面接触。
- 从面必须总是属于可变形的体或者定义成刚体的可变形体。
- 接触对中的两个面不能都是刚性面，除了定义为刚体的可变形面（见“刚体定义”，《Abaqus 分析用户手册——介绍、空间建模、执行与输出卷》的 2.4.1 节）。

当接触对中的两个面是基于单元的面，并且属于可变形的体或者定义成刚体的可变形体时，用户必须选择将哪个面作为从面或主面。此选择对于节点-面接触是特别重要的。通常，如果一个小的面与一个大的面接触时，最好选择小的面作为从面。如果无法区分大小，而两个面在结构上具有可比较的刚度，则应当选择较硬的面作为主面，或者选择使用更加粗糙网格的面作为主面。选择主面或者从面时，应当考虑结构的刚度，而不仅仅是材料的硬度。例如，与一个更大的橡胶块相比，一块金属薄板可能没有那么硬，虽然钢具有比橡胶材料更大

的模量。如果两个面的刚度和网格密度是一样的，则优先选择并非总是明显的。

主角色和从角色的选择对面-面接触方程结果的影响，通常小于对节点-面接触方程结果的影响。然而，如果两个面具有类似的网格细化，则主节点和从节点的赋予将对面-面接触的性能产生显著影响；如果从面比主面更加粗糙，则求解成本将显著增加。

影响接触方程的基本选择

用户对接触离散化和追踪方法的选择对分析具有显著影响。除了已经讨论的接触质量以外，离散化和追踪方法的特定组合具有其自身特征和局限性，见表 5-2。用户还应当考虑与不同接触方程相关的求解成本。

表 5-2 接触方程特点对比

特点	接触方程			
	节点-面		面-面	
	有限滑动	小滑动	有限滑动	小滑动
默认考虑壳厚度	否	是	是	是
允许自接触	是	否	是	否
允许双侧面	仅从面	仅从面	是①	是
默认面平滑	主面的一些平滑	对于锚点为是；每个约束使用主面的近似平面	否	对于锚点为否；每个约束使用主面的近似平面
默认约束施加方法	3D 自接触的增强拉格朗日方法；否则为直接方法	直接方法	罚方法	直接方法
确保存在偏置的参考面的动量平衡	否	否	是	是

① 仅当使用了基于路径的追踪算法时，才允许双侧面使用有限滑动的面-面方程（见“基于路径的追踪算法与基于状态的追踪算法”）。如果主面不是人为定义的，则允许双侧从面使用两种追踪算法。

考虑壳厚度

当计算接触约束时，绝大部分壳方程需要考虑壳的面厚度。然而，有限滑动的节点-面方程将不考虑壳厚度。在“在 Abaqus/Standard 中为接触对赋予面属性”中的“考虑壳和膜厚度”（3. 3. 2 节）中，对计算方法进行了详细的介绍。

允许自接触

自接触通常是由模型中大的变形引起的。通常难以预测自接触将包含哪些区域，以及它们将如何相对于彼此运动。因此，自接触不能使用小滑动追踪方法。

允许双侧面

默认情况下，允许将基于壳之类的单元双侧接触面作为面-面接触方程的从面和（或者）主面，也允许作为节点-面接触方程的从面。对于作为面-面方程主面的壳型面，其中面-面方程使用基于状态的追踪算法（见下文中的“基于路径的追踪算法与基于状态的追踪算法”），或者对于节点-面接触方程，必须将面定义成单侧面（更多内容见“基于单元的面定义”中的“定义单侧面”，《Abaqus 分析用户手册——介绍、空间建模、执行与输出卷》的 2.3.2 节；“在 Abaqus/Standard 中定义接触对”中的“壳类面的方向”（3.3.1 节））。

面平滑

当使用节点-面离散化时，在基于节点的面中，允许粗糙主面的拐角或者小突起穿透节点之间的空间。沿着主面滑动的从节点有时可能会嵌入这些拐角中。Abaqus/Standard 自动为使用节点-面离散化的接触计算平滑主面来最小化此现象。详细内容见本部分后面的“有限滑动的节点-面方程的平滑主面”。

默认情况下，当使用面-面离散化时不进行面平滑。面-面离散化在一个有限区域内均衡地考虑接触条件，这往往减少了与主面的小突起进入从面有关的问题，并且在约束层面引入了一些固有的平滑特性。然而，当使用了相对粗糙的网格时，此固有的平滑通常无法显著减少与不良弯曲表面几何形状相关的错误。在某些情况中，面-面接触可以使用非默认的圆周面或者球面平滑方法，以显著改善使用粗糙网格得到的解（见“在 Abaqus/Standard 中平顺接触面”，5.1.3 节）。

约束施加方法

在许多情况中，Abaqus/Standard 默认严格地施加前面讨论的接触约束。然而，接触约束的严格施加有时会导致过约束问题（例子见“过约束检查”，2.6 节）或者造成收敛困难。要解决这些问题并在解的精度牺牲最小的情况下降低求解成本，Abaqus/Standard 也提供基于罚的约束施加方法。数值约束施加方法（和默认方法）见“Abaqus/Standard 中接触约束的施加方法，”（5.1.2 节）。

动量平衡

基于牛顿第三定律，接触力应当是自平衡的，即作用在每个有效接触约束相应面上的静接触力应当大小相等且方向相反，并且有效作用点为同一个点。基于面-面接触离散化的接触约束总是表现出此特点。基于节点-面离散化的接触约束总是产生零静力，但是在某些情况下，可以在数值解中产生一个静力矩。如果在各自参考面之间存在一个偏置，则与节点-面接触约束相关的摩擦力将产生静力矩。当接触约束被激活时，下列因素将对相应接触面的节点之间的法向偏置产生贡献：

• 存在软化的压力-过盈行为（由用户指定的软化的压力-过盈模型或者使用约束施加方法，如表现出数值软化的罚方法）。

• 考虑壳或者膜厚度的接触计算（这种情况下，不允许使用有限滑动的节点-面方程）。

• 用户指定的初始接触间隙（见“调整 Abaqus/Standard 接触对的初始面位置并指定初始间隙”中的“指定精确的初始间隙或者过闭合的其他方法”，3.3.5 节）。

• 特定目的的接触单元，如管-管接触单元的不同用法（见“使用单元进行接触模拟”，7.1 节；“管-管接触单元：概览”，7.3.1 节），将使彼此相互作用的节点之间产生一定的法向距离。

当无法察觉时，有时使用节点-面接触约束发生的静力矩对分析结果通常不是明显有害的。

接触离散化方法对求解成本的影响

没有简单的方法来预测哪一种接触离散化方法的整体求解成本更低。基本趋势如下：

- 节点-面接触离散化的每个迭代往往比面-面接触离散化成本低（因为面-面接触离散化的每个约束通常包含更多的节点）。
- 使用有限滑动接触的接触条件时，与节点-面接触离散化相比，面-面接触离散化往往可以在更少的迭代中收敛（因为面-面接触离散化在滑动上具有更多的连续性行为）。

使用有限滑动追踪方法

有限滑动追踪方法可以用于任意的分离、滑动和面转动。默认情况下，Abaqus/Standard 接触对使用有限滑动的节点-面接触方程。Abaqus/Standard 中的通用接触总是使用有限滑动的面-面接触方程。

实例

如图 5-5 所示，在有限滑动的节点-面接触对中，将面 ASURF 作为面 BSURF 的从面。

在此例中，从节点 101 可以在主面 BSURF 的任意部位与其产生接触。接触时，无论面的方向和变形如何，都约束从节点 101 沿着面 BSURF 滑动。此行为是可能实现的，因为 Abaqus/Standard 追踪随着体变形，节点 101 相对于主面 BSURF 的位置。图 5-6 所示为节点 101 与其主面 BSURF 之间接触的可能发生的演化。节点 101 在时间 t_1 时与端点是节点 201 和节点 202 的单元面接触。此时，仅在节点 101 与节点 201 和节点 202 之间发生载荷传递。在时间 t_2 时，节点 101 与端点为节点 501 和节点 502 的单元面接触。此时，在节点 101 与节点 501 和节点 502 之间发生载荷传递。

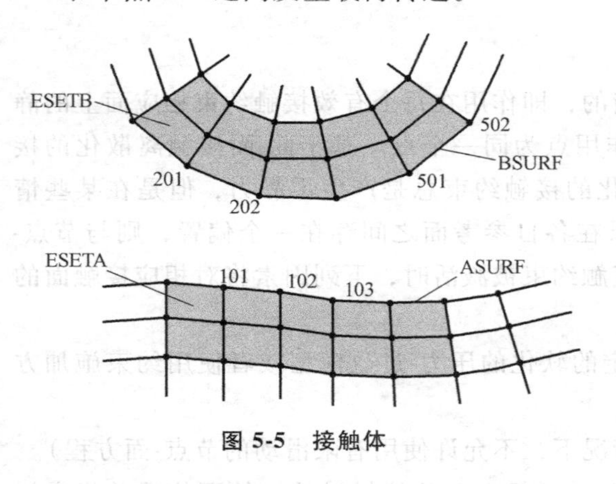

图 5-5 接触体

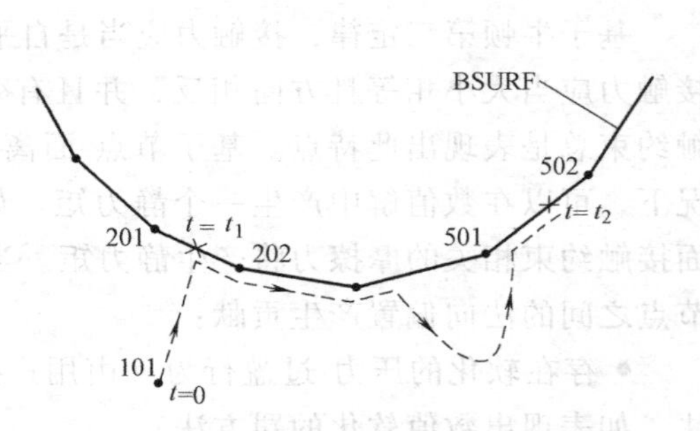

图 5-6 节点 101 与其主面 BSURF 之间接触的可能发生的演化

基于路径的追踪算法与基于状态的追踪算法

Abaqus/Standard 中可用的追踪算法的简单介绍如下，以帮助用户了解其特征和可以使用的选项。

基于路径的追踪算法

“基于路径的”追踪算法小心地考虑每一个增量中从面上的点相对于主面的路径，并且允许使用双侧壳主面和膜主面。基于路径的追踪算法仅可用于有限滑动的面-面接触相互作用，此接触相互作用中包含基于单元的主面，并且对于那些相互作用是默认使用的。对于包含自接触或者大增量相对运动的分析，基于路径的算法有时候比基于状态的算法更有效率。

输入文件用法：使用以下选项来指定使用基于路径的追踪算法：

*CONTACT PAIR, INTERACTION=相互作用属性名称,
TYPE=SURFACE TO SURFACE, TRACKING=PATH

Abaqus/CAE 用法：Interaction module：surface-to-surface contact 或者 self-contact interaction editor：Discretization method：Surface to surface, Contact tracking：Two configurations (path)

基于状态的追踪算法

“基于状态的”追踪算法以增量开始时相关的追踪状态，以及预定义构型相关的几何信息为基础来更新追踪状态。此算法对于绝大部分有限滑动分析是适用的，但是要求使用单侧面，并且在追踪大增量运动时偶尔会出现困难。如果增量相对运动超出了主面的尺寸，或者增量运动切割穿过主面的拐角，则基于状态的追踪可能错过接触检测；指定增量大小的上限，有助于避免这些问题。基于状态的追踪算法：

- 对于有限滑动的节点-面接触对，是唯一可用的追踪算法。
- 对于包含分析型刚性主面的有限滑动接触相互作用，是唯一可用的追踪算法。
- 对于包含基于单元的主面的有限滑动面-面接触对，是非默认选项。

输入文件用法：使用以下选项来指定使用基于状态的追踪算法：

*CONTACT PAIR, INTERACTION=相互作用属性名称,
TYPE=SURFACE TO SURFACE, TRACKING=STATE

Abaqus/CAE 用法：Interaction module：surface-to-surface contact 或者 self-contact interaction editor：Discretization method：Surface to surface, Contact tracking：Single configuration (state)

有限滑动的节点-面方程的平滑主面

有限滑动的节点-面接触方程要求主面在所有点上具有连续的面法向。如果在有限滑动的节点-面接触分析中使用了具有非连续面法向的主面，则可能产生收敛问题，从节点容易在主面法向不连续的点处“卡住”。Abaqus/Standard 自动平滑有限滑动的节点-面接触仿真中使用的基于单元的主面法向（见下文中的“平滑可变形的主面和使用刚体单元定义的刚性面”），包括那些使用滑移线模拟的主面。建议用户创建平滑的分析型刚性面（见“分析型刚性面定义”，《Abaqus 分析用户手册——介绍、空间建模、执行与输出卷》的 2.3.4 节）。使用有限滑动的面-面方程对主面法向的平滑没有要求。

平滑可变形的主面和使用刚体单元定义的刚性面

对于包含平面的或者轴对称变形主面的有限滑动的节点-面接触仿真，Abaqus/Standard 将使用抛物线来平滑两个一阶单元面之间的任何不连续过渡；使用连接两个单元面上点的三次曲线来平滑两个二阶单元面之间的不连续过渡。此一阶单元（线段）的平滑如图 5-7 所

示，二阶单元（抛物线）的平滑如图 5-8 所示。对于包含三维变形主面和使用刚体单元的刚性主面的有限滑动的节点-面仿真，Abaqsu/Standard 将平滑主面面片之间任何不连续的面法向过渡。

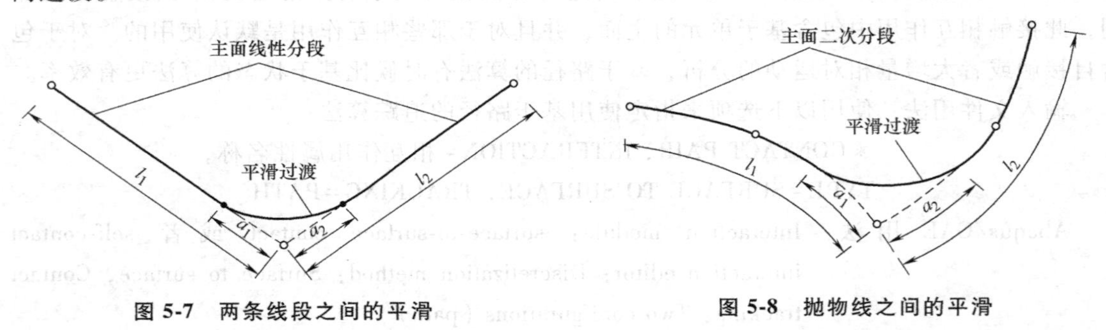

图 5-7 两条线段之间的平滑

图 5-8 抛物线之间的平滑

用户可以在节点-面接触仿真中，或者在使用滑移线和接触单元的分析中，通过指定一个系数 f 来控制主面的平滑度。f 的默认值是 0.2。

对于平面的或者轴对称的变形主面，$f=a_1/l_1=a_2/l_2$，其中 l_1 和 l_2 是连接面节点的单元面片长度，并且 $f<0.5$（图 5-7 和图 5-8）。Abaqus/Standard 在与不连续节点分别相距 a_1 和 a_2 的两个点之间构建一条抛物线或者一条三次线段，在接触计算中使用此平滑的线段。这样，接触面将与面片单元的几何形状有所不同。平滑仅影响可变形主面的法向在连接两个单元的节点处的不连续部分，而不影响二阶单元面上靠近中边节点的两段。

对于基于单元的三维主面，将 f 定义成面片尺寸的分数，如图 5-9 所示。将位于虚线边界区域以内点处的法向量计算成面片的法向。此区域之外，使用图 5-7 和图 5-8 中显示的二维归一化方法，对邻近面片进行光顺。没有对三维面片的物理几何形体进行平滑；只有与面片相关联的面法向定义受到光顺的影响。法向方向的光顺算法实现，在以刚性单元（见“刚性单元”，《Abaqus 分析用户手册——单元卷》的 4.3.1 节）为基础的面中，与其他单元类型为基础的面不同。此不同通常对收敛行为或者求解结果具有最小的影响；然而，例如在某些地方不同，而其他方面都相同的分析之间，可能偶尔的观察到不同的求解行为，在这些分析中，在一个情况中使用 R3D4 单元模拟一个刚体，而在其他的一个情况中给一个刚体赋予 S4R 单元。

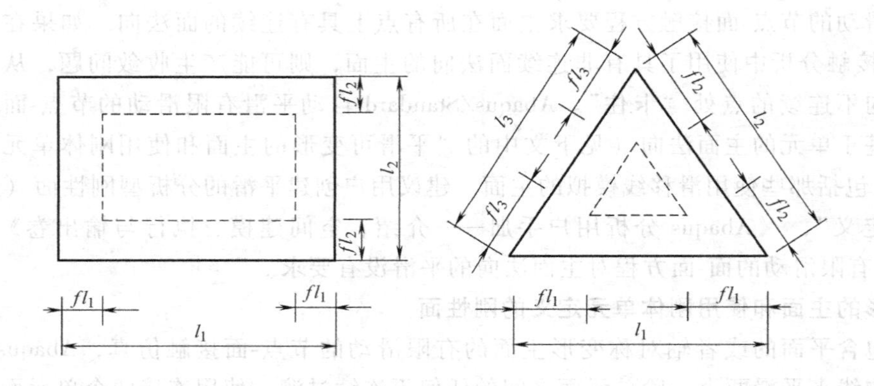

图 5-9 三维主面的平滑

输入文件用法：对于节点-面接触仿真使用以下选项：

*CONTACT PAIR，INTERACTION=相互作用属性名称，SMOOTH=f

当使用滑移线和接触单元时，使用以下选项：

*SLIDE LINE，ELSET=名称，SMOOTH=f

Abaqus/CAE 用法：Interaction module：Interaction → Create：Surface-to-surface contact（Standard）或者 Self-contact（Standard）：Degree of smoothing for master surface：f

沿着对称边界平滑可变形主面

当二维的或者轴对称的可变形主面在对称平面处结束，并且使用了节点-面离散化时，如果对称结束处的边界条件是使用对称“类型”的边界 XSYMM 或者 YSYMM 指定的，则 Abaqsu/Standard 将平滑并计算合适的面法向和结束线段的切向平面。此平滑过程是通过关于对称平面来反射结束线段，并在结束线段与反射段之间构建一条抛物线或者三次线段来完成的。因此，接触面在端部附近可能与面片单元几何形状有所不同。Abaqus/Standard 自动调整轴对称主面 $r=0$ 处的面法向和切向平面，而不管是否定义了对称边界条件。有限滑动的面-面方程没有对在对称平面处结束的面做特殊处理。关于小滑动的节点-面方程如何处理在对称平面处结束的主面，见“Abaqus/Standard 中的接触方程”中的“更改主面法向”（5.1.1 节）。关于小滑动的节点-面方程如何处理在对称平面处结束的从面，见“Abaqus/Standard 中的接触方程”中的“小滑动的面-面接触”（5.1.1 节）。

覆盖有限滑动的节点-面接触的默认平滑行为

在二维上模拟带有拐角的主面（三维中的折线），需要将面断成多个面。此功能可防止 Abaqus/Standard 平滑掉拐角或者折线，并且如果从节点与主面内的一个内部拐角或者折线相接触，则允许 Abaqus/Standard 引入与每个面相关的约束。

要精确模拟图 5-10 所示的具有一个拐角的主面，用户必须定义两个接触对：第一个接触对以 ASURF 为从面，BSURFA 为主面；第二个接触对以 ASURF 为从面，BSURFB 为主面。

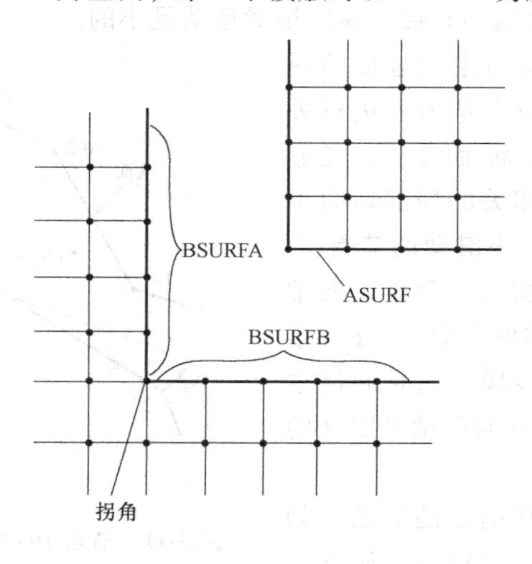

图 5-10 具有拐角的主面

几何线性分析中的有限滑动

有限滑动仿真通常包含非线性几何影响，因为这样的仿真通常包含大变形和大转动。然而，也可以在几何线性分析中使用有限滑动追踪方法（见“通用和线性摄动过程”中的“几何非线性”，《Abaqus 分析用户手册——分析卷》的 1.1.3 节）。面之间的载荷传递路径和接触方向将在有限滑动的几何线性分析中得到更新。此功能可用于分析两个刚体之间不承受大转动的有限滑动。

有限滑动接触仿真中的非对称项

当三维面片化的面接触时，由节点-面离散化引起的法向接触约束将在方程组中产生非对称项。这些项对面片间主面法向上存在较大差异的区域中的收敛速度具有强烈的影响。

由面-面离散化产生的法向接触约束将在二维和三维情况中产生非对称项。这些项对主面和从面不是彼此平行的区域中的收敛速率具有强烈的影响。

在以上两种情况中，用户应当为步使用非对称求解方案来改善仿真的收敛速度（见“定义一个分析”中的“Abaqus/Standard 中的矩阵存储和求解方案”，《Abaqus 分析用户手册——分析卷》的 1.1.2 节）。

包含强烈摩擦影响的接触仿真也会产生非对称项。详细内容见“摩擦行为”中的“方程组中的非对称项”（4.1.5 节）。

使用小滑动追踪方法

对于许多类型的接触问题，没有必要使用通用的有限滑动追踪方法，即使可能需要考虑几何非线性。Abaqus/Standard 为这类问题提供一种小滑动追踪方法。对于几何非线性分析，此方程假定面可以承受任意大的转动，但是在整个分析中，一个从节点将与主面的同一个局部区域发生相互作用。对于几何线性分析，可以将小滑动方法简化成一种无穷小滑动和转动方法，在其中假定面的相对运动和接触体的绝对运动是小的。

Abaqus/Standard 试图将与主面近似的一个平面与小滑动接触对的每个从节点进行关联。在给定的从节点（对于面-面方程，是靠近给定从节点的区域）与相关的局部切向平面之间建立接触相互作用。小滑动的节点-面方程的一个例子如图 5-11 所示（例如，通常约束从节点不穿透此局部切向平面）。在二维上，局部切向平面是一条线段，它是通过主面上的锚点 X_0 和锚点上的方向向量来定义的（图 5-11）。

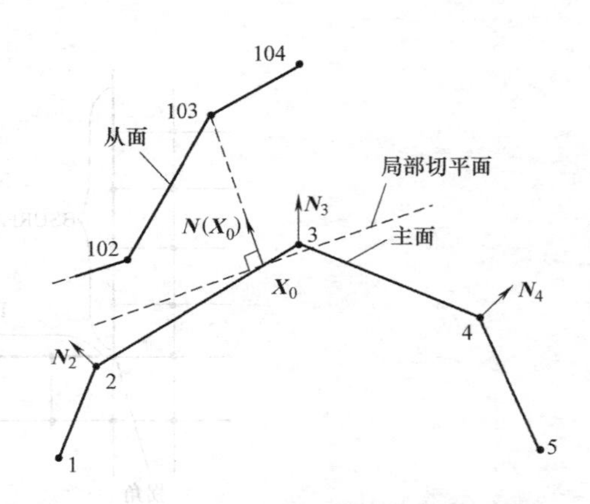

图 5-11　节点 103 的小滑动的节点-面方程所使用的锚点和局部切向平面的定义

下文中介绍了用来定义锚点的算法。如果不能为某个从节点确定一个锚点，则不对那个从节点施加接触约束。

为每个从节点赋予局部切向平面意味着对于小滑动追踪方法，Abaqus/Standard 没有沿着整个主面为可能的接触监控从节点。这样，小滑动接触的计算成本通常低于有限滑动接触。成本节约问题通常在三维接触问题中影响显著。

小滑动的节点-面接触

对于节点-面接触，Abaqus/Standard 选择从节点切向平面中的锚点，以使从锚点到从节点的向量与主面上一个平滑变化的法向向量重合。在分析前，使用模型的最初构型来选择锚点。

平滑变化的主面法向

算法要求主面具有平滑变化的法向向量 $\boldsymbol{N}(x)$，其中 x 是主面上的任意点。定义 $\boldsymbol{N}(x)$ 的第一步是在主面的每个节点上构建单位法向向量。Abaqus/Standard 通过对组成主面单元面的法向进行平均来形成这些节点的法向；只有面定义中的单元面对节点法向有贡献，从而对 $\boldsymbol{N}(x)$ 产生贡献。Abaqus/Standard 使用初始节点坐标来计算这些方向。

图 5-11 显示了主面的节点单位法向、锚点 X_0，以及与从节点 103 相关的局部切向平面。Abaqus/Standard 使用节点单位法向 $\boldsymbol{N}_2$ 和 $\boldsymbol{N}_3$，以及包含两个节点的单元形状方程，在 2-3 单元面上构建 $\boldsymbol{N}(x)$。Abaqus/Standard 为节点 103 选择局部切向平面的锚点 X_0，则 $\boldsymbol{N}(X_0)$ 通过节点 103。$\boldsymbol{N}(X_0)$ 是从节点 103 的接触方向，并且定义局部切向平面的方向。在此例中，就像许多情况中那样，局部切向平面仅是实际网格几何形状的近似。

更改主面法向

在主面上定义用户指定的节点法向（见“节点处的法向定义”，《Abaqus 分析用户手册——介绍、空间建模、执行与输出卷》的 2.1.4 节），将改善某些情况中为小滑动的节点-面方程计算的切向平面。例如，对应附近面片上平均法向的默认节点法向，可能造成周界节点处真实面法向方向的显著偏离，如图 5-12 所示。节点法向 $\boldsymbol{N}_1$ 没有沿着对称平面方向，这意味着从节点 100 将不与主面相交。在小滑动问题中，如果在分析开始时从节点不能与主面相交，则它将自由地穿透主面，因为将不会形成局部切向平面。

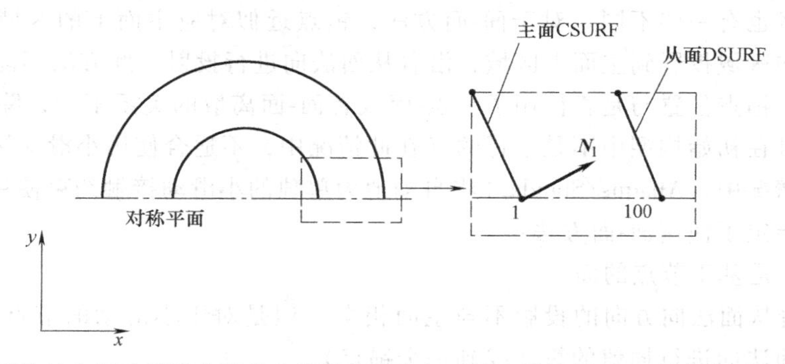

图 5-12 同轴圆柱的小滑动模型中节点 1 处的主面法向（具有默认的 N_1，从节点 100 不接触 CSURF）

在主面 CSURF 上的节点 1 处定义一个用户指定的法向（1.00E+00，0.00E+00，0.00E+00）可纠正此问题，如图 5-13 所示。此方法允许从节点 100 看到主面，并且将使用正确的接触法向方向。如果在这些节点处以对称“类型”格式指定边界条件（XSYMM、YSYMM 或者 ZSYMM，见“Abaqus/Standard 和 Abaqus/Explicit 中的边界条件”，1.3.1 节），则周界

上的主面法向将自动调节为沿着对称平面的方向。

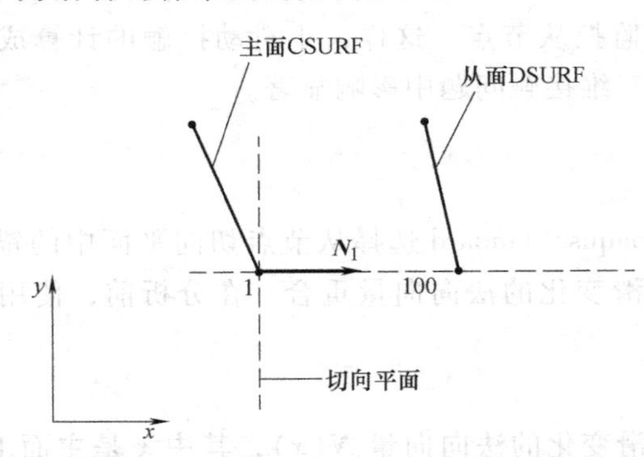

图 5-13　在 CSURF 的节点 1 处更改主面法向，允许从节点 100 接触 CSURF

小滑动的面-面接触

使用面-面方法的一个关键不同是在每个接触约束中包含多个从节点（除了从面是基于垫片单元的面的情况，如下文所述）。这与面-面方程是在从节点附近的区域上均衡地施加接触条件，而不是仅在从节点上施加接触条件有关（见上文中的“面-面接触离散”）。小滑动的面-面接触方程是有限滑动的面-面方程的一个特例，它使用从面每个平均区域的一个主面的平面近似。从面每个接触约束的有效作用中心可以与约束相关联的主要从节点的位置略微不同。

如果从面是基于垫片单元的面，则使用小滑动面-面方程的一个特例来避免在垫片单元中触发不稳定变形模式的趋势。此专用方程的每个接触约束仅含有一个从节点，并且保留了面-面方程在精度上的优势，但是它不能很好地适应有限滑动的扩展，也不能普遍适用于规则的小滑动面-面方程（有限滑动面-面方程的每个约束总是使用多个从节点，并且不推荐包含垫片单元的接触）。

小滑动的面-面接触方程，采用类似于小滑动的节点-面接触方程的方式确定主锚点和法向方向，但两者也有一些不同。对于面-面方法，锚点近似对应主面上的区域中心，主面上的区域即从平均区域投影到主面上区域，沿着从面法向进行投射。此方法不能使用平滑后的主面节点法向。锚点位置与是否使用了节点-面或者面-面离散的关系不大，除非两个面是明显分离的，并且在初始构型中不是平行的（在此情况中，不适合使用小滑动接触）。

在下面的情况中，Abaqus/Standard 将自动地为单独的小滑动接触约束使用节点-面方法，即使用户已经指定了使用面-面方法：

- 如果从面是基于节点的面。
- 如果沿着从面法向方向的投影不与主面相交（但是对于小滑动的节点-面方程，可以使用上述对主面法向进行插值的算法找到一个锚点）。
- 如果单侧从面和主面具有近似相同的面法向。

对于基于面-面的离散约束，与对称平面上的节点相关的约束可以不与对称平面平行。因此，通常不需要指定具体的法向方向。类似于节点-面接触，接触方向从锚点指向从节点，并且切向平面与此方向垂直。Abaqus 自动地将小滑动面-面方程的接触法向调整为沿着每个从节点的对称平面方向，这些从节点以对称“类型”格式（XSYMM、YSYMM 或者

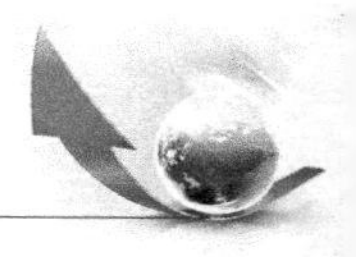

ZSYMM，见“Abaqus/Standard 和 Abaqus/Explicit 中的边界条件”，1.3.1 节）指定边界条件。

局部切向平面的方向

局部切向平面是通过与接触方向正交来定义的。用户可以覆盖默认的接触方向，使用在空间上变化的间隙或者过盈定义（见“调整 Abaqus/Standard 接触对的初始面位置并指定初始间隙”中的“为接触计算指定面法向”，3.3.5 节）来指定一个方向。

一旦定义了接触方向，关于主面面片的局部切向平面方向将保持固定。因为小滑动接触考虑非线性几何的影响，并且假定主面是可变形的，Abaqus/Standard 连续地更新局部切向平面的方向来考虑转动和主面的变形。锚点相对于主面面片上周围节点的位置并不随着主面的变形而改变。

载荷传递

在小滑动分析中，每个约束仅将载荷传递到主面上有限数量的节点上。这些主面上的节点是根据其相对锚点的初始距离来选择的。载荷传递到每个主面节点时的大小取决于当前距离，以及从面上作用中心的变形构型（对应于节点-面方程中的从节点）。例如，如果使用了节点-面离散化，则图 5-11 中的节点 103 将把载荷传递到主面上的节点 2 和节点 3 处（如果使用了面-面离散化，则载荷可以传递到附近的其他主节点）。这样，如果节点 103 接触了局部切向平面，则将传递一个比例更大的力到更加靠近从节点的主面上的节点 2 或者节点 3 处。

当锚点 $\boldsymbol{X}_0$ 对应于主面上的节点，类似于图 5-11 中使用从节点 104 和主面节点 3 的情况，节点-面接触传递的载荷是由 $\boldsymbol{X}_0$ 处的节点和所有与该节点共享相邻面片的主面节点（其主面节点可能参与面-面接触的载荷传递）共享的。在图 5-11 中，共享由节点 104 传递的力的三个主面节点是节点 2、3 和 4。

随着约束在从面上的作用中心沿着其局部切向平面滑动，Abaqus/Standard 在主面节点中更新分布。然而，与给定的小滑动约束相关的节点原始列表中，之前没有添加额外的主面节点。约束将连续地把载荷传递到主面节点的原始列表中，而不管滑动距离的大小。图 5-14 所示为使用了小滑动，但由于面的相对切向运动不是“小的”而引起的潜在问题。该图显示了图 5-5 中的从节点 101 与其主面 BSURF 之间接触的可能演化。使用单位法向量 $\boldsymbol{N}_{201}$ 和 $\boldsymbol{N}_{202}$，为从节点 101 找到锚点 $\boldsymbol{X}_0$；为了实现这一目的，假定其位于 201-202 面的中点处。使用此 $\boldsymbol{X}_0$ 的位置，节点 101 的局部切向平面与 201-202 面平行。总是在节点 101 和节点 201 以及 202 之间发生载荷传递，而无论节点 101 沿着局部切向平面滑动得多远。这样，如果节点 101 如图 5-14 所示那样运动，实际上，当它从组成主面 BSURF 的网格上滑落时，会将载荷连续地传递给节点 201 和 202。

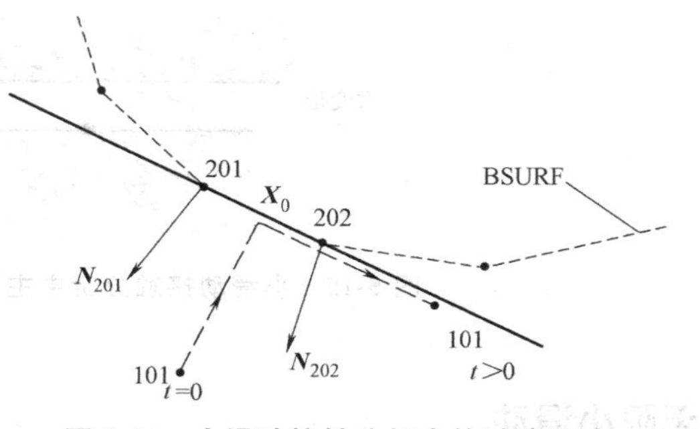

图 5-14 小滑动接触分析中的过渡滑动

考虑成小滑动的情况

小滑动接触仿真中的接触对不应与上述假设或者限制严重不符。遵循下面的准则：

• 从节点从它们的对应锚点处滑动的长度应当小于单元长度，并且将与它们的局部切向平面接触。如果主面是高度弯曲的，则从节点应当仅滑动单元长度的一部分。从节点处的累积滑动（CSLIP）可以很好地评估从节点移动了多远。

• 由 Abaqus/Standard 形成的局部切向平面应与网格几何形状良好近似。如果需要，可以定义一个用户指定的法向（“节点处的法向定义”，《Abaqus 分析用户手册——介绍、空间建模、执行与输出卷》的 2.1.4 节）来改善平滑变化的主面法向 $\boldsymbol{N}(\boldsymbol{x})$。

• 在分析过程中，主面的转动和变形不应影响局部切向平面表征主面的效果。

小滑动问题中主面和从面的选择

小滑动仿真应遵循“在 Abaqus/Standard 中定义接触对”（3.3.1 节）中给出的基本准则——从面应当是更加细化的面或者是更加可变形物体上的面。然而，在小滑动仿真中，定义主面时应考虑更多问题。在小滑动接触中，每个从节点将主面视为一个平面，该平面可能与面的真实形状有极大的不同，即使在靠近锚点的局部区域中也是这样。在某些情况中，局部切向平面是初始构型中主面的良好局部近似，但是主面的变形和转动可能会引起局部切向平面的重新定向，这样它们将无法良好地表征主面。图 5-15 所示为主面的扭曲产生这种面的例子。可以通过在主面上使用更加细化的网格在一定程度上减少此问题的出现，这就需要提供更多的单元面来控制切向平面运动。因为只发生小滑动，所以没有必要使用极度细化的网格。

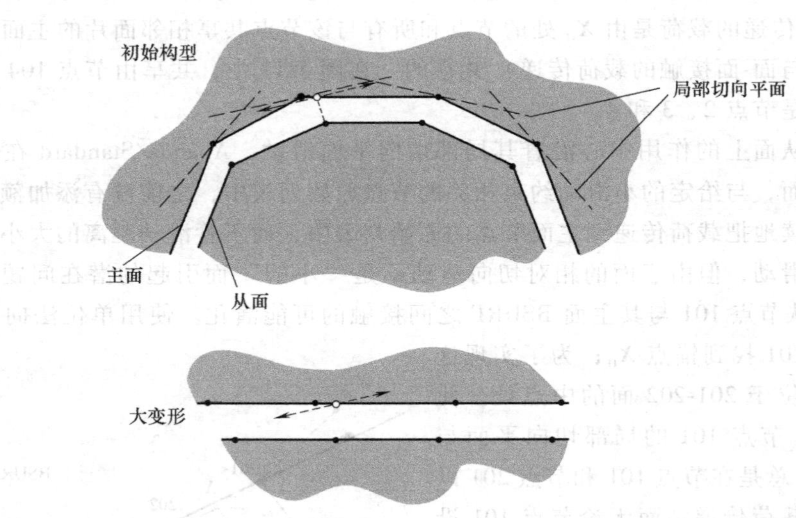

图 5-15 小滑动接触分析中主面的变形导致局部切向平面出现问题

无限小滑动

如前文所述，对于几何线性分析，可将小滑动追踪方法简化成无限小滑动追踪方法。无

限小滑动假设面的相对运动和模型的绝对运动都保持在较小的幅度。局部切向平面的方向是不进行更新的，并且无限小滑动仿真中的局部传递路径和赋予每个主面节点的权重保持不变。

类似于小滑动的情况，用户可以在使用无限小滑动追踪方法的节点-面和面-面离散化之间进行选择。所施加的用户界面相同，并且默认的是节点-面离散化。

面的局部切向方向

接触面的局部切向方向是 Abaqus 在接触相互作用中计算切向行为的参考方向。Abaqus/Standard 默认计算两个局部切向方向的初始方向。局部切向方向在几何非线性分析中随着接触面发生转动。

计算二维面的初始局部切向方向

二维和标准轴对称模型仅具有一个局部切向方向 $\boldsymbol{t}_1$。Abaqus/Standard 通过进入模型平面（0，0，1.0）的向量与接触法向向量的叉积来定义此方向。

包含广义的轴对称体的模型具有另一个局部切向方向 $\boldsymbol{t}_2$，用来考虑与接触体之间圆周扭转的相对差异相关的滑动分量。面上任何点处的第一个局部切向方向总是与局部 r-z 平面中的主面相切。另一个局部切向方向在局部圆周方向上与此平面正交。关于广义的轴对称模型的更多内容，见“选择单元的维数”中的“具有扭曲的广义轴对称应力/位移单元”（《Abaqus 分析用户手册——单元卷》的 1.1.2 节）。

计算三维面的初始局部切向方向

默认情况下，Abaqus/Standard 使用下面的约定确定两个局部切向方向 $\boldsymbol{t}_1$ 和 $\boldsymbol{t}_2$ 的初始方向：

- 有限滑动的面-面方程：两个局部切向方向的默认初始方向是以从面法向为基础的，为计算面切向使用标准的约定，假定接触法向对应从面的负法向（见“约定”，《Abaqus 分析用户手册——介绍、空间建模、执行与输出卷》的 1.2.2 节）。

- 有限滑动的节点-面方程：对于包含从面以三维梁类型单元为基础的接触，第一个和第二个局部切向方向分别是沿着梁的长度方向和梁的横向定义的；对于包含分析型刚性面和不是基于三维梁类型单元的从面的接触，第一个局部切向方向是与用来生成分析型刚性面的横截面相切的，第二个局部切向方向是与在其中发生接触的横截平面垂直的。

在其他情况中，两个局部切向方向的默认初始方向是通过首先计算试验性的 $\boldsymbol{t}_1$ 和 $\boldsymbol{t}_2$ 方向来计算得到的。对于基于单元的从面，试验性方向是以使用计算面切向的标准约定从面为基础的。对于基于节点的从面，试验性的 $\boldsymbol{t}_1$ 和 $\boldsymbol{t}_2$ 方向是在每个节点上进行设置的，且分别与整体 x 轴和 y 轴重合。Abaqus 构建 $\boldsymbol{t}_1$、$\boldsymbol{t}_2$ 和 $\boldsymbol{n}$ 的正交坐标系（其中 $\boldsymbol{n}=\boldsymbol{t}_1\times\boldsymbol{t}_2$），然后转动此正交坐标系，使 $\boldsymbol{n}$ 与主面上追踪点处的主面法向一致。

- 小滑动的面-面方程：两个局部切向方向的默认初始方向是以从面法向为基础的，遵循计算面切向的标准约定，除了包含分析型刚性面的接触，在此情况中，局部切向方向是以主面法向为基础的。

• 小滑动的节点-面方程：两个局部切向方向的默认初始方向是在主面的每个点上，基于主面的法向，使用计算面切向的标准约定计算得到的。

定义接触对中的面的其他初始局部切向方向

如果默认的局部切向方向不便于描述各向异性摩擦模型或者显示接触输出，则用户可以为三维接触对的面定义局部切向方向。用户不能为下面类型的面重新定义局部切向方向：

• 通用接触区域中的面。
• 分析型刚性面。
• 二维面。

用户通过将方向定义（见“方向”，《Abaqus 分析用户手册——介绍、空间建模、执行与输出卷》的 2.2.5 节）与接触对中的面相关联来定义局部切向方向。用户可以仅给接触对的一个面赋予方向。可以在其上定义方向的面与可以在其上计算默认方向的面是同一个面（见前面给出的约定）。例如，在可变形的有限滑动接触中，仅可以在变形的从面上定义一个方向。如果也给出了另一个方向，则发出一个错误信息。因此，不允许为可变形的从面与分析型刚性面之间的有限滑动接触重新定义局部切向方向。

在由三维杆类单元或者没有转动自由度的节点列表生成的接触对的从面上定义的方向，如果从面承受有限运动，则不会发生旋转。在此情况中，在输入过程中将发出一个警告信息。

输入文件用法： * CONTACT PAIR，INTERACTION = 相互作用属性名称
从面名称，主面名称，从面的方向
从面名称，主面名称，主面的方向

Abaqus/CAE 用法：在 Abaqus/CAE 中，用户不能为接触对定义其他局部切向方向。

局部切向方向的演化

对于几何非线性分析，局部切向方向随着面转动，在此面上，这些方向最初是由上述方向定义计算得到的或者重新定义的，但是除了局部切向方向随着主面转动的小滑动的面-面方程。当从节点接触时，这些已经转动的局部切向方向将发生进一步转动，以确保法向向量对应主面的法向，法向向量是使用转动的局部切向方向的叉积计算得到的。

5.1.2 Abaqus/Standard 中接触约束的施加方法

产品：Abaqus/Standard　Abaqus/CAE

参考

• “在 Abaqus/Standard 中定义通用接触相互作用”，3.2.1 节
• “在 Abaqus/Standard 中定义接触对”，3.3.1 节
• “力学接触属性：概览”，4.1.1 节

- “接触压力与过盈的关系”，4.1.2 节
- *SURFACE BEHAVIOR
- *CONTACT CONTROLS
- “定义通用接触”，《Abaqus/CAE 用户手册》的 15.13.1 节
- “定义面-面接触”，《Abaqus/CAE 用户手册》的 15.13.7 节
- “定义接触相互作用属性”，《Abaqus/CAE 用户手册》的 15.14.1 节

概览

Abaqus/Standard 中接触约束的施加方法：

- 指定成面相互作用定义的一部分。
- 决定施加了物理的压力-过盈关系的接触约束（见“接触压力与过盈的关系”，4.1.2 节）如何在分析中数值求解。
- 可以严格地或者近似地施加物理的压力与过盈关系。
- 可以对其进行更改来解决由过约束产生的收敛困难。
- 有时使用拉格朗日乘子自由度。

本节详细介绍了 Abaqus/Standard 中正常约束可以使用的约束施加方法。在 Abaqus/Standard 中独立于法向接触约束的那些方法来赋予摩擦约束实施方法，并且在“摩擦行为”（4.1.5 节）中对其进行了讨论。本部分也介绍了在接触计算中使用拉格朗日乘子方法。

Abaqus/Standard 中可以使用的约束施加方法

在 Abaqus/Standard 中有三个施加接触约束的方法：

- 直接法对每个约束都严格地施加给定的压力与过盈行为，不近似施加或者使用扩展迭代。
- 罚方法是硬接触的刚性近似。
- 扩展的拉格朗日方法使用与罚方法类型相同的刚性近似，但是也使用扩展迭代来改善近似施加约束时的精度。

默认的约束施加方法取决于相互作用特征，规则如下：

- 如果“硬”的压力与过盈关系是有效的，则有限滑动的面-面的接触（包括通用接触）默认使用罚方法。
- 如果“硬”的压力与过盈关系是有效的，则默认情况下，为使用节点-面离散化的三维自接触使用扩展的拉格朗日方法。
- 在所有其他情况中，默认使用直接法。

当选择接触施加方法时，用户应考虑下面的因素：

- “软”的压力与过盈关系的接触对必须使用直接法（见“接触压力与过盈的关系”，4.1.2 节）。
- 直接法严格地施加与约束方程一致的指定压力与过盈行为。
- 罚约束或者扩展的拉格朗日约束施加方法，有时以损失求解精度为代价（通常较小）来得到更有效率的解（通常由于降低了每次迭代的求解成本和减少了每次分析的整体迭代数量）。见下文中关于罚方法和扩展拉格朗日方法的讨论。

• 对于直接施加的硬接触，应避免由于接触定义重叠，或者接触同其他约束类型相互组合所引起的过约束（见“过约束检查”，2.6节）。

直接法

直接法严格地为每个约束施加给定的压力与过盈行为，不近似施加或者使用扩展迭代。

输入文件用法：同时使用以下选项：

*SURFACE INTERACTION，NAME=相互作用属性名称

*SURFACE BEHAVIOR，DIRECT

Abaqus/CAE 用法：Interaction module：contact property editor：Mechanical→Normal Behavior：Constraint enforcement method：Direct（Standard）

施加硬的压力与过盈行为的直接法

可以使用直接法来严格地施加“硬”的压力与过盈关系。在此情况中，总是使用拉格朗日乘子。

施加软化的压力与过盈关系的直接法

直接法是唯一可以用来施加“软”的压力与过盈关系的方法。直接法可以用来模拟软化的接触行为，而不管接触方程的类型如何。然而，使用容易出现过约束的接触方程来模拟刚性界面行为是比较困难的。如果压力与过盈曲线的斜率比基底单元所具有的刚度高出1000倍（如Abaqus/Standard所计算的那样），则使用拉格朗日乘子。因此，拉格朗日乘子的使用取决于接触压力。在“接触压力与过盈的关系”（4.1.2节）中，对软化的压力与过盈关系进行了更加详细的讨论。

直接法的局限性

因为接触约束的严格解释，采用直接施加方法的硬接触仿真对于过约束问题是敏感的。因此，使用节点-面离散化的三维自接触定义的接触对不能使用直接施加的硬接触。在这种情况中，用户可以采用其他施加方法，或者使用软化的压力与过盈关系的直接法。

使用对称的主-从接触对时，可能会遇到类似于过盈的问题（见“在Abaqus/Standard中定义接触对”中的“使用对称的主-从接触对改善接触模拟”，3.3.1节）。虽然这些接触对默认使用直接施加的硬接触，但建议用户采用其他施加方法或者使用软化的接触关系。

某些二阶单元面在直接施加硬接触关系后可能无法良好地运行。此问题的详细内容见“Abaqus/Standard中与接触模拟相关的常见困难”中的“使用二阶面和节点-面方程的三维面”（6.1.2节）。

罚方法

罚方法近似于硬的压力与过盈行为。使用此方法时，接触力与罚距离成比例，因此会发

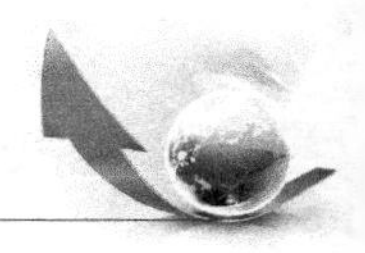

生一定程度的穿透。罚方法的优点如下：

- 与罚方法相关的数值软化可以缓解过约束问题，并减少分析所需的迭代数量。
- 使用罚方法可以避免使用拉格朗日乘子，从而可以改善求解效率。

选择一种罚方法

Abaqus/Standard 中的罚方法包括线性变化的罚方法和非线性变化的罚方法。使用线性罚方法时，罚刚度是不变的，因此压力与过盈的关系是线性的。使用非线性罚方法时，罚刚度在不变的低初始刚度与不变的高最终刚度之间的区域中线性地增加，产生了一种非线性的压力与过盈关系。默认的罚方法是线性的。

采用有默认设置的线性与非线性压力与过盈关系的对比如图 5-16 所示。

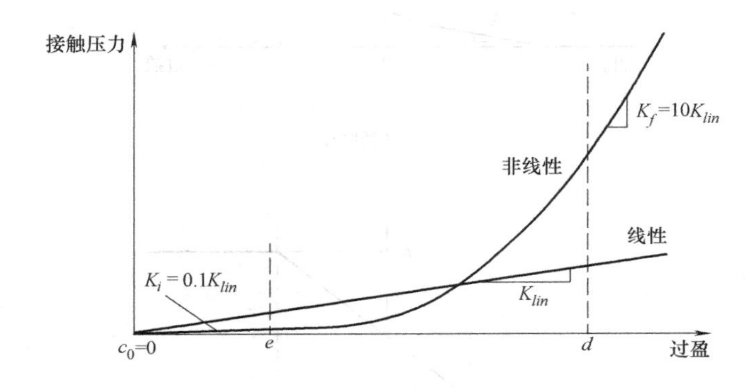

图 5-16　采用默认设置的线性与非线性压力与过盈关系的对比

线性罚方法

使用线性罚方法时，在默认情况下，Abaqus/Standard 将罚刚度设置成基底单元代表性刚度的 10 倍。用户可以缩放或者重新赋予罚刚度，如下文中“更改线性罚刚度”中所讨论的那样。由默认罚刚度产生的接触穿透将不会显著地影响绝大部分情况中的结果，然而，这些穿透有时会在一定程度上造成应力不精确（例如，使用位移控制的载荷和粗糙网格时）。默认为有限滑动的面-面接触方程使用线性罚方法。

输入文件用法：同时使用以下选项指定线性罚方法：

*SURFACE INTERACTION, NAME=相互作用属性名称

*SURFACE BEHAVIOR, PENALTY=LINEAR

Abaqus/CAE 用法：Interactionmodule：contact property editor：Mechanical→Normal Behavior：Constraint enforcement method：Penalty（Standard），Behavior：Linear

非线性罚方法

使用非线性罚方法，压力-过盈曲线将具有图 5-17 所示的四个不同区域。

- 无效接触区域：对于大于 c_0的间隙，接触压力保持为零。c_0的默认值是零。
- 不变的初始罚刚度区域：接触压力线性地变化，对于$-c_0 \sim e$ 范围内的穿透（过盈），斜率为 K_i。初始罚刚度的默认值等于代表性基底单元的刚度。e 的默认值是 Abaqus/Standard 计算的代表典型面片大小的特征长度的 1%。

• 刚化区域：对于 $e \sim d$ 范围内的穿透，接触压力快速变化，而穿透刚度线性地从 K_i 增加到 K_f。最终罚刚度 K_f 的默认值等于代表性基底单元刚度的100倍。d 的默认值是用来计算 e 默认值的相同特征长度的3%。

• 不变的最终罚刚度区域：接触压力线性地变化，对于大于 d 的穿透，斜率为 K_f。

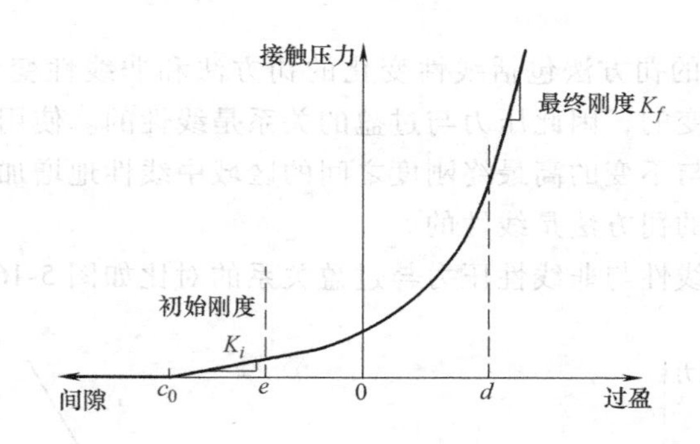

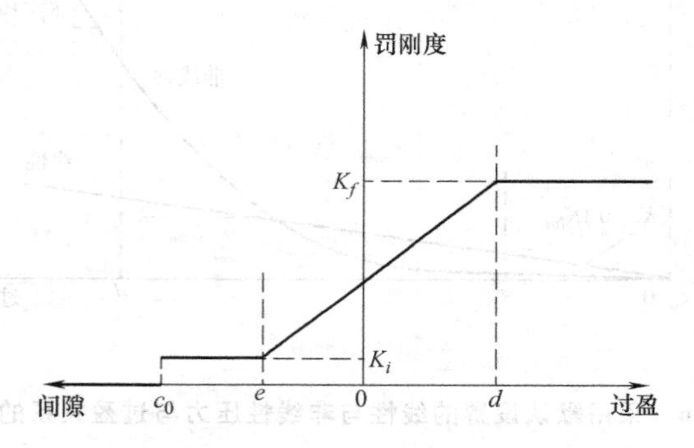

图 5-17　非线性罚方法的压力-过盈关系

低初始罚刚度通常导致牛顿相互作用的更好收敛和更好的鲁棒性；随着接触压力的建立，高的最终罚刚度可使过盈保持在一个可接受的水平上。

输入文件用法：同时使用以下选项指定非线性的穿透方法：

*SURFACE INTERACTION，NAME=相互作用属性名称

*SURFACE BEHAVIOR，PENALTY=NONLINEAR

Abaqus/CAE 用法：Interaction module：contact property editor：Mechanical→Normal Behavior：Constraint enforcement method：Penalty（Standard），Behavior：Nonlinear

更改罚刚度

如果用户需要研究更改罚刚度的影响，则通常建议考虑数量级大小的改变。默认情况下，使用拉格朗日乘子将罚刚度增加到上述限值以上。

更改线性罚刚度

作为面行为定义的一部分，用户可以指定线性罚刚度，通过指定接触压力为零处的间隙来转换压力-过盈关系，或者使用一个因子来缩放默认的或者指定的罚刚度。

输入文件用法：在面行为定义中更改线性罚行为：

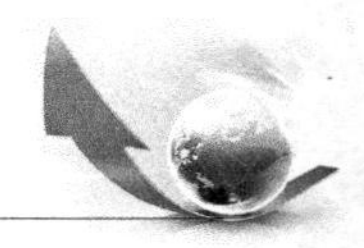

* SURFACE BEHAVIOR, PENALTY = LINEAR

罚刚度，零压力处的间隙，因子

Abaqus/CAE 用法：在面行为定义中更改线性罚行为：

Interactionmodule：contact property editor：Mechanical → Normal Behavior：Constraint enforcement method：Penalty（Standard），Behavior：Linear，Stiffness value：Specify：罚刚度，Stiffness scale factor：因子，Clearance at which contact pressure is zero：零压力处的间隙

更改非线性罚刚度

作为面行为定义的一部分，用户可以指定最终非线性罚刚度，通过指定压力为零处的间隙来转换压力-过盈关系，或者使用一个因子来缩放默认的或者指定的罚刚度。此外，用户可以直接控制初始罚刚度与最后罚刚度的比、比例因子以及确定 d 和 e 的比值。

输入文件用法：在面行为定义中更改非线性罚行为：

* SURFACE BEHAVIOR, PENALTY = NONLINEAR

最终罚刚度，零压力处的间隙，因子，比例因子上二次限，初始罚刚度与最终罚刚度的比，低二次限比

Abaqus/CAE 用法：在面行为定义中更改非线性罚行为：

Interaction module：contact property editor：Mechanical→Normal Behavior：Constraint enforcement method：Penalty（Standard），Behavior：Nonlinear，Maximum stiffness value：Specify：最终罚刚度，Stiffness scale factor：因子，Initial/Final stiffnessratio：初始罚刚度与最终罚刚度的比，Upperquadratic limit scale factor：比例因子的上二次限，Lowerquadratic limit ratio：较低的二次限比率，Clearance at which contact pressure is zero：零压力处的间隙

在步到步的基础上缩放罚刚度

用户也可以在步到步的基础上缩放罚刚度，此刚度将作为任何比例因子的一个附加乘子，作为面行为定义的一部分。

输入文件用法：在步-步基础上缩放罚刚度：

* CONTACT CONTROLS, STIFFNESS SCALE FACTOR = 因子

Abaqus/CAE 用法：在步-步基础上缩放罚刚度：

Interaction module：Abaqus/Standard contact controls editor：Augmented Lagrange：Stiffness scale factor：因子

调整第一个增量迭代上的罚刚度

在初始载荷作用下，如果接触状态在大部分接触区域中是变化的，则在分析的第一个增量中常常发生收敛困难。在不牺牲精度的条件下改善收敛行为的方法是在第一个增量的前几个迭代上使用弱化的罚刚度，在第一个增量的最后几个迭代和后续增量的所有迭代上恢复为默认罚刚度。在前面几个迭代上使用弱化的罚刚度有利于稳健地找到一个近似的接触状态分布，后面几个迭代的目标是得到一个精确的解，此解为第一个增量的收敛解。

输入文件用法：在第一个增量中弱化罚刚度：

* CONTACT CONTROLS, STIFFNESS SCALE
FACTOR = USER ADAPTIVE

罚方法的限制

脱胶面不能使用罚方法。

如果指定使用罚方法，则在分析步过程中总是按以下过程使用拉格朗日乘子：

• 定义敏感度分析（见“设计敏感度分析，”《Abaqus 分析用户手册——分析卷》的 14.1.1 节）。

• 直接的稳态动力学分析（见“直接求解的稳态动力学分析”，《Abaqus 分析用户手册——分析卷》的 1.3.4 节）。

• 准牛顿方法（见“非线性问题的收敛准则”，《Abaqus 分析用户手册——分析卷》的 2.2.3 节）。

如果已经使用面单元在子结构的外部定义了一个接触面（见“存在子结构的接触模拟”，3.3.9 节），Abaqus/Standard 会将基底单元的刚度设置为零。这将导致确定默认罚刚度时出现困难，并且可能导致分析过程中的数值问题。

扩展的拉格朗日方法

可以在减小罚距离的扩展迭代策略中使用线性罚方法。这种扩展的拉格朗日方法仅适用于硬压力-过盈关系。使用此方法时，每个增量上所发生的顺序如下：

1）Abaqus/Standard 使用罚方法找到一个收敛的解。

2）如果一个从节点对主面的穿透大于指定的穿透容差，则接触压力是“增广的”，并且执行其他系列的迭代，直到再次达到收敛。

3）Abaqus/Standard 继续提高接触压力，并找到对应的收敛解，直到实际的穿透小于穿透容差。

在某些情况中，增广的拉格朗日方法可能需要额外的迭代。然而，当穿透始终较小时，这种方法可以使接触条件的求解更加容易，并且可以避免产生过约束问题。使用节点-面离散化的三维自接触，默认采用增广的拉格朗日方法。

默认的罚容差是特征界面长度的千分之一，除了以下情况：

• 如果用户指定了一个小于 1.0 的罚刚度比例因子 f_k（使用下述界面），Abaqus/Standard 将使用因子$\frac{1}{\sqrt{f_k}}$（大于或者等于 1.0）自动减小默认的穿透容差。

• 有限滑动的面-面接触的默认罚容差是特征界面长度的 5%，与前面讨论的相同。

增广的拉格朗日方法的默认罚刚度是基底单元代表性刚度的 1000 倍。如果罚刚度超过由 Abaqus/Standard 计算得到的基底单元代表性刚度的 1000 倍，则为扩展拉格朗日方法使用拉格朗日乘子；否则，将不使用拉格朗日乘子。因此，对于具有默认罚刚度的扩展的拉格朗日方法，不使用拉格朗日乘子。

输入文件用法：同时使用以下两个选项：

* SURFACE INTERACTION, NAME = 相互作用属性名称

*SURFACE BEHAVIOR, AUGMENTED LAGRANGE

Abaqus/CAE 用法：Interactionmodule：contact property editor：Mechanical → Normal Behavior：Constraint enforcement method：Augmented Lagrange (Standard)

为扩展的拉格朗日方法更改穿透容差

用户可以通过指定一个绝对的或者相对的穿透容差，在步到步的基础上为扩展的拉格朗日方法更改穿透容差。相关的穿透容差是相对于由 Abaqus/Standard 计算得到的特征长度来指定的。默认的穿透容差在上文中进行了讨论。如果用户将罚刚度比例因子设置成小于 1.0 的值，则默认的穿透容差是自动增加的（也在上文中进行了讨论）。然而，Abaqus/Standard 将不调整任何直接指定的穿透容差。选择一个非常小的穿透容差可能会导致扩展迭代数量的显著增加。

输入文件用法：指定绝对穿透容差：

*CONTACT CONTROLS, ABSOLUTE PENETRATION TOLERANCE=容差

指定相对穿透容差：

*CONTACT CONTROLS, RELATIVE PENETRATION TOLERANCE=容差

Abaqus/CAE 用法：Interaction module：Abaqus/Standard contact controls editor：Augmented Lagrange：Penetration tolerance：Absolute：容差或者 Relative：容差

为扩展的拉格朗日方法更改罚刚度

类似于罚方法，用户可以指定罚刚度，通过指定零压力处的间隙来转换压力-过盈关系，或者使用作为面行为定义一部分的因子来缩放默认的或者指定的罚刚度。用户也可以在步到步的基础上降低罚刚度，此罚刚度将作为指定成面行为定义一部分的比例因子的附加乘子。选择一个非常低的罚刚度可能会导致扩展迭代数量的显著增加。

输入文件用法：在面行为定义中更改罚行为：

*SURFACE BEHAVIOR, AUGMENTED LAGRANGE

罚刚度，零压力处的间隙，因子

在步到步的基础上降低罚刚度：

*CONTACT CONTROLS, STIFFNESS SCALE FACTOR=因子

Abaqus/CAE 用法：在面行为定义中更改罚行为：

Interactionmodule：contact property editor：Mechanical → Normal Behavior：Constraint enforcement method：Augmented Lagrange (Standard), Stiffness value：Specify：罚刚度，Stiffness scale factor：因子，Clearance at which contact pressure is zero：零压力处的间隙

在步到步的基础上降低罚刚度：

Interaction module：Abaqus/Standard contact controls editor：Augmented Lagrange：Stiffness scale factor：因子

为扩展的拉格朗日方法更改允许增广的数量

用户可以为扩展的拉格朗日方法定义允许扩展的数量。

输入文件用法：＊CONTROLS，PARAMETERS=TIME INCREMENTATION

，，，，，，，，，，，，，，，I_A^c

Abaqus/CAE 用法：Abaqus/CAE 中不支持定义扩展的拉格朗日方法允许扩展的数量。

扩展的拉格朗日方法的局限性

扩展的拉格朗日方法不能用于脱胶面。

如果指定了使用扩展的拉格朗日方法，则在分析步过程中总是按以下步骤使用拉格朗日乘子：

- 定义敏感度分析（见“定义敏感度分析”，《Abaqus 分析用户手册——分析卷》的 14.1.1 节）。
- 直接稳态动力学分析（见“直接求解的稳态动力学分析”，《Abaqus 分析用户手册——分析卷》的 1.3.4 节）。
- 准牛顿方法（见“非线性问题的收敛准则”，《Abaqus 分析用户手册——分析卷》的 2.2.3 节）。

如果已经使用面单元在子结构的外部定义了一个接触面（见“存在子结构的接触模拟”，3.3.9 节），则 Abaqus/Standard 将基底单元的刚度设置成零。这将导致确定默认罚刚度时出现困难，并且可能导致分析过程中的数值问题。

通过不同方法使用拉格朗日乘子自由度

使用拉格朗日乘子自由度来施加接触约束将显著增加求解成本。但是，如果高的接触刚度有效的话，这种方法可以避免与可能存在的不良条件有关的数值错误。Abaqus/Standard 根据接触刚度与基底单元刚度之比，自动选择约束方法是否使用拉格朗日乘子。表 5-3 总结了拉格朗日乘子的使用准则。拉格朗日乘子不用于与硬接触近似的罚和扩展的拉格朗日方法相关的默认接触刚度。任何与接触相关的拉格朗日乘子仅对于有效的接触是存在的，这样，方程的数量将随着接触状态的变化而变化。

表 5-3　约束施加方法中拉格朗日乘子的使用准则

约束方法	使用拉格朗日乘子	
	是	否
直接，硬接触	总是	从不
直接，指数软化的接触	如果 $k>1000k_e$	如果 $k\leqslant1000k_e$
直接，线性软化的接触	如果 $k>1000k_e$	如果 $k\leqslant1000k_e$
直接，表格软化接触	如果 $k>1000k_e$	如果 $k\leqslant1000k_e$
罚，硬接触	如果 $k_{penalty}>1000k_e$	如果 $k_{penalty}\leqslant1000k_e$
扩展的拉格朗日，硬接触	如果 $k_{penalty}>1000k_e$	如果 $k_{penalty}\leqslant1000k_e$

注：1. k=压力-过盈曲线的斜率；$k_{penalty}$=罚刚度；k_e=基底单元的刚度。

2. 总是在下列情况中使用拉格朗日乘子，而不管约束施加方法或者刚度如何：定义灵敏度分析、直接的稳态动力学分析、使用准牛顿方法的分析。

5.1.3 在 Abaqus/Standard 中平滑接触面

产品：Abaqus/Standard　　Abaqus/CAE

参考

- “在 Abaqus/Standard 中定义通用接触相互作用”，3.2.1 节
- “在 Abaqus/Standard 中定义接触对”，3.3.1 节
- *CONTACT
- *CONTACT PAIR
- *SURFACE PROPERTY ASSIGNMENT
- *SURFACE SMOOTHING

概览

使用有限单元方法，可以将弯曲的几何面自然地近似成连接单元面的一个面片组。使用面片化的面几何形状，而不是真正的面几何形状，将在极大程度上造成接触界面中不精确的接触应力，尤其是在面片化的面和真实面之间的差异，相对于接触组成部分的变形较大的时候。接触应力输出是许多 Abaqus/Standard 应用中的首要问题。例如，接触压力分布可以用来确定磨损形式，压力峰值可以用来确定机械零件的相对寿命。另外，表面面片边界处的面法向方向上的不连续会在一定程度上造成收敛困难。

Abaqus/Standard 提供一些技术，对分析过程中与接触相互作用中的面片化的面有关的精度收敛困难进行克服。这些技术允许在分析中，将具有不连续面法向的离散化的面，变成更加接近具有连续法向的平滑面行为。节点-面接触中使用的平滑技术，与面-面和通用接触中使用的平滑技术不同：

- 默认情况下应用节点-面接触平滑，并且应用于整个主面。
- 默认情况下不应用面-面接触平滑，但是可将其应用到几何形状大体上是轴对称的任何面区域。

面-面接触通常能得到最精确的结果。

为节点-面接触对平滑主面

节点-面接触对中的面平滑改善了数值稳定性，有时也可以改善求解精度。从节点沿着主面运动，往往会因为“困在”尖锐的拐角上而产生收敛困难。对于此行为，Abaqus/Standard 自动地平滑节点-面接触对中的主面。此平顺技术根据面类型重新计算沿着面片边界的主面法向，并会影响面的几何形状。节点-面接触方程平顺的详细内容见“Abaqus/Standard 中的接触方程”中的“有限滑动的节点-面方程的平滑主面”（5.1.1 节），以及

“Abaqus/Standard 中的接触方程”中的“使用小滑动追踪方法”（5.1.1 节）。

为面-面接触平滑接触面

面-面接触中的平滑面，对于保证分析的收敛性通常并非必要的，默认情况下不对这些面施加平滑。然而，为了改善面-面接触相互作用中的轴对称（或者接近轴对称）的面接触应力和压力精度，可以选择使用平滑技术。

可以对特定的面区域施加面-面接触平滑。这些区域必须是近似轴对称的（面上的所有点关于同一个轴近似对称）或者大体上是球形（面上的所有点关于同一个点近似等距）。图 5-18所示的销插入模型可以使用面-面接触平滑：销体和孔是轴对称的面，并且销的头部是一个球面。如果面不是完全的轴对称形状或者球形，面-面接触平滑也可以是有效的，例如，当销体有较小的椭圆度时。

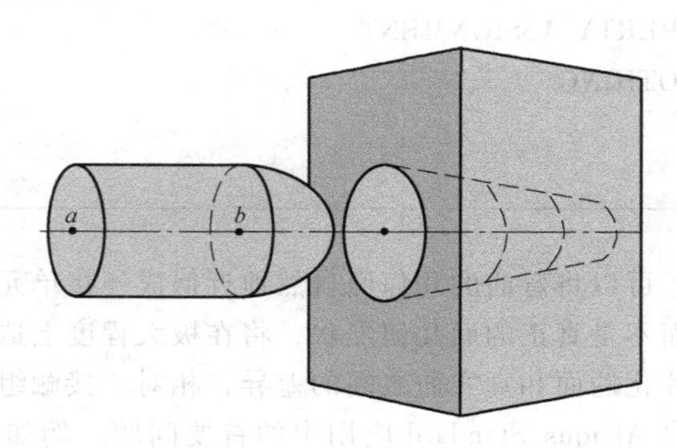

图 5-18　使用面-面接触平滑模型

对面-面接触对应用接触平滑

接触对的面-面接触平滑是通过创建一个面平滑定义来启用的。接触对定义参考此平滑定义在接触方程中（模型的物理几何形状是不改变的）施加的几何校正。

面平滑定义列出了接触对的面中必须平滑的所有面片化区域，以及对每个区域应当应用的几何校正方法。可以采用三个几何校正方法：

- 圆周平滑方法，用于近似二维中圆的一部分或者三维中回转面的一部分面。
- 球平滑方法，用于近似三维中球体的一部分面。
- 圆环平滑方法，用于近似三维中圆环（关于一根轴回转的圆弧）的一部分面。

每个面-面接触对参考一个单独的平滑定义，因此，平滑定义中必须列出所有的平滑区域和接触对可应用的几何校正方法。几何校正可以施加到主面和从面上，用户也可以对每个面的所选区域应用几何校正。面平滑定义中可以包含多个区域和每个区域上的不同几何校正方法。用户必须为每个区域指定合适的几何校正方法和近似回转轴（对于圆周或者圆环平滑）或者近似的球心（球平滑）。对于圆环平滑，用户还必须知道圆弧中心与回转轴之间的距离，并且连接点（X_a，Y_a，Z_a）与圆弧中心的线段应当垂直回转轴。

输入文件用法：同时使用以下两个选项施加面-面接触平滑：

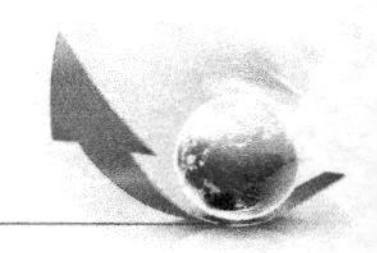

*CONTACT PAIR, GEOMETRIC CORRECTION=平滑名称
*SURFACE SMOOTHING, NAME=平滑名称
定义平滑区域的数据行（见下文）
使用以下数据行为对称轴通过点（X_a，Y_a，Z_a）和（X_b，Y_b，Z_b）的面施加圆周平滑：
从区域，主区域，CIRCUMFERENTIAL，X_a，Y_a，Z_a，X_b，Y_b，Z_b
使用以下数据行对球心为点（X_a，Y_a，Z_a）的面区域施加球平滑：
从区域，主区域，SPHERICAL，X_a，Y_a，Z_a
使用以下数据行为对称轴通过点（X_a，Y_a，Z_a）和（X_b，Y_b，Z_b），回转圆弧中心与对称轴之间的距离为 R 的面区域施加圆环平滑：
从区域，主区域，TOROIDAL，X_a，Y_a，Z_a，X_b，Y_b，Z_b，R
按需要重复数据行，为接触对中的所有面定义合适的几何校正。

Abaqus/CAE 用法：Abaqus/CAE 可以自动确定接触相互作用中适合接触平滑的圆周或者球形面，并且施加必要的几何校正方法。

Interaction module：contact interaction editor：Surface Smoothing：Automatically smooth geometry surfaces

面-面接触平滑不能施加到采用孤立网格的模型上的面。在 Abaqus/CAE 中不允许定义圆环面平滑。

实例

要改善图 5-18 所示模型中的接触压力精度，可以对主面和从面同时施加接触平滑。为销（从面）使用两种不同的几何校正方法，这样对应从面的区域定义了附加面。为销的头部定义了球平滑。因为销体和孔共享一根回转轴，对这些面应用了同一种圆周平滑技术。即使销和孔的横截面形状不完全为圆形，也可以应用此面平滑定义。

```
*CONTACT PAIR, TYPE=SURFACE TO SURFACE, INTERACTION=FRICTION1,
   GEOMETRIC CORRECTION=SMOOTH1
PIN, HOLE
*SURFACE INTERACTION, NAME=FRICTION1
*SURFACE SMOOTHING, NAME=SMOOTH1
PIN_TIP, , SPHERICAL, Xb, Yb, Zb
PIN_BODY, HOLE, CIRCUMFERENTIAL, Xa, Ya, Za, Xb, Yb, Zb
```

对通用接触中的面应用接触平滑

用户可以为使用面属性赋予的通用接触区域中的面指定接触平滑。一个单独的面属性赋予可以指定对所有面进行平滑，以及适用于每个面的几何校正方法。通用接触使用与接触对相同的几何校正方法：

- 圆周平滑方法，用于近似二维中圆的一部分或者三维中回转面的一部分面。
- 球平滑方法，用于近似三维中球的一部分面。
- 圆环平滑方法，用于近似三维中圆环（关于一根轴回转的圆弧）的一部分面。

用户必须为每个面指定合适的几何校正方法和近似的回转轴（对于圆周或者圆环平滑）

或者近似的球心（对于球平滑）。对于圆环平滑，用户还必须指定圆弧的中心与回转轴之间的距离，并且连接点（X_a，Y_a，Z_a）和圆弧中心的线段应当垂直于回转轴。

输入文件用法：*SURFACE PROPERTY ASSIGNMENT, PROPERTY=GEOMETRIC CORRECTION

定义平滑区域的数据行（见下文）

使用以下数据行为对称轴通过点（X_a，Y_a，Z_a）和（X_b，Y_b，Z_b）的面应用圆周平滑：

面，CIRCUMFERENTIAL，X_a，Y_a，Z_a，X_b，Y_b，Z_b

使用以下数据行对球心为点（X_a，Y_a，Z_a）的面应用球平滑：

面，SPHERICAL，X_a，Y_a，Z_a

使用以下数据行为对称轴通过点（X_a，Y_a，Z_a）和（X_b，Y_b，Z_b），回转圆弧中心与对称轴之间的距离为 R 的面应用圆环平滑：

面，TOROIDAL，X_a，Y_a，Z_a，X_b，Y_b，Z_b，R

按照需要重复数据行，为接触区域中的所有面定义合适的几何校正。

Abaqus/CAE 用法：在 Abaqus/CAE 中，仅对本地的几何模型应用接触面平滑。默认情况下，Abaqus/CAE 自动检测通用接触区域中可以平滑的所有圆周和球形面，并且对其施加合适的平滑。

使用以下选项防止模型的自动面平滑：

Interaction module：Create Interaction：General contact（Standard）：Surface Properties：Surface smoothing assignments：Edit：切换关闭 Automatically assign smoothing for geometric faces

使用以下选项对一个面手动地施加平滑：

Interaction module：Create Interaction：General contact（Standard）：Surface Properties：Surface smoothing assignments：Edit：

选择面，单击箭头将面传递到平滑赋予列表中。

在 Smoothing Option 列中，选择 REVOLUTION 来施加圆周平滑，选择 SPHERICAL 来施加圆平滑，或者选择 NONE 来防止面平滑。

Abaqus/CAE 中不能定义圆环面平滑。

使用面-面接触平滑时需要考虑的问题

面-面接触平滑技术假设面节点的初始位置位于真实的初始面几何形体上，除了高阶单元的中节点以外。即使高阶单元的中节点不位于真实的初始几何形体上（使用 Abaqus/CAE 划分网格的模型，中节点总是位于真实的初始几何形体上，但是使用其他网格划分前处理器时则并非总是如此情况），此平滑技术依然保持有效。

面-面接触平滑的影响对于包含小变形和在接触区域中使用一阶单元粗糙网格离散化的分析是非常显著的；当网格非常细化，或者使用了高阶单元时，也可以显著改善接触应力的解。对于具有大变形的分析，此平滑技术通常对求解没有明显的影响。在一些情况中，平滑甚至会降低大变形后的求解精度。因此，对于大变形分析，不推荐使用面-面接触平滑。面-面接触平滑的有效性在接触面之间的相对运动中不降低；例如，平滑技术对于包含大滑动及

小变形的情况是工作良好的。

接触面平滑的作用

可以通过使用不同大小一阶单元模拟的同轴圆柱之间的界面配合简单模型，来说明接触面平滑的作用，如图 5-19 所示。真实的面几何形体与面片化的面几何形体之间的差异，造成了接触压力求解中的噪声。如果界面距离和产生的变形距离关于几何的差异是较小的，则此噪声将对求解精度产生显著的影响。虽然面-面接触通常能够比节点-面接触更好地处理这些差异，偏离分析压力解的最大差异通常不会达到 100%。噪声对大变形的影响不明显，但是无法完全消除其影响。

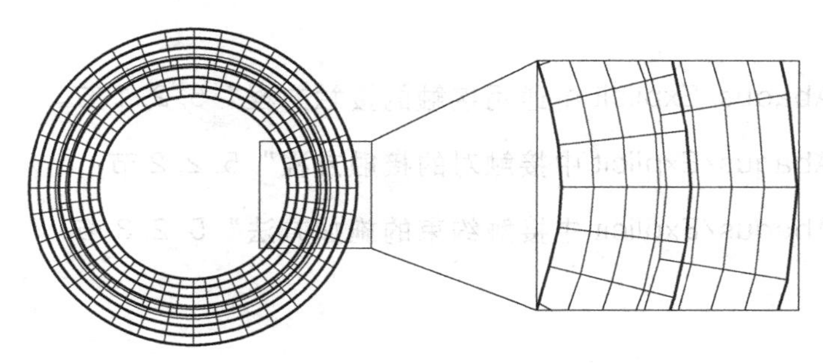

图 5-19　界面配合模型的初始网格几何形体

使用面-面接触对模拟界面配合，并使用圆周节点平滑持续地得到 3%分析解范围内的低噪声结果，而不管界面之间距离的大小。对于小变形分析，其影响是十分明显的；对于大变形，也可以观察到一些改善。

对于节点-面接触对，在二维模型中，将平滑因子增加到最大值 0.5，会轻微地降低压力求解中的噪声；在三维模型中，增加平滑因子对精度的影响较小，因为三维节点-面平滑不对物理面进行平滑。更多内容见“Abaqus/Standard 中的接触方程”中的“有限滑动的节点-面方程的平滑主面”（5.1.1 节）。

5.2 Abaqus/Explicit 中的接触方程和数值方法

5.2.1 Abaqus/Explicit 中通用接触的接触方程

产品：Abaqus/Explicit　　Abaqus/CAE

参考

- “在 Abaqus/Explicit 中定义通用接触相互作用”，3.4.1 节
- *CONTACT
- *CONTACT FORMULATION
- “为通用接触指定主-从赋予”，《Abaqus/CAE 用户手册》的 15.13.6 节

概览

在 Abaqus/Explicit 中，与通用接触算法一起使用的接触方程：

- 包括接触面权重、面极性和滑动方程。
- 可以选择性地在通用接触区域的具体区域中施加。

通用接触方程使用罚方法在面之间施加接触约束，约束实施见“Abaqus/Explicit 中接触约束的施加方法”(5.2.3 节)。

指定接触方程

目前，用户仅可以指定通用接触算法的接触面权重和极性。接触方程可以在通用接触相互作用是有效的所有分析步中传递。

用来指定应当赋予非默认接触方程的区域面名称，不必与用来指定通用接触区域的面名称相对应。在许多情况中，为一个较大的区域定义接触相互作用，而将一个非默认的接触方程赋予此区域的一个子集。忽略位于通用接触区域之外的接触方程赋予。如果指定的区域重叠，则将优先考虑最后的赋予。

输入文件用法：*CONTACT FORMULATION

此选项必须与 *CONTACT 选项结合使用。对于 TYPE 参数的每一个值，它在每个步上至多只能出现一次。可以根据需要重复数据行来给不同的区域赋予接触方程。

Abaqus/CAE 用法：Interaction module：Create Interaction：General contact (Explicit)：Contact Formulation

接触方程权重

通常，有限单元模型中的接触约束是以一种离散方式施加的，这意味着对于硬接触，约

束一个面上的节点不穿透其他面。在纯粹的主-从接触中，受约束的节点是从面的一部分，与其相互作用的面称为主面。对于平衡的主-从接触，Abaqus/Explicit 以罚力的形式，为接触中的每个面集计算两次接触约束：第一次将第一个面作为主面，第二次将另外一个面作为主面。接触相互作用使用两个校正（或者力）的加权平均。

平衡的主-从接触可使接触体的穿透最小化，并且在绝大部分情况中，可以更好地施加接触约束和得到更加精确的结果。在纯粹的主-从接触中，原理上主面上的节点可以穿透无阻碍的从面（图 5-20）。

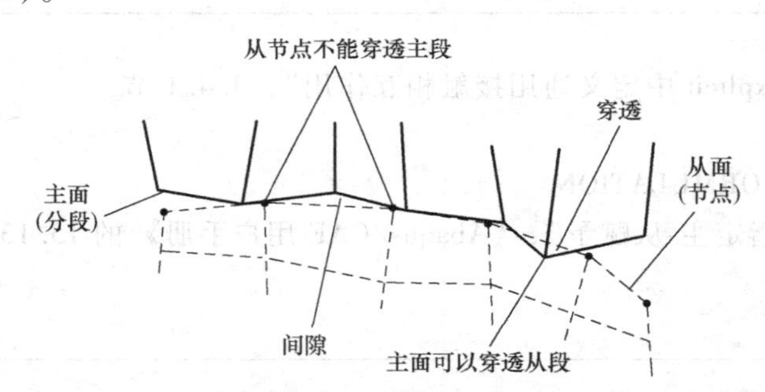

图 5-20　在纯粹的主-从接触中，由粗糙离散化引起的主面穿透进入从面

在任何可能的情况下，Abaqus/Explicit 中的通用接触算法将使用平衡的主-从权重。纯粹的主-从权重用在包含基于节点的面的接触相互作用中，此基于节点的面可以仅作为纯粹的从面，但在包含分析型刚性面的接触相互作用中，此分析型刚性面仅作为纯粹的主面。基于面的胶粘行为也总是使用纯粹的主-从算法。然而，用户也可以为其他相互作用指定纯粹的主-从加权。

对于边-边接触，没有主-从关系，两条接触边都赋予相等的权重。

为节点-面接触指定纯粹的主-从权重

用户可以指定对于节点-面接触，通用接触相互作用应当使用纯粹的主-从加权。此指定对边-边接触没有影响，并且不能将基于节点的面作为主面。当两个初始平面相互接触时，与平衡的主-从权重相比，使用纯粹的主-从权重可以在将更加细化的面作为从面的场合，产生更加一致的穿透距离分布（和由此导致的压力分布）。如果接触面的网格密度显著不同，则会更加明显——使用平衡的权重时，在网格划分粗糙的面的节点附近，接触穿透将偏小。

Abaqus/Explicit 将为主-从方向与所指定方向相反的面自动生成接触排除。这样，将为重合的两个面的任何区域排除节点-面自接触。例如，指定面 *A* 与面 *B* 之间的通用接触相互作用，将面 *A* 作为从面的纯粹主-从权重，与面 *B* 上节点接触的面 *A* 将产生内部生成的排除；对于面 *A* 与面 *B* 之间重叠的区域，将排除节点-面自接触。如果省略了第二个面的名称，或者第二个面的名称与第一个面的名称一样，则将发出一个警告信息，因为此输入将为面产生节点-面的自接触排除。

输入文件用法：使用以下选项来指定将第一个面考虑成从面（默认的）：

```
*CONTACT FORMULATION, TYPE=PURE MASTER-SLAVE
面_1, 面_2, SLAVE
```

使用以下选项来指定将第一个面考虑成主面：

* CONTACT FORMULATION, TYPE=PURE MASTER-SLAVE

面_ 1, 面_ 2, MASTER

如果省略了第一个面的名称，则假设默认面包含整个通用接触区域。必须指定第二个面的名称。

Abaqus/CAE 用法：Interaction module：Create Interaction：General contact（Explicit）：Contact Formulation：Pure master-slave assignments：Edit：

在左面的列中选择面，单击中间的箭头将其传递到主-从赋予列表中。

在 First Surface Type 列中输入 SLAVE，指定将第一个面考虑成从面；输入 MASTER，指定将第一个面考虑成主面。

接触面极性

默认情况下，为了实现接触，通用接触考虑包含指定面中所有双侧单元的两侧面（忽略双侧单元的侧标签）。此默认情况可以被节点-面和欧拉-拉格朗日接触覆盖，并且在一些情况中，将产生更加精确的接触施加。

对于边-边接触不考虑面极性，包括在实体单元的面上激活的边。

为节点-面和欧拉-拉格朗日接触指定面极性

要改变双侧单元的极性，接触算法会将双侧单元作为实体单元处理。如果从节点有可能被困在节点-面接触中的面之后，或者包含在欧拉-拉格朗日接触中双侧面一侧的材料有可能泄漏到另一侧，则可以通过将双侧单元转换为单侧单元来获得更高的精度。如果为所有面是欧拉材料面的接触，将双侧拉格朗日面转化成单侧面，则也可以在欧拉-拉格朗日接触上观察到性能和内存使用上的改善。

输入文件用法：使用以下选项来指定第二个面的定义中指定的单元两侧（双侧）与第一个面接触：

* CONTACT FORMULATION, TYPE=POLARITY

面_ 1, 面_ 2

使用以下选项来指定第二个面中（双侧）单元的 SPOS 侧与第一个面接触：

* CONTACT FORMULATION, TYPE=POLARITY

面_ 1, 面_ 2, SPOS

使用以下选项来指定第二个面中（双侧）单元的 SNEG 侧与第一个面接触：

* CONTACT FORMULATION, TYPE=POLARITY

面_ 1, 面_ 2, SNEG

使用以下选项来指定第二个面中（双侧）单元的两侧与第一个面接触：

* CONTACT FORMULATION, TYPE=POLARITY

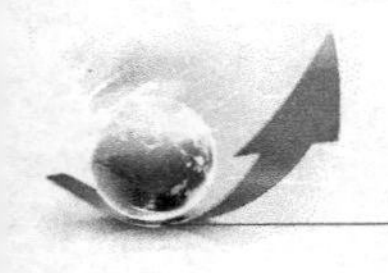

面_ 1，面_ 2，TWO SIDED

如果省略了第一个面的名称，则假设默认面包含整个通用接触区域。必须指定第二个面的名称。

滑动方程

对于 Abaqus/Explicit 中的通用接触，目前仅可以使用有限滑动方程。此方程允许接触中的面任意分离、滑动和转动。对于优先使用小滑动或者无限小滑动的情况，应当采用接触对算法（见“Abaqus/Explicit 中接触对的接触方程”，5.2.2 节）。

Abaqus/Explicit 的作用是仿真高度非线性的事件或者过程。因为面上的一个节点有可能接触对面面上的任何面片，所以 Abaqus/Explicit 必须使用追踪面运动的复杂追踪搜索算法。有限滑动接触搜索算法是稳健的，并且计算效率较高。此算法假设面之间的增量相对切向运动没有明显地超出主面面片的尺寸，但是对于面之间的整体相对运动没有限制。因为显式动态分析中使用的是小时间增量，所以增量运动很少超出面片尺寸。在包含相对面速度超出材料波速的情况中，可能需要减小时间增量。

当首先引入接触相互作用时，接触搜索算法使用整体搜索，然后使用分层的整体/局部搜索算法。搜索算法不需要用户控制。

5.2.2 Abaqus/Explicit 中接触对的接触方程

产品：Abaqus/Explicit Abaqus/CAE

参考

- “面：概览”，《Abaqus 分析用户手册——介绍、空间建模、执行与输出卷》的 2.3.1 节
- “在 Abaqus/Explicit 中定义接触对”，3.5.1 节
- * CONTACT PAIR
- “定义面-面接触”，《Abaqus/CAE 用户手册》的 15.13.7 节

概览

Abaqus/Explicit 中接触对算法的接触方程包括：

- 接触面权重（平衡的或者纯粹的主-从权重）。
- 滑动方程（有限的、小的或者无限小的）。

用户也可以指定在接触对中施加接触约束的方法，见“Abaqus/Explicit 中接触约束的施加方法”（5.2.3 节）。

接触面权重

在 Abaqus/Explicit 中，纯粹的主-从和平衡的主-从接触算法均可以使用。默认情况下，Abaqus/Explicit 根据形成接触对的两个面的本质，以及使用的是接触约束的运动施加还是罚施加，来决定对于给定的接触对应当使用哪一种算法。用户可以在某些情况中覆盖默认选项。

接触对权重的默认选择

默认情况下，在下面的情形中，Abaqus/Explicit 使用纯粹的主-从运动接触算法（将列出的每一种情形中的第一个面指定成主面）：

- 当刚性面与可变形的面接触时。
- 当基于单元的面与基于节点的面接触时。
- 当基于连续单元的面与基于壳或者膜单元的面接触时。

默认情况下，在下面的情形中，Abaqus/Explicit 使用平衡的主-从运动接触算法：

- 当单独的面与其自身接触时（自接触或者单面接触）。
- 当两个使用类似单元网格划分的可变形面（即两个面都具有壳或者膜，或者两个面都具有连续单元）彼此接触时。

如果指定了罚接触算法，则默认在下面的情形中，Abaqus/Explicit 使用纯粹的主-从权重（将列出的每一种情形中的第一个面指定成主面）：

- 当分析型刚性面与可变形的面接触时。
- 当分析型刚性面或者基于单元的面与基于节点的面接触时。

如果指定了罚接触算法，则默认在下面的情形中，Abaqus/Explicit 选择平衡的主-从权重：

- 当单独的面与其自身接触时（自接触或者单面接触）；
- 当两个基于单元的面彼此接触时。

平衡的主-从权重意味着由两个接触计算集所产生的校正是等权重的。

更改接触对权重的默认选择

当选择了运动接触方法时，仅当两个分离的基于单元的可变形面彼此接触时，用户才能覆盖默认的接触对权重。此情形对应前文中给出运动接触的每一个列表中的最后一种情形。

在决定是否覆盖默认选项时，应当考虑以下几个方面。首先，平衡的主-从接触算法需要更多的计算时间，但是它通常更加精确；其次，当密度在数量级上相差明显时，应将密度较小的物体作为纯粹的从面，因为如果将密度较大的物体面作为纯粹的从面，则会产生接触噪声；最后，为避免硬接触中的显著穿透，不应将具有更细化网格的面作为纯粹主-从接触对中的主面。

当选择了罚接触方法时，用户可以选择指定纯粹的主-从权重来减少计算时间。当两个初始平面彼此接触时，与平衡的主-从权重相比，使用纯粹的主-从权重，可以产生更加均匀的穿透距离分布（以及由此产生的压力分布）。如果接触面的网格密度明显不同，则以下情况尤为明显：使用平衡的主-从权重时，网格划分粗糙的面的节点附近，接触穿透较小。然

而，在绝大部分情况中，平衡的主-从加权提供实施得更好的接触约束。

用户可以定义一个权重因子 f 来指定主-从权重。设置 $f=1.0$ 来指定接触对中的第一个面为主面，第二个面是从面；设置 $f=0.0$ 来指定接触对中的第一个面是从面，第二个面为主面。指定 f 为 0~1.0 之间的值，可调用平衡的主-从接触算法。对于平衡的主-从接触，f 的默认值为 0.5，Abaqus/Explicit 相等地加权校正每一个设置。相比较而言，Abaqus/Standard 使用纯粹的主-从接触算法，且必须总是首先给出从面，如上面 $f=0.0$ 的情况。

输入文件用法：＊CONTACT PAIR，WEIGHT=f

Abaqus/CAE 用法：Interaction module：interaction editor：Weighting factor Specify f

滑动方程

在 Abaqus/Explicit 中，对于形成接触对的两个面之间的相对运动，有三种滑动方程：

- 有限滑动方程是最通用的，并且允许面之间的任意运动。
- 小滑动方程假设虽然两个体可以承受大运动，但是一个面沿着另一个面的滑动幅度将相对较小。
- 无限小滑动和转动方程假设面的相对运动和接触体的绝对运动幅度都是较小的。

对于使用罚接触算法的接触对，或者包含自接触或分析型刚性面的接触对，不能使用小滑动和无限小滑动方程。

使用有限滑动方程

有限滑动方程允许面之间的任意分离、滑动和转动。Abaqus/Explicit 默认使用此方程。对于自接触或者包含分析型刚性面的接触，只能使用有限滑动方程。

输入文件用法：＊CONTACT PAIR

Abaqus/CAE 用法：Interaction module：interaction editor：

Sliding formulation：Finite sliding

实例

下面的输入文件定义了面 ASURF 和面 BSURF 之间的有限滑动接触（图 5-21），其中面 ASURF 为从面：

```
＊SURFACE，NAME=ASURF
ESETA，
＊SURFACE，NAME=BSURF
ESETB，
＊CONTACT PAIR，INTERACTION=PAIR1，WEIGHT=0.0
ASURF，BSURF
＊SURFACE INTERACTION，NAME=PAIR1
```

在图 5-21 所示的例子中，节点 101 可以沿着主面 BSURF 的任何位置发生接触。接触时，将接触约束成沿着 BSURF 滑动，而不考虑此面的方向和变形。这种行为是可能发生的，因为随着体变形，Abaqus/Explicit 将追踪节点 101 相对于主面 BSURF 的位置。图 5-22 所示

为节点 101 与其主面 BSURF 之间接触的可能演化。在时间 t_1时，节点 101 与将节点 201 和节点 202 作为端点的单元面接触。此时，仅在节点 101 与节点 201 和节点 202 之间发生载荷传递。在时间 t_2时，节点 101 与将节点 501 和节点 502 作为端点的单元面接触。这时将在节点 101 与节点 501 和 502 之间发生载荷传递。

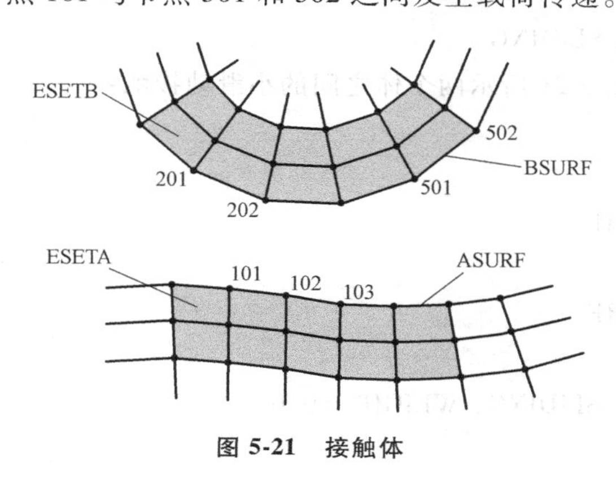

图 5-21 接触体

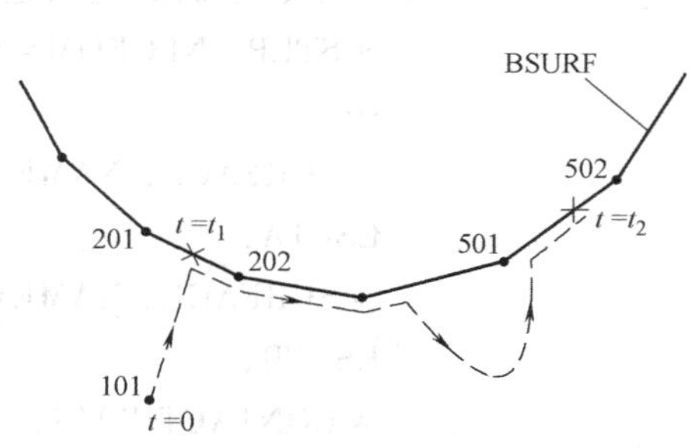

图 5-22 节点 101 在有限滑动接触中的轨迹

几何线性分析中的有限滑动

有限滑动仿真通常包含非线性几何影响，因为这样的仿真通常包含大变形和大转动。然而，也可以在几何线性分析中使用有限滑动方程（见“通用和线性摄动过程”中的“几何非线性”，《Abaqus 分析用户手册——分析卷》的 1.1.3 节）。面之间的载荷传递路径和接触方向在有限滑动的几何线性分析中得到更新。此功能可用于分析不承受大转动的两个刚体之间的有限滑动。

使用小滑动方程

对于许多类型的接触问题，即使必须考虑几何非线性，也不需要使用有限滑动方程的通用追踪功能。Abaqus/Explicit 为这样的问题提供了小滑动接触方程。此方程假设面可以承受任意大的转动，但是从节点将在整个分析中与主面的相同局部区域接触。必须在仿真的第一个步中定义使用小滑动方程的接触对，虽然它们可能是在第一步之后才保持激活的。

在一个应当使用小滑动接触方程的步中，应当使用一个大位移方程（默认的）。

在小滑动分析中，每个从节点与其自身在主面上的局部切向平面中相互作用（图 5-23）。将此从节点约束成不穿透此局部切向平面。在二维上，局部切向平面是一条线，它是通过主面上的锚点 $\boldsymbol{X}_0$ 和该锚点处的方向向量来定义的，如图 5-23 所示。

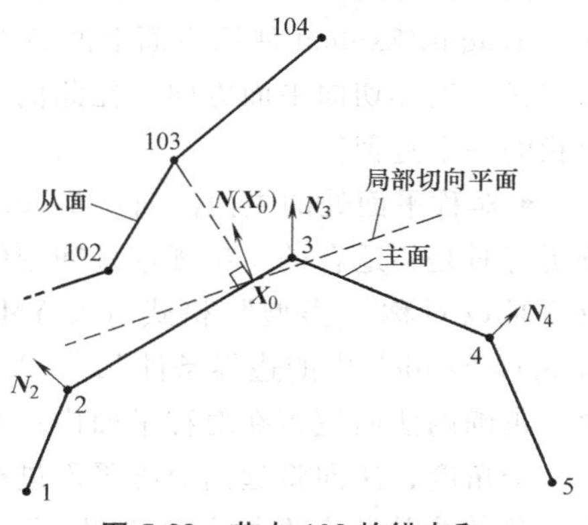

图 5-23 节点 103 的锚点和局部切向平面的定义

使每个从节点都具有局部切向平面，意味着对于小滑动方程，Abaqus/Explicit 不必监控从节点可能沿着整个主表面的接触。这样，小滑动接触计算比有限滑动接触的计算成本低。在三维接触问题中，成本上的节约是非常显著的。

当平衡的主-从接触算法与小滑动方程一起使用

时，将为两个面计算锚点和局部切向平面。

输入文件用法：同时使用以下两个选项：

```
*STEP, NLGEOM=YES
…
*CONTACT PAIR, SMALL SLIDING
```

例如，下面的选项定义了图 5-21 所示两个体之间的小滑动接触：

```
*STEP, NLGEOM=YES
…
*SURFACE, NAME=ASURF
ESETA,
*SURFACE, NAME=BSURF
ESETB,
*CONTACT PAIR, SMALL SLIDING, WEIGHT=0.0
ASURF, BSURF
```

Abaqus/CAE 用法：Interaction module：interaction editor：Sliding formulation：Small sliding
Step module：step editor：Nlgeom：On

锚点和切向平面定义

锚点和切向平面方向是在分析开始之前，使用模型的初始构型来选择的。对于所有接触对是激活的步，锚点和切向平面的方向关于主面保持固定。对于在原始构型中，其最近的点位于主面自由周界上的从节点，不施加接触约束，并且不将从节点投射到任何主面面片上。

Abaqus/Explicit 将锚点选择成主面上最近的点。默认情况下，切向平面的方向是根据主面节点处的法向计算得到的，或者由用户直接指定其方向。

• 主面法向：定义切向平面方向的第一步是在主面的每个节点处构建单位法向向量。Abaqus/Explicit 通过对组成主面单元面的法向进行平均来形成这些节点法向。只有面定义中的单元面对节点法向有影响。切向平面方向是根据主面节点法向和锚点处的单元形状函数计算得到的。

图 5-23 显示了一个主面的节点单位法向、锚点 $\boldsymbol{X}_0$ 和与从节点 103 相关的局部切向平面。Abaqus/Explicit 使用主面上的最近点作为锚点。$\boldsymbol{N}(\boldsymbol{X}_0)$ 是从节点 103 的接触方向，并且定义了局部切向平面方向。在此例中，类似于许多情况，局部切向平面仅是实际网格几何形状的一个近似。

• 对称平面处的主面法向：Abaqus/Explicit 计算的主面法向和局部切向平面对于期望的分析有时是不适合的。出现这种问题的最常见情况是在弯曲的主面在对称平面处结束时，以及不是以对称“类型”格式（XSYMM、YSYMM 或者 ZSYMM——见“Abaqus/Standard 和 Abaqus/Explicit 中的边界条件”，1.3.1 节）而是以直接格式指定了边界条件时。在此情况中，正确的法向应当在对称平面内；然而，由于邻近对称平面的表面面片通常会与该平面形成一个角度，法向将远离对称平面进行投射。此行为可能导致从节点不投射到任何主面面片上（称其为从节点不与主面“相交”）。对于这样的从节点，将不施加接触约束。然而，如果指定了对称“类型”格式的边界条件，则将如下面描述的那样施加接触约束。有限滑动

方程对于在对称平面结束的主面不进行特殊处理。

图 5-24 所示为两个彼此接触的同轴圆柱，选择内部圆柱作为主面 CSURF，并使用半对称模型。因为 Abaqus/Explicit 根据近似的有限元模型计算节点法向，节点法向 N_1 没有沿着对称平面的指向，这意味着从节点 100 在主面周界上没有锚点。是否对节点 100 施加接触，取决于对称边界条件是如何指定的。如果指定了单独的分量，而不是对称“类型”的边界条件，则从节点 100 将自由地穿透主面。如果使用了对称“类型”格式，则将对称平面上节点处的主法向调整到沿着对称平面的方向，并且将在切向平面上施加接触，如图 5-25 所示。在节点 1 处定义一个 YSYMM“类型”的边界条件来指定对称平面，将允许从节点 100 与主面 CSURF 接触。

• 更改局部切向平面方向：在一些情况中，无法根据主面的平均法向定义的接触方向 $N(X_0)$，来精确地定义接触面。最常见的例子是使用长度不均匀的面片进行网格划分的圆表面。图 5-26 显示了平均主法向在径向上未得到正确定向的情况。在此情况中，用户应当通过定义空间变化的初始间隙，为每个从节点直接指定接触方向（见“调整 Abaqus/Explicit 中接触对的初始面位置并指定初始间隙”中的“精确地指定初始间隙值”，3.5.4 节）。使用初始间隙定义来重新定位切向平面不影响锚点的位置。

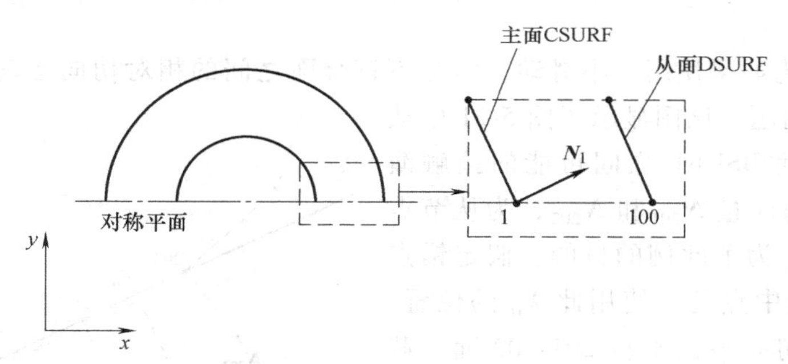

图 5-24 同轴圆柱的小滑动模型中，节点 1 处的主面法向

（使用默认的 N_1，从节点 100 将始终不接触 CSURF）

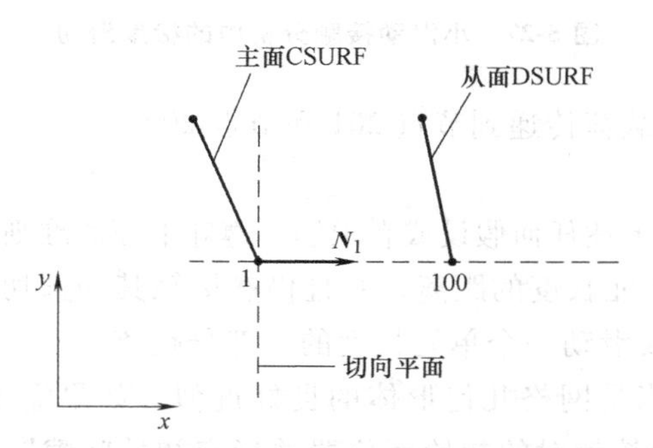

图 5-25 CSURF 的节点 1 处的主面法向发生改变

（允许从节点 100 接触 CSURF）

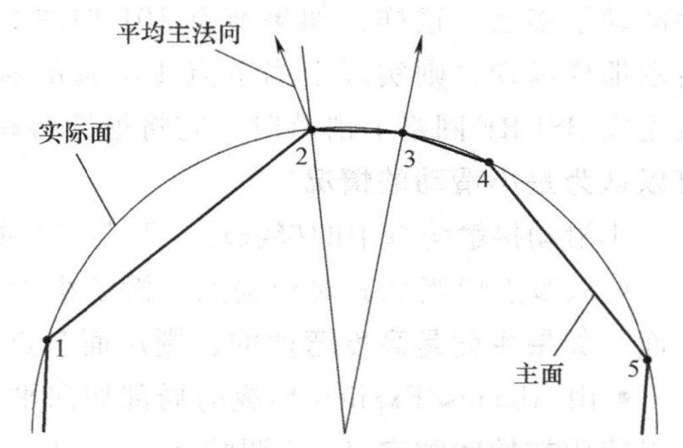

图 5-26 网格划分不规则的圆表面的平均主面法向定向不良

局部切向平面转动

局部切向平面总是与接触方向正交。将接触方向取为锚点 $N(X_0)$ 处的主面插值法向，或者取为使用空间变化的间隙定义来指定的方向（见“调整 Abaqus/Explicit 中接触对的初始面位置并指定初始间隙”中的“精确指定初始间隙值”，3.5.4节)。如果定义了接触方向，则关于主面面片的局部切向平面方向将保持固定。因为小滑动方程考虑非线性几何影响，Abaqus/Explicit将连续更新局部切向平面的方向来考虑主面面片的转动。锚点相对于主面面片周围节点的位置，不随着主面的变形发生变化。

载荷传递

在小滑动分析中，从节点将载荷传递到包含锚点的主面节点处，传递到每个节点处的载荷大小根据其与锚点之间的距离来加权。例如，图5-23中的节点103将载荷传递给主面上的节点2和3。这样，如果节点103撞击局部切向平面，则载荷的一大部分将传递给节点3，因为它更靠近锚点 $\boldsymbol{X}_0$。

当从节点沿着其局部切向平面滑动时，Abaqus/Explicit不更新通过给定的从节点传递到其相关主面节点的载荷分布，载荷分布仅以锚点的位置为基础。这与Abaqus/Standard中的小滑动方程不同，随着滑动的发生，Abaqus /Standard将更新主面节点上的载荷分布，这样无论滑动大小，都没有与接触力相关的净力矩，接触力作用在每个有效接触约束的从节点和主节点上。在Abaqus /Explicit中，如果使用了小滑动方程，则接触力将产生一定的净力矩。如果与单元尺寸相比滑动特别小，则此净力矩将不明显，否则它可以产生非物理的行为和差的能量报告。

图5-27所示为如果使用了小滑动，但是不符合面之间的相对切向运动幅度小这一条件时所存在的潜在问题。该图显示了图5-21中从节点101与其主面BSURF之间可能的接触演化。使用单位法向向量 $\boldsymbol{N}_{201}$ 和 $\boldsymbol{N}_{202}$，为从节点101找到锚点 $\boldsymbol{X}_0$。为了此例的目的，假定锚点位于201-202面的中点处。使用此 $\boldsymbol{X}_0$ 的位置，节点101的局部切向平面平行201-202面。载荷传递总是发生在节点201与202之间的原始锚点处，而无论节点101已经沿着局部切向平面滑动了多远。这样，如果节点101如图5-27所示那样运动，则实际上当节点101真的从形成主面BSURF网格上滑落时，它将继续将相等的载荷传递到节点201和节点202。

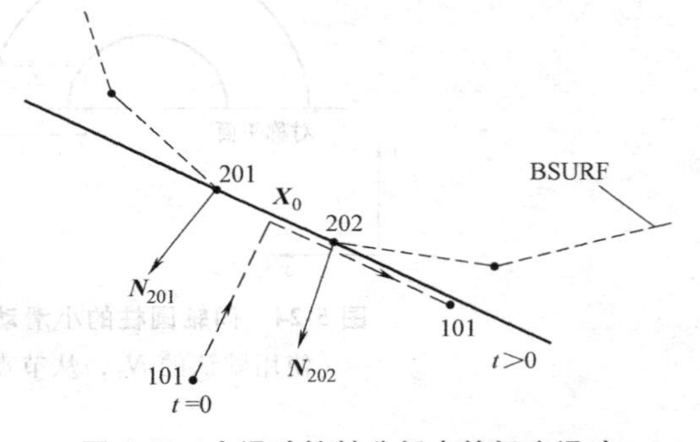

图5-27 小滑动接触分析中的极度滑动

可以认为是小滑动的情况

小滑动接触仿真中的接触对，不应该严重违反上述任何假设或者限制。遵守下面的准则：

• 从节点应当从其对应锚点，滑动小于一个单元长度的距离，并且仍然接触其局部切向平面。如果主面是高度弯曲的，则从面节点应当仅滑动一个单元长度的一部分距离。

• 由Abaqus/Explicit形成的局部切向平面应当是网格几何形体的良好近似。如果需要，可以使用初始间隙定义(“调整Abaqus/Explicit中接触对的初始面位置并指定初始间隙”中的“精确指定初始间隙值”，3.5.4节)来改善切向平面方向。

• 在分析过程中，主面的转动和变形应不造成局部切向平面变成主面的差表示。

小滑动问题中的主面细化

前文中给出的纯粹主-从接触的基本准则，仍然适用于小滑动仿真。然而，在小滑动仿真中，必须对主面的细化程度给予更多的考虑。

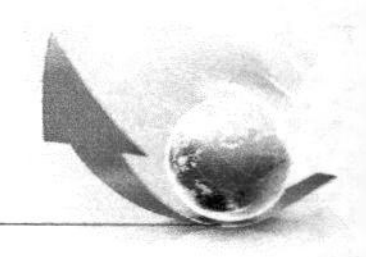

平滑变化的主面法向 $\boldsymbol{N}(\boldsymbol{x})$ 和由 $\boldsymbol{N}(\boldsymbol{x})$ 形成的局部切向平面，对于小滑动分析的成功是至关重要的。正如前面所提到的，可以使用几种方法来更改 $\boldsymbol{N}(\boldsymbol{x})$。然而，它们仅控制局部切向平面的初始构型。主面的变形和转动将重新定向局部切向平面，从而使它们变成主面的不良表征。图 5-28 所示为主面的扭曲导致这种情况的例子。可以通过在主面上使用更加细化的网格在一定程度上减少这类问题，这样便需要更多的单元面来控制切向平面的运动。极度的网格细化是没有必要的，因为应该只发生小滑动。

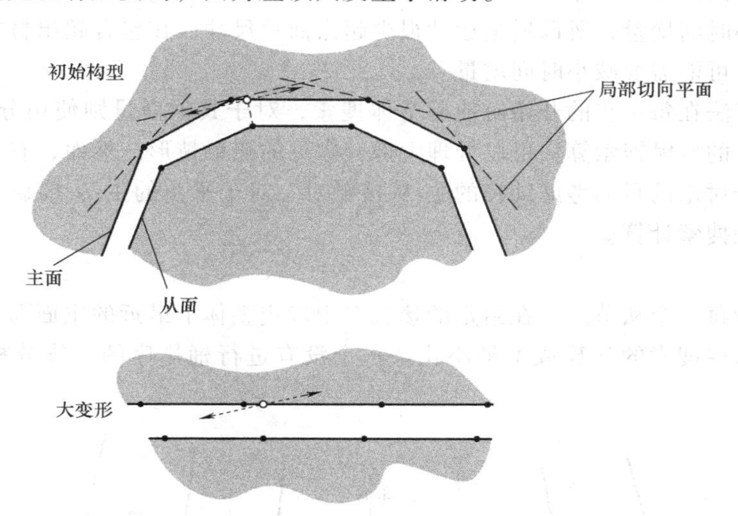

图 5-28　小滑动接触分析中的主面变形将导致局部切向平面出现问题

使用无限小滑动方程

无限小滑动方程和小滑动方程之间的区别是无限小滑动方程忽略非线性几何的影响。要指定无限小滑动方程，用户需要为分析步选择小滑动接触方程和一个小位移方程。

无限小滑动假设面的相对运动和模型的绝对运动都保持较小的幅度。不更新局部切向平面的方向，并且载荷传递路径和赋予每个主面节点的权重在无限小滑动仿真过程中保持不变。

输入文件用法：同时使用以下两个选项：

```
*STEP, NLGEOM=NO
...
*CONTACT PAIR, SMALL SLIDING
```

Abaqus/CAE 用法：Interaction module：interaction editor：Sliding formulation：Small sliding

Step module：step editor：Nlgeom：Off

接触追踪算法

与 Abaqus/Explicit 接触对相关的计算成本的一大部分，来自追踪两个接触面之间相对运动算法。对于 Abaqus/Explicit 中的接触对算法，有两种追踪方法，取决于所使用的滑动方程：有限滑动方程和小滑动/无限小滑动方程。

有限滑动追踪

Abaqus/Explicit 的作用是仿真高度非线性的事件或者过程。因为面上的一个节点有可能接触对面面上的任何面片，Abaqus/Explicit 必须使用追踪面运动的复杂搜索算法。

接触搜索算法是稳健的，并且计算效率较高。此算法假设面之间的增量相对切向运动没有明显地超出主面面片的尺寸，但是对于面之间的整体相对运动没有限制。因为显式动态分析中使用的是小时间增量，所以增量运动很少超出面片尺寸。在包含超出材料波速的面相对速度的情况中，可能需要减小时间增量。

接触搜索算法在每一步的开始时使用整体搜索，对于其他增量则使用分层的整体/局部搜索算法。默认的接触搜索算法可以处理大部分常见的接触情形。然而，有一些需要特别注意的情形。出于讨论的目的考虑纯粹的主-从接触对。对于平衡的主-从接触对，对每个接触对执行两次接触搜索计算。

整体接触搜索

整体搜索为每一个从节点，在给定的接触对中确定整体上最近的主面面片。使用一种桶排序方法使得这些搜索的计算成本最小化。一个没有进行桶排序的二维分析例子如图 5-29 所示。

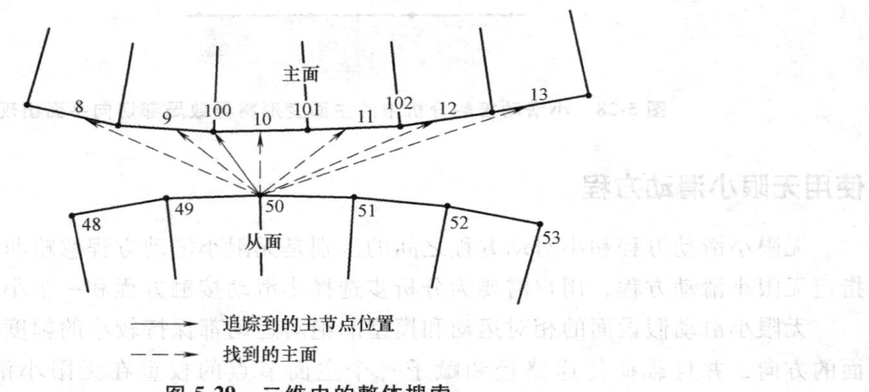

图 5-29　二维中的整体搜索

整体搜索计算从节点 50 到与节点 50 位于同一个“桶”中的所有主面面片之间的距离。它确定距离节点 50 最近的主面面片是单元 10。节点 100 是此面片上最靠近节点 50 的节点，并指定节点 100 是所追踪的主面节点。为每一个从节点进行此搜索，对每一个节点与主面片上与其在同一个桶中的所有面片进行比较。

默认情况下，Abaqus/Explicit 在每一百个增量上，为双面接触对执行一次整体搜索。可以人为调整整体搜索的频率，如“Abaqus/Explicit 中接触对的接触控制”（3.5.5 节）中讨论的那样。尽管有桶排序算法，整体搜索的计算成本还是昂贵的：在每一个增量中执行一次整体接触搜索所需的时间，是许多 Abaqus/Explicit 接触分析运行时间的 2 倍多。

局部接触搜索

Abaqus/Explicit 在分析的大部分增量过程中，使用局部接触搜索来追踪面的运动。采用此方法时，给定的从节点仅搜索与之前追踪到的主面节点相连接的面片。Abaqus/Explicit 确定哪一个相邻面片最靠近从节点，然后确定那个面片上的哪一个节点是距离从节点最近的主

面节点，并且更新被追踪的主面节点。如果最近的主面节点与之前面追踪到的主面节点不是同一个节点，则 Abaqus/Explicit 将执行局部搜索的其他迭代。

在图 5-30 所示的例子中，节点 50 在一个增量中如图中所示那样移动。在搜索的第一个迭代中，Abaqus/Explicit 发现单元 10 上的主面面片仍然是与节点 100 相连的面片中最靠近节点 50 的面片，但是节点 101 是当前追踪到的主面节点。因为之前追踪到的节点是节点 100，所以 Abaqus/Explicit 将执行另一个迭代。在第二个迭代中，发现新单元 11 是最靠近节点 50 的面片，并且最靠近节点 50 的主面节点是 102。由于被追踪的主面节点发生了改变，因此执行另一个迭代。在第三个迭代中，被追踪节点没有改变，因此，Abaqus/Explicit 将节点 102 标成从节点 50 的被追踪主面节点。

与整体搜索相比，局部搜索的计算成本是相当低的。在没有正确施加接触的情况下，可以采用一种成本稍高的局部搜索算法，这种补充算法在“Abaqus/Explicit 中接触对的接触控制”（3.5.5 节）中进行了讨论。

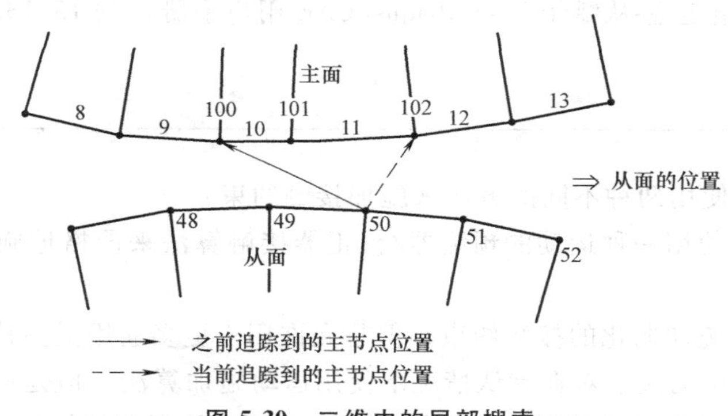

图 5-30　二维中的局部搜索

自接触对的追踪算法

Abaqus/Explicit 为包含自接触的仿真使用类似于双面接触的接触搜索方法。然而，自接触问题通常需要采用频率更高的整体搜索。默认情况下，与双面接触对在每 100 个增量中进行一次整体搜索相比，包含自接触的接触对在每 4 个增量中进行一次整体接触搜索。可以手动调整整体搜索的频率（见“Abaqus/Explicit 中接触对的接触控制”，3.5.5 节）。如果在整体搜索过程中发现几个彼此之间不连接的面靠近一个从节点，则 Abaqus 将自动提高执行整体搜索的频率。尽管有这些预防措施，如果用户指定了一个比默认频率低很多的搜索频率，则自接触算法将不再那么稳健。

小滑动（或者无限小滑动）追踪方法

当调用小滑动或者无限小滑动接触方法时（见“Abaqus/Explicit 中接触对的接触方程”中的“滑动方程”，5.2.2 节），Abaqus/Explicit 在第一个步的开始时执行一个单独的整体搜索，在给定接触对中为每个从节点确定整体上距离最近的主面面片。确定了最近的面片后，将使用面片上最近的点来定义锚点。对不投射到任何主面面片上的从节点不施加接触约束。没有在步中，或者为接触对保持有效的后续步中，执行进一步的搜索。这使得小滑动/无限小滑动接触方法比有限滑动接触方法的计算成本低。对于三维接触问题，这种成本的节省是非常明显的。

5.2.3 Abaqus/Explicit 中接触约束的施加方法

产品：Abaqus/Explicit　　Abaqus/CAE

参考

- “在 Abaqus/Explicit 中定义通用接触相互作用”，3.4.1 节
- “在 Abaqus/Explicit 中定义接触对”，3.5.1 节
- * CONTACT
- * CONTACT PAIR
- “为通用接触指定主-从赋予”，《Abaqus/CAE 用户手册》的 15.13.6 节

概览

Abaqus/Explicit 使用两种不同的方法来施加接触约束：

• 运动接触算法使用一种运动的预测器/校正器接触算法来严格地施加接触约束（如不允许穿透）。

• 穿透接触算法施加弱化的接触约束，但是允许用于更多通用类型接触的处理。

Abaqus/Explicit 中的接触对在默认情况下使用运动施加算法，但是可以为单个接触对指定罚施加算法。通用接触总是使用罚施加算法。两种方法均保存接触体之间的动量。

运动接触算法

下面总结了 Abaqus/Explicit 使用接触对算法来施加接触的默认运动算法。它是一种预测器/校正器算法，因此对固定时间增量没有影响。首先以纯粹的主-从接触对为例，这样更便于理解此算法。

纯粹的主-从接触对中接触条件的运动施加

在此情况中，在分析的每一个增量中，Abaqus/Explicit 首先将模型的运动状态推导到一个预测的构型中，而不考虑接触条件。然后，Abaqus/Explicit 确定预测的构型中哪一个从节点穿透主面。根据每个从节点的穿透深度，与每个从节点相关的质量，以及时间增量来计算阻止穿透所需的抗力。对于硬接触，此抗力是在增量过程中施加的，使从节点恰好接触主面的力，下一步取决于所使用的主面类型：

• 当主面是由单元面组成的时候，所有从节点的抗力将分布到主面中的节点上。每一个接触从节点的质量也分布到主面的节点上，并且将其添加到主面的节点质量中来确定接触界面的总惯性质量。Abaqus/Explicit 使用这些分布的力和质量来计算主面节点的校正加速度。然后使用每一个节点的预测穿透、时间增量和主面节点的校正加速度来确定从节点的校正加

速度。Abaqus/Explicit 使用这些校正加速度来得到施加了校正接触约束的构型。

• 对于主面为分析型刚性的情况，所有从节点的抗力是作为广义力施加在相关的刚体上的。将每一个接触从节点的质量添加到刚体中来确定接触界面的总惯性质量。使用广义力和所添加的质量来计算分析型刚性主面的校正加速度。通过校正过的主面运动来确定从节点的校正加速度。

当使用硬运动接触时，仍然可以为主面使用纯粹的主-从算法，使其在校正的构型中穿透从面（图 5-31）。

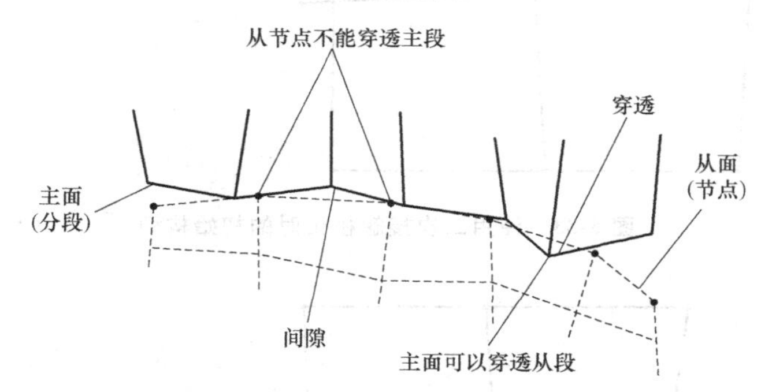

图 5-31　由于粗糙的离散化，主面穿透进入纯粹的主-从接触对中的从面

在从面上使用足够细化的网格可以使这种穿透最小化。软化的运动接触将允许穿透，因为进行了校正来满足从节点处的压力-过盈关系，而不是零穿透条件。

平衡的主-从接触对中接触条件的运动施加

平衡的主-从接触对的运动接触算法施加加速度校正，此加速度校正是以上面总结的相同方式计算得到的纯粹主-从校正的线性组合。首先将一个面作为主面来计算一组校正，然后将同一个面作为从面来计算另一组校正，Abaqus/Explicit 将使用两个值的加权平均。每一个校正的具体权重取决于为接触对指定的权重因子（见“Abaqus/Explicit 中接触对的接触方程”中的“接触面权重”，5.2.2 节）。平衡的主-从接触默认对每一个校正指定相同的权重。

硬运动接触将使面的穿透最小化。然而，在施加初始权重校正后，仍然可能穿透面。因此，Abaqus/Explicit 使用另一个接触校正，来消除使用硬运动接触的平衡主-从接触对中保留的任何过闭合。再次考虑了两个主-从赋予组合，但是当组合形成了第二个应用有加速度校正的贡献时，没有使用权重因子。如果在第一个校正后有一些残留的穿透，则可以在第二个校正中创建接触面之间的小间隙：第二次校正后的间隙大小通常远小于第一次校正后的穿透。第二次校正的影响如图 5-32～图 5-35 所示。

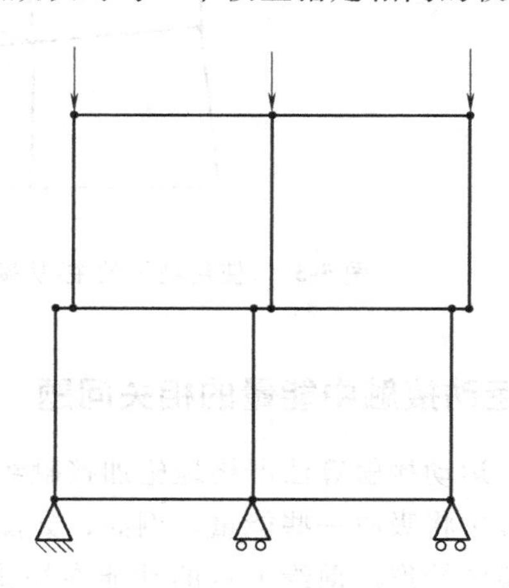

图 5-32　二次接触校正的影响
（初始构型）

在使用了软化运动接触方程的情况中，没有执行上述第二个接触校正。这可能导致与压力-过闭合曲线不完全同步的穿透值。此外，摩擦中的剪切力

（如果有的话）在非黏性滑动发生时可能无法精确地反映所指定的摩擦系数。可以使用纯粹的主-从运动方程来避免这种不精确。

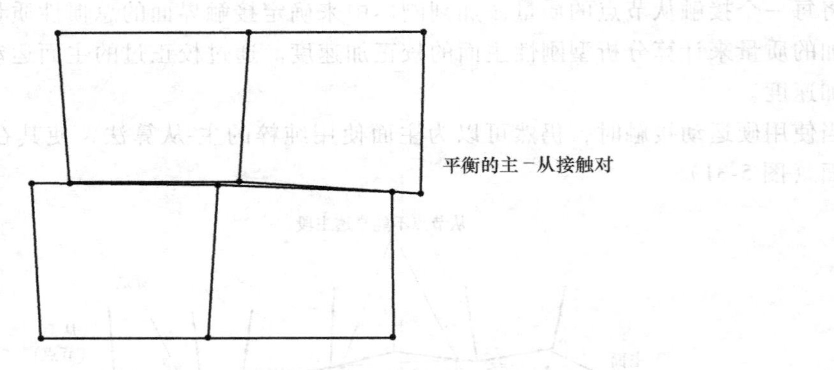

图 5-33　使用二次接触校正时的初始构型

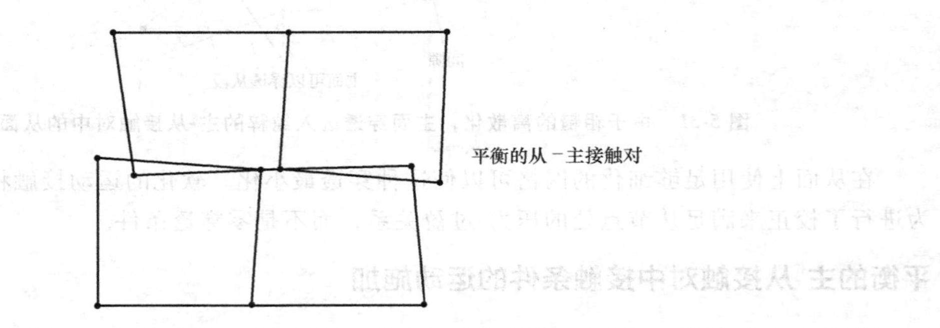

图 5-34　没有进行二次接触校正的最终构型

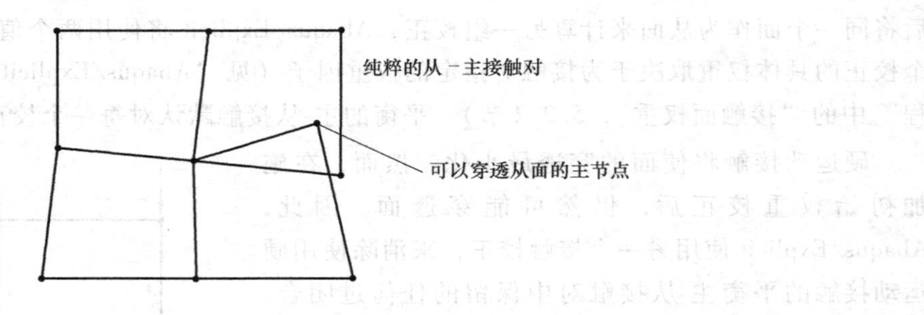

图 5-35　使用纯粹的主-从接触对时的最终构型（主面是在底层单元上定义的）

硬运动接触中能量的相关问题

运动接触算法严格地施加接触约束并保存动量。要使用离散的模型来得到这些量，撞击过程中将吸收一些能量。例如，如图 5-36 所示，考虑使用一些单元模拟的线弹性梁撞击刚性墙的情形。前缘节点的动能在撞击时由接触算法吸收。应力波穿过杆，杆最终从墙上回弹。回弹后的动能小于撞击前的动能，因为接触节点的能量在撞击中产生了损耗。随着网格的细化，此能量损失减小，因为杆前缘节点的质量和动能变得不重要。

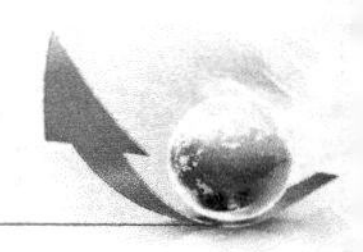

接触力也可以在冲击中施加负的外部功，因为接触力作用在发生冲击的整个增量上，包括冲击前的增量部分。接触力的反力与接触力大小相等，但作用距离不同，从而施加了一个非零的净功。这些力的净对外做功是负的，并且净对外做功的绝对值小于接触节点在撞击中产生的动能损耗。这些能量在绝大部分模型中是微不足道的，但是在高速撞击中则非常显著，建议接触界面附近的网格应高度细化。

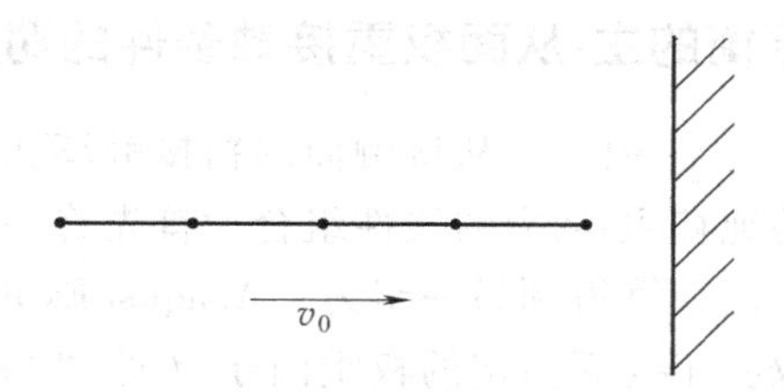

图 5-36　梁撞击固定的刚性墙

罚接触算法

罚接触算法不像运动接触算法那样严格地施加接触约束，但是它可应用于更多通用类型接触的处理（如两个刚体之间的接触）。罚接触方法非常适用于通用的接触模拟，包括下面的情形：

- 每个节点上有多个接触。
- 刚体之间的接触。
- 包含在其他类型的约束（如 MPCs）中的面接触。

罚算法在模型中引入了额外的刚性行为，此刚性将影响固定时间增量。Abaqus/Explicit 自动考虑罚刚性对自动时间增量的影响，虽然此影响如下文所述通常较小。

罚施加方法总是用于通用接触算法。对于接触对，用户可以指定使用罚方法代替默认的运动施加方法。如果为在法向上施加的接触约束选择了罚方法，则也使用该方法来施加黏性摩擦（见“摩擦行为”，4.1.5 节）。

输入文件用法：使用以下选项为接触对选择罚接触算法：

```
*CONTACT PAIR, MECHANICAL CONSTRAINT=PENALTY
面_1, 面_2
```

Abaqus/CAE 用法：Interaction module：interaction editor：Mechanical constraint formulation：Penalty contact method

纯粹主-从面权重接触条件的罚施加

罚接触算法在当前构型中搜索从节点穿透，包括节点进入面、节点进入分析型刚性面，以及边进入边的穿透。对于节点-面接触，将力定义成穿透距离的函数并施加到从节点上来抵抗穿透，在穿透点处的主面上则作用有大小相等、方向相反的力。主面接触力分布到被穿透的主面节点上。对于节点-分析型刚性面接触，将力定义成穿透距离的函数并施加到从节点上来抵抗穿透，在穿透点处的分析型刚性面上则作用有大小相等、方向相反的力。分析型刚性面穿透点处的接触力，在对应分析型刚性面的刚体参考点处产生大小相等的力和力矩。对于边-边接触，将相反的接触力分布到两条接触边的节点上。

类似于纯粹的主-从运动接触算法，对使用纯粹的主-从穿透接触算法来穿透从面的主面节点没有阻抗。在从面上使用足够细化的网格有助于校正此问题。

平衡的主-从面权重接触条件的罚施加

平衡的主-从接触面的罚接触算法计算接触力，此接触力是以上面总结的方式计算得到的纯粹主-从力的线性组合。首先将一个面作为主面计算得到一组力，然后将同一个面作为从面计算得到另一组力，Abaqus/Explicit将施加两组值的加权平均值。用于每一组力的权重取决于为面指定的权重因子（见“Abaqus/Explicit中通用接触的接触方程”，5.2.1节；以及“Abaqus/Explicit中接触对的接触方程”，5.2.2节）。平衡的主-从接触对和通用接触默认对两组力给予相同的权重。

缩放罚刚度

Abaqus/Explicit自动为硬的罚接触，选择将接触力与罚距离进行关联的“弹性”刚度，在绝大部分分析中，这种方法对时间增量的影响是最小的，但是所允许的穿透是不明显的。默认罚刚度是以构成基底的单元代表性刚度为基础的。对此代表性刚度施加一个比例因子来设置默认的罚。因此，穿透距离通常大于父单元垂直接触界面上的弹性变形。在纯粹的弹性问题中，此穿透将显著地影响应力解，如“Hertz接触问题”（《Abaqus基准手册》的1.1.11节）中所验证的那样。

当单元或者基于节点的刚性体包含在接触相互作用中时，因为数值稳定性的原因，Abaqus/Explicit将在刚体上的每一个接触节点上，通过考虑体的整体惯性属性来计算罚。因此，若不将这些单元转换成刚体，则接触罚将不同，这样，两种情况中的罚可能是不同的。

用户可以指定一个因子，通过它来缩放默认的罚刚度，如“Abaqus/Explicit中通用接触的接触控制”（3.4.5节），以及“Abaqus/Explicit中接触对的接触控制”（3.5.5节）中所描述的那样。此缩放将影响自动时间增量。使用大的缩放因子可能会增加分析所需的计算时间，因为保持数值稳定所需的时间增量减小了。

运动和罚接触算法的选择

罚接触算法可以模拟运动接触算法不能模拟的一些类型的接触。在罚算法中，不限制基于单元的刚性面才能作为主面，就像在运动算法中那样。这样，罚算法允许模拟刚性面之间的接触，除了当两个面都是分析型刚性面或者都是基于节点的面时。

如果为刚体上的节点定义了线性约束方程、多点约束、基于面的绑定约束或者连接器单元，则罚接触算法必须用于包含刚体的所有接触对中。对于所有其他情况，Abaqus/Explicit独立于接触约束来施加方程、多点约束、绑定约束、嵌入的单元约束和运动约束（使用连接器单元进行定义）。这样，如果一个自由度在接触约束之外，还参与线性约束方程、多点约束、绑定约束、嵌入的单元约束或者运动约束，则节点约束通常将覆盖这些约束（见“Abaqus/Explicit中与使用接触对的接触模型相关的常见困难”中的“与多点约束相冲突”，6.2.2节）。因此，当需要严格地施加这些约束时，建议使用罚接触算法。

当使用默认的硬运动接触算法时，撞击是塑性的，并且接触节点处的动能会产生损失。此能量损失对于细化的网格是不明显的，但对于粗糙的网格是显著的。罚接触和软化的运动接触，在接触施加中引入了数值软化，类似于将弹性弹簧添加到接触界面上，这意味着这些算法没有消耗撞击中的能量（储藏在弹簧中的能量是可恢复的）。当一个不受外力作用的质

点撞击固定墙时，算法之间的区别是特别显著的：使用罚接触和软化的运动接触，质点将被弹开；使用硬的运动接触，质点则会黏贴在墙上。

运动接触和罚接触的另一个区别是临界时间增量不受运动接触的影响，但受罚接触的影响。对于硬的罚接触，选择默认罚刚度，可使接触面面片可变形父单元的传递接触力的固定时间增量减小约4%。默认的基于节点的面节点罚刚度，要求在单元到单元的时间增量上减小1%，来确保数值稳定。默认情况下，所选择刚体之间的罚刚度对固定时间增量没有影响。如果默认的罚刚度是通过一个罚比例因子或者软化的接触行为（见“接触压力与过盈的关系”，4.1.2节）来覆盖的，则时间增量是以接触界面中的最大有效刚度为基础来更改的。增加罚刚度可以显著地减小固定时间增量（见表5-4）。如果整个固定时间增量不是通过接触界面上的单元来控制的，则罚接触算法通常不会影响时间增量。

罚接触和软化的运动接触不能与可断裂的粘接模型一起使用；硬的运动接触必须用于此模型。

表5-4　时间增量比例因子的影响

罚比例因子	包含接触的时间增量与不包含接触的时间增量之比的下限
1.0	0.96
10.0	0.34
100.0	0.13
1000.0	0.04
10000.0	0.013

6 接触困难和诊断

6.1 解决 Abaqus/Standard 中的接触困难

6.1.1 Abaqus/Standard 分析中的接触诊断

产品：Abaqus/Standard　　Abaqus/CAE

参考

- “输出到数据和结果文件”，《Abaqus 分析用户手册——介绍、空间建模、执行与输出卷》的 4.1.2 节
- “在 Abaqus/Standard 中定义通用接触相互作用”，3.2.1 节
- “在 Abaqus/Standard 中定义接触对”，3.3.1 节
- “Abaqus/Standard 中的接触方程”，5.1.1 节
- *CONTACT PRINT
- *PREPRINT
- *PRINT
- “显示诊断输出”，《Abaqus/CAE 用户手册》的第 41 章

概览

Abaqus/Standard 的分析诊断可以用来：

- 检查模型中的初始接触条件。
- 追踪分析过程中的接触状态。

可以在几个地方得到诊断信息：

- 输出数据库
- Abaqus/CAE 的显示模块中的作业诊断工具
- 数据（.dat）文件
- 信息（.msg）文件

检测初始过闭合面的调整

Abaqus/Standard 中初始节点位置的无应变调整是通过在不同的环境下消除接触过闭合（见“在 Abaqus/Standard 中控制初始接触状态”，3.2.4 节；“调整 Abaqus/Standard 接触对的初始面位置并指定初始间隙”，3.3.5 节），或者消除基于面的绑定约束之中面之间的过闭合或者间隙（见“网格绑缚约束”，2.3.1 节）来执行的。模型的初始构型是在施加这些无应变调整之后确定的。过闭合面调整的信息来源有两个：数据（.dat）文件和输出数据库（.odb）文件。

输出到数据文件的无应变调整信息

默认情况下，在数据（.dat）文件中提供有限数量的无应变节点调整信息。要求更多涉及接触约束的详细输出将提供所有无应变调整信息，而不管所调整的节点数量是多少。

输入文件用法：*PREPRINT，CONTACT=YES

Abaqus/CAE 用法：Job module：job editor：General：Preprocessor Printout：Print contact constraint data

显示无应变调整

输出变量 STRAINFREE（见“Abaqus/Standard 输出变量标识符”，《Abaqus 分析用户手册——介绍、空间建模、执行与输出卷》的 4.2.1 节）包含表征初始无应变调整的节点向量。默认情况下，如果无应变调整是由 Abaqus/Standard 做出的，则此输出变量是在零时刻，为原始的场输出帧写到输出数据库（.odb）文件中的。此变量在 Abaqus/CAE 的显示模块中的符号图显示了向量，代表单个节点是如何进行调整的，并且此变量的云图显示调整大小的分布（用户必须在选择 STRAINFREE 输出变量之前，在 Abaqus/CAE 的显示模块中选择零时刻的原始输出帧）。由 Abaqus/Standard 写入输出数据库文件的初始节点位置包含无应变调整的影响，因此，初始构型图显示的是调整后的节点位置。

检测初始接触条件

在进行分析前，需要对模型执行数据检查来检测初始接触条件（见“Abaqus/Standard、Abaqus/Explicit 和 Abaqus/CFD 执行”，《Abaqus 分析用户手册——介绍、空间建模、执行与输出卷》的 3.2.2 节）。数据检查创建一个输出数据库，并且在每个从面上以模型的初始构型为基础计算变量 COPEN（接触打开）。用户可以通过在 Abaqus/CAE 的显示模块中创建 COPEN 的一个云图来检查模型装配中过闭合的面（一个过闭合对应一个负的 COPEN 的值）。

此外，用户可以命令 Abaqus 在数据检查过程中打印关于初始接触条件的详细信息到数据文件（默认情况下不打印此信息）。数据文件中列出了从面上每个约束点的状态（打开或者闭合）和间隙距离，与每个从节点或者面片相关的内部生成的接触单元编号，以及接触相互作用属性总览。内部生成的接触单元不是用户定义的，并且不出现在输入文件中，因此如果存在与其相关的错误或者警告信息，则难以对其进行定位。可以使用数据文件中的信息来定位模型中的这些接触单元。

数据文件中也列出了模型中每个接触相互作用的关键参数。这些参数包括：

- 从面和主面的名称。
- 相互作用属性。
- h_{crit}的值（见“Abaqus/Standard 中与接触模拟相关的常见困难”中的“以非收敛迭代中的穿透距离为基础控制增量大小”，6.1.2 节）。
- 主面的平滑程度（见“Abaqus/Standard 中的接触方程”中的“有限滑动的节点-面方程的平滑主面，”5.1.1 节）。

• 用于穿透容差计算的特征长度（见“Abaqus/Standard 中接触约束的施加方法”中的“扩展的拉格朗日方法”，5.1.2 节）。

• 应用于主面边界的延伸比（见“扩展主面和滑动线”，3.3.8 节）。

• 接触方程。

仅列出可应用于相互作用的参数。例如，面-面接触（包括通用接触）计算中不使用 h_{crit}、面平滑和延伸比，因此，Abaqus 在面-面相互作用中不输出这些参数的值。

输入文件用法：使用以下选项将初始接触条件的信息打印到数据文件中：

*PREPRINT, CONTACT=YES

Abaqus/CAE 用法：Job module：job editor：General：Preprocessor Printout：

Print contact constraint data

为小滑动接触输出与从节点相关的主面节点

当用户为使用小滑动追踪方法的接触对，打印初始接触条件到数据文件中时，Abaqus 将创建一个显示与每个从节点相关联的主节点输出表。该表的每一行列出一个从节点，以及当从节点与主面接触时，从节点将载荷传递到主面的主节点。该表中节点的编号表明从节点的锚点是否位于单元面上或者节点处。对于小滑动追踪方法和载荷传递的详细内容，见“Abaqus/Standard 中的接触方程”中的“使用小滑动追踪方法”（5.1.1 节）。

在下面显示的二维模型输出中，从节点 2 在主面节点 101 处有一个锚点，因为它与三个主面节点存在相互作用。从节点 1 在节点 100 与节点 101 之间有一个锚点。此表中也列出了与主面不相交的从节点。这点是重要的，因为这些节点没有局部切向平面，因而可以穿透主面。

```
SMALL SLIDING NON-RIGIO AX ELEMENT (S)
      INTERNALLY GENERATED FOR SLAVE BALNK AND MASTER SPHERE

      WITH SURFACE INTERACTION INF1
 ELEMENT   SLAVE     MASTER
 NUMBER    NODE (S) (NODE (S)
   46         1         101         100
   47         2         102         101         100
   50         9              NO INTERSECTION
***WASRNING: 1 SLVE NODES FOUND NO INTERSECTION WITH A MASTER SURFACE
```

追踪仿真过程中的接触状态

Abaqus 提供两种方法来追踪分析过程中接触相互作用的状态：可用于 Abaqus/CAE 的显示模块中的诊断工具，以及到数据（.dat）文件的接触输出。追踪接触状态帮助用户确保接触面是正确定义的，排除已经终止的接触分析故障，并且核实接触相互作用行为是否符合实际。

Abaqus/CAE 中的诊断工具提供仿真中接触条件演化的良好概览。检测已经结束的分析是有用的，因为它报告每个迭代中的接触变化计算。数据文件提供全部接触条件和驱动这些

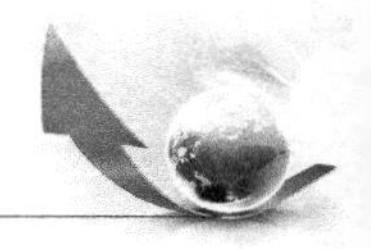

条件的力的更加详细的总结。然而，它仅提供成功完成的增量输出。

Abaqus/CAE 显示模块中的接触诊断

Abaqus/CAE 显示模块中的诊断工具可以与下面的过程类型一起使用：

- 静态应力/位移。
- 耦合的热/应力。
- 耦合的孔隙流体流量/应力。

诊断模型追踪分析过程中接触的所有变化。每次约束点的接触状态从闭合转变为脱离，就记录一个“脱离”；每次状态从脱离转变为闭合，就记录一个“过盈”。如果接触相互作用中包含摩擦的影响，当约束点开始沿着主面滑动时，诊断记录“滑动”，当运动中的接触点在主面上停止时，诊断记录黏着。诊断工具列出了状态变化中包含的约束点，并且允许用户在模型中亮显约束点的位置。诊断工具也显示了计算得到的间隙或者过盈值，并且当超出扩展的拉格朗日接触的穿透容差时，报告最大的穿透（见“Abaqus/Standard 中接触约束的施加方法”中的“扩展的拉格朗日方法”，5.1.2 节）。

对于默认的接触收敛准则，诊断工具显示最大的穿透误差和预测的最大接触力误差。这些诊断工具可以确定接触条件是否已经收敛（详细内容见“定义分析”中的“Abaqus/Standard 中的严重不连续”，《Abaqus 分析用户手册——介绍、空间建模、执行与输出卷》的 6.1.2 节）。如果用户选择使用传统的接触收敛准则，则不报告这些误差值。对于包含拉格朗日摩擦的分析，诊断显示应当黏着点的最大滑动误差（见“摩擦行为”中的“黏着时切应力与弹性滑动的关系”，4.1.5 节）。

关于使用诊断工具的详细内容，见“显示诊断输出”（《Abaqus/CAE 用户手册》的第 41 章）。Abaqus/CAE 中可用的接触诊断信息也可以打印到 Abaqus 信息文件中，详细内容见“输出”中的“Abaqus/Standard 信息文件”（《Abaqus 分析用户手册——介绍、空间建模、执行与输出卷》的 4.1.1 节）。

数据文件中的接触输出

当用户要求将接触输出到数据文件时（见“输出到数据和结果文件”中的“来自 Abaqus/Standard 的面输出”，《Abaqus 分析用户手册——介绍、空间建模、执行与输出卷》的 4.1.2 节），Abaqus 将列出每个约束点在分析的每个增量中的接触状态。默认情况下，也报告每个约束点处的 CPRESS、CSHEAR、COPEN 和 CSLIP 的值。

实例：成形通道

接触诊断通常有助于确认模型中的相互作用是否符合实际和预期。接触诊断也提供一种方法来追踪节点-节点接触状态的演化。在此例中，诊断是以一个通道成形模型为基础的。此渠道是由一块具有一定厚度的钢板（或者毛坯）形成的。此毛坯是使用二维平面应变单元模拟的，将成形模具（模具、支承件和冲头）模拟成分析型刚性面。模型的初始构型和最终构型如图 6-1 所示。

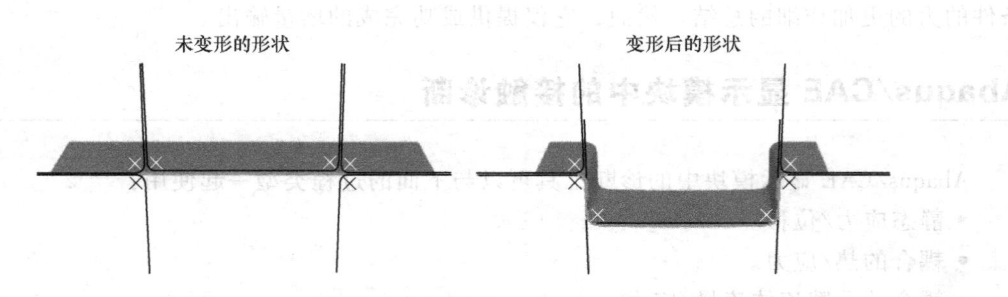

图 6-1　成形通道例子的模型

（为了便于显示而对毛坯进行了拉伸）

如果用户试图通过在模型中包含一个步或者指定的条件来建立两个面之间的接触，则 Abaqus/CAE 中的诊断工具可以证实此模拟技术是成功的。在此例中，必须在成形工艺开始以前，在毛坯、模具和支承件之间稳固地建立接触。节点中沿着毛坯面的连续的较小过盈，说明接触条件适合开始成形通道（图 6-2）。

Details

Node	Overclosure	Slave	Master
BLANK-1.285	9.89e-09	ASSEMBLY_BLANKBOT	ASSEMBLY_DIE-1_DIESURF
BLANK-1.290	9.89e-09	ASSEMBLY_BLANKBOT	ASSEMBLY_DIE-1_DIESURF
BLANK-1.295	9.89e-09	ASSEMBLY_BLANKBOT	ASSEMBLY_DIE-1_DIESURF
BLANK-1.300	9.89e-09	ASSEMBLY_BLANKBOT	ASSEMBLY_DIE-1_DIESURF
BLANK-1.305	9.89e-09	ASSEMBLY_BLANKBOT	ASSEMBLY_DIE-1_DIESURF
BLANK-1.310	9.89e-09	ASSEMBLY_BLANKBOT	ASSEMBLY_DIE-1_DIESURF
BLANK-1.315	9.89e-09	ASSEMBLY_BLANKBOT	ASSEMBLY_DIE-1_DIESURF

☑ Highlight selections in viewport　　Tip...

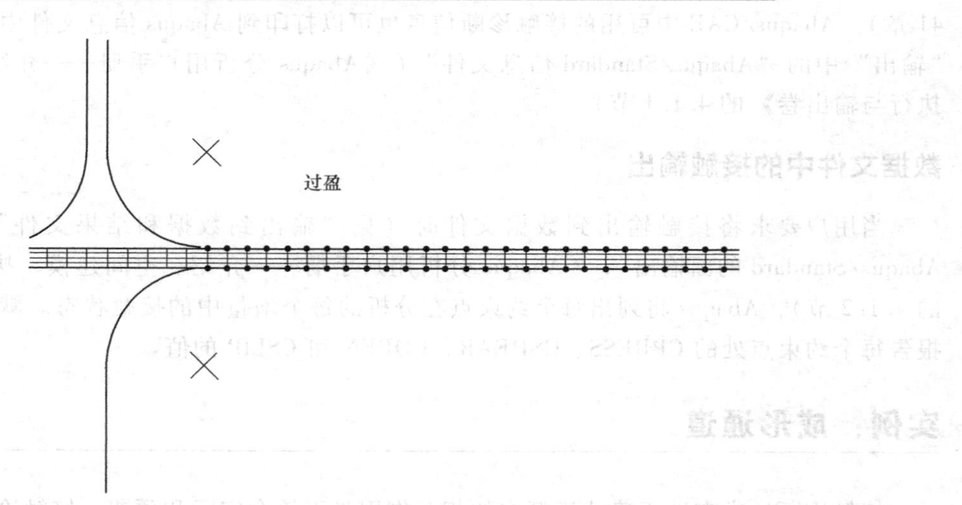

图 6-2　毛坯、模具和支承件之间的确认接触诊断

用户也可以使用接触条件来检测整个成形过程中接触状态的变化。图 6-3 所示为毛坯上两个节点开始滑动的情形。可以使用此信息来证实摩擦或者材料的影响。例如，用户可以在通道成形分析诊断中得出下面的结论：

• 如果成形过程开始前没有发生滑动，则摩擦力可将毛坯保持在模具和支承件之间的适当位置。

• 因为毛坯上的所有节点不是同时滑动的，毛坯最有可能产生少量拉伸和不均匀的变形。

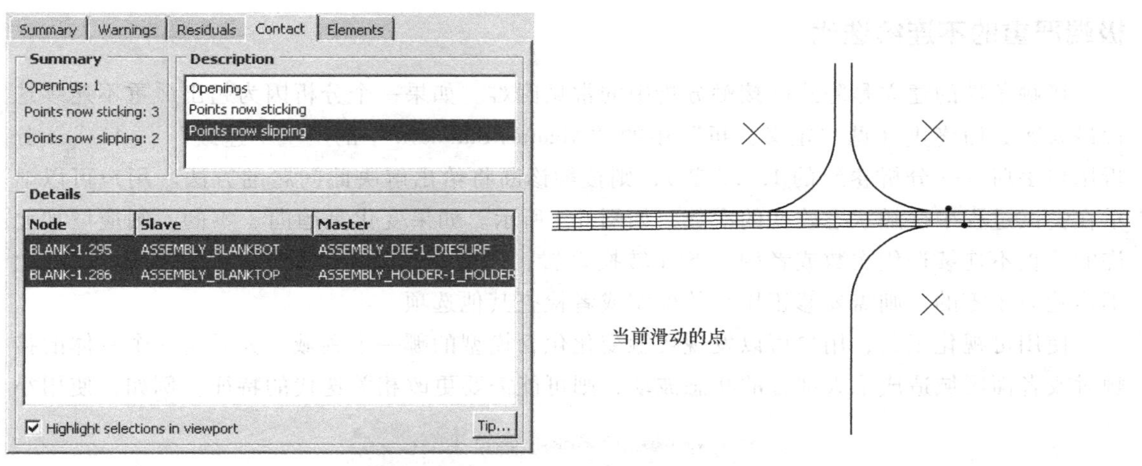

图 6-3　滑动开始的诊断

关于滑动节点的更多信息，参考数据文件。下面列出了图 6-3 所示为同一个增量中的毛坯-模具相互作用的一部分。

NODE	FOOT-NOTE	CPRESS	CSHEAR1	COPEN	CSLIP1
290	OP	0.000	0.000	4.1155E-07	-2.8783E-07
295	SL	4.4632E+06	-4.4632E+05	0.000	-5.1137E-06
300	ST	9.5643E+06	-9.3177E+05	0.000	-4.8711E-06
305	ST	2.9421E+06	-2.7867E+05	0.000	-4.7359E-06

在“脚注”列中列出接触状态：脱离（OP）、闭合和切向黏着（ST），或者闭合和切向滑动（SL）。没有摩擦属性时，有两种接触状态：脱离（OP）和闭合（CL）。

在上面的输出中，节点 290 是脱离的，因此接触压力变量 CPRESS 是零。COPEN 变量报告此节点脱离主面的距离为 4.1155×10^{-7} 个长度单位。节点 295 的脚标 SL 说明其与主面（模具）接触，并且是“滑动”的。可以通过方程 $\tau_{crit}=\mu p$ 来确定临界切应力 τ_{crit}，其中 p 是 CPRESS 列下面显示的接触压力值，μ 是接触相互作用的摩擦系数。在此模型中，$\mu=0.1$；临界切应力（$4.4632\times10^6\times0.1=4.4632\times10^5$）等于摩擦切应力 CSHEAR1，因此节点是滑动的。对于节点 300，临界切应力（$9.5643\times10^6\times0.1=9.5643\times10^5$）大于摩擦切应力，所以节点是黏着的。节点 305 的分析方法相同。

变量 CSLIP1 是从节点处总的累积（积分的）滑动。累积的滑动和局部切向方向的详细内容见“在 Abaqus/Standard 中定义接触对”中的“切向结果的输出”（3.3.1 节）。

诊断已经结束的接触分析

当试图解决一个已经终止的分析中的错误时，接触诊断提供的是无价值的信息。诊断让

用户审核模型的接触状态趋势，视觉识别与接触困难相关的模型区域，并且数值量化一个错误的严重性。

关于 Abaqus/Standard 分析中与接触相关的常见错误的更加一般的讨论，见“Abaqus/Standard 中与接触模拟相关的常见困难”（6.1.2 节）。

极端严重的不连续迭代

接触条件的建立是隐式静接触分析中的常见困难。如果一个分析因为超出严重不连续迭代最大次数而终止（见“定义分析”中的“Abaqus/Standard 中的严重不连续”，《Abaqus 分析用户手册——分析卷》的 1.1.2 节），则接触诊断将给出解决此问题的方法。用户可以显示在尝试过程中接触状态改变的次数，如图 6-4 所示。如果变化是趋向于零的，则应增加允许的严重不连续迭代次数或者调整 SDI 转换设置，以便于 Abaqus 解决接触条件。如果变化不是趋向于零的，则需要修正用户的模型或者检查其他选项。

使用可视化工具，用户可以发现接触变化包含模型的哪一个领域。如果是一个具体的接触对或者面区域造成了大部分的状态波动，则可能需要更改相关迭代的特征。例如，使用小

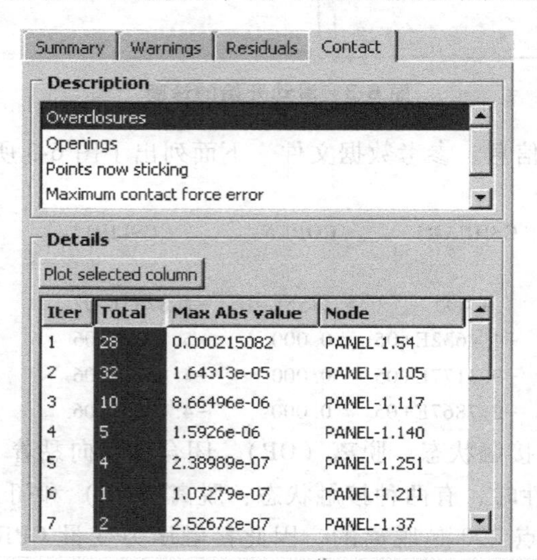

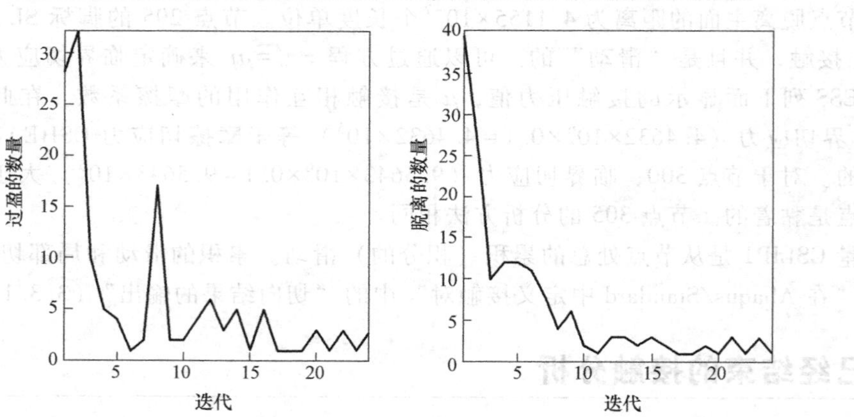

图 6-4　尝试过程中接触状态改变的次数

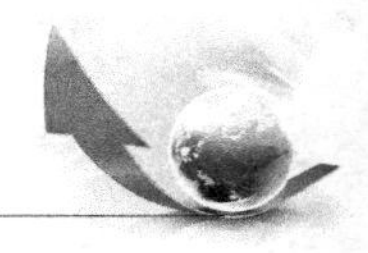

滑动追踪方法（如果可用）的接触对与使用有限滑动追踪方法的接触对相比，更容易解决接触条件问题。

抖振

使用接触诊断工具可以非常容易地检测模型中的抖振。在此情况下，同一个节点或者约束将出现在每个迭代的诊断总结中，交替作为过盈或者脱离。经典的抖振场景将产生趋向于零的诊断显示，但是由于振荡的接触状态而在较小的数值上得到平整（例如图 6-4 所示的情况）。解决接触抖振问题的技术见“Abaqus/Standard 中与接触模拟相关的常见困难”中的“接触仿真中的过多迭代”（6.1.2 节）。

不符合实际的和严重的过盈

浏览对话框时，用户可能会注意到节点处，或者位于收敛状态下的接触区域之外的约束点处的未收敛迭代过程中的过盈。这些节点报告的过盈将显著地大于接触区域中节点的过盈，如图 6-5 中高亮显示的约束点所示。这说明模型中存在物理或者数值上的不稳定。用户应当采取相应措施，在进行仿真之前更加牢固地建立接触，或者在模型中添加一些形式的稳定性（见“解决非线性问题”，《Abaqus 分析用户手册——分析卷》的 2.1.1 节；“阻尼器”，《Abaqus 分析用户手册——单元卷》的 6.2.1 节；“在 Abaqus/Standard 中调整接触控制”中的“接触问题中刚体运动的自动稳定性”，3.3.6 节）。使用更小的增量有时能够在这些情况中得到解。

Element	Face	Point	Overclosure	Slave	Master
PLATE-1.5	SPOS	1	0.215606	ASSEMBLY_PLATE-1	ASSEMBLY_PUNCH-1
PLATE-1.48	SPOS	3	139.554	ASSEMBLY_PLATE-1	ASSEMBLY_PUNCH-1
PLATE-1.269	SPOS	3	0.891122	ASSEMBLY_PLATE-1	ASSEMBLY_PUNCH-1
PLATE-1.269	SPOS	4	3.88193	ASSEMBLY_PLATE-1	ASSEMBLY_PUNCH-1
PLATE-1.274	SPOS	1	1.53256	ASSEMBLY_PLATE-1	ASSEMBLY_PUNCH-1

图 6-5 一个约束点上的过盈比其他约束点上的过盈大许多

不收敛的力方程

接触诊断不总是能够包含严重的不连续迭代。定义不良的接触可以在分析中造成力方程的不收敛（图 6-6）。如果同一个节点重复作为最大残差和校正出现，则需要检查该节点周

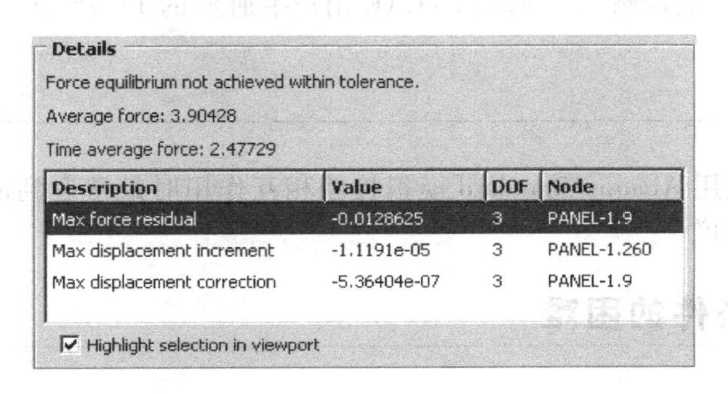

图 6-6 诊断工具报告平衡困难

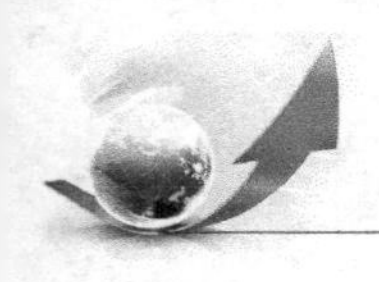

围的接触状态。以图 6-7 所示情况为例。诊断亮显了从面周界上的“问题节点”。对此节点附近的进一步观察说明此从面网格划分得太粗糙。沿着面周界的从节点接触主面，但是下一行的节点“挂在”主面轮缘上。如果此接触对使用节点-面接触离散化，则主面可以穿透从面，节点之间具有很小的阻抗。这样的穿透将造成诊断中的力方程不收敛。

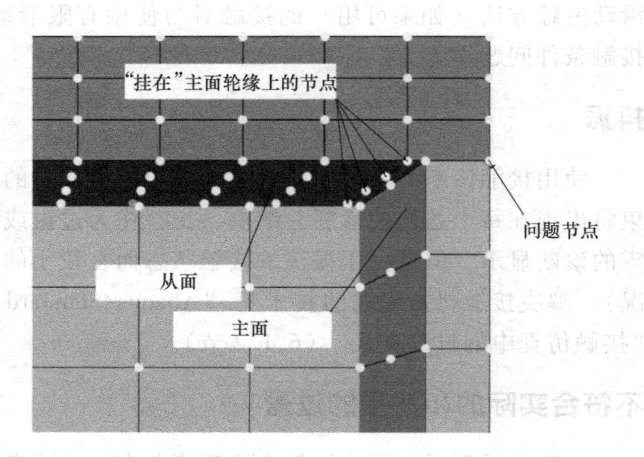

图 6-7　不收敛的力方程区域中的两个面

主面自由地穿透从面的情况可以防止分析收敛。可能的解决方案包括：

- 转换主、从赋予。
- 使用面-面离散化（然而，使用未细化的粗糙从面网格的面-面离散化时，即使分析收敛，也可能产生粗糙的应力结果）。
- 细化从面上的网格。

6.1.2　Abaqus/Standard 中与接触模拟相关的常见困难

产品：Abaqus/Standard　　Abaqus/CAE

参考

- “在 Abaqus/Standard 中定义通用接触相互作用”，3.2.1 节
- “在 Abaqus/Standard 中定义接触对”，3.3.1 节
- *CONTACT
- *CONTACT PAIR
- *CONTACT INITIALIZATION DATA
- “定义通用接触”，《Abaqus/CAE 用户手册》的 15.13.1 节
- “定义面-面接触”，《Abaqus/CAE 用户手册》的 15.13.7 节
- “使用接触和约束检测”，《Abaqus/CAE 用户手册》的 15.16 节

概览

本部分介绍了使用 Abaqus/Standard 模拟接触相互作用时最常遇到的困难。并提出了如何避免这些问题的建议。

解决初始接触条件的困难

Abaqus/Standard 在一个步或者分析开始时如何表达和处理接触条件非常重要。如果

有必要，用户可以检查信息文件中的初始接触条件（见“输出”中的“Abaqus/Standard信息文件”，《Abaqus分析用户手册——介绍、空间建模、执行与输出卷》的4.1.1节）。意外的接触脱离或者过盈可能会导致面几何形状的不良表征、模型中的意外运动以及分析不收敛。

消除初始接触脱离和过盈

当模拟两个面片化的面之间的接触时，通常可能在单个节点上产生小间隙或者穿透。当两个面具有类似的网格划分时，此问题特别常见。Abaqus/Standard使用两种默认的方法来处理初始穿透：

- 在通用接触中，通过自动调整较小的初始过盈来消除穿透。
- 在接触对中，将初始过盈解释成过盈配合，并且进行相应处理（见下面的“解决较大的过盈配合问题”）。

用户可以通过Abaqus/Standard调整从面的位置，来确保所有应当与主面接触的从节点，最初以没有任何穿透的接触开始，来改善接触仿真的精度（见“在Abaqus/Standard中控制初始接触状态”，3.2.4节；以及“调整Abaqus/Standard接触对的初始面位置并指定初始间隙”，3.3.5节）。当预期的初始间隙或者过盈与接触中物体的典型尺寸相比较小，并且使用了小滑动接触对时，用户可以精确地指定间隙或者过盈（见“调整Abaqus/Standard接触对的初始面位置并指定初始间隙”中的“为小滑动接触定义精确的初始间隙或者过闭合”，3.3.5节）。

与有限滑动搜索方法相比，小滑动接触搜索方法对接触界面上的初始局部间隙更加敏感。在小滑动接触中，每个从节点，与一个由主面的有限单元近似定义的接触平面，产生相互作用，如在“Abaqus/Standard中的接触方程”（5.1.1节）中讨论的那样。仅当每个从节点可以投射到主面上时，Abaqus/Standard才可以定义这些平面。从这些从面接触主面时开始仿真，允许Abaqus/Standard为从节点形成最精确的接触。

较大的非预期初始过盈

接触初始算法偶尔会在用户不期望存在初始过盈的位置推算出较大的初始过盈。例如，不正确的面法向指定可能造成接触初始化算法将物理间隙作为穿透，如“在Abaqus/Standard中定义接触对”中的“壳类面的方向”（3.3.1节）中所讨论的那样。面或者接触定义的细微变化通常即将避免不期望的过盈，但是通常需要调用一些诊断来确定如何避免此问题。

确定不期望出现过盈的位置

消除一个大的初始过盈的第一步是确定其出现的位置：

- 如果将初始过盈处理成需要在第一个增量中消除的相互作用配合（对于接触对为默认行为，见“在Abaqus/Standard中模拟接触过盈配合”，3.3.4节），则初始输出帧的接触脱离距离输出变量COPEN的云图显示，将显示哪个区域存在初始过盈（穿透对应于COPEN的负值）。
- 如果使用无应变调整来消除初始过盈，则初始输出帧的输出变量STRAINFREE的云图将显示在哪里发生了调整（关于此输出变量的进一步讨论，见“Abaqus/Standard分析中的接触诊断”，6.1.1节）。然而，较大的无应变调整可能会造成网格的高度扭曲，使得彻底诊断问题变得困难。在这样的情况下，可以使用初始过盈执行数据检查分析（见“Abaqus/Standard、Abaqus/Explicit和Abaqus/CFD执行”，《Abaqus分析用户手册——介绍、空间建模、执行与输出卷》的3.2.2节），将初始过盈替换成需要在第一个增量中解决的界面配合以方便诊断（如上面所讨论的那样）。

一旦用户确定了不期望出现的初始过盈位置，可将Abaqus/CAE的显示模块限制为仅显示初始过盈中包含的相互作用中的主面和从面，这样有助于确定出现不期望的初始过盈原因（关于显示组选项的内容见“管理显示组”，《Abaqus/CAE用户手册》的78.2节）。显示面法向（见“显示单元和面法向”，《Abaqus/CAE用户手册》的55.7节）有助于确定不期望的初始过盈是否是由不正确的面法向引起的。

不连续面上的过盈

图6-8所示为一个不期望的大初始过盈例子。在此情况中，具有不连续面的单独接触对是指两个不同区域中的强制接触（“在Abaqus/Standard中定义接触对”，3.3.1节中的表3-1列出了哪些接触方程允许使用不连续的面）。图6-8中的箭头表示每个面区域的正法向。面-面接触方程沿着从面的法向（在正、负方向上）搜索主面上可能的相互作用点。在此例中，搜索从点A开始，确定点B为点A仅有的潜在相互作用点。接触对说明这是一个有效的穿透，因为没有找到更好的替代相互作用位置，并且点A和点B处的面法向是相反的。避免出现此不期望过盈的方法包括：

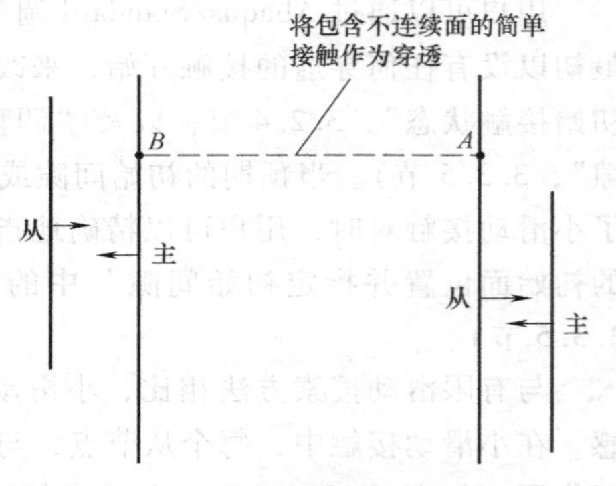

图6-8　由包含不连续面的模拟错误引起的不期望的初始过盈的例子

- 使用连续面为两个不同接触区域中的每一个定义分离的接触对。
- 指定通用接触，可过滤掉几乎所有不期望出现的初始过盈。

三维面上的过盈

对于使用复杂面的三维模型来说，出现不期望的初始过盈原因是不明显的。在处理此问题时，最重要的步骤是确定各自面的哪个区域包含在不期望出现的初始过盈中。对于不进行无应变调整的面-面接触对，主面的一部分应当出现在从面后面（与从面法向方向对立）的距离与报告的（负的）COPEN值一致。对于节点-面接触对，主面上相互作用点的方向通常对应从面和主面之间的局部最小距离。

解决较大的过盈配合问题

就像前面讨论的那样，Abaqus/Standard也可以将初始过盈作为过盈配合。用户应当使用上面所讨论的一种方法来消除由网格离散化，或者接触面定义错误造成的不期望的初始过盈。在一些情况中，过盈配合可以是预期存在的，但是过盈量太大了，以至于无法通过Abaqus/Standard中接触对使用的默认方法（在一个单独的增量上消除过盈），稳固地消除过盈。在此情况中，用户应当更改接触模型来允许在多个增量上消除过盈（更多内容见“在Abaqus/Standard中模拟接触过盈配合”，3.3.4节）。如果用户选择将初始过盈处理成通用

接触的过盈配合，则它们将在多个增量上自动得以消除（见“在 Abaqus/Standard 中控制初始接触状态”，3.2.4 节）。

防止接触仿真中的刚体运动

刚体运动通常不是动力学分析中的问题。在静态问题中，当一个物体没有受到足够的约束时，将发生刚体运动。“数值奇异”警告信息和非常大的位移说明静态分析中存在无约束运动。因此，如果使用接触来约束静态问题中的刚体运动，需要确保具有合适的面对初始接触（见“在 Abaqus/Standard 中控制初始接触状态”，3.2.4 节；以及“调整 Abaqus/Standard 接触对的初始面位置并指定初始间隙”，3.3.5 节）。如果必要的话，用户可定义模型几何形体来给出接触对的一个小的初始过盈，或者使用边界条件来移动结构使得在第一个步中发生接触。在通过与其他构件接触使得得到足够的约束后，即可删除后续步中不必要的边界条件。类似的，如果一个刚体只做平动，则约束它的转动自由度。

摩擦黏性可以约束刚体运动。然而，必须在摩擦力产生之前建立接触压力。这样，当两面首次接触时，在刚体运动约束下摩擦是无效的。用户必须通过定义一个边界条件，或者通过使用软弹簧或者阻尼器使体接地，来临时删除刚体运动。

如果无法通过模拟技术防止刚体运动，则 Abaqus/Standard 将提供一些工具，在接触仿真中自动地稳定刚体。这些工具见“在 Abaqus/Standard 中调整接触控制”中的“接触问题中刚体运动的自动稳定性”（3.3.6 节）。

定义不良的面

在分析过程中，用户必须注意接触面之间是否存在非期望的行为（极大的穿透、非期望的脱离、不精确的力施加等）。这些行为通常会造成分析的不收敛和终止。与网格、单元选择和面几何形状有关的许多原因都可能引发这些问题。

在主面上定义重复的节点

当定义有限滑动应用中使用的三维面时，应避免使用同一个坐标来定义两个面节点。否则会在面上产生如图 6-9 所示的缝或者裂纹。

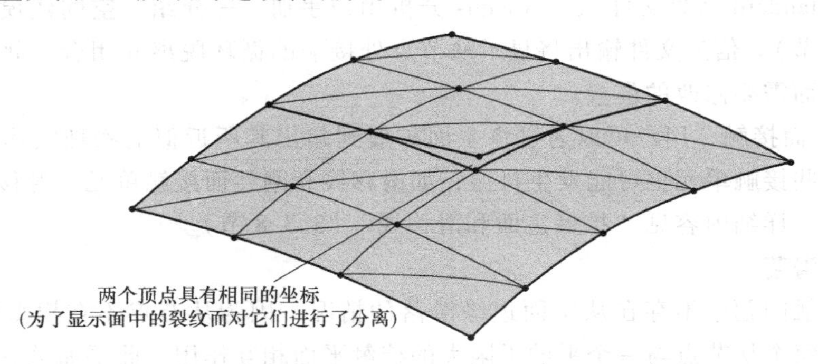

图 6-9　重复定义面节点的例子

如果在 Abaqus/CAE 中使用默认的绘图选项来显示，则这些面将表现成有效的连续表面。然而，如果将此面作为有限滑动的节点-面接触中的主面，则从节点沿着面滑动时可能会穿过此裂纹，并且被“困在”主面之后。类似的问题也可能发生在有限滑动的面-面接触中。通常，将产生造成 Abaqus/Standard 终止分析的收敛问题。

使用 Abaqus/CAE 的显示模块中的边显示选项来确定模型中所使用面上的任何不需要的裂纹。裂纹将显示为面内部的附加周界线。在前处理器中创建模型时，可以通过等效合并节点来轻易地避免重复的节点。

避免沿着面周界接触的问题

当模拟有限滑动的接触时，应确保将主面定义扩展得足够远来考虑接触对的所有期望运动。应当避免出现使用节点-面接触方程的沿着主面周界的接触。Abaqus/Standard 假设配对从面节点可以穿过主面的自由边，如果一个从节点从后面围绕并靠近与其配合的主面，则此节点穿过主面可以引起一些问题。图 6-10 所示为合适的和不合适的主面定义。

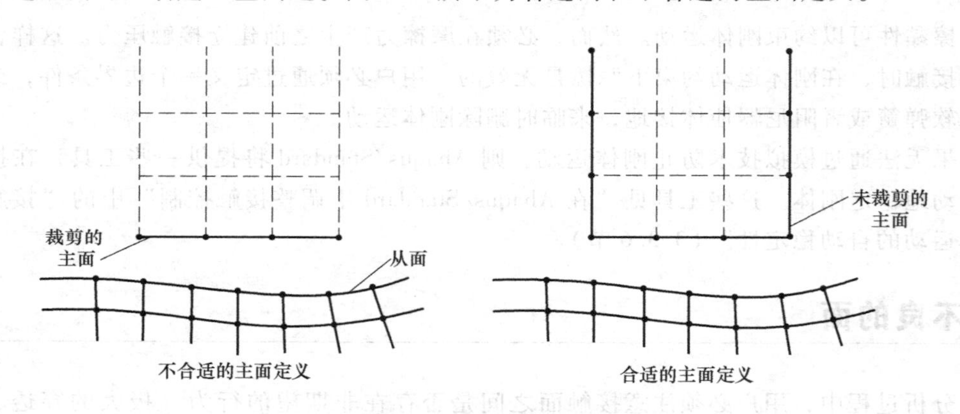

图 6-10　主面扩展的例子

在一个迭代中穿过主面的从节点，将在下一个迭代中接触面，此现象称为抖振。如果抖振持续，则 Abaqus/Standard 可能无法找到一个解。此问题在使用面-面方程时很少出现，因为每个接触约束是以从面的一个区域为基础的，而不是以单个从节点为基础。要求详细的接触打印输出到信息（.msg）文件来追踪一个可能滑落主面的从节点的历史（见“输出”中的“Abaqus/Standard 信息文件”，《Abaqus 分析用户手册——介绍、空间建模、执行与输出卷》的 4.1.1 节）。信息文件输出将显示从节点处接触的循环脱离和闭合，此循环的脱离和闭合将说明主面需要修改的位置。

对于节点-面接触，用户可以通过将主面扩展到超出其所近似的物理实体的周界来避免抖振问题。一些接触单元也可能发生抖振，如滑移线和刚性面接触单元。滑移线接触单元也可以进行扩展。详细内容见“扩展主面和滑移线”（3.3.8 节）。

从小滑动主面滑落

小滑动接触问题中不存在从主面边缘滑落的情况，因为从节点不在模型的实际面上滑动。代之于，每个从节点与一个平的无限大的接触平面相互作用。此平面关联的主面节点组最靠近未变形构型中的从节点。关于小滑动节点的详细内容，见“Abaqus/Standard 中的接

触方程”（5.1.1 节）。

从使用界面单元模拟的面上滑落

不存在从使用界面单元模拟的面边界滑落的情况，因为从节点在一个平的无限大的接触平面上滑动。

使用网格划分不良的面

一些问题是由于在非常粗糙的网格上创建面引起的。这些问题中的一部分取决于用户对接触离散化的选择，如后面在“接触方程之间的差异”中所讨论的那样。

穿透使用粗糙网格划分的从面

当使用一个网格划分粗糙的面作为节点-面接触的从面时，主面节点可以没有阻抗地完全穿透从面（图 6-11）。当不匹配的网格接触时，这种情况是常见的。细化从面往往可以减轻此问题。

面-面接触通常会阻止主节点穿透粗糙的从面。然而，如果从面网格明显比主面网格粗糙，则此方程的计算成本将显著增加（进一步的讨论见“Abaqus/Standard 中的接触方程”，5.1.1 节）。

在单个单元处发生的接触

如果一个面上的网格太粗糙，则整个接触相互作用可能发生在单个单元的边界内。当两个接触面具有类似的曲率时，通常会发生此现象，如图 6-12 中所示。

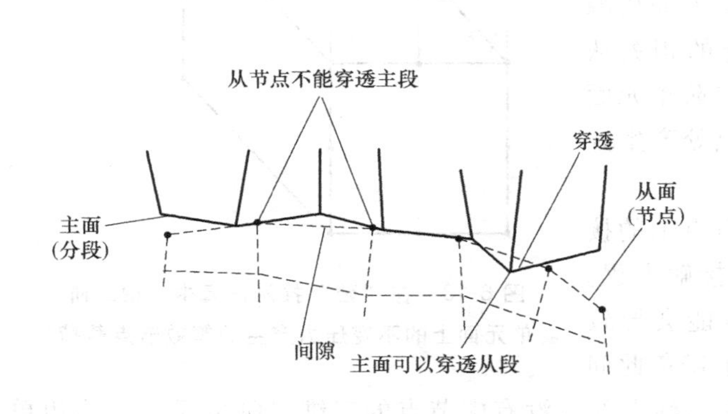

图 6-11　节点-面接触中从面的粗糙网格划分引起主面穿透进入从面

图 6-12　主面在单个单元面上接触从面

来自这类相互作用的结果是不可靠的，并且通常不符合实际。如果图 6-12 中的模型使用节点-面接触，则主面将没有抵抗地穿透从面，直到遇到一个从节点，如上面所讨论的那样。如果反向指定主和从，则接触约束是施加在单个从节点上的，此集中将造成接触压力的不精确的大计算结果。如果模型使用面-面接触，则不太可能发生极大的穿透。然而，在相互作用中仅包含少量的约束点来施加面-面接触的平均算法效果较差。将产生不精确的接触应力和压力计算结果。

如果接触是在单个单元上发生的，则可通过细化网格将相互作用分散到多个单元面上。

网格划分粗糙的主面和小滑动接触

如果网格划分粗糙，则小滑动仿真中的弯曲主面可能由于“主平面”的近似性质导致不可接受的求解精度。使用更加细化的网格来定义主面可改善小滑动问题中的整体求解精度。然而，即使是在细化的模型中，仍会观察到接触应力的局部振荡，除非使用完美匹配的网格。

使用二阶热传导单元的非匹配面网格

如果使用二阶热传导单元来模拟一个热界面，并且网格不在整个面上匹配，则可能产生不精确的局部结果。当一个面上的单元中节点最靠近另一个面上的单元拐角节点时，将得到最差的结果。如果在模型中必须使用非匹配的网格，则应使用一阶单元或者更加细化的网格。

使用二阶面和节点-面方程的三维面

二阶单元不仅具有更高的精度，还可更加有效地捕捉应力集中，并且可以比一阶单元更好地模拟几何特征。基于二阶单元类型的面使用面-面接触方程时工作良好，在一些情况中，使用节点-面方程则效果不佳（关于这些接触方程的讨论，见“Abaqus/Standard 中的接触方程”，5.1.1 节）。

由于压力作用在单元面上时的等效节点力分布，一些二阶单元类型不适用于使用节点-面接触方程和严格施加“硬”接触条件组合的相关从面。如图 6-13 所示，在没有中节点的二阶单元面上施加一个不变的压力，将在拐角节点处产生方向相反的作用力。

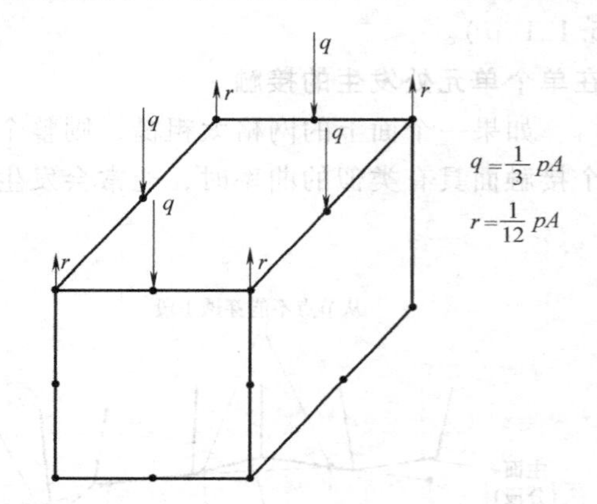

图 6-13　在“硬”接触仿真中，由二阶单元面上的不变压力产生的等效节点载荷

Abaqus/Standard 以作用在单个从节点上的接触力为基础，来决定是否使用节点-面接触方程。二阶单元中节点力的近似固有属性可能会导致 Abaqus/Standard 做出错误的决定。为了避免此问题，Abaqus/Standard 自动地将形成从面的绝大部分没有中节点的三维二阶单元（巧凑边单元）转化成具有中节点的单元。对于 18 节点的三维垫片单元，如果它们不是在单元连接性中给出的，则中面节点也是自动生成的。中面节点的存在导致没有被接触算法模糊的节点力分布。

将单元组 C3D20（RH）、C3D15（H）、S8R5 和 M3D8 分别转化成 C3D27（RH）、C3D15V（H）、S9R5 和 M3D9。因为 Abaqus/Standard 不转化耦合的温度-位移、耦合的温度-电-结构和耦合的孔隙压力-位移二阶单元，用户应当指定一种罚或者扩展的拉格朗日约束施加方法来近似模拟硬的压力-过闭合行为（见“Abaqus/Standard 中接触约束的施加方法”，5.1.2 节）。当在用户定义的节点上指定了值时，Abaqus/Standard 将在自动生成的中面节点处插值节点量，如温度和场变量。

二阶四面体单元（C3D10 和 C3D10I）在其拐角节点上具有零接触力。不允许使用二阶三角形从面、节点-面接触方程和严格施加“硬”接触条件的组合，以避免由此导致的可

能性高的收敛问题以及不良的接触压力预测。要避免此组合，至少应使用下列选项中的一个：

- 使用面-面接触方程（通常推荐）替代节点-面接触方程。
- 使用罚约束施加方法（通常推荐）或者扩展的拉格朗日约束施加方法替代“硬”接触条件的严格施加。
- 使用改进的 10 节点四面体单元（C3D10M）替代二阶四面体单元。

接触仿真中的过多迭代

Abaqus/Standard 提供一些方法来调整求解器的迭代方案，有时会产生一个对精度影响最小的更有效率的分析。

在弱确定的接触条件中转化严重的不连续迭代

默认情况下，Abaqus/Standard 将连续进行迭代，直到与接触状态的变化相关的严重不连续足够小（或者不再出现严重的不连续）并且满足平衡容差（流量）。另外，用户可以选择不同的方法，在其中 Abaqus/Standard 继续迭代，直到不再出现严重的不连续。在“定义一个分析”中的“Abaqus/Standard 中的严重不连续”（《Abaqus 分析用户手册——分析卷》的 1.1.2 节）中，对这两种方法进行了更详细的讨论。当节点条件是弱确定的时候，严重不连续迭代的默认处理降低了与接触状态之间的抖振相关的过度迭代的可能性。具有弱确定的接触条件的区域例子，是一条接触边上得到支承的薄板平冲头中心附近。

以非收敛迭代中的穿透距离为基础控制增量大小

对于大部分类型的节点，如果在一个迭代过程中，为接触对计算的穿透超出了一个指定距离（h_{crit}），Abaqus/Standard 将放弃当前增量并使用一个更小的增量来再次尝试。对于有限滑动的面-面接触（包括通用接触）以及几何线性分析中的小滑动接触，没有临界穿透距离。

h_{crit}的默认值是特征表面的单元面外接球半径。当计算默认值时，Abaqus/Standard 仅使用接触对中的从面。在数据（.dat）文件中打印模型中每个接触对的 h_{crit}值。应当证明 h_{crit}的默认值对于大部分接触仿真是足够的，在一些情况中，可能需要改变一个给定接触对的默认值。这些情况包括：

- 主面是高度弯曲的模型。默认的 h_{crit}值有时会导致出现图 6-14 所示的情形。在迭代求解过程中，最初在点 a 处的从节点可以移动到点 b 处并穿透主面，具有小于 h_{crit}的过盈 h。Abaqus/Standard 可能会试图将从节点移动到主面上的点 c 处。要避免此情况，可以指定一个更小的 h_{crit}值来强制 Abaqus/Standard 放弃当前增量并尝试使用一个更小的增量。
- 因为使用的是基于节点的面，所以 Abaqus/Standard 不能计算合理的 h_{crit}模型。如果模型中有其他接触对，则 Abaqus/Standard 将使用所有从面单元面的平均尺寸。如果没有其他接触对，则 Abaqus/Standard 将使用整个模型的特征单元尺寸。
- 从面中的接触面尺寸变化非常大的模型。
- 与通常的面尺寸相比，从面网格非常细化的模型，这时可以容易地消除远大于默认

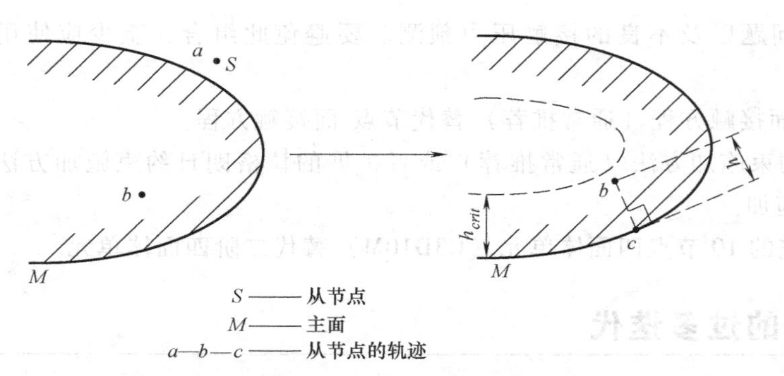

图 6-14 高度弯曲主面上的临界穿透距离的影响

h_{crit}的过盈。

- 使用软接触的接触对允许显著穿透的模型（见“接触压力与过盈的关系”，4.1.2 节）。

输入文件用法：＊CONTACT PAIR，HCRIT=h_{crit}

Abaqus/CAE 用法：在 Abaqus/CAE 中，用户不能调整 h_{crit}的默认值。

解释接触仿真结果的困难

包含接触的分析虽然可以运行到完成，但是结果看上去可能是不符合实际的。有时候这是由模拟错误引起的，或者是由所指定的特定接触方程的输出格式引起的。下列因素除了会降低接触输出以外，往往还降低了收敛行为，避免这些因素可以改善收敛行为。

在“硬”接触仿真中使用二阶单元时的振荡接触压力

当在两个组成接触相互作用的可变形的面上使用相差很大的网格密度时，有可能导致不均匀的接触压力分布。当模拟“硬”接触，并且两个面使用二阶单元（包括改进的二阶四面体单元）模拟时，不均匀性将非常明显。在这样的情况中，可能会出现接触压力中的振荡和“尖峰”。通过使用罚类型的接触约束施加方法，使用二阶单元模拟的面将得到更加平滑的接触压力（见“Abaqus/Standard 中接触约束的施加方法”，5.1.2 节）。

在对称轴处使用二阶轴对称单元时的不精确的接触应力

对于二阶轴对称单元，位于对称轴上（$r=0$）节点处的接触面积是零。要避免由零接触面积引起的数值奇异问题，Abaqus/Standard 在计算接触面积时假设节点与对称轴之间存在一个小的距离。对于位于对称轴上的节点，这将造成计算不精确的局部接触应力。

自接触

一个面与其自身的接触（自接触），可用于初始几何形体与发生接触时的几何形体（可变形的）存在巨大差异的情况。此时难以预测面的哪一个部分将彼此发生接触。在可能的情况下，指定面的一部分为主面、另一部分为从面，以节约计算成本。相同的不可预测性使得不可能事先确定哪一侧将作为主面，以及哪一侧将作为从面。因此，Abaqus/Standard 使用了对称的接触模型：每个面的单独节点可以是从节点，并且可以同时属于相对于所有其他

节点的主部分。

因为每个面同时作为从面和主面，对称接触分析的结果可能是模糊的和不一致的。“在Abaqus/Standard 中定义接触对”中的“使用对称的主-从接触对改善接触模拟”（3.3.1 节）中，对这些困难进行了更加详细的讨论。

过约束模型

过约束是指多个运动约束超过了它们作用的自由度的情况。过约束通常会导致不精确的解或者不能得到收敛的解。使用直接约束施加方法（使用拉格朗日乘子）严格施加的接触条件，有时包含过约束。关于过约束的详细内容和例子，以及 Abaqus/Standard 将如何基于下面的分类来处理过约束，见“过约束检查”（2.6 节）：

- 在模型前处理器中检测到的过约束。
- 在分析过程中检测到并消除了的过约束。
- 在方程求解器中检测到的过约束。

Abaqus/Standard 将自动消除很多类型的过约束，然而，不能消除许多包含接触的过约束，并且将代入方程解算器。方程解算器通常将发出“零支点”或者“数值奇异”警告信息来作为过约束结果。此时，Abaqus/Standard 将发出一个有助于确定引起过约束的原因的警告信息，以帮助用户消除过约束。偶尔的过约束不创建警告信息，但这并不意味着过约束对分析没有不利的影响。

包含软接触的过约束

具有软行为的，或者使用罚或者扩展的拉格朗日方法施加的接触条件，将不与其他约束组合，以避免出现“严格的过约束”。然而，“软化的过约束”可能：

- 如果与接触相关的刚度贡献比来自典型单元的刚度贡献高好几个数量级，则在方程解算器中产生零支点或者不良状态。
- 使用扩展的拉格朗日方法来防止产生一个紧的穿透容差。
- 在接触应力求解中产生振荡，尤其是在接触刚度较高的时候。

一些类型的接触默认使用罚或者扩展的拉格朗日方法，来近似由于冗余的普遍性或者“对抗的”接触条件引起的硬压力-过闭合行为。可用的约束施加方法和默认行为见“Abaqus/Standard 中接触约束的施加方法”（5.1.2 节）。

由过闭合产生的不精确的接触力

如果一个接触对中的节点是过约束的，但是方程解算器确实找到了一个解，则接触力将变得不确定并且可能变得很大，尤其是在绑定接触对中。检查信息文件中报告的时间平均力（或力矩，或流量），或者使用 Abaqus/CAE 来交互显示诊断信息（更多内容见“显示诊断输出”，《Abaqus/CAE 用户手册》的第 41 章）。如果它比残余力（或者力矩，或者流量）大几个数量级，则可能发生了过约束，并且不保证 Abaqus/Standard 找到了正确的解。模型是过约束的另外一个表现是当非线性至少需要几个迭代时，分析在每个增量中的单个迭代中开始收敛。只能通过改变约束定义或者所包含的其他约束类型来避免过约束。

由单个节点处的多个面相互作用定义产生的过约束

接触过约束能否自动消除，有时取决于两个接触对是否参考同一个面相互作用定义。以两个接触对具有一个共同的主面，并且共享一些从节点（也许位于两个从面的公共边上）

的情况为例。如果两个接触对参考不同的面相互作用定义（即使面相互作用是等同的），将在公共从节点处发生过约束；然而，如果两个接触对参考同一个面相互作用定义，则Abaqus/Standard将自动地避免这些过约束（将面相互作用定义赋予接触对的方法，见“在Abaqus/Standard中为接触对赋予接触属性”，3.3.3节。）

接触方程之间的差异

当模拟接触仿真时，Abaqus/Standard中可用的不同接触方程（见“Abaqus/Standard中的接触方程”，5.1.1节）具有很大的灵活性。对于两个近乎一样的仿真，如果仅是所使用的接触方程有所不同，有时也会得出不同的结果。这主要是因为接触方程解释接触条件的方式不同。一些方程更适用于特定的情形。

穿透上的区别

节点-面和面-面离散之间最明显的区别是面之间穿透的大小不同。这是因为节点-面离散化仅计算从节点处的穿透，而面-面离散化则计算有限区域上的平均穿透。例如，当从面滑动穿过主面的凸形部分时，使用面-面离散化的从面往往比使用节点-面离散化的从面高一点，如图6-15所示（穿过主面的凹形部分时则相反）。图6-16所示为另一种情况，即由于两种接触离散化计算穿透的方法不同，因此产生的行为存在本质上的不同。随着网格细化，两种离散化将收敛成同一个行为。

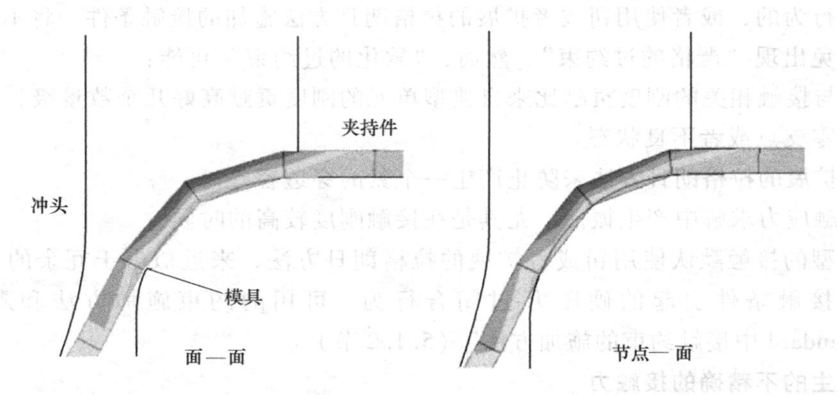

图6-15　主面具有凸曲率的例子中接触离散化的对比（成形应用）

计算穿透的方法不同有时可能会从根本上影响分析的结果。将模型从一种接触方程转化到另一种接触方程时，应注意这种可能性。预先存在的模型的不同方面，如摩擦系数或者压力-过闭合关系，可能已经不经意地“转化”成使用特别接触方程导致的行为。

在单个点处接触

图6-17所示为圆形刚体受力压向可变形体的例子。在显示的初始构型中，两个体在单个点处接触，此点对应于一个从节点的位置。涉及此模型分别使用节点-面和面-面离散化的分析情况如下：

- 使用节点-面离散化，通过一个有效的接触约束来施加初始迭代。使用合理数量的迭

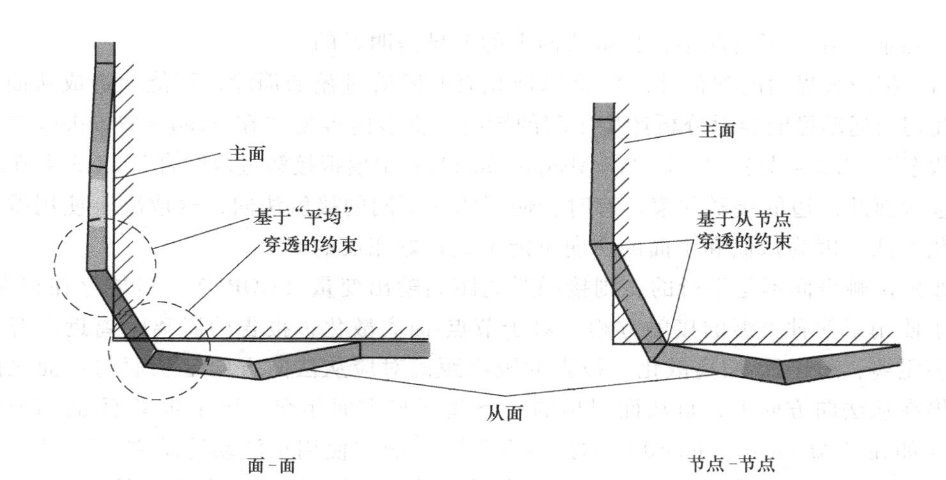

图 6-16　具有一定柔性的从面包围主面拐角的例子中，接触离散化的对比

代和增量得到一个收敛的解。

- 使用面-面离散化，穿透是通过计算面的有限区域上的平均值得到的，因此为所有潜在的接触约束计算了一个正的间隙距离，即使面与其中一个从节点接触。然而，有限滑动的面-面接触方程检测到面是初始接触的，并且默认在间隙距离为零的临近区域中自动激活局部接触阻尼。如果没有这样的阻尼，由于处于无约束的刚体模式，Abaqus/Standard 将不能得到收敛的解。此接触阻尼通常对于收敛的解具有显著影响，并且 Abaqus 会在步结束前完全删除该阻尼。

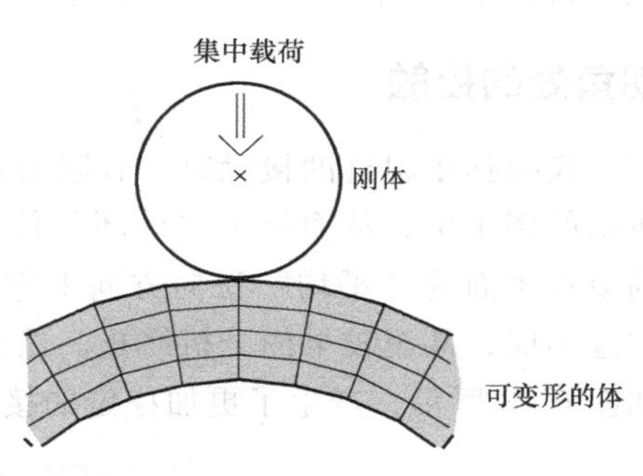

图 6-17　两个体在单个的点处初始接触的例子

如果用户抑制了有限滑动的面-面方程的自动局部阻尼，或者使用了小滑动的面-面方程，则应使用上面"解决初始接触条件中的困难"中讨论的技术中的一种来删除面之间的初始间隙，并防止分析中出现刚体模式。

输入文件用法：使用以下选项在人为的面间隙处，为接触对定义抑制自动施加局部接触阻尼：

＊CONTACT PAIR，MINIMUM DISTANCE＝NO

使用以下选项在人为的面间隙处，为通用接触定义抑制自动施加局部接触阻尼：

＊CONTACT INITIALIZATION DATAMINIMUM DISTANCE＝NO

Abaqus/CAE 用法：在 Abaqus/CAE 中，用户不能在人为的面间隙处抑制自动施加局部接触阻尼。

接触法向上的区别

节点-面离散化使用基于主面法向的接触法向方向，而面-面离散化使用基于从面法向的接触法向方向（取从节点附近区域上的平均值）。对于绝大部分有效的接触定义，从面和主面是近乎平行的，这样主法向和从法向是近似共线的。在此情况中，接触法向上的区别是不

明显的。然而，在以下情况中，接触法向上的差异是明显的。

- 当模拟较大界面的配合时，面-面离散化有时随着过盈的消除，可能会造成从面的切向运动。此切向运动可能会对分析产生不利的影响。更多内容见“在 Abaqus/Standard 中控制初始接触状态”（3.2.4 节），以及“在 Abaqus/Standard 中模拟接触过盈配合”（3.3.4 节）。
- 包含面几何边的接触约束，有时会使用明显不同的接触法向，这取决于使用哪一种接触离散化方法，因为从面和主面的法向可能不是正好相反的。
- 如果接触表面不是平行的，则接触脱离距离输出变量（COPEN）可能存在很大区别，这取决于使用了何种类型的接触方程。对于节点-面离散化，报告的脱离距离近似等于与主面的最小距离；对于面-面离散化，报告的脱离距离对应从法向方向上从面与主面之间的距离。如果在从法向方向上，自从面引出的一条线不与主面相交，则不定义面-面离散化的脱离距离（如在“Abaqus/Standard 中的接触方程”中的“使用小滑动追踪方法”，5.1.1 节中所讨论的那样；如果不能在这种情况中为小滑动的面-面方程形成小滑动约束，则 Abaqus/Standard 会自动将单个约束回复到节点-面方法）。

拐角处的接触

模拟拐角附近的接触时，有限滑动的面-面方程通常比其他接触方程更合适。在图 6-18 所示的例子中，从面位于“外部”体（即具有凹拐角的体）上。使用节点-面离散化，单个约束在主面的“平均”法向方向上作用在拐角从节点上，这通常会导致不良的接触解、非物理响应，甚至较早的分析终止。然而，面-面离散化在拐角附近为各自的面生成两个约束，如图 6-18 所示，产生了更加稳定的接触行为。

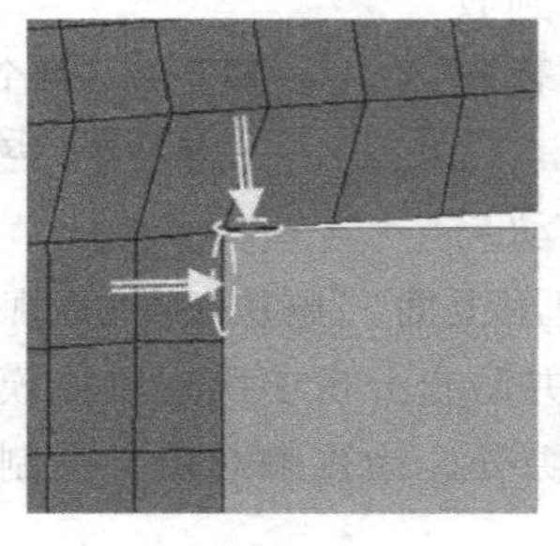

面-面

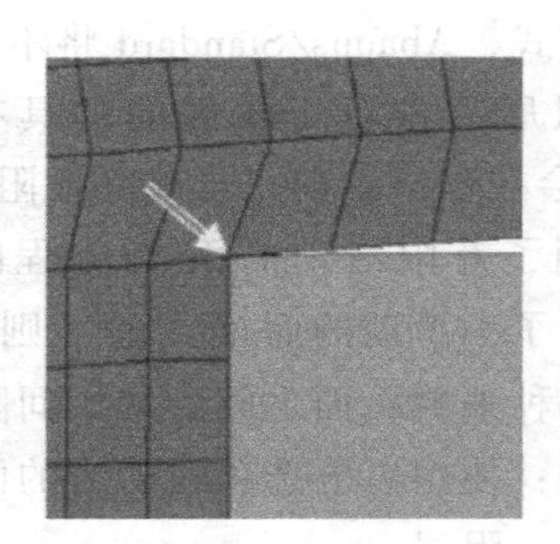

节点-面

图 6-18　相邻面分别具有内部和外部拐角的例子中的接触方程比较

6.2 解决 Abaqus/Explicit 中的接触困难

6.2.1 Abaqus/Explicit 分析中的接触诊断

产品：Abaqus/Explicit　　Abaqus/CAE

参考

- “输出到数据和结果文件”，《Abaqus 分析用户手册——介绍、空间建模、执行与输出卷》的 4.1.2 节
- “接触相互作用分析：概览”，3.1 节
- ＊DIAGNOSTICS
- “显示诊断输出”，《Abaqus/CAE 用户手册》的第 41 章

概览

Abaqus/Explicit 中的接触诊断允许用户得到关于面和接触相互作用的过程详细信息。诊断可用于以下情况：

- 检查两个面之间的自动调整。
- 揭示模型中有潜在问题的初始面构型。
- 追踪两个接触面之间的过度穿透。
- 审核与缠绕的面之间的接触有关的警告。

检查初始过盈面的调整

对于模型初始构型中处于过盈状态的接触面，Abaqus/Standard 将自动对其进行调整来消除过盈（见“在 Abaqus/Explicit 中为通用接触控制初始接触状态”，3.4.4 节；以及“调整 Abaqus/Explicit 中接触对的初始面位置并指定初始间隙”，3.5.4 节）。对过盈面的调整有三个信息来源：状态（.sta）文件、信息（.msg）文件和输出数据库（.odb）文件。

在状态和信息文件中得知需要对过盈面进行调整

默认情况下，Abaqus/Explicit 将所有节点调整和接触偏置（对于通用接触面）信息写入到信息（.msg）文件，将仿真的第一个步中接触对的最大初始过盈和最大节点调整的总结列表写入到状态（.sta）文件。用户可以选择抑制将信息写入信息文件，而仅将总结信息写入状态文件。为了在 Abaqus/CAE 中使用写入的消息和状态文件中的信息，也将其写入输出数据库（.odb）。

输入文件用法：使用以下选项来得到对消息文件的详细诊断输出，以及对状态文件的总结诊断输出：

＊DIAGNOSTICS，CONTACT INITIAL OVERCLOSURE = DETAIL（默认的）

使用以下选项来仅得到对状态文件的总结诊断输出（将无接触诊断写入消息文件）：

* DIAGNOSTICS, CONTACT INITIAL OVERCLOSURE = SUMMARY

Abaqus/CAE 用法：用户不能控制来自 Abaqus/CAE 内的接触初始过盈诊断信息。使用以下选项来显示保存的诊断信息：

Visualization module：Tools→Job Diagnostics

显示面的调整

在第一个步中，可以在 Abaqus/CAE 中显示初始过盈面的调整。显示在第一个步中定义的接触对调整的位移后形状图，可以作为零时刻原始场输出帧显示。此外，输出变量 STRAINFREE（见“Abaqus/Explicit 输出变量标识符”，《Abaqus 分析用户手册——介绍、空间建模、执行与输出卷》的 4.2.2 节）包含代表初始无应变调整的节点向量。默认情况下，如果 Abaqus/Explicit 做了无应变调整，则将零时刻的原始场输出帧作为 STRAINFREE 的值写入输出数据库（.odb）文件。Abaqus/CAE 的显示模块中此变量的符号图显示代表单个节点如何被调整的向量，此变量的云图则显示调整大小的分布（用户必须在选择 STRAINFREE 输出变量之前，在 Abaqus/CAE 的显示模块中选择零时刻的原始输出帧）。对于除第一步以外的其他步中的过盈情况，节点位移和加速度向量图在显示调整时是特别有用的。在数据检测分析之后，可以在 Abaqus/CAE 中显示这些图（见“Abaqus/Standard、Abaqus/Explicit 和 Abaqus/CFD 执行”，《Abaqus 分析用户手册——介绍、空间建模、执行与输出卷》的 3.2.2 节）。

为小滑动接触对显示精确的初始间隙

当为小滑动接触对指定了精确的初始间隙时，Abaqus/Explicit 不调整从面的坐标（见“调整 Abaqus/Explicit 中接触对的初始面位置并指定初始间隙”，3.5.4 节）。用户将不能在类似于 Abaqus/CAE 的显示模块那样的后处理器中看到所指定的间隙。这样，依据与面的初始几何形状和间隙或者过盈的大小，当面在仿真中实际上刚好接触时，在后处理器中则表现为脱离或者闭合。

在通用接触区域中检测相交的表面

如果从面最初穿透双侧主面的距离大于主面的厚度，则严重的过盈从节点将主面的背面视为合适的接触力方向。这些相交面中的从节点将被困在主面的后面。“在 Abaqus/Explicit 中为通用接触控制初始接触状态”（3.4.4 节），以及“调整 Abaqus/Explicit 中接触对的初始面位置并指定初始间隙”（3.5.4 节）中，对此问题进行了更加详细的讨论。

对于通用接触定义，默认激活确定初始构型中相交区域的诊断测试。当诊断测试处于激活状态时，如果检测到两个相邻从节点（由一条面片边相连）位于一个主面的两侧，则发出一个警告信息到消息（.msg）文件。对于基于节点的面，节点位于主面的两侧时则不发出这样的警告，因为不能确定基于节点的面的节点相邻性。在一些包含主面拐角的情况中，即使相邻的从节点位于主面的同一侧，也可能发出此警告消息。在大模型上执行诊断测试的

CPU 花费可能是显著的，用户可以选择抑制诊断测试以避免额外的 CPU 花费。

输入文件用法：使用以下选项为初始相交的面抑制诊断测试：

*DIAGNOSTICSDETECT CROSSED SURFACES=OFF

Abaqus/CAE 用法：用户不能排除 Abaqus/CAE 中初始相交面的诊断测试。使用以下选项显示保存的诊断信息：

Visualization module：Tools→Job Diagnostics

通用接触面之间的过度穿透

如“Abaqus/Explicit 中接触约束的施加方法”（5.2.3 节）中所描述的那样，Abaqus/Explicit 中的通用接触算法所使用的罚约束施加方法允许一个面轻微穿透进入另一个面。Abaqus 自动对面应用一种“弹簧”刚度来抵抗这些穿透。如果通用接触中包含的节点没有足够大的质量，则由 Abaqus/Explicit 自动选择的默认“弹性”刚度将不足以防止大的穿透。例如，当通过运动耦合定义完全被约束住的节点云接触一个完全约束的无质量刚性面时，可能会出现此情况。

默认情况下，如果在节点-面接触中，一个节点穿透进入它所追踪的面超出通用接触区域中典型面尺寸的50%，则认为穿透是过度的，此时 Abaqus/Explicit 将发出一个诊断消息到状态（.sta）文件。为了在 Abaqus/CAE 中使用，包含深穿透节点的节点组也写入输出数据库（.odb）文件。可以控制触发诊断信息的典型面尺寸百分比。

输入文件用法：使用以下选项来控制为深穿透触发诊断信息的典型单元面尺寸百分比：

*DIAGNOSTICSDEEP PENETRATION FACTOR=值

Abaqus/CAE 用法：用户不能控制 Abaqus/CAE 中深穿透的诊断信息。使用以下选项显示保存的诊断信息：

Visualization module：Tools→Job Diagnostics

高度弯曲面的警告信息

高度弯曲面上的正确接触条件是很难计算的，Abaqus/Explicit 将使用一种专用算法来施加弯曲面之间的接触，这种专用算法的计算成本比默认的接触算法更高（见“Abaqus/Explicit 中接触对的接触控制”，3.5.5 节）。默认情况下，Abaqus/Explicit 在每 20 个增量上检测高度弯曲的面。

Abaqus/Explicit 在第一次检测到高度弯曲的面时，在状态（.sta）文件中写入一个警告消息。此消息是简要的，它仅说明哪一个面具有高度弯曲的面片。如果此面上的其他面片在后面的分析中变得高度弯曲，则不另外发出警告信息。

如果需要，用户可以要求报告更多的详细诊断警告信息。在此情况中，在消息文件中将包含在某个面上发现的每一个弯曲面片的警告。警告将给出与弯曲的面相关的父单元（父单元是指形成了面片的单元）和面片的弯曲角度。

如果要求给出详细的警告，则计算时间和消息文件的大小可能会显著增加。用户可以在后续的步中切换回简要警告，或者完全抑制弯曲警告。

如果分析由于一个致命的错误而终止，则自动将预先选择的输出变量作为最后增量的场数据添加到输出数据库中。

输入文件用法：使用以下选项为弯曲的面要求详细的诊断警告输出：

*DIAGNOSTICSWARPED SURFACE=DETAIL

使用以下选项为弯曲的面要求默认的简要诊断输出：

*DIAGNOSTICSWARPED SURFACE=SUMMARY

使用以下选项为弯曲的面完全抑制诊断警告输出：

*DIAGNOSTICSWARPED SURFACE=OFF

Abaqus/CAE 用法：Abaqus/CAE 中不支持弯曲面的诊断输出要求。

6.2.2 Abaqus/Explicit 中与使用接触对的接触模型相关的常见困难

产品：Abaqus/Explicit　　Abaqus/CAE

参考

- “在 Abaqus/Explicit 中定义接触对”，3.5.1 节
- *CONSTRAINT CONTROLS
- *CONTACT PAIR

概览

本部分介绍了在 Abaqus/Explicit 中使用接触对模拟接触相互作用时最常遇到的困难。当使用通用接触算法时，通常不会出现这些困难。关于通用接触相互作用所涉及问题的更多内容，参考“在 Abaqus/Explicit 中定义通用接触相互作用”（3.4.1 节）。本部分还提出了避免出现这些问题的建议。

在主面上定义重复的节点

定义由单元面形成的三维面时，应避免使用同一个坐标定义两个面节点。否则可能在面上产生一条缝或者裂纹，如图 6-19 所示。

如果在 Abaqus/CAE 中使用默认的显示选项来显示，此面将表现为一个有效的连续面。然而，沿着此面滑动的节点，通过此裂纹将掉落而违反接触条件。如果发生了此情况，一旦检测到过盈，Abaqus/Explicit 将通过为节点指定一个大的加速度来施加接触条件。这一大的加速度导致一个噪声解或者造成单元的不良扭曲。

用户可以使用 Abaqus/CAE 的显示模块中的边显示选项来确定模型面上不希望出现的裂纹。此裂纹将表现为面内的多余界线。可以通过在前处理器中创建模型时等效节点来容易地避免重复的节点。

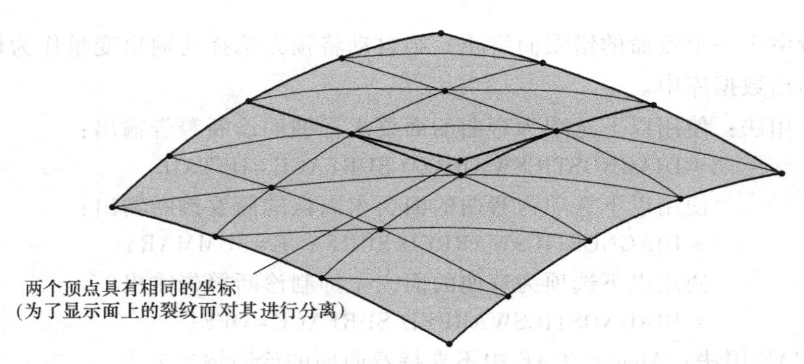

图 6-19 重复定义面节点的例子

无法满足所需接触条件的面定义

面定义有时可能不适于模拟问题中所需的接触条件。图 6-20 所示为两个零件之间简单连接的二维模型。

图 6-20 中的面无法满足所需的接触定义。在仿真开始时，Abaqus/Explicit 将发现面 3 上的一些节点位于面 1 和 2 的后面。当施加了接触条件时，面的运动可能会造成不良的扭曲单元。此问题的一种解决方案如图 6-21 所示。

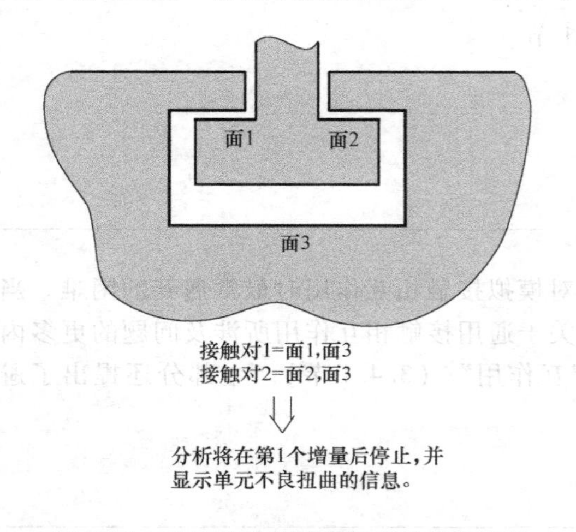

图 6-20 无法满足所需接触条件的面定义

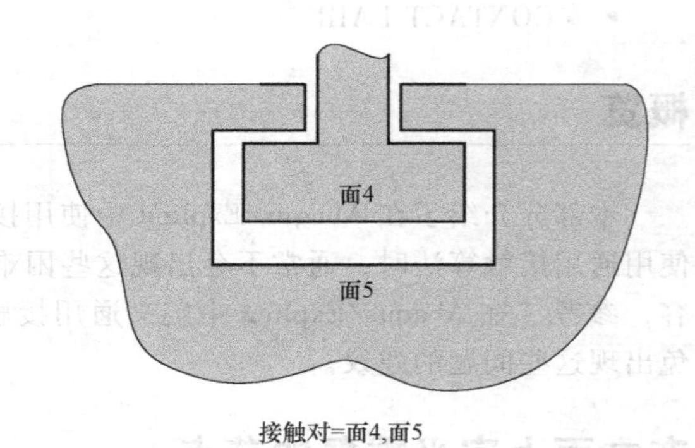

图 6-21 能够满足所需接触条件的面定义

图 6-21 所示的面，对于所需接触定义是合适的。对于此问题还有其他解决方案，例如，使用一个纯粹的主-从接触对可能更加合适，这取决于预期仿真的详细情况。

使用差的离散化面

一些问题是由网格划分得非常粗糙的面导致的。

使用硬面行为时，使用粗糙离散化的面的穿透

当在使用硬面行为的纯粹主-从接触对中使用一个粗糙离散化的面作为从面时，可能产

生不精确的解来作为主面进入从面的总穿透结果。此情形如图 6-22 所示。如果接触对可以转换成一个平衡的主-从接触对，则可以使此问题最小化。然而，Abaqus/Explicit 中的一些接触对必须总是使用纯粹的主-从方程。在这些情况中，消除巨大穿透的唯一方法是细化从面。

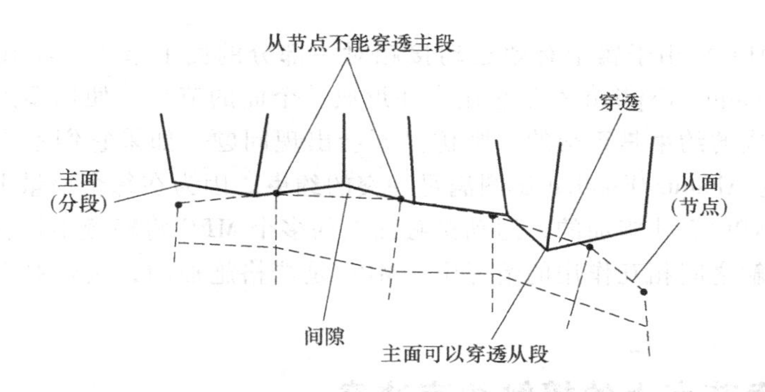

图 6-22　由于粗糙的离散化，主面穿透进入从面

涉及粗糙离散化刚性面的问题

对于由单元面形成的刚性面，如果使用太少的单元来代表弯曲的几何形体，则可能得不到精确的结果。当在弯曲的几何形体上使用非常粗糙的网格时，从节点有可能被“困”在尖锐的顶点上。

通常，使用合理数量的单元面来代表一个弯曲面不会增加仿真的计算时间。然而，数量过多的单元面则会显著增加 Abaqus/Explicit 仿真需要的内存。当可以模拟某种弯曲的面几何形体时，使用分析型刚性面可得到更加精确的几何描述，同时可以使计算成本最小化，见“分析型刚性面定义”（《Abaqus 分析用户手册——介绍、空间建模、执行与输出卷》的 2.3.4 节）。

刚体-刚体相互作用对罚接触行为的敏感性

通常，接触罚是根据稳态时间增量和接触中包含的节点质量得到的。当刚体彼此接触时，为了计算一个可靠的罚接触，Abaqus/Explicit 通过将刚体的质量，分布到所有可能包含在接触中的节点上的综合方式，来考虑刚体的惯性属性。因此，最后的接触罚将取决于包含在接触定义中的实际刚性面的大小。结果，接触响应（力、穿透）将一定程度上取决于在刚体上定义接触面时用户的选择。如果发生了大的穿透，则为刚体指定真实的惯性属性通常有助于解决此问题。另外，用户可以使用罚比例因子，以一种更加精确的方式来施加接触。

与边界条件相冲突

如果在接触约束有效的方向上，在接触对中两个面的接触点上施加了边界条件，则边界约束可以覆盖接触约束。对于运动接触，与接触力相关的量将作为在单个增量上求解接触约束所必需的力来输出，如果边界约束违反了接触约束，则会造成这些输出量出现错误的结

果。罚接触中的接触力输出不具有此特点，因为接触力仅与当前穿透成比例，并且不取决于时间增量，接触约束不影响边界约束。

与多点约束相冲突

将多点约束（MPC）用于属于有效运动接触对一部分的面上节点，将在模型中生成相冲突的运动约束。Abaqus/Explicit 不阻止用户在形成一个面的节点上使用多点约束。如果接触约束和由 MPC 形成的约束是正交的，则仿真不会出现问题。如果它们不是正交的，则解将是有噪声的，因为 Abaqus/Explicit 试图满足冲突的约束。因为在每个增量上，运动接触约束是在施加了多个 MPC 后才施加的，运动接触面上的多个 MPC 将略微不符合约束。

在 MPC 与罚接触之间相互作用的情况中，MPC 是严格施加的，接触对中的不一致将由罚力来阻抗。

使用硬接触的壳节点上的接触约束冲突

当壳或者膜夹持在两个主面之间时，将不能确切地执行接触约束中的一个。在准静态分析中，可以观察到被夹持的从节点将关于“均衡”的穿透深度进行振荡，其衰减率取决于时间增量和受夹持节点质量与主面质量之比。减小时间增量将增大衰减比（将更加快地达到准静态平衡）。减小主面上的节点质量（或者增加所夹持节点的质量）也将增大衰减率，虽然一个大的从质量与主质量之比也将导致运动接触中的数值困难，如下面的“接触面之间质量上大的不匹配”中所讨论的那样。逐步对模型施加载荷将减小振荡幅度。在绝大部分分析中，不希望任意改变时间增量或者节点质量，所以振荡的衰减率将是固定的。可以使用可更改的加载率或者可以使用接触阻尼的软接触模型来控制此振荡行为。

准静态平衡穿透大小 p_{equil} 的近似计算公式为

$$p_{equil}=\frac{f\Delta t^2}{m}$$

式中，f 是法向接触力；Δt 是时间增量；m 是被夹持节点的质量。如果与壳或者膜厚度相比，准静态平衡的穿透是较小的，则最小化准静态平衡穿透。分析中，由时间增量大小或者被夹持面上的载荷变化所造成的准静态平衡穿透的变化，可能是造成面节点具有大加速度的原因，并且可能对解噪声有贡献（通常，此行为体现为 CPRESS 之类的接触结果中的一个跳变）。被夹持面的类似噪声行为可以穿过一个步边界发生，即使穿过步边界的时间增量大小是一致的。

如果使用运动接触对和罚接触对模拟同一个类型的夹持问题，则运动接触将被准确施加，而罚接触对中等穿透的静态值将略大于两个接触对使用运动接触时的穿透静态值（假设将罚刚度设置成对于所使用的时间增量，分析是数值稳定的）。

实体节点上的多运动接触约束

如果将一个不与壳或者膜单元相连的节点同时作为多个运动接触约束中的从节点，则产

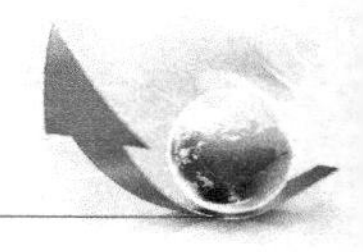

生的接触校正可能是错误的，可能会使分析由于具有极度扭曲的单元而停止。例如，“不与壳或者膜单元相连”是指与实体单元或者质点相连的节点。实体节点的主要部分通常不在同时接触中的，但有三个或者更多的体在角落上相遇的常见例外。此限制可以通过使用罚接触来避免。例如，如果将一个实体面作为两个接触对中的从面，并且有与多个单独从节点同时接触的可能性，则应当为其中一个或者两个接触指定接触的罚施加。

冗余和退化接触约束

冗余接触约束是由重叠或者相邻的面产生的。例如，如果在一个单独的面与多个重叠的面之间指定了接触，则与重叠面的共有节点相关的接触约束是冗余的。如果同一个接触对的从面和主面包含公共的节点，则产生退化接触约束（不能在节点和其自身之间形成接触约束）。

如果指定了冗余运动接触约束，且两个接触对使用纯粹的主-从接触，则 Abaqus/Explicit 将巩固此约束，从面不共享面片，并且面相互作用和接触对集的名称是相同的。如果接触对的定义不同，分析将通过一个错误来终止，并且必须从模型定义中删除冗余约束中的一个才能使分析继续。

冗余罚接触约束可能会造成过度的初始过盈调整，在初始过盈的位置创建出间隙。要校正此行为，必须从模型定义中删除此约束中的一个。

同时包含一个罚接触对和一个运动接触对的冗余接触约束，会造成分析效率低下。运动节点约束将覆盖罚接触约束，但是在自动时间增量评估中仍将考虑罚接触约束。

如果一个双面接触对约束中的面包含公共节点，则不能生成每个公共节点的接触约束。这等效于在公共节点与每个面之间定义自接触。然而，双面接触逻辑（不像所指定的自接触逻辑）将错误地检测每个公共节点与其自身之间的接触。发生这种情况时，Abaqus/Explicit 将重新定义从面，这样公共节点将不作为接触对中的从节点。然而，接触对的主面定义仍然使用公共节点。

接触面之间在质量上的大不匹配

通常在准静态仿真中，对刚体赋予非常小的质量，因为质量对物理问题的影响很小。然而，指定小的刚体质量可能会对运动接触施加方法产生不利影响。对质量非常小的刚体施加一个力，可以在接触约束施加之前的一个增量中使刚体产生较大的预测位移，这将在运动接触的“预测”构型中产生显著的穿透，如图 6-23 所示。

使用硬运动接触，将在预测构型中穿透主面的每一个从节点，到达其在校正构型中的主面上被追踪的点位置上，在此例中，将在接触区域外面的从节点处生成拉接触力。通过增加刚体的质量，可以避免这种不期望出现的影响，此影响将减小预测的位移增量。较小的刚体质量也会对接触的罚施加产生不利的影响，因为将赋予较小的罚刚度。

如果主节点的质量比从节点的质量小几个数量级，对于可变形的-可变形的接触，也可能出现类似的不期望的数值行为。通常可以通过使用纯粹的主-从算法和包含更多有质量节点的主面来避免此问题。

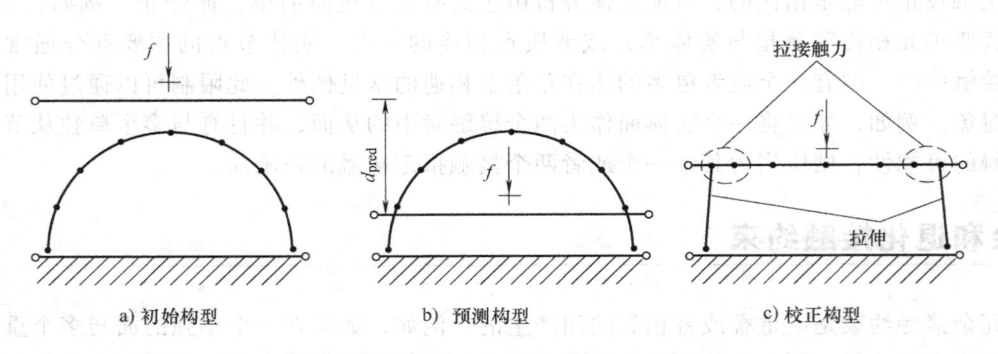

图 6-23 由小的刚体质量导致的接触算法中不期望出现的数值行为

对于硬接触，与有限的计算机精度相关的接触噪声

因为有限的计算机精度，使用硬接触模型时可以产生一些接触噪声。在分析中，此噪声通常并不显著，但是如果使用了初始位移来使得网格顺应接触约束，则在分析开始时可能会出现显著的噪声。例如，如果为初始过盈做出一个值为 p_0 的调整，则在第一个增量中，仍然会存在一个达到 εp_0 的穿透，其中 ε 是计算机的"机器精度"。将一个给定计算机的机器精度定义成计算得到的大于 1 的结果比 1 大的最小正数。在绝大部分系统中，对于单精度 ε 近似等于 $6e\times10^{-8}$；而对于双精度，则等于 $e\times10^{-16}$。使用运动接触算法时，用户可以通过规定初始速度最高可达到 $\varepsilon p_0/\Delta t^2$ 来限制机器精度，其中 Δt 是时间增量。对于单精度分析，$\Delta t=e\times10^{-6}s$。可以通过规定初始加速度最大可达到 $6\times e^4 s^2 p_0$ 来限制机器精度。加速度通常是很小的。通过执行具有双精度的分析或者指定节点坐标变得更加符合接触约束，能够减小加速度。

对称平面附近的有限滑动接触

当在主面中的一个对称平面附近，定义了使用有限滑动的纯粹的主-从接触约束时，在某些情况下，拐角从节点（图 6-24 中的节点 *A*）可以沿着对称平面不经历摩擦而自由滑动。如果主面中包含拐角（节点 1），则从节点 *A* 将在对称平面上的主面片段（1-6）上起动"追踪"，而不是在主面片段（1-2）上进行追踪。这可能会导致接触约束的一个不精确的表示，如阴影区域所示。

如果主面中不包含拐角（图 6-25 中的节点 1），根据为对称平面上的主面节点 1 定义的对称边界条件，接触逻辑将给出不同的结果。如果主节点上的对称边界条件是使用边界"类型"格式（即 XSYMM、YSYMM 或 ZSYMM，见"Abaqus/Standard 和 Abaqus/Explicit 中的边界条件"，1.3.1 节）指定的，则主面实际上将扩展到对称平面以外（图 6-25）。这样，将会把从节点 *A* 检测成一个"穿透"节点（穿透距离为 *a*）。并且将在从节点 *A* 上施加一个校正力来将其推到主面之下。

如果主节点 1 上的对称边界条件是使用"直接"格式指定的（即指定平动的分量并固

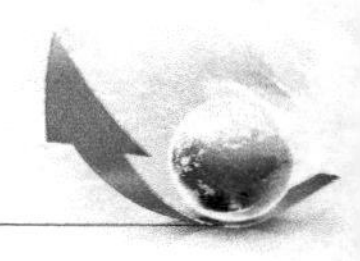

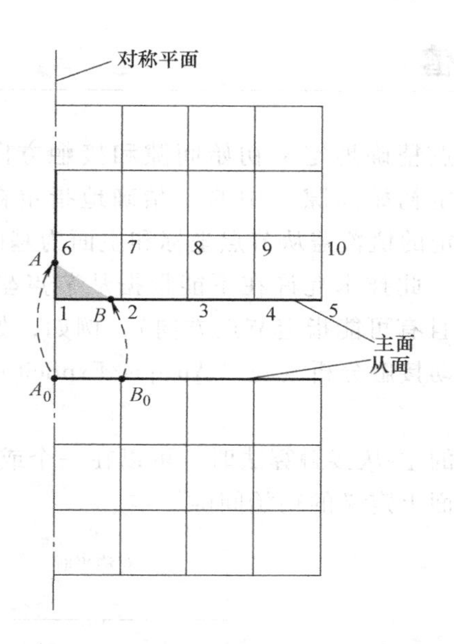

图 6-24 对称平面附近的接触（主面中包含拐角）

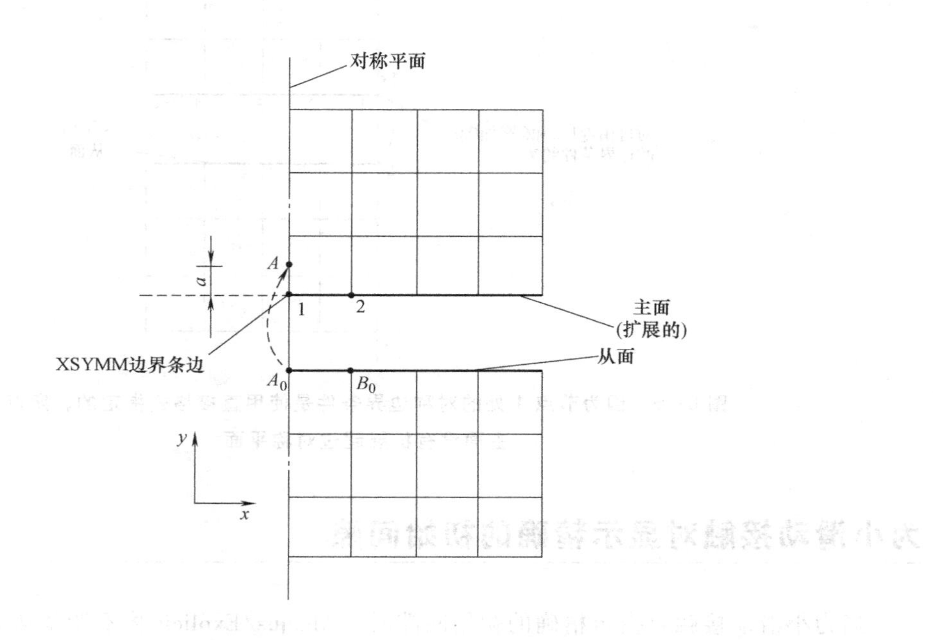

图 6-25 因为节点 1 处的对称边界条件是使用边界类型 XSYMM 指定的，所以主面扩展超过对称平面

定转动），则主面将不会扩展超过对称平面（图 6-26），并且可能不会正确地施加接触。

要确保在对称平面附近合适地施加有限滑动，可以使用平衡的主-从接触，或者使用没有将面扩展到对称平面的纯粹的主-从接触，并且如上面所讨论的那样，在主面节点的周界上使用对称“类型”的边界条件。在“Abaqus/Explicit 中接触对的接触方程”（5.2.2 节）中讨论了对称平面附近的小滑动接触需要考虑的问题。

精确地指定初始间隙值

用户可以为从面上的节点精确地定义初始间隙和接触方向（见“调整 Abaqus/Explicit 中接触对的初始面位置并指定初始间隙”中的“精确地指定初始间隙值”，3.5.4 节）。在每个从节点处，使用用户指定的值覆盖从节点坐标和主面为基础计算得到的初始间隙或者过盈值。从节点坐标是不变的。此技术允许在不能根据从节点坐标精确地计算得到初始间隙时，确切指定初始间隙（并且有可能指定节点方向），例如，如果初始间隙与坐标值相比非常小。此技术仅可用于小滑动接触分析（见“Abaqus/Explicit 中接触对的接触方程”，5.2.2 节）。

当为接触对调用了平衡的主-从接触算法时，可以在一个或者两个面上都定义初始间隙。将忽略在仅作为主面的接触面上定义的初始间隙。

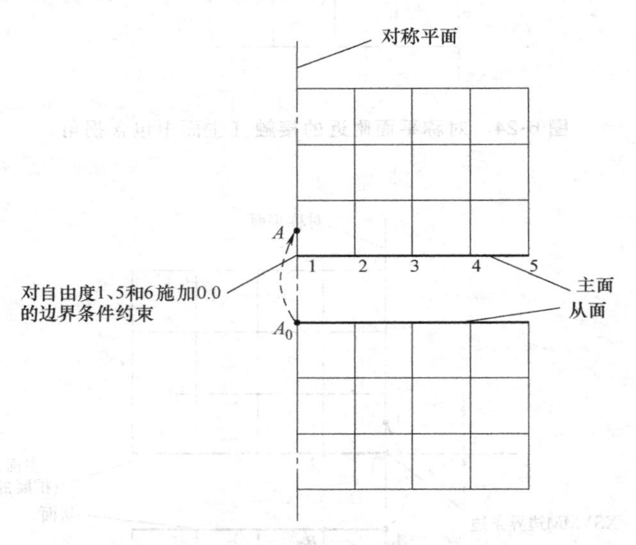

图 6-26 因为节点 1 处的对称边界条件是使用直接格式指定的，所以主面没有扩展超过对称平面

为小滑动接触对显示精确的初始间隙

当为小滑动接触对指定精确的初始间隙时，Abaqus/Explicit 将不调整从面坐标（见“调整 Abaqus/Explicit 中接触对的初始面位置并指定初始间隙”，3.5.4 节）。因而，无法在像 Abaqus/CAE 的显示模块那样的后处理器中看到所指定的间隙。当面实际上刚好接触时，其在后处理器中可能表现为脱离或者闭合，这取决于面的最初几何形状和间隙或者过盈的大小。

7　Abaqus/Standard 中的接触单元

7.1 使用单元进行接触模拟

当两个体之间的接触不能使用基于面的接触方法（见“定义接触相互作用”，第3章）来仿真时，Abaqus/Standard提供多种可以使用的接触单元。这些单元包括：

- 间隔接触单元：两个体之间的机械和热接触是使用间隔单元来模拟的（“间隔接触单元：概览”，7.2.1节）。例如，可以使用这些单元来模拟管系统与其支承之间的接触，或者模拟不可伸长的、仅能承受拉伸载荷的绳索。
- 管-管接触单元：两个管或者管状物之间的接触是使用管-管接触单元（“管-管接触单元：概览”，7.3.1节）与滑动线相结合来模拟的。例如，可以使用这些单元来仿真管部件进入油井的过程（钻杆或者J管分析），或者仿真插入血管的导管。
- 滑移线接触单元：两个可以承受对称变形的轴对称结构之间的有限滑移接触，可以使用滑移线接触单元（“滑移线接触单元：概览”，7.4.1节）与用户定义的滑移线结合来模拟。例如，可以使用滑移线单元模拟螺纹连接副。
- 刚性面接触单元：分析型刚性面与可以承受轴对称变形的轴对称变形体之间的接触，可以使用刚性面接触单元来模拟（“刚性面接触单元：概览”，7.5.1节）。例如，可以使用刚性面接触单元模拟橡胶密封与硬度更高的结构之间的接触。

7.2 间隔接触单元

- “间隔接触单元：概览”7.2.1节
- “间隔单元库”7.2.2节

7.2.1 间隔接触单元：概览

产品：Abaqus/Standard

参考

- “间隔单元库”，7.2.2 节
- ＊GAP

概览

间隔单元：

- 允许两个节点之间的接触。
- 允许节点关于特定的方向和分离条件进行接触（间隔闭合）或者分开（间隔打开）。
- 总是在三维中定义，但是也可以在二维和轴对称模型中使用。
- 允许在任何类型的单元上定义接触，包括在子结构和用户定义的单元上进行定义。
- 可以用来模拟固定或者转动方向上的接触。
- 可以用来模拟温度-位移耦合中，一个固定方向上的节点-节点接触和热相互作用。
- 可以用来模拟热传导分析中的节点-节点热相互作用。

Abaqus/Standard 中接触模拟的一般讨论见“定义接触相互作用”（第 3 章）。

选择并定义一个间隔单元

当接触方向在空间中是固定的时候，用 GAPUNI 单元模拟两个节点之间的接触；当接触方向是与一个轴垂直的时，用 GAPCYL 单元模拟两个节点之间的接触；当接触方向在空间中是任意的时候，用 GAPSPHER 单元模拟两个节点之间的接触；当接触方向在空间中是固定的时候，用 GAPUNIT 单元模拟两个节点之间的接触和热相互作用；DGAP 单元用于模拟热传导分析中两个节点之间的热相互作用。

间隔单元是通过指定形成间隔的两个节点来定义的，并且需要提供定义初始状态和间隔方向（如果需要）的几何数据。

定义间隔单元的属性

用户必须将间隔行为与一组间隔单元相关联。

输入文件用法：＊GAP，ELSET＝单元集名称

GAPUNI 和 GAPUNIT 单元

使用 GAPUNI 和 GAPUNIT 单元模拟的界面接触行为是通过间隔的初始分离距离（间隔）d 和接触方向 $\boldsymbol{n}$ 来定义的。此外，GAPUNIT 单元具有允许在耦合的热-位移分析中模拟热相互作用的温度自由度。

GAPUNI 节点之间的间隙

Abaqus/Standard 将间隔的两个节点之间的当前间隙 h 定义成

$$h=d+\boldsymbol{n}(\boldsymbol{u}^2-\boldsymbol{u}^1)$$

式中，$\boldsymbol{u}^2$ 和 $\boldsymbol{u}^1$ 是形成 GAPUNI 单元的第一个和第二个节点处的总位移。图 7-1 所示为 GAPUNI 单元的构型。当 h 变为负值时，间隔接触单元闭合，并引入约束 $h=0$。

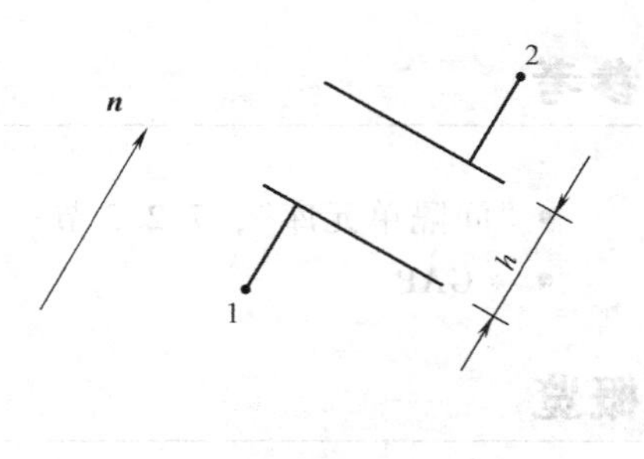

图 7-1　GAPUNI 单元的构型

由用户指定 d 的值。如果用户指定了一个正值，则间隔初始打开；如果 $d=0$，间隔是初始闭合的；如果 d 是负值，则分析开始时，间隔是过盈的，并且定义了一个初始过盈配合。使用间隔单元模拟过盈配合问题的详细内容，在下文中进行了讨论。

输入文件用法：＊GAP

d

指定接触方向

用户可以指定接触方向。否则，Abaqus/Standard 将通过使用组成单元 $\boldsymbol{X}^1$ 和 $\boldsymbol{X}^2$ 的两个节点的初始位置来计算间隔方向 $\boldsymbol{n}$

$$\boldsymbol{n}=(\boldsymbol{X}^2-\boldsymbol{X}^1)/|\boldsymbol{X}^2-\boldsymbol{X}^1|$$

如果 $\boldsymbol{X}^2=\boldsymbol{X}^1$（即两个间隔单元节点具有相同的初始坐标），则发出一个错误信息。在这种情况下，用户必须定义 $\boldsymbol{n}$。法向 $\boldsymbol{n}$ 通常从单元的第一个节点指向第二个节点，除非在分析开始时间隔是过闭合的。在那样的情形中应指定 $\boldsymbol{n}$，以便使间隔单元具有正确的接触方向。

如果用户指定间隔方向 $\boldsymbol{n}$，而不是让 Abaqus/Standard 计算 $\boldsymbol{n}$，则接触计算仅考虑 $\boldsymbol{n}$、间隔单元的节点位移和单元定义中的节点次序，而不考虑节点的初始坐标。

$\boldsymbol{n}$ 的方向在分析过程中是不变的。

输入文件用法：＊GAP

，X 方向余弦，Y 方向余弦，Z 方向余弦

GAPUNI 单元输出的局部基础坐标系

Abaqus/Standard 报告穿过间隔传递的压力和与接触方向垂直的切应力，作为 GAPUNI 单元的单元输出。用户必须为 Abaqus/Standard 提供与这些单元相关的接触面积，来计算压力和切应力的值。Abaqus/Standard 也报告间隔中的当前间隙 h 和与垂直接触方向的 GAPUNI 节点相对运动。使用在空间中定义面方向的标准 Abaqus 约定在局部面方向上报告的相对运动和切应力（见“约定”，《Abaqus 分析用户手册——介绍、空间建模、执行与输出卷》的 1.2.2 节）。接触方向定义空间中形成局部轴的面。

输入文件用法：＊GAP

,,,, 横截面面积

GAPCYL 单元

用户可以使用 GAPCYL 单元模拟两种不同的接触情况：两根刚性管之间的接触，且较小的管在较大的管内；两根刚性管外表面之间的接触。两种情况如图 7-2 所示。

GAPCYL 单元的行为是通过节点之间的初始分离距离 d、单元节点的当前位置和 GAPCYL 单元的轴来定义的。GAPCYL 单元的轴定义接触方向 $\boldsymbol{n}$ 所在的平面。用户指定 d 和 GAPCYL 单元轴方向的余弦。

不允许 $d=0$，它将使节点之间的距离在所有时间上都刚好是零，这样就不是接触问题了。

输入文件用法：*GAP

d，X 方向余弦，Y 方向余弦，Z 方向余弦

为第一种情况定义间隔间隙（当 d 是正值时）

如果 d 是正值，则用 GAPCYL 单元模拟两根不同直径的刚性管之间的接触，其中直径较小的管位于直径较大管的里面（图 7-2a）。在此情况中，d 是最大许用间隙。每一根管是通过其轴上的节点来表示的，使用通过 GAPCYL 单元连接的轴；d 对应于两管半径之差。在通过 GAPCYL 单元的轴所定义的平面中，当两个节点在任何方向上的间隙都大于 d 时，两个节点变为分离，则管之间的间隔闭合。

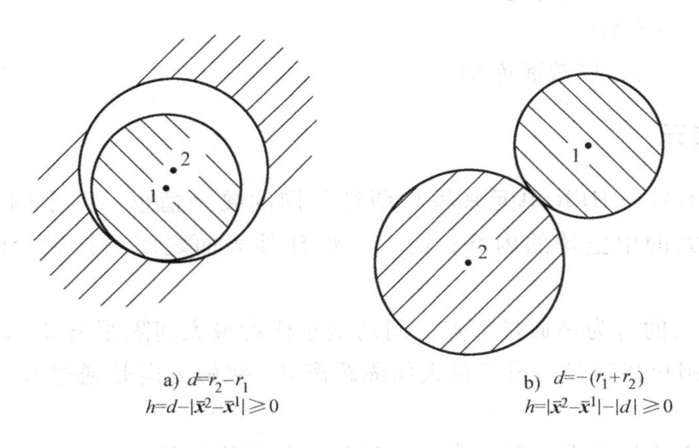

图 7-2　GAPCYL/GAPSPHER 接触单元的间隔间隙

对于第一种情况，Abaqus/Standard 在 GAPCYL 单元中将当前间隙 h 定义为

$$h=d-|\bar{\boldsymbol{x}}^2-\bar{\boldsymbol{x}}^1| \qquad 其中 \qquad \bar{\boldsymbol{x}}^N=\boldsymbol{x}^N-\boldsymbol{a}(\boldsymbol{a}\cdot\boldsymbol{x}^N)$$

式中，$\boldsymbol{x}^N$ 是节点 N 的当前位置；d 是所指定的初始间隔；$\boldsymbol{a}$ 是 GAPCYL 单元的轴。

如果管轴的初始位置是轴之间的距离小于 d，则 GAPCYL 单元初始打开的；如果距离等于 d，则单元是初始闭合的；如果距离大于 d，则定义了一个初始过闭合（干涉）。关于使用间隔单元模拟干涉配合问题的详细内容，在下文中进行了讨论。

为第二种情况定义间隔间隙（当 d 是负值时）

如果 d 是负值，则用 GAPCYL 单元模拟两个平行的刚性圆柱之间的外接触（图 7-2b）。

在此情况中，$|d|$是节点最小许用间隙。每个圆柱是通过由 GAPCYL 单元连接的圆柱轴上的一个节点来代表的，并且$|d|$对应两圆柱半径之和。在由 GAPCYL 单元的轴定义的平面内的任意方向上，当两个节点彼此靠近至距离小于$|d|$时，间隔闭合。

对于第二种情况，Abaqus/Standard 在 GAPCYL 单元中将当前间隙 h 定义为

$$h=|\bar{x}^2-\bar{x}^1|-|d| \quad 其中 \quad \bar{x}^N=x^N-a(a\cdot x^N)$$

如果圆柱轴的初始位置是轴之间的距离大于$|d|$，则 GAPCYL 单元是初始打开的；如果距离等于$|d|$，则单元是初始闭合的；如果距离小于$|d|$，则定义了一个初始过盈（干涉）。关于使用间隔单元模拟过盈配合问题的详细内容见下文中的讨论。

GAPCYL 单元输出的局部基础坐标系

Abaqus/Standard 报告穿过间隔传递的压力，以及与接触方向垂直的切应力作为 GAPCYL 单元的单元输出。用户必须为 Abaqus/Standard 提供与这些单元相关的接触面积来计算压力和切应力的值。Abaqus/Standard 也报告间隔中的当前间隙 h 和与接触方向垂直的单元节点的相对运动。使用在空间中定义面方向的标准 Abaqus 约定，在局部面方向上报告相对运动和切应力（见“约定”，《Abaqus 分析用户手册——介绍、空间建模、执行与输出卷》的 1.2.2 节）。接触方向定义空间中形成局部轴的面，并且滑动是由面方向上的相对运动计算得到的。

Abaqus/Standard 基于形成单元的节点运动，更新 GAPCYL 单元的接触方向。然而，在分析过程中，不对 $\boldsymbol{a}$ 的方向进行更新。

输入文件用法：＊GAP

,,,, 横截面面积

GAPSPHER 单元

用户可以使用 GAPSPHER 单元来模拟两种不同的接触情形：两个刚性球之间的接触，其中较小的球在较大的中空球的内部；两个刚性球外表面之间的接触。两种情况如图 7-2 所示。

GAPSPHER 单元的行为是通过节点之间的最小或者最大间隔距离 d，以及当前的单元节点位置来定义的。用户指定最小或者最大间隔距离 d。接触方向是通过节点的当前位置来定义的。

不允许 $d=0$，它将使节点之间的距离在任何时候都恰好是零，这就不是接触问题了。

输入文件用法：＊GAP

d

为第一种情况定义间隔间隙（当 d 是正值时）

如果 d 是正值，则用 GAPSPHER 单元模拟一个刚性球与另一个（更大的）中空的刚性球之间的接触（图 7-2a）。在此情况中，d 是形成间隔的节点之间的最大许用间隙。每个球是通过在球心处由 GAPSPHERE 单元连接的一个节点来表示的；d 对应两球半径之差。当两个节点之间的距离大于 d 时，间隔闭合。

对于第一种情况，Abaqus/Standard 将当前间隙 h 定义为

$$h=d-|x^2-x^1|$$

式中，x^N（$N=1, 2, \cdots$）是节点 N 的当前位置；d 是指定的间隙。

如果球轴的初始位置是球轴之间的距离小于 d，则 GAPSPHER 单元是初始打开的；如果距离等于 d，则单元是初始闭合的；如果距离大于 d，则定义了一个初始过闭合（干涉）。关于使用间隔单元模拟干涉配合问题的详细内容在下文中进行了讨论。

为第二种情况定义间隔间隙（当 d 是负值时）

如果 d 是负值，则用 GAPSPHER 单元模拟两个刚性球外表面之间的接触（图 7-2b）。在此情况中，$|d|$是形成间隔的节点最小许用间隙。每个球是通过在球心处由 GAPSPHER 单元连接的一个节点来表示的，$|d|$对应两球半径之和。当两个节点彼此靠近相互距离小于$|d|$时，间隔闭合。

对于第二种情况，Abaqus/Standard 将当前间隙定义为

$$h=|\boldsymbol{x}^2-\boldsymbol{x}^1|-|d|$$

如果圆球轴的初始位置是圆球轴之间的距离大于$|d|$，则 GAPSPHER 单元是初始打开的；如果距离等于$|d|$，则单元是初始闭合的；如果距离小于$|d|$，则定义了一个初始过闭合（过盈）。使用间隔单元模拟过盈配合问题在下文中进行了讨论。

GAPSPHER 单元输出的局部基础坐标系

Abaqus/Standard 报告穿透间隔传递的压力，以及与接触方向垂直的切应力作为 GAPSPHER 单元的单元输出。用户必须为 Abaqus/Standard 提供与这些单元相关的接触面积来计算压力和切应力的值。Abaqus/Standard 也报告间隔中的当前间隙 h，以及与接触方向垂直的单元节点的相对运动。使用在空间中定义面方向的标准 Abaqus 约定，在局部面方向上报告相对运动和切应力（见“约定”，《Abaqus 分析用户手册——介绍、空间建模、执行与输出卷》的 1.2.2 节）。接触方向定义空间中形成的局部轴的面，并且滑动是由面方向上的相对运动计算得到的。

Abaqus/Standard 以形成单元的节点运动为基础，更新 GAPSPHER 单元的接触方向。

输入文件用法：＊GAP

,,,, 横截面面积

DGAP 单元

DGAP 单元可用来模拟热传导分析中两个节点之间的热相互作用。所模拟的相互作用行为是通过间隔的初始分离距离（间隙）d 来定义的。

DGAP 节点之间的间隙

Abaqus/Standard 将两个节点之间的间隙 h 定义为

$$h=d$$

因为在热传导分析中没有位移，所以间隙保持不变。间隙仅用于与间隙相关的热相互作用。

由用户指定 d 的值。如果用户指定了一个正值，则间隔是初始打开的；如果 $d=0$，则间隔是初始闭合的；如果 d 是负值，则认为间隔是过闭合的，但是不执行过盈配合。不需要指定接触方向，分析中将忽略任何指定的接触方向。用户必须为 Abaqus/Standard 提供与这些单元相关的接触面积，来计算单位面积上的热流量值。

输入文件用法：＊GAP

d,,,,横截面面积

使用间隔单元定义非默认的力学相互作用

对于使用间隔单元进行模拟的问题，默认的力学相互作用模型是“硬”的无摩擦接触。用户可以选择可选的力学相互作用模型。可以使用下面的力学相互作用模型：

• 摩擦。详细内容见“摩擦行为”（4.1.5节）。

• 改进的“硬”接触、软接触和黏弹性。详细内容见“接触压力与过盈的关系”（4.1.2节）和“接触阻尼”（4.1.3节）。

使用GAPUNIT和DGAP单元定义热面相互作用

用户可以给这些单元赋予热相互作用。可以使用下面的热相互作用模型：

• 间隔传导。

• 间隔辐射。

• 间隔热生成。

这些热相互作用模型见“热接触属性”（4.2节）。

使用间隔单元模拟大的初始干涉

如果指定了一个较大的负的初始过盈（干涉），则当Abaqus/Standard试图在单个增量中消除过盈时，可能会导致收敛问题。用户可以规定一个许用干涉来允许Abaqus/Standard逐步消除过盈。关于模拟干涉配合问题的更多内容见“在Abaqus/Standard中模拟接触过盈配合”（3.3.4节）。

输入文件用法：＊CONTACT INTERFERENCE，TYPE＝ELEMENT

7.2.2 间隔单元库

产品：Abaqus/Standard

参考

• “间隔接触单元：概览”，7.2.1节

• ＊GAP

概览

本部分为 Abaqus/Standard 中间隔单元的使用提供一个参考。

单元类型

应力/位移单元

GAPUN：两个节点之间的单向间隔。

GAPCYL：两个节点之间的圆柱形间隔。

GAPSPHER：两个节点之间的球形间隔。

有效自由度

1、2、3。

其他求解变量

与接触和摩擦力有关的其他三个变量。

耦合的温度-位移单元

GAPUNIT：两个节点之间的单向间隔和热相互作用。

有效自由度

1、2、3、11。

其他求解变量

与接触和摩擦力有关的其他三个变量。

热传递单元

DGAP：两个节点之间的热相互作用。

有效自由度

11。

其他求解变量

无。

所需的节点坐标

对于 DGAP、GAPUNI 和 GAPUNIT 单元，如果指定了接触方向 $\boldsymbol{n}$，则在接触计算中不使用节点坐标。然而，为了便于显示，应定义两个节点的坐标。

GAPCYL 和 GAPSPHER：X，Y，Z

单元属性定义

用户可以指定初始间隙、接触方向（垂直于界面）和接触面积。

对于 GAPUNI、GAPUNIT 和 DGAP 单元，负的间隙表示初始过盈。

对于 GAPCYL 和 GAPSPHER 单元，将最大分离指定成一个正数，或者将最小分离指定成一个负数。

输入文件用法：*GAP

基于单元的载荷

无。

单元输出

S11：面之间传递的载荷。将此压力定义成力除以用户指定的面积。

S12：垂直于间隔方向的第一个摩擦切应力。

S13：垂直于间隔方向的第二个摩擦切应力。

E11：间隔单元的当前间隙 h。

E12：与接触方向垂直的第一个方向上的相对位移（“滑动”）。

E13：与接触方向垂直的第二个方向上的相对位移（“滑动”）。

可以用于具有温度自由度的单元。

HFL1：在接触方向上穿过界面的热流。

剪切滑动的增量是投射到两个与接触方向垂直的局部方向上的相对位移增量。

在二维或者轴对称模型中，当接触方向沿着第一个轴（X 或者 r）时，有效滑动方向是 E13，有效切应力是 S13。在二维或者轴对称模型的其他情况中，有效滑动方向是 E12，有效切应力是 S12。

与单元相关的节点

两个节点：间隔的两个端点。

7.3 管-管接触单元

7.3.1 管-管接触单元：概览

产品：Abaqus/Standard

参考

- “管-管接触单元库”，7.3.2 节
- ＊INTERFACE
- ＊SLIDE LINE

概览

管-管单元：

• 模拟两根管道或者管（其中一根管位于另一根管内）之间的有限滑动相互作用，或者两根相邻的管或者杆之间的有限滑动相互作用。

• 是滑移线接触单元，它们的思想是假定两个管状物或者管的相对运动主要是沿着由一个管状物的轴向所定义的线（假定管状物或者管轴上的相对转动是较小的）。

• 可以用于管、梁或者杆单元。

• 不考虑管横截面的变形。

关于接触模拟的一般讨论见“定义接触相互作用”（第 3 章）。

典型应用

用户可以使用管-管接触单元来模拟两类管-管接触问题：内部（一根管在另一根管的内部）接触和外部接触，外部接触中的两根管是大体平行的，两根管的外表面彼此相互接触。对于两根三维管彼此接触的问题，不可以使用基于面的接触方法。

选择合适的单元

ITT21 单元与二维梁、管或者杆单元一起使用，ITT31 单元与三维梁、管或者杆单元一起使用。这些单元中的每一个都是通过一个单独的节点来定义的。

将管-管接触单元与一条滑移线相关联

用户必须说明哪一组管-管接触单元与一条特殊的滑移线相接触。定义滑移线的详细内容在下文中进行了讨论。

输入文件用法：＊SLIDE LINE，ELSET=单元集名称

定义单元的横截面属性

用户必须将几何横截面属性与一组管-管接触单元相关联。

输入文件用法：＊INTERFACE，ELSET=单元集名称

在模拟一根管在另一根管中的接触时定义径向间隙

用户应定义管之间的径向间隙。当一根管（此管含有管-管接触单元）位于另一根管的内部时，指定一个正值来模拟两根管之间的接触。指定的值是外管的内半径与内管的外半径之差。

输入文件用法：＊INTERFACE
半径差

在模拟两根管的外表面之间的接触时定义半径差

用户可以通过为半径差指定一个负值来模拟外部管-管接触。所指定值的大小必须是两根管或者杆的外半径之和。

接触输出变量的局部基础坐标系

ITT 单元的单元输出变量是在与滑移线相关的局部基础坐标系中给出的。第一个切向向量 t_1 是由组成滑移线的节点序列定义的。接触方向 n 是滑移线的法向，指向 ITT 单元的节点。对于 ITT31 单元，Abaqus/Standard 形成另一个切向向量 t_2，它与 t_1 和 n 垂直。随着单元的运动，局部基础坐标系将随着滑移线的轴转动。

选择哪一根管（梁或者桁架）具有滑移线

在内部管-管接触中，滑移线可以位于内部管或者外部管上。滑移线通常应当与外部管相关联（图 7-3）；然而，如果内部管比外部管硬，则滑移线应当与内部管相关联。

如果接触发生在两管的外表面之间，且材料或者管径是不同的，则滑移线应当与较硬的管相关联；如果两根管是相同的，则滑移线应与具有更加粗糙网格的管相关联。

定义滑移线

用户可以指定组成滑移线的节点，或者按下述方法生成节点。如果用户选择直接指定节点，则必须按照定义连续滑移线的顺序来指定这些节点。节点序列为滑移线定义一个切向向量 t_1。滑移线必须由线性线段组成。

输入文件用法：＊SLIDE LINE，ELSET=单元集名称，TYPE=LINEAR
第一个节点编号，其他节点编号等

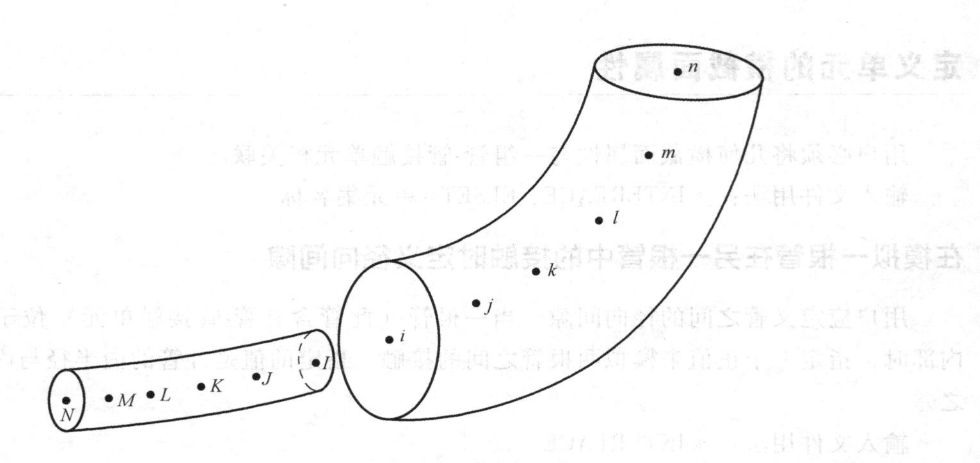

图 7-3　内部管-管接触例子

注：节点 i、j、k、l、m 和 n 是按滑移线的方向从节点 i 到节点 n 的次序指定的；这些节点必须位于外部管上；ITT 类型的单元是在节点 I、J、K…上定义的，并且与滑移线相互接触。

生成滑移线节点

另外，用户可以说明应当生成滑移线，并且仅需指定第一个节点编号、最后一个节点编号，以及节点编号之间的增量。

输入文件用法：＊SLIDE LINE，GENERATE

第一个节点编号，最后一个的节点编号，节点编号之间的增量

平滑滑移线

通过在面切向上平滑滑移线段之间的不连续，收敛性通常可以得到改善，因此需要沿着滑移线提供一个平滑变化的切向。关于平滑滑移线的详细内容见“Abaqus/Standard 中的接触方程”（5.1.1 节）。

使用管-管接触单元定义非默认的力学面相互作用

默认情况下，Abaqus/Standard 使用管-管接触单元的“硬”的无摩擦接触。用户可以选择可选的力学面相互作用模型。可以使用下面的力学面相互作用模型：

- 摩擦。详细内容见“摩擦行为”（4.1.5 节）。
- 改进的“硬”接触、软接触和黏性阻尼，见“接触压力与过盈关系”（4.1.2 节）和“接触阻尼”（4.1.3 节）。

7.3.2　管-管接触单元库

产品：Abaqus/Standard

参考

- "管-管接触单元：概览"，7.3.1 节
- *INTERFACE
- *SLIDE LINE

概览

本部分为 Abaqus/Standard 中管-管接触单元的使用提供一个参考。

单元类型

ITT21：与二维梁和管单元一起使用的管-管单元。

ITT31：与三维梁和管单元一起使用的管-管单元。

有效自由度

ITT21：1、2。

ITT31：1、2、3。

其他求解变量

ITT21：与接触力有关的其他两个变量。

ITT31：与接触力有关的其他三个变量。

所需节点坐标

ITT21：X，Y。

ITT31：X，Y，Z。

单元属性定义

输入文件用法：使用以下选项确定第二根（外部的）管，使得在第一根（内部的）管上指定的 ITT 接触单元可以与第二根管产生相互作用：

*SLIDE LINE

当模拟一根管在另一根管中滑动时，使用以下选项将两管半径之差定义成一个正数：

*INTERFACE

当模拟两根管的外表面之间的接触时，将两管外半径之和指定成一个负数。

基于单元的载荷

无。

单元输出

S11：两根管之间的力法向分量。

S12：两根管之间的剪切力，平行第二根（外部）管的中心线。

S13：两根管之间的剪切力，与接触方向和第二根（外部）管的中心线垂直（仅用于ITT31）。

应变分量

E11：在与第二根（外面）管中心线的切向垂直方向上的面过闭合。

E12：两根管子之间的累积相对切向运动，平行于第二根（外部）管的中心线。

E13：两根管子之间的累积相对切向运动，与接触方向和第二根（外部）管的中心线垂直（仅用于ITT31）。

节点次序和积分点编号

二维内部管接触（图 7-4）

内部管的节点和积分点
(ITT21单元)
外部管的节点
(滑移线)

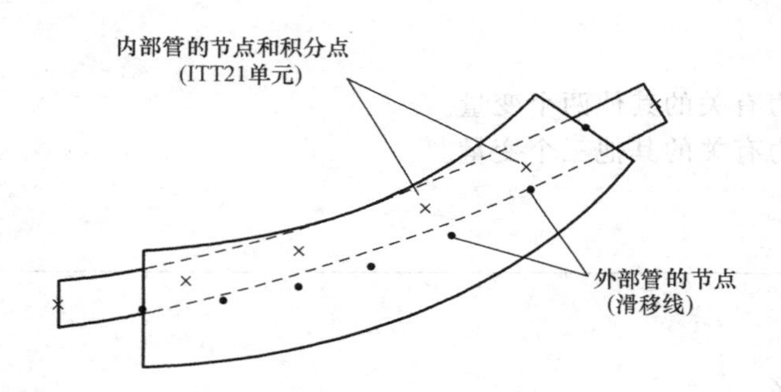

图 7-4　二维内部管接触

二维外部管接触（图 7-5）

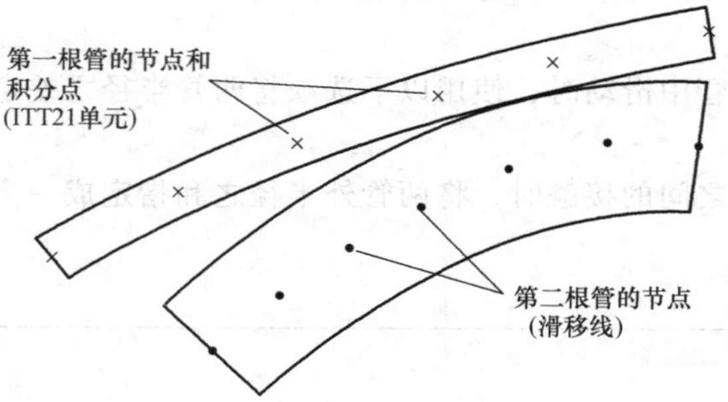

第一根管的节点和
积分点
(ITT21单元)
第二根管的节点
(滑移线)

图 7-5　二维外部管接触

三维内部管接触（图 7-6）

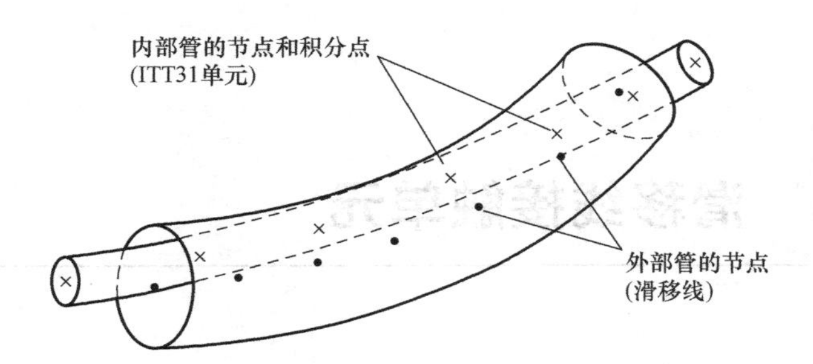

图 7-6 三维内部管接触

三维外部管接触（图 7-7）

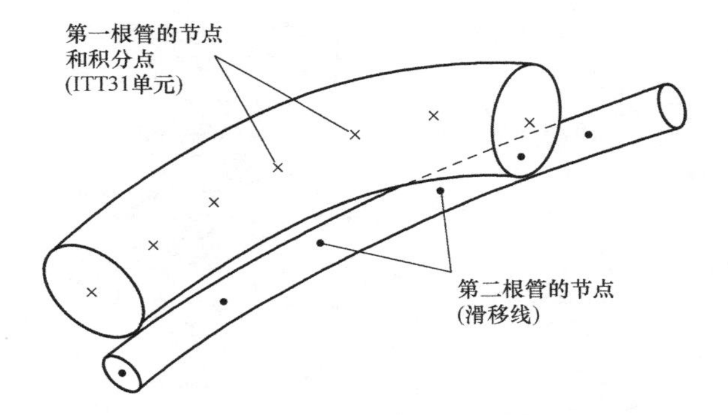

图 7-7 三维外部管接触

7.4 滑移线接触单元

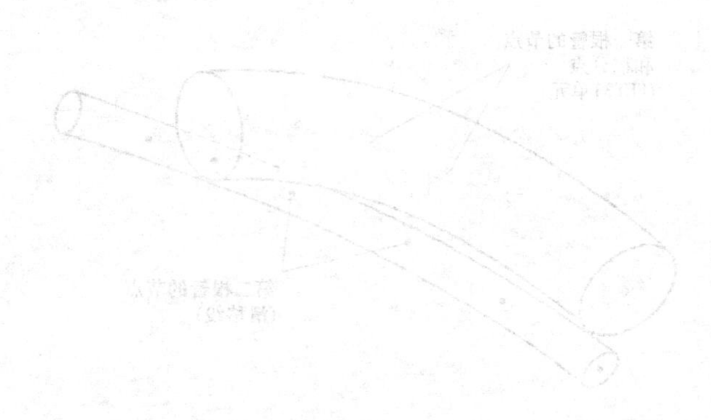

7.4.1 滑移线接触单元：概览

产品：Abaqus/Standard

参考

- "轴对称滑移线单元库"，7.4.2 节
- *INTERFACE
- *SLIDE LINE

概览

滑移线单元：

- 当沿着平面内的一条线（"滑移线"）发生滑动时，可以模拟两个变形物体之间的有限滑动相互作用。
- 假设与滑移线垂直的切向运动是零或者位移较小（Abaqus/Standard 将这样的运动处理成无限小的）。
- 可以与轴对称应力/位移单元一起使用。
- 可用于具体应用，例如，当接触面是一个子结构中的面时，或者当接触包含 CAXA 或者 SAXA 单元时。
- 可用于一阶单元和二阶单元。
- 在施加基于面的接触中的接触约束时使用相同的"主-从"概念。

关于接触模拟的一般讨论见"定义接触相互作用"（第 3 章）。

使用滑移线模拟可变形体之间的接触

确定接触面的位置和接触结构之间的面牵引力，是 Abaqus 仿真的常见目的（图 7-8）。多条滑移线和滑移线接触单元可以为仿真提供此信息，仿真中的两个结构都是可变形的，并且结构的有限滑移是沿着定义良好的线发生的。

体之间的接触应力和相对运动的局部基础坐标系

Abaqus/Standard 在与滑移线所在的面相关的局部基础坐标系中，报告体之间的接触应力和体的相对运动。局部基础坐标系是通过滑移线法向 $\boldsymbol{n}$ 以及两个正交的局部切向 t_1 和 t_2（图 7-9）来定义的。

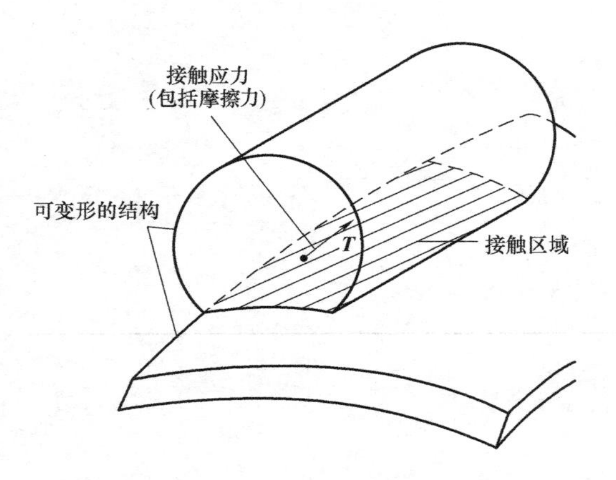

图 7-8　两个可变形结构之间的相互作用

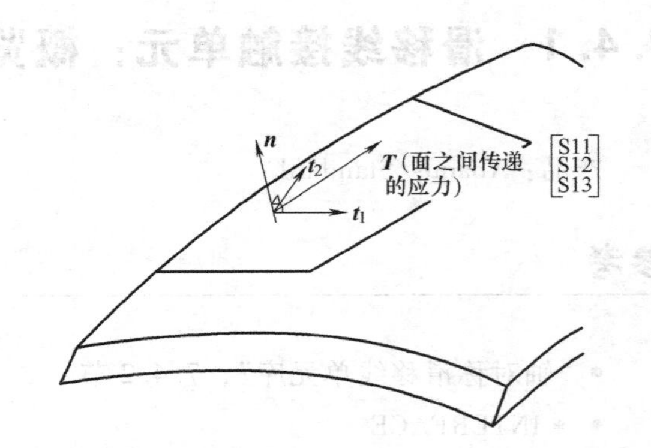

图 7-9　界面接触法向和剪切拉伸形成的局部坐标系

定义局部基础坐标系

以形成滑移线节点的序列来定义切向 $\boldsymbol{t}$。由滑动线法向 $\boldsymbol{n}$ 和 $\boldsymbol{t}$ 形成的平面称为接触平面。Abaqus/Standard 将滑移线法向定义为 $\boldsymbol{n}=\boldsymbol{s}\times\boldsymbol{t}$（图 7-10），其中 $\boldsymbol{s}=(0, 0, 1)$ 与接触平面的法向垂直。

如图 7-10 所示，滑移线是使用节点 i，j，k，…，p 创建的，这些节点是以 $i \sim p$ 的次序指定的，从而确定滑移线的切向。节点 I，J，K，…，N 是与滑移线相关的滑移线单元中的节点。滑移线法向 $\boldsymbol{n}$ 是通过指定接触平面的法向 $\boldsymbol{s}$ 来定义的。

滑移线的切向与局部基础坐标系的第一个局部切向 $\boldsymbol{t}_1$ 重合，第二个局部切向 $\boldsymbol{t}_2$ 与 $\boldsymbol{s}$ 的方向相反。

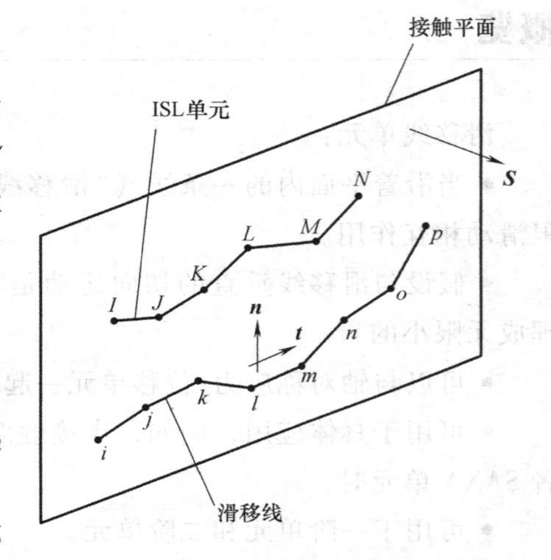

图 7-10　为滑移线定义局部基础坐标系

滑移线和滑移线单元的主-从概念

建立一个包含滑移线单元的模型时，Abaqus/Standard 应使用一个严格的“主-从”概念来施加接触约束。滑移线接触单元形成“从”面，“主”面是使用用户指定的用来定义滑移线的节点来定义的。约束滑移线接触单元的节点不可以穿透主面。

选择主面和从面时需要考虑的问题是相同的，不考虑是否使用面或者单元来定义接触。如果材料是不同的，则应当选择硬度更高的体上的面，或者具有更加粗糙网格的面作为主面。如果两个面的材料和网格密度是一样的，则可以任意选择主面和从面。

定义滑移线（主面）

用户可以指定组成滑移线的节点，或者按下述方法生成节点。如果用户选择直接指定节点，则必须按照定义一条连续的滑移线的顺序来指定它们。节点序列为滑移线定义一个切向

向量 t。滑移线可以由线性线段或者二次线段组成，这取决于模型是由一阶还是由二阶单元组成的。在任何一个情况中，通过平滑滑移线，都可以改善收敛性。

定义线性滑移线

当使用一阶单元网格划分体的面时，定义一条由线性单元分段组成的滑移线。如图 7-11 所示，节点 i，j，k，…，p 是以所建立的滑移线的方向为从 i 到 p 的次序指定的。节点 I，J，K，…，N 是与此滑移线相关联的 ISL 类型单元中的节点。

输入文件用法：＊SLIDE LINE，ELSET＝单元集名称，TYPE＝LINEAR
第一个节点编号，第二个节点编号等

定义抛物线型滑移线

使用二阶单元网格划分体的面时，定义一条由二阶单元片段组成的滑移线。在此情况中，滑移线应当由奇数个节点组成。如图 7-12 所示，节点 i，j，k，…，u 是以所创建的滑移线方向从 i 到 u 的次序指定的。节点 I，J，K，…，O 是与此滑移线相关联的 ISL 类型单元中的节点。

输入文件用法：＊SLIDE LINE，ELSET＝单元集名称，TYPE＝PARABOLIC
第一个节点编号，第二个节点编号等

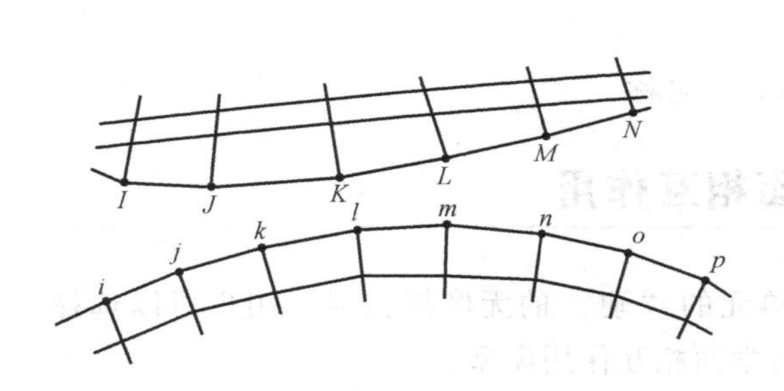

图 7-11　一阶（线性）滑移线段的例子

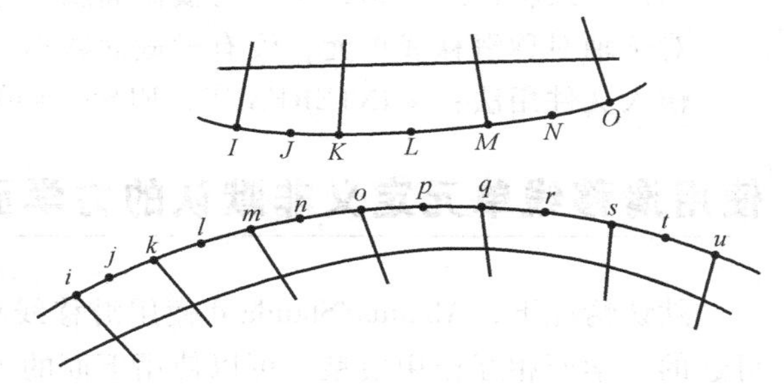

图 7-12　二阶（抛物线型）滑移线的例子

生成滑移线节点

另外，用户可以说明应当生成滑移线节点，并且仅需指定第一个节点编号、最后一个节点编号，以及两个节点编号之间的增量。

输入文件用法：＊SLIDE LINE，ELSET＝单元集名称，GENERATE
第一个节点编号，最后一个节点编号，两个节点编号之间的增量

平滑滑移线

通过在面切向上平滑滑移线段之间的不连续，收敛性通常可以得到改善，因此需要沿着滑移线提供一个平滑变化的切向。关于平滑滑移线的详细内容见“Abaqus/Standard 中的接触方程”（5.1.1 节）。

定义滑移线单元（从面）

许多有限滑动接触仿真可以使用基于面的接触方法来定义模型，见“定义接触相互作用”（第3章）。对于轴对称的应力/位移和耦合的温度-位移滑移线单元，仅建议用于特定应用，例如，当接触面是一个子结构的面，或者当CAXA或者SAXA单元包含在接触中时（见“存在非对称轴对称单元的接触模拟”，3.3.10节）。

滑移线接触单元定义从面。使用滑移线接触单元的当前长度和赋予单元的不变“宽度”（取决于基底有限单元），来计算与每个从面上的节点相关的接触面积。

使用一条滑移线来关联滑移线单元

用户必须使用一组滑移线接触单元来关联滑移线。定义滑移线的详细内容在下文中进行了讨论。

输入文件用法：*SLIDE LINE，ELSET=单元集名称

定义滑移线单元的横截面属性

用户必须将一组滑移线单元与横截面属性进行关联。

对于轴对称滑移线单元，没有横截面数据。

输入文件用法：*INTERFACE，ELSET=单元集名称

使用滑移线单元定义非默认的力学面相互作用

默认情况下，Abaqus/Standard使用滑移线单元的“硬”的无摩擦接触。用户可以选择可选的力学面相互作用模型。可以使用下面的力学面相互作用模型：

- 摩擦。详细内容见“摩擦行为”（4.1.5节）。
- 改进的“硬”接触、软接触和黏性阻尼。详细内容见“接触压力与过盈的关系”（4.1.2节）和“接触阻尼”（4.1.3节）。

得到沿轴对称滑移线传递的“最大转矩”

当使用含有轴对称单元（CAX和CGAX类型单元）的滑移线来模拟接触时，Abaqus/Standard可以计算沿轴对称滑移线传递的最大转矩。当模拟螺纹连接副时，此功能通常是有趣的。Abaqus将最大的转矩T定义成

$$T = \iint r^2 p \, ds \, d\theta$$

式中，p是沿界面传递的压力；r是到界面上一个的点的半径；s是在r-z平面中界面上的当前位移。此“转矩”定义有效地假设一个单位的摩擦系数。

用户可以要求将此转矩输出写入到数据（.dat）文件。Abaqus将为模型中的每一条滑

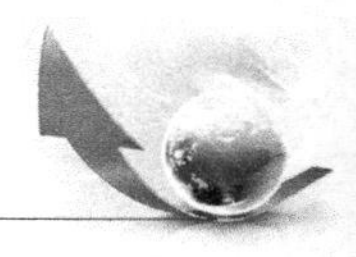

移线提供此数据。用户可以通过指定输出频率来限制 Abaqus/Standard 如何将此输出写入到数据文件。默认的输出频率是 1。

对于使用轴对称单元的基于面的接触，输出变量 CTRQ 具有类似于此转矩输出要求的功能（见“在 Abaqus/Standard 中定义接触对”，3.3.1 节）。

输入文件用法：*TORQUE PRINT，FREQUENCY=n

7.4.2 轴对称滑移线单元库

产品：Abaqus/Standard

参考

- “滑移线接触单元：概览”，7.4.1 节
- *INTERFACE
- *SLIDE LINE

概览

本部分为 Abaqus/Standad 中轴对称滑移线单元的使用提供一个参考。

单元类型

ISL21A：与一阶轴对称单元一起使用的 2 节点单元。

ISL22A：与二阶轴对称单元一起使用的 3 节点单元。

有效自由度

节点上的 1、2。

其他求解变量

与接触应力有关的每个节点处的其他两个变量。

所需节点坐标

r，z。

单元属性定义

输入文件用法：使用以下选项确定与滑移线单元产生相互作用的滑移线（主面）：

*SLIDE LINE

使用以下选项定义滑移线单元的横截面属性：

*INTERFACE

基于单元的载荷

无。

单元输出

应力分量

S11：体上的节点与接触节点的滑移线之间的压力。
S12：体上的节点与接触节点的滑移线之间的切应力。

应变分量

E11：体上的节点与滑移线之间的分离。
E12：体上的节点与滑移线之间的累积相对切向位移。

节点次序和积分点编号（图 7-13）

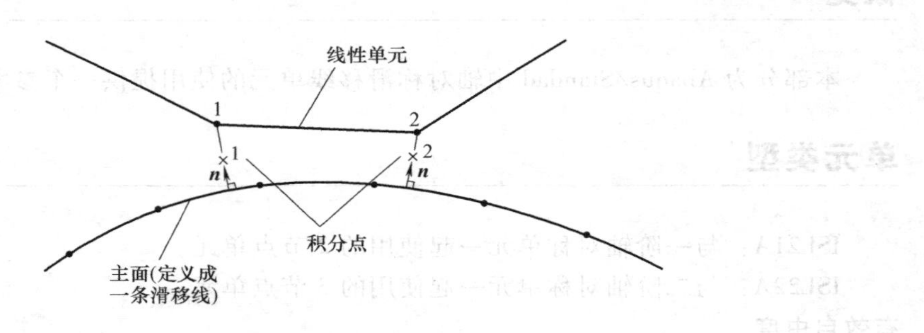

a) 2节点单元

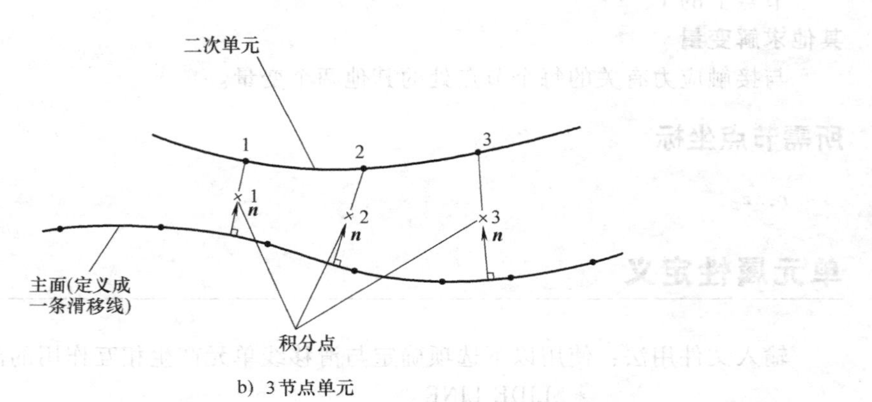

b) 3节点单元

图 7-13 节点次序和积分点编号

7.5 刚性面接触单元

7.5.1 刚性面接触单元：概览

产品：Abaqus/Standard

参考

- “轴对称刚性面接触单元库”，7.5.2 节
- “分析型刚性面定义”，《Abaqus 分析用户手册——介绍、空间建模、执行与输出卷》的 2.3.4 节
- *INTERFACE
- *RIGID SURFACE

概览

刚性面接触单元：

- 可以用来模拟刚性面与可变形的体之间的接触。
- 仅对于一些具有特殊目的的应用是需要的，例如，当子结构接触刚性面或者当接触中包含 CAXA 或者 SAXA 单元类型时。
- 可以用在几何线性和非线性仿真中。
- 对于接触约束的施加，使用与 Abaqus/Standard 中基于面的接触功能中相同的“主-从”概念。

对于绝大部分问题，“定义接触相互作用”（第 3 章）中描述的基于面的接触功能，为模拟刚性面与变形体之间的接触提供了一种更加直接和通用的方法。

模拟刚性面之间的和刚性面接触单元之间的接触

确定接触结构之间的接触面积和面牵引力是 Abaqus 仿真的常见目的。当其中一个是刚性结构时，可以使用刚性面接触单元来模拟接触。仅需要为下述特定应用使用这些单元，因为 Abaqus 中基于面的接触定义适用于绝大部分的仿真。

使用轴对称刚性面接触单元模拟接触

轴对称刚性面接触单元仅用于以下应用中：

- 当可变形的面位于子结构上时（见“存在子结构的接触模拟”，3.3.9 节），
- 当接触中包含 CAXA 或者 SAXA 单元时（见“存在非对称轴对称单元的接触模拟”，3.3.10 节）。

其他平面的、轴对称的或者三维的问题应当使用基于面的接触功能。

接触应力和面相对运动的局部基础坐标系

Abaqus/Standard 在一个与刚性面有关的局部基础坐标系中报告体之间的接触应力和体的相对运动。在创建刚性面时，定义了刚性面的法向 $\boldsymbol{n}$，它也是接触方向，详细内容见“分析型刚性面定义”（《Abaqus 分析用户手册——介绍、空间建模、执行与输出卷》的 2.3.4 节）。在轴对称问题中，Abaqus/Standard 在模型的平面中定义第一个局部切向，第二个切向与此平面垂直。

刚性面接触单元的主-从概念

刚性面接触单元使用“主-从”接触来施加接触约束。刚性面接触单元形成“从”面，约束这些单元的节点不能穿透进入刚性（“主”）面。

定义刚性面

用户可以使用“分析型刚性面定义”中的“当使用了拖链或者刚性面单元时，定义分析型刚性面”（《Abaqus 分析用户手册——介绍、空间建模、执行与输出卷》的 2.3.4 节）中描述的方法来定义分析型刚性面。

将刚性体参考节点赋予刚性面

刚性面的运动是通过一个与刚性面相关的单独节点的运动来控制的，称其为刚性体参考节点。如果在模型中使用了刚性面接触单元，则定义 IRS 单元时确定了刚体参考节点（详情见下文）。

定义刚性面接触单元

刚性面接触单元定义从面。刚性面接触单元也为与其产生相互作用的刚性面定义刚体参考节点。所有 IRS 单元通过将节点编号包括成单元连接性中的最后一个节点，来确定刚性体参考节点。形成 IRS 单元的可变形体上的节点总是最先给出。

在以一个零件实例的装配方式定义的模型中，刚性面定义和参考节点必须作为刚性面接触单元出现在同一个零件定义中。

实例

例如，使用下面的输入来定义由可变形体上的两个节点组成的 IRS 单元 1 和 2，并且将节点 1000 指定成刚体参考节点：

```
*ELEMENT, TYPE=[IRS21A], ELSET=单元集名称
1, 10, 11, 1000
2, 11, 12, 1000
*RIGID SURFACE, ELSET=单元集名称
```

IRS22A 单元使用类似的输入结构。

将分析型刚性面与刚性面接触单元组相关联

用户必须指定与一个特定刚性面产生相互作用的刚性面接触单元组。

输入文件用法：*RIGID SURFACE，ELSET=单元集名称

定义刚性面单元的横截面属性

用户必须将横截面属性与一个刚性面接触单元组相关联。

轴对称的刚性面接触单元没有横截面数据。

输入文件用法：*INTERFACE，ELSET=单元集名称

使用刚性面接触单元定义非默认的力学面相互作用

默认情况下，Abaqus/Standard 使用包含刚性面接触单元的“硬”的无摩擦力学面相互作用模型。用户可以选择可用的力学面相互作用模型。可以使用下面的力学面相互作用模型：

- 摩擦。详细内容见“摩擦行为”（4.1.5 节）。
- 改进的“硬”接触、软接触和黏弹性阻尼。详细内容见“接触压力与过盈的关系”（4.1.2 节）和“接触阻尼”（4.1.3 节）。

7.5.2 轴对称刚性面接触单元库

产品：Abaqus/Standard

参考

- “分析型刚性面定义”，《Abaqus 分析用户手册——介绍、空间建模、执行与输出卷》的 2.3.4 节
- “刚性面接触单元：概览”，7.5.1 节
- *RIGID SURFACE
- *INTERFACE

概览

本部分为 Abaqus/Standard 中轴对称刚性面接触单元的使用提供一个参考。

单元类型

IRS21A：与一阶轴对称单元一起使用的轴对称刚性面接触单元。

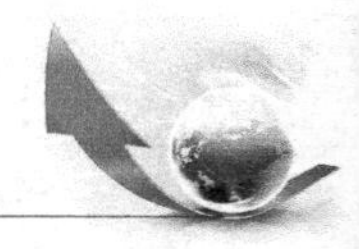

IRS22A：与二阶轴对称单元一起使用的轴对称刚性面接触单元。

有效自由度

除了最后一个节点，每个节点处的自由度1、2。

在最后一个节点处，刚体参考节点的运动自由度1、2、6。

其他求解变量

与接触应力有关的每个节点处的其他两个变量。

所需节点坐标

r，z。

单元属性定义

输入文件用法：使用以下选项定义与单元产生相互作用的面：

*RIGID SURFACE

使用以下选项定义刚性面单元的横截面属性：

*INTERFACE

基于单元的载荷

无。

单元输出

S11：在刚性面的法向上，单元与刚性面之间的压力。

S12：在刚性面的切向上，单元与刚性面之间的切应力分量。

E11：在刚性面的法向上，在面到单元积分点的最近点处的面分离。

E12：面的累积切向相对位移。

单元上的节点次序

IRS21A中的前两个节点和IRS22A中的前三个节点位于变形网格上。最后一个节点是定义刚体运动的刚体参考节点。

用于输出的积分点编号

积分点位于节点上，而节点位于变形模型的表面上，并且其编号是相互对应的。

8 在 Abaqus/Standard 中定义腔辐射

产品：Abaqus/Standard　　Abaqus/CAE

参考

- “定义一个分析”，《Abaqus 分析用户手册——分析卷》的 1.1.2 节
- “热传导分析过程：概览”，《Abaqus 分析用户手册——分析卷》的 1.5.1 节
- *CAVITY DEFINITION
- *COUPLED THERMAL-ELECTRICAL
- *CYCLIC
- *EMISSIVITY
- *HEAT TRANSFER
- *MOTION
- *PERIODIC
- *PHYSICAL CONSTANTS
- *RADIATION FILE
- *RADIATION PRINT
- *RADIATION OUTPUT
- *RADIATION SYMMETRY
- *RADIATION VIEWFACTOR
- *REFLECTION
- *SURFACE
- *SURFACE PROPERTY
- *VIEWFACTOR OUTPUT
- “腔辐射”，《Abaqus 理论手册》的 2.11.4 节
- “定义腔辐射相互作用”，《Abaqus/CAE 用户手册》的 15.13.21 节
- “定义腔辐射相互作用属性”，《Abaqus/CAE 用户手册》的 15.14.3 节

概览

Abaqus/Standard 为模拟由封闭中的辐射产生的热传导效应，提供了腔辐射功能：

- 可以包含在没有变形的热传导分析问题中（“非耦合的热传导分析”，《Abaqus 分析用户手册——分析卷》的 1.5.2 节；“耦合的热-电分析”，《Abaqus 分析用户手册——分析卷》的 1.7.3 节）。
- 可用于二维、三维和轴对称情况。
- 考虑腔中的对称性、面阻塞和面运动。
- 可以包含闭合的腔或者打开的腔（意味着一些辐射将作用于外部介质上）。

腔辐射方程不是对称的，因此，在包含腔辐射（见“腔辐射”，《Abaqus 理论手册》的 2.11.4 节，“定义一个分析”，《Abaqus 分析用户手册——分析卷》的 1.1.2 节）的模型中自动调用非对称的矩阵存储和求解方案。每个腔定义一个涉及封闭结构当中面之间几何关系的角系数矩阵。这些矩阵在分析过程中可以更新许多次（由于腔中的运动面）。因此，较大腔的辐射问题的计算成本可能是很高的。用户应当考虑使用以下替代功能：

• 模拟紧密间隔面之间辐射的间隙辐射（见“热接触属性”，4.2 节）。

• 模拟具有不变的发射率，并且不需要考虑阻塞或者反射的近乎绝热的封闭体的平均温度辐射条件（见“热载荷”，1.4.4 节）。

• 并行计算角系数和辐射热传导方程的解的并行腔分解（见下面的“并行分解较大的腔”）。

定义腔辐射问题

因为仅在热传导和耦合的热-电过程中计算腔辐射效应，所以包含这些腔辐射效应的唯一热-应力分析类型是顺序耦合的热-应力分析（见“顺序耦合的热-应力分析”，《Abaqus 分析用户手册——分析卷》的 11.1.2 节）。此外，除非用户允许对腔进行并行分解（见下面的“并行分解较大的腔”），在 Abaqus/Standard 中存在一个 16000 个节点和面片的软件限制。

模型定义

为腔辐射问题定义模型时，用户必须：

• 在腔中定义所有的面（见“定义面”）。

• 定义每一个面的辐射属性（即发射率）和物理常数（见“定义面辐射属性”）。

• 由面构建腔（见“构建一个腔”）。

历史定义

在腔辐射分析的第一个步中，用户必须将每个腔与一个辐射角系数定义（用于控制腔的角系数计算）相关联。然后用户可以：

• 定义腔的对称性（如果具有对称性）（见“定义腔的对称性”）。

• 规定面的运动（见“在腔辐射分析中规定运动”）。

• 定义边界条件，如温度和强制对流（见“边界条件”）。

• 在每一个步中控制腔辐射和角系数计算（如果在一个步中没有重新对其进行定义，则使用来自之前步的指定，见“在分析过程中控制角系数计算”）。

• 要求将热传导变量输出到数据和结果文件中（见“要求面变量输出”）。

• 要求辐射角系数矩阵的输出（见“将角系数矩阵写入到结果文件”）。

如果用户的分析中包含以上任意内容，则必须在热传导或者耦合的热-电步定义中对其进行定义。

定义面

腔在 Abaqus/Standard 中定义成面的集合，而面是面片的集合。在轴对称和二维情况中，面片是单元的一条边；在三维情况中，面片是实体单元或者壳单元的一个面。刚性面不能用在腔辐射问题中。

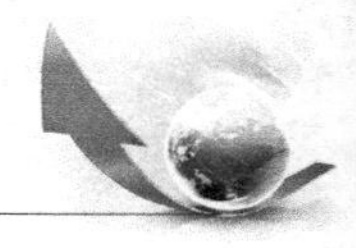

如“基于单元的面定义”（《Abaqus分析用户手册——介绍、空间建模、执行与输出卷》的2.3.2节）中所描述的那样定义面。用户可以将每个面与一个面属性定义相关联，作为面选项的一部分，或者将面与面属性相关联，作为腔定义选项的一部分。面属性按如下方法定义。

输入文件用法：使用以下选项，通过腔辐射分析中使用的面属性来定义一个面：

*SURFACE，TYPE=ELEMENT，NAME=面名称，
PROPERTY=属性名称

使用以下选项定义腔辐射分析中使用的面，在此腔辐射分析中将面属性定义成腔定义的一部分：

*SURFACE，TYPE=ELEMENT，NAME=面名称

Abaqus/CAE用法：Interaction module：Create Interaction：Cavity radiation：
选择初始面区域

约束

除了在“基于单元的面定义”（《Abaqus分析用户手册——介绍、空间建模、执行与输出卷》的2.3.2节）中总结的通用面定义约束之外，对与腔辐射相关的面还有以下限制：

- 面不能重叠，否则会导致相关属性定义和阻塞定义出现歧义。
- 一个面仅可以用于一个腔定义（同一个面不能出现在两个不同的腔中）。

此外，三维四边形面片应当尽量平坦；否则，会降低角系数计算质量。

控制伪空间振荡

每个面片的辐射流量是以该面片上节点温度的平均值为基础来计算的（见“腔辐射”，《Abaqus理论手册》的2.11.4节）。然后此辐射流量值按节点的面积成比例地分布到每个节点上。因此，网格必须足够细化，以保证单元上的温度差异较小。否则，在高于面片平均温度的节点处计算得到的通量将极低，而在低于平均温度的节点处计算得到的通量将太高。这往往会产生一个空间振荡解。可以通过在高温梯度的附近减小单元的大小来避免此影响。

定义面辐射属性

由于辐射通量取决于面片温度的四次方，腔辐射问题在本质上是非线性的。进一步地，可以通过将发射率 ε 描述成温度的一个函数来引入该非线性。

定义发射率

发射率 ε 是无因次量，且 $0\leqslant\varepsilon\leqslant1$。$\varepsilon=0$ 表示表面将反射所有的辐射；$\varepsilon=1$ 则表示黑体辐射，即表面吸收所有的辐射。用户可以将面发射率 ε 定义成温度和其他预定义场变量的函数。

用户必须给定义发射率的面属性赋予一个名称。

输入文件用法：使用以下两个选项定义面发射率：

*SURFACE PROPERTY，NAME=属性名称

* EMISSIVITY

在输出文件的模型定义部分，* EMISSIVITY 选项必须紧跟在 * SURFACE PROPERTY选项之后出现

如果定义了黑体辐射（$\varepsilon=1$），则可以在步定义中使用以下选项来提高效率：

* RADIATION VIEWFACTOR，REFLECTION=NO

Abaqus/CAE 用法：使用以下输入来定义灰体辐射：

Interaction module：Create Interaction Property：Cavity radiation：输入发射率（ε）

用户可以将发射率定义成温度和/或者场变量的函数。

使用以下输入来定义黑体辐射：

Interaction module：Create Interaction：Cavity radiation：Use heat reflection：No

控制温度相关的发射率的变化精度

Abaqus/Standard 基于每个增量开始时的温度来评估发射率 ε，并且在整个增量中使用该发射率。当发射率是温度或者场变量的函数时，用户可以通过指定一个增量中的最大许用发射率变化 $\Delta\varepsilon_{max}$ 来控制热传递或者耦合的热-电分析步的时间增量。如果超出了此许用值，Abaqus/Standard 将减小增量大小，直到发射率的最大变化小于所指定的值。如果用户不指定 $\Delta\varepsilon_{max}$ 的值，则使用默认值 0.1。

输入文件用法：使用下面的任意一个选项：

* HEAT TRANSFER，MXDEM=$\Delta\varepsilon_{max}$

* COUPLED THERMAL-ELECTRICAL，MXDEM=$\Delta\varepsilon_{max}$

Abaqus/CAE 用法：Step module：Create Step：Heat transfer or Coupled thermal-electric：Incrementation：Automatic：Max. allowable emissivity change per increment：$\Delta\varepsilon_{max}$

定义 Stefan-Boltzmann 常数和绝对零度的值

用户必须定义 Stefan-Boltzmann 常数 σ 和绝对零度的值 θ^Z；这些常数没有默认值。

输入文件用法：* PHYSICAL CONSTANTS，STEFAN BOLTZMANN=σ，ABSOLUTE ZERO=θ^Z

在输入文件的模型定义部分，此选项可以出现在任何位置。

Abaqus/CAE 用法：Any module：Model→Edit Attributes→*model _ name*. 输入 Absolute zero temperature 和 Stefan-Boltzmann constant 的值

构建一个腔

如上文所述，用户将腔构建成面的集合。每个面仅可以用于一个腔定义。每个腔必须具有唯一的名称，使用此名称来指定角系数的计算。腔名称也可以用于输出。

设置面属性

默认情况下，假定一个腔是由面组成的，并且已经为面定义了属性。用户也可以将面属性定义成腔定义的一部分。

输入文件用法：使用以下选项构建一个腔：

*CAVITY DEFINITION，NAME=腔名称，SET PROPERTY

面名称，面属性名称

通过使用 SET PROPERTY 参数，用户定义在腔中使用的面属性，覆盖定义成面选项一部分的任何属性。

Abaqus/CAE 用法：Interaction module：Create Interaction：Cavity radiation：选择面区域。使用 Properties 标签来添加和编辑面及腔的相互作用属性（发射率）。

构建一个封闭的腔

默认情况下，假定一个腔是封闭的。

输入文件用法：使用以下选项构建一个封闭的腔：

*CAVITY DEFINITION，NAME=腔名称

Abaqus/CAE 用法：Interaction module：Create Interaction：Cavity radiation：Definition：Closed

构建一个开放的腔

用户可以通过定义外部介质的参考温度来指定一个开放的腔。此环境温度值基于绝对零度的定义转化成相应的绝对温度。用户可以通过为角系数计算指定一个精度容差来判定腔中的开放角度；仅当角系数的偏差之和大于此容差时，才对外部介质发生辐射。详细内容见下面的“控制角系数计算的精度”。

输入文件用法：使用以下选项构建一个开放的腔：

*CAVITY DEFINITION，NAME=腔名称，AMBIENT TEMP=θ_{amb}

Abaqus/CAE 用法：Interaction module：Create Interaction：Cavity radiation：Definition：Open，Ambient temperature：θ_{amb}

创建一个具有多个开口或者环境条件复杂的腔

开放腔定义可用于与周围环境之间有一个开口，且周围环境温度为固定值的情况。如果腔具有多个开口或者环境温度不是常数，则用户应当模拟不同的周围环境。

用户应当使用单元关闭腔的开口，并且规定这些单元上的外部介质温度。因为腔现在是封闭的，用户不应当使用腔定义来指定环境温度。用户为封闭单元使用的温度定义提供环境温度，并且此温度定义允许用户在腔开口处指定不同的温度，包括可变的温度。模拟外部介质的单元不应当与腔单元共享节点（这样在它们之间将不发生热量传导）。由外部介质单元定义的面发射率为 1。

并行分解较大的腔

默认情况下，Abaqus/Standard 为角系数矩阵的计算和辐射热传导方程的求解使用单个

的工作线程（见“腔辐射”，《Abaqus 理论手册》的 2.11.4 节）。此方法对于包含数百个面片的小腔是稳健的，并且工作良好，但是对于包含数千个面片的较大的腔，则会变得效率低下且计算昂贵。此外，仅仅对于单个计算节点，这些腔所需的内存就非常大（角系数矩阵是面片数量的平方）。在这些情况中，用户应当考虑在角系数计算和辐射热传导方程的求解过程中，让 Abaqus/Standard 在所有的 CPU 中分解腔。

输入文件用法：使用以下选项激活腔并行分解：

*CAVITY DEFINITION，NAME=腔名称，PARALLEL DECOMPOSITION=ON

Abaqus/CAE 用法：Abaqus/CAE 中不支持腔的并行分解。

并行求解辐射热传导方程

当启用了腔并行分解功能时，Abaqus/Standard 使用一种迭代求解技术来得到辐射热流量。此技术是基于 Krylov 方法，使用一个预处理器并仅使用基于 MPI 的并行（详细内容见“Abaqus/Standard 中的并行执行”，《Abaqus 分析用户手册——介绍、空间建模、执行与输出卷》的 3.5.2 节）。此迭代技术仅用于求解腔辐射方程，并且不需要用户干预。用户可以选择使用迭代方法或者直接稀疏求解器来求解热传导有限元方程。

具有分解腔的模型的收敛性

无论是否允许进行并行分解，都能够求解精确的腔辐射方程；然而，当激活并行分解时，Abaqus/Standard 会要求进行更多的迭代来得到一个解。这种较慢的收敛速度源自对于 Jacobian 的近似（辐射通量的线性化），此近似基于辐射的小改变（不是由表面发射率引起的部分）。包含具有低发射率面的模型和稳态分析特别容易受到影响。如果用户在使用并行分解腔功能时遇到收敛问题，可以考虑：

- 将分析从稳态改变到瞬态（“非耦合的热传导分析”，《Abaqus 分析用户手册——分析卷》的 1.5.2 节）。
- 每个时间增量上允许更多的求解器迭代（“非线性问题的收敛准则”，《Abaqus 分析用户手册——分析卷》的 2.2.3 节）。

具有分解腔的模型上的运动约束

运动约束（如耦合约束、线性约束方程、多点约束或者基于面的绑定约束）可以施加到允许进行并行分解的腔上的任何节点或者面上。然而，节点或者面必须是约束定义中的独立（主）节点或者面。

定义腔的对称性

利用几何对称性可以减小所计算模型的大小和缩短仿真时间。代替模拟对称装配中的所有零件或者构件，用户可以模拟一个较小的重复构件，并且在腔辐射相互作用定义中考虑对称性。在 Abaqus/Standard 中，定义具有对称性的腔时，应考虑每个腔面片之间的辐射相互作用，以及腔中所有面片及其对称镜像之间的相互作用。Abaqus/Standard 不检查使用腔对称性创建的模型在物理上是否真实。用户必须小心地检查输入和结果来确保所创建的模型有效。

为了便于在定义辐射角系数时参考，用户必须给每个辐射对称定义赋予一个名称。辐射角系数定义和相应的辐射对称性定义必须出现在同一个步中。

周向、周期和/或者反射对称可以按下述方法定义。

输入文件用法：使用以下所有选项，在腔辐射问题中定义对称性：

*RADIATION VIEWFACTOR，SYMMETRY=对称名称

*RADIATION SYMMETRY，NAME=对称名称

*REFLECTION 和/或者 *PERIODIC 和/或者 *CYCLIC

Abaqus/CAE 用法：Interaction module：Create Interaction：Cavity radiation：Symmetry：Reflection，Periodic，和/或者 Cyclic

反射对称

通过定义反射对称，可以创建一个由用户定义的腔面，以及通过一条线或者面形成的腔面反射镜像组成的腔。定义反射对称时，用户必须确定腔的维数。

二维腔的反射

通过一条线来反射腔面，用户可以定义腔对称，如图 8-1 所示。此类型的反射仅可以与二维腔一起使用。

输入文件用法：*REFLECTION，TYPE=LINE

Abaqus/CAE 用法：Interaction module：Create Interaction：Cavity radiation：Symmetry：Reflection：选择对称中心线

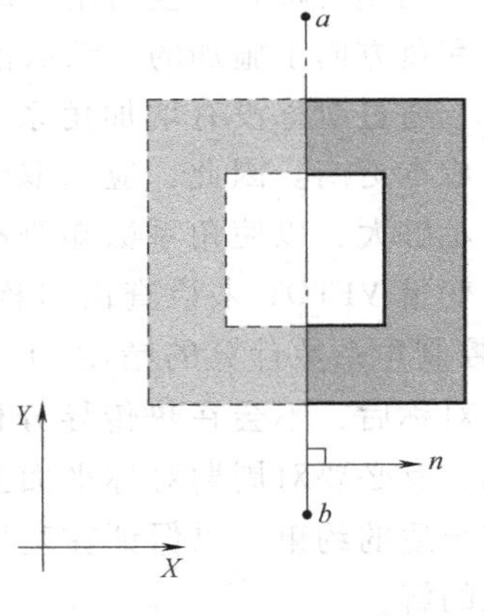

图 8-1 通过一条线定义反射对称

三维腔的反射

通过一个平面反射腔面，用户可以定义腔对称，如图 8-2 所示。此类型的反射仅可以与三维腔一起使用。

输入文件用法：*REFLECTION，TYPE=PLANE

Abaqus/CAE 用法：Interaction module：Create Interaction：Cavity radiation：Symmetry：Reflection：选择对称中心平面

轴对称腔的反射

通过一条 z 坐标不变的线来反射腔面，用户可以定义腔对称，如图 8-3 所示。此类型的反射仅可以与轴对称腔一起使用。

输入文件用法：*REFLECTION，TYPE=ZCONST

Abaqus/CAE 用法：Interaction module：Create Interaction：Cavity radiation：Symmetry：Reflection：为对称中心线输入 z 轴对称值

周期对称

用户可以通过在一个给定的方向上周期重复来定义腔对称。在物理上，周期对称可以理解成相同镜像在一个周期间隔上的无限次重复。在数值上，周期对称则必须通过有限次重复

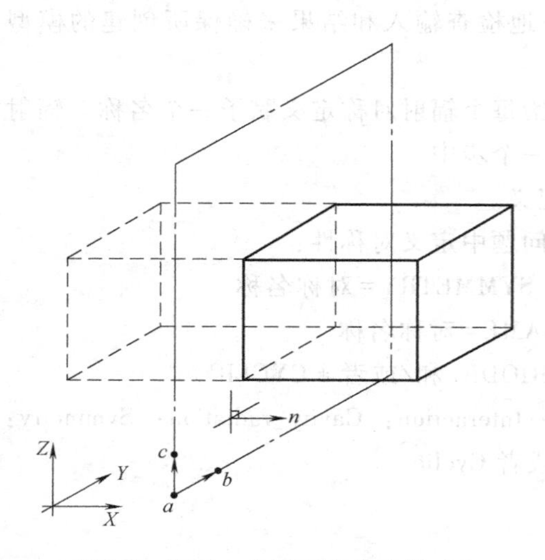

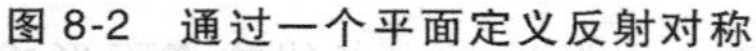

图 8-2　通过一个平面定义反射对称

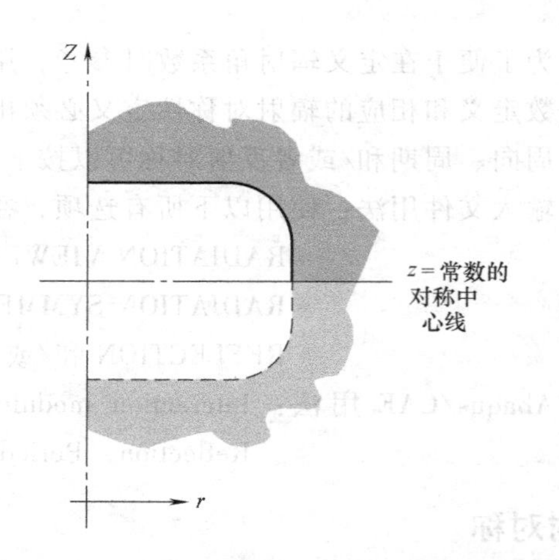

图 8-3　通过一条 z 坐标不变的线定义反射对称

的周期镜像来表示。用户可以定义用于数值计算的重复次数 n。

周期对称将产生由用户定义的腔加上 $2n$ 个相同镜像构成的腔，因为假定周期对称是在正和负方向上施加的。默认情况下 $n=2$。

通过对称没有增加角系数矩阵的大小，不会使该技术的成本更高。因此，应当取最小的重复次数，但是 n 的值应足够大，以使角系数矩阵得到精确的计算。可以使用输出变量 VFTOT 来检查由对称隐含的闭合数量（见下面的"控制角系数计算的精度"）。定义腔辐射角系数矩阵的周期对称后，不会在热传导分析中自动地实施对称条件。因此，有必要对周期对称平面上节点处的温度和载荷条件实施合适的约束，以保证在基底热传导分析中得到一个有意义的解。

定义周期对称时，用户必须确定腔的维数。

二维腔的周期对称

用户可以创建一个由一系列相同的镜像组成的腔，这些相同的镜像是沿着一个二维距离向量重复生成的，如图 8-4 所示。

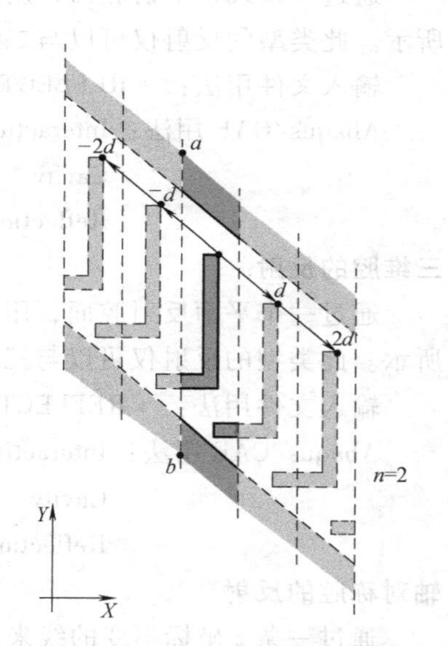

图 8-4　二维腔的周期对称

重复的镜像是通过与线 ab 平行的多条线来分界的。定义距离向量时，必须使其背离线 ab 的方向并进入模型区域。这种周期对称类型仅可以与二维腔一起使用。

输入文件用法：＊PERIODIC，TYPE＝2D，NR＝n

Abaqus/CAE 用法：Interaction module：Create Interaction：Cavity radiation：Symmetry：Periodic：Number of periodic symmetries：n

三维腔的周期对称

用户可以创建一个由一系列相同的镜像组成的腔，这些相同的镜像是沿着一个三维距离

向量重复生成的，如图 8-5 所示。重复的镜像是通过与平面 *abc* 平行的许多面来分界的。定义距离向量时，必须使其背离平面 *abc* 的方向并进入模型区域。这种类型的周期对称仅能与三维腔一起使用。

输入文件用法：＊PERIODIC，TYPE=3D，NR=*n*

Abaqus/CAE 用法：Interaction module：Create Interaction：Cavity radiation：Symmetry：Periodic：Number of periodic symmetries：*n*

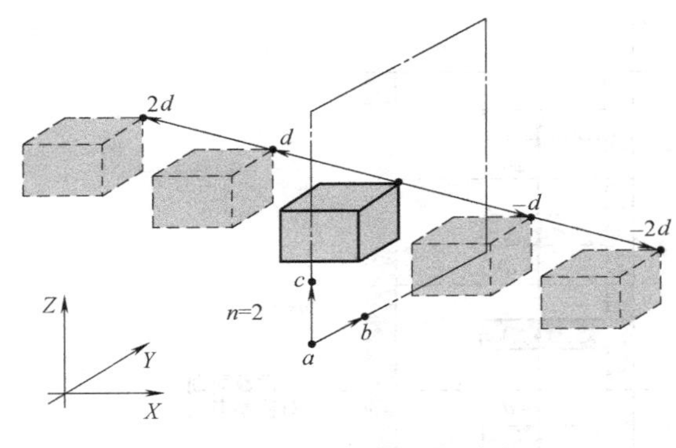

图 8-5 三维腔的周期对称

轴对称腔的周期对称

用户可以创建一个由一系列相同的镜像组成的腔，这些相同的镜像是在 *z* 方向上重复生成的，如图 8-6 所示。重复的镜像是通过 *z* 坐标固定的多条线来分界的。定义 *z* 距离向量时，必须使其背离 *z* 坐标不变的周期对称参考线的方向并进入模型区域。这种类型的周期对称仅能够与轴对称腔一起使用。

输入文件用法：＊PERIODIC，TYPE=ZDIR，NR=*n*

Abaqus/CAE 用法：Interaction module：Create Interaction：Cavity radiation：Symmetry：Periodic：Number of periodic symmetries：*n*

周期对称

用户可以通过其定义的腔面关于一个点或者一个轴周期重复来定义腔对称。通过周期重复定义的腔必须达到 360°。

用户必须定义组成腔的相同镜像的周期重复数量 *n*。用来创建周期相同镜像的关于一个点或者轴的转动角等于 360°/*n*。

定义周期对称时，用户必须确定腔的维数。

二维腔的圆周对称

用户可以通过关于点 *l* 转动腔来定义腔对称，如图 8-7 所示。在模型中定义的腔面必须通过线 *lk*，以及关于 *lk* 旋转角度 360°/*n* 并通过点 *l* 的线来分界，角度的方向是当从模型平面看进去时，为逆时针方向。

输入文件用法：＊CYCLIC，TYPE=POINT，NC=*n*

Abaqus/CAE 用法：Interaction module：Create Interaction：Cavity radiation：Symmetry：Cyclic：切换打开 Use cyclic symmetric，Total number of sectors：*n*

三维腔的圆周对称

用户可以通过关于一根轴 *lm* 转动腔来定义腔对称，如图 8-8 所示。在模型中定义的腔面必须通过平面 *lmk* 和以一定角度通过线 *lm* 的平面来分界，当从点 *l* 到点 *m* 看过去时，此角度对于 *lmk* 是逆时针转动 360°/*n*。线 *lk* 必须与线 *lm* 垂直。这种类型的圆周对称仅可以用于三维腔。

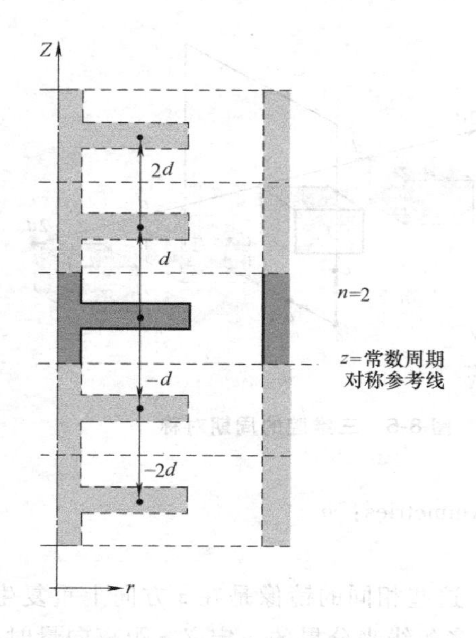

图 8-6 轴对称腔的周期对称

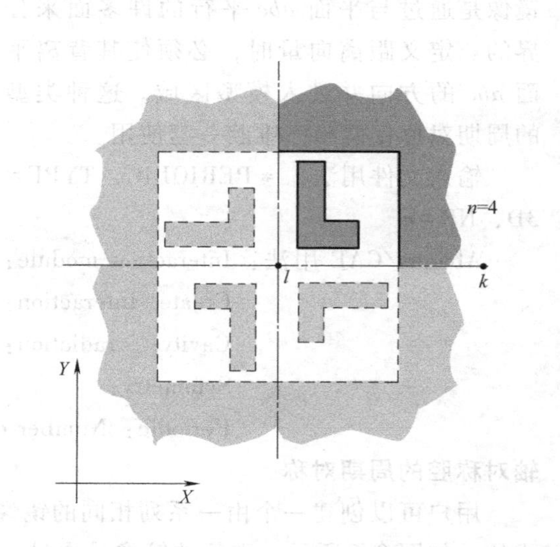

图 8-7 关于一个点的圆周对称

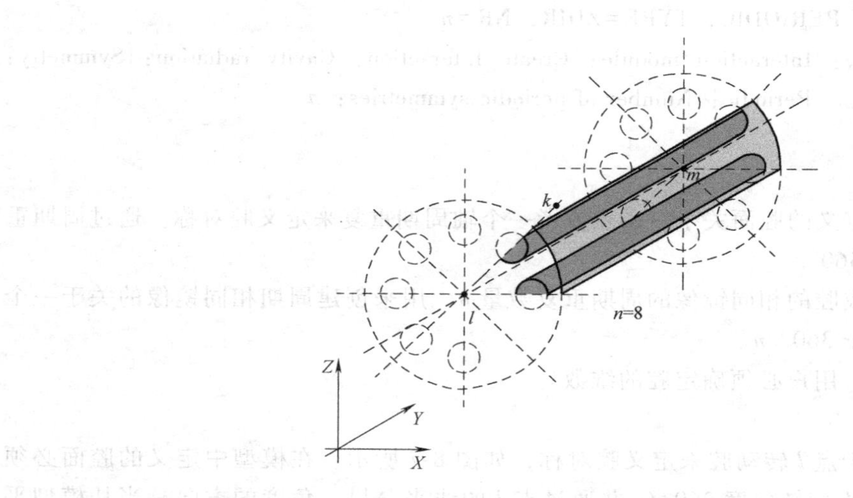

图 8-8 关于一根轴的圆周对称

输入文件用法： *CYCLIC，TYPE=AXIS，NC=n

Abaqus/CAE 用法：Interaction module：Create Interaction：Cavity radiation：Symmetry：Cyclic：切换选中 Use cyclic symmetric，Total number of sectors：n

组合对称

可以对反射、周期和圆周对称进行组合，见表 8-1。图 8-9~图 8-12 所示为一些可能的对称组合。

表 8-1 组合中对称定义的许用数量

反射	周期	圆周	二维	三维	轴	限制
1	0	0	●	●	●	
2	0	0	●	●		$\boldsymbol{n}_1 \perp \boldsymbol{n}_2$
3	0	0		●		$\boldsymbol{n}_1 \perp \boldsymbol{n}_2 \perp \boldsymbol{n}_3 \perp \boldsymbol{n}_1$
0	1	0	●	●	●	
0	2	0	●	●		
0	3	0		●		
1	1	0	●	●		$\boldsymbol{n} \perp d$
1	2	0		●		$d_1 \perp \boldsymbol{n} \perp d_2$
2	1	0		●		$d \perp \boldsymbol{n}_1 \perp \boldsymbol{n}_2 \perp d$
0	0	1	●	●		
1	0	1		●		$\boldsymbol{n} // lm$
0	1	1		●		$d // lm$

注：1. $\boldsymbol{n}$，$\boldsymbol{n}_1$，$\boldsymbol{n}_2$，$\boldsymbol{n}_3$ 与反射对称中的线或者平面垂直。

2. d，d_1，d_2 用来定义周期对称的距离向量。

3. lm 是三维情况中圆周对称的轴方向。

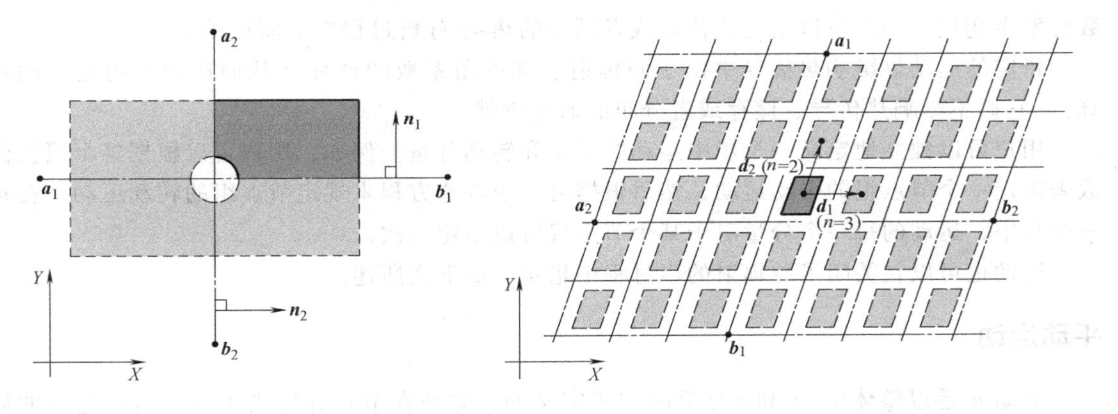

图 8-9 二维中两个反射对称的组合

图 8-10 二维中两个周期对称的组合

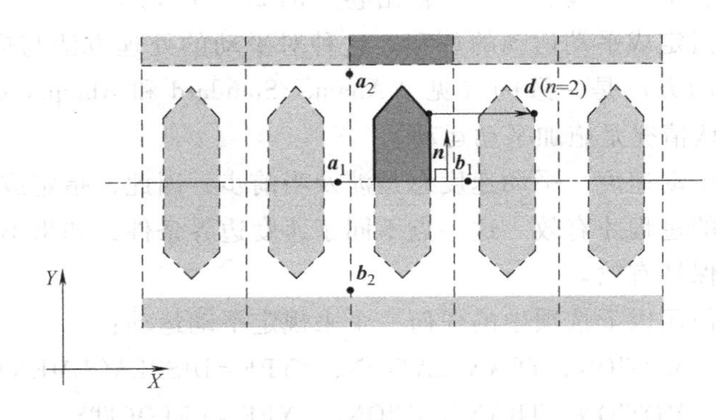

图 8-11 二维中反射对称和周期对称的组合

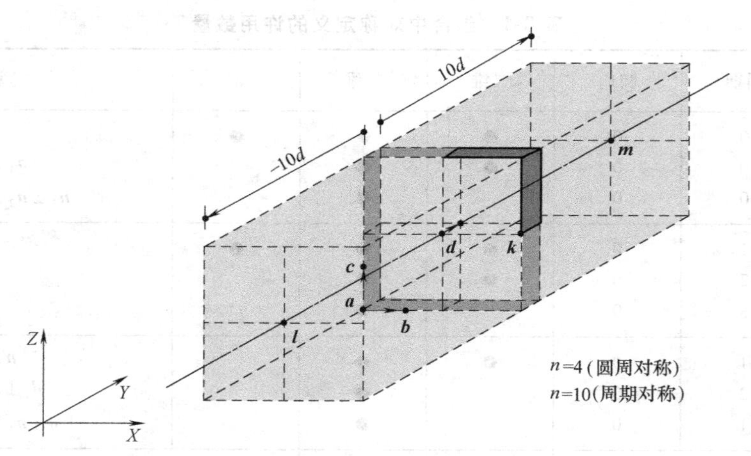

图 8-12　三维中圆周对称和周期对称的组合

指定腔辐射分析中的运动

在许多腔辐射问题中，如制造序列的仿真，由于分析过程中面是运动的，因而辐射角系数会发生变化。用户可以指定热传导或者耦合的热-电分析过程中的面运动。

指定的运动仅影响热传导中由于腔辐射引起的角系数的计算（从而影响辐射通量的计算）。它们不影响热传导、储存或者分布的通量贡献。

用户可以独立地定义一个步中运动的平动和转动分量。例如，用户可以根据某个幅值函数来规定一个节点组的平动运动，然后根据另一个幅值方程来规定节点组的转动运动。在每一个步中，运动的每一个分量对于某个节点仅可以指定一次。

运动也可以在关闭了腔辐射的步过程中指定，如下文所述。

平动运动

平动 $\boldsymbol{u}^t$ 是以整体 x、y 和 z 分量的方式定义的，除非在节点处定义了一个指定运动的局部坐标系，此时平动是以局部 x、y 和 z 分量的方式指定的（见“平动坐标系”，《Abaqus 分析用户手册——介绍、空间建模、执行与输出卷》的 2.1.5 节）。

总是将平动位移指定成平动运动的总和。这种对平动的处理方法与应力/位移分析中用于处理位移边界条件的方法是一致的（见“Abaqus/Standard 和 Abaqus/Explicit 中的边界条件”，1.3.1 节）。默认情况是施加平动运动。

用户也可以指定平动速度。平动速度总是涉及当前步，因此，指定成速度的平动运动速率仅对于定义它的步的过程才有效。这一点不同于速度边界条件，如果不重新定义速度，则速度在后续步中依然保持有效。

输入文件用法：使用以下选项中的任何一个来规定平动运动：

*MOTION，TRANSLATION，TYPE=DISPLACEMENT

*MOTION，TRANSLATION，TYPE=VELOCITY

Abaqus/CAE 用法：Abaqus/CAE 中的腔辐射不支持面运动。

转动运动

用户可以通过指定转动的大小和转动轴来定义由刚体转动产生的位移 u^r。在三维中，转动轴是通过指定转动轴上的两个点 a 和 b 来定义的。在二维中，假定转动轴与模型的平面垂直，并且通过指定其上的一个点 a 来定义。

必须在定义有刚体转动的步开始时的坐标系中定义转动轴上的点坐标。

在一个步过程中，将由刚体转动产生的运动，指定为仅在那个步过程中发生的转动的大小。因此，在一个步过程中指定的刚体转动仅局限于那个步；如果在后续的步中没有指定刚体转动，则没有进一步的转动发生。

刚体转动的处理不同于平动的处理：刚体转动是在步之间的增量上指定的，而平动则指定成总和。

输入文件用法：使用以下选项中的任何一个来规定转动运动：

*MOTION，ROTATION，TYPE=DISPLACEMENT

*MOTION，ROTATION，TYPE=VELOCITY

Abaqus/CAE 用法：Abaqus/CAE 中的腔辐射不支持面运动。

规定大转动运动

对于三维模型中规定的弧度大于 2π 的转动运动，或者关于不同方向的复杂序列转动，可以通过指定转动速度得到最简化的定义，转动速度允许定义以角速度的形式给出，代替总转动。Abaqus/Standard 在每一个增量开始和结束时，将转动增量计算成角速度的平均值乘以时间增量（见“约定”，《Abaqus 分析用户手册——介绍、空间建模、执行与输出卷》的 1.2.2 节）。

实例

例如，如果要求关于 z 轴转动 6π，关于 x 轴和 y 轴没有转动，并且假定步时间为 1.0，如下指定一个不变的 6π 角速度：

```
* MOTION, TYPE=VELOCITY, ROTATION
node (node set), 18.84955592, 0., 0., 0., 0., 0., 1.
```

角速度是不变的，因为使用热传导或者耦合的热-电步（都是稳态的和瞬态的）中的预定义速度场规定的默认运动变化是一个步函数（见“定义一个分析”，《Abaqus 分析用户手册——分析卷》的 1.1.2 节）。使用幅值参照来指定角速度的其他变化。

在下一步上，如果同一个节点（或者节点集）应关于整体 x 轴再转动 $\pi/2$，再次假定步时间为 1.0，如下指定一个不变的角速度：

```
* MOTION, TYPE=VELOCITY, ROTATION
node (node set), 1.570796327, 0., 0., 0., 1., 0., 0.
```

规定同时进行刚体转动

用户不能直接指定包含两个或者更多关于不同的轴同时进行刚体转动的运动。同时发生刚体转动一个例子是关于其自身的轴转动的环绕地球运动的卫星。可以使用用户子程序 UMOTION 来定义这种复杂的运动。此子程序允许指定每一个节点上的运动平动分量（自由度 1~3）大小随时间的变化。

如果用户将平动的大小指定成规定运动定义的一部分，则平动的大小将根据幅值曲线

（如果有的话）发生变化，并且会传递到子程序 UMOTION 中，在子程序中，可以重新定义平动的大小。

当使用用户子程序 UMOTION 在一个步中定义某个节点组的运动时，在那个步中只能为该节点集定义一个规定的运动。必须在用户子程序中定义节点集中所有节点在步过程中的完全运动。

输入文件用法：＊MOTION，USER

Abaqus/CAE 用法：Abaqus/CAE 中的腔辐射不支持面运动。

同时发生的平动和转动运动

无论何时指定了同时发生的平动和转动运动，节点在步 k 过程中的总运动都定义成

$$\boldsymbol{x}=\boldsymbol{X}+\boldsymbol{u}^{t}+\sum_{i=1}^{k}\boldsymbol{u}_{i}^{r}$$

式中，$\boldsymbol{x}$ 是由指定的运动历史产生的节点当前位置；$\boldsymbol{X}$ 是节点的原始位置；$\boldsymbol{u}^{t}$ 是在步中指定的平动运动产生的节点位移；$\boldsymbol{u}_{i}^{r}$是在步 i 过程中由刚体转动产生的节点位移。

在这些情况中，最先施加的是平动，然后关于平动（材料）轴产生节点转动。换言之，由步 i 过程中刚体转动产生的位移 $\boldsymbol{u}_{i}^{r}$，计算成关于一根由点 $\boldsymbol{a}_{i}^{t}$和 $\boldsymbol{b}_{i}^{t}$定义的轴的转动，其中

$$\boldsymbol{a}_{i}^{t}=\boldsymbol{a}+\boldsymbol{u}_{i}^{t},\quad \boldsymbol{b}_{i}^{t}=\boldsymbol{b}+\boldsymbol{u}_{i}^{t}$$

在前面的方程中，使用 a 和 b 来定义规定转动运动的转动轴上点的位置（它们参考步 i 开始时的构型）；$\boldsymbol{u}_{i}^{t}(t)$ 是平动运动在步过程中产生的位移（$\boldsymbol{u}_{i}^{t}(t)=\boldsymbol{u}^{t}(t)-\boldsymbol{u}_{i-1}^{t}(T_{i-1})$，其中 T_{i-1}是步 i-1 结束时的时间）。

实例

下面以图 8-13 所示的 xy 平面运动为例，来考虑一个三维问题。

研究对象的中心最初位于 $x=0$，$y=3$，$z=0$。在第一个步上，对象在 x 轴方向平动了 4 个长度单位，同时，它关于 z 轴以不变的角速度沿顺时针方向转动了 180°（π 弧度）。此运动使目标从图 8-13 中的位置 A 移动到位置 C。运动中通过位置 B，由刚体转动产生的位移是通过施加对 z 轴（转动轴）的平动，并且关于此平动轴施加一个 90° 的转动来计算得到的。

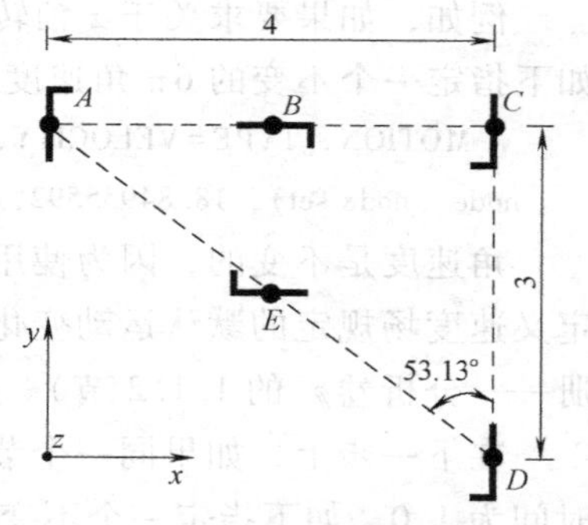

图 8-13　平面运动例子

在第二个步中，对象在 y 方向上平动了-3 个长度单位。此运动使对象移动到位置 D，没有附加的转动。最终，在第三个步中，对象在与 y 轴成 53.13°夹角的方向上平动了 5 个长度单位，同时以不变的角速度关于 z 轴沿顺时针方向进行转动 180°。此运动使对象返回到其初始位置。

假定每一个步时间是 1.0，以上运动的输入如下：

第一个步：

```
* MOTION
node set, 1, 1, 4.
* MOTION, ROTATION, TYPE = VELOCITY
```

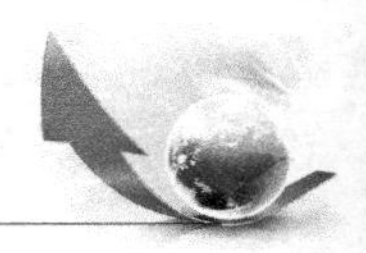

node set, 3.14159265, 0., 3., 0., 0., 3., -1.

第二个步：

```
* MOTION
node set, 2, 2, -3.
```

第三个步：

```
* MOTION
node set, 1, 2, 0.
* MOTION, ROTATION, TYPE=VELOCITY
node set, 3.14159265, 4., 0., 0., 4., 0., -1.
```

控制运动的时间变化

对于任何规定的运动，用户都可以参照一条给出步中运动的时间变化幅值曲线（见“幅值曲线”，1.1.2节）。

输入文件用法：同时使用以下选项：

* AMPLITUDE, NAME=幅值
* MOTION, AMPLITUDE=幅值

Abaqus/CAE 用法：在 Abaqus/CAE 中的腔辐射不支持面运动。

控制由运动产生的角系数重新计算的频率

用户可以通过指定一个特殊节点集的最大许用运动值 *max*，来控制在一个步的过程中由于指定的运动而如何重新计算角系数。如果指定的节点集中的任何节点处的位移分量超出了所指定的 *max* 值，则重新计算角系数。

用户必须在每一个要求重新计算角系数的步中，重新指定 *max* 的值和节点集；此值对于后续的步是无效的。

重新计算角系数的成本较高，因此，选择 *max* 的值时要谨慎。

输入文件用法：* RADIATION VIEWFACTOR, MDISP=*max*, NSET=*nset*

必须同时指定 *max* 和 *nset* 的值

Abaqus/CAE 用法：Abaqus/CAE 中的腔辐射不支持由于运动产生的角系数的重新计算。

在分析过程中控制角系数计算

腔辐射功能可以用在制造序列之类的仿真应用中，辐射角系数在这类仿真过程中是变化的。因此，辐射角系数定义为步过程中角系数计算的控制提供了显著的灵活性。

如果对于不同的腔要求不同类型的辐射和角系数计算，则可以在一个步定义中指定多个辐射角系数定义。可以为分析的不同步中的同一个腔指定不同类型的角系数计算。

默认情况下，在包含辐射角系数定义的第一步开始时计算角系数。只要角系数定义在步中发生变化，就在后续步开始时重新计算角系数，例如，如果为同一个腔指定了不同的面阻塞检查。在一个重启动分析中，如果角系数定义发生了改变，Abaqus/Standard 将从用户指定的重启动步中读取辐射角系数和增量，并且重新计算角系数。

用户可以为指定了辐射角系数控制的腔指定名称。如果用户不指定腔名称，则辐射角系数定义应用到模型中所有的腔。

输入文件用法：＊RADIATION VIEWFACTOR，CAVITY=腔名称

Abaqus/CAE 用法：辐射角系数是为每一个腔辐射相互作用分别定义的，并且应用于相互作用有效的所有步。

激活和抑制腔辐射

在某些实际情况中，在分析过程中对腔辐射进行开关切换是有用的。例如，正在发生辐射的腔随后将被流体充满，这样辐射将不再明显；在分析后期，当流体从腔中排干时，辐射又得以恢复。在这样的情况中，用户可以在分析的一个或者多个步过程中，使用辐射角系数定义在某个腔中切换辐射的开关。

当腔辐射关闭后又重新开启时，Abaqus/Standard 将使用上一步激活腔辐射时计算得到的角系数。然而，如果运动是在关闭腔辐射期间指定的，并且指定节点集中的一个节点的一个位移分量超出了最大许用位移值 *max*（此值是在关闭腔辐射期间指定的），则将在重新开启腔辐射的步中重新计算角系数。

输入文件用法：使用以下选项为一个步关闭角系数计算：

＊RADIATION VIEWFACTOR，OFF

使用以下选项中的一个在后续步中重新开启角系数计算：

＊RADIATION VIEWFACTOR

＊RADIATION VIEWFACTOR，MDISP=*max*，NSET=*nset*

Abaqus/CAE 用法：不能为某个选定的步关闭或者打开辐射角系数。用户可以使用以下选项切换腔辐射相互作用的开关：

Interaction module：Interaction Manager：选择步和腔辐射相互作用，Activate 或者 Deactivate

控制角系数计算的精度

Abaqus/Standard 为角系数计算使用渐进积分方案。当面片彼此靠近之间的距离足够远时，使用集总面积近似。如果面片彼此较近，但是其中一个面片远大于其他面片，则使用无穷小-有限面积近似。对于其他情况，通过围线积分的数值计算来计算角系数。详细内容见“角系数计算”（《Abaqus 理论手册》的 2.11.5 节）。

通过计算两个无因次参数来确定每个面片应使用哪一种积分方案

$$r_1=\frac{d^2}{A_{max}},\qquad r_2=\frac{A_{max}}{A_{min}}$$

式中，A_{min}是较小面片的面积；A_{max}是较大面片的面积；d是面片中心之间的距离。当无因次距离平方参数 $r_1>P_1$时，使用集总面积近似，其中 P_1的默认值为 5.0。如果 $r_1\leqslant P_1$，且 $r_2>P_2$，则使用无穷小-有限面积近似，其中 P_2的默认值为 64.0。否则，将执行更加精确的计算，包括围线积分的数值积分。

用户可以通过指定参数 P_1和 P_2，以及每条边的积分点数量来确定角系数计算的精度和速度。例如，如果设置 P_1为零，则 Abaqus/Standard 将在整个模型上使用集总面积近似。如

果将 P_1 和 P_2 指定成非常大的值，则总是使用数值积分方法，此时结果将更加精确，但成本将更高。

输入文件用法：＊RADIATION VIEWFACTOR，LUMPED AREA = P_1，
INFINITESIMAL = P_2，INTEGRATION = 每条边上的积分点

Abaqus/CAE 用法：Interaction module：Create Interaction：Cavity radiation：Viewfactors：输入新的值或者接受 Infinitesimal facet area ratio 的默认值，Gauss integration points per edge，以及 Lumped area distance-square value

封闭腔角系数计算的检查

用户可以提供一个角系数计算精度的容差。在一个封闭腔中，每个腔面片的角系数之和应当等于1。Abaqus/Standard 将所指定的容差值与最大角系数矩阵行的总和减1进行对比，即 $\max_j(|\sum_i F_{ij}-1|)$。如果封闭腔违反了容差规定，则终止分析。默认的角系数容差是0.05。不能满足此准则说明需要进行网格细化。

输入文件用法：＊RADIATION VIEWFACTOR，VTOL = 容差

Abaqus/CAE 用法：Interaction module：Create interaction：Cavity radiation：Viewfactors：Accuracy tolerance：容差

对称腔角系数的计算

计算角系数时应考虑由于腔对称所隐含的腔封闭。对于没有周期对称或者圆周对称的腔，可以精确地计算二维几何形体的角系数，但是轴对称和三维几何形体的角系数只是近似值。这些近似值将随着面之间距离的减小而变得不精确。可以通过定义热辐射来模拟靠近的面（见“热接触属性”，4.2.1节）。

开放腔角系数的计算

如果一个开放腔（通过指定环境温度来定义）中面片的角系数之和减1的值大于所指定的角系数容差，将对环境发生辐射。在近乎封闭的腔中，此差值可能很小。如果没有超过容差，则不发生对外部介质的辐射，即使将腔定义成开放的，并对此发出一个警告信息。用户可以放宽角系数容差来包含这样的辐射。

控制面阻塞检查

热量是在彼此可以无障碍直视的面之间传导的（图8-14），在几何形状复杂的腔中将发生“阻塞”。

在具有很多面的腔中进行面阻塞检查的计算成本是很高的，因此，可以如下文所述，通过指定哪一个面是潜在的阻塞面，来显著节省计算时间。

涉及阻塞面的角系数计算对于网格细化是特别敏感的。如果网格太粗糙，则角系数之和可能无法达到1（对于封闭腔）。为了得到精确的结果，应当细化网格使得角系数之和可以精确地达到1。

完全阻塞检查

默认情况下，Abaqus/Standard 将检查每个面与其自身和其它所有面的阻塞。

输入文件用法：＊RADIATION VIEWFACTOR，BLOCKING = ALL

Abaqus/CAE 用法：Interaction module：Create interaction：Cavity radiation：Properties：Blocking surface checks：All

部分阻塞检查

用户可以指定腔中潜在阻塞面的列表。

输入文件用法：* RADIATION VIEWFACTOR, BLOCKING = PARTIAL

Abaqus/CAE 用法：Interaction module：Create interaction：Cavity radiation：Properties：Blocking surface checks：Partial

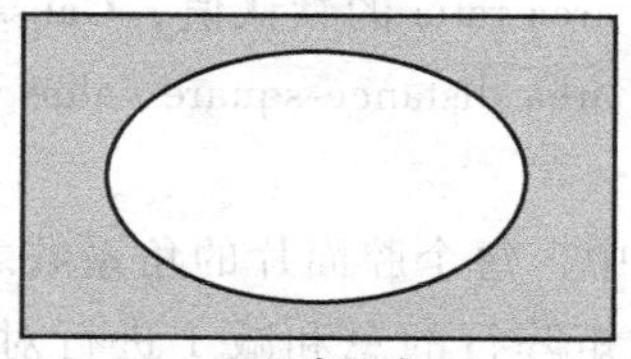

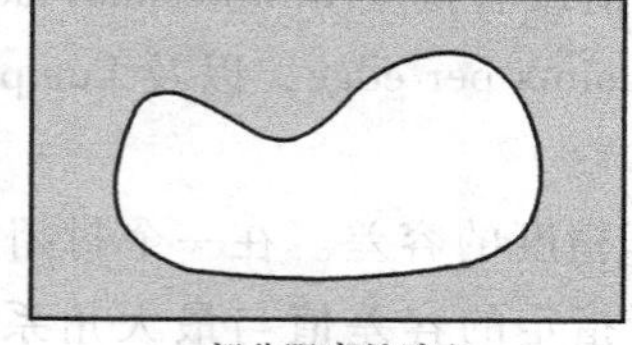

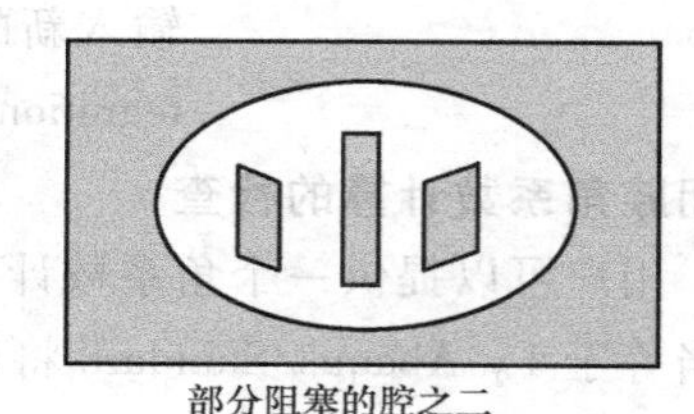

图 8-14 阻塞示意图

无阻塞检查

用户可以说明在腔中没有阻塞面，在此情况中，Abaqus 将忽略所有阻塞检查。

输入文件用法：* RADIATION VIEWFACTOR, BLOCKING = NO

Abaqus/CAE 用法：Interaction module：Create interaction：Cavity radiation：Properties：Blocking surface checks：None

为距离较大的面简化计算

在腔中有许多面的情况中，由于被其他面阻塞，大于特定相隔距离的面可能无法彼此“看到”而产生辐射。用户可以指定该距离，超出它时则不需要计算角系数，从而可减少角系数的计算量。

输入文件用法：* RADIATION VIEWFACTOR, RANGE = 距离

Abaqus/CAE 用法：Interaction module：Create interaction：Cavity radiation：Viewfactors：切换打开 Specify blocking range：距离

腔辐射分析中内存的使用

Abaqus 中一个面的面片之间的腔辐射热传导，是使用一个完全的，定义腔中每个节点与所有其他节点之间的相互作用的非对称矩阵定义来模拟的。对于具有大量节点的面，此矩阵会很大，导致内存的使用比没有腔辐射相互作用分析的有限单元要明显大得多。

为了使腔辐射热传导分析所需内存和计算成本最小化，可以使用每个节点具有单个自由度的热传导壳单元的粗糙网格来定义腔。涂层单元具有最小的比热容和热导率，应使用它代替物理的多自由度壳单元来定义腔。应使用涂层单元定义绑定耦合约束中的主面（“网格绑缚约束”，2.3.1 节）；物理的多自由度的热传导壳单元作为从面。

初始条件

默认情况下，所有节点的初始温度均为零。用户可以在腔辐射分析中指定非零的初始温度，见“Abaqus/Standard 和 Abaqus/Explicit 中的初始条件”中的“定义初始温度”（1.2.1 节）。

在包含穿过网格的强制对流的热传导分析中，用户可以在模型中的强制对流/扩散热传导单元的节点处定义非零的初始质量流率（见“无耦合的热传导分析”，《Abaqus 分析用户手册——分析卷》的 1.5.2 节）。

边界条件

用户可以通过指定边界条件来规定节点上的温度（自由度 11）（见“Abaqus/Standard 和 Abaqus/Explicit 中的边界条件”，1.3.1 节）。壳单元在厚度上具有额外的温度自由度 12 和 13 等（见“约定”，《Abaqus 分析用户手册——介绍、空间建模、执行与输出卷》的 1.2.2 节）。用户可以通过参照幅值曲线（“幅值曲线”，1.1.2 节）将边界条件指定成时间的函数。

对于纯粹的扩散单元，没有规定任何边界条件（自然边界条件）的边界对应绝热面。对于强制对流/扩散单元，只有与传导相关的流量是零；能量将自由地对流穿过无载荷的面。此自然边界条件正确地模拟了流体穿过一个面的区域（如网格的上游和下游边界处），并且防止能量返回进入网格的杂散反射。

载荷

除腔辐射之外，可以规定下面的载荷类型，如“热载荷”（1.4.4 节）中所描述的那样：

- 集中热流量。
- 体流量和分布的面流量。
- 对流膜条件和辐射条件。

预定义的场

用户不能在热传导或者耦合的热-电分析中将温度指定成场变量。应当如上文所述，使用边界条件来代替。

用户可以在分析过程中指定其他用户定义的场变量的值。这些值将影响与场变量相关的材料属性（如果有的话），见“预定义场”（1.6 节）。

材料属性

用户必须定义面的辐射属性，如“定义面辐射属性”中所描述的那样。其他热属性，如传导系数、密度、比热容和潜热等可以像非耦合的热传导分析中那样定义（见“非耦合的热传导分析”，《Abaqus 分析用户手册——分析卷》的 1.5.2 节，以及“热属性：概览”，《Abaqus 分析用户手册——材料卷》的 6.2.1 节）。

用户可以指定内部热生成（见“非耦合的热传导分析”中的“内部热生成”，《Abaqus 分析用户手册——分析卷》的 1.5.2 节）。

热胀系数在腔辐射热传导分析中是没有意义的，因为不考虑结构的变形。

单元

Abaqus/Standard 中的热传导单元或者耦合的热-电单元均可以用于腔辐射分析，包括强制的对流/扩散热传导单元（见“为分析类型选择合适的单元”，《Abaqus 分析用户手册——单元卷》的 1.1.3 节；“耦合的热传导分析”，《Abaqus 分析用户手册——分析卷》的 1.5.2 节，以及“耦合的热-电分析”，《Abaqus 分析用户手册——分析卷》的 1.7.3 节）。耦合的温度-位移和耦合的热-电-结构单元不能用于腔辐射分析中。

除了用户定义的单元以外，Abaqus/Standard 使用从用户的辐射腔定义中自动生成的内部单元。

输出

腔辐射可以使用下面的输出变量：

面变量

RADFL	单位面积上的辐射流量。此变量包含开放腔辐射到环境的热流量。
RADFLA	面片上的辐射流量。
RADTL	单位面积上的辐射对时间的积分。
RADTLA	面片上的辐射对时间的积分。
VFTOT	面片的总角系数（对应于面片的角系数矩阵中行的角系数总和）。
FTEMP	面片温度。

“Abaqus/Standard 输出变量标识符”（《Abaqus 分析用户手册——介绍、空间建模、执行与输出卷》的 4.2.1 节）中列出了所有输出变量。Abaqus/CAE 支持运动显示，并且可以显示基于面的和基于单元的结果。

将角系数矩阵写入结果文件中

如果没有启动腔的并行分解，则用户可以将热传导或者耦合的热-电分析中的腔辐射相互作用的角系数矩阵写入结果（.fil）文件中。为指定的腔中的每一个辐射单元写入整个辐射的角系数矩阵。

用户可以通过指定增量中要求的输出频率，来控制角系数矩阵的输出频率。默认的输出频率是 1。指定输出频率为 0 可以抑制输出。总是在每一个步的最后增量处写入输出，除非用户指定输出频率为 0。

结果文件的记录格式见“结果文件输出格式”（《Abaqus 分析用户手册——介绍、空间建模、执行与输出卷》的 5.1.2 节）。可以采用二进制或者 ASCII 格式书写文件（见“输出”中的“Abaqus/Standard 中控制结果文件的格式”，《Abaqus 分析用户手册——介绍、空间建模、执行与输出卷》的 4.1.1 节）。

输入文件用法：* VIEWFACTOR OUTPUT，CAVITY = 腔名称，FREQUENCY = n

Abaqus/CAE 用法：Abaqus/CAE 中不支持角系数输出。

要求输出面变量

对于腔辐射相互作用，用户可以要求输出基于腔、单元或者面的辐射，如将辐射流量、面片的总角系数和面片温度输出到数据、结果和/或者输出数据库文件中。可以根据需要重复要求输出不同的变量、腔、面、单元集等。可以要求输出的面变量见上文。

用户可以指定要求输出的具体腔、单元集或者面。如果用户不指定一个腔、单元集或者面，则对模型中的所有腔进行输出。同一个腔、单元集或者面可以在几个辐射输出要求中出现。

默认情况下，Abaqus 不输出腔辐射数据。如果用户定义了一个没有指定输出变量的辐射输出要求，则输出所有的六个腔辐射面变量。

用户可以通过指定增量中的输出频率来控制辐射输出频率。默认的输出频率是 1。指定输出频率为 0 可以抑制输出。总是在每一个步的最后增量上写出输出，除非用户指定输出频率为 0。

输入文件用法：使用以下选项中的一个来得到数据文件中的输出：

*RADIATION PRINT，CAVITY=腔名称，FREQUENCY=*n*

*RADIATION PRINT，ELSET=单元集，FREQUENCY=*n*

*RADIATION PRINT，SURFACE=面名称，FREQUENCY=*n*

使用以下选项中的一个来得到结果文件中的输出：

*RADIATION FILE，CAVITY=腔名称，FREQUENCY=*n*

*RADIATION FILE，ELSET=单元集，FREQUENCY=*n*

*RADIATION FILE，SURFACE=面名称，FREQUENCY=*n*

使用第一个选项和后续选项中的一个来得到输出数据库中的数据：

*OUTPUT，FREQUENCY=*n*

*RADIATION OUTPUT，CAVITY=腔名称

*RADIATION OUTPUT，ELSET=单元集

*RADIATION OUTPUT，SURFACE=面名称

Abaqus/CAE 用法：Abaqus/CAE 中不支持将腔辐射输出到数据文件和结果文件。

使用以下选项来得到输出数据库中的输出：

Step module：history output request editor：Thermal：选择输出变量

打印输出

根据数据文件的辐射输出要求生成的输出表，是在面到面的基础上组织的。某个表中将出现的行是通过选择一个腔、面或者单元集来定义的，即表中的每一行对应所选择的腔、面或者单元集的一部分上的单个单元面。如果一个表的行中的所有变量都是零，则不打印该行。

表中的第一列是单元编号，第二列是单元面标识符。用户选择在其他列中出现的变量。可以定义的表数量没有限制。

现以一个包含名为 CAV1 的腔的热传导模型为例，它依次由面 SURF1 和 SURF2 组成。如果用户要求将此模型的辐射流量（RADFL）和面片温度（FTEMP）输出到数据文件，则在数据文件中将初始生成两个表。一个表包含所有构成面 SURF1 的所有单元面的 RADFL 和 FTEMP

输出变量，另一个表则包含构成面 SURF2 的所有单元面的 RADFL 和 FTEMP 输出变量。

默认情况下，Abaqus/Standard 将在表的每一列中写出最大值和最小值汇总。用户可以选择抑制此汇总。此外，用户可以选择打印表中每一列的总和，此总和在一些情况下是有用的，例如，计算构成一个辐射面的所有面片上的总辐射流量时。默认情况下，不打印总和。

输入文件用法：使用以下选项控制数据文件的汇总信息输出：

*RADIATION PRINT，SUMMARY=YES 或者 NO

使用以下选项控制数据文件的总和输出：

*RADIATION PRINT，TOTALS=YES 或者 NO

Abaqus/CAE 用法：Abaqus/CAE 中不支持腔辐射输出到数据文件。

输入文件示例

以下示例为进行闭合的二维对称腔的瞬态腔辐射分析时所需的选项。腔 topcav 中的所有面具有相同的发生率。面 surf2 在分析过程中是运动的（仅是瞬态）。在第二个步中，面 surf2 停止运动，腔辐射关闭，除了面对流，删除其他所有热载荷，并且进行稳态热传导分析来确定系统的最终温度。

```
*HEADING
…
*PHYSICAL CONSTANTS，ABSOLUTE ZERO=θ^Z，STEFAN BOLTZMANN=σ
*SURFACE，NAME=surf1，PROPERTY=surfp
elset1，S1
elset2，S2
*SURFACE，NAME=surf2，PROPERTY=surfp
elset3，
*SURFACE PROPERTY，NAME=surfp
*EMISSIVITY
定义模型中面发射率的数据行
*CAVITY DEFINITION，NAME=topcav
surf1，surf2
*INITIAL CONDITIONS，TYPE=TEMPERATURE
规定节点处初始温度的数据行
*AMPLITUDE，NAME=motion
定义用于面 surf2 的运动幅值曲线的数据行
*AMPLITUDE，NAME=film
定义用于对流膜系数 h 的幅值曲线数据行
***************
**Step 1
***************
*STEP
*HEAT TRANSFER，MXDEM=Δε_max，DELTMX=Δθ_max
定义增量的数据行
*RADIATION VIEWFACTOR，CAVITY=topcav，VTOL=tol，SYMMETRY=outer，
```

```
NSET = nset, MDISP = max
* RADIATION SYMMETRY, NAME = outer
* REFLECTION, TYPE = LINE
定义线性对称的数据行
* MOTION, TRANSLATION, TYPE = DISPLACEMENT, AMPLITUDE = motion
定义面 surf2 上节点运动的数据行
* CFLUX and/or * DFLUX
定义集中和/或者分布流率的数据行
* BOUNDARY
规定所选节点处温度的数据行
* FILM, FILM AMPLITUDE = film
定义面对流的数据行
* *
* RADIATION PRINT, CAVITY = topcav, SUMMARY = YES, TOTALS = YES
要求腔辐射面变量输出的数据行
* RADIATION FILE, CAVITY = topcav, FREQUENCY = 4
要求腔辐射变量输出的数据行
* NODE PRINT
要求温度等节点输出的数据行
* EL PRINT
要求热流等单元输出的数据行
* END STEP
* * * * * * * * * * * * * *
* * Step 2
* * * * * * * * * * * * * *
* STEP
* HEAT TRANSFER, STEADY STATE
定义增量的数据行
* RADIATION VIEWFACTOR, OFF
* CFLUX, OP = NEW
* DFLUX, OP = NEW
* END STEP
```